今すぐ使えるかんたん

Excel

Office 2021/2019/2016/Microsoft 365 対応版

完全ガイドブック

困った
解決＆
便利技

Imasugu Tsukaeru Kantan Series
Excel Kanzen Guide book
AYURA

技術評論社

本書の使い方

- 本書は、Excel の操作に関する質問に、Q&A 方式で回答しています。
- 目次やインデックスの分類を参考にして、知りたい操作のページに進んでください。
- 画面を使った操作の手順を追うだけで、Excel の操作がわかるようになっています。

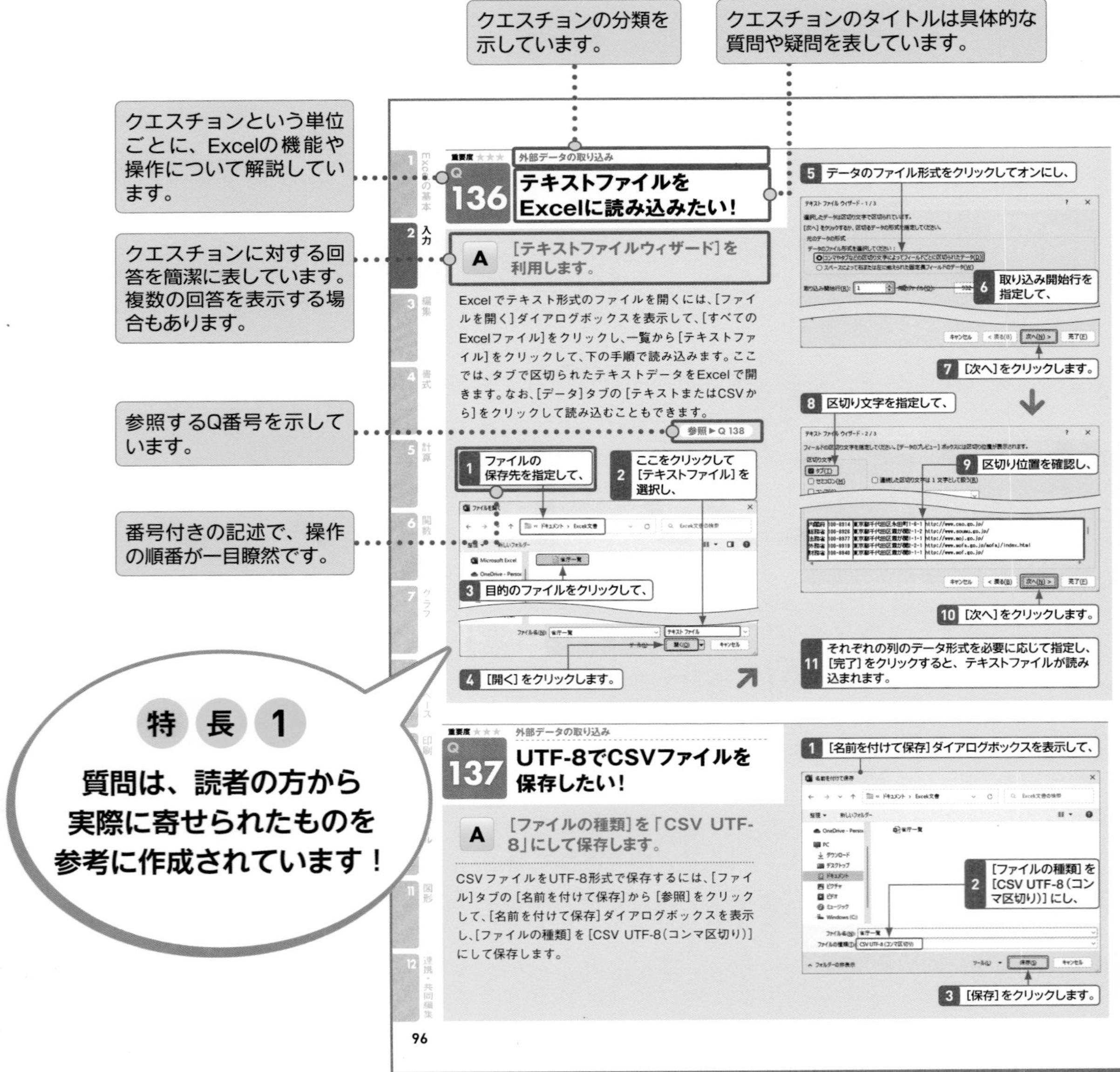

クエスチョンの分類を示しています。
クエスチョンのタイトルは具体的な質問や疑問を表しています。
クエスチョンという単位ごとに、Excelの機能や操作について解説しています。
クエスチョンに対する回答を簡潔に表しています。複数の回答を表示する場合もあります。
参照するQ番号を示しています。
番号付きの記述で、操作の順番が一目瞭然です。
特長 1
質問は、読者の方から実際に寄せられたものを参考に作成されています！
外部データの取り込み
Q 136
テキストファイルをExcelに読み込みたい！
A [テキストファイルウィザード]を利用します。
Excel でテキスト形式のファイルを開くには、[ファイルを開く] ダイアログボックスを表示して、[すべてのExcelファイル] をクリックし、一覧から [テキストファイル] をクリックして、下の手順で読み込みます。ここでは、タブで区切られたテキストデータをExcel で開きます。なお、[データ] タブの [テキストまたはCSVから] をクリックして読み込むこともできます。
参照 ▶ Q 138
1 ファイルの保存先を指定して、
2 ここをクリックして[テキストファイル] を選択し、
3 目的のファイルをクリックして、
4 [開く] をクリックします。
5 データのファイル形式をクリックしてオンにし、
6 取り込み開始行を指定して、
7 [次へ] をクリックします。
8 区切り文字を指定して、
9 区切り位置を確認し、
10 [次へ] をクリックします。
11 それぞれの列のデータ形式を必要に応じて指定し、[完了] をクリックすると、テキストファイルが読み込まれます。
外部データの取り込み
Q 137
UTF-8でCSVファイルを保存したい！
A [ファイルの種類] を「CSV UTF-8」にして保存します。
CSV ファイルをUTF-8形式で保存するには、[ファイル] タブの [名前を付けて保存] から [参照] をクリックして、[名前を付けて保存] ダイアログボックスを表示し、[ファイルの種類] を [CSV UTF-8(コンマ区切り)] にして保存します。
1 [名前を付けて保存] ダイアログボックスを表示して、
2 [ファイルの種類] を [CSV UTF-8(コンマ区切り)] にし、
3 [保存] をクリックします。
96

やわらかい上質な紙を使っているので、開いたら閉じにくい！

『この操作を知らないと困る』という意味で、各クエスチョンで解説している操作を3段階の「重要度」で表しています。

重要度★★★
重要度★★★
重要度★★★

利用できないバージョン（Excel 2019、Excel 2016）がある場合に示しています。

目的の操作が探しやすいように、ページの両側にインデックス（見出し）を表示しています。

操作の基本的な流れ以外は、このように番号がない記述になっています。

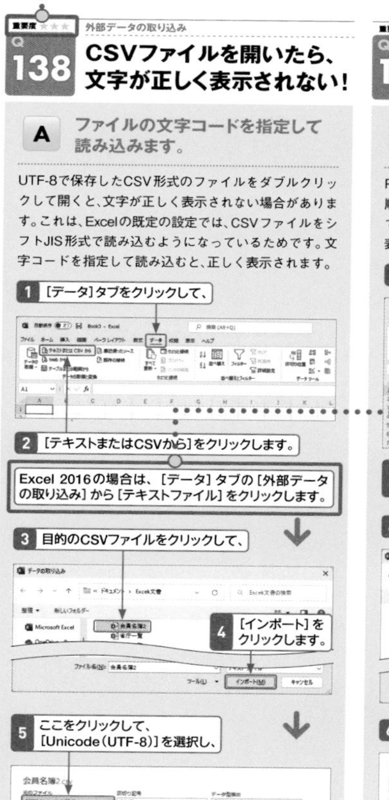

重要度★★★ 外部データの取り込み

Q 138 CSVファイルを開いたら、文字が正しく表示されない！

A ファイルの文字コードを指定して読み込みます。

UTF-8で保存したCSV形式のファイルをダブルクリックして開くと、文字が正しく表示されない場合があります。これは、Excelの既定の設定では、CSVファイルをシフトJIS形式で読み込むようになっているためです。文字コードを指定して読み込むと、正しく表示されます。

1 ［データ］タブをクリックして、

2 ［テキストまたはCSVから］をクリックします。

Excel 2016の場合は、［データ］タブの［外部データの取り込み］から［テキストファイル］をクリックします。

3 目的のCSVファイルをクリックして、

4 ［インポート］をクリックします。

5 ここをクリックして、［Unicode（UTF-8）］を選択し、

6 ［読み込み］をクリックすると、

7 データが正しく読み込まれます。

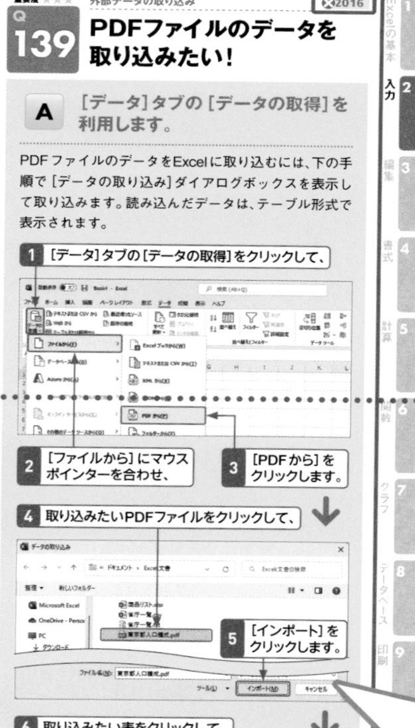

重要度★★★ 外部データの取り込み ✕2016

Q 139 PDFファイルのデータを取り込みたい！

A ［データ］タブの［データの取得］を利用します。

PDFファイルのデータをExcelに取り込むには、下の手順で［データの取り込み］ダイアログボックスを表示して取り込みます。読み込んだデータは、テーブル形式で表示されます。

1 ［データ］タブの［データの取得］をクリックして、

2 ［ファイルから］にマウスポインターを合わせ、

3 ［PDFから］をクリックします。

4 取り込みたいPDFファイルをクリックして、

5 ［インポート］をクリックします。

6 取り込みたい表をクリックして、

7 ［読み込み］をクリックすると、

8 PDFのデータがテーブル形式で読み込まれます。

97

特 長 3

読者が抱く小さな疑問を予測して、できるだけていねいに解説しています！

パソコンの基本操作

- 本書の解説は、基本的にマウスを使って操作することを前提としています。
- お使いのパソコンのタッチパッド、タッチ対応モニターを使って操作する場合は、各操作を次のように読み替えてください。

1 マウス操作

▼クリック（左クリック）

クリック（左クリック）の操作は、画面上にある要素やメニューの項目を選択したり、ボタンを押したりする際に使います。

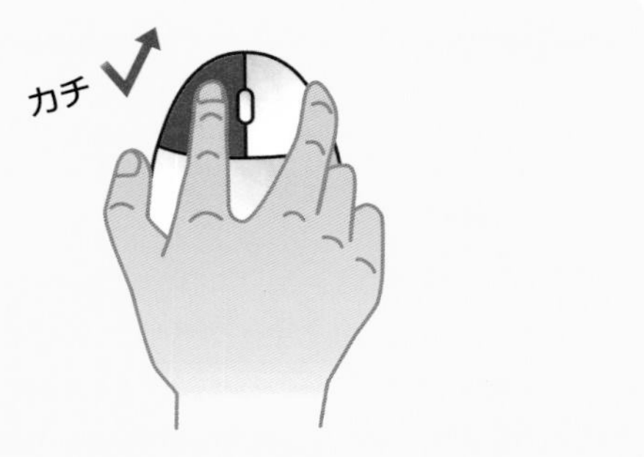

マウスの左ボタンを1回押します。

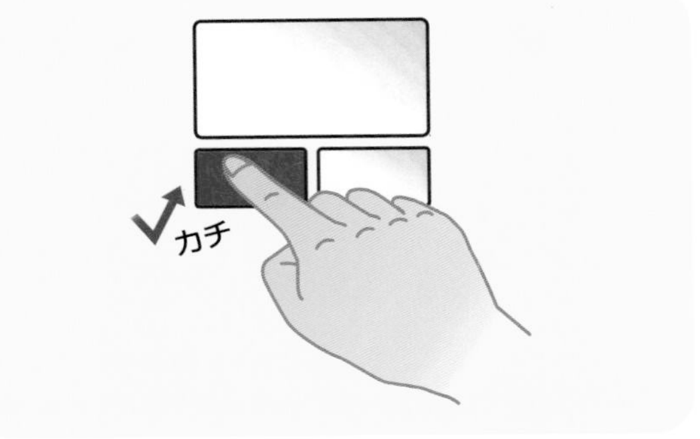

タッチパッドの左ボタン（機種によっては左下の領域）を1回押します。

▼右クリック

右クリックの操作は、操作対象に関する特別なメニューを表示する場合などに使います。

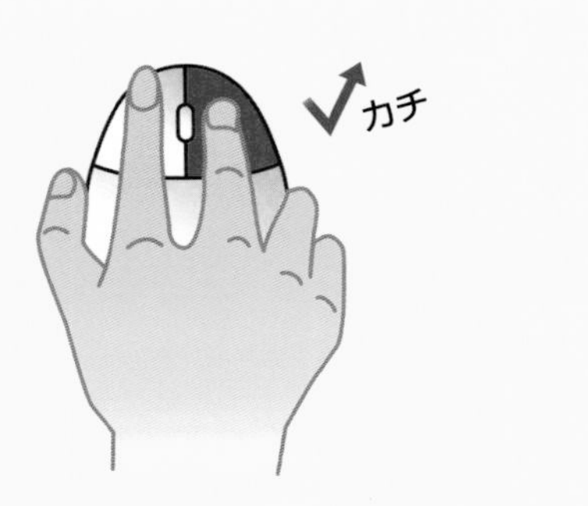

マウスの右ボタンを1回押します。

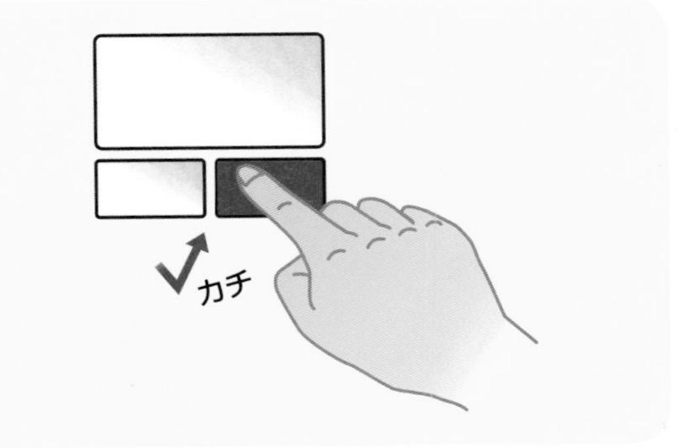

タッチパッドの右ボタン（機種によっては右下の領域）を1回押します。

▼ダブルクリック

ダブルクリックの操作は、各種アプリを起動したり、ファイルやフォルダーなどを開く際に使います。

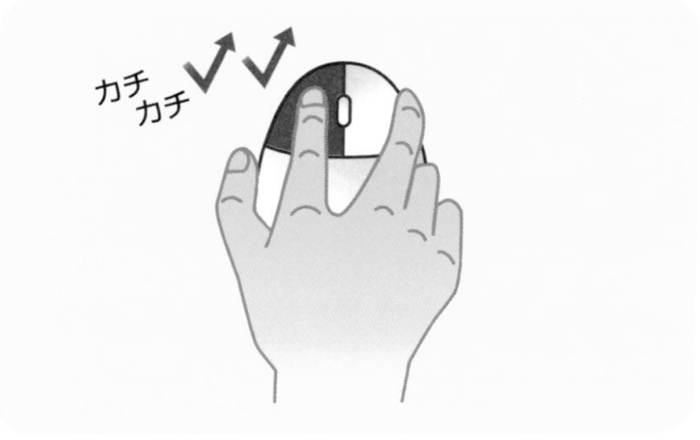

マウスの左ボタンをすばやく2回押します。

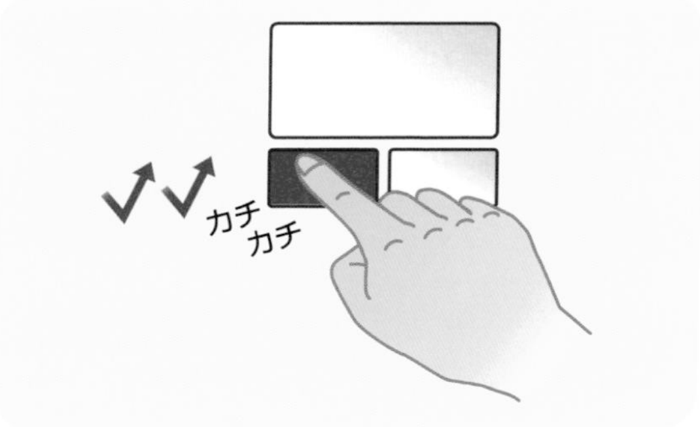

タッチパッドの左ボタン（機種によっては左下の領域）をすばやく2回押します。

▼ドラッグ

ドラッグの操作は、画面上の操作対象を別の場所に移動したり、操作対象のサイズを変更する際などに使います。

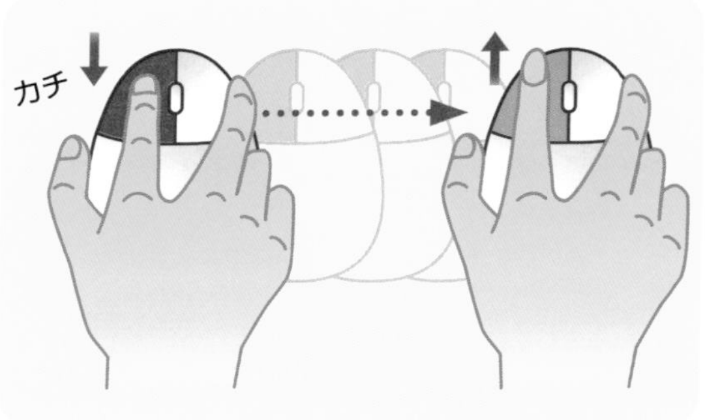

マウスの左ボタンを押したまま、マウスを動かします。目的の操作が完了したら、左ボタンから指を離します。

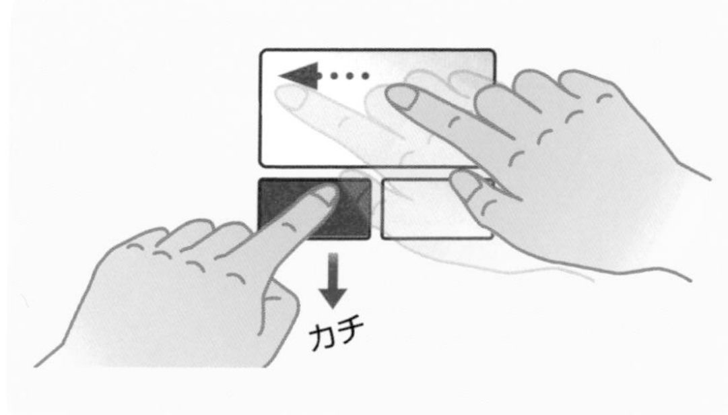

タッチパッドの左ボタン（機種によっては左下の領域）を押したまま、タッチパッドを指でなぞります。目的の操作が完了したら、左ボタンから指を離します。

ホイールの使い方

ほとんどのマウスには、左ボタンと右ボタンの間にホイールが付いています。ホイールを上下に回転させると、Web ページなどの画面を上下にスクロールすることができます。そのほかにも、Ctrl を押しながらホイールを回転させると、画面を拡大／縮小したり、フォルダーのアイコンの大きさを変えることができます。

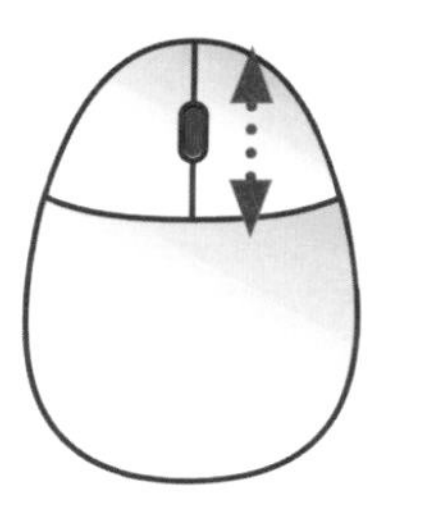

② 利用する主なキー

▼ 半角／全角キー

半角／全角 漢字

日本語入力と英語入力を切り替えます。

▼ ファンクションキー

F1 ～ F12

12個のキーには、ソフトごとによく使う機能が登録されています。

▼ デリートキー

Delete

文字を消すときに使います。「del」と表示されている場合もあります。

▼ 文字キー

文字を入力します。

▼ バックスペースキー

Back Space

入力位置を示すポインターの直前の文字を1文字削除します。

▼ エンターキー

Enter

変換した文字を決定するときや、改行するときに使います。

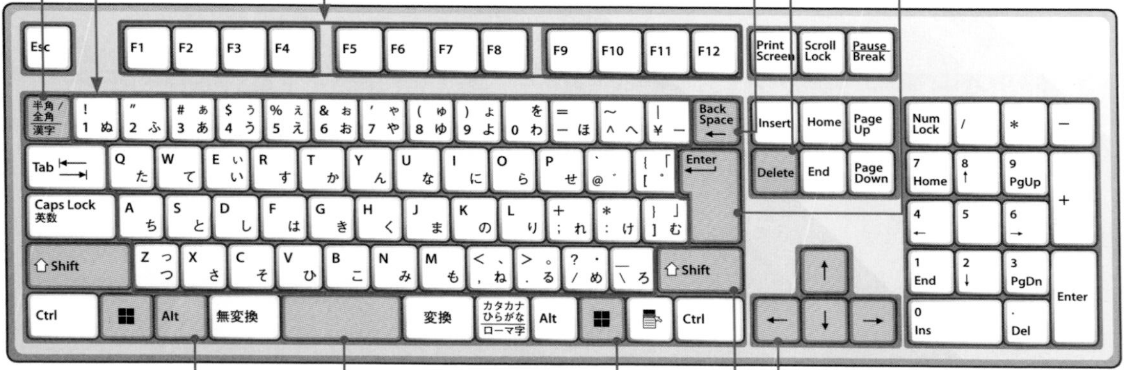

▼ オルトキー

Alt

メニューバーのショートカット項目の選択など、ほかのキーと組み合わせて操作を行います。

▼ Windows キー

画面を切り替えたり、［スタート］メニューを表示したりするときに使います。

▼ 方向キー

↑ ← ↓ →

文字を入力するときや、位置を移動するときに使います。

▼ スペースキー

ひらがなを漢字に変換したり、空白を入れたりするときに使います。

▼ シフトキー

⇧Shift

文字キーの左上の文字を入力するときは、このキーを使います。

③ タッチ操作

▼タップ

画面に触れてすぐ離す操作です。ファイルなど何かを選択するときや、決定を行う場合に使用します。マウスでのクリックに当たります。

▼ダブルタップ

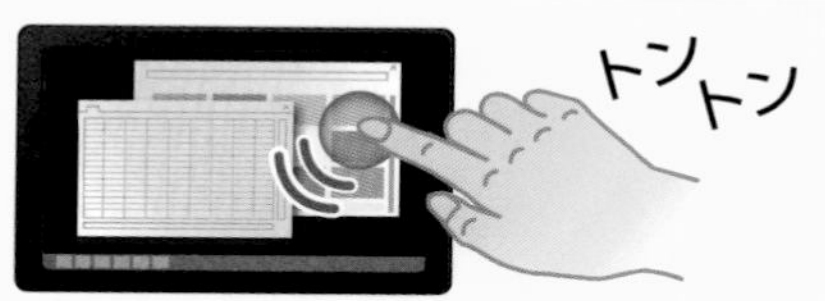

タップを2回繰り返す操作です。各種アプリを起動したり、ファイルやフォルダーなどを開く際に使用します。マウスでのダブルクリックに当たります。

▼ホールド

画面に触れたまま長押しする操作です。詳細情報を表示するほか、状況に応じたメニューが開きます。マウスでの右クリックに当たります。

▼ドラッグ

操作対象をホールドしたまま、画面の上を指でなぞり上下左右に移動します。目的の操作が完了したら、画面から指を離します。

▼スワイプ／スライド

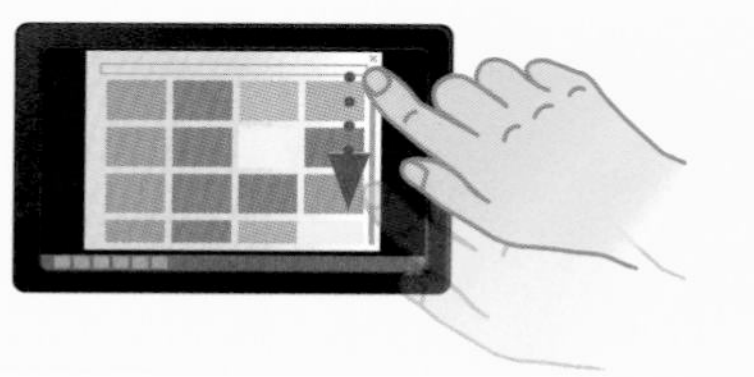

画面の上を指でなぞる操作です。ページのスクロールなどで使用します。

▼フリック

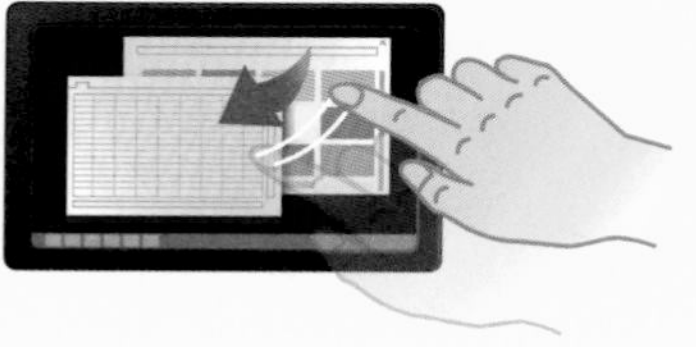

画面を指で軽く払う操作です。スワイプと混同しやすいので注意しましょう。

▼ピンチ／ストレッチ

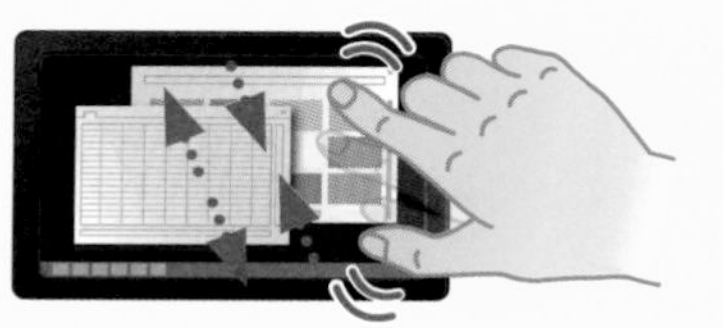

2本の指で対象に触れたまま指を広げたり狭めたりする操作です。拡大（ストレッチ）／縮小（ピンチ）が行えます。

▼回転

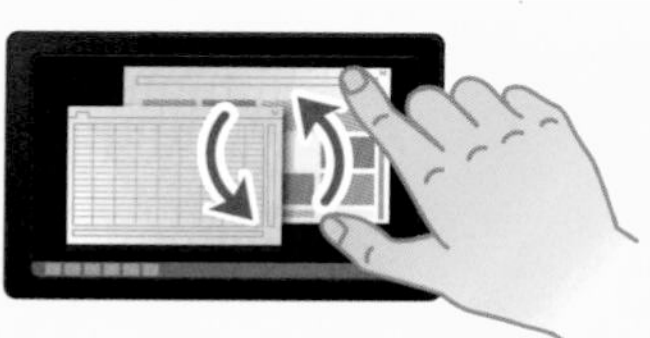

2本の指先を対象の上に置き、そのまま両方の指で同時に右または左方向に回転させる操作です。

Contents

第1章 Excelの基本の「こんなときどうする？」

Contents

数値の入力

日付の入力

連続データの入力

‖データの移動／コピー

‖行／列／セルの操作

‖ワークシートの操作

データの検索／置換

ハイパーリンク

表示設定

書式の「こんなときどうする？」

表示形式の設定

文字列の書式設定

表の書式設定

条件付き書式

第5章 計算の「こんなときどうする？」

数式の入力

セルの参照

名前の参照

エラーの対処

配列数式

第6章 関数の「こんなときどうする？」

関数の基礎

数値を丸める

個数や合計を求める

Contents

第7章 グラフの「こんなときどうする？」

グラフの作成

グラフ要素の編集

もとデータの変更

軸の書式設定

グラフの書式

第8章 データベースの「こんなときどうする？」

データの分析

自動集計

Power Query

第9章 印刷の「こんなときどうする？」

ページの印刷

大きな表の印刷

ヘッダー／フッター

印刷の応用

第10章 ファイルの「こんなときどうする？」

ファイルを開く

ブックの保存

ファイルの作成

マクロ

第11章 図形の「こんなときどうする？」

図形描画

SmartArt

テキストボックス

第12章 アプリの連携・共同編集の「こんなときどうする？」

Contents

OneDrive

ブックの共有

Excel Online

スマートフォンやタブレット

ご注意：ご購入・ご利用の前に必ずお読みください

- 本書に記載された内容は、情報提供のみを目的としています。したがって、本書を用いた運用は、必ずお客様自身の責任と判断によって行ってください。これらの情報の運用の結果について、技術評論社および著者はいかなる責任も負いません。

- 本書では、以下の OS およびソフトウェアを使用して動作確認を行っています。ほかのバージョンの OS およびソフトウェアを使用した場合、本書で解説している操作を再現できない場合があります。
  Windows 11 Home ／ Microsoft Office 2021（Excel 2021）、Microsoft 365
  Windows 10 Home ／ Microsoft Office 2019/2016（Excel 2019/2016）

- ソフトウェアに関する記述は、特に断りのないかぎり、2023 年 1 月現在での最新バージョンをもとにしています。ソフトウェアはアップデートされる場合があり、本書の説明とは機能内容や画面図などが異なってしまうこともあり得ます。特に Microsoft 365 は、随時最新の状態にアップデートされる仕様になっています。あらかじめご了承ください。

- インターネットの情報については、URL や画面などが変更されている可能性があります。ご注意ください。

以上の注意事項をご承諾いただいた上で、本書をご利用願います。これらの注意事項をお読みいただかずに、お問い合わせいただいても、技術評論社および著者は対処しかねます。あらかじめご承知おきください。

第1章

Excelの基本の「こんなときどうする?」

重要度 ★★★ Excelの概要

Q 001 Excelってどんなソフト？

A マイクロソフトが開発している表計算ソフトです。

「Excel」は、マイクロソフトが開発・販売している表計算ソフトです。Excel以外にも表計算ソフトは各社から発売されていますが、Excelはもっとも多くの人に利用されている代表的な表計算ソフトです。

Excelは、ビジネスの統合パッケージである「Office」に含まれているほか、単体のパッケージとしても販売されています。それぞれ通常版のほかに、学生・教職員・教育機関向けの「アカデミック版」が販売されています。

●Office Personal for Windows 2021

重要度 ★★★ Excelの概要

Q 002 Excelのバージョンによって何が違うの？

A 利用できる機能や操作手順が異なる場合があります。

「バージョン」とは、ソフトウェアの改良、改訂の段階を表すもので、ソフトウェア名の後ろに数字で表記され、新しいほど数字が大きくなります。Windows版のExcelには「2016」「2019」「2021」などのバージョンがあり、現在販売されている最新バージョンはExcel 2021です。

バージョンによって、リボンの表示やコマンドが違ったり、利用できる機能や操作手順が異なったりする場合があります。また、ソフトウェアのアップデートによって変更されることもあるので、注意が必要です。

マイクロソフトによるサポート期限も異なります。Excel 2016/2019は2025年10月、2021は2026年10月に終了します。安心のためにも、サポート期限までに最新バージョンに乗り換えるようにしましょう。

●Excel 2021の画面

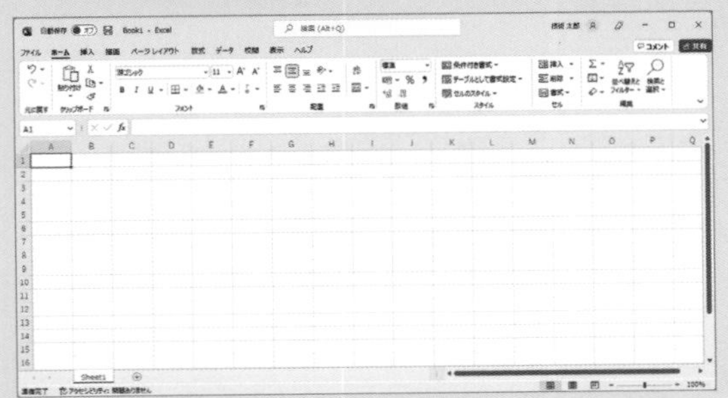

●Excel 2019の画面

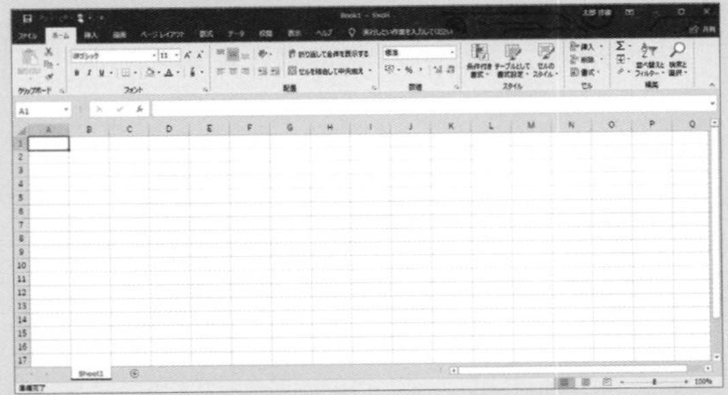

●Excel 2016の画面

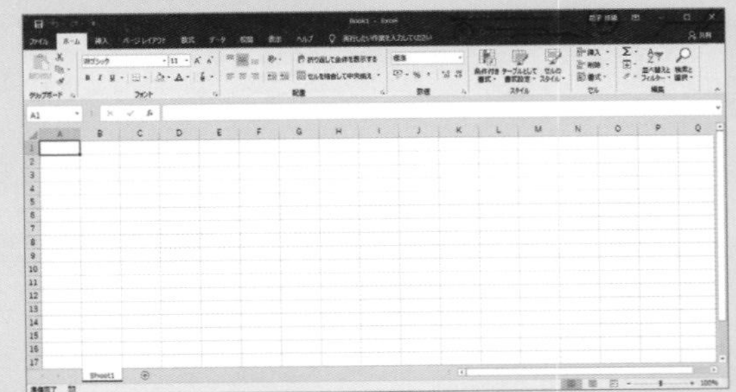

重要度 ★★★ Excelの概要

Q 003 表計算ソフトって何？

A 集計表や表形式の書類を作成するためのソフトウェアです。

「表計算ソフト」は、表のもとになるマス目（セル）に数値や計算式（数式）を入力して、データの集計や分析をしたり、表形式の書類を作成したりするためのソフトウェアです。膨大なデータの集計をかんたんに行うことができ、データの変更に合わせて、数式の計算結果も自動的に更新されるため、手作業で計算し直す必要はありません。

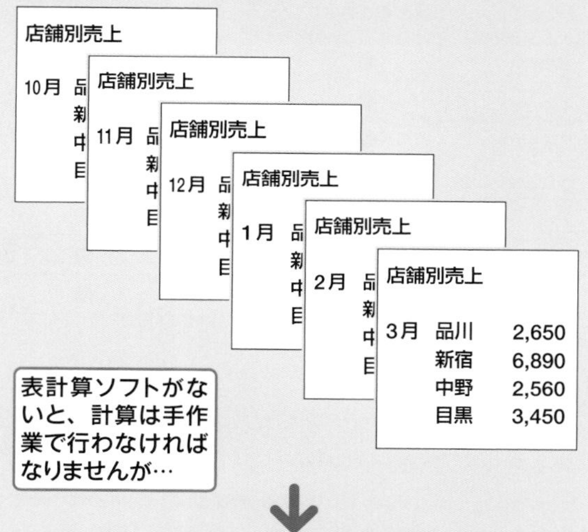

表計算ソフトを使うと、膨大なデータの集計を簡単に行うことができます。データをあとから変更しても、自動的に再計算されます。

	A	B	C	D	E	F	G
1	下半期店舗別売上実績						
2						（単位：千円）	
3		品川	新宿	中野	目黒	合計	
4	10月	2,050	5,980	2,670	2,950	13,650	
5	11月	1,880	5,240	2,020	2,780	11,920	
6	12月	3,120	6,900	2,790	2,570	15,380	
7	1月	2,860	6,400	2,550	3,560	15,370	
8	2月	2,580	5,530	2,280	2,880	13,270	
9	3月	2,650	6,890	2,560	3,450	15,550	
10	上半期計	15,140	36,940	14,870	18,190	85,140	
11	月平均	2,523	6,157	2,478	3,032	14,190	
12	売上目標	14,000	36,000	15,000	18,000	83,000	
13	差額	1,140	940	-130	190	2,140	
14	達成率	108.1%	102.6%	99.1%	101.1%	102.6%	
15							

重要度 ★★★ Excelの概要

Q 004 Excelでは何ができるの？

A 集計表やグラフの作成、高度な分析などができます。

Excelでは、表にさまざまな種類の罫線を設定したり、フォントや文字サイズ、色などを変更したりして、見栄えのする表を作成できます。

また、数式や関数を利用して、複雑な計算や面倒な処理をかんたんに実行したり、表のデータをもとにしてグラフを作成したり、高度な分析を行ったりすることができます。さらに、画像やアイコンなどを挿入したり、SmartArtを利用して複雑な図表を作成したりすることもできます。

このような報告書もかんたんに作成できます。

画像やアイコンなども挿入できます。

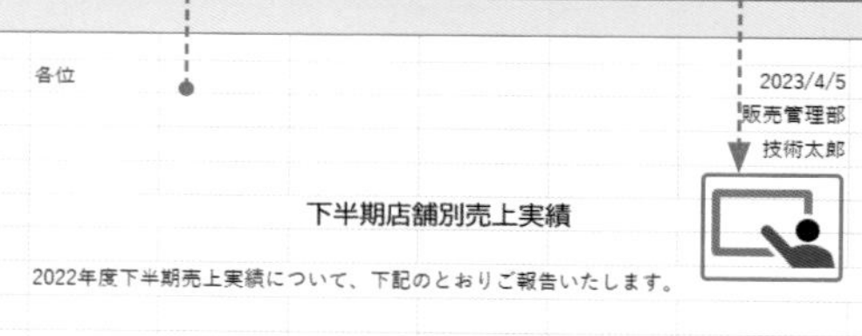

（単位：千円）

	品川	新宿	中野	目黒	合計
10月	2,050	5,980	2,670	2,950	13,650
11月	1,880	5,240	2,020	2,780	11,920
12月	3,120	6,900	2,790	2,570	15,380
1月	2,860	6,400	2,550	3,560	15,370
2月	2,580	5,530	2,280	2,880	13,270
3月	2,650	6,890	2,560	3,450	15,550
上半期計	15,140	36,940	14,870	18,190	85,140
月平均	2,523	6,157	2,478	3,032	14,190
売上目標	14,000	36,000	15,000	18,000	83,000
差額	1,140	940	-130	190	2,140
達成率	108.1%	102.6%	99.1%	101.1%	102.6%

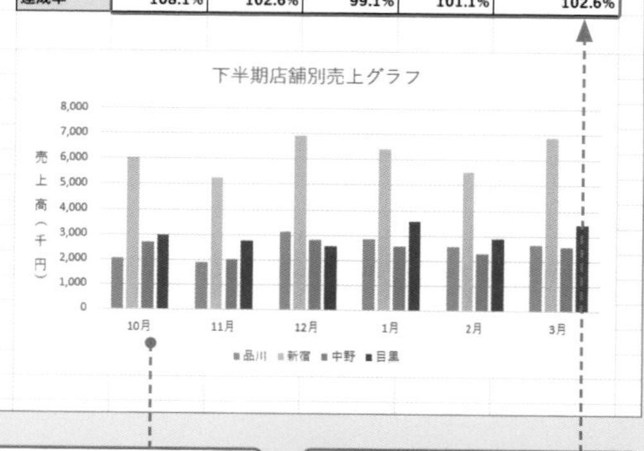

表の数値からグラフを作成して、データを視覚化できます。

面倒な計算も関数を使えばかんたんに求めることができます。

重要度★★★ Excelの概要 2019 2016

Q 005 Excel 2021を使いたい!

A Excel 2021またはOffice 2021をインストールします。

Excelを利用するには、Excel 2021単体またはOffice 2021のパッケージを購入して、パソコンにインストールする必要があります。新たにパソコンを購入する場合は、ExcelなどのOffice製品があらかじめインストール（プリインストール）されているパソコンを選ぶと、すぐに利用することができます。

Office 2021のパッケージは3種類あり、それぞれに含まれているソフトウェアの種類が異なります。Excelはどの製品にも含まれているので、Excel以外に使用したいソフトを基準にして選ぶとよいでしょう。

なお、Office 2021を動作させるために必要な環境は下表のとおりです。

● Office 2021 を動作させるために必要な環境

構成要素	必要な環境
対応OS	Windows 10、Windows 11
コンピューターおよびプロセッサ（CPU）	1.1GHz以上、2コア
ハードディスクの空き容量	4GB以上の空き容量
メモリ	4GB
ディスプレイ	1280×768の画面解像度

● 主なOffice 2021製品に含まれているソフトの構成

	Office Home and Business	Office Personal	Office Professional
Word	●	●	●
Excel	●	●	●
Outlook	●	●	●
PowerPoint	●	－	●
Publisher	－	－	●
Access	－	－	●
OneNote	●	－	●

重要度★★★ Excelの概要 2016

Q 006 Office 2021にはどんな種類があるの？

A 大きく分けて4種類の製品があります。

家庭やビジネスで利用できるOffice 2021には、大きく分けて、「Office Personal」「Office Home and Business」「Office Professional」「Microsoft 365 Personal」の4種類があります。ライセンス形態やインストールできるデバイス、OneDriveの容量などが異なります。

● それぞれのOfficeの特徴

	Office Personal/Office Professional	Office Home and Business	Microsoft 365 Personal
ライセンス形態	永続ライセンス	永続ライセンス	サブスクリプション（月または年ごとの支払い）
インストールできるデバイス	2台のWindowsパソコン	2台のWindowsパソコン／Mac	Windowsパソコン、Mac、タブレット、スマートフォンなど台数無制限
OneDrive	5GB	5GB	1TB
最新バージョンへのアップグレード	Office 2021以降のアップグレードはできない	Office 2021以降のアップグレードはできない	常に最新版にアップグレード

重要度 ★★★ Excelの概要 ⊗2019 ⊗2016

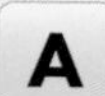

Q 007 Excel 2021の購入方法を知りたい!

A ダウンロード版か、店頭で販売されるPOSAカードを購入しましょう。

パッケージ製品のMicrosoft 365 Personal、Office Personal、Office Home and Business、単体のExcel 2021は、「ダウンロード版」と「POSAカード」(ポサカード)の2種類の形態で販売されています。

ダウンロード版はインターネットで販売される商品です。マイクロソフトのWebサイトなどで購入し、ダウンロードしてインストールします。

POSAカードは店頭で販売される商品です。支払い時にレジを通すことで、POSAカードに記載されたプロダクトキーが有効になります。パソコンにインストールする際に、マイクロソフトのWebサイトでプロダクトキーを入力してダウンロードし、インストールします。

● Officeのダウンロードページ

マイクロソフトのWebサイト(https://www.office.com/)にアクセスしてダウンロードします。

重要度 ★★★ Excelの概要 ⊗2019 ⊗2016

Q 008 Excel 2021を試しに使ってみたい!

A Microsoft 365試用版が無料で1か月間利用できます。

Excel 2021を購入する前に、試しに使ってみたいという場合は、Microsoft 365の試用版を1か月間無料で利用することができます。試用版を利用する際にクレジットカードの情報が必要です。試用期間終了後は、翌月からの料金月額1,284円が自動的に課金されますが、試用期間中であれば、いつでもキャンセルすることができます。

● Microsoft 365試用版のダウンロードページ

「https://products.office.com/ja-jp/try/」にアクセスして、[1か月間無料で試す]をクリックします。

重要度 ★★★ Excelの概要

Q 009 Excelを使うのにMicrosoftアカウントは必要?

A Officeをインストールしてライセンス認証を行うには必要です。

Officeのバージョン2013以降やMicrosoft 365をインストールしてライセンス認証を行うには、Microsoftアカウントが必要です。また、マイクロソフトがインターネット上で提供しているOneDriveやExcel Onlineなどのサービスを利用する場合も必要です。Microsoftアカウントは、「https://signup.live.com/」にアクセスして取得することができます。 参照▶Q 727, Q 739

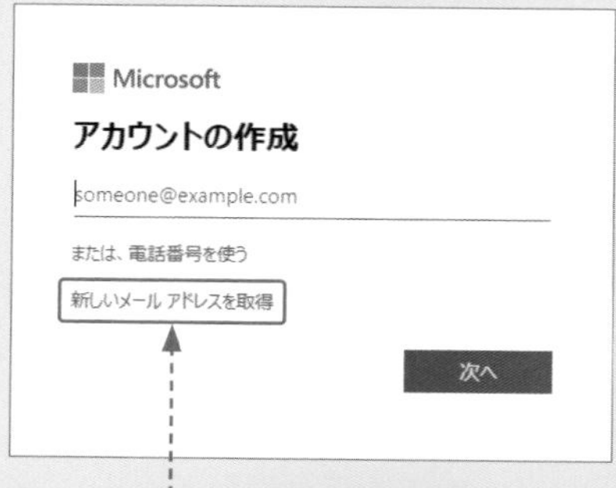

Microsoftアカウントを取得するには、「https://signup.live.com/」にアクセスして、[新しいメールアドレスを取得]をクリックします。

重要度 ★★★ Excelの概要

Q 010 Microsoft 365 Personalって何？

A 月額や年額の料金を支払って利用するOfficeです。

「Microsoft 365 Personal」は、月額や年額の料金を支払って利用できる個人向けのOfficeです。毎月あるいは毎年料金を支払えば、ずっと使い続けることができます。契約は自動的に更新されますが、いつでもキャンセルが可能です。

Microsoft 365 Personalのメリットは、契約を続ける限り、常に最新のOfficeアプリケーションが利用できること、Windowsパソコンやタブレット、スマートフォンなど、複数のデバイスに台数無制限にインストールできること、1TBのOneDriveが利用できること、などがあげられます。

なお、Office 2021とはリボンやコマンドの見た目、操作方法や操作手順などは変わりません。

重要度 ★★★ Excelの概要

Q 011 使用しているOfficeの情報を確認するには？

A アカウント画面で確認します。

使用しているOffice製品の情報を確認するには、[ファイル]タブの[その他](画面サイズが大きい場合は不要)から[アカウント]をクリックし、表示される[アカウント]画面で確認します。

ここで製品情報が確認できます。

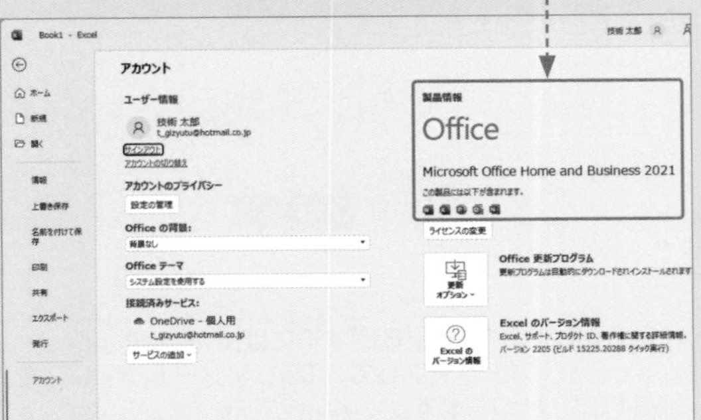

重要度 ★★★ 起動と終了

Q 012 ライセンス認証って何？

A ソフトウェアが正規の製品であることを確認するためのものです。

「ライセンス認証」とは、ソフトウェアの不正コピーや不正使用を防止するための機能で、そのソフトウェアが正規の製品であること、インストールするパソコンの制限数を超えていないこと、などをマイクロソフト社が確認するものです。

ライセンス認証の方法は、Officeのバージョンや製品の種類、インターネットに接続しているかどうかなどによって異なります。ライセンス認証が自動で行われる場合もあれば、アプリケーションを最初に起動したときに手動でのライセンス認証が求められる場合もあります。

なお、インターネットに接続できる環境がない場合など、オンライン認証ができないときは、マイクロソフトのライセンス認証窓口(0120-801-734)に電話をかけて、ライセンス認証の手続きを行います。

重要度 ★★★ 起動と終了

Q 013 買い替えたパソコンにExcelをインストールするには？

A 電話でライセンスの移行手続きを行います。

買い替えたパソコンに現在使用しているOfficeをインストールできるかどうかは、Office製品の種類によって異なります。パソコンにプリインストールされていた場合は、そのパソコンでしか利用できません。購入した「Microsoft 365 Personal」「Office 2021/2019/2016」製品であれば、古いパソコンからアンインストール(削除)してから、新しいパソコンにインストールします。

なお、現在使用しているOfficeを新しいパソコンで利用する場合は、すでにライセンス認証が済んでいるので、インターネットを利用したオンライン認証はできません。マイクロソフトのライセンス認証窓口に電話をして、ライセンス移行の手続きを行う必要があります。

Q 014 Excelを起動するには？

A スタートメニューから起動します。

● Windows 11の場合

Windows 11でExcelを起動するには、[スタート]をクリックしてスタートメニューを表示し、[Excel]をクリックします。スタートメニューに[Excel]が表示されていない場合は、[すべてのアプリ]をクリックして、アプリの一覧を表示し、[Excel]をクリックします。

1 Windows 11を起動して、

2 [スタート]をクリックし、

3 [Excel]をクリックします。

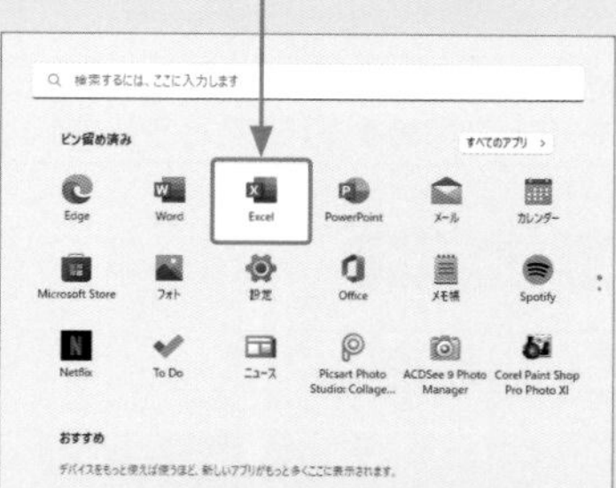

4 Excelが起動して、スタート画面が表示されるので、

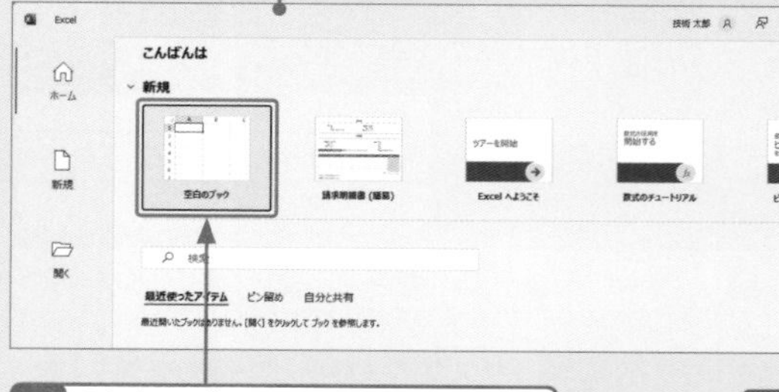

5 [空白のブック]をクリックすると、

6 新規のブックが作成されます。

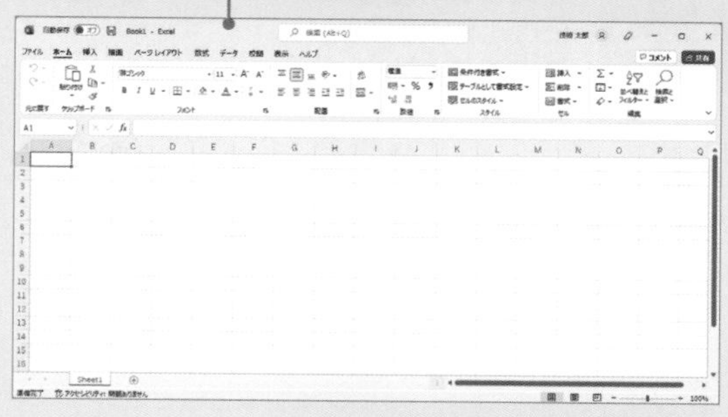

スタートメニューに[Excel]が表示されていない場合は、手順3で[すべてのアプリ]をクリックして、[Excel]をクリックします。

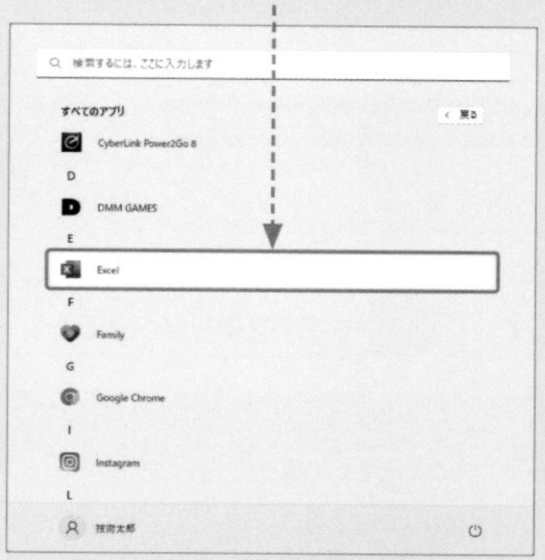

● Windows 10の場合

Windows 10でExcelを起動するには、[スタート]をクリックして、表示されるメニューを下方向にスクロールし、[Excel]をクリックします。

1 [スタート]をクリックして、

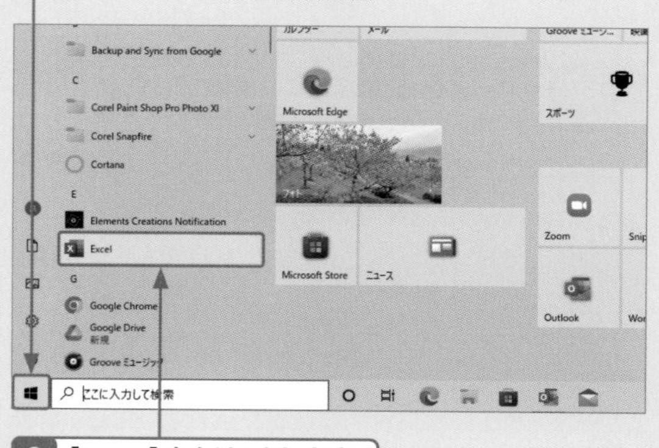

2 [Excel]をクリックします。

重要度 ★★★　起動と終了

Q 015 Excelをタスクバーから起動したい！

A タスクバーにExcelのアイコンを登録します。

タスクバーにExcelのアイコンを登録しておくと、クリックするだけでかんたんにExcelを起動することができます。起動したExcelのアイコンから登録する方法と、スタートメニューから登録する方法があります。いずれもExcelのアイコンを右クリックして、[タスクバーにピン留めする]をクリックします。

なお、タスクバーからピン留めを外すには、ピン留めしたアイコンを右クリックして、[タスクバーからピン留めを外す]をクリックします。

● 起動したExcelのアイコンから登録する

Excelを起動しておきます。

1 Excelのアイコンを右クリックして、

2 [タスクバーにピン留めする]をクリックすると、

Excel
タスクバーにピン留めする
ウィンドウを閉じる

3 タスクバーにExcelのアイコンが登録されます。

● スタートメニューから登録する

1 [スタート]をクリックします。

2 [Excel]を右クリックして、

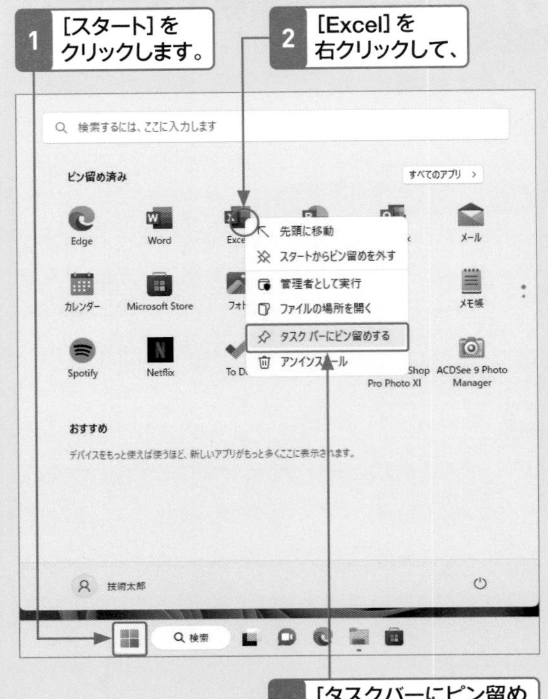

3 [タスクバーにピン留めする]をクリックします。

Windows 10の場合は、[Excel]を右クリックして、[その他]から[タスクバーにピン留めする]をクリックします。

● タスクバーからピン留めを外す

1 ピン留めしたアイコンを右クリックして、

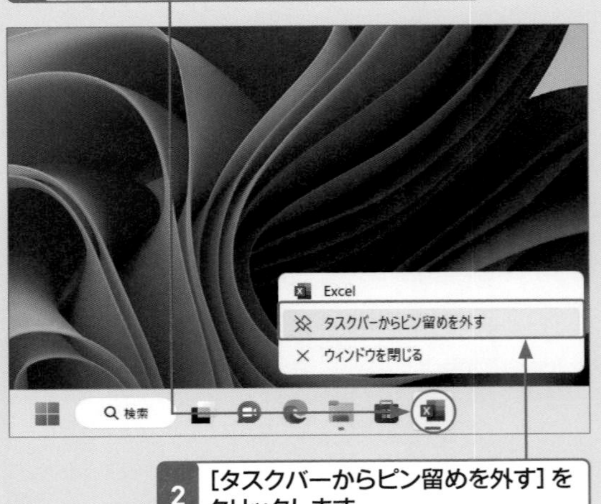

2 [タスクバーからピン留めを外す]をクリックします。

重要度 ★★★　起動と終了

Q 016 Excelをデスクトップから起動したい！

A デスクトップにExcelのショートカットアイコンを作成します。

デスクトップにExcelのショートカットアイコンを作成しておくと、そのアイコンをクリックするだけでかんたんに起動できるようになります。スタートメニューのExcelのアイコンから作成します。デスクトップに作成したショートカットアイコンが不要になった場合は、ショートカットアイコンを右クリックして、[削除]をクリックします。

1 [スタート]をクリックします。

2 [Excel]を右クリックして、

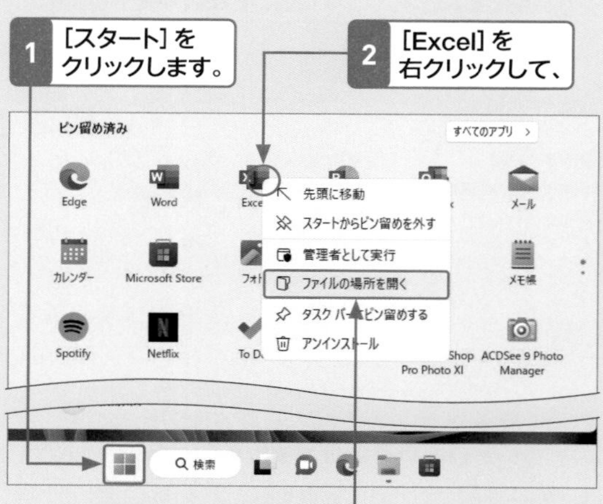

3 [ファイルの場所を開く]をクリックします。

Windows 10の場合は、[Excel]を右クリックして、[その他]から[ファイルの場所を開く]をクリックします。

4 [Excel]を右クリックして、

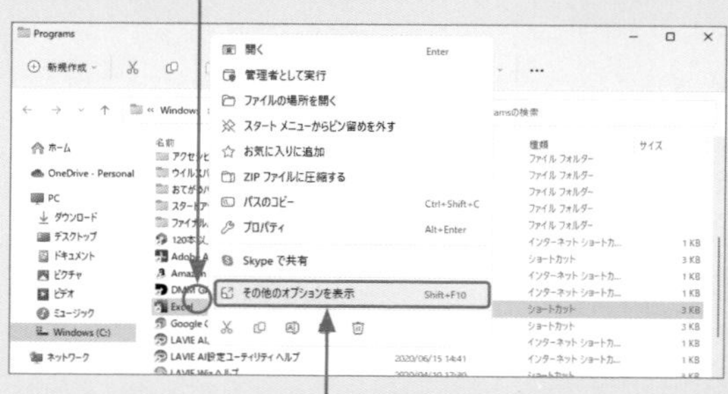

5 [その他のオプションを表示]をクリックします（Windows 10の場合は不要）。

6 [送る]にマウスポインターを合わせて、

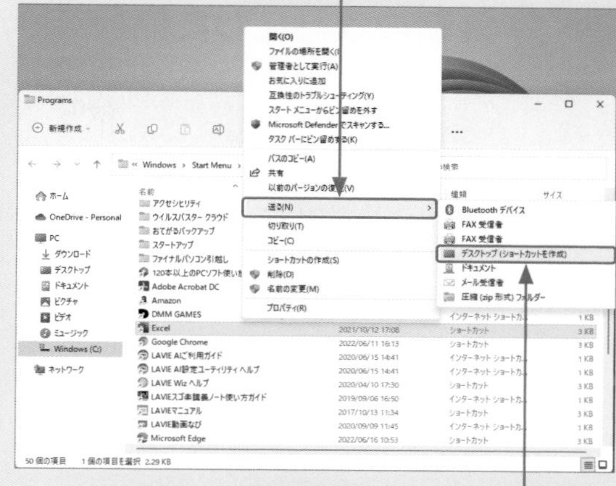

7 [デスクトップ（ショートカットを作成）]をクリックすると、

8 デスクトップにショートカットアイコンが作成されます。

● ショートカットアイコンを削除する

1 ショートカットアイコンを右クリックして、

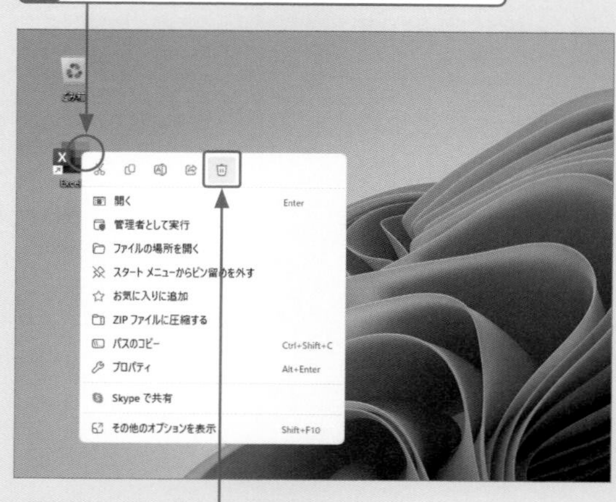

2 [削除]をクリックします。

重要度 ★★★ 起動と終了

Q 017 Excelを常に最新の状態にしたい！

A 通常は自動的に更新されます。

通常、更新プログラムは自動的にダウンロードされ、インストールされるように設定されています。自動更新が有効になっているかを確認するには、[ファイル]タブの[その他]から[アカウント]をクリックします。もし、「この製品は更新されません」と表示されている場合は、[更新オプション]をクリックして、[更新を有効にする]をクリックします。

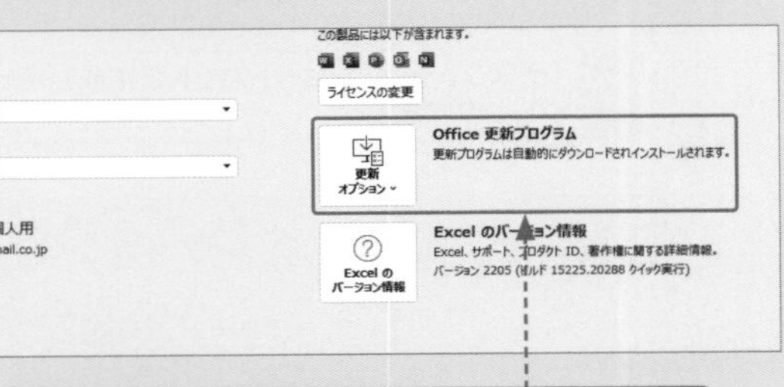

更新プログラムは自動的にダウンロードされます。

● 更新プログラムを手動でインストールする

更新プログラムを確認して手動でインストールすることもできます。[更新オプション]をクリックして、[今すぐ更新]をクリックします。最新バージョンのExcelがインストールされている場合は、「最新の状態です」というダイアログボックスが表示されます。

1 [更新オプション]をクリックして、

2 [今すぐ更新]をクリックします。

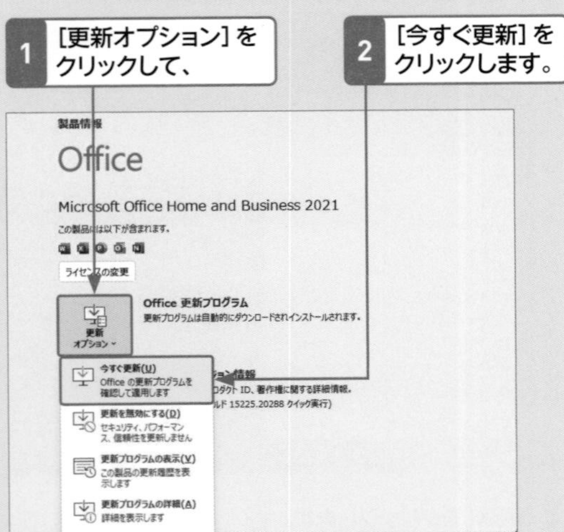

重要度 ★★★ 起動と終了

Q 018 Excelを終了するには？

A1 画面右上の[閉じる]☒をクリックします。

Excelを終了するには、画面右上の[閉じる]☒をクリックします。このとき、作業中のブックを保存していない場合は、ブックを保存するかどうかを確認するダイアログボックスが表示されます。また、複数のブックを開いている場合は、クリックした画面のブックだけが閉じます。

参照▶Q 020

[閉じる]をクリックすると、Excelが終了します。

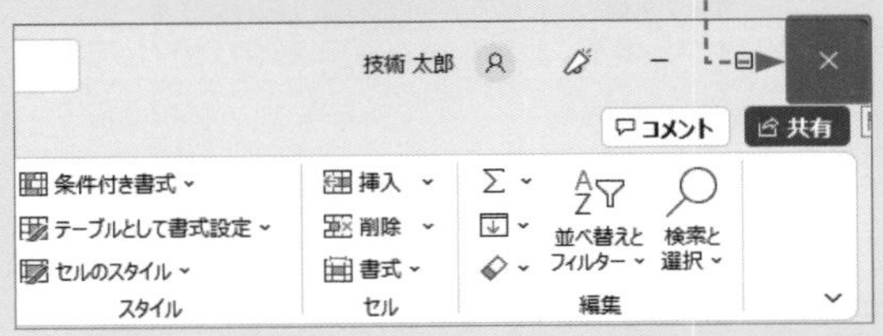

A2 [ファイル]タブから[閉じる]をクリックします。

作業を終了したいが、Excel自体はそのまま起動しておきたいという場合は、[ファイル]タブをクリックして[閉じる]をクリックします。

[ファイル]タブをクリックして、[閉じる]をクリックします。

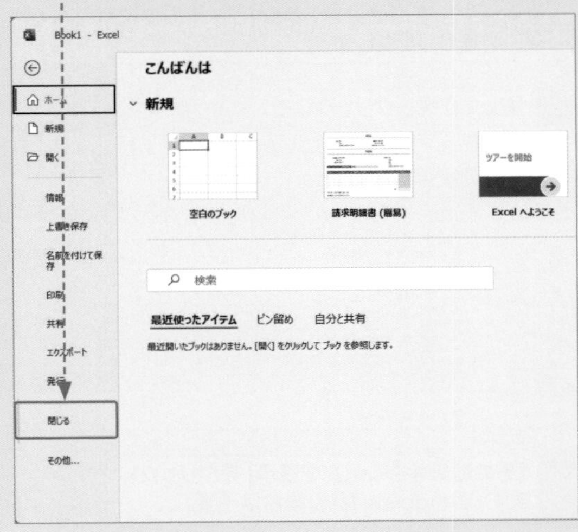

重要度 ★★★　起動と終了

Q 019 「最初に行う設定です。」画面が表示された！

A [同意する]をクリックします。

はじめてExcelを起動したときに、下図のような「最初に行う設定です。」という画面が表示されることがあります。この場合は[同意する]をクリックします。[同意する]をクリックすることによって、Officeの使用許諾契約書に承諾したことになります。

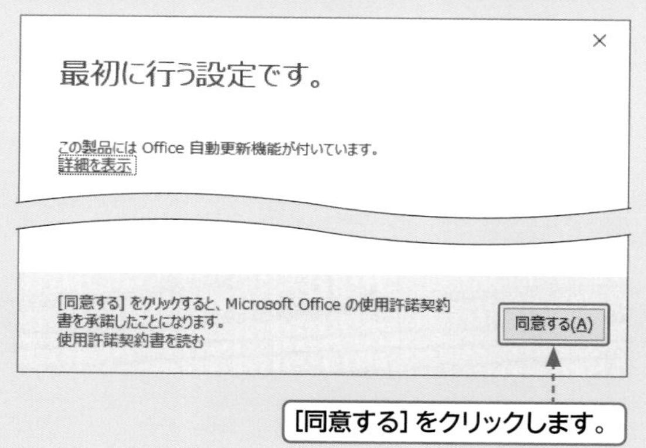

重要度 ★★★　起動と終了

Q 020 終了時に「保存しますか？」と聞かれた！

A 作業中のブックを保存するかどうかを選択します。

現在作業中のブックを保存せずにExcelを終了しようとすると、下図のダイアログボックスが表示されます。ここで、ブックを保存するかどうかを選択できます。[キャンセル]をクリックすると、終了処理を取りやめて作業を続けることができます。

このファイルの変更内容を保存しますか?
ファイル名
Book1 .xlsx
場所を選択
ドキュメント
ドキュメント
その他のオプション… 保存(S) 保存しない(N) キャンセル

重要度 ★★★　起動と終了

Q 021 Excelが動かなくなった！

A [タスクマネージャー]を起動して強制終了します。

通常は、「応答していません」というようなメッセージが表示されるので、画面の指示に従います。Excelが何の反応もしなくなったときは、Ctrl と Alt と Delete を同時に押すと表示される画面で[タスクマネージャー]をクリックするか、[スタート]を右クリックして[タスクマネージャー]をクリックします。
画面に表示されている[Microsoft Excel]をクリックし、[タスクを終了する]（Windows 10の場合は[タスクの終了]）をクリックして強制終了します。

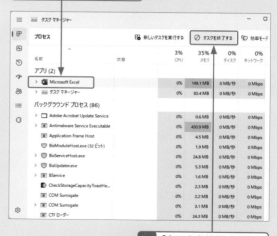

1 [Microsoft Excel]をクリックして、

タスク マネージャー
プロセス　新しいタスクを実行する　タスクを終了する　効率モード

名前	状態	3% CPU	35% メモリ	0% ディスク	0% ネットワーク
アプリ (2)					
Microsoft Excel		0%	149.1 MB	0 MB/秒	0 Mbps
タスク マネージャー		0%	83.4 MB	0 MB/秒	0 Mbps
バックグラウンド プロセス (86)					
Adobe Acrobat Update Service		0%	0.6 MB	0 MB/秒	0 Mbps
Antimalware Service Executable		0%	430.9 MB	0 MB/秒	0 Mbps
Application Frame Host		0%	4.5 MB	0 MB/秒	0 Mbps
BizModuleHost.exe (32 ビット)		0%	1.9 MB	0 MB/秒	0 Mbps
BizServiceHost.exe		0%	24.8 MB	0 MB/秒	0 Mbps
BizUpdater.exe		0%	5.3 MB	0 MB/秒	0 Mbps
BService		0%	1.6 MB	0 MB/秒	0 Mbps
CheckStorageCapacityToastHe...		0%	2.3 MB	0 MB/秒	0 Mbps
COM Surrogate		0%	2.2 MB	0 MB/秒	0 Mbps
COM Surrogate		0%	3.1 MB	0 MB/秒	0 Mbps
CTF ローダー		0%	24.3 MB	0 MB/秒	0 Mbps

2 [タスクを終了する]をクリックし、強制終了します。

重要度 ★★★ Excel操作の基本

Q 022 セルって何？

A データを入力するためのマス目のことです。

「セル」は、ワークシートを構成する1つ1つのマス目のことをいいます。セルには数値や文字、日付データ、数式などを入力できます。セルのマス目を利用して、さまざまな表を作成したり、計算式を入力して集計表を作成したりします。

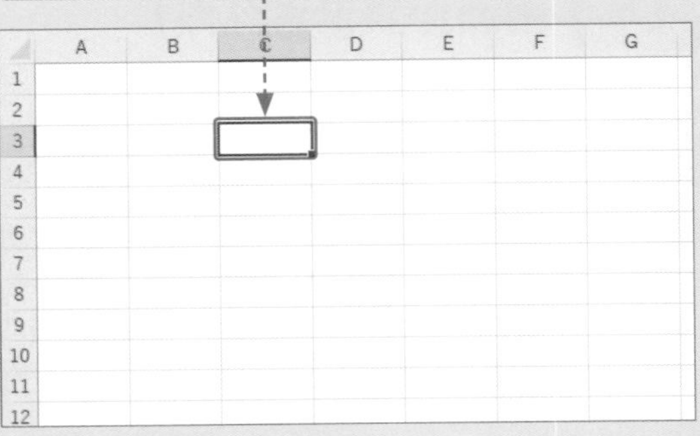
ワークシート内の1つ1つのマス目のことをセルといいます。セルにデータを入力していきます。
A B C D E F G
1 2 3 4 5 6 7 8 9 10 11 12

重要度 ★★★ Excel操作の基本

Q 023 ワークシートって何？

A Excelの作業スペースです。

「ワークシート」は、Excelでさまざまな作業を行うためのスペースで、単に「シート」とも呼ばれます。ワークシートは格子状に分割されたセルによって構成されています。セルの横の並びが「行」、縦の並びが「列」です。1枚のワークシートは最大「104万8,576行×1万6,384列（A～XFD列）」のセルで構成されています。ワークシートは必要に応じて追加や削除することができます。

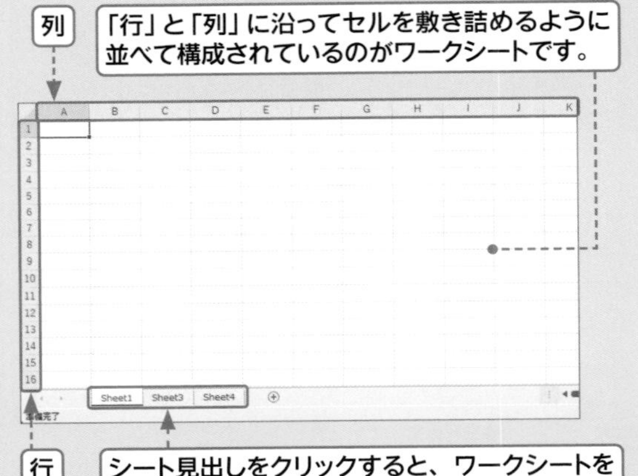
列
「行」と「列」に沿ってセルを敷き詰めるように並べて構成されているのがワークシートです。
Sheet1 Sheet3 Sheet4
行
シート見出しをクリックすると、ワークシートを切り替えることができます。

重要度 ★★★ Excel操作の基本

Q 024 ブックって何？

A 1つあるいは複数のワークシートから構成されたExcelの文書のことです。

「ブック」は、1つあるいは複数のワークシートから構成されたExcelの文書（ドキュメント）のことです。ブックは「.xlsx」という拡張子を持った1つのファイルになります。

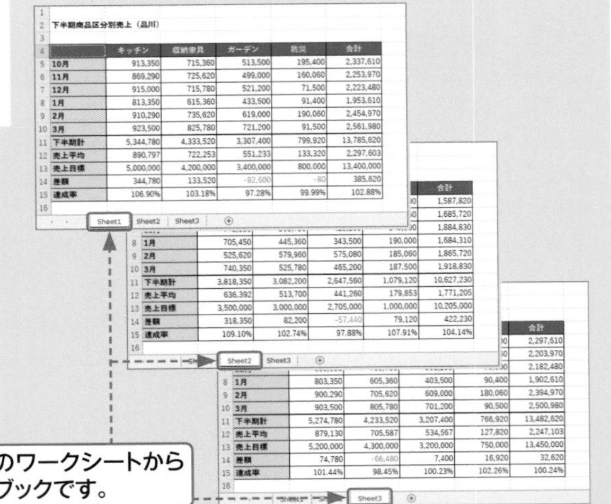
下半期商品区分別売上（品川）
Sheet1 Sheet2 Sheet3
1つあるいは複数のワークシートから構成されたものがブックです。

重要度 ★★★　Excel操作の基本

Q 025 アクティブセルって何？

A 操作の対象となっているセルです。

「アクティブセル」は、現在操作の対象となっているセルをいいます。アクティブセルは、緑色の太枠で表示されます。
複数のセル範囲を選択した場合は、セルがグレーで反転します。その中で白く表示されているのがアクティブセルです。データの入力や編集は、アクティブセルに対して行われます。

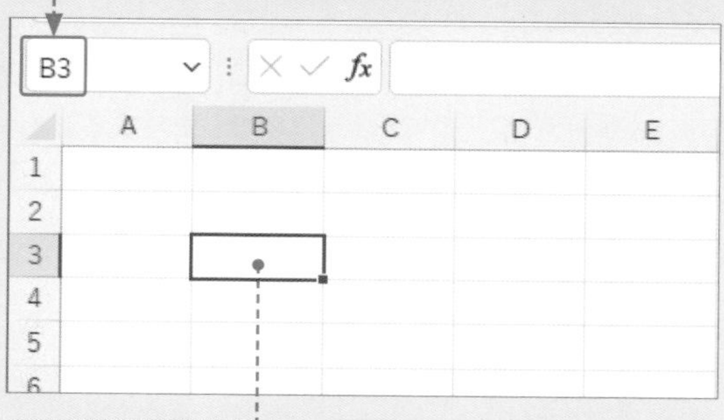

重要度 ★★★　Excel操作の基本

Q 026 右クリックで表示されるツールバーは何に使うの？

A 操作対象に対して書式などを設定するためのものです。

セルを右クリックしたり、テキストを選択したりすると、ミニツールバーが表示されます。ミニツールバーには、選択した対象に対して書式を設定するコマンドが用意されています。表示されるコマンドの内容は、操作する対象によって変わります。ミニツールバーを利用すると、タブをクリックして目的のコマンドをクリックするより操作がすばやく実行できます。

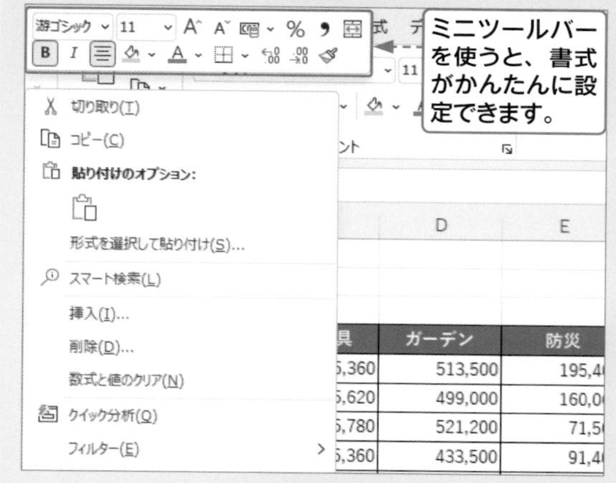

重要度 ★★★　Excel操作の基本

Q 027 同じ操作を繰り返したい！

A F4 を押すか、Ctrl を押しながら Y を押します。

直前に行った操作をほかのセルにも繰り返し実行するには、F4 を押すか、Ctrl を押しながら Y を押します。

例として、セルに背景色を設定します。

	A	B	C	D	E	F
1	四半期店舗別売上					
2		品川	新宿	中野	目黒	合計
3	1月	2,860	6,400	2,550	2,560	14,370
4	2月	2,580	5,530	2,280	1,880	12,270
5	3月	2,650	6,890	2,560	2,450	14,550
6	四半期計	8,090	18,820	7,390	6,890	41,190

1 ほかのセル範囲を選択して、

2 F4 を押すか、Ctrl を押しながら Y を押すと、

3 直前の操作（ここでは背景色の設定）が繰り返されます。

	A	B	C	D	E	F
1	四半期店舗別売上					
2		品川	新宿	中野	目黒	合計
3	1月	2,860	6,400	2,550	2,560	14,370
4	2月	2,580	5,530	2,280	1,880	12,270
5	3月	2,650	6,890	2,560	2,450	14,550
6	四半期計	8,090	18,820	7,390	6,890	41,190

重要度 ★★★　Excel操作の基本

Q 028 操作をもとに戻したい！

A [元に戻す] や [やり直し] を利用します。

[元に戻す] をクリックすると、操作を取り消して直前の状態に戻すことができます。Ctrl を押しながら Z を押しても同様に操作できます。
操作を取り消したあと、[やり直し] をクリックすると、取り消した操作をやり直すことができます。Ctrl を押しながら Y を押しても同様に操作できます。
また、複数の操作をまとめて取り消したり、やり直したりすることもできます。[元に戻す] や [やり直し] の ⌄ をクリックして、一覧から目的の操作を選択します。

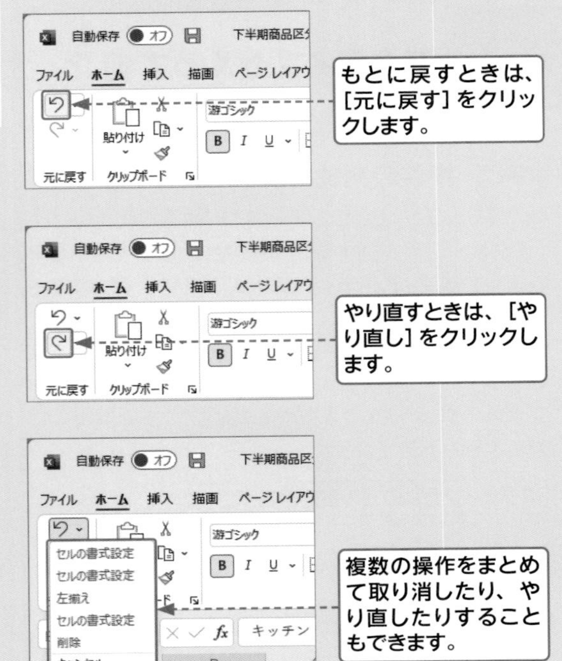

もとに戻すときは、[元に戻す] をクリックします。
やり直すときは、[やり直し] をクリックします。
複数の操作をまとめて取り消したり、やり直したりすることもできます。
セルの書式設定
セルの書式設定
左揃え
セルの書式設定
削除
キャンセル

重要度 ★★★　Excel操作の基本

Q 029 新しいブックを作成するには？

A [ファイル] タブの [新規] から作成します。

Excel を起動して [空白のブック] をクリックすると、「Book1」という名前の新規ブックが作成されます。ブックを編集中に、別のブックを新規に作成する場合は、[ファイル] タブの [新規] をクリックして、[空白のブック] をクリックします。
ブックは、空白の状態から作成したり、テンプレートから作成したりできます。

参照 ▶ Q 672

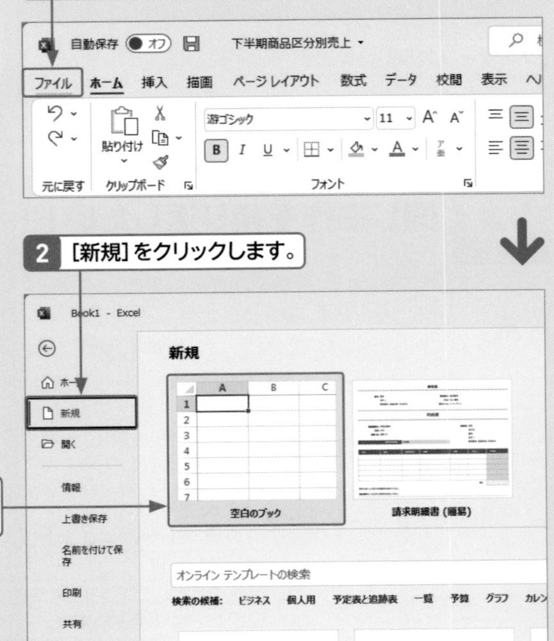

重要度 ★★★　Excel画面の基本

Q 030 クイックアクセスツールバーを表示したい！

A [リボンの表示オプション] から表示させます。

「クイックアクセスツールバー」は、よく使う機能をコマンドとして登録しておくことができる領域です。Excel 2021の初期設定では、クイックアクセスツールバーは表示されていません。表示するには、下の手順で設定します。なお、Excel 2019/2016では、最初から表示されています。

参照▶Q 044

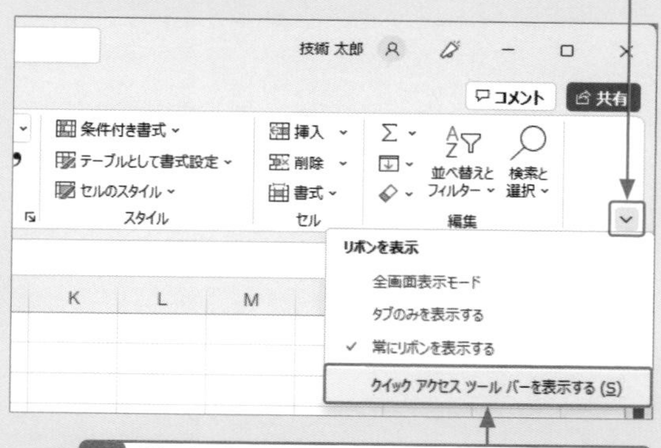

重要度 ★★★　Excel画面の基本

Q 031 クイックアクセスツールバーを移動したい！

A [クイックアクセスツールバーのユーザー設定] から移動します。

Excel 2021でクイックアクセスツールバーを表示すると、既定ではリボンの下に表示されます。リボンの上に移動するには、[クイックアクセスツールバーのユーザー設定] をクリックして、[リボンの上に表示] をクリックします。

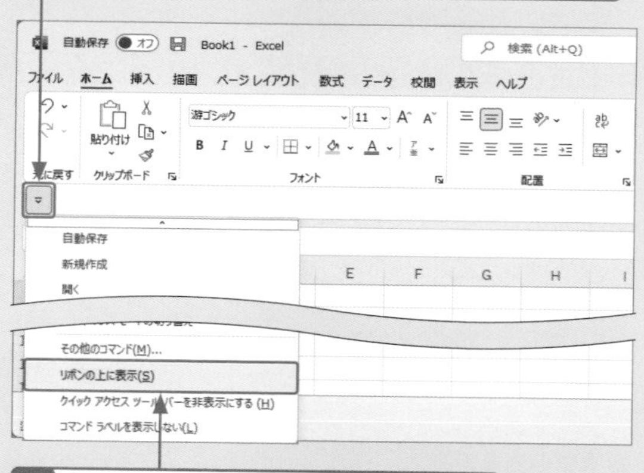

重要度 ★★★　Excel画面の基本

Q 032 スマート検索って何？

A 調べたい用語などをExcelの画面で検索できる機能です。

「スマート検索」は、調べたい用語などをExcelの画面で検索できる機能です。検索したい用語があるセルをクリックして、[校閲] タブの [スマート検索] をクリックすると、ウィキペディアやBingイメージ検索、Web検索などのオンラインソースから情報が検索され、画面右側の [検索] 作業ウィンドウに表示されます。リンクをクリックすると、Webブラウザーが起動して、リンク先のページが表示されます。

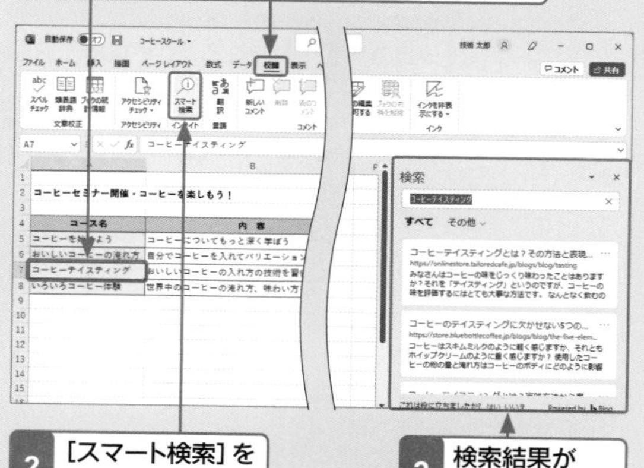

重要度★★★ Excel画面の基本

Q 033 リボンやタブって何？

A Excelの操作に必要なコマンドが表示されるスペースです。

「タブ」は、Excelの機能を実行するためのものです。Excel 2021の場合は10個(あるいは9個)のタブが配置されています。そのほかのタブは、作業に応じて新しいタブとして表示されるようになっています。それぞれのタブにはコマンドが表示されており、コマンドをクリックして直接機能を実行したり、メニューやダイアログボックスなどを表示して機能を実行したりします。よく使うコマンドだけを集めたオリジナルのタブを作成したり、タブの表示／非表示を切り替えたりするなどのカスタマイズが可能です。

「リボン」は、タブの集合体をいいます。以下に、各タブの主な機能を一覧で紹介します。なお、[描画]タブは、タッチスクリーンに対応したパソコンの場合に自動的に表示されます。表示されない場合は、[ファイル]タブの[その他]から[オプション]をクリックして、[Excelのオプション]ダイアログボックスの[リボンのユーザー設定]で[描画]をオンにします。

参照▶Q 042, Q 218

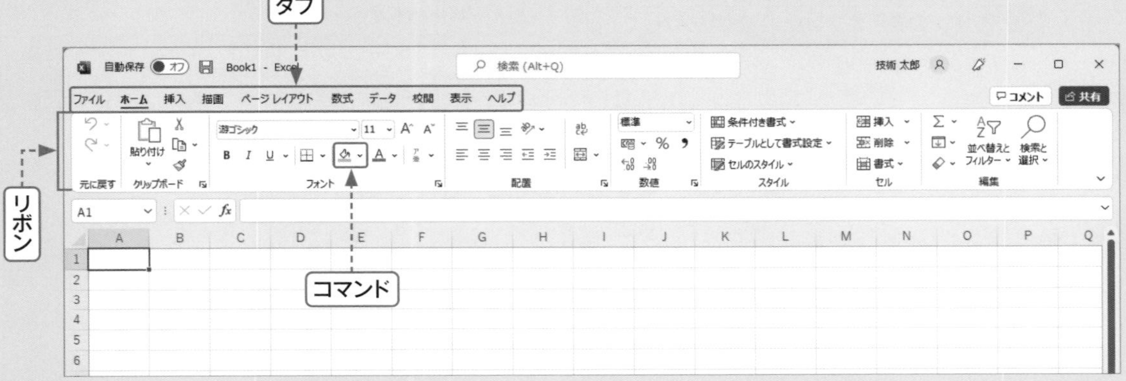

● タブの主な機能

タブ	主な機能
ファイル	文書の新規作成や保存、印刷などファイルに関する操作や、Excelの操作に関する各種オプション機能などが搭載されています。
ホーム	文字書式やセルの書式設定、文字配置の変更やデータの表示形式の変更、行、列、セルの挿入・削除などに関する機能が搭載されています。
挿入	画像や図形、アイコン、3Dモデル、SmartArtなどを挿入したり、各種グラフやテキストボックスを作成したりする機能が搭載されています。
描画	指やデジタルペン、マウスを使って、ワークシートに直接描画したり、描画を図形に変換したり、数式に変換したりする機能が搭載されています。
ページレイアウト	文書全体のデザインを変更したり、用紙サイズや印刷の向き、余白、印刷範囲などを設定したりする機能が搭載されています。

タブ	主な機能
数式	数式の入力や関数の挿入、数式で使用するセル範囲名の管理、ワークシートの分析など、計算に関する機能が搭載されています。
データ	Accessのデータベースやテキストファイル、Webページなどのデータを取り込んだり、データの並べ替えや抽出などのデータに関する機能が搭載されています。
校閲	スペルチェック、語句の検索、言語の翻訳などの文章校正や、コメントの挿入、ワークシートやブックの保護など文書の共有に関する機能が搭載されています。
表示	文書の表示モードの切り替えやワークシートの表示倍率の変更、ウィンドウの分割、切り替えなど、文書表示に関する機能が搭載されています。
ヘルプ	[ヘルプ]作業ウィンドウを表示したり、マイクロソフトにフィードバックを送信したり、動画でExcelの使い方を閲覧したりする機能が搭載されています。

重要度 ★★★　Excel画面の基本

Q 034 リボンを小さくしてワークシートを広く使いたい！

A いずれかのタブをダブルクリックすると、リボンが折りたたまれます。

リボンを必要なときにのみ表示させたい場合は、アクティブなタブの名前の部分をダブルクリックすると、リボンが折りたたまれます。リボンが折りたたまれた状態でコマンドを実行するには、目的のタブの名前の部分をクリックすると一時的にリボンが表示されます。折りたたんだリボンをもとに戻すには、アクティブなタブの名前の部分をダブルクリックします。

1 タブを表示して、名前の部分をダブルクリックすると、

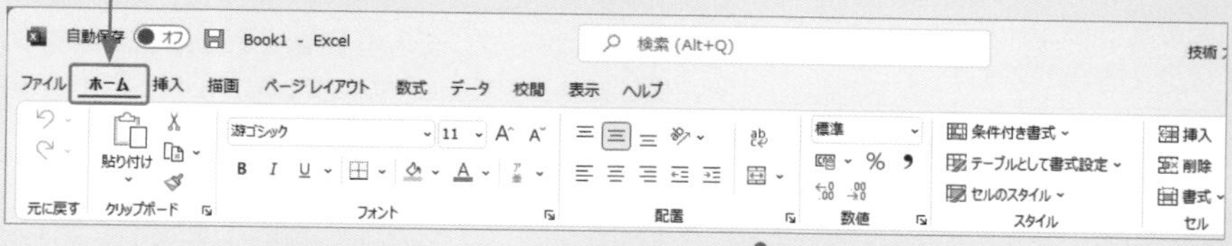

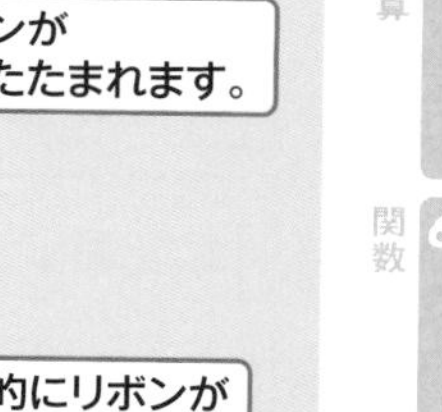

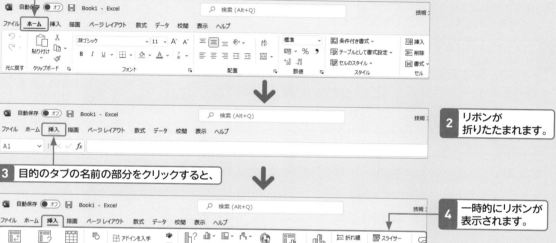

2 リボンが折りたたまれます。

3 目的のタブの名前の部分をクリックすると、

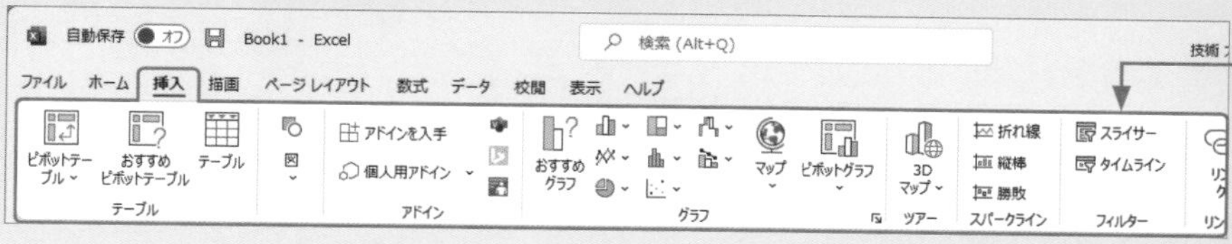

4 一時的にリボンが表示されます。

重要度 ★★★　Excel画面の基本

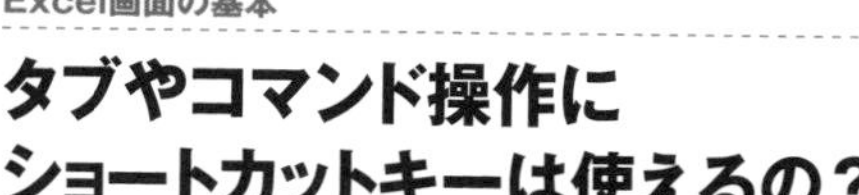

Q 035 タブやコマンド操作にショートカットキーは使えるの？

A 使えます。Alt を押すとショートカットキーが確認できます。

Excelの操作性を向上するのに欠かせないのが、ショートカットキーです。Excelではコマンドのほとんどにショートカットキーが割り当てられています。Alt を押すと、割り当てられているキー（数字やアルファベット）が表示されます。
表示されたキーを押すと、そのタブやコマンドに切り替わります。

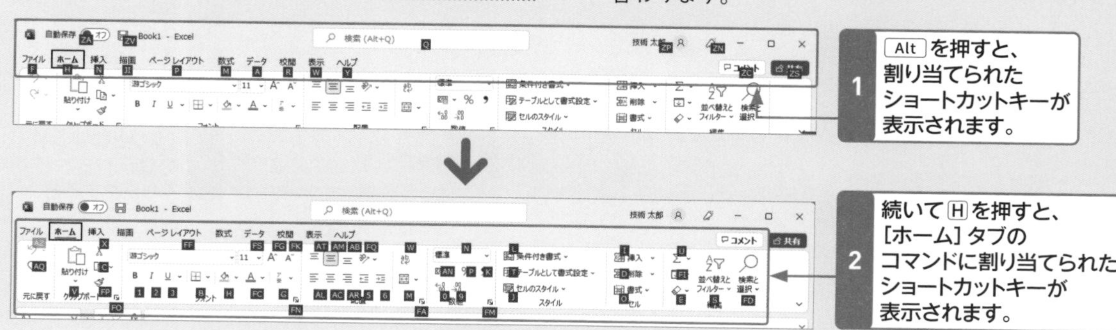

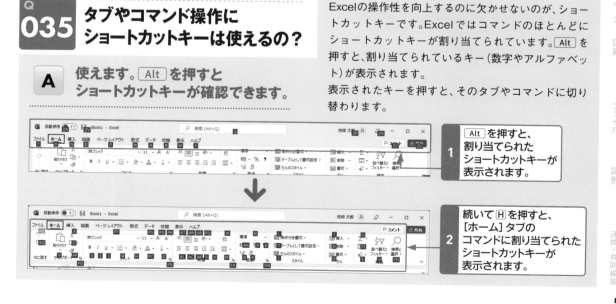

1 Alt を押すと、割り当てられたショートカットキーが表示されます。

2 続いて H を押すと、［ホーム］タブのコマンドに割り当てられたショートカットキーが表示されます。

重要度 ★★★ Excel画面の基本

Q 036 コマンドの名前や機能がわからない!

A コマンドにマウスポインターを合わせると確認できます。

コマンドなどの名称や機能がわからない場合は、マウスポインターを合わせると、そのコマンドの名称や機能の簡単な説明が文章や画面のプレビューで表示されます。これを利用すると、すばやく確認できます。

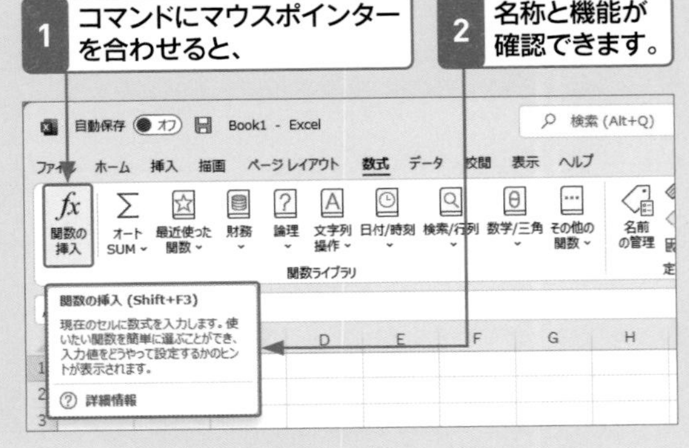
1 コマンドにマウスポインターを合わせると、
2 名称と機能が確認できます。
関数の挿入 (Shift+F3)
現在のセルに数式を入力します。使いたい関数を簡単に選ぶことができ、入力値をどうやって設定するかのヒントが表示されます。
詳細情報

重要度 ★★★ Excel画面の基本

Q 037 ダイアログボックスはなくなったの?

A タブのグループの右下にあるコマンドから表示できます。

タブに表示された各グループの右下にある ⧉(ダイアログボックス起動ツールと呼ばれます)をクリックすると、そのグループに関連するダイアログボックスが表示されます。

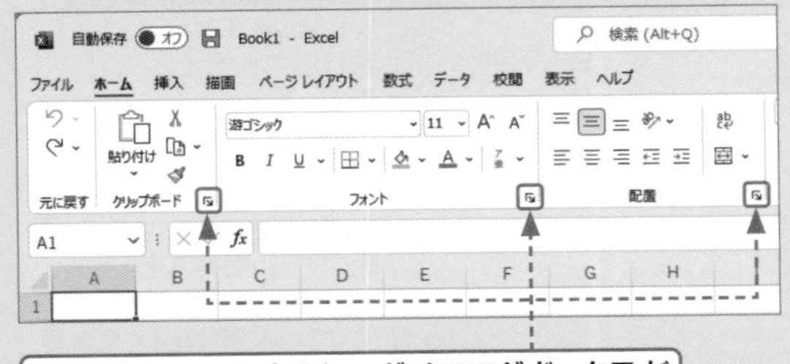

これらをクリックすると、ダイアログボックスが表示されます。

重要度 ★★★ Excel画面の基本

Q 038 リボンがなくなってしまった!

A [リボンの表示オプション]をクリックして表示させます。

● Excel 2021の場合

リボンが折りたたまれているのではなく、リボン全体が非表示になってしまった場合は、画面の上部をクリックします。リボンが一時的に表示されるので、[リボンの表示オプション]をクリックして、[常にリボンを表示する]をクリックすると、表示されます。

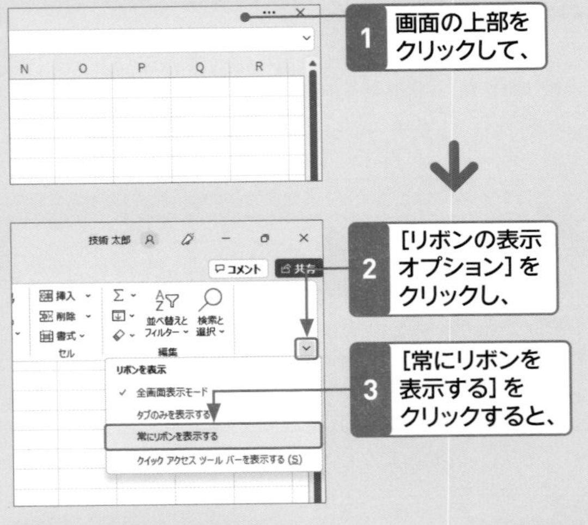
1 画面の上部をクリックして、
2 [リボンの表示オプション]をクリックし、
3 [常にリボンを表示する]をクリックすると、
リボンを表示
全画面表示モード
タブのみを表示する
常にリボンを表示する
クイック アクセス ツール バーを表示する (S)

4 通常の表示に戻ります。

● Excel 2019/2016の場合

Excel 2019/2016の場合は、[リボンの表示オプション]をクリックして、[タブとコマンドの表示]をクリックすると、表示されます。

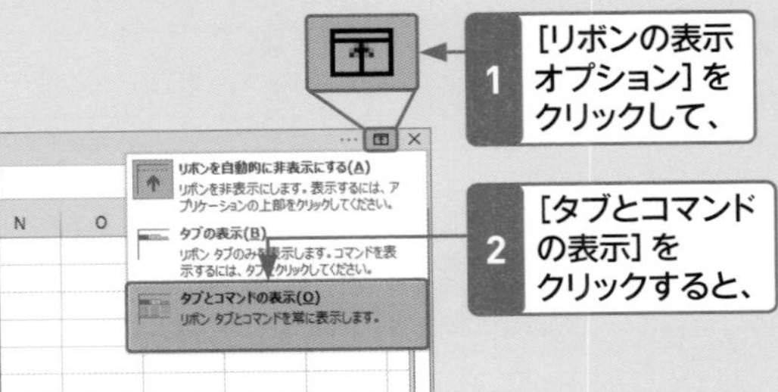
1 [リボンの表示オプション]をクリックして、
2 [タブとコマンドの表示]をクリックすると、
リボンを自動的に非表示にする(A)
タブの表示(B)
タブとコマンドの表示(O)
リボン タブとコマンドを常に表示します。

3 通常の表示に戻ります。

重要度 ★★★ Excel画面の基本

Q 039 ファイルに関するメニューはどこにあるの？

A [ファイル]タブをクリックすると表示されます。

ファイルに関するメニューは[ファイル]タブに配置されています。[ファイル]タブをクリックすると、情報や新規、開く、保存、印刷といったファイル操作に関するメニューが表示されます。⊖をクリックすると、もとの画面に戻ります。

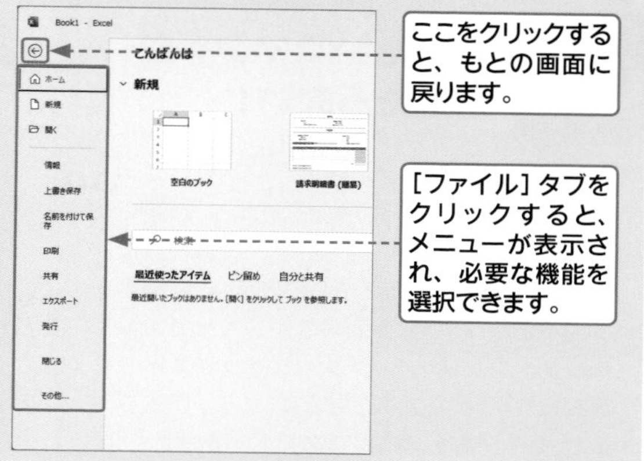

ここをクリックすると、もとの画面に戻ります。
[ファイル]タブをクリックすると、メニューが表示され、必要な機能を選択できます。

重要度 ★★★ Excel画面の基本

Q 040 Excel全体の機能はどこで設定するの？

A [Excelのオプション]ダイアログボックスで設定します。

Excelの全体的な機能の設定は、[ファイル]タブの[その他]から[オプション]をクリックすると表示される[Excelのオプション]ダイアログボックスで行います。Excelを操作するための一般的なオプションのほか、リボンやクイックアクセスツールバーのカスタマイズ、アドインの管理やセキュリティーに関する設定など、Excel全体に関する詳細な設定を行うことができます。

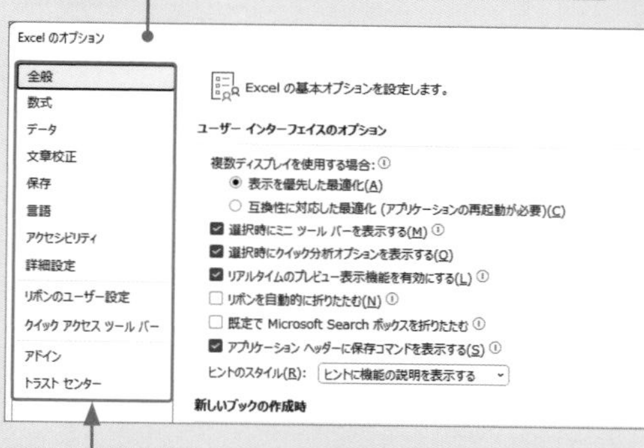

1 [Excelのオプション]ダイアログボックスを表示して、
2 目的の項目をクリックし、必要な設定を行います。

重要度 ★★★ Excel画面の基本

Q 041 アルファベットの列番号が数字になってしまった！

A [Excelのオプション]ダイアログボックスで設定を変更します。

通常は「A」「B」…のようにアルファベットで表示されている列番号が「1」「2」…のように数字で表示された場合は、[Excelのオプション]ダイアログボックスで[R1C1参照形式を使用する]をクリックしてオフにします。R1C1参照形式は、ワークシートの行と列を数字で表すセル参照の方式です。

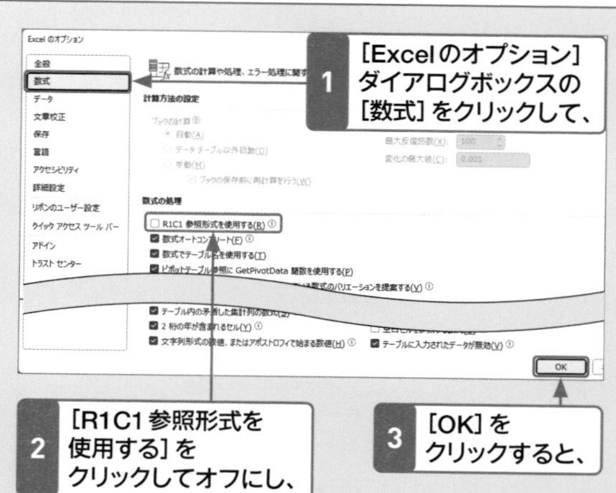

1 [Excelのオプション]ダイアログボックスの[数式]をクリックして、
2 [R1C1参照形式を使用する]をクリックしてオフにし、
3 [OK]をクリックすると、
4 列番号がアルファベットに戻ります。

重要度★★★ Excel画面の基本

Q 042 使いたいコマンドが見当たらない！

A1 画面のサイズによってコマンドの表示が変わります。

タブのグループとコマンドの表示は、画面のサイズによって変わります。画面のサイズを小さくしているときはリボンが縮小し、グループだけが表示される場合があります。そのような場合は、グループをクリックすると、そのグループ内のコマンドが表示されます。

● 画面のサイズが大きい場合

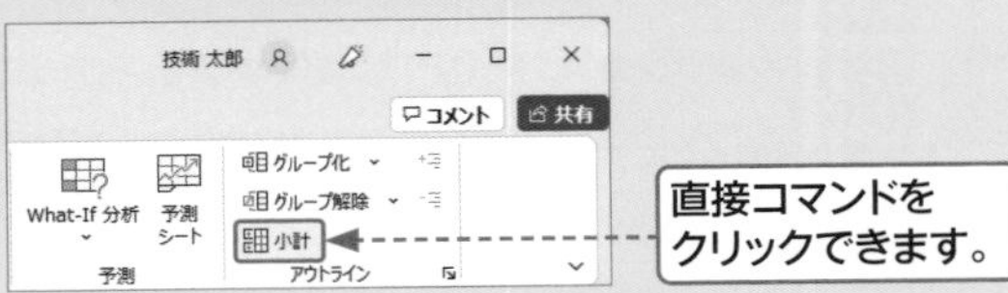

● 画面のサイズが小さい場合

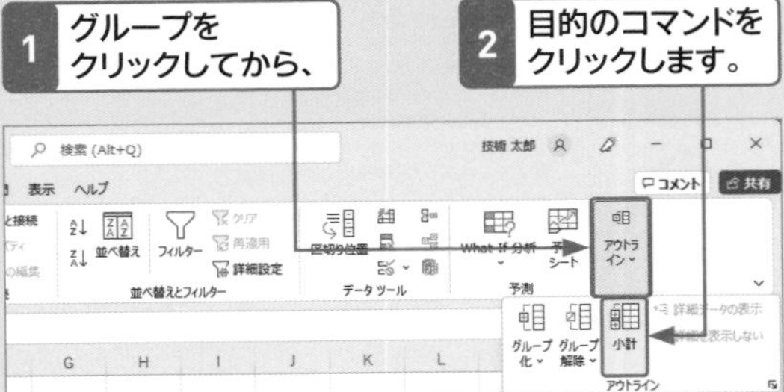

A2 作業の状態によってコマンドの表示が変わります。

タブやコマンドは、いつもすべてが表示されているのではなく、作業の内容に応じて必要なものが表示される場合もあります。たとえば、グラフを作成して選択すると、グラフの編集に必要なコマンドがある［グラフのデザイン］タブと［書式］タブが表示されます。

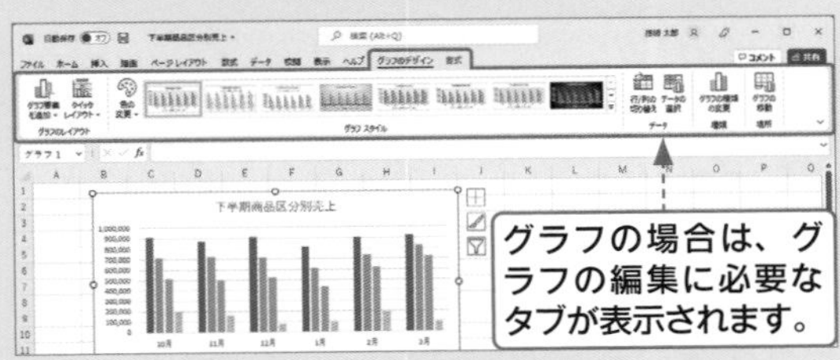

重要度★★★ Excel画面の基本

Q 043 画面の上にある模様は消せないの？

A 消せます。種類や色を変えることもできます。

Officeソフトでは、画面の上に模様（背景）が表示される場合があります。この背景を表示したくない場合は、非表示にすることができます。また、必要に応じて画面の色を変えることもできます。

● 模様を消す／変更する

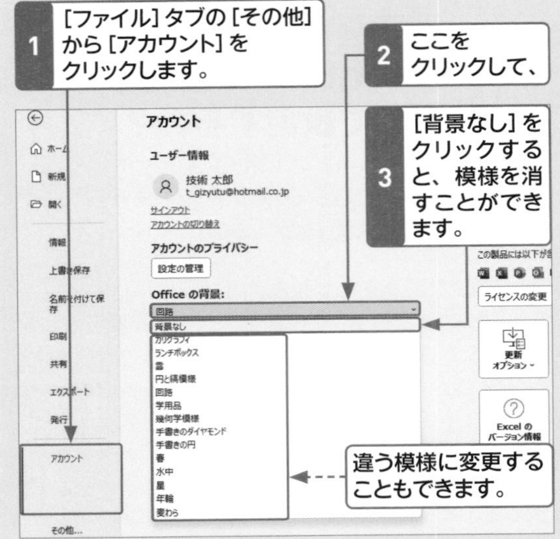

1 ［ファイル］タブの［その他］から［アカウント］をクリックします。
2 ここをクリックして、
3 ［背景なし］をクリックすると、模様を消すことができます。
違う模様に変更することもできます。

● 画面の色を変える

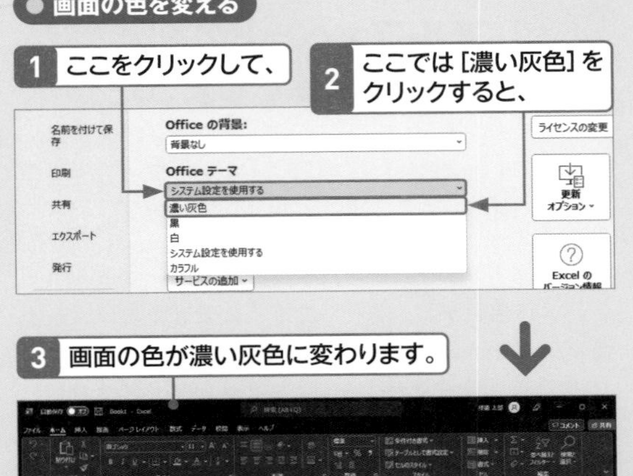

重要度 ★★★ Excel画面の基本

Q 044 よく使うコマンドを常に表示させておきたい！

A クイックアクセスツールバーにコマンドを登録します。

コマンドのなかでも特に使用頻度が高いものは、クイックアクセスツールバーに登録しておくと、タブで機能を探すよりも効率的です。コマンドは複数登録できます。コマンドを登録するには、以下の3つの方法があります。登録するコマンドに応じて選択するとよいでしょう。なお、クイックアクセスツールバーが表示されていない場合は、Q 030を参照して表示します。ここでは、クイックアクセスツールバーを画面の上に移動しています。

参照 ▶ Q 030, Q 031

● メニューから登録する

1 [クイックアクセスツールバーのユーザー設定] をクリックして、

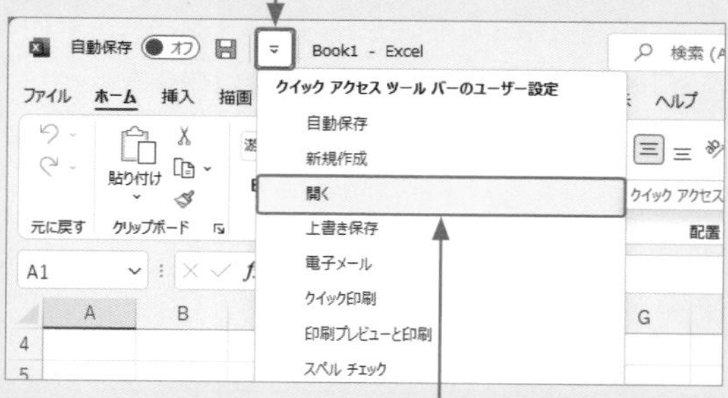

2 表示させたいコマンド（ここでは [開く]）をクリックすると、コマンドが登録されます。

● コマンドの右クリックから登録する

1 登録したいコマンドを右クリックして、

2 [クイックアクセスツールバーに追加] をクリックすると、コマンドが登録されます。

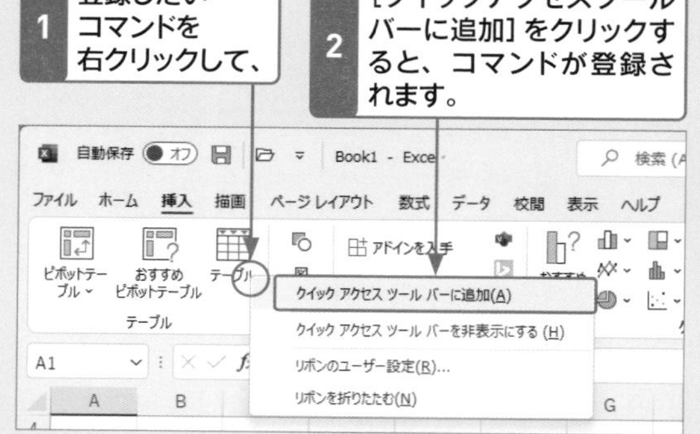

● メニューにないコマンドを登録する

1 [クイックアクセスツールバーのユーザー設定] をクリックして、

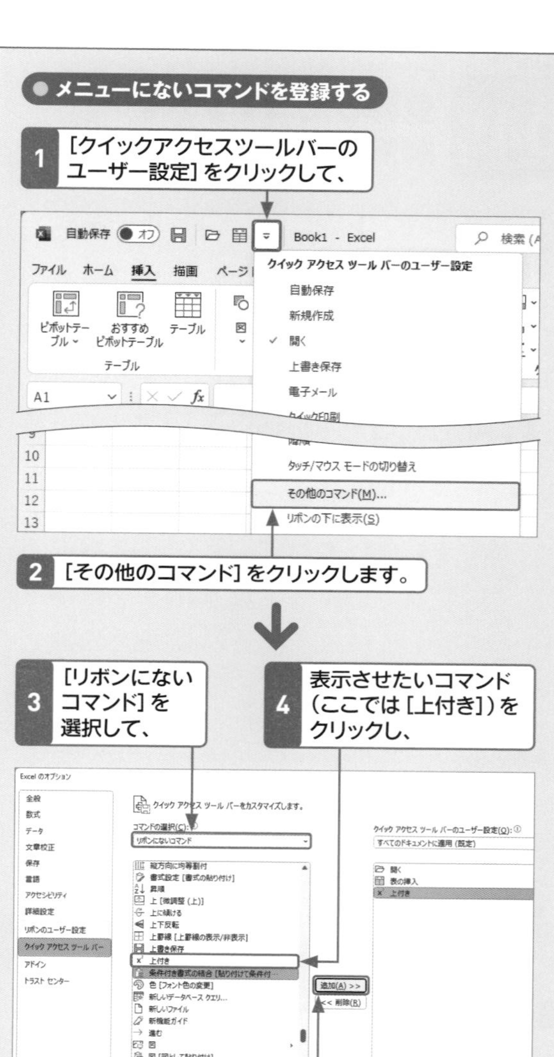

2 [その他のコマンド] をクリックします。

3 [リボンにないコマンド] を選択して、

4 表示させたいコマンド（ここでは [上付き]）をクリックし、

5 [追加] をクリックします。

6 [OK] をクリックすると、

7 コマンドが登録されます。

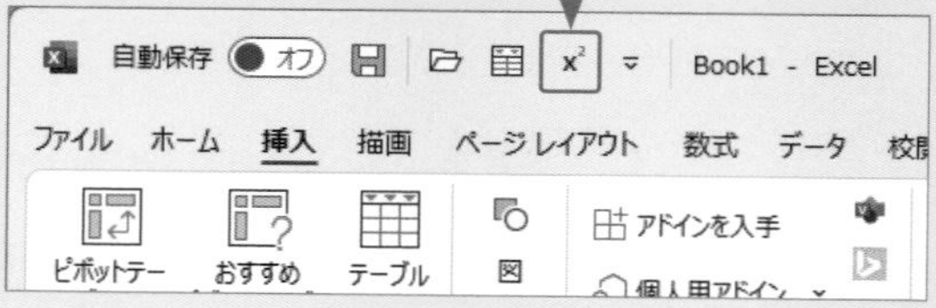

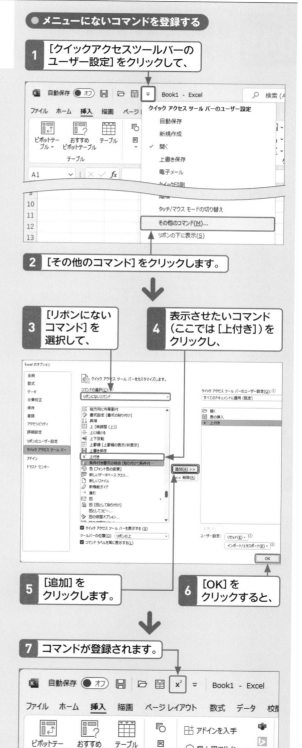

重要度 ★★★　Excel画面の基本

Q 045 登録したコマンドを削除したい！

A1 コマンドを右クリックして削除します。

クイックアクセスツールバーに登録したコマンドを削除するには、コマンドを右クリックして［クイックアクセスツールバーから削除］をクリックします。

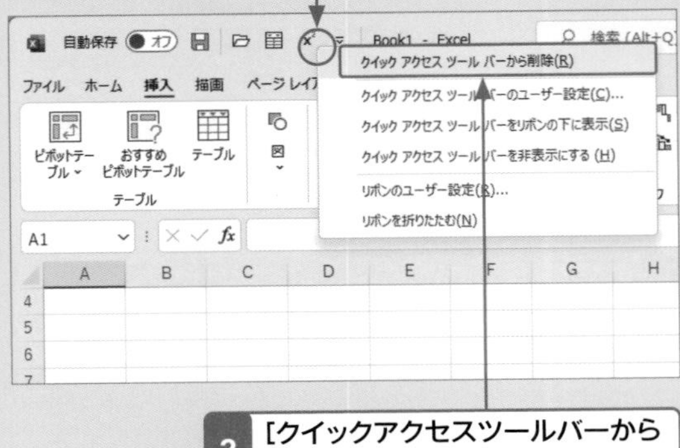

1 削除したいコマンドを右クリックして、
2 ［クイックアクセスツールバーから削除］をクリックします。

A2 ［Excelのオプション］ダイアログボックスで削除します。

［Excelのオプション］ダイアログボックスの［クイックアクセスツールバー］を表示して、登録されているコマンドをクリックし、［削除］をクリックします。

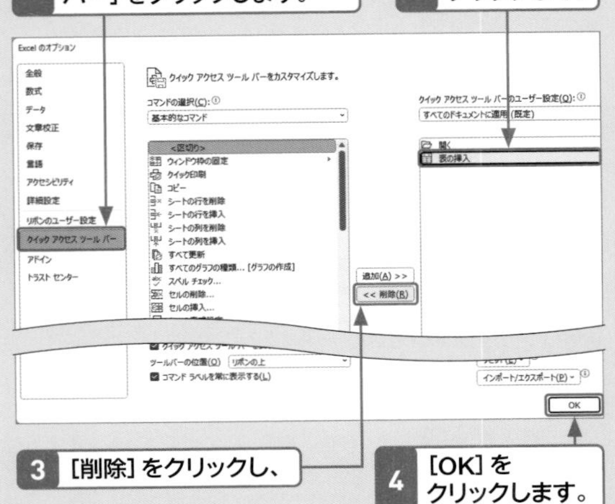

1 ［Excelのオプション］ダイアログボックスを表示して、［クイックアクセスツールバー］をクリックします。
2 削除したいコマンドをクリックして、
3 ［削除］をクリックし、
4 ［OK］をクリックします。

重要度 ★★★　Excel画面の基本

Q 046 目的の機能をすばやく探したい！

A 実行したい操作に関するキーワードを入力して検索します。

Excel 2021の画面の上部には［検索］ボックスが、Excel 2019/2016では、タブの右側に［何をしますか］と表示された入力欄が搭載されています。実行したい操作に関するキーワードを入力すると、キーワードに関連する項目が一覧で表示されるので、使用したい機能をすぐに見つけることができます。

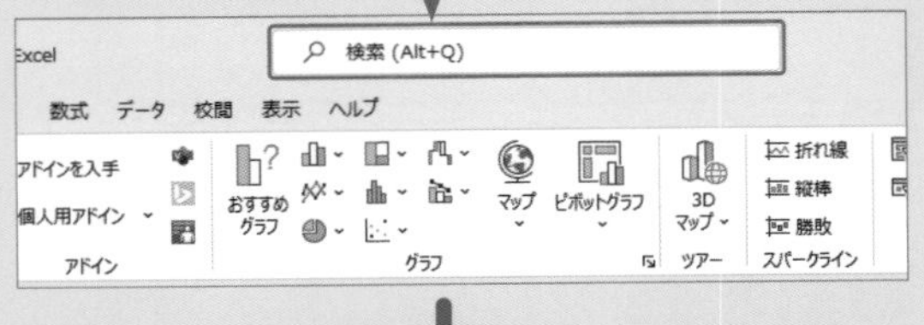

1 ［検索］ボックスをクリックして、

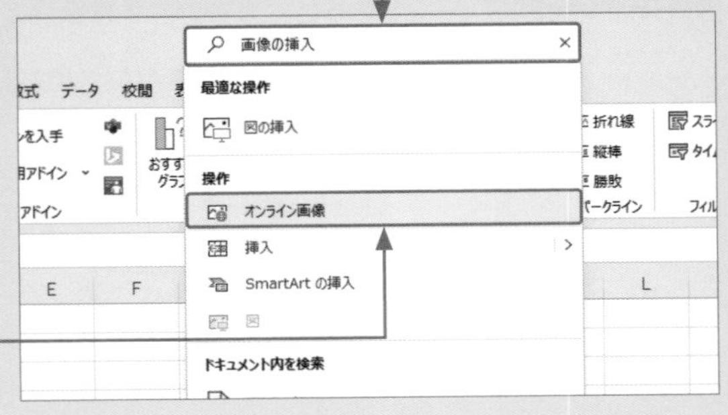

2 実行したい操作に関するキーワードを入力すると、
3 キーワードに関連する項目が一覧で表示されるので、使用したい機能をクリックします。

重要度 ★★★ Excel画面の基本

Q 047 ヘルプはどこにあるの？

A F1 を押すか、[ヘルプ] タブの[ヘルプ] をクリックします。

Excel を使っていて、操作方法や機能の使い方がわからない場合は、ヘルプを利用します。ヘルプを表示するには、F1 を押すか、[ヘルプ] タブの [ヘルプ] をクリックします。

1 F1 を押すか、[ヘルプ] タブをクリックして、[ヘルプ] をクリックすると、

2 [ヘルプ] 作業ウィンドウが表示されます。

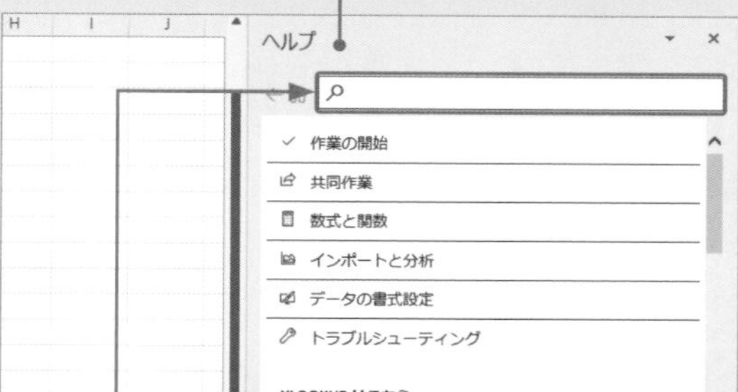

3 キーワードを入力して検索するか、

4 カテゴリをたどって、調べたい機能を探します。

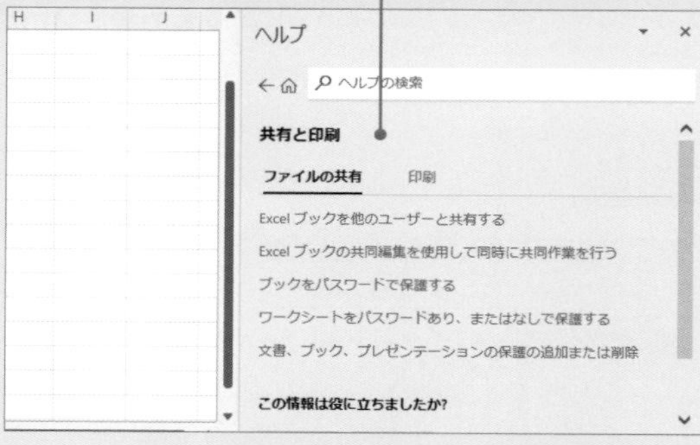

重要度 ★★★ タッチ操作の基本

Q 048 コマンドや項目をタッチしやすくしたい！

A 画面をタッチモードに切り替えます。

パソコンがタッチスクリーンに対応している場合は、クイックアクセスツールバーに [タッチ／マウスモードの切り替え] が表示されています。このコマンドをクリックして、タッチモードに切り替えます。

1 [タッチ／マウスモードの切り替え] をクリックして、

2 [タッチ] をクリックすると、

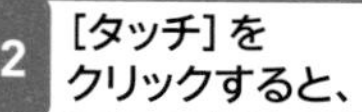

もとに戻すには、[マウス] をクリックします。

3 コマンドの間隔が広がって、タッチ操作がしやすくなります。

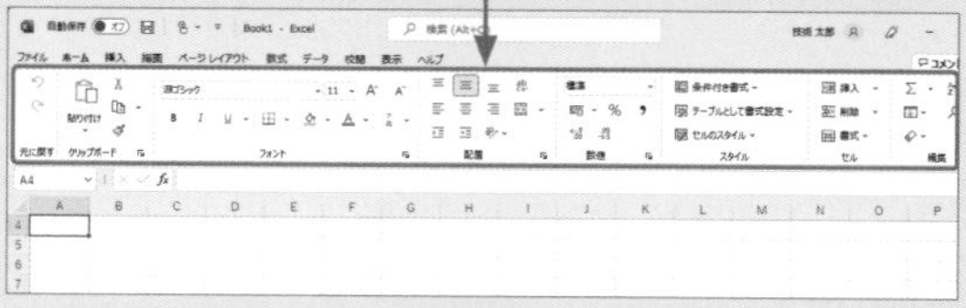

● コマンドが表示されていない場合

1 [タッチ／マウスモードの切り替え] が表示されていない場合は、[クイックアクセスツールバーのユーザー設定] をクリックして、

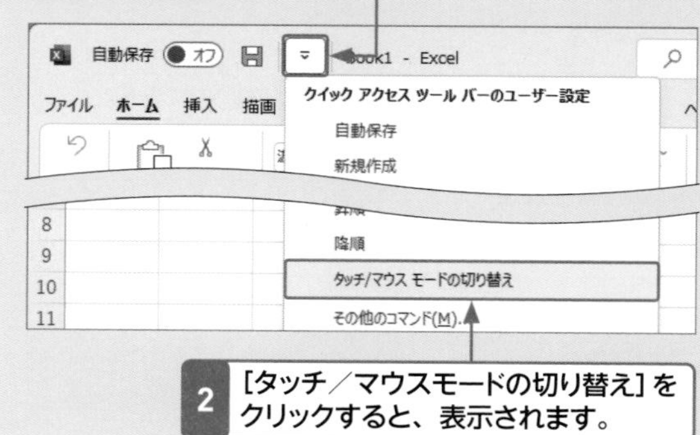

2 [タッチ／マウスモードの切り替え] をクリックすると、表示されます。

重要度 ★★★ タッチ操作の基本

Q 049 タッチ操作でセル範囲を選択するには？

A セルをタップしてハンドルをスライドします。

タッチ操作でセルを選択するには、始点となるセルをタップします。選択したセルの左上と右下にハンドルが表示されるので、そのハンドルを終点となるセルまでスライドすると、セル範囲を選択することができます。

1 始点となるセルをタップすると、

2 セルが選択され、ハンドルが表示されます。

	A	B	C	D	E	F
1	四半期店舗別売上					
2						
3		品川	新宿	中野	目黒	合計
4		2,860	6,400	2,550	2,560	14,370
5	2	2,580	5,530	2,280	1,880	12,270
6		2,650	6,890	2,560	2,450	14,550
7	四	8,090	18,820	7,390	6,890	41,190
8						

3 ハンドルを終点となるセルまでスライドすると、

	A	B	C	D	E	F
1	四半期店舗別売上					
2						
3		品川	新宿	中野	目黒	合計
4	1月	2,860	6,400	2,550	2,560	14,370
5	2月	2,580	5,530	2,280	1,880	12,270
6	3月	0	6,890	2,560	2,450	14,550
7	四半期計		18,820	7,390	6,890	41,190
8						
9						
10						

4 セル範囲が選択されます。

	A	B	C	D	E	F
1	四半期店舗別売上					
2						
3		品川	新宿	中野	目黒	合計
4	1月	2,860	6,400	2,550	2,560	14,370
5	2月	2,580	5,530	2,280	1,880	12,270
6	3月	2,650	6,890	2,560	2,450	14,550
7	四半期計	8,090	18,820	7,390	6,890	41,190
8						

重要度 ★★★ タッチ操作の基本

Q 050 表示倍率をタッチ操作で変更したい！

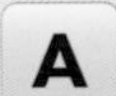

A 2本の指で画面に触れたまま、指を狭めたり広げたりします。

タッチ操作で画面の表示倍率を変更するには、2本の指で画面に触れたまま、指を狭めたり広げたりします。指を狭める（ピンチする）と表示倍率が小さくなり、指を広げる（ストレッチする）と表示倍率が大きくなります。

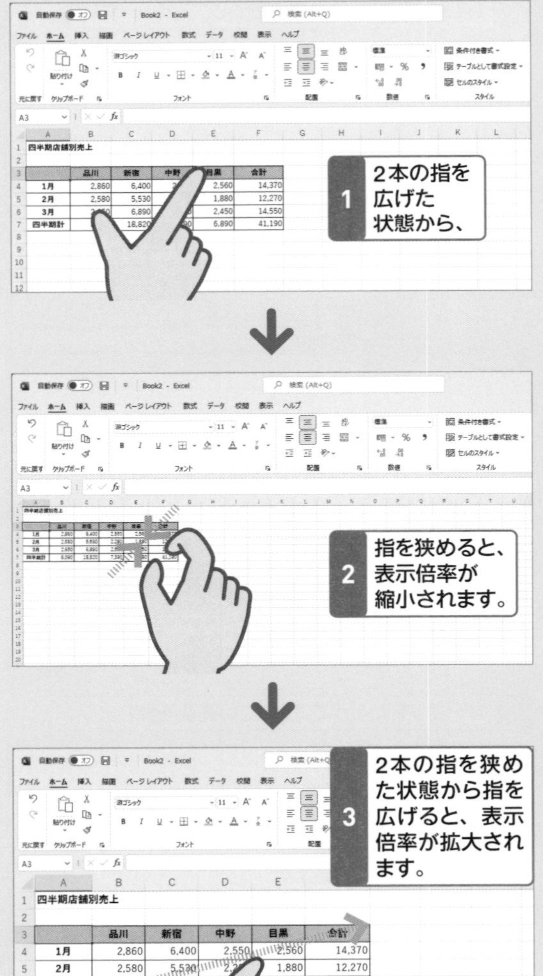

1 2本の指を広げた状態から、
2 指を狭めると、表示倍率が縮小されます。
3 2本の指を狭めた状態から指を広げると、表示倍率が拡大されます。

第2章

入力の「こんなときどうする?」

重要度★★★ セルの移動

Q 051 ←→を押してもセルが移動しない！

A Enter や Tab で移動します。

既存のデータを修正するためにセル内にカーソルを表示しているときは、←→を押すとセル内でカーソルが移動し、セルの移動ができません。また、数式の入力中は、参照先のセルが移動します。このような場合は、Enter や Tab を押すと移動できます。

● セル内にカーソルがある場合

	A	B	C
1	四半期店舗別売上		
2			

←→を押すと、セル内でカーソルが移動します。

● 数式を入力中の場合

	A	B	C	D	E	F
1	四半期店舗別売上					
2						
3		品川	新宿	中野	目黒	合計
4	1月	2,860	6,400	2,550	2,560	14,370
5	2月	2,580	5,530	2,280	1,880	12,270
6	3月	2,650	6,890			
7	四半期計	=B4+C5				

←→を押すと、参照先のセルが移動します。

重要度★★★ セルの移動

Q 052 ←→を押すと隣のセルにカーソルが移動してしまう！

A F2 を押して、セルを編集モードにします。

Excel でデータを入力する場合、新規にデータを入力するときの「入力モード」と、セルを修正するときの「編集モード」があります。入力モードのときに←→を押して文字を修正しようとすると、隣のセルにカーソルが移動してしまいます。この場合は、F2 を押して編集モードに切り替えると、目的の位置にカーソルを移動することができます。

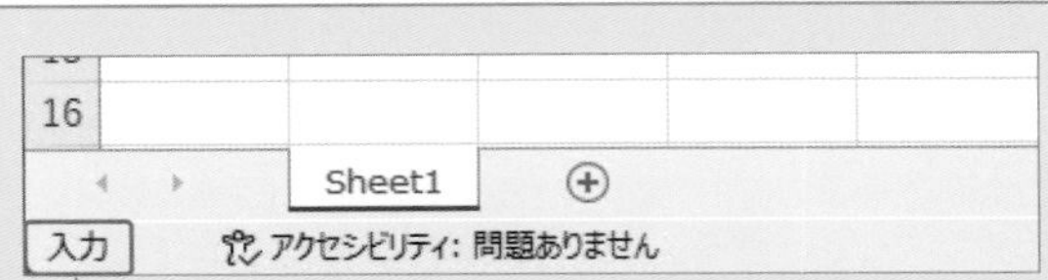

1 文字を入力するときは「入力モード」になっています。

16
Sheet1
編集
アクセシビリティ: 問題ありません

2 F2 を押して「編集モード」に切り替えると、セル内の目的の位置にカーソルを移動することができます。

重要度★★★ セルの移動

Q 053 Enter を押したあとにセルを右に移動したい！

A [Excelのオプション] ダイアログボックスで変更します。

Enter を押して入力を確定したとき、初期設定ではアクティブセルは下に移動します。移動方向を右に変えたいときは、[Excelのオプション] ダイアログボックスの [詳細設定] で変更します。
ただし、自動リターン機能を利用する場合は、移動方向は初期設定のまま「下」にしておきます。 参照▶Q 054

1 [ファイル] タブの [その他] から [オプション] をクリックし、[詳細設定] をクリックします。

2 ここをクリックして、

3 [右] をクリックし、

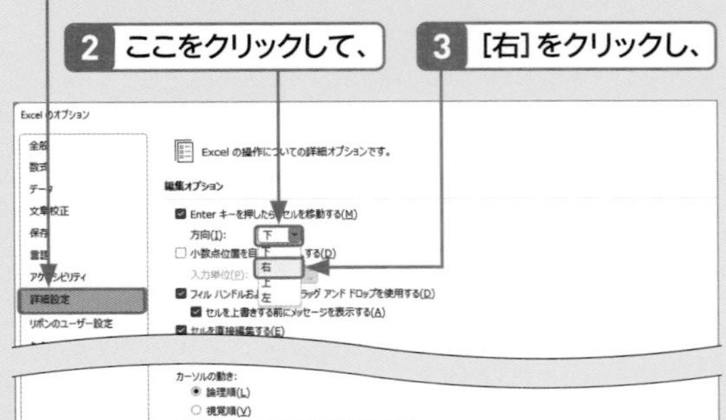

4 [OK] をクリックします。

重要度 ★★★ セルの移動

Q 054 データを入力するときに効率よく移動したい！

A 自動リターン機能を利用します。

データを入力する際、Tab を押しながら右のセルに移動し、データを入力します。行の末尾まで入力を終えたら Enter を押すと、アクティブセルが移動を開始したセルの直下に移動します。この機能を「自動リターン機能」といいます。

1 このセルから Tab で移動しながらデータを入力し、

2 ここで Enter を押すと、

	A	B	C	D	E	F
1	四半期店舗別売上					
2		品川	新宿	中野	目黒	合計
3	1月	2860	6400	2550	3560	
4	2月					

3 移動を開始したセルの直下に移動します。

重要度 ★★★ セルの移動

Q 055 決まったセル範囲にデータを入力したい！

A セル範囲を選択して Enter や Tab を押します。

セル範囲をあらかじめ選択した状態でデータを入力すると、アクティブセルは選択したセル範囲の中だけを移動します。行方向にアクティブセルを移動する場合は Tab で、列方向に移動する場合は Enter で移動します。矢印キーを押すと、選択範囲が解除されてしまうので注意が必要です。

1 セル範囲を選択して、Tab で移動しながらデータを入力し、

2 ここで Tab を押すと、

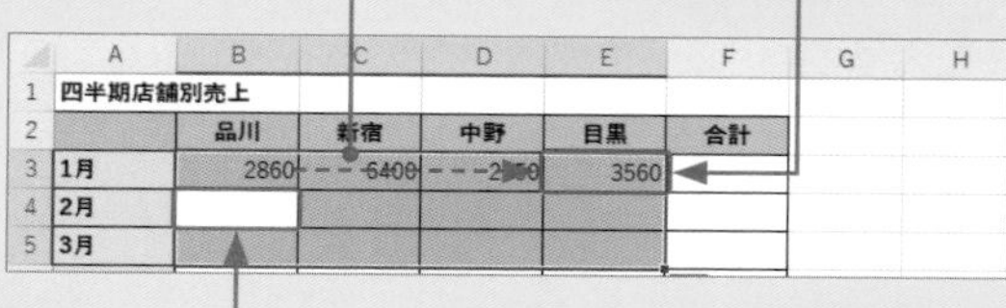

A B C D E F G H
1 四半期店舗別売上
2 品川 新宿 中野 目黒 合計
3 1月 2860 6400 3560
4 2月
5 3月

3 すぐ下の行の左端のセルに移動します。

重要度 ★★★ セルの移動

Q 056 セル［A1］にすばやく移動したい！

A Ctrl を押しながら Home を押します。

Ctrl を押しながら Home を押すと、アクティブセルがセル［A1］に移動します。Home が ← と併用されているキーボードの場合は、Fn と Ctrl を押しながら Home を押します。

1 ここで Ctrl ＋ Home を押すと、

	A	B	C	D	E	F
1	四半期店舗別売上					
2		品川	新宿	中野	目黒	合計
3	1月	2,860	6,400	2,550	2,560	14,370
4	2月	2,580	5,530	2,280	1,880	12,270
5	3月	2,650	6,890	2,560	2,450	14,550
6	四半期計	8,090	18,820	7,390	6,890	41,190

2 アクティブセルがセル［A1］に移動します。

重要度 ★★★ セルの移動

Q 057 行の先頭にすばやく移動したい！

A Home を押します。

Home を押すと、現在アクティブセルがある行のA列に移動できます。Home がと併用されているキーボードの場合は、Fn を押しながら Home を押します。

1 ここで Home を押すと、

	A	B	C	D	E	F
1	四半期店舗別売上					
2		品川	新宿	中野	目黒	合計
3	1月	2,860	6,400	2,550	2,560	14,370
4	2月	2,580	5,530	2,280	1,880	12,270
5	3月	2,650	6,890	2,560	2,450	14,550
6	四半期計	8,090	18,820	7,390	6,890	41,190

2 アクティブセルがA列に移動します。

重要度 ★★★ セルの移動

Q 058 表の右下端にすばやく移動したい！

A Ctrl を押しながら End を押します。

Excelではアクティブセルを含む、空白行と空白列で囲まれた矩形（くけい）のセル範囲を1つの表として認識しており、これを「アクティブセル領域」と呼びます。Ctrl を押しながら End を押すと、表の右下端に移動します。End が → と併用されているキーボードの場合は、Fn と Ctrl を押しながら End を押します。

1 ここで Ctrl ＋ End を押すと、

	A	B	C	D	E
1	四半期店舗別売上高				
2		吉祥寺	府中	八王子	合計
3	1月	3,580	2,100	1,800	7,480
4	2月	3,920	2,490	2,000	8,410
5	3月	3,090	2,560	2,090	7,740
6	四半期計	10,590	7,150	5,890	23,630

アクティブセル領域

2 表の右下端に移動します。

重要度 ★★★ セルの移動

Q 059 データが入力されている範囲の端に移動したい！

A Ctrl を押しながら ↑ ↓ ← → を押します。

Ctrl を押しながら ↑ ↓ ← → を押すと、アクティブセルがデータ範囲（データが連続して入力されている範囲）の端に移動します。また、アクティブセルの上下左右の境界線にマウスポインターを移動すると、形が ✥ に変わります。その状態でダブルクリックしても、移動できます。

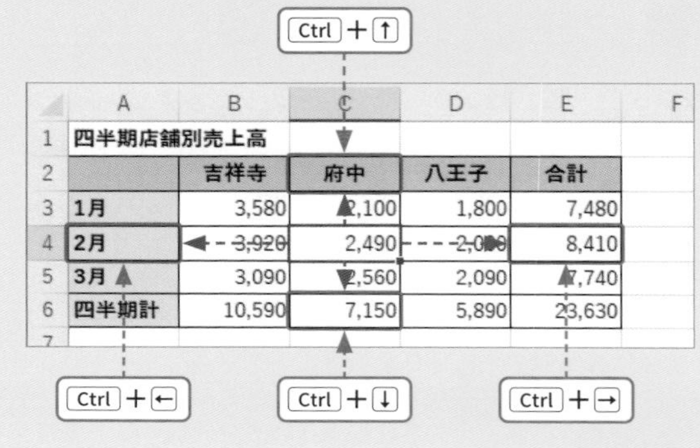

	A	B	C	D	E
1	四半期店舗別売上高				
2		吉祥寺	府中	八王子	合計
3	1月	3,580	2,100	1,800	7,480
4	2月	3,920	2,490	2,000	8,410
5	3月	3,090	2,560	2,090	7,740
6	四半期計	10,590	7,150	5,890	23,630

重要度 ★★★ セルの移動

Q 060 画面単位でページを切り替えたい！

A Page Down を押します。

Page Down を押すと、ワークシートが上にスクロールして、次の画面にアクティブセルが移動します。また、Page Up を押すと、ワークシートが下にスクロールして、前の画面にアクティブセルが移動します。Page Down や Page Up が ↓ ↑ と併用されているキーボードの場合は、Fn と同時に押します。

表が横長の場合は、Alt を押しながら Page Down を押すと右画面に、Alt を押しながら Page Up を押すと左画面に移動します。

縦長の表や横長の表を移動したいときに利用すると便利です。

1 ここで Page Down を押すと、

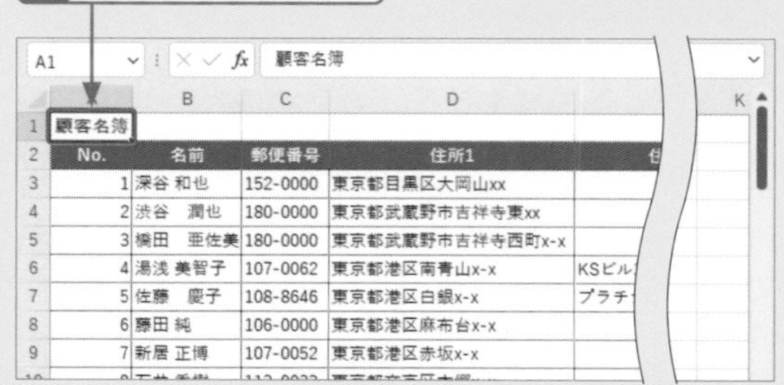

A1 顧客名簿

	A	B	C	D	
1	顧客名簿				
2	No.	名前	郵便番号	住所1	
3	1	深谷 和也	152-0000	東京都目黒区大岡山xx	
4	2	渋谷 潤也	180-0000	東京都武蔵野市吉祥寺東xx	
5	3	横田 亜佐美	180-0000	東京都武蔵野市吉祥寺西町x-x	
6	4	湯浅 美智子	107-0062	東京都港区南青山x-x	KSビル
7	5	佐藤 慶子	108-8646	東京都港区白銀x-x	プラチ
8	6	藤田 純	106-0000	東京都港区麻布台x-x	
9	7	新居 正博	107-0052	東京都港区赤坂x-x	

2 次の画面にアクティブセルが移動します。

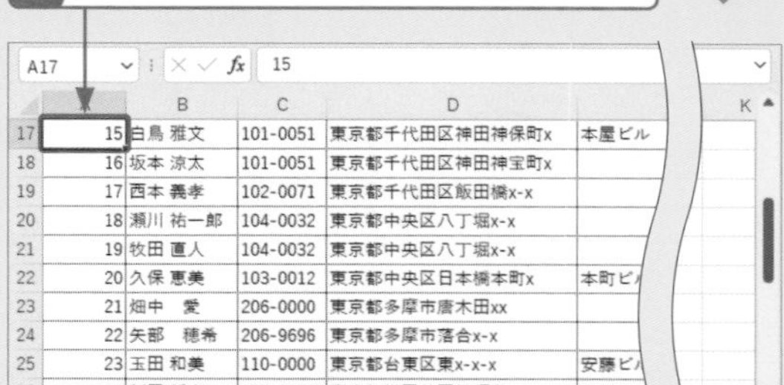

A17 15

	A	B	C	D	
17	15	白鳥 雅文	101-0051	東京都千代田区神田神保町x	本屋ビル
18	16	坂本 涼太	101-0051	東京都千代田区神田神宝町x	
19	17	西本 義孝	102-0071	東京都千代田区飯田橋x-x	
20	18	瀬川 祐一郎	104-0032	東京都中央区八丁堀x-x	
21	19	牧田 直人	104-0032	東京都中央区八丁堀x-x	
22	20	久保 恵美	103-0012	東京都中央区日本橋本町x	本町ビ
23	21	畑中 愛	206-0000	東京都多摩市唐木田xx	
24	22	矢部 穂希	206-9696	東京都多摩市落合x-x	
25	23	玉田 和美	110-0000	東京都台東区東x-x-x	安藤ビ

重要度 ★★★　セルの移動

Q 061 指定したセルにすばやく移動したい！

A1 [名前ボックス]にセル番号を入力します。

[名前ボックス]に移動したいセル番号を入力すると、そのセルに移動できます。画面に表示されていないセルにアクティブセルを移動したいときに利用すると便利です。

1 [名前ボックス]にセル番号（ここでは「E45」）を入力して、Enter を押すと、

E45　fx =D11/D13

	A	B	C	D	E	F
1						
2	下半期商品区分別売上（品川）					
3						
4		キッチン	収納家具	ガーデン	防災	合計
5	10月	913,350	715,360	513,500	195,400	2,337,610
6	11月	869,290	725,620	499,000	160,060	2,253,970

2 アクティブセルがセル[E45]に移動します。

E45　fx 750000

	A	B	C	D	E	F
40	1月	803,350	605,360	403,500	90,400	1,902,610
41	2月	900,290	705,620	609,000	180,060	2,394,970
42	3月	903,500	805,780	701,200	90,500	2,500,980
43	下半期計	5,274,780	4,233,520	3,207,400	766,920	13,482,620
44	売上平均	879,130	705,587	534,567	127,820	2,247,103
45	売上目標	5,200,000	4,300,000	3,200,000	750,000	13,450,000
46	差額	74,780	-66,480	7,400	16,920	32,620
47	達成率	101.44%	98.45%	100.23%	102.26%	100.24%
48						
49						
50	下半期商品区分別売上（目黒）					
51						

A2 [ジャンプ]ダイアログボックスを利用します。

[ホーム]タブの[検索と選択]をクリックして[ジャンプ]をクリックし、[ジャンプ]ダイアログボックスを表示します。[参照先]にセル番号を入力して[OK]をクリックすると、そのセルに移動できます。

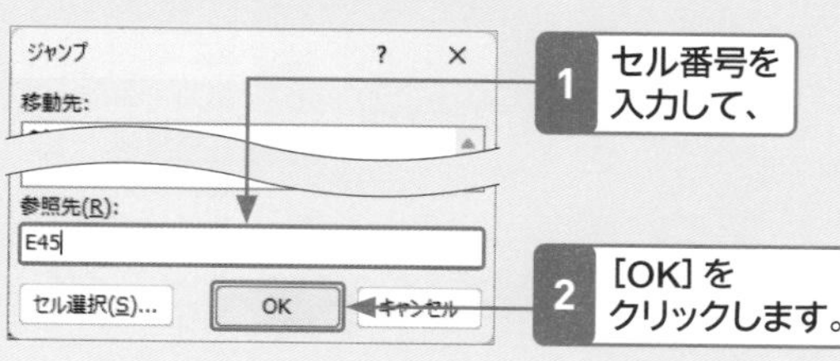

1 セル番号を入力して、

2 [OK]をクリックします。

重要度 ★★★　セルの移動

Q 062 アクティブセルが見つからない！

A Ctrl を押しながら Back space を押します。

スクロールバーなどで画面をスクロールしていると、アクティブセルがどこにあるかわからなくなる場合があります。この場合、[名前ボックス]でセル番号を確認することもできますが、Ctrl を押しながら Back space を押すと、アクティブセルのある位置まで画面がすばやく移動できます。

重要度 ★★★　セルの移動

Q 063 選択範囲が勝手に広がってしまう！

A F8 を押して拡張モードをオフにします。

↑↓←→ を押したり、セルをクリックした際に、セルが選択できず選択範囲だけが広がってしまう場合は、拡張モードがオンになっていると考えられます。この場合は、F8 を押して拡張モードをオフにします。

ステータスバーに[選択範囲の拡張]と表示されています。

1 セルをクリックすると、複数のセル範囲が選択されてしまいます。

13	売上目標	5,000,000	4,200,000	3,400,000
14	差額	344,780	133,520	-92,600
15	達成率	106.90%	103.18%	97.28%
16				

Sheet1　準備完了　選択範囲の拡張

2 F8 を押すと、

13	売上目標	5,000,000	4,200,000	3,400,000
14	差額	344,780	133,520	-92,600
15	達成率	106.90%	103.18%	97.28%
16				

Sheet1　準備完了

3 拡張モードがオフになり、セルがクリックできるようになります。

重要度★★★ セルの移動

Q 064 セルが移動せずに画面がスクロールしてしまう!

A [Scroll Lock]を押してスクロールロックをオフにします。

[↑][↓][←][→]や[Page Up][Page Down]などを押した際に、アクティブセルは移動せずに、シートだけがスクロールする場合は、スクロールロックがオンになっていると考えられます。この場合は、[Scroll Lock]を押してスクロールロックをオフにします。なお、キーボードの種類によってScrollLockの表示が異なる場合があります。

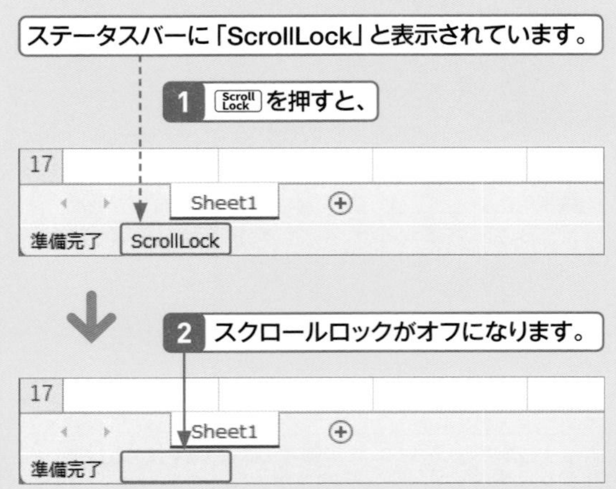

重要度★★★ データの入力

Q 065 セル内は2行なのに数式バーが1行になっている!

A 数式バーは広げることができます。

数式バー右端の[⌄]をクリックすると、数式バーを広げることができます。もとのサイズに戻す場合は、[⌃]をクリックします。また、数式バーの下の境界線にマウスポインターを合わせ、ポインターの形が⇕に変わった状態で下方向にドラッグしても広げることができます。

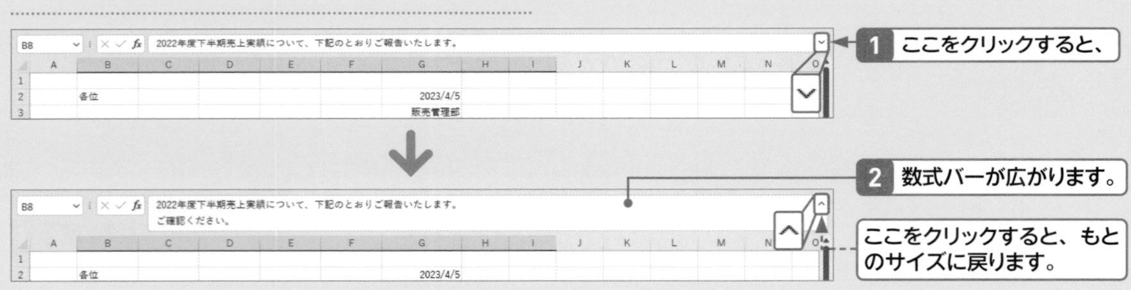

重要度★★★ データの入力

Q 066 1つ上のセルと同じデータを入力するには?

A セルをクリックして[Ctrl]を押しながら[D]を押します。

すぐ上のセルと同じデータを入力するには、下のセルをクリックして、[Ctrl]を押しながら[D]を押します。また、左横のセルと同じデータを入力するには、右横のセルをクリックして、[Ctrl]を押しながら[R]を押します。フィルハンドルをドラッグするより効率的です。

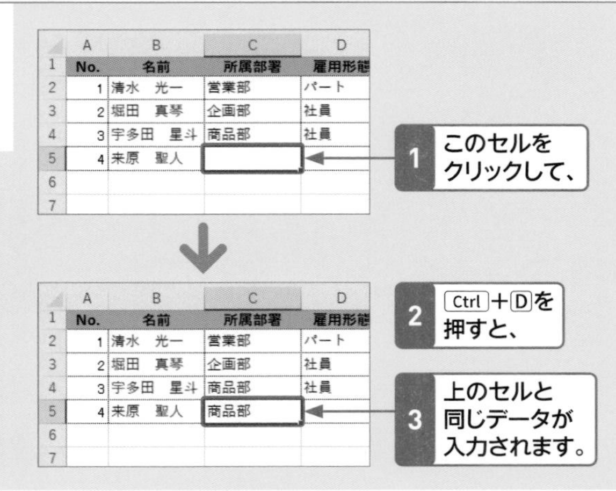

重要度★★★　データの入力

Q 067 入力可能なセルにジャンプしたい！

A Tab を押すと入力可能なセルだけに移動します。

シートの保護によって、特定のセルだけ入力や編集ができるように設定されている表の場合、見た目では入力できるセルを見分けることができません。このような場合は、任意のセルをクリックしてから Tab を押すと、入力可能なセルにアクティブセルが移動します。

参照▶Q 713

1 ここで Tab を押すと、

2 入力できるセルに移動します。

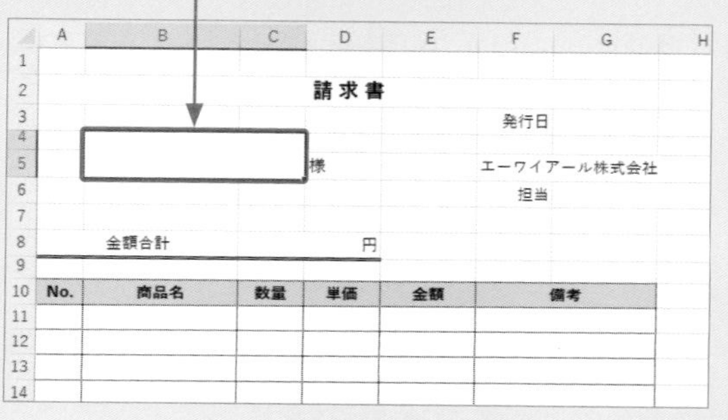

重要度★★★　データの入力

Q 068 セル内の任意の位置で改行したい！

A 改行する位置で Alt を押しながら Enter を押します。

セル内に文字が入りきらない場合は、セル内で文字を改行します。目的の位置で改行するには、改行したい位置にカーソルを移動して、Alt を押しながら Enter を押します。セル内で改行すると、行の高さが自動的に変わります。

また、文字を自動的に折り返す方法もありますが、この場合は折り返す位置を指定できません。

参照▶Q 257

1 改行したい位置にカーソルを移動して、

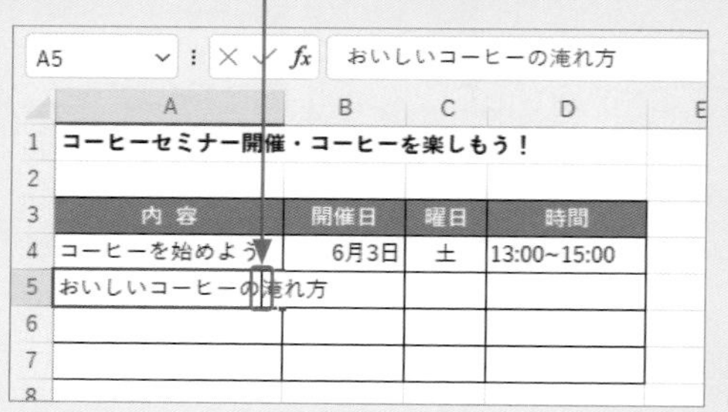

2 Alt + Enter を押すと、セル内で改行されます。

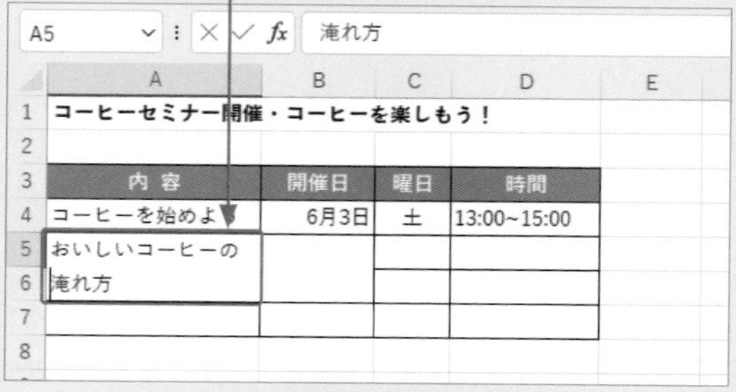

3 Enter を押して確定すると、行の高さが自動的に変わります。

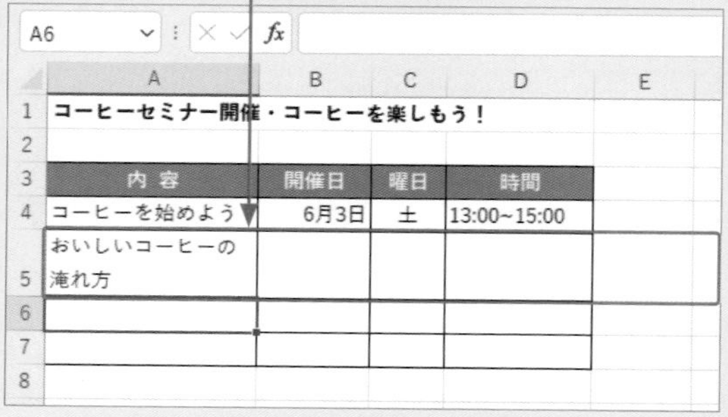

重要度★★★ データの入力

Q 069 日本語が入力できない！

A 入力モードを切り替えて日本語が入力できる状態にします。

Excelを起動した直後は、入力モードが「半角英数字」入力（アルファベット入力）になっています。半角/全角を押すと、「ひらがな」入力（日本語入力）と「半角英数字」入力を切り替えることができます。入力モードは、タスクバーの通知領域にある入力モードアイコンで確認できます。

● 入力モードアイコンの表示

重要度★★★ データの入力

Q 070 入力済みのデータの一部を修正するには？

A セルをダブルクリックして編集できる状態にします。

入力したデータを部分的に修正するには、セルをダブルクリックするか、F2を押して編集できる状態にします。単にセルをクリックしてデータを入力すると、セルの内容が新しいデータに上書きされてしまうので注意が必要です。

「下半期」を「第4四半期」に修正します。

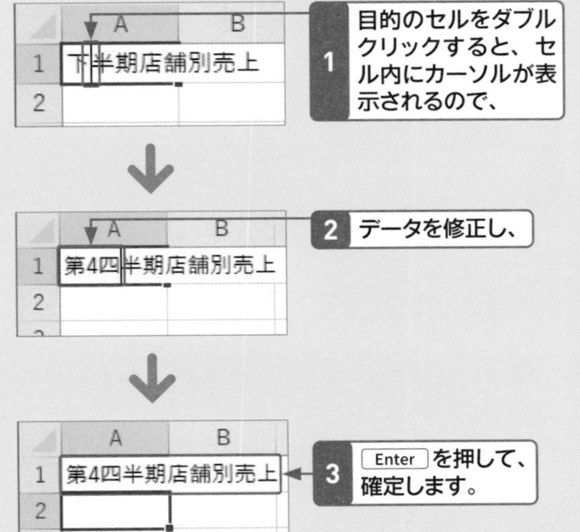

重要度★★★ データの入力

Q 071 同じデータを複数のセルにまとめて入力したい！

A Ctrlを押しながらEnterを押します。

同じデータを複数のセルに入力するには、あらかじめセル範囲を選択してからデータを入力し、Ctrlを押しながらEnterを押して確定します。

1 目的のセル範囲を選択します。

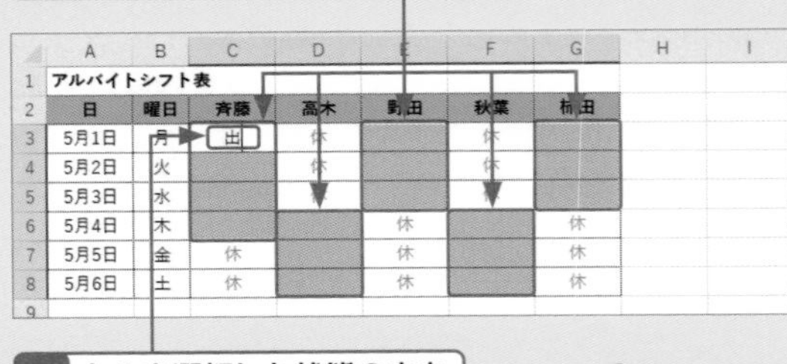

2 セルを選択した状態のままデータを入力して、

3 Ctrl＋Enterを押すと、

4 選択したすべてのセルに同じデータが入力されます。

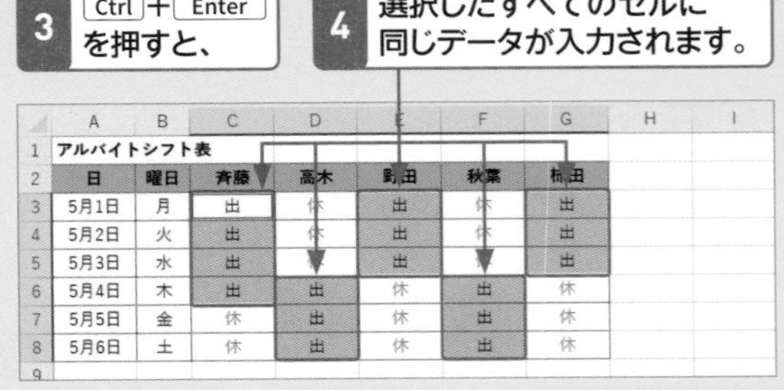

重要度 ★★★　データの入力

Q 072 「℃」や「kg」などの単位を入力したい！

A1 「たんい」と入力して変換します。

「℃」や「kg」などの単位記号を入力するには、「たんい」と入力して、変換候補の一覧から目的の単位記号を選択します。また、「ど」や「きろぐらむ」など、単位の読みを入力して変換しても、変換候補に単位記号が表示されます。

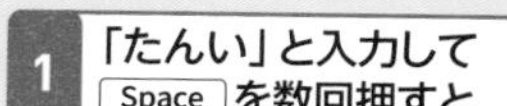

1 「たんい」と入力して Space を数回押すと、

2 変換候補に単位記号が表示されます。

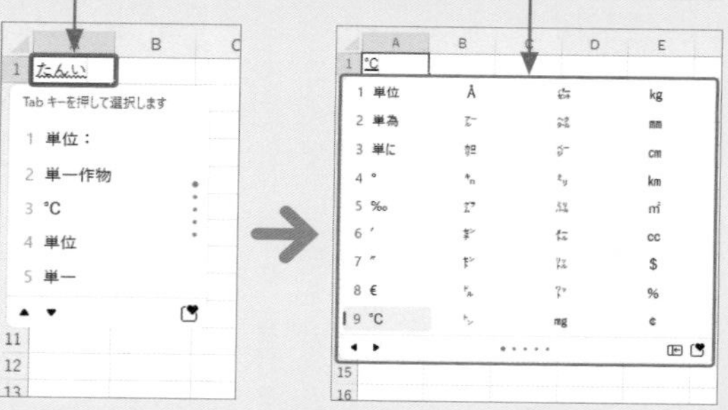

A2 [IMEパッド]の[文字一覧]から選択します。

通知領域の入力モードアイコンを右クリックして、[IMEパッド]をクリックします。[IMEパッド]が表示されるので、[文字一覧]をクリックして、[シフトJIS]の[単位記号]をクリックし、目的の記号を選択します。変換候補から入力できない場合などに利用するとよいでしょう。

1 [文字一覧]をクリックして、

2 フォントを選択し、

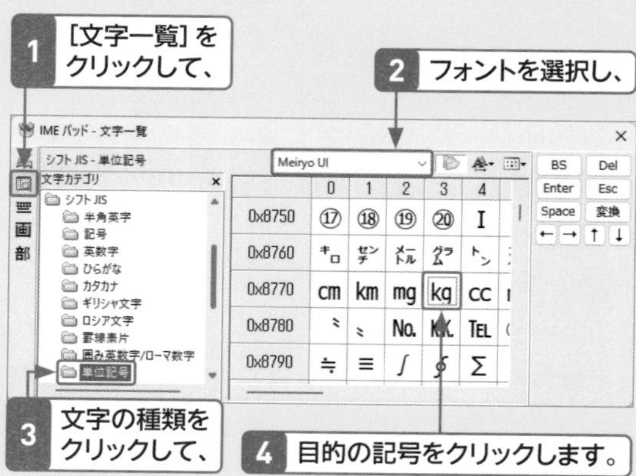

3 文字の種類をクリックして、

4 目的の記号をクリックします。

重要度 ★★★　データの入力

Q 073 囲い文字を入力したい！

A IMEパッドの[文字一覧]を利用します。

①、②や㊙、㊝などの囲い文字は、「まるひ」「まるゆう」などと読みを入力して変換することができますが、変換できない囲い文字を入力するには、[IMEパッド]の[文字一覧]を利用します。

1 Q 072のA2の方法で[IMEパッド]を表示して、[文字一覧]をクリックし、

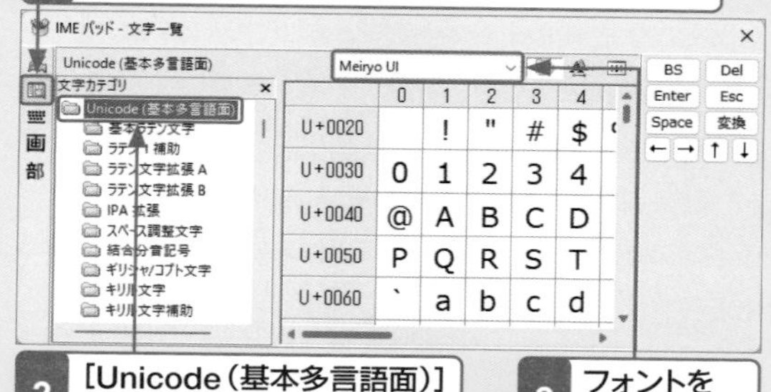

2 [Unicode（基本多言語面）]をクリックして、

3 フォントを選択します。

4 [囲み英数字]をクリックすると、

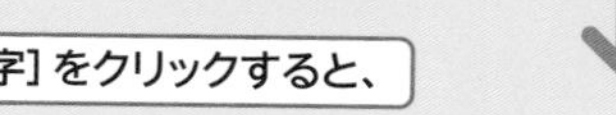

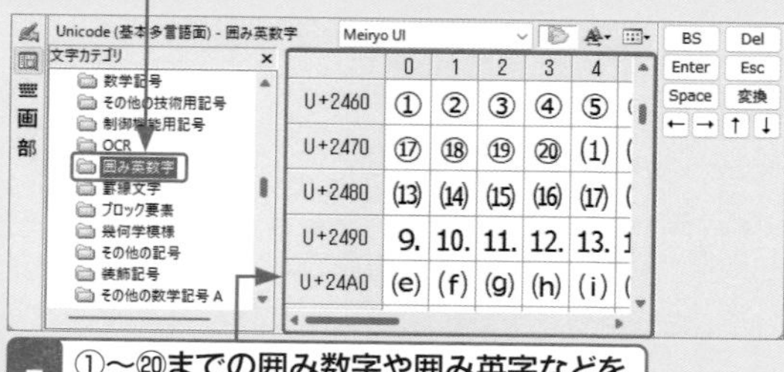

5 ①～⑳までの囲み数字や囲み英字などを入力することができます。

6 [囲みCJK文字／月]をクリックすると、

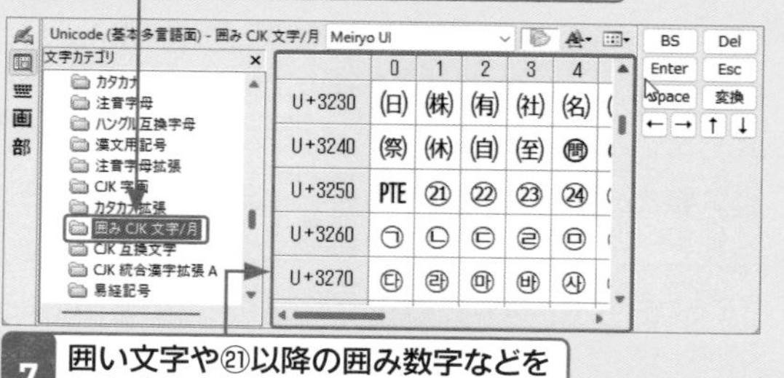

7 囲い文字や㉑以降の囲み数字などを入力することができます。

1 Excelの基本　2 入力　3 編集　4 書式　5 計算　6 関数　7 グラフ　8 データベース　9 印刷　10 ファイル　11 図形　12 連携・共同編集

重要度 ★★★　データの入力

Q 074 「Σ」や「√ 」などを使った数式を入力したい！

A1 [数式の挿入]を利用します。

「Σ」や「√ 」「∫」などの数学記号を使った数式を入力するには、[数式の挿入]を利用します。ただし、入力した数式は、Excel上で画像データとして扱われるため、計算には利用できません。

1 [挿入]タブをクリックして、

2 [記号と特殊文字]をクリックし、

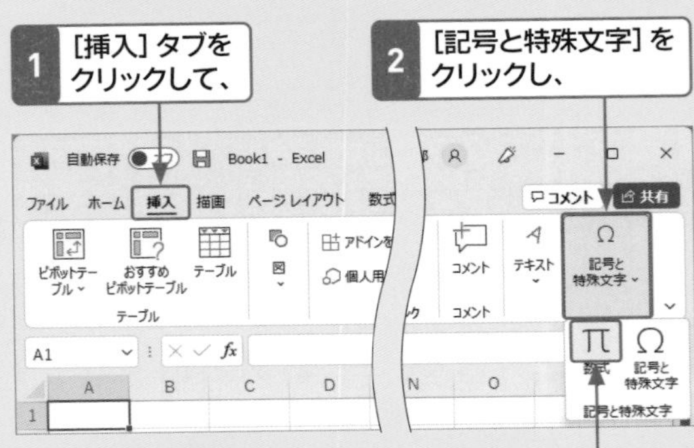

3 [数式の挿入]のここをクリックします。

4 ここでは[べき乗根]をクリックして、

5 ここをクリックします。

6 数式と点線の枠が表示されるので、

7 点線枠の中に数式を入力します。

A2 [インク数式]を利用します。

[インク数式]を利用して、マウスやデジタルペン、ポインティングデバイス、指などを使って数式を手書きで入力することができます。書き込んだ数式はすぐに認識されて、データに変換されます。

なお、[インク数式]は、[描画]タブから利用することもできます。

1 [挿入]タブの[記号と特殊文字]をクリックして、

2 [数式の挿入]のここをクリックし、

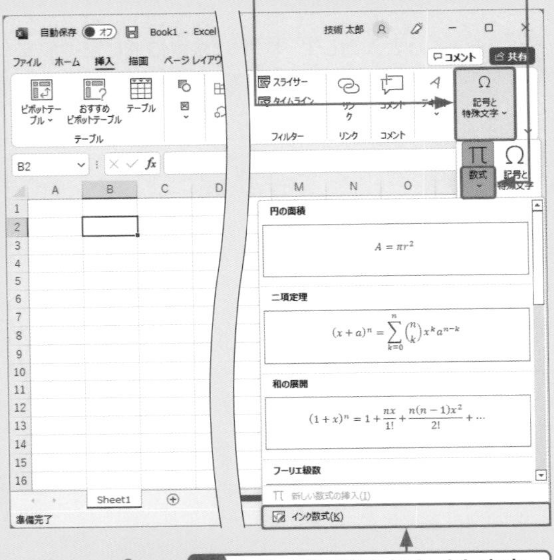

3 [インク数式]をクリックします。

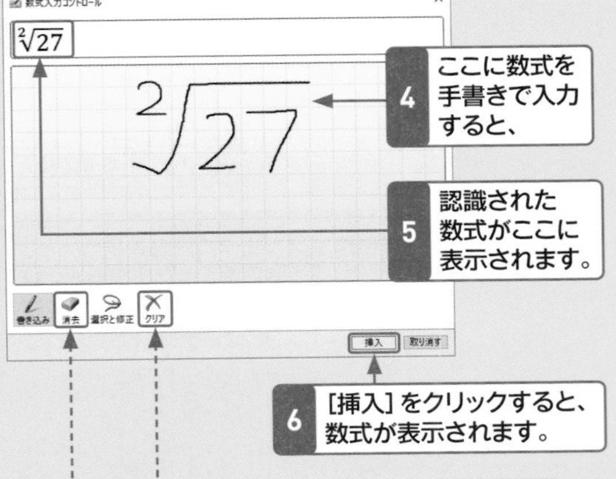

4 ここに数式を手書きで入力すると、

5 認識された数式がここに表示されます。

6 [挿入]をクリックすると、数式が表示されます。

数式が間違って認識された場合は、[消去]や[クリア]をクリックして、書き直します。

重要度 ★★★　データの入力

Q 075 入力の途中で入力候補が表示される！

A オートコンプリート機能によるものです。

Excelでは「オートコンプリート」機能により、同じ列内の同じ読みから始まるデータが自動的に入力候補として表示されます。表示されたデータを入力する場合は、入力候補が表示されたときに Enter を押します。

No.	名前	所属部署
1	石田　理恵	営業部
2	竹内　息吹	商品部
3	川本　愛	企画部
4	大場　由記斗	え営業部
5	花井　賢二	
6	神木　実子	

1 「え」を入力すると、入力候補が表示されます。

2 Enter を押すと、「営業部」と入力されます。

重要度 ★★★　データの入力

Q 076 入力時に入力候補を表示したくない！

A Delete を押すか、無視して入力を進めます。

入力候補を消去するには、Delete を押すか、表示される入力候補を無視して入力を続けます。

入力候補を表示させたくない場合は、[ファイル]タブの[その他]から[オプション]をクリックすると表示される[Excelのオプション]ダイアログボックスの[詳細設定]で、[オートコンプリートを使用する]をオフにします。

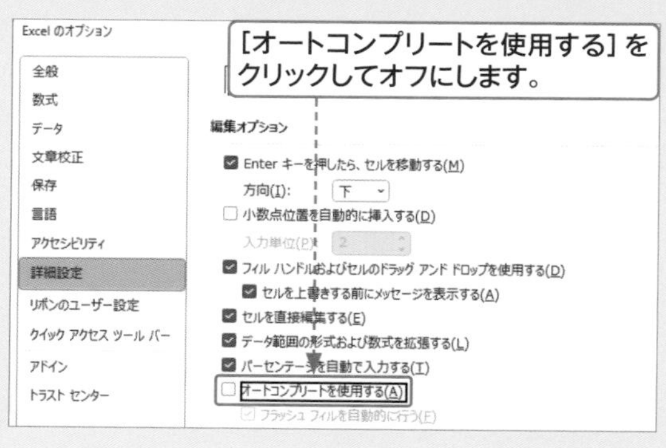

重要度 ★★★　データの入力

Q 077 同じ文字を何度も入力するのは面倒！

A Alt を押しながら ↓ を押してリストから入力します。

Alt を押しながら ↓ を押すと、同じ列内の連続したセルに入力されているデータのリストが表示されます。リストから目的の文字を選択して Enter を押すと、その文字が入力されます。

No.	名前	所属部署
1	石田　理恵	営業部
2	竹内　息吹	商品部
3	川本　愛	企画部
4	大場　由記斗	
5	花井　賢二	営業部 企画部 商品部
6	神木　実子	

Alt ＋ ↓ を押すとリストが表示されるので、目的の文字を指定します。

重要度 ★★★　データの入力

Q 078 確定済みの漢字を再変換したい！

A 文字を選択して 変換 を押します。

確定済みの漢字を再変換するには、文字が入力されているセルをダブルクリックして、目的の漢字を選択、あるいはカーソルを置いて、変換 を押します。

1	珈琲セミナー開催日程	
2		格子
3		

1 目的の漢字を選択して、

2 変換 を押すと、

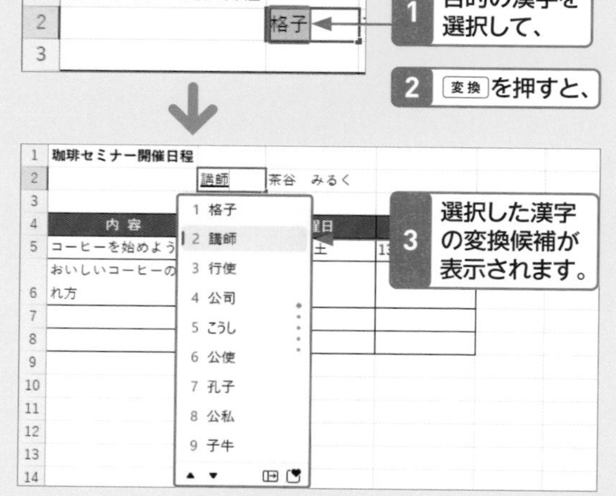

重要度★★★　データの入力

Q 079 姓と名を別々のセルに分けたい！

A1 フラッシュフィル機能を利用します。

Excelでは、データをいくつか入力すると、入力したデータのパターンに基づいて残りのデータが自動的に入力される「フラッシュフィル」という機能が用意されています。この機能を利用すると、氏名の姓と名をかんたんに分割できます。

「姓+全角スペース+名」の形式で名前が入力されています。

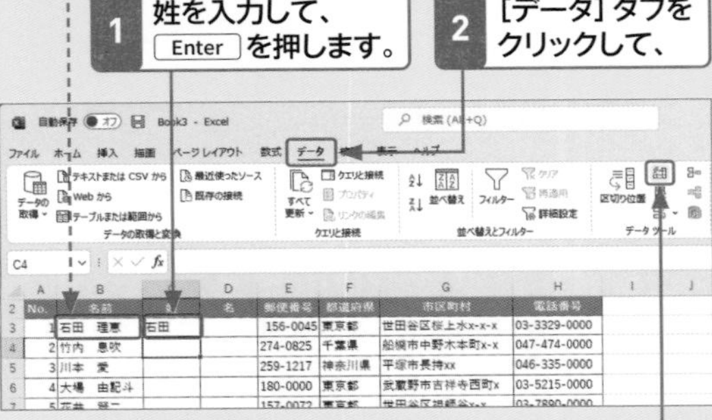

3 ［フラッシュフィル］をクリックすると、

4 残りの姓が自動的に入力されます。

	A	B	C	D	E	F	G	H
2	No.	名前	姓	名	郵便番号	都道府県	市区町村	電話番号
3	1	石田　理恵	石田		156-0045	東京都	世田谷区桜上水x-x-x	03-3329-0000
4	2	竹内　息吹	竹内		274-0825	千葉県	船橋市中野木本町x-x	047-474-0000
5	3	川本　愛	川本		259-1217	神奈川県	平塚市長持xx	046-335-0000
6	4	大場　由記斗	大場		180-0000	東京都	武蔵野市吉祥寺西町x	03-5215-0000
7	5	花井　賢二	花井		157-0072	東京都	世田谷区祖師谷x-x	03-7890-0000
8	6	神木　実子	神木		101-0051	東京都	千代田区神田神保町x	03-3518-0000
9	7	来原　聖人	来原		252-0318	神奈川県	相模原市鶴間x-x	042-123-0000
10	8	宝田　卓也	宝田		160-0008	東京都	新宿区三栄町x-x	03-5362-0000
11	9	長汐　冬実	長汐		104-0032	東京都	中央区八丁堀x-x	03-3552-0000
12	10	宇多田　星斗	宇多田		134-0088	東京都	江戸川区西葛西xx-x	03-5275-0000
13	11	堀田　真琴	堀田		224-0025	神奈川県	横浜市都筑xx	045-678-0000
14	12	清水　光一	清水		145-8502	東京都	品川区西五反田x-x	03-3779-0000

	A	B	C	D	E	F	G	H
2	No.	名前	姓	名	郵便番号	都道府県	市区町村	電話番号
3	1	石田　理恵	石田	理恵	156-0045	東京都	世田谷区桜上水x-x-x	03-3329-0000
4	2	竹内　息吹	竹内	息吹	274-0825	千葉県	船橋市中野木本町x-x	047-474-0000
5	3	川本　愛	川本	愛	259-1217	神奈川県	平塚市長持xx	046-335-0000
6	4	大場　由記斗	大場	由記斗	180-0000	東京都	武蔵野市吉祥寺西町x	03-5215-0000
7	5	花井　賢二	花井	賢二	157-0072	東京都	世田谷区祖師谷x-x	03-7890-0000
8	6	神木　実子	神木	実子	101-0051	東京都	千代田区神田神保町x	03-3518-0000
9	7	来原　聖人	来原	聖人	252-0318	神奈川県	相模原市鶴間x-x	042-123-0000
10	8	宝田　卓也	宝田	卓也	160-0008	東京都	新宿区三栄町x-x	03-5362-0000
11	9	長汐　冬実	長汐	冬実	104-0032	東京都	中央区八丁堀x-x	03-3552-0000
12	10	宇多田　星斗	宇多田	星斗	134-0088	東京都	江戸川区西葛西xx-x	03-5275-0000
13	11	堀田　真琴	堀田	真琴	224-0025	神奈川県	横浜市都筑xx	045-678-0000
14	12	清水　光一	清水	光一	145-8502	東京都	品川区西五反田x-x	03-3779-0000

A2 ［区切り位置指定ウィザード］を利用します。

フラッシュフィルが利用できるのは、データに何らかの一貫性がある場合に限られます。フラッシュフィルが利用できないときは、区切り文字を指定して文字列を分割する［区切り位置指定ウィザード］を利用しましょう。

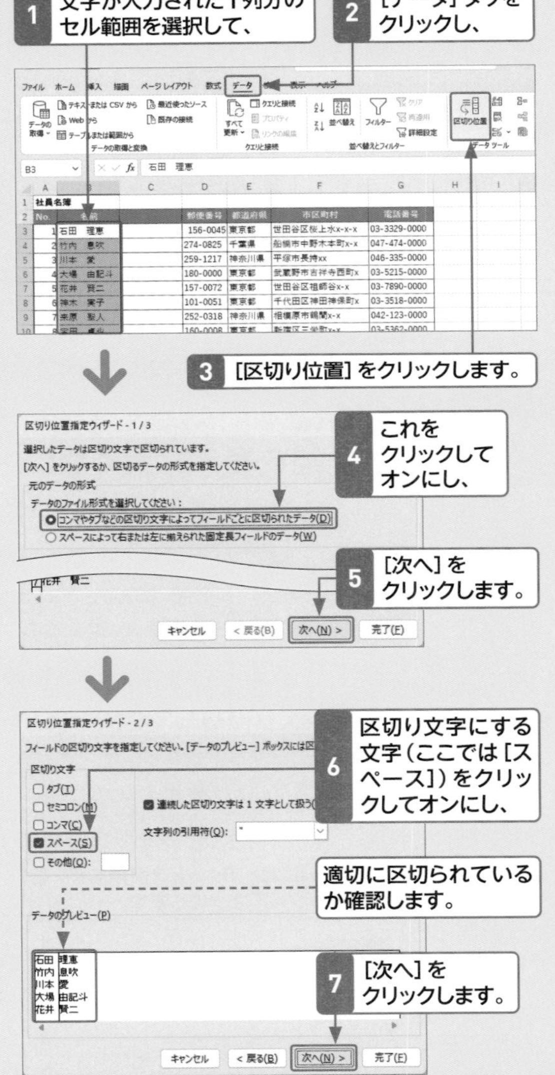

1 文字が入力された1列分のセル範囲を選択して、
2 ［データ］タブをクリックし、
3 ［区切り位置］をクリックします。
4 これをクリックしてオンにし、
5 ［次へ］をクリックします。
6 区切り文字にする文字（ここでは［スペース］）をクリックしてオンにし、
適切に区切られているか確認します。
7 ［次へ］をクリックします。
8 区切ったあとの列のデータ形式を指定して［完了］をクリックし、続いて［OK］をクリックすると、データが分割されます。

重要度★★★ データの入力

Q 080 入力したデータをほかのセルに一括で入力したい！

入力したデータと同じデータを下方向に入力するには、データが入力されているセルと、同じデータを入力したいセル範囲をまとめて選択し、Ctrl を押しながら D を押します。同様に、Ctrl を押しながら R を押すと、同じデータを右方向に入力できます。

A Ctrl + D を押すと下方向に、Ctrl + R を押すと右方向に入力できます。

● 下方向に一括で入力する場合

1 入力したデータを含めてセル範囲をまとめて選択し、

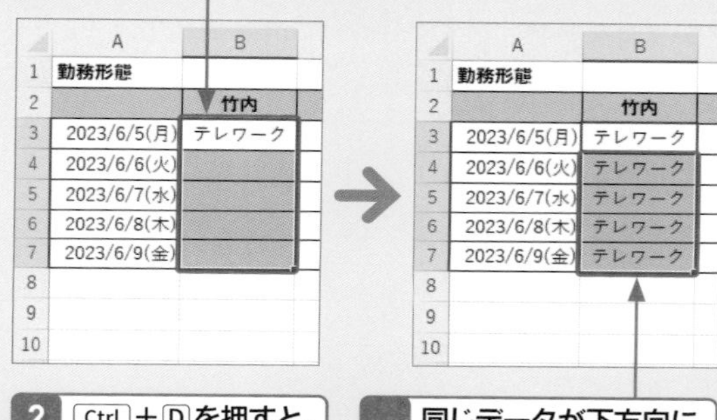

2 Ctrl + D を押すと、

3 同じデータが下方向に入力されます。

● 右方向に一括で入力する場合

1 入力したデータを含めてセル範囲をまとめて選択し、

	A	B	C	D	E
1	勤務形態				
2		竹内	川本	花井	来原
3	2023/6/5(月)	テレワーク			

2 Ctrl + R を押すと、

3 同じデータが右方向に入力されます。

	A	B	C	D	E
1	勤務形態				
2		竹内	川本	花井	来原
3	2023/6/5(月)	テレワーク	テレワーク	テレワーク	テレワーク

重要度★★★ データの入力

Q 081 セルに複数行のデータを表示したい！

セルに複数の行を入力した場合、通常は行の高さが自動的に調整されますが、自動調整されずに文字が隠れてしまうときがあります。このような場合は、セルをクリックして、[ホーム] タブの [書式] をクリックし、[行の高さの自動調整] をクリックします。また、セル番号の下の境界線をダブルクリックしても、同様に自動調整されます。

この操作は、文字のサイズに合わせて行の高さが自動調整されない場合にも利用できます。

A [書式] をクリックして、[行の高さの自動調整] をクリックします。

1 セルをクリックして、

2 [ホーム] タブの [書式] をクリックし、

3 [行の高さの自動調整] をクリックすると、

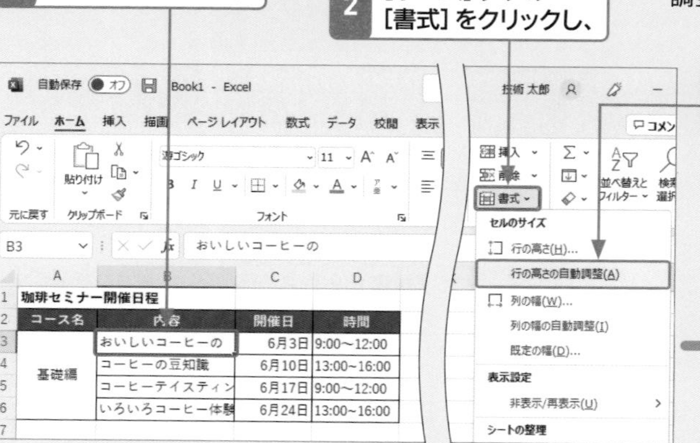

4 セルの高さが調整されます。

	A	B	C	D
1	珈琲セミナー開催日程			
2	コース名	内容	開催日	時間
3	基礎編	おいしいコーヒーの淹れ方	6月3日	9:00~12:00
4		コーヒーの豆知識	6月10日	13:00~16:00
5		コーヒーテイスティン	6月17日	9:00~12:00
6		いろいろコーヒー体験	6月24日	13:00~16:00

重要度 ★★★ データの入力

Q 082 Back space と Delete の違いを知りたい！

A Back space はカーソルの左の文字を、Delete は右の文字を削除します。

セル内にカーソルがある場合、Back space を押すとカーソルの左の文字が削除され、Delete を押すとカーソルの右の文字が削除されます。
また、複数のセルを選択した場合は、Back space を押すと選択範囲内のアクティブセルのデータのみが削除されます。Delete を押すと選択範囲内のすべてのデータが削除されます。

● 複数のセルを選択した場合

1 複数のセルを選択します。

	A	B	C	D	E	F	G	H
1	アルバイトシフト表							
2	日	曜日	斉藤	高木	野田	秋葉	柿田	
3	6月5日	月	○	×	○	×	○	
4	6月6日	火	○	×	○	×	○	
5	6月7日	水	○	×	○	×	○	
6	6月8日	木	○	○	×	○	×	
7	6月9日	金	×	○	×	○	×	
8	6月10日	土	×	○	×	○	×	

2 Back space を押すと、選択範囲内のアクティブセルのデータのみが削除されます。

	A	B	C	D	E	F	G	H
1	アルバイトシフト表							
2	日	曜日	斉藤	高木	野田	秋葉	柿田	
3	6月5日	月		×	○	×	○	
4	6月6日	火	○	×	○	×	○	
5	6月7日	水	○	×	○	×	○	
6	6月8日	木	○	○	×	○	×	
7	6月9日	金	×	○	×	○	×	
8	6月10日	土	×	○	×	○	×	

Delete を押すと、選択範囲内のすべてのデータが削除されます。

	A	B	C	D	E	F	G	H
1	アルバイトシフト表							
2	日	曜日	斉藤	高木	野田	秋葉	柿田	
3	6月5日	月						
4	6月6日	火						
5	6月7日	水						
6	6月8日	木						
7	6月9日	金						
8	6月10日	土						

重要度 ★★★ データの入力

Q 083 セルを移動せずに入力データを確定したい！

A データの入力後に Ctrl を押しながら Enter を押します。

セルにデータを入力後、Ctrl を押しながら Enter を押すと、セルを移動せずに入力が確定されます。入力後すぐに書式を設定する場合など、セルを選択し直さずに済むので効率的です。

重要度 ★★★ データの入力

Q 084 郵便番号を住所に変換したい！

A 「ひらがな」モードで郵便番号を入力して変換します。

入力モードを「ひらがな」にして郵便番号を入力し、Space を押すと、入力した番号に該当する住所が変換候補として表示されます。

1 「156−0045」と入力して、

1	名前	郵便番号	住所1	住所
2	石田　理恵	156-0045	１５６－００４５	
3	竹内　息吹	274-0825		
4	川本　愛	259-1217		
5				

Tab キーを押して選択します
1 "156-0045"

2 Space を押すと、変換候補が表示されます。

1	名前	郵便番号	住所1	住所
2	石田　理恵	156-0045	東京都世田谷区桜上水	
3	竹内　息吹	274-0825		
4	川本　愛	259-1217		
5				
6				
7				

1 156-0045
2 １５６－００４５
3 東京都世田谷区桜上水

3 住所を選択して Enter を押すと、

4 郵便番号から住所が変換されます。

1	名前	郵便番号	住所1	住所
2	石田　理恵	156-0045	東京都世田谷区桜上水	
3	竹内　息吹	274-0825		
4	川本　愛	259-1217		

重要度 ★★★　データの入力

Q 085 セルのデータをすばやく削除したい！

A フィルハンドルを選択範囲内の内側にドラッグします。

セル範囲を選択したあと、フィルハンドルを選択範囲内の内側にドラッグすると、範囲内のデータが削除されます。キーボードを使用することなく、マウスだけで操作が完了するので効率的です。
また、Ctrl を押しながらドラッグすると、書式もいっしょに削除できます。

1 セル範囲を選択します。

	A	B	C	D	E	F	G
1		品川	新宿	中野	目黒	合計	
2	10月	2,050	5,980	2,670	1,950	12,650	
3	11月	1,880	5,240	2,020	1,780	10,920	
4	12月	3,120	6,900	2,790	1,570	14,380	
5	1月	2,860	6,400	2,550	2,560	14,370	
6	2月	2,580	5,530	2,280	1,880	12,270	
7	3月	2,650	6,890	2,560	2,450	14,550	
8	上半期計	15,140	36,940	14,870	12,190	79,140	
9							

2 フィルハンドルにマウスポインターを合わせて、

3 選択範囲内の内側にドラッグすると、

	A	B	C	D	E	F	G
1		品川	新宿	中野	目黒	合計	
2	10月	2,050	5,980	2,670	1,950	12,650	
3	11月	1,880	5,240	2,020	1,780	10,920	
4	12月	3,120	6,900	2,790	1,570	14,380	
5	1月	2,860	6,400	2,550	2,560	14,370	
6	2月	2,580	5,530	2,280	1,880	12,270	
7	3月	2,650	6,890	2,560	2,450	14,550	
8	上半期計	15,140	36,940	14,870	12,190	79,140	
9							

4 範囲内のデータが削除されます。

	A	B	C	D	E	F	G
1		品川	新宿	中野	目黒	合計	
2	10月					0	
3	11月					0	
4	12月					0	
5	1月					0	
6	2月					0	
7	3月					0	
8	上半期計	0	0	0	0	0	
9							

重要度 ★★★　データの入力

Q 086 先頭の小文字が大文字に変わってしまう！

A オートコレクト機能によるものです。無効にすることができます。

英単語を入力すると、先頭に入力した小文字が自動的に大文字に変換される場合があります。これは、英文の先頭文字を自動的に大文字に変換するオートコレクト機能が有効になっているためです。
この機能を無効にするには、以下の手順で［文の先頭文字を大文字にする］をオフにします。

1 ［ファイル］タブの［その他］をクリックして、［オプション］をクリックします。

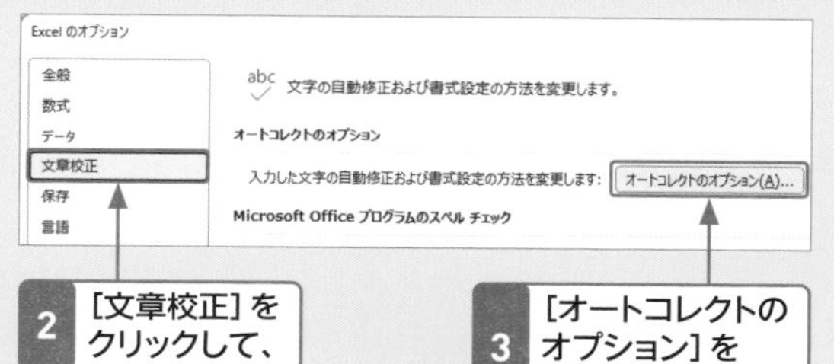

2 ［文章校正］をクリックして、

3 ［オートコレクトのオプション］をクリックします。

4 ［オートコレクト］をクリックして、

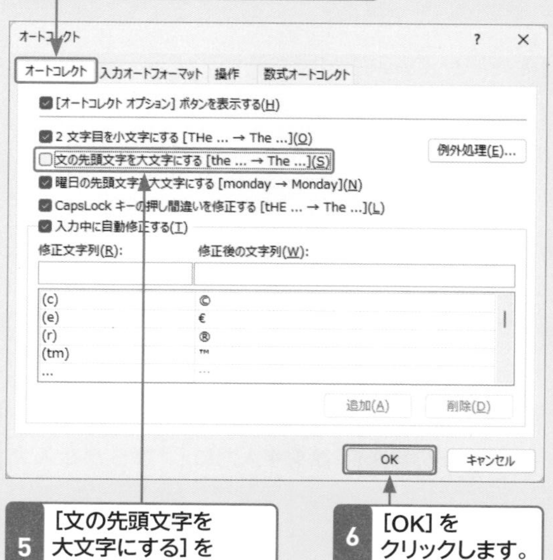

5 ［文の先頭文字を大文字にする］をクリックしてオフにし、

6 ［OK］をクリックします。

重要度 ★★★ データの入力

Q 087 タッチ操作でデータを入力したい！

A タッチキーボードを利用します。

タッチ操作対応のパソコンやディスプレイの場合、画面上に表示できるタッチキーボードを利用して文字を入力することができます。タスクバーにある［タッチキーボード］をタップすると、タッチキーボードが表示されます。

［タッチキーボード］が表示されていない場合は、タスクバーをホールド（長押し）して、［タスクバーの設定］をタップし、［タッチキーボード］を［オン］にします。Windows 10の場合は、［タッチキーボードボタンを表示］をタップします。

● タッチキーボードを表示する

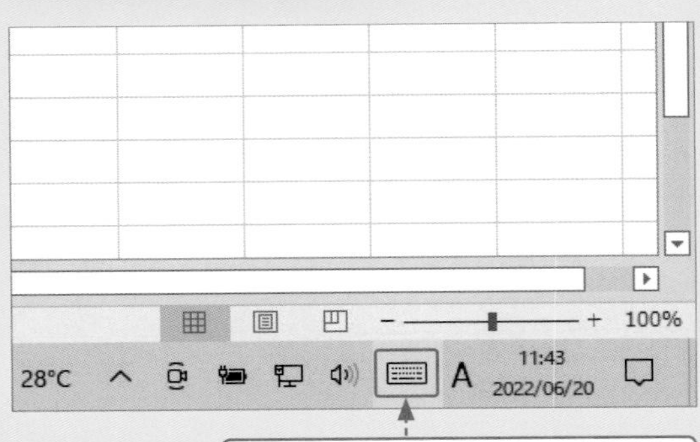

100%
28°C
11:43
2022/06/20
［タッチキーボード］をタップすると、タッチキーボードが表示されます。

● タッチキーボードの機能

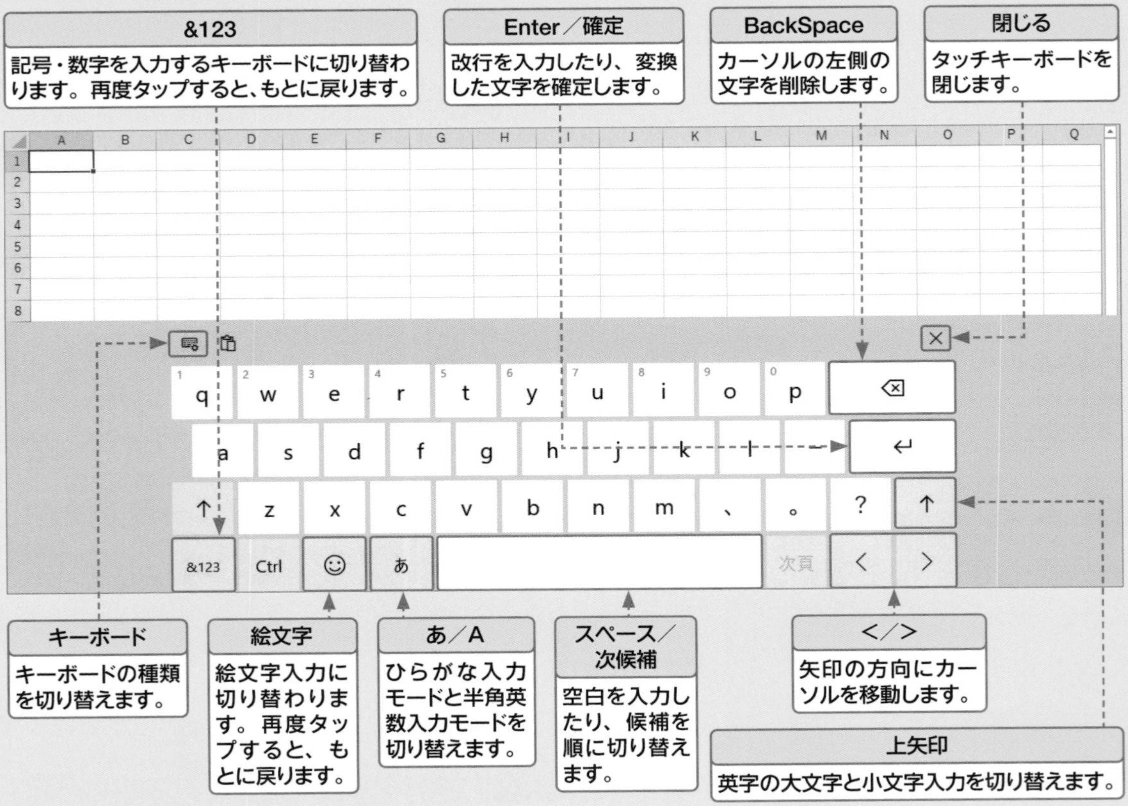

&123
記号・数字を入力するキーボードに切り替わります。再度タップすると、もとに戻ります。
Enter／確定
改行を入力したり、変換した文字を確定します。
BackSpace
カーソルの左側の文字を削除します。
閉じる
タッチキーボードを閉じます。
q w e r t y u i o p
a s d f g h j k l ー
z x c v b n m 、 。 ?
&123 Ctrl あ 次頁
キーボード
キーボードの種類を切り替えます。
絵文字
絵文字入力に切り替わります。再度タップすると、もとに戻ります。
あ／A
ひらがな入力モードと半角英数入力モードを切り替えます。
スペース／次候補
空白を入力したり、候補を順に切り替えます。
<／>
矢印の方向にカーソルを移動します。
上矢印
英字の大文字と小文字入力を切り替えます。

● 日本語を入力する

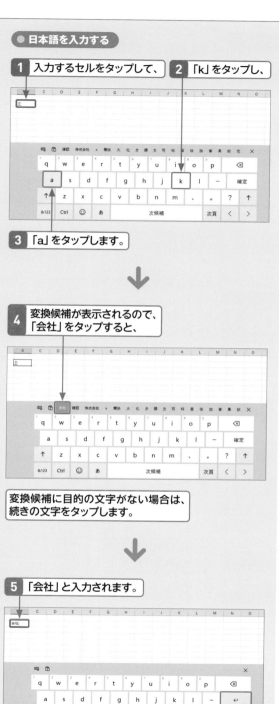

1 入力するセルをタップして、

2 「k」をタップし、

3 「a」をタップします。

4 変換候補が表示されるので、「会社」をタップすると、

変換候補に目的の文字がない場合は、続きの文字をタップします。

5 「会社」と入力されます。

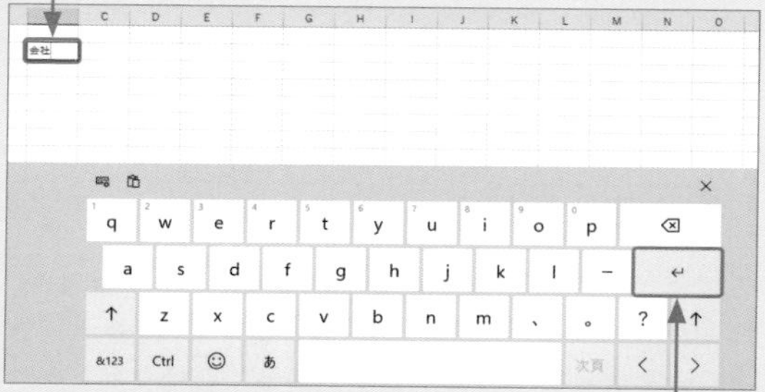

6 ここをタップすると、文字が確定します。

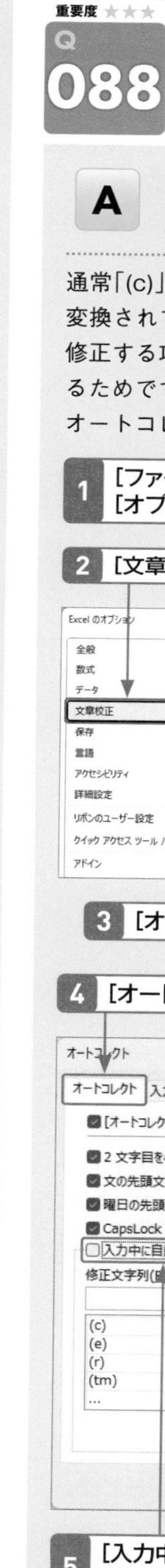

重要度 ★★★　データの入力

Q 088 ©ではなく(c)を入力したい!

A オートコレクトの［入力中に自動修正する］をオフにします。

通常「(c)」や「(r)」と入力すると、「©」や「®」に自動的に変換されてしまいます。これは、オートコレクトで自動修正する項目の一覧にこれらのデータが登録されているためです。「(c)」や「(r)」をそのまま入力したい場合は、オートコレクトの自動修正機能をオフにします。

1 ［ファイル］タブから［その他］をクリックして、［オプション］をクリックします。

2 ［文章校正］をクリックして、

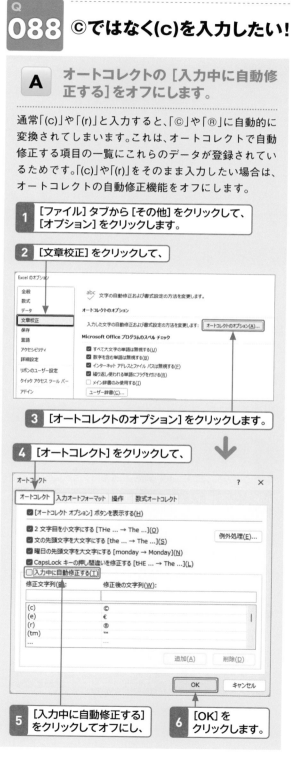

3 ［オートコレクトのオプション］をクリックします。

4 ［オートコレクト］をクリックして、

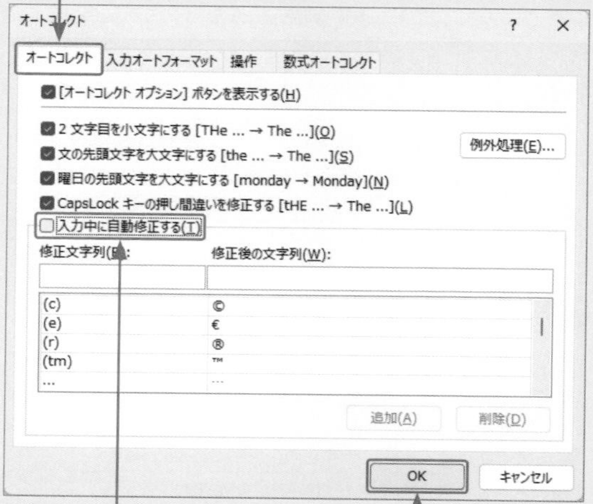

5 ［入力中に自動修正する］をクリックしてオフにし、

6 ［OK］をクリックします。

重要度 ★★★ データの入力

Q 089 メールアドレスを入力するとリンクが設定される!

A 入力オートフォーマット機能によるものです。

メールアドレスやWebページのURLを入力すると、入力オートフォーマット機能により自動的にハイパーリンクが設定され、下線が付いて文字が青くなります。自動的にハイパーリンクが設定されないようにするには、下の手順で操作します。
再びハイパーリンクが設定されるようにするには、[オートコレクト]ダイアログボックスの[入力オートフォーマット]で、[インターネットとネットワークのアドレスをハイパーリンクに変更する]をオンにします。

参照 ▶ Q 088

1 メールアドレスを入力すると、ハイパーリンクが設定されます。

	A	B	C
1	珈琲セミナー出席者		
2	番号	名前	メールアドレス
3	1	太田　美知子	m_oota@example.com
4	2	倉持　和美	
5	3	岩佐　游子	

2 ここにマウスポインターを合わせて、

3 [オートコレクト オプション]をクリックします。

4 [ハイパーリンクを自動的に作成しない]をクリックすると、

	A	B	C
1	珈琲セミナー出席者		
2	番号	名前	メールアドレス
3	1	太田　美知子	m_oota@example.com
4	2	倉持　和美	
5	3	岩佐　游子	元に戻す(U) - ハイパーリンク
6	4	石室　美鈴	ハイパーリンクを自動的に作成しない(S)
7	5	林　健一郎	オートコレクト オプションの設定(C)...

5 ハイパーリンクが解除されます。

	A	B	C
1	珈琲セミナー出席者		
2	番号	名前	メールアドレス
3	1	太田　美知子	m_oota@example.com
4	2	倉持　和美	kuramochi@example.com
5	3	岩佐　游子	yuiwasa@example.com

6 以降はハイパーリンクが設定されないようになります。

重要度 ★★★ データの入力

Q 090 「@」で始まるデータが入力できない!

A 先頭に「'」(シングルクォーテーション)を付けて入力します。

Excelでは、データの先頭に「@」を付けると関数と認識されるため、関数名以外の文字列は入力できません。「@」から始まる文字列を入力するときは、先頭に「'」(シングルクォーテーション)を付けて入力します。また、表示形式を「文字列」に変更してから入力する方法もあります。

参照 ▶ Q 104

重要度 ★★★ データの入力

Q 091 「/」で始まるデータが入力できない!

A 先頭に「'」(シングルクォーテーション)を付けて入力します。

Excelでは、半角英数字入力の状態で「/」を押すと、ショートカットキーが表示されるように設定されています。「/」で始まるデータを入力したい場合は、先頭に「'」(シングルクォーテーション)を付けて入力します。また、セルを編集できる状態にして「/」を入力する方法もあります。

重要度 ★★★ データの入力

Q 092 1つのセルに何文字まで入力できる?

A 32,767文字まで入力できます。

Excelでは、1つのセルに半角で32,767文字まで入力することができます。セル内の文字数が1,024を超える場合、1,024文字以降はセルには表示されませんが、ワークシートの行の高さと列幅を増やすと、表示できる場合があります。また、セルを編集したり選択した際に、数式バーには表示されます。

重要度 ★★★ データの入力

Q 093 メッセージが出てデータが入力できない!

A シートが保護されています。シートの保護を解除しましょう。

データを入力しようとすると、「～保護されているシート上にあります」というメッセージ画面が表示される場合は、「シートの保護」が設定されています。シートの保護とは、データが変更されたり、移動、削除されたりしないように、保護する機能です。
データを入力する必要がある場合は、シートの保護を解除します。パスワードが設定されている場合は、パスワードを入力する必要があります。

参照▶Q 712, Q 713

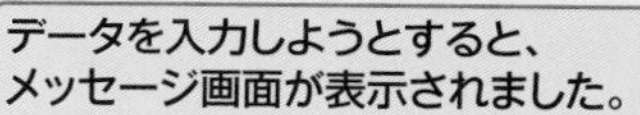

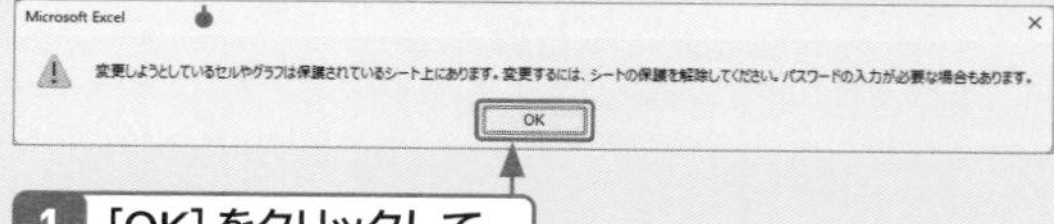

1 [OK] をクリックして、

2 [校閲] タブをクリックし、

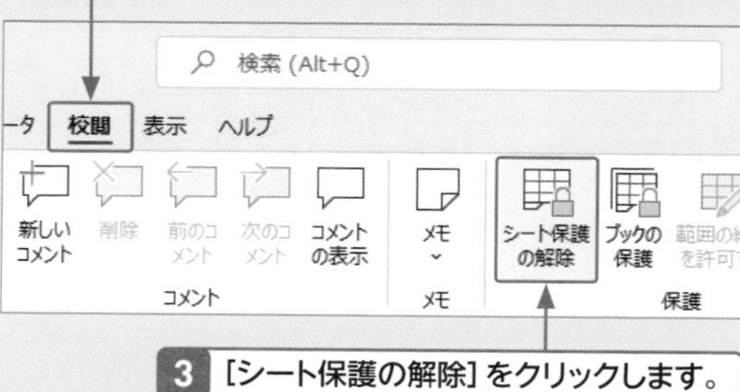

3 [シート保護の解除] をクリックします。

4 パスワードが設定されている場合は、パスワードを入力して、

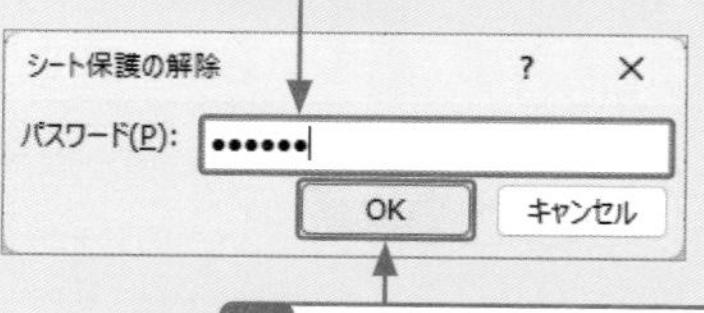

5 [OK] をクリックします。

重要度 ★★★ データの入力

Q 094 セルごとに入力モードを切り替えたい!

A データの入力規則を設定しましょう。

データの入力規則の機能を利用すると、セルの選択時に、指定した入力モードに自動的に切り替わるように設定できます。住所録の入力など、頻繁に入力モードの切り替えが必要な場合に利用すると便利です。

「住所」列の入力モードを「ひらがな」に切り替えます。

1 入力規則を設定する列を選択して、

2 [データ] タブをクリックし、

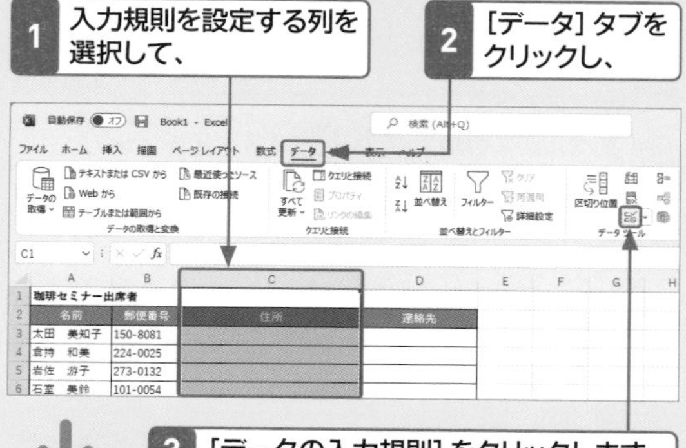

3 [データの入力規則] をクリックします。

4 [日本語入力] をクリックして、

5 [ひらがな] を選択し、

6 [OK] をクリックします。

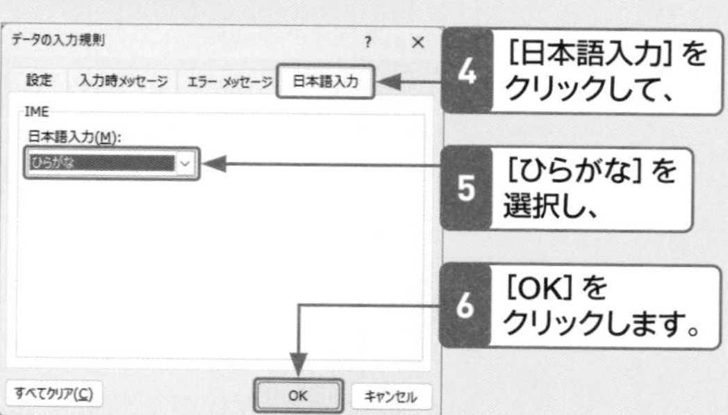

7 住所を入力するセルをクリックすると、

8 ひらがな入力モードに自動的に切り替わります。

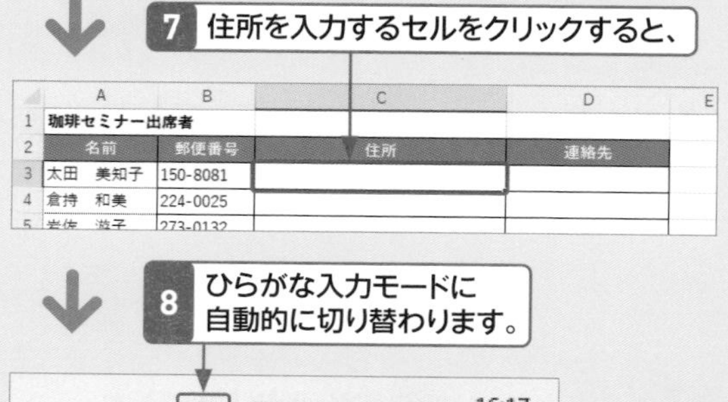

重要度 ★★★ データの入力

Q 095 スペルミスがないかどうか調べたい！

A F7 を押して、スペルチェックを行います。

入力した英単語のスペルに間違いがないかを調べるには、「スペルチェック」機能を利用します。[校閲] タブの [スペルチェック] を利用する方法もありますが、F7 を使ったほうが簡単に実行できます。
なお、単語が辞書に登録されていない場合もスペルミスとされることがありますが、その場合は、[無視] をクリックします。

1 セル[A1]をクリックして、F7 を押します。

2 スペルミスの単語があると、そのセルがアクティブになり、

3 [スペルチェック] ダイアログボックスが表示されます。

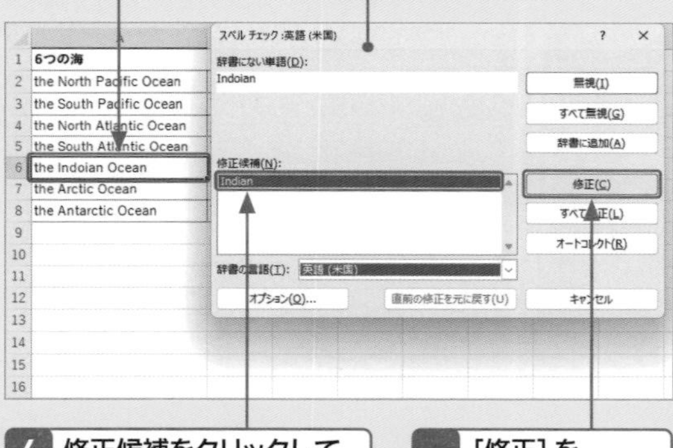

4 修正候補をクリックして、

5 [修正] をクリックすると、

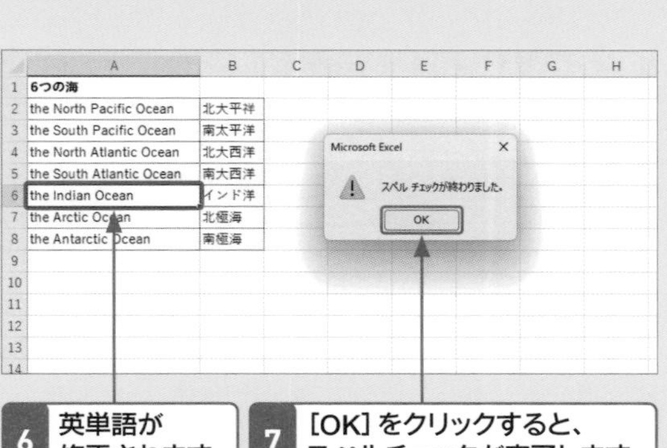

6 英単語が修正されます。

7 [OK] をクリックすると、スペルチェックが完了します。

重要度 ★★★ データの入力

Q 096 入力中のスペルミスが自動修正されるようにしたい！

A 間違えやすいスペルをオートコレクトに登録します。

間違えやすいスペルがある場合は、「オートコレクト」に間違ったスペルと正しいスペルを登録しておくと便利です。オートコレクトに単語を登録しておくと、間違えて入力したスペルを自動的に変換してくれます。

1 [ファイル] タブから [その他] をクリックして [オプション] をクリックします。

2 [文章校正] をクリックして、

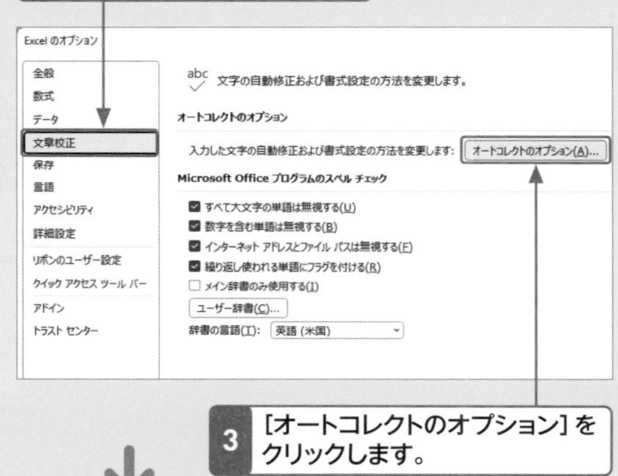

3 [オートコレクトのオプション] をクリックします。

4 [オートコレクト] をクリックして、

5 [入力中に自動修正する] がオンになっていることを確認します。

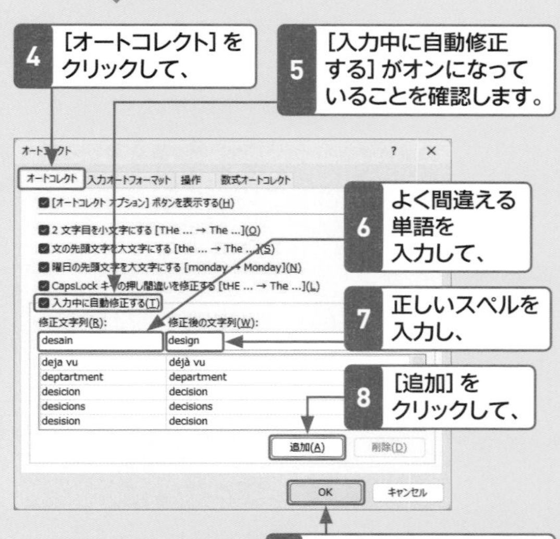

6 よく間違える単語を入力して、

7 正しいスペルを入力し、

8 [追加] をクリックして、

9 [OK] をクリックします。

重要度 ★★★ 数値の入力

Q 097 小数点が自動で入力されるようにしたい！

A [Excelのオプション]の[詳細設定]で設定します。

小数データを続けて入力する場合、数値を「12345」と入力すると、「123.45」のように自動的に小数点が付くと便利です。小数点を自動で入力するには、[Excelのオプション]ダイアログボックスで設定します。
なお、あらかじめ小数点を付けて入力した場合は、入力した小数点が優先され、この設定は無視されます。

1 [ファイル]タブの[その他]をクリックして[オプション]をクリックします。

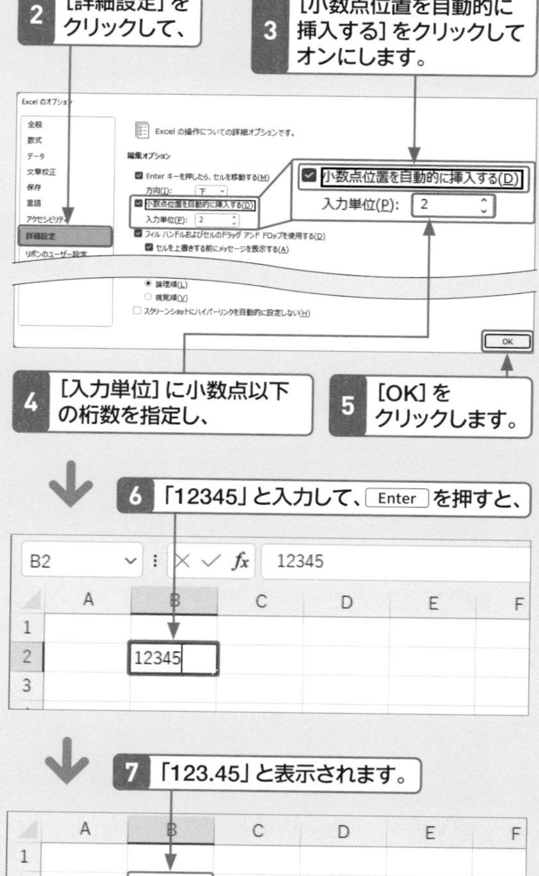

重要度 ★★★ 数値の入力

Q 098 数値が「####」に変わってしまった！

A セル内に数値が収まるように調整します。

セルの幅に対して数値の桁数が大きすぎるため、セル内に数値が収まっていない場合は、「#####」のように表示されます。このような場合は、列幅を広げる、フォントサイズを小さくする、文字を縮小して表示するなどして、セル内に数値が収まるように調整します。

参照 ▶ Q 172, Q 247, Q 267

数値が「####」と表示された場合は…

	A	B	C	D	E	F	G
1	下半期商品区分別売上						
2		キッチン	収納家具	ガーデン	防災	合計	
3	吉祥寺	5,795,280	4,513,520	3,627,400	857,920	#######	
4	府中	3,653,320	3,291,520	1,137,560	1,044,200	#######	
5	八王子	3,783,320	2,841,520	1,087,560	918,920	#######	
6	下半期計	#######	#######	#######	#######	#######	

列幅を広げる

	A	B	C	D	E	F
1	下半期商品区分別売上					
2		キッチン	収納家具	ガーデン	防災	合計
3	吉祥寺	5,795,280	4,513,520	3,627,400	857,920	14,794,120
4	府中	3,653,320	3,291,520	1,137,560	1,044,200	9,126,600
5	八王子	3,783,320	2,841,520	1,087,560	918,920	8,631,320
6	下半期計	13,231,920	10,646,560	5,852,520	2,821,040	32,552,040

フォントサイズを小さくする

	A	B	C	D	E	F	G
1	下半期商品区分別売上						
2		キッチン	収納家具	ガーデン	防災	合計	
3	吉祥寺	5,795,280	4,513,520	3,627,400	857,920	14,794,120	
4	府中	3,653,320	3,291,520	1,137,560	1,044,200	9,126,600	
5	八王子	3,783,320	2,841,520	1,087,560	918,920	8,631,320	
6	下半期計	13,231,920	10,646,560	5,852,520	2,821,040	32,552,040	

縮小して表示する

	A	B	C	D	E	F	G
1	下半期商品区分別売上						
2		キッチン	収納家具	ガーデン	防災	合計	
3	吉祥寺	5,795,280	4,513,520	3,627,400	857,920	14,794,120	
4	府中	3,653,320	3,291,520	1,137,560	1,044,200	9,126,600	
5	八王子	3,783,320	2,841,520	1,087,560	918,920	8,631,320	
6	下半期計	13,231,920	10,646,560	5,852,520	2,821,040	32,552,040	

重要度 ★★★ 数値の入力

Q 099 入力したデータをそのままセルに表示したい!

A セルの表示形式を目的の書式に設定します。

セルに「,」や「%」付きの数値データを入力すると、Excelは純粋な数値だけを取り出して記憶し、画面に表示するときは「表示形式」に従って数値を表示します。通常は、入力データに近い表示形式が自動設定されるため、ほぼ入力したとおりに表示されます。
数値が目的の書式で表示されない場合は、[ホーム]タブの[数値の書式]や、[セルの書式設定]ダイアログボックスから表示形式を設定します。

● [数値の書式] で設定する

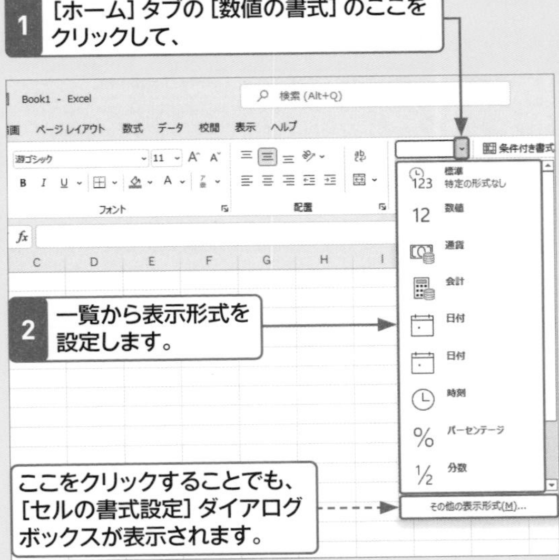

● [セルの書式設定] ダイアログボックスで設定する

1 [ホーム] タブの [数値] グループのここをクリックして、

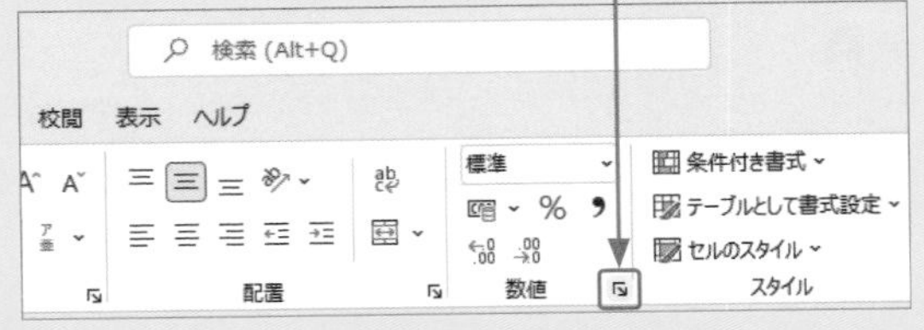

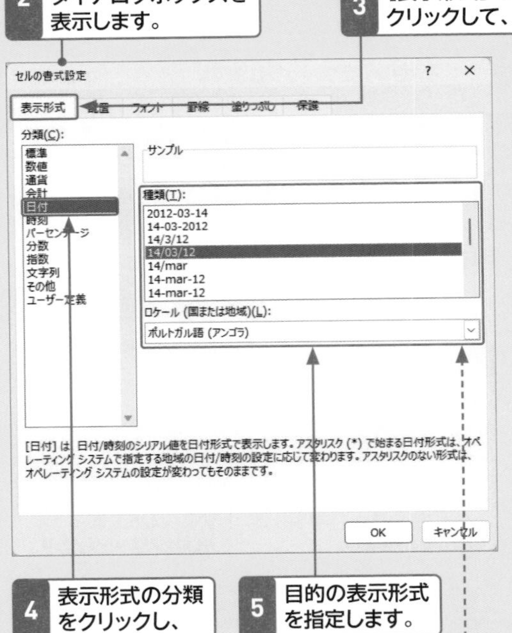

選択した分類によって、設定項目が切り替わります。

重要度 ★★★ 数値の入力

Q 100 数値が「3.14E+11」のように表示されてしまった!

A セルの幅を広げるか、セルの表示形式を変更します。

セルの表示形式が「標準」の場合、数値の桁数が大きすぎると、セル内に数値が収まらず、「3.14E+11」のような指数形式で表示されることがあります。この「3.14E+11」には「3.14×10^{11}」という意味があり、「314,000,000,000」と同じ値です。
また、表示形式が「指数」の場合は、数値の桁数にかかわらず指数形式で表示されます。この場合は、セルの表示形式を「数値」や「通貨」などに変更します。

参照 ▶ Q 099

重要度★★★ 数値の入力

Q 101 分数を入力したい！

A1 分数の前に「0」と半角スペースを入力します。

たとえば、「3/5」と入力して確定すると「3月5日」と表示され、日付として認識されてしまいます。「3/5」のような分数を入力したい場合は、分数の前に「0」と半角スペースを入力します。

また、分数を入力すると自動的に約分されます。たとえば「0 2/10」と入力すると「1/5」と表示されます。この場合、[ユーザー定義]の表示形式を作成して、分母の数値を指定することができます。

参照▶Q 224

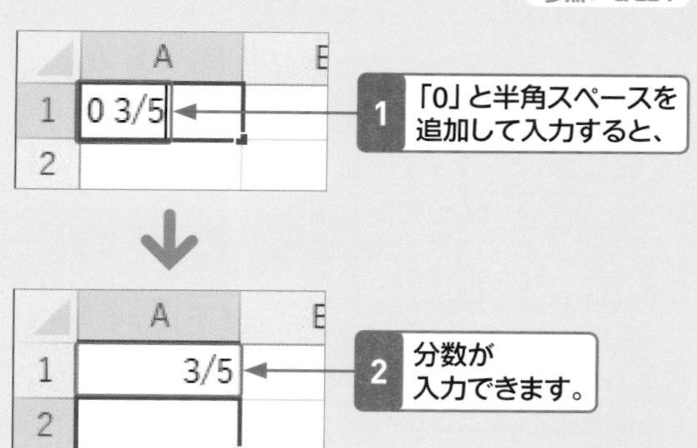

A2 セルの表示形式を分数に変更します。

分数を入力するセルをクリックして、[ホーム]タブの[数値の書式]の⌄をクリックし、[分数]をクリックすると、分数が入力できるようになります。

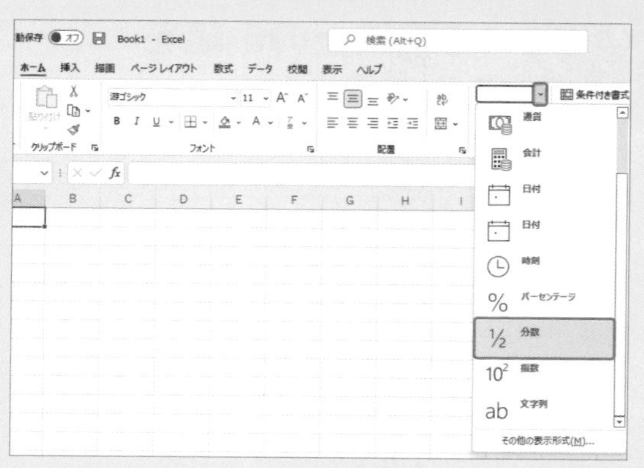

重要度★★★ 数値の入力

Q 102 $\frac{1}{3}$と実際の分数のように表示させたい！

A [数式の挿入]や[インク数式]を利用します。

[挿入]タブの[記号と特殊文字]から[数式の挿入]をクリックすると表示される[数式]タブや[インク数式]を利用すると、画像として挿入することができます。ただし、計算には使用できません。

参照▶Q 074

重要度★★★ 数値の入力

Q 103 小数点以下の数字が表示されない！

A [小数点以下の表示桁数を増やす]を利用します。

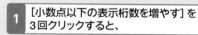

たとえば、「0.025」と入力しても小数点以下の数字が表示されず「0」と表示される場合は、表示形式の小数点以下の桁数が「0」になっている可能性があります。この場合は、[ホーム]タブの[小数点以下の表示桁数を増やす]をクリックすると、表示する小数点以下の桁数を1桁ずつ増やすことができます。[小数点以下の表示桁数を減らす]をクリックすると、表示する小数点以下の桁数を1桁ずつ減らすことができます。

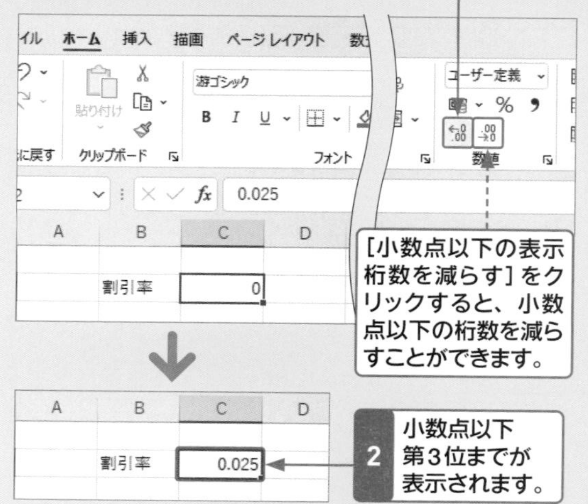

1 [小数点以下の表示桁数を増やす]を3回クリックすると、
割引率
0
[小数点以下の表示桁数を減らす]をクリックすると、小数点以下の桁数を減らすことができます。
0.025
2 小数点以下第3位までが表示されます。

重要度★★★ 数値の入力

Q 104 「001」と入力すると「1」と表示されてしまう!

A 表示形式を「文字列」に変更してから入力します。

Excelでは、数値の先頭の「0」(ゼロ)は、入力しても確定すると消えてしまいます。「01」「001」のように数値の先頭に「0」が必要な場合は、表示形式を「文字列」に変更してから入力します。

なお、数値を文字列として入力すると、エラーインジケーターが表示されますが、無視しても構いません。気になる場合は、非表示にすることもできます。

参照▶Q 313

1 目的のセルを範囲選択して、[ホーム]タブの[数値の書式]のここをクリックし、

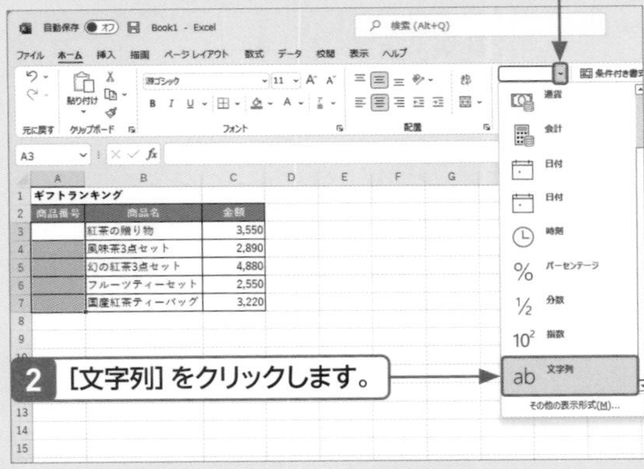

3 「011」と入力して、Enterを押すと、

	A	B	C	D
2	商品番号	商品名	金額	
3	011	紅茶の贈り物	3,550	
4		風味茶3点セット	2,890	

4 先頭に「0」が付く数値が入力されます。

	A	B	C	D
2	商品番号	商品名	金額	
3	011	紅茶の贈り物	3,550	
4		風味茶3点セット	2,890	

セルにエラーインジケーターが表示されます。

重要度★★★ 数値の入力

Q 105 小数点以下の数値が四捨五入されてしまう!

A セル幅に合わせて四捨五入されています。

表示形式を「標準」にしている場合、小数点以下の桁数がセル幅に対して大きいときは、自動的にセル幅に合わせて四捨五入されます。しかし、実際に入力した数値は四捨五入されていないので、列幅を広げると数値が四捨五入されずに表示されます。

なお、セルの幅に関係なく、小数点以下の桁数を設定することもできます。

参照▶Q 219

数値がセル幅に合わせて四捨五入されています。

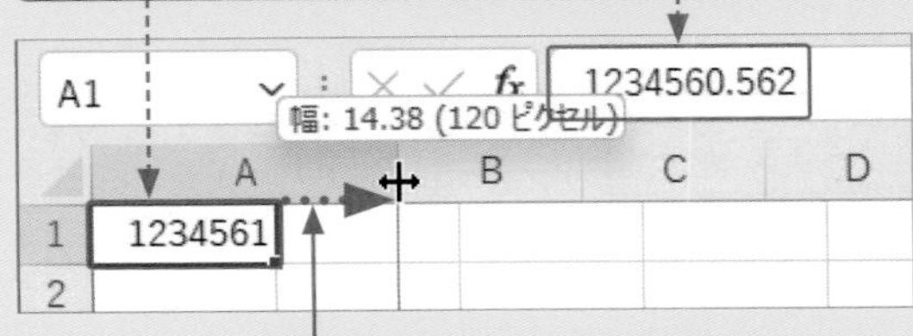

1 ドラッグして列幅を広げると、

2 四捨五入されずに表示されます。

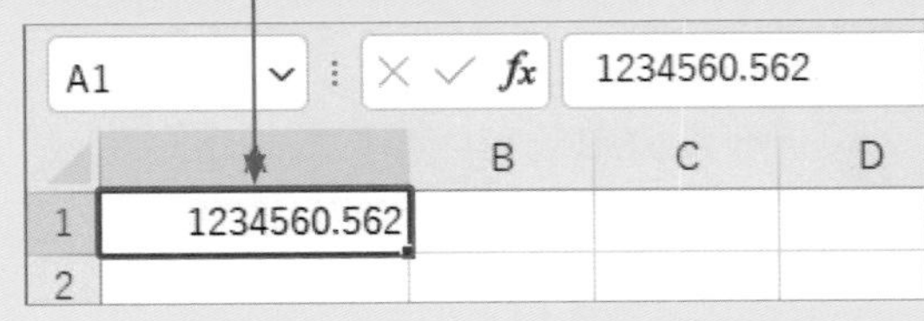

重要度★★★ 数値の入力

Q 106 16桁以上の数値を入力できない!

A 数値の有効桁数は15桁です。

Excelでは、数値の有効桁数は15桁です。表示形式が「数値」の場合、セルに16桁以上の数値を入力すると、16桁以降の数字が「0」に置き換えられて表示されます。

なお、表示形式を「標準」にすると、桁数の多い数値は指数形式で表示されます。

参照▶Q 100

重要度 ★★★　数値の入力

Q 107 数値を「0011」のように指定した桁数で表示したい!

A セルの表示形式で桁数分の「0」を指定します。

たとえば、商品番号が4桁に設定されていて「0011」から始まるような場合、数値の先頭の「0」は、入力しても確定すると消えてしまいます。

このような場合は、セルの表示形式を設定して、「11」と入力して確定すると、足りない桁数分の「0」が自動的に補完され、「0011」と表示されるように設定します。入力した数値は計算に利用できます。

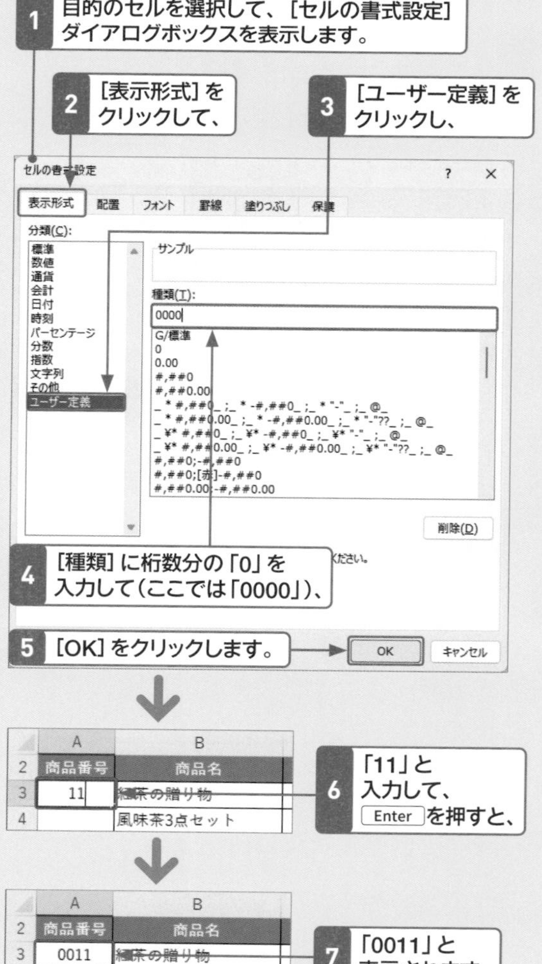

重要度 ★★★　数値の入力

Q 108 「(1)」と入力したいのに「-1」に変換されてしまう!

A 「'」(シングルクォーテーション)を付けて入力します。

Excelでは、「(1)」「(2)」…のようなカッコ付きの数値を入力すると、負の数字と認識され「-1」「-2」…と表示されます。カッコ付きの数値をそのまま表示させたい場合は、先頭に「'」(シングルクォーテーション)を付けて入力します。

また、セルの表示形式を「文字列」に変更してから入力してもカッコ付きの数値が入力できます。

参照▶Q 104

1 「(1)」と入力すると、

	A	B	C	D	E
1					
2		(1)			
3					

2 負の数字として認識されます。

	A	B	C	D	E
1					
2		-1			
3					

● 「'」(シングルクォーテーション)を付けて入力すると…

1 「'」に続いて「(1)」と入力すると、

	A	B	C	D	E
1					
2		'(1)			
3					

2 文字列として認識され、正しく表示されます。

	A	B	C	D	E
1					
2		(1)			
3					

重要度 ★★★　日付の入力

Q 109 「2023/4」と入力したいのに「Apr-23」になってしまう!

A セルの表示形式で「yyyy/m」と設定します。

「2023/4」のように年数と月数だけを入力すると、初期設定では「Apr-23」のように「英語表記の月-2桁の年数」の書式で表示されます。
「年／月」と入力したい場合は、目的のセルをクリックして、[セルの書式設定] ダイアログボックスを表示し、「yyyy/m」と設定します。「yyyy」は4桁の西暦を、「m」は月数を表す書式記号です。

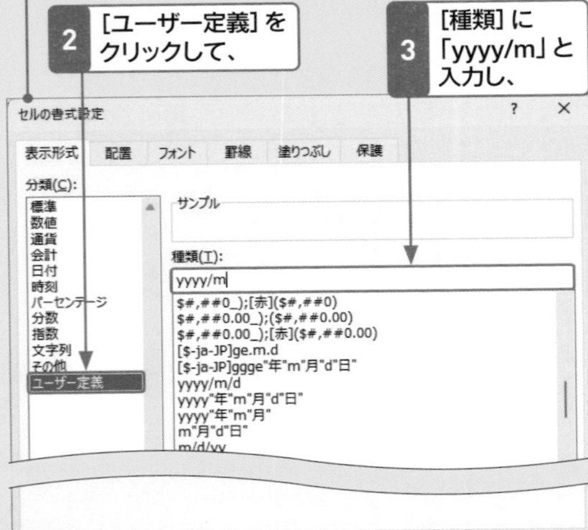

重要度 ★★★　日付の入力

Q 110 「1-2-3」と入力したいのに「2001/2/3」になってしまう!

A 表示形式を「文字列」に変更してから入力します。

住所の番地の「1-2-3」のように、数値を「-」(ハイフン)で区切って入力すると、そのデータは日付として認識され、自動的に「日付」の表示形式が設定されます。このため、「1-2-3」は「2001/2/3」と表示されてしまいます。このような場合は、データを文字として扱うために、表示形式を「文字列」に変更してから入力します。また、先頭に「'」(シングルクォーテーション)を付けて入力しても、文字列として入力できます。 参照▶Q 104

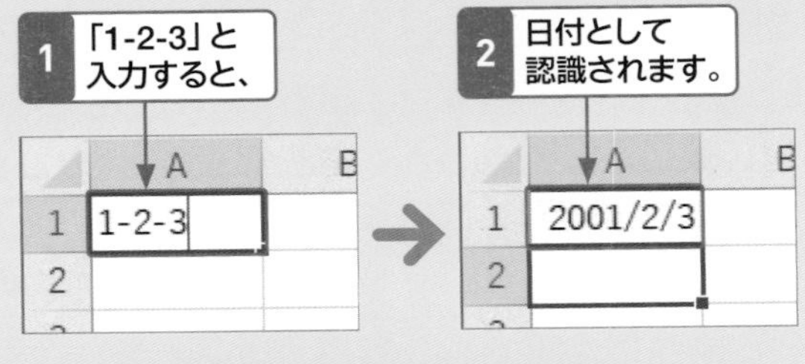

● 表示形式を「文字列」に変更すると…

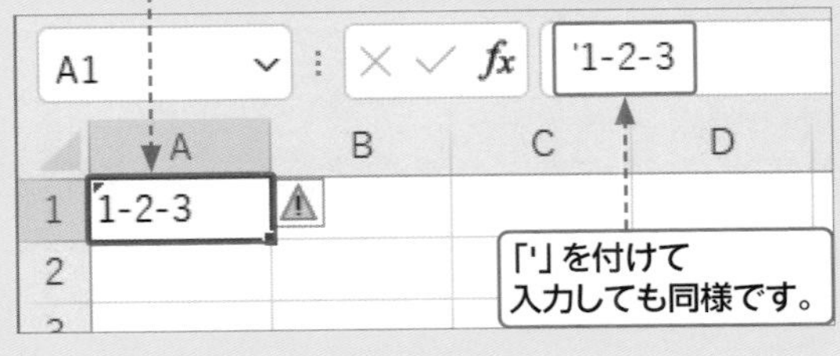

重要度 ★★★　日付の入力

Q 111 同じセルに日付と時刻を入力したい!

A 日付と時刻を半角スペースで区切って入力します。

日付と時刻を同じセルに続けて入力するには、日付と時刻の間に半角スペースを入力して「2023/4/15 10:30」のように入力します。

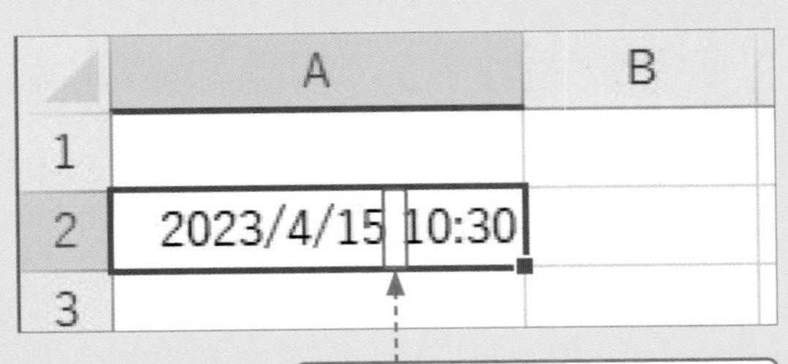

重要度 ★★★ 日付の入力

Q 112 現在の日付や時刻をかんたんに入力するには？

A Ctrl を押しながら ; や : を押します。

今日の日付を入力する場合は Ctrl を押しながら ;（セミコロン）を、現在の時刻を入力する場合は Ctrl を押しながら :（コロン）を押します。入力されるデータはその時点のものです。最新の日付や時刻に自動的に更新されるようにするには、TODAY関数やNOW関数を使用します。

参照▶Q 414

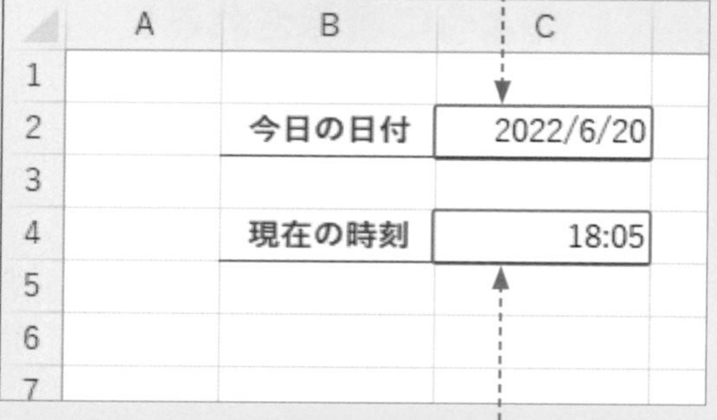
Ctrl ＋ ; を押すと、今日の日付が入力されます。
今日の日付
2022/6/20
現在の時刻
18:05
Ctrl ＋ : を押すと、現在の時刻が入力されます。

重要度 ★★★ 日付の入力

Q 113 和暦で入力したのに西暦で表示されてしまう！

A 年号を表す記号を付けて入力します。

セルに「5/4/15」のように、年数を和暦のつもりで入力しても、Excelでは「2005/4/15」のような4桁の西暦として解釈されます。和暦の日付を正しく表示するには、年数の前に「R」（令和）「H」（平成）といった年号を表す記号を付けて入力する必要があります。
なお、［セルの書式設定］ダイアログボックスで、日付の表示形式を和暦に設定することもできます。

参照▶Q 116, Q 231

1 数字のみで入力すると、
2 4桁の西暦として解釈されます。
5/4/15
2005/4/15

● 年号を表す記号を付けて入力すると…

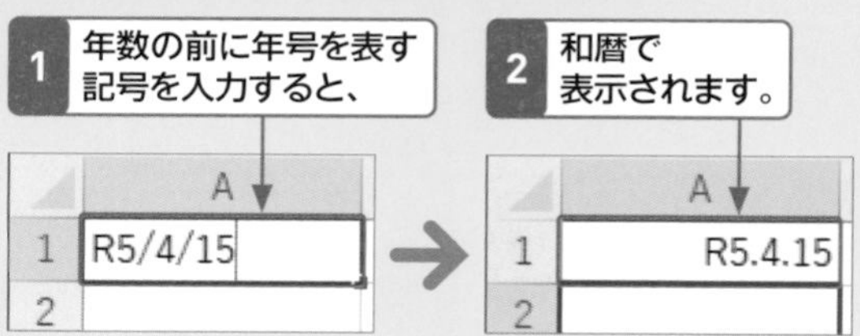
1 年数の前に年号を表す記号を入力すると、
2 和暦で表示されます。
R5/4/15
R5.4.15

重要度 ★★★ 日付の入力

Q 114 時刻を12時間制で入力するには？

A 半角スペースと「AM」または「PM」を追加します。

セルに「5:30」と入力すると、午前5時30分として認識されます。12時間制で時刻を認識させるには、「5:30 PM」のように、時刻のあとに半角スペースと「AM」または「PM」を入力します。

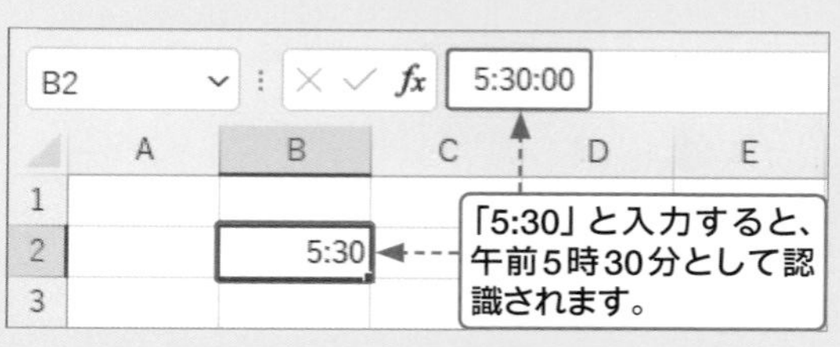
B2
5:30:00
5:30
「5:30」と入力すると、午前5時30分として認識されます。

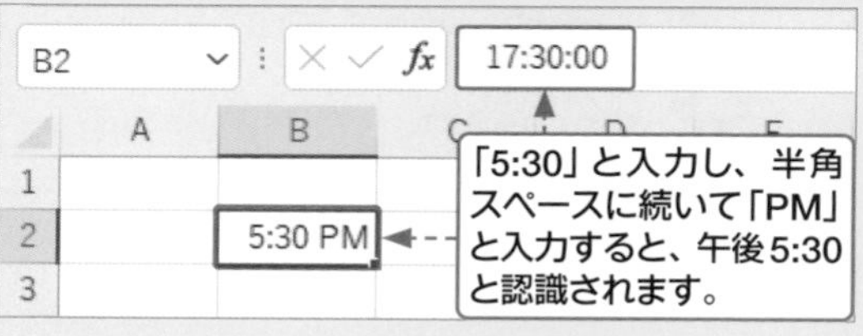
B2
17:30:00
5:30 PM
「5:30」と入力し、半角スペースに続いて「PM」と入力すると、午後5:30と認識されます。

重要度 ★★★ 日付の入力

Q 115 日付を入力すると「45031」のように表示される！

A 表示形式を「日付」に変更します。

数値、通貨、会計、分数、文字列などの表示形式が設定されているセルに、「2023/4/15」のような日付を入力すると、「45031」のような数値が表示されます。この数値は「シリアル値」と呼ばれています。日付を正しく表示させるには、セルの表示形式を「日付」に変更します。

参照 ▶ Q 099, Q 396

「2023/4/15」と入力すると、「45031」と表示されました。

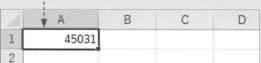

	A	B	C	D
1	45031			
2				

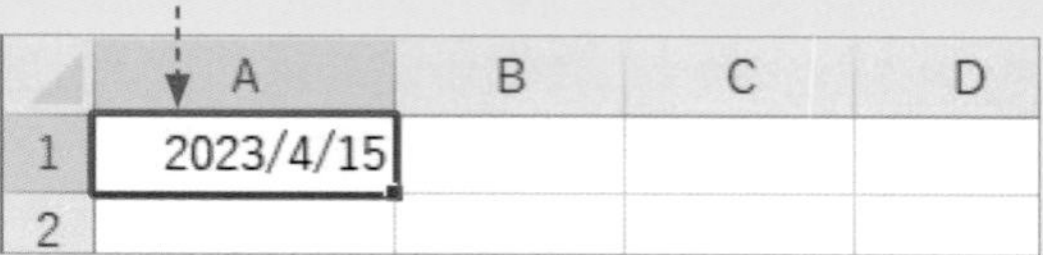

重要度 ★★★ 日付の入力

Q 116 西暦の下2桁を入力したら1900年代で表示された！

A 「30」～「99」は1900年代と解釈されます。

Windowsの初期設定では、2桁の年数は「30」～「99」が1900年代、「0」～「29」が2000年代と解釈されるので、意図しない年代で表示されることがあります。これを避けるには、下の手順で設定を変更します。

1 タスクバーの［検索］をクリックして、「コントロールパネル」と入力し、［コントロールパネル］をクリックします。

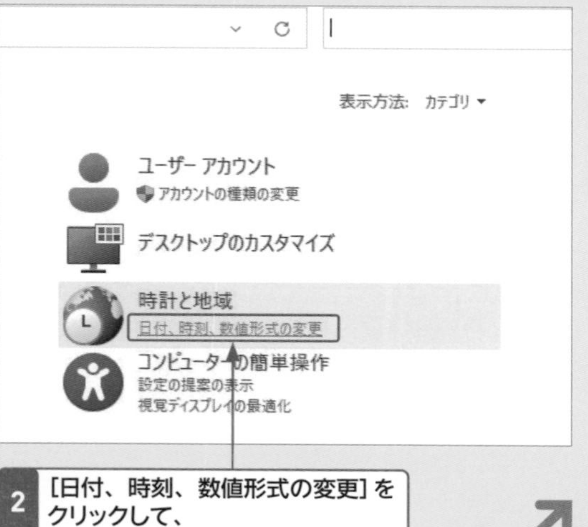

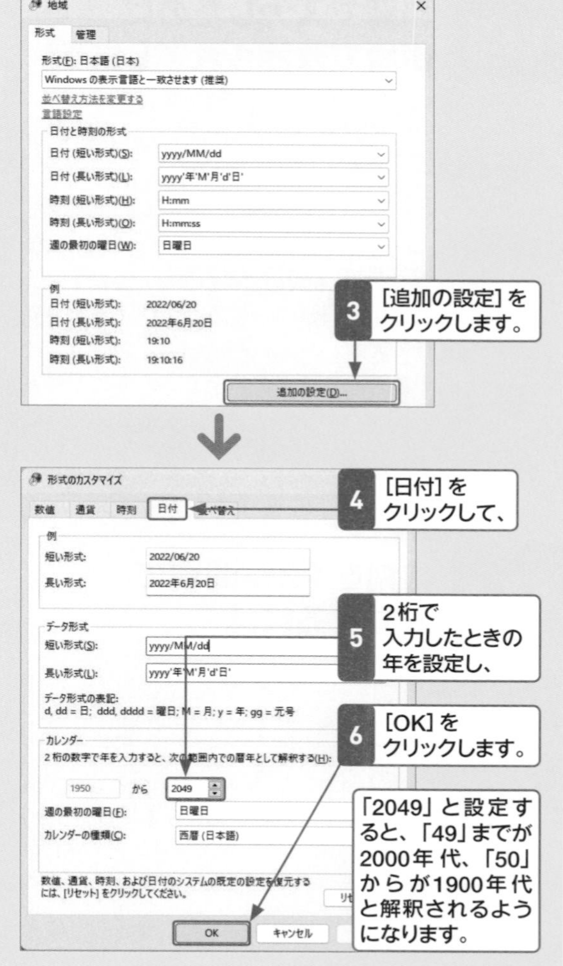

重要度 ★★★ 連続データの入力

Q 117 月曜日から日曜日までをかんたんに入力したい！

A オートフィル機能を利用します。

「日曜日」「月曜日」「1月」「2月」などの曜日や日付、「第1四半期」「第2四半期」のような数値と文字の組み合わせなど、規則正しく変化するデータを効率よく入力するには、「オートフィル」機能を利用します。オートフィルは、セルの値をもとに隣接するセルに連続したデータを入力したり、セルのデータをコピーしたりする機能です。

オートフィルを利用するには、初期値となるデータを選択して、「フィルハンドル」（右上図参照）を下方向か右方向にドラッグします。

なお、連続データが作成されるデータのリストは、「ユーザー設定リスト」に登録されています。はじめに確認してみましょう。

● ユーザー設定リストを確認する

1 ［ファイル］タブから［その他］をクリックして、［オプション］をクリックします。

3 ［ユーザー設定リストの編集］をクリックすると、

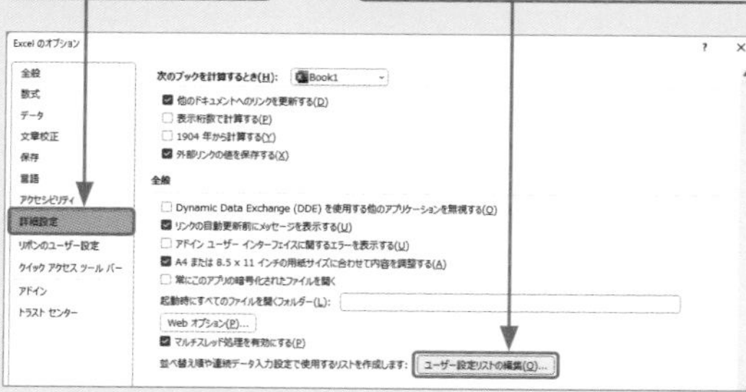

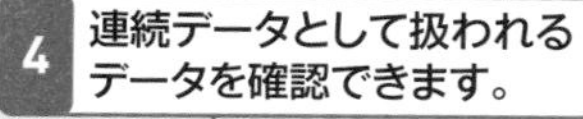

4 連続データとして扱われるデータを確認できます。

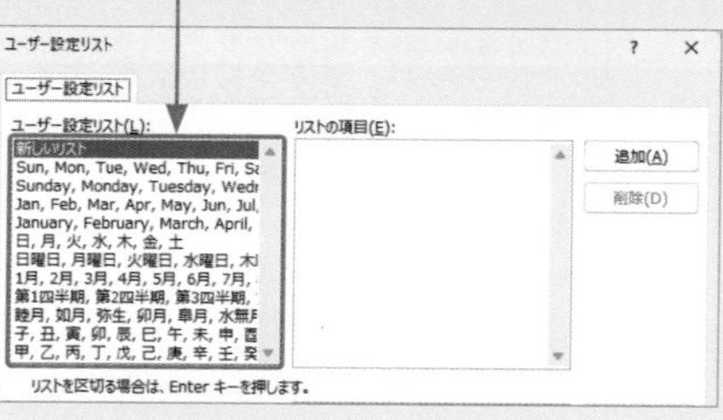

● フィルハンドル

	A	B
1	週間予定表	
2	日付	曜日
3	6月5日	月
4	6月6日	

セルの右下隅にある四角形がフィルハンドルです。

● オートフィルを利用する

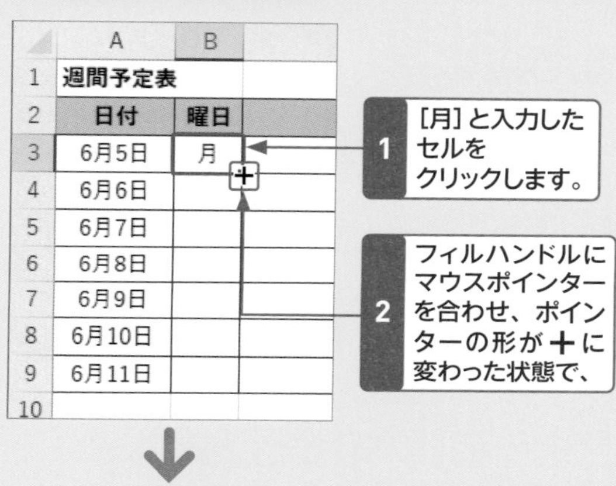

	A	B
1	週間予定表	
2	日付	曜日
3	6月5日	月
4	6月6日	
5	6月7日	
6	6月8日	
7	6月9日	
8	6月10日	
9	6月11日	
10		

1 ［月］と入力したセルをクリックします。

2 フィルハンドルにマウスポインターを合わせ、ポインターの形が ＋ に変わった状態で、

	A	B
1	週間予定表	
2	日付	曜日
3	6月5日	月
4	6月6日	
5	6月7日	
6	6月8日	
7	6月9日	
8	6月10日	
9	6月11日	
10		日

3 ドラッグすると、

	A	B
1	週間予定表	
2	日付	曜日
3	6月5日	月
4	6月6日	火
5	6月7日	水
6	6月8日	木
7	6月9日	金
8	6月10日	土
9	6月11日	日
10		

4 月曜日から日曜日までの連続データが入力されます。

重要度★★★ 連続データの入力

Q 118 オリジナルの連続データを入力したい！

A 新しいユーザー設定リストを作成します。

商品名や部署名など、オリジナルの連続データを効率よく入力したい場合は、[ユーザー設定リスト]ダイアログボックスに、その連続データを登録します。

なお、下の手順ではダイアログボックスに直接データを入力していますが、データを入力したセル範囲を択し、[ユーザー設定リスト]ダイアログボックスで[インポート]をクリックしても、登録できます。

1 [ファイル]タブから[その他]をクリックして、[オプション]をクリックします。

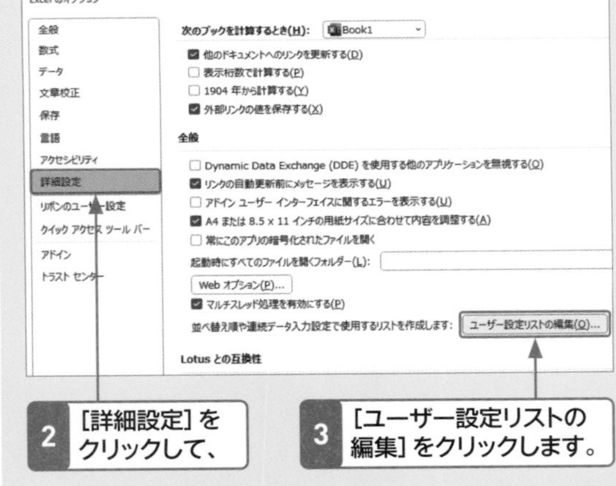

2 [詳細設定]をクリックして、

3 [ユーザー設定リストの編集]をクリックします。

4 連続データを改行しながら入力し、

5 [OK]をクリックして、

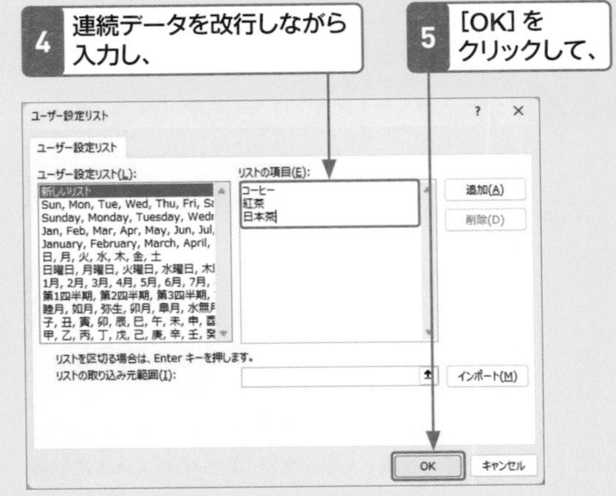

6 [Excelのオプション]ダイアログボックスの[OK]をクリックします。

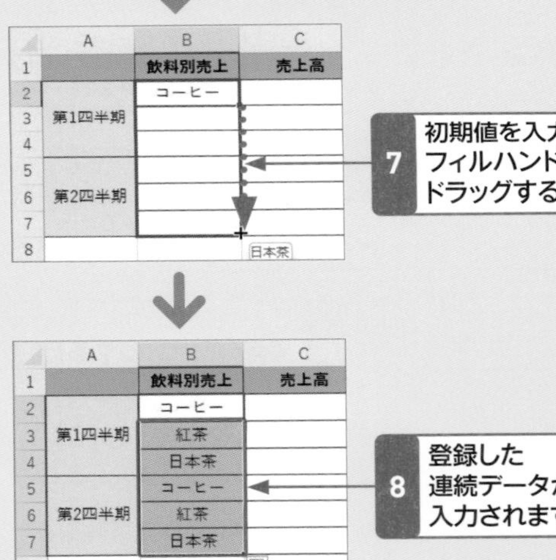

7 初期値を入力してフィルハンドルをドラッグすると、

8 登録した連続データが入力されます。

重要度★★★ 連続データの入力

Q 119 オートフィル機能が実行できない！

A [Excelのオプション]ダイアログボックスで設定を変更します。

フィルハンドルが実行できない、またはフィルハンドルが表示されない場合は、フィルハンドルが無効に設定されています。[Excelのオプション]ダイアログボックスの[詳細設定]を表示して、[フィルハンドルおよびセルのドラッグアンドドロップを使用する]をオンにします。

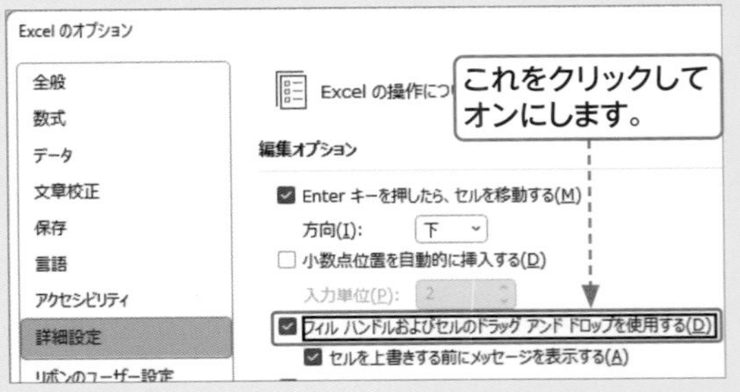

これをクリックしてオンにします。

重要度 ★★★　連続データの入力

Q 120 数値の連続データをかんたんに入力したい！

A 初期値のセルを2つ選択し、フィルハンドルをドラッグします。

初期値が「数値」の場合、フィルハンドルをドラッグしても、連続データが入力されず数値がコピーされます。数値の連続データを入力するには、セルに2つの初期値を入力し、両方のセルを選択してフィルハンドルをドラッグします。また、Ctrl を押しながらフィルハンドルをドラッグすると、選択したセルのコピーができます。

1つずつ増加する数値を入力する

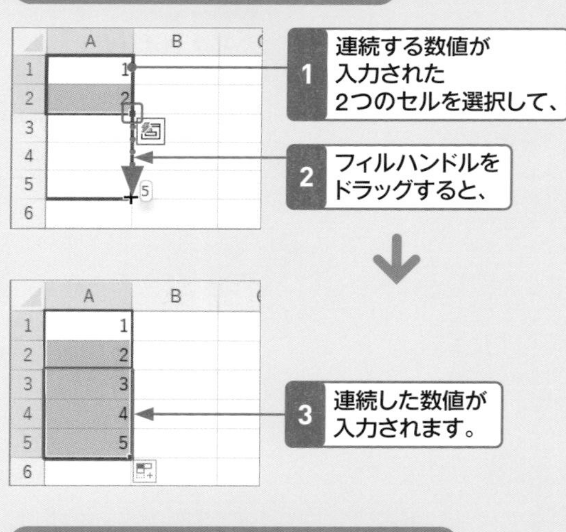
1 連続する数値が入力された2つのセルを選択して、
2 フィルハンドルをドラッグすると、
3 連続した数値が入力されます。

1以外の増分で増加する数値を入力する

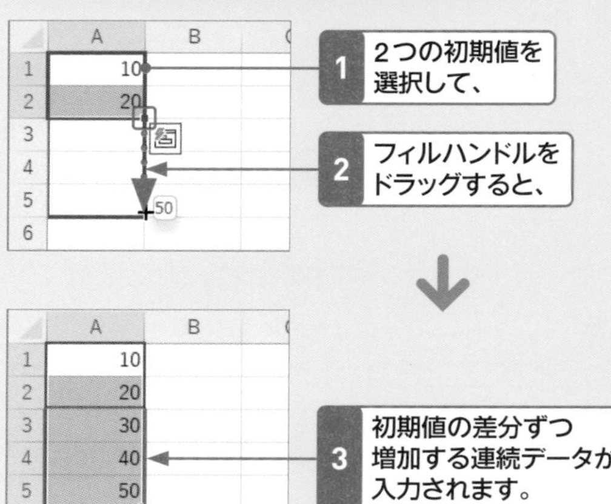
1 2つの初期値を選択して、
2 フィルハンドルをドラッグすると、
3 初期値の差分ずつ増加する連続データが入力されます。

重要度 ★★★　連続データの入力

Q 121 連続データの入力をコピーに切り替えたい！

A ［オートフィルオプション］をクリックして切り替えます。

オートフィル機能を実行すると、右下に［オートフィルオプション］が表示されます。これをクリックするとメニューが表示され、［セルのコピー］か［連続データ］かを選択することができます。また、書式だけをコピーしたり、データだけをコピーしたりすることもできます。

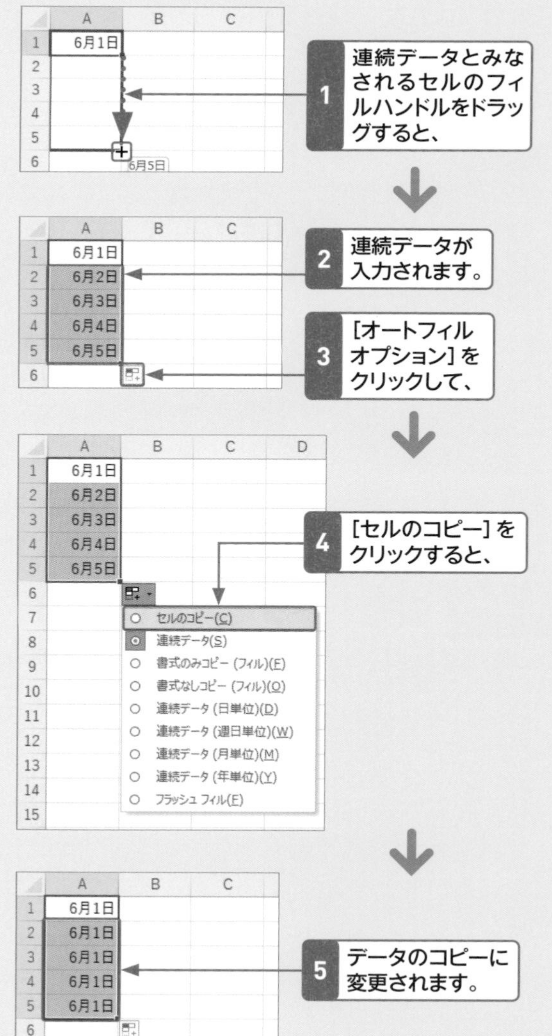
1 連続データとみなされるセルのフィルハンドルをドラッグすると、
2 連続データが入力されます。
3 ［オートフィルオプション］をクリックして、
4 ［セルのコピー］をクリックすると、
セルのコピー(C)
連続データ(S)
書式のみコピー (フィル)(F)
書式なしコピー (フィル)(O)
連続データ (日単位)(D)
連続データ (週日単位)(W)
連続データ (月単位)(M)
連続データ (年単位)(Y)
フラッシュ フィル(F)
5 データのコピーに変更されます。

重要度★★★ 連続データの入力

Q 122 「1」から「100」までをかんたんに連続して入力したい！

A ［連続データ］ダイアログボックスを利用します。

「1」～「100」のような大量の連続データを入力する場合は、オートフィルよりも［連続データ］ダイアログボックスを利用したほうが効率的です。連続データの初期値を入力したセルをクリックして、［ホーム］タブの［フィル］をクリックし、［連続データの作成］をクリックして設定します。

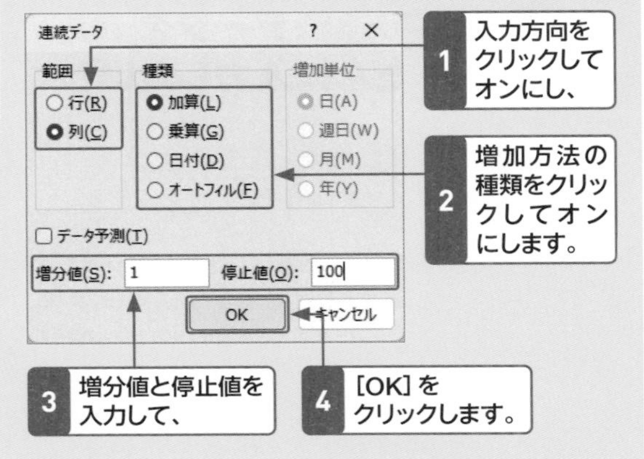

重要度★★★ 連続データの入力

Q 123 オートフィル操作をもっとかんたんに実行したい！

A フィルハンドルをダブルクリックします。

隣接する列にデータが入力されている場合、連続データの初期値が入力されているセルのフィルハンドルをダブルクリックだけで、隣接する列のデータと同じ数の連続データが入力されます。この方法は、数式やデータのコピーでも利用できます。

重要度★★★ 連続データの入力

Q 124 月や年単位で増える連続データを入力したい！

A ［オートフィルオプション］をクリックして切り替えます。

日付を入力したセルを選択してオートフィルを実行すると、初期設定では1日ずつ増加する連続データが作成されます。日付の連続データを作成してから［オートフィルオプション］をクリックして、メニューを表示すると、［連続データ（月単位）］や［連続データ（年単位）］が表示されます。これらを利用すると、月単位や年単位で増加する連続データに変わります。

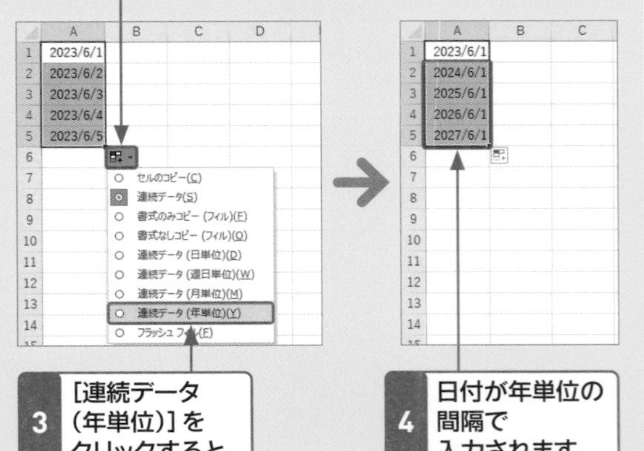

重要度 ★★★　連続データの入力

Q 125 月末の日付だけを連続して入力したい！

A ［オートフィルオプション］をクリックして切り替えます。

月末を入力したセルを選択してオートフィルを実行すると、初期設定では1日ずつ増加する連続データが作成されます。月末の日付だけを連続して入力したい場合は、日付の連続データを作成してから［オートフィルオプション］をクリックして、［連続データ（月単位）］をクリックします。

1 月末を入力してオートフィルを実行します。

2 ［オートフィルオプション］をクリックして、

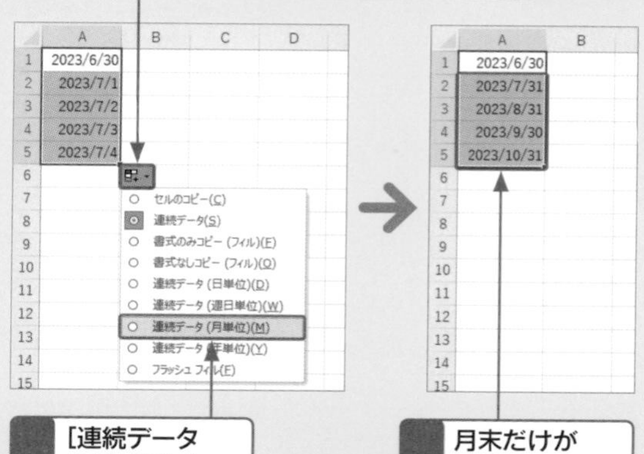

3 ［連続データ（月単位）］をクリックすると、

4 月末だけが連続して入力されます。

重要度 ★★★　連続データの入力

Q 126 タッチ操作で連続データを入力したい！

A セルをホールドし、［オートフィル］をタップして実行します。

タッチ動作で連続データを入力するには、1つ目のデータを入力したセルをホールドします。ミニツールバーが表示されるので、［オートフィル］をタップし、オートフィル用のアイコンをスライドします。

1 1つ目のデータを入力したセルをホールドすると、

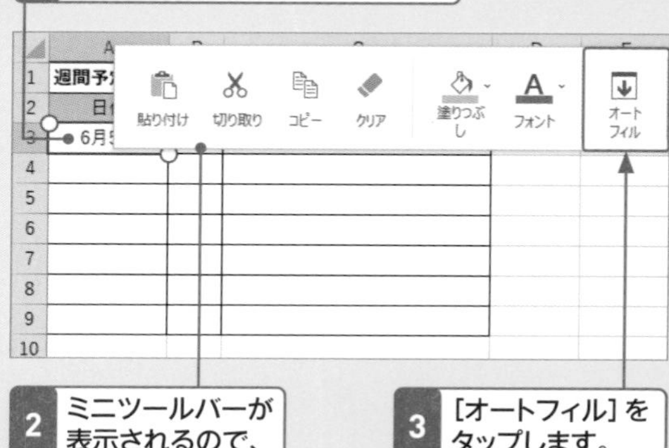

2 ミニツールバーが表示されるので、

3 ［オートフィル］をタップします。

4 オートフィル用のアイコンが表示されるので、

5 アイコンをスライドすると、

6 連続データが入力されます。

	A	B	C
1	週間予定表		
2	日付	曜日	予定
3	6月5日		
4	6月6日		
5	6月7日		
6	6月8日		
7	6月9日		
8	6月10日		
9	6月11日		

重要度 ★★★ 入力規則

Q 127 入力できる数値の範囲を制限したい！

A セルに入力規則を設定します。

指定した範囲の数値しか入力できないように制限するには、セルに入力規則を設定します。対象のセル範囲を選択して、[データの入力規則] ダイアログボックスの [設定] を表示し、下の手順で条件を設定します。制限するデータは、数値のほか、日付や時刻、文字列の長さなども指定できます。

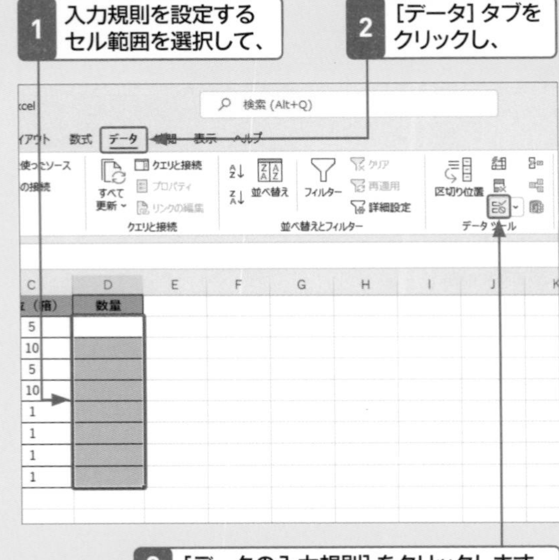
1 入力規則を設定するセル範囲を選択して、
2 [データ] タブをクリックし、
3 [データの入力規則] をクリックします。

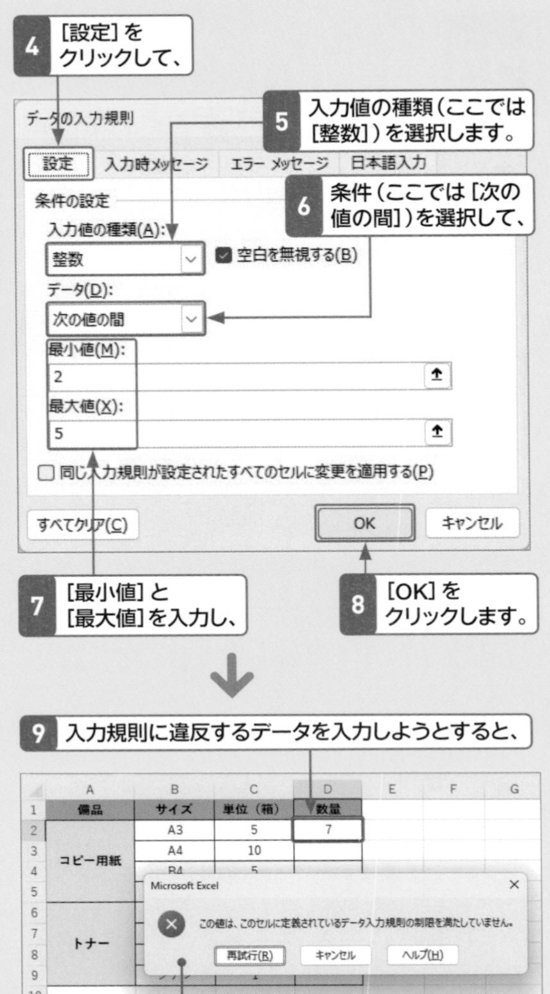
4 [設定] をクリックして、
5 入力値の種類（ここでは [整数]）を選択します。
6 条件（ここでは [次の値の間]）を選択して、
7 [最小値] と [最大値] を入力し、
8 [OK] をクリックします。
9 入力規則に違反するデータを入力しようとすると、
10 エラーメッセージが表示されます。

重要度 ★★★ 入力規則

Q 128 入力規則の設定の際にメッセージが表示された！

A 選択範囲の一部にすでに入力規則が設定されています。

選択したセル範囲の一部にすでに入力規則が設定されていると、[データ] タブの [データの入力規則] をクリックした際に、右図のようなメッセージが表示されます。これは、既存の入力規則が間違って変更されないようにするための予防措置です。変更しても問題ない場合は、[はい] をクリックして入力規則を設定します。

Microsoft Excel
選択範囲には、データの入力規則が設定されていないセルが含まれています。データの入力規則をそれらのセルに適用しますか?
はい(Y)
いいえ(N)
キャンセル

選択したセル範囲の一部にすでに入力規則が設定されていると、メッセージが表示されます。

重要度 ★★★ 入力規則

Q 129 入力規則にオリジナルのメッセージを設定したい！

A [データの入力規則] ダイアログボックスで設定します。

入力規則に違反したときに、正しい値の入力を促すためのオリジナルのメッセージを表示するには、[データの入力規則] ダイアログボックスの [エラーメッセージ] を表示して設定します。エラーメッセージだけでなく、エラーメッセージのタイトルやダイアログボックスに表示されるマークも設定できます。

参照 ▶ Q 127

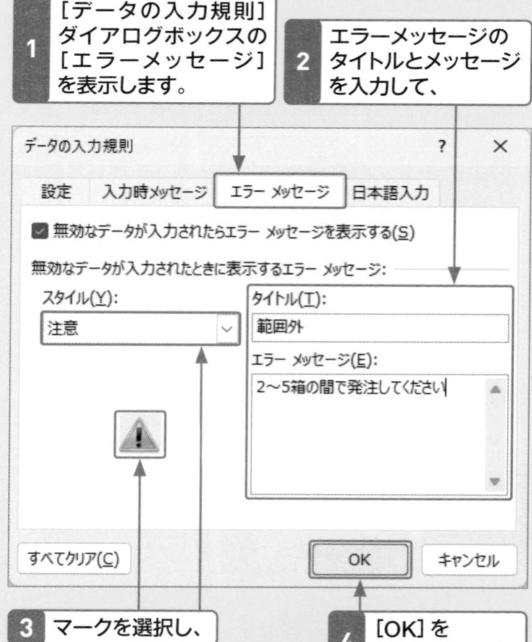

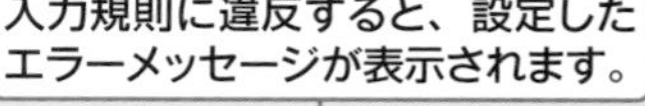

入力規則に違反すると、設定したエラーメッセージが表示されます。

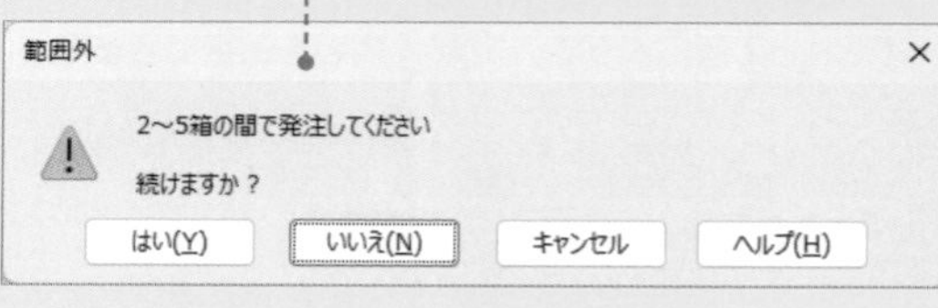

重要度 ★★★ 入力規則

Q 130 データを一覧から選択して入力したい！

A ドロップダウンリストを作成します。

セルにドロップダウンリストを設定すると、入力するデータを一覧から選択できます。入力対象のセル範囲を選択して、[データの入力規則] ダイアログボックスの [設定] を表示して設定します。

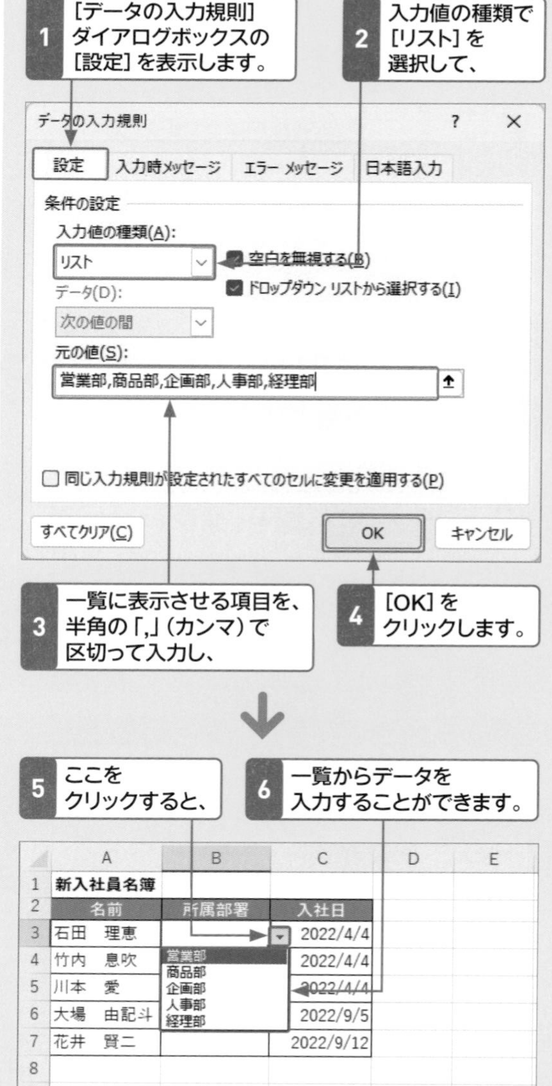

重要度★★★　入力規則

Q 131 ドロップダウンリストの内容が横一列に表示された！

A 全角の「,」や「、」が入力されている可能性があります。

ドロップダウンリストの項目が横一列に表示される場合は、[データの入力規則] ダイアログボックスに入力したリストの項目が、半角の「,」(カンマ)ではなく、全角の「，」もしくは「、」(読点)で区切られています。半角に変更すると、項目が縦に並ぶようになります。

参照▶Q 130

2	名前	所属部署	入社日
3	石田　理恵		2022/4/
4	竹内　息吹	営業部、商品部、企画部、経理部、	2022/4/

ドロップダウンリストの項目が横一列に表示されています。

重要度★★★　入力規則

Q 132 セル範囲からドロップダウンリストを作成したい！

A セル範囲を入力規則の[元の値]に指定します。

[データの入力規則] ダイアログボックスに直接データを入力するのではなく、同じワークシート内に入力されているデータのセル範囲を [元の値] に指定することで、そのデータをドロップダウンリストの項目として利用できます。

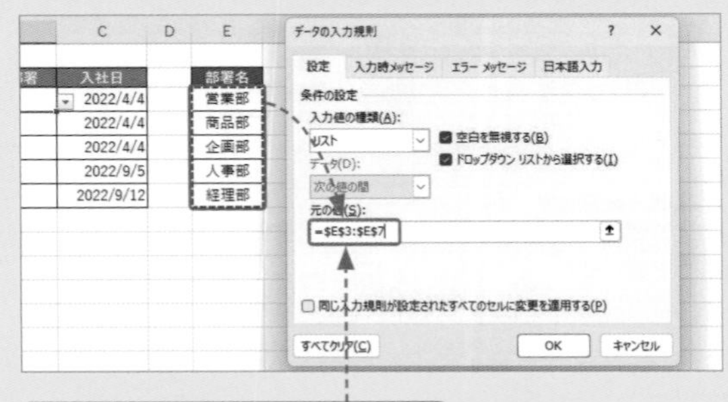

[元の値] に、リスト項目として参照するセル範囲を指定します。

重要度★★★　入力規則

Q 133 入力する値によってリストに表示する内容を変えたい！

A リストに表示する項目をINDIRECT関数で指定します。

データを入力する際に、入力する値によってリストに表示する内容を変えることもできます。[データの入力規則] ダイアログボックスの [元の値] に、リストに表示する項目をINDIRECT関数で指定します。あらかじめリストの項目にするセル範囲に名前を付けておくことがポイントです。

参照▶Q 329

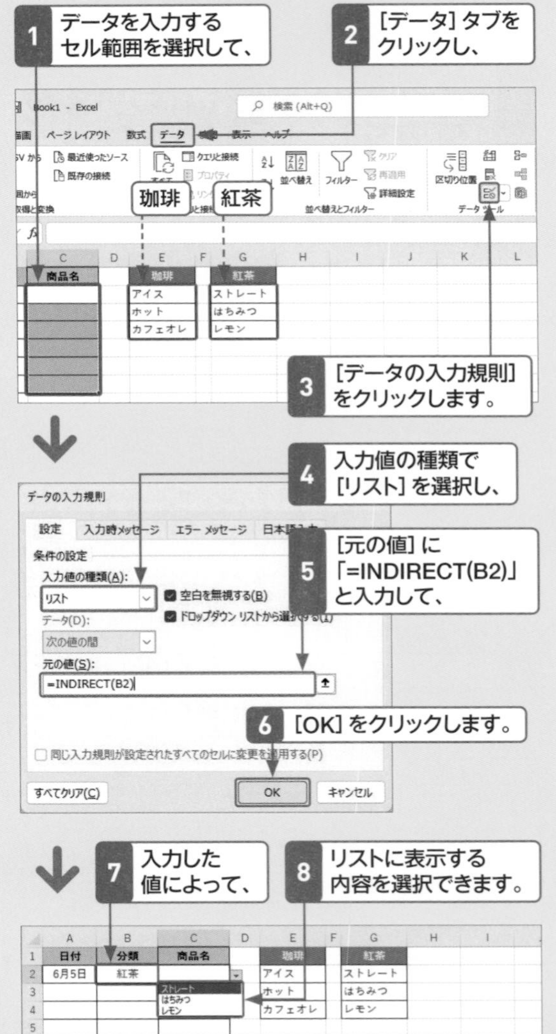

1 データを入力するセル範囲を選択して、
2 [データ] タブをクリックし、
珈琲
紅茶
3 [データの入力規則] をクリックします。
4 入力値の種類で [リスト] を選択し、
5 [元の値] に「=INDIRECT(B2)」と入力して、
6 [OK] をクリックします。
7 入力した値によって、
8 リストに表示する内容を選択できます。

重要度 ★★★　外部データの取り込み

Q 134 Excelでテキスト形式のファイルは利用できる？

A 7種類のテキスト形式ファイルに対応しています。

Excelで利用可能なテキスト形式は右の7種類です。よく使われるのは、テキスト（タブ区切り）形式とCSV（コンマ区切り）形式です。利用できる形式は、[名前を付けて保存] ダイアログボックスの [ファイルの種類] や、[ファイルを開く] ダイアログボックスの [すべてのExcelファイル] から確認できます。

ファイル形式（拡張子）	内　容
テキスト（タブ区切り）(.txt)	データをタブで区切るファイル形式です。
Unicodeテキスト (.txt)	文字をUnicodeで保存するファイル形式です。データはタブで区切られます。
CSV/CSV UTF-8（コンマ区切り）(.csv)	データを「,」（コンマ）で区切るファイル形式です。
テキスト（スペース区切り）(.prn)	データを半角スペースで区切るファイル形式です。
DIF (.dif)	数式や一部の書式を保存できるファイル形式です。表計算ソフト間でデータをやりとりする際に利用されます。
SYLK (.slk)	

重要度 ★★★　外部データの取り込み

Q 135 保存されているファイルの形式がわからない！

A 拡張子を表示します。

「拡張子」とは、ファイル名の後半部分の「.」（ピリオド）のあとに続く文字列のことです。Windowsの初期設定では、拡張子は表示されないようになっています。通常はファイルのアイコンを見ればファイル形式を判断できますが、よりわかりやすくしたい場合は拡張子を表示しましょう。

1 任意のフォルダーを表示して、[表示] をクリックします。

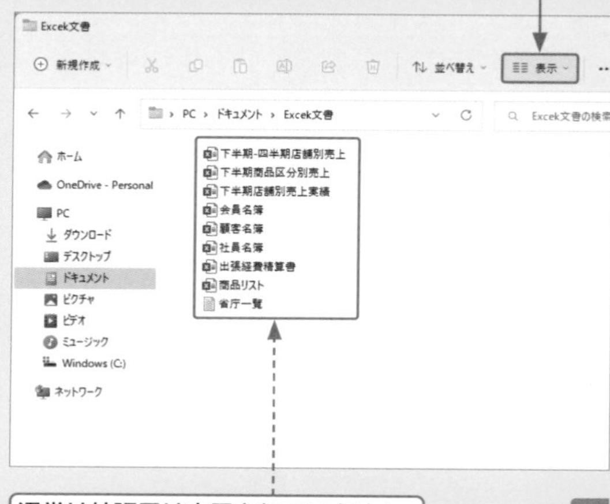

通常は拡張子は表示されていません。

2 [表示] にマウスポインターを合わせて（Excel 2019/2016の場合は不要）、

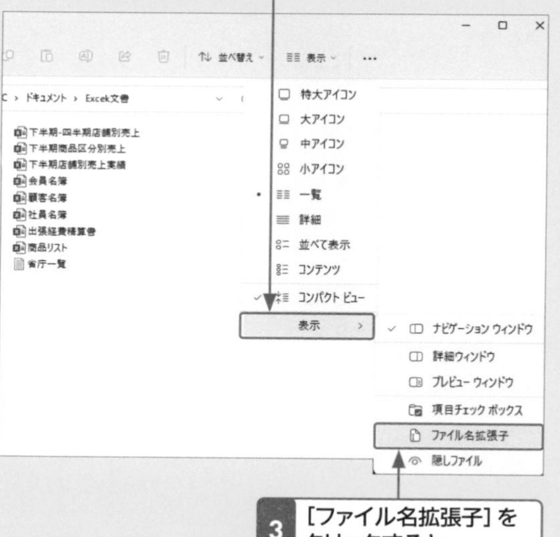

3 [ファイル名拡張子] をクリックすると、

4 ファイル名に拡張子が表示されます。

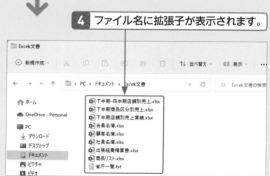

下半期-四半期店舗別売上.xlsx
下半期商品区分別売上.xlsx
下半期店舗別売上実績.xlsx
会員名簿.xlsx
顧客名簿.xlsx
社員名簿.xlsx
出張経費精算書.xlsx
商品リスト.xlsx
省庁一覧.txt

重要度 ★★★　外部データの取り込み

Q 136 テキストファイルをExcelに読み込みたい！

A [テキストファイルウィザード]を利用します。

Excelでテキスト形式のファイルを開くには、[ファイルを開く]ダイアログボックスを表示して、[すべてのExcelファイル]をクリックし、一覧から[テキストファイル]をクリックして、下の手順で読み込みます。ここでは、タブで区切られたテキストデータをExcelで開きます。なお、[データ]タブの[テキストまたはCSVから]をクリックして読み込むこともできます。

参照 ▶ Q 138

1 ファイルの保存先を指定して、

2 ここをクリックして[テキストファイル]を選択し、

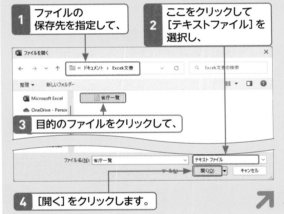

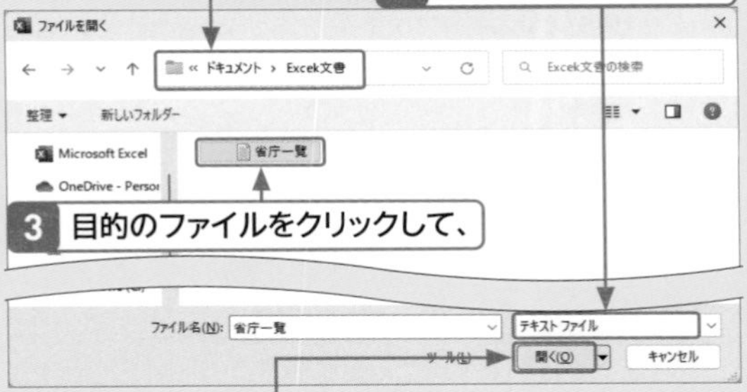

3 目的のファイルをクリックして、

4 [開く]をクリックします。

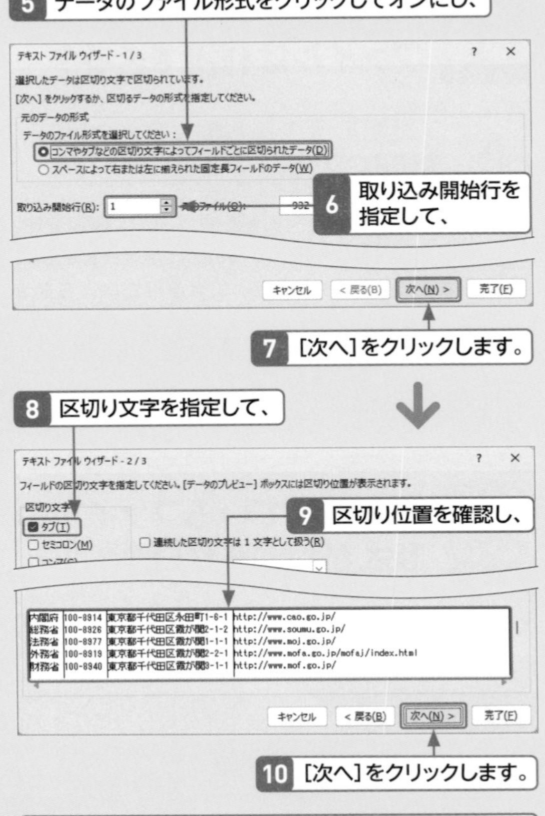
5 データのファイル形式をクリックしてオンにし、
テキスト ファイル ウィザード - 1/3
コンマやタブなどの区切り文字によってフィールドごとに区切られたデータ(D)
6 取り込み開始行を指定して、
キャンセル
< 戻る(B)
次へ(N) >
完了(F)
7 [次へ]をクリックします。
8 区切り文字を指定して、
テキスト ファイル ウィザード - 2/3
タブ(T)
セミコロン(M)
9 区切り位置を確認し、
10 [次へ]をクリックします。
11 それぞれの列のデータ形式を必要に応じて指定し、[完了]をクリックすると、テキストファイルが読み込まれます。

重要度 ★★★　外部データの取り込み

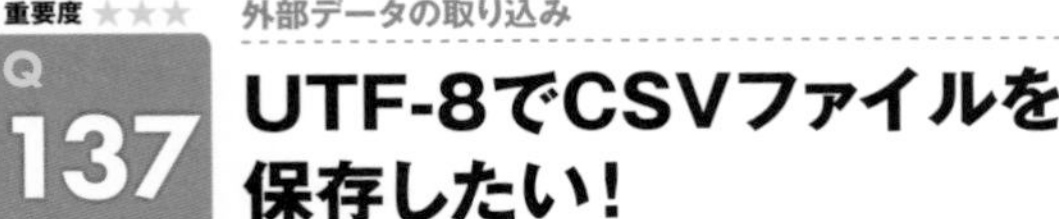

Q 137 UTF-8でCSVファイルを保存したい！

A [ファイルの種類]を「CSV UTF-8」にして保存します。

CSVファイルをUTF-8形式で保存するには、[ファイル]タブの[名前を付けて保存]から[参照]をクリックして、[名前を付けて保存]ダイアログボックスを表示し、[ファイルの種類]を[CSV UTF-8(コンマ区切り)]にして保存します。

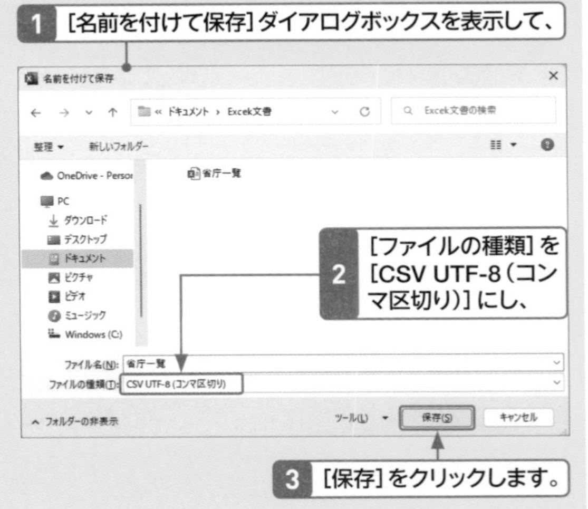
1 [名前を付けて保存]ダイアログボックスを表示して、
名前を付けて保存
2 [ファイルの種類]を[CSV UTF-8(コンマ区切り)]にし、
ファイル名(N): 省庁一覧
ファイルの種類(T): CSV UTF-8 (コンマ区切り)
保存(S)
キャンセル
3 [保存]をクリックします。

重要度 ★★★　外部データの取り込み

Q 138 CSVファイルを開いたら、文字が正しく表示されない！

A ファイルの文字コードを指定して読み込みます。

UTF-8で保存したCSV形式のファイルをダブルクリックして開くと、文字が正しく表示されない場合があります。これは、Excelの既定の設定では、CSVファイルをシフトJIS形式で読み込むようになっているためです。文字コードを指定して読み込むと、正しく表示されます。

1 ［データ］タブをクリックして、

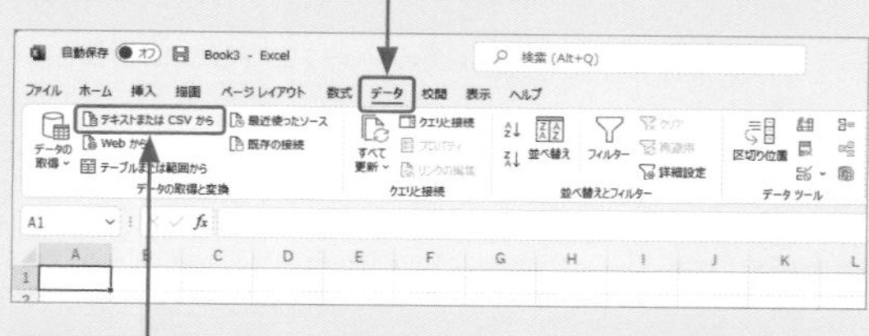

2 ［テキストまたはCSVから］をクリックします。

Excel 2016の場合は、［データ］タブの［外部データの取り込み］から［テキストファイル］をクリックします。

3 目的のCSVファイルをクリックして、

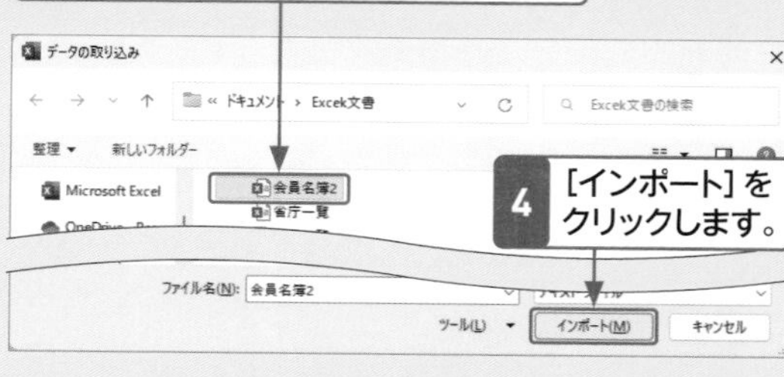

4 ［インポート］をクリックします。

5 ここをクリックして、［Unicode（UTF-8）］を選択し、

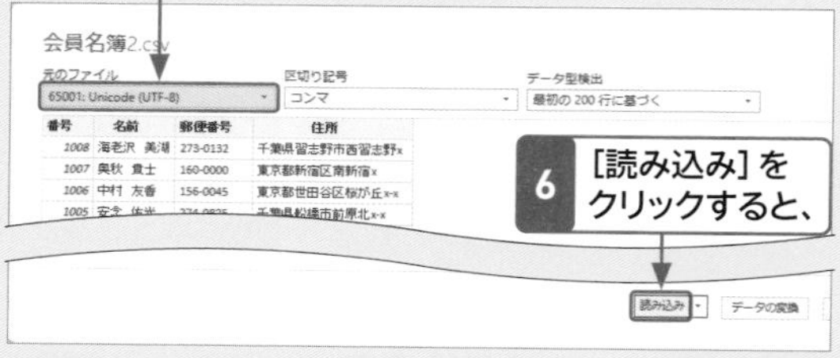

6 ［読み込み］をクリックすると、

7 データが正しく読み込まれます。

重要度 ★★★　外部データの取り込み　2016

Q 139 PDFファイルのデータを取り込みたい！

A ［データ］タブの［データの取得］を利用します。

PDFファイルのデータをExcelに取り込むには、下の手順で［データの取り込み］ダイアログボックスを表示して取り込みます。読み込んだデータは、テーブル形式で表示されます。

1 ［データ］タブの［データの取得］をクリックして、

2 ［ファイルから］にマウスポインターを合わせ、

3 ［PDFから］をクリックします。

4 取り込みたいPDFファイルをクリックして、

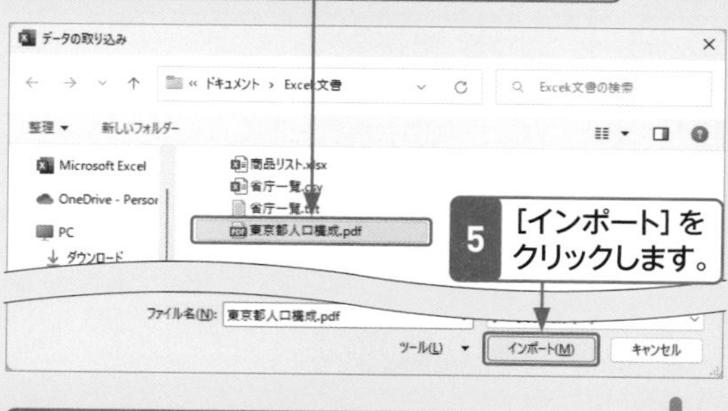

5 ［インポート］をクリックします。

6 取り込みたい表をクリックして、

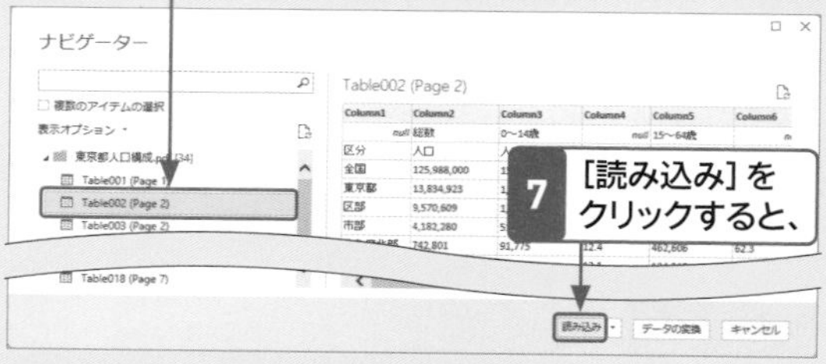

7 ［読み込み］をクリックすると、

8 PDFのデータがテーブル形式で読み込まれます。

重要度★★★　外部データの取り込み

Q 140 Webページのデータをリンクして取り込みたい！

A [データ]タブの[Webから]をクリックして取り込みます。

Webページのデータをリンクして取り込むには、[データ]タブの[Webから]をクリックして、WebページのURLを指定して取り込みます。取り込んだデータをクリックして、[クエリ]タブの[更新]をクリックすると、Webページの更新が反映されます。あらかじめ取り込みたいWebページを表示して、URLをコピーしておきます。

1 [データ]タブをクリックして、

2 [Webから]をクリックします。

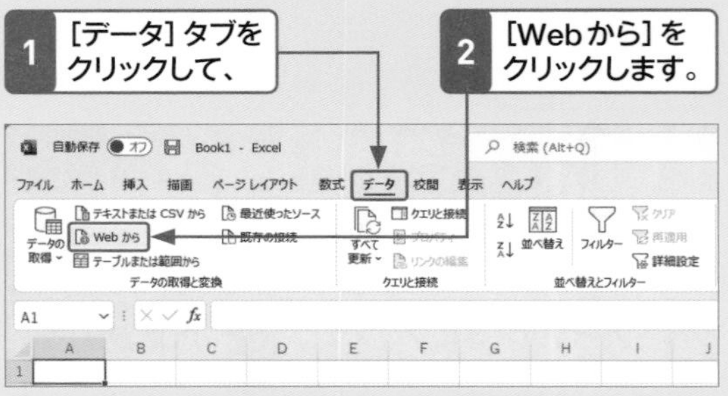

Excel 2016では、[新しいクエリ]→[その他のデータソースから]→[Webから]の順にクリックします。

3 コピーしたWebページのURLを貼り付けて、

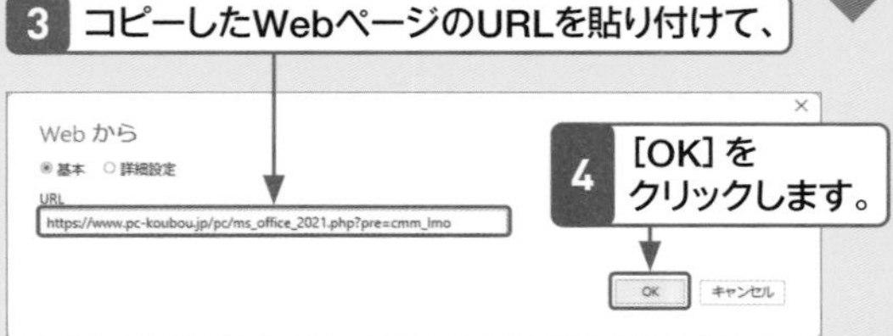

4 [OK]をクリックします。

5 初めてデータを取り込むWebページの場合は、この画面が表示されるので、

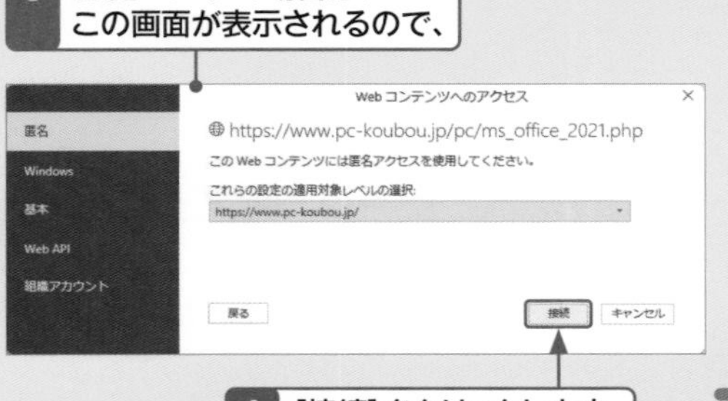

6 [接続]をクリックします。

7 取り込みたいデータをクリックして、

8 [読み込み]をクリックすると、

9 データがテーブル形式で読み込まれます。

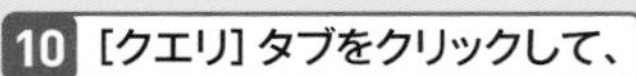

10 [クエリ]タブをクリックして、

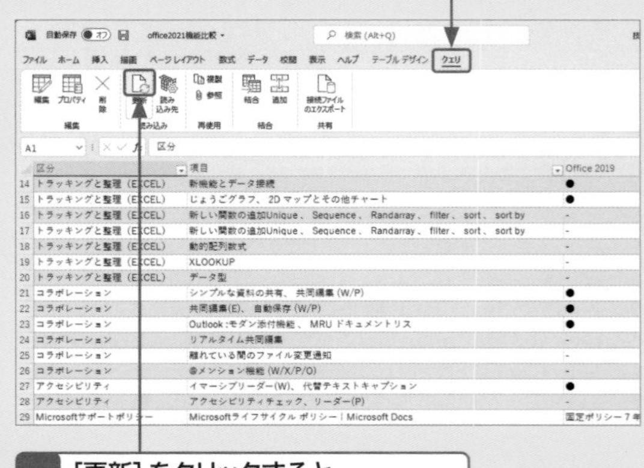

11 [更新]をクリックすると、Webサイトの更新が反映されます。

第3章

編集の「こんなときどうする?」

重要度 ★★★ セルの選択

Q 141 選択範囲を広げたり狭めたりするには？

A Shift を押しながら ↑ ↓ ← → を押して、範囲を指定します。

範囲選択を修正したい場合は、始めから選択し直すのではなく、選択範囲を広げたり狭めたりすると効率的です。Shift を押しながら ↑ ↓ ← → を押すと、現在の選択範囲を広げたり狭めたりすることができます。

1 セル範囲を選択します。

	A	B	C	D	E	F
1	下半期店舗別売上高					
2		品川	新宿	中野	目黒	
3	10月	2,050	5,980	2,670	2,950	
4	11月	1,880	5,240	2,020	2,780	
5	12月	3,120	6,900	2,790	2,570	
6	1月	2,860	6,400	2,550	3,560	
7	2月	2,580	5,530	2,280	2,880	
8	3月	2,650	6,890	2,560	3,450	
9	下半期計	15,140	36,940	14,870	18,190	

2 Shift を押しながら → を押すと、選択範囲が右方向に広がります。

	A	B	C	D	E	F	G
1	下半期店舗別売上高						
2		品川	新宿	中野	目黒		
3	10月	2,050	5,980	2,670	2,950		
4	11月	1,880	5,240	2,020	2,780		
5	12月	3,120	6,900	2,790	2,570		
6	1月	2,860	6,400	2,550	3,560		
7	2月	2,580	5,530	2,280	2,880		
8	3月	2,650	6,890	2,560	3,450		
9	下半期計	15,140	36,940	14,870	18,190		

3 そのまま Shift を押しながら ↓ を押すと、下方向に選択範囲が広がります。

	A	B	C	D	E	F	G
1	下半期店舗別売上高						
2		品川	新宿	中野	目黒		
3	10月	2,050	5,980	2,670	2,950		
4	11月	1,880	5,240	2,020	2,780		
5	12月	3,120	6,900	2,790	2,570		
6	1月	2,860	6,400	2,550	3,560		
7	2月	2,580	5,530	2,280	2,880		
8	3月	2,650	6,890	2,560	3,450		
9	下半期計	15,140	36,940	14,870	18,190		

重要度 ★★★ セルの選択

Q 142 離れたセルを同時に選択したい！

A Ctrl を押しながら新しいセル範囲を選択します。

離れたセル範囲を同時に選択するには、最初のセル範囲を選択したあと、Ctrl を押しながら別のセル範囲を選択していきます。

1 最初のセル範囲を選択します。

2		品川	新宿	中野	目黒
3	1月	2,860	6,400	2,550	3,560
4	2月	2,580	5,530	2,280	2,880
5	3月	2,650	6,890	2,560	3,450
6	四半期計	8,090	18,820	7,390	9,890

2 Ctrl を押しながら別のセル範囲を選択します。

2		品川	新宿	中野	目黒
3	1月	2,860	6,400	2,550	3,560
4	2月	2,580	5,530	2,280	2,880
5	3月	2,650	6,890	2,560	3,450
6	四半期計	8,090	18,820	7,390	9,890

重要度 ★★★ セルの選択

Q 143 広いセル範囲をすばやく選択したい！

A Shift を押しながら終点となるセルをクリックします。

広いセル範囲をすばやく正確に選択するには、始点となるセルを選択したあと、Shift を押しながら終点となるセルをクリックします。選択する範囲が広い場合などに便利です。

1 選択範囲の始点となるセルをクリックし、

2		品川	新宿	中野	目黒
3	1月	2,860	6,400	2,550	3,560
4	2月	2,580	5,530	2,280	2,880
5	3月	2,650	6,890	2,560	3,450
6	四半期計	8,090	18,820	7,390	9,890

2 Shift を押しながら終点となるセルをクリックします。

2		品川	新宿	中野	目黒
3	1月	2,860	6,400	2,550	3,560
4	2月	2,580	5,530	2,280	2,880
5	3月	2,650	6,890	2,560	3,450
6	四半期計	8,090	18,820	7,390	9,890

重要度 ★★★　セルの選択

Q 144 行や列全体を選択したい！

A 行番号または列番号をクリックまたはドラッグします。

行全体を選択するには、行番号をクリックします。複数の行を選択するには、行番号をドラッグします。また、列全体を選択するには、列番号をクリックします。複数の列を選択するには、列番号をドラッグします。

● 行を選択する

1 行番号にマウスポインターを合わせて、

1	四半期店舗別売上高					
2		吉祥寺	府中	八王子	立川	合計
3	1月	3,580	2,100	1,800	3,200	10,680
4	2月	3,920	2,490	2,000	2,990	11,400
5	3月	3,090	2,560	2,090	3,880	11,620
6	四半期計	10,590	7,150	5,890	10,070	33,700
7						

2 クリックすると、行全体が選択されます。

1	四半期店舗別売上高					
2		吉祥寺	府中	八王子	立川	合計
3	1月	3,580	2,100	1,800	3,200	10,680
4	2月	3,920	2,490	2,000	2,990	11,400
5	3月	3,090	2,560	2,090	3,880	11,620
6	四半期計	10,590	7,150	5,890	10,070	33,700
7						

● 複数の列を選択する

1 列番号にマウスポインターを合わせて、

	A	B	C	D	E	F	G	H
1	四半期店舗別売上高							
2		吉祥寺	府中	八王子	立川	合計		
3	1月	3,580	2,100	1,800	3,200	10,680		
4	2月	3,920	2,490	2,000	2,990	11,400		
5	3月	3,090	2,560	2,090	3,880	11,620		
6	四半期計	10,590	7,150	5,890	10,070	33,700		
7								

2 そのままドラッグすると、複数の列が選択されます。

1048576R x 4C

	A	B	C	D	E	F	G	H
1	四半期店舗別売上高							
2		吉祥寺	府中	八王子	立川	合計		
3	1月	3,580	2,100	1,800	3,200	10,680		
4	2月	3,920	2,490	2,000	2,990	11,400		
5	3月	3,090	2,560	2,090	3,880	11,620		
6	四半期計	10,590	7,150	5,890	10,070	33,700		
7								
8								
9								

重要度 ★★★　セルの選択

Q 145 表全体をすばやく選択したい！

A Ctrl と Shift と : を同時に押します。

Excelではアクティブセルを含む、空白行と空白列で囲まれた矩形（くけい）のセル範囲を1つの表として認識しており、これを「アクティブセル領域」と呼びます。表内のいずれかのセルをクリックして、Ctrl と Shift と : を同時に押すと、アクティブセル領域をすばやく選択できます。タイトルなどと表が連続している場合は、タイトルを含めた範囲が選択されます。

表内のいずれかのセルをクリックして、Ctrl + Shift + : を押すと、表全体が選択されます。

	A	B	C	D	E	F	G	H
1	四半期店舗別売上高							
2		吉祥寺	府中	八王子	立川	合計		
3	1月	3,580	2,100	1,800	3,200	10,680		
4	2月	3,920	2,490	2,000	2,990	11,400		
5	3月	3,090	2,560	2,090	3,880	11,620		
6	四半期計	10,590	7,150	5,890	10,070	33,700		
7								
8								

重要度 ★★★　セルの選択

Q 146 ワークシート全体をすばやく選択したい！

A ワークシート左上の行番号と列番号が交差する部分をクリックします。

ワークシート全体を選択するには、ワークシート左上隅の行番号と列番号が交差する部分をクリックします。ワークシート全体のフォントやフォントサイズを変えるときなどに有効です。

ここをクリックすると、ワークシート全体が選択されます。

重要度 ★★★ セルの選択 ⊗2016

Q 147 選択範囲から一部のセルを解除したい！

A Ctrl を押しながら選択を解除したいセルをクリックします。

セル範囲を複数選択したあとで、特定のセルだけ選択を解除したい場合は、Ctrl を押しながら選択を解除したいセルをクリックあるいはドラッグします。
また、行や列をまとめて選択した場合に、一部の列や行の選択を解除するには、選択を解除したい列番号や行番号を Ctrl を押しながらクリックあるいはドラッグします。

● セルの選択を1つずつ解除する

1 セル範囲を選択します。

	A	B	C	D	E
1	下半期売上実績				
2		前年度	今年度	前年比	差額
3	品川	14,980	15,140	101%	160
4	新宿	35,660	36,940	104%	1,280
5	中野	15,200	14,870	98%	-330
6	目黒	18,500	18,190	98%	-310
7	合計	84,340	85,140	101%	800

2 Ctrl を押しながら選択を解除したいセルをクリックすると、選択が解除されます。

● 複数のセルをまとめて解除する

1 セル範囲を選択します。

	A	B	C	D	E	F
1	下半期売上実績					
2		前年度	今年度	前年比	差額	
3	品川	14,980	15,140	101%	160	
4	新宿	35,660	36,940	104%	1,280	
5	中野	15,200	14,870	98%	-330	
6	目黒	18,500	18,190	98%	-310	
7	合計	84,340	85,140	101%	800	
8						

2 Ctrl を押しながら選択を解除したいセル範囲をドラッグすると、

3 ドラッグした範囲のセルの選択が解除されます。

	A	B	C	D	E	F
1	下半期売上実績					
2		前年度	今年度	前年比	差額	
3	品川	14,980	15,140	101%	160	
4	新宿	35,660	36,940	104%	1,280	
5	中野	15,200	14,870	98%	-330	
6	目黒	18,500	18,190	98%	-310	
7	合計	84,340	85,140	101%	800	
8						

重要度 ★★★ セルの選択

Q 148 ハイパーリンクが設定されたセルを選択できない！

A ポインターが十字の形になるまでマウスのボタンを押し続けます。

ハイパーリンクの設定を変更するには、セルを選択する必要がありますが、クリックするとリンク先にジャンプしてしまいます。この場合は、ハイパーリンクが設定されたセルをクリックして、マウスのボタンを押し続け、ポインターの形が ✚ に変わった状態でマウスのボタンを離すと、選択できます。
また、ハイパーリンクを右クリックして［ハイパーリンクの編集］をクリックし、表示される［ハイパーリンクの編集］ダイアログボックスで編集することもできます。

1 ハイパーリンクが設定されたセルをクリックして、マウスのボタンを押し続け、

	A	B	C	D	E
1	コーヒーセミナー出席者				
2	番号	名前	メールアドレス		
3	1	太田　美知子	m-oota@example.com		
4	2	倉持　和美			
5	3	岩佐　游子			
6	4	石室　美鈴			

2 ポインターの形が ✚ に変わった状態でマウスのボタンを離すと、セルが選択できます。

	A	B	C	D	E
1	コーヒーセミナー出席者				
2	番号	名前	メールアドレス		
3	1	太田　美知子	m-oota@example.com		
4	2	倉持　和美			
5	3	岩佐　游子			
6	4	石室　美鈴			

重要度 ★★★　セルの選択

同じセル範囲を繰り返し選択したい！

A　セル範囲に名前を付けておきます。

同じセル範囲を何度も選択する場合は、セル範囲に名前を付けておくと便利です。セル範囲に名前を付けておくと、[名前ボックス]の ▾ をクリックして表示されるリストから選択するだけで、セル範囲を選択できます。セル範囲の名前は複数指定できます。なお、セル範囲の名前には、一部の記号が使えないなどの制限があります。

参照 ▶ Q 330

1 セル範囲を選択して、

今年度売上　15140

	A	B	C	D	E	F
1	下半期売上実績					
2		前年度	今年度	前年比	差額	
3	品川	14,980	15,140	101%	160	
4	新宿	35,660	36,940	104%	1,280	
5	中野	15,200	14,870	98%	-330	
6	目黒	18,500	18,190	98%	-310	

2 名前を入力すると、

前年度売上　14980

今年度売上
前年度売上

	A	B	C	D	E	F
1		実績				
2		前年度	今年度	前年比	差額	
3	品川	14,980	15,140	101%	160	
4	新宿	35,660	36,940	104%	1,280	
5	中野	15,200	14,870	98%	-330	
6	目黒	18,500	18,190	98%	-310	

3 [名前ボックス] で範囲が選択ができます。

重要度 ★★★　セルの選択

Q 150

データが未入力の行だけをすばやく隠したい！

A　空白セルだけを選択し、そのセルを含む行を非表示にします。

データが入力されていない行や列を非表示にするには、[選択オプション]ダイアログボックスで空白セルだけを選択します。続いて、[ホーム]タブの[書式]をクリックし、[非表示／再表示]から[行を表示しない](または[列を表示しない])をクリックします。

2 [ホーム] タブの [検索と選択] をクリックし、

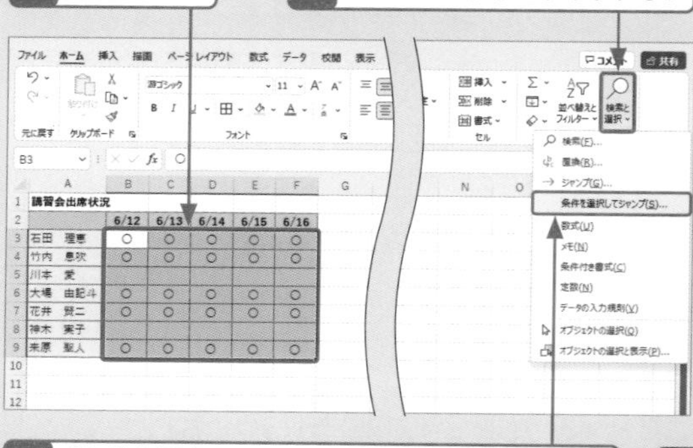

3 [条件を選択してジャンプ] をクリックします。

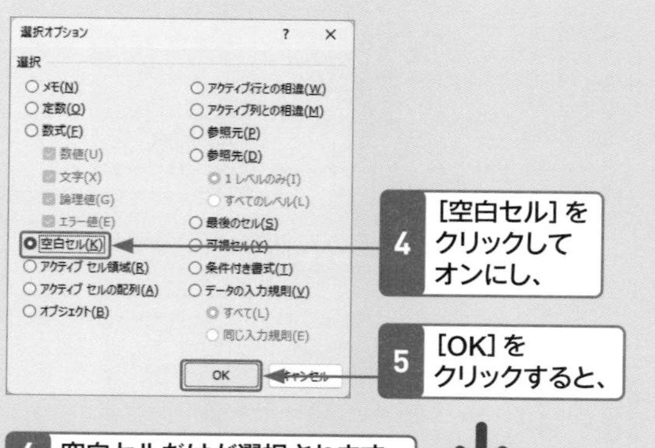

4 [空白セル] をクリックしてオンにし、

5 [OK] をクリックすると、

6 空白セルだけが選択されます。

7 [書式] をクリックして、

8 [非表示／再表示] にマウスポインターを合わせ、

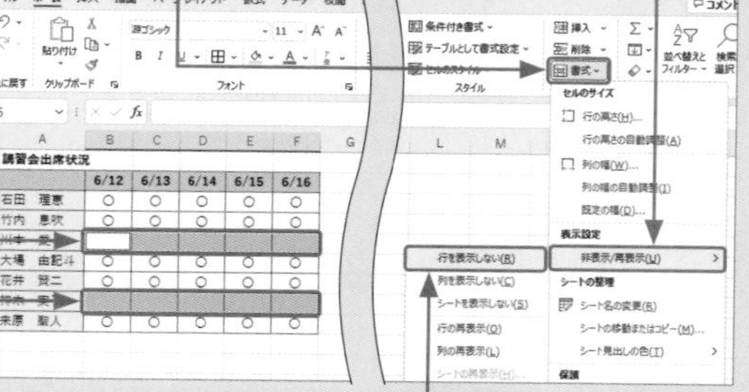

9 [行を表示しない] (または [列を表示しない]) をクリックします。

重要度 ★★★　セルの選択

Q 151 数値が入力されたセルだけをまとめて削除したい！

A 数値のセルだけを選択してから削除します。

表内の見出しや数式は残して、数値データだけをまとめて削除するには、表内のいずれかのセルをクリックして、[ホーム]タブの[検索と選択]をクリックし、[条件を選択してジャンプ]をクリックします。[選択オプション]ダイアログボックスが表示されるので、下の手順で操作します。

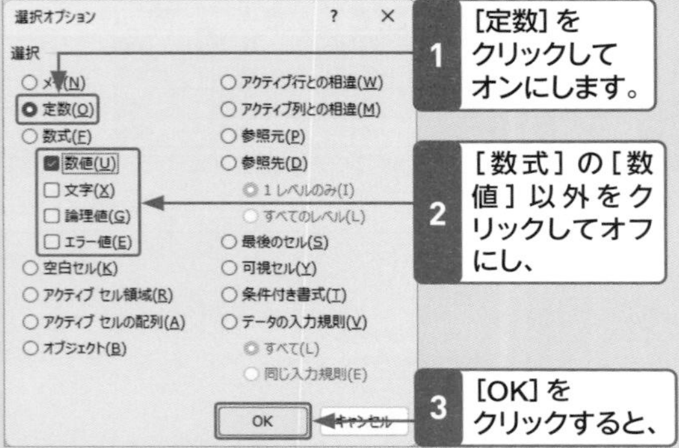

4 数値の入力されているセルだけが選択されます。

	A	B	C	D	E	F
2		PC基本	Word	Excel	合計	
3	石田　理恵	82	78	80	240	
4	竹内　息吹	90	85	欠	175	
5	花井　賢二	75	欠	77	152	
6	来原　聖人	78	90	80	248	
7	合計	325	253	237	815	

5 Deleteを押すと、

6 数値の入力されているセルだけが削除されます。

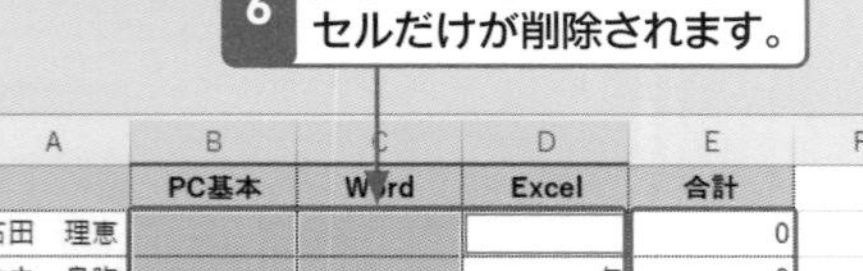

	A	B	C	D	E	F
2		PC基本	Word	Excel	合計	
3	石田　理恵				0	
4	竹内　息吹			欠	0	
5	花井　賢二		欠		0	
6	来原　聖人				0	
7	合計	0	0	0	0	

数式が入力されていたセルには「0」が表示されます。

重要度 ★★★　セルの選択

Q 152 セル範囲を選択すると表示されるコマンドは何？

A 条件付き書式やグラフなどを利用して、データを分析できるツールです。

数値を入力したセル範囲を選択すると、選択したセルの右下に[クイック分析]が表示されます。このコマンドをクリックすると、下図のようなメニューが表示されます。いずれかの項目にマウスポインターを合わせると、結果がプレビューされるので、データをすばやく分析することができます。クリックすると、その情報が表示されます。

1 セルを範囲選択すると、

2 [クイック分析]が表示されます。

2		吉祥寺	府中	八王子	立川	合計
3	1月	3,580	2,100	1,800	3,200	10,680
4	2月	3,920	2,490	2,000	2,990	11,400
5	3月	3,090	2,560	2,090	3,880	11,620
6	四半期計	10,590	7,150	5,890	10,070	33,700

3 [クイック分析]をクリックすると、メニューが表示されます。

2		吉祥寺	府中	八王子	立川	合計
3	1月	3,580	2,100	1,800	3,200	10,680
4	2月	3,920	2,490	2,000	2,990	11,400
5	3月	3,090	2,560	2,090	3,880	11,620
6	四半期計	10,590	7,150	5,890	10,070	33,700

書式設定(F)　グラフ(C)　合計(O)　テーブル(T)　スパークライン(S)

データ バー　カラー　アイコン　指定の値　上位　クリア...

条件付き書式では、目的のデータを強調表示するルールが使用されます。

4 いずれかの項目にマウスポインターを合わせると、

2		吉祥寺	府中	八王子	立川	合計
3	1月	3,580	2,100	1,800	3,200	10,680
4	2月	3,920	2,490	2,000	2,990	11,400
5	3月	3,090	2,560	2,090	3,880	11,620
6	四半期計	10,590	7,150	5,890	10,070	33,700

書式設定(F)　グラフ(C)　合計(O)　テーブル(T)　スパークライン(S)

データ バー　カラー　アイコン　指定の値　上位　クリア...

条件付き書式では、目的のデータを強調表示するルールが使用されます。

5 結果がプレビューされます。

6 クリックすると、その情報が表示されます。

重要度★★★ データの移動/コピー

Q 153 表を移動/コピーしたい!

A1 [切り取り](あるいは[コピー])と[貼り付け]を利用します。

表を移動するには、[ホーム]タブの[切り取り]と[貼り付け]を、コピーするには、[コピー]と[貼り付け]を利用します。また、マウスの右クリックメニューから[切り取り](あるいは[コピー])、[貼り付け]を利用する方法もあります。この方法で表を移動/コピーすると、セル内のデータだけでなく、罫線などの書式も移動/コピーされます。
コピーもとのセル範囲が点滅している間は、何度でも貼り付けることができます。Esc を押すと点滅が消えます。

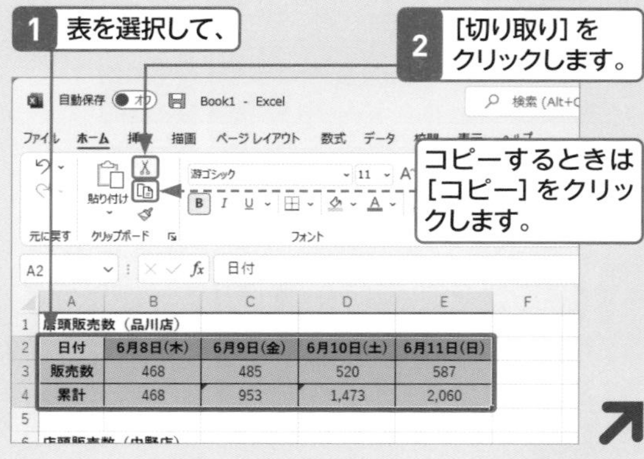

1 表を選択して、
2 [切り取り]をクリックします。
コピーするときは[コピー]をクリックします。
店頭販売数(品川店)

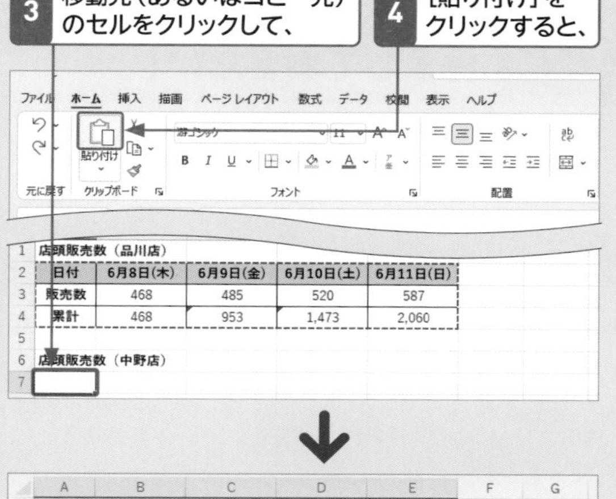

3 移動先(あるいはコピー先)のセルをクリックして、
4 [貼り付け]をクリックすると、
店頭販売数(品川店)
店頭販売数(中野店)

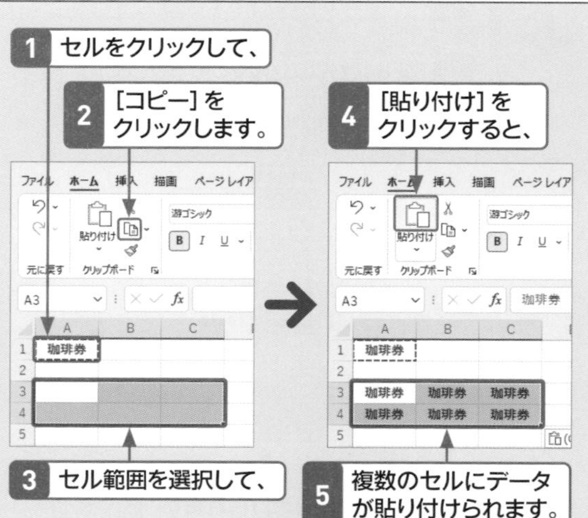

日付	6月8日(木)	6月9日(金)	6月10日(土)	6月11日(日)
販売数	468	485	520	587
累計	468	953	1,473	2,060

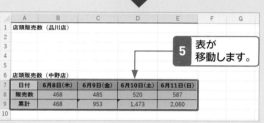

5 表が移動します。

A2 ショートカットキーを使用します。

ショートカットキーで移動/コピーすることもできます。セル範囲を選択して、Ctrl を押しながら X を押して切り取り(コピーするときは C を押してコピーし)ます。続いて、移動先のセルをクリックして、Ctrl を押しながら V を押して貼り付けます。

重要度★★★ データの移動/コピー

Q 154 1つのセルのデータを複数のセルにコピーしたい!

A 貼り付け先のセル範囲を選択してからデータを貼り付けます。

1つのセルのデータや数式を複数のセルにコピーしたい場合は、まず、コピーもとのセルをクリックして、[ホーム]タブの[コピー]をクリックします。続いて、コピー先のセル範囲を選択して、[ホーム]タブの[貼り付け]をクリックします。

1 セルをクリックして、
2 [コピー]をクリックします。
3 セル範囲を選択して、
4 [貼り付け]をクリックすると、
5 複数のセルにデータが貼り付けられます。
珈琲券

重要度 ★★★ データの移動／コピー

Q 155 コピーするデータを保管しておきたい！

A [クリップボード] 作業ウィンドウを利用します。

コピーや削除をしたデータを一時的に保管しておく場所が「クリップボード」です。Windowsに用意されているクリップボードには、一度に1つのデータしか保管できませんが、Officeクリップボードには、Officeの各アプリケーションのデータを24個まで格納できます。クリップボードを利用すると、データを効率よくコピーすることができます。

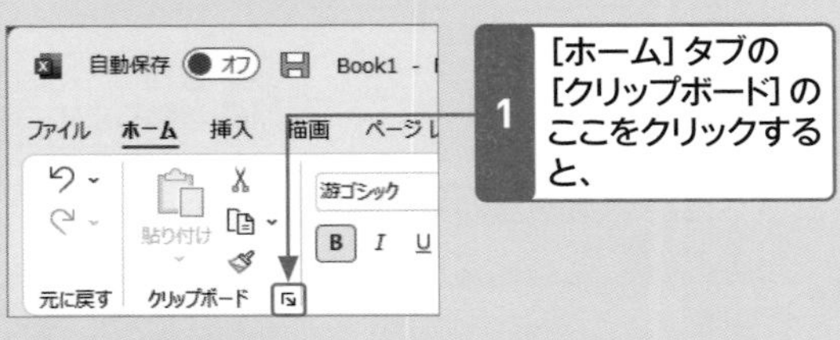

2 [クリップボード] 作業ウィンドウが表示されます。

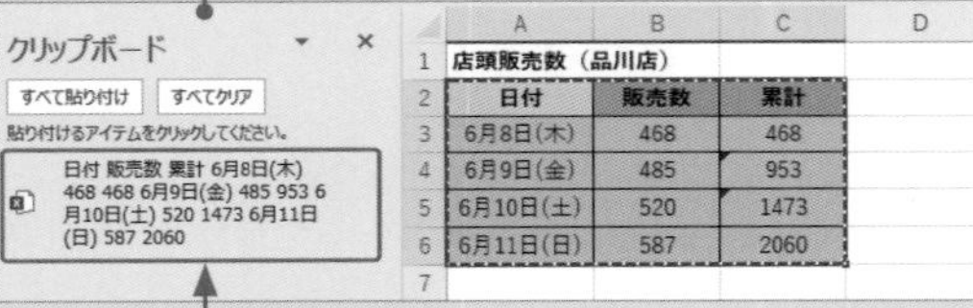

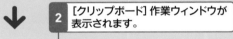

3 データをコピーすると、クリップボードにデータが格納されます。

4 貼り付け先のセルをクリックして、貼り付けるデータをクリックすると、

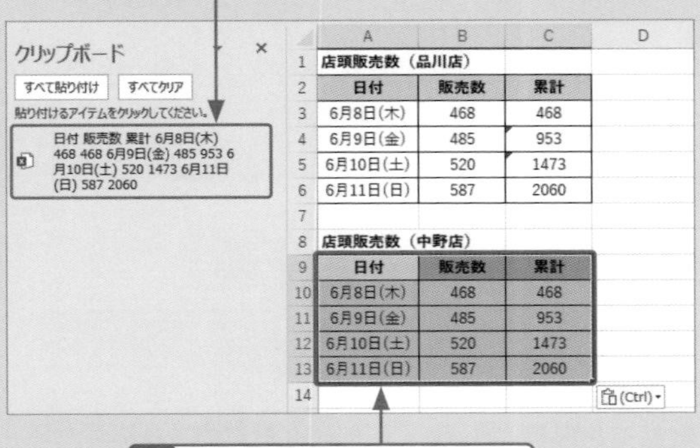

5 データが貼り付けられます。

重要度 ★★★ データの移動／コピー

Q 156 表をすばやく移動／コピーしたい！

A ドラッグ操作で移動／コピーできます。

表の移動やコピーは、マウスのドラッグ操作で行うこともできます。コマンドやショートカットキーを使うよりすばやく実行できます。

1 表を選択して、

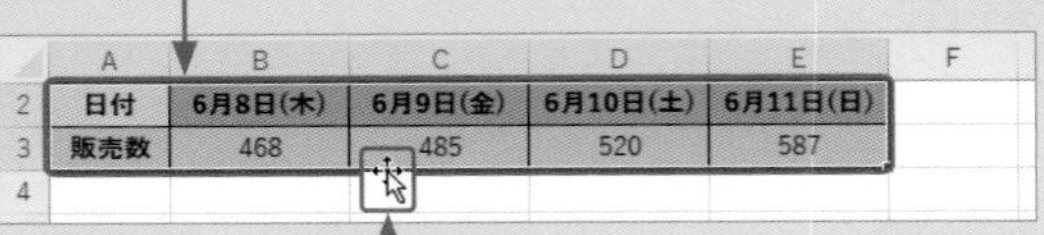

	A	B	C	D	E	F
2	日付	6月8日(木)	6月9日(金)	6月10日(土)	6月11日(日)	
3	販売数	468	485	520	587	
4						

2 表の枠にマウスポインターを合わせ、形がに変わった状態で、

3 ドラッグすると、表が移動します。

Ctrl を押しながらドラッグするとコピーができます。

重要度 ★★★ データの移動／コピー

Q 157 クリップボードのデータをすべて削除するには？

A [クリップボード] 作業ウィンドウの[すべてクリア]をクリックします。

Officeクリップボードに保管されているすべてのデータを削除するには、[クリップボード] 作業ウィンドウを表示して、[すべてクリア] をクリックします。

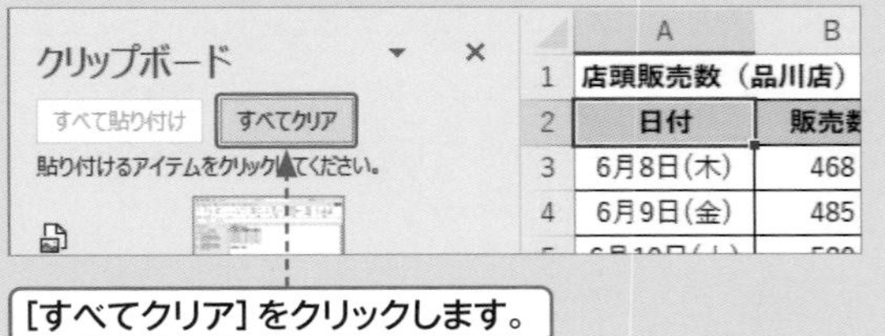

[すべてクリア] をクリックします。

重要度 ★★★ データの移動／コピー

Q 158 書式はコピーせずに データだけをコピーしたい！

A 貼り付けのオプションの［値と数値の書式］を利用します。

セルに設定されている罫線や背景色などの書式はコピーせずに、入力されている値と数値の書式だけをコピーする場合は、［貼り付け］の下の部分をクリックして、［値と数値の書式］をクリックします。

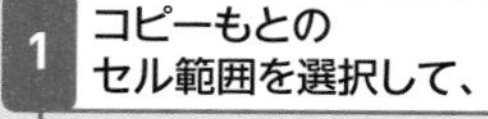

2 ［コピー］をクリックします。

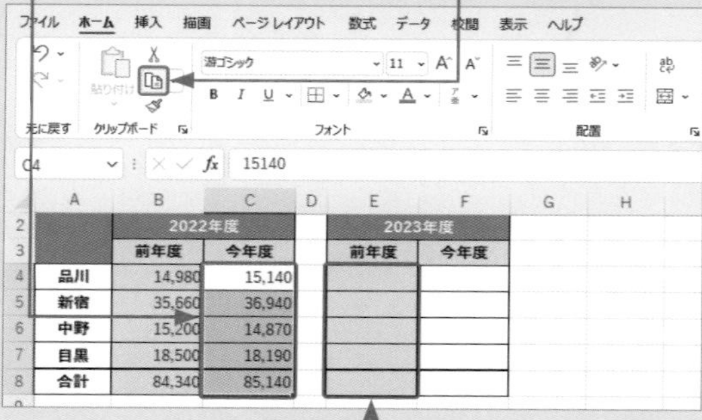

セル［B4:B8］と同じ書式が設定されています。

3 コピー先のセルをクリックして、

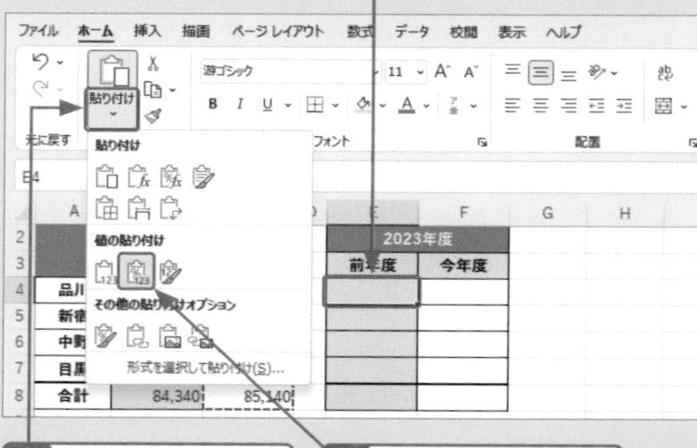

4 ［貼り付け］の ここをクリックし、

5 ［値と数値の書式］をクリックすると、

6 書式に影響を与えずに、値と数値の書式だけをコピーできます。

重要度 ★★★ データの移動／コピー

Q 159 数式を削除して計算結果だけをコピーしたい！

A 貼り付けのオプションの［値］を利用します。

通常、数式が入力されているセルをコピーすると、数式もコピーされます。表示されている計算結果だけをコピーして利用したいときは、［貼り付け］の下の部分をクリックして［値］をクリックします。

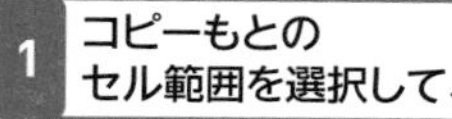

セル［E3：E6］には、数式が入力されています。

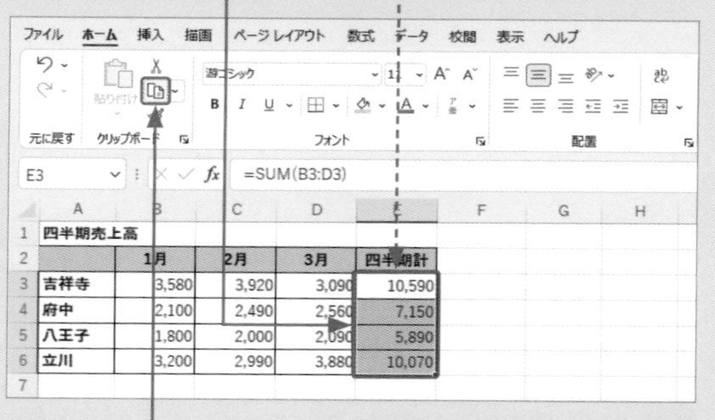

2 ［コピー］をクリックします。

3 コピー先のセルをクリックして、

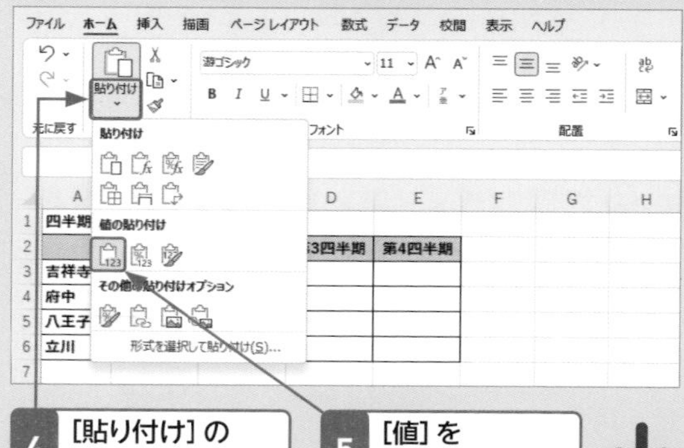

4 ［貼り付け］の ここをクリックし、

5 ［値］を クリックすると、

	A	B	C	D	E
1	四半期売上実績				
2		第1四半期	第2四半期	第3四半期	第4四半期
3	吉祥寺	10590			
4	府中	7150			
5	八王子	5890			
6	立川	10070			

6 計算結果だけが残り、数式は削除されます。

重要度★★★　データの移動／コピー

Q 160 表の作成後に行と列を入れ替えたい！

A 貼り付けのオプションの［行／列の入れ替え］を利用します。

表の作成後に行と列を入れ替えるには、表全体をコピーして、［貼り付け］の下の部分をクリックし、［行／列の入れ替え］をクリックします。貼り付けたあとに、もとの表を削除して、表を移動するとよいでしょう。
なお、コピーする表によっては、表を貼り付けたあとで罫線を調整する必要があります。

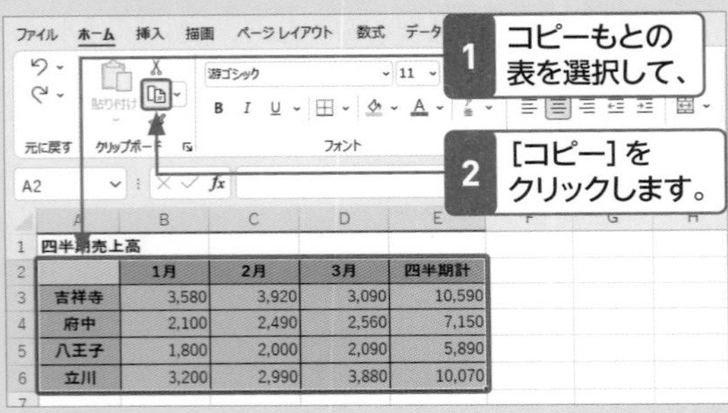
1 コピーもとの表を選択して、
2 ［コピー］をクリックします。

3 コピー先のセルをクリックして、

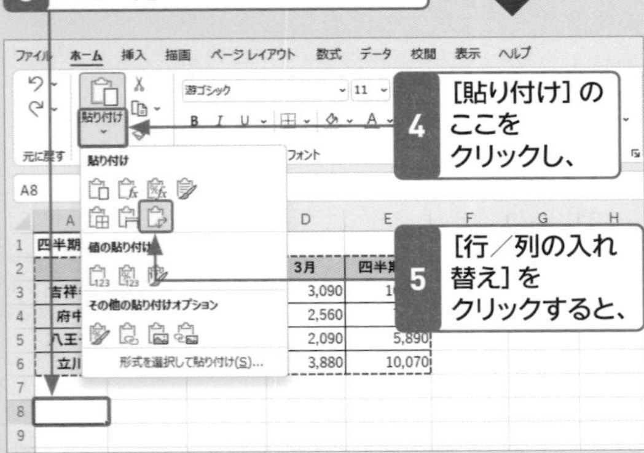
4 ［貼り付け］のここをクリックし、
5 ［行／列の入れ替え］をクリックすると、

6 表の行と列を入れ替えて貼り付けることができます。

	吉祥寺	府中	八王子	立川
1月	3,580	2,100	1,800	3,200
2月	3,920	2,490	2,000	2,990
3月	3,090	2,560	2,090	3,880
四半期計	10,590	7,150	5,890	10,070

重要度★★★　データの移動／コピー

Q 161 もとの列幅のまま表をコピーしたい！

A 貼り付けのオプションの［元の列幅を保持］を利用します。

表全体をコピーしたとき、コピーもとと貼り付け先で列幅が異なっていて、データが正しく表示されない場合があります。また、列幅を再度調整するのは面倒です。この場合は、下の手順で操作すると、列幅を保持してコピーできます。

1 コピーもとの表を選択して、

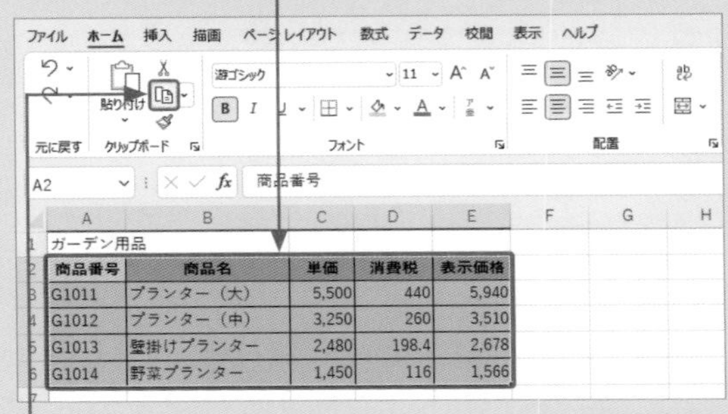

2 ［コピー］をクリックします。

3 コピー先のセルをクリックして、

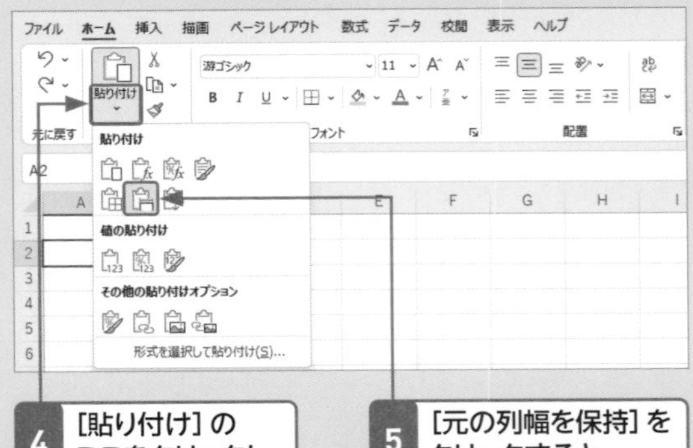

4 ［貼り付け］のここをクリックし、

5 ［元の列幅を保持］をクリックすると、

6 列幅を保持して貼り付けることができます。

重要度 ★★★　データの移動／コピー

Q 162 コピーもととコピー先を常に同じデータにしたい！

A 貼り付けのオプションの［リンク貼り付け］を利用します。

同じデータを別々のセルで利用したいときは、「リンク貼り付け」を利用すると便利です。リンク貼り付けすると、コピーもとのセルを変更しても、コピー先のセルが自動的に更新されます。

1 セル範囲を選択してコピーし、コピー先のセルをクリックします。

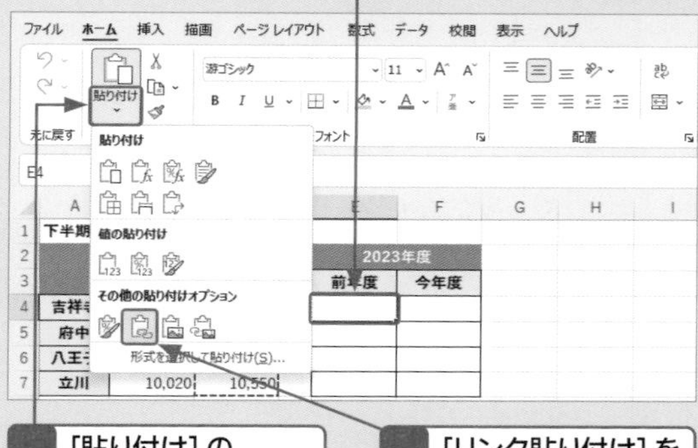

2 ［貼り付け］のここをクリックして、

3 ［リンク貼り付け］をクリックすると、

4 データがリンクされた状態で貼り付けられます。

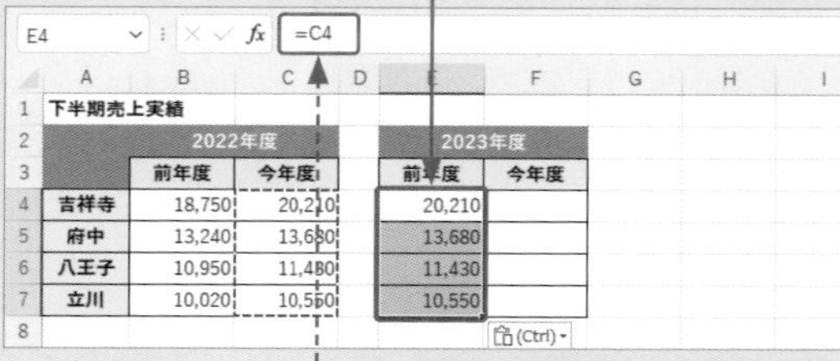

	A	B	C	D	E	F
1	下半期売上実績					
2		2022年度			2023年度	
3		前年度	今年度		前年度	今年度
4	吉祥寺	18,750	20,210		20,210	
5	府中	13,240	13,680		13,680	
6	八王子	10,950	11,480		11,430	
7	立川	10,020	10,550		10,550	

コピー先に、コピーもとを参照する数式が入力されます。

5 コピーもとを修正すると、

6 コピー先のセルの内容も自動的に更新されます。

	A	B	C	D	E	F
1	下半期売上実績					
2		2022年度			2023年度	
3		前年度	今年度		前年度	今年度
4	吉祥寺	18,750	25,000		25,000	
5	府中	13,240	13,680		13,680	
6	八王子	10,950	11,430		11,430	
7	立川	10,020	10,550		10,550	

重要度 ★★★　データの移動／コピー

Q 163 行や列単位でデータを移動／コピーしたい！

A Shift を押しながらドラッグします。

行や列単位でデータを移動する場合は、行または列を選択して、行や列の境界線にマウスポインターを合わせ、Shift を押しながらドラッグします。また、行や列単位でデータをコピーする場合は、Shift と Ctrl を押しながらドラッグします。

1 行番号をクリックして行を選択します。

	A	B	C	D	E	F
1	下半期商品区分別売上					
2		キッチン	収納家具	ガーデン	防災	合計
3	品川	5,340	4,330	3,310	800	13,780
4	新宿	5,800	4,510	3,630	860	14,800
5	中野	5,270	4,230	3,200	770	13,470
6	目黒	3,820	3,080	2,650	1,080	10,630
7	吉祥寺	5,800	4,510	3,630	860	14,800
8	府中	3,650	3,290	1,140	1,040	9,120
9	八王子	3,780	2,840	1,090	920	8,630

2 選択した行の境界線にマウスポインターを合わせて、

3 Shift を押しながら移動先までドラッグすると、

	A	B	C	D	E	F
1	下半期商品区分別売上					
2		キッチン	収納家具	ガーデン	防災	合計
3	品川	5,340	4,330	3,310	800	13,780
4	新宿	5,800	4,510	3,630	860	14,800
5	中野	5,270	4,230	3,200	770	13,470
6	目黒	3,820	3,080	2,650	1,080	10,630
7	吉祥寺	5,800	4,510	3,630	860	14,800
8	府中	3,650	3,290	1,140	1,040	9,120
9	八王子	3,780	2,840	1,090	920	8,630

9:9

移動先に太線が表示されます。

コピーするときは、Shift ＋ Ctrl を押しながらドラッグします。

4 行単位でデータが移動されます。

	A	B	C	D	E	F
1	下半期商品区分別売上					
2		キッチン	収納家具	ガーデン	防災	合計
3	新宿	5,800	4,510	3,630	860	14,800
4	中野	5,270	4,230	3,200	770	13,470
5	目黒	3,820	3,080	2,650	1,080	10,630
6	吉祥寺	5,800	4,510	3,630	860	14,800
7	府中	3,650	3,290	1,140	1,040	9,120
8	品川	5,340	4,330	3,310	800	13,780
9	八王子	3,780	2,840	1,090	920	8,630

重要度★★★　行／列／セルの操作

Q 164 行や列を挿入したい！

A1 [ホーム] タブの [挿入] を利用します。

行番号、列番号をクリックして行や列を選択し、[ホーム] タブの [挿入] をクリックすると、選択した行の上側あるいは列の左側に行や列を挿入できます。
また、複数の行や列を選択して、同様の操作を行えば、選択した行や列の数だけ挿入することができます。

1 行（または列）番号をクリックして、

	A	B	C	D	E
2		品川	新宿	中野	目黒
3	キッチン	5,340	5,800	5,270	3,82
4	収納家具	4,330	4,510	4,230	3,08
5	ガーデン	3,310	3,630	3,200	2,65
6	防災	800	860	770	1,080

2 [ホーム] タブの [挿入] をクリックすると、

3 行（または列）が挿入されます。

	A	B	C	D	E
2		品川	新宿	中野	目黒
3	キッチン	5,340	5,800	5,270	3,820
4					
5	収納家具	4,330	4,510	4,230	3,080
6	ガーデン	3,310	3,630	3,200	2,650

A2 ショートカットメニューの [挿入] を利用します。

行番号あるいは列番号をクリックして行や列を選択し、右クリックして [挿入] をクリックします。

1 列（または行）を選択して右クリックし、

2 [挿入] をクリックすると、列（または行）が挿入されます。

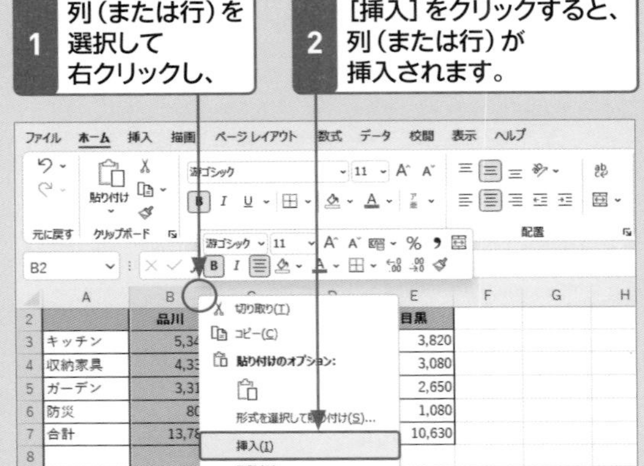

重要度★★★　行／列／セルの操作

Q 165 行や列を挿入した際に書式を引き継ぎたくない！

A 行や列を挿入した際に表示される [挿入オプション] を利用します。

初期設定では、行を挿入すると上にある行の書式が、列を挿入すると左にある列の書式が適用されます。書式を引き継ぎたくない場合は、行や列を挿入すると表示される [挿入オプション] をクリックして、[書式のクリア] をクリックします。

列を挿入すると左にある列の書式が適用されます。

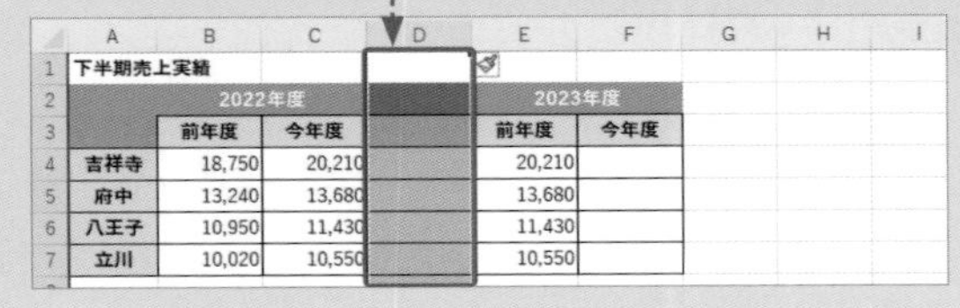

	A	B	C	D	E	F
1	下半期売上実績					
2		2022年度			2023年度	
3		前年度	今年度		前年度	今年度
4	吉祥寺	18,750	20,210		20,210	
5	府中	13,240	13,680		13,680	
6	八王子	10,950	11,430		11,430	
7	立川	10,020	10,550		10,550	

1 [挿入オプション] をクリックして、

	A	B	C	D	E
1	下半期売上実績				
2		2022年度			
3		前年度	今年度		
4	吉祥寺	18,750	20,210		
5	府中	13,240	13,680		13,680
6	八王子	10,950	11,430		11,430
7	立川	10,020	10,550		10,550

○ 左側と同じ書式を適用(L)
○ 右側と同じ書式を適用(R)
○ 書式のクリア(C)

2 [書式のクリア] をクリックすると、

3 書式がクリアされます。

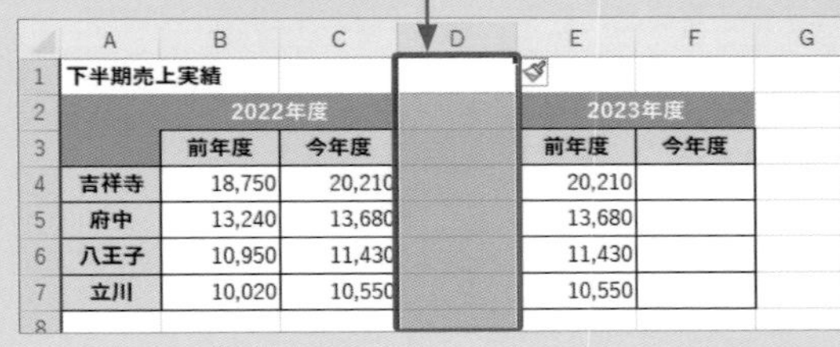

	A	B	C	D	E	F
1	下半期売上実績					
2		2022年度			2023年度	
3		前年度	今年度		前年度	今年度
4	吉祥寺	18,750	20,210		20,210	
5	府中	13,240	13,680		13,680	
6	八王子	10,950	11,430		11,430	
7	立川	10,020	10,550		10,550	

重要度 ★★★　行／列／セルの操作

Q 166 挿入した行を下の行と同じ書式にしたい！

A 行を挿入した際に表示される[挿入オプション]を利用します。

行を挿入すると上にある行の書式が適用されます。下の行と同じ書式にしたい場合は、行を挿入すると表示される[挿入オプション]をクリックして、[下と同じ書式を適用]をクリックします。

1 [挿入オプション]をクリックして、

	A	B	C	D	E	F
2		品川	新宿	中野	目黒	
3						
4	チン	5,340	5,800	5,270	3,820	
5	上と同じ書式を適用(A)		4,510	4,230	3,080	
6	下と同じ書式を適用(B)		3,630	3,200	2,650	
7	書式のクリア(C)		860	770	1,080	
8	合計	13,780	14,800	13,470	10,630	

2 [下と同じ書式を適用]をクリックすると、

3 下の行の書式が適用されます。

	A	B	C	D	E	F
2		品川	新宿	中野	目黒	
3						
4	キッチン	5,340	5,800	5,270	3,820	
5	収納家具	4,330	4,510	4,230	3,080	
6	ガーデン	3,310	3,630	3,200	2,650	
7	防災	800	860	770	1,080	
8	合計	13,780	14,800	13,470	10,630	

重要度 ★★★　行／列／セルの操作

Q 167 行や列を削除したい！

A [ホーム]タブの[削除]を利用します。

行番号あるいは列番号をクリックして行や列を選択し、[ホーム]タブの[削除]をクリックすると、行や列を削除できます。また、行番号や列番号を右クリックして[削除]をクリックしても、削除できます。

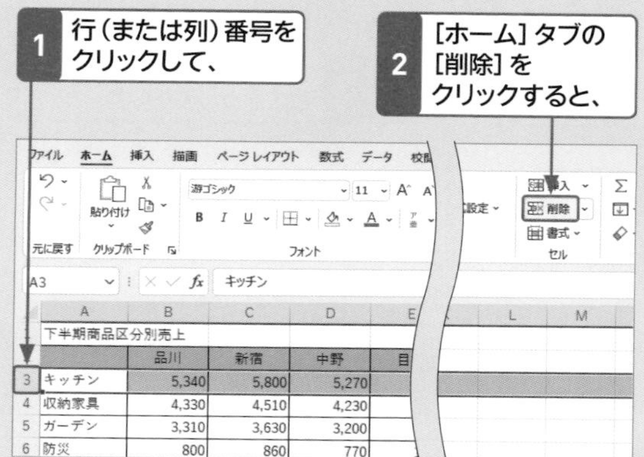

3 行(または列)が削除されます。

	A	B	C	D	E	F	G	H
1	下半期商品区分別売上							
2		品川	新宿	中野	目黒			
3	収納家具	4,330	4,510	4,230	3,080			
4	ガーデン	3,310	3,630	3,200	2,650			
5	防災	800	860	770	1,080			

重要度 ★★★　行／列／セルの操作

Q 168 「クリア」と「削除」の違いを知りたい！

A クリアはセルが残りますが、削除はセル自体が削除されます。

入力したデータを消去する方法には、「クリア」と「削除」があります。「クリア」は、セルの数式や値、書式を消す機能で、行や列、セルはそのまま残ります。[ホーム]タブの[クリア]をクリックすると、クリアする条件を選択できます。[書式のクリア]では罫線が消え、配置や色などの書式設定が既定に戻ります。また、クリアしたいセル範囲を選択して Delete を押すと、データだけをクリアすることができます。

「削除」は、行や列、セルそのものを消す操作です。削除したあとは行や列、セルが移動します。 参照▶Q 170

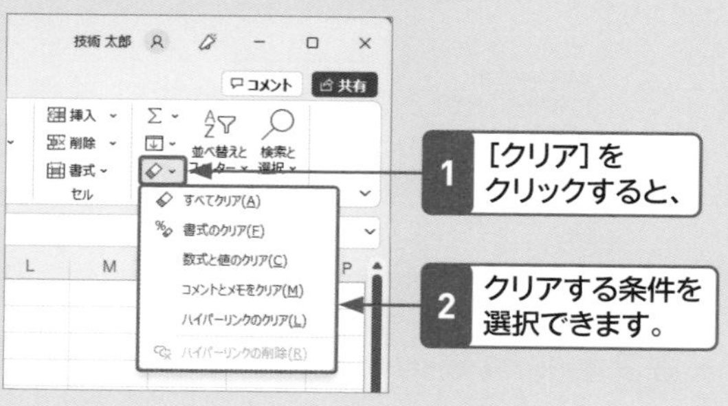

Q 169 セルを挿入したい！

A [挿入]から[セルの挿入]をクリックします。

行や列単位ではなく、セル単位で挿入する場合は、下の手順で挿入後のセルの移動方向を指定します。

また、手順1、2のかわりに、セルを右クリックして[挿入]をクリックしても、[挿入]ダイアログボックスが表示されます。

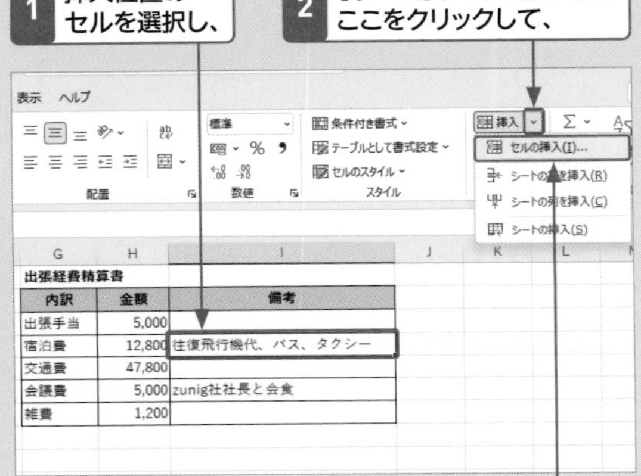

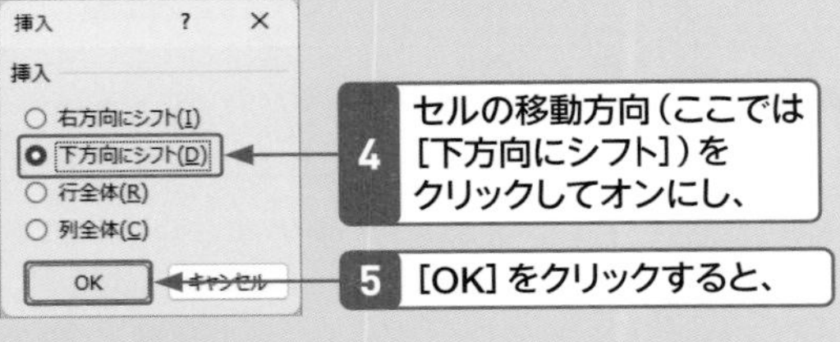

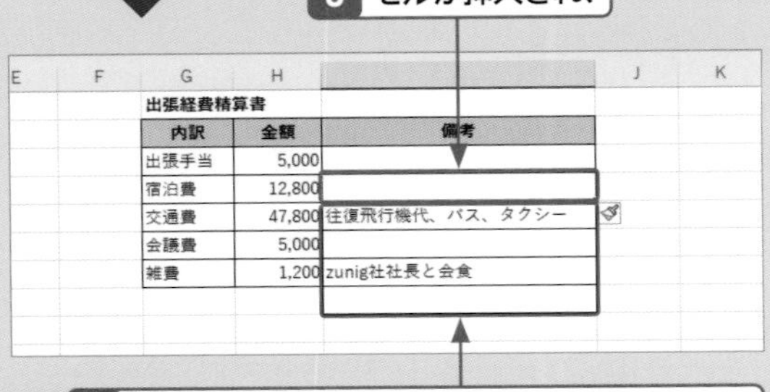

Q 170 セルを削除したい！

A [削除]から[セルの削除]をクリックします。

セル内に入力されているデータごとセルを削除するには、下の手順で削除後のセルの移動方向を指定します。

また、手順1、2のかわりに、セルを右クリックして[削除]をクリックしても、[削除]ダイアログボックスが表示されます。

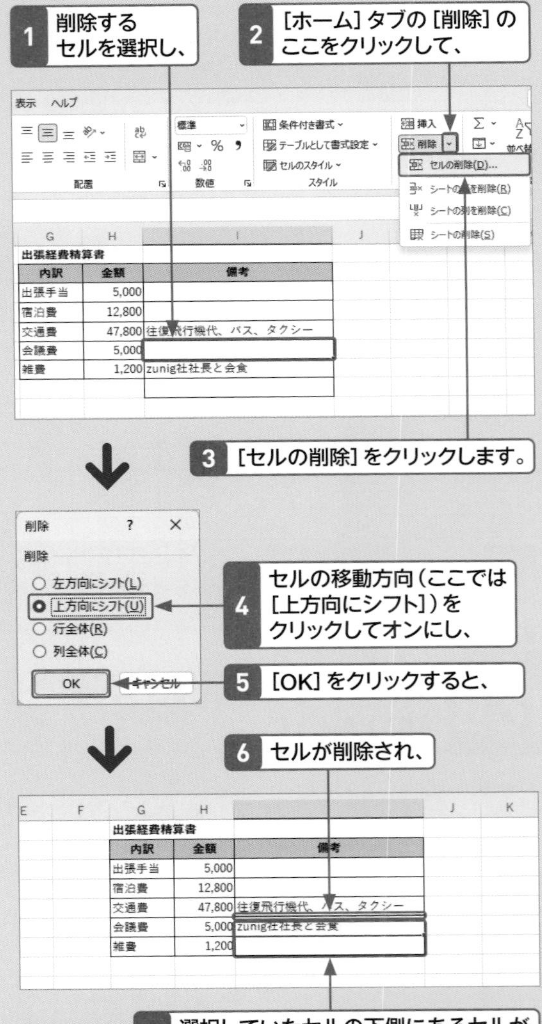

1 削除するセルを選択し、
2 [ホーム]タブの[削除]のここをクリックして、
3 [セルの削除]をクリックします。
4 セルの移動方向(ここでは[上方向にシフト])をクリックしてオンにし、
5 [OK]をクリックすると、
6 セルが削除され、
7 選択していたセルの下側にあるセルが上に移動します。

1 Excelの基本 2 入力 3 編集 4 書式 5 計算 6 関数 7 グラフ 8 データベース 9 印刷 10 ファイル 11 図形 12 連携・共同編集

重要度 ★★★　行／列／セルの操作

Q 171 データをセル単位で入れ替えたい！

A セル範囲を選択して、Shift を押しながらドラッグします。

データをセル単位で入れ替えたい場合は、セル範囲を選択して、その境界線にマウスポインターを合わせ、Shift を押しながら移動先までドラッグします。

コピーする場合は、Ctrl と Shift を押しながらドラッグします。ドラッグ中は、挿入先に太い実線が表示されるので、それを目安にするとよいでしょう。

1 移動したいセル範囲を選択します。

	A	B	C	D	E	F
1	会員名簿					
2	番号	名前	入会日	グループ		
3	1005	安念　佑光	2022/10/22	オレンジ		
4	1004	高田　真人	2022/10/22	レッド		
5	1003	樋田　征爾	2022/8/20	レインボー		
6	1002	石井　陽子	2022/8/20	レッド		
7	1001	小林　道子	2022/5/14	オレンジ		

2 境界線にマウスポインターを合わせ、ポインターの形が に変わった状態で、

3 Shift を押しながらドラッグすると、

	A	B	C	D	E	F
1	会員名簿					
2	番号	名前	入会日	グループ		
3	1005	安念　佑光	2022/10/22	オレンジ		
4	1004	高田　真人	2022/10/22	レッド		
5	1003	樋田　征爾	2022/8/20	レインボー		
6	1002	石井　陽子	2022/8/20	レッド		
7	1001	小林　道子	2022/5/14	オレンジ		

C7:D7

コピーする場合は、Ctrl + Shift を押しながらドラッグします。

4 セル範囲が移動して挿入されます。

	A	B	C	D	E	F
1	会員名簿					
2	番号	名前	入会日	グループ		
3	1005	安念　佑光	2022/10/22	オレンジ		
4	1004	高田　真人	2022/8/20	レインボー		
5	1003	樋田　征爾	2022/8/20	レッド		
6	1002	石井　陽子	2022/10/22	レッド		
7	1001	小林　道子	2022/5/14	オレンジ		

重要度 ★★★　行／列／セルの操作

Q 172 行の高さや列の幅を変更したい！

A 行番号や列番号の境界線をドラッグします。

行の高さを変更するには、高さを変更する行番号の境界線にマウスポインターを合わせ、ポインターの形が ✣ に変わった状態で、目的の位置までドラッグします。列の幅を変更するには、幅を変更する列番号の境界線にマウスポインターを合わせ、ポインターの形が ✣ に変わった状態で、目的の位置までドラッグします。

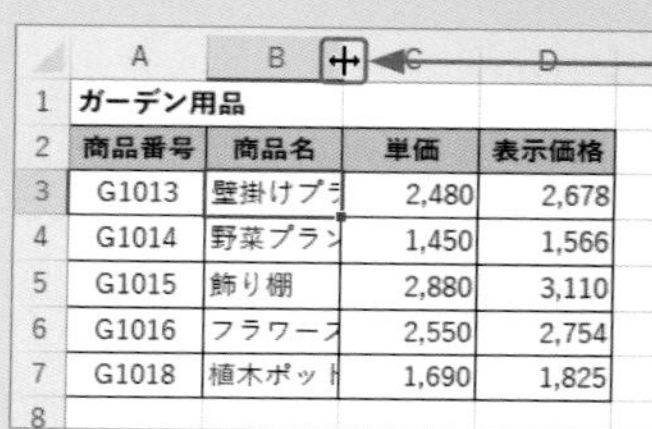

	A	B	C	D
1	ガーデン用品			
2	商品番号	商品名	単価	表示価格
3	G1013	壁掛けプラ	2,480	2,678
4	G1014	野菜プラン	1,450	1,566
5	G1015	飾り棚	2,880	3,110
6	G1016	フラワース	2,550	2,754
7	G1018	植木ポット	1,690	1,825

1 列番号の境界線にマウスポインターを合わせ、形が ✣ に変わった状態で、

ドラッグ中に列幅の数値が表示されます。

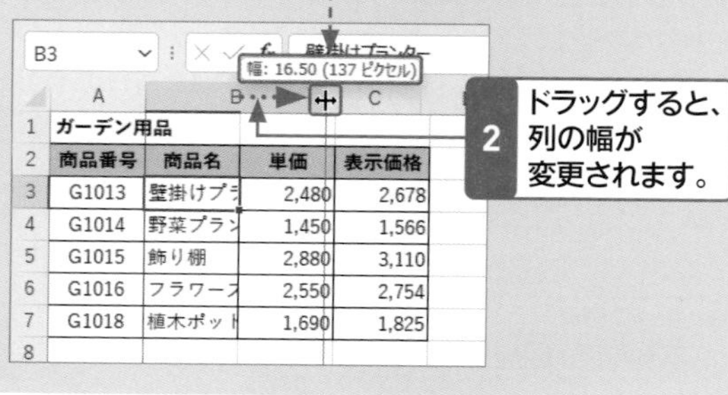

	A	B	C
1	ガーデン用品		
2	商品番号	商品名	単価	表示価格
3	G1013	壁掛けプラ	2,480	2,678
4	G1014	野菜プラン	1,450	1,566
5	G1015	飾り棚	2,880	3,110
6	G1016	フラワース	2,550	2,754
7	G1018	植木ポット	1,690	1,825

2 ドラッグすると、列の幅が変更されます。

重要度 ★★★　行／列／セルの操作

Q 173 複数の行の高さや列の幅を揃えたい！

A 複数の行や列を選択して境界線をドラッグします。

複数行の高さや複数列の幅を同じサイズに変更するには、変更する複数の行や列を選択します。いずれかの行番号や列番号の境界線にマウスポインターを合わせ、ポインターの形が ✣ や ✣ に変わった状態で、目的の位置までドラッグします。

重要度 ★★★　行／列／セルの操作

Q 174 列の幅や行の高さの単位を知りたい！

A 列幅は文字数、行の高さはポイントです。

列幅の単位は文字数、行の高さの単位はポイント（1ポイント＝0.35mm）です。

なお、列幅の単位である文字数では、標準フォントの文字サイズ（初期設定では11ポイント）の1／2を「1」として数えます。つまり、幅が「10」のセルには、11ポイントの半角文字が10文字分入力できます。

重要度 ★★★　行／列／セルの操作

Q 175 文字数に合わせてセルの幅を調整したい！

A 列の境界線をダブルクリックします。

文字数に合わせてセルの幅を調整するには、調整したい列の境界線をダブルクリックします。この操作を行うと、同じ列内で、もっとも文字数が多いセルに合わせてセルの幅が調整されます。

1 列の境界線をダブルクリックすると、

	A	B	C	D	E	F	G
1	ガーデン用品						
2	商品番号	商品名	単価	表示価格			
3	G1013	壁掛けプラ	2,480	2,678			
4	G1014	野菜プラン	1,450	1,566			
5	G1015	飾り棚	2,880	3,110			
6	G1016	フラワース	2,550	2,754			
7	G1018	植木ポット	1,690	1,825			

2 同列内のもっとも文字数の多いセルに合わせて幅が調整されます。

	A	B	C	D	E
1	ガーデン用品				
2	商品番号	商品名	単価	表示価格	
3	G1013	壁掛けプランター	2,480	2,678	
4	G1014	野菜プランター	1,450	1,566	
5	G1015	飾り棚	2,880	3,110	
6	G1016	フラワースタンド（3段）	2,550	2,754	
7	G1018	植木ポット	1,690	1,825	

重要度 ★★★　行／列／セルの操作

Q 176 選択したセルに合わせて列の幅を調整したい！

A [書式]の[列の幅の自動調整]を利用します。

表に長いタイトルが入力されている列の境界線をダブルクリックすると、タイトルに合わせて列幅が調整されてしまいます。この場合は、目的のセルをクリックして、[ホーム]タブの[書式]をクリックし、[列の幅の自動調整]をクリックします。

行の高さを変更するには、同様に[行の高さの自動調整]をクリックします。

1 目的のセルをクリックして、

2 [ホーム]タブの[書式]をクリックし、

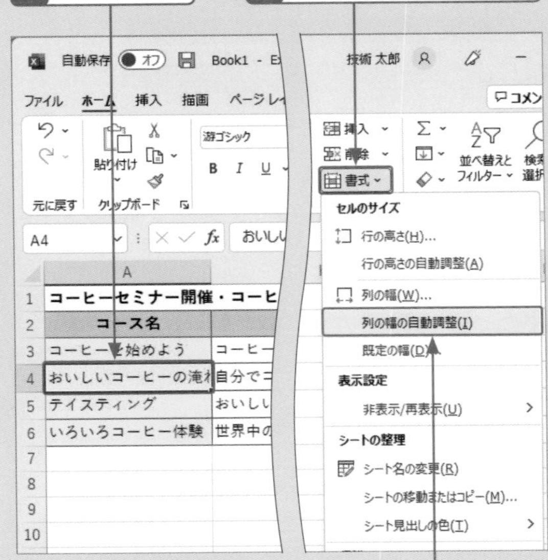

3 [列の幅の自動調整]をクリックすると、

4 選択したセルの幅に合わせて列幅が変更されます。

	A	B
1	コーヒーセミナー開催・コーヒーを楽しもう！	
2	コース名	内　容
3	コーヒーを始めよう	コーヒーについてもっと深く学ぼう
4	おいしいコーヒーの淹れ方	自分でコーヒーを入れてバリエーションを
5	テイスティング	おいしいコーヒーの入れ方の技術を習得し
6	いろいろコーヒー体験	世界中のコーヒーの淹れ方、味わい方を知
7		

重要度 ★★★ 行／列／セルの操作

Q 177 行の高さや列の幅を数値で指定したい！

A [書式] の [行の高さ] や [列の幅] を利用します。

行の高さを数値で指定するには、右の手順で［セルの高さ］ダイアログボックスを表示し、目的の数値を入力して、[OK]をクリックします。
列の幅は、[列の幅] をクリックして表示される [セルの幅] ダイアログボックスを利用します。

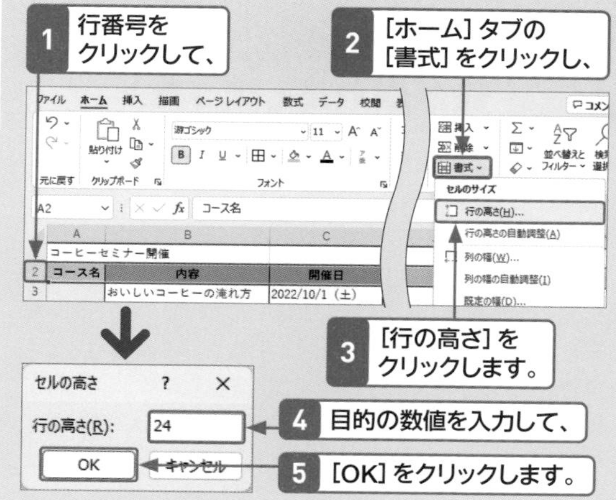

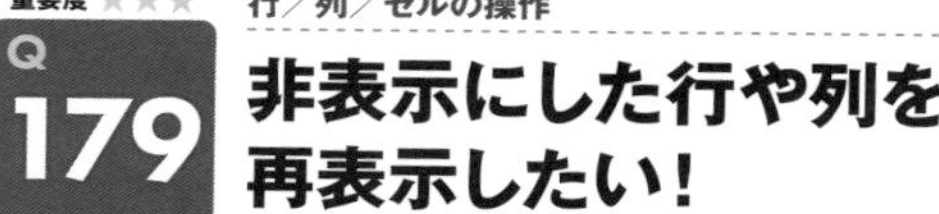

重要度 ★★★ 行／列／セルの操作

Q 178 行や列を非表示にしたい！

A [書式] の [非表示／再表示] から設定します。

列を非表示にするには目的の列を選択して、下の手順で操作します。また、列を右クリックして [非表示] をクリックしても、非表示にできます。
行の場合も、同様の操作で非表示にできます。

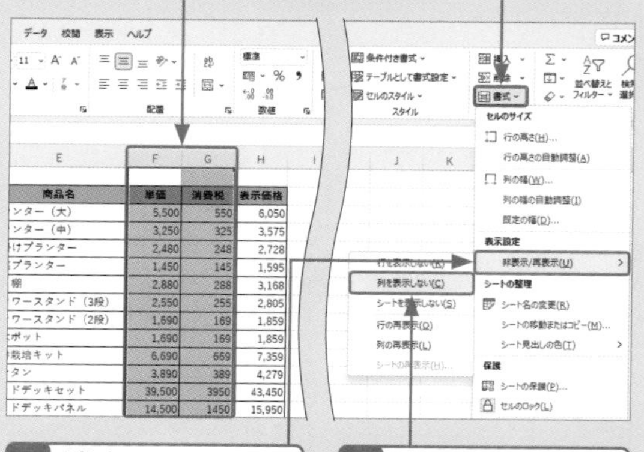

5 選択した列が非表示になります。

重要度 ★★★ 行／列／セルの操作

Q 179 非表示にした行や列を再表示したい！

A [書式] の [非表示／再表示] から再表示します。

非表示にした列を再表示するには、下の手順で操作します。また、右クリックして [再表示] をクリックしても、再表示にできます。行の場合も、同様の操作で再表示できます。なお、列 [A] や行 [1] を非表示にした場合は、列 [B] や行 [2] からウィンドウの左端あるいは上に向けてドラッグし、非表示の列や行を選択します。

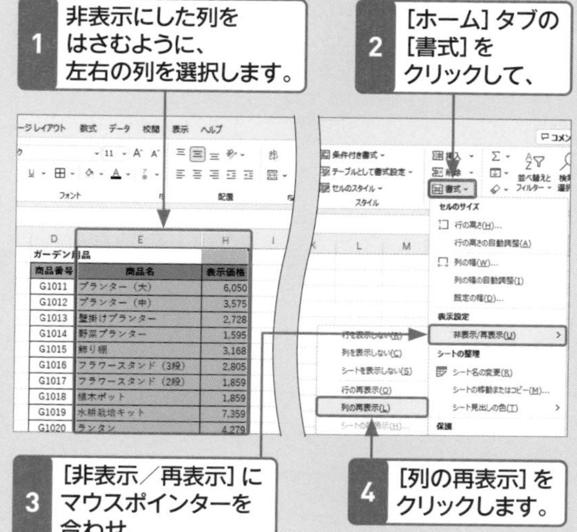

1 非表示にした列をはさむように、左右の列を選択します。
2 [ホーム] タブの[書式] をクリックして、
3 [非表示／再表示] にマウスポインターを合わせ、
4 [列の再表示] をクリックします。

重要度 ★★★ 行／列／セルの操作

Q 180 表の一部を削除したら別の表が崩れてしまった！

A セルの削除と行の削除を使い分けましょう。

ワークシート内に複数の表がある場合、セルの一部を削除した際に、右図のようにほかの表のレイアウトが崩れてしまうことがあります。このような場合は、セル単位の削除ではなく、行単位で削除するなど、状況によって削除する対象を使い分けるとよいでしょう。

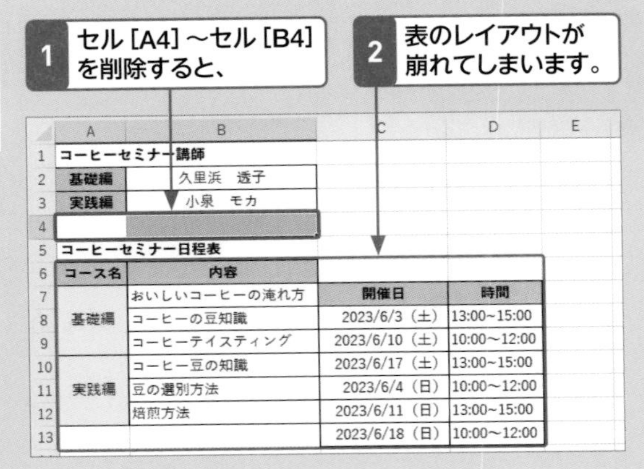
1 セル[A4]～セル[B4]を削除すると、
2 表のレイアウトが崩れてしまいます。

重要度 ★★★ ワークシートの操作

Q 181 新しいワークシートを挿入したい！

A シート見出しの［新しいシート］を利用します。

新規に作成したブックには1枚のワークシートが表示されています。ワークシートは必要に応じて追加することができます。シート見出しの右にある［新しいシート］をクリックすると、現在選択されているシートの後ろに新しいシートが追加されます。また、［ホーム］タブの［挿入］の ⌄ をクリックして、［シートの挿入］をクリックすると、現在選択しているシートの前に新しいシートが追加されます。

1 ［新しいシート］をクリックすると、

15
16
Sheet1
準備完了

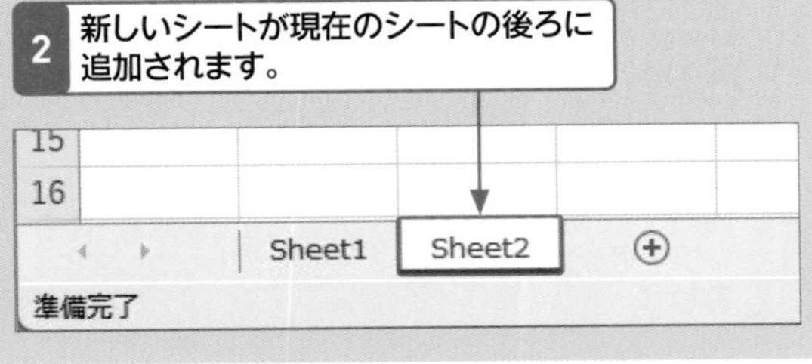
2 新しいシートが現在のシートの後ろに追加されます。
Sheet1
Sheet2
準備完了

重要度 ★★★ ワークシートの操作

Q 182 ワークシートをブック内で移動／コピーしたい！

A シート見出しをドラッグします。

同じブックの中でワークシートを移動するには、シート見出しをドラッグします。ワークシートをコピーするには、Ctrl を押しながらシート見出しをドラッグします。ドラッグすると、見出しの上に▼マークが表示されるので、移動先やコピー先の位置を確認できます。

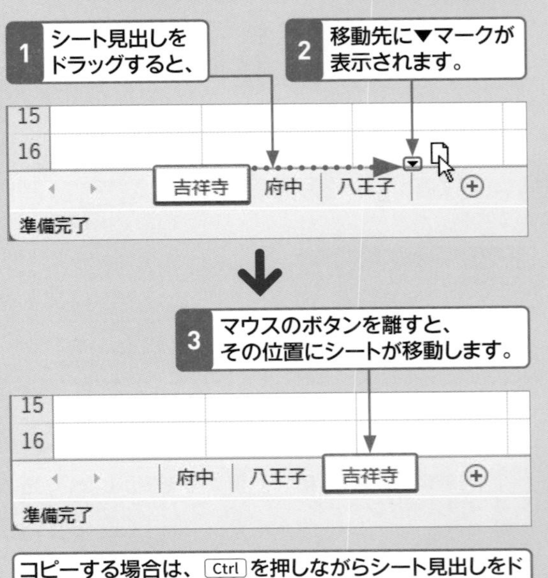
1 シート見出しをドラッグすると、
2 移動先に▼マークが表示されます。
吉祥寺
府中
八王子
準備完了
3 マウスのボタンを離すと、その位置にシートが移動します。
府中
八王子
吉祥寺
準備完了

コピーする場合は、Ctrl を押しながらシート見出しをドラッグします。

重要度 ★★★　ワークシートの操作

Q 183 ワークシートをほかのブックに移動／コピーしたい！

A ［移動またはコピー］ダイアログボックスを利用します。

異なるブック間でワークシートを移動やコピーするには、対象となるすべてのブックを開いてから、下の手順で操作します。［移動またはコピー］ダイアログボックスは、［ホーム］タブの［書式］をクリックして、［シートの移動またはコピー］をクリックしても表示できます。

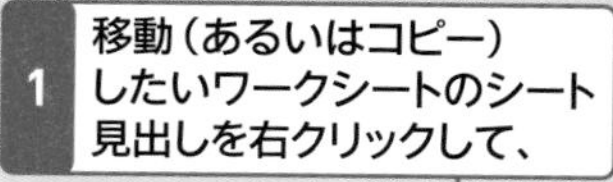

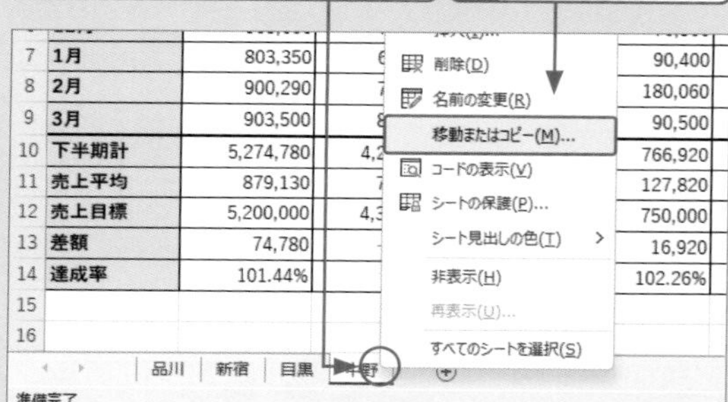

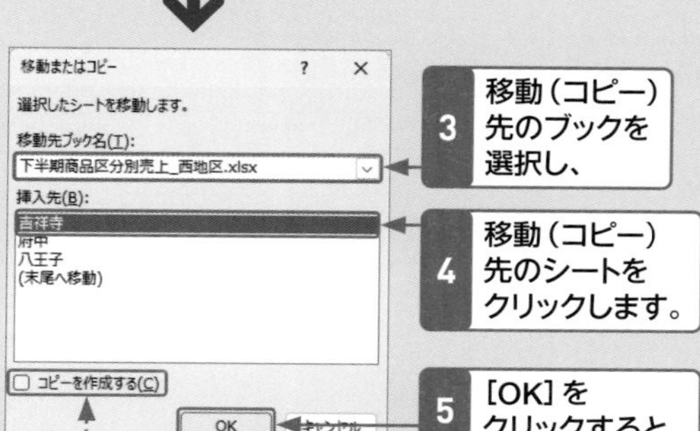

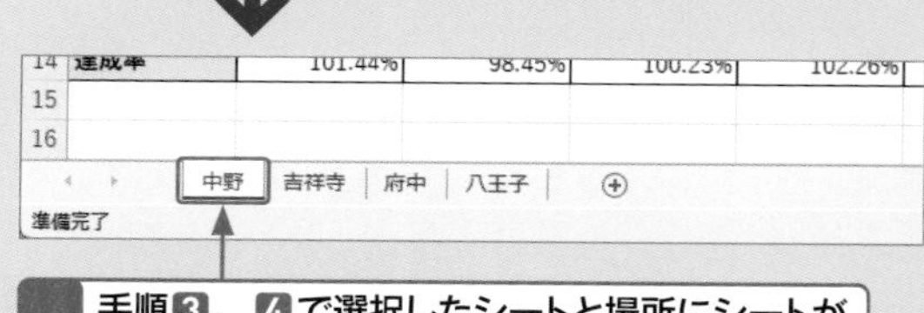

重要度 ★★★　ワークシートの操作

Q 184 ワークシートの見出しが隠れてしまった！

A1 ◀や▶あるいは…をクリックします。

1つのブックに多くのワークシートがある場合、シート見出しが画面から隠れてしまいます。◀や▶をクリックすると、シート見出しが前後にスクロールします。シート見出しの左右にある…をクリックすると、スクロールにしたうえで、隠れていたワークシートが前面に表示されます。

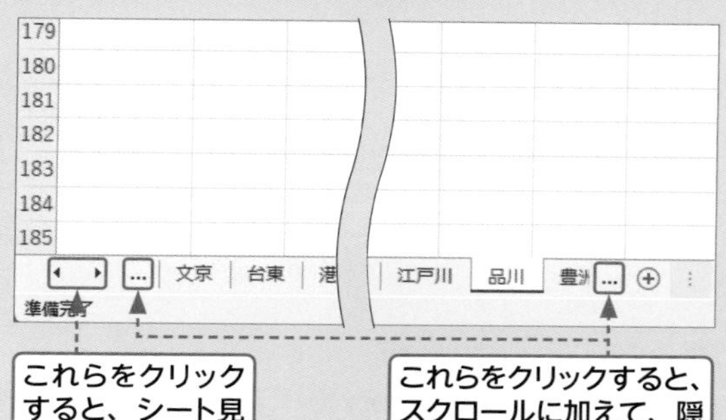

A2 ［シートの選択］ダイアログボックスから切り替えます。

◀や▶を右クリックすると表示される［シートの選択］ダイアログボックスを利用すると、すべてのシート見出しが一覧で表示されます。その中から目的のシート名をクリックします。

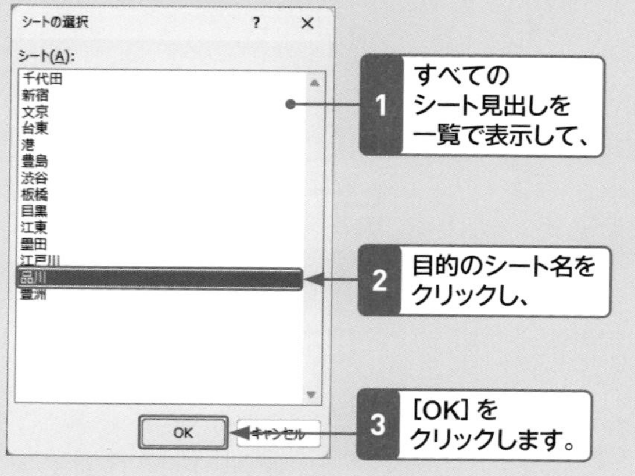

重要度 ★★★ ワークシートの操作

Q 185 ワークシートの名前を変更したい！

A シート見出しをダブルクリックして、シート名を入力します。

シート名を変更するには、シート見出しをダブルクリックします。シート見出しの文字が反転表示されるので、新しいシート名を入力して、Enter を押します。なお、シート名は半角・全角にかかわらず31文字まで入力できますが、「¥」「*」「?」「:」「／」「[」「]」は使用できません。また、シート名を空白にすることはできません。

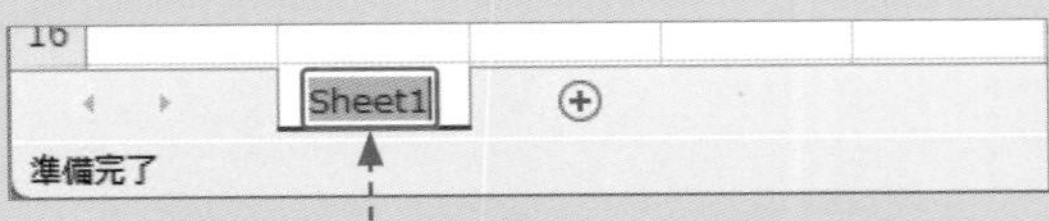

シート見出しをダブルクリックして、文字が反転表示されたら、新しいシート名を入力します。

重要度 ★★★ ワークシートの操作

Q 186 不要になったワークシートを削除したい！

A シート見出しを右クリックして[削除]をクリックします。

ワークシートを削除するには、シート見出しを右クリックして[削除]をクリックします。ワークシートにデータが入力されている場合は、確認のメッセージが表示されるので、[削除]をクリックすると、削除できます。ただし、ブックのすべてのシートを削除することはできません。

1 シート見出しを右クリックして、

2 [削除]をクリックします。

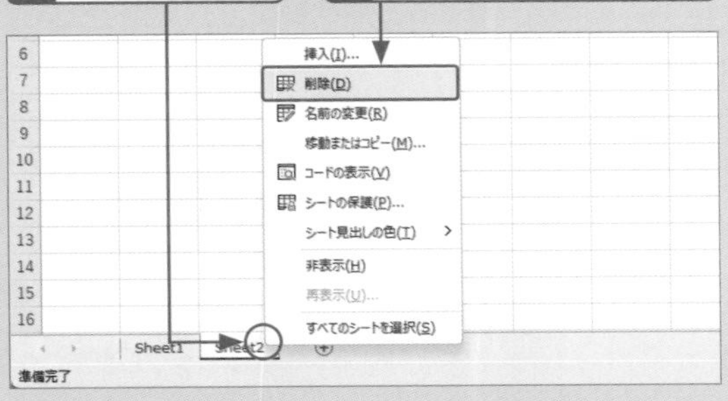

重要度 ★★★ ワークシートの操作

Q 187 ワークシートを非表示にしたい！

A シート見出しを右クリックして、[非表示]をクリックします。

ワークシートを非表示にするには、シート見出しを右クリックして、[非表示]をクリックします。ただし、ブックのシートをすべて非表示にすることはできません。非表示にしたシートを再表示するには、シート見出しを右クリックして、[再表示]をクリックします。

1 非表示にしたいシートのシート見出しを右クリックして、

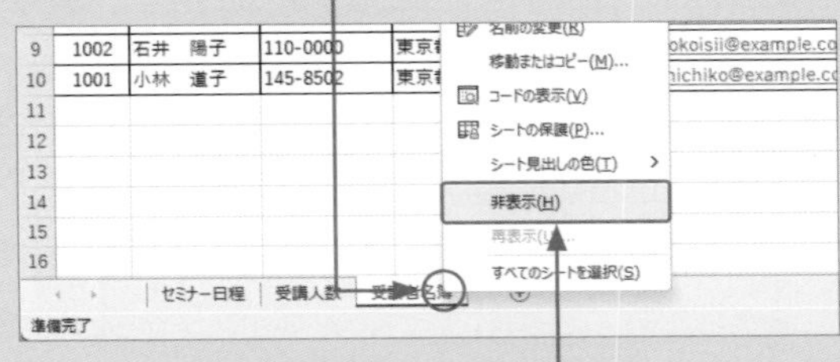

2 [非表示]をクリックすると、

3 シートが非表示になります。

● 非表示にしたシートを再表示する

1 シート見出しを右クリックして、

2 [再表示]をクリックします。

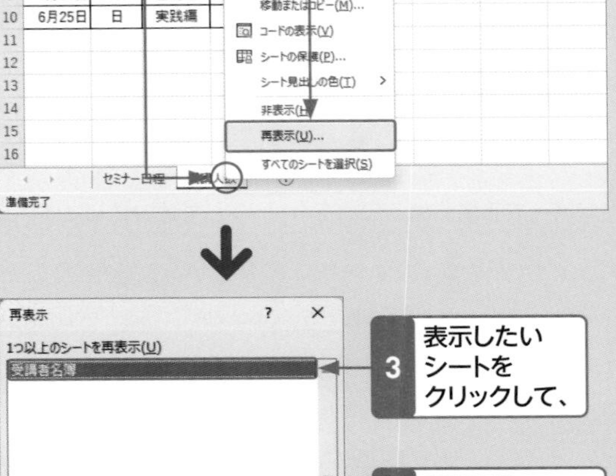

3 表示したいシートをクリックして、

4 [OK]をクリックします。

Q 188 ワークシートの見出しを色分けしたい！

A シート見出しを右クリックして［シート見出しの色］から色を選択します。

シート見出しごとに異なる色を設定しておけば、ワークシートの管理に役立ちます。シート見出しに色を設定するには、下の手順で操作します。また、［ホーム］タブの［書式］からも設定できます。

なお、手順3で［その他の色］を選択すると、表示された以外の色を指定できます。［色なし］を選択すると、標準設定に戻ります。

1 シート見出しを右クリックして、

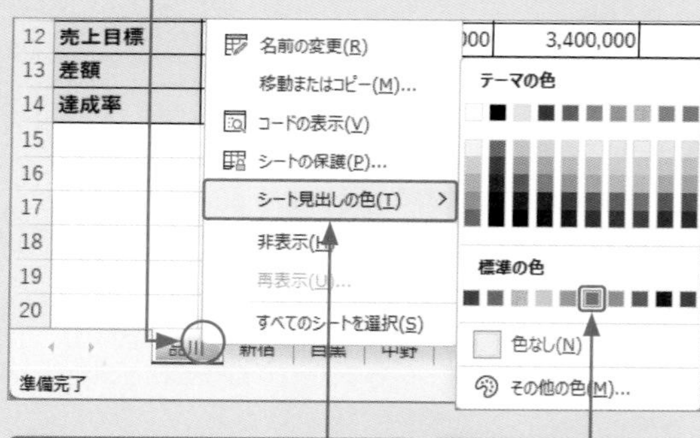

2 ［シート見出しの色］にマウスポインターを合わせ、

3 目的の色をクリックすると、

4 シート見出しに色が設定されます。

5 ほかのシート見出しをクリックすると、シート見出しの色がこのように表示されます。

Q 189 複数のワークシートをまとめて編集したい！

A ワークシートをグループ化してから編集します。

複数のワークシートに同じ形式の表を作成する場合は、目的のワークシートをグループ化します。ワークシートをグループ化すると「グループ」として設定され、前面に表示されているワークシートに行った編集が、グループに含まれるほかのワークシートにも反映されます。

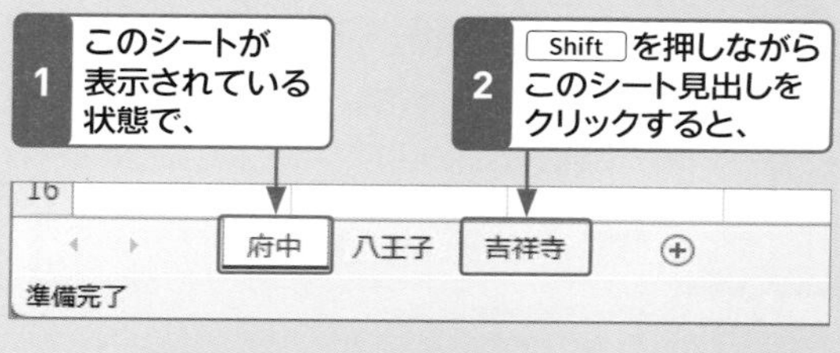

離れたシート見出しをグループ化する場合は、Ctrl を押しながらクリックします。

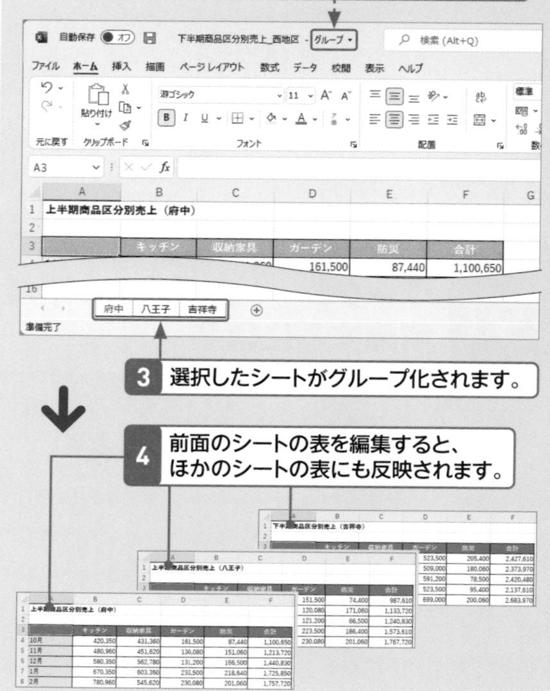

重要度 ★★★ ワークシートの操作

Q 190 シート見出しがすべて表示されない！

A [Excelのオプション]ダイアログボックスで設定を変更します。

シート見出しがすべて表示されていない場合は、シート見出しが表示されない設定になっていると考えられます。[ファイル]タブから[その他]をクリックして[オプション]をクリックし、[Excelのオプション]ダイアログボックスで設定を変更します。

1 [詳細設定]をクリックして、

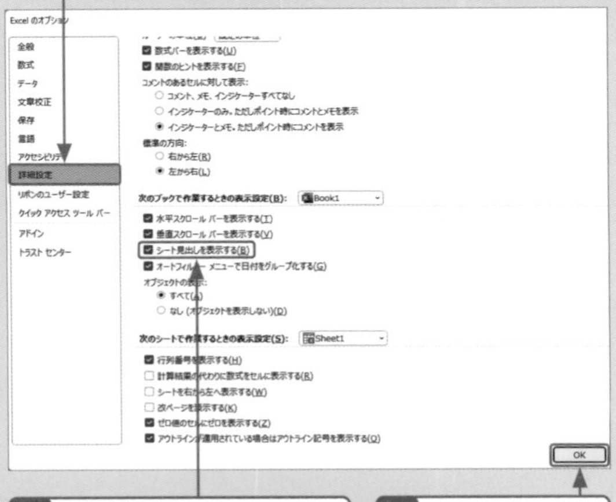
Excel のオプション
詳細設定
シート見出しを表示する(B)
OK

2 [シート見出しを表示する]をクリックしてオンにし、

3 [OK]をクリックします。

重要度 ★★★ ワークシートの操作

Q 191 ワークシートのグループ化を解除するには？

A 前面に表示されているシート以外のシート見出しをクリックします。

ブック内のすべてのワークシートをグループにしている場合は、前面に表示されているワークシート以外のシート見出しをクリックすると、グループが解除されます。一部のワークシートをグループにしている場合は、グループに含まれていないワークシートのシート見出しをクリックします。

重要度 ★★★ データの検索／置換

Q 192 特定のデータが入力されたセルを探したい！

A 検索機能を利用します。

ワークシート上のデータの中から特定のデータを見つけ出すには、[検索と置換]ダイアログボックスの[検索]を表示して検索します。

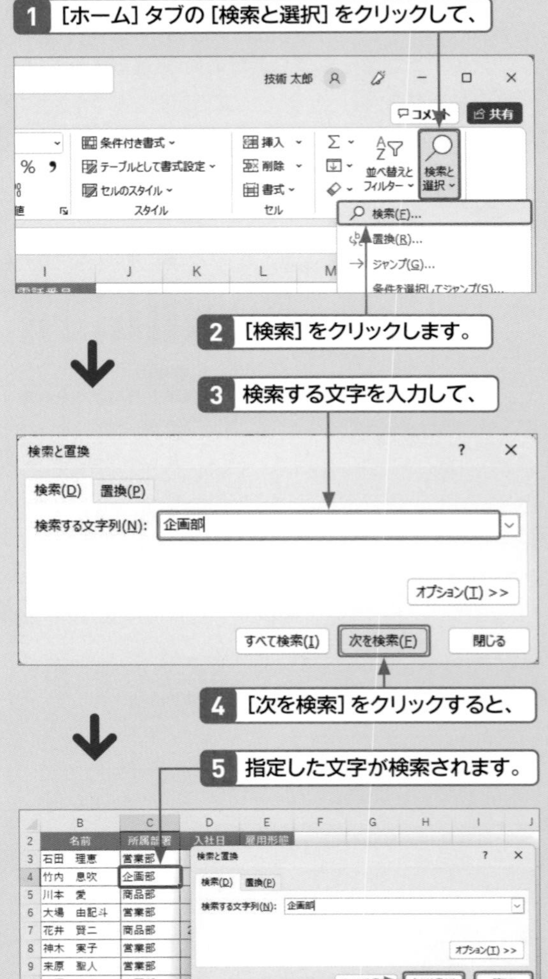
1 [ホーム]タブの[検索と選択]をクリックして、
検索と選択
検索(F)...
2 [検索]をクリックします。
3 検索する文字を入力して、
検索と置換
検索する文字列(N): 企画部
次を検索(F)
4 [次を検索]をクリックすると、
5 指定した文字が検索されます。

6 [次を検索]をクリックすると、次の文字が検索されます。

検索を終了する場合は[閉じる]をクリックします。

重要度 ★★★ データの検索／置換

Q 193 ブック全体から特定のデータを探したい！

A ［検索と置換］ダイアログボックスのオプション機能を利用します。

現在表示しているワークシートだけでなく、ブック全体から特定のデータを検索するには、［検索と置換］ダイアログボックスの［検索］を表示して、［オプション］をクリックします。［オプション］項目が表示されるので、［検索場所］で［ブック］を選択して検索します。なお、ここで設定したオプション項目は、別の検索を行う際にも踏襲されるので、必要に応じて設定し直しましょう。

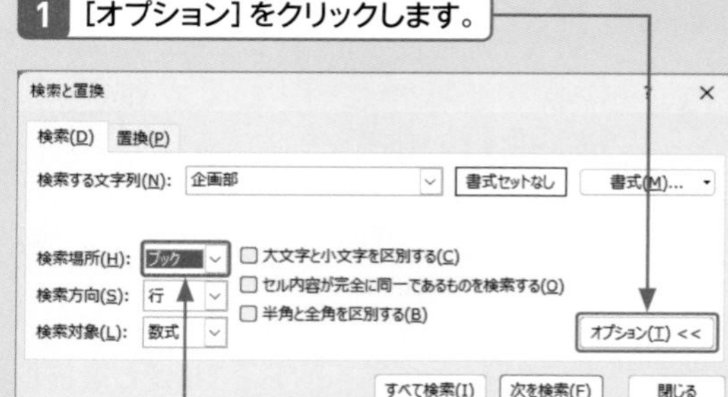

重要度 ★★★ データの検索／置換

Q 194 特定の文字をほかの文字に置き換えたい！

A 置換機能を利用します。

ワークシート上の特定のデータを別のデータに置き換えるには、［検索と置換］ダイアログボックスの［置換］を表示して置き換えます。

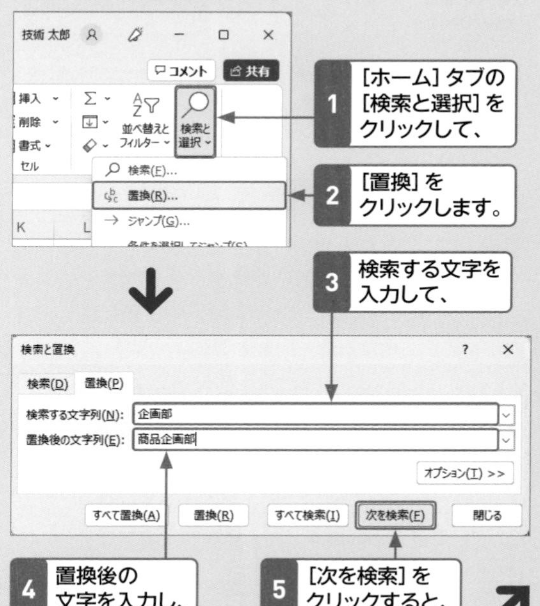

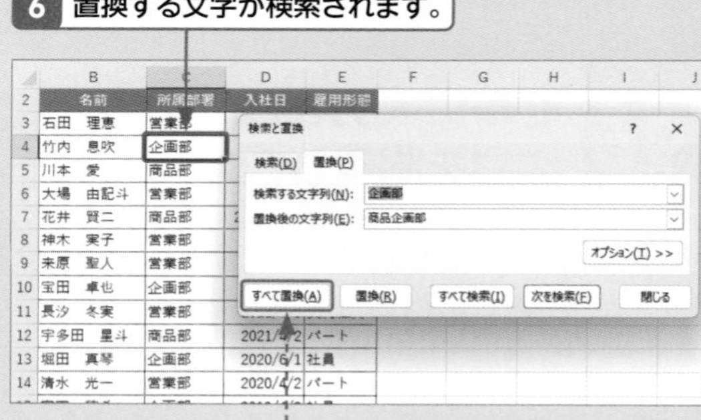

7 ［置換］をクリックすると、

8 文字が置き換わり、

9 次の文字が検索されます。

重要度★★★ データの検索／置換

Q 195 特定の範囲を対象に探したい！

A 検索する範囲を指定してから検索を行います。

［検索と置換］ダイアログボックスで検索を行う場合、通常は現在表示しているワークシート全体が検索対象になります。特定の範囲を検索したい場合は、あらかじめ検索範囲を選択してから検索を実行します。

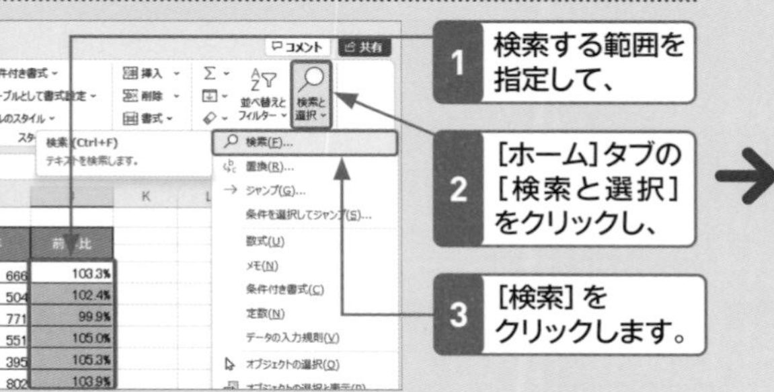

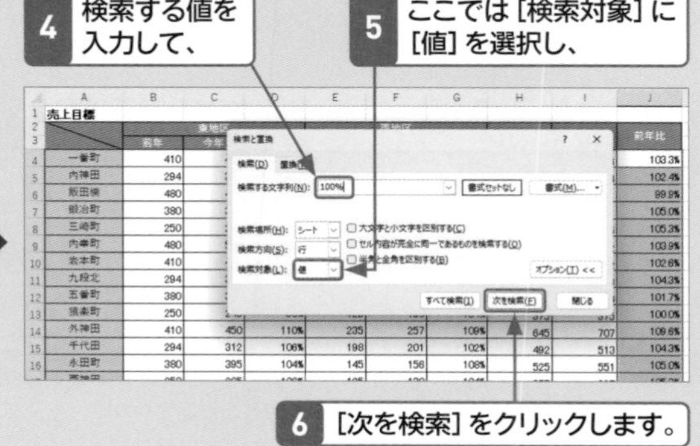

重要度★★★ データの検索／置換

Q 196 セルに入力されている空白を削除したい！

A スペースを検索して、置換で取り除きます。

たとえば、「姓＋半角スペース＋名」の形式で名前が入力されていて、半角スペースが不要になった場合、置換機能を利用して不要なスペースを削除できます。［検索と置換］ダイアログボックスの［置換］を表示して、［検索する文字列］に半角スペースを入力します。［置換後の文字列］には何も入力せずに、［すべて置換］をクリックします。

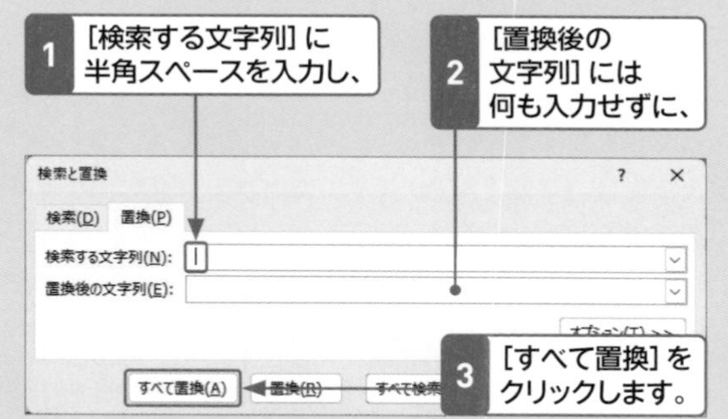

重要度★★★ データの検索／置換

Q 197 「検索対象が見つかりません。」と表示される！

A ［検索と置換］ダイアログボックスのオプション機能を利用します。

検索条件とデータの一部が一致しているはずなのに、何も検索されない場合は、検索文字列の後ろにスペース（空白）が入っている場合があります。全角と半角の区別がつきにくい文字もあるので、正しく入力されているかどうかを確認します。

また、［検索と置換］ダイアログボックスの［検索］を表示して［オプション］をクリックし、オプション項目を確認しましょう。［大文字と小文字を区別する］［セル内容が完全に同一であるものを検索する］［半角と全角を区別する］がオンになっている場合は、必要に応じてオフにします。［検索対象］も併せて確認します。

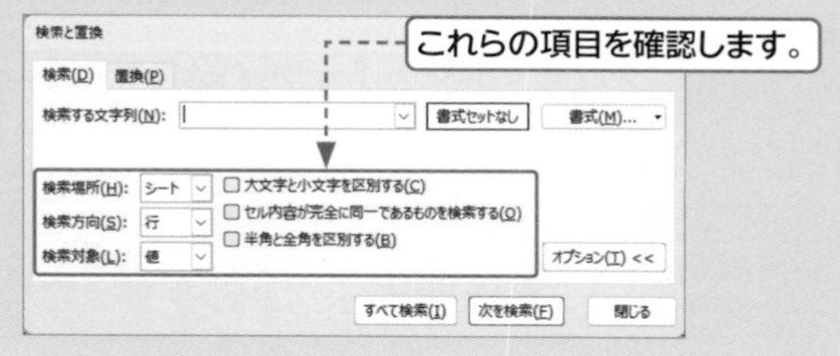

重要度 ★★★　データの検索／置換

Q 198 ダイアログボックスを表示せずに検索したい！

A ダイアログボックスを閉じて、Shift を押しながら F4 を押します。

同じ条件で繰り返し検索を行うとき、そのつど［検索と置換］ダイアログボックスを表示するのは面倒です。このような場合は、検索条件を設定したあと、［検索と置換］ダイアログボックスを閉じ、Shift を押しながら F4 を押すと、ダイアログボックスを表示せずに検索ができます。

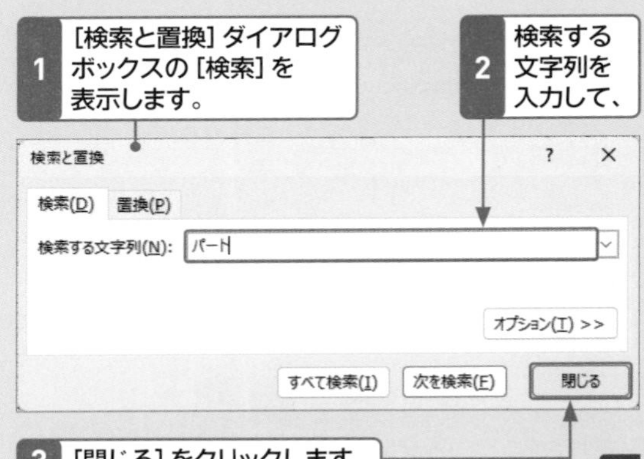

4 Shift を押しながら F4 を押すと、データが検索されます。

	B	C	D	E	F	G
2	名前	所属部署	雇用形態	入社日		
3	石田　理恵	営業部	社員	2022/4/4		
4	竹内　息吹	商品企画部	社員	2022/4/4		
5	川本　愛	商品部	社員	2022/4/4		
6	大場　由記斗	営業部	社員	2022/9/5		
7	花井　賢二	商品部	契約社員	2022/9/12		
8	神木　実子	営業部	パート	2021/9/6		
9	来原　聖人	営業部	社員	2021/4/5		
10	宝田　卓也	商品企画部	社員	2021/4/5		
11	長汐　冬実	営業部	契約社員	2021/4/5		
12	宇多田　星斗	商品部	パート	2021/4/2		
13	堀田　真琴	商品企画部	社員	2020/6/1		
14	清水　光一	営業部	パート	2020/4/2		

5 続けて検索する場合は、F4（直前の操作の繰り返し）を押すと検索できます。

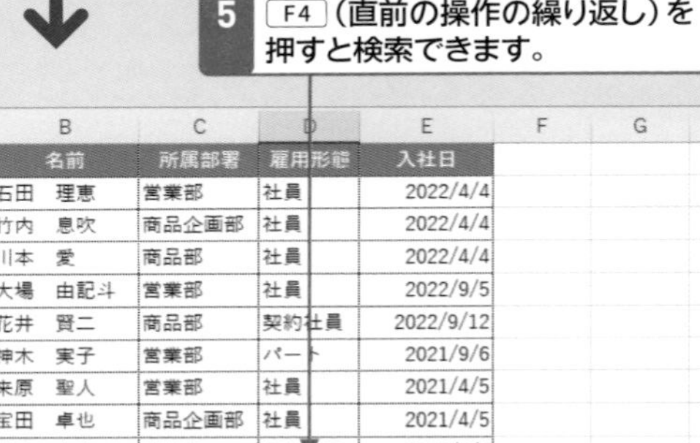

	B	C	D	E	F	G
2	名前	所属部署	雇用形態	入社日		
3	石田　理恵	営業部	社員	2022/4/4		
4	竹内　息吹	商品企画部	社員	2022/4/4		
5	川本　愛	商品部	社員	2022/4/4		
6	大場　由記斗	営業部	社員	2022/9/5		
7	花井　賢二	商品部	契約社員	2022/9/12		
8	神木　実子	営業部	パート	2021/9/6		
9	来原　聖人	営業部	社員	2021/4/5		
10	宝田　卓也	商品企画部	社員	2021/4/5		
11	長汐　冬実	営業部	契約社員	2021/4/5		
12	宇多田　星斗	商品部	パート	2021/4/2		
13	堀田　真琴	商品企画部	社員	2020/6/1		
14	清水　光一	営業部	パート	2020/4/2		

重要度 ★★★　データの検索／置換

Q 199 「○」で始まって「△」で終わる文字を検索したい！

A 「*」や「?」のワイルドカードを利用します。

たとえば、「東京」で始まって「劇場」で終わる文字を検索したい場合は、「東京*劇場」のように、ワイルドカードの「*」を使用することができます。

「ワイルドカード」は、文字のかわりとして使うことができる特殊文字で、0文字以上の任意の文字列を表す半角の「*」（アスタリスク）と、任意の1文字を表す「?」（クエスチョン）があります。

検索文字を「東京??劇場」とした場合は、「東京」と「劇場」の間が2文字のものだけが検索されます。

「東京」で始まって「劇場」で終わる文字を検索する場合は、「東京*劇場」と入力します。

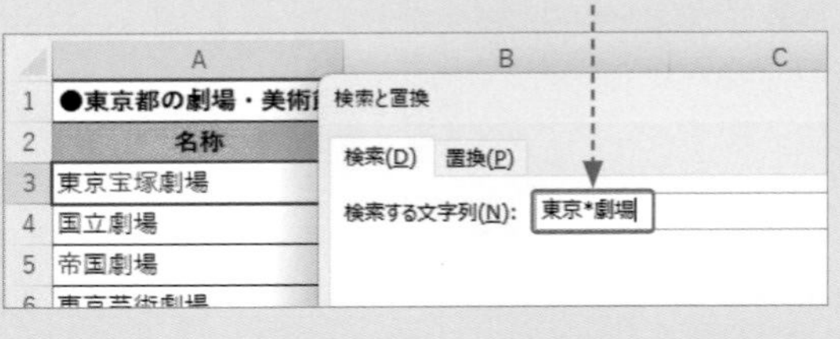

●ワイルドカードの使用例

使用例	意　味
東京都*	「東京都」を含む文字列
*県	「県」を含む文字列
東	「東」を含む文字列
東?	「東」を含む2文字の文字列
??県	「県」を含む3文字の文字列

重要度 ★★★ データの検索／置換

Q 200 「*」や「?」を検索したい！

A 記号の前に「~」(チルダ)を付けて検索します。

半角の「＊」(アスタリスク)や「？」(クエスチョン)を含んだ文字列を検索したい場合、単に「＊」や「？」を指定すると、すべてが表示されてしまいます。「＊」や「？」自体を検索したい場合は、記号の前に半角の「~」(チルダ)を付けて検索します。「~」は、次の文字が文字列であることを示す印です。

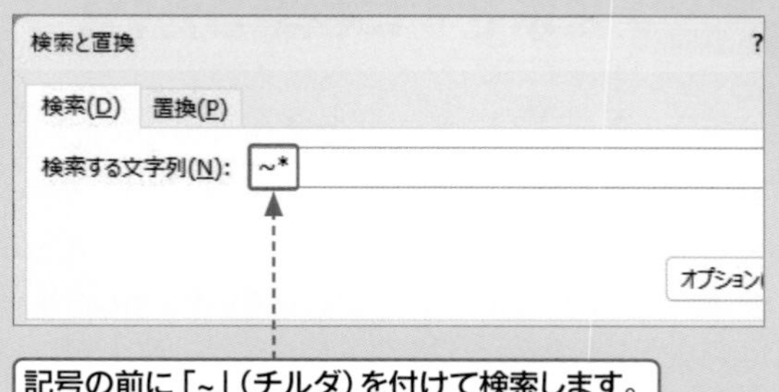

重要度 ★★★ データの検索／置換

Q 201 ワークシート内の文字の色をまとめて変更したい！

A 置換機能を利用します。

文字やセルに設定した特定の書式だけを置き換えたいときは、置換機能を利用すると便利です。[検索と置換]ダイアログボックスの[オプション]をクリックして、[検索する文字列]の[書式]で置換もとの書式を設定し、[置換後の文字列]の[書式]で置き換えたい書式を設定して[すべて置換]をクリックします。

1 [検索と置換]ダイアログボックスの[置換]を表示して[オプション]をクリックし、

2 [検索する文字列]の[書式]をクリックします。

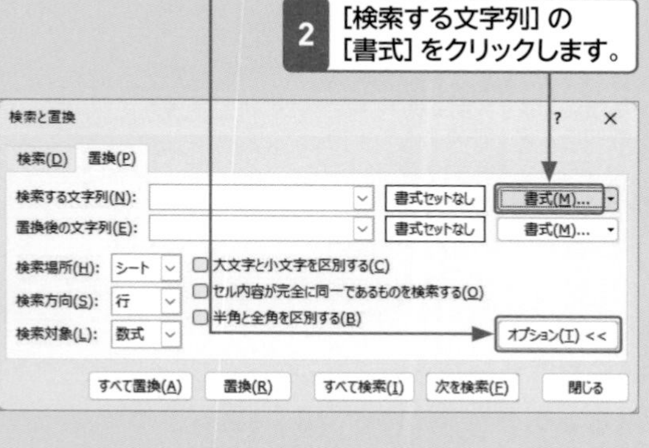

3 [フォント]をクリックして、

4 置換対象の文字色を設定し、

5 [OK]をクリックします。

6 [置換後の文字列]の[書式]をクリックして、手順3〜5と同様に操作して、置換後の文字色を設定します。

設定した書式を確認できます。

7 [すべて置換]をクリックすると、

8 文字の色がまとめて置き換わります。

Q 202 セル内の改行をまとめて削除したい！

A 置換機能を利用して改行文字を空白に置き換えます。

Alt を押しながら Enter を押すと、セル内で改行されますが、この改行は、画面には表示されない特殊な改行文字によって指定されています。セル内の改行を削除して文字列を1行にするには、置換機能を利用して、この改行文字を削除します。

なお、[置換後の文字列] にスペース（空白文字）を入力すれば、改行文字が空白に置き換わり、間にスペースを入れることができます。

セル内の改行をまとめて削除します。

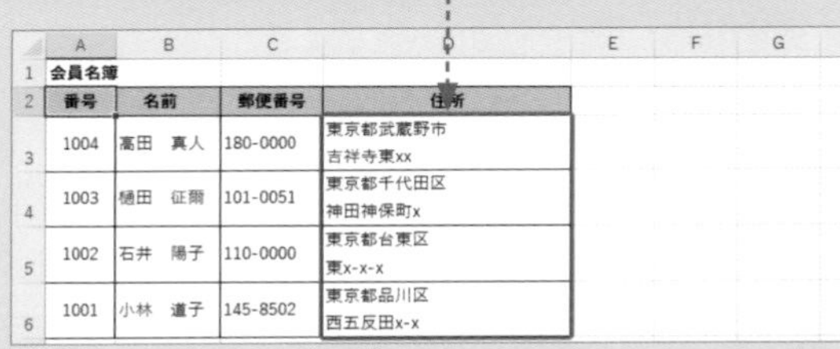

番号	名前	郵便番号	住所
1004	高田 真人	180-0000	東京都武蔵野市 吉祥寺東xx
1003	樋田 征爾	101-0051	東京都千代田区 神田神保町x
1002	石井 陽子	110-0000	東京都台東区 東x-x-x
1001	小林 道子	145-8502	東京都品川区 西五反田x-x

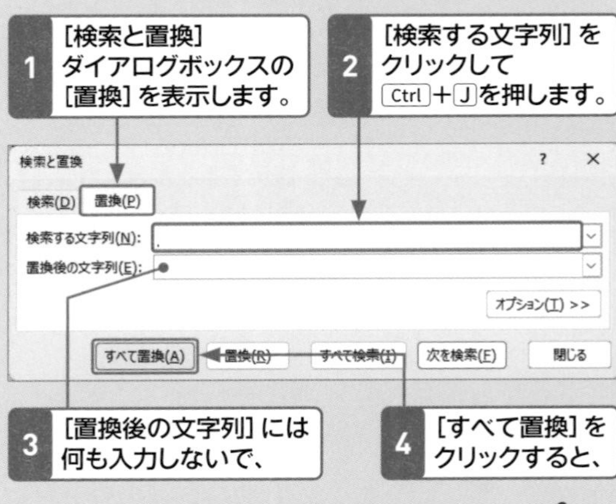

5 セル内の改行がまとめて削除されます。

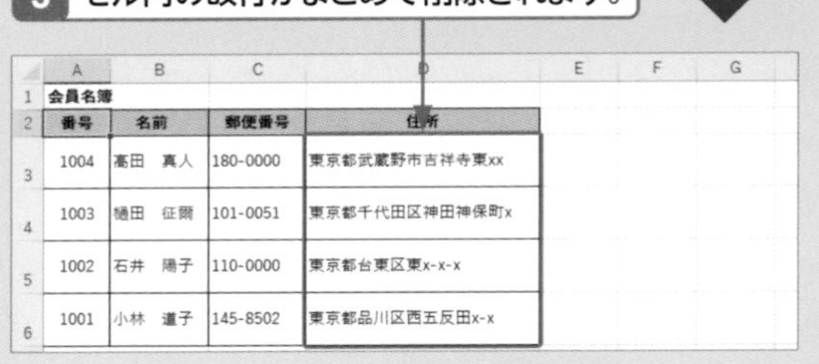

番号	名前	郵便番号	住所
1004	高田 真人	180-0000	東京都武蔵野市吉祥寺東xx
1003	樋田 征爾	101-0051	東京都千代田区神田神保町x
1002	石井 陽子	110-0000	東京都台東区東x-x-x
1001	小林 道子	145-8502	東京都品川区西五反田x-x

Q 203 データを検索してセルに色を付けたい！

A 置換機能を利用します。

特定のデータが入力されたセルに色を付けたい場合は、置換機能を利用すると便利です。[検索と置換] ダイアログボックスの [オプション] をクリックして、下の手順で設定します。

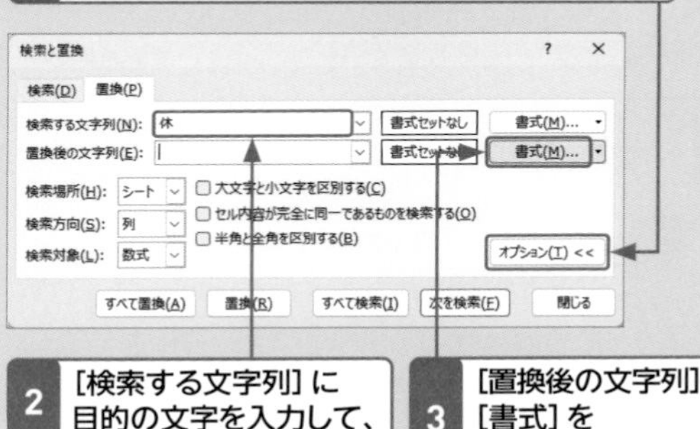

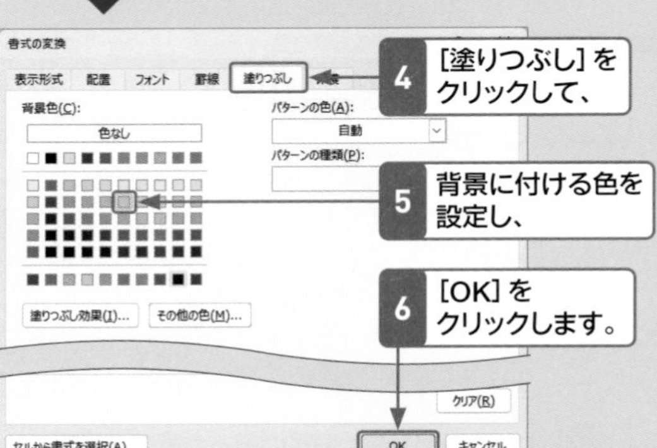

7 [検索と置換] ダイアログボックスの [すべて置換] をクリックすると、

8 指定した文字が含まれるセルに色が付きます。

アルバイトシフト表

日	曜日	斉藤	高木	野田	秋葉	柿田
6月5日	月	出	休	出	休	出
6月6日	火	出	休	出	休	出
6月7日	水	出	休	出	休	出
6月8日	木	出	出	休	出	休
6月9日	金	休	出	休	出	休
6月10日	土	休	出	休	出	休

重要度★★★ ハイパーリンク

Q 204 ハイパーリンクを一括で解除したい！

A [ホーム]タブの[クリア]を利用します。

ハイパーリンクは、入力の際に解除することもできますが、入力後に一括で削除することも可能です。
ハイパーリンクが設定されているセル範囲を選択して、[ホーム]タブの[クリア]をクリックし、[ハイパーリンクのクリア]をクリックすると、ハイパーリンクの設定が解除されます。ただし、青字と下線の設定は残ります。書式も含めて解除したい場合は、[ハイパーリンクの削除]をクリックします。

参照▶Q 089

1 ハイパーリンクが設定されているセル範囲を選択します。

2 [ホーム]タブの[クリア]をクリックし、

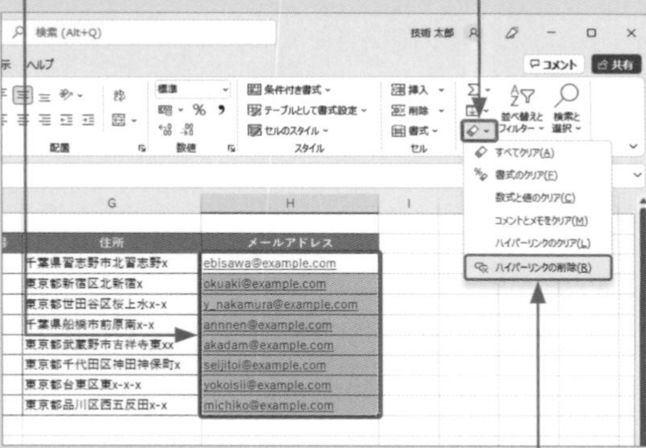

3 [ハイパーリンクの削除]をクリックすると、

4 ハイパーリンクと書式の両方が解除されます。

郵便番号	住所	メールアドレス
273-0132	千葉県習志野市北習志野x	ebisawa@example.com
160-0000	東京都新宿区北新宿x	okuaki@example.com
156-0045	東京都世田谷区桜上水x-x	y_nakamura@example.com
274-0825	千葉県船橋市前原南x-x	annnen@example.com
180-0000	東京都武蔵野市吉祥寺東xx	akadam@example.com
101-0051	東京都千代田区神田神保町x	seijitoi@example.com
110-0000	東京都台東区東x-x-x	yokoisii@example.com
145-8502	東京都品川区西五反田x-x	michiko@example.com

重要度★★★ ハイパーリンク

Q 205 ほかのワークシートへのリンクを設定したい！

A [挿入]タブの[ハイパーリンク]を利用します。

セルにハイパーリンクを挿入すると、クリックするだけで、特定のワークシートのセルが表示されるようになります。ハイパーリンクを挿入するセルをクリックして、[挿入]タブの[リンク]をクリックし、表示される[ハイパーリンクの挿入]ダイアログボックスでリンク先を指定します。

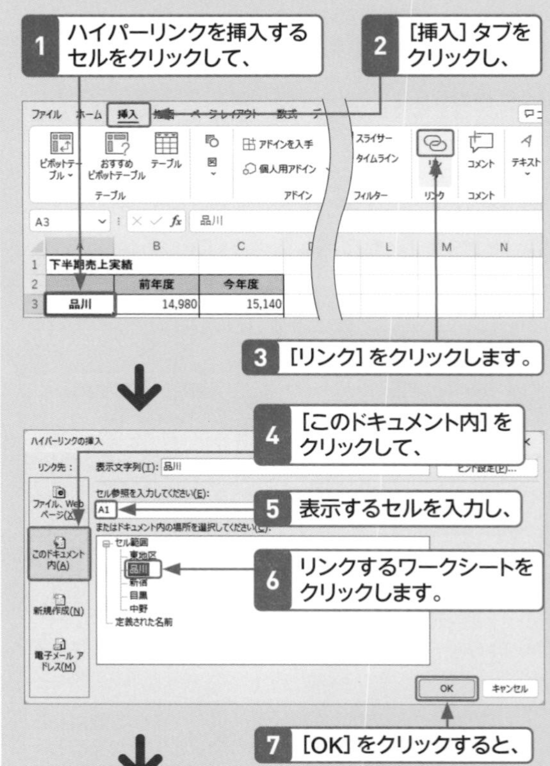

1 ハイパーリンクを挿入するセルをクリックして、
2 [挿入]タブをクリックし、
3 [リンク]をクリックします。
4 [このドキュメント内]をクリックして、
5 表示するセルを入力し、
6 リンクするワークシートをクリックします。
7 [OK]をクリックすると、

8 ハイパーリンクが設定されます。

	A	B	C
1	下半期売上実績		
2		前年度	今年度
3	品川	14,980	15,140
4	新宿	35,660	36,940
5	中野	15,200	14,870
6	目黒	18,500	18,190
7	合計	84,340	85,140

重要度★★★ 表示設定

Q 206 表の行と列の見出しを常に表示しておきたい！

A ウィンドウ枠を固定します。

表の列見出しと行見出しを常に表示しておきたいときは、ウィンドウ枠を固定します。ウィンドウ枠を固定すると、選択したセルより上にある行や左にある列は固定され、画面をスクロールしても表示されたままになります。

ウィンドウ枠の固定を解除するには、[表示] タブの[ウィンドウ枠の固定] をクリックし、[ウィンドウ枠固定の解除] をクリックします。

1 固定しないセル範囲内の左上のセルをクリックします。

2 [表示] タブをクリックして、

3 [ウィンドウ枠の固定] をクリックし、

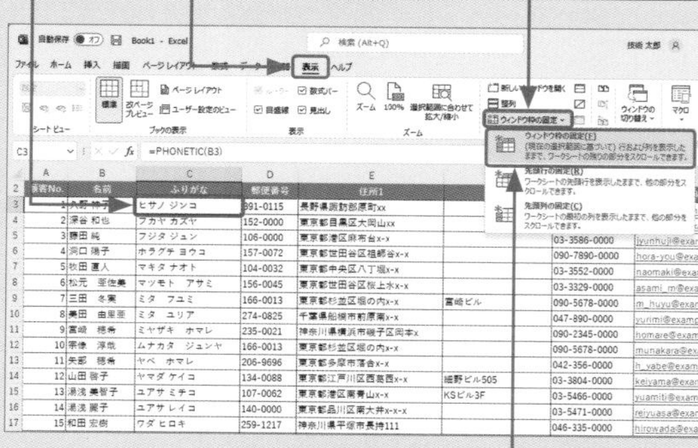

4 [ウィンドウ枠の固定] をクリックすると、

5 このセルが固定されます。

	A	B	D	E	F	G	H
2	顧客No.	名前	郵便番号	住所1	住所2	電話番号	メールアドレス
12	10	宗像 淳哉	166-0013	東京都杉並区堀の内x-x		090-5678-0000	munakara@example.com
13	11	矢部 穂希	206-9696	東京都多摩市落合x-x		042-356-0000	h_yabe@example.com
14	12	山田 啓子	134-0088	東京都江戸川区西葛西x-x	細野ビル505	03-3804-0000	keiyama@example.com
15	13	湯浅 美智子	107-0062	東京都港区南青山x-x	KSビル3F	03-5466-0000	yuamiti@example.com
16	14	湯浅 麗子	140-0000	東京都品川区南大井x-x-x		03-5471-0000	reiyuasa@example.com
17	15	和田 宏樹	259-1217	神奈川県平塚市長持111		046-335-0000	hirowada@example.com
18	16	渡部 貴一	141-8510	東京都品川区西五反田x-x		03-6431-0000	kiichiwata@example.com
19	17	阿川 真一	112-0012	東京都文京区大塚x-x-x		03-3944-0000	sin-agawa@example.com
20	18	浅田 祐樹	352-0032	埼玉県新座市新堀xx	櫂工房	0424-50-0000	asada-y@example.com
21	19	新田 光彦	167-0034	東京都杉並区桃井x-x	桃井ハイツ	090-4744-0000	kouarata@example.com
22	20	飯田 真弓	157-0063	東京都世田谷区粕谷x-x-x		090-8502-0000	mayu-iida@example.com
23	21	石井 秀樹	113-0033	東京都文京区本郷x-x		03-5800-0000	hide-ishi@example.com
24	22	井東 歩夢	130-0026	東京都墨田区勝どきx-x	勝どきビルディング	03-5638-0000	ito-ayu@example.com
25	23	柄田 乙哉	167-0053	東京都杉並区南荻窪x-x		03-5678-0000	oto^yuka@example.com
26	24	大城 涼太	102-0075	東京都千代田区三番町x	三番町ビル10F	03-4334-0000	ooki-ryo@example.com

… 178 180 194 195 199 202 Q071 203 204 206 212

6 選択したセルの上側と左側に境界線が表示されます。

重要度★★★ 表示設定

Q 207 ワークシートを分割して表示したい！

A [表示] タブの [分割] を利用します。

ワークシートを分割して表示するには、分割する位置の行や列番号あるいはセルをクリックして、[表示] タブの [分割] をクリックします。ワークシートを分割すると、ワークシート上に分割バーが表示されます。

分割を解除するには、再度[分割] をクリックするか、分割バーをダブルクリックします。

1 分割する位置の下の行番号をクリックします。

2 [表示] タブをクリックして、

3 [分割] をクリックすると、

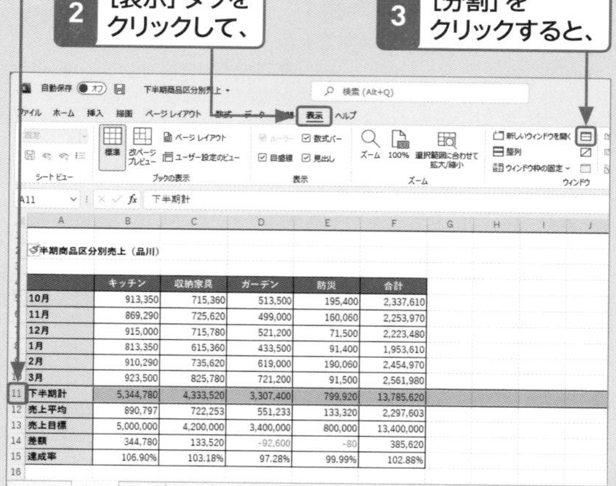

4 指定した位置でワークシートが分割され、分割バーが表示されます。

	A	B	C	D	E	F
2	下半期商品区分別売上（品川）					
4		キッチン	収納家具	ガーデン	防災	合計
5	10月	913,350	715,360	513,500	195,400	2,337,610
6	11月	869,290	725,620	499,000	160,060	2,253,970
7	12月	915,000	715,780	521,200	71,500	2,223,480
8	1月	813,350	615,360	433,500	91,400	1,953,610
9	2月	910,290	735,620	619,000	190,060	2,454,970
10	3月	923,500	825,780	721,200	91,500	2,561,980
11	下半期計	5,344,780	4,333,520	3,307,400	799,920	13,785,620
12	売上平均	890,797	722,253	551,233	133,320	2,297,603
13	売上目標	5,000,000	4,200,000	3,400,000	800,000	13,400,000
14	差額	344,780	133,520	-92,600	-80	385,620
15	達成率	106.90%	103.18%	97.28%	99.99%	102.88%

Sheet1 Sheet2 Sheet3

重要度 ★★★　表示設定

Q 208 同じブック内のワークシートを並べて表示したい！

A 新しいウィンドウを開いて整列します。

同じブック内のワークシートを並べて表示するには、新しいウィンドウを開いて整列します。
[表示]タブの[ウィンドウ]グループにある[新しいウィンドウを開く]をクリックすると、同じブックが新しいウィンドウで表示されます。

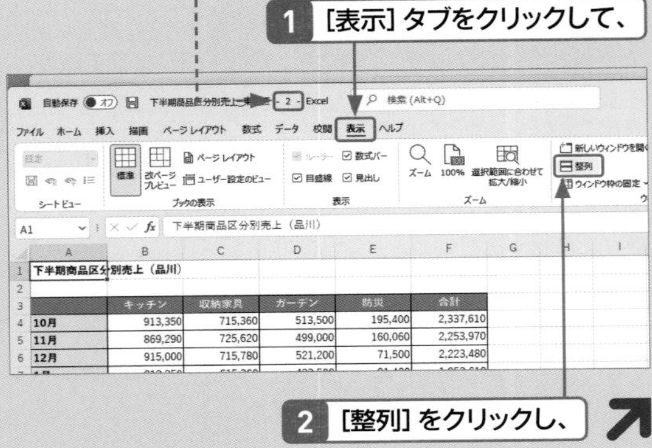

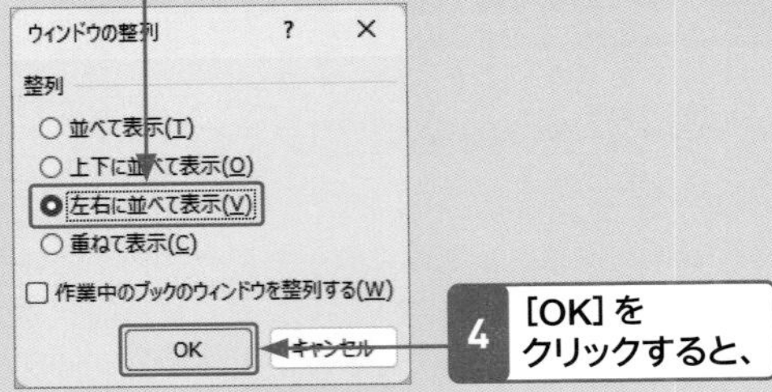

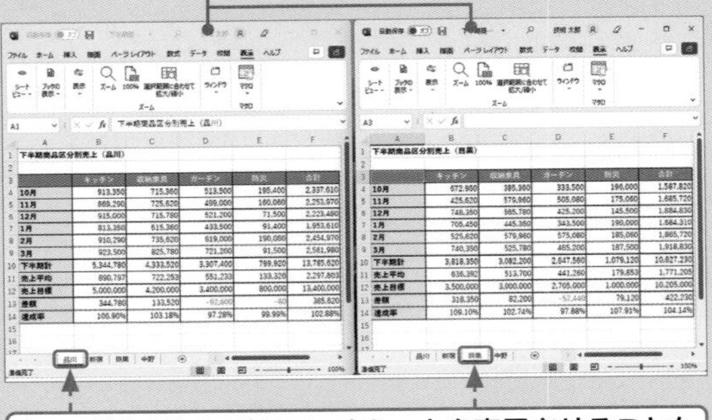

重要度 ★★★　表示設定

Q 209 スクロールバーが消えてしまった！

A [Excelのオプション]ダイアログボックスの[詳細設定]で設定します。

スクロールバーが表示されないときは、[ファイル]タブから[その他]をクリックして[オプション]クリックし、[Excelのオプション]ダイアログボックスを表示します。[詳細設定]をクリックして、[次のブックで作業するときの表示設定]で、該当する項目をオンにします。

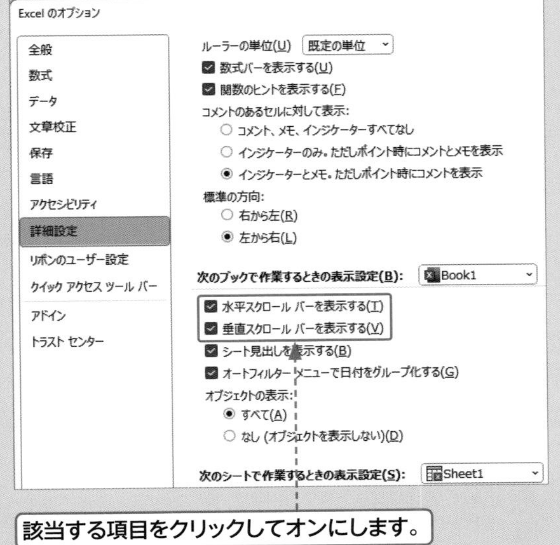

重要度 ★★★　表示設定

Q 210 並べて表示したワークシートをもとに戻したい！

A ウィンドウを1つだけ残して、残りを閉じます。

並べて表示したワークシートの状態をもとに戻すには、閉じたいワークシートをクリックして、ウィンドウの右上にある［閉じる］をクリックし、ウィンドウを閉じます。表示されているウィンドウが1つになった状態で、［最大化］をクリックします。

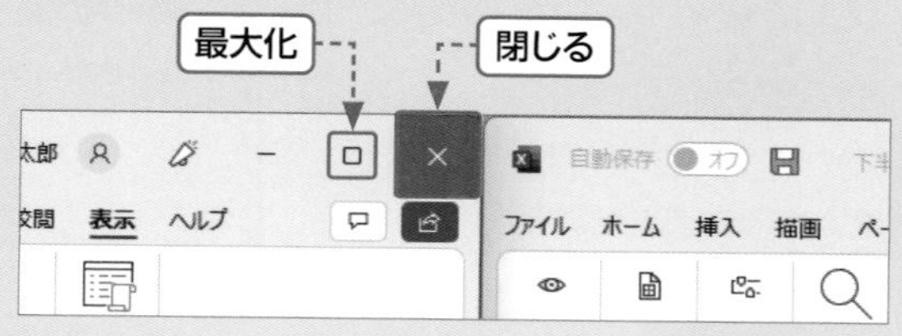

重要度 ★★★　表示設定

Q 211 セルの枠線を消したい！

A ［表示］タブの［目盛線］をオフにします。

セルの枠線を非表示にすると、表の罫線がわかりやすくなります。枠線を非表示にするには、［表示］タブの［目盛線］をオフにします。表示させる場合はオンに戻します。

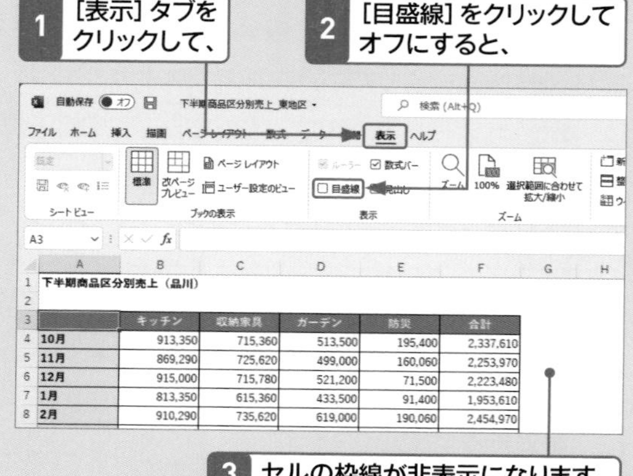

1 ［表示］タブをクリックして、
2 ［目盛線］をクリックしてオフにすると、
3 セルの枠線が非表示になります。

重要度 ★★★　表示設定

Q 212 セルに数式を表示したい！

A ［数式］タブの［数式の表示］をクリックします。

セルに入力されている数式を確認するには、数式が入力されているセルをクリックして数式バーで確認する方法と、セルをダブルクリックしてセル内で確認する方法があります。

セルに入力されている数式をまとめて確認したい場合は、［数式］タブの［数式の表示］をクリックします。数式を表示させると、設定されているカンマ区切りなどの表示形式は無視されますが、非表示に戻すともとの形式で表示されます。

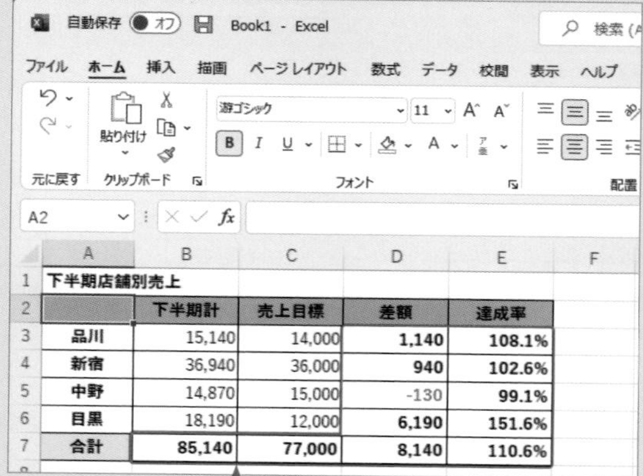

数式の入力されているセルには計算結果が表示されます。

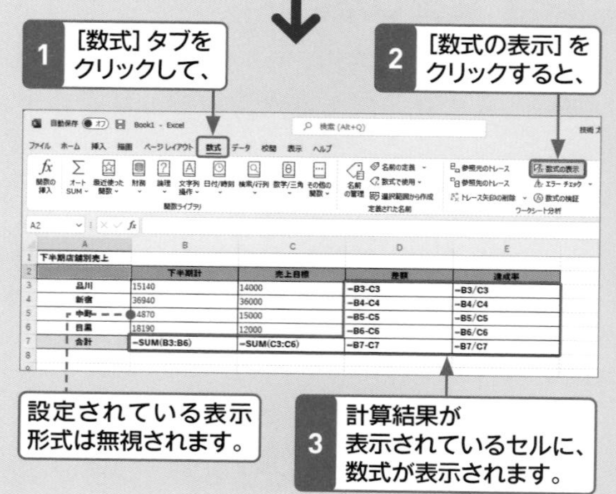

重要度 ★★★ 表示設定

Q 213 ワークシートを全画面に表示したい！

A [リボンの表示オプション]を利用します。

● Excel 2021の場合

Excelのウィンドウを最大化してリボンを非表示にすると、デスクトップサイズいっぱいにワークシートが表示されます。ワークシートを全画面に表示するには、[リボンの表示オプション]を利用します。全画面表示を解除するには、画面上部をクリックしてリボンを一時的に表示し、[リボンの表示オプション]をクリックして、[常にリボンを表示する]をクリックします。

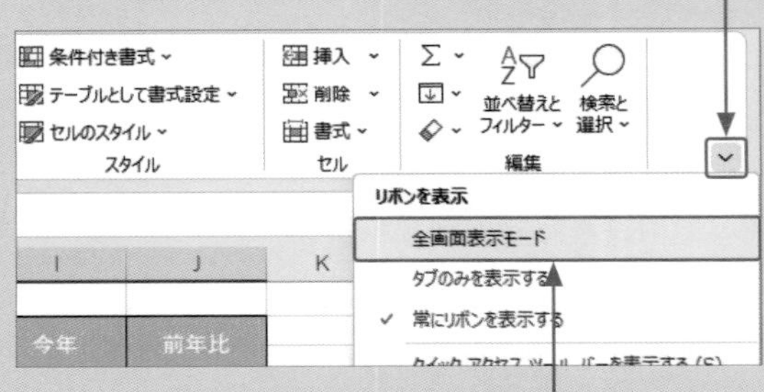

● Excel 2019/2016の場合

Excel 2019/2016の場合は、画面右上の[リボンの表示オプション]をクリックして、[リボンを自動的に非表示にする]をクリックすると、ワークシートが全画面で表示されます。全画面表示を解除するには、画面上部をクリックしてリボンを一時的に表示し、[元のサイズに戻す] をクリックします。

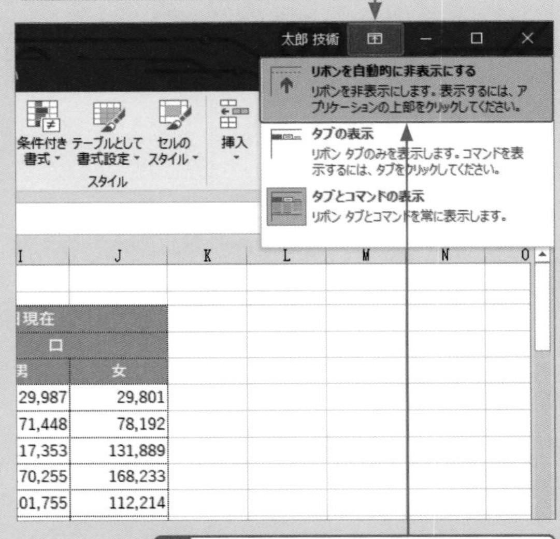

重要度 ★★★ 表示設定

Q 214 画面の表示倍率を変更したい！

A ズームスライダーで調整します。

画面右下にある「ズームスライダー」のつまみを左右に動かすと、倍率10〜400%の間で画面の表示倍率を調整できます。左右の[縮小] 、[拡大] をクリックすると、10%きざみで倍率を変更できます。
また、ズームスライダーの右に表示されている数字をクリックすると、[ズーム]ダイアログボックスが表示され、表示倍率を設定できます。[表示]タブの[ズーム]グループにも、倍率設定用のコマンドが用意されています。

ズームスライダーのつまみと左右のコマンドで倍率を調整できます。

西地区		前年	今年	前年比
今年	前年比			
257	109%	645	666	103.3%
201	102%	492	504	102.4%
301	103%	772	771	99.9%
156	108%	525	551	105.0%
130	104%	375	395	105.3%
301	103%	772	802	103.9%
257	109%	645	662	102.6%
201	102%	492	513	104.3%
156	108%	525	534	101.7%

平均: 5,787 データの個数: 9 合計: 52,087 130%

ここをクリックすると、[ズーム]ダイアログボックスが表示されます。

重要度★★★ 表示設定

Q 215 複数のワークシートを並べて内容を比較したい！

A [表示] タブの[並べて比較] を利用します。

複数のブックやワークシートの内容を並べて比較したいときは、比較したいブックやワークシートをあらかじめ表示しておき、[表示] タブの [並べて比較] をクリックしてから、[表示] タブの [整列] をクリックして、整列の方法を指定します。現在選択されているウィンドウのスクロールバーをドラッグすると、ほかのウィンドウも同様にスクロールされるので、内容の比較などが効率的に行えます。

参照▶Q 208

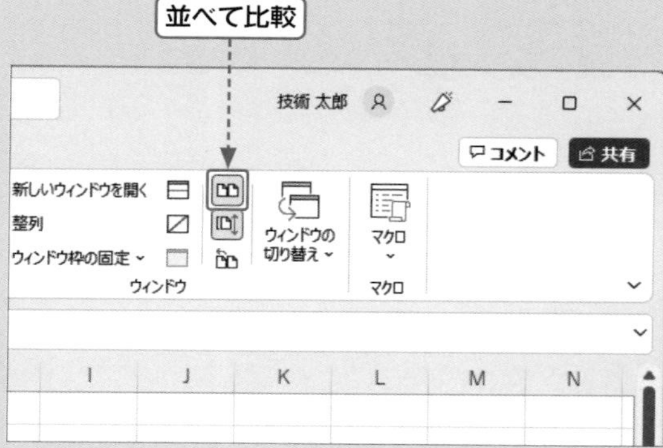

重要度★★★ 表示設定

Q 216 配置を指定してウィンドウを整列したい！

A 左上に表示したいウィンドウを選択して整列を行います。

複数のウィンドウが表示されている状態で、ウィンドウを整列する際、ウィンドウが配置される位置は指定できません。
ただし、特定のウィンドウを選択してからウィンドウの整列を行うと、選択されているウィンドウが必ず画面の左、または上に配置されます。

参照▶Q 208

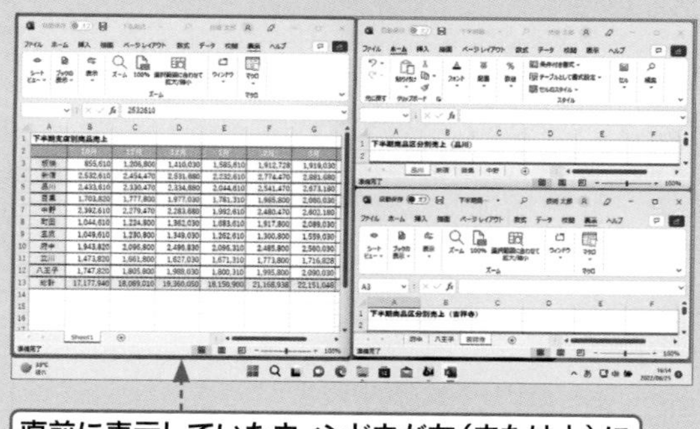

直前に表示していたウィンドウが左（または上）に表示されます。

重要度★★★ 表示設定

Q 217 表全体が入る大きさに表示サイズを調整したい！

A [選択範囲に合わせて拡大／縮小]を利用します。

表全体が画面全体に表示されるように表示サイズを調整するには、表全体を選択して、[表示] タブの [選択範囲に合わせて拡大／縮小] をクリックします。
同様の方法で、選択したセル範囲をウィンドウ全体に表示することもできます。

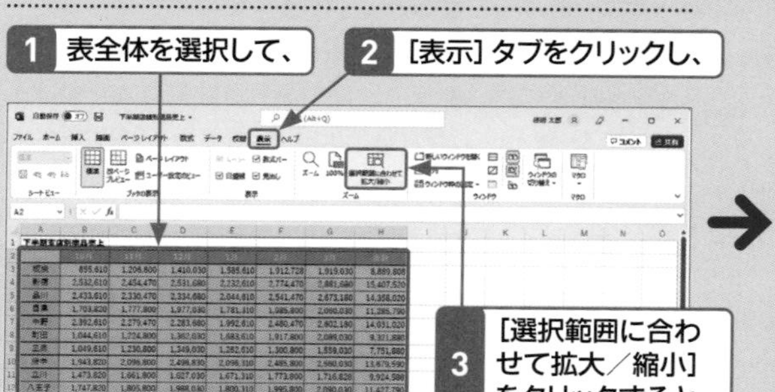

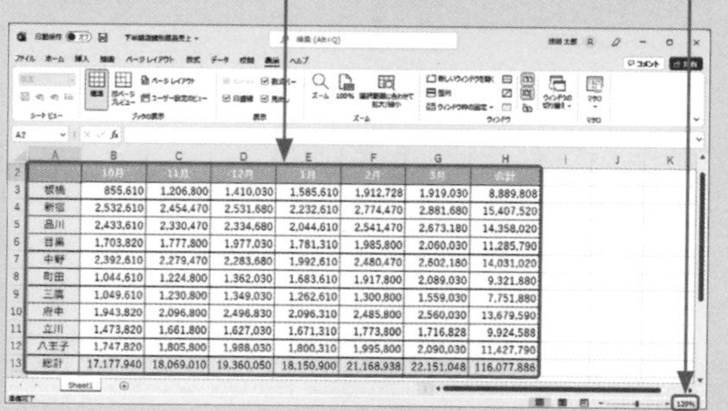

重要度 ★★★ 表示設定

Q 218 リボンのタブ名を変更したい！

A [Excelのオプション] ダイアログボックスから変更します。

リボンは、よく使うコマンドを集めたオリジナルのリボンを作成したり、既存のリボンに新しいグループコマンドを追加したり、タブの表示／非表示を切り替えたり、タブの名前を変更したりと、カスタマイズが可能です。ここでは、リボンのタブ名を変更してみましょう。変更したタブを初期の状態に戻すには、[リセット] をクリックして [すべてのユーザー設定をリセット] をクリックし、[はい] をクリックします。

1 [ファイル] タブをクリックして、

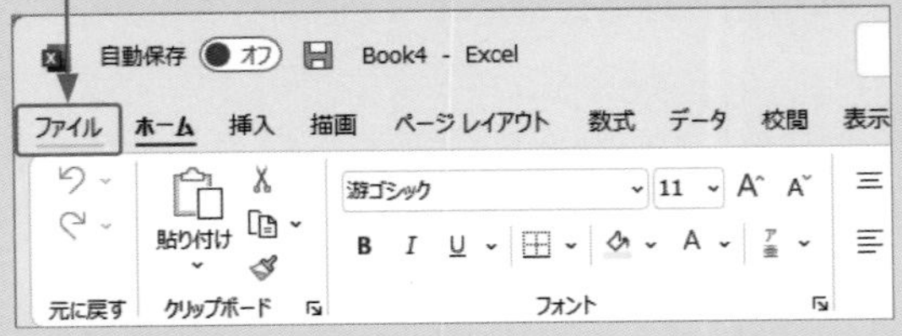

2 [その他] をクリックし（画面サイズが大きい場合は不要）、

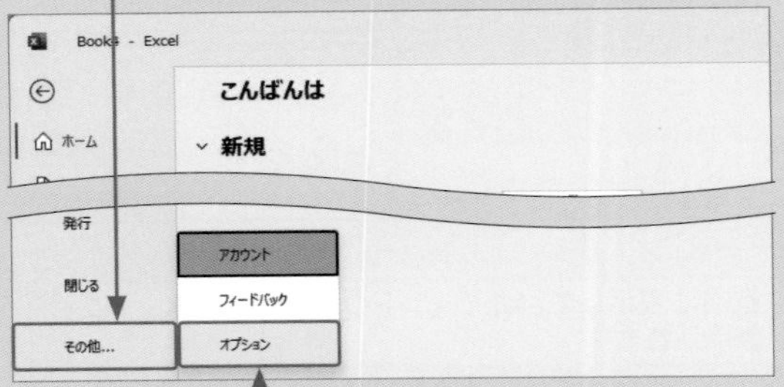

3 [オプション] をクリックします。

4 [リボンのユーザー設定] をクリックして、

5 名前を変更したいタブをクリックし、

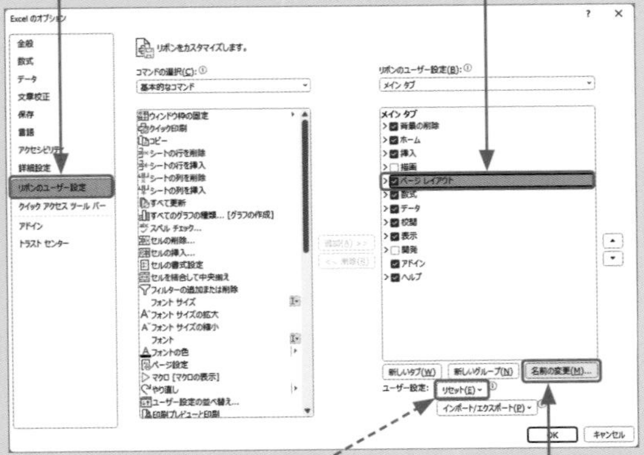

6 [名前の変更] をクリックします。

初期状態に戻す場合は、ここをクリックします。

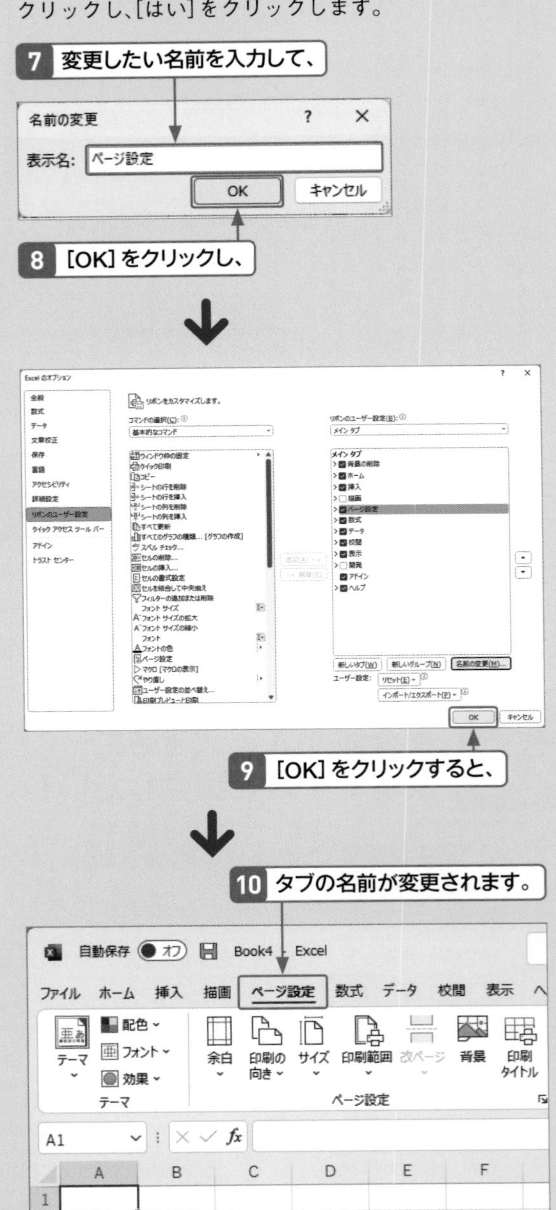

7 変更したい名前を入力して、

8 [OK] をクリックし、

9 [OK] をクリックすると、

10 タブの名前が変更されます。

第**4**章

書式の「こんなときどうする?」

重要度 ★★★　表示形式の設定

Q 219 小数点以下を四捨五入して表示したい！

A 数値の表示形式を利用します。

入力内容を変えずに小数点以下を四捨五入して表示するには、目的のセル範囲を選択して、[ホーム] タブの[小数点以下の表示桁数を減らす] をクリックします。また、[数値] グループの右下にある をクリックして、[セルの書式設定] ダイアログボックスを表示し、下の手順で設定することもできます。

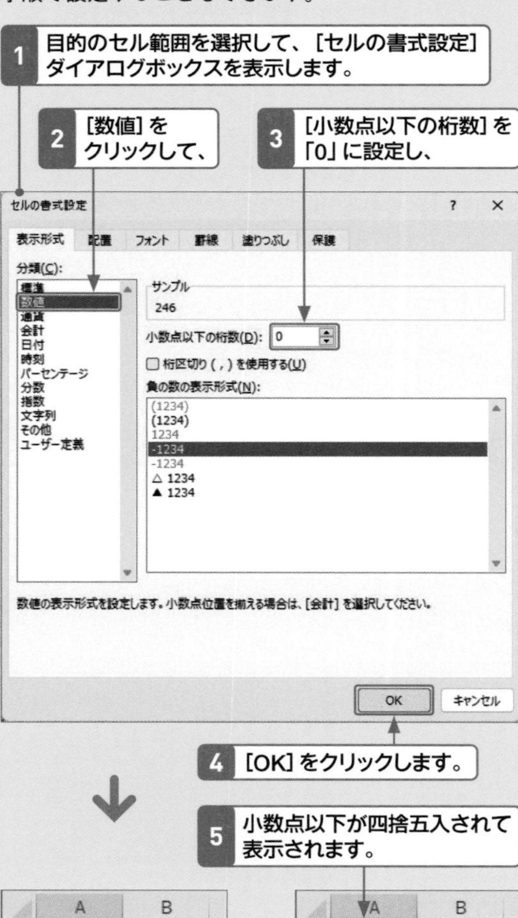

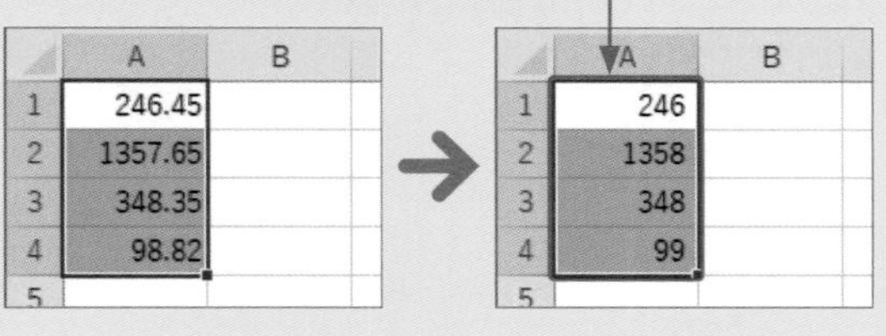

重要度 ★★★　表示形式の設定

Q 220 パーセント表示にすると100倍の値が表示される！

A あらかじめ表示形式をパーセント形式に設定しておきます。

数値にパーセント形式を設定する場合は、[ホーム] タブの [パーセントスタイル] をクリックして、セルをあらかじめパーセント形式に設定しておきます。
なお、入力済みの数値をパーセント形式に設定すると、数値が100倍に、つまり、「1」が「100％」で表示されます。すでに入力された数値を正しくパーセント表示するには、下の手順で操作します。

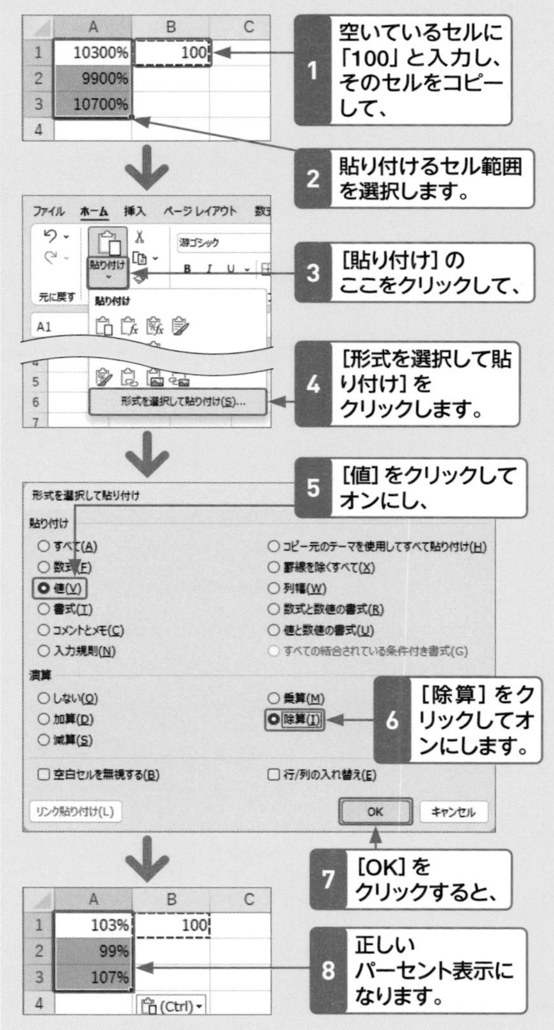

重要度★★★ 表示形式の設定

Q 221 表内の「0」のデータを非表示にしたい！

A [Excelのオプション]ダイアログボックスの[詳細設定]で設定します。

表内に「0」が入力されているとき、その「0」のデータだけを非表示にすることができます。[ファイル]タブからを［その他］クリックして［オプション］をクリックし、[Excelのオプション]ダイアログボックスで設定します。

表内に「0」が入力されています。

	A	B	C	D	E	F	G
2		コーヒー	紅茶	日本茶	中国茶	合計	
3	6/1(木)	245	145	125	135	650	
4	6/2(金)	256	0	112	129	497	
5	6/3(土)	189	176	120	56	541	
6	6/4(日)	0	0	0	0	0	
7	6/5(月)	278	211	116	118	723	
8	6/6(火)	242	211	118	98	669	
9	6/7(水)	216	138	0	0	354	
10	合計	1426	881	591	536	3434	

1 [Excelのオプション]ダイアログボックスの[詳細設定]をクリックし、

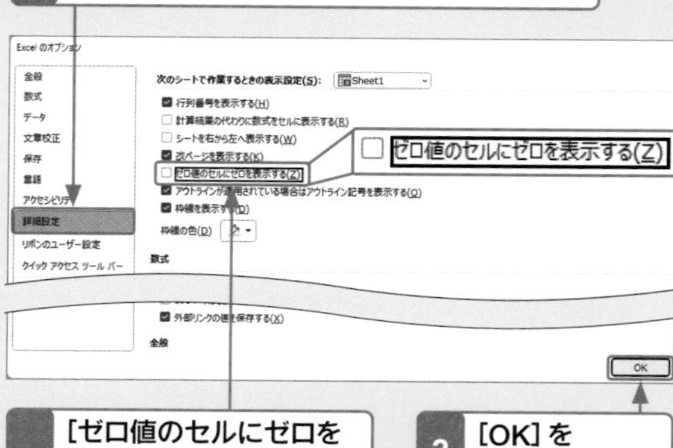

2 [ゼロ値のセルにゼロを表示する]をクリックしてオフにします。

3 [OK]をクリックすると、

4 「0」が非表示になります。

	A	B	C	D	E	F	G
2		コーヒー	紅茶	日本茶	中国茶	合計	
3	6/1(木)	245	145	125	135	650	
4	6/2(金)	256		112	129	497	
5	6/3(土)	189	176	120	56	541	
6	6/4(日)						
7	6/5(月)	278	211	116	118	723	
8	6/6(火)	242	211	118	98	669	
9	6/7(水)	216	138			354	
10	合計	1426	881	591	536	3434	

重要度★★★ 表示形式の設定

Q 222 特定のセル範囲の「0」を非表示にしたい！

A 桁区切りスタイルとユーザー定義を利用します。

特定のセル範囲の「0」だけを非表示にするには、目的のセル範囲を選択して、下の手順で操作すると、かんたんに設定できます。

1 「0」を非表示にするセル範囲を選択して、

2 [ホーム]タブの[桁区切りスタイル]をクリックします。

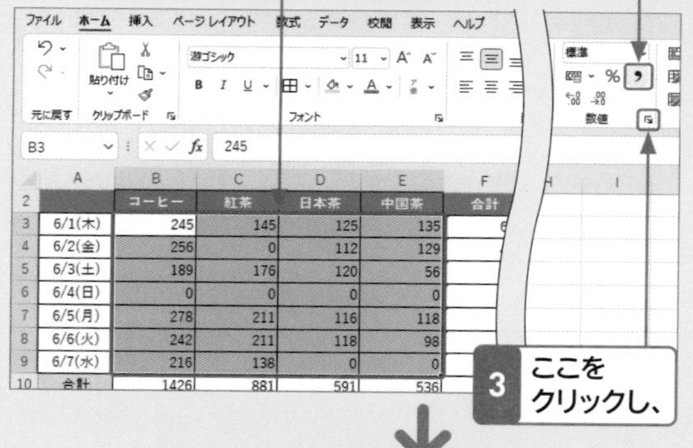

3 ここをクリックし、

4 [ユーザー定義]をクリックして、

5 [種類]に表示されている書式記号の末尾に「;」を追加します。

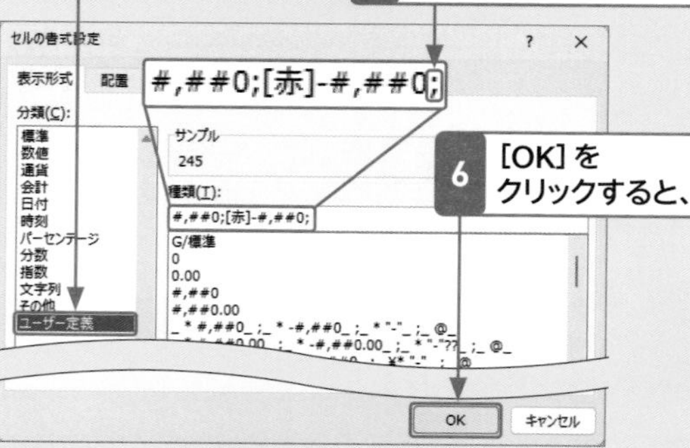

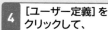

6 [OK]をクリックすると、

7 選択したセル範囲の「0」が非表示になります。

	A	B	C	D	E	F	G	H
2		コーヒー	紅茶	日本茶	中国茶	合計		
3	6/1(木)	245	145	125	135	650		
4	6/2(金)	256		112	129	497		
5	6/3(土)	189	176	120	56	541		
6	6/4(日)					0		
7	6/5(月)	278	211	116	118	723		
8	6/6(火)	242	211	118	98	669		
9	6/7(水)	216	138			354		
10	合計	1426	881	591	536	3434		

重要度 ★★★ 表示形式の設定

Q 223 数値に単位を付けて入力すると計算できない！

A ユーザー定義の［種類］に目的の単位を入力します。

数値のあとに単位を付けたい場合、「1,000円」のように単位付きで入力すると、文字列として扱われるため計算ができません。数値に単位を付けて表示したい場合は、［セルの書式設定］ダイアログボックスの［ユーザー定義］で、目的の単位を入力します。

単位付きで入力すると文字列として扱われるため、計算ができません。

2	商品番号	商品名	価格	数量	売上金額
3	T0011	ティーポット	2,538円	12	#VALUE!
4	T0013	ストレーナー	702円	6	#VALUE!
5	T0014	茶こし	421円	24	#VALUE!
6	T0017	ケトル	3,726円	12	#VALUE!

1 単位を付けたいセル範囲を選択して、［セルの書式設定］ダイアログボックスを表示し、［ユーザー定義］をクリックします。

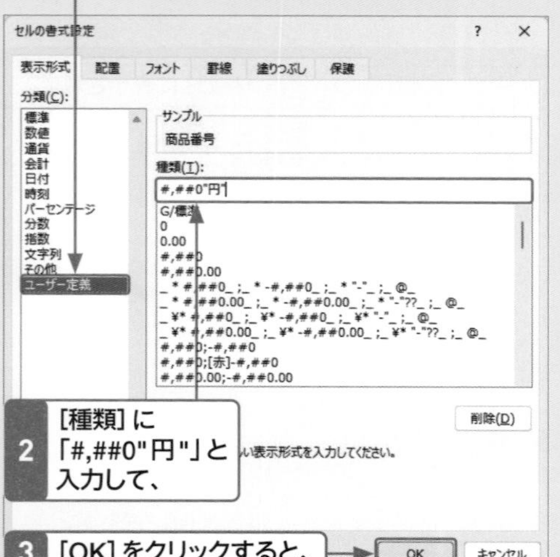

2 ［種類］に「#,##0"円"」と入力して、

3 ［OK］をクリックすると、

4 計算に影響しない単位が表示されます。

2	商品番号	商品名	価格	数量	売上金額
3	T0011	ティーポット	2,538円	12	30,456
4	T0013	ストレーナー	702円	6	4,212
5	T0014	茶こし	421円	24	10,104
6	T0017	ケトル	3,726円	12	44,712

重要度 ★★★ 表示形式の設定

Q 224 分数の分母を一定にしたい！

A ユーザー定義の表示形式を「# ?/15」のように設定します。

通常は分数を入力すると数値に合わせて自動的に約分されます。分母を「15」などに固定したい場合は、［セルの書式設定］ダイアログボックスで、「# ?/15」というユーザー定義の表示形式を作成します。

1 目的のセル範囲を選択して、

2 ［ホーム］タブの［数値］グループのここをクリックします。

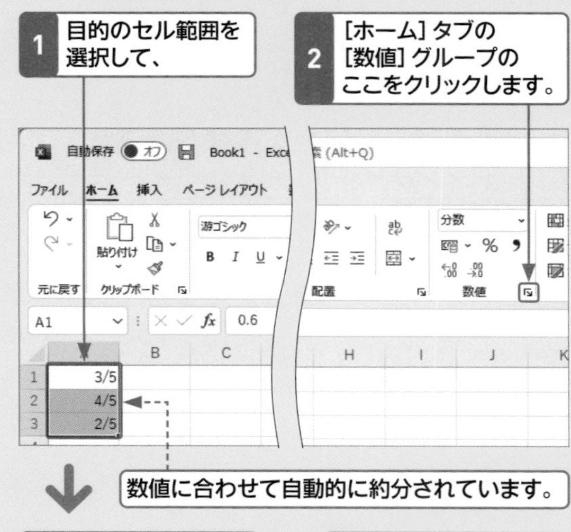

数値に合わせて自動的に約分されています。

3 ［ユーザー定義］をクリックして、

4 ［種類］に「# ?/15」と入力し、

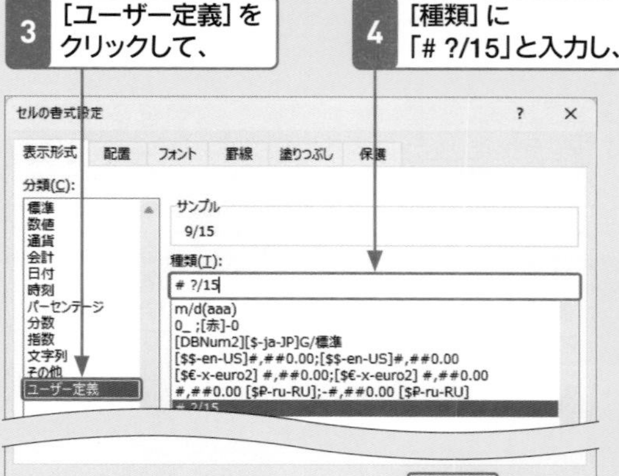

5 ［OK］をクリックすると、

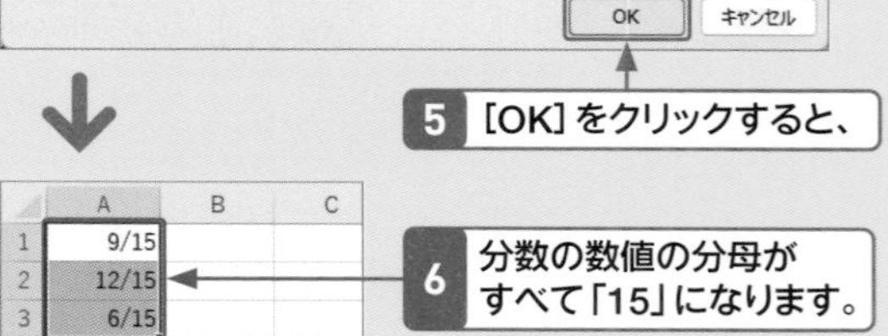

6 分数の数値の分母がすべて「15」になります。

重要度 ★★★ 表示形式の設定

Q 225 正の数と負の数で文字色を変えたい！

A 表示形式の［数値］で設定します。

数値に桁区切りスタイルを設定すると、通常、負（マイナス）の数値は赤色で表示されますが、セルの表示形式を利用して赤色を設定することもできます。桁数が少ない場合などに利用するとよいでしょう。

1 目的のセル範囲を選択して、

2 ［ホーム］タブの［数値］グループのここをクリックします。

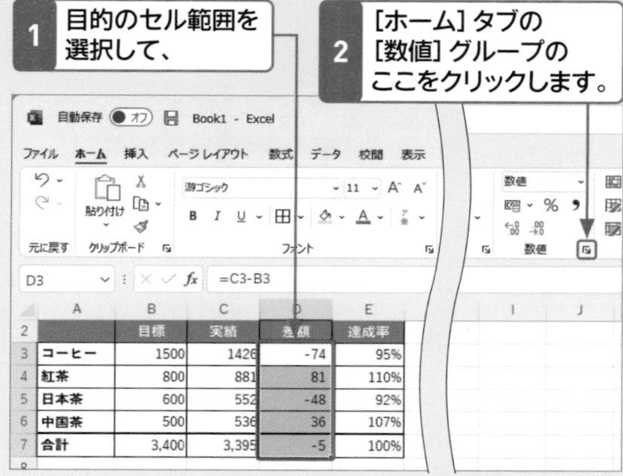

3 ［数値］をクリックして、

4 赤色で表示された「-1234」をクリックし、

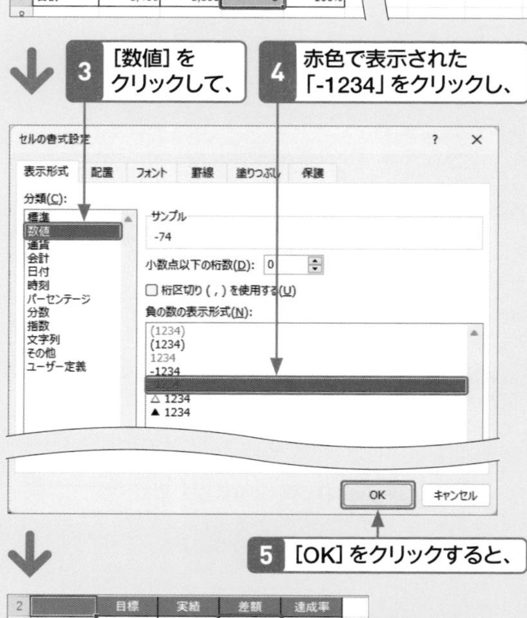

5 ［OK］をクリックすると、

	目標	実績	差額	達成率
コーヒー	1500	1426	-74	95%
紅茶	800	881	81	110%
日本茶	600	552	-48	92%
中国茶	500	536	36	107%
合計	3,400	3,395	-5	100%

6 負の数値に文字色が設定されます。

重要度 ★★★ 表示形式の設定

Q 226 漢数字を使って表示したい！

A 表示形式で漢数字の種類を指定します。

請求書や見積書の金額などを漢数字で表示したい場合は、［セルの書式設定］ダイアログボックスの［表示形式］の［その他］から漢数字の種類を指定します。漢数字（一十百千）と大字（壱拾百阡）の2種類から選択できます。

1 漢数字で表示させるセルをクリックして、

2 ［ホーム］タブの［数値］グループのここをクリックします。

3 ［その他］をクリックして、

4 ［大字］をクリックし、

5 ［OK］をクリックすると、

6 数値が漢数字で表示されます。

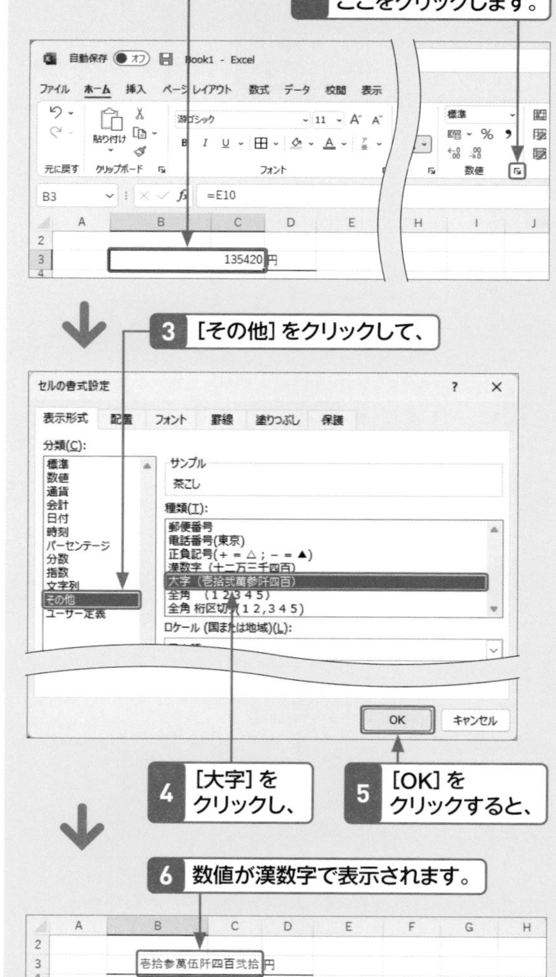

重要度 ★★★ 表示形式の設定

Q 227 パーセントや通貨記号を外したい！

A セルの表示形式を「標準」に変更します。

数値に設定したパーセントや通貨記号を解除するには、セルの表示形式を「標準」に変更します。目的のセル範囲を選択して、[ホーム] タブの [数値の書式] から [標準] をクリックするか、[セルの書式設定] ダイアログボックスの [表示形式] タブで [標準] をクリックします。

1 記号を解除したいセル範囲を選択して、

2 [ホーム] タブの [数値の書式] のここをクリックし、

3 [標準] をクリックすると、

4 セルの表示形式が標準に戻り、記号が解除されます。

下半期店舗別売上

	下半期計	売上目標	差額	達成率
品川	¥15,140.00	¥14,000.00	¥1,140.00	108.1%
新宿	¥36,940.00	¥36,000.00	¥940.00	102.6%
中野	¥14,870.00	¥15,000.00	¥130.00	99.1%
目黒	¥18,190.00	¥12,000.00	¥6,190.00	151.6%
合計	¥85,140.00	¥77,000.00	¥8,140.00	110.6%

→

下半期店舗別売上

	下半期計	売上目標	差額	達成率
品川	15140	14000	1140	1.0814286
新宿	36940	36000	940	1.0261111
中野	14870	15000	-130	0.9913333
目黒	18190	12000	6190	1.5158333
合計	85140	77000	8140	1.1057143

重要度 ★★★ 表示形式の設定

Q 228 通貨記号を別な記号に変えたい！

A [通貨表示形式] から通貨記号を指定します。

通貨記号を変更するには、セルをクリックして、[ホーム] タブの [通貨表示形式] から目的の記号を選択します。[通貨表示形式] のメニューにない記号を使いたい場合は、メニューの最下段で [その他の通貨表示形式] をクリックして、[セルの書式設定] ダイアログボックスで選択します。

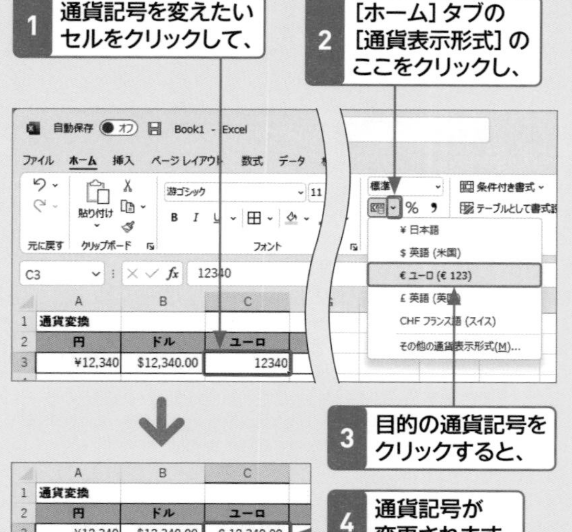

● その他の通貨表示形式を選択する

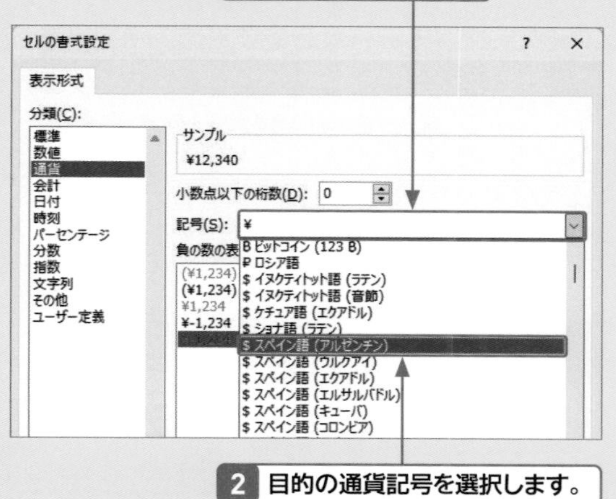

重要度 ★★★ 表示形式の設定

Q 229 数値を小数点で揃えて表示したい！

A ユーザー定義の表示形式を「0.???」のように設定します。

数値を小数点で揃えたい場合は、[セルの書式設定] ダイアログボックスで、「0.???」というユーザー定義の表示形式を作成します。「?」は、小数点以下の桁数を表します。

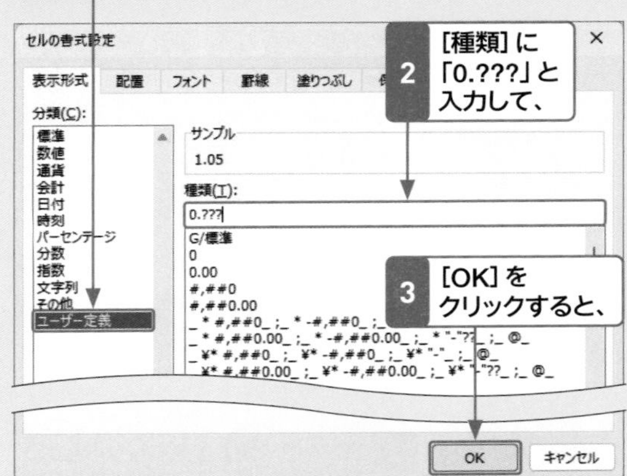

	A	B
1	店舗	前年比
2	吉祥寺	1.05
3	府中	0.9
4	八王子	1.039

重要度 ★★★ 表示形式の設定

Q 230 ユーザー定義の表示形式をほかのブックでも使いたい！

A ユーザー定義の表示形式が設定されたセルをコピーします。

ユーザー定義の表示形式をほかのブックでも利用したい場合は、表示形式を設定したセルをコピーして、目的のブックに貼り付けます。

重要度 ★★★ 表示形式の設定

Q 231 日付を和暦で表示したい！

A [表示形式] の [日付] で日付の種類を指定します。

「年」「月」「日」を表す数値を「/」(スラッシュ)や「-」(ハイフン)で区切って入力すると、自動的に「日付」の表示形式が設定されます。日付を「令和5年5月15日」や「R5.5.15」のように和暦で表示するには、[セルの書式設定] ダイアログボックスの [日付] で設定します。

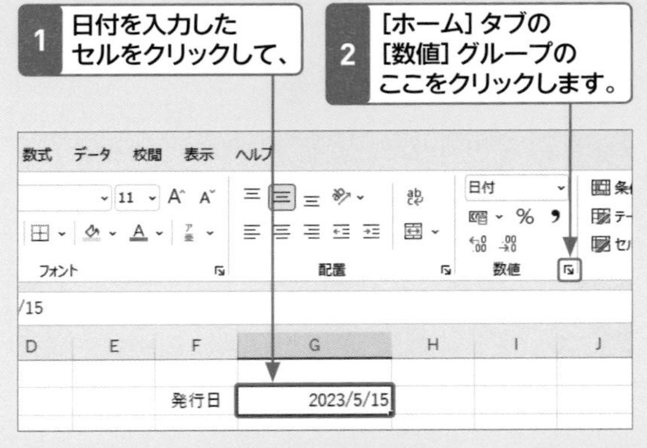

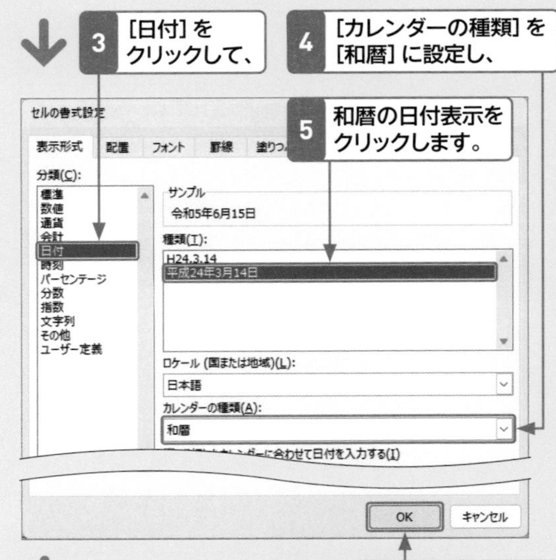

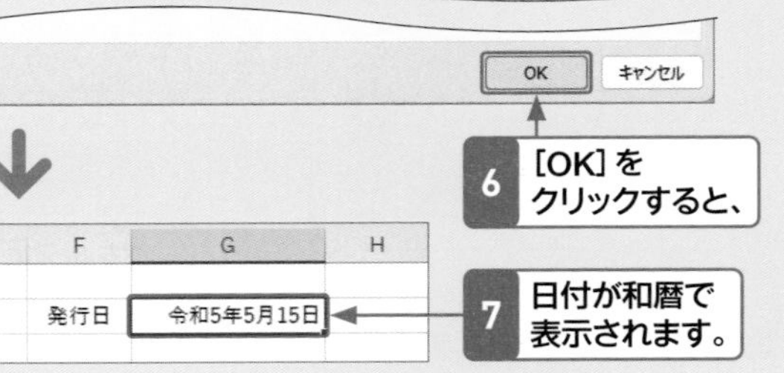

重要度 ★★★　表示形式の設定

Q 232 24時間を超える時間を表示したい！

A ユーザー定義の表示形式を「[h]:mm」と設定します。

セルに「時刻」の表示形式が設定されていると、「28:00」のような時刻は、24時間差し引かれて「4:00」あるいは「4:00:00」と表示されます。24時間を超えた時刻をそのまま表示したい場合は、「[h]:mm」というユーザー定義の表示形式を作成します。

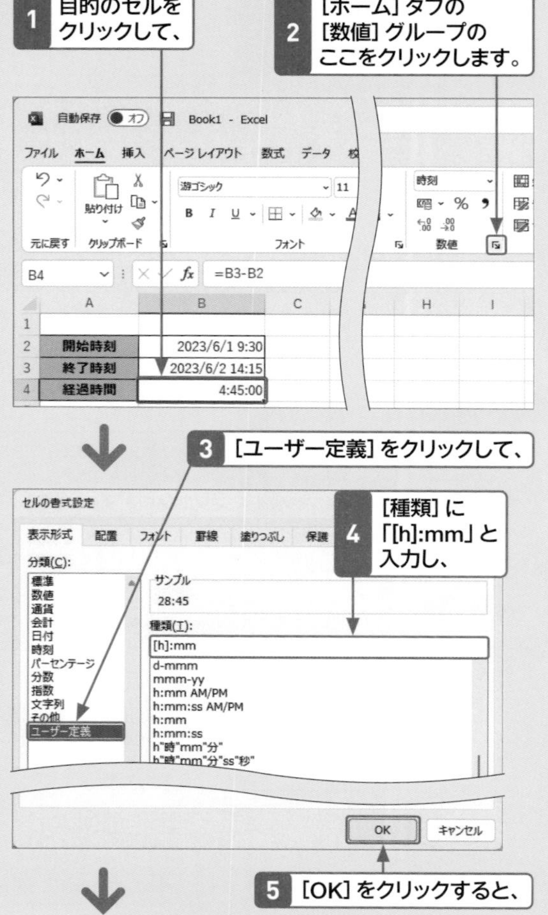
1 目的のセルをクリックして、
2 [ホーム] タブの[数値] グループのここをクリックします。
3 [ユーザー定義] をクリックして、
4 [種類] に「[h]:mm」と入力し、
5 [OK] をクリックすると、
6 24時間を超える時間が正しく表示されます。

重要度 ★★★　表示形式の設定

Q 233 24時間以上の時間を「○日◇時△分」と表示したい！

A ユーザー定義の表示形式を「d"日" h"時"mm"分"」と設定します。

たとえば、28:45時間を「1日4時45分」のように、日付を使った形式で表示するには、「d"日"h"時"mm"分"」というユーザー定義の表示形式を作成します。

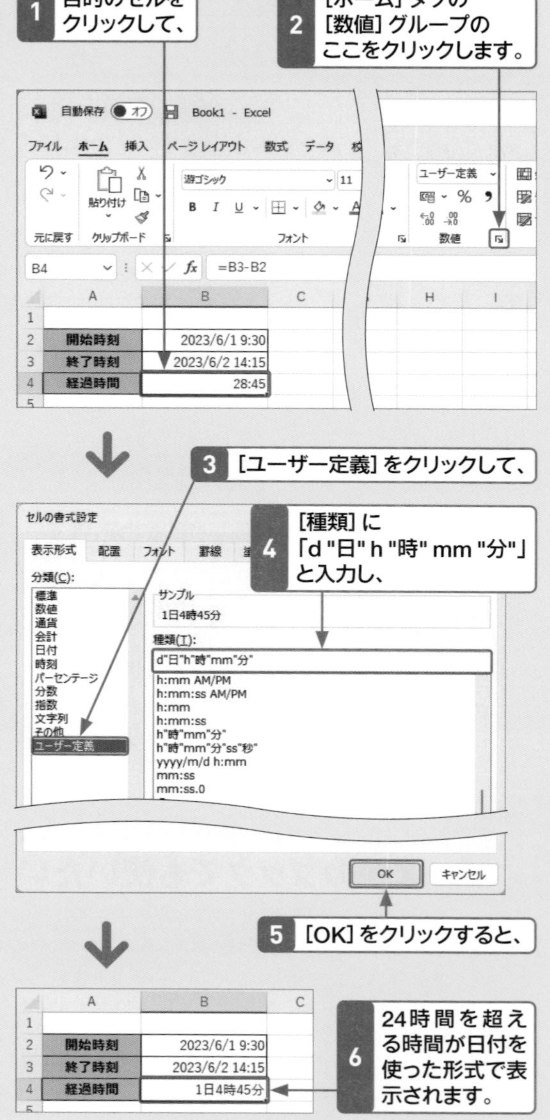
1 目的のセルをクリックして、
2 [ホーム] タブの[数値] グループのここをクリックします。
3 [ユーザー定義] をクリックして、
4 [種類] に「d"日"h"時" mm"分"」と入力し、
5 [OK] をクリックすると、
6 24時間を超える時間が日付を使った形式で表示されます。

重要度 ★★★ 表示形式の設定

Q 234 時間を「分」で表示したい！

A ユーザー定義の表示形式を「[mm]」と設定します。

たとえば、1時間30分を「90分」、2時間15分を「135分」などの「分」に換算して表示するには、[セルの書式設定] ダイアログボックスで「[mm]」というユーザー定義の表示形式を作成します。

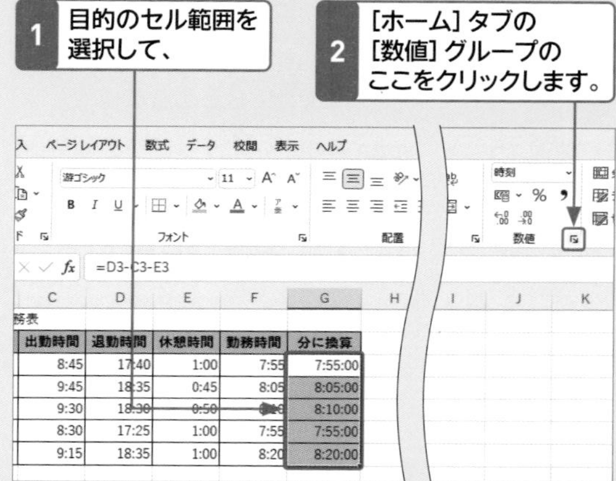

1 目的のセル範囲を選択して、
2 [ホーム] タブの [数値] グループのここをクリックします。

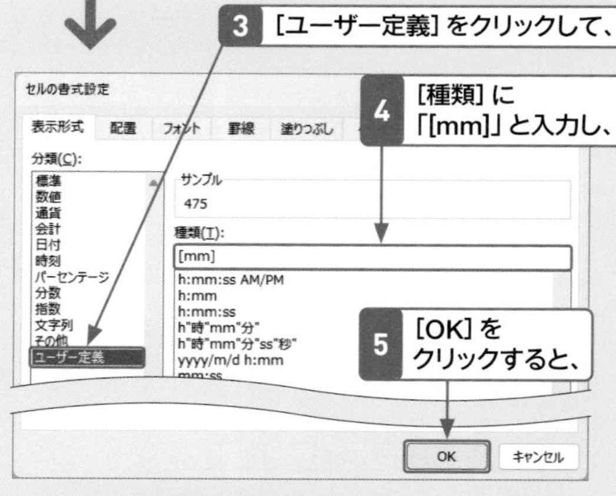

3 [ユーザー定義] をクリックして、
4 [種類] に「[mm]」と入力し、
5 [OK] をクリックすると、

6 時間が分に換算されて表示されます。

重要度 ★★★ 表示形式の設定

Q 235 「年／月」という形式で日付を表示したい！

A ユーザー定義の表示形式を「yyyy/m」と設定します。

「2023/6」などと、4桁の西暦年数と月数だけの日付を表示したい場合は、「yyyy/m」というユーザー定義の表示形式を作成します。表示形式における「yyyy」は4桁の西暦を、「m」は月数を、「d」は日付を表す書式記号です。

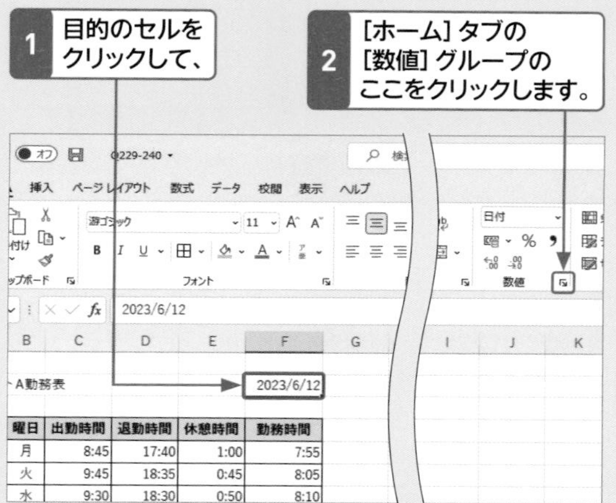

1 目的のセルをクリックして、
2 [ホーム] タブの [数値] グループのここをクリックします。

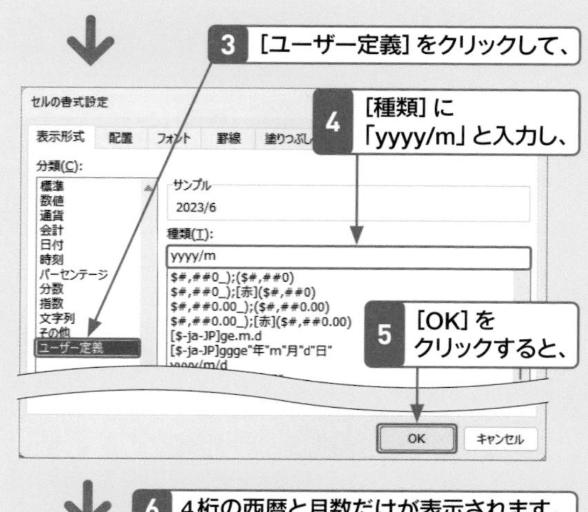

3 [ユーザー定義] をクリックして、
4 [種類] に「yyyy/m」と入力し、
5 [OK] をクリックすると、

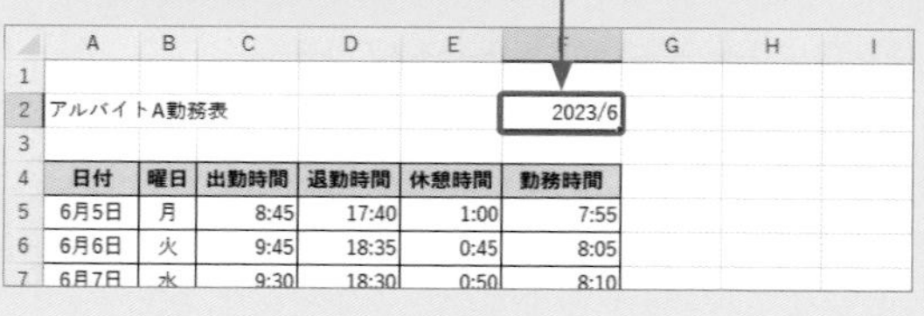

6 4桁の西暦と月数だけが表示されます。

重要度 ★★★　表示形式の設定

Q 236 「月」「日」をそれぞれ2桁で表示したい！

A ユーザー定義の表示形式を「mm/dd」と設定します。

「06/01」のように、1桁の「月」「日」の先頭に0を付けてそれぞれを2桁で表示するには、「mm/dd」というユーザー定義の表示形式を作成します。「m」は月数を、「d」は日付を表す書式記号です。

1 目的のセル範囲を選択して、

2 ［ホーム］タブの［数値］グループのここをクリックします。

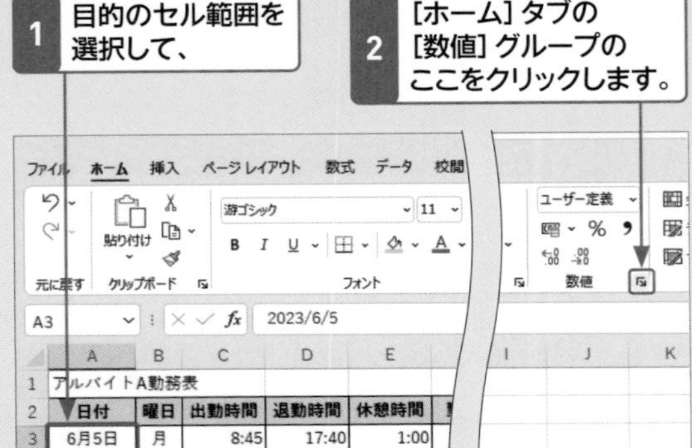

3 ［ユーザー定義］をクリックして、

4 ［種類］に「mm/dd」と入力し、

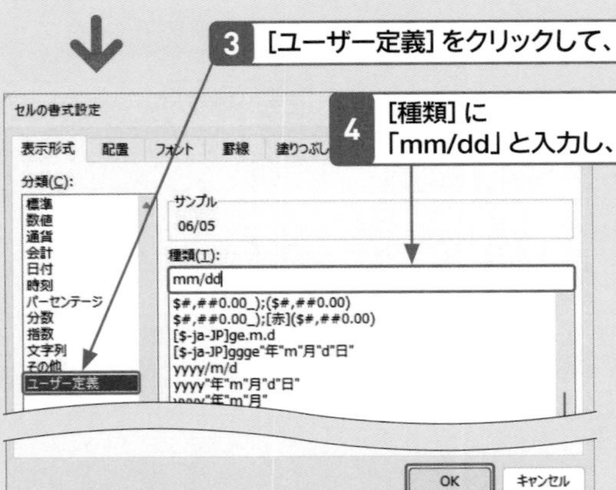

5 ［OK］をクリックすると、

2	日付	曜日	出勤時間	退勤時間	休憩時間	勤務時間
3	06/05	月	8:45	17:40	1:00	
4	06/06	火	9:45	18:35	0:45	
5	06/07	水	9:30	18:30	0:50	
6	06/08	木	8:30	17:25	1:00	
7	06/09	金	9:15	18:35	1:00	

6 「月」「日」がそれぞれ2桁で表示されます。

重要度 ★★★　表示形式の設定

Q 237 日付に曜日を表示したい！

A ユーザー定義の表示形式を「m "月" d"日" (aaa) 」のように設定します。

「6月5日（月）」「6月5日（月曜日）」のように、セルに入力された日付をもとに曜日を表示するには、「m "月" d "日" (aaa)」というユーザー定義の表示形式を作成します。「aaa」は、曜日を表す書式記号です。そのほかの曜日を表す書式記号については、下表を参照してください。

1 セル範囲を選択して、［セルの書式設定］ダイアログボックスを表示します。

2 ［ユーザー定義］をクリックして、

3 ［種類］に「m "月" d "日" (aaa)」と入力し、

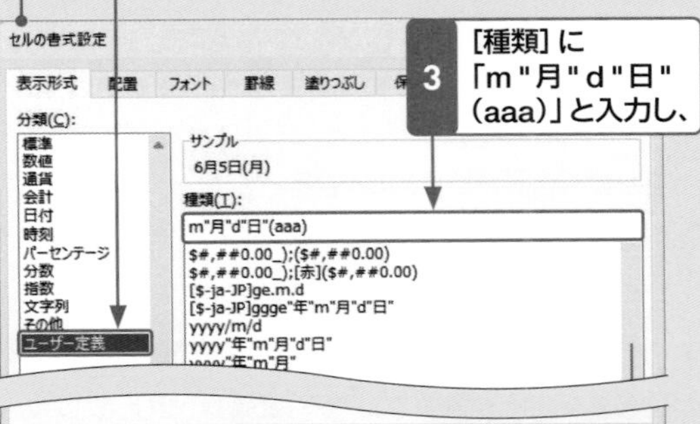

4 ［OK］をクリックすると、

5 日付に曜日が表示されます。

	A	B	C	D	E
1	アルバイトA勤務表				
2	日付	出勤時間	退勤時間	休憩時間	勤務時間
3	6月5日(月)	8:45	17:40	1:00	7:55
4	6月6日(火)	9:45	18:35	0:45	8:05
5	6月7日(水)	9:30	18:30	0:50	8:10
6	6月8日(木)	8:30	17:25	1:00	7:55
7	6月9日(金)	9:15	18:35	1:00	8:20

● **曜日を表す書式記号**

書式記号	表示される曜日
aaa	日本語（日～土）
aaaa	日本語（日曜日～土曜日）
ddd	英語（Sun～Sat）
dddd	英語（Sunday～Saturday）

重要度 ★★★　表示形式の設定

Q 238 通貨記号の位置を揃えたい！

A セルの表示形式を「会計」に設定します。

数値の桁数にかかわらず、通貨記号の位置を揃えたいときは、目的のセル範囲を選択して、[ホーム] タブの [数値の書式] から [会計] をクリックして、表示形式を「会計」に設定します。通貨記号と数値の間に空白が挿入され、数値の末尾にも空白が挿入されます。

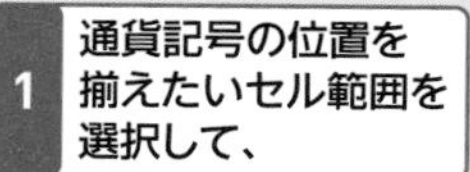

1 通貨記号の位置を揃えたいセル範囲を選択して、

2 [ホーム] タブの [数値の書式] のここをクリックし、

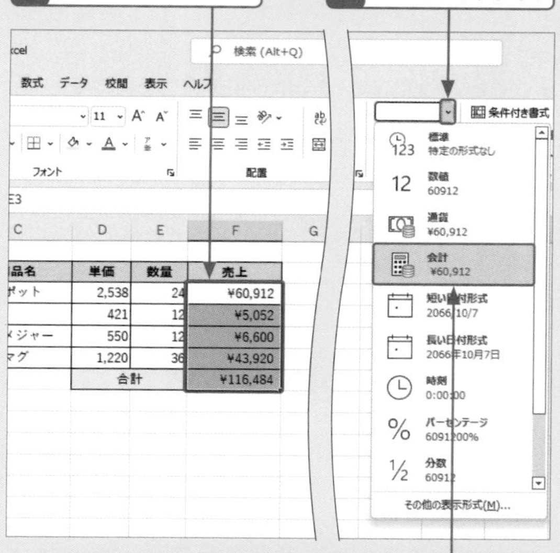

3 [会計] をクリックすると、

商品番号	商品名	単価	数量	売上
T0011	ティーポット	2,538	24	¥ 60,912
T0014	茶こし	421	12	¥ 5,052
T0017	ティーメジャー	550	12	¥ 6,600
T0019	ティーマグ	1,220	36	¥ 43,920
		合計		¥ 116,484

4 数値の桁数に関係なく通貨記号の位置が揃います。

重要度 ★★★　表示形式の設定

Q 239 秒数を1／100まで表示したい！

A ユーザー定義の表示形式を「h:mm:ss.00」と設定します。

セルに「1:23:45.60」のように1／100秒までの時間を入力すると、標準では時間と1／100秒の数字が省略され、「23:45.6」と表示されます。時間と1／100秒の数字を表示するには、「h:mm:ss.00」というユーザー定義の表示形式を作成します。

1 目的のセル範囲を選択して、

2 [ホーム] タブの [数値] グループのここをクリックします。

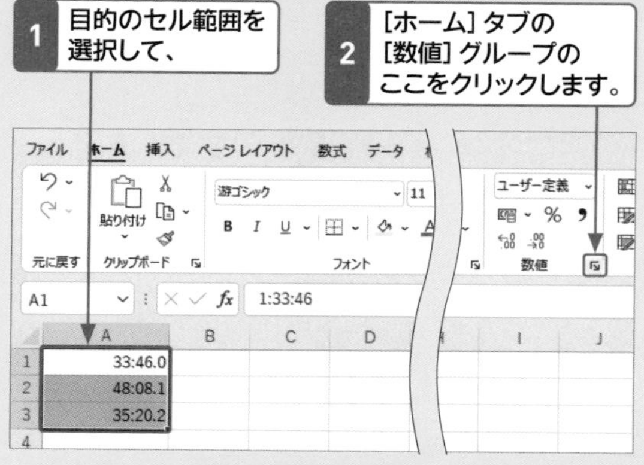

3 [ユーザー定義] をクリックして、

4 [種類] に「h:mm:ss.00」と入力し、

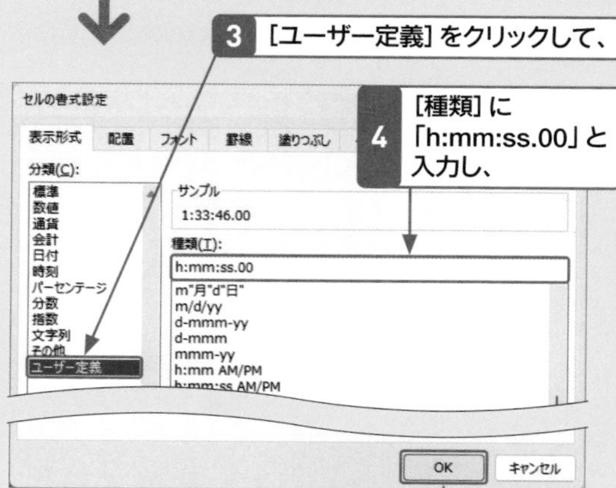

5 [OK] をクリックすると、

6 秒数が省略されずに表示されます。

重要度 ★★★　表示形式の設定

Q 240 数値を「125」千円のように千単位で表示したい！

A ユーザー定義の表示形式を「#,##0,」と設定します。

大きな数字を扱う場合、「1234567」を「1,234」千円や「123」万円などと「千」や「百万」円単位で表示したほうが見やすくなる場合があります。ユーザー定義の表示形式で「#,##0,」と入力すると千単位に、「#,##0,,」と入力すると百万単位なります。

また、単位を付けて表示したいときは、「#,##0,"千円"」「#,##0,,"万円"」と入力します。

1 目的のセル範囲を選択して、

2 [ホーム] タブの [数値] グループのここをクリックします。

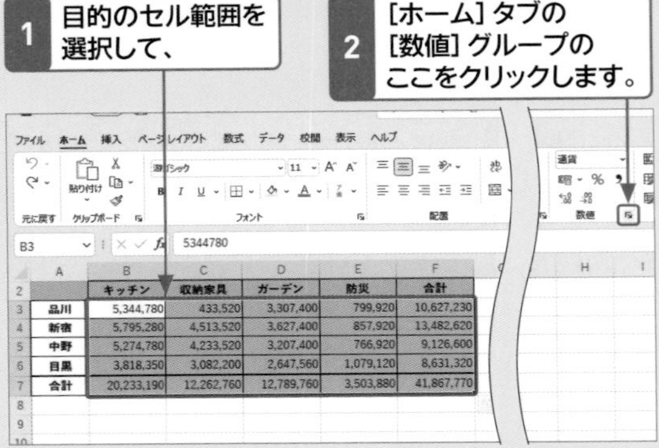

3 [ユーザー定義] をクリックして、

4 [種類] に「#,##0,」と入力し、

5 [OK] をクリックすると、

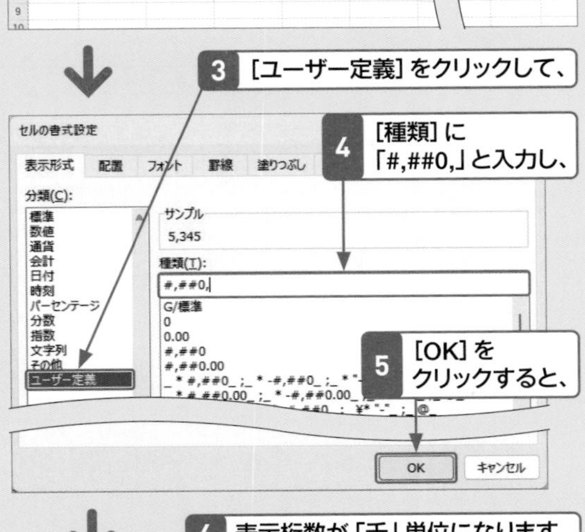

6 表示桁数が「千」単位になります。

A	B	C	D	E	F
2	キッチン	収納家具	ガーデン	防災	合計
3 品川	5,345	434	3,307	800	10,627
4 新宿	5,795	4,514	3,627	858	13,483
5 中野	5,275	4,234	3,207	767	9,127
6 目黒	3,818	3,082	2,648	1,079	8,631
7 合計	20,233	12,263	12,790	3,504	41,868

データは千単位で四捨五入されて表示されます。

重要度 ★★★　表示形式の設定

Q 241 「○万△千円」と表示したい！

A ユーザー定義の [種類] に表示形式を設定します。

表示形式に複数の条件を指定すると、入力されたデータを指定した書式で表示することができます。たとえば、12345を1万2千円、1234567を123万5千円などと表示したい場合は、ユーザー定義の表示形式で、「[>=10000]#"万"#,"千円";#"円"」のように入力します。「;」(セミコロン) は複数の書式を区切るための書式記号です。ここでは、条件1でセルの数値が10000以上なら「万」を付け、下4桁の数値に「円」を付ける、条件2でセルの数値が1000以下の場合は、数値に「円」を付けて表示する、と設定しています。

また、「[>=10000]#"万"###"円";#"円"」と入力すると、1万2345円、123万4567円などと表示されます。

1 目的のセル範囲を選択して、[セルの書式設定] ダイアログボックスを表示します。

2 [ユーザー定義] をクリックして、

3 [種類] に「[>=10000]#"万"#,"千円";#"円"」と入力し、

4 [OK] をクリックすると、

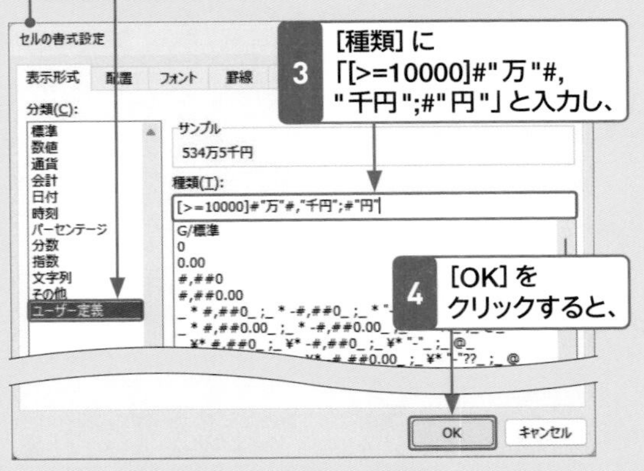

5 「○万△千円」の形式で表示されます。

A	B	C	D	E	F
1 下半期東地区商品区分別売上					
2	キッチン	収納家具	ガーデン	防災	合計
3 品川	534万5千円	43万4千円	330万7千円	80万0千円	1062万7千円
4 新宿	579万5千円	451万4千円	362万7千円	85万8千円	1348万3千円
5 中野	527万5千円	423万4千円	320万7千円	76万7千円	912万7千円
6 目黒	381万8千円	308万2千円	264万8千円	107万9千円	863万1千円
7 合計	2023万3千円	1226万3千円	1279万0千円	350万4千円	4186万8千円

データは千単位で四捨五入されて表示されます。

重要度 ★★★　表示形式の設定

Q 242 条件に合わせて数値に色を付けたい！

A ［ユーザー定義］の［種類］に条件を指定します。

表示形式に複数の条件を指定すると、入力されたデータを指定した書式で表示することができます。たとえば、数値が100以上の場合は青で、100未満の場合は赤で表示するには、ユーザー定義の表示形式で「[青][>=100]#,##;[赤][<100]##」と入力します。
数値の色には、黒、白、赤、緑、青、黄、紫、水色の8色が指定できます。「;」（セミコロン）は複数の書式を区切るための書式記号です。

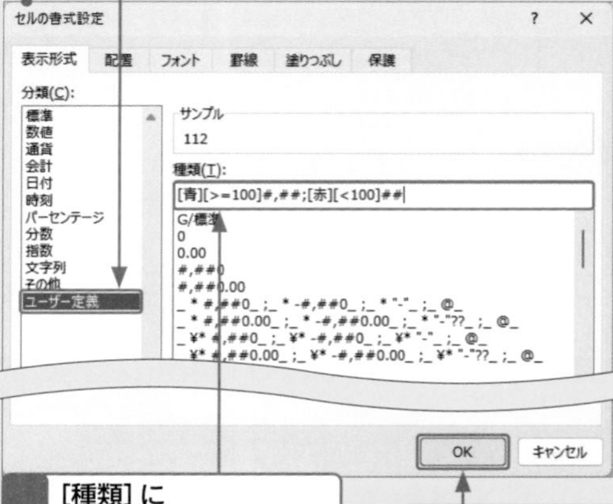

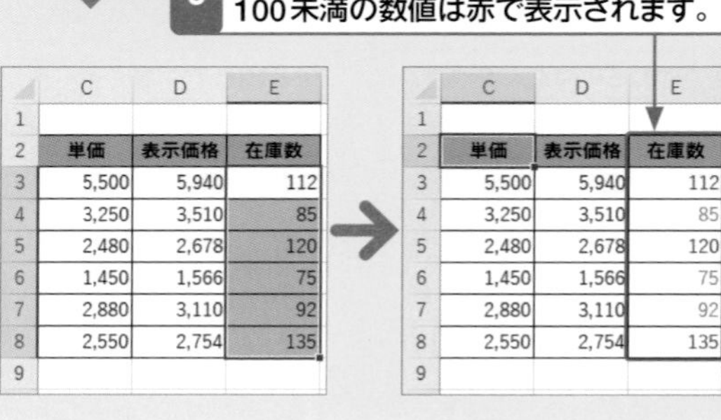

	C	D	E
1			
2	単価	表示価格	在庫数
3	5,500	5,940	112
4	3,250	3,510	85
5	2,480	2,678	120
6	1,450	1,566	75
7	2,880	3,110	92
8	2,550	2,754	135
9			

重要度 ★★★　表示形式の設定

Q 243 負の値に「▲」記号を付けたい！

A 表示形式の［数値］で設定します。

セルに入力された数値が負の場合に、文字を赤色にすると見やすくなりますが、モノクロで印刷すると負の値がわかりにくくなります。この場合は、セルの表示形式を利用して、数値に「▲」記号を設定するとよいでしょう。

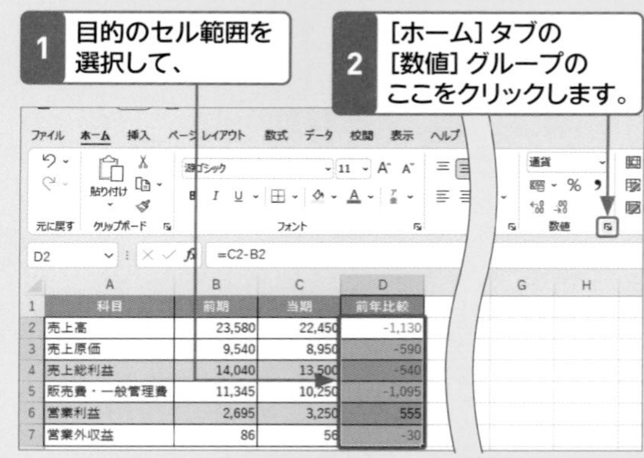

	A	B	C	D
1	科目	前期	当期	前年比較
2	売上高	23,580	22,450	-1,130
3	売上原価	9,540	8,950	-590
4	売上総利益	14,040	13,500	-540
5	販売費・一般管理費	11,345	10,250	-1,095
6	営業利益	2,695	3,250	555
7	営業外収益	86	56	-30

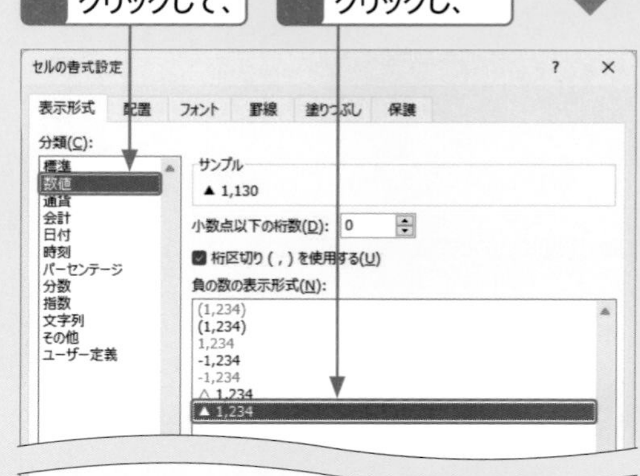

	A	B	C	D
1	科目	前期	当期	前年比較
2	売上高	23,580	22,450	▲ 1,130
3	売上原価	9,540	8,950	▲ 590
4	売上総利益	14,040	13,500	▲ 540
5	販売費・一般管理費	11,345	10,250	▲ 1,095
6	営業利益	2,695	3,250	555
7	営業外収益	86	56	▲ 30

重要度 ★★★　表示形式の設定

Q 244 電話番号の表示形式をかんたんに変更したい!

A フラッシュフィル機能を利用します。

電話番号の「03-1234-5678」を「03(1234)5678」に変更したい場合など、新たに入力し直すのは面倒です。このような場合は、「フラッシュフィル」機能を利用すると便利です。フラッシュフィルは、データをいくつか入力すると、入力したデータのパターンに従って残りのデータが自動的に入力される機能です。この機能が利用できるのは、データになんらかの一貫性がある場合に限られます。

1 表示形式を変えてデータを入力し、Enter を押します。

	A	B	C	D	E	F	G
2	No.	名前	郵便番号	都道府県	市区町村	電話番号	電話番号変換
3	1	石田　理恵	156-0045	東京都	世田谷区桜上水x-x-x	03-3329-0000	03(3329)0000
4	2	竹内　息吹	274-0825	千葉県	船橋市中野木本町x-x	047-474-0000	
5	3	川本　愛	259-1217	神奈川県	平塚市長持xx	046-335-0000	
6	4	大場　由記斗	180-0000	東京都	武蔵野市吉祥寺西町x	03-5215-0000	
7	5	花井　賢二	157-0072	東京都	世田谷区祖師谷x-x	03-7890-0000	
8	6	神木　実子	101-0051	東京都	千代田区神田神保町x	03-3518-0000	
9	7	来原　聖人	252-0318	神奈川県	相模原市鶴間x-x	042-123-0000	
10	8	宝田　卓也	160-0008	東京都	新宿区三栄町x-x	03-5362-0000	
11	9	長汐　冬実	104-0032	東京都	中央区八丁堀x-x	03-3552-0000	
12	10	宇多田　星斗	134-0088	東京都	江戸川区西葛西xx-x	03-5275-0000	

2 [データ] タブをクリックして、

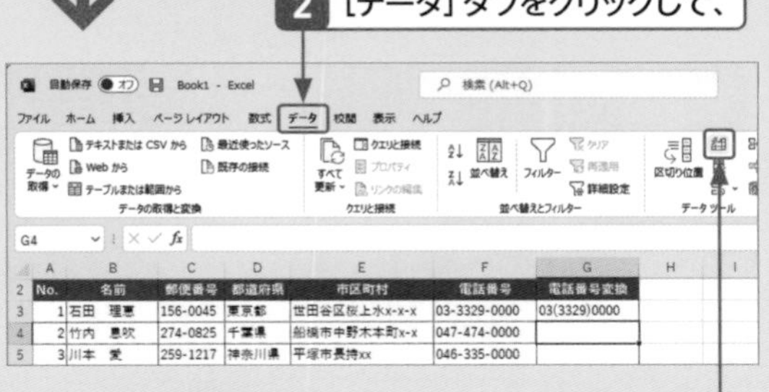

3 [フラッシュフィル] をクリックすると、

4 残りのデータが同じ形式に変換されて、自動的に入力されます。

	A	B	C	D	E	F	G
2	No.	名前	郵便番号	都道府県	市区町村	電話番号	電話番号変換
3	1	石田　理恵	156-0045	東京都	世田谷区桜上水x-x-x	03-3329-0000	03(3329)0000
4	2	竹内　息吹	274-0825	千葉県	船橋市中野木本町x-x	047-474-0000	047(474)0000
5	3	川本　愛	259-1217	神奈川県	平塚市長持xx	046-335-0000	046(335)0000
6	4	大場　由記斗	180-0000	東京都	武蔵野市吉祥寺西町x	03-5215-0000	03(5215)0000
7	5	花井　賢二	157-0072	東京都	世田谷区祖師谷x-x	03-7890-0000	03(7890)0000
8	6	神木　実子	101-0051	東京都	千代田区神田神保町x	03-3518-0000	03(3518)0000
9	7	来原　聖人	252-0318	神奈川県	相模原市鶴間x-x	042-123-0000	042(123)0000
10	8	宝田　卓也	160-0008	東京都	新宿区三栄町x-x	03-5362-0000	03(5362)0000
11	9	長汐　冬実	104-0032	東京都	中央区八丁堀x-x	03-3552-0000	03(3552)0000
12	10	宇多田　星斗	134-0088	東京都	江戸川区西葛西xx-x	03-5275-0000	03(5275)0000

重要度 ★★★　表示形式の設定

Q 245 郵便番号の「-」をかんたんに表示したい!

A セルの表示形式を「郵便番号」に設定します。

住所録を大量に入力する場合、郵便番号の「-」(ハイフン)が自動的に表示されると効率的です。セルの表示形式を「郵便番号」に設定すると、「-」が自動で表示されるようになります。すでに入力したセルだけでなく、新規に入力する際も「-」が不要になります。

1 目的のセル範囲を選択して、[セルの書式設定] ダイアログボックスを表示します。

2 [その他] をクリックして、

3 [郵便番号] をクリックし、

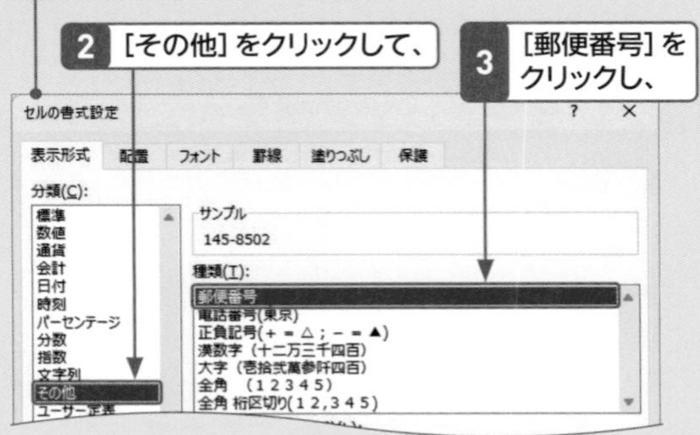

4 [OK] をクリックすると、

5 「-」が自動的に入力されます。

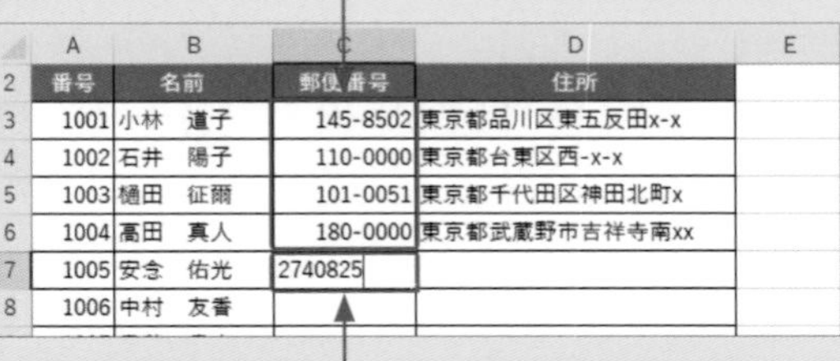

	A	B	C	D	E
2	番号	名前	郵便番号	住所	
3	1001	小林　道子	145-8502	東京都品川区東五反田x-x	
4	1002	石井　陽子	110-0000	東京都台東区西-x-x	
5	1003	樋田　征爾	101-0051	東京都千代田区神田北町x	
6	1004	高田　真人	180-0000	東京都武蔵野市吉祥寺南xx	
7	1005	安念　佑光	2740825		
8	1006	中村　友香			

6 新規に郵便番号を入力して、

7 確定すると、自動的に「-」が表示されます。

	A	B	C	D	E
2	番号	名前	郵便番号	住所	
3	1001	小林　道子	145-8502	東京都品川区東五反田x-x	
4	1002	石井　陽子	110-0000	東京都台東区西-x-x	
5	1003	樋田　征爾	101-0051	東京都千代田区神田北町x	
6	1004	高田　真人	180-0000	東京都武蔵野市吉祥寺南xx	
7	1005	安念　佑光	274-0825		
8	1006	中村　友香			

重要度★★★ 文字列の書式設定

Q 246 上付き文字や下付き文字を入力したい！

A [セルの書式設定]ダイアログボックスで設定します。

文字列の一部を上付き文字や下付き文字にするには、セルをダブルクリックするか、F2 を押して目的の文字をドラッグして選択します。[ホーム]タブの[フォント]グループの をクリックして[セルの書式設定]ダイアログボックスを表示し、[フォント]の[文字飾り]で設定します。

なお、[上付き]や[下付き]を、クイックアクセスツールバーにコマンドとして登録することもできます。

参照▶Q 044

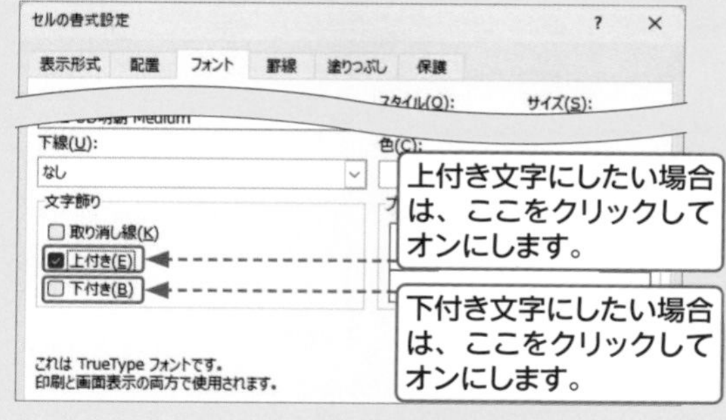

重要度★★★ 文字列の書式設定

Q 247 文字の大きさを部分的に変えたい！

A セルをダブルクリックして、一部の文字を選択してから設定します。

文字サイズを部分的に変更したいときは、セルをダブルクリックするか、F2 を押して目的の文字をドラッグして選択し、サイズを設定します。文字サイズを変更する際、サイズにマウスポインターを合わせるだけで、その設定がすぐに反映されプレビューで確認できるので、効率的に設定できます。

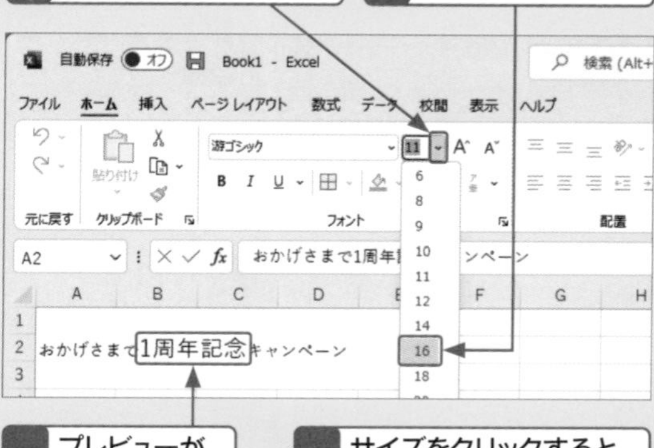

重要度★★★ 文字列の書式設定

Q 248 文字の色を部分的に変えたい！

A セルをダブルクリックして、一部の文字を選択してから設定します。

文字の色を部分的に変更したいときは、セルをダブルクリックするか F2 を押して、目的の文字をドラッグして選択し、色を設定します。文字色を変更する際、色にマウスポインターを合わせるだけで、その設定がすぐに反映されプレビューで確認できるので、効率的に設定できます。

重要度 ★★★　文字列の書式設定

Q 249 文字列の左に1文字分の空白を入れたい！

A [インデントを増やす]を利用します。

セルに入力した文字列の左に1文字分の空白を入れるには、空白を入れたいセルを選択して、[ホーム]タブの[インデントを増やす]をクリックします。また、インデントを解除するには、[インデントを減らす]をクリックします。1つのインデントで字下がりする幅は、標準フォントの文字サイズ1文字分です。

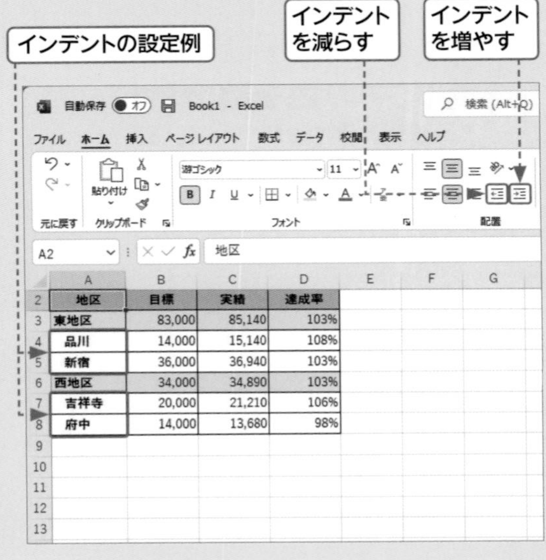
インデントの設定例
インデントを減らす
インデントを増やす

重要度 ★★★　文字列の書式設定

Q 250 両端揃えって何？

A 行の端をセルの端に揃えて配置するための書式です。

セルに長文や英語混じりなどの文章を折り返して入力すると、折り返し位置の行末がきれいに揃わない場合があります。「両端揃え」とは、このような場合に、行の端がセルの端に揃うように文字間隔を調整する機能のことです。最終行は「左揃え」になるので、文章の見栄えをよくできます。

重要度 ★★★　文字列の書式設定

Q 251 折り返した文字列の右端を揃えたい！

A セルの配置を両端揃えに設定します。

セル内に折り返して入力した文字列を両端揃えに設定するには、[セルの書式設定]ダイアログボックスの[配置]の[横位置]で設定します。

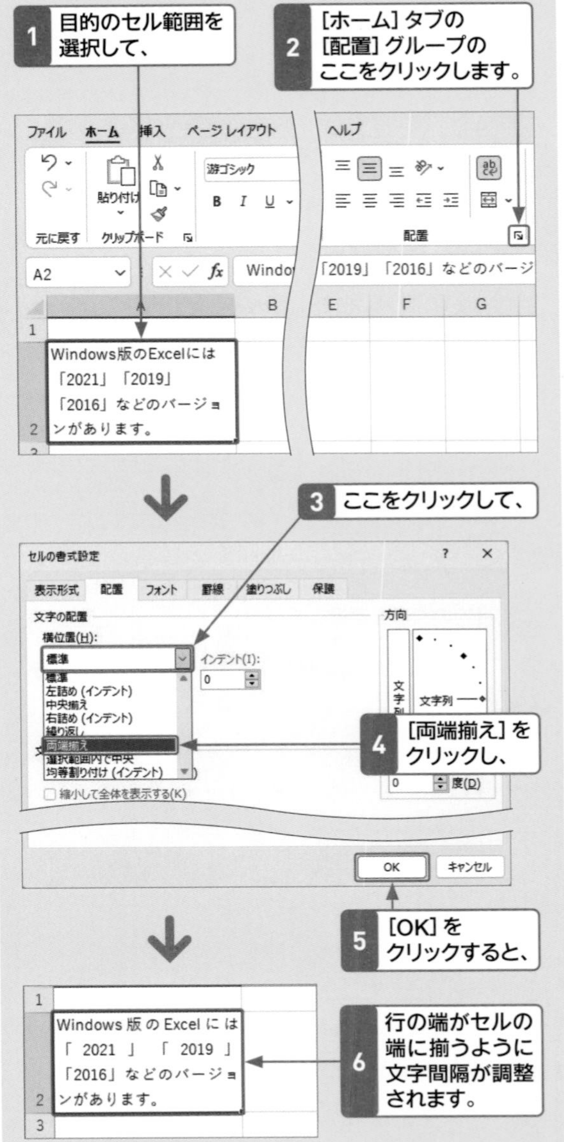
1 目的のセル範囲を選択して、
2 [ホーム]タブの[配置]グループのここをクリックします。
3 ここをクリックして、
4 [両端揃え]をクリックし、
5 [OK]をクリックすると、
6 行の端がセルの端に揃うように文字間隔が調整されます。

重要度 ★★★ 文字列の書式設定

Q 252 標準フォントって何？

A Excelで使う基準のフォントです。

「標準フォント」とは、新しく作成するブックに適用されるフォントのことです。標準フォントは、[ファイル] タブから [その他] をクリックして [オプション] をクリックし、[Excelのオプション] ダイアログボックスの [全般] で確認できます。また、変更することもできます。

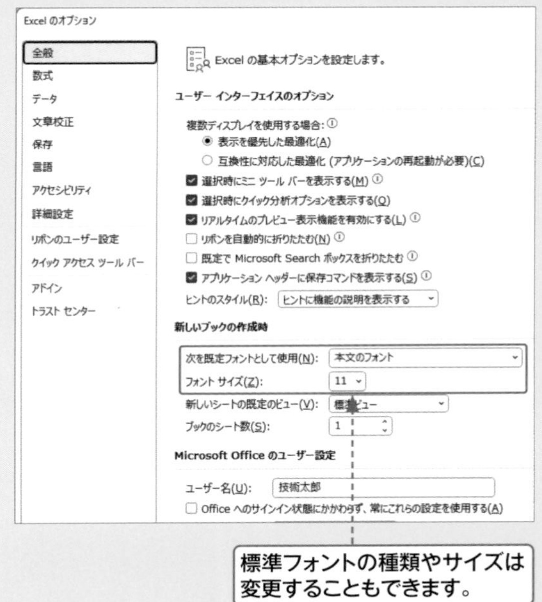

標準フォントの種類やサイズは
変更することもできます。

重要度 ★★★ 文字列の書式設定

Q 253 均等割り付けって何？

A 文字をセル幅に合わせて均等に割り付けるための書式です。

「均等割り付け」とは、セル内の文字をセル幅に合わせて均等に配置する機能のことです。見出しなどで利用すると見栄えのよい表を作成できます。[セルの書式設定] ダイアログボックスの [配置] で設定します。

重要度 ★★★ 文字列の書式設定

Q 254 セル内に文字を均等に配置したい！

A [セルの書式設定] ダイアログボックスの [配置] で設定します。

セル内の文字を均等割り付けに設定するには、[セルの書式設定] ダイアログボックスの [配置] の [横位置] で設定します。

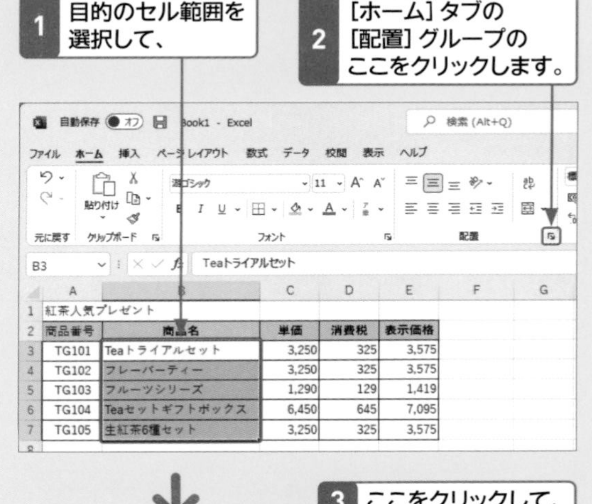

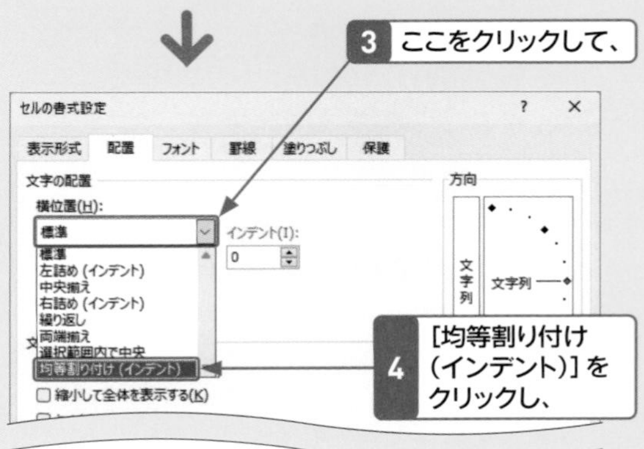

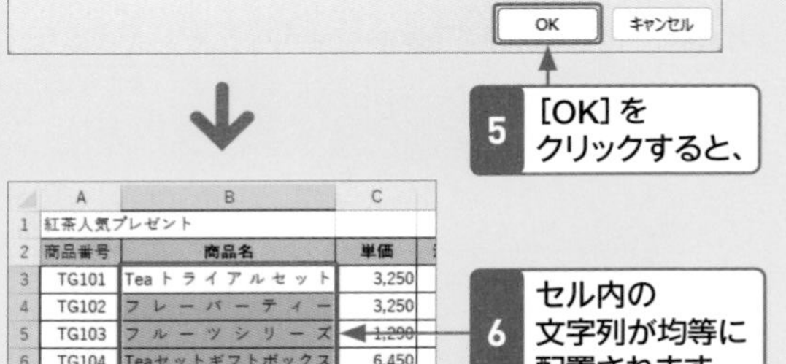

重要度 ★★★　文字列の書式設定

Q 255 均等割り付け時に両端に空きを入れたい！

A1 均等割り付け時に前後にスペースを入れます。

均等割り付けを設定した際に、文字の両端とセル枠との間隔を開けたい場合は、[セルの書式設定] ダイアログボックスの [配置] で [前後にスペースを入れる] をオンにします。

参照▶Q 254

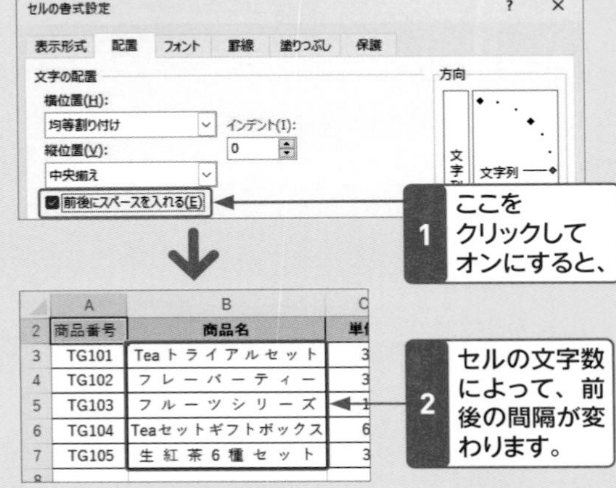

A2 均等割り付け時にインデントを設定します。

均等割り付けの設定時にインデントを設定しても、文字列の両端とセル枠との間隔を開けることができます。この方法で設定した場合は、セル内の文字数によって前後の間隔が変わることはありません。

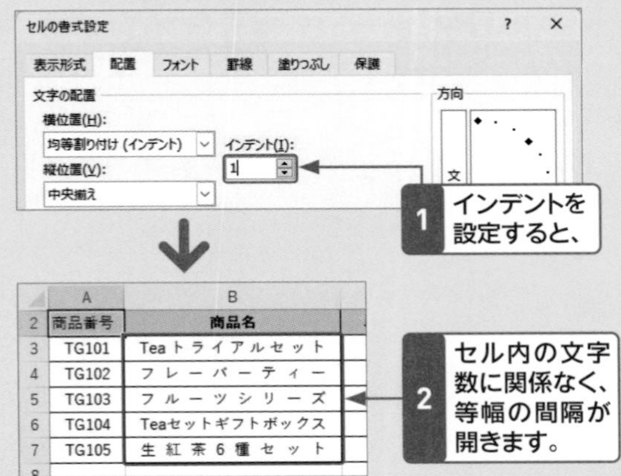

重要度 ★★★　文字列の書式設定

Q 256 両端揃えや均等割り付けができない！

A 数値や日付には設定できません。

均等割り付けや両端揃えが設定できるのは、文字列だけです。「123,456」のような数値や、「2023/4/15」のような日付に均等割り付けを設定すると中央揃えに、両端揃えを設定すると左揃えで表示されます。

重要度 ★★★　文字列の書式設定

Q 257 セル内で文字列を折り返したい！

A [ホーム] タブの [折り返して全体を表示する] を利用します。

セル内で自動的に文字列を折り返すには、[ホーム] タブの [折り返して全体を表示する] をクリックします。行の高さは、折り返された文字列に合わせて自動的に変更されます。

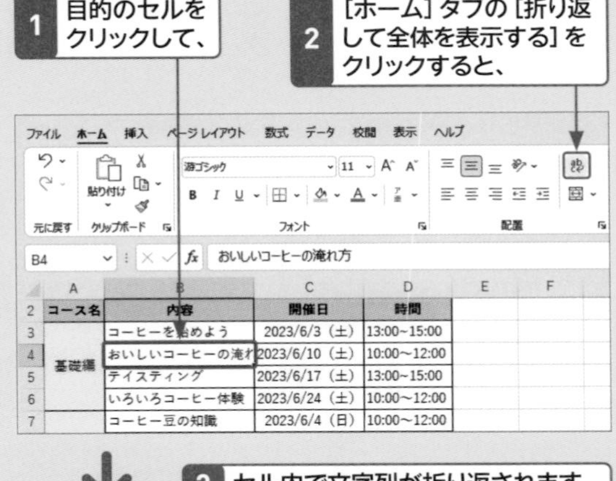

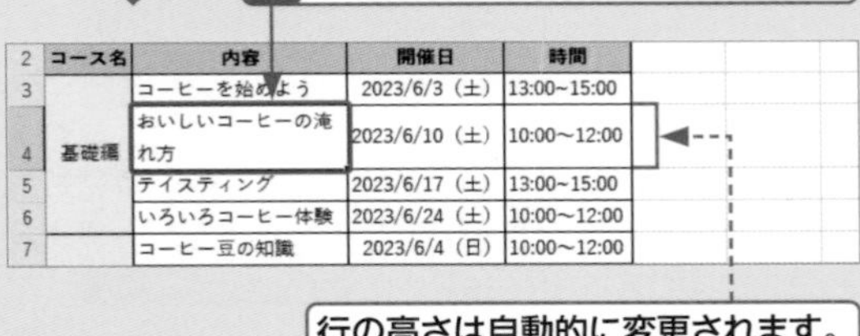

重要度 ★★★ 文字列の書式設定

Q 258 文字を縦書きで表示したい！

A ［ホーム］タブの［方向］を利用します。

セル内の文字を縦書きで表示するには、セル範囲を選択して、［ホーム］タブの［方向］をクリックし、［縦書き］をクリックします。縦書きに設定した文字を横書きに戻すには、再度［縦書き］をクリックします。

1 目的のセル範囲を Ctrl を押しながら選択します。

2 ［ホーム］タブの［方向］をクリックして、

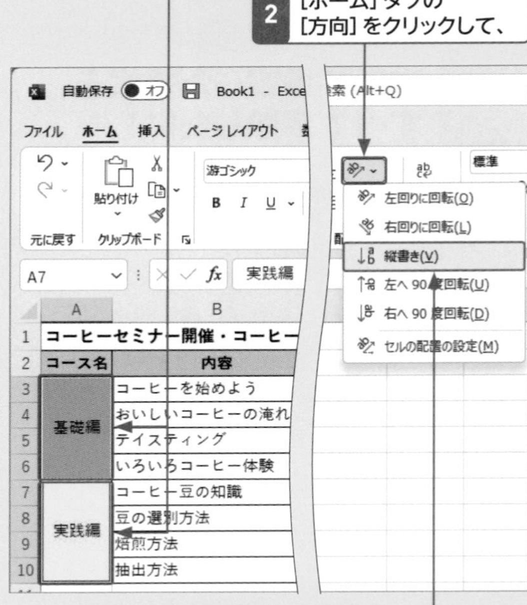

3 ［縦書き］をクリックすると、

4 文字が縦書きで表示されます。

	A	B	C	D
1	コーヒーセミナー開催・コーヒーを楽しもう！			
2	コース名	内容	開催日	時間
3	基礎編	コーヒーを始めよう	2023/6/3（土）	13:00~15:0
4		おいしいコーヒーの淹れ方	2023/6/10（土）	10:00~12:
5		テイスティング	2023/6/17（土）	13:00~15:0
6		いろいろコーヒー体験	2023/6/24（土）	10:00~12:
7	実践編	コーヒー豆の知識	2023/6/4（日）	10:00~12:
8		豆の選別方法	2023/6/11（日）	13:00~15:0
9		焙煎方法	2023/6/18（日）	10:00~12:
10		抽出方法	2023/6/25（日）	13:00~15:0

重要度 ★★★ 文字列の書式設定

Q 259 2桁の数値を縦書きにすると数字が縦になる！

A 2桁の数値の後に改行して文字を入力し、全体を中央に揃えます。

2桁以上の数値を入力したセルを縦書きに設定すると、それぞれの数字が縦に並んでしまいます。数字を横に並べたい場合は、数字を入力したあとに Alt を押しながら Enter を押して改行し、続けて文字を入力します。入力が済んだら［ホーム］タブの［中央揃え］をクリックして、文字を中央に配置します。

2桁の数値を縦書きに設定すると、数字が縦に並んでしまいます。

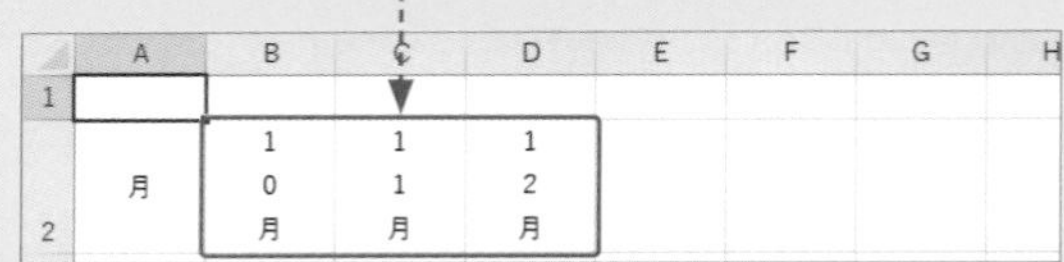

1 数値を入力したあと、Alt を押しながら Enter を押して改行し、

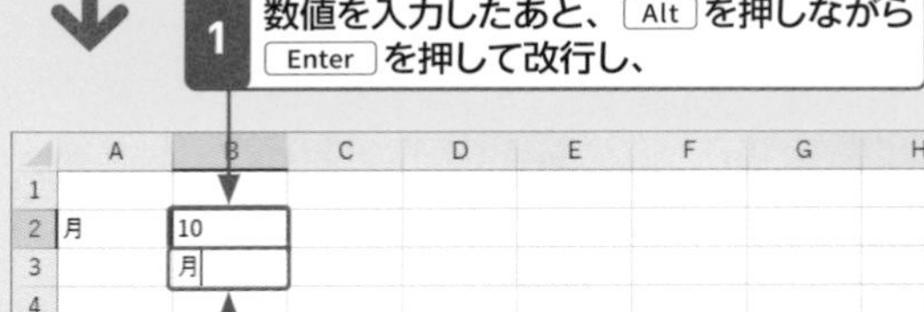

2 次の行に文字を入力します。

3 同様の方法で必要な文字を入力し、

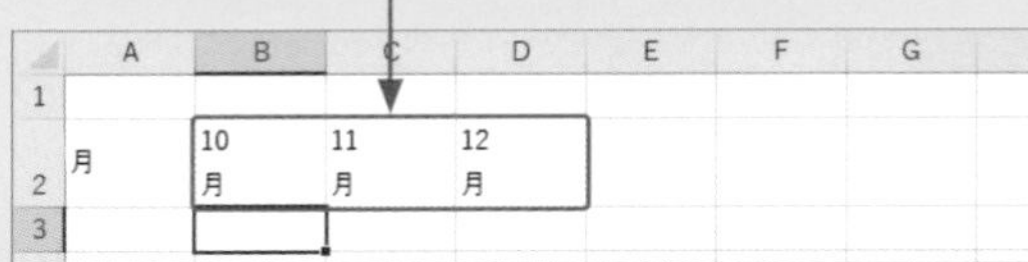

4 ［ホーム］タブの［中央揃え］をクリックして、

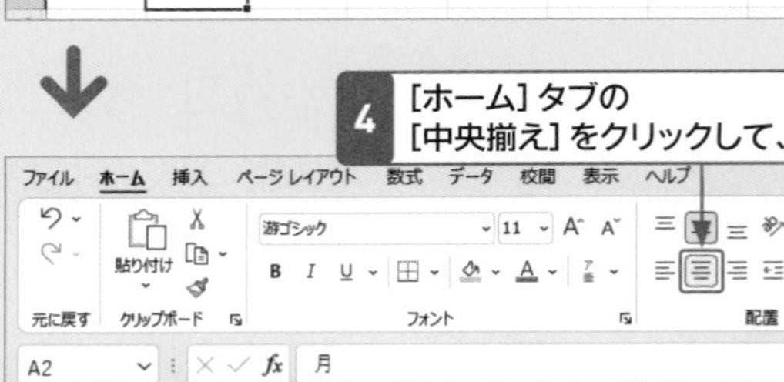

5 文字を中央に配置します。

重要度 ★★★ 文字列の書式設定

Q 260 文字を回転させたい！

A1 ［ホーム］タブの［方向］を利用します。

目的のセル範囲を選択して、［ホーム］タブの［方向］をクリックすると表示されるメニューを利用すると、左や右に45度と90度の回転が設定できます。

1 目的のセル範囲を選択して、［ホーム］タブの［方向］をクリックし、

2 ［左回りに回転］をクリックすると、

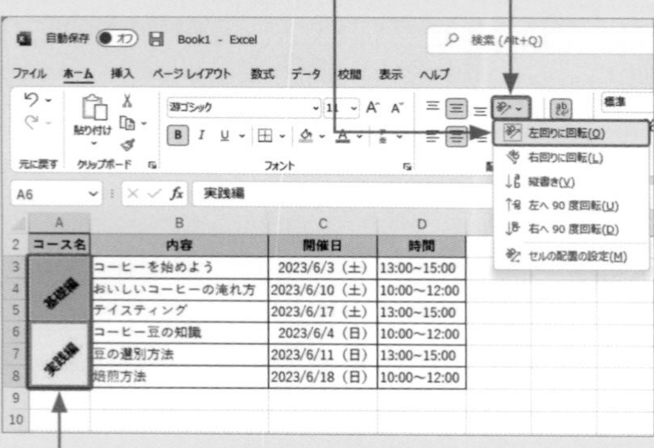

3 文字が左回りに45度回転して表示されます。

A2 ［セルの書式設定］ダイアログボックスの［配置］で設定します。

［セルの書式設定］ダイアログボックスの［配置］の［方向］で角度をドラッグして指定するか、数値を直接入力して設定します。

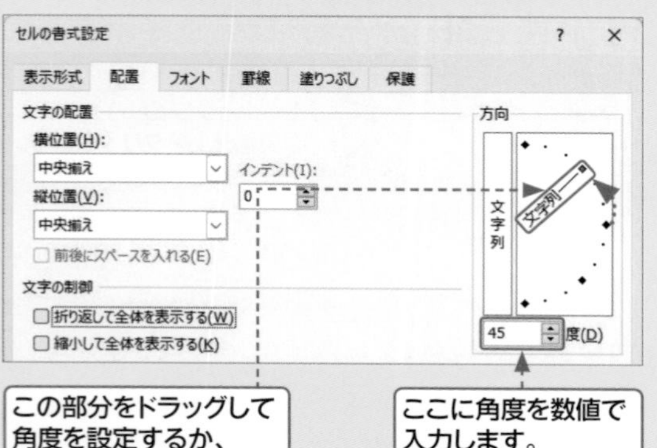

この部分をドラッグして角度を設定するか、

ここに角度を数値で入力します。

重要度 ★★★ 文字列の書式設定

Q 261 文字を回転させることができない！

A 文字の配置の設定によっては、回転させることができません。

［セルの書式設定］ダイアログボックスの［配置］で、［横位置］を［選択範囲内で中央］または［繰り返し］に設定している場合や、［インデント］を設定している場合は、文字を回転させることができません。

文字を回転させる場合は、これらの設定を解除してから行ってください。

重要度 ★★★ 文字列の書式設定

Q 262 文字に設定した書式をすべて解除したい！

A ［セルの書式設定］ダイアログボックスで解除できます。

文字に設定したフォントやサイズ、太字などの書式をすべて解除して初期状態に戻すには、セルを選択して、［セルの書式設定］ダイアログボックスの［フォント］で設定します。ただし、文字の一部の色やサイズを変更している場合は、それぞれの設定をもとに戻す必要があります。

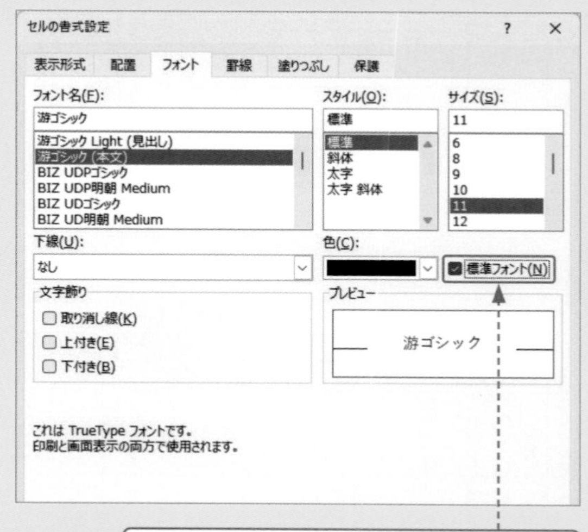

［標準フォント］をクリックしてオンにすると、文字の書式が初期状態に戻ります。

重要度 ★★★ 文字列の書式設定

Q 263 漢字にふりがなを付けたい!

A [ホーム]タブの[ふりがなの表示/非表示]を利用します。

セルに入力されている漢字にふりがなを付けるには、目的のセル範囲を選択して、[ホーム]タブの[ふりがなの表示/非表示]をクリックします。ふりがなは、漢字を変換する際に入力した読みに従って振られます。

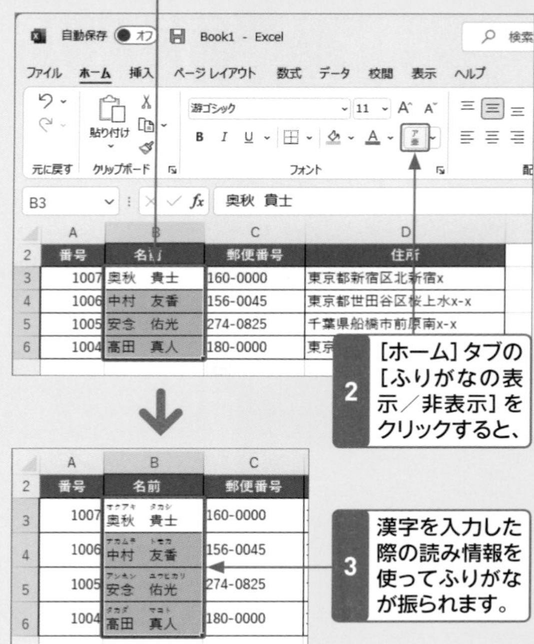

1 ふりがなを付けたいセル範囲を選択して、
2 [ホーム]タブの[ふりがなの表示/非表示]をクリックすると、
3 漢字を入力した際の読み情報を使ってふりがなが振られます。

重要度 ★★★ 文字列の書式設定

Q 264 ふりがなが付かない!

A ほかのアプリケーションで作成したデータをコピーした場合は付きません。

Excel以外のアプリケーションで作成したデータをコピーしたり、読み込んだりした場合は、ふりがなが表示されないことがあります。

重要度 ★★★ 文字列の書式設定

Q 265 ふりがなを修正したい!

A ふりがなのセルをダブルクリックして修正します。

漢字を変換する際に、本来の読みと異なる読みで入力した場合は、その読みでふりがなが表示されます。ふりがなを修正するには、修正したいふりがなの表示されたセルをダブルクリックし、ふりがな部分をクリックします。

また、[ホーム]タブの[ふりがなの表示/非表示]の⌄をクリックし、[ふりがなの編集]をクリックしても修正することができます。

1 ふりがなの表示されたセルをダブルクリックして、

4	1006	ナカムラ トモカ 中村 友香	156-0045
5	1005	アンネン ユウヒロ 安念 佑光	274-0825

2 ふりがなをクリックすると、ふりがなが編集できる状態になります。

4	1006	ナカムラ トモカ 中村 友香	156-0045
5	1005	アンネン ユウヒロ 安念 佑光	274-0825

3 ふりがなを修正して Enter を押すと、

4	1006	ナカムラ トモカ 中村 友香	156-0045
5	1005	アンネン ヒロミツ 安念 佑光	274-0825

4 ふりがなが確定します。

4	1006	ナカムラ トモカ 中村 友香	156-0045
5	1005	アンネン ヒロミツ 安念 佑光	274-0825

重要度 ★★★ 文字列の書式設定

Q 266 ふりがなをひらがなで表示したい！

A [ふりがなの設定] ダイアログボックスで設定します。

ふりがなをひらがなで表示するには、[ふりがなの設定] ダイアログボックスを表示して設定します。ふりがなの配置を変更することもできます。

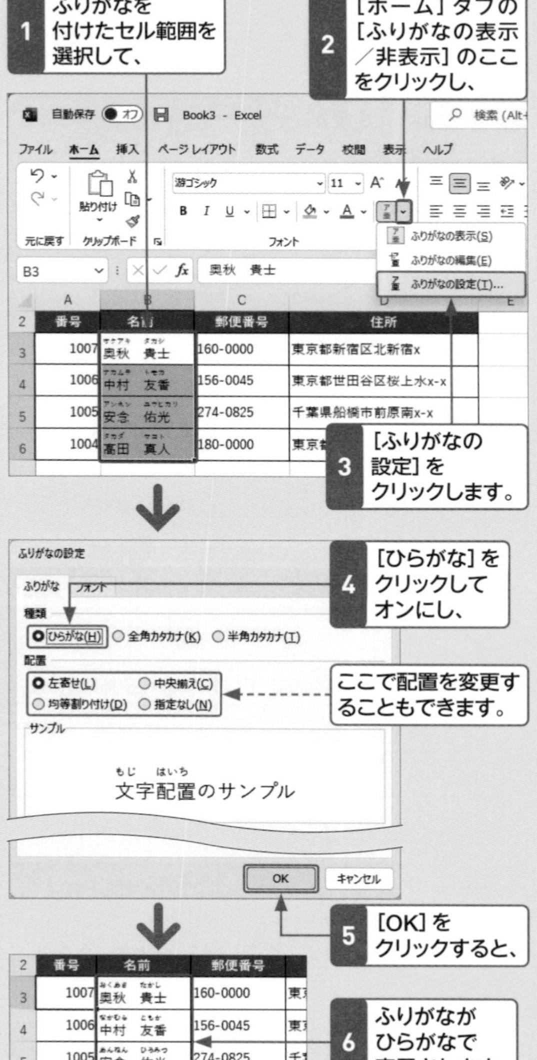

重要度 ★★★ 表の書式設定

Q 267 セルの幅に合わせて文字サイズを縮小したい！

A [セルの書式設定] ダイアログボックスの [配置] で設定します。

セルの幅に合わせて文字サイズを縮小するには、[セルの書式設定] ダイアログボックスの [配置] で設定します。この方法で文字サイズを縮小した場合、セル幅を広げると、文字の大きさはもとに戻ります。

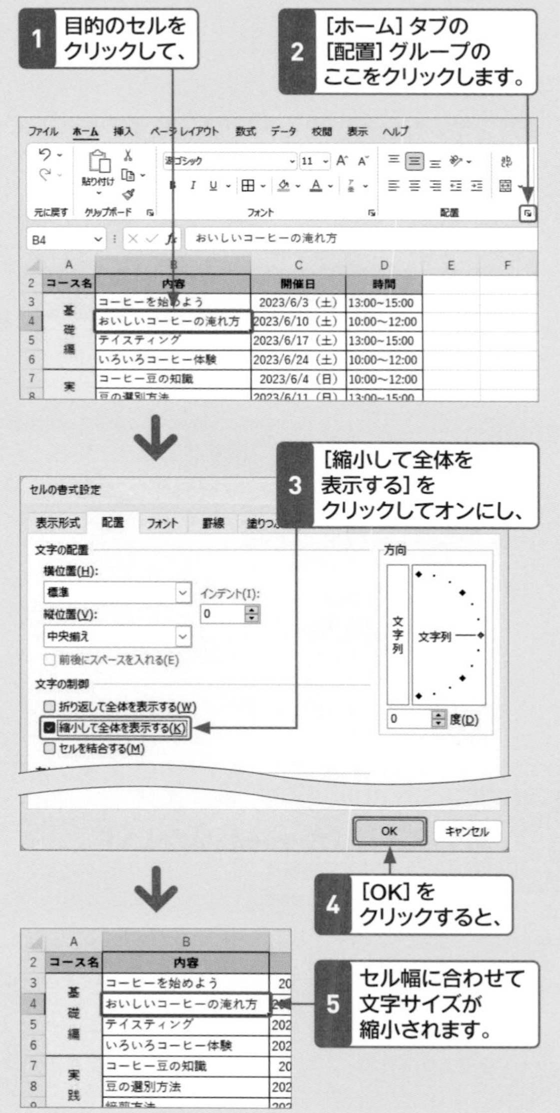

Q 268 書式だけコピーしたい！

A ［書式のコピー／貼り付け］を利用します。

同じ形式の表を作成する場合、罫線の色やセルの背景色などの設定を繰り返し行うのは手間がかかります。このような場合は、［ホーム］タブの［書式のコピー／貼り付け］を利用して、書式だけをコピーすると効率的です。また、［貼り付けのオプション］を使ってコピーする方法もあります。 参照▶Q 270

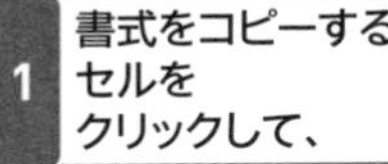

1 書式をコピーするセルをクリックして、

2 ［ホーム］タブの［書式のコピー／貼り付け］をクリックし、

ファイル ホーム 挿入 ページレイアウト 数式 データ 校閲 表示 ヘルプ
元に戻す クリップボード 貼り付け 游ゴシック 11 フォント
A2 商品番号

	A	B	C	D	E	F
2	商品番号	商品名	単価	数量	売上	
3	T0011	ティーポット	2,538	24	60,912	
4	T0014	茶こし	421	36	15,156	
5	T0017	ケトル	3,726	12	44,712	
6	T0019	ティーマグ	1,220	12	14,640	
7				合計	135,420	
8						

3 貼り付ける位置でクリックすると、

	A	B	C	D	E	F
2	商品番号	商品名	単価	数量	売上	
3	T0011	ティーポット	2,538	24	60,912	
4	T0014	茶こし	421	36	15,156	
5	T0017	ケトル	3,726	12	44,712	
6	T0019	ティーマグ	1,220	12	14,640	
7				合計	135,420	
8						

4 書式だけがコピーされます。

	A	B	C	D	E	F
2	商品番号	商品名	単価	数量	売上	
3	T0011	ティーポット	2,538	24	60,912	
4	T0014	茶こし	421	36	15,156	
5	T0017	ケトル	3,726	12	44,712	
6	T0019	ティーマグ	1,220	12	14,640	
7				合計	135,420	
8						

Q 269 データはそのままで書式だけを削除したい！

A ［ホーム］タブの［クリア］から［書式のクリア］をクリックします。

データはそのままで、表に設定した書式だけをまとめて削除したい場合は、［ホーム］タブの［クリア］から［書式のクリア］をクリックします。
なお、書式やデータすべてを削除する場合は［すべてクリア］を、書式は残してデータだけを削除する場合は［数式と値のクリア］をクリックします。

1 書式をクリアしたいセル範囲を選択して、

	A	B	C	D	E	F
1	明細書					
2	商品番号	商品名	単価	数量	売上	
3	T0011	ティーポット	2,538	24	60,912	
4	T0014	茶こし	421	36	15,156	
5	T0017	ケトル	3,726	12	44,712	
6	T0019	ティーマグ	1,220	12	14,640	
7				合計	135,420	
8						

2 ［ホーム］タブの［クリア］をクリックし、

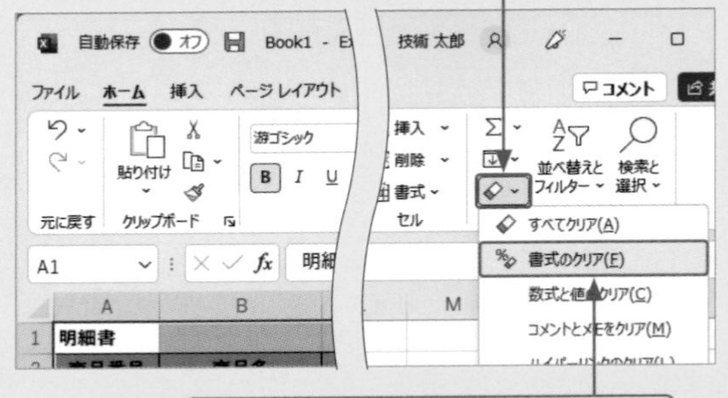

3 ［書式のクリア］をクリックすると、

4 書式がクリアされ、データだけが残ります。

	A	B	C	D	E	F
1	明細書					
2	商品番号	商品名	単価	数量	売上	
3	T0011	ティーポット	2538	24	60912	
4	T0014	茶こし	421	36	15156	
5	T0017	ケトル	3726	12	44712	
6	T0019	ティーマグ	1220	12	14640	
7				合計	135420	
8						

重要度★★★ 表の書式設定

Q 270 書式だけを繰り返しコピーしたい！

A1 ［書式のコピー／貼り付け］をダブルクリックします。

同じ書式を複数のセルに繰り返してコピーするには、コピーもとのセル範囲を選択して、［ホーム］タブの［書式のコピー／貼り付け］をダブルクリックし、貼り付け先のセルをクリックしていきます。書式のコピーを中止するには、再度［書式のコピー／貼り付け］をクリックするか、Esc を押します。

参照▶Q 268

A2 ［オートフィルオプション］を利用します。

連続したセルに書式をコピーする場合は、コピーもとのセル範囲を選択してコピー範囲をドラッグし、表示される［オートフィルオプション］を利用します。

1 コピーもとのセル範囲を選択して、

2 コピー範囲をドラッグします。

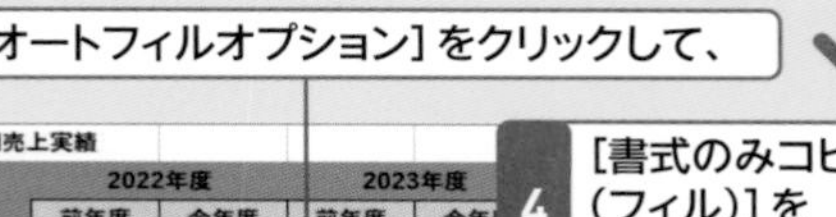

	A	B	C	D	E
1	下半期売上実績				
2		2022年度		2023年度	
3		前年度	今年度	前年度	今年度
4	吉祥寺	18,750	20,210	20,210	
5	府中	13,240	13,680	13,680	
6	八王子	10,950	11,430	11,430	
7	立川	10,020	10,550	10,550	

3 ［オートフィルオプション］をクリックして、

4 ［書式のみコピー（フィル）］をクリックすると、

	A	B	C	D	E
1	下半期売上実績				
2		2022年度		2023年度	
3		前年度	今年度	前年度	今年度
4	吉祥寺	18,750	20,210	20,210	
5	吉祥寺	18,750	20,210	20,210	
6	吉祥寺	18,750	20,210	20,210	
7	吉祥寺	18,750	20,210	20,210	

セルのコピー(C)
連続データ(S)
書式のみコピー (フィル)(E)
書式なしコピー (フィル)(O)

5 書式だけがコピーされます。

	A	B	C	D	E
1	下半期売上実績				
2		2022年度		2023年度	
3		前年度	今年度	前年度	今年度
4	吉祥寺	18,750	20,210	20,210	
5	府中	13,240	13,680	13,680	
6	八王子	10,950	11,430	11,430	
7	立川	10,020	10,550	10,550	

A3 ［貼り付けのオプション］を利用します。

もとのセル範囲をコピーし、［ホーム］タブの［貼り付け］をクリックしたあとに表示される［貼り付けのオプション］を利用します。

1 コピーもとのセル範囲を選択して、

2 ［ホーム］タブの［コピー］をクリックし、

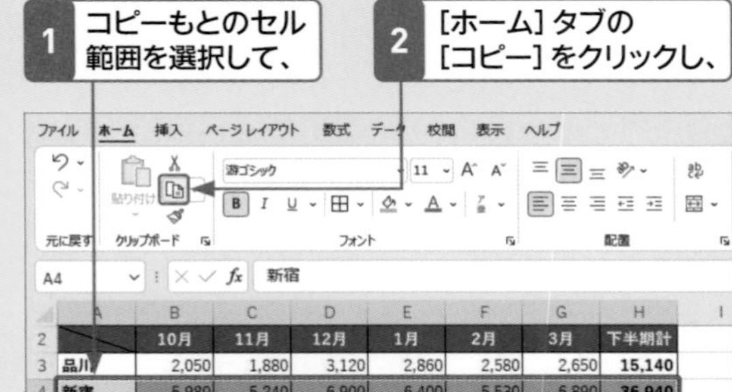

	A	B	C	D	E	F	G	H
2		10月	11月	12月	1月	2月	3月	下半期計
3	品川	2,050	1,880	3,120	2,860	2,580	2,650	15,140
4	新宿	5,980	5,240	6,900	6,400	5,530	6,890	36,940
5	中野	2,670	2,020	2,790	2,550	2,280	2,560	14,870
6	目黒	2,950	2,780	2,570	3,560	2,880	3,450	18,190
7	吉祥寺	3,040	3,220	3,360	3,580	3,920	3,090	20,210
8	府中	1,940	2,090	2,500	2,100	2,490	2,560	13,680
9	八王子	1,750	1,800	1,990	1,800	2,000	2,090	11,430
10	合計	20,380	19,030	23,230	22,850	21,680	23,290	130,460

3 コピー先のセルを選択して、［ホーム］タブの［貼り付け］のここをクリックします。

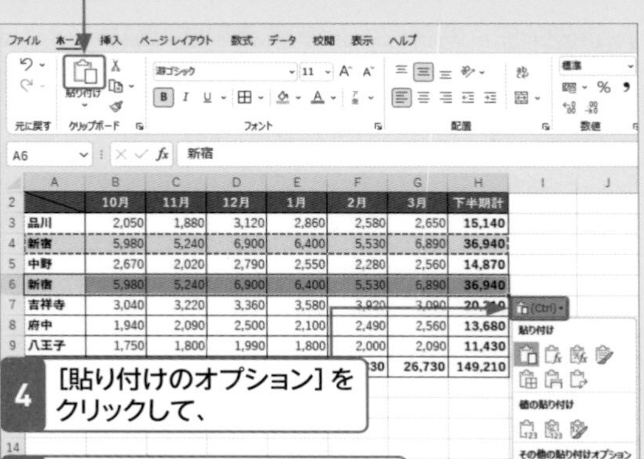

4 ［貼り付けのオプション］をクリックして、

5 ［書式設定］をクリックすると、

6 書式だけがコピーされます。

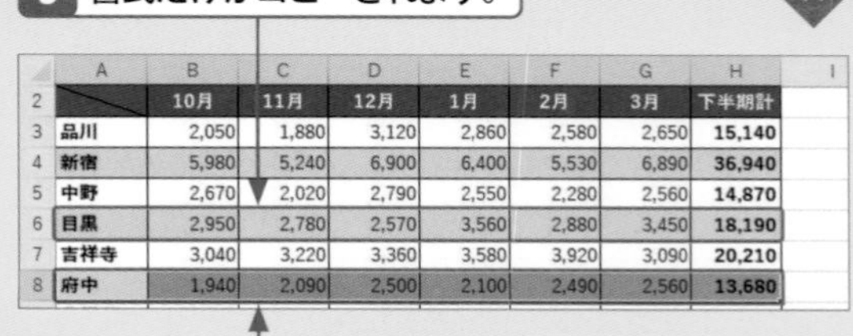

	A	B	C	D	E	F	G	H
2		10月	11月	12月	1月	2月	3月	下半期計
3	品川	2,050	1,880	3,120	2,860	2,580	2,650	15,140
4	新宿	5,980	5,240	6,900	6,400	5,530	6,890	36,940
5	中野	2,670	2,020	2,790	2,550	2,280	2,560	14,870
6	目黒	2,950	2,780	2,570	3,560	2,880	3,450	18,190
7	吉祥寺	3,040	3,220	3,360	3,580	3,920	3,090	20,210
8	府中	1,940	2,090	2,500	2,100	2,490	2,560	13,680

7 コピーもとのセルが選択状態にある場合は、同じ手順で書式を繰り返しコピーできます。

重要度 ★★★　表の書式設定

Q 271 複数のセルを1つに結合したい！

A ［セルを結合して中央揃え］をクリックします。

隣り合う複数のセルを1つにするには、目的のセル範囲を選択して、［ホーム］タブの［セルを結合して中央揃え］をクリックします。選択したセルにデータが入力されていた場合は、左上隅のデータが結合セルに入力されます。

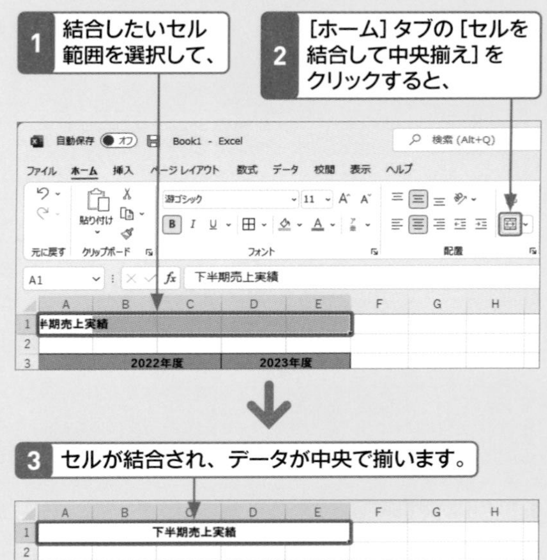

重要度 ★★★　表の書式設定

Q 272 セルの結合時にデータを中央に配置したくない！

A ［セルを結合して中央揃え］から［セルの結合］をクリックします。

［ホーム］タブの［セルを結合して中央揃え］を利用すると、セルに入力されていたデータが結合したセルの中央に配置されます。セルを結合してもデータを中央に配置したくない場合は、［セルを結合して中央揃え］から［セルの結合］をクリックすると、文字列を左揃えのまま結合することができます。

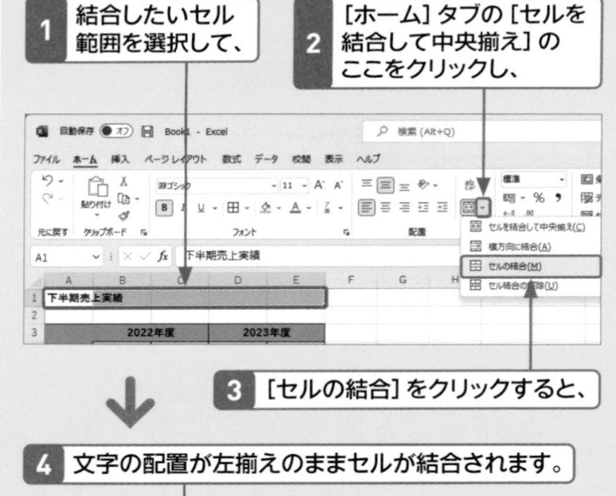

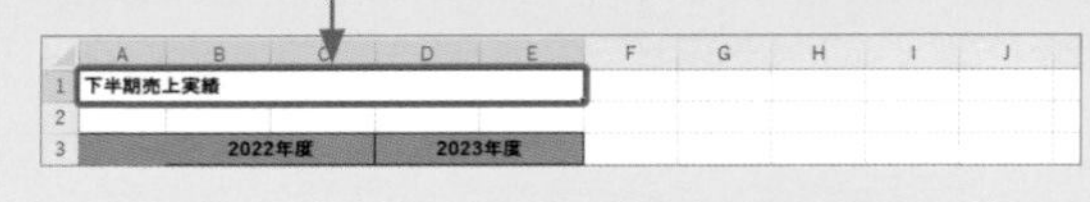

重要度 ★★★　表の書式設定

Q 273 複数セルの中央にデータを配置したい！

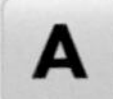

A ［セルの書式設定］ダイアログボックスの［配置］で設定します。

セルを結合せずに、複数セルの中央にデータを配置することができます。セル範囲を選択して、［セルの書式設定］ダイアログボックスの［配置］を表示し、［横位置］を［選択範囲内で中央］に設定します。

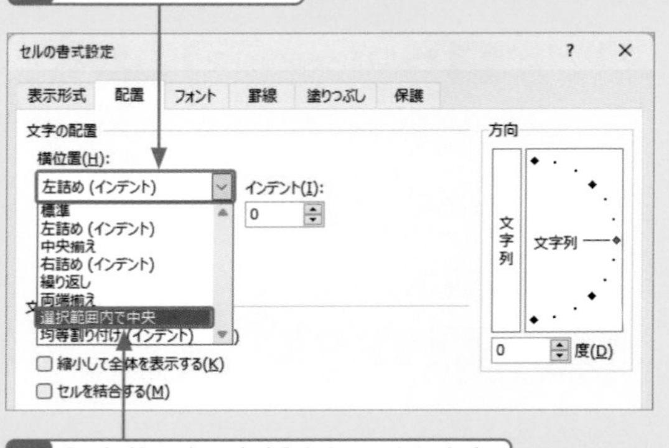

重要度★★★　表の書式設定

Q 274 セルの結合を解除したい！

A ［セルを結合して中央揃え］から［セル結合の解除］をクリックします。

セルの結合を解除するには、結合されているセルを選択して、［ホーム］タブの［セルを結合して中央揃え］から［セル接合の解除］をクリックします。

1 結合を解除するセルをクリックして、

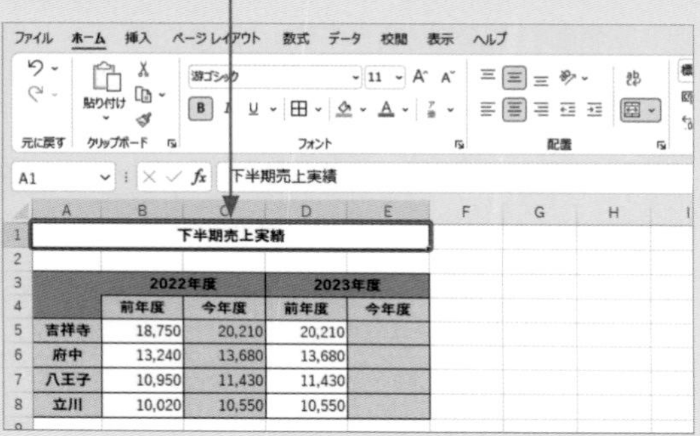

2 ［ホーム］タブの［セルを結合して中央揃え］のここをクリックし、

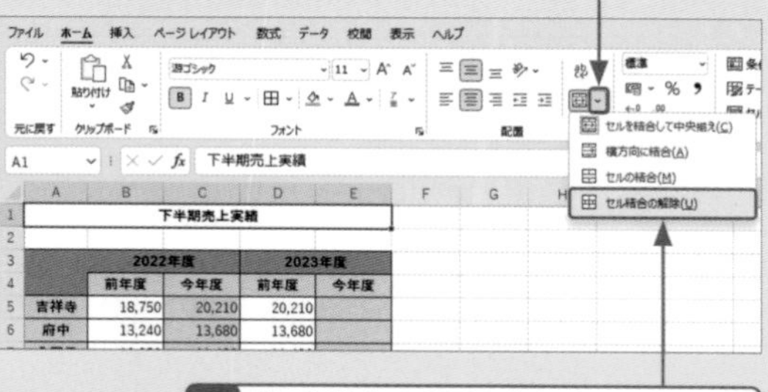

3 ［セル結合の解除］をクリックすると、

4 セルの結合が解除されます。

	A	B	C	D	E
1	下半期売上実績				
2					
3		2022年度		2023年度	
4		前年度	今年度	前年度	今年度
5	吉祥寺	18,750	20,210	20,210	
6	府中	13,240	13,680	13,680	
7	八王子	10,950	11,430	11,430	
8	立川	10,020	10,550	10,550	

重要度★★★　表の書式設定

Q 275 列幅の異なる表を縦に並べたい！

A 表をリンクして貼り付けます。

列幅の異なる表を縦に並べたい場合は、ほかのワークシートで作成した表をリンクして貼り付けます。表のリンク貼り付けは、ワークシートのデータを画像として貼り付ける機能で、貼り付けた画像はワークシート上の自由な位置に配置できます。貼り付けもとの表のデータを修正すると、貼り付けた表にも変更が反映されます。

1 コピーもとのセル範囲を選択し、

2 ［ホーム］タブの［コピー］をクリックします。

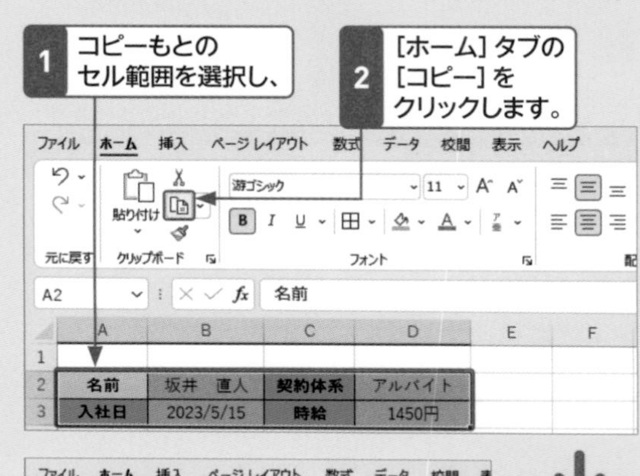

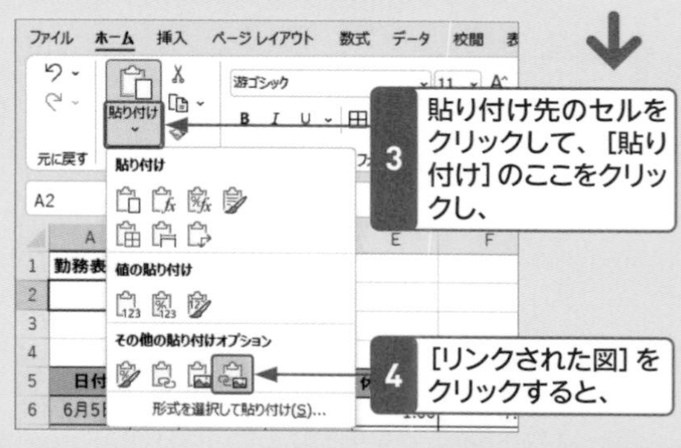

3 貼り付け先のセルをクリックして、［貼り付け］のここをクリックし、

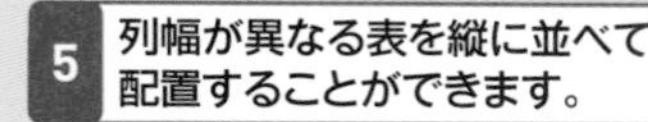

4 ［リンクされた図］をクリックすると、

5 列幅が異なる表を縦に並べて配置することができます。

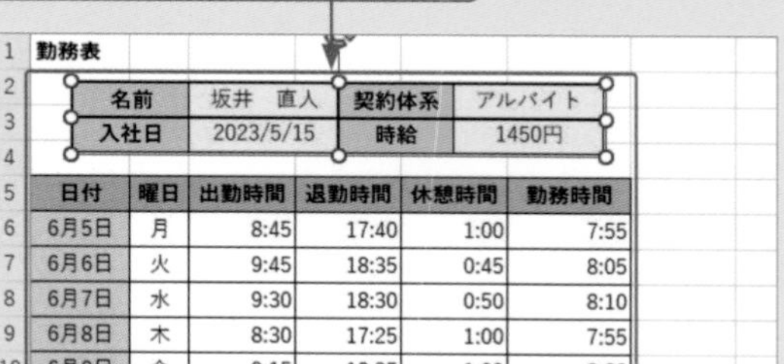

	A	B	C	D	E	F
1	勤務表					
2	名前	坂井　直人	契約体系	アルバイト		
3	入社日	2023/5/15	時給	1450円		
5	日付	曜日	出勤時間	退勤時間	休憩時間	勤務時間
6	6月5日	月	8:45	17:40	1:00	7:55
7	6月6日	火	9:45	18:35	0:45	8:05
8	6月7日	水	9:30	18:30	0:50	8:10
9	6月8日	木	8:30	17:25	1:00	7:55
10	6月9日	金	9:15	18:35	1:00	8:20

重要度 ★★★　表の書式設定

Q 276 表に罫線を引きたい！

A1 [ホーム]タブの[罫線]を利用します。

セルに罫線を引くには、[ホーム]タブの[罫線]の ⌄ をクリックして表示されるメニューから線の種類を選択します。ここでは、表全体に格子状の罫線を引きます。

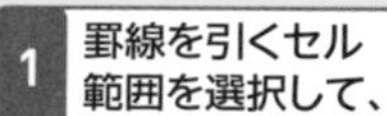

1 罫線を引くセル範囲を選択して、

2 [ホーム]タブの[罫線]のここをクリックし、

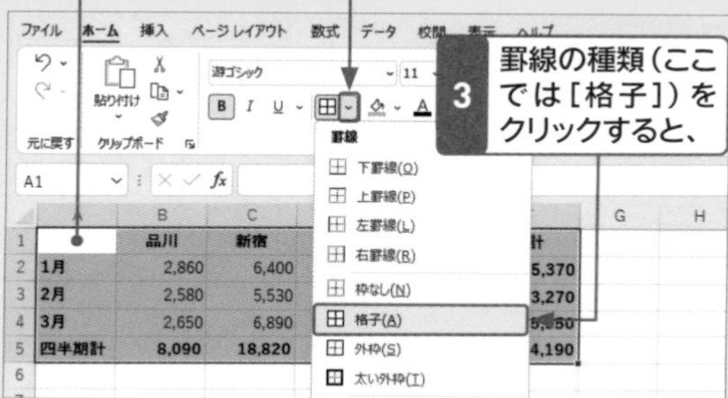

3 罫線の種類（ここでは[格子]）をクリックすると、
罫線
下罫線(O)
上罫線(P)
左罫線(L)
右罫線(R)
枠なし(N)
格子(A)
外枠(S)
太い外枠(T)

4 選択したセル範囲に格子状の罫線が引けます。

	品川	新宿	中野	目黒	合計
1月	2,860	6,400	2,550	3,560	15,370
2月	2,580	5,530	2,280	2,880	13,270
3月	2,650	6,890	2,560	3,450	15,550
四半期計	8,090	18,820	7,390	9,890	44,190

A2 [セルの書式設定]ダイアログボックスの[罫線]を利用します。

[ホーム]タブの[罫線]の ⌄ をクリックして、[その他の罫線]をクリックすると、[セルの書式設定]ダイアログボックスの[罫線]が表示されます。このダイアログボックスを利用すると、スタイルの異なる罫線をまとめて引いたり、罫線の引く位置を指定して引いたりすることができます。

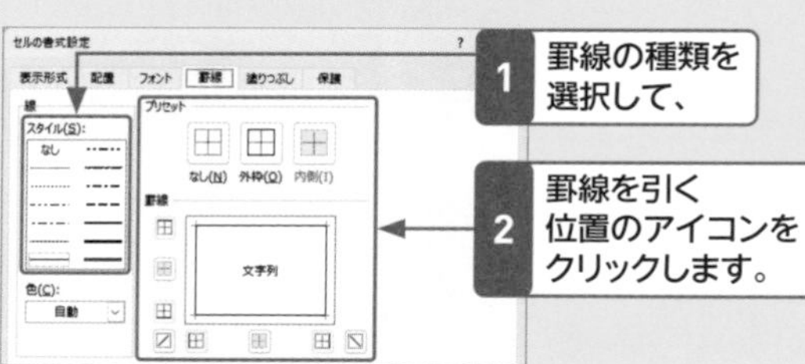

1 罫線の種類を選択して、
2 罫線を引く位置のアイコンをクリックします。

重要度 ★★★　表の書式設定

Q 277 斜めの罫線を引きたい！

A1 [罫線]から[罫線の作成]を選択してドラッグします。

斜めの罫線を引くには、[罫線]の ⌄ をクリックして[罫線の作成]をクリックし、セル内を対角線上にドラッグします。この方法では、斜線だけでなく、マウスでドラッグした範囲に罫線を引くこともできます。

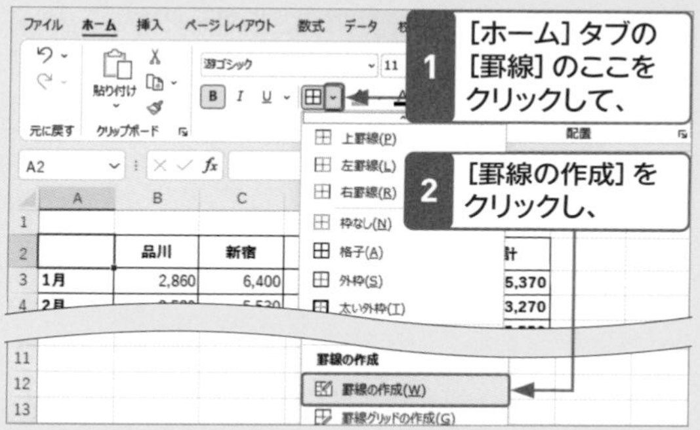

1 [ホーム]タブの[罫線]のここをクリックして、
2 [罫線の作成]をクリックし、
罫線の作成
罫線の作成(W)
罫線グリッドの作成(G)

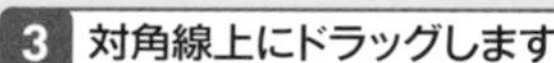

3 対角線上にドラッグします。

	品川	新宿	中野
1月	2,860	6,400	2,550

4 [罫線]をクリックするか Esc を押して、ポインターをもとに戻します。

A2 [セルの書式設定]ダイアログボックスの[罫線]を利用します。

[ホーム]タブの[罫線]の ⌄ をクリックして、[その他の罫線]をクリックすると表示される[セルの書式設定]ダイアログボックスの[罫線]を利用します。罫線の種類を選択して、斜め罫線のアイコンをクリックします。

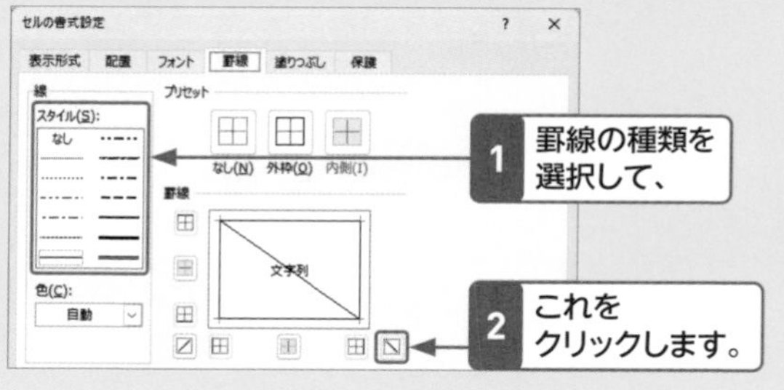

1 罫線の種類を選択して、
2 これをクリックします。

重要度 ★★★ 表の書式設定

Q 278 色付きの罫線を引きたい！

A1 [罫線]の[線の色]から色を選択します。

色付きの罫線を引くには、[ホーム]タブの[罫線]の⌄をクリックし、あらかじめ[線の色]から色を選択してから、罫線を引きます。

参照 ▶ Q 276

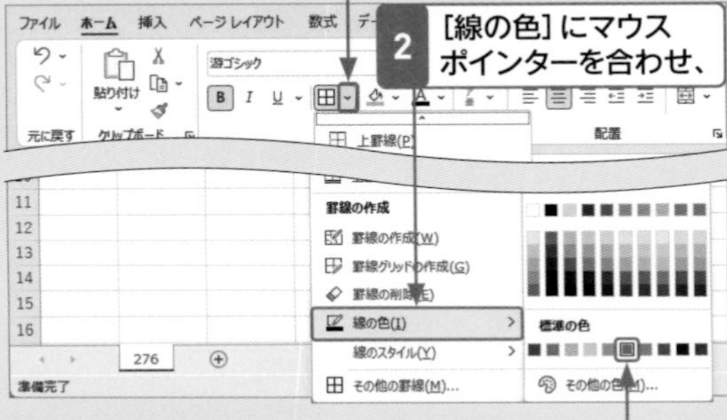
1 罫線を引くセル範囲を選択して、[ホーム]タブの[罫線]のここをクリックし、
2 [線の色]にマウスポインターを合わせ、
3 色をクリックします。

4 罫線を引くと、色付きの罫線が引けます。

	A	B	C	D	E	F
1						
2		品川	新宿	中野	目黒	合計
3	1月	2,860	6,400	2,550	3,560	15,370
4	2月	2,580	5,530	2,280	2,880	13,270
5	3月	2,650	6,890	2,560	3,450	15,550
6	四半期計	8,090	18,820	7,390	9,890	44,190

A2 [セルの書式設定]ダイアログボックスで色を選択します。

[セルの書式設定]ダイアログボックスの[罫線]で色を選択してから、罫線を引きます。

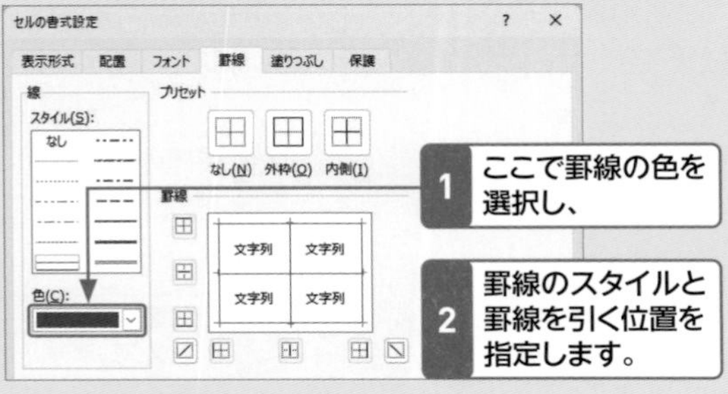
セルの書式設定
表示形式 配置 フォント 罫線 塗りつぶし 保護
1 ここで罫線の色を選択し、
2 罫線のスタイルと罫線を引く位置を指定します。

重要度 ★★★ 表の書式設定

Q 279 罫線のスタイルを変更したい！

A1 罫線を引く位置を選択して[罫線]から線のスタイルを選択します。

罫線の種類を変更するには、罫線を変更するセル範囲を選択して、[罫線]の⌄をクリックし、線の種類を選択します。

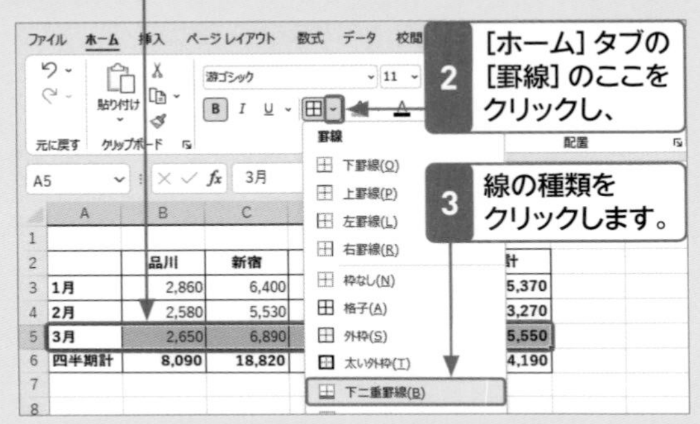
1 罫線を引くセル範囲を選択して、
2 [ホーム]タブの[罫線]のここをクリックし、
3 線の種類をクリックします。

A2 [線のスタイル]から線の種類を選択してドラッグします。

[ホーム]タブの[罫線]の⌄をクリックして、[線のスタイル]から線の種類を選択し、罫線を変更する位置をドラッグします。

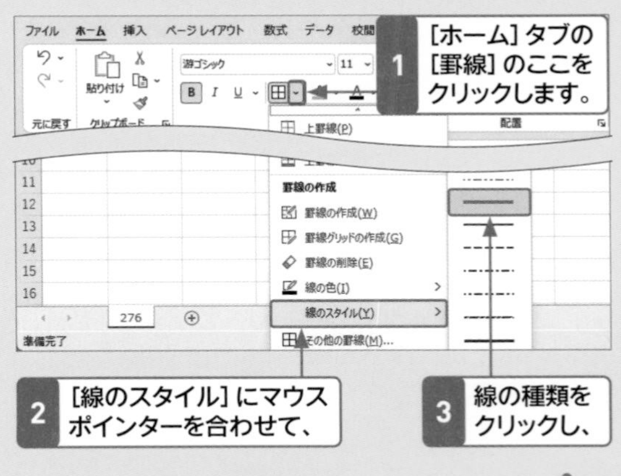
1 [ホーム]タブの[罫線]のここをクリックします。
2 [線のスタイル]にマウスポインターを合わせて、
3 線の種類をクリックし、

4 罫線を変更したい位置でドラッグします。

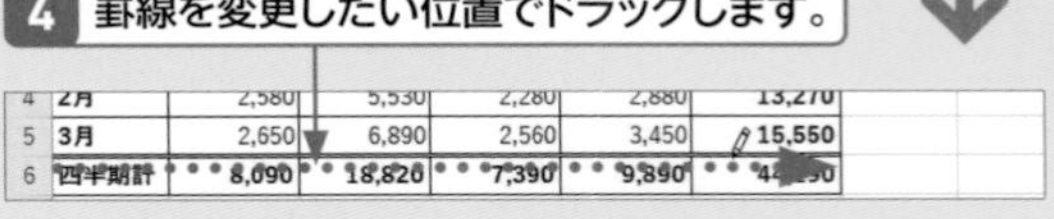

重要度 ★★★　表の書式設定

Q 280 表の外枠を太線にしたい!

A 表を選択して［罫線］から［太い外枠］をクリックします。

表の外枠だけを太線にしたいときは、まず表に格子の罫線を引きます。続いて、表を選択して、［ホーム］タブの［罫線］の ⌄ をクリックし、［太い外枠］をクリックします。

1 表に格子の罫線を設定して、表を選択します。

	A	B	C	D	E	F	G
1							
2			品川	新宿	中野	目黒	合計
3		1月	2,860	6,400	2,550	3,560	15,370
4		2月	2,580	5,530	2,280	2,880	13,270
5		3月	2,650	6,890	2,560	3,450	15,550
6		四半期計	8,090	18,820	7,390	9,890	44,190
7							

2 ［ホーム］タブの［罫線］のここをクリックして、

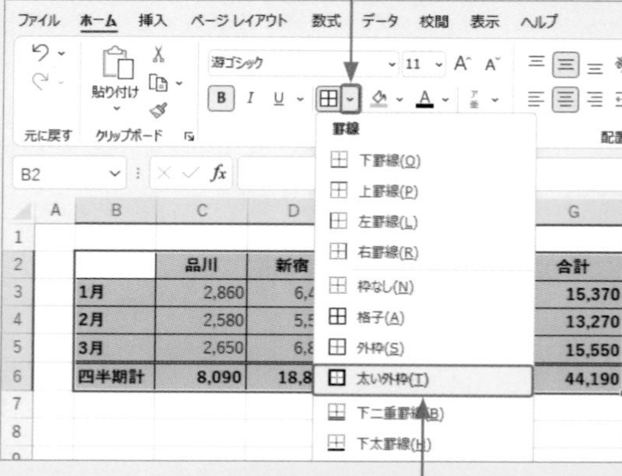

3 ［太い外枠］をクリックすると、

4 表の外枠が太線に変更されます。

	A	B	C	D	E	F	G
1							
2			品川	新宿	中野	目黒	合計
3		1月	2,860	6,400	2,550	3,560	15,370
4		2月	2,580	5,530	2,280	2,880	13,270
5		3月	2,650	6,890	2,560	3,450	15,550
6		四半期計	8,090	18,820	7,390	9,890	44,190
7							

重要度 ★★★　表の書式設定

Q 281 1行おきに背景色が異なる表を作成したい!

A ［オートフィルオプション］を利用します。

1行おきに背景色が異なる表を作成するには、はじめに先頭の2行に背景色を設定します。その2行分のセルを選択して、フィルハンドルをドラッグしたあと、［オートフィルオプション］をクリックして、［書式のみコピー（フィル）］をクリックします。

また、［ホーム］タブの［書式のコピー／貼り付け］ のダブルクリックや、［貼り付けのオプション］、条件付き書式を利用することでも設定できます。

参照 ▶ Q 270, Q 296

1 まず2行分を作成して選択し、

2 フィルハンドルをドラッグします。

	A	B	C	D
1	商品番号	商品名	容量	単価
2	TH301	アールグリーン	125	1,280
3	TH302	トワイライト	100	1,120
4	TH303	マージリン	200	1,300
5	TH304	アップルティ	100	890
6	TH305	ローズティー	500	1,250
7	TH306	ブレンドティー	75	560
8	TH307	レディグリーン	100	1,150

3 ［オートフィルオプション］をクリックして、

	A	B	C	D
1	商品番号	商品名	容量	単価
2	TH301	アールグリーン	125	1,280
3	TH302	トワイライト	100	1,120
4	TH303	アールグリーン	75	960
5	TH304	トワイライト	50	800
6	TH305	アールグリーン	25	640
7	TH306	トワイライト	0	480
8	TH307	アールグリーン	-25	320

セルのコピー(C)
連続データ(S)
書式のみコピー (フィル)(F)
書式なしコピー (フィル)(O)

4 ［書式のみコピー（フィル）］をクリックすると、

5 1行おきに背景色が異なる表が作成できます。

	A	B	C	D
1	商品番号	商品名	容量	単価
2	TH301	アールグリーン	125	1,280
3	TH302	トワイライト	100	1,120
4	TH303	マージリン	200	1,300
5	TH304	アップルティ	100	890
6	TH305	ローズティー	500	1,250
7	TH306	ブレンドティー	75	560
8	TH307	レディグリーン	100	1,150

重要度 ★★★　表の書式設定

Q 282 隣接したセルの書式を引き継ぎたくない！

A [Excelのオプション]ダイアログボックスの[詳細設定]で解除します。

Excelでは、連続したセルのうち、3行以上に背景色や文字のスタイルなどの書式が設定されている場合、それに続くセルにデータを入力すると、上のセルの罫線以外の書式が自動的に設定されます。セルの書式を引き継ぎたくない場合は、[Excelのオプション]ダイアログボックスの[詳細設定]で設定を解除できます。

3行以上に書式が設定されています。

	A	B	C	D	E	F	G	H
1								
2	商品番号	商品名	単価	消費税	表示価格			
3	T0011	ティーポット	2,350	235	2,585			
4	T0012	ティーサーバー	1,290	129	1,419			
5	T0013	ストレーナー	650	65	715			
6	T0014	茶こし	390	39	429			

1 それに続くセルにデータを入力すると、上のセルの書式が自動的に設定されます。

	A	B	C	D	E	F	G	H
1								
2	商品番号	商品名	単価	消費税	表示価格			
3	T0011	ティーポット	2,350	235	2,585			
4	T0012	ティーサーバー	1,290	129	1,419			
5	T0013	ストレーナー	650	65	715			
6	T0014	茶こし	390	39	429			
7	T0015							

2 [ファイル] タブから [その他] をクリックして、[オプション] をクリックします。

3 [詳細設定] をクリックして、

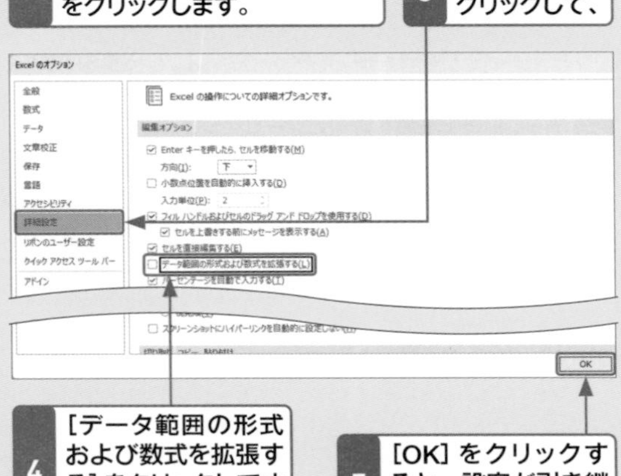

4 [データ範囲の形式および数式を拡張する] をクリックしてオフにし、

5 [OK] をクリックすると、設定が引き継がれなくなります。

重要度 ★★★　表の書式設定

Q 283 セルに既定のスタイルを適用したい！

A [ホーム]タブの[セルのスタイル]から設定します。

[ホーム]タブの[セルのスタイル]には、フォントやフォントサイズ、背景色、罫線などが設定されたセルのスタイルがあらかじめ用意されています。このセルのスタイルを利用すると、見栄えのするスタイルをかんたんに設定することができます。

適用したスタイルを解除する場合は、一覧から[標準]をクリックします。

1 セル範囲を選択して、

	A	B	C	D	E	F
1	防災用品					
2	商品番号	商品名	価格	消費税	表示価格	
3	B2011	防災ずきん	3,250	325	3,575	
4	B2012	懐中電灯	1,980	198	2,178	

2 [ホーム] タブの [セルのスタイル] をクリックし、

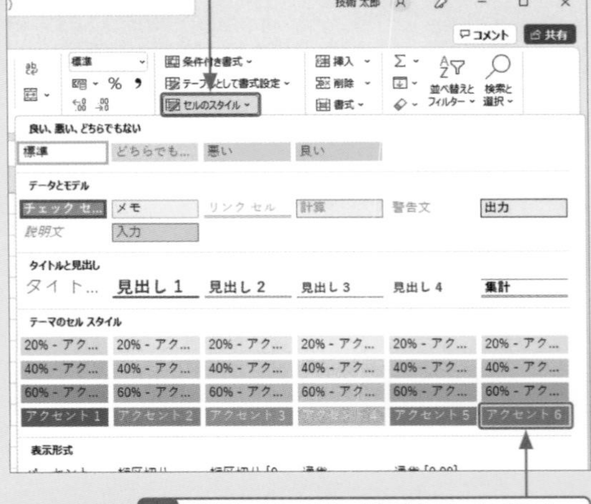

3 適用したいスタイルをクリックすると、

4 選択したスタイルがセルに設定されます。

	A	B	C	D	E	F
1	防災用品					
2	商品番号	商品名	価格	消費税	表示価格	
3	B2011	防災ずきん	3,250	325	3,575	
4	B2012	懐中電灯	1,980	198	2,178	

重要度 ★★★　表の書式設定

Q 284 オリジナルの書式を登録するには？

セルに設定した書式は、オリジナルの書式として保存することができます。登録したスタイルは、[ホーム]タブの[セルのスタイル]の[ユーザー設定]に追加されます。

A [セルのスタイル]の[新しいセルのスタイル]から登録します。

1 書式を設定したセルを選択して、

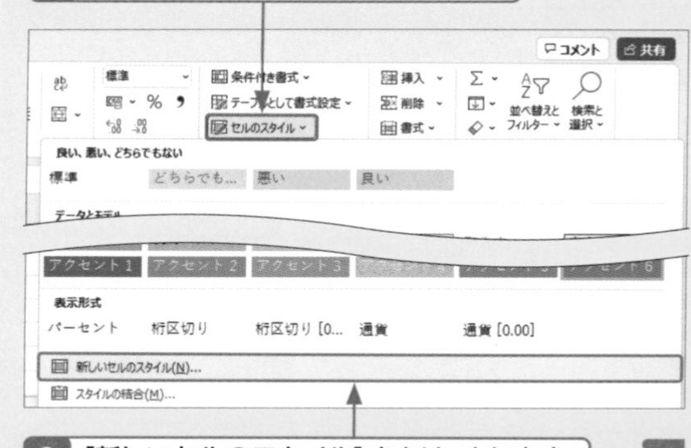

2 [ホーム]タブの[セルのスタイル]をクリックし、

3 [新しいセルのスタイル]をクリックします。

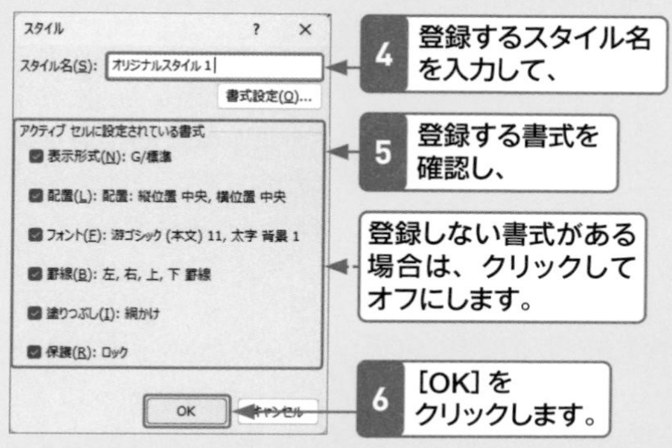

4 登録するスタイル名を入力して、

5 登録する書式を確認し、

登録しない書式がある場合は、クリックしてオフにします。

6 [OK]をクリックします。

7 登録したスタイルは、スタイルの一覧に追加されます。

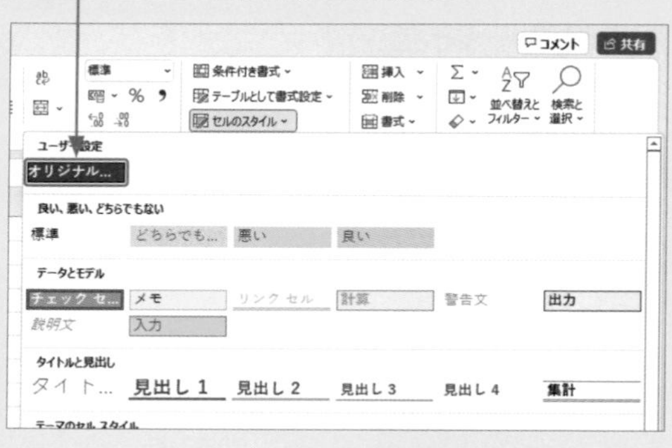

重要度 ★★★　表の書式設定

Q 285 登録した書式を削除するには？

A 登録したスタイルを右クリックして、[削除]をクリックします。

登録したスタイルが不要になった場合は、[ホーム]タブの[セルのスタイル]をクリックして、登録したスタイルを右クリックし、[削除]をクリックします。
なお、スタイルはブックに登録されるので、登録先のブックをあらかじめ表示しておく必要があります。

1 スタイルの一覧を表示して、登録したスタイルを右クリックし、

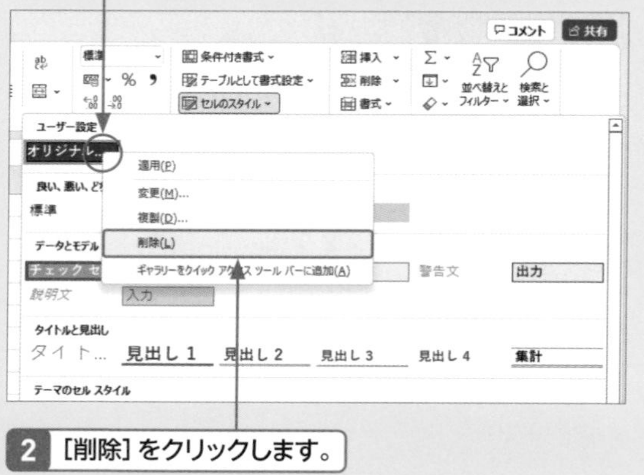

2 [削除]をクリックします。

重要度★★★ 表の書式設定

Q 286 Officeテーマって何？

A ブック全体の配色やフォント、効果を組み合わせた書式のことです。

「Officeテーマ」とは、フォントやセルの背景色、塗りつぶしの効果などを組み合わせたものです。Officeテーマを利用すると、ブック全体の書式をすばやくかんたんに設定できます。既定のテーマは「Office」ですが、[ページレイアウト]タブの[テーマ]の一覧で変更することができます。設定したテーマは、ブック全体のワークシートに適用されます。

初期設定のテーマは「Office」に設定されています。

	A	B	C
1	下半期店舗別売上高		
2			
3	地区	店舗	売上高
4	東地区	品川	15,140
5		新宿	36,940
6		中野	14,870
7		目黒	18,190
8	西地区	吉祥氏	20,210
9		府中	13,680
10		八王子	11,430

下半期店舗別売上

1 [ページレイアウト]タブをクリックして、
2 [テーマ]をクリックすると、
3 テーマを変更することができます。

重要度★★★ 表の書式設定

Q 287 テーマの配色を変更したい！

A [ページレイアウト]タブの[配色]をクリックして設定します。

テーマの配色は個別に変更できます。[ページレイアウト]タブの[配色]をクリックして、一覧から目的の配色を選択します。また、フォントも変更できます。[ページレイアウト]タブの[フォント]をクリックして一覧から選択します。

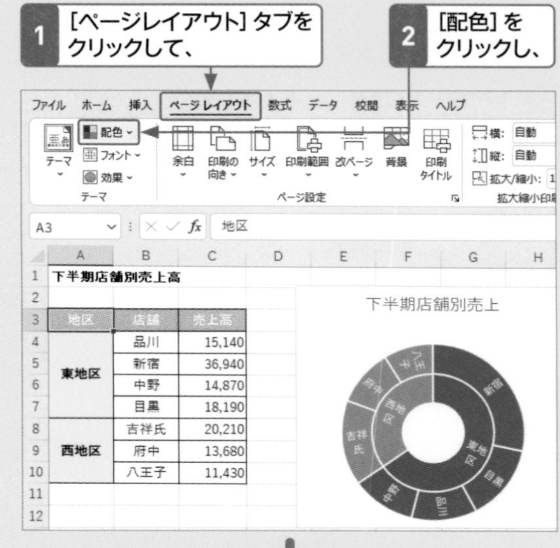
1 [ページレイアウト]タブをクリックして、
2 [配色]をクリックし、

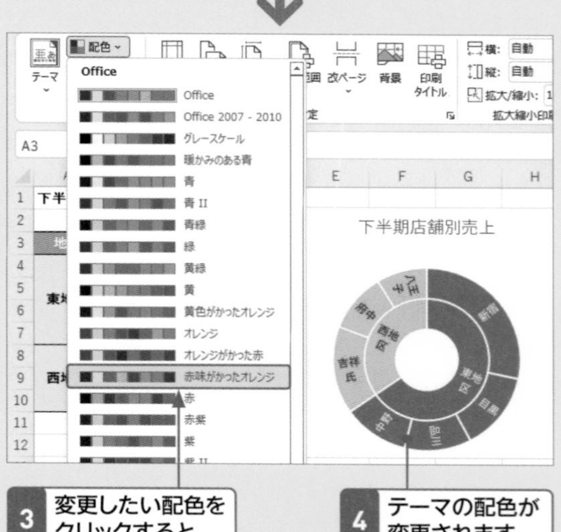
3 変更したい配色をクリックすると、
4 テーマの配色が変更されます。

重要度★★★　表の書式設定

Q 288 Excelのバージョンによって色やフォントが違う？

A テーマに登録されている色やフォントはExcelのバージョンによって異なります。

Excelの既定では「Office」テーマが設定されていますが、設定されている色やフォントは、Excelのバージョンによって多少異なります。そのため、異なるバージョンで作成したブックを開くと、配色やフォントが違う場合があります。
古いバージョンで作成したブックを新しいバージョンの色やフォントに変更するには、[ページレイアウト]タブの[テーマ]をクリックして、[Office]をクリックします。

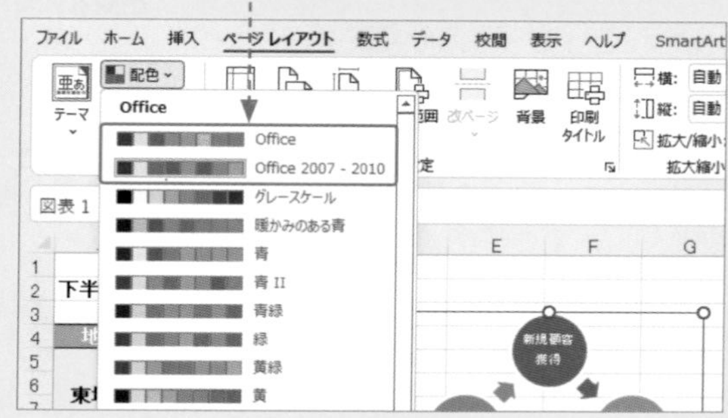
配色やフォント、効果は、
Officeのバージョンによって異なります。

重要度★★★　表の書式設定

Q 289 自分だけのテーマを作りたい！

A [テーマ]から[現在のテーマを保存]をクリックして設定します。

テーマの配色やフォント、効果などを個別に変更して設定した書式を、オリジナルのテーマとして保存することができます。保存したテーマは、[テーマ]の[ユーザー定義]に追加され、ほかのブックで利用することができます。

1 テーマの配色やフォント、効果などを個別に変更して設定します。

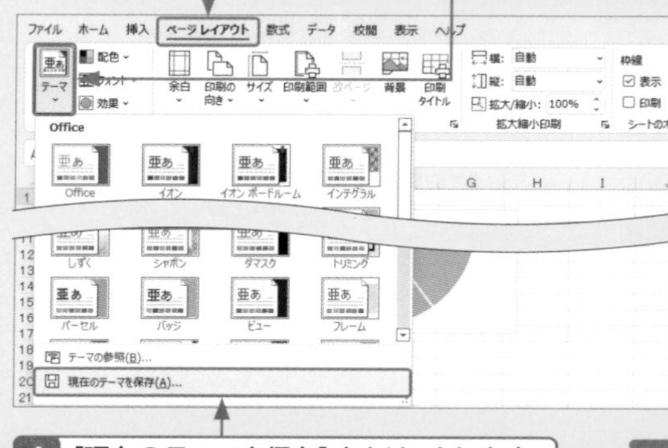
2 [ページレイアウト]タブをクリックして、
3 [テーマ]をクリックし、
4 [現在のテーマを保存]をクリックします。

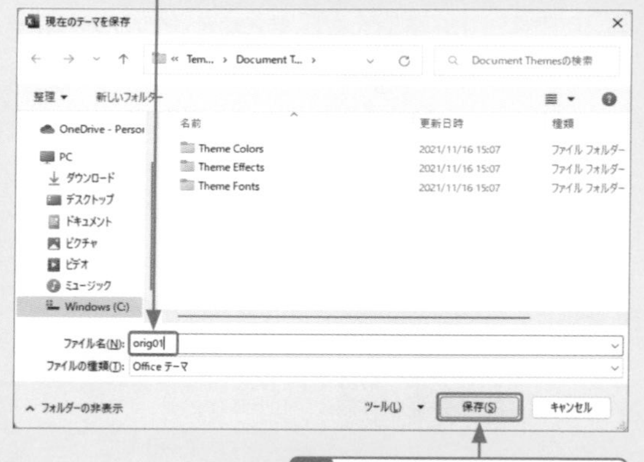
5 テーマの名前を入力して、
6 [保存]をクリックします。

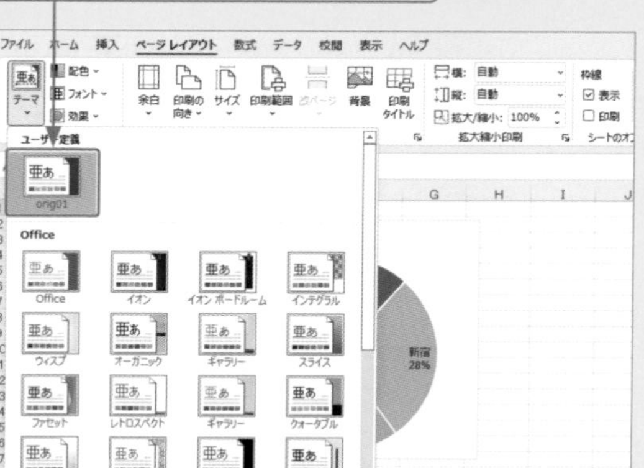
7 保存したテーマは、[テーマ]の[ユーザー定義]に追加されます。

重要度 ★★★　表の書式設定

Q 290 表をかんたんに装飾したい！

A ［テーブルとして書式設定］の一覧から設定します。

表をかんたんに装飾したい場合は、表をテーブルとして設定します。［ホーム］タブの［テーブルとして書式設定］をクリックすると、色や罫線などの書式があらかじめ設定されたスタイルの一覧が表示されます。その中から使用したいスタイルをクリックするだけで、表に見栄えのする書式が設定されます。
なお、表をテーブルとして設定すると、列見出しにフィルターボタン▼が表示されますが、不要な場合は解除することもできます。

1 設定したい表を範囲選択して、

2 ［ホーム］タブの［テーブルとして書式設定］をクリックし、

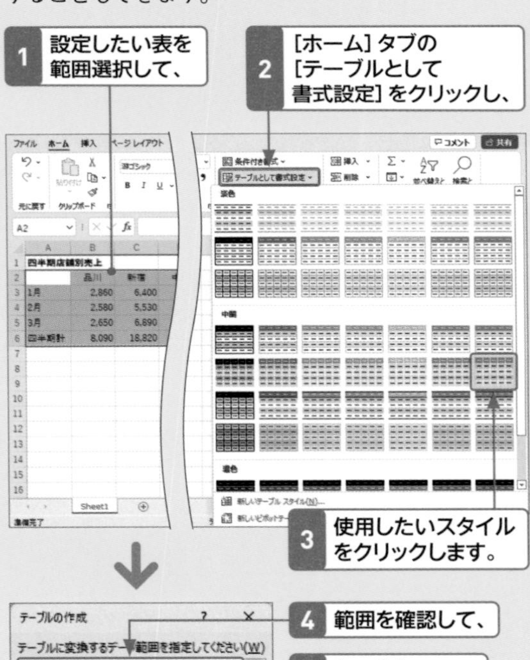

3 使用したいスタイルをクリックします。

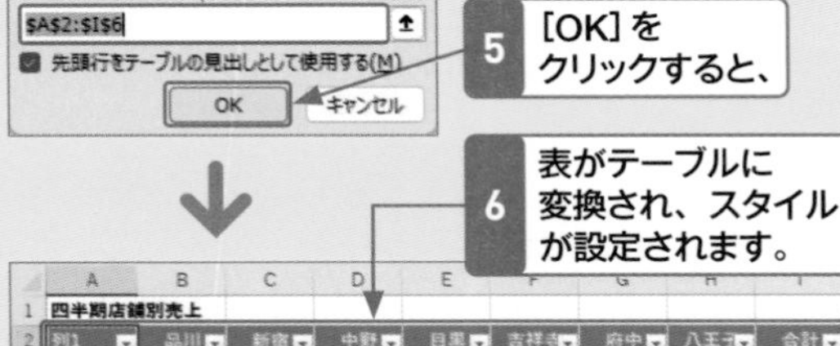

4 範囲を確認して、

5 ［OK］をクリックすると、

6 表がテーブルに変換され、スタイルが設定されます。

	A	B	C	D	E	F	G	H	I
1	四半期店舗別売上								
2	列1	品川	新宿	中野	目黒	吉祥寺	府中	八王子	合計
3	1月	2,860	6,400	2,550	3,560	3,580	2,100	1,800	22,850
4	2月	2,580	5,530	2,280	2,880	3,920	2,490	2,000	21,680
5	3月	2,650	6,890	2,560	3,450	3,090	2,560	2,090	23,290
6	四半期計	8,090	18,820	7,390	9,890	10,590	7,150	5,890	67,820

重要度 ★★★　表の書式設定

Q 291 表の先頭列や最終列を目立たせたい！

A 表をテーブルとして設定し、［最初の列］や［最後の列］をオンにします。

表をテーブルとして設定すると、［テーブルデザイン］タブが表示されます。その［テーブルデザイン］タブにある［最初の列］や［最後の列］をオンにすると、表の先頭列や最終列に目立つ書式を設定できます。書式は、設定したテーブルスタイルによって異なります。また、［フィルターボタン］をオフにすると、列見出しに表示されているフィルターボタン▼を解除することもできます。

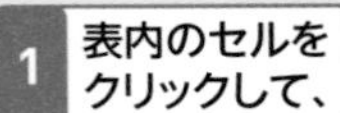

1 表内のセルをクリックして、

2 ［テーブルデザイン］タブをクリックします。

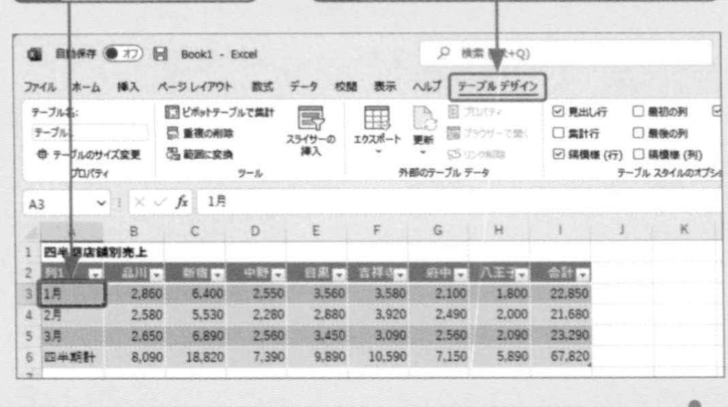

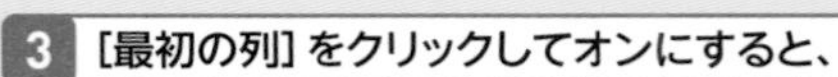

3 ［最初の列］をクリックしてオンにすると、

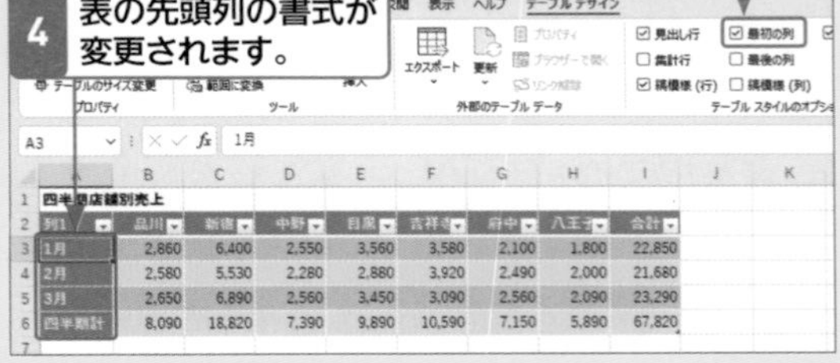

4 表の先頭列の書式が変更されます。

5 ［最後の列］をクリックしてオンにすると、

6 表の最終列の書式が変更されます。

重要度 ★★★　条件付き書式

Q 292 条件付き書式って何？

A 指定した条件を満たすセルに書式を付ける機能のことです。

「条件付き書式」は、指定した条件に基づいてセルを強調表示したり、データを相対的に評価して視覚化したりする機能です。条件付き書式を利用すると、条件に一致するセルに書式を設定して特定のセルを目立たせたり、データを相対的に評価してカラーバーやアイコンを表示したりすることができます。同じセル範囲に複数の条件付き書式を設定することもできます。

	A	B	C	D	E
1	四半期店舗別売上				
2		吉祥寺	府中	八王子	合計
3	1月	3,580	2,100	1,800	7,480
4	2月	3,920	2,490	2,000	8,410
5	3月	3,090	2,560	2,090	7,740
6	四半期計	10,590	7,150	5,890	23,630

条件付き書式を利用して平均より大きい数値のセルに書式を設定した例

重要度 ★★★　条件付き書式

Q 293 条件に一致するセルだけ色を変えたい！

A 条件付き書式の［セルの強調表示ルール］を利用します。

条件付き書式の［セルの強調表示ルール］を利用すると、指定した値をもとに、指定の値より大きい／小さい、指定の範囲内、指定の値に等しい、などの条件でセルに任意の書式を設定して目立たせることができます。

1 目的のセル範囲を選択して、

	A	B	C	D	E
1	四半期店舗別売上				
2		品川	新宿	中野	目黒
3	1月	2,860	6,400	2,550	3,560
4	2月	2,580	5,530	2,280	2,880
5	3月	2,650	6,890	2,560	3,450
6	四半期計	8,090	18,820	7,390	9,890

2 ［ホーム］タブの［条件付き書式］をクリックし、

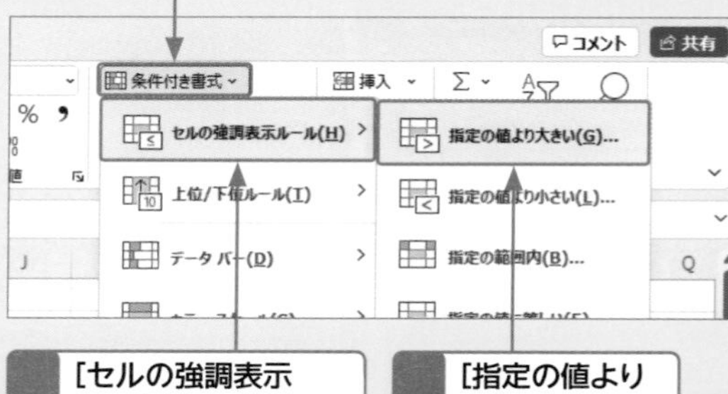

3 ［セルの強調表示ルール］にマウスポインターを合わせ、

4 ［指定の値より大きい］をクリックします。

5 基準にする数値を入力して（ここでは「3000」）、

6 ここをクリックし、

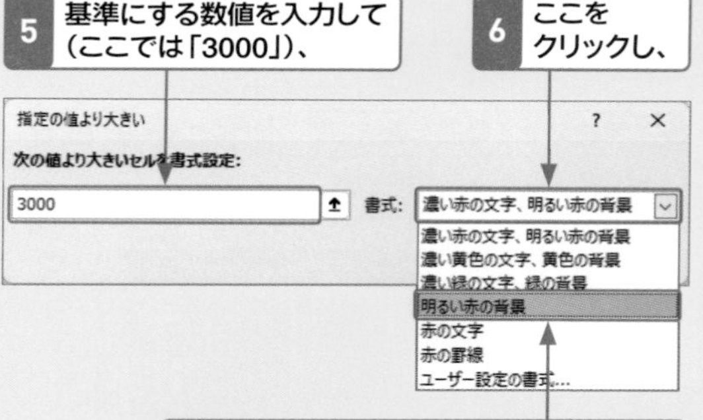

7 条件を満たしたときに表示する書式を設定します。

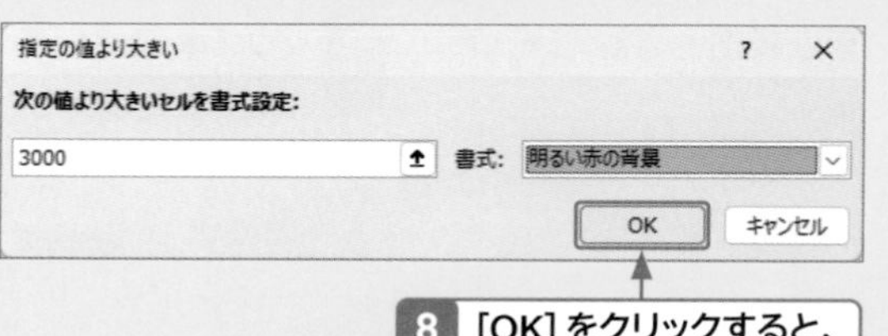

8 ［OK］をクリックすると、

9 3000より大きい数値に、手順**7**で設定した書式が表示されます。

	A	B	C	D	E
1	四半期店舗別売上				
2		品川	新宿	中野	目黒
3	1月	2,860	6,400	2,550	3,560
4	2月	2,580	5,530	2,280	2,880
5	3月	2,650	6,890	2,560	3,450
6	四半期計	8,090	18,820	7,390	9,890

重要度★★★ 条件付き書式

Q 294 数値の差や増減をひと目でわかるようにしたい！

A 条件付き書式の「データバー」や「カラースケール」などを利用します。

条件付き書式の「データバー」「カラースケール」「アイコンセット」は、ユーザーが値を指定しなくても、選択したセル範囲の値を自動計算し、データを相対評価してくれる機能です。

データバーは、値の大小に応じた長さの横棒を単色やグラデーションで表示します。カラースケールは、値の大小を色の濃淡で表示します。アイコンセットは、値の大小に応じて3〜5種類のアイコンを表示します。

● データバーを表示する

1 目的のセル範囲を選択して、

	A	B	C	D	E	F
1	下半期商品区分別売上					
2		品川	新宿	中野	目黒	
3	キッチン	5,340	5,800	5,270	3,820	
4	収納家具	4,330	4,510	4,230	3,080	
5	ガーデン	3,310	3,630	3,200	2,650	
6	防災	800	860	770	1,080	
7	合計	13,780	14,800	13,470	10,630	

2 [ホーム] タブの [条件付き書式] をクリックします。

3 [データバー] にマウスポインターを合わせて、

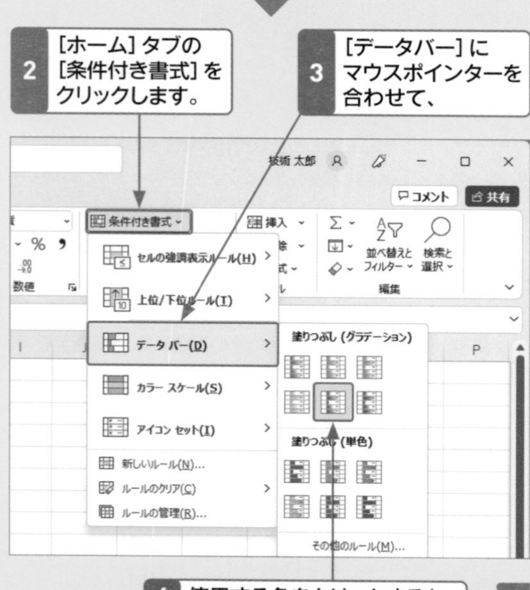

4 使用する色をクリックすると、

5 値の大小に応じた長さのカラーバーが表示されます。

	A	B	C	D	E
1	下半期商品区分別売上				
2		品川	新宿	中野	目黒
3	キッチン	5,340	5,800	5,270	3,820
4	収納家具	4,330	4,510	4,230	3,080
5	ガーデン	3,310	3,630	3,200	2,650
6	防災	800	860	770	1,080
7	合計	13,780	14,800	13,470	10,630

	A	B	C	D
1	下半期店舗別売上			
2		下半期計	売上目標	差額
3	品川	15,140	14,000	1,140
4	新宿	36,940	36,000	940
5	中野	14,870	15,000	-130
6	目黒	18,190	18,000	190
7	合計	85,140	83,000	2,140

プラスとマイナスの数値がある場合は、マイナス、プラス間に境界線が適用されたカラーバーが表示されます。

● カラースケールを表示する

	A	B	C	D	E
1	下半期商品区分別売上				
2		品川	新宿	中野	目黒
3	キッチン	5,340	5,800	5,270	3,820
4	収納家具	4,330	4,510	4,230	3,080
5	ガーデン	3,310	3,630	3,200	2,650
6	防災	800	860	770	1,080
7	合計	13,780	14,800	13,470	10,630

値の大小が色の濃淡で表示されます。

● アイコンセットを表示する

	A	B	C	D	E
1	下半期商品区分別売上				
2		品川	新宿	中野	目黒
3	キッチン	5,340	5,800	5,270	3,820
4	収納家具	4,330	4,510	4,230	3,080
5	ガーデン	3,310	3,630	3,200	2,650
6	防災	800	860	770	1,080
7	合計	13,780	14,800	13,470	10,630

値の大小に応じたアイコンが表示されます。

Q 295 土日の日付だけ色を変えたい!

A 条件にWEEKDAY関数を利用します。

予定表などを作成する際、日曜日や土曜日のセルに色を付けると見やすい表になります。この場合は、条件付き書式の条件にWEEKDAY関数を利用して、指定した曜日に書式を設定します。WEEKDAY関数は、日付に対応する曜日を1から7までの整数で返す関数です。なお、手順5で入力している「WEEKDAY($A3,1)=1」の「A3」は日付が入力されているセルを、「1」(戻り値)は日曜日を指定しています(右下表参照)。

1 目的のセル範囲を選択して、

2 [ホーム]タブの[条件付き書式]をクリックし、

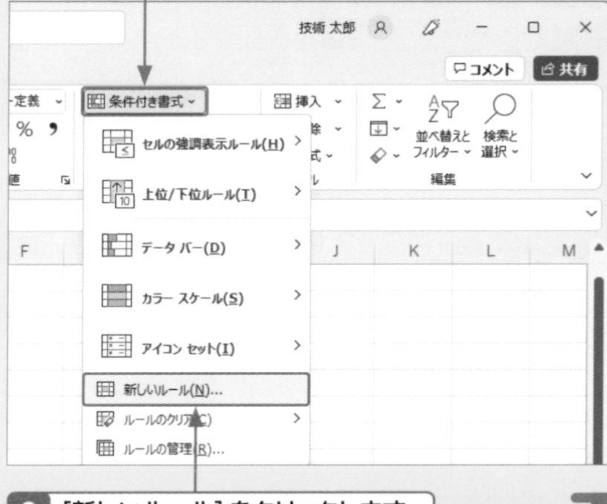

3 [新しいルール]をクリックします。

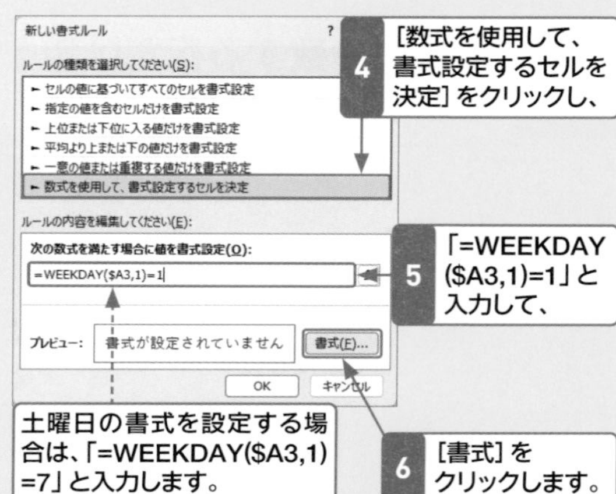

4 [数式を使用して、書式設定するセルを決定]をクリックし、

5 「=WEEKDAY($A3,1)=1」と入力して、

土曜日の書式を設定する場合は、「=WEEKDAY($A3,1)=7」と入力します。

6 [書式]をクリックします。

7 [フォント]をクリックして、

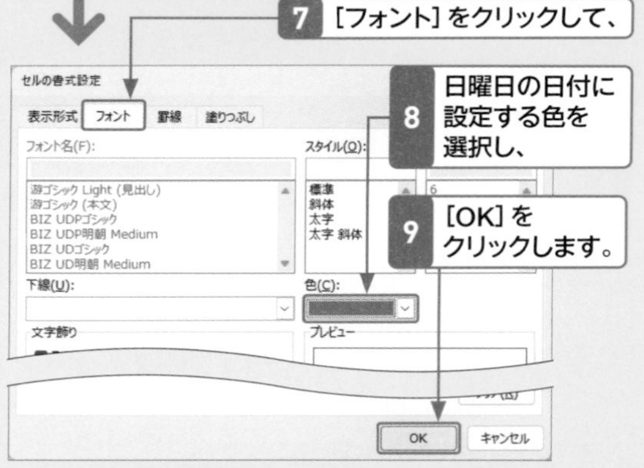

8 日曜日の日付に設定する色を選択し、

9 [OK]をクリックします。

10 [新しい書式ルール]ダイアログボックスの[OK]をクリックすると、

	日 付
3	7月1日(土曜日)
4	7月2日(日曜日)
5	7月3日(月曜日)
6	7月4日(火曜日)
7	7月5日(水曜日)
8	7月6日(木曜日)
9	7月7日(金曜日)
10	7月8日(土曜日)
11	7月9日(日曜日)
12	7月10日(月曜日)

11 日曜日の日付に色が付きます。

12 土曜日の日付にも同様に色を設定します。

戻り値と曜日の関係

WEEKDAY関数では引数の種類が3つあり、それぞれ戻り値と曜日の対応関係が異なります。ここでは、下表の種類を指定しています。

曜日	日	月	火	水	木	金	土
戻り値	1	2	3	4	5	6	7

重要度 ★★★ 条件付き書式

Q 296 条件に一致する行だけ色を変えたい!

A MOD関数とROW関数を組み合わせた数式を利用します。

条件付き書式で指定する条件に、MOD関数とROW関数を組み合わせた数式を入力すると、指定行ごとに書式を設定できます。たとえば、1行ごとに背景色を変更するように設定するには、「=MOD(ROW( ),2)=0」という数式を条件にします。この数式は、現在の行番号が2で割り切れるかどうかをチェックして、余りが0であると偶数行とみなされ、書式が設定されます。奇数行に色を付ける場合は、「=MOD(ROW( ),2)=1」とします。

参照▶Q 295

1 目的のセル範囲を選択して、[新しい書式ルール]ダイアログボックスを表示します。

2 [数式を使用して、書式設定するセルを決定]をクリックし、

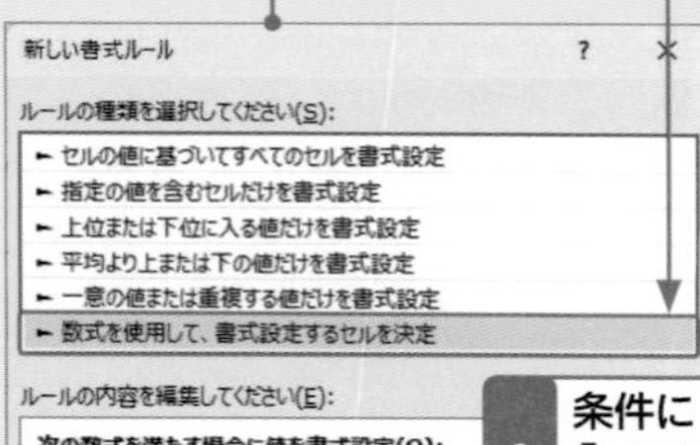

3 条件に「=MOD(ROW( ),2)=0」と入力します。

4 条件を満たしたときの書式を指定して、

5 [OK]をクリックすると、

6 1行ごとに背景色を設定できます。

	A	B	C	D	E	F
1	下半期店舗別売上					
2		品川	新宿	中野	目黒	合計
3	10月	2,050	5,980	2,670	2,950	13,650
4	11月	1,880	5,240	2,020	2,780	11,920
5	12月	3,120	6,900	2,790	2,570	15,380
6	1月	2,860	6,400	2,550	3,560	15,370
7	2月	2,580	5,530	2,280	2,880	13,270
8	3月	2,650	6,890	2,560	3,450	15,550
9	下半期計	15,140	36,940	14,870	18,190	85,140

重要度 ★★★ 条件付き書式

Q 297 条件付き書式の条件や書式を変更したい!

A [条件付き書式ルールの管理]ダイアログボックスで変更します。

条件付き書式の条件や書式を変更したいときは、書式を設定したセル範囲を選択して、[条件付き書式ルールの管理]ダイアログボックスを表示します。変更したいルールをクリックして、[ルールの編集]をクリックすると、[書式ルールの編集]ダイアログボックスが表示されるので、条件や書式を変更します。

1 書式を設定したセル範囲を選択して、

2 [ホーム]タブの[条件付き書式]をクリックし、

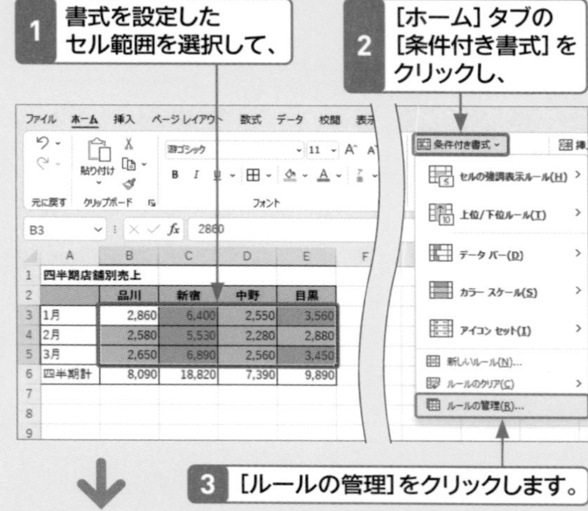

3 [ルールの管理]をクリックします。

4 変更したいルールをクリックして、

5 [ルールの編集]をクリックします。

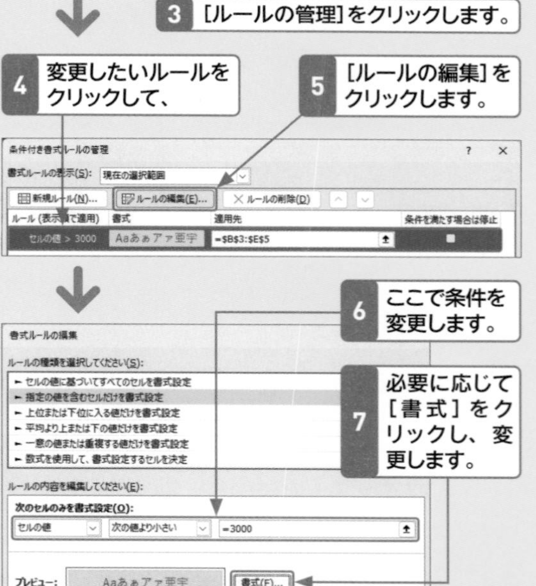

6 ここで条件を変更します。

7 必要に応じて[書式]をクリックし、変更します。

重要度 ★★★ 条件付き書式

Q 298 条件付き書式を解除したい!

A [条件付き書式]の[ルールのクリア]から解除します。

条件付き書式を解除するには、書式を設定したセル範囲を選択して、[ホーム]タブの[条件付き書式]をクリックし、[ルールのクリア]から[選択したセルからルールをクリア]をクリックします。また、セル範囲を選択せずに、[ルールのクリア]から[シート全体からルールをクリア]をクリックすると、ワークシート上のすべてのセルから条件付き書式が解除されます。

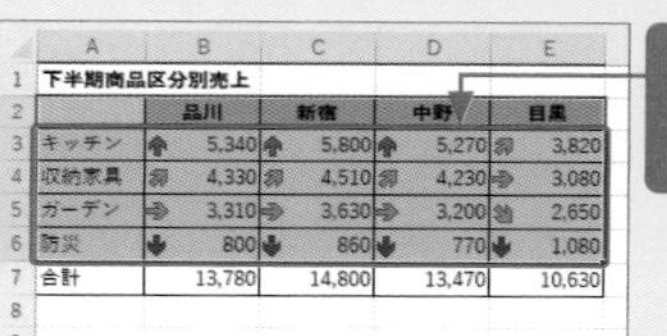
1 書式を設定したセル範囲を選択します。

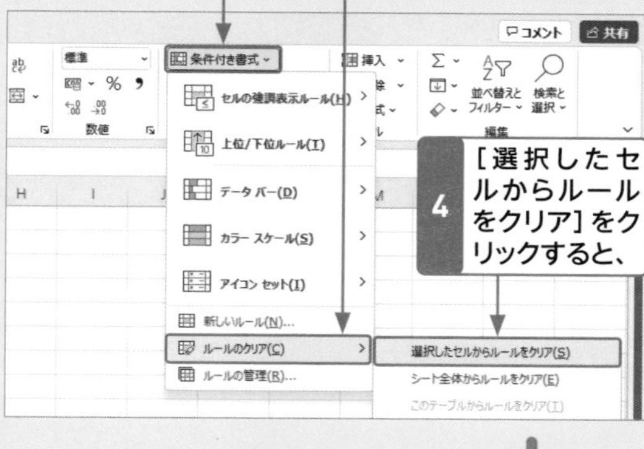
2 [ホーム]タブの[条件付き書式]をクリックして、
3 [ルールのクリア]にマウスポインターを合わせ、
4 [選択したセルからルールをクリア]をクリックすると、
5 条件付き書式が解除されます。

重要度 ★★★ 条件付き書式

Q 299 設定した複数条件のうち1つだけを解除したい!

A [条件付き書式ルールの管理]ダイアログボックスで変更します。

設定した複数条件のうち、1つだけを削除するには、書式を設定したセル範囲を選択して、[ホーム]タブの[条件付き書式]をクリックし、[ルールの管理]をクリックします。[条件付き書式ルールの管理]ダイアログボックスが表示されるので、解除したいルールをクリックして削除します。

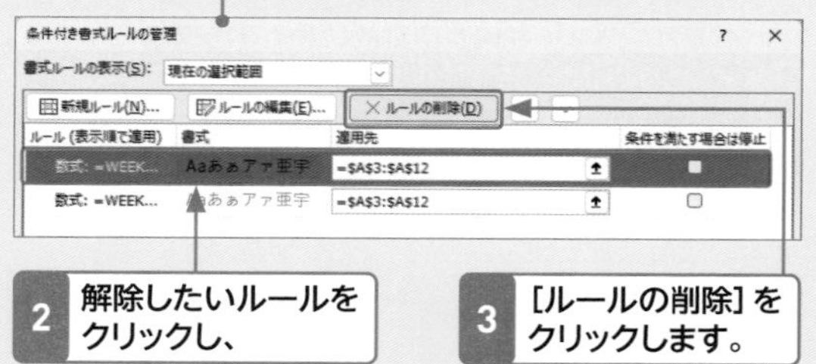
1 [条件付き書式ルールの管理]ダイアログボックスを表示して、
2 解除したいルールをクリックし、
3 [ルールの削除]をクリックします。

重要度 ★★★ 条件付き書式

Q 300 設定した複数条件の優先順位を変更したい!

A [条件付き書式ルールの管理]ダイアログボックスで変更します。

条件付き書式は、あとから設定した条件が優先されます。優先順位を変更したいときは、書式を設定したセル範囲を選択して、[ホーム]タブの[条件付き書式]をクリックし、[ルールの管理]をクリックすると表示される[条件付き書式ルールの管理]ダイアログボックスで設定します。

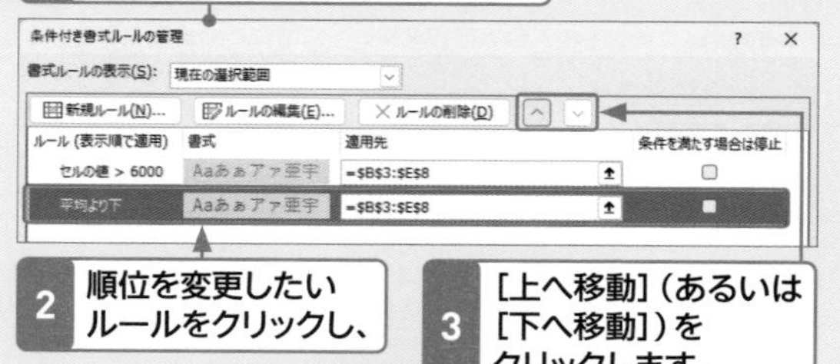
1 [条件付き書式ルールの管理]ダイアログボックスを表示して、
2 順位を変更したいルールをクリックし、
3 [上へ移動](あるいは[下へ移動])をクリックします。

1 Excelの基本
2 入力
3 編集
4 書式
5 計算
6 関数
7 グラフ
8 データベース
9 印刷
10 ファイル
11 図形
12 連携・共同編集

重要度 ★★★　条件付き書式

Q 301 データの追加に応じて自動で罫線を追加したい！

A 条件付き書式の条件を[空白なし]に設定します。

表にデータを追加するたびに罫線を設定するのは面倒です。条件付き書式を利用すると、データを追加するたびに罫線も自動で引かれるように設定できます。

目的のセル範囲を選択して、下の手順で［新しい書式ルール］ダイアログボックスを表示し、条件と書式を設定します。

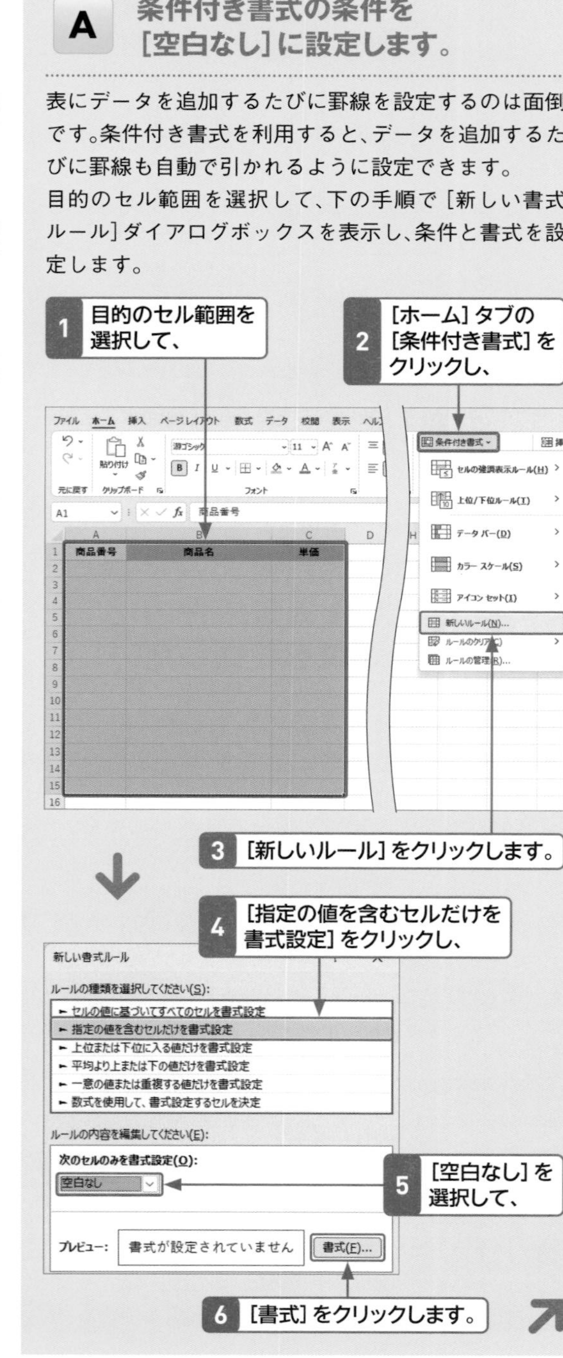

1 目的のセル範囲を選択して、
2 ［ホーム］タブの［条件付き書式］をクリックし、
3 ［新しいルール］をクリックします。
4 ［指定の値を含むセルだけを書式設定］をクリックし、
5 ［空白なし］を選択して、
6 ［書式］をクリックします。
7 ［罫線］をクリックして、
8 ［外枠］をクリックし、
9 ［OK］をクリックします。
10 ［OK］をクリックします。
11 指定した範囲でデータを入力すると、罫線が自動的に引かれます。

	A	B	C	D
1	商品番号	商品名	単価	
2	T0011	ティーポット	2350	
3	T0012	ティーサーバー	1290	
4	T0013	ストレーナー	650	
5				
6				

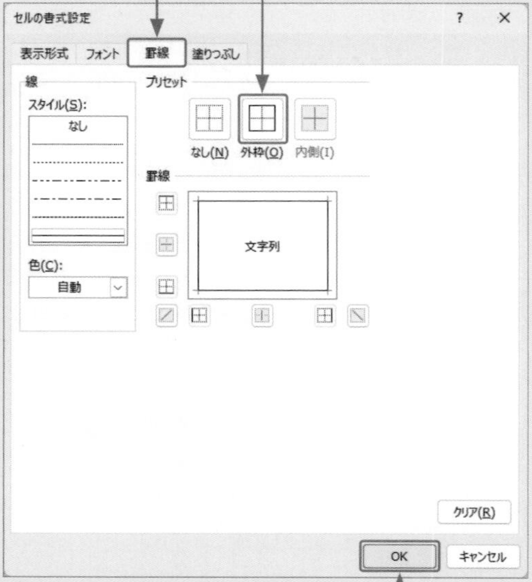

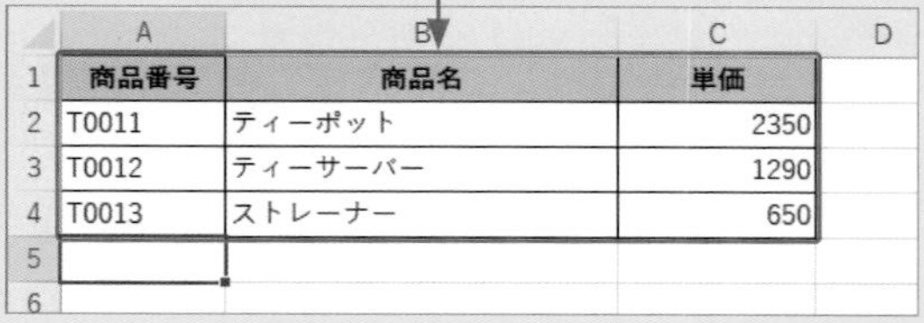

第5章

計算の「こんなときどうする?」

重要度★★★　数式の入力

Q 302 数式って何？

A さまざまな計算をするための計算式のことです。

「数式」とは、さまざまな計算をするための計算式のことです。「=」(等号)と数値、演算子と呼ばれる記号を入力して計算結果を表示します。「=」や数値、演算子などはすべて半角で入力します。
また、数値を入力するかわりにセル参照を指定して計算することもできます。セル参照を利用すると、参照先のデータを修正したときに計算結果が自動的に更新されるので、自分で再計算する手間が省けます。

● 数式の書式

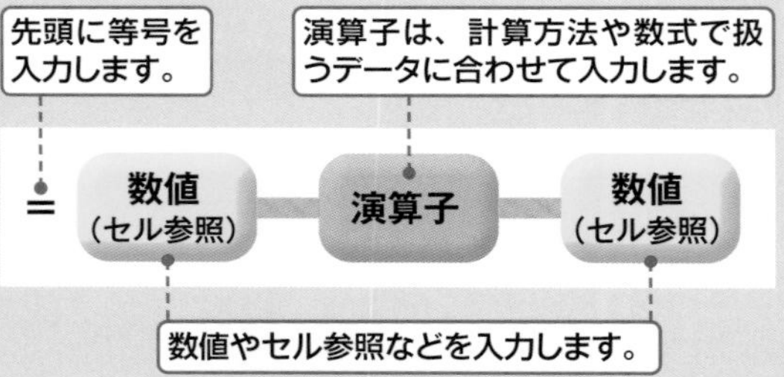

先頭に等号を入力します。
演算子は、計算方法や数式で扱うデータに合わせて入力します。
=
数値(セル参照)
演算子
数値(セル参照)
数値やセル参照などを入力します。

重要度★★★　数式の入力

Q 303 セル番号やセル番地って何？

A 列番号と行番号で表すセルの位置のことをいいます。

「セル番号」とは、列番号と行番号で表すセルの位置のことです。たとえば、セル番号[A1]は列「A」と行「1」の交差するセルを指します。セル番地ともいいます。

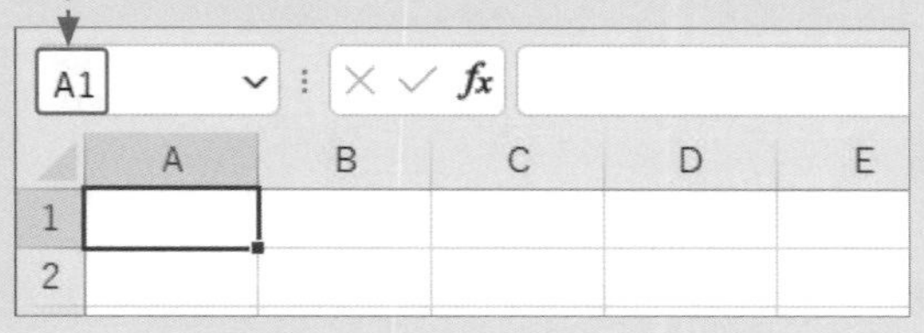

クリックしたセルのセル位置が数式バーに表示されます。
A1
A
B
C
D
E
1
2

重要度★★★　数式の入力

Q 304 算術演算子って何？

A 数式の計算内容を示す記号のことです。

「算術演算子」とは、数式の中の算術演算に用いられる演算子のことです。計算を行うための算術演算子は下表のとおりです。同じ数式内に複数の種類の算術演算子がある場合は、表の上の算術演算子から順番に、優先的に計算が行われます。なお、優先順位はカッコで変更できます。

内容	記号
パーセント	%
べき乗	^
掛け算	*
割り算	/
足し算	+
引き算	−

重要度★★★　数式の入力

Q 305 3の8乗のようなべき乗を求めたい！

A 算術演算子「^」を利用します。

べき乗を求めるには、算術演算子「^」を利用して、「=3^8」のように入力して求めます。「^」は、キーボードの[^]を押します。

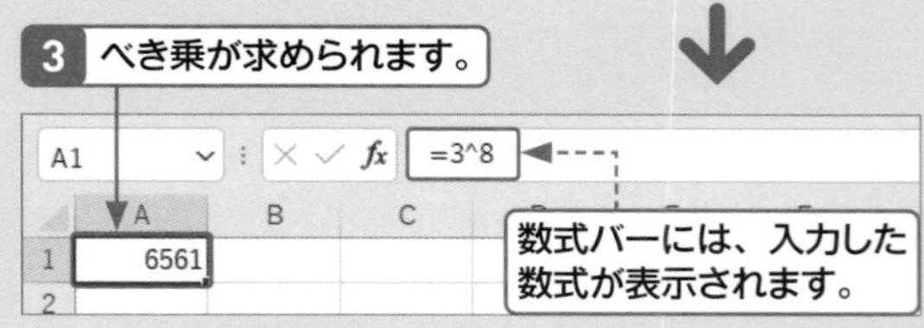

306 セル参照って何？

A 数式の中で数値のかわりにセルの位置を指定することです。

「セル参照」とは、数式の中で数値のかわりにセルの位置を指定することです。セル参照を使うと、そのセルに入力されている値を使って計算できます。セル参照には、「相対参照」「絶対参照」「複合参照」の3種類の参照方式があります（右表参照）。数式をほかのセルにコピーする際は、参照方式によってコピー後の参照先が異なります。参照方式の切り替えは、F4 を使ってかんたんに行うことができます。

● 相対参照

数式「=C3/B3」が入力されています。

	A	B	C	D
1	店頭売上数			
2		目標数	売上数	達成率
3	コーヒー	1500	1426	=C3/B3
4	紅茶	800	881	=C4/B4
5	日本茶	600	591	=C5/B5
6	中国茶	500	536	=C6/B6
7				
8				

数式をコピーすると、参照先が自動的に変更されます。

● 絶対参照

数式「=B3/$B$7」が入力されています。

	A	B	C
1	店頭売上数		
2		売上数	構成比
3	コーヒー	1426	=B3/$B$7
4	紅茶	881	=B4/$B$7
5	日本茶	591	=B5/$B$7
6	中国茶	536	=B6/$B$7
7	合計	=SUM(B3:B6)	
8			

数式をコピーすると、
「$」が付いた参照先は［B7］のまま固定されます。

参照方式	解　説
相対参照	数式が入力されているセルを基点として、ほかのセルの位置を相対的な位置関係で指定する参照方式のことです。
絶対参照	参照するセル位置を固定する参照方式のことです。セル参照を固定するには、列番号や行番号の前に「$」を付けます。
複合参照	相対参照と絶対参照を組み合わせた参照方式のことです。「列が絶対参照、行が相対参照」「列が相対参照、行が絶対参照」の2種類があります。

● 複合参照

数式「=$B4＊C$1」が入力されています。

	A	B	C	D
1		原価率	0.75	0.85
2				
3	商品名	売値	原価額	原価額
4	ティーサーバー	1290	=$B4*C$1	=$B4*D$1
5	ケトル	3450	=$B5*C$1	=$B5*D$1
6	ティーメジャー	550	=$B6*C$1	=$B6*D$1
7	ティーコージー	3250	=$B7*C$1	=$B7*D$1
8				
9				
10				

数式をコピーすると、
参照列と参照行だけが固定されます。

● 参照方式の切り替え

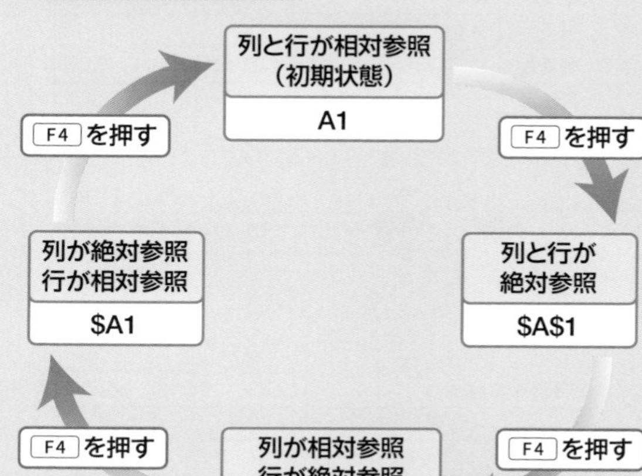

重要度 ★★★ 数式の入力

Q 307 数式を修正したい！

A1 数式バーで修正します。

数式が入力されたセルをクリックすると、数式バーに数式が表示されます。そこで数式を修正できます。

1 セルをクリックして、

2 数式バーをクリックすると、数式を修正できます。

SUMIF　=B3+C3

	A	B	C	D	E
1	地区別売上実績				
2		1月	2月	3月	合計
3	東地区	15,370	13,270	15,550	=B3+C3
4	西地区	7,480	8,410	7,740	23,630
5	合計				

A2 セル内で修正します。

数式が入力されたセルをダブルクリックすると、セルに数式が表示されます。そこで数式を修正できます。

1 セルをダブルクリックすると、

E3　=B3+C3

	A	B	C	D	E
1	地区別売上実績				
2		1月	2月	3月	合計
3	東地区	15,370	13,270	15,550	28,640
4	西地区	7,480	8,410	7,740	23,630
5	合計				

2 セル内で数式を修正できます。

SUMIF　=B3+C3

	A	B	C	D	E
1	地区別売上実績				
2		1月	2月	3月	合計
3	東地区	15,370	13,270	15,550	=B3+C3
4	西地区	7,480	8,410	7,740	23,630
5	合計				

重要度 ★★★ 数式の入力

Q 308 数式を入力したセルに勝手に書式が付いた！

A 書式が設定されているセルを数式で参照しています。

数値に桁区切りスタイルや通貨スタイルなどの書式が設定されているとき、数式でそのセルを参照している場合は、計算結果にも書式が設定されます。

1 桁区切りスタイルが設定されているセルを参照した数式を入力して、

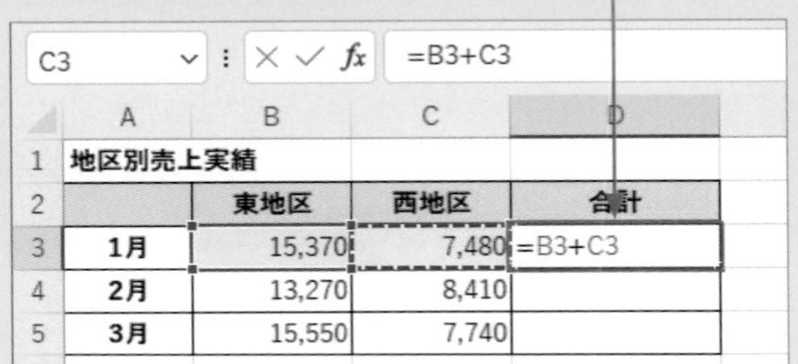

C3　=B3+C3

	A	B	C	D
1	地区別売上実績			
2		東地区	西地区	合計
3	1月	15,370	7,480	=B3+C3
4	2月	13,270	8,410	
5	3月	15,550	7,740	

2 Enter を押すと、計算結果にも桁区切りの書式が自動的に設定されます。

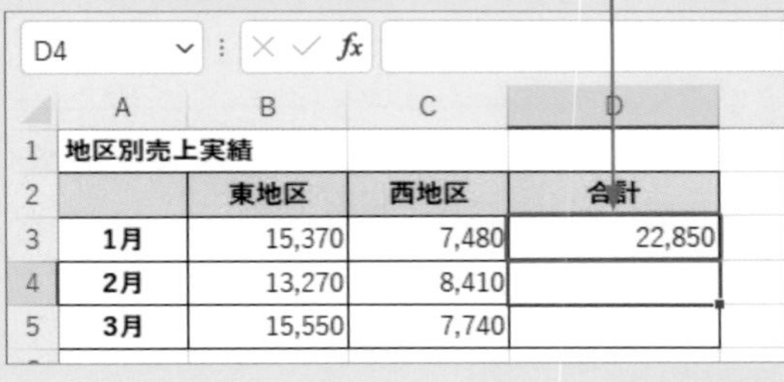

D4

	A	B	C	D
1	地区別売上実績			
2		東地区	西地区	合計
3	1月	15,370	7,480	22,850
4	2月	13,270	8,410	
5	3月	15,550	7,740	

重要度 ★★★ 数式の入力

Q 309 F4 を押しても参照形式が変わらない！

A 変更したいセル参照部分を選択してから F4 を押します。

参照形式を変えるには、あらかじめ変更したいセル参照部分を選択するか、そのセル参照の中にカーソルを置いておく必要があります。なお、キーボードによっては、Fn を押しながら F4 を押す必要がある場合もあります。

参照 ▶ Q 311

重要度 ★★★　数式の入力

Q 310 数式をコピーしたら参照先が変わった！

A 数式のセル参照は、コピーもとの位置を基準に変更されます。

数式が入力されているセルをコピーすると、参照先のセルとの相対的な位置関係が保たれるように、セル参照が自動的に変化します。Excelの既定では、新しく作成した数式には相対参照が使用されます。

セル[B8]には、セル[B6]とセル[B7]の差額を求める数式が入力されています。

B8　=B6-B7

	A	B	C	D	E
1	四半期売上高				
2		品川	新宿	中野	目黒
3	1月	2,860	6,400	2,550	3,560
4	2月	2,580	5,530	2,280	2,880
5	3月	2,650	6,890	2,560	3,450
6	四半期計	8,090	18,820	7,390	9,890
7	売上目標	8,000	20,000	7,000	10,000
8	差額	90			

1 数式が入力されているセルを、

2 ここまでコピーします。

B8　=B6-B7

	A	B	C	D	E
1	四半期売上高				
2		品川	新宿	中野	目黒
3	1月	2,860	6,400	2,550	3,560
4	2月	2,580	5,530	2,280	2,880
5	3月	2,650	6,890	2,560	3,450
6	四半期計	8,090	18,820	7,390	9,890
7	売上目標	8,000	20,000	7,000	10,000
8	差額	90			

セル[C8]の数式がセル[C6]とセル[C7]の差額を計算する数式に変わります。

C8　=C6-C7

	A	B	C	D	E
1	四半期売上高				
2		品川	新宿	中野	目黒
3	1月	2,860	6,400	2,550	3,560
4	2月	2,580	5,530	2,280	2,880
5	3月	2,650	6,890	2,560	3,450
6	四半期計	8,090	18,820	7,390	9,890
7	売上目標	8,000	20,000	7,000	10,000
8	差額	90	-1,180	390	-110

重要度 ★★★　数式の入力

Q 311 数式をコピーしても参照先が変わらないようにしたい！

A 絶対参照を利用します。

数式をコピーしたときに相対的な位置関係が保たれることによって、意図した計算結果にならない場合もあります。このような場合は、絶対参照を使うと参照先のセルを固定できます。

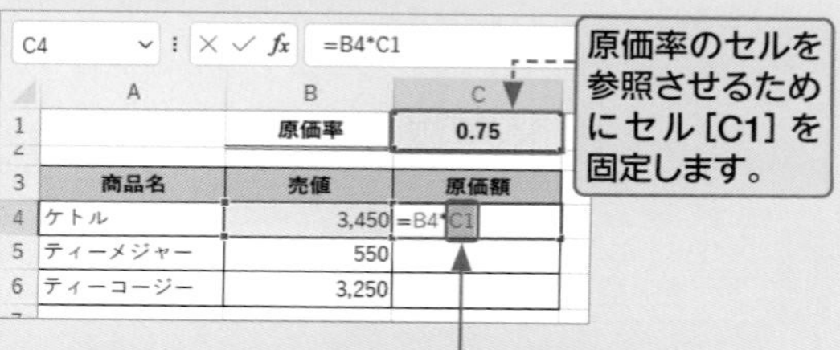

原価率のセルを参照させるためにセル[C1]を固定します。

1 参照を固定したいセル位置を選択して、

2 F4 を押すと、

C4　=B4*$C$1

	A	B	C
1		原価率	0.75
3	商品名	売値	原価額
4	ケトル	3,450	=B4*$C$1
5	ティーメジャー	550	
6	ティーコージー	3,250	

3 セル[C1]が[$C$1]の絶対参照に変わります。

C4　=B4*$C$1

	A	B	C
1		原価率	0.75
3	商品名	売値	原価額
4	ケトル	3,450	2587.5
5	ティーメジャー	550	
6	ティーコージー	3,250	

4 Enter を押して結果を表示します。

5 セル[C4]の数式をコピーすると、

6 正しい計算結果が表示されます。

	A	B	C
1		原価率	0.75
3	商品名	売値	原価額
4	ケトル	3,450	2587.5
5	ティーメジャー	550	412.5
6	ティーコージー	3,250	2437.5

重要度★★★　数式の入力

Q 312 列か行の参照先を固定したい！

A 複合参照を利用します。

列または行のいずれかの参照先を固定したまま数式をコピーしたい場合は、[$A1] [A$1] のような複合参照を利用します。たとえば、列「B」に「売値」、行「1」に「原価率」を入力し、それぞれの項目が交差する位置に「原価額」を求める表を作成する場合、原価額を求める数式は常に列「B」と行「1」のセルを参照する必要があります。このような場合は、複合参照を使うと目的の結果を表示することができます。

1 「=B4」と入力して、F4 を3回押すと、

2 列「B」が絶対参照、行「4」が相対参照になります。

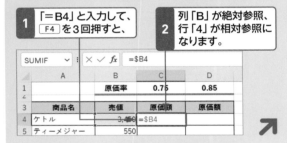

3 「*C1」と入力して、F4 を2回押すと、

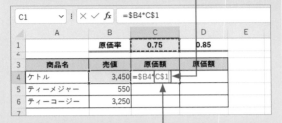

	A	B	C	D	E
1		原価率	0.75	0.85	
3	商品名	売値	原価額	原価額	
4	ケトル	3,450	=$B4*C$1		
5	ティーメジャー	550			
6	ティーコージー	3,250			

数式バー：C1　=$B4*C$1

4 列「C」が相対参照、行「1」が絶対参照になります。

5 Enter を押して結果を表示します。

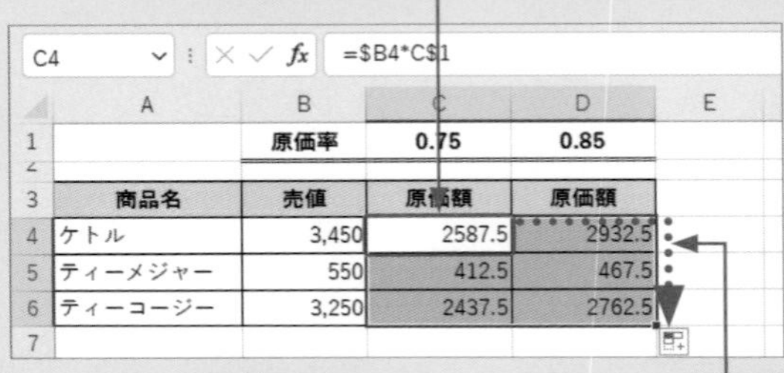

C4
=$B4*C$1
原価率
0.75
0.85
商品名
売値
原価額
原価額
ケトル
3,450
2587.5
2932.5
ティーメジャー
550
412.5
467.5
ティーコージー
3,250
2437.5
2762.5

6 セル [C4] の数式をコピーすると、複合参照でコピーされます。

重要度★★★　数式の入力

Q 313 数式が正しいのに緑色のマークが表示された！

A 数式に間違いがない場合は無視しても問題ありません。

数式をコピーした際にセルの左上に緑色のマークが表示されることがあります。これは「エラーインジケーター」といい、エラーや計算ミスの原因となりうる数式を示す警告マークです。

また、数式が正しいにもかかわらずエラーインジケーターが表示される場合もあります。そのまま表示しておいても問題ありませんが、気になるようであればエラーインジケーターを非表示にできます。

1 エラーインジケーターが表示されているセルをクリックすると、

2		1月	2月	3月	売上目標	実績
3	東地区	15,370	13,270	15,550	28,000	44,190
4	西地区	7,480	8,410	7,740	23,000	23,630

2 [エラーチェックオプション] が表示されるので、クリックし、

数式は隣接したセルを使用していません
数式を更新してセルを含める(U)
このエラーに関するヘルプ(H)
エラーを無視する(I)
数式バーで編集(F)
エラー チェック オプション(O)...

3 [エラーを無視する] をクリックすると、

4 エラーインジケーターが非表示になります。

2		1月	2月	3月	売上目標	実績
3	東地区	15,370	13,270	15,550	28,000	44,190
4	西地区	7,480	8,410	7,740	23,000	23,630

重要度 ★★★　数式の入力

Q 314 数式の参照先を調べたい！

A カラーリファレンスを利用します。

Excelで計算ミスが起きる場合、原因としてもっとも多いのは数式の参照先の間違いです。数式が入力されているセルをダブルクリックすると、数式内のセル参照と参照先のセル範囲の枠に同じ色が付いて対応関係がわかります。この機能を「カラーリファレンス」といいます。また、セルをダブルクリックするかわりに、[数式]タブの[数式の表示]をクリックしても同様です。

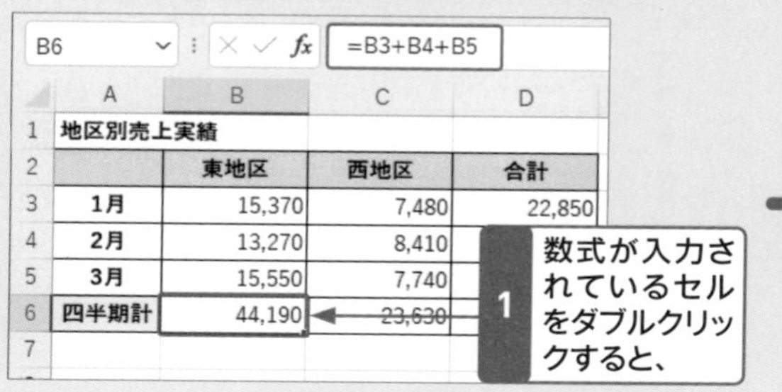

	A	B	C	D
1	地区別売上実績			
2		東地区	西地区	合計
3	1月	15,370	7,480	22,850
4	2月	13,270	8,410	
5	3月	15,550	7,740	
6	四半期計	44,190	23,630	
7				

SUMIF　=B3+B4+B5

	A	B	C	D
1	地区別売上実績			
2		東地区	西地区	合計
3	1月	15,370	7,480	22,850
4	2月	13,270	8,410	
5	3月	15,550	7,740	
6	四半期計	=B3+B4+B5	23,630	
7				

2 参照先のセルが数式内のセル参照と同じ色の枠で囲まれます。

重要度 ★★★　数式の入力

Q 315 数式を使わずに数値を一括で変更したい！

A [形式を選択して貼り付け]ダイアログボックスを利用します。

[形式を選択して貼り付け]ダイアログボックスの[演算]を利用すると、簡単な四則演算を行うことができます。ここでは、入力済みの数値を10%割増しした値に変更してみます。

1 「1.10」と入力したセルをコピーします。

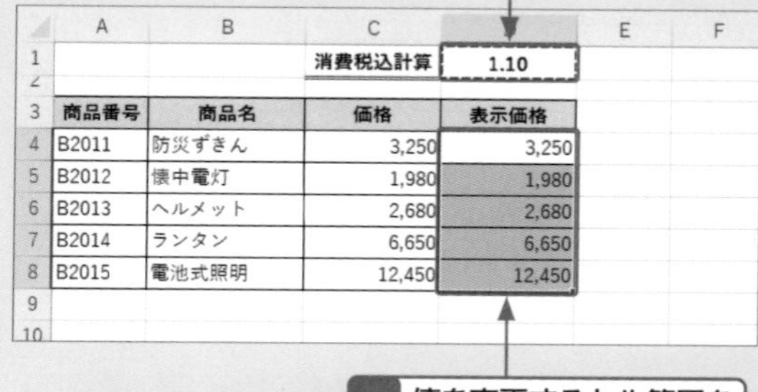

	A	B	C	D	E	F
1			消費税込計算	1.10		
2						
3	商品番号	商品名	価格	表示価格		
4	B2011	防災ずきん	3,250	3,250		
5	B2012	懐中電灯	1,980	1,980		
6	B2013	ヘルメット	2,680	2,680		
7	B2014	ランタン	6,650	6,650		
8	B2015	電池式照明	12,450	12,450		
9						
10						

2 値を変更するセル範囲を選択し、

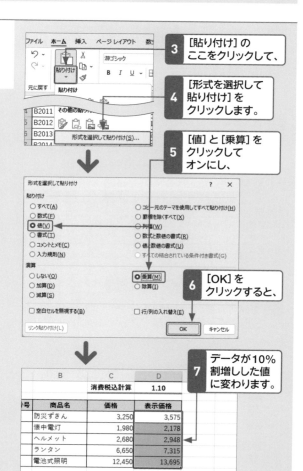

3 [貼り付け]のここをクリックして、

4 [形式を選択して貼り付け]をクリックします。

5 [値]と[乗算]をクリックしてオンにし、

6 [OK]をクリックすると、

	B	C	D
		消費税込計算	1.10
号	商品名	価格	表示価格
	防災ずきん	3,250	3,575
	懐中電灯	1,980	2,178
	ヘルメット	2,680	2,948
	ランタン	6,650	7,315
	電池式照明	12,450	13,695

7 データが10%割増しした値に変わります。

重要度★★★ 数式の入力

Q 316 数式中のセル参照を修正したい！

A カラーリファレンスを利用して参照先を変更します。

数式が入力されているセルをダブルクリックすると、数式内のセル参照とそれに対応するセル範囲が同じ色の枠(カラーリファレンス)で囲まれて表示されます。参照先を変更する場合は、この枠をドラッグします。また、参照範囲を変更する場合は、枠の四隅にあるフィルハンドルをドラッグします。

● 参照先を修正する

1 数式が入力されているセルをダブルクリックすると、

=B3/C6

	A	B	C	D	E
2		下半期計	売上目標	差額	達成率
3	品川	15,140	14,000	1,140	=B3/C6
4	新宿	36,940	36,000	940	103%
5	中野	14,870	15,000	-130	99%
6	目黒	18,190	18,000	190	101%

2 数式が参照しているセル範囲が色付きの枠で表示されます。

SUMIF =B3/C6

	A	B	C	D	E
2		下半期計	売上目標	差額	達成率
3	品川	15,140	14,000	1,140	=B3/C6
4	新宿	36,940	36,000	940	103%
5	中野	14,870	15,000	-130	99%
6	目黒	18,190	18,000	190	101%

3 この枠にマウスポインターを合わせて、ポインターの形が  に変わった状態で、

4 ドラッグすると、

SUMIF =B3/C3

	A	B	C	D	E
2		下半期計	売上目標	差額	達成率
3	品川	15,140	14,000	1,140	=B3/C3
4	新宿	36,940	36,000	940	103%
5	中野	14,870	15,000	-130	99%
6	目黒	18,190	18,000	190	101%

5 数式の参照先が修正されます。

6 Enter を押すと、再計算されます。

● 参照範囲を変更する

1 数式が入力されているセルをダブルクリックすると、

F3 =SUM(B3:E3)

	A	B	C	D	E	F
1	四半期売上高					
2		1月	2月	3月	平均	四半期計
3	品川	2,860	2,580	2,650	2,697	10,787
4	新宿	6,400	5,530	6,890	6,273	25,093
5	中野	2,550	2,280	2,560	2,463	9,853
6	目黒	3,560	2,880	3,450	3,297	13,187

2 数式が参照しているセル範囲が色付きの枠で表示されます。

SUMIF =SUM(B3:E3)

	A	B	C	D	E	F
1	四半期売上高					
2		1月	2月	3月	平均	四半期計
3	品川	2,860	2,580	2,650	2,697	=SUM(B3:E3)
4	新宿	6,400	5,530	6,890	6,273	25,093
5	中野	2,550	2,280	2,560	2,463	9,853
6	目黒	3,560	2,880	3,450	3,297	13,187

3 四隅のフィルハンドルにマウスポインターを合わせて、ポインターの形が↖↘に変わった状態で、

4 ドラッグすると、

SUMIF =SUM(B3:D3)

	A	B	C	D	E	F
1	四半期売上高					
2		1月	2月	3月	平均	四半期計
3	品川	2,860	2,580	2,650	2,697	=SUM(B3:D3)
4	新宿	6,400	5,530	6,890	6,273	25,093
5	中野	2,550	2,280	2,560	2,463	9,853
6	目黒	3,560	2,880	3,450	3,297	13,187

5 数式の参照範囲が変更されます。

6 Enter を押すと、再計算されます。

F4 =SUM(B4:E4)

	A	B	C	D	E	F
1	四半期売上高					
2		1月	2月	3月	平均	四半期計
3	品川	2,860	2,580	2,650	2,697	8,090
4	新宿	6,400	5,530	6,890	6,273	25,093
5	中野	2,550	2,280	2,560	2,463	9,853
6	目黒	3,560	2,880	3,450	3,297	13,187

重要度 ★★★　数式の入力

Q 317 セルに表示されている数値で計算したい！

A ［Excelのオプション］で表示桁数で計算するように設定します。

セルに表示される小数点以下の桁数を、表示形式を利用して変更すると、表示される数値は変わりますが、セルに入力されている数値自体は変わりません。したがって、計算は表示されている数値ではなく、セルに入力されている数値で行われます。
この計算を、セルに入力されている数値ではなく、セルに表示されている数値で行いたい場合には、［ファイル］タブから［その他］をクリックして［オプション］をクリックし、［Excelのオプション］ダイアログボックスの［詳細設定］で［表示桁数で計算する］をオンに設定します。
なお、正確さが求められる計算の場合は表示形式で桁数を処理せず、ROUND関数などを使って、きちんと端数を処理するようにしましょう。 参照▶Q 342

セル［C6］には、セル［C2］～［C5］の合計を求める数式が入力されています。

C6　=C2+C3+C4+C5

	A	B	C
1	商品番号	商品名	割引額(0.77%)
2	B2012	懐中電灯	1915.76
3	B2013	ヘルメット	2201.43
4	B2017	防災ラジオ	5155.15
5	B2019	カセットコンロ	2075.15
6	合　計		11347.49

● 表示桁数を変更して計算すると…

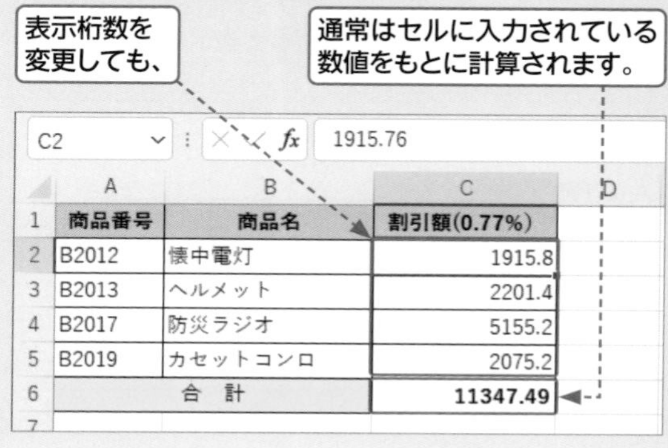

	A	B	C
1	商品番号	商品名	割引額(0.77%)
2	B2012	懐中電灯	1915.8
3	B2013	ヘルメット	2201.4
4	B2017	防災ラジオ	5155.2
5	B2019	カセットコンロ	2075.2
6	合　計		11347.49

● セルに表示されている数値で計算する

1 ［Excelのオプション］ダイアログボックスを表示して、［詳細設定］をクリックし、

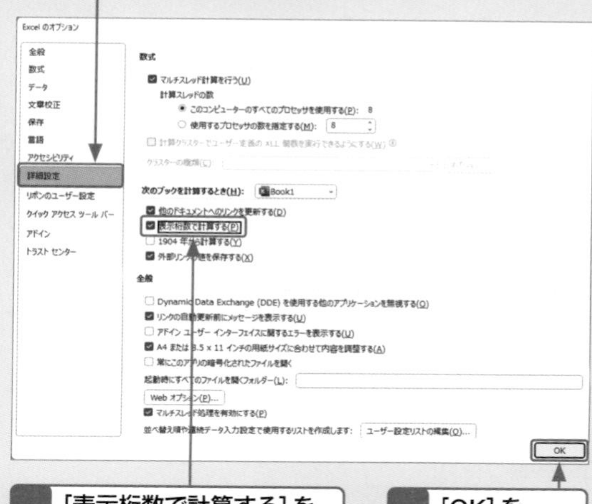

2 ［表示桁数で計算する］をクリックしてオンにします。

3 ［OK］をクリックして、

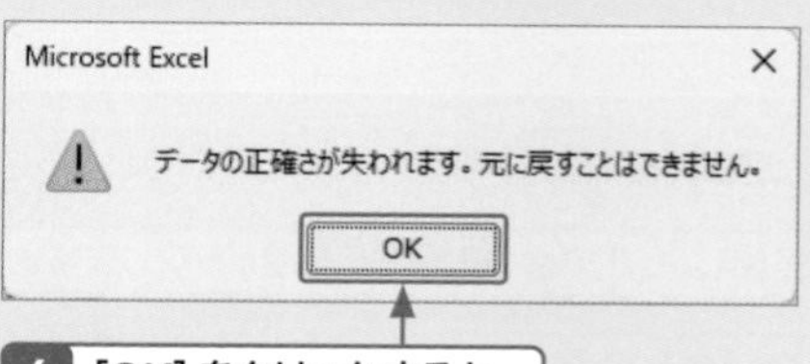

Microsoft Excel
データの正確さが失われます。元に戻すことはできません。
OK

4 ［OK］をクリックすると、

5 セルに表示されている数値で計算されます。

C2　1915.8

	A	B	C
1	商品番号	商品名	割引額(0.77%)
2	B2012	懐中電灯	1915.8
3	B2013	ヘルメット	2201.4
4	B2017	防災ラジオ	5155.2
5	B2019	カセットコンロ	2075.2
6	合　計		11347.6

重要度 ★★★ セルの参照

Q 318 ほかのワークシートのセルを参照したい！

A 「=」を入力して参照先をクリックします。

ほかのワークシートのセルを参照するには、参照元のセルに「=」を入力してから、目的のワークシートを表示し、参照したいセルをクリックします。ほかのワークシートのセルを参照すると、数式バーには「ワークシート名!セル参照」のようなリンク式が表示されます。
また、［リンク貼り付け］を利用しても、ほかのワークシートのセルを参照できます。 参照▶Q 162

1 参照元のセルに「=」を入力してから、

SUMIF ｜ ＝

	A	B	C	D	E	F
2		品川	新宿	中野	目黒	
3	第1四半期	=				
4	第2四半期					
5	第3四半期					
6	第4四半期					
7						
9						

四半期 ｜ 東地区 ｜ 西地区

2 シート見出し（ここでは「東地区」）をクリックします。

3 参照したいセルをクリックして、

B6 ｜ =東地区!B6

	A	B	C	D	E	F
2		品川	新宿	中野	目黒	
3	1月	2,860	6,400	2,550	3,560	
4	2月	2,580	5,530	2,280	2,880	
5	3月	2,650	6,890	2,560	3,450	
6	四半期計	8,090	18,820	7,390	9,890	

数式バーに「=東地区!B6」と表示されます。

4 Enter を押すと、

	A	B	C	D	E
2		品川	新宿	中野	目黒
3	第1四半期	8,090			
4	第2四半期				
5	第3四半期				
6	第4四半期				

5 参照先のセルの値が表示されます。

重要度 ★★★ セルの参照

Q 319 ほかのブックのセルを参照したい！

A 参照したいブックを開いてウィンドウを切り替えて操作します。

ほかのブックのセルを参照する場合は、参照するブックをあらかじめ開いておきます。数式の入力中に［表示］タブの［ウィンドウの切り替え］をクリックして、参照したいワークシートのシート見出しをクリックし、続いてセルをクリックします。ほかのブックのセルを参照すると、数式バーには「［ブック名］シート名!セル参照」のようなリンク式が表示されます。
なお、ほかのブックのセルを参照している場合は、参照先のブックを移動しないよう注意が必要です。

1 「=」を入力します。

	A	B	C	D	E	F
1	店舗別商品区分別売上					
2		キッチン	収納家具	ガーデン	防災	
3	品川	=				
4	新宿					
5	中野					
6	目黒					

2 ［表示］タブをクリックして、

3 ［ウィンドウの切り替え］をクリックし、

4 参照先のブックをクリックします。

5 参照したいセルをクリックして、

「［ブック名］シート名!セル参照」と表示されます。

SUMIF ｜ =[四半期商品区分別売上.xlsx]品川!$B$6

	A	B	C	D	E	F
1	四半期商品区分別売上（品川）					
2		キッチン	収納家具	ガーデン	防災	
3	1月	813,350	615,360	433,500	91,400	
4	2月	910,290	735,620	619,000	190,060	
5	3月	923,500	825,780	721,200	91,500	
6	下半期計	2,647,140	2,176,760	1,773,700	372,960	

6 Enter を押すと、参照先のセルの値が表示されます。

重要度 ★★★　セルの参照

Q 320 複数のワークシートのデータを集計したい！

A 3-D参照を利用します。

複数のワークシート上にある表を集計する場合は、「3-D参照」を利用します。3-D参照とは、シート見出しが連続して並んでいるワークシートの同じセル位置を、シート方向（3次元方向）のセル範囲として参照する参照方法です。3-D参照を使った計算は、複数のワークシートの同じ位置のセルを串刺ししているように見えることから、「串刺し計算」とも呼ばれます。

1 「=SUM(」までを入力して、

SUMIF　=SUM(

	A	B	C	D	E
1	四半期商品区分別売上（東地区）				
2		キッチン	収納家具	ガーデン	防災
3	1月	=SUM(			
4	2月	SUM(数値1, [数値2], ...)			
5	3月				

2 「品川」のシート見出しをクリックし、

3 Shift を押したまま、「目黒」のシート見出しをクリックします。

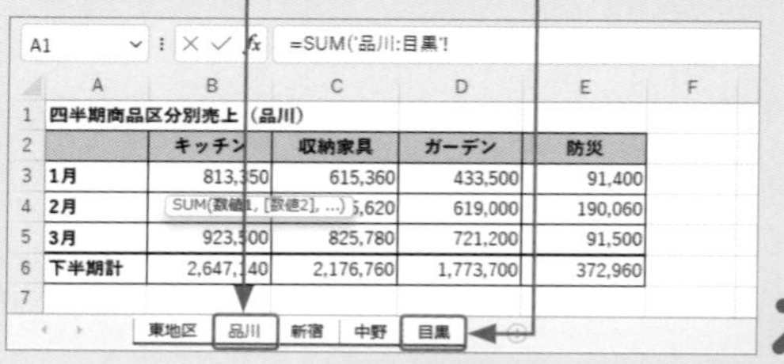
A1　=SUM('品川:目黒'!

	A	B	C	D	E
1	四半期商品区分別売上（品川）				
2		キッチン	収納家具	ガーデン	防災
3	1月	813,350	615,360	433,500	91,400
4	2月	SUM(数値1, [数値2], ...)	5,620	619,000	190,060
5	3月	923,500	825,780	721,200	91,500
6	下半期計	2,647,140	2,176,760	1,773,700	372,960

東地区　品川　新宿　中野　目黒

4 セル[B3]をクリックして、

5 数式バーで残りの「)」を入力し、

A1　=SUM('品川:目黒'!B3)

	A	B	C	D	E
1	四半期商品区分別売上（品川）				
2		キッチン	収納家具	ガーデン	防災
3	1月	813,350	615,360	433,500	91,400
4	2月	910,290	735,620	619,000	190,060
5	3月	923,500	825,780	721,200	91,500
6	下半期計	2,647,140	2,176,760	1,773,700	372,960

6 Enter を押すと、「品川」から「目黒」までのセル[B3]の値が集計されます。

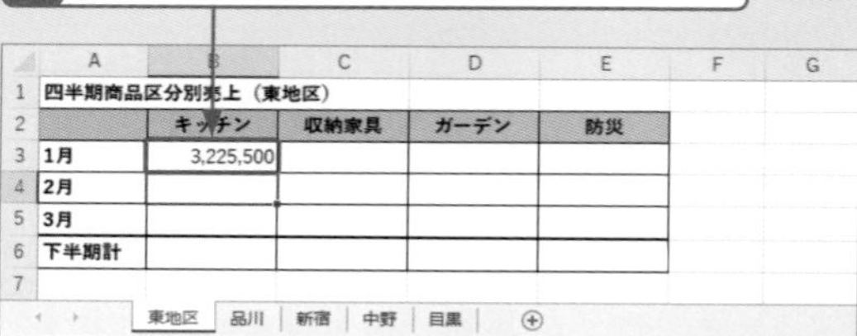

	A	B	C	D	E
1	四半期商品区分別売上（東地区）				
2		キッチン	収納家具	ガーデン	防災
3	1月	3,225,500			
4	2月				
5	3月				
6	下半期計				

東地区　品川　新宿　中野　目黒

重要度 ★★★　セルの参照

Q 321 3-D参照しているワークシートを移動したい！

A 3-D参照の範囲外に移動しないように注意します。

3-D参照を使用した計算では、ワークシートを移動すると、計算結果にも影響が出ます。たとえば、上のQ320の例で「品川」を「目黒」のあとに移動すると、数式の集計結果から「品川」のデータが除かれます。逆に「新宿」と「中野」の間に「吉祥寺」を挿入すると、「吉祥寺」のデータも集計されます。ワークシートを移動するには、このことを考慮する必要があります。

1 計算対象のワークシート（ここでは「品川」）を範囲外に移動すると、

	A	B	C	D	E
1	下半期商品区分別売上				
2		キッチン	収納家具	ガーデン	防災
3	1月	2,412,150			
4	2月	2,435,200			
5	3月	2,678,850			
6	下半期計	7,526,200			

東地区　新宿　中野　目黒　品川

2 集計の対象から除かれます（上段手順6の図参照）。

3 新しいワークシート（ここでは「吉祥寺」）を範囲内に挿入すると、

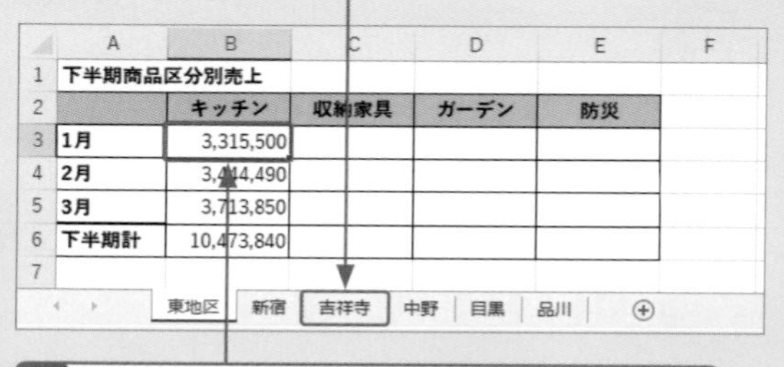

	A	B	C	D	E
1	下半期商品区分別売上				
2		キッチン	収納家具	ガーデン	防災
3	1月	3,315,500			
4	2月	3,444,490			
5	3月	3,713,850			
6	下半期計	10,473,840			

東地区　新宿　吉祥寺　中野　目黒　品川

4 挿入したワークシートも集計の対象になります。

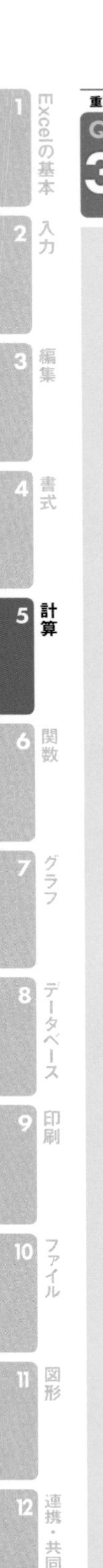

重要度 ★★★ セルの参照

Q 322 別々のワークシートの表を1つに統合したい!

A [データ]タブの[統合]を利用します。

似たような項目どうしの表であれば、同じブック内の別シートにある表や、別のブックにある表を統合して集計することができます。[データ]タブの[統合]をクリックすると表示される[統合の設定]ダイアログボックスを利用します。

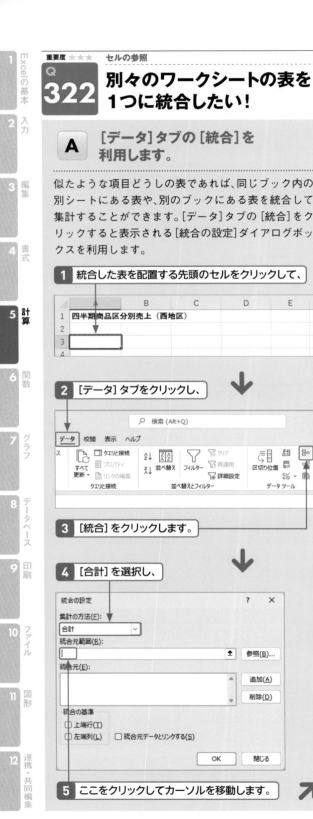

1 統合した表を配置する先頭のセルをクリックして、

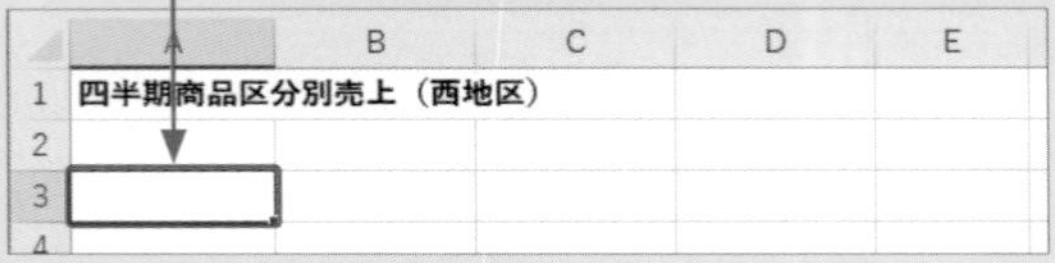

四半期商品区分別売上（西地区）

2 [データ]タブをクリックし、

検索 (Alt+Q)
データ
校閲
表示
ヘルプ
クエリと接続
すべて更新
並べ替え
フィルター
クリア
再適用
詳細設定
区切り位置
並べ替えとフィルター
データ ツール

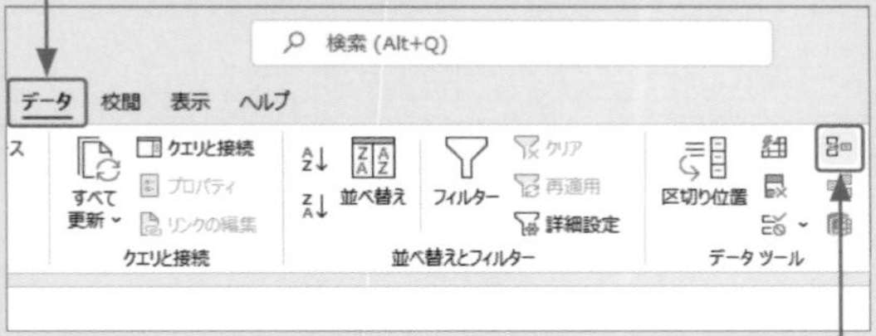

3 [統合]をクリックします。

4 [合計]を選択し、

統合の設定
集計の方法(F):
合計
統合元範囲(R):
参照(B)...
統合元(E):
追加(A)
削除(D)
統合の基準
上端行(T)
左端列(L)
統合元データとリンクする(S)
OK
閉じる

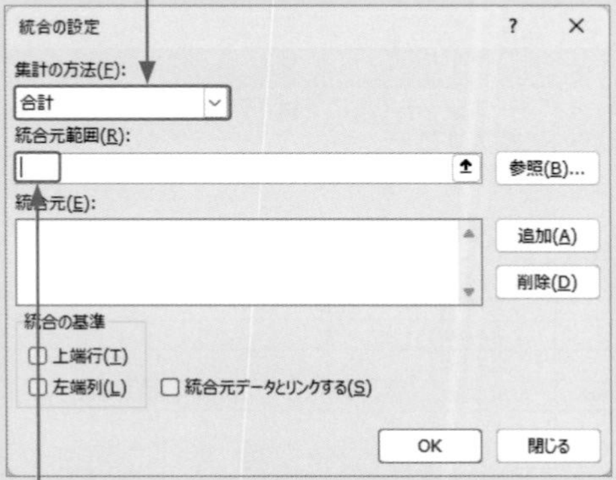

5 ここをクリックしてカーソルを移動します。

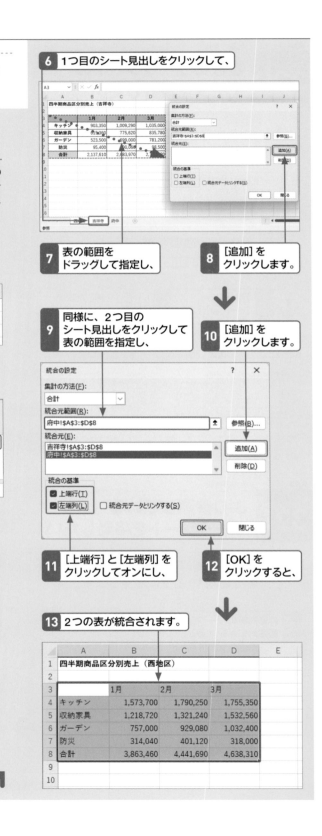

6 1つ目のシート見出しをクリックして、

四半期商品区分別売上（吉祥寺）
1月
2月
3月
キッチン
収納家具
ガーデン
防災
合計
統合の設定
吉祥寺!$A$3:$D$8
吉祥寺
府中

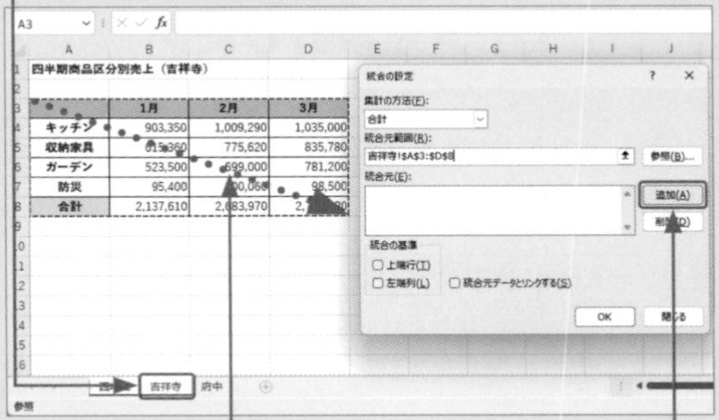

7 表の範囲をドラッグして指定し、

8 [追加]をクリックします。

9 同様に、2つ目のシート見出しをクリックして表の範囲を指定し、

10 [追加]をクリックします。

統合の設定
集計の方法(F):
合計
統合元範囲(R):
府中!$A$3:$D$8
参照(B)...
統合元(E):
吉祥寺!$A$3:$D$8
府中!$A$3:$D$8
追加(A)
削除(D)
統合の基準
上端行(T)
左端列(L)
統合元データとリンクする(S)
OK
閉じる

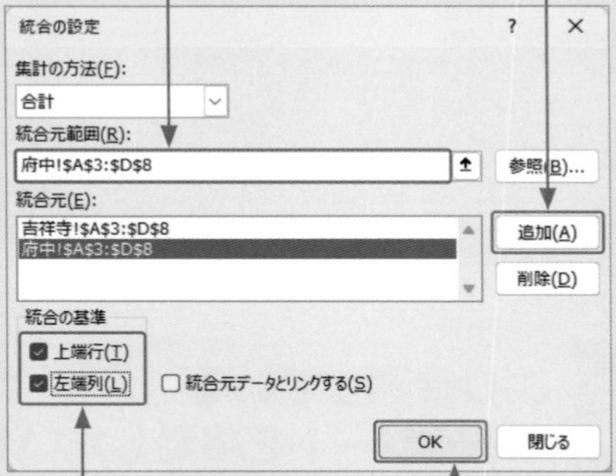

11 [上端行]と[左端列]をクリックしてオンにし、

12 [OK]をクリックすると、

13 2つの表が統合されます。

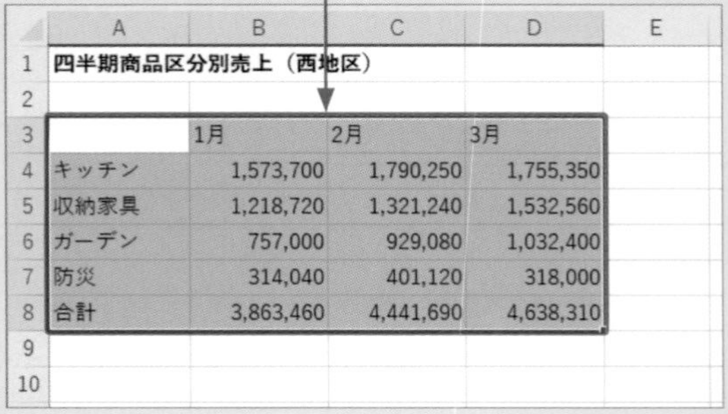

四半期商品区分別売上（西地区）
1月 2月 3月
キッチン 1,573,700 1,790,250 1,755,350
収納家具 1,218,720 1,321,240 1,532,560
ガーデン 757,000 929,080 1,032,400
防災 314,040 401,120 318,000
合計 3,863,460 4,441,690 4,638,310

重要度 ★★★　セルの参照

Q 323 特定の項目だけ統合したい！

A あらかじめ項目名を入力した表を作成しておきます。

複数の表を統合すると、統合先の表には統合元のすべての項目が表示されます。特定の項目だけを統合したい場合は、あらかじめ統合したい項目名を入力した表を作成しておき、統合する範囲を指定して統合を実行します。この場合、合計は統合したあとに計算する必要があります。

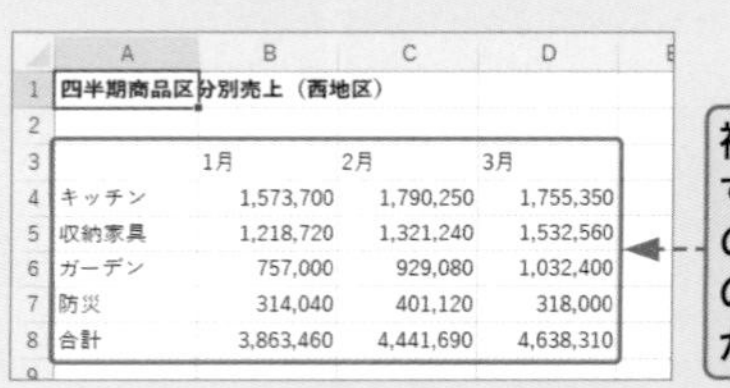

	A	B	C	D
1	四半期商品区分別売上（西地区）			
2				
3		1月	2月	3月
4	キッチン	1,573,700	1,790,250	1,755,350
5	収納家具	1,218,720	1,321,240	1,532,560
6	ガーデン	757,000	929,080	1,032,400
7	防災	314,040	401,120	318,000
8	合計	3,863,460	4,441,690	4,638,310

複数の表を統合すると、統合先の表には統合元のすべての項目が表示されます。

1 あらかじめ統合したい項目名を入力した表を作成します。

2 統合する範囲を選択して、

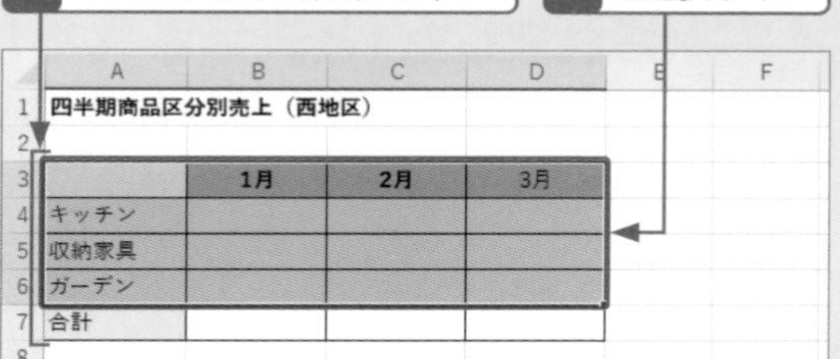

	A	B	C	D
1	四半期商品区分別売上（西地区）			
2				
3		1月	2月	3月
4	キッチン			
5	収納家具			
6	ガーデン			
7	合計			

3 統合を実行すると、指定した項目だけが統合されます。

	A	B	C	D
1	四半期商品区分別売上（西地区）			
2				
3		1月	2月	3月
4	キッチン	1,573,700	1,790,250	1,755,350
5	収納家具	1,218,720	1,321,240	1,532,560
6	ガーデン	757,000	929,080	1,032,400
7	合計			

重要度 ★★★　セルの参照

Q 324 統合先のデータとリンクして最新の状態にしたい！

A 統合する際に［統合元データとリンクする］をオンにします。

統合元と統合先のデータをリンクしたいときは、［統合の設定］ダイアログボックスの［統合元データとリンクする］をオンにして統合を実行します。この方法で表を統合すると、統合先の表にアウトラインが設定されます。「アウトライン」とはデータを集計した行や列と、もとになったデータをグループ化したものです。アウトラインを展開すると、統合元の値が表示されます。この値は統合元のデータとリンクしています。

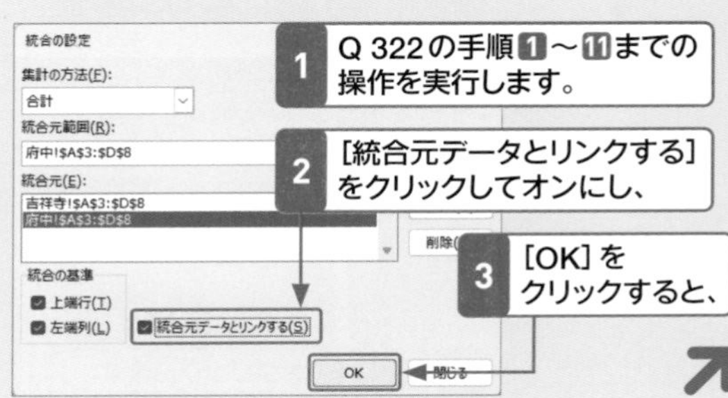

1 Q 322の手順 1 ～ 11 までの操作を実行します。

2 ［統合元データとリンクする］をクリックしてオンにし、

3 ［OK］をクリックすると、

4 2つの表が統合されます。

アウトラインが設定されます。

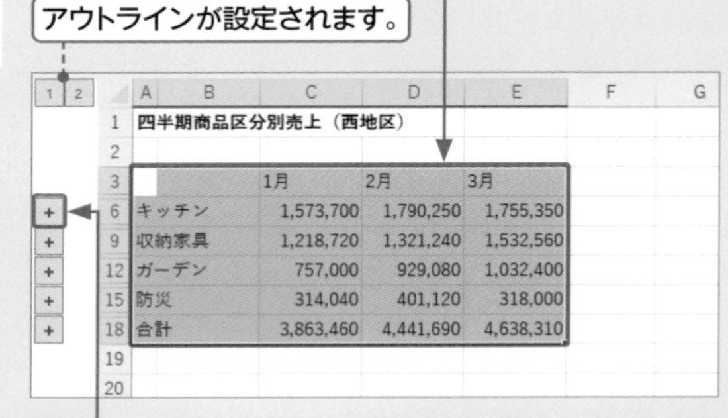

	A	B	C	D	E
1	四半期商品区分別売上（西地区）				
2					
3			1月	2月	3月
6	キッチン		1,573,700	1,790,250	1,755,350
9	収納家具		1,218,720	1,321,240	1,532,560
12	ガーデン		757,000	929,080	1,032,400
15	防災		314,040	401,120	318,000
18	合計		3,863,460	4,441,690	4,638,310

5 ここをクリックすると、

6 統合元のデータとリンクした値が表示されます。

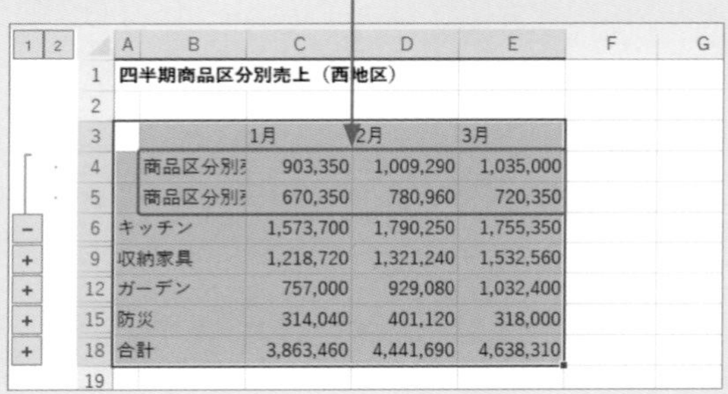

	A	B	C	D	E
1	四半期商品区分別売上（西地区）				
2					
3			1月	2月	3月
4		商品区分別売	903,350	1,009,290	1,035,000
5		商品区分別売	670,350	780,960	720,350
6	キッチン		1,573,700	1,790,250	1,755,350
9	収納家具		1,218,720	1,321,240	1,532,560
12	ガーデン		757,000	929,080	1,032,400
15	防災		314,040	401,120	318,000
18	合計		3,863,460	4,441,690	4,638,310

重要度★★★　セルの参照

Q 325 「リンクの自動更新が無効にされました」と表示された！

A ［コンテンツの有効化］をクリックします。

参照先のブックが閉じている状態で、そのブックを参照している別のブックを開くと、右図のように「リンクの自動更新が無効にされました」というセキュリティの警告メッセージが表示されます。この場合は、［コンテンツの有効化］をクリックすると自動更新が有効になり、参照先のデータが反映されます。

［コンテンツの有効化］をクリックすると、参照先のデータが反映されます。

セキュリティの警告 リンクの自動更新が無効にされました　コンテンツの有効化

B4

	A	B	C	D	E
1	店舗別商品区分別売上				
2		キッチン	収納家具	ガーデン	防災
3	品川	2,647,140			
4	新宿				
5	中野				
6	目黒				
7					

重要度★★★　セルの参照

Q 326 「外部ソースへのリンクが含まれている」と表示された！

A ［更新する］をクリックしてリンクを更新します。

参照先を含んだブックを別の場所に移動した場合、リンク式を含んだブックを開くと、「外部ソースへのリンクが1つ以上含まれています」というメッセージが表示されます。この場合は、［更新する］をクリックして［リンクの編集］をクリックし、リンクもとを変更すると、リンクが更新されます。

なお、手順3で［続行］をクリックして、［データ］タブの［リンクの編集］をクリックしても、同様に設定することができます。

1 リンク式を含んだブックを開くと確認のメッセージが表示されるので、

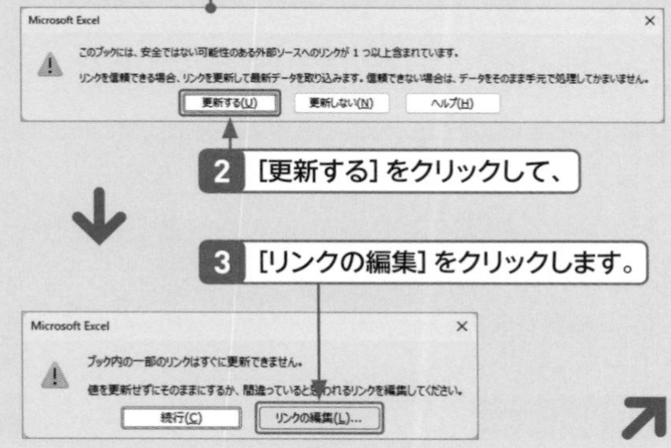

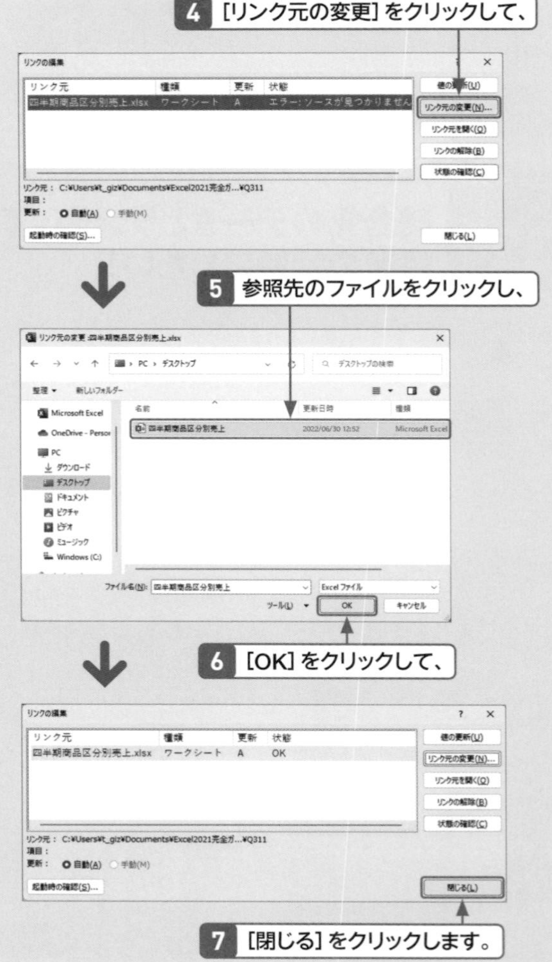

重要度 ★★★ セルの参照

Q 327 計算結果をかんたんに確認したい！

数値が入力されたセル範囲を選択すると、選択した範囲の平均、データの個数、合計がステータスバーに表示されます。なお、最大値や最小値、数値の個数などを表示することもできます。ステータスバーを右クリックして、表示されたメニューで設定します。

A ステータスバーで確認できます。

1 セル範囲を選択すると、

2 ステータスバーに平均、データの個数、合計が表示されます。

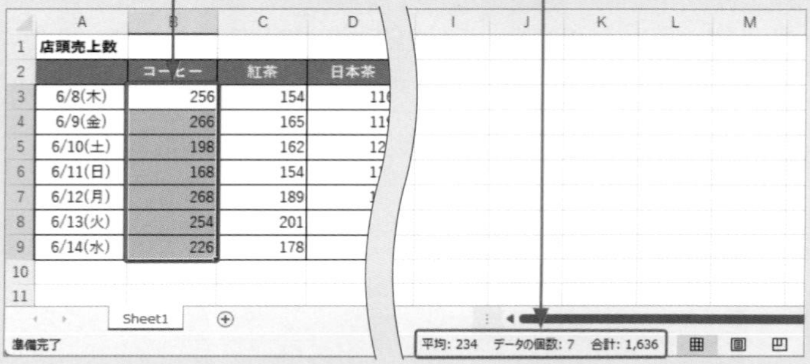

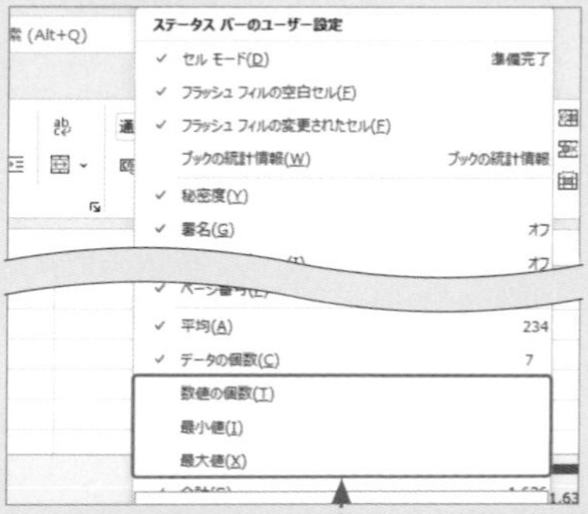

ステータスバーを右クリックして、[最大値]や[最小値]、[数値の個数]などを表示することもできます。

重要度 ★★★ セルの参照

Q 328 データを変更したのに再計算されない！

A1 計算方法を「自動」に設定します。

数式やデータを変更しても計算結果が更新されない場合は、再計算方法が「手動」に設定されている可能性があります。この場合は、F9 を押すと再計算が実行されます。また、計算方法を「自動」に変更するには、[数式]タブをクリックして[計算方法の設定]をクリックし、[自動]をオンにします。

1 [数式]タブをクリックして、

2 [計算方法の設定]をクリックし、

3 [自動]をクリックしてオンにします。

A2 データを一括して再計算します。

ブックに多数の数式が設定されていると、再計算に時間がかかる場合があります。このような場合は、計算方法を「自動」に設定して、すべてのデータを変更したあとに F9 を押すと、データを一括して再計算できます。また、[数式]タブの[再計算実行]をクリックするとブック全体の再計算が、[シート再計算]をクリックすると現在のワークシートの再計算が実行されます。

[再計算実行]をクリックすると、ブック全体の再計算が実行されます。

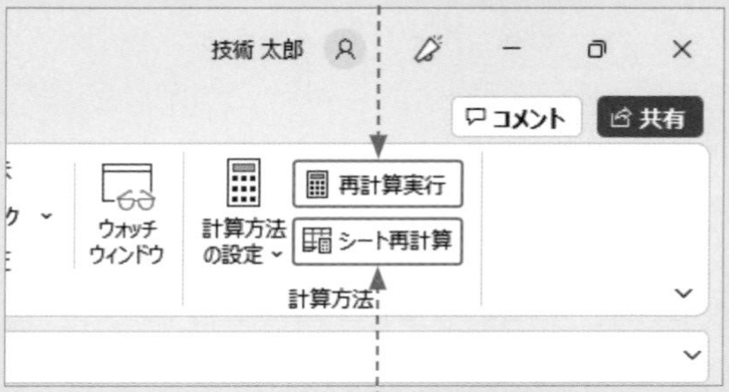

[シート再計算]をクリックすると、現在のワークシートの再計算が実行されます。

重要度★★★ 名前の参照

Q 329 セル範囲に名前を付けるには？

A1 [名前ボックス]に名前を入力します。

数式から頻繁に参照するセル範囲がある場合は、セル範囲に名前を付けて、セル参照のかわりにその名前を利用すると便利です。セル範囲に名前を付けるには、目的のセル範囲を選択して、[名前ボックス]に名前を入力します。この方法で設定した場合、名前の適用範囲はブックになります。

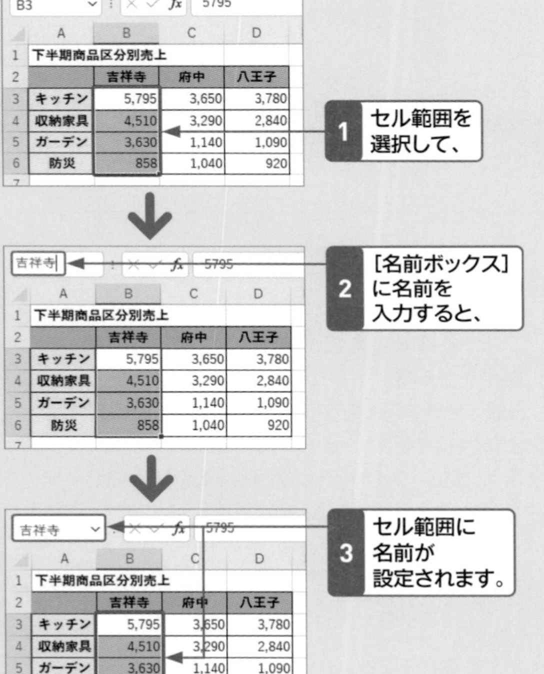

1 セル範囲を選択して、
2 [名前ボックス]に名前を入力すると、
3 セル範囲に名前が設定されます。

A2 [数式]タブの[名前の定義]を利用します。

[数式]タブの[名前の定義]をクリックすると表示される[新しい名前]ダイアログボックスを利用します。この方法で設定した場合は、名前の適用範囲をブックかワークシートから選択できます。

1 セル範囲を選択して、

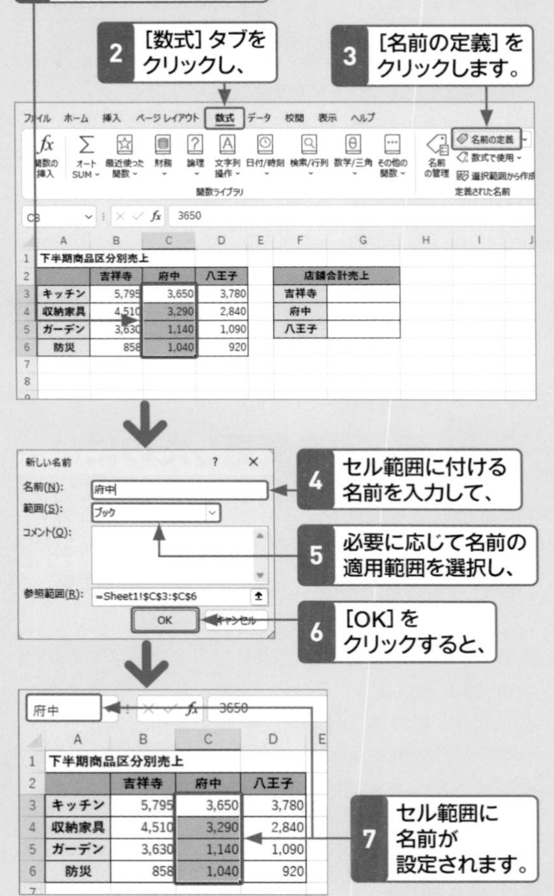

2 [数式]タブをクリックし、
3 [名前の定義]をクリックします。
4 セル範囲に付ける名前を入力して、
5 必要に応じて名前の適用範囲を選択し、
6 [OK]をクリックすると、
7 セル範囲に名前が設定されます。

重要度★★★ 名前の参照

Q 330 セル範囲に付けられる名前に制限はあるの？

A 付けられない名前や利用できない文字があります。

セル範囲には、「A1」、「$A$1」のようなセル参照と同じ形式の名前を付けることはできません。そのほかにも、次のような制限があります。

- 名前の先頭に数字は使えない
- Excelの演算子として使用されている記号、スペース、感嘆符（！）は使えない
- 同じブック内で同じ名前は付けられない

重要度 ★★★　名前の参照

Q 331 セル範囲に付けた名前を数式で利用したい！

A 引数にセル範囲に付けた名前を指定します。

セル範囲に名前を付けておくと、数式の中でセル参照のかわりに利用できます。名前は直接入力することもできますが、[数式]タブの[数式で使用]をクリックし、表示される一覧から選択するとかんたんに入力できます。

セル範囲[B3:B6]に「吉祥寺」という名前を付けておきます。

1 計算結果を表示するセルに「=SUM(」と入力します。

2 [数式]タブをクリックして、

3 [数式で使用]をクリックし、

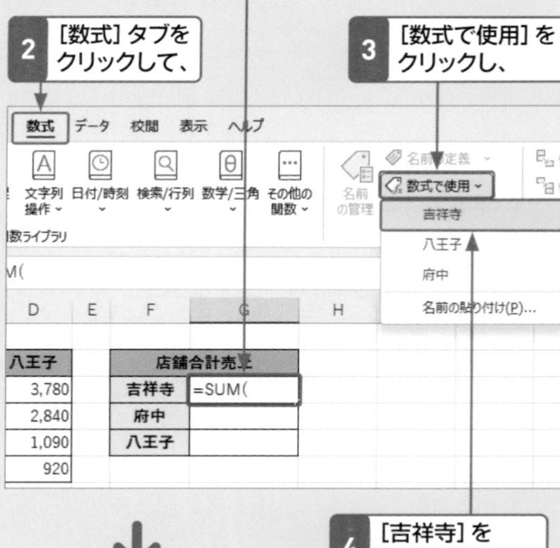

4 [吉祥寺]をクリックすると、

5 セル範囲の名前が入力されます。

6 「)」を入力して、

八王子		店舗合計売上	
3,780		吉祥寺	=SUM(吉祥寺)
2,840		府中	
1,090		八王子	
920			

7 Enter を押すと、結果が表示されます。

重要度 ★★★　名前の参照

Q 332 表の見出しをセル範囲の名前にしたい！

A [選択範囲から名前を作成]ダイアログボックスを利用します。

[数式]タブから[選択範囲から作成]をクリックすると表示される[選択範囲から名前を作成]ダイアログボックスを利用すると、表の列見出しや行見出しから名前を自動的に作成することができます。

1 見出しを含めて表を範囲選択します。

2 [数式]タブをクリックして、

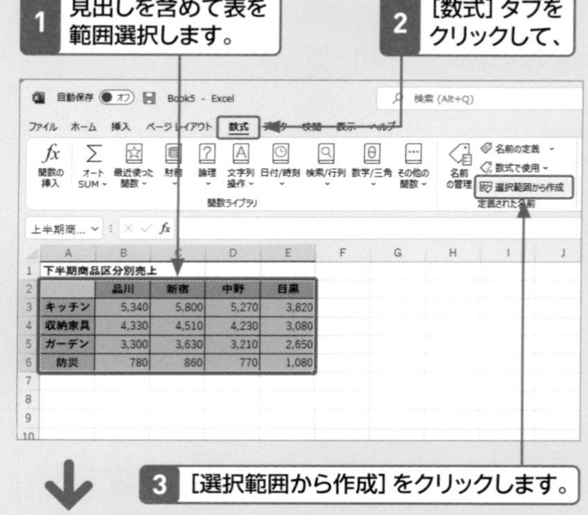

3 [選択範囲から作成]をクリックします。

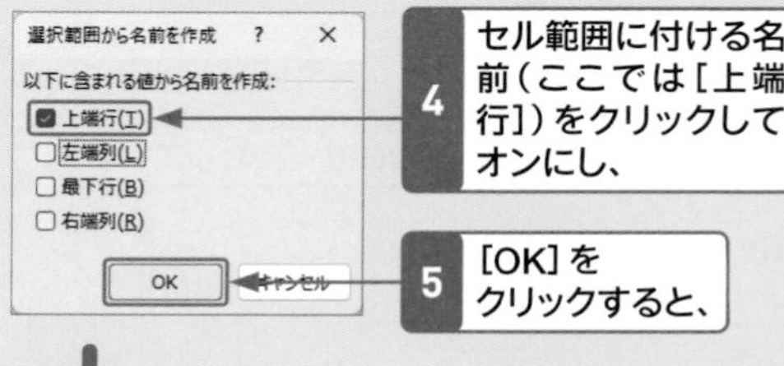

4 セル範囲に付ける名前（ここでは[上端行]）をクリックしてオンにし、

5 [OK]をクリックすると、

6 表の列見出しがセル範囲の名前として設定されます。

	A	B	C	D	E
2		品川	新宿	中野	目黒
3	キッチン	5,340	5,800	5,270	3,820
4	収納家具	4,330	4,510	4,230	3,080
5	ガーデン	3,300	3,630	3,210	2,650
6	防災	780	860	770	1,080

重要度 ★★★ 名前の参照

Q 333 数式で使っている名前の参照範囲を変更したときは？

A [名前の管理]ダイアログボックスを表示してセル範囲を編集します。

名前を付けたセル範囲に新しいデータを追加したり、削除したりしたときは、[名前の管理]ダイアログボックスを表示して、編集したい名前をクリックし、セル範囲を指定し直します。数式で使っている名前の参照範囲を変更すると、数式の結果も自動的に変更されます。下の例では、セル[B3:B6]に付けた「吉祥寺」という名前の参照範囲をセル[B3:B7]に変更します。

参照 ▶ Q 329

1 [数式]タブをクリックして、

2 [名前の管理]をクリックします。

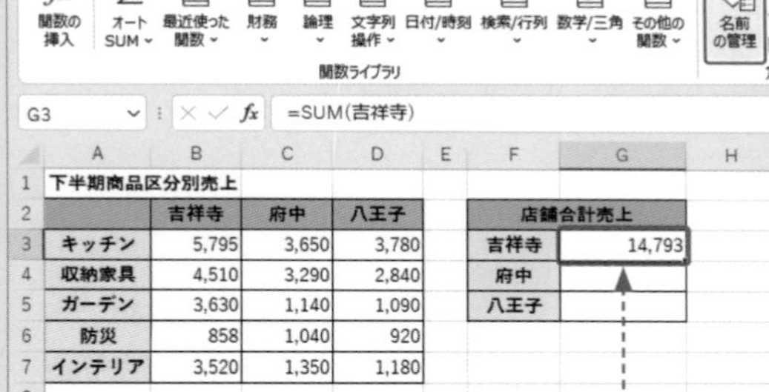

セル[B3:B6]を合計しています。

3 編集したいセル範囲の名前をクリックして、

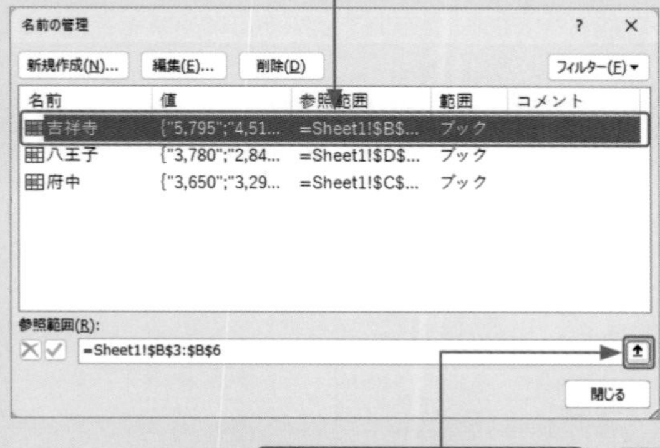

4 ここをクリックします。

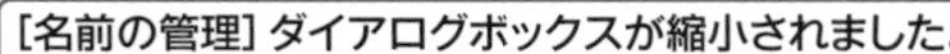

[名前の管理]ダイアログボックスが縮小されました。

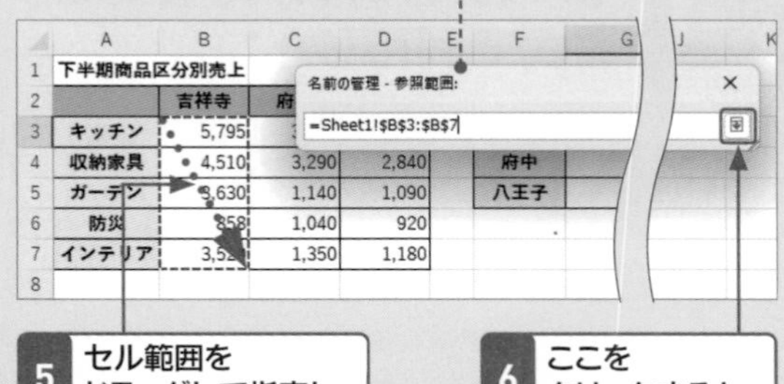

5 セル範囲をドラッグして指定し、

6 ここをクリックすると、

7 名前を付けたセル範囲が変更されます。

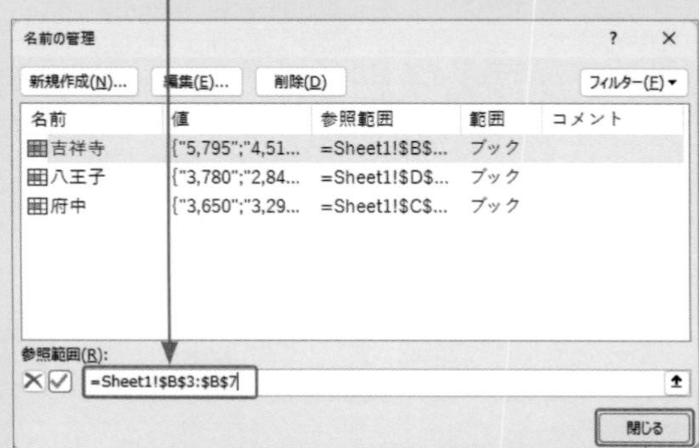

8 [閉じる]をクリックして、

9 [はい]をクリックします。

10 セル[G3]の値が自動的に変更されます。

重要度 ★★★ 名前の参照

Q 334 セル範囲に付けた名前を削除したい！

A [名前の管理] ダイアログボックスを利用します。

セル範囲に付けた名前を削除するには、[数式] タブの[名前の管理] をクリックして表示される [名前の管理] ダイアログボックスを利用します。セル範囲に付けた名前は、名前を付けたセル範囲を削除しても残ってしまうので、忘れずに削除するとよいでしょう。

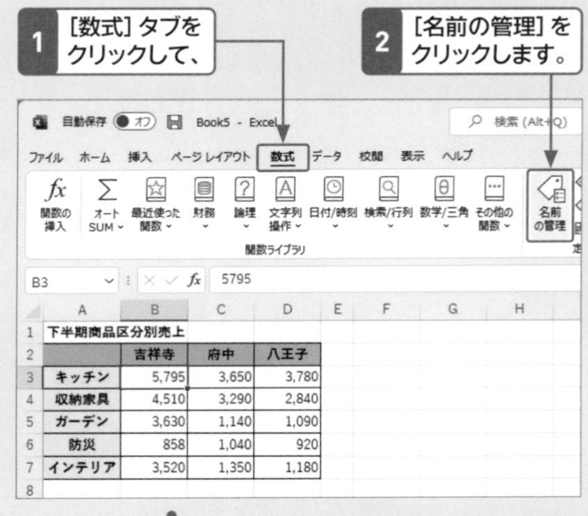

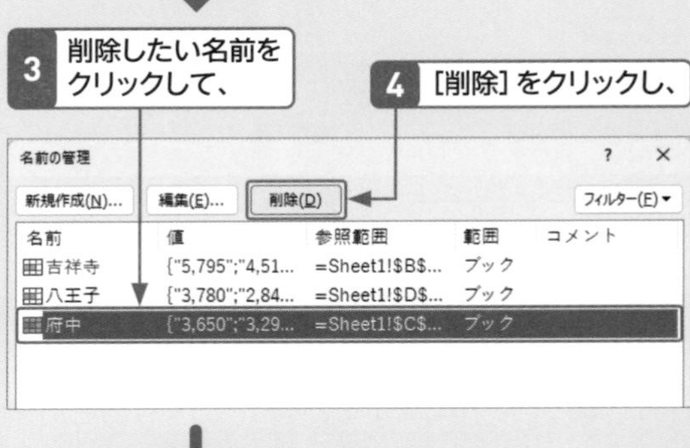

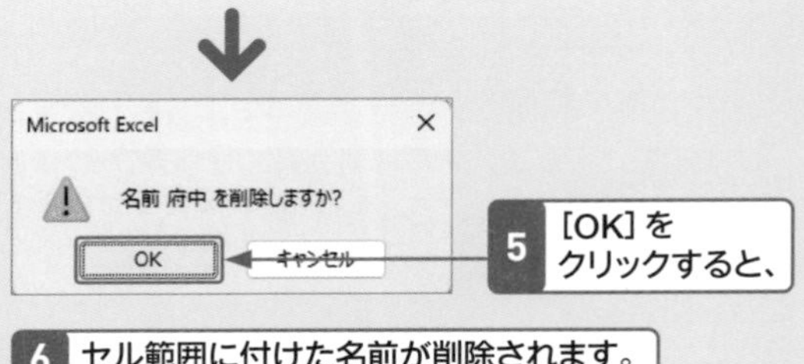

6 セル範囲に付けた名前が削除されます。

重要度 ★★★ 名前の参照

Q 335 セル参照に列見出しや行見出しを使うには？

A 表をテーブルに変換すると使用できます。

表をテーブルに変換することで、見出し行の項目名をセル参照のかわりに使用できます。引数となるセルを指定すると、セル参照ではなく、列見出し名が表示されます。

参照 ▶ Q 540

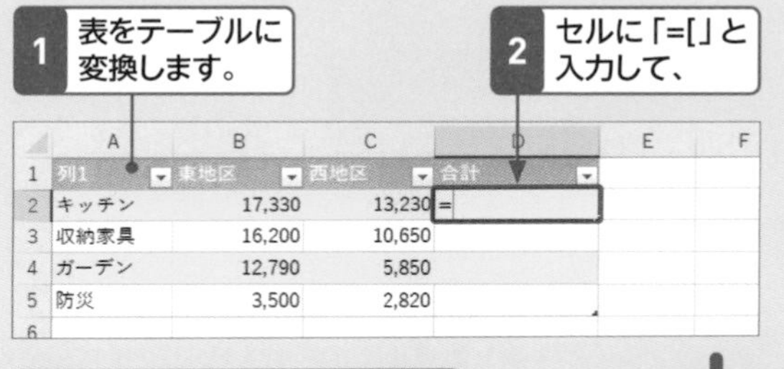

1 表をテーブルに変換します。
2 セルに「=[」と入力して、

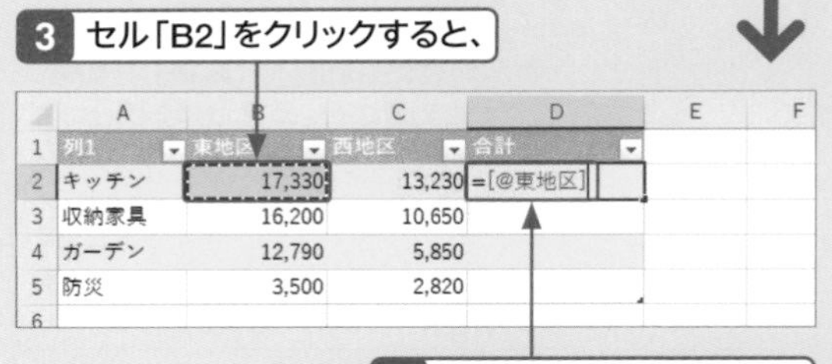

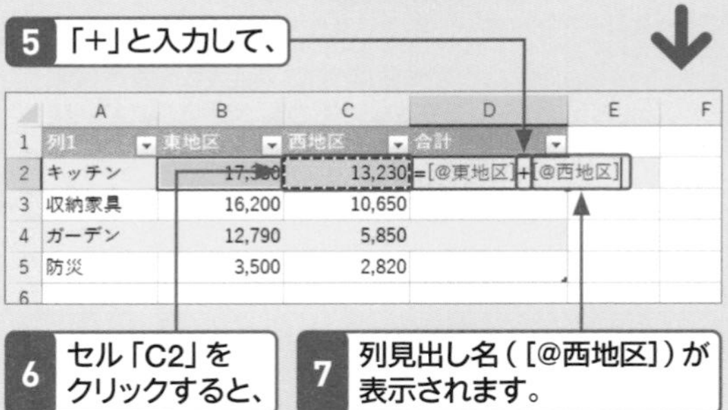

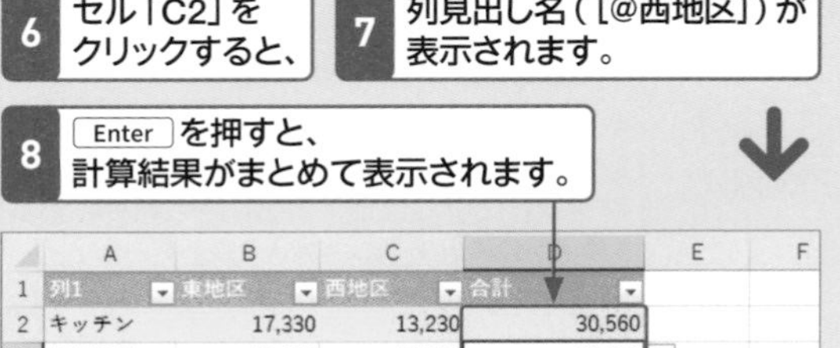

重要度 ★★★ エラーの対処

Q 336 エラー値の意味を知りたい！

A 原因に応じて意味と対処方法が異なります。

計算結果が正しく表示されない場合には、セル上にエラー値が表示されます。エラー値は原因に応じていくつかの種類があります。表示されたエラー値を手がかりにエラーを解決しましょう。

エラー値	原　因
#VALUE!	数式の参照先や関数の引数の型、演算子の種類などが間違っている場合に表示されます。間違っている参照先や引数などを修正すると、解決されます。
#####	セルの幅が狭くて計算結果を表示できない場合に表示されます。セルの幅を広げたり、表示する小数点以下の桁数を減らしたりすると、解決されます。 また、表示形式が「日付」や「時刻」のセルに負の数値が入力されている場合にも表示されます。
#NAME?	関数名が間違っていたり、数式内の文字を「"」で囲み忘れていたり、セル範囲の「:」が抜けていたりした場合に表示されます。関数名や数式内の文字を修正すると、解決されます。
#DIV/0!	割り算の除数（割る数）が「0」であるか、未入力で空白の場合に表示されます。除数として参照するセルの値または参照先そのものを修正すると、解決されます。
#N/A	次のような検索関数で、検索した値が検索範囲内に存在しない場合に表示されます。検索値を修正すると、解決されます。 ・LOOKUP関数 ・HLOOKUP関数 ・VLOOKUP関数 ・MATCH関数
#NULL!	セル参照が間違っていて、参照先のセルが存在しない場合に表示されます。参照しているセル範囲を修正すると、解決されます。
#NUM!	数式の計算結果がExcelで処理できる数値の範囲を超えている場合に表示されます。計算結果がExcelで処理できる数値の範囲におさまるように修正すると、解決されます。
#REF!	数式中で参照しているセルがある列や行を削除した場合に表示されます。参照先を修正すると、解決されます。

重要度 ★★★ エラーの対処

Q 337 エラーの原因を探したい！

A [エラーチェックオプション]を利用します。

数式にエラーがあると、エラーインジケーター が表示されます。エラーが表示されたセルをクリックして[エラーチェックオプション]をクリックすると、メニューが表示され、エラーの原因を調べたり内容に応じた修正を行うことができます。ヘルプでエラーの原因を調べることもできます。

1 エラーインジケーターが表示されているセルをクリックすると、

	A	B	C	D	E	F
1	売上明細					
2	商品番号	商品名	価格	数量	売上金額	
3	T0011	ティーポット	2,585	12	31,020	
4	T0013	ストレーナー	715	保留	#VALUE!	
5	T0016	電気ケトル	8,338	24	200,112	
6	T0019	ティーマグ	1,243	24	29,832	
7			合計		#VALUE!	

2 [エラーチェックオプション]が表示されるので、クリックします。

3 [このエラーに関するヘルプ]をクリックすると、

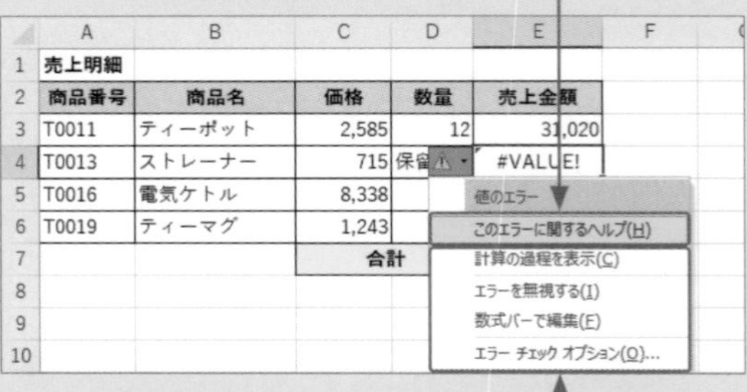

エラーの内容に応じた修正を行うことができます。

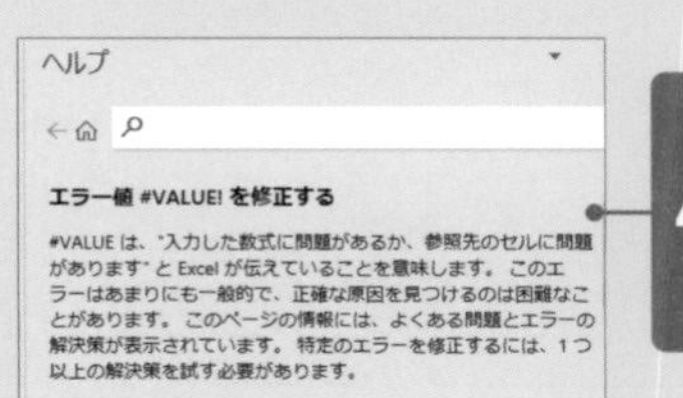

4 Excelの[ヘルプ]作業ウィンドウでエラーの原因を調べることができます。

重要度 ★★★ エラーの対処

Q338 エラーのセルを見つけたい！

A エラーチェックを実行します。

エラーのセルを見つけるには、[数式] タブの [エラーチェック] をクリックします。エラーが発見されると [エラーチェック] ダイアログボックスが表示され、エラーのあるセルとエラーの原因が表示されます。

1 [数式] タブの [エラーチェック] をクリックすると、

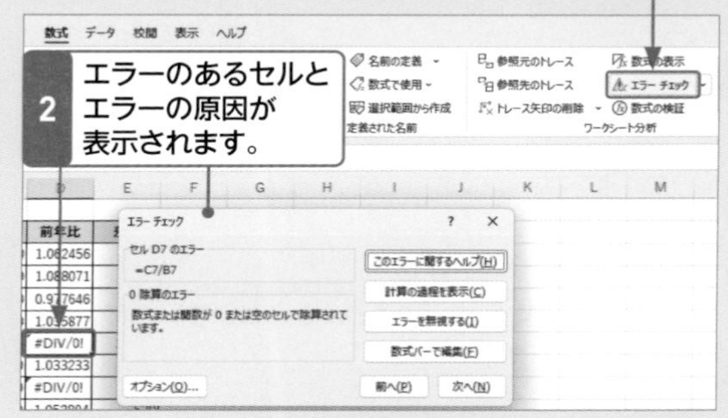

重要度 ★★★ エラーの対処

Q339 無視したエラーを再度確認したい！

A 無視したエラーをリセットします。

非表示にしたエラーを再度確認できるようにするには、[ファイル] タブの [その他] から [オプション] をクリックし、[Excelのオプション] ダイアログボックスを表示します。[数式] をクリックして、[無視したエラーのリセット] をクリックすると、再表示できます。

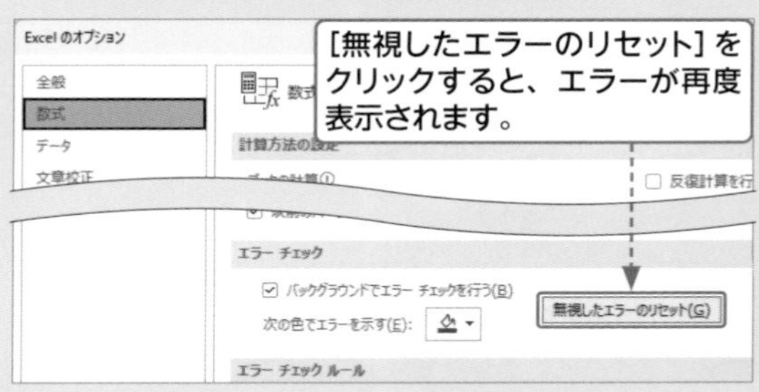

重要度 ★★★ エラーの対処

Q340 循環参照のエラーが表示された！

A 循環参照している数式を修正します。

「循環参照」とは、セルに入力した数式がそのセルを直接または間接的に参照している状態のことをいい、特別な場合を除いて正常な計算ができません。間違って循環参照している数式を入力した場合は、下の手順で循環参照しているセルを確認し、数式を修正します。

1 数式を入力し、Enter を押して確定すると、

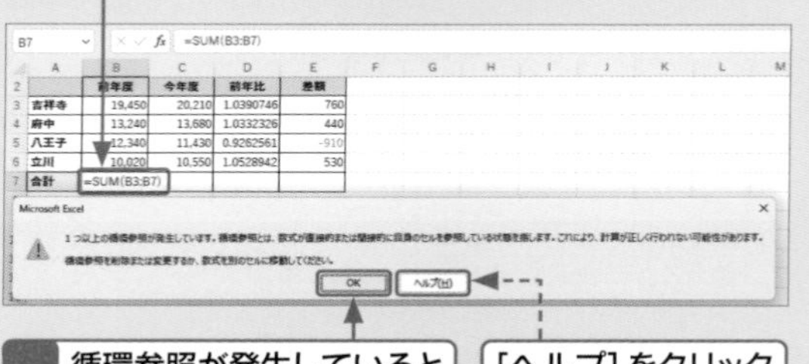

2 循環参照が発生しているという警告のメッセージが表示されるので、[OK] をクリックします。

[ヘルプ] をクリックすると、循環参照に関するヘルプを読むことができます。

4 [エラーチェック] のここをクリックし、

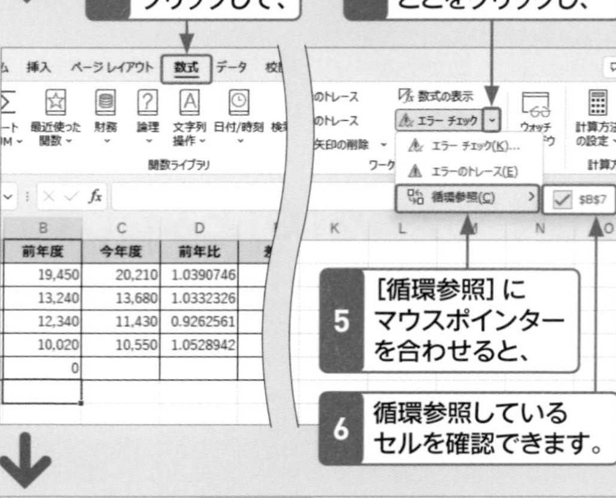

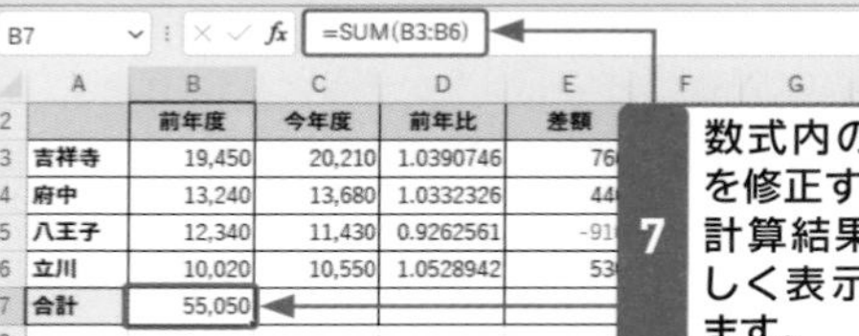

重要度★★★ エラーの対処

Q 341 数式をかんたんに検証したい！

A F9 と Esc を利用するとかんたんに確認できます。

検証したい数式の部分を選択して F9 を押すと、計算結果が表示されるので、手軽に数式を検証できます。確認したら、Esc を押してもとの数式に戻ります。Enter を押すと、計算結果の状態で数式が確定されてしまうので注意が必要です。

1 検証したい数式の部分を選択して F9 を押すと、

SUMIF =IF(B3>AVERAGE($B$3:$B$7),"達成","未達成")

	A	B	C
1	セール期間売上		
2	氏名	売上金額	結果
3	菊池　亜湖	532,500	$B$3:$B$7),
4	松木　結愛	438,600	未達成
5	神田　明人	365,600	未達成
6	大磯　亮太	645,300	達成
7	荒木　阿弓	256,850	未達成

2 計算結果が表示されます。

3 検証が済んだら Esc を押します。

SUMIF
=IF(B3>447770,"達成","未達成")
IF(論理式, [値が真の場合], [値が偽の場合])
セール期間売上
氏名
売上金額
結果
菊池　亜湖 532,500 B3>447770,"達
松木　結愛 438,600 未達成
神田　明人 365,600 未達成
大磯　亮太 645,300 達成
荒木　阿弓 256,850 未達成

重要度★★★ エラーの対処

Q 342 小数の誤差を何とかしたい！

A ROUND関数で数値を整数化します。

下図のように、列[C]から列[B]を減算すると、結果はそれぞれ「0.1」になりますが、IF関数を使用して判定すると、E列のように結果が異なります。これは、Excelが小数計算を行う際に発生する誤差によるものです。このような誤差に対処するには、ROUND関数で数値を整数化する方法や「表示桁数で計算する」方法などがあります。

参照▶Q 317, Q 364

	A	B	C	D	E	F
1	店舗	前回	今回	増減	0.1以上	
2	三鷹	4.3	4.4	0.1	○	=IF(D2>=0.1,"○","")
3	府中	3.9	4	0.1	○	
4	立川	4.2	4.3	0.1		
5	八王子	4.5	4.6	0.1		

IF関数で判定すると、「0.1」以上にならないものがあります。

	A	B	C	D	E	F
1	店舗	前回	今回	増減	0.1以上	
2	三鷹	4.3	4.4	0.1	○	=IF(ROUND(D2*10,0)>=1,"○","")
3	府中	3.9	4	0.1	○	
4	立川	4.2	4.3	0.1	○	
5	八王子	4.5	4.6	0.1	○	

ROUND関数で整数化すると、正しく判定されます。

重要度★★★ エラーの対処

Q 343 文字列を「0」とみなして計算したい！

A [Excelのオプション]ダイアログボックスで計算方式を変更します。

数式の参照先に文字列が入力されていると、エラー値「#VALUE!」が表示されます。エラー値が表示されないようにするには、[ファイル]タブの[その他]から[オプション]をクリックして[Excelのオプション]ダイアログボックスを表示し、文字列を「0」とみなして計算されるように設定します。

1 [詳細設定]をクリックして、

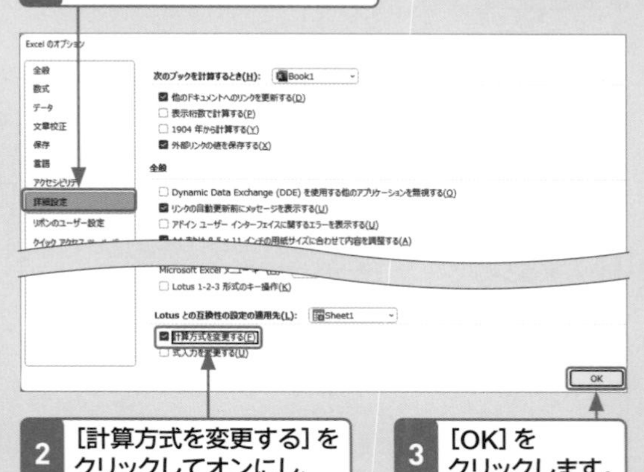

2 [計算方式を変更する]をクリックしてオンにし、

3 [OK]をクリックします。

重要度 ★★★　エラーの対処

Q 344 数式の計算過程を調べたい！

A ［数式の検証］ダイアログボックスを表示して調べます。

［数式の検証］ダイアログボックスを表示して［検証］をクリックすると、［検証］ボックスに数式が表示されます。［検証］をクリックすると、数式の計算過程を順に確認することができます。

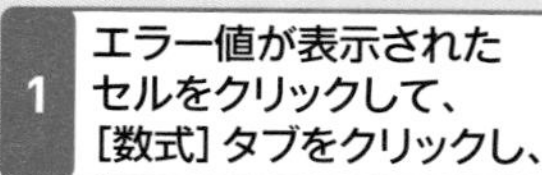

1 エラー値が表示されたセルをクリックして、［数式］タブをクリックし、

2 ［数式の検証］をクリックします。

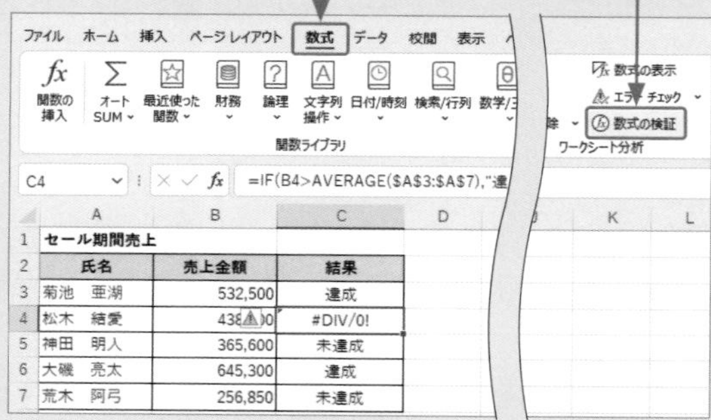

下線が引かれた部分が検証されます。

3 ［検証］をクリックすると、

4 下線が引かれた部分の計算結果が表示されます。

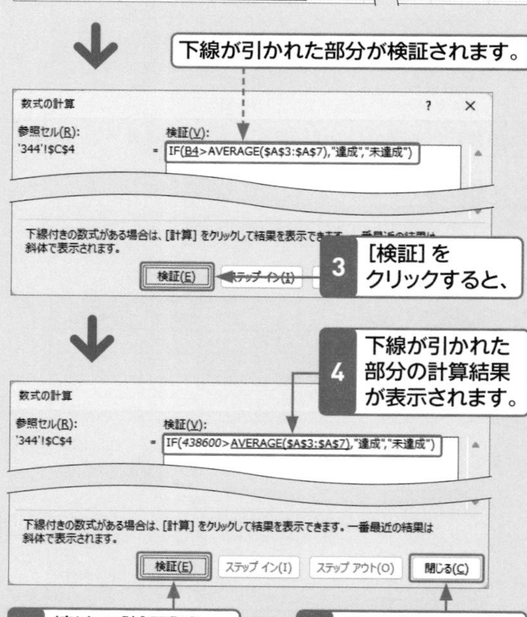

5 続けて［検証］をクリックし、結果を表示します。

6 検証が終わったら、［閉じる］をクリックします。

重要度 ★★★　エラーの対処

Q 345 文字列扱いの数値は計算に使用できる？

A 一部の関数などでは使うことができません。

表示形式を「文字列」に設定してから入力した数値や、先頭に「'」（シングルクォーテーション）を付けて入力した数値は、文字列扱いの数値になります。

文字列扱いの数値は、本来は計算に使うものではありませんが、使ってもほとんどの場合正しい結果が得られます。ただし、SUM関数やAVERAGE関数で参照した場合は正しい計算結果を得ることはできません。

重要度 ★★★　配列数式

Q 346 配列数式って何？

A 配列として指定された複数の値やセルを参照する数式のことです。

「配列数式」とは、複数の値やセルを参照する数式です。たとえば、セル［C3:C6］のデータとセル［D3:D6］のデータをかけた結果をセル［E3］～［E6］に求める場合、セル［E3］に「＝C3:C6＊D3:D6」という数式を入力します。Ctrl＋Shift＋Enterを押して確定すると、数式の前後が「{ }」で囲まれた配列数式になります。

1 セル範囲を選択して、「＝C3:C6＊D3:D6」と入力し（{ }は入力しません）、

2 Ctrl＋Shift＋Enterを押すと、

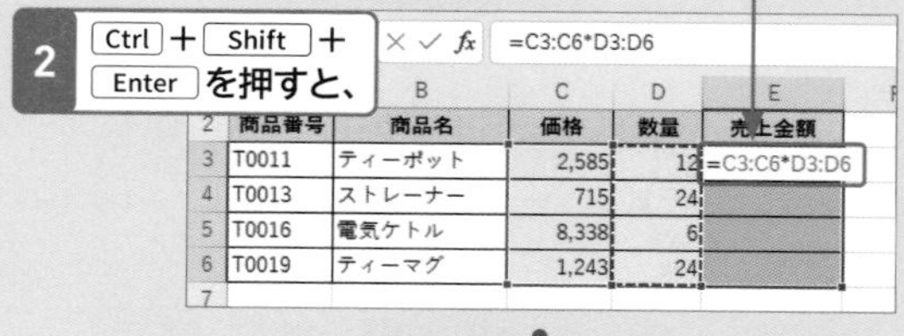

「{ }」は自動的に入力されます。

{=C3:C6*D3:D6}

商品番号	商品名	価格	数量	売上金額
T0011	ティーポット	2,585	12	31,020
	ストレーナー	715	24	17,160
	電気ケトル	8,338	6	50,028
	ティーマグ	1,243	24	29,832

3 計算結果が表示されます。

重要度 ★★★ 配列数式

Q 347 配列数式を削除したい！

配列数式を入力している場合、1つのセルの数式だけを削除することはできません。配列数式を削除するには、配列数式を入力したセル範囲を選択して Delete を押します。

A 配列数式を入力したセル範囲を選択して Delete を押します。

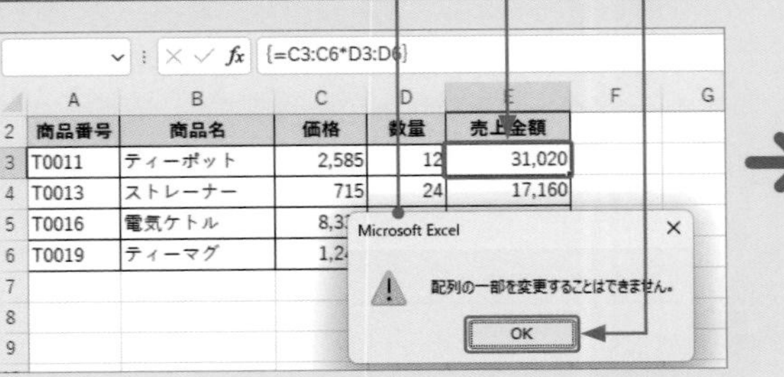

	A	B	C	D	E
2	商品番号	商品名	価格	数量	売上金額
3	T0011	ティーポット	2,585	12	31,020
4	T0013	ストレーナー	715	24	17,160
5	T0016	電気ケトル	8,338	6	50,028
6	T0019	ティーマグ	1,243	24	29,832

重要度 ★★★ 配列数式

Q 348 配列数式を修正したい！

A 数式を数式バーで修正し、Ctrl ＋ Shift ＋ Enter を押して確定します。

セル範囲に配列数式を入力している場合、セル範囲中の1つのセルの数式を変更しようとすると、「配列の一部を変更することはできません。」というメッセージが表示されます。配列数式を修正する場合は、配列数式を入力したセルをクリックして数式バーで修正し、Ctrl ＋ Shift ＋ Enter を押して確定します。

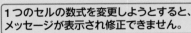

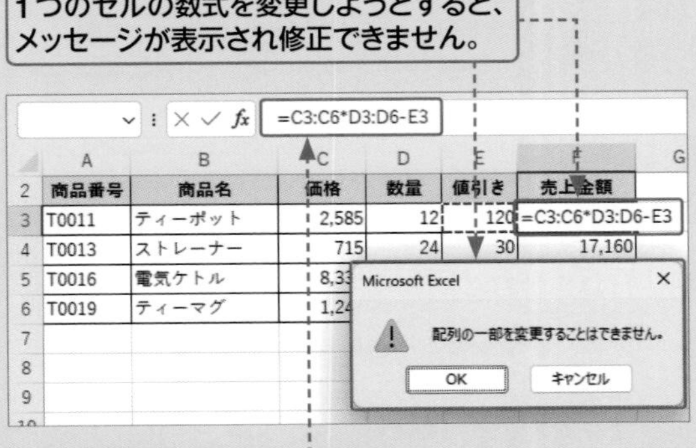

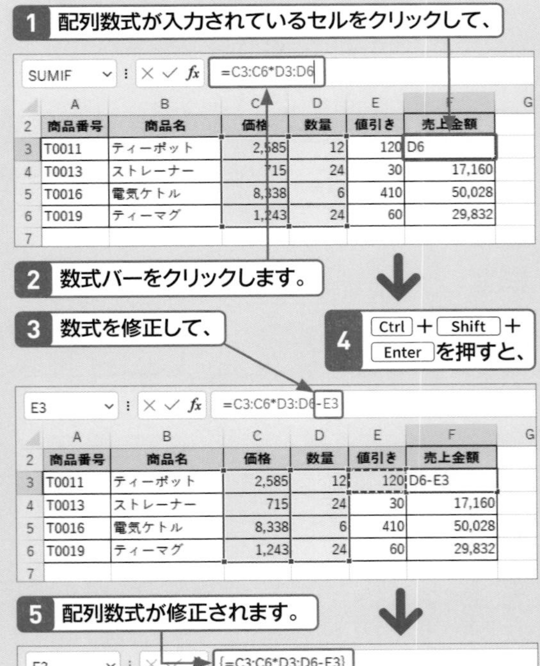

	A	B	C	D	E	F
2	商品番号	商品名	価格	数量	値引き	売上金額
3	T0011	ティーポット	2,585	12	120	D6-E3
4	T0013	ストレーナー	715	24	30	17,160
5	T0016	電気ケトル	8,338	6	410	50,028
6	T0019	ティーマグ	1,243	24	60	29,832

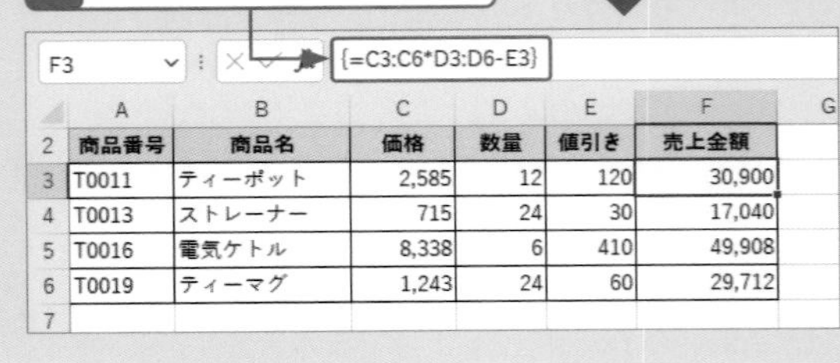

	A	B	C	D	E	F
2	商品番号	商品名	価格	数量	値引き	売上金額
3	T0011	ティーポット	2,585	12	120	30,900
4	T0013	ストレーナー	715	24	30	17,040
5	T0016	電気ケトル	8,338	6	410	49,908
6	T0019	ティーマグ	1,243	24	60	29,712

第6章

関数の「こんなときどうする?」

重要度 ★★★ 関数の基礎

Q 349 関数って何？

A 特定の計算を行うためにあらかじめ用意されている機能のことです。

Excelでは数式を利用してさまざまな計算を行うことができますが、計算が複雑になると、指定する数値やセルが多くなり、数式がわかりにくくなる場合があります。そこで、複雑な数式のかわりとなるのが「関数」です。「関数」は、特定の計算を行うためにExcelにあらかじめ用意されている便利な機能のことです。関数を利用すれば、複雑な数式を覚えなくても、計算に必要な値を指定するだけで、簡単に計算結果を表示することができます。

● 数式で平均値を求める場合

SUM　=(B3+B4+B5)/3

	A	B	C	D	E
1	関東地区ブロック別販売数				
2	ブロック名	什器備品セット1	什器備品セット2		
3	北関東	68	71		
4	東　京	93	89		
5	南関東	85	83		
6	平均販売数	=(B3+B4+B5)/3	81		
7					

● 関数を使って平均値を求める場合

SUM　=AVERAGE(B3:B5)

	A	B	C	D	E
1	関東地区ブロック別販売数				
2	ブロック名	什器備品セット1	什器備品セット2		
3	北関東	68	71		
4	東　京	93	89		
5	南関東	85	83		
6	平均販売数	=AVERAGE(B3:B5)	81		
7					

重要度 ★★★ 関数の基礎

Q 350 関数を記述する際のルールを知りたい！

A 必ず「=」(等号)から始まります。

関数では、入力する値を「引数(ひきすう)」、計算結果として返ってくる値を「戻り値(もどりち)」と呼びます。関数を利用するには、入力値である引数を、決められた書式で記述する必要があります。

関数は、先頭に「=」(等号)を付けて関数名を入力し、後ろに引数をカッコ「( )」で囲んで指定します。引数の数が複数ある場合は、引数と引数の間を「,」(カンマ)で区切ります。引数に連続する範囲を指定する場合は、開始セルと終了セルを「:」(コロン)で区切ります。関数名や「=」「(」「)」「,」「:」などはすべて半角で入力します。

● 関数のイメージ

引数で指定された値を計算する

関数

引数 → 戻り値

引数：計算に必要な値を指定する

戻り値：計算結果を表示する

● 引数を「,」で区切って指定する

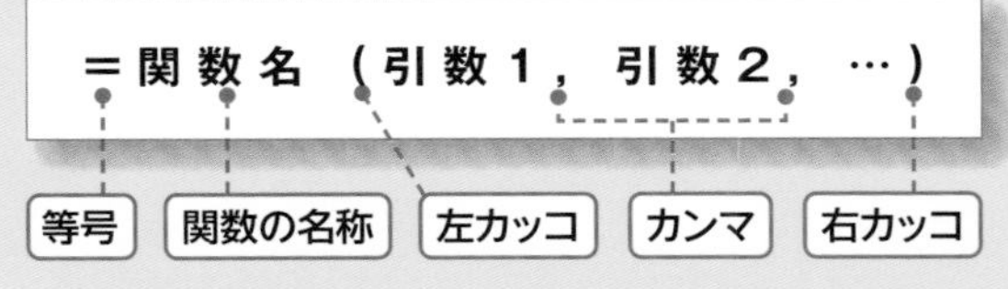

● 引数にセル範囲を指定する

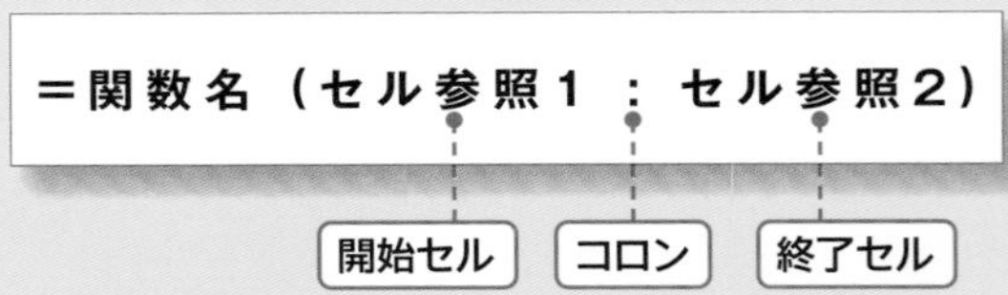

重要度★★★ 関数の基礎

Q 351 新しく追加された関数を知りたい！

A Excel 2016以降に追加された主な関数は下表のとおりです。

Excelでは、バージョンアップするごとに新しい関数が追加されたり、既存の関数名が変更されたり、機能が更新されたりしています。下表にExcel 2016以降に追加された主な関数を紹介します。

なお、新しく追加された関数は、追加される以前のバージョンでは、使用できないので注意が必要です。

● Excel 2016以降に追加された主な関数

関数	関数の分類	バージョン
FORECAST.ETS	統計	2016
FORECAST.ETS.CONFINT	統計	2016
FORECAST.ETS.SEASONALITY	統計	2016
FORECAST.ETS.STAT	統計	2016
FORECAST.LINEAR	統計	2016
CONCAT	文字列操作	2019
IFS	論理	2019
MAXIFS	統計	2019
MINIFS	統計	2019
SWITCH	論理	2019
TEXTJOIN	文字列操作	2019
ARRAYTOTEXT	文字列操作	2021
FILTER	検索／行列	2021
LAMBDA	論理	2021
LET	論理	2021
RANDARRAY	数学／三角	2021
SEQUENCE	数学／三角	2021
SORT	検索／行列	2021
SORTBY	検索／行列	2021
UNIQUE	検索／行列	2021
VALUETOTEXT	文字列操作	2021
XLOOKUP	検索／行列	2021
XMATCH	検索／行列	2021

重要度★★★ 関数の基礎

Q 352 互換性関数って何？

A 以前のバージョンとの互換性を保つために用意されている関数です。

Excelでは、バージョンアップに伴って新しい関数が追加されるとともに、既存の関数についても名前が変更されたり、機能が更新されたりしています。

「互換性関数」とは、Excel 2007以前のバージョンとの互換性を保つために、古い名前の関数が引き続き使用できるように用意されているものです。

互換性関数は、[数式]タブの[その他の関数]や、[関数の挿入]ダイアログボックスの[関数の分類]の[互換性]から利用できます。

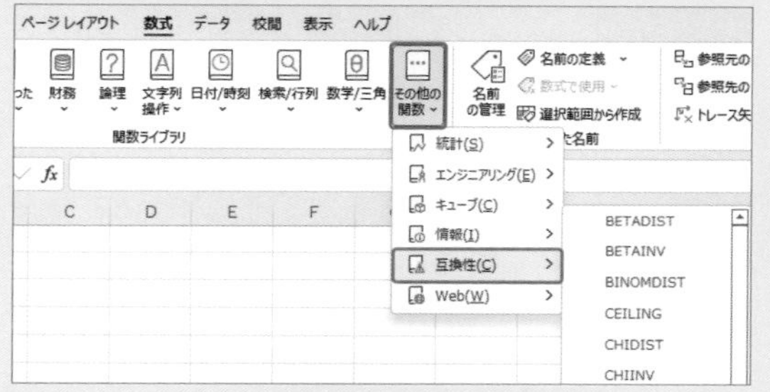

重要度★★★ 関数の基礎

Q 353 自動再計算関数って何？

A ブックを開いたときに自動的に再計算される関数です。

「自動再計算関数」とは、ブックを開いたときに自動的に再計算される関数のことをいいます。自動再計算関数には、NOW、TODAY、INDIRECT、OFFSET、RANDなどがあります。これらの関数を使ったブックは、何も編集をしなくても、閉じるときに「変更内容を保存しますか？」というような確認のメッセージが表示される場合があります。

何も編集をしなくても、閉じるときに確認のメッセージが表示される場合があります。

重要度★★★ 関数の基礎

Q 354 関数の入力方法を知りたい!

A [数式]タブの各コマンドや数式バーのコマンドを利用します。

関数を入力するには、次の3通りの方法があります。

- [数式]タブの[関数ライブラリ]グループのコマンドを使う。
- [数式]タブや数式バーの[関数の挿入]コマンドを使う。
- セルや数式バーに直接関数を入力する。

入力したい関数が[関数ライブラリ]のどの分類にあるかを覚えてしまえば、[関数ライブラリ]のコマンドからすばやく関数を入力できます。関数の分類が不明な場合は、[関数の挿入]ダイアログボックスの[関数の分類]で[すべて表示]を選択して、一覧から選択することできます。

● [関数ライブラリ]グループのコマンドを使用する

1 関数を入力するセルをクリックして、[数式]タブをクリックします。

2 関数の分類別のコマンド(ここでは[その他の関数])をクリックして、

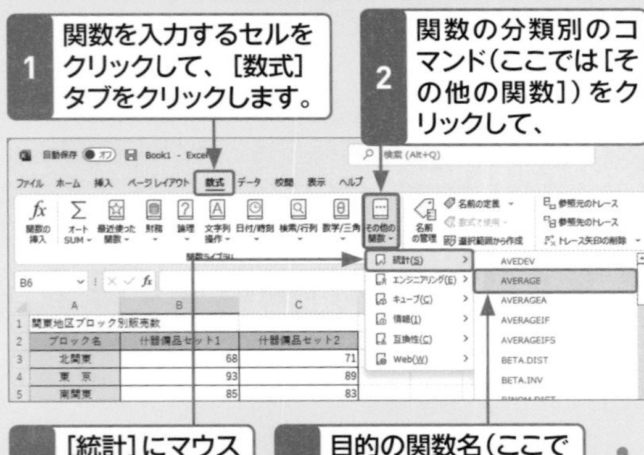

3 [統計]にマウスポインターを合わせ、

4 目的の関数名(ここでは[AVERAGE])をクリックします。

5 [関数の引数]ダイアログボックスが表示されるので、必要な引数を入力(自動で入力された場合は確認)して、

6 [OK]をクリックすると、

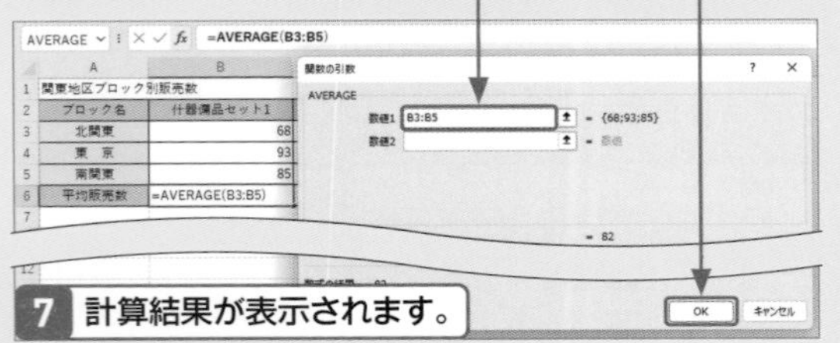

7 計算結果が表示されます。

● [関数の挿入]ダイアログボックスを使用する

1 関数を入力するセルをクリックして、[数式]タブをクリックし、

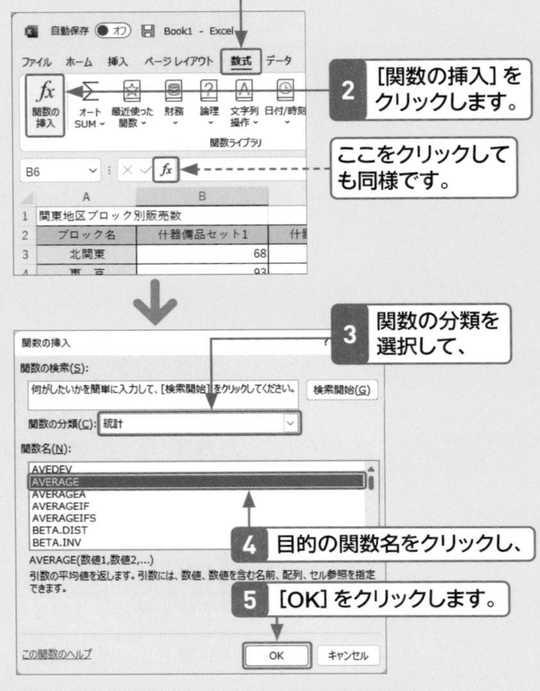

2 [関数の挿入]をクリックします。

ここをクリックしても同様です。

3 関数の分類を選択して、

4 目的の関数名をクリックし、

5 [OK]をクリックします。

6 [関数の引数]ダイアログボックスが表示されるので、同様に操作します。

● セルや数式バーに関数を直接入力する

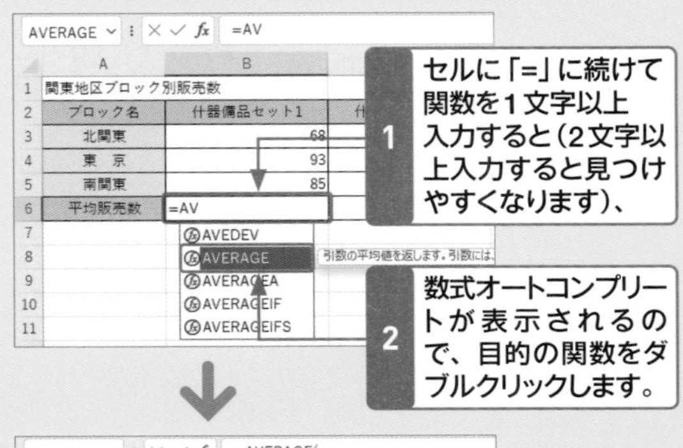

1 セルに「=」に続けて関数を1文字以上入力すると(2文字以上入力すると見つけやすくなります)、

2 数式オートコンプリートが表示されるので、目的の関数をダブルクリックします。

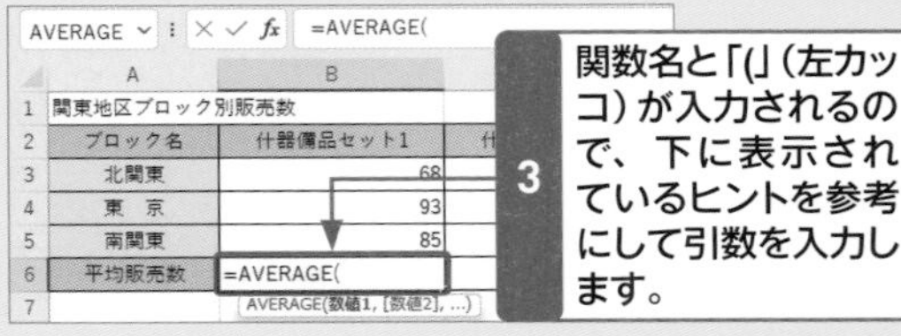

3 関数名と「(」(左カッコ)が入力されるので、下に表示されているヒントを参考にして引数を入力します。

重要度 ★★★ 関数の基礎

Q 355 関数の種類や用途を知りたい！

A 関数の分類と機能を以下にまとめます。

［関数の挿入］ダイアログボックスの［関数の分類］では、関数が次のように機能別に分けられています。
また、［数式］タブの［関数ライブラリ］にもほぼ同様の分類でコマンドが用意されています。コマンドがない関数は、［その他の関数］から選択できます。
使用したい関数がどの分類にあるかわからない場合は、使用目的を入力して検索することもできます。

関数の分類	機　能
財務	借入・返済、投資・貯蓄、減価償却などに関する計算
日付／時刻	日付や時刻に関する計算
数学／三角	四則演算や三角比の計算など、数学に関する計算
統計	平均値や最大値など、統計データを分析する計算
検索／行列	条件に一致するセルの値や位置の検索など
データベース	条件をもとに抽出したデータにおける、平均値や最大値などの計算
文字列操作	文字列の長さの判断や、特定の文字列の抽出など

関数の分類	機　能
論理	条件に対する真（TRUE）、偽（FALSE）の判断など
情報	セルの情報の取得など
エンジニアリング	n進数の変換や複素数の計算など、工学分野の計算
キューブ	オンライン分析処理で利用する多次元データベース「キューブ」を操作する
互換性	Excel 2007以前のバージョンと互換性のある関数
Web	インターネットやイントラネット（社内ネットワーク）からのデータの抽出

重要度 ★★★ 関数の基礎

Q 356 どの関数を使ったらよいかわからない！

A ［関数の挿入］ダイアログボックスに関数の使用目的を入力します。

［関数の挿入］ダイアログボックスを表示して、［関数の検索］にどのような計算をしたいのかを入力し、［検索開始］をクリックすると、該当する関数が一覧表示されます。検索に使用する語句は、文章にするのではなく、シンプルな語句や単語で検索すると、目的の関数を見つけやすくなります。

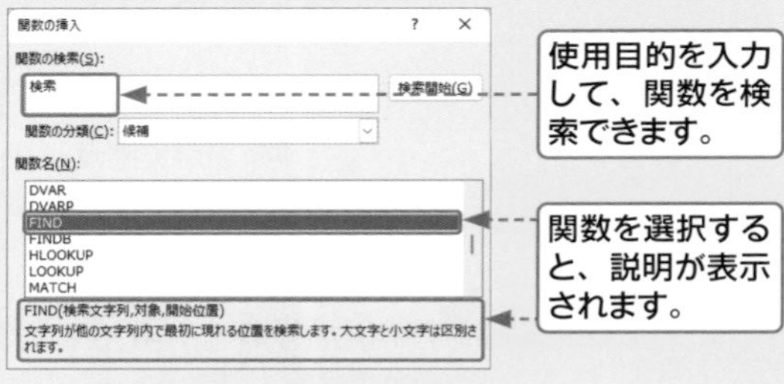

重要度 ★★★ 関数の基礎

Q 357 使用したい関数のコマンドが見当たらない！

A 関数を直接セルに入力します。

DATEDIF関数など一部の関数は、［数式］タブの［関数ライブラリ］グループのコマンドや［関数の挿入］ダイアログボックスでは入力できません。このような関数は、セルに直接入力します。

E4　=DATEDIF(D4,$E$2,"Y")

	A	B	C	D	E	F
1	社員名簿					
2					2023年1月1日	
3	No.	名前	所属部署	入社日	在籍年数	
4	1	本間　涼太	商品部	2003/4/2	=DATEDIF(D4,$E$2,"Y")	
5	2	佐崎　京	総務部	2005/4/2		
6	3	島田　由芽	経理部	2006/4/2		
7	4	石田　貴士	企画部	2007/9/9		
8	5	仲井　圭	商品部	2008/12/1		

関数を直接セルに入力します。

Q 358 関数の中に関数を入力できるの？

A 2つ目以降の関数を［関数］ボックスから選択します。

=IF(AVERAGE($B$3:$B$7)<=B3,"○","×")のような数式を入力するには、最初にIF関数を入力したあと、2つ目のAVERAGE関数を［関数］ボックスから入力して、引数を指定します。さらに、数式バーをクリックしてIF関数に戻り、引数を指定します。

最初に1つ目の関数を入力します。

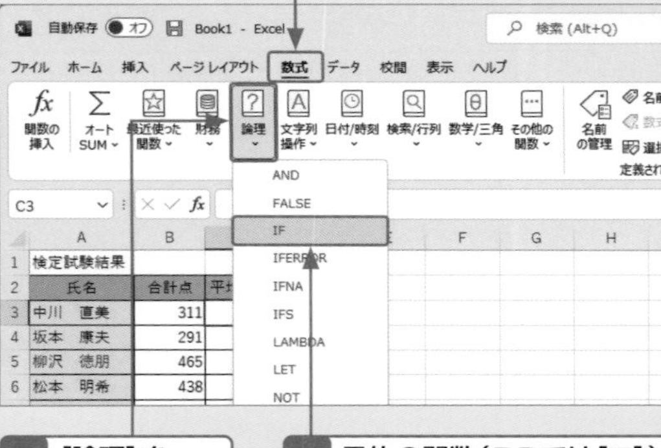

内側に追加する関数を入力します。

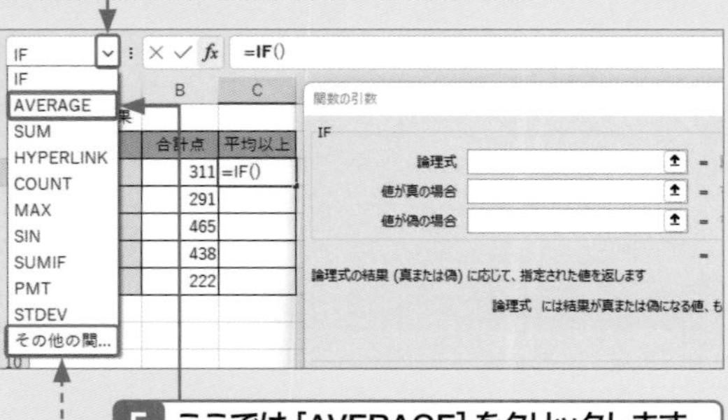

一覧に目的の関数がない場合は、［その他の関数］をクリックして関数を選択します。

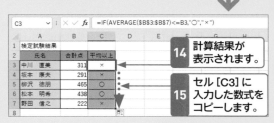

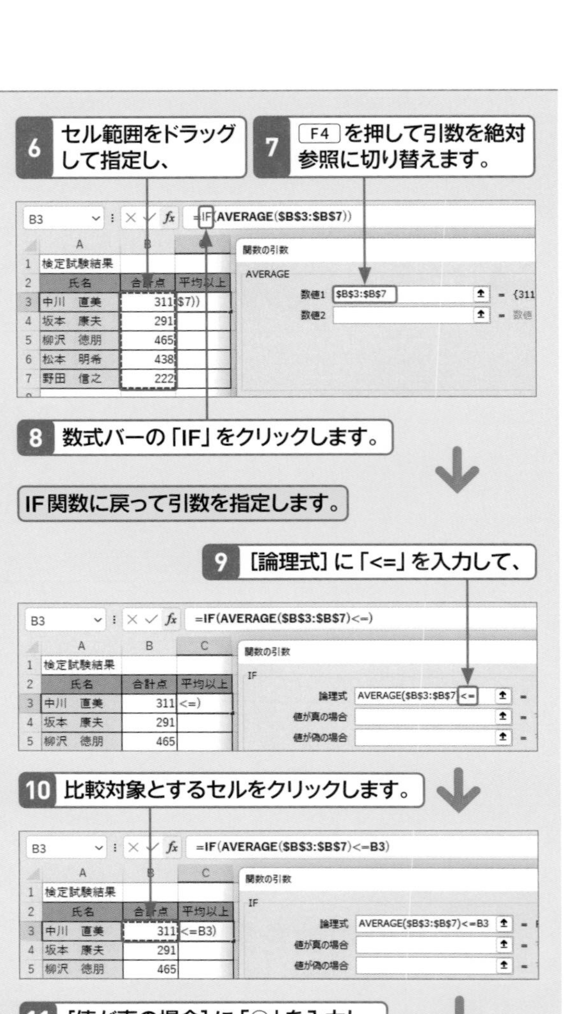

6 セル範囲をドラッグして指定し、
7 F4 を押して引数を絶対参照に切り替えます。
8 数式バーの「IF」をクリックします。
IF関数に戻って引数を指定します。
9 ［論理式］に「<=」を入力して、
10 比較対象とするセルをクリックします。

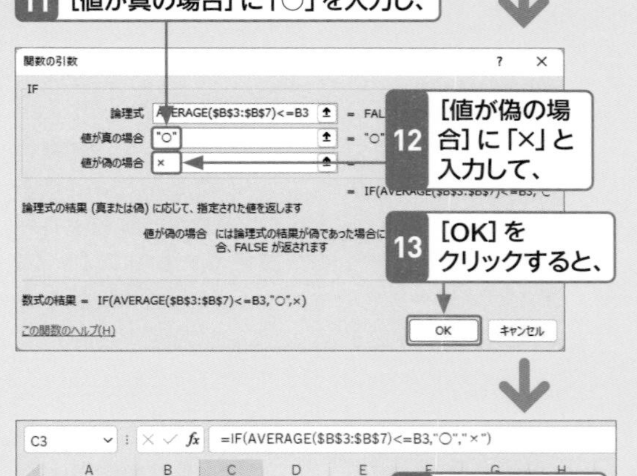

11 ［値が真の場合］に「○」を入力し、
12 ［値が偽の場合］に「×」と入力して、

重要度 ★★★　関数の基礎

Q 359 関数や引数に何を指定するのかわからない！

A 数式オートコンプリートやヒントを利用します。

セルに関数を直接入力する際、関数や引数に何を指定するかわからなくなってしまった場合は、数式オートコンプリートやヒントを利用するとよいでしょう。

1 セルに「=」に続けて関数を1～2文字入力すると、

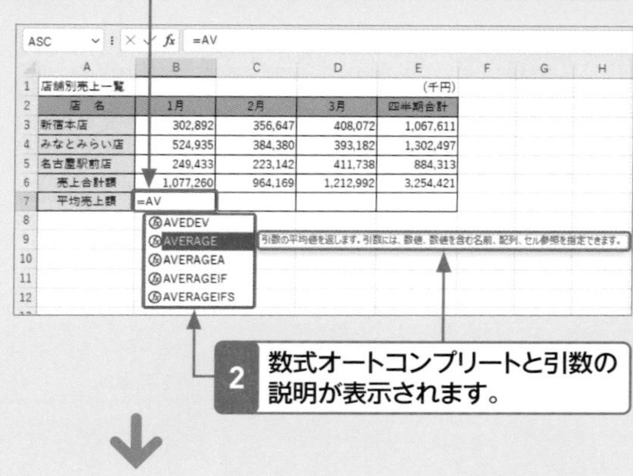

2 数式オートコンプリートと引数の説明が表示されます。

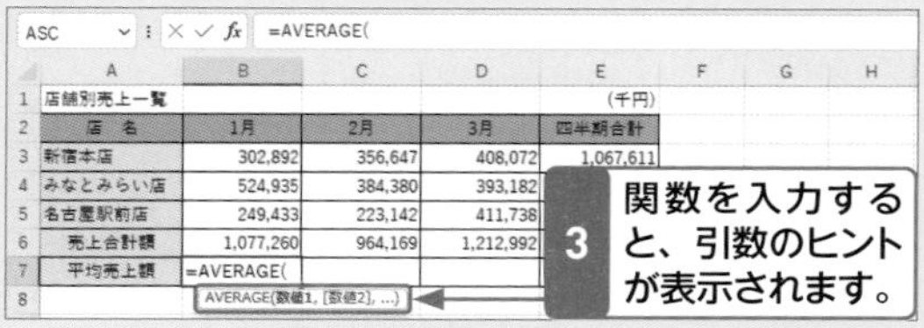

3 関数を入力すると、引数のヒントが表示されます。

重要度 ★★★　関数の基礎

Q 360 関数に読み方はあるの？

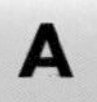

A 関数の正式な読み方は決まっていません。

Excelに用意されている関数の正式な読み方は決まっていません。一般的には、「AVERAGE関数」「TODAY関数」のような英単語そのものの関数は、辞書のとおり「アベレージ」「トゥディ」と読みます。「FV関数」のように略語の関数名の場合は、そのまま「エフブイ」と読む人が多いようです。

重要度 ★★★　関数の基礎

Q 361 合計や平均をかんたんに求めるには？

A [オートSUM]コマンドを利用します。

合計や平均を求める場合、SUM関数やAVERAGE関数を使用しますが、[ホーム]タブの[編集]グループや、[数式]タブの[関数ライブラリ]にある[オートSUM]を利用すると、よりかんたんに求めることができます。ここでは合計を求めてみましょう。

1 合計を求めたいセルをクリックして、

2 [数式]タブをクリックします。

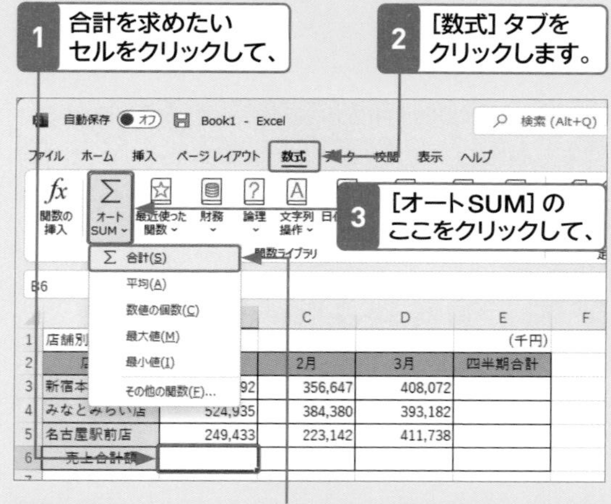

3 [オートSUM]のここをクリックして、

4 [合計]をクリックすると、

5 計算の対象となるセル範囲が自動的に選択されます。

6 範囲に間違いがないかどうか確認して、Enter を押すと、

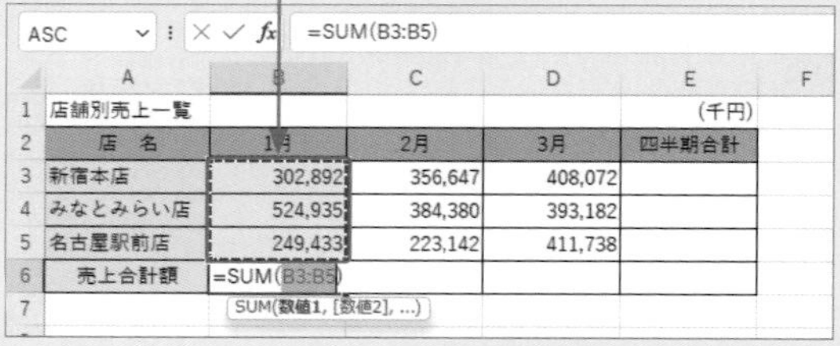

7 合計を求めることができます。

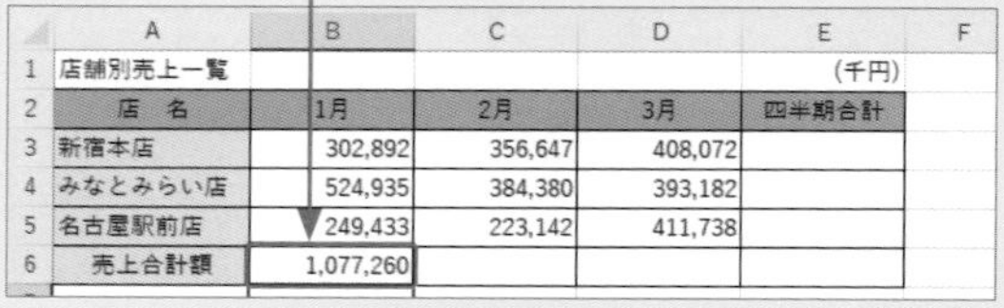

重要度 ★★★　数値を丸める

Q 362 ROUNDDOWN、TRUNC、INT関数の違いを知りたい！

A 数値が負の数のときの値や引数を省略できるかどうかなどが違います。

TRUNC関数とINT関数はどちらも数値を指定の桁位置に合わせて切り捨てる関数です。数値が正の数の場合は同じ値が返されますが、数値が負の数のときは、異なる値が返されます。たとえば、「-3.58」という数値の場合、TRUNC関数は単純に小数部を切り捨てた「-3」を返しますが、INT関数は小数部の値に基づいて、より小さい値である「-4」を返します。

ROUNDDOWN関数も数値を切り捨てる関数ですが、TRUNC関数やINT関数のように引数「桁数」を省略できません。

=TRUNC(A2)
セル［A2］の数値を小数点以下で切り捨てた整数が求められます。

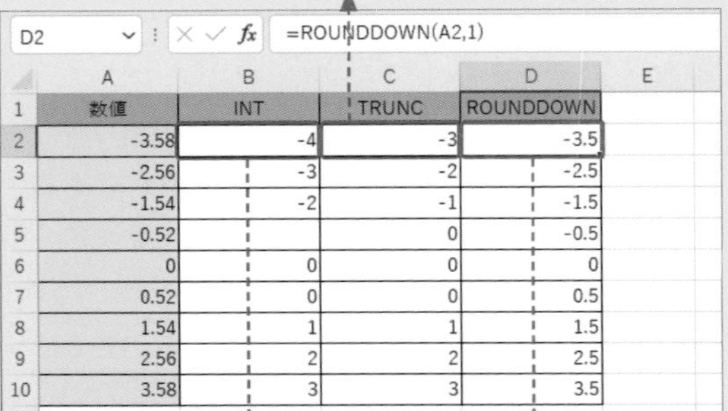

	A	B	C	D
1	数値	INT	TRUNC	ROUNDDOWN
2	-3.58	-4	-3	-3.5
3	-2.56	-3	-2	-2.5
4	-1.54	-2	-1	-1.5
5	-0.52		0	-0.5
6	0	0	0	0
7	0.52	0	0	0.5
8	1.54	1	1	1.5
9	2.56	2	2	2.5
10	3.58	3	3	3.5

=INT(A2)
セル［A2］の数値を超えない最大の整数が求められます。

=ROUNDDOWN(A2,1)
セル［A2］の数値を小数点第2位以下で切り捨てた整数が求められます。

重要度 ★★★　数値を丸める

Q 363 消費税を計算したい！

A INT関数を使用します。

消費税を計算するには、通常、金額に現在の税率（8%のときは「0.08」、10%のときは「0.1」）をかけて消費税額を計算し、INT関数を使用して小数点以下を切り捨てます。なお、小数点以下を切り上げる場合はROUNDUP関数を使用します。

参照 ▶ Q 365

1 結果を表示するセルをクリックして、［数式］タブをクリックし、

2 ［数学／三角］をクリックして、

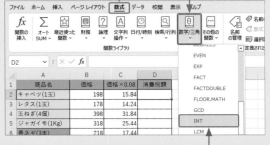

	A	B	C	D
1	商品名	価格	価格×0.08	消費税額
2	キャベツ(1玉)	198	15.84	
3	レタス(1玉)	178	14.24	
4	玉ねぎ(4個)	398	31.84	
5	ジャガイモ(1Kg)	318	25.44	
6	長ネギ(3本)	218	17.44	

3 ［INT］をクリックします。

4 消費税のもとになるセルを指定して、

5 「＊0.08」（10%の場合は「＊0.1」）と入力します。

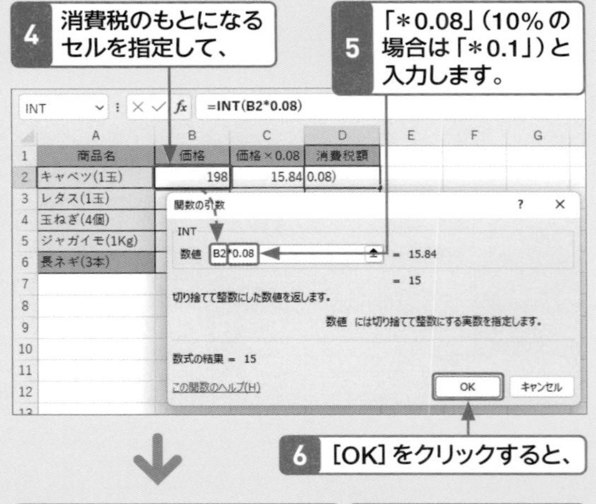

6 ［OK］をクリックすると、

7 消費税が計算され、小数点以下は切り捨てられます。

8 数式をほかのセルにコピーします。

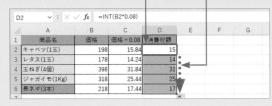

D2　=INT(B2*0.08)

	A	B	C	D
1	商品名	価格	価格×0.08	消費税額
2	キャベツ(1玉)	198	15.84	15
3	レタス(1玉)	178	14.24	14
4	玉ねぎ(4個)	398	31.84	31
5	ジャガイモ(1Kg)	318	25.44	25
6	長ネギ(3本)	218	17.44	17

関数の書式 =INT(数値)

数学／三角関数　数値の小数部を切り捨てて、整数にした数値を求める。

重要度★★★　数値を丸める

Q 364 数値を四捨五入したい！

A ROUND関数を使用します。

数値を四捨五入するには、ROUND関数を使用します。四捨五入する桁は、引数「桁数」で指定します。たとえば、小数点以下第2位を四捨五入して小数点以下第1位までの数値にするときは、桁数に「1」を指定します。

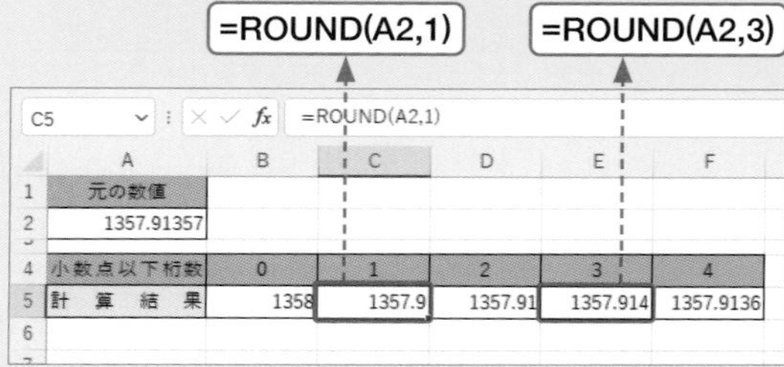

関数の書式 =ROUND(数値,桁数)

数学／三角関数　数値を四捨五入して指定した桁数にする。引数「桁数」には、四捨五入する桁の1つ上の桁数を指定する。

重要度★★★　数値を丸める

Q 365 数値を切り上げ／切り捨てしたい！

A ROUNDUP関数とROUNDDOWN関数を使用します。

数値を切り上げるにはROUNDUP関数を、切り捨てるにはROUNDDOWN関数を使用します。それぞれの書式はROUND関数と同じです。

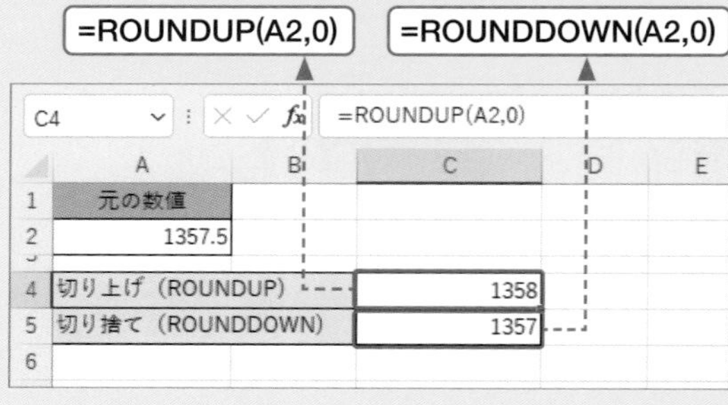

重要度★★★　数値を丸める

Q 366 ROUND関数と表示形式で設定する四捨五入の違いは？

A ROUND関数では数値自体が四捨五入されます。

ROUND関数では数値自体が四捨五入されます。表示形式で小数点以下を非表示にすると四捨五入したように見えますが、セルに入力されている数値自体は変わりません。下図は、ROUND関数と表示形式で四捨五入した値をそれぞれ2倍したものです。見た目の数値は同じですが、計算結果が異なっています。

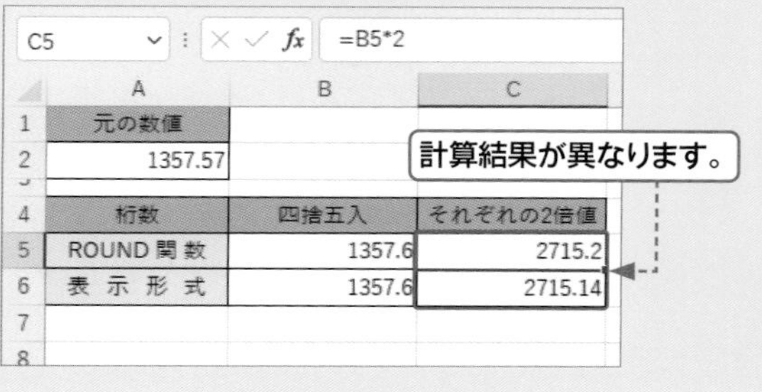

重要度★★★　数値を丸める

Q 367 数値を1の位や10の位で四捨五入したい！

A ROUND関数の引数に負の数を指定します。

ROUND関数の桁数に負の数を指定すると、数値の整数部を四捨五入できます。桁数には、1の位を四捨五入する場合は「-1」、100の位を四捨五入する場合は「-3」というように、四捨五入する桁に「マイナス」を付けたものを指定します。

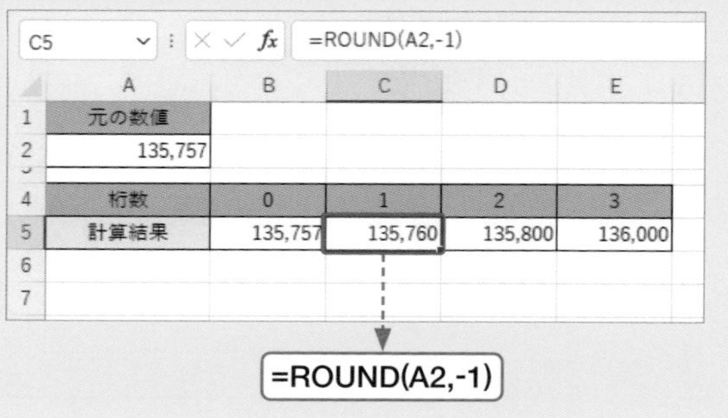

重要度★★★ 個数や合計を求める

Q 368 自動的に選択されたセル範囲を変更したい！

A セル範囲をドラッグして変更します。

［オートSUM］を使って合計や平均などを計算すると、計算の対象となるセル範囲が自動的に選択され、破線で囲まれます。選択されたセル範囲が正しい場合は、そのまま Enter を押します。間違っている場合は、セル範囲をドラッグして変更したあと、Enter を押します。

［オートSUM］を使って、平均を求めています。

1 計算の対象となるセル範囲が自動的に選択されますが、範囲が間違っています。

INT　=AVERAGE(B3:B6)

	A	B	C	D	E
1	店舗別来店者数				
2	店舗名	1月1日	1月2日	1月3日	合計
3	新宿本店	1,862	3,820	5,964	11,646
4	みなとみらい店	1,832	5,619	5,885	13,336
5	名古屋駅前店	2,933	3,503	4,818	11,254
6	合　計	6,627	12,942	16,667	36,236
7	平均来客数	=AVERAGE(B3:B6)			
8		AVERAGE(数値1, [数値2], ...)			

この場合は、合計のセルも範囲に含まれています。

2 正しいセル範囲をドラッグすると、

B3　=AVERAGE(B3:B5)

	A	B	C	D	E
1	店舗別来店者数				
2	店舗名	1月1日	1月2日	1月3日	合計
3	新宿本店	1,862	3,820	5,964	11,646
4	みなとみらい店	1,832	5,619	5,885	13,336
5	名古屋駅前店	2,933	3,503	4,818	11,254
6	合　計	6,627	12,942	16,667	36,236
7	平均来客数	=AVERAGE(B3:B5)			
8		AVERAGE(数値1, [数値2], ...)			

3 セル範囲が変更されます。

重要度★★★ 個数や合計を求める

Q 369 離れたセルの合計を求めたい！

A Ctrl を押しながら2つ目以降のセルを選択します。

［オートSUM］を使って離れたセルの合計を求めるには、計算結果を表示したいセルをクリックして、［オートSUM］をクリックします。続いて、1つ目のセルを選択したあと、Ctrl を押しながら2つ目以降のセルを選択し、Enter を押します。

1 結果を表示したいセルをクリックして、

2 ［数式］タブをクリックし、

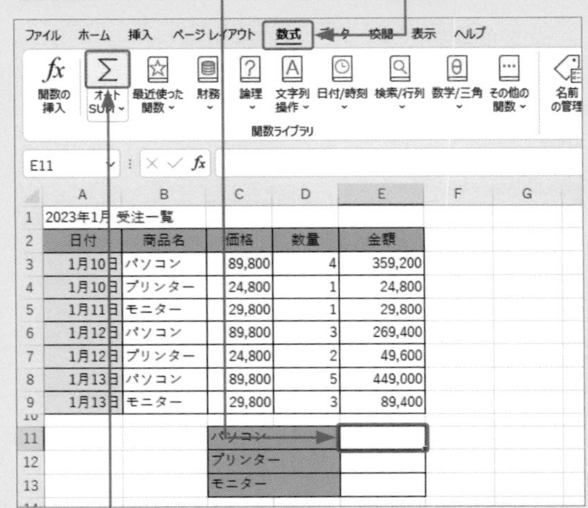

	A	B	C	D	E
1	2023年1月 受注一覧				
2	日付	商品名	価格	数量	金額
3	1月10日	パソコン	89,800	4	359,200
4	1月10日	プリンター	24,800	1	24,800
5	1月11日	モニター	29,800	1	29,800
6	1月12日	パソコン	89,800	3	269,400
7	1月12日	プリンター	24,800	2	49,600
8	1月13日	パソコン	89,800	5	449,000
9	1月13日	モニター	29,800	3	89,400
11			パソコン		
12			プリンター		
13			モニター		

3 ［オートSUM］をクリックします。

4 セル［E3］をクリックしたあと、

	A	B	C	D	E
1	2023年1月 受注一覧				
2	日付	商品名	価格	数量	金額
3	1月10日	パソコン	89,800	4	359,200
4	1月10日	プリンター	24,800	1	24,800
5	1月11日	モニター	29,800	1	29,800
6	1月12日	パソコン	89,800	3	269,400
7	1月12日	プリンター	24,800	2	49,600
8	1月13日	パソコン	89,800	5	449,000
9	1月13日	モニター	29,800	3	89,400
11			パソコン		=SUM(E3,E6,E8)
12			プリンター		SUM(数値1, [数値2], ...)
13			モニター		

5 Ctrl を押しながらセル［E6］と［E8］をクリックし、

6 Enter を押すと、選択したセルの合計が求められます。

重要度 ★★★ 個数や合計を求める

Q 370 小計と総計を同時に求めたい！

A 小計と総計を求めるセル範囲を選択して合計します。

表の中に、小計行と総計行がある場合、これらを同時に求めることができます。Ctrl を押しながら小計行と総計行のセルをそれぞれ選択し、[数式] タブの [オートSUM] をクリックすると、選択した列の小計と総計の値が同時に求められます。

なお、セル範囲を選択する際、項目見出しを含めて選択したり、小計と合計のセル範囲を同時に選択したりすると正しく計算されないので、注意が必要です。

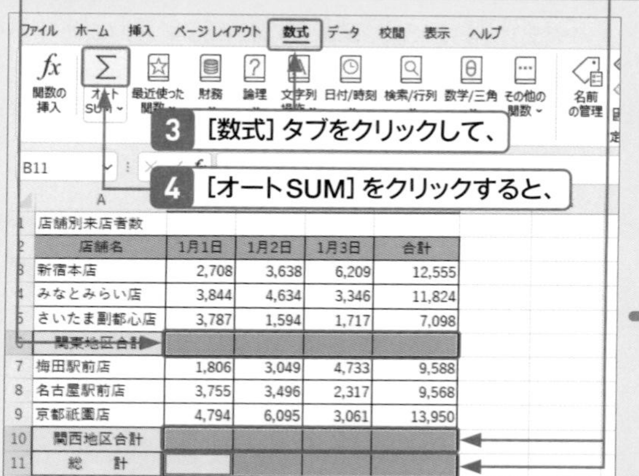

5 小計と総計の値が同時に求められます。

B11 =SUM(B10,B6)

	A	B	C	D	E
1	店舗別来店者数				
2	店舗名	1月1日	1月2日	1月3日	合計
3	新宿本店	2,708	3,638	6,209	12,555
4	みなとみらい店	3,844	4,634	3,346	11,824
5	さいたま副都心店	3,787	1,594	1,717	7,098
6	関東地区合計	10,339	9,866	11,272	31,477
7	梅田駅前店	1,806	3,049	4,733	9,588
8	名古屋駅前店	3,755	3,496	2,317	9,568
9	京都祇園店	4,794	6,095	3,061	13,950
10	関西地区合計	10,355	12,640	10,111	33,106
11	総　計	20,694	22,506	21,383	64,583

重要度 ★★★ 個数や合計を求める

Q 371 データの増減に対応して合計を求めたい！

A SUM関数の引数に「列番号:列番号」と指定します。

SUM関数でデータを集計している場合、データが追加されると、集計するセル範囲も変更しなくてはならないので面倒です。このような場合は、引数に「D:D」のように「列番号:列番号」と指定すると、データが追加されるたびに自動的に集計結果も変更されます。

関数の書式	=SUM(数値1,数値2,…)
数学／三角関数	数値の合計を求める。

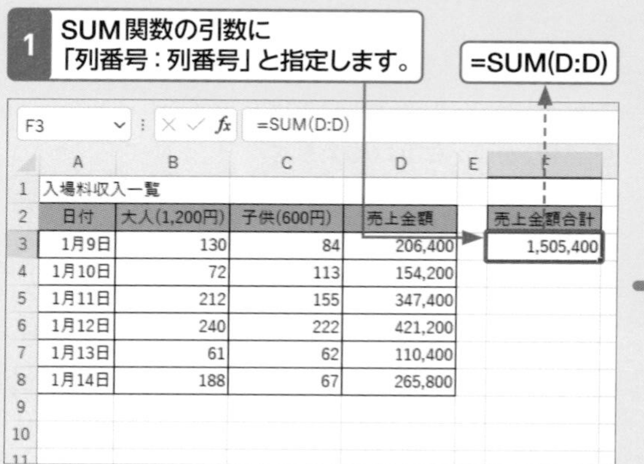

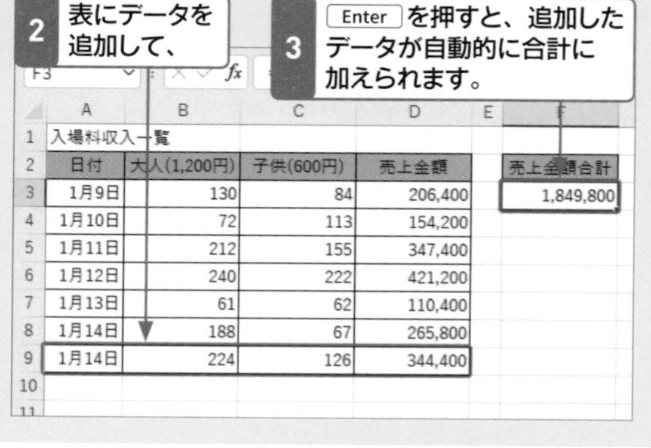

重要度 ★★★ 個数や合計を求める

Q 372 列と行の合計をまとめて求めたい!

A 合計対象と計算結果を表示するセル範囲をまとめて選択します。

計算対象のセル範囲と計算結果を表示するセル範囲をまとめて選択し、[数式]タブの[オートSUM]をクリックすると、選択した範囲の列合計、行合計、総合計をまとめて求めることができます。

1 合計を表示するセルも含めて、セル範囲を選択します。

2 [数式]タブをクリックして、

3 [オートSUM]をクリックすると、

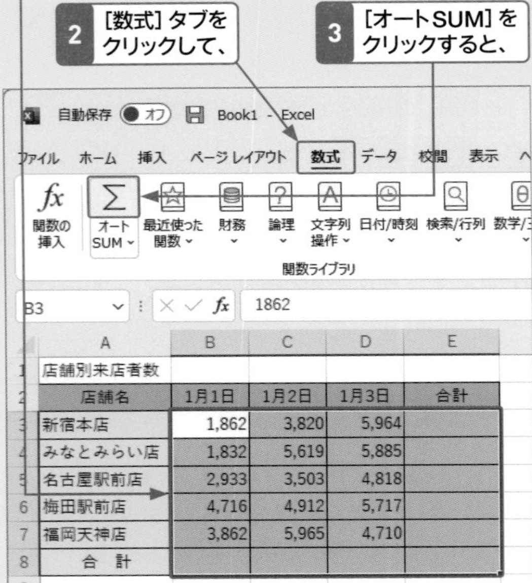

4 列と行の合計と総合計をまとめて求めることができます。

A2 店舗名

	A	B	C	D	E
1	店舗別来店者数				
2	店舗名	1月1日	1月2日	1月3日	合計
3	新宿本店	1,862	3,820	5,964	11,646
4	みなとみらい店	1,832	5,619	5,885	13,336
5	名古屋駅前店	2,933	3,503	4,818	11,254
6	梅田駅前店	4,716	4,912	5,717	15,345
7	福岡天神店	3,862	5,965	4,710	14,537
8	合 計	15,205	23,819	27,094	66,118
9					

重要度 ★★★ 個数や合計を求める

Q 373 「0」が入力されたセルを除いて平均値を求めたい!

A SUM関数とCOUNTIF関数を組み合わせます。

AVERAGE関数を使用すると、「0」も1個のデータとして計算されるため、場合によっては正しい結果が求められません。「0」を除外して平均値を求めたいときは、SUM関数とCOUNTIF関数を使用します。

下の例では、まず、SUM関数で「データ」が入力されているセル範囲[B3:B7]の合計を求めます。次に、COUNTIF関数で、セル範囲[B3:B7]の中から「0」でない数値を数えて、SUM関数で求めた合計を割っています。

なお、「<>」は、左辺と右辺が等しくないという意味を表す比較演算子です。比較演算子を検索条件に指定する場合は、文字列を指定するときと同様、「"」(ダブルクォーテーション)で囲む必要があります。比較演算子には、ほかに下表のようなものがあります。

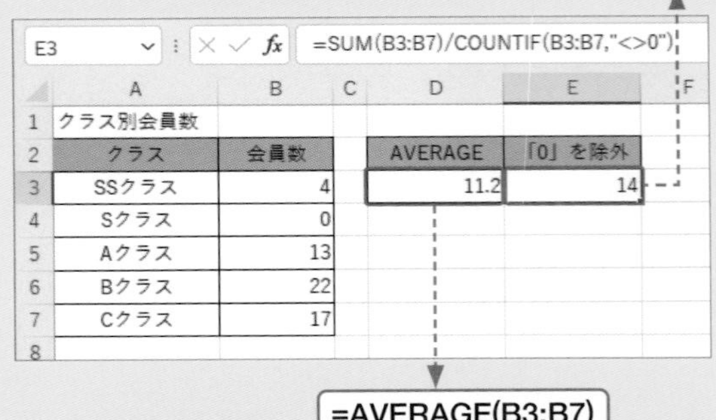

● 比較演算子

記号	意味
=	左辺と右辺が等しい
>	左辺が右辺よりも大きい
<	左辺が右辺よりも小さい
>=	左辺が右辺以上である
<=	左辺が右辺以下である
<>	左辺と右辺が等しくない

関数の書式 =COUNTIF(範囲,検索条件)

統計関数 検索条件に一致するセルの個数を数える。

重要度★★★ 個数や合計を求める

Q 374 累計を求めたい！

A 最初のセルを絶対参照にして、数式をコピーします。

行ごとに累計を求める場合は、SUM関数とセルの参照形式をうまく使いこなすと、1つの関数を入力してコピーするだけで、計算結果を求めることができます。累計を求める場合は、累計を計算する最初のセルを絶対参照にし、開始セルはそのままに、終了セルの行番号を変化させます。
なお、下の手順4で指定する最初の累計は、計算の対象となるセルが1つしかないので、セル範囲の最初と最後は同じセル番号になります。

1 累計を求める最初のセルをクリックして、「=SUM(」と入力し、

E3　=SUM(E3

	A	B	C	D	E	F	G
1	日別入場者数						
2	日付	曜日	大人	子供	1日合計	累計人数	
3	1月9日	月	448	927	1,375	=SUM(E3	
4	1月10日	火	653	682	1,335		
5	1月11日	水	397	358	755		
6	1月12日	木	1,065	872	1,937		
7	1月13日	金	837	433	1,270		
8	1月14日	土	775	321	1,096		
9	1月15日	日	789	846	1,635		
10							

SUM(数値1, [数値2], ...)

2 セル範囲の最初のセル番号を入力して、

3 F4 を押して絶対参照にします。

INT　=SUM($E$3

	A	B	C	D	E	F	G
1	日別入場者数						
2	日付	曜日	大人	子供	1日合計	累計人数	
3	1月9日	月	448	927	1,375	=SUM($E$3	
4	1月10日	火	653	682	1,335		
5	1月11日	水	397	358	755		
6	1月12日	木	1,065	872	1,937		
7	1月13日	金	837	433	1,270		
8	1月14日	土	775	321	1,096		
9	1月15日	日	789	846	1,635		
10							

SUM(数値1, [数値2], ...)

4 「$3」の後ろをクリックしてから「:」を入力し、セル範囲の最後のセル番号を入力し、

5 「)」と入力します。

F3　=SUM($E$3:E3)

	A	B	C	D	E	F	G
1	日別入場者数						
2	日付	曜日	大人	子供	1日合計	累計人数	
3	1月9日	月	448	927	1,375	=SUM($E$3:E3)	
4	1月10日	火	653	682	1,335		
5	1月11日	水	397	358	755		
6	1月12日	木	1,065	872	1,937		
7	1月13日	金	837	433	1,270		
8	1月14日	土	775	321	1,096		
9	1月15日	日	789	846	1,635		
10							

6 Enter を押すと、最初の累計が計算できます。

F4

	A	B	C	D	E	F	G
1	日別入場者数						
2	日付	曜日	大人	子供	1日合計	累計人数	
3	1月9日	月	448	927	1,375	1,375	
4	1月10日	火	653	682	1,335		
5	1月11日	水	397	358	755		
6	1月12日	木	1,065	872	1,937		
7	1月13日	金	837	433	1,270		
8	1月14日	土	775	321	1,096		
9	1月15日	日	789	846	1,635		
10							

7 セル[F3]に入力した数式をコピーすると、

	A	B	C	D	E	F	G
1	日別入場者数						
2	日付	曜日	大人	子供	1日合計	累計人数	
3	1月9日	月	448	927	1,375	1,375	
4	1月10日	火	653	682	1,335		
5	1月11日	水	397	358	755		
6	1月12日	木	1,065	872	1,937		
7	1月13日	金	837	433	1,270		
8	1月14日	土	775	321	1,096		
9	1月15日	日	789	846	1,635		
10							

8 それぞれの累計を求めることができます。

	A	B	C	D	E	F	G
1	日別入場者数						
2	日付	曜日	大人	子供	1日合計	累計人数	
3	1月9日	月	448	927	1,375	1,375	
4	1月10日	火	653	682	1,335	2,710	
5	1月11日	水	397	358	755	3,465	
6	1月12日	木	1,065	872	1,937	5,402	
7	1月13日	金	837	433	1,270	6,672	
8	1月14日	土	775	321	1,096	7,768	
9	1月15日	日	789	846	1,635	9,403	
10							

重要度 ★★★　個数や合計を求める

Q 375 データの個数を数えたい！

A COUNT関数やCOUNTA関数を用途に応じて使用します。

データの個数を数えるには、数値が入力されているセルの個数のみを数えるCOUNT関数と、空白以外のセルの個数を数えるCOUNTA関数があります。

COUNT関数は、セルに入力されたデータが数値以外の場合はカウントされません。このため、数値が表示されている場合でも、そのデータが文字列として扱われている場合はカウントされません。

また、COUNTA関数は、セルに何も入力されていないように見えても、全角や半角のスペースが入力されている場合は、正しくカウントされません。カウント数がおかしい場合は、確認する必要があります。

● COUNT関数とCOUNTA関数を使い分ける

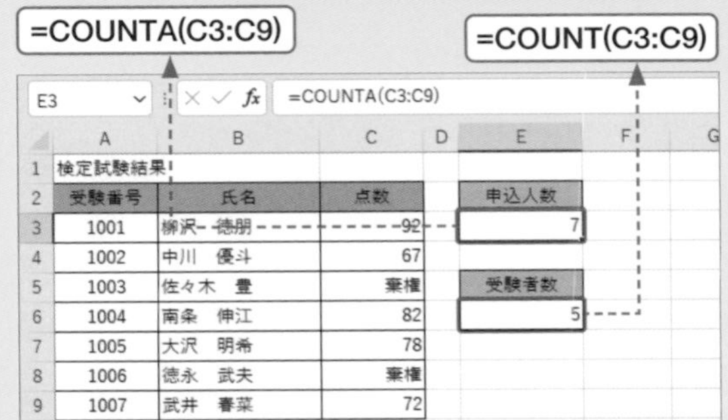

	A	B	C	D	E
1	検定試験結果				
2	受験番号	氏名	点数		申込人数
3	1001	柳沢　徳朋	92		7
4	1002	中川　優斗	67		
5	1003	佐々木　畳	棄権		受験者数
6	1004	南条　伸江	82		5
7	1005	大沢　明希	78		
8	1006	徳永　武夫	棄権		
9	1007	武井　春菜	72		

関数の書式 =COUNT(値1,値2,…)

統計関数 数値が入力されているセルの個数を数える。

関数の書式 =COUNTA(値1,値2,…)

統計関数 空白以外のセルの個数を数える。

重要度 ★★★　個数や合計を求める

Q 376 条件に一致するデータが入力されたセルを数えたい！

A COUNTIF関数を使用します。

条件に一致するデータが入力されたセルの個数を数えるには、COUNTIF関数を使用します。検索条件に文字列を指定する場合は、「"」(ダブルクォーテーション)で囲む必要があります。

参照▶Q 373

「合格者」と「不合格者」の人数をそれぞれ数えています。

=COUNTIF(E3:E9,"合格")

G3　=COUNTIF(E3:E9,"合格")

	A	B	C	D	E	F	G
1	検定試験結果						
2	受験番号	氏名	検定1	検定2	合否		合格者数
3	1001	柳沢　徳朋	88	78	合格		4
4	1002	中川　優斗	41	69	不合格		
5	1003	佐々木　畳	80	79	合格		不合格者数
6	1004	南条　伸江	91	68	合格		3
7	1005	大沢　明希	73	76	不合格		
8	1006	徳永　武夫	89	73	合格		
9	1007	武井　春菜	48	35	不合格		
10							
11							
12							

=COUNTIF(E3:E9,"不合格")

重要度 ★★★　個数や合計を求める

Q 377 「○以上」の条件を満たすデータを数えたい！

A COUNTIF関数で比較演算子を使った条件式を指定します。

「○以上」の条件を満たすセルの個数を数えるには、COUNTIF関数の検索条件に、比較演算子を使った条件式を指定します。比較演算子を検索条件に指定する場合は、文字列を指定するときと同様、「"」(ダブルクォーテーション)で囲む必要があります。

参照▶Q 373

合計点が150点以上の件数を数えています。

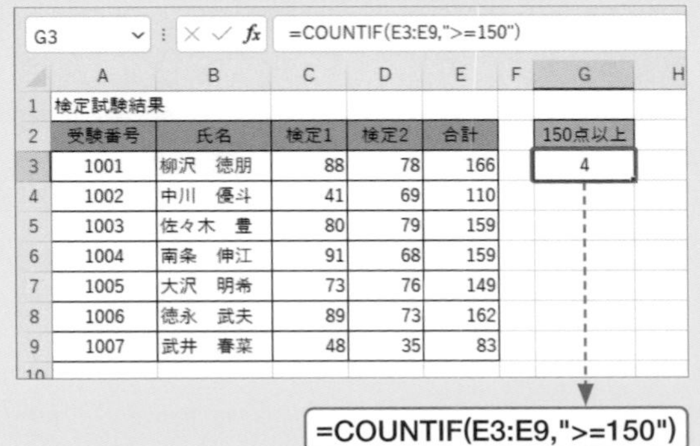

	A	B	C	D	E	F	G
1	検定試験結果						
2	受験番号	氏名	検定1	検定2	合計		150点以上
3	1001	柳沢　徳朋	88	78	166		4
4	1002	中川　優斗	41	69	110		
5	1003	佐々木　畳	80	79	159		
6	1004	南条　伸江	91	68	159		
7	1005	大沢　明希	73	76	149		
8	1006	徳永　武夫	89	73	162		
9	1007	武井　春菜	48	35	83		

重要度★★★　個数や合計を求める

Q 378 「○○」を含む文字列の個数を数えたい！

A COUNTIF関数の条件式にワイルドカードを利用します。

「○○」を含む文字列の個数を数えるには、COUNTIF関数の検索条件に、「？」や「＊」などのワイルドカードを使った条件式を指定します。「？」は任意の1文字を、「＊」は0文字以上の任意の文字列を表します。検索条件に文字列を指定する場合は、「"」（ダブルクォーテーション）で囲む必要があります。

参照▶Q 373

担当地域が「東京都」で始まる担当者の数を数えています。

C11　=COUNTIF(D3:D9,"東京都*")

	A	B	C	D
1	社員別担当地域			
2	社員番号	担当者名	所属	担当地域
3	101	大沢　汀子	営業1課	東京都23区
4	102	熊谷　大和	営業1課	東京都23区
5	103	桜庭　直美	営業2課	神奈川県東部地区
6	104	小川　修也	営業2課	神奈川県西部地区
7	105	長谷川　緑	営業2課	埼玉県全県
8	106	藤原　信之	営業3課	東京都23区外
9	107	山崎　望愛	営業3課	東京都島しょ部
10				
11	東京都の担当者数		4	

=COUNTIF(D3:D9,"東京都＊")

重要度★★★　個数や合計を求める

Q 379 「○以上△未満」の条件を満たすデータを数えたい！

A COUNTIFS関数を使用します。

複数の条件に一致するデータの個数を数えるには、COUNTIFS関数を使用します。比較演算子を検索条件に指定する場合は、「"」（ダブルクォーテーション）で囲む必要があります。

5,000万円以上7,000万円以下の件数を数えています。

F4　=COUNTIFS(B3:D8,"<=7000",B3:D8,">=5000")

	A	B	C	D	E	F
1	第4四半期ブロック別売上一覧					
2	ブロック名	1月	2月	3月		5,000万円以上
3	北海道	7,078	7,391	9,681		7,000万円以下
4	東北	4,067	4,586	5,987		5
5	関東・甲信越	7,354	8,526	8,943		
6	東海・関西	5,257	9,016	6,896		
7	中国・四国	6,708	4,726	5,008		
8	九州・沖縄	3,986	4,890	9,292		

=COUNTIFS(B3:D8,"<=7000",B3:D8,">=5000")

関数の書式　=COUNTIFS(検索条件範囲1,検索条件1,検索条件範囲2,検索条件2,…)

統計関数　複数条件に一致するセルの個数を数える。

重要度★★★　個数や合計を求める

Q 380 条件を満たすデータの合計を求めたい！

A SUMIF関数を使用します。

条件を満たすセルの数値の合計を求めるには、SUMIF関数を使用します。SUMIF関数は、指定した範囲の中から検索条件に一致するデータを検索して、検索結果に対応する数値データの合計を求める関数です。

右の例では、範囲に検索の対象となるセル範囲［B8:B16］を、検索条件に「大澤 明希」が入力されたセル［B2］を、合計範囲に合計する数値が入力されたセル範囲［D8:D16］を指定しています。ここでは、式をコピーしてもずれないように範囲を絶対参照で指定しています。

担当者別の売上合計を求めています。

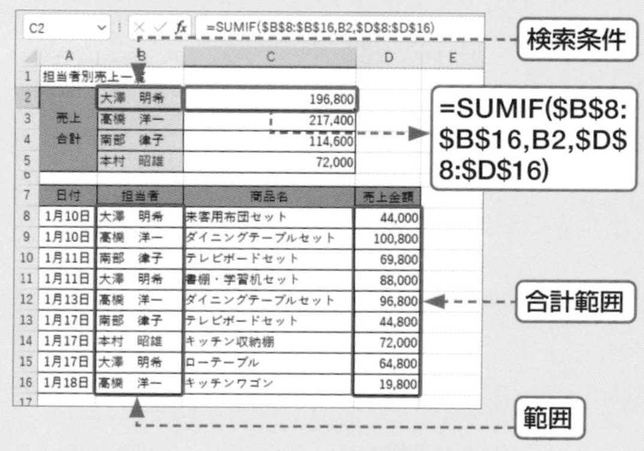

C2　=SUMIF($B$8:$B$16,B2,$D$8:$D$16)

	A	B	C	D
1	担当者別売上一覧			
2	売上合計	大澤　明希	196,800	
3		高橋　洋一	217,400	
4		南部　律子	114,600	
5		本村　昭雄	72,000	
6				
7	日付	担当者	商品名	売上金額
8	1月10日	大澤　明希	来客用布団セット	44,000
9	1月10日	高橋　洋一	ダイニングテーブルセット	100,800
10	1月11日	南部　律子	テレビボードセット	69,800
11	1月11日	大澤　明希	書棚・学習机セット	88,000
12	1月13日	高橋　洋一	ダイニングテーブルセット	96,800
13	1月17日	南部　律子	テレビボードセット	44,800
14	1月17日	本村　昭雄	キッチン収納棚	72,000
15	1月17日	大澤　明希	ローテーブル	64,800
16	1月18日	高橋　洋一	キッチンワゴン	19,800

関数の書式　=SUMIF(範囲,検索条件,合計範囲)

数学／三角関数　検索条件に一致するセルの値の合計を求める。

重要度 ★★★ 個数や合計を求める

Q 381 複数の条件を満たすデータの合計を求めたい！

A SUMIFS関数を使用します。

SUMIF関数が検索条件を1つしか指定できないのに対して、複数の条件を指定し、それらすべてを満たしたセルに対応する数値の合計を求めるには、SUMIFS関数を使用します。

下の例では、セル範囲[B5:B18]のデータが「中沢栄太」と、セル範囲[C5:C18]のデータが「エアコン」の両方を満たした場合に、セル範囲[D5:D18]に入力された数値の中で条件を満たした行の数値を合計しています。

中沢栄太のエアコンの販売金額合計を求めています。

=SUMIFS(D5:D18,B5:B18,A2,C5:C18,C2)

条件1（A2）　条件2（C2）

D2　=SUMIFS(D5:D18,B5:B18,A2,C5:C18,C2)

	A	B	C	D
1	販売担当者		販売商品名	販売金額合計
2	中沢栄太		エアコン	410,800
3				
4	日付	販売担当者	商品名	販売金額
5	5月8日	森口美幸	電子レンジ	39,800
6	5月9日	中沢栄太	エアコン	148,000
7	5月9日	織田友佳	洗濯機	182,000
8	5月9日	相沢義男	空気清浄機	69,800
9	5月10日	森口美幸	除湿器	24,800
10	5月10日	中沢栄太	エアコン	84,800
11	5月11日	織田友佳	洗濯機	148,000
12	5月13日	相沢義男	冷蔵庫	218,000
13	5月13日	森口美幸	除湿器	24,800
14	5月13日	中沢栄太	洗濯機	54,800
15	5月13日	織田友佳	洗濯機	84,800
16	5月14日	相沢義男	電子レンジ	28,800
17	5月15日	森口美幸	洗濯機	69,800
18	5月15日	中沢栄太	エアコン	178,000
19				

条件範囲1（B5:B18）　条件範囲2（C5:C18）　合計対象範囲（D5:D18）

関数の書式 =SUMIFS(合計対象範囲,条件範囲1,条件1,条件範囲2,条件2,…)

数学／三角関数　指定した条件に一致する数値の合計を求める。

重要度 ★★★ 個数や合計を求める

Q 382 複数の条件を満たすデータの平均を求めたい！

A AVERAGEIFS関数を使用します。

複数の条件を満たしたセルに対応する数値の平均を求めるには、AVERAGEIFS関数を使用します。

下の例では、セル範囲[B5:B18]のデータが「織田友佳」と、セル範囲[C5:C18]のデータが「洗濯機」の両方を満たした場合に、セル範囲[D5:D18]に入力された数値の中で条件を満たした行の数値の平均を求めます。

なお、ここでは複数の条件を指定していますが、指定する条件が1つの場合は、AVERAGEIF関数を使用します。たとえば、織田友佳の平均販売金額を求める場合は、=AVERAGEIF(B5:B18,D5:D18,"織田友佳")のように入力します。

織田友佳の洗濯機の平均販売金額を求めています。

=AVERAGEIFS(D5:D18,B5:B18,A2,C5:C18,C2)

条件1（A2）　条件2（C2）

D2　=AVERAGEIFS(D5:D18,B5:B18,A2,C5:C18,C2)

	A	B	C	D
1	販売担当者		販売商品名	平均販売金額
2	織田友佳		洗濯機	138,267
3				
4	日付	販売担当者	商品名	販売金額
5	5月8日	森口美幸	電子レンジ	39,800
6	5月9日	中沢栄太	エアコン	148,000
7	5月9日	織田友佳	洗濯機	182,000
8	5月9日	相沢義男	空気清浄機	69,800
9	5月10日	森口美幸	除湿器	24,800
10	5月10日	中沢栄太	エアコン	84,800
11	5月11日	織田友佳	洗濯機	148,000
12	5月13日	相沢義男	冷蔵庫	218,000
13	5月13日	森口美幸	除湿器	24,800
14	5月13日	中沢栄太	洗濯機	54,800
15	5月13日	織田友佳	洗濯機	84,800
16	5月14日	相沢義男	電子レンジ	28,800
17	5月15日	森口美幸	洗濯機	69,800
18	5月15日	中沢栄太	エアコン	178,000
19				

条件範囲1（B5:B18）　条件範囲2（C5:C18）　平均対象範囲（D5:D18）

関数の書式 =AVERAGEIFS(平均対象範囲,条件範囲1,条件1,条件範囲2,条件2,…)

数学／三角関数　指定した条件に一致する数値の平均を求める。

重要度 ★★★　個数や合計を求める

Q 383 別表で条件を指定して、データの合計を求めたい！

A DSUM関数を使用します。

リスト形式の表から複数の条件を満たすデータの合計を求めるには、DSUM関数を使用します。リスト形式の表とは、列ごとに同じ種類のデータが入力されて、先頭行に列見出が入力されている一覧表のことです。

下の例では、検索対象となるセル範囲[A4:D18]から、別表のセル範囲[A1:C2]で指定した条件でデータを抽出し、集計対象となる列のフィールド名[D4]の値を合計しています。なお、別表の条件表の項目名は、リスト形式の表と同じ項目名にする必要があります。

5/10～5/13の販売額の合計を求めています。

条件　=DSUM(A4:D18,D4,A1:C2)

D2　=DSUM(A4:D18,D4,A1:C2)

	A	B	C	D	E
1	日付		日付	期間販売額計	
2	>=2023/5/10		<=2023/5/13	640,000	
3					
4	日付	販売担当者	商品名	販売金額	
5	5月8日	森口美幸	電子レンジ	39,800	
6	5月9日	中沢栄太	エアコン	148,000	
7	5月9日	織田友佳	洗濯機	182,000	
8	5月9日	相沢義男	空気清浄機	69,800	
9	5月10日	森口美幸	除湿器	24,800	
10	5月10日	中沢栄太	エアコン	84,800	
11	5月11日	織田友佳	洗濯機	148,000	
12	5月13日	相沢義男	冷蔵庫	218,000	
13	5月13日	森口美幸	除湿器	24,800	
14	5月13日	中沢栄太	洗濯機	54,800	
15	5月13日	織田友佳	洗濯機	84,800	
16	5月14日	相沢義男	電子レンジ	28,800	
17	5月15日	森口美幸	洗濯機	69,800	
18	5月15日	中沢栄太	エアコン	178,000	

データベース（検索対象）　フィールド（集計対象）

関数の書式 =DSUM(データベース,フィールド,条件)

データベース関数 条件を満たすデータをデータベース（検索範囲）から抽出して、合計する。
データベース：検索対象になるリスト形式の表を指定する。
フィールド：集計対象のフィールド名を指定する。
条件：検索条件を設定したセル範囲を指定する。

重要度 ★★★　個数や合計を求める

Q 384 別表で条件を指定して、データの個数を数えたい！

A DCOUNT関数を使用します。

リスト形式の表から複数の条件を満たすデータの個数を求めるには、DCOUNT関数を使用します。

下の例では、検索対象となるセル範囲[A4:D18]から、別表のセル範囲[A1:C2]で指定した条件でデータを抽出し、集計対象となるフィールド名[D4]の値を数えています。なお、別表の条件表の項目名は、リスト形式の表と同じ項目名にする必要があります。

中沢栄太の10万円以上の販売件数を求めています。

条件　=DCOUNT(A4:D18,D4,A1:C2)

D2　=DCOUNT(A4:D18,D4,A1:C2)

	A	B	C	D	E
1	販売担当者		販売金額	該当件数	
2	中沢栄太		>=100,000	2	
3					
4	日付	販売担当者	商品名	販売金額	
5	5月8日	森口美幸	電子レンジ	39,800	
6	5月9日	中沢栄太	エアコン	148,000	
7	5月9日	織田友佳	洗濯機	182,000	
8	5月9日	相沢義男	空気清浄機	69,800	
9	5月10日	森口美幸	除湿器	24,800	
10	5月10日	中沢栄太	エアコン	84,800	
11	5月11日	織田友佳	洗濯機	148,000	
12	5月13日	相沢義男	冷蔵庫	218,000	
13	5月13日	森口美幸	除湿器	24,800	
14	5月13日	中沢栄太	洗濯機	54,800	
15	5月13日	織田友佳	洗濯機	84,800	
16	5月14日	相沢義男	電子レンジ	28,800	
17	5月15日	森口美幸	洗濯機	69,800	
18	5月15日	中沢栄太	エアコン	178,000	

データベース（検索対象）　フィールド（集計対象）

関数の書式 =DCOUNT(データベース,フィールド,条件)

データベース関数 条件を満たすデータをデータベースから抽出して、数を数える。
データベース：検索対象になるリスト形式の表を指定する。
フィールド：集計対象のフィールド名を指定する。
条件：検索条件を設定したセル範囲を指定する。

重要度 ★★★ 個数や合計を求める

Q 385 乱数を求めたい！

A RAND関数を使用します。

「乱数」とは、名前のとおりランダムな数のことです。乱数を求めるにはRAND関数を使用します。
なお、RAND関数で求めた乱数は、ワークシートが再計算されるたびに変化するので、乱数を固定しておきたい場合は、コピーして値のみを貼り付けておく必要があります。乱数は、プレゼントの当選者を無作為に決めるときなどによく利用されます。 参照▶Q 159

乱数を作成し、プレゼントの当選者を無作為に決めます。

C2 =RAND()

	A	B	C
1	抽選番号	応 募 者 名	乱 数
2	1	森口 美幸	0.166291305
3	2	大澤 延江	0.140545895
4	3	中沢 栄太	0.429581391
5	4	織田 友佳	0.401427359
6	5	相沢 義男	0.529191890
7	6	藤原 敬之	0.973775829
8	7	成澤 智子	0.405095346

=RAND()

表全体を乱数の大きい順（あるいは小さい順）に並べ替えて当選者を決めます。

A1 抽選番号

	A	B	C	D	E
1	抽選番号	応 募 者 名	乱 数	当落判定	
2	2	大澤 延江	0.140545895	当選	
3	1	森口 美幸	0.166291305	当選	
4	4	織田 友佳	0.401427359	当選	
5	7	成澤 智子	0.405095346		
6	3	中沢 栄太	0.429581391		
7	5	相沢 義男	0.529191890		
8	6	藤原 敬之	0.973775829		

乱数が表示された列をコピーして、値のみを貼り付けています。

関数の書式 =RAND()

数学／三角関数 0以上1未満の乱数を作成する。ワークシートが再計算されるたびに新しい乱数に変化する。

重要度 ★★★ 条件分岐

Q 386 条件によって表示する文字を変えたい！

A IF関数を使用します。

指定した条件を満たすかどうかで処理を振り分けるには、IF関数を使用します。引数「論理式」に「もし〜ならば」という条件を指定し、条件が満たす場合は「真の場合」を、成立しない場合は「偽の場合」を実行します。

検定試験の合計点が180点以上の場合は「合格」、180点未満の場合は「不合格」と表示しています。

=IF(E3>=180,"合格","不合格")

F3 =IF(E3>=180,"合格","不合格")

	A	B	C	D	E	F	G
1	検定試験合否判定						
2	氏 名	試験1	試験2	試験3	合計点	合否判定	
3	大澤 延江	63	95	76	234	合格	
4	森口 美幸	83	76	22	181	合格	
5	織田 友佳	55	41	76	172	不合格	
6	成澤 智子	66	48	56	170	不合格	
7	中沢 栄太	59	52	36	147	不合格	
8	相沢 義男	98	45	73	216	合格	
9	藤原 敬之	26	51	52	129	不合格	

関数の書式 =IF(論理式,真の場合,偽の場合)

論理関数 条件を満たすときは「真の場合」、満たさないときは「偽の場合」を返す。

重要度 ★★★ 条件分岐

Q 387 IF関数で条件を満たしているのに値が表示されない！

A 条件式に指定した参照先のセルの数値が正しいか確認します。

IF関数を使用して、たとえば「A1=0」が真か偽かを判別する場合、セル［A1］に「0.0001」のようなゼロではない数値が入力されていても、セルの表示形式によっては「0」と表示されることがあります。この場合は、見かけ上は条件が満たされていても、実際には条件が満たされていないので、こういうことが起きます。

重要度 ★★★　条件分岐

Q 388 IF関数を使って3段階の評価をしたい！

A IF関数を2つ組み合わせます。

IF関数では、1つの条件の判定結果に応じて処理を2段階に振り分けます。3段階に振り分けたい場合は、IF関数の中にさらにIF関数を指定します。

下の例では、最初のIF関数で、列「E」の値が220以上か未満かを判定し、220以上（TRUE）なら「A」が表示されます。220未満（FALSE）の場合は、2番目のIF関数で数値が170以上か未満かを判定し、170以上なら「B」を表示し、170未満なら「C」を表示するように指定しています。

合計点が220点以上の場合は「A」、170点以上220点未満は「B」、170点未満は「C」を表示しています。

F3　=IF(E3>=220,"A",IF(E3>=170,"

	A	B	C	D	E	F
1	検定試験評価					
2	氏　名	試験1	試験2	試験3	合計点	評価
3	大澤　延江	63	95	76	234	A
4	森口　美幸	83	76	22	181	B
5	織田　友佳	55	41	76	172	B
6	成澤　智子	66	48	56	170	B
7	中沢　栄太	59	52	36	147	C
8	相沢　義男	98	45	73	216	B
9	藤原　敬之	26	51	52	129	C
10						

=IF(E3>=220,"A",IF(E3>=170,"B","C"))

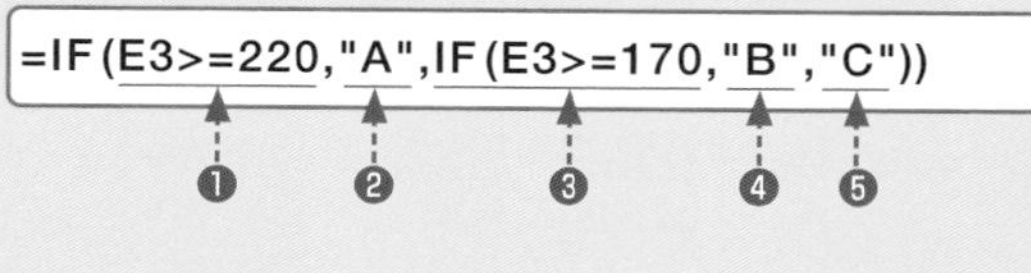

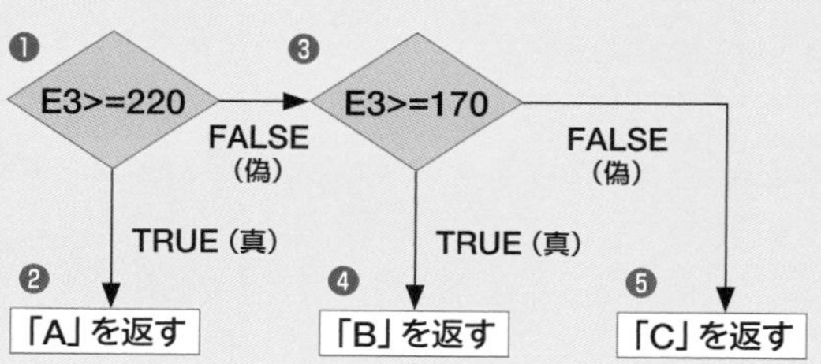

重要度 ★★★　条件分岐

Q 389 複数の条件を指定して結果を求めたい！

A IF関数にAND関数やOR関数を組み合わせます。

「AかつB」や「AまたはB」のような複数の条件を設定したい場合は、IF関数にAND関数やOR関数を組み合わせます。AND関数は、指定した複数の条件をすべて満たすかどうかを判定します。OR関数は、指定した複数の条件のいずれかを満たすかどうかを判定します。

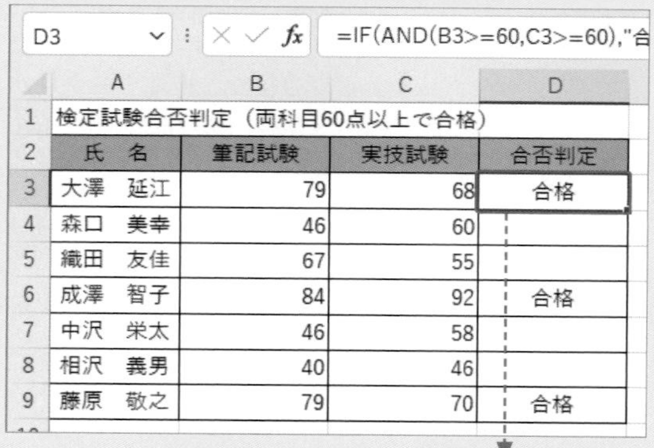

D3　=IF(AND(B3>=60,C3>=60),"合

	A	B	C	D
1	検定試験合否判定（両科目60点以上で合格）			
2	氏　名	筆記試験	実技試験	合否判定
3	大澤　延江	79	68	合格
4	森口　美幸	46	60	
5	織田　友佳	67	55	
6	成澤　智子	84	92	合格
7	中沢　栄太	46	58	
8	相沢　義男	40	46	
9	藤原　敬之	79	70	合格

=IF(AND(B3>=60,C3>=60),"合格","")

D3　=IF(OR(B3>=60,C3>=60),"合格

	A	B	C	D
1	検定試験合否判定（いずれかの科目60点以上で合格）			
2	氏　名	筆記試験	実技試験	合否判定
3	大澤　延江	79	68	合格
4	森口　美幸	46	60	合格
5	織田　友佳	67	55	合格
6	成澤　智子	84	92	合格
7	中沢　栄太	46	58	
8	相沢　義男	40	46	
9	藤原　敬之	79	70	合格

=IF(OR(B3>=60,C3>=60),"合格","")

関数の書式 =AND(論理式1,論理式2,…)

論理関数 すべての条件が満たされたとき真を返す。

関数の書式 =OR(論理式1,論理式2,…)

論理関数 1つでも条件が満たされたとき真を返す。

重要度★★★ 条件分岐 2016

Q 390 条件に応じて3種類以上の結果を求めたい!

A IFS関数を使用します。

1つのデータに対して3種類以上の条件で比較し、条件に応じて結果を求めたい場合はIFS関数を使用します。従来はIF関数の引数にIF関数を使用する「入れ子」を使用する必要があったため、数式が複雑になりがちでしたが、IFS関数を使用することで数式がかんたんになります。

なお、IFS関数では、IF関数のように条件が偽の場合の値は指定できず、必ず何らかの条件を指定する必要があります。ここでは、最後の引数に「TRUE」を指定した例と、条件を指定した例を紹介します。 参照▶Q 388

点数が160点以上の場合は「A」、120点以上は「B」、90点以上は「C」、それ以外は「不合格」と表示しています。

	A	B	C	D	E	F	G
1	検定試験合否判定（両科目60点以上で合格）						
2	氏　名	筆記	実技	合計	合否判定		
3	大澤　延江	79	88	167	A		
4	森口　美幸	46	60	106	C		
5	織田　友佳	67	55	122	B		
6	成澤　智子	84	92	176	A		
7	中沢　栄太	46	58	104	C		
8	相沢　義男	40	46	86	不合格		
9	藤原　敬之	79	70	149	B		

=IFS(D3>=160,"A",D3>=120,"B",D3>=90,"C",TRUE,"不合格")

	A	B	C	D	E	F	G
1	検定試験合否判定（両科目60点以上で合格）						
2	氏　名	筆記	実技	合計	合否判定		
3	大澤　延江	79	88	167	A		
4	森口　美幸	46	60	106	C		
5	織田　友佳	67	55	122	B		
6	成澤　智子	84	92	176	A		
7	中沢　栄太	46	58	104	C		
8	相沢　義男	40	46	86	不合格		
9	藤原　敬之	79	70	149	B		

=IFS(D3>=160,"A",D3>=120,"B",D3>=90,"C",D3<90,"不合格")

関数の書式 =IFS(論理式1,値が真の場合1,論理式2,値が真の場合2,…)

論理関数 最初に条件を満たした論理式に対応する値を返す。

重要度★★★ 条件分岐 2016

Q 391 複数の条件に応じて異なる結果を求めたい!

A SWITCH関数を使用します。

SWITCH関数は、式に一致する値を検索し、対応する結果を返す関数です。一致する値がない場合は任意の既定値を、既定値がない場合は#N/Aを返します。

下の例では、WEEKDAY関数を使って数値化した曜日をSWITCH関数を使用して比較することで、日付に対応する曜日を表示しています。

また、日曜日と土曜日は「定休日」、それ以外は「営業日」のように表示させることもできます。何も表示させたくない場合は「""」と入力します。 参照▶Q 295

日付に対応する曜日を表示しています。

	A	B	C	D	E	F
1	日付	曜日				
2	2023年6月1日	木曜				
3	2023年6月2日	金曜				
4	2023年6月3日	土曜				
5	2023年6月4日	日曜				
6	2023年6月5日	月曜				
7	2023年6月6日	火曜				
8	2023年6月7日	水曜				

=SWITCH(WEEKDAY(A2),1,"日曜",2,"月曜",3,"火曜",4,"水曜",5,"木曜",6,"金曜",7,"土曜")

土曜と日曜は定休日、それ以外は営業日と表示しています。

	A	B	C	D	E	F
1	日付	曜日				
2	2023年6月1日	営業日				
3	2023年6月2日	営業日				
4	2023年6月3日	定休日				
5	2023年6月4日	定休日				
6	2023年6月5日	営業日				
7	2023年6月6日	営業日				
8	2023年6月7日	営業日				

=SWITCH(WEEKDAY(A2),1,"定休日",7,"定休日","営業日")

関数の書式 =SWITCH(式,値1,結果1,値2,結果2,…)

論理関数 式に一致する値を検索し、一致する値の結果を返す。一致する値がない場合は任意の既定値を、既定値がない場合は#N/Aを返す。

電脳会議

DENNOUKAIGI

一切無料

今が旬の書籍情報を満載して お送りします！

『電脳会議』は、年6回刊行の無料情報誌です。2023年10月発行のVol.221よりリニューアルし、A4判・32頁カラーとボリュームアップ。弊社発行の新刊・近刊書籍や、注目の書籍を担当編集者自らが紹介しています。今後は図書目録はなくなり、『電脳会議』上で弊社書籍ラインナップや最新情報などをご紹介していきます。新しくなった『電脳会議』にご期待下さい。

重要度 ★★★　条件分岐

Q 392 上位30%に含まれる値に印を付けたい！

A IF関数とPERCENTILE.INC関数を組み合わせます。

試験結果や売上高の上位30%以内にあるデータを知りたい場合は、IF関数とPERCENTILE.INC関数を組み合わせます。PERCENTILE.INC関数では、最高を100%、最低を0%としたときに、全体の中の相対的な位置を百分率で求めることができます。下の例では、下位から70%にあたる値を求めるために、引数「率」に「0.7」と入力し、配列のセルは絶対参照にしています。

試験結果の上位30%に含まれるデータに◎を表示しています。

E3　=IF(PERCENTILE.INC($D$3:$D$9,0.7)<=D3,"◎","")

	A	B	C	D	E
1	検定試験結果				
2	氏　名	筆記	実技	合計	上位30%
3	大澤　延江	79	88	167	◎
4	森口　美幸	46	60	106	
5	織田　友佳	67	55	122	
6	成澤　智子	84	92	176	◎
7	中沢　栄太	46	58	104	
8	相沢　義男	40	46	86	
9	藤原　敬之	79	70	149	

=IF(PERCENTILE.INC($D$3:$D$9,0.7)<=D3,"◎","")

関数の書式　=PERCENTILE.INC(配列,率)

統計関数　範囲内の値をもとに、指定した割合に位置する値を求める。

重要度 ★★★　条件分岐

Q 393 エラー値を表示したくない！

A IFERROR関数を使用します。

IFERROR関数を使用すると、セルに表示されるエラー値を指定した文字列に置き換えることができます。また、下の例で「"要確認"」を「""」とすると、エラー値を空白文字列に置き換えることができます。

D4　=C4/B4

	A	B	C	D
1	目標販売額達成状況			(千円)
2	店舗名	売上目標	売上実績	達成率
3	新宿本店	3,765	4,017	107%
4	横浜西口店	0	2,956	#DIV/0!
5	大宮駅前店	1,543	1,420	92%
6	幕張本郷店	1,654	1,811	109%

=C4/B4

D4　=IFERROR(C4/B4,"要確認")

	A	B	C	D
1	目標販売額達成状況			(千円)
2	店舗名	売上目標	売上実績	達成率
3	新宿本店	3,765	4,017	107%
4	横浜西口店	0	2,956	要確認
5	大宮駅前店	1,543	1,420	92%
6	幕張本郷店	1,654	1,811	109%

=IFERROR(C4/B4,"要確認")

関数の書式　=IFERROR(値,エラーの場合の値)

論理関数　式がエラーの場合は指定した値を表示し、エラーでない場合は計算の結果を表示する。

重要度 ★★★　条件分岐

Q 394 条件を満たさない場合は何も表示させない！

A IF関数とISBLANK関数を組み合わせます。

参照先のセルにデータが入力されていない場合、参照元のセルには「0」と表示されます。この「0」を表示しないようにするには、IF関数、ISBLANK関数、空白文字列「""」を組み合わせた数式を入力します。

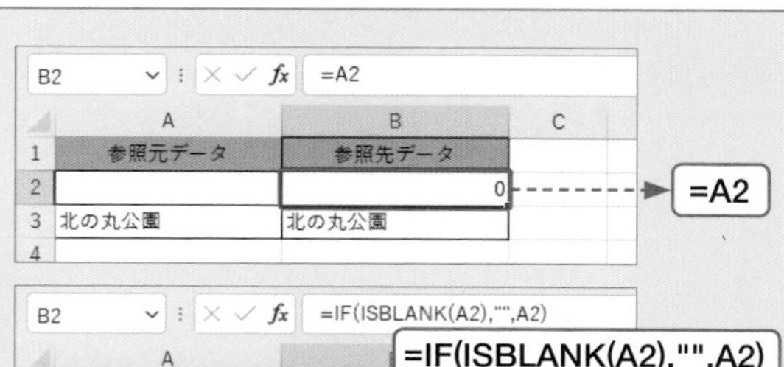

B2　=A2

	A	B
1	参照元データ	参照先データ
2		0
3	北の丸公園	北の丸公園
4		

B2　=IF(ISBLANK(A2),"",A2)

	A	B
1	参照元データ	参照先データ
2		
3	北の丸公園	北の丸公園
4		

関数の書式　=ISBLANK(テストの対象)

情報関数　参照先のセルが空白のとき真を返す。

重要度 ★★★ 条件分岐

Q 395 データが入力されているときだけ合計を表示したい！

A IF関数にCOUNT関数とSUM関数を組み合わせます。

合計を表示するセルにSUM関数が設定されていると、データが未入力の場合に「0」と表示されます。データが入力されているときだけ合計を表示したいときは、IF関数にCOUNT関数とSUM関数を組み合わせます。右図のように、COUNT関数で、指定したセル範囲にデータが入力されているかを確認し、入力されているときだけSUM関数で合計を表示します。

参照 ▶ Q 375

E6 =IF(COUNT(E2:E5)=0,"",SUM(E2:E5))

	A	B	C	D	E	F
1	商品番号	商品名	単 価	数 量	合 計	
2	A0001	電子レンジ	34,800	7		
3	A0002	炊飯器	29,800	4		
4	A0003	トースター	5,980	5		
5	A0004	電気圧力鍋	24,800	2		
6				総 計		

=IF(COUNT(E2:E5)=0,"",SUM(E2:E5))

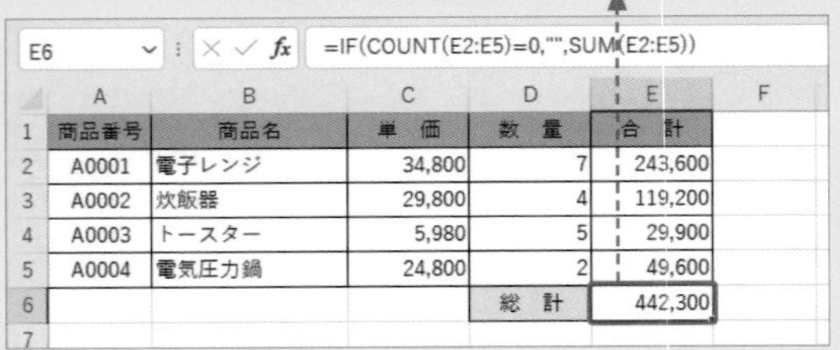

E6 =IF(COUNT(E2:E5)=0,"",SUM(E2:E5))

	A	B	C	D	E	F
1	商品番号	商品名	単 価	数 量	合 計	
2	A0001	電子レンジ	34,800	7	243,600	
3	A0002	炊飯器	29,800	4	119,200	
4	A0003	トースター	5,980	5	29,900	
5	A0004	電気圧力鍋	24,800	2	49,600	
6				総 計	442,300	

重要度 ★★★ 日付や時間の計算

Q 396 シリアル値って何？

A 日付と時刻を管理するための数値のことです。

「シリアル値」とは、Excelで日付と時刻を管理するための数値です。日付のシリアル値は「1900年1月1日」から「9999年12月31日」までの日付に「1〜2958465」が割り当てられています。時刻の場合は、「0時0分0秒」から「翌日の0時0分0秒」までの24時間に0から1までの値が割り当てられます。日付と時刻をいっしょに表すこともでき、「2023年5月1日12時」のシリアル値は「45047.5」になります。

シリアル値を確認したい場合は、セルに日付や時刻を入力したあと、表示形式を「標準」や「数値」に変更します。

● 日付のシリアル値

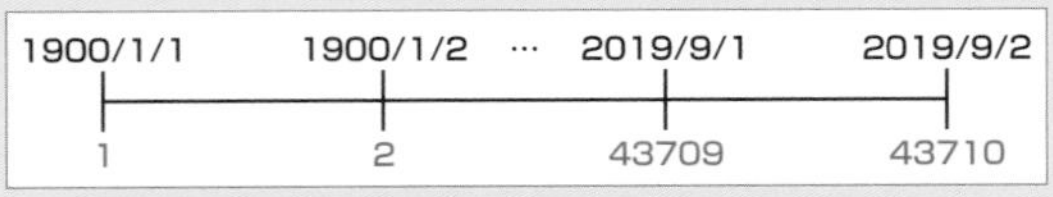

1900/1/1	1900/1/2	…	2019/9/1	2019/9/2
1	2		43709	43710

● 時刻のシリアル値

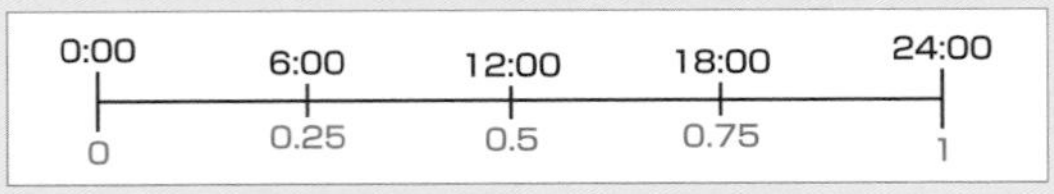

0:00	6:00	12:00	18:00	24:00
0	0.25	0.5	0.75	1

重要度 ★★★ 日付や時間の計算

Q 397 経過日数や経過時間を求めたい！

A 終了日から開始日または、終了時刻から開始時刻を引きます。

経過日数や経過時間を求めるには、「=B3-A3」のような数式を入力して、終了日から開始日または、終了時刻から開始時刻を引きます。

なお、日付の引き算を行った際に、「日付」の表示形式が自動的に設定された場合は、表示形式を「標準」に変更します。時刻の引き算の場合は、結果が24時間以内なら表示形式は「時刻」のままでかまいません。

=B3-A3

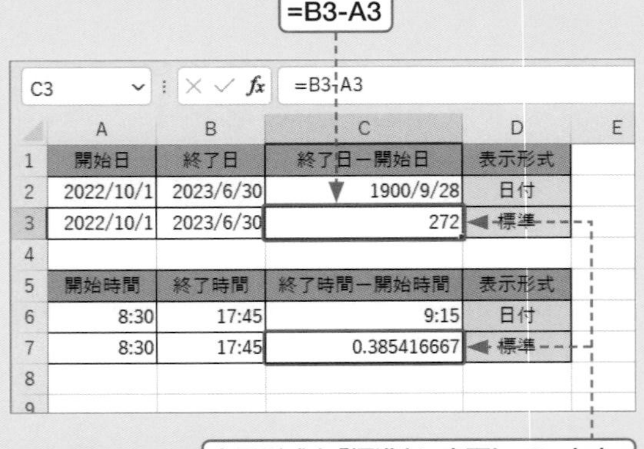

C3 =B3-A3

	A	B	C	D	E
1	開始日	終了日	終了日ー開始日	表示形式	
2	2022/10/1	2023/6/30	1900/9/28	日付	
3	2022/10/1	2023/6/30	272	標準	
4					
5	開始時間	終了時間	終了時間ー開始時間	表示形式	
6	8:30	17:45	9:15	日付	
7	8:30	17:45	0.385416667	標準	

表示形式を「標準」に変更しています。

重要度★★★　日付や時間の計算

Q 398 数式に時間を直接入力して計算したい！

日付や時刻を表す文字列を「"」で囲みます。

数式の中に日付や時刻のデータを直接入力するには、日付や時刻を表す文字列を半角の「"」（ダブルクォーテーション）で囲んで入力します。

D2　=B2-A2-"0:45"

	A	B	C	D	E
1	始業時間	就業時間	休憩時間	勤務時間	
2	9:15	17:30	0:45	7:30	
3					

=B2-A2-"0:45"

重要度★★★　日付や時間の計算

Q 399 日付や時間計算を行うと「####…」が表示される！

計算結果が負の値になっているか、セル幅が不足しています。

日付計算や時間計算の結果がエラー値「####…」で表示される場合は、計算結果が負の値などのシリアル値の範囲を超えた値になっているか、表示する値に対してセル幅が不足し、計算結果を表示できない可能性があります。数式に間違いがないかどうかを確認し、数式に問題がないときはセル幅を広げます。

重要度★★★　日付や時間の計算

Q 400 時間を15分単位で切り上げたい！

CEILING.MATH関数を使用します。

時間を15分単位で切り上げるときは、CEILING.MATH関数を使用します。引数「基準値」に「"0.15"」と直接時間を指定すると、15分単位で表示できます。基準値を変えると、15分単位以外にも利用できます。なお、計算結果にはシリアル値が表示されるので、表示形式を「時刻」に変更する必要があります。

=CEILING.MATH(C2,"0:15")

D2　=CEILING.MATH(C2,"0:15")

	A	B	C	D	E	F	G
1	日付	曜日	勤務時間	15分切り上げ			
2	5月8日	月	7:11	7:15			
3	5月9日	火	4:54	5:00			
4	5月10日	水	6:01	6:15			
5	5月11日	木	8:32	8:45			
6	5月12日	金	6:28	6:30			
7							

表示形式を「時刻」に変更しています。

関数の書式　=CEILING.MATH(数値,基準値,モード)

数学／三角関数　数値を基準値の倍数の中でもっとも近い数値に切り上げる。「モード」は、数値が負数の場合に指定する。

重要度★★★　日付や時間の計算

Q 401 時間を15分単位で切り捨てたい！

FLOOR.MATH関数を使用します。

時間を15分単位で切り捨てるときは、FLOOR.MATH関数を使用します。引数「基準値」に「"0.15"」と直接時間を指定すると、15分単位で表示できます。基準値を変えると、15分単位以外にも利用できます。なお、計算結果にはシリアル値が表示されるので、表示形式を「時刻」に変更する必要があります。

=FLOOR.MATH(C2,"0:15")

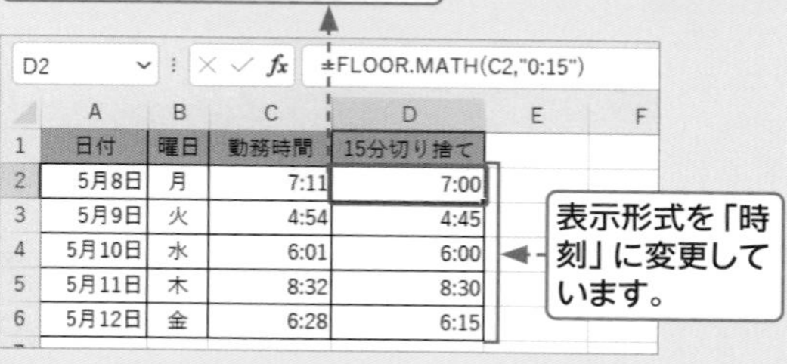

D2　=FLOOR.MATH(C2,"0:15")

	A	B	C	D	E	F
1	日付	曜日	勤務時間	15分切り捨て		
2	5月8日	月	7:11	7:00		
3	5月9日	火	4:54	4:45		
4	5月10日	水	6:01	6:00		
5	5月11日	木	8:32	8:30		
6	5月12日	金	6:28	6:15		

関数の書式　=FLOOR.MATH(数値,基準値,モード)

数学／三角関数　数値を基準値の倍数の中でもっとも近い数値に切り捨てる。「モード」は、数値が負数の場合に指定する。

重要度 ★★★　日付や時間の計算

Q 402 日付から「月」と「日」を取り出したい！

A MONTH関数やDAY関数を使用します。

日付や時刻が入力されているセルから「月」を取り出すにはMONTH関数を、「日」を取り出すにはDAY関数を使用します。

表示形式は「標準」になっています。

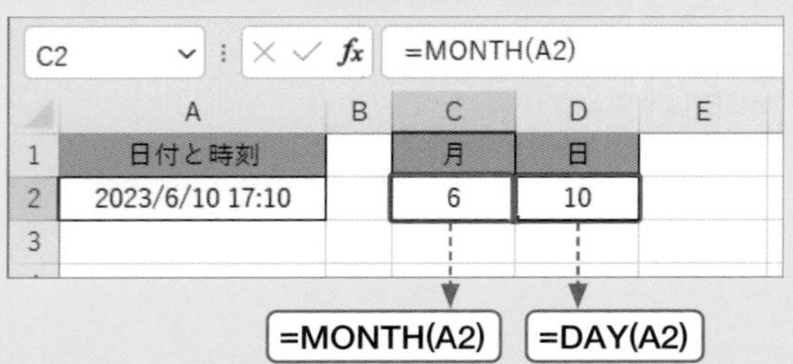

関数の書式 =MONTH(シリアル値)

日付／時刻関数　シリアル値に対応する月を1〜12の範囲の数値で取り出す。

関数の書式 =DAY(シリアル値)

日付／時刻関数　シリアル値に対応する日を1〜31までの整数で取り出す。

重要度 ★★★　日付や時間の計算

Q 403 時刻から「時間」と「分」を取り出したい！

A HOUR関数やMINUTE関数を使用します。

日付や時刻が入力されているセルから「時間」を取り出すにはHOUR関数を、「分」を取り出すにはMINUTE関数を使用します。

表示形式は「標準」になっています。

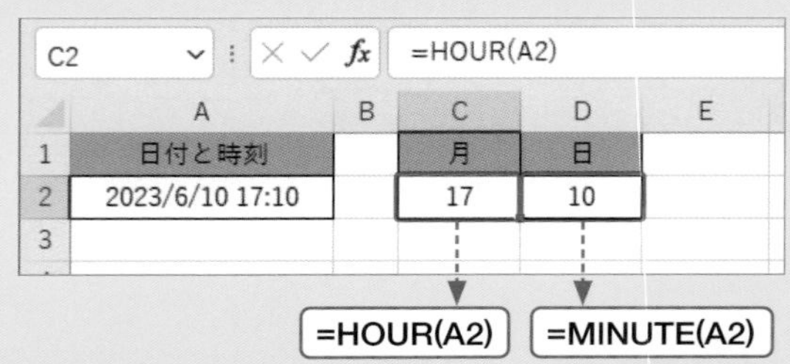

関数の書式 =HOUR(シリアル値)

日付／時刻関数　時刻を0(午前0時)〜23(午後11時)の範囲の整数で取り出す。

関数の書式 =MINUTE(シリアル値)

日付／時刻関数　分を0〜59の範囲の整数で取り出す。

重要度 ★★★　日付や時間の計算

Q 404 指定した月数後の月末の日付を求めたい！

A EOMONTH関数を使用します。

基準となる日付から指定した数か月前、あるいは数か月後の月末の日付を求めるには、EOMONTH関数を使用します。月末の日付が30日や31日といったようにバラバラでも問題ありません。右の例では、開始日の日付から指定期間後の終了日を求めています。なお、計算結果にはシリアル値が表示されるので、セルの表示形式を「日付」に変更しておく必要があります。

=EOMONTH(D3,C3)

表示形式を「日付」に変更しています。

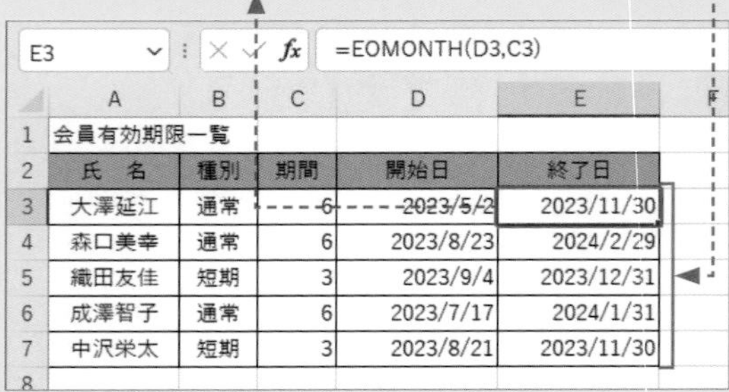

氏　名	種別	期間	開始日	終了日
大澤延江	通常	6	2023/5/2	2023/11/30
森口美幸	通常	6	2023/8/23	2024/2/29
織田友佳	短期	3	2023/9/4	2023/12/31
成澤智子	通常	6	2023/7/17	2024/1/31
中沢栄太	短期	3	2023/8/21	2023/11/30

関数の書式 =EOMONTH(開始日,月)

日付／時刻関数　開始日から指定した月数後、月数前の月末の日を求める。

重要度★★★ 日付や時間の計算

Q 405 別々のセルの数値から日付や時刻データを求めたい！

A DATE関数やTIME関数を使用します。

別々のセルに入力された「年」「月」「日」から日付データを求めるにはDATE関数を、「時」「分」「秒」から時刻データを求めるにはTIME関数を使用します。日付と時刻を右図のようにプラスすると、日付と時刻をいっしょにしたデータを求めることもできます。
TIMEとDATEの表示形式は、[セルの書式設定]ダイアログボックスの[ユーザー定義]で変更します。

=DATE(A2,B2,C2)

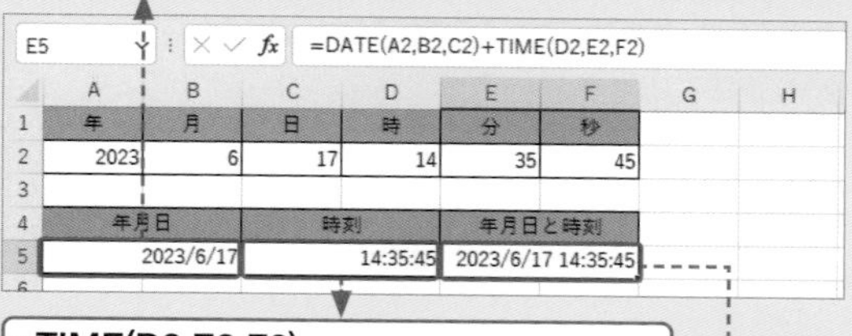
E5 =DATE(A2,B2,C2)+TIME(D2,E2,F2)

	A	B	C	D	E	F
1	年	月	日	時	分	秒
2	2023	6	17	14	35	45
3						
4	年月日		時刻		年月日と時刻	
5	2023/6/17		14:35:45		2023/6/17 14:35:45	

=TIME(D2,E2,F2)
表示形式を「h:mm:ss」に変更しています。

=DATE(A2,B2,C2)+TIME(D2,E2,F2)
表示形式を「yyyy/m/d h:mm:ss」に変更しています。

● 表示形式を「yyyy/m/d h:mm:ss」に変更する

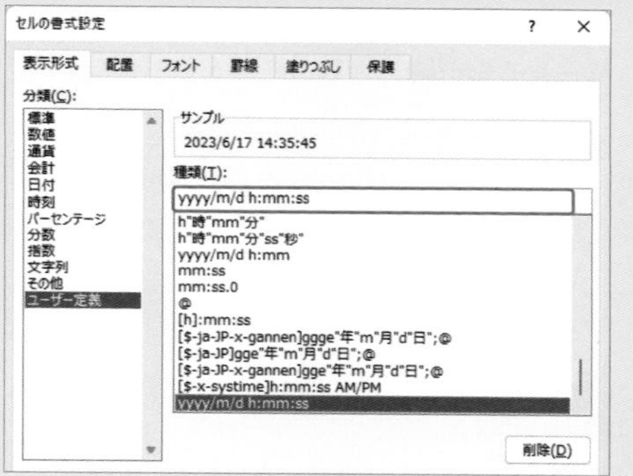

関数の書式 =DATE(年,月,日)

日付／時刻関数 年、月、日の数値を組み合わせて、日付を求める。

関数の書式 =TIME(時,分,秒)

日付／時刻関数 時、分、秒の数値を組み合わせて、時刻を求める。

重要度★★★ 日付や時間の計算

Q 406 生年月日から満60歳に達する日を求めたい！

A DATE関数、YEAR関数、MONTH関数、DAY関数を組み合わせます。

退職日の計算などに用いるために、生年月日から満60歳に達する日の前日や月末日を求めるには、DATE関数、YEAR関数、MONTH関数、DAY関数を組み合わせた数式を入力します。ここでは、生年月日をもとに、満60歳の誕生日の前日と、満60歳になる月の月末日を求めます。

参照▶Q 402, Q 405

生年月日をもとに、満60歳に達する前日を求めています。

D2 =DATE(YEAR(C2)+60,MONTH(C2),DAY(C2)-1)

	A	B	C	D
1	社員番号	氏名	生年月日	60歳月前日
2	M001	大澤延江	1982/6/9	2042/6/8
3	M002	森口美幸	1995/11/3	2055/11/2
4	M003	織田友佳	2001/7/24	2061/7/23
5	M004	成澤智子	1975/1/15	2035/1/14

=DATE(YEAR(C2)+60,MONTH(C2),DAY(C2)-1)

生年月日をもとに、満60歳に達する月末日を求めています。

D2 =DATE(YEAR(C2)+60,MONTH(C2)+1,0)

	A	B	C	D
1	社員番号	氏名	生年月日	60歳月末日
2	M001	大澤延江	1982/6/9	2042/6/30
3	M002	森口美幸	1995/11/3	2055/11/30
4	M003	織田友佳	2001/7/24	2061/7/31
5	M004	成澤智子	1975/1/15	2035/1/31

=DATE(YEAR(C2)+60,MONTH(C2)+1,0)

関数の書式 =YEAR(シリアル値)

日付／時刻関数 シリアル値に対応する年を1900～9999の範囲の整数で取り出す。

重要度 ★★★ 日付や時間の計算

Q 407 時給計算をしたい！

A 時刻を表すシリアル値を時間単位の数値に変換します。

「時給×時間」で給与計算をする場合、セルに時間を「9:15」のように入力すると、計算にシリアル値が使われるため、給与が正しく計算されません。時給計算をするときは、時刻を表すシリアル値を時間単位の数値に変換する必要があります。

時間単位の数値に変換するには、シリアル値の1が24時間に相当することを利用して、シリアル値を24倍します。このとき数式を入力したセルの表示形式が「時刻」に設定されるので、表示形式を「標準」や「数値」に変更します。

参照 ▶ Q 400

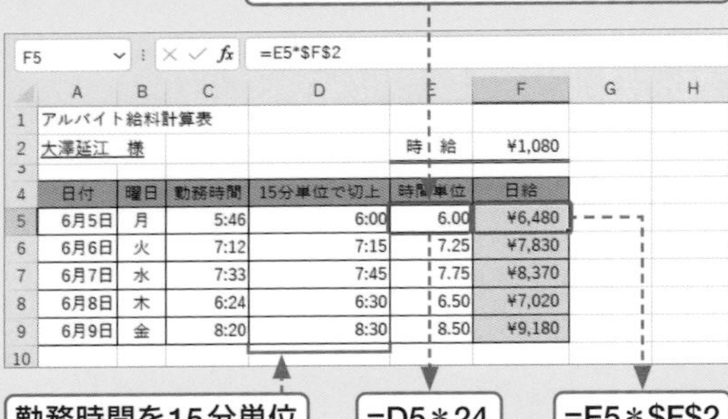

	A	B	C	D	E	F
1	アルバイト給料計算表					
2	大澤延江　様				時　給	¥1,080
3						
4	日付	曜日	勤務時間	15分単位で切上	時間単位	日給
5	6月5日	月	5:46	6:00	6.00	¥6,480
6	6月6日	火	7:12	7:15	7.25	¥7,830
7	6月7日	水	7:33	7:45	7.75	¥8,370
8	6月8日	木	6:24	6:30	6.50	¥7,020
9	6月9日	金	8:20	8:30	8.50	¥9,180
10						

重要度 ★★★ 日付や時間の計算

Q 408 30分単位で時給を計算したい！

A FLOOR.MATH関数を使用します。

30分未満を「0」、30分以上を「0.5」として時間単位の数値を求めるには、数値を指定した数の倍数に切り捨てるFLOOR.MATH関数を使用します。上のQ 407を例にとると、「=FLOOR.MATH(E5＊24,0.5)」のように、時間単位に変換した数値を0.5単位で切り捨てることにより求めることができます。

参照 ▶ Q 401

重要度 ★★★ 日付や時間の計算

Q 409 2つの日付間の年数、月数、日数を求めたい！

A DATEDIF関数を使用します。

在籍年数や在籍日数などの経過年数や経過月数は、月や年によって日数が異なるため、単純に日付どうしを引き算しても求められません。経過年数や経過月数を計算するには、DATEDIF関数を使用します。この関数は、[関数の挿入]ダイアログボックスや[関数ライブラリ]からは入力できないので、セルに直接入力する必要があります。

DATEDIF関数では、下表のように戻り値の単位と種類を引数「単位」で指定することによって、期間を年数、月数、日数で求めることができます。

単位	戻り値の単位と種類
"Y"	期間内の満年数
"M"	期間内の満月数
"D"	期間内の満日数
"YM"	1年未満の月数
"YD"	1年未満の日数
"MD"	1カ月未満の日数

入会年月日から、在籍年数、在籍月数を求めています。

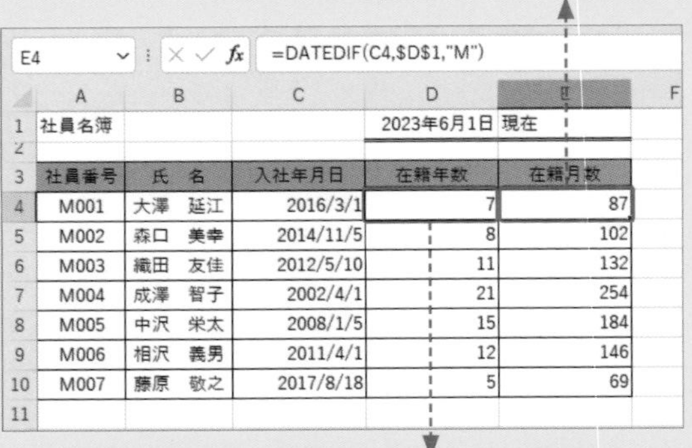

	A	B	C	D	E
1	社員名簿			2023年6月1日	現在
2					
3	社員番号	氏　名	入社年月日	在籍年数	在籍月数
4	M001	大澤　延江	2016/3/1	7	87
5	M002	森口　美幸	2014/11/5	8	102
6	M003	織田　友佳	2012/5/10	11	132
7	M004	成澤　智子	2002/4/1	21	254
8	M005	中沢　栄太	2008/1/5	15	184
9	M006	相沢　義男	2011/4/1	12	146
10	M007	藤原　敬之	2017/8/18	5	69
11					

関数の書式 =DATEDIF(開始日,終了日,単位)

日付／時刻関数　開始日から終了日までの月数や年数を求める。

重要度 ★★★　日付や時間の計算

Q 410 期間を「○○年△△カ月」と表示したい！

A DATEDIF関数を使用します。

1つのセルに「○○年△△カ月」と表示したいときは、DATEDIF関数で年数と月数を別々に求め、「&」で結合します。

右の例では、前半のDATEDIF関数で在籍期間の満年数を、後半のDATEDIF関数で在籍期間のうち1年未満の月数を求めています。

参照▶Q 409

会員の在籍期間を求めて、「○○年△△カ月」と表示しています。

D4　=DATEDIF(C4,$C$1,"Y")&"年"&DATEDIF(C4,$C$1,"YM")&"カ月

	A	B	C	D
1	社員名簿		2023年6月1日	現在
2				
3	社員番号	氏　名	入社年月日	在籍期間
4	M001	大澤　延江	2016/3/1	7年3カ月
5	M002	森口　美幸	2014/11/5	8年6カ月
6	M003	織田　友佳	2012/5/10	11年0カ月
7	M004	成澤　智子	2002/4/1	21年2カ月
8	M005	中沢　栄太	2008/1/5	15年4カ月
9	M006	相沢　義男	2011/4/1	12年2カ月
10	M007	藤原　敬之	2017/8/18	5年9カ月

=DATEDIF(C4,$C$1,"Y")&"年"&DATEDIF(C4,$C$1,"YM")&"カ月"

重要度 ★★★　日付や時間の計算

Q 411 休業日などを除いた指定日数後の日付を求めたい！

A WORKDAY関数を使用します。

商品を受注してから、10営業日後に納品する場合など、土、日、祭日などを除いた稼働日数を指定して納品期日を求めるには、WORKDAY関数を使用します。引数「祭日」は省略できますが、指定する場合は、あらかじめ休業日などの一覧表を作成し、そのセル範囲を指定します。「祭日」を省略した場合は、土日のみが除かれます。

注文確定日から、祝日を除いた10営業日後の納品予定日を求めています。

=WORKDAY(A4,10,$D$4:$D$6)

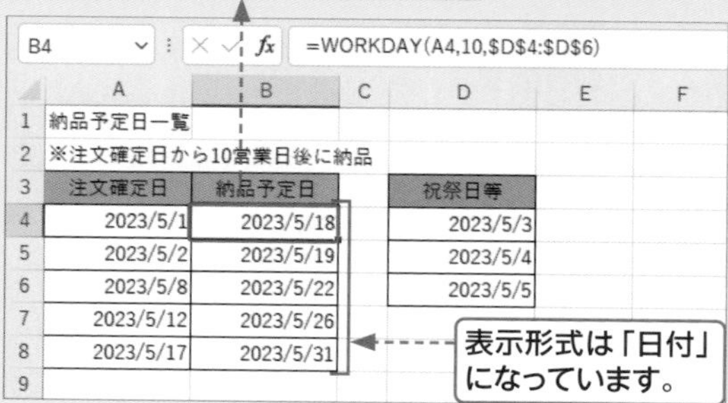
B4　=WORKDAY(A4,10,$D$4:$D$6)

	A	B	C	D
1	納品予定日一覧			
2	※注文確定日から10営業日後に納品			
3	注文確定日	納品予定日		祝祭日等
4	2023/5/1	2023/5/18		2023/5/3
5	2023/5/2	2023/5/19		2023/5/4
6	2023/5/8	2023/5/22		2023/5/5
7	2023/5/12	2023/5/26		
8	2023/5/17	2023/5/31		

関数の書式　=WORKDAY(開始日,日数,祭日)

日付／時刻関数　指定した日から稼働日数だけ前後した日付を求める。

重要度 ★★★　日付や時間の計算

Q 412 勤務日数を求めたい！

A NETWORKDAYS関数を使用します。

土、日や祭日、休日などを除いた勤務日数を求めるには、NETWORKDAYS関数を使用します。引数「祭日」は省略できますが、指定する場合は、あらかじめ休日などの一覧表を作成し、そのセル範囲を指定します。「祭日」を省略した場合は、土日のみが除かれます。

休日を除いた勤務日数を求めています。

B5　=NETWORKDAYS($D$1,$D$2,C5:D5)

	A	B	C	D
1	アルバイト勤務表		開始日	2023/7/1
2			終了日	2023/8/31
3				
4	氏　名	勤務日数	休暇日（土日を除く）	
5	大澤　延江	42	2023/7/17	2023/8/11
6	森口　美幸	43	2023/7/20	
7	織田　友佳	42	2023/8/14	2023/8/15
8	成澤　智子	44		
9	中沢　栄太	42	2023/7/14	2023/8/25
10	相沢　義男	42	2023/8/7	2023/8/10

=NETWORKDAYS($D$1,$D$2,C5:D5)

関数の書式　=NETWORKDAYS(開始日,終了日,祭日)

日付／時刻関数　2つの日付を指定して、その間の稼働日数を求める。

重要度★★★ 日付や時間の計算

Q 413 指定した月数後の日付を求めたい！

A EDATE関数を使用します。

基準となる日付から指定した数か月前、あるいは数か月後の日付を求めるには、EDATE関数を使用します。なお、計算結果にはシリアル値が表示されるので、あらかじめセルの表示形式を「日付」に変更しておく必要があります。

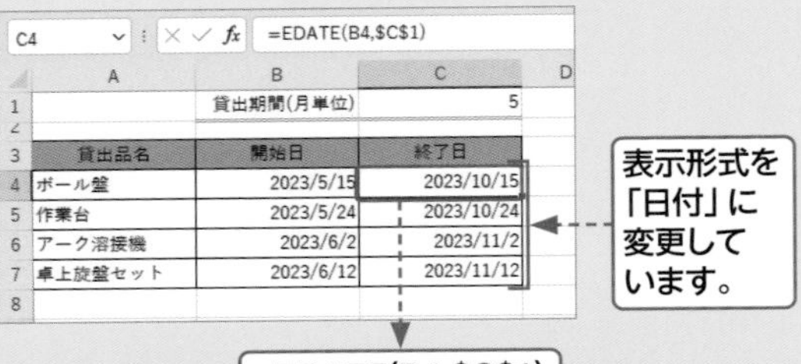

関数の書式 =EDATE(開始日,月)

日付／時刻関数 指定した月数前、月数後の日付を求める。

重要度★★★ 日付や時間の計算

Q 414 今日の日付や時刻を入力したい！

A TODAY関数やNOW関数を使用します。

現在の日付を表示するにはTODAY関数を、現在の日付を含めた時刻を表示するにはNOW関数を使用します。これらの関数は、ブックを開いたり、再計算を行ったりすると最新の日付に更新されます。入力時の日付を残しておきたい場合は、関数ではなく文字として日付を直接入力するとよいでしょう。

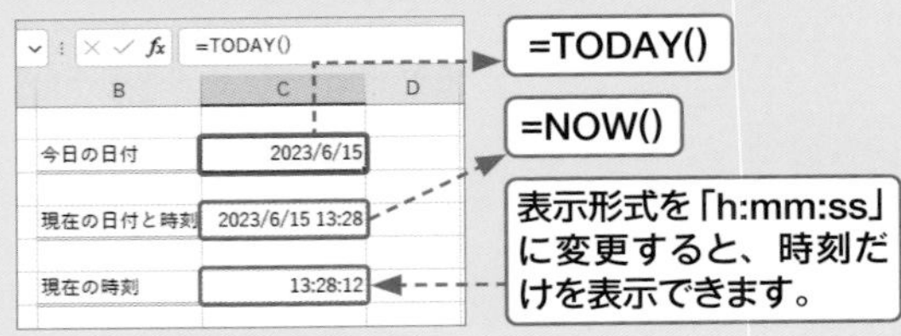

関数の書式 =TODAY()

日付／時刻関数 現在の日付を表示する。

関数の書式 =NOW()

日付／時刻関数 現在の日付と時刻を表示する。

重要度★★★ データの検索と抽出

Q 415 商品番号を指定してデータを取り出したい！

A VLOOKUP関数を使用します。

商品番号などを入力すると、対応する商品名や価格などの情報がセルに表示されるようにするには、VLOOKUP関数を使用します。VLOOKUP関数は、範囲を指定して該当する値を取り出す関数です。VLOOKUP関数で検索する表は、次のルールに従って作成する必要があります。

- 表の左端列に検索対象のデータを入力し、VLOOKUP関数が返すデータを検索対象の列より右の列に入力する。
- 検索範囲の列のデータを重複させない（重複するデータがある場合は、より上の行にあるデータが検索されます）。
- 検索対象のデータが数値の場合は昇順に並べ替えるか、引数「検索方法」を「FALSE(0)」にする。

商品リスト表から、セル[E3]に入力した商品番号の商品名を表示しています。

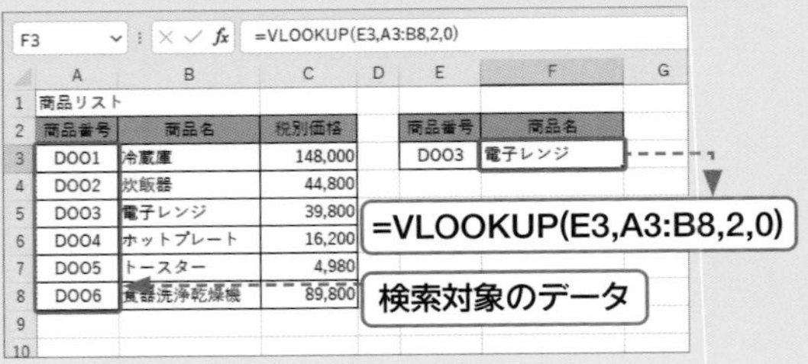

関数の書式 =VLOOKUP(検索値,範囲,列番号,検索方法)

検索／行列関数 指定した範囲（検索する表）から特定の値を検索し、指定した列のデータを取り出す。

重要度★★★　データの検索と抽出

Q 416 VLOOKUP関数で「検索方法」を使い分けるには？

A データの内容によって使い分けます。

VLOOKUP関数は、引数「検索方法」に「TRUE」（あるいは「1」）を指定するか、「FALSE」（あるいは「0」）を指定するかで検索方法を使い分けることができます。

- FALSE／0
  引数「検索値」と完全に一致する値だけを検索します。一致する値が見つからないときは、エラー値「#N/A」が表示されます。
  「FALSE」あるいは「0」の指定は、完全に一致するものだけを検索し、一致するものがない場合にはエラー値を表示させる、いわゆる「一致検索」に利用します。この場合は、検索範囲のデータを昇順に並べ替えておく必要はありません。

- TRUE／1
  引数「検索値」と一致する値がない場合は、引数「検索値」未満でもっとも大きい値を検索します。引数を省略したときは、TRUE（1）とみなされます。
  「TRUE」あるいは「1」の指定は、完全に一致するものがない場合には、その値を超えない近似値を返させる、いわゆる「近似検索」に利用します。この場合は、検索範囲のデータを昇順に並べ替えておく必要があります。昇順に並べ替えておかないと、結果が正しく表示されません。

関数の種類	VLOOKUP、HLOOKUP	
検索の種類	一致検索	近似検索
引数の指定	FALSEまたは0	TRUEまたは1。省略も可
検索値が完全に一致するデータがある場合	検索値が完全に一致したデータが抽出される。	
検索値が完全に一致するデータがない場合	エラー値「#N/A」が表示される。	検索値未満でもっとも大きい値が求められる。
データの並べ方	検索範囲の左端列のデータを「昇順」に並べ替えておく必要はない。	検索範囲の左端列のデータを「昇順」に並べ替えておく必要がある。

重要度★★★　データの検索と抽出

Q 417 VLOOKUP関数で「#N/A」を表示したくない！

A IFERROR関数を使用します。

VLOOKUP関数で検索を行った際、検索値が存在しない場合にエラー値「#N/A」が表示されます。エラー値を表示したくない場合は、IFERROR関数を使用し、検索値が存在するときは関数の結果を表示し、検索値が存在しないときにエラーが表示されないようにします。下の例では、セル[F6]に検索値が見つからない場合に、「""」を表示する（何も表示しない）ように指定しています。

参照▶Q 393, Q 415

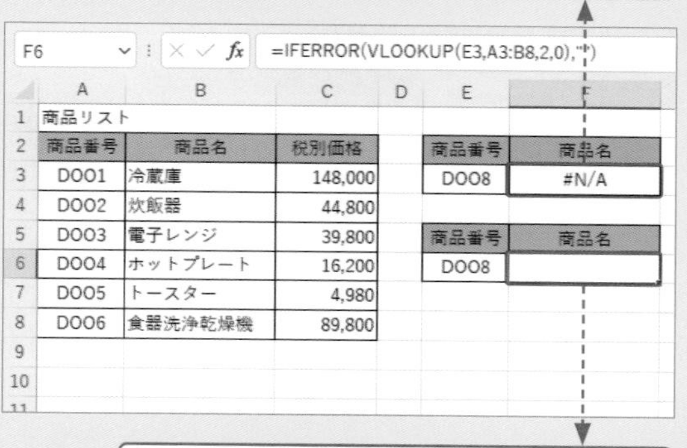

重要度★★★　データの検索と抽出

Q 418 ほかのワークシートの表を検索範囲にしたい！

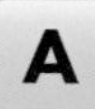

A 検索範囲にワークシート名を追加します。

VLOOKUP関数では、ほかのワークシートにある表も検索できます。ほかのワークシートを検索する場合は、範囲に「ワークシート名!セル範囲」の形式で検索範囲を指定します。

参照▶Q 318

重要度 ★★★ データの検索と抽出

Q 419 異なるセル範囲から検索したい！

A VLOOKUP関数とINDIRECT関数を組み合わせます。

検索対象の表を切り替えながら検索したい場合は、あらかじめ参照する表に範囲名を付けておき、この範囲名を利用することで、参照する表を切り替えられるようにします。

下の例では、2つの表にそれぞれ「備品」と「消耗品」という範囲名を付けています。VLOOKUP関数の引数「範囲」にINDIRECT関数を指定し、セル［B2］の文字列をセル範囲に変換して、商品番号に一致する商品名や価格を取り出します。

参照▶Q 329, Q 415

セル［B2］に「備品」と入力して、商品番号に対応する商品名と価格を表示します。

B4 =VLOOKUP(B3,INDIRECT(B2),2,0)

	A	B
1	商品検索	
2	商品区分	備品
3	商品番号	D003
4	商品名	電子レンジ
5	価格	¥39,800

備品

商品番号	商品名	税別価格
D001	冷蔵庫	¥148,000
D002	炊飯器	¥44,800
D003	電子レンジ	¥39,800

消耗品

商品番号	商品名	税別価格
S001	キッチン洗剤	¥298
S002	メラミンスポンジ	¥198
S003	液体クレンザー	¥248

=VLOOKUP(B3,INDIRECT(B2),2,0)

セル［B2］に「消耗品」と入力して、商品番号に対応する商品名と価格を表示します。

B5 =VLOOKUP(B3,INDIRECT(B2),3,0)

	A	B
1	商品検索	
2	商品区分	消耗品
3	商品番号	S002
4	商品名	メラミンスポンジ
5	価格	¥198

備品

商品番号	商品名	税別価格
D001	冷蔵庫	¥148,000
D002	炊飯器	¥44,800
D003	電子レンジ	¥39,800

消耗品

商品番号	商品名	税別価格
S001	キッチン洗剤	¥298
S002	メラミンスポンジ	¥198
S003	液体クレンザー	¥248

=VLOOKUP(B3,INDIRECT(B2),3,0)

関数の書式 =INDIRECT（参照文字列,参照形式）

検索／行列関数　参照先を切り替える。

重要度 ★★★ データの検索と抽出

Q 420 検索範囲のデータが横に並んでいる表を検索したい！

A HLOOKUP関数を使用します。

VLOOKUP関数は表を縦（列）方向に検索する関数です。検索範囲のデータを横（行）方向に検索する場合は、HLOOKUP関数を使用します。書式や使い方は、行と列の違いだけでVLOOKUP関数とほぼ同じです。

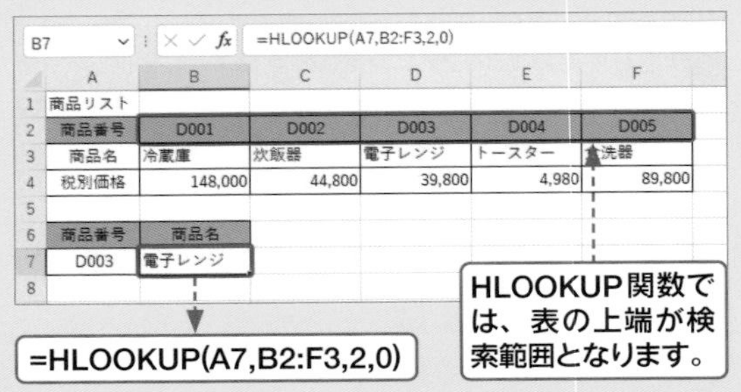

B7 =HLOOKUP(A7,B2:F3,2,0)

	A	B	C	D	E	F
1	商品リスト					
2	商品番号	D001	D002	D003	D004	D005
3	商品名	冷蔵庫	炊飯器	電子レンジ	トースター	洗器
4	税別価格	148,000	44,800	39,800	4,980	89,800
5						
6	商品番号	商品名				
7	D003	電子レンジ				
8						

重要度 ★★★ データの検索と抽出

Q 421 最大値や最小値を求めたい！

A MAX関数やMIN関数を使用します。

成績の最高点や売上の最高額などを求めたい場合は、MAX関数を使用します。また、最低点や最低額などを求めたい場合は、MIN関数を使用します。関数の書式は、MAX関数、MIN関数とも同じです。

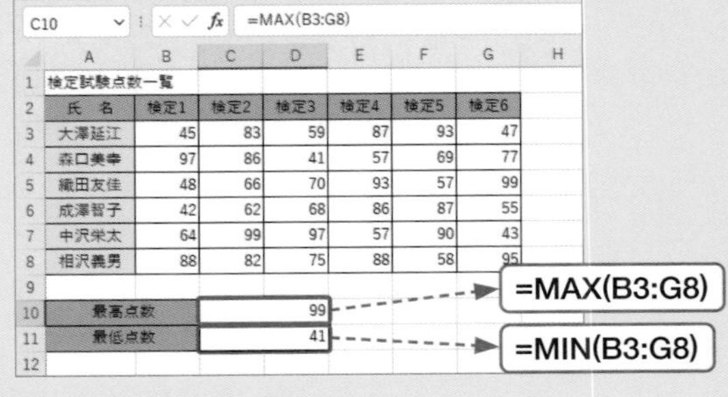

C10 =MAX(B3:G8)

	A	B	C	D	E	F	G
1	検定試験点数一覧						
2	氏　名	検定1	検定2	検定3	検定4	検定5	検定6
3	大澤延江	45	83	59	87	93	47
4	森口美幸	97	86	41	57	69	77
5	織田友佳	48	66	70	93	57	99
6	成澤智子	42	62	68	86	87	55
7	中沢栄太	64	99	97	57	90	43
8	相沢義男	88	82	75	88	58	95
9							
10	最高点数		99				
11	最低点数		41				
12							

関数の書式 =MAX（数値1,数値2,…）

統計関数　最大値を求める。

重要度★★★ データの検索と抽出

Q 422 順位を求めたい！

A RANK.EQ関数や RANK.AVG関数を使用します。

データの順序を変えずに、売上高や試験の成績などに順位を振りたい場合は、RANK.EQ関数やRANK.AVG関数を使用します。RANK.EQ関数は、数値が同じ順位にある場合、それぞれ同じ順位で表示されます。RANK.AVG関数では、その個数に応じた平均の順位が表示されます。

なお、数値の大きい順に番号を振る場合は、引数の「順序」は省略できます。

● RANK.EQ関数を使う

F3 =RANK.EQ(E3,$E$3:$E$8)

	A	B	C	D	E	F
1	検定試験点数一覧					
2	氏　名	検定1	検定2	検定3	合計	順位
3	大澤延江	45	83	59	187	4
4	森口美幸	97	86	41	224	3
5	織田友佳	51	66	70	187	4
6	成澤智子	42	62	68	172	6
7	中沢栄太	64	99	97	260	1
8	相沢義男	88	82	75	245	2
9						
10						

=RANK.EQ(E3,$E$3:$E$8)

● RANK.AVG関数を使う

F3 =RANK.AVG(E3,$E$3:$E$8)

	A	B	C	D	E	F
1	検定試験点数一覧					
2	氏　名	検定1	検定2	検定3	合計	順位
3	大澤延江	45	83	59	187	4.5
4	森口美幸	97	86	41	224	3
5	織田友佳	51	66	70	187	4.5
6	成澤智子	42	62	68	172	6
7	中沢栄太	64	99	97	260	1
8	相沢義男	88	82	75	245	2
9						
10						

=RANK.AVG(E3,$E$3:$E$8)

関数の書式 =RANK.EQ(数値,範囲,順序)

統計関数 順位を求める。数値が同じ順位にある場合は、その中でもっとも高い順位で表示する。

重要度★★★ データの検索と抽出

Q 423 ほかのワークシートにあるセルの値を取り出したい！

A INDIRECT関数を使用します。

ほかのワークシートにあるデータを別のワークシートに取り出す場合、通常は「=担当!B6」のように指定しますが、この方法だと、そのつどシート名を入力する手間が面倒です。この場合は、下のようにセル[A3]に入力した「大澤延江」を利用して、セル[A3]と合計値が入力されているワークシートのセル番地[B6]を「&」で結合し、「A3&"!B6"」という参照用の文字を作成します。これをINDIRECT関数の引数にして、数式をコピーすれば、ワークシートのデータをまとめて表示できます。

参照▶Q 419

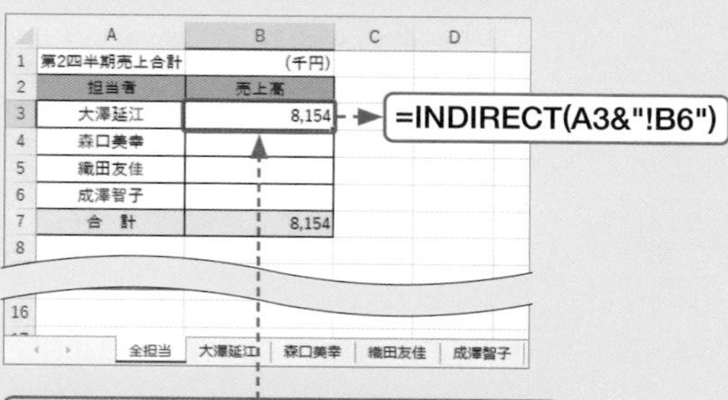

別々のワークシートにある売上高を1つのワークシートにまとめて表示します。

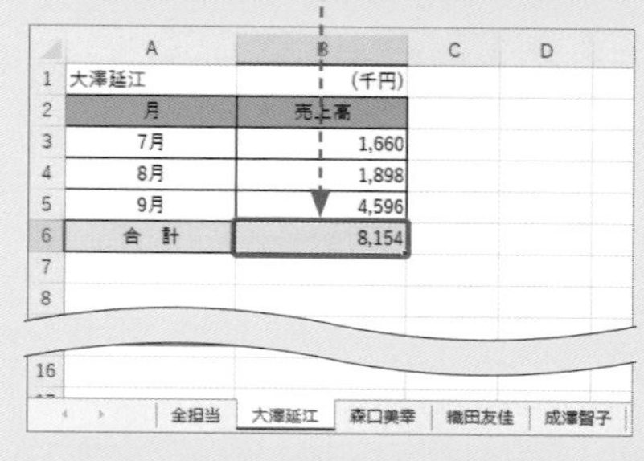

大澤延江
(千円)
月
売上高
7月
1,660
8月
1,898
9月
4,596
合　計
8,154
全担当
大澤延江
森口美幸
織田友佳
成澤智子

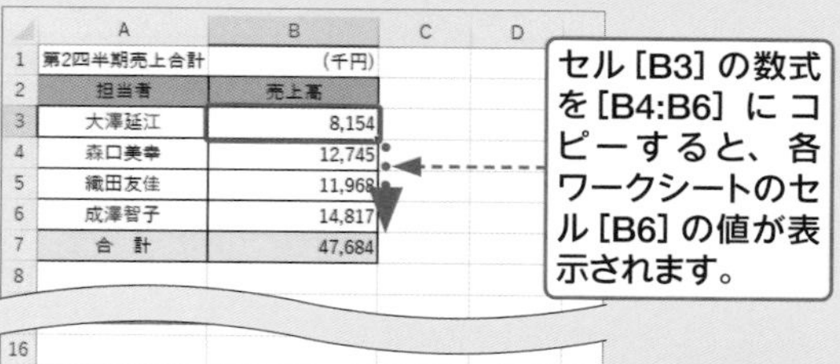

第2四半期売上合計
(千円)
担当者
売上高
大澤延江
8,154
森口美幸
12,745
織田友佳
11,968
成澤智子
14,817
合　計
47,684
セル[B3]の数式を[B4:B6]にコピーすると、各ワークシートのセル[B6]の値が表示されます。
全担当
大澤延江
森口美幸
織田友佳
成澤智子

重要度★★★　データの検索と抽出　2019　2016

Q 424 表の途中にある列や行を検索してデータを取り出したい！

A XLOOKUP関数を使用します。

指定した範囲から、検索値に一致したデータの行位置や列位置に該当するデータを取り出すには、XLOOKUP関数を使用します。XLOOKUP関数では、検索範囲を自由に指定でき、データを取り出す位置もセル範囲で指定できるため、VLOOKUP関数やHLOOKUP関数と比べて、数式がわかりやすくなります。また、検索するデータは表中のどの列や行でもよく、より柔軟な検索と抽出が可能です。

表の2列目にある「商品名」で検索しています。

F3　=XLOOKUP(E3,B3:B8,C3:C8)

	A	B	C	D	E	F
1	商品リスト					
2	商品番号	商品名	税別価格		商品名	税別価格
3	D001	冷蔵庫	148,000		電子レンジ	39,800
4	D002	炊飯器	44,800			
5	D003	電子レンジ	39,800			
6	D004	ホットプレート	16,200			
7	D005	トースター	4,980			
8	D006	食器洗浄乾燥機	89,800			
9						
10						

=XLOOKUP(E3,B3:B8,C3:C8)

表の2行目にある「商品名」で検索しています。

B2　=XLOOKUP(A2,B6:G6,B7:G7)

	A	B	C	D	E	F	G
1	商品名	税別価格					
2	炊飯器	44,800					
3							
4	商品リスト						
5	商品番号	D001	D002	D003	D004	D005	D006
6	商品名	冷蔵庫	炊飯器	電子レンジ	ホットプレート	トースター	食洗器
7	税別価格	148,000	44,800	39,800	16,200	4,980	89,800
8							
9							

=XLOOKUP(A2,B6:G6,B7:G7)

関数の書式 =XLOOKUP(検索値,検索範囲,戻り範囲,見つからない場合,一致モード,検索モード)

検索／行列関数 範囲または配列を検索し、一致する項目を取り出す。

重要度★★★　データの検索と抽出　2019　2016

Q 425 XLOOKUP関数の使い方をもっと知りたい！

A 引数の指定で下記のような使い方ができます。

XLOOKUP関数では、検索値が見つからなかった場合にエラー値「#N/A」ではなく、表示するデータを指定することができます。また、完全に一致するデータを検索するか、近似値を検索するかを指定したり、表の上側（または左側）から順に検索するか、表の下側（または右側）から順に検索するかを指定したりすることもできます。

検索する値がない場合に「データなし」と表示しています。

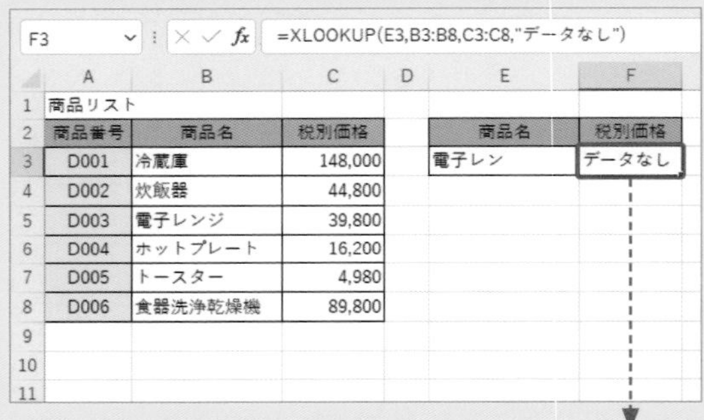

F3　=XLOOKUP(E3,B3:B8,C3:C8,"データなし")

	A	B	C	D	E	F
1	商品リスト					
2	商品番号	商品名	税別価格		商品名	税別価格
3	D001	冷蔵庫	148,000		電子レン	データなし
4	D002	炊飯器	44,800			
5	D003	電子レンジ	39,800			
6	D004	ホットプレート	16,200			
7	D005	トースター	4,980			
8	D006	食器洗浄乾燥機	89,800			
9						
10						
11						

=XLOOKUP(E3,B3:B8,C3:C8,"データなし")

引数の「検索モード」を「-1」にして表の下側から検索しています。

F6　=XLOOKUP(E6,B3:B12,C3:C12,,,-1)

	A	B	C	D	E	F
1	商品リスト				昇順で検索	
2	商品番号	商品名	税別価格		商品名	税別価格
3	D001	冷蔵庫	148,000		ホットプレート	16,200
4	D002	炊飯器	44,800		降順で検索	
5	D003	電子レンジ	39,800		商品名	税別価格
6	D004	ホットプレート	16,200		ホットプレート	20,800
7	D005	トースター	4,980			
8	D006	食器洗浄乾燥機	89,800			
9	D007	ホットプレート	20,800			
10	D008	電気湯沸かし器	9,800			
11	D009	コーヒーメーカー	5,480			
12	D010	電気圧力鍋	24,800			
13						
14						

=XLOOKUP(E6,B3:B12,C3:C12,,,-1)

重要度 ★★★　データの検索と抽出　2016

Q 426 スピルって何？

A 数式に対応するセル範囲に自動で値が入力される機能です。

スピルとは、数式の戻り値が複数となる場合に、数式を入力したセルだけでなく、隣接しているセルに値や数式を一括入力してくれる機能です。Excel 2019で追加されました。従来は配列数式を使用してすべてのセルに数式を入力していましたが、スピルを使うことで１つの数式を入力して Enter を押すだけで、対応するセルに結果を表示させることができます。スピル（Spill）には、こぼれ出る、あふれ出るといった意味があります。

1 セル［C2］に「=B2:B4」と入力して Enter を押すと、

B2 =B2:B4

	A	B	C	D	E
1	商品番号	商品名	スピル		
2	D001	冷蔵庫	=B2:B4		
3	D002	炊飯器			
4	D003	電子レンジ			
5					

2 セル［C4］まで、数式が一括入力されます。

C2 =B2:B4

	A	B	C	D	E
1	商品番号	商品名	スピル		
2	D001	冷蔵庫	冷蔵庫		
3	D002	炊飯器	炊飯器		
4	D003	電子レンジ	電子レンジ		
5					

B3 =B2:D2

	A	B	C	D	E
1	商品番号	D001	D002	D003	
2	商品名	冷蔵庫	炊飯器	電子レンジ	
3	スピル	冷蔵庫	炊飯器	電子レンジ	
4					
5					

セル範囲を列単位にすると、スピルで表示されるデータも列単位（横方向）に表示されます。

重要度 ★★★　データの検索と抽出　2019　2016

Q 427 スピルに対応した関数が知りたい！

A 下表のような関数があります。

Excel 2021ではスピルがさらに進化し、スピルに対応した関数も複数追加されました。これらの関数を使用することで、表中から条件に合うデータを取り出したり、重複するデータを削除したり、指定した基準で並べ替えたり、などが簡単にできるようになりました。スピルに対応した関数には、以下のようなものがあります。

● スピルに対応した主な関数

関　数	説　明
FILTER	セルの範囲や配列から条件に一致する1つまたは複数の値を取り出します。複数の条件を組み合わせて指定することもできます。
LET	値や数式に対して名前を付けて、計算に使用します。
SORT	範囲または配列の内容を行単位や列単位で昇順または降順に並べ替えます。もとの表とは別のセルに並べ替えた結果を表示できます。
SORTBY	範囲または配列の内容を基準に応じて並べ替えます。複数の列を基準に並べ替えができます。
UNIQUE	範囲の値を行単位で比較し、重複しない一意のデータを取り出します。
RANDARRAY	指定した範囲にランダムな数値の配列を返します。入力する行と列の数、最大値と最小値、整数または10進数の値を返すかどうかを指定できます。
SEQUENCE	指定した範囲に連続した数値の一覧表を作成します。
XLOOKUP	範囲または配列を検索し、一致する項目を取り出します。一致するものがない場合は、近似値を取り出します。
XMATCH	指定した範囲の中で検索値と同じ値の入力されている行の相対的な位置を調べます。

重要度 ★★★ データの検索と抽出 ⊗2019 ⊗2016

Q 428 条件に一致する行を表示したい

A FILTER関数を使用します。

指定した範囲から条件に一致するデータのある行を抽出したい場合はFILTER関数を使用します。FILTER関数では、複数の条件を組み合わせて指定することもできます。AかつB（AND条件）を指定する場合は、それぞれの条件式を「*」でつなげます。AまたはB（OR条件）を指定する場合は「+」でつなげます。

パソコンの販売価格が20万円以上の行を表示しています。

INT =FILTER(A3:F12,(C3:C12=C14)*(F3:F12>=20000

	A	B	C	D	E	F	G	H
1	週刊販売実績							
2	日付	曜日	商品	単価	数量	販売価格		
3	5/29	月	パソコン	128,000	2	256,000		
12	6/2	金	外付HDD	12,800				
14	抽出商品名		パソコン					
15	=FILTER(A3:F12,(C3:C12=C14)*(F3:F12>=200000))							
16								

=FILTER(A3:F12,(C3:C12=C14)*(F3:F12>=200000))

	A	B	C	D	E	F	G	H
1	週刊販売実績							
2	日付	曜日	商品	単価	数量	販売価格		
3	5/29	月	パソコン	128,000	2	256,000		
4	5/29	月	プリンタ	49,800	1	49,800		
5	5/30	火	パソコン	128,000	3	384,000		
6	5/30	火	プリンタ	49,800	1	49,800		
7	5/31	水	プリンタ	49,800	2	99,600		
8	6/1	木	スキャナ	59,800	1	59,800		
9	6/1	木	外付HDD	12,800	3	38,400		
10	6/2	金	パソコン	128,000	1	128,000		
11	6/2	金	プリンタ	49,800	2	99,600		
12	6/2	金	外付HDD	12,800	3	38,400		
14	抽出商品名		パソコン					
15	5/29	月	パソコン	128,000	2	256,000		
16	5/30	火	パソコン	128,000	3	384,000		
17								

一致する行がスピルによって自動的に表示されます。

関数の書式 =FILTER(範囲,検索値,空の場合)

検索／行列関数 セルの範囲や配列から条件に一致する1つまたは複数の値を取り出す。

重要度 ★★★ データの検索と抽出 ⊗2019 ⊗2016

Q 429 1回だけ現れるデータや重複データを1つにまとめて表示したい！

A UNIQUE関数を使用します。

商品リストや名簿などから1つしかないデータや、重複しているデータを1つにまとめて表示するには、UNIQUE関数を使用します。UNIQUE関数では、引数「範囲」のみを指定すると重複しないすべてのデータが抽出されます。また、引数「回数指定」にFLASEを指定すると範囲の重複しないすべてのデータが、TRUEを指定すると1回だけ出現するデータが抽出されます。

重複を取り除いたデータだけを表示しています。

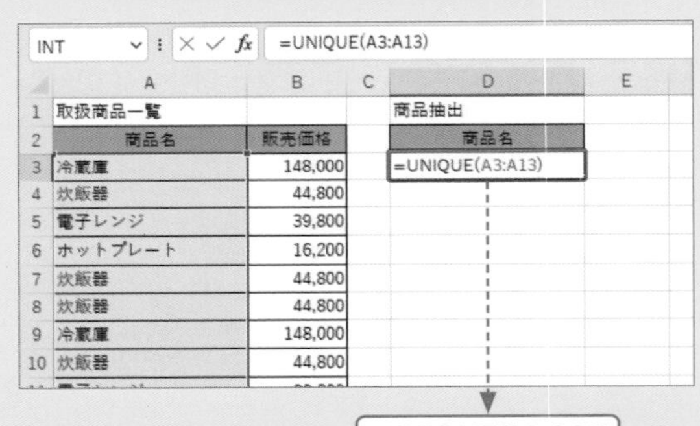

INT =UNIQUE(A3:A13)

	A	B	C	D	E
1	取扱商品一覧			商品抽出	
2	商品名	販売価格		商品名	
3	冷蔵庫	148,000		=UNIQUE(A3:A13)	
4	炊飯器	44,800			
5	電子レンジ	39,800			
6	ホットプレート	16,200			
7	炊飯器	44,800			
8	炊飯器	44,800			
9	冷蔵庫	148,000			
10	炊飯器	44,800			

=UNIQUE(A3:A13)

	A	B	C	D	E
1	取扱商品一覧			商品抽出	
2	商品名	販売価格		商品名	
3	冷蔵庫	148,000		冷蔵庫	
4	炊飯器	44,800		炊飯器	
5	電子レンジ	39,800		電子レンジ	
6	ホットプレート	16,200		ホットプレート	
7	炊飯器	44,800		トースター	
8	炊飯器	44,800			
9	冷蔵庫	148,000			
10	炊飯器	44,800			
11	電子レンジ	39,800			
12	ホットプレート	16,200			
13	トースター	4,980			
14					

重複を取り除いたデータがスピルによって自動的に表示されます。

関数の書式 =UNIQUE(範囲,列の比較,回数指定)

検索／行列関数 範囲の値を行単位で比較し、重複しない一意のデータを抽出する。

重要度★★★ 文字列の操作

Q 430 ふりがなを取り出したい！

A PHONETIC関数を使用します。

PHONETIC関数を使用すれば、漢字を入力したときの読み情報を取り出して、ふりがなとして表示することができます。ただし、本来とは異なる読みで入力した場合は、その読みが表示されるので、もとのセルのふりがなを修正する必要があります。 参照▶Q 265

=PHONETIC(B2)

C2 =PHONETIC(B2)

	A	B	C	D	E	F
1	番号	名前	ふりがな	入会日	グループ	
2	1008	海老沢　美湖	エビサワ　ミコ	2023/4/15	レインボー	
3	1007	奥秋　貴士	オクアキ　タカシ	2023/4/15	オレンジ	
4	1006	中村　友香	ナカムラ　トモカ	2022/11/12	レインボー	
5	1005	安念　佑光	アンネン　ユウヒカリ	2022/10/22	オレンジ	
6	1004	高田　真人	タカダ　マコト	2022/10/22	レッド	
7	1003	樋田　征爾	トイダ　セイジ	2022/8/20	レインボー	

関数の書式 =PHONETIC(参照)

情報関数 指定したセル範囲から文字列の読み情報を取り出す。

重要度★★★ 文字列の操作

Q 431 文字列の文字数を数えたい！

A LEN関数を使用します。

文字列の文字数を数えたい場合は、LEN関数を使用します。文字数は、大文字や小文字、記号などの種類に関係なく、1文字としてカウントされます。空白文字も1文字としてカウントされます。

=LEN(B2)

C2 =LEN(B2)

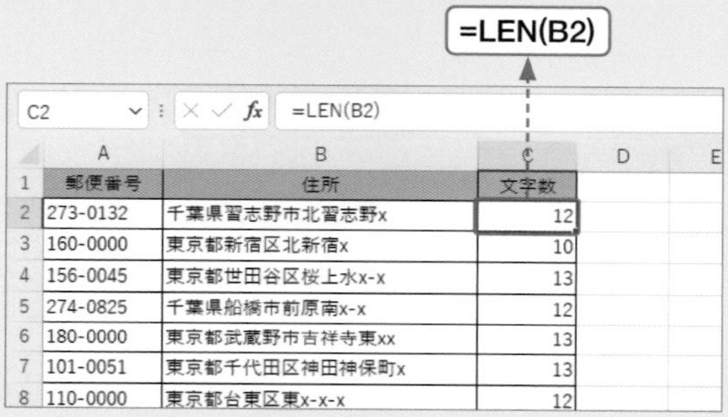

	A	B	C	D	E
1	郵便番号	住所	文字数		
2	273-0132	千葉県習志野市北習志野x	12		
3	160-0000	東京都新宿区北新宿x	10		
4	156-0045	東京都世田谷区桜上水x-x	13		
5	274-0825	千葉県船橋市前原南x-x	12		
6	180-0000	東京都武蔵野市吉祥寺東xx	13		
7	101-0051	東京都千代田区神田神保町x	13		
8	110-0000	東京都台東区東x-x-x	12		

関数の書式 =LEN(文字列)

文字列操作関数 文字列の数を数える。半角と全角の区別なく、1文字を1として処理する。

重要度★★★ 文字列の操作

Q 432 全角文字を半角文字にしたい！

A ASC関数を使用すると、まとめて変換できます。

データに半角文字と全角文字が混在している場合、ASC関数を使用すると、全角の英数カナ文字を半角の英数カナ文字にまとめて変換できます。Excelには、文字をまとめて変換する関数が用意されているので、用途に応じて使用するとよいでしょう。関数の書式は、ASC関数と同じです。

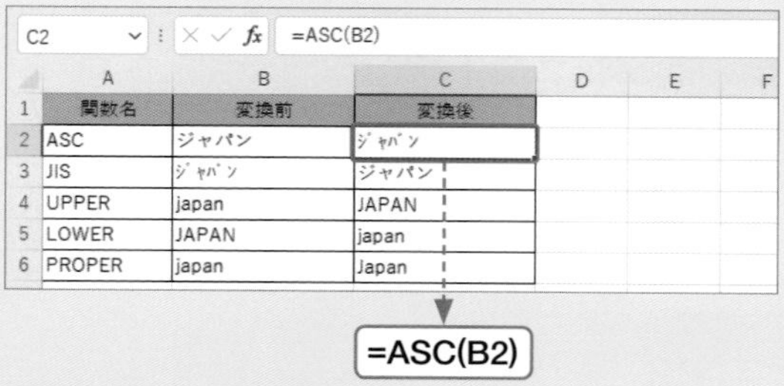

関数の書式 =ASC(文字列)

文字列操作関数 全角の英数カナを半角の英数カナに変換する。

C2 =ASC(B2)

	A	B	C	D	E	F
1	関数名	変換前	変換後			
2	ASC	ジャパン	ｼﾞｬﾊﾟﾝ			
3	JIS	ｼﾞｬﾊﾟﾝ	ジャパン			
4	UPPER	japan	JAPAN			
5	LOWER	JAPAN	japan			
6	PROPER	japan	Japan			

=ASC(B2)

● 文字を変換する主な関数

関数	説　明
ASC	全角の英数カナを半角の英数カナに変換します。
JIS	半角の英数カナを全角の英数カナに変換します。
UPPER	文字列に含まれる英字をすべて大文字に変換します。
LOWER	文字列に含まれる英字をすべて小文字に変換します。
PROPER	文字列中の各単語の先頭文字を大文字に変換します。

重要度 ★★★ 文字列の操作

Q 433 文字列から一部の文字を取り出したい！

A LEFT関数、MID関数、RIGHT関数を使用します。

文字列から一部の文字を取り出したい場合は、LEFT関数、MID関数、RIGHT関数を使用します。取り出す位置によって使用する関数を使い分けます。

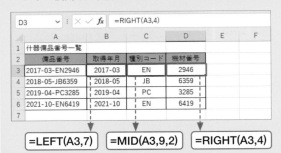

D3 =RIGHT(A3,4)

	A	B	C	D	E	F
1	什器備品番号一覧					
2	備品番号	取得年月	種別コード	機材番号		
3	2017-03-EN2946	2017-03	EN	2946		
4	2018-05-JB6359	2018-05	JB	6359		
5	2019-04-PC3285	2019-04	PC	3285		
6	2021-10-EN6419	2021-10	EN	6419		
7						

=LEFT(A3,7)　=MID(A3,9,2)　=RIGHT(A3,4)

関数の書式 =LEFT(文字列,文字数)

文字列操作関数 文字列の左端から指定数分の文字を取り出す。

関数の書式 =MID(文字列,開始位置,文字数)

文字列操作関数 文字列の任意の位置から指定数分の文字を取り出す。

関数の書式 =RIGHT(文字列,文字数)

文字列操作関数 文字列の右端から指定数分の文字を取り出す。

重要度 ★★★ 文字列の操作

Q 434 指定した文字を別の文字に置き換えたい！

A SUBSTITUTE関数を使用します。

文字列から特定の文字を検索して、別の文字に置き換えたい場合は、SUBSTITUTE関数を使用します。
下の例のように文字を置き換えるほかに、検索文字列に半角あるいは全角スペースを、置換文字列に空白文字「""」を入力すると、セル内の不要なスペースを削除することもできます。 参照▶Q 439

「音響映像」を「AV機器」に置き換えています。

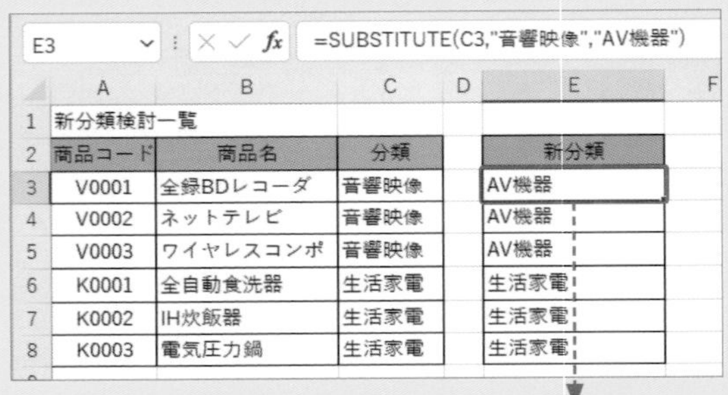
E3 =SUBSTITUTE(C3,"音響映像","AV機器")

	A	B	C	D	E	F
1	新分類検討一覧					
2	商品コード	商品名	分類		新分類	
3	V0001	全録BDレコーダ	音響映像		AV機器	
4	V0002	ネットテレビ	音響映像		AV機器	
5	V0003	ワイヤレスコンポ	音響映像		AV機器	
6	K0001	全自動食洗器	生活家電		生活家電	
7	K0002	IH炊飯器	生活家電		生活家電	
8	K0003	電気圧力鍋	生活家電		生活家電	

=SUBSTITUTE(C3,"音響映像","AV機器")

関数の書式 =SUBSTITUTE(文字列,検索文字列,置換文字列,置換対象)

文字列操作関数 特定の文字列を検索し、別の文字列に置き換える。

重要度 ★★★ 文字列の操作

Q 435 セル内の改行を削除して1行のデータにしたい！

A CLEAN関数を使用します。

Alt を押しながら Enter を押すと、セル内で改行することができますが、この改行は表示されない特殊な改行文字で指定されています。CLEAN関数を使用すると、セル内に含まれている改行文字などの表示や印刷されない特殊な文字をまとめて削除することができます。

=CLEAN(A2)

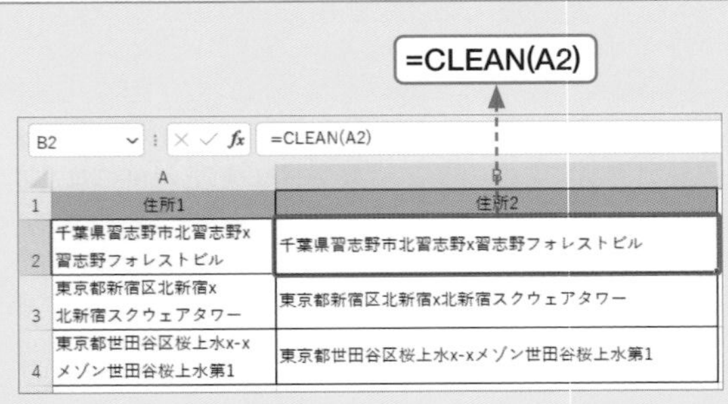
B2 =CLEAN(A2)

	A	B
1	住所1	住所2
2	千葉県習志野市北習志野x 習志野フォレストビル	千葉県習志野市北習志野x習志野フォレストビル
3	東京都新宿区北新宿x 北新宿スクウェアタワー	東京都新宿区北新宿x北新宿スクウェアタワー
4	東京都世田谷区桜上水x-x メゾン世田谷桜上水第1	東京都世田谷区桜上水x-xメゾン世田谷桜上水第1

関数の書式 =CLEAN(文字列)

文字列操作関数 改行文字などの印刷できない文字を削除する。

Q 436 重要度 ★★★ 文字列の操作 2016

別々のセルに入力した文字を1つにまとめたい！

A CONCAT関数を使用します。

別々のセルに入力した文字を結合して1つのセルにまとめるには、CONCAT関数を使用します。Excel 2016ではCONCATENATE関数を使用して、結合するセルをそれぞれ指定する必要がありましたが、CONCAT関数では、セル範囲を指定することができるようになりました。なお、CONCATENATE関数は互換性関数としてExcel 2021/2019でも使用できます。

出欠席一覧を1つの文字列に結合しています。

CONCATENATE関数を使用する場合は、結合するセルをすべて指定する必要があります。

M4 =CONCATENATE(B4,C4,D4,E4,F4,G4,H4,I4,J4,K4)

課題提出状況一覧

氏名	1	2	3	4	5	6	7	8	9	10	提出状況（結合）
山桐理恵子	×	〇	〇	×	〇	×	〇	×	〇	〇	×〇〇×〇×〇×〇〇
中村　敏行	〇	〇	〇	〇	×	×	×	〇	×	〇	〇〇〇〇×××〇×〇
織田ゆかり	〇	〇	〇	〇	〇	〇	〇	〇	×	〇	〇〇〇〇〇〇〇〇×〇
本宮　武志	×	×	〇	〇	×	×	〇	×	〇	〇	××〇〇××〇×〇〇
野田　裕子	×	〇	〇	×	〇	〇	〇	×	×	〇	×〇〇×〇〇〇××〇
本村佐千男	〇	×	×	×	〇	×	〇	×	〇	〇	〇×××〇×〇×〇〇

=CONCATENATE(B4,C4,D4,E4,F4,G4,H4,I4,J4,K4)

CONCAT関数を使用すると、セル範囲を指定して結合することができます。

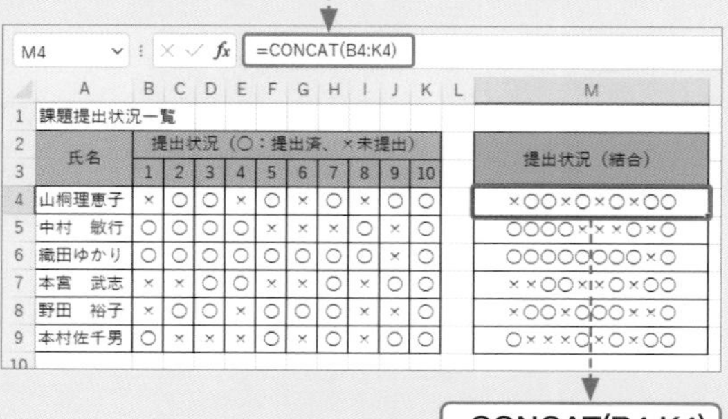

M4 =CONCAT(B4:K4)

課題提出状況一覧

氏名	1	2	3	4	5	6	7	8	9	10	提出状況（結合）
山桐理恵子	×	〇	〇	×	〇	×	〇	×	〇	〇	×〇〇×〇×〇×〇〇
中村　敏行	〇	〇	〇	〇	×	×	×	〇	×	〇	〇〇〇〇×××〇×〇
織田ゆかり	〇	〇	〇	〇	〇	〇	〇	〇	×	〇	〇〇〇〇〇〇〇〇×〇
本宮　武志	×	×	〇	〇	×	×	〇	×	〇	〇	××〇〇××〇×〇〇
野田　裕子	×	〇	〇	×	〇	〇	〇	×	×	〇	×〇〇×〇〇〇××〇
本村佐千男	〇	×	×	×	〇	×	〇	×	〇	〇	〇×××〇×〇×〇〇

=CONCAT(B4:K4)

関数の書式 =CONCAT(テキスト1,テキスト2,…)

文字列操作関数 複数の文字列を結合して1つの文字列にまとめる。

Q 437 重要度 ★★★ 文字列の操作 2016

区切り記号を入れて文字列を結合したい！

A TEXTJOIN関数を使用します。

複数のセルの文字を結合して1つの文字列にするときに区切り記号を入れたい場合は、TEXTJOIN関数を使用します。TEXTJOIN関数では、結合するセル範囲内に空白のセルがある場合、そのセルを無視するかどうかをTRUEまたはFALSEで指定することができます。空白のセルを無視するときはTRUE（または1）を、無視しないときはFALSE（または0）を指定します。

出欠席一覧を区切り記号（:）を入れた1つの文字列に結合しています。

=TEXTJOIN(" : ",TRUE,B4:K4)

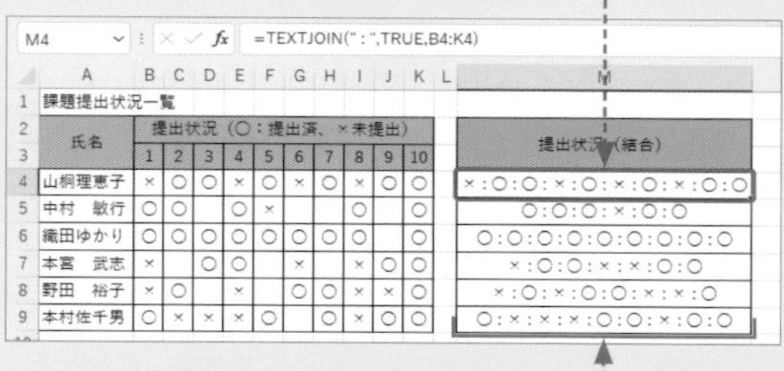

M4 =TEXTJOIN(" : ",TRUE,B4:K4)

課題提出状況一覧

氏名	1	2	3	4	5	6	7	8	9	10	提出状況（結合）
山桐理恵子	×	〇	〇	×	〇	×	〇	×	〇	〇	×:〇:〇:×:〇:×:〇:×:〇:〇
中村　敏行	〇	〇		〇	×			〇		〇	〇:〇:〇:×:〇:〇
織田ゆかり	〇	〇	〇	〇	〇	〇	〇	〇		〇	〇:〇:〇:〇:〇:〇:〇:〇:〇
本宮　武志	×		〇	〇		×		×	〇	〇	×:〇:〇:×:×:〇:〇
野田　裕子	×	〇		×		〇	〇	×	×	〇	×:〇:×:〇:〇:×:×:〇
本村佐千男	〇	×	×	×	〇		〇	×	〇	〇	〇:×:×:×:〇:〇:×:〇:〇

空白セルを無視して結合した場合は、空白セルは結合されません。

=TEXTJOIN(":",FALSE,B4:K4)

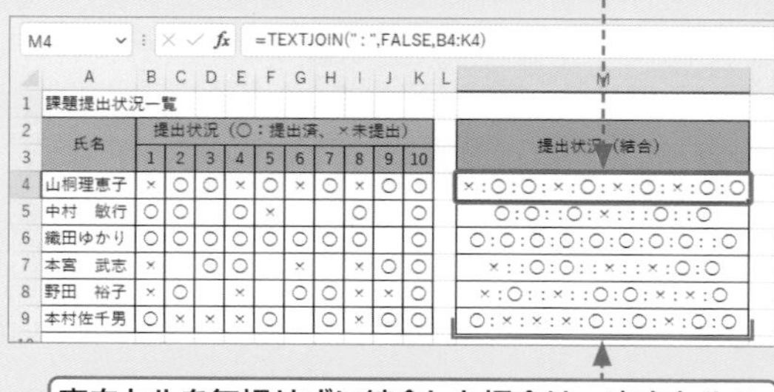

M4 =TEXTJOIN(" : ",FALSE,B4:K4)

課題提出状況一覧

氏名	1	2	3	4	5	6	7	8	9	10	提出状況（結合）
山桐理恵子	×	〇	〇	×	〇	×	〇	×	〇	〇	×:〇:〇:×:〇:×:〇:×:〇:〇
中村　敏行	〇	〇		〇	×			〇		〇	〇:〇::〇:×:::〇::〇
織田ゆかり	〇	〇	〇	〇	〇	〇	〇	〇		〇	〇:〇:〇:〇:〇:〇:〇:〇::〇
本宮　武志	×		〇	〇		×		×	〇	〇	×::〇:〇::×::×:〇:〇
野田　裕子	×	〇		×		〇	〇	×	×	〇	×:〇::×::〇:〇:×:×:〇
本村佐千男	〇	×	×	×	〇		〇	×	〇	〇	〇:×:×:×:〇::〇:×:〇:〇

空白セルを無視せずに結合した場合は、空白セルの分まで区切り記号が入った形で結合されます。

関数の書式 =TEXTJOIN(区切り文字,空のセルは無視,テキスト1,テキスト2,…)

文字列操作関数 複数の文字列を区切り文字を挿入して1つの文字列にまとめる。

重要度 ★★★　文字列の操作

Q 438 2つのセルのデータを結合して2行に表示したい！

A CHAR関数と&演算子を組み合わせます。

別々のセルに入力したデータを連結して1つのセルに表示し、読みやすいように2行にしたい、この場合は、文字列連結演算子の「&」を使って2つの文字列を結合し、CHAR関数を使用して改行文字を指定します。CHAR関数で改行を表す文字コードは「10」です。

なお、実際に2行に表示するには、結果を表示するセルに［ホーム］タブの［折り返して全体を表示する］を設定する必要があります。

D2　=A2&CHAR(10)&B2

	A	B	C	D
1	住所1	住所2		住所（連結）
2	千葉県習志野市北習志野x	習志野フォレストビル		千葉県習志野市北習志野x習志野フォレストビル
3	東京都新宿区北新宿x	北新宿スクウェアタワー		東京都新宿区北新宿x北新宿スクウェアタワー
4	東京都世田谷区桜上水x-x	メゾン世田谷桜上水第1		東京都世田谷区桜上水x-xメゾン世田谷桜上水第1
5	千葉県船橋市前原南x-x	船橋南タウンセンター		千葉県船橋市前原南x-x船橋南タウンセンター

=A2&CHAR(10)&B2

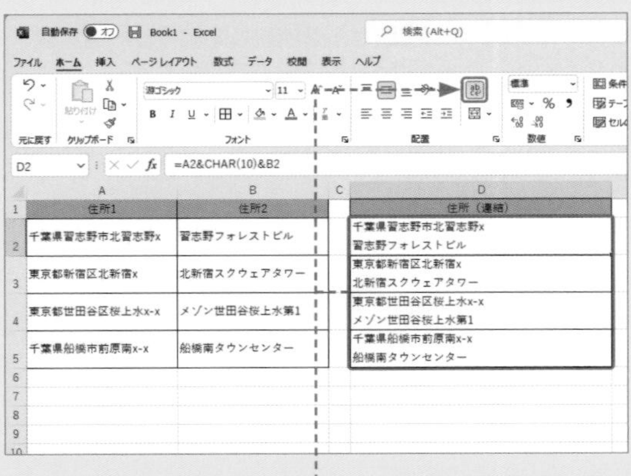

［ホーム］タブの［折り返して全体を表示する］をクリックして、折り返します。

関数の書式 =CHAR(数値)

文字列操作関数　文字コードを表す数値に対応した文字を表示する。

重要度 ★★★　文字列の操作

Q 439 セル内の不要なスペースを取り除きたい！

A TRIM関数やSUBSTITUTE関数を使用します。

文字列の前後や間の不要なスペースを取り除きたい場合は、TRIM関数やSUBSTITUTE関数を使用します。TRIM関数は、単語間のスペースを1つ残して不要なスペースを取り除きます。SUBSTITUTE関数は、文字列から余分なスペースを取り除きます。

なお、それぞれの関数はともに全角・半角を問わず、スペースを1文字として扱います。

参照▶Q 434

単語間のスペースを1つ残して不要なスペースを取り除きます。

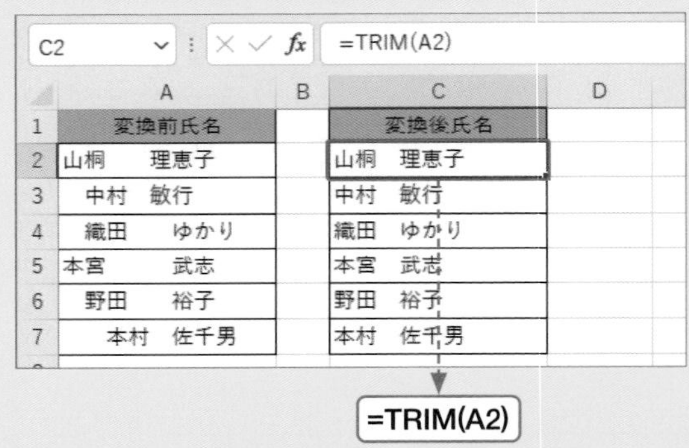

C2
=TRIM(A2)
変換前氏名
変換後氏名
山桐　　理恵子
中村　敏行
織田　　ゆかり
本宮　　　武志
野田　　裕子
本村　佐千男
山桐　理恵子
中村　敏行
織田　ゆかり
本宮　武志
野田　裕子
本村　佐千男

=TRIM(A2)

スペースをすべて取り除きます。

C2　=SUBSTITUTE(A2,"　",””)

	A	B	C	D
1	変換前氏名		変換後氏名	
2	山桐　　理恵子		山桐理恵子	
3	中村　敏行		中村敏行	
4	織田　　ゆかり		織田ゆかり	
5	本宮　　　武志		本宮武志	
6	野田　　裕子		野田裕子	
7	本村　佐千男		本村佐千男	

=SUBSTITUTE(A2,"　","")

関数の書式 =TRIM(文字列)

文字列操作関数　単語間のスペースを1つずつ残して、不要なスペースを削除する。

重要度 ★★★ 文字列の操作

Q 440 住所録から都道府県名だけを取り出したい！

A IF関数にMID関数とLEFT関数を組み合わせます。

都道府県名の文字数は、神奈川県、和歌山県、鹿児島県だけが4文字で、残りはすべて3文字です。これを前提に、IF関数とMID関数を使って、先頭から4文字目が「県」かどうかを調べます。
4文字目が県であれば先頭から4文字分を、そうでなければ3文字分をLEFT関数で取り出せば、都道府県名を取り出せます。都道府県名を除いた残りは、SUBSTITUTE関数を使って取り出すことができます。

参照▶Q 433, Q 434

住所の左から4番目が「県」であれば左から4文字分を、そうでない場合は左から3文字分を表示します。

C2 =IF(MID(A2,4,1)="県",LEFT(A2,4),LEFT(A2,3))

	A	B	C
1	住 所		都道府県名
2	北海道札幌市中央区北三条		北海道
3	岩手県盛岡市内丸		岩手県
4	茨城県水戸市笠原町		茨城県
5	東京都新宿区西新宿		東京都
6	神奈川県横浜市中区山下町		神奈川県
7	京都府京都市左京区下立売通		京都府
8	広島県広島市中区基町		広島県
9	沖縄県那覇市泉崎		沖縄県

=IF(MID(A2,4,1)="県",LEFT(A2,4),LEFT(A2,3))

都道府県名を除いた残りを取り出します。

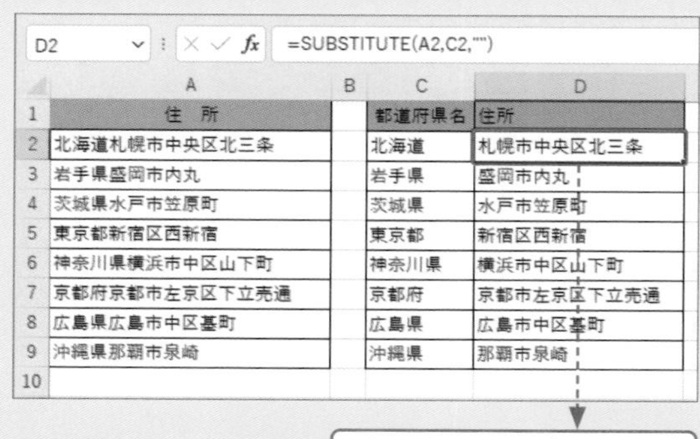

D2 =SUBSTITUTE(A2,C2,"")

	A	B	C	D
1	住 所		都道府県名	住所
2	北海道札幌市中央区北三条		北海道	札幌市中央区北三条
3	岩手県盛岡市内丸		岩手県	盛岡市内丸
4	茨城県水戸市笠原町		茨城県	水戸市笠原町
5	東京都新宿区西新宿		東京都	新宿区西新宿
6	神奈川県横浜市中区山下町		神奈川県	横浜市中区山下町
7	京都府京都市左京区下立売通		京都府	京都市左京区下立売通
8	広島県広島市中区基町		広島県	広島市中区基町
9	沖縄県那覇市泉崎		沖縄県	那覇市泉崎

=SUBSTITUTE(A2,C2,"")

重要度 ★★★ 文字列の操作

Q 441 氏名の姓と名を別々のセルに分けたい！

A LEFT関数にFIND関数を、RIGHT関数にLEN関数とFIND関数を組み合わせます。

同じセルに入力されている氏名を「姓」と「名」に分けて別々のセルに表示したい場合は、姓と名が区切られているスペースを基準に取り出すことができます。
姓は、FIND関数で姓と名の間に入力されているスペースの位置を調べ、そこから1文字分を引いて、その左側の文字をLEFT関数で取り出します。名は、氏名の文字数をLEN関数で求め、そこからスペースの位置を引いた数をRIGHT関数で取り出します。

参照▶Q 431, Q 433

●「姓」を取り出す

C2 =LEFT(B2,FIND("　",B2)-1)

	A	B	C	D
1	職員番号	名前	姓	名
2	S001	山桐　理恵子	山桐	
3	S002	中村　敏行	中村	
4	S003	織田　ゆかり	織田	
5	S004	本宮　武志	本宮	
6	S005	野田　裕子	野田	
7	S006	本村　佐千男	本村	

=LEFT(B2,FIND(" ",B2)-1)

●「名」を取り出す

D2 =RIGHT(B2,LEN(B2)-FIND("　",B2))

	A	B	C	D
1	職員番号	名前	姓	名
2	S001	山桐　理恵子	山桐	理恵子
3	S002	中村　敏行	中村	敏行
4	S003	織田　ゆかり	織田	ゆかり
5	S004	本宮　武志	本宮	武志
6	S005	野田　裕子	野田	裕子
7	S006	本村　佐千男	本村	佐千男

=RIGHT(B2,LEN(B2)-FIND(" ",B2))

関数の書式 =FIND(検索文字列,対象,開始位置)

文字列操作関数 指定した文字列が最初に現れる位置を検索する。

重要度 ★★★　文字列の操作

Q 442 数値を漢数字に変換したい！

A NUMBERSTRING関数を使用します。

数値を漢数字に変換するには、NUMBERSTRING関数を使用します。引数「形式」には、変換後の形式（下表参照）を1～3の数値で指定します。NUMBERSTRING関数は、関数式を直接セルに入力する必要があります。

=NUMBERSTRING(E12,2)

E11　=NUMBERSTRING(E12,2)

	A	B	C	D	E
1	請求書				
2					
3	合計金額		壱拾弐萬伍阡七百壱拾伍		円
5	商品番号	商品名	単価	数量	金額
6	KD0001	電子レンジ	42,800	1	42,800
7	KD0002	IH炊飯器	58,800	1	58,800
8	SD0001	食洗器用洗剤	1,280	5	6,400
9	SD0002	消毒用アルコール	898	7	6,286
10			小　計		114,286
11			消費税(10%)		11,429
12			税込金額		125,715

形式	元の数値	変換後の漢数字
1	12345	一万二千三百四十五
2	12345	壱萬弐阡参百四拾伍
3	12345	一二三四五

関数の書式 =NUMBERSTRING(数値,形式)

文字列操作関数　数値を漢数字に変換する。

重要度 ★★★　文字列の操作

Q 443 2つの文字列が同じかどうかを調べたい！

A EXACT関数を使用します。

2つの文字列が同じであるかどうかを比較したい場合はEXACT関数を使用します。メールアドレスのように間違えやすい文字列のチェックに利用すると便利です。下の例ではIF関数を使用して、列「A」と列「B」に入力されているアドレスが同じ場合に「正」、異なっている場合に「誤」を表示するように指定しています。

=IF(EXACT(A2,B2),"正","誤")

C2　=IF(EXACT(A2,B2),"正","誤")

	A	B	C
1	メールアドレス（入力）	メールアドレス（確認）	正誤
2	ebisawa@example.com	ebisawa@example.com	正
3	okuaki@example.com	okuaki@example.com	正
4	y_nakamura@example.com	y.nakamura@example.com	誤
5	annnen@example.com	annnen@example.com	正
6	akadam@example.com	akadam@example.com	正
7	y_yukiko@example.com	y_yukiko@example.com	正
8	nodaaki@example.com	nodaakii@example.com	誤
9	seijitoi@example.com	seijitoi@example.com	正
10	yokoisii@example.com	yokoisii@example.com	正
11	michiko@example.com	michiko@example.com	正

関数の書式 =EXACT(文字列1,文字列2)

文字列操作関数　2つの文字列が同じかどうか比較する。英字の大文字と小文字は区別される。

重要度 ★★★　文字列の操作

Q 444 数値の単位を変換したい！

A CONVERT関数を使用します。

メートル（m）をフィート（ft）やヤード（yd）に、キログラム（kg）をポンド（lbm）になど、数値の単位を変換するには、CONVERT関数を使用します。単位は「"」（ダブルクォーテーション）で囲みます。

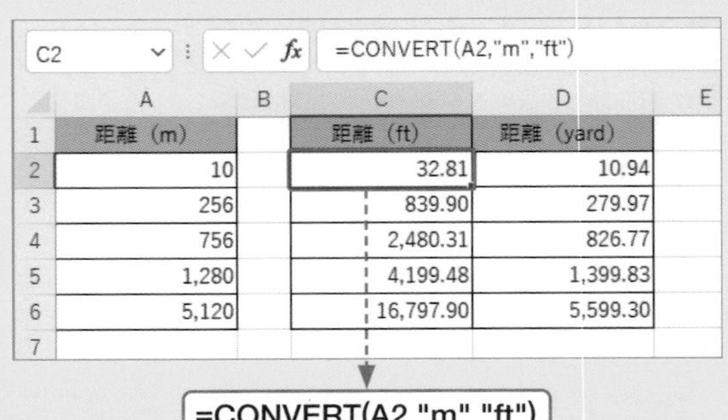
C2　=CONVERT(A2,"m","ft")

	A	B	C	D	E
1	距離（m）		距離（ft）	距離（yard）	
2	10		32.81	10.94	
3	256		839.90	279.97	
4	756		2,480.31	826.77	
5	1,280		4,199.48	1,399.83	
6	5,120		16,797.90	5,599.30	
7					

=CONVERT(A2,"m","ft")

関数の書式 =CONVERT(数値,変換前単位,変換後単位)

エンジニアリング関数　数値の単位を変換する。

第7章

グラフの「こんなときどうする?」

重要度 ★★★ グラフの作成

Q 445 グラフを作成したい！

A1 [挿入]タブの[おすすめグラフ]を利用します。

Excelでは、[挿入]タブの[おすすめグラフ]を利用して、表の内容に適したグラフを作成することができます。また、グラフを作成すると表示される[グラフのデザイン]と[書式]タブを利用して、レイアウトを変更したり、グラフのスタイルを変更したりと、さまざまな編集を行うことができます。

1 グラフのもとになるセル範囲を選択して、

2 [挿入]タブをクリックし、

3 [おすすめグラフ]をクリックします。

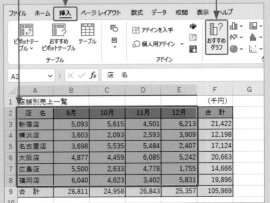

ファイル ホーム 挿入 ページレイアウト 数式 データ 校閲 表示 ヘルプ

ピボットテーブル　おすすめピボットテーブル　テーブル　図　アドインを入手　個人用アドイン　おすすめグラフ

A2　店 名

	A	B	C	D	E	F
1	店舗別売上一覧					(千円)
2	店 名	9月	10月	11月	12月	合 計
3	新宿店	5,093	5,615	4,501	6,213	21,422
4	横浜店	3,603	2,093	2,593	3,909	12,198
5	名古屋店	3,698	5,535	5,484	2,407	17,124
6	大阪店	4,877	4,459	6,085	5,242	20,663
7	広島店	5,500	2,633	4,778	1,755	14,666
8	福岡店	6,040	4,623	3,402	5,831	19,896
9	合 計	28,811	24,958	26,843	25,357	105,969

4 作成したいグラフをクリックして（ここでは[集合縦棒]）、

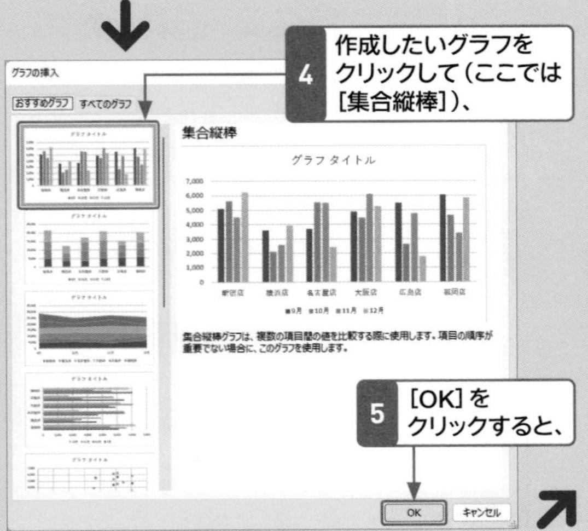

5 [OK]をクリックすると、

6 グラフが作成されます。

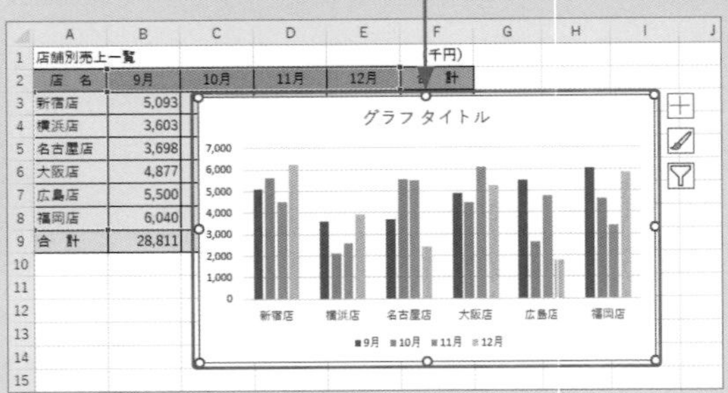

7 クリックしてタイトルを入力し、

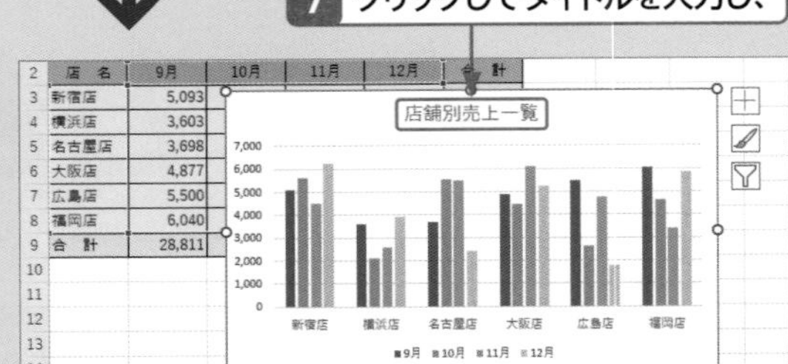

8 タイトル以外をクリックすると、タイトルが表示されます。

A2 [挿入]タブの[グラフ]グループにあるコマンドを利用します。

[挿入]タブの[グラフ]グループに用意されているグラフの種類別のコマンドを利用します。グラフの種類に対応したコマンドをクリックして、目的のグラフを選択すると、基本となるグラフが作成されます。

1 作成したいグラフのコマンドをクリックして、

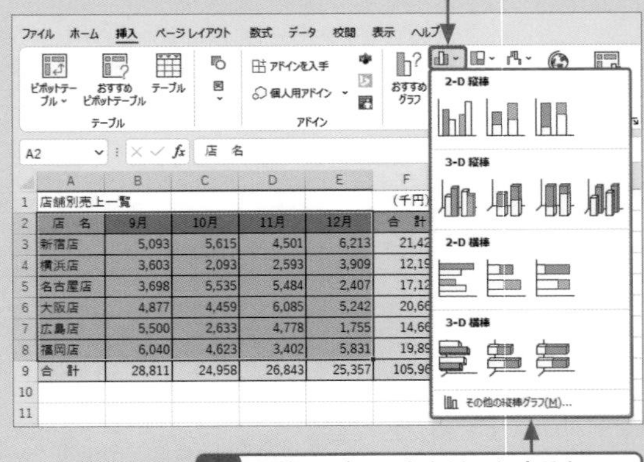

2 目的のグラフをクリックすると、基本となるグラフが作成されます。

重要度★★★　グラフの作成

Q 446 作りたいグラフがコマンドに見当たらない！

A [グラフの挿入]ダイアログボックスの[すべてのグラフ]から選択します。

[おすすめグラフ]や[挿入]タブの[グラフ]グループに作りたいグラフのコマンドが見当たらない場合は、[グラフの挿入]ダイアログボックスの[すべてのグラフ]を利用します。[グラフの挿入]ダイアログボックスは、[挿入]タブの[おすすめグラフ]をクリックするか、[グラフ]グループの⊡をクリックすると表示できます。

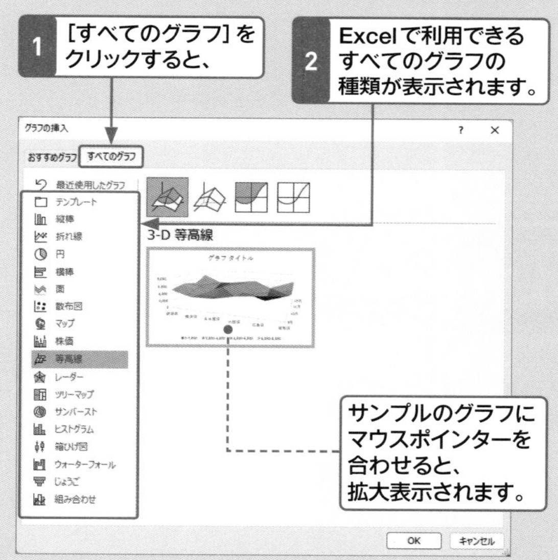

重要度★★★　グラフの作成

Q 447 グラフのレイアウトを変更したい！

A [グラフのデザイン]タブの[クイックレイアウト]を利用します。

グラフ全体のレイアウトは、グラフをクリックすると表示される[グラフのデザイン]タブの[クイックレイアウト]から変更できます。なお、レイアウトを変更すると、それまでに設定していた書式が変更されてしまう場合があります。レイアウトの変更は、書式を設定する前に行うとよいでしょう。

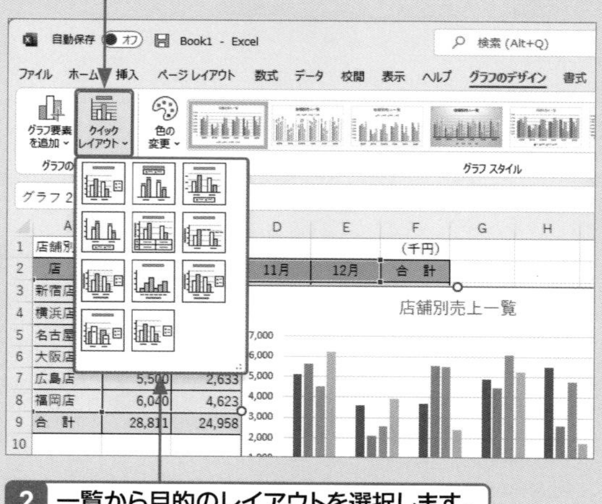

重要度★★★　グラフの作成

Q 448 グラフの種類を変更したい！

A [グラフの種類の変更]ダイアログボックスを利用します。

グラフを作成したあとでも、グラフの種類を変更できます。グラフをクリックすると表示される[グラフのデザイン]タブの[グラフの種類の変更]をクリックするか、グラフを右クリックして[グラフの種類の変更]をクリックすると表示される[グラフの種類の変更]ダイアログボックスで変更します。

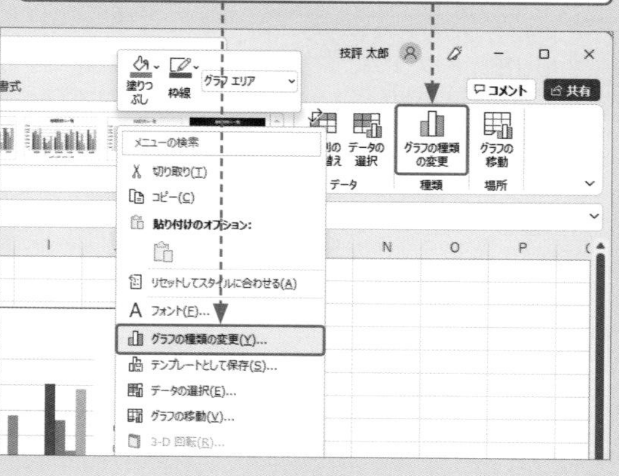

Excelの基本 1　入力 2　編集 3　書式 4　計算 5　関数 6　グラフ 7　データベース 8　印刷 9　ファイル 10　図形 11　連携・共同編集 12

重要度★★★ グラフの作成

Q449 ほかのブックやワークシートからグラフを作成したい！

A 何も表示されていないグラフを作成してからデータ範囲を指定します。

ほかのブックやワークシートの表からグラフを作成するには、データエリアを選択せずに、[挿入]タブの[グラフ]グループのコマンドを利用して、何も表示されていないグラフを作成し、下の手順で操作します。

1 何も表示されていないグラフを作成して、グラフをクリックし、

2 [グラフのデザイン]タブをクリックして、

3 [データの選択]をクリックします。

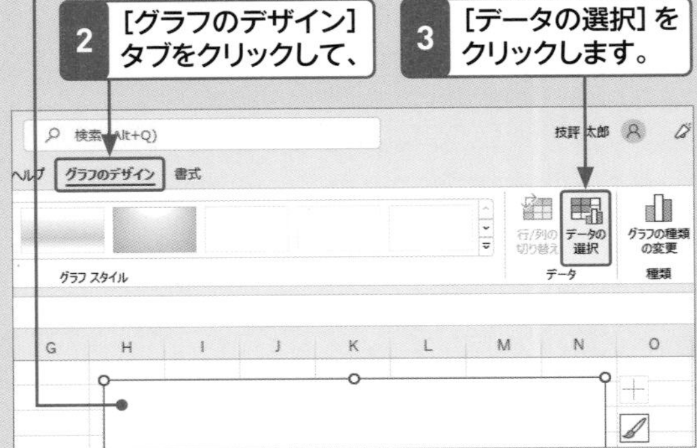

4 ここをクリックして、

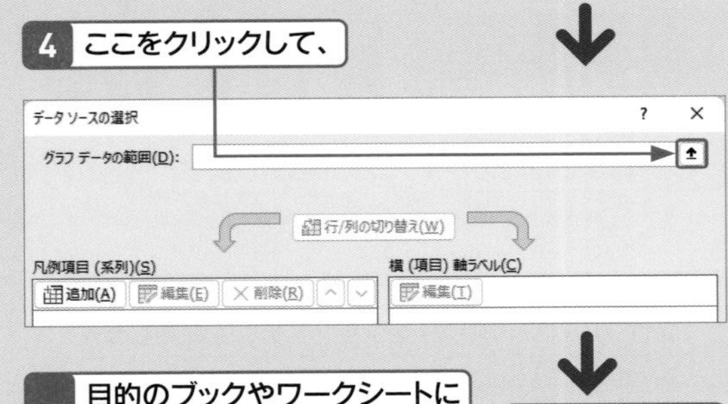

5 目的のブックやワークシートに切り替え、グラフにするセル範囲を選択して、

6 ここをクリックし、

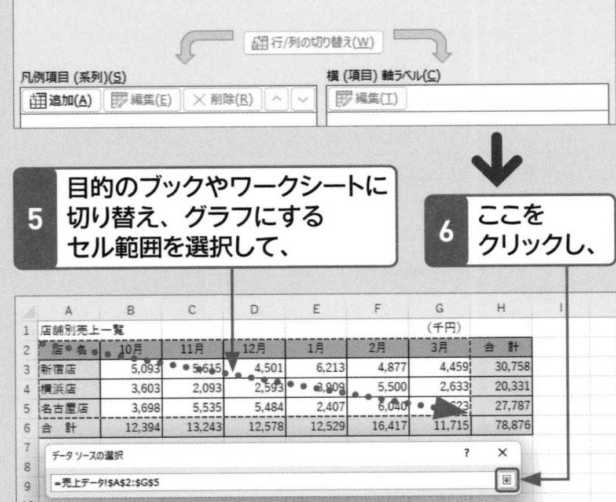

7 [データソースの選択]ダイアログボックスの[OK]をクリックすると、グラフが作成できます。

重要度★★★ グラフの作成

Q450 グラフをほかのワークシートに移動したい！

A [グラフの移動]ダイアログボックスを利用します。

作成したグラフを別のワークシートやグラフシートに移動するには、グラフをクリックして[グラフのデザイン]タブの[グラフの移動]をクリックし、グラフの移動先を指定します。

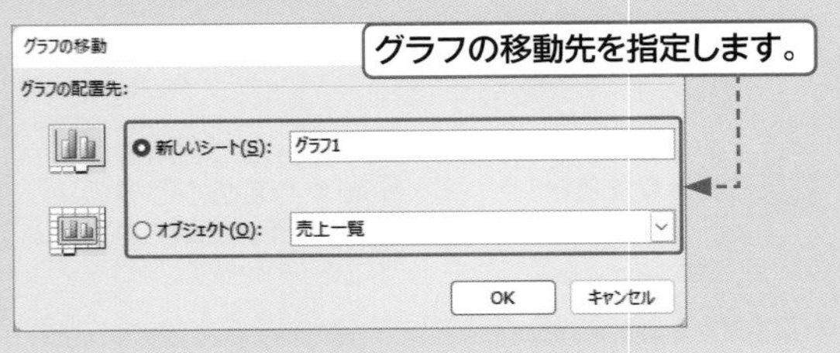

グラフの移動先を指定します。

重要度★★★ グラフの作成

Q451 グラフを白黒できれいに印刷したい！

A [グラフのデザイン]タブの[色の変更]で適した色に変更します。

色分けされたグラフを白黒プリンターで印刷すると、内容が判別しにくくなってしまうことがあります。この場合は、[グラフのデザイン]タブの[色の変更]で、白黒印刷に適した色に設定しましょう。

1 [グラフのデザイン]タブの[色の変更]をクリックして、

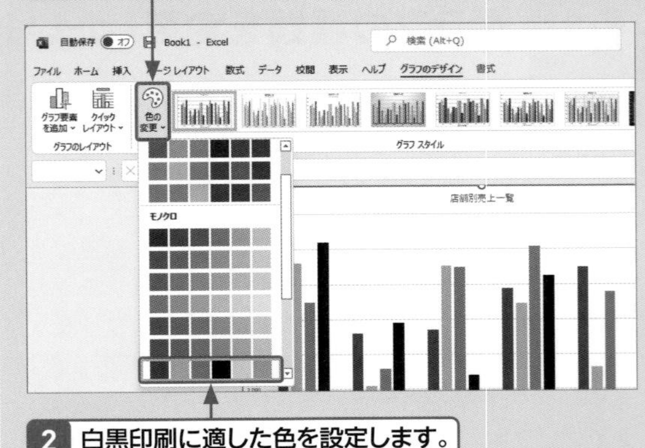

2 白黒印刷に適した色を設定します。

重要度★★★ グラフの作成

Q 452 グラフの右に表示されるコマンドは何に使うの？

A グラフ要素やグラフのスタイルなどを編集するコマンドです。

グラフを作成してクリックすると、グラフの右上に[グラフ要素][グラフスタイル][グラフフィルター]の3つのコマンドが表示されます。それぞれのコマンドをクリックすると、メニューが表示され、グラフ要素の追加・削除・変更や、グラフスタイルの変更、グラフに表示する系列やカテゴリの編集などが行えます。

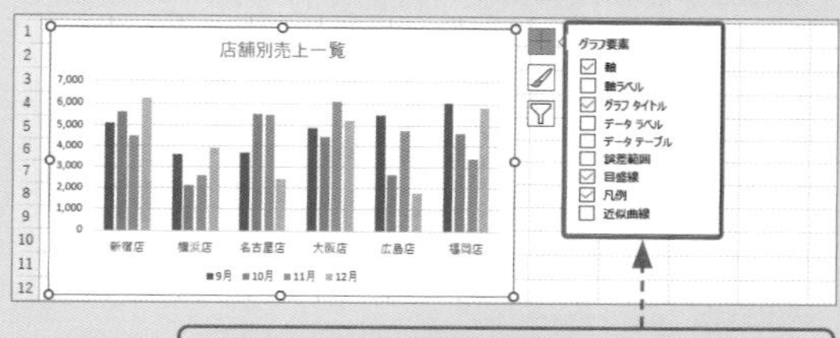

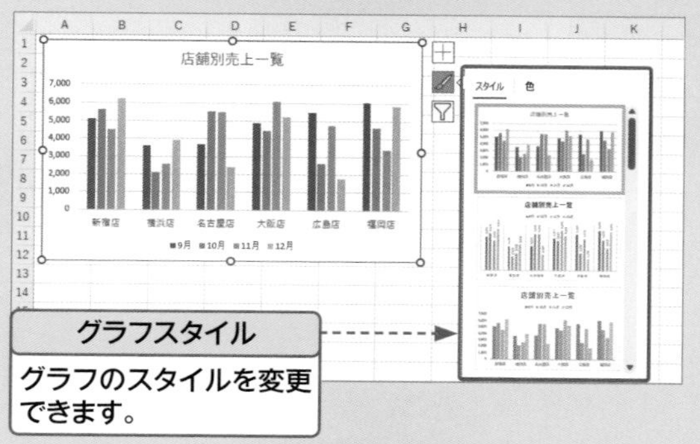

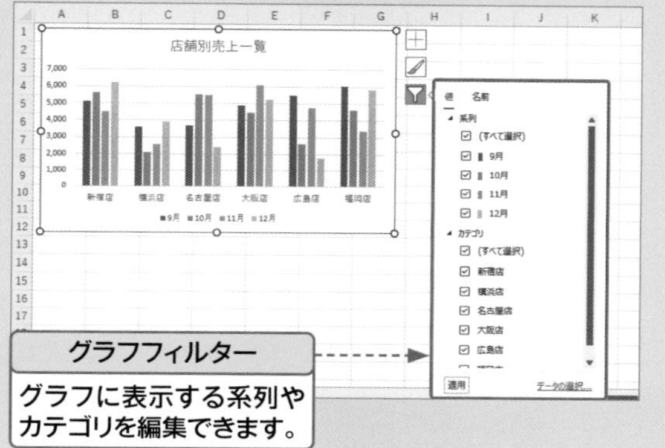

重要度★★★ グラフ要素の編集

Q 453 グラフの要素名を知りたい！

A 各要素にマウスポインターを合わせると名前が表示されます。

グラフを構成する部品のことを「グラフ要素」といいます。グラフ要素にはそれぞれ名前が付いており、マウスポインターを合わせると、名前がポップヒントで表示されます。グラフ要素は個別に編集できます。

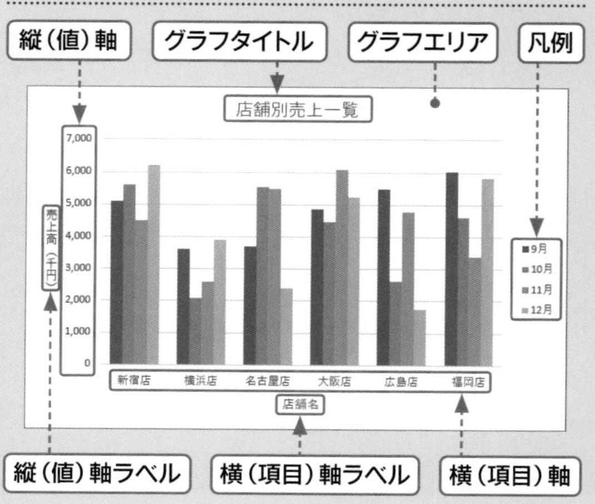

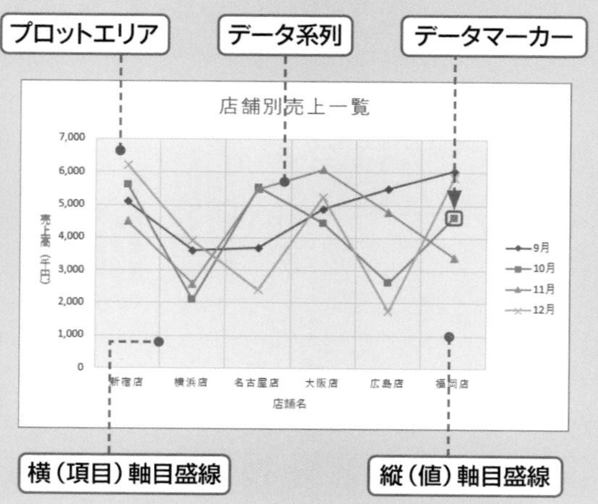

重要度 ★★★ グラフ要素の編集

Q 454 グラフ内の文字サイズや色などを変更したい！

A [ホーム]タブの各コマンドを利用します。

グラフ内の文字サイズやフォントを変更したり、グラフに背景色を設定したりする場合は、グラフをクリックして、[ホーム]タブの[フォント]グループにある各コマンドを利用します。グラフ内の文字列や数値には、個別に書式を設定できます。

それぞれのコマンドを利用してグラフの書式を変更します。

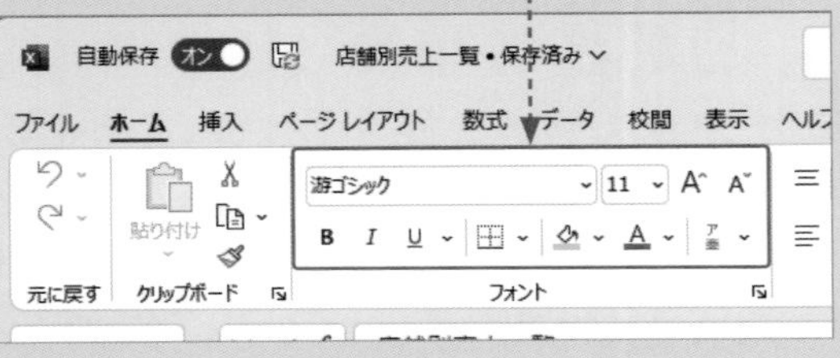

重要度 ★★★ グラフ要素の編集

Q 455 グラフのサイズを変更したい！

A グラフの周囲に表示されるハンドルをドラッグします。

グラフエリアをクリックすると周囲にハンドルが表示されます。このハンドルにマウスポインターを合わせてドラッグします。ただし、グラフシートに作成したグラフのサイズは変更できません。

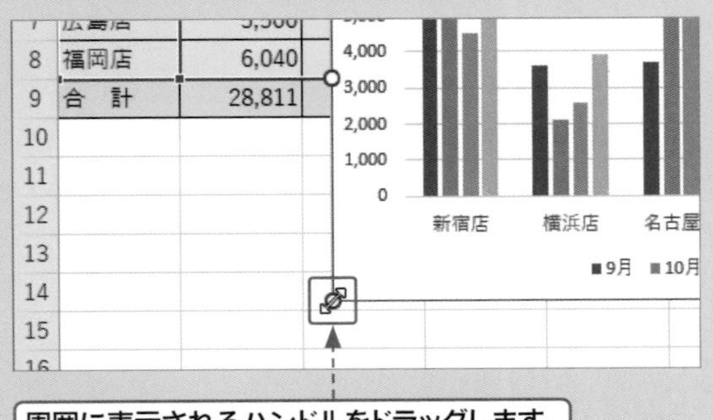

周囲に表示されるハンドルをドラッグします。

重要度 ★★★ グラフ要素の編集

Q 456 グラフのスタイルを変更したい！

A [グラフスタイル]からスタイルを適用します。

Excelには、グラフの色やスタイル、背景色などの書式があらかじめ設定された「グラフスタイル」が用意されています。グラフスタイルは、[グラフのデザイン]タブの[グラフスタイル]や、グラフの右上に表示される[グラフスタイル]から設定できます。

1 グラフをクリックして、

2 [グラフのデザイン]タブをクリックし、

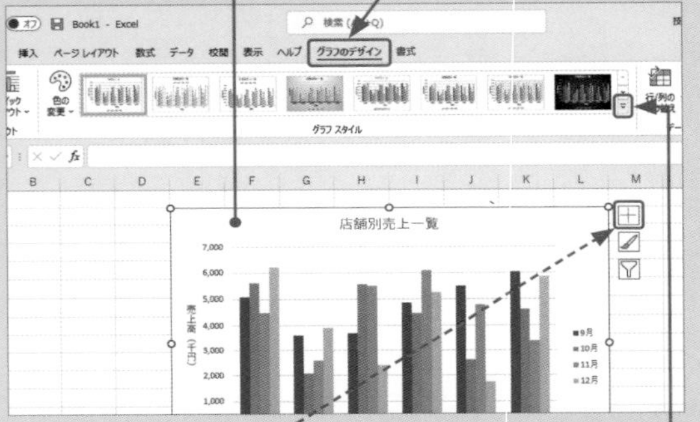

3 [グラフスタイル]の[その他]をクリックします。

[グラフスタイル]から設定することもできます。

4 適用したいスタイルをクリックすると、

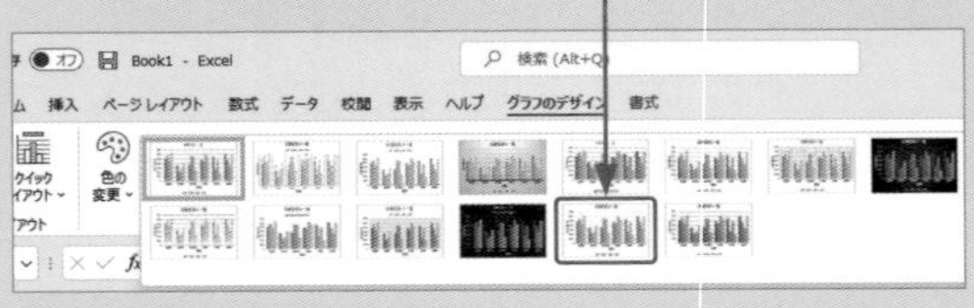

5 グラフのスタイルが変更されます。

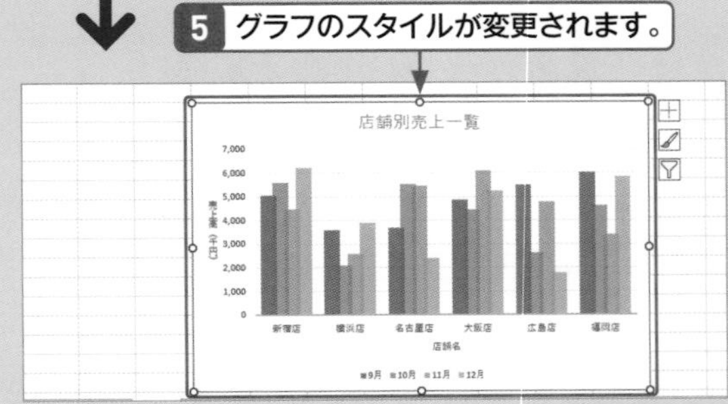

重要度★★★ グラフ要素の編集

Q 457 非表示にしたデータもグラフに含めたい!

A 非表示の行と列のデータを表示するように設定します。

グラフのもとになるデータの表の列や行を非表示にすると、非表示にしたデータはグラフに表示されなくなります。非表示にした列や行のデータをグラフに反映させたい場合は、下の手順で操作します。
なお、ここでは、列を非表示にしていますが、行を非表示にした場合も同様の操作で表示できます。

列[B]～[D]を非表示にしています。

1 グラフをクリックして、

2 [グラフのデザイン] タブをクリックし、

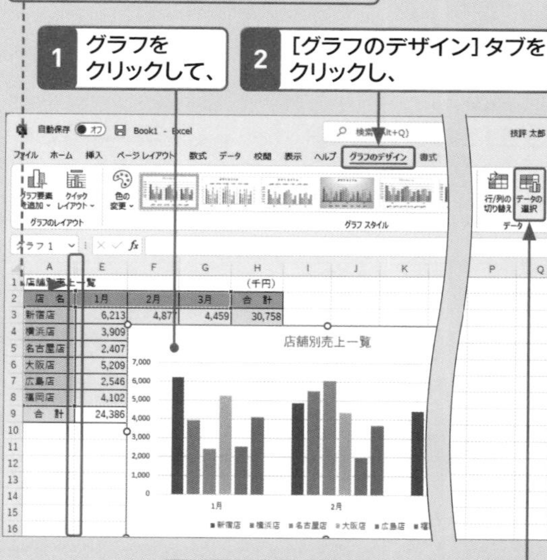

3 [データの選択] をクリックします。

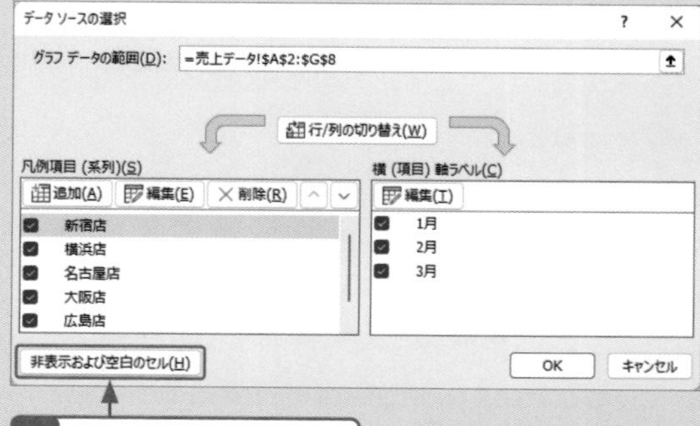

4 [非表示および空白のセル] をクリックして、

5 [非表示の行と列のデータを表示する] をクリックしてオンにし、

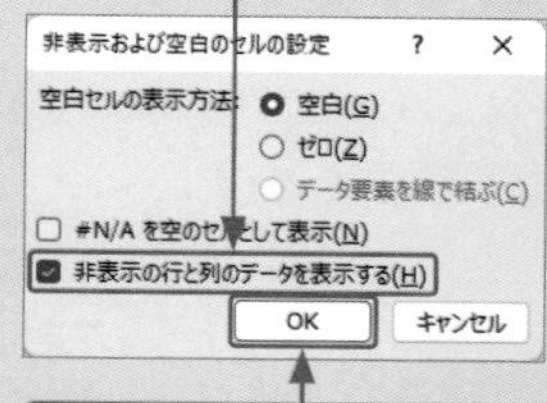

6 [OK] をクリックします。

7 表示するデータが追加されていることを確認して、

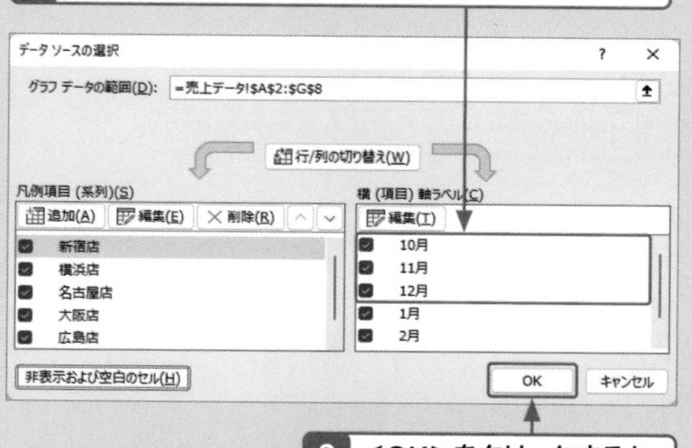

8 <OK>をクリックすると、

9 非表示にした列のデータがグラフに表示されます。

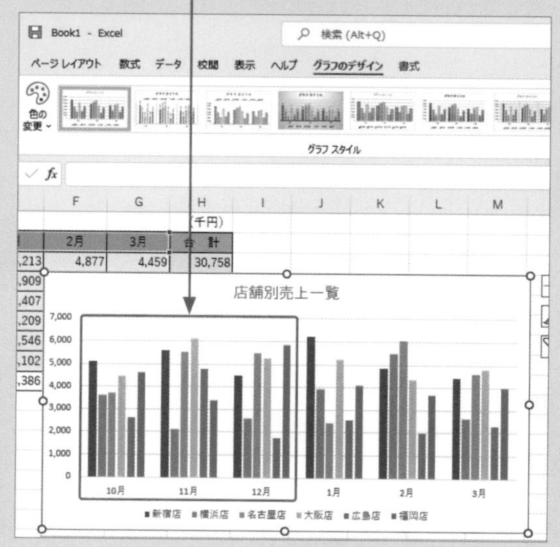

重要度★★★ グラフ要素の編集

Q 458 データ系列やデータ要素を選択したい！

A クリックの回数で選択します。

データ系列を選択するには、データマーカーのどれかをクリックして、同じデータ系列に属するすべてのデータマーカー上にハンドルが表示された状態にします。データ要素を選択するには、まずデータ系列を選択してから、選択したいデータマーカーをクリックします。結果的に1つのデータマーカーを2回クリックすることになりますが、クリックの間隔が短すぎると、ダブルクリックとみなされてデータ要素を選択できないので注意が必要です。

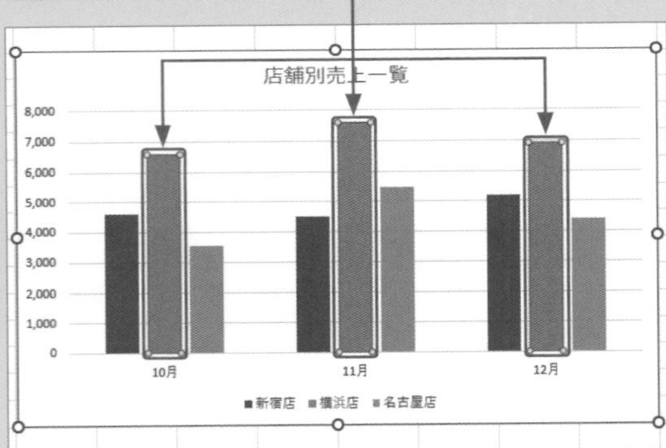

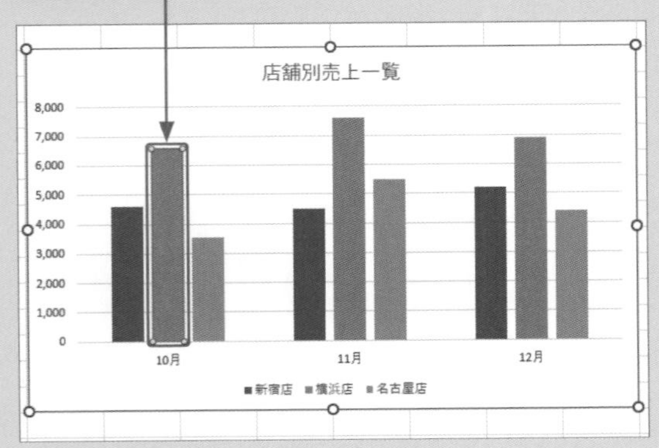

重要度★★★ グラフ要素の編集

Q 459 グラフ要素がうまく選択できない！

A ［グラフ要素］の一覧から選択します。

グラフ要素がうまく選択できない場合は、グラフをクリックして、［書式］タブの［現在の選択範囲］グループにある［グラフ要素］の一覧から選択します。

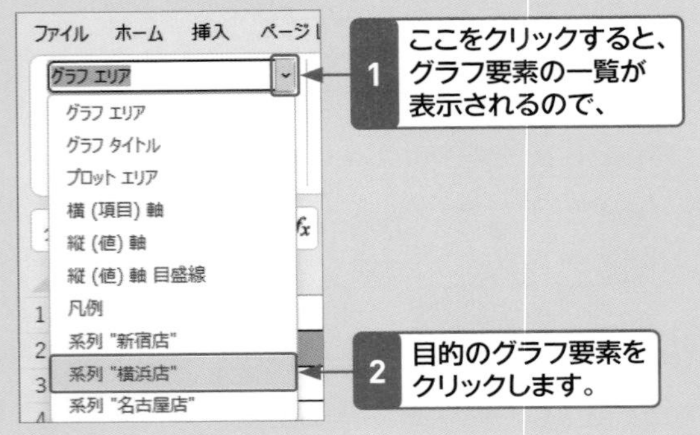

重要度★★★ グラフ要素の編集

Q 460 凡例の場所を移動したい！

A ドラッグ操作で移動できます。

基本のグラフでは、凡例はグラフの下側に表示されますが、ドラッグ操作でグラフの右側に配置したり、プロットエリア内に配置したりすることができます。凡例のほかに、グラフタイトルなどの一部のグラフ要素もドラッグ操作で移動できます。

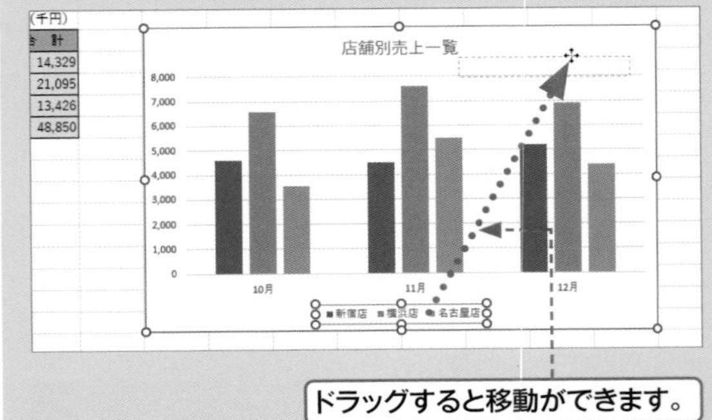

重要度 ★★★　グラフ要素の編集

Q 461 グラフにタイトルを表示したい！

A [グラフ要素を追加]から設定します。

基本のグラフにはタイトルが表示されていますが、レイアウトによっては、表示されない場合もあります。この場合は、[グラフのデザイン]タブの[グラフ要素を追加]から設定します。

1 [グラフのデザイン]タブの[グラフ要素を追加]をクリックします。

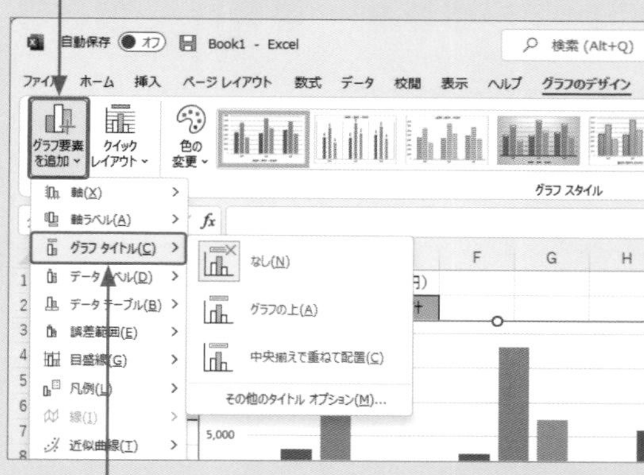

2 [グラフタイトル]にマウスポインターを合わせ、

3 タイトルを表示する位置（ここでは[グラフの上]）をクリックすると、

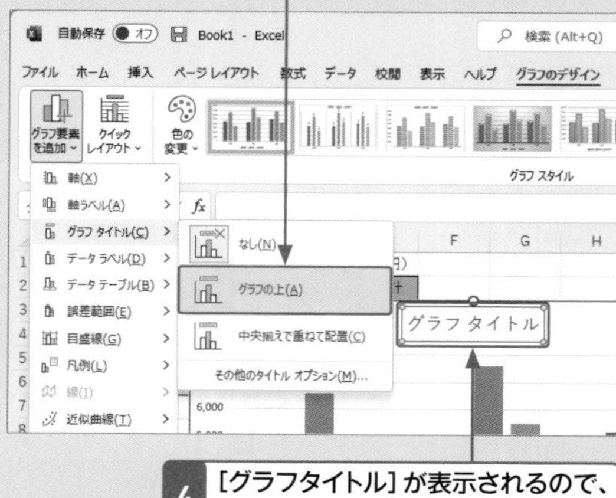

4 [グラフタイトル]が表示されるので、目的のタイトルを入力します。

重要度 ★★★　グラフ要素の編集

Q 462 グラフタイトルと表のタイトルをリンクさせたい！

A 数式バーに「=」を入力して、リンクさせたいセルをクリックします。

通常、グラフタイトルは直接入力しますが、指定したセルとリンクさせることもできます。もとデータの表のタイトルとグラフタイトルをリンクさせておくと、表のタイトルが変更されると同時にグラフタイトルも変更されるので便利です。

1 グラフタイトルをクリックして、

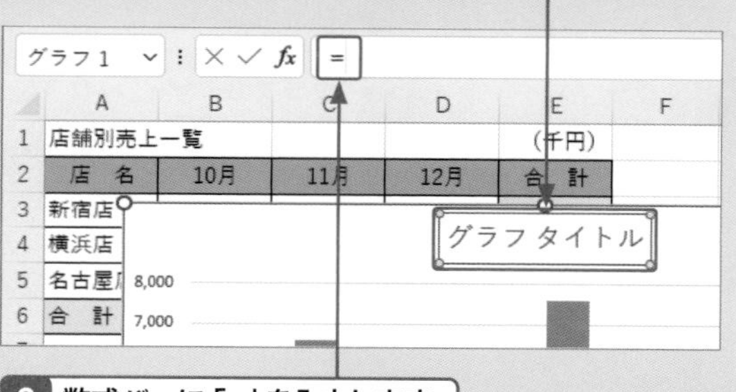

2 数式バーに「=」を入力します。

3 リンクさせるセルをクリックして、

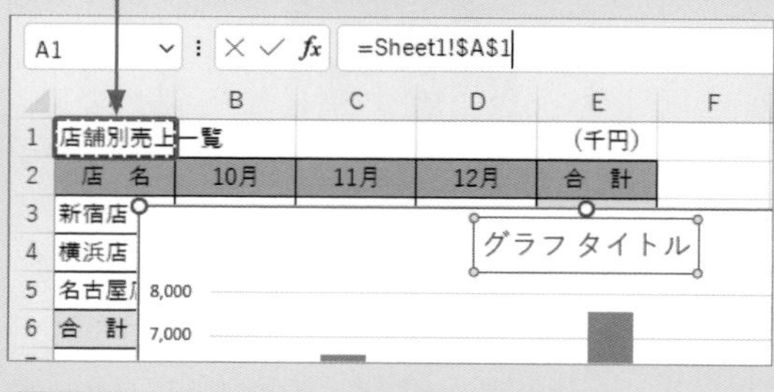

4 Enter を押すと、

5 表のタイトルがグラフタイトルに表示されます。

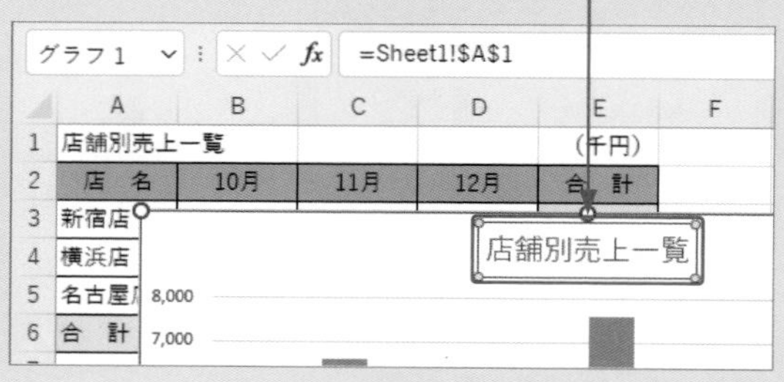

重要度 ★★★ グラフ要素の編集

Q 463 軸ラベルを追加したい！

A [グラフのデザイン]タブの[グラフ要素を追加]から設定します。

軸ラベルを追加するには、グラフのレイアウトを変更するほかに、[グラフのデザイン]タブの[グラフ要素を追加]や、グラフの右上に表示される[グラフ要素]から設定できます。ラベルの文字の向きは、初期状態では横向きに表示されますが、縦向きに変更することもきます。

参照▶Q 477

● 縦軸ラベルを追加する

1 グラフをクリックして、

2 [グラフのデザイン]タブをクリックします。

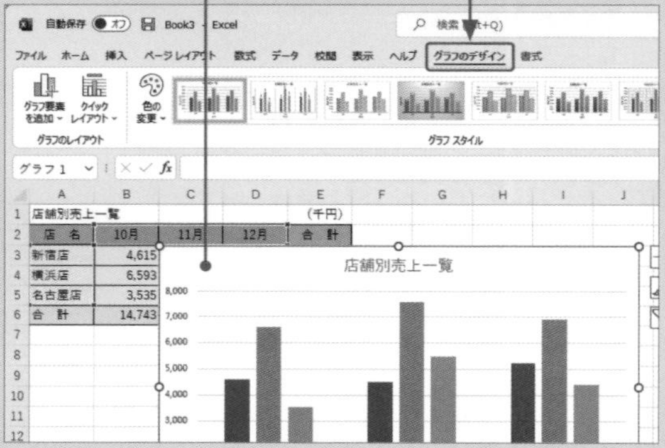

3 [グラフ要素を追加]をクリックして、

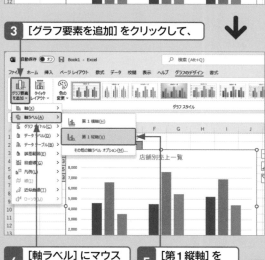

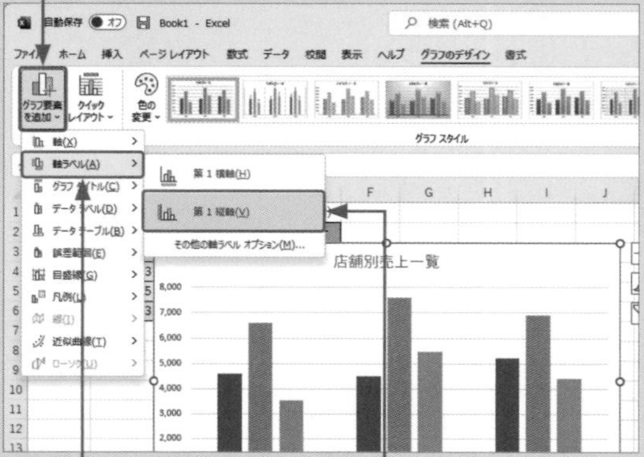

4 [軸ラベル]にマウスポインターを合わせ、

5 [第1縦軸]をクリックします。

6 軸ラベルエリアが追加されるので、

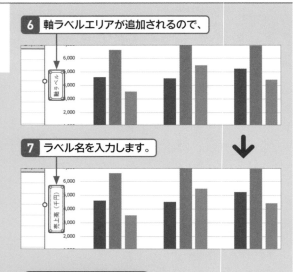

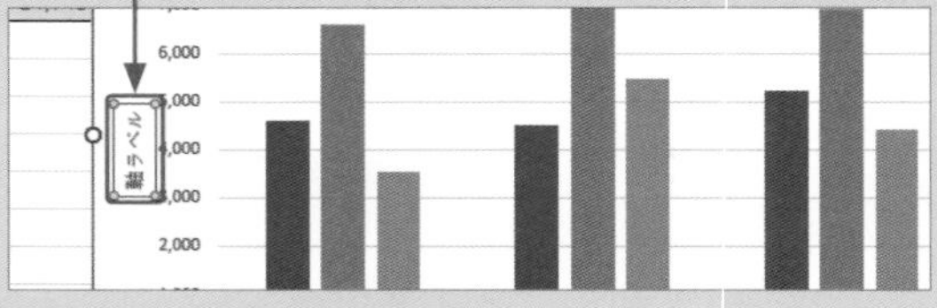

7 ラベル名を入力します。

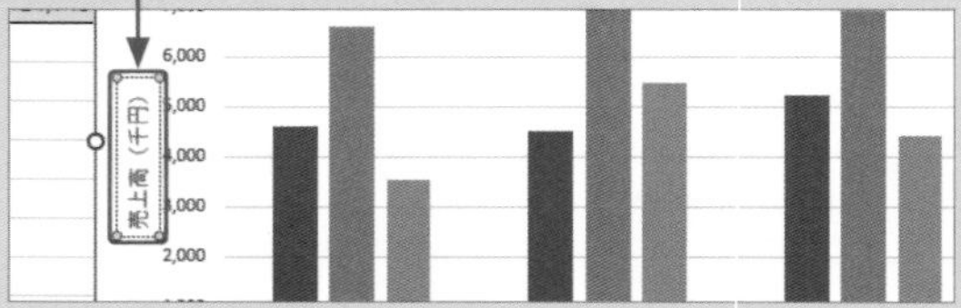

● 横軸ラベルを追加する

1 左の手順1～4までを実行して、

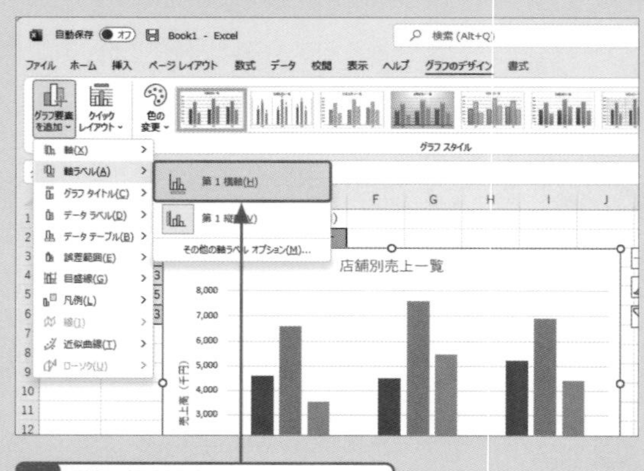

2 [第1横軸]をクリックします。

3 軸ラベルエリアが表示されるので、

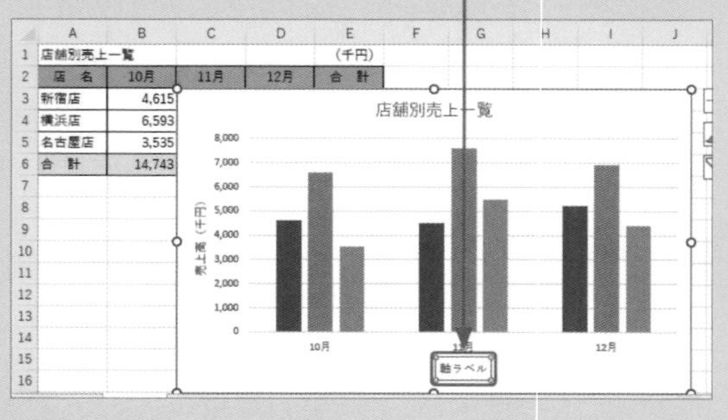

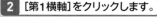

4 ラベル名を入力します。

折れ線グラフの線が途切れてしまう!

A 空白セルの前後のデータ要素を線で結びます。

もとデータの中に空白セルがあると、折れ線グラフが途切れてしまうことがあります。この場合は、空白セルを無視して前後のデータ要素を線で結ぶことができます。グラフをクリックして［グラフのデザイン］タブの［データの選択］をクリックし、［データソースの選択］ダイアログボックスから設定します。

もとデータに空白セルがあると、

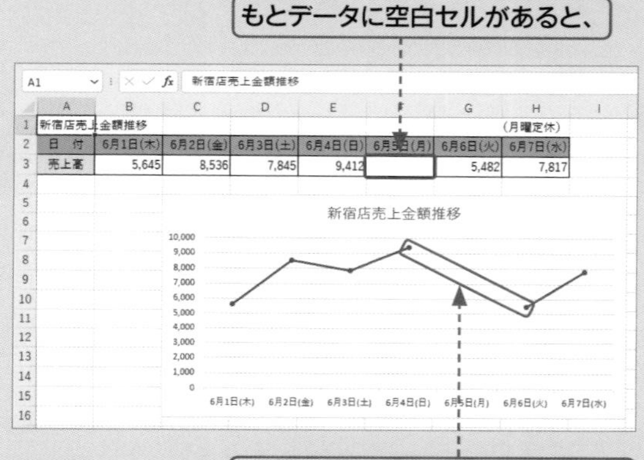

グラフの線が途切れてしまいます。

1 グラフをクリックして、

2 ［グラフのデザイン］タブをクリックし、

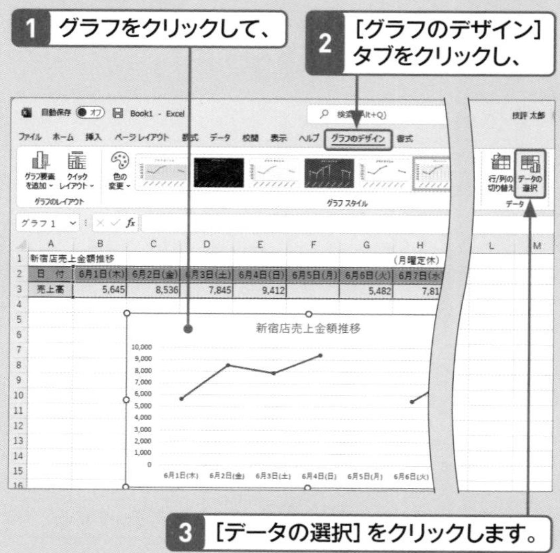

3 ［データの選択］をクリックします。

4 ［非表示および空白のセル］をクリックして、

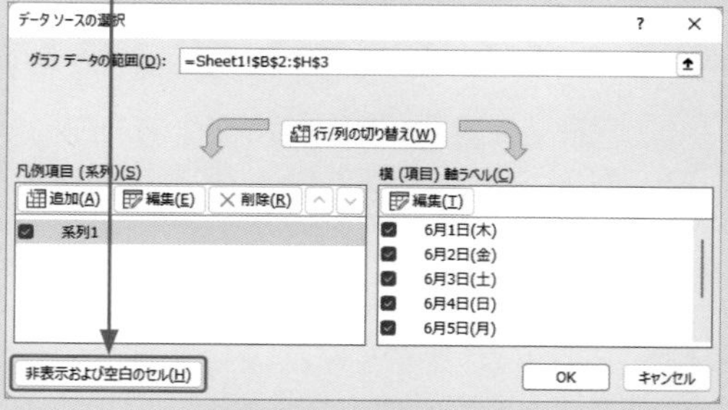

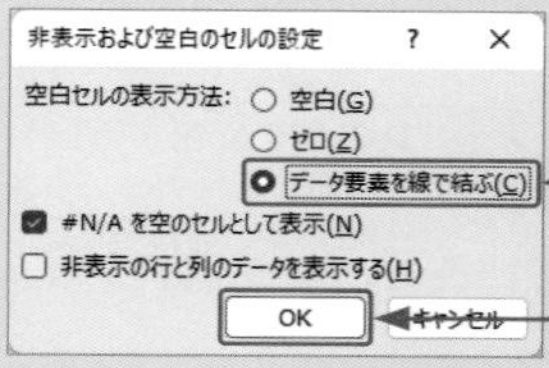

データ ソースの選択
グラフ データの範囲(D): =Sheet1!$B$2:$H$3
行/列の切り替え(W)
凡例項目 (系列)(S)
追加(A) 編集(E) 削除(R)
系列1
横 (項目) 軸ラベル(C)
編集(T)
6月1日(木)
6月2日(金)
6月3日(土)
6月4日(日)
6月5日(月)
非表示および空白のセル(H)
OK キャンセル

非表示および空白のセルの設定
空白セルの表示方法: 空白(G) ゼロ(Z) データ要素を線で結ぶ(C)
#N/A を空のセルとして表示(N)
非表示の行と列のデータを表示する(H)
OK キャンセル

5 ［データ要素を線で結ぶ］をクリックしてオンにします。

6 ［OK］をクリックして、

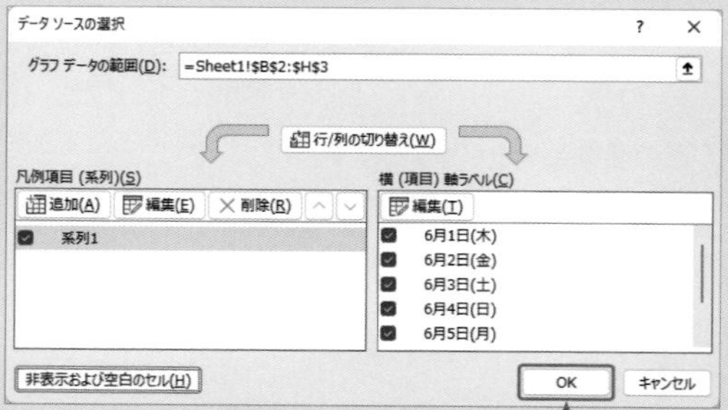

7 ［OK］をクリックすると、

8 途切れていた線がつながります。

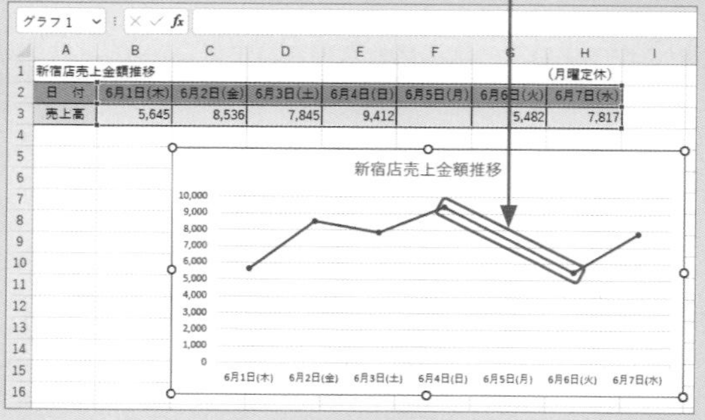

↗

重要度 ★★★　グラフ要素の編集

Q 465 マイナスの場合にグラフの色を変えたい！

A [データ系列の書式設定]作業ウィンドウで色を指定します。

グラフの負の値の色を変えるには、グラフのデータ系列をクリックして、[書式]タブの[選択対象の書式設定]をクリックすると表示される[データ系列の書式設定]作業ウィンドウで設定します。

1 [データ系列の書式設定]作業ウィンドウを表示して、[塗りつぶしと線]をクリックします。

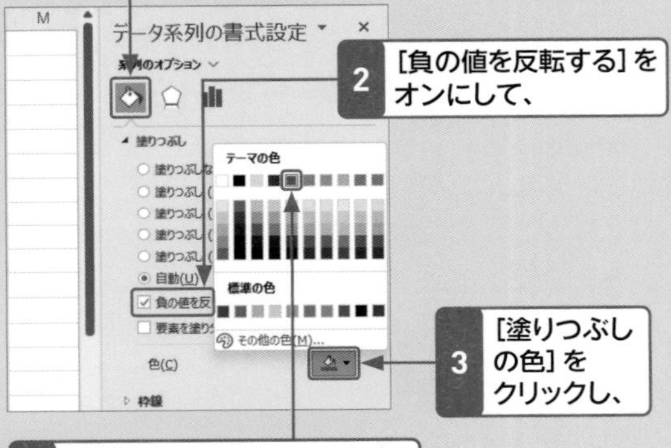

2 [負の値を反転する]をオンにして、

3 [塗りつぶしの色]をクリックし、

4 正の値の色をクリックします。

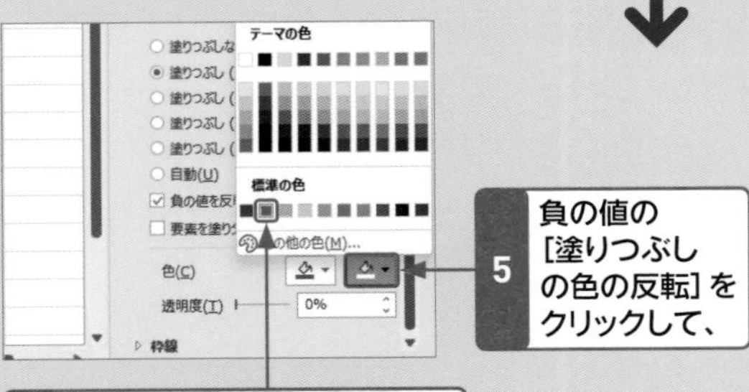

5 負の値の[塗りつぶしの色の反転]をクリックして、

6 負の値の色をクリックすると、

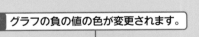

7 グラフの負の値の色が変更されます。

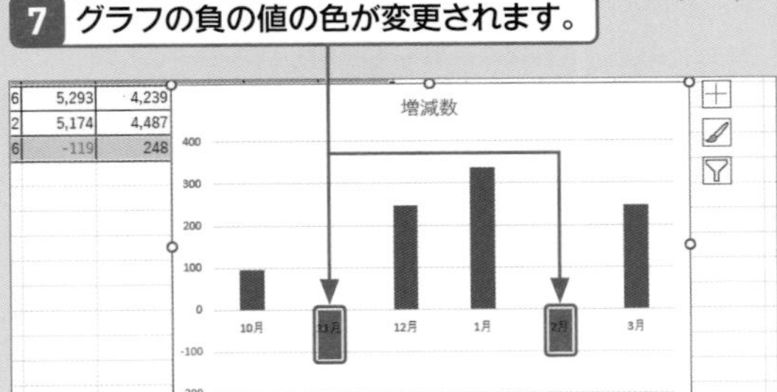

重要度 ★★★　もとデータの変更

Q 466 凡例に表示される文字を変更したい！

A [データソースの選択]ダイアログボックスで編集します。

凡例に表示される内容は、もとの表のデータがそのまま表示されるため、長すぎてバランスが悪くなることがあります。この場合は、[データソースの選択]ダイアログボックスを表示して、凡例に表示する文字を編集します。

参照▶Q 457

1 [データソースの選択]ダイアログボックスを表示して、変更する凡例項目をクリックし、

2 [編集]をクリックします。

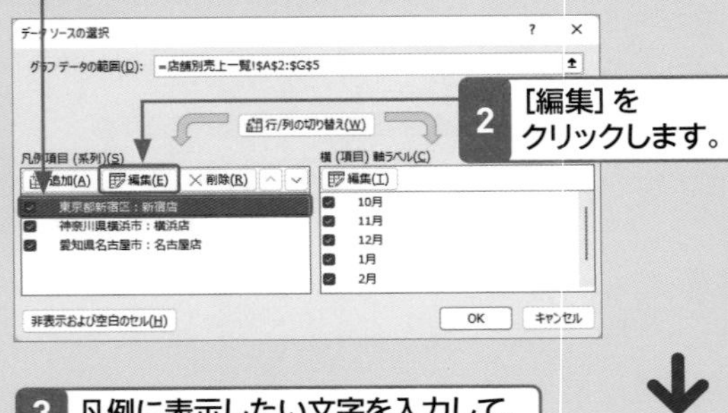

3 凡例に表示したい文字を入力して、

系列の編集
系列名(N):
新宿店　= 東京都新宿区：新宿店
系列値(V):
=店舗別売上一覧!$B$3:$G$3　= 4,615, 4,501, ...
OK　キャンセル

4 [OK]をクリックすると、

5 凡例に表示される文字が変更されます。

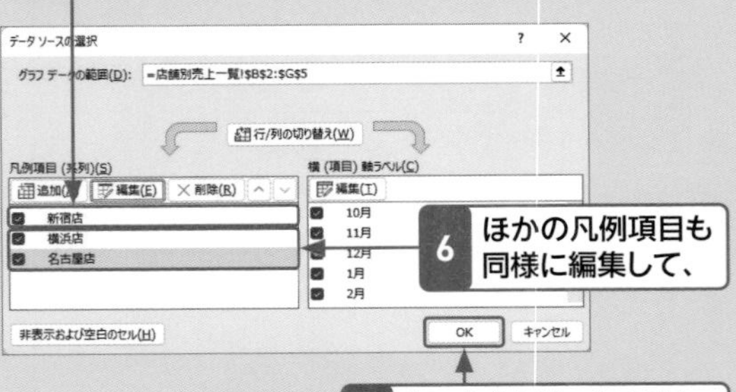

6 ほかの凡例項目も同様に編集して、

7 [OK]をクリックすると、

8 凡例に表示される文字が変更されます。

重要度★★★　もとデータの変更

Q 467 グラフのもとデータの範囲を変更したい！

A カラーリファレンスの枠をドラッグします。

グラフをクリックすると、グラフのもとデータがカラーリファレンスで囲まれます。カラーリファレンスの四隅に表示されるハンドルをドラッグすると、データを追加したり削除したりできます。

1 グラフをクリックすると、もとデータがカラーリファレンスで囲まれます。

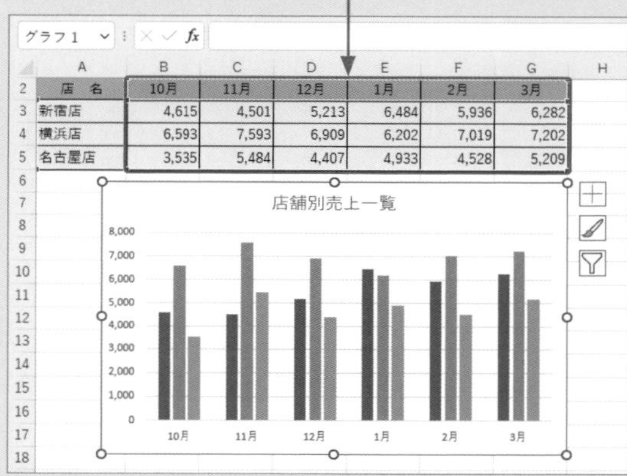

2 カラーリファレンスの四隅のハンドルをドラッグすると、

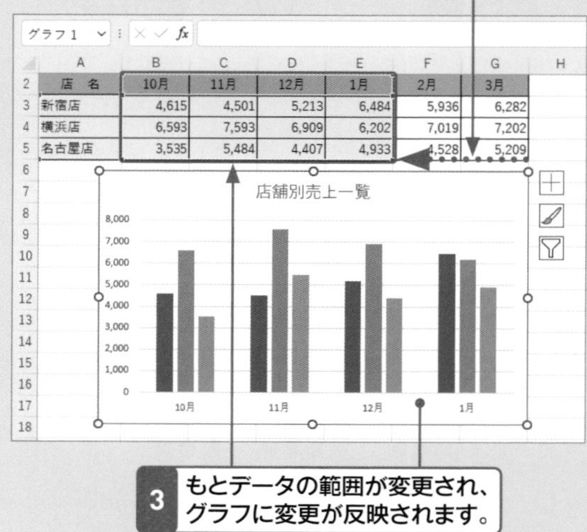

3 もとデータの範囲が変更され、グラフに変更が反映されます。

重要度★★★　もとデータの変更

Q 468 別のワークシートにあるもとデータの範囲を変更したい！

A [データソースの選択]ダイアログボックスを利用します。

ほかのブックやワークシートの表からグラフを作成した場合は、もとデータの範囲を変更する際にカラーリファレンスは利用できません。この場合は、[データソースの選択]ダイアログボックスを利用します。

1 グラフをクリックして、

2 [グラフのデザイン]タブをクリックし、

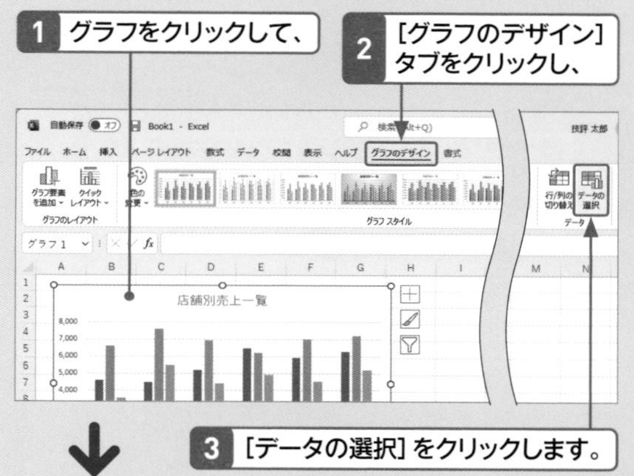

3 [データの選択]をクリックします。

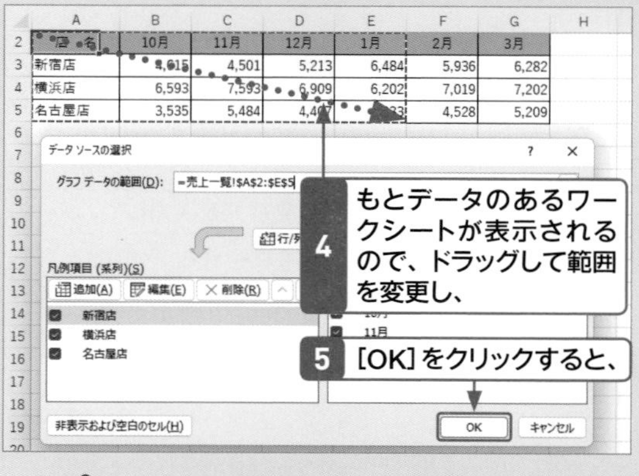

4 もとデータのあるワークシートが表示されるので、ドラッグして範囲を変更し、

5 [OK]をクリックすると、

6 グラフに変更が反映されます。

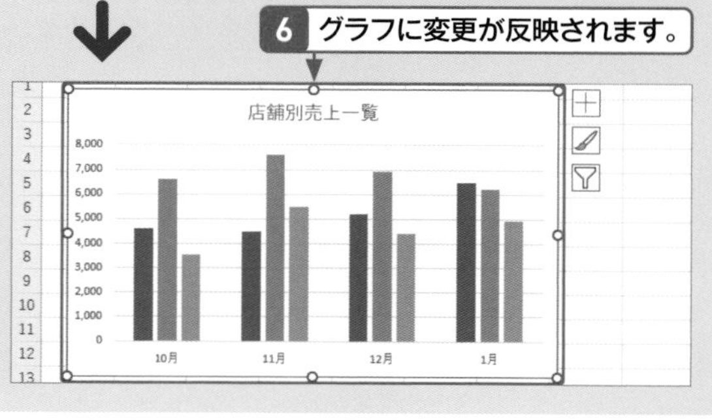

重要度 ★★★ もとデータの変更

Q 469 横(項目)軸の項目名を変更したい!

A [軸ラベル]ダイアログボックスに項目名を入力します。

もとデータを変更せずに、グラフに表示する横(項目)軸の項目名を変更したい場合は、[データソースの選択]ダイアログボックスを表示して、下の手順で操作します。なお、手順2で入力する項目名は「{ }」で囲み、文字列は「"」(半角ダブルクォーテーション)でくくります。複数の項目を入力する場合は、文字列を「,」(カンマ)で区切ります。

参照▶Q 468

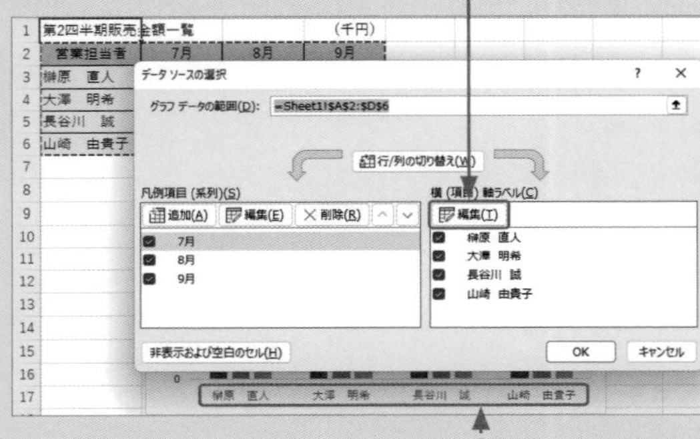

1 [データソースの選択]ダイアログボックスを表示して、[編集]をクリックします。
変更する前の項目名

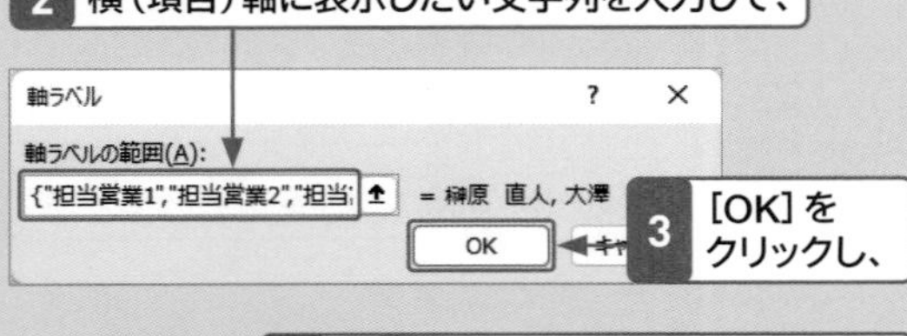

4 [データソースの選択]ダイアログボックスの[OK]をクリックすると、

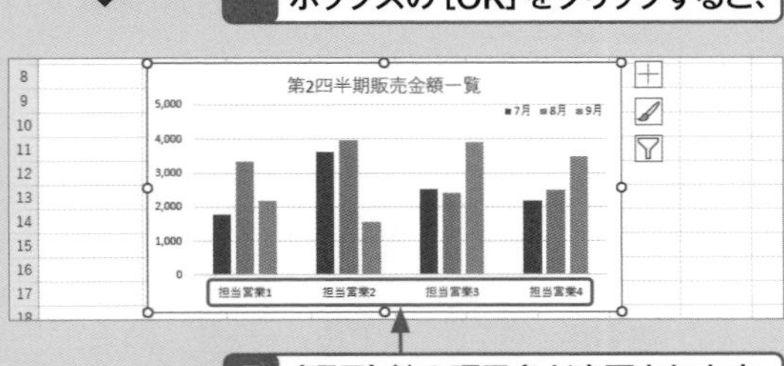

重要度 ★★★ もとデータの変更

Q 470 データ系列と項目を入れ替えたい!

A [行/列の切り替え]をクリックします。

グラフを作成する際、初期設定では、表の列数より行数が多い場合は列がデータ系列に、行数より列数が多い場合は行がデータ系列になります。グラフを作成したあとでデータ系列を入れ替えたい場合は、[グラフのデザイン]タブの[行/列の切り替え]をクリックします。

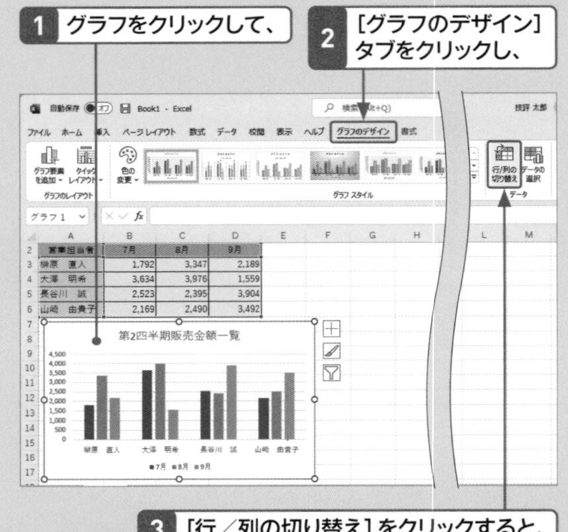

4 グラフの行と列が入れ替わります。

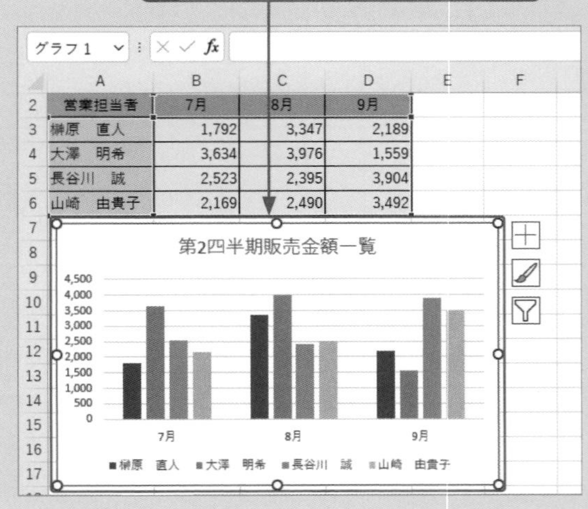

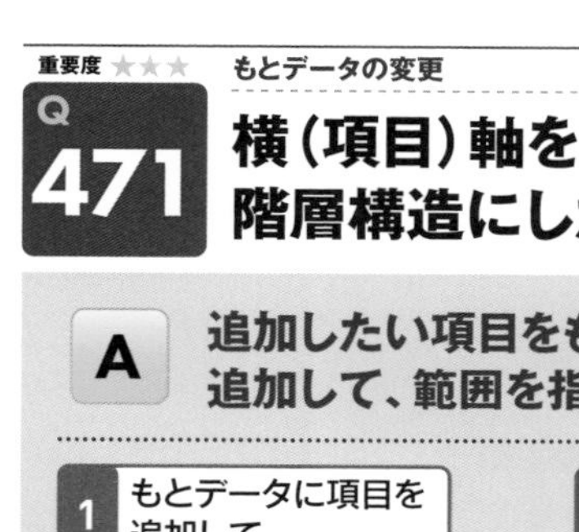

重要度 ★★★　もとデータの変更

Q 471 横(項目)軸を階層構造にしたい!

横(項目)軸を階層構造にしたい場合は、もとデータの表に項目を追加して、データの範囲を指定し直します。凡例に階層構造を表示することもできます。

参照 ▶ Q 467

A 追加したい項目をもとデータに追加して、範囲を指定し直します。

1 もとデータに項目を追加して、

2 データの範囲を指定し直すと、

	A	B	C	D	E	F	G	H
1	第2四半期店舗別売上							
2			富士見本店			飯田橋店		
3			7月	8月	9月	7月	8月	9月
4	にぎり寿司	上にぎり	2,752	2,369	2,181	2,060	4,141	2,754
5		並にぎり	4,852	2,784	3,759	2,599	4,778	2,053
6	ちらし寿司	上ちらし	3,717	4,414	3,420	3,704	4,314	2,465
7		並ちらし	3,839	4,166	4,686	4,576	4,559	4,523
8								

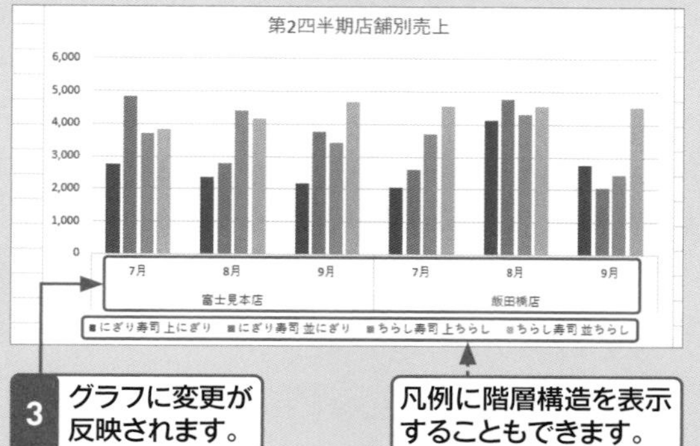

3 グラフに変更が反映されます。

凡例に階層構造を表示することもできます。

重要度 ★★★　もとデータの変更

Q 472 2つの表から1つのグラフを作成したい!

A [データソースの選択]ダイアログボックスを利用します。

本来なら1つであるべき表を2つに分割して並べている場合、通常の方法では不自然なグラフが作成されてしまいます。分割されている表からグラフを作成するには、はじめに、連続しているデータからグラフを作成し、あとから[データソースの選択]ダイアログボックスを利用してほかの表を追加します。

1 グラフをクリックして、

2 [グラフのデザイン]タブをクリックし、

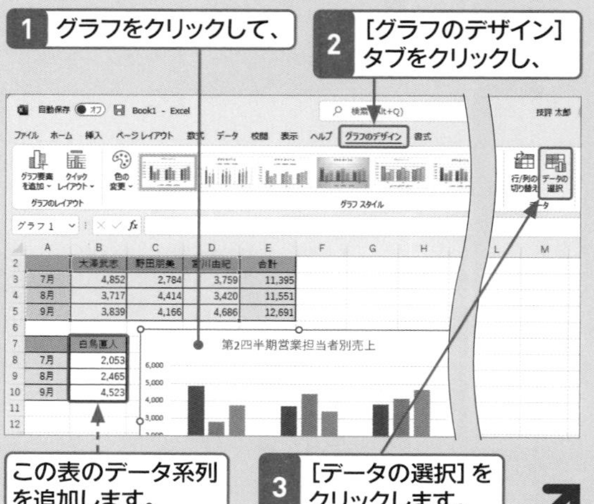

この表のデータ系列を追加します。

3 [データの選択]をクリックします。

4 [追加]をクリックして、

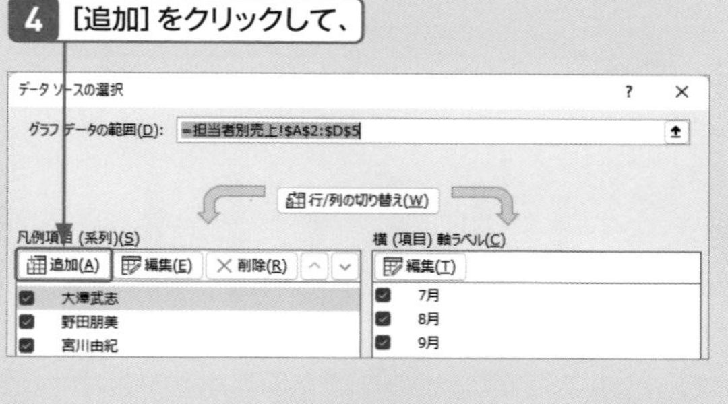

5 [系列名]に、追加する表の見出しのセル番号を指定し、

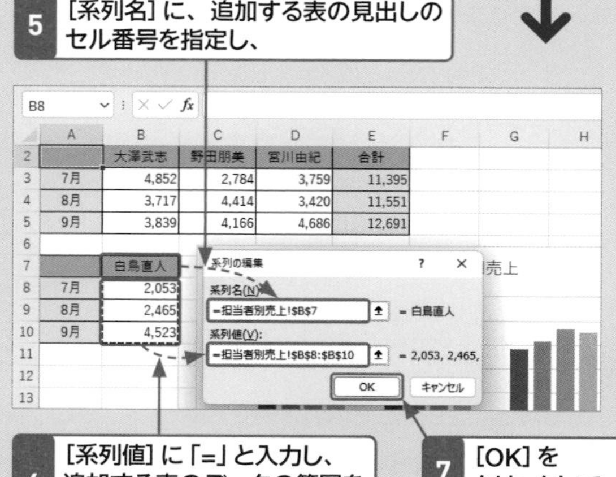

6 [系列値]に「=」と入力し、追加する表のデータの範囲を指定します。

7 [OK]をクリックして、

8 [データソースの選択]ダイアログボックスの[OK]をクリックすると、ほかの表のデータがグラフに追加されます。

重要度 ★★★ もとデータの変更

Q 473 見出しの数値がデータ系列になってしまう！

A 表の項目名が数値データの場合に起きる現象です。

項目名が数値データの表からグラフを作成すると、横（項目）軸に反映されるはずのデータがデータ系列になってしまうことがあります。この場合は、［グラフのデザイン］タブの［データの選択］をクリックして、［データソースの選択］ダイアログボックスを表示し、下の手順で修正します。

横（項目）軸に反映されるはずのデータが、データ系列になっています。

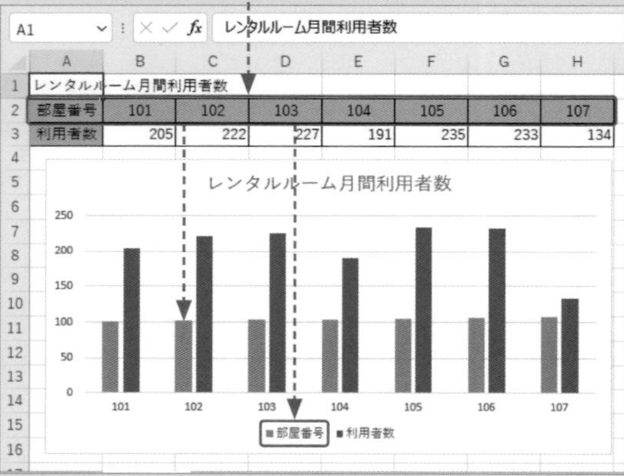

1 ［データソースの選択］ダイアログボックスを表示して、［部屋番号］をクリックし、

2 ［削除］をクリックします。

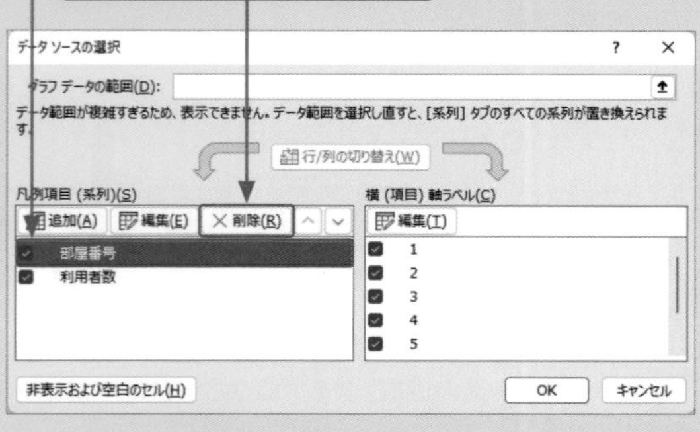

3 ［編集］をクリックして、

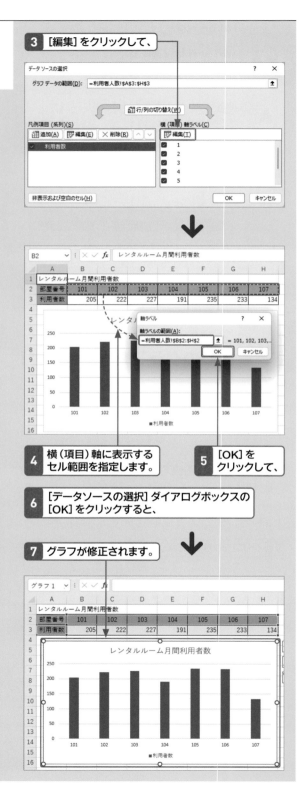

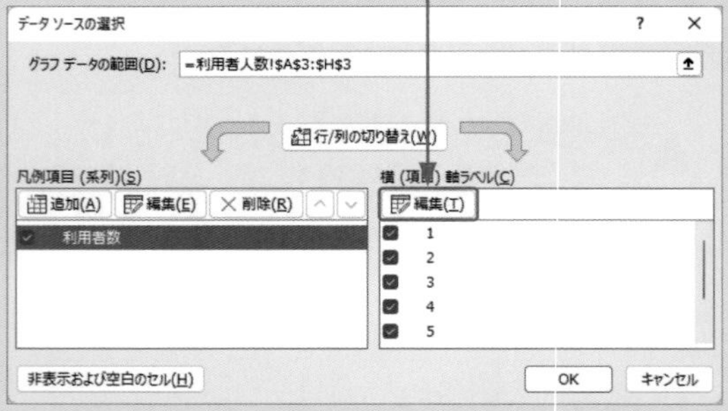

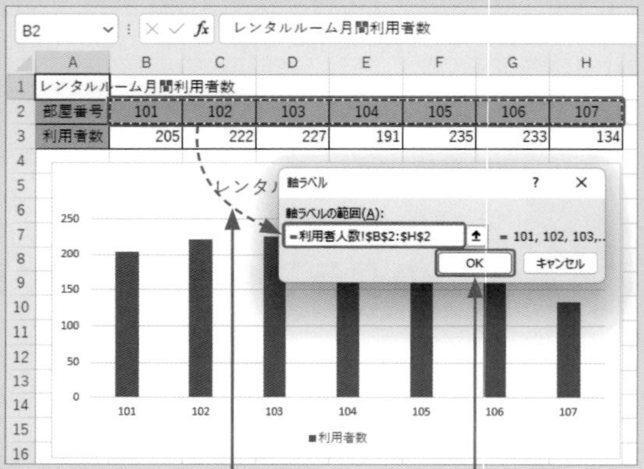

データソースの選択
グラフ データの範囲(D): =利用者人数!$A$3:$H$3
凡例項目（系列）(S)　利用者数
横（項目）軸ラベル(C)　1 2 3 4 5

4 横（項目）軸に表示するセル範囲を指定します。

軸ラベル
軸ラベルの範囲(A): =利用者人数!$B$2:$H$2 = 101, 102, 103,...

5 ［OK］をクリックして、

6 ［データソースの選択］ダイアログボックスの［OK］をクリックすると、

7 グラフが修正されます。

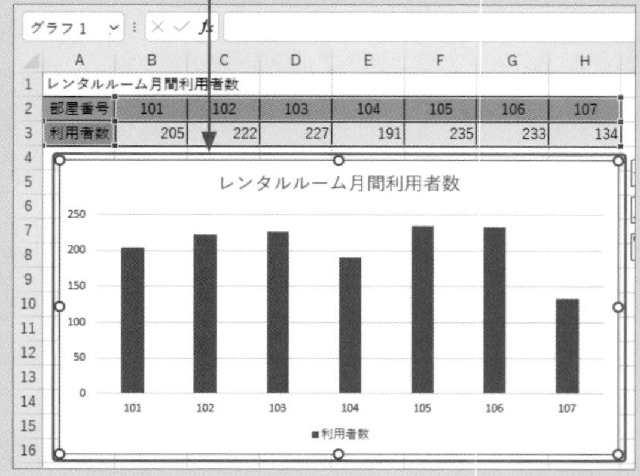

レンタルルーム月間利用者数
■利用者数

重要度 ★★★　もとデータの変更

Q 474 離れたセル範囲を1つのデータ系列にしたい！

A Ctrl を押しながら離れたセル範囲を選択します。

離れたセル範囲を1つのデータ系列にするには、グラフの作成後、［グラフのデザイン］タブの［データの選択］をクリックして、［データソースの選択］ダイアログボックスを表示し、下の手順で操作します。

1 ［データソースの選択］ダイアログボックスを表示して、

2 ここをクリックします。

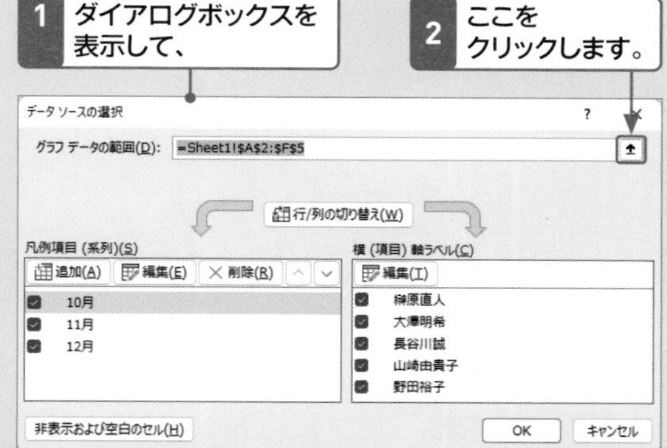

3 最初のセル範囲を選択したあと、

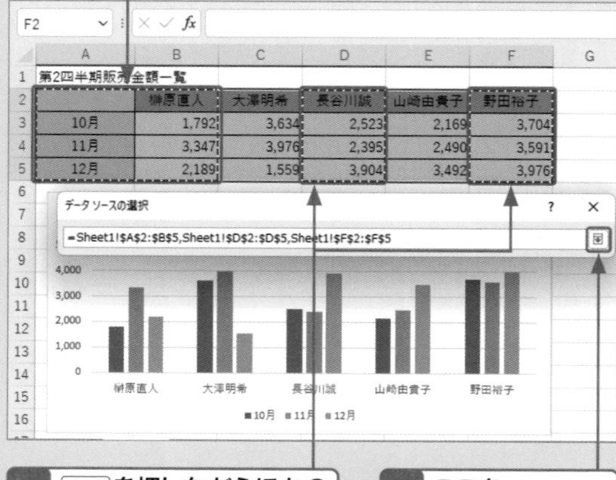

4 Ctrl を押しながらほかのセル範囲を指定して、

5 ここをクリックします。

6 ［データソースの選択］ダイアログボックスの［OK］をクリックすると、データ範囲が変更されます。

重要度 ★★★　軸の書式設定

Q 475 縦（値）軸の表示単位を千や万単位にしたい！

A ［軸の書式設定］作業ウィンドウで表示単位を設定します。

縦（値）軸に表示される数値の桁数が多くてグラフが見づらくなる場合は、縦（値）軸をクリックして、［書式］タブの［選択対象の書式設定］をクリックし、［軸の書式設定］作業ウィンドウを表示して、［表示単位］を変更します。

1 ［軸の書式設定］作業ウィンドウを表示します。

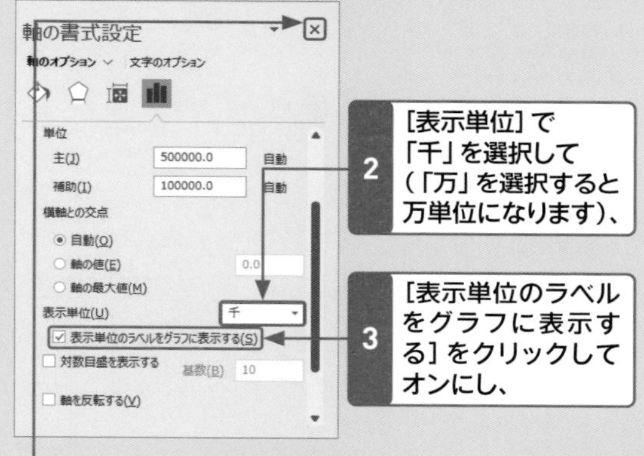

2 ［表示単位］で「千」を選択して（「万」を選択すると万単位になります）、

3 ［表示単位のラベルをグラフに表示する］をクリックしてオンにし、

4 ［閉じる］をクリックします。

5 縦（値）軸の単位が変更されます。

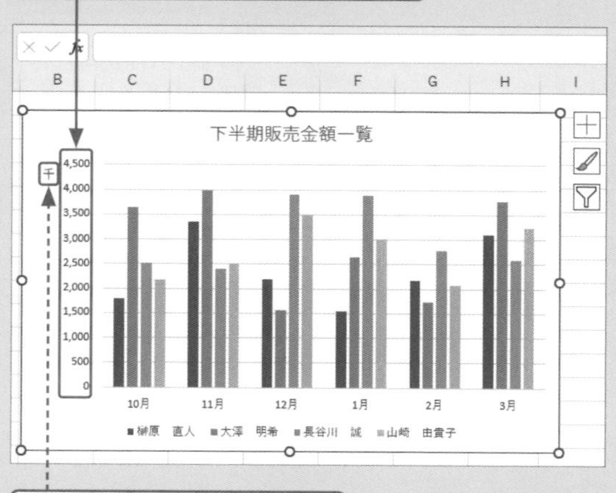

文字の向きを変更しています。

重要度 ★★★　軸の書式設定

Q 476 縦(値)軸の範囲や間隔を変更したい!

A [軸の書式設定]作業ウィンドウで設定します。

縦(値)軸の範囲や間隔は、初期設定ではもとデータの表に入力されている数値に応じて自動的に設定されます。縦(値)軸の範囲や間隔を変更するには、[軸の書式設定]作業ウィンドウの[軸のオプション]で設定します。

● 縦(値)軸の範囲を変更する

1 縦(値)軸をクリックして、

2 [書式]タブをクリックし、

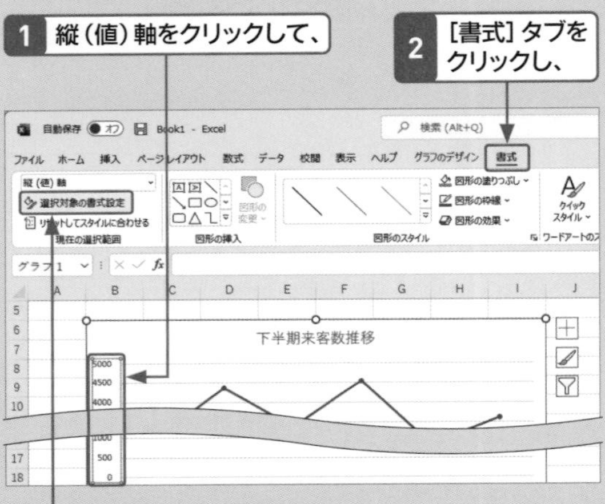

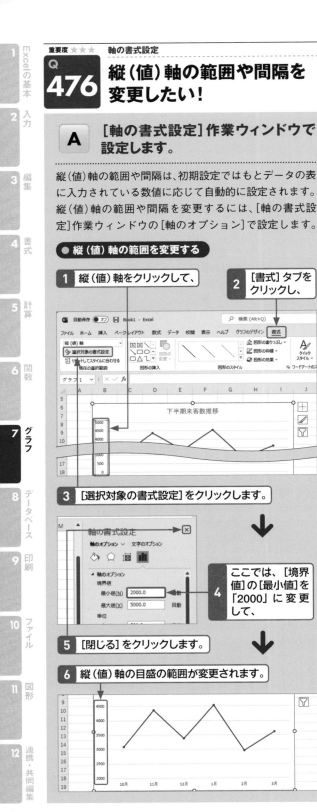

3 [選択対象の書式設定]をクリックします。

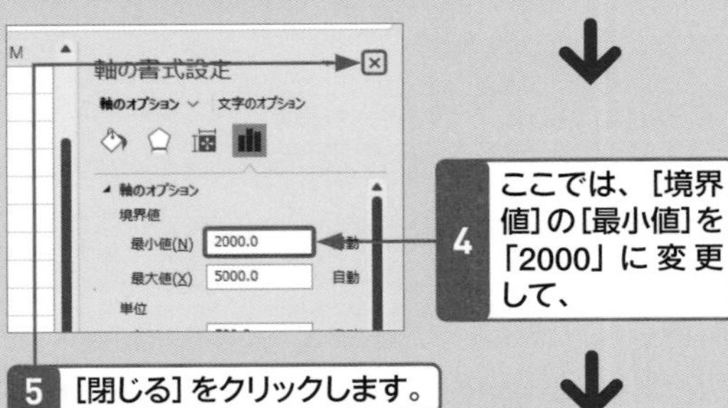

4 ここでは、[境界値]の[最小値]を「2000」に変更して、

5 [閉じる]をクリックします。

6 縦(値)軸の目盛の範囲が変更されます。

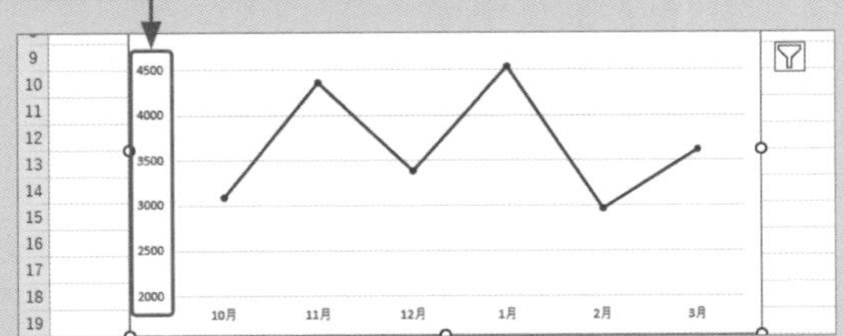

● 縦(値)軸の間隔を変更する

1 縦(値)軸をクリックして、

2 [書式]タブをクリックし、

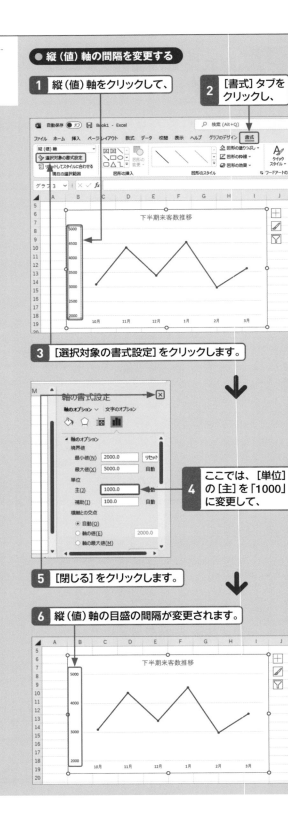

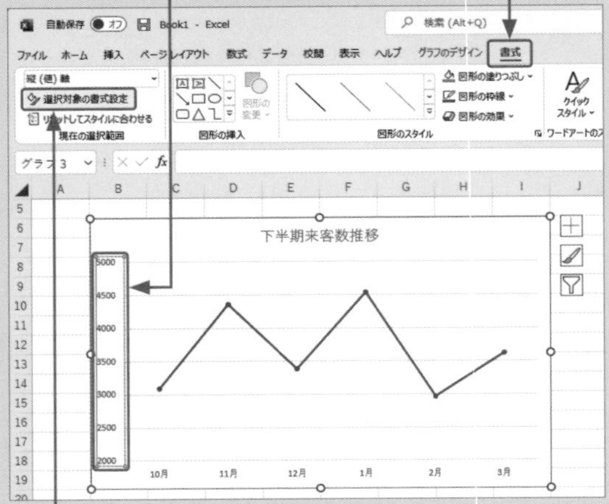

3 [選択対象の書式設定]をクリックします。

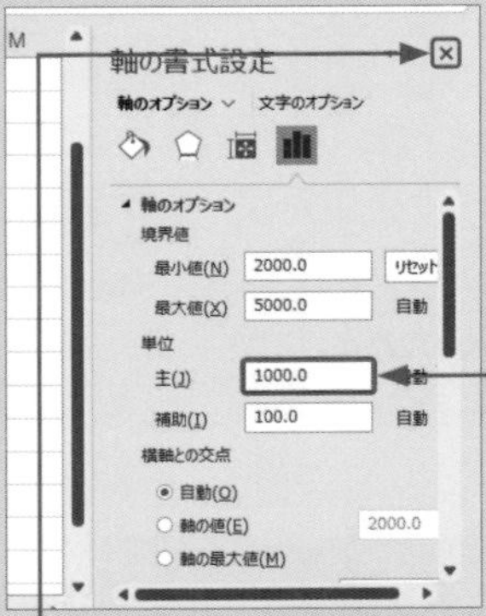

4 ここでは、[単位]の[主]を「1000」に変更して、

5 [閉じる]をクリックします。

6 縦(値)軸の目盛の間隔が変更されます。

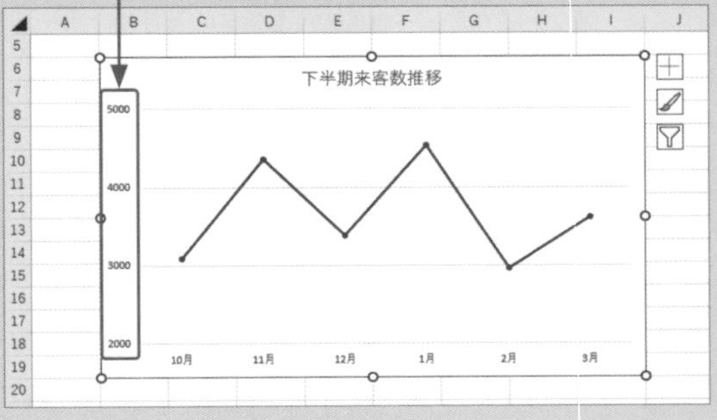

重要度 ★★★　軸の書式設定

Q 477 縦(値)軸ラベルの文字を縦書きにしたい!

A [軸ラベルの書式設定]作業ウィンドウで設定します。

グラフに表示した縦(値)軸ラベルの向きを変更するには、[軸ラベルの書式設定]作業ウィンドウの[文字のオプション]で、文字列の方向を設定します。

1 縦(値)軸ラベルをクリックして、

2 [書式]タブをクリックし、

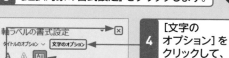

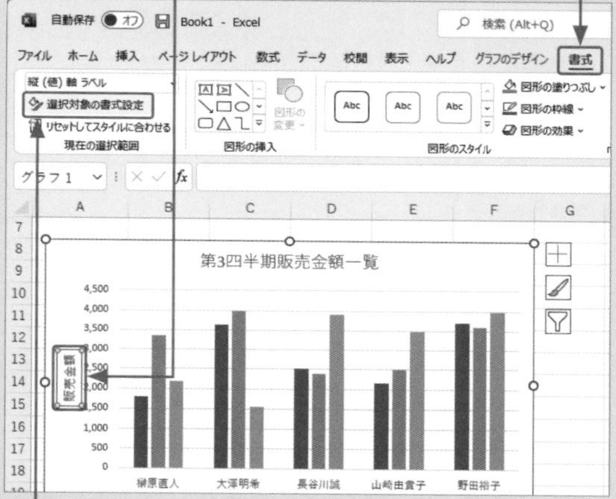

3 [選択対象の書式設定]をクリックします。

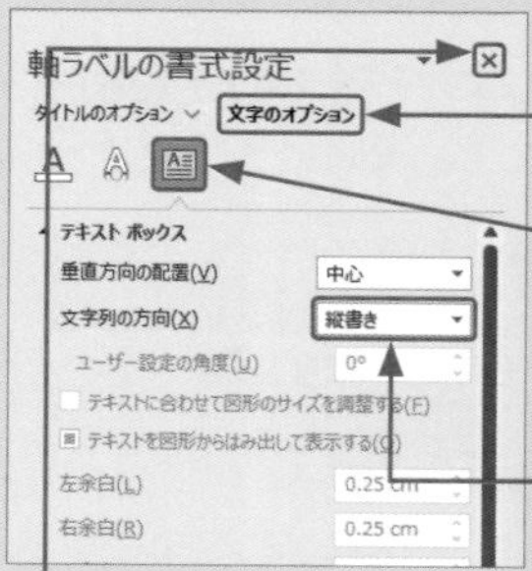

4 [文字のオプション]をクリックして、

5 [テキストボックス]をクリックし、

6 [文字列の方向]で[縦書き]を選択して、

7 [閉じる]をクリックします。

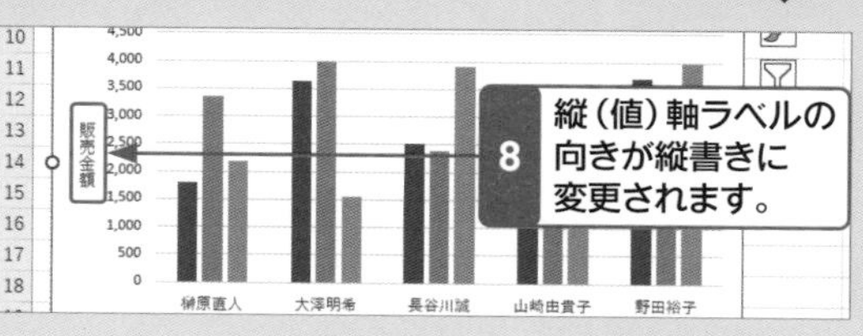

8 縦(値)軸ラベルの向きが縦書きに変更されます。

重要度 ★★★　軸の書式設定

Q 478 縦(値)軸の数値の通貨記号を外したい!

A [軸の書式設定]作業ウィンドウの[表示形式]で設定します。

もとの表の数値が通貨形式で表示されているときは、グラフの縦(値)軸にも通貨形式が踏襲されます。表示形式を変更するには、[軸の書式設定]作業ウィンドウの[表示形式]で設定します。

1 縦(値)軸ラベルをクリックして、

2 [書式]タブをクリックし、

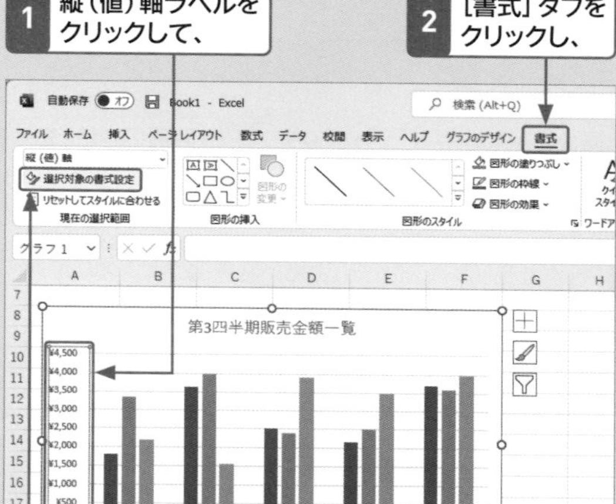

3 [選択対象の書式設定]をクリックします。

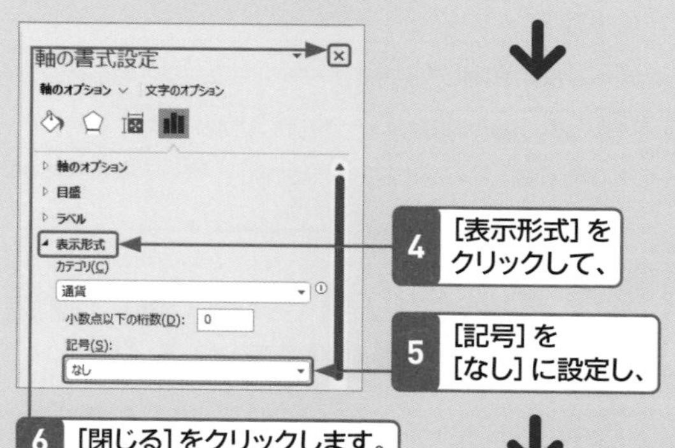

4 [表示形式]をクリックして、

5 [記号]を[なし]に設定し、

6 [閉じる]をクリックします。

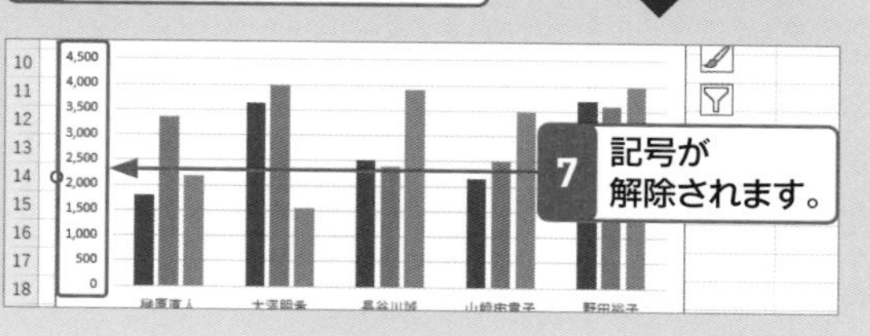

7 記号が解除されます。

重要度 ★★★ 軸の書式設定

Q 479 横（項目）軸の項目の間隔を1つ飛ばして表示したい！

A ［軸の書式設定］作業ウィンドウの［ラベル］で設定します。

横（項目）軸の項目が多いときは、項目の間隔を1つ、あるいは2つ飛ばしにすることができます。横（項目）軸をクリックして、［軸の書式設定］作業ウィンドウを表示して設定します。

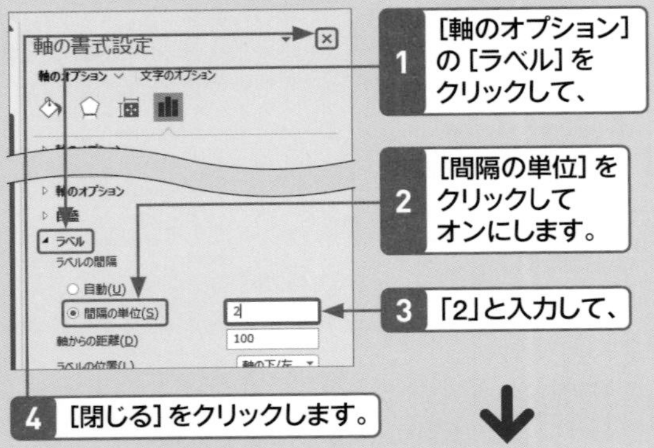

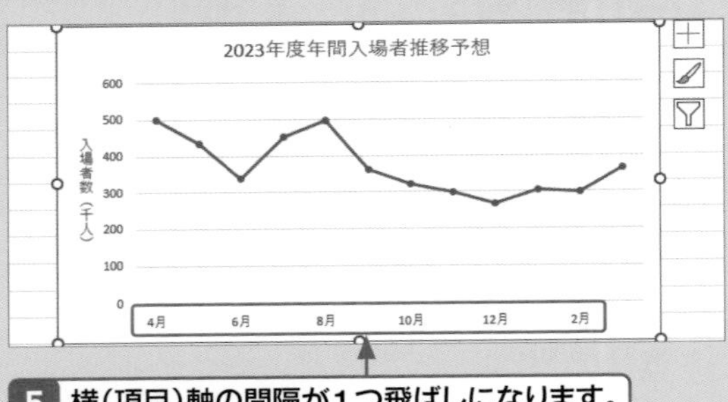

重要度 ★★★ 軸の書式設定

Q 480 時系列の横（項目）軸の目盛を時間単位にできる？

A 時間を設定することはできません。

［軸の書式設定］作業ウィンドウの［軸のオプション］では、軸に表示する日付の範囲や間隔などを設定できます。ただし、間隔の単位として選択できるのは「日」「月」「年」だけです。「時間」の選択はできません。

重要度 ★★★ 軸の書式設定

Q 481 横（項目）軸にも目盛線を表示したい！

A ［グラフのデザイン］タブの［グラフ要素を追加］から設定します。

グラフの初期設定では、縦（値）軸目盛線（横方向の目盛線）だけが表示されていますが、横（項目）軸にも目盛線（縦方向の目盛線）を付けることができます。［グラフのデザイン］タブの［グラフ要素を追加］から設定します。

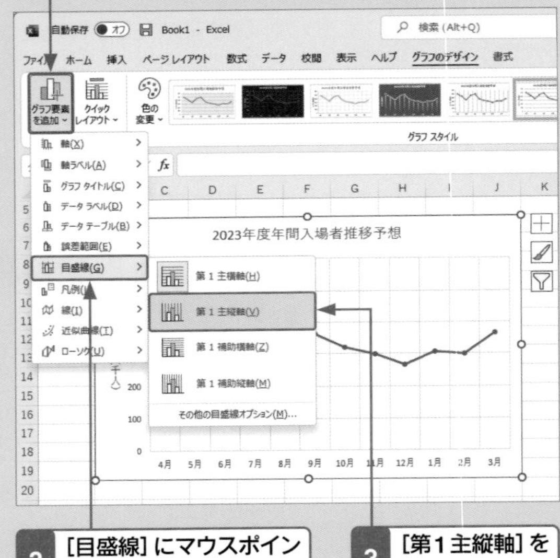

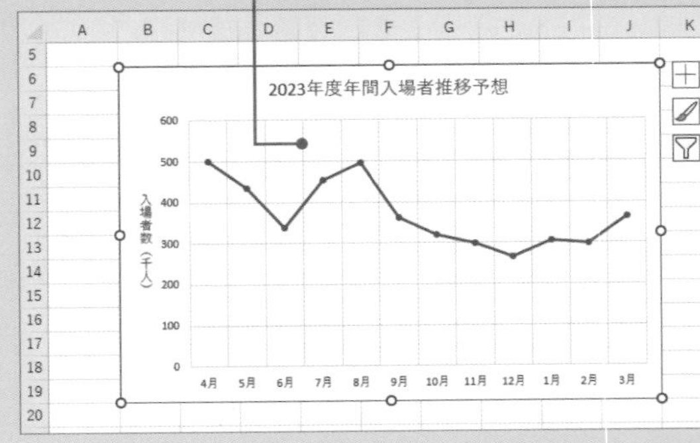

重要度 ★★★　軸の書式設定

Q 482 日付データの抜けがグラフに反映されてしまう！

A 横（項目）軸が日付軸になっているのが原因です。テキスト軸に変更します。

もとの表の項目に日付が入力されていると、軸の種類が自動的に日付軸に設定されます。日付軸は一定間隔ごとに日付を表示する軸なので、もとデータにない日付も表示されます。もとデータにない日付を表示させないようにするには、横（項目）軸をクリックして、［軸の書式設定］作業ウィンドウを表示し、［軸の種類］を［テキスト軸］に設定します。

もとデータに入力されていない日付も、

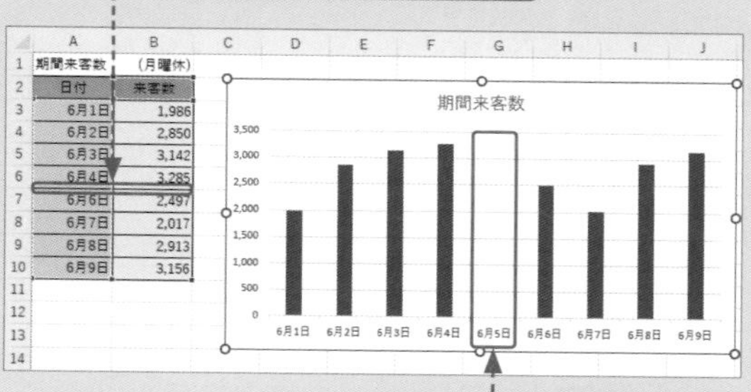

グラフには表示されます。

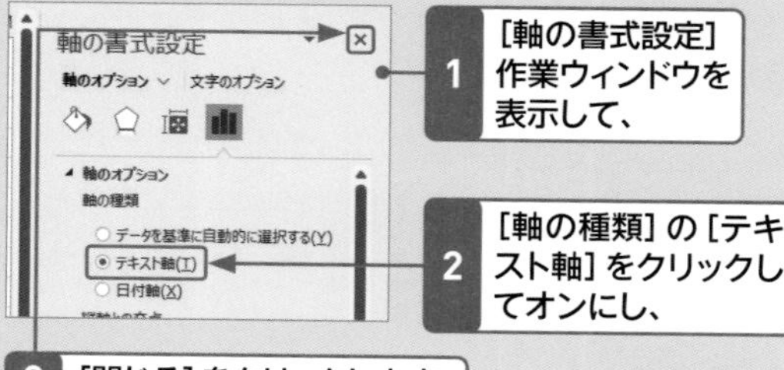

1 ［軸の書式設定］作業ウィンドウを表示して、

2 ［軸の種類］の［テキスト軸］をクリックしてオンにし、

3 ［閉じる］をクリックします。

4 もとデータにない日付は表示されなくなります。

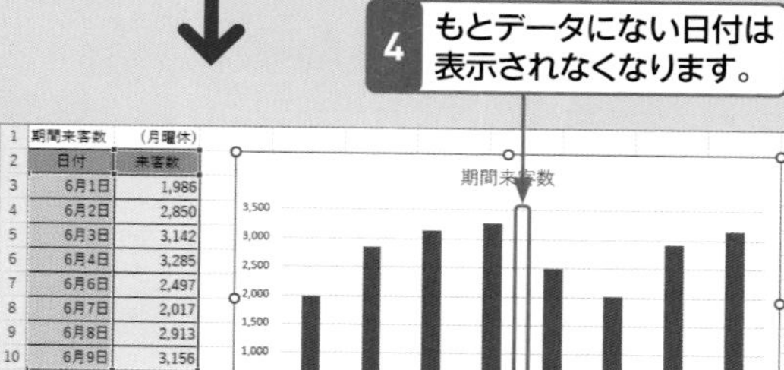

重要度 ★★★　グラフの書式

Q 483 棒グラフの棒の幅を変更したい！

A ［データ系列の書式設定］作業ウィンドウで変更します。

棒グラフの棒の幅を変更するには、［データ系列の書式設定］作業ウィンドウを表示して、［系列のオプション］の［要素の間隔］で調整します。間隔が0%に近くなるほど棒グラフの要素の幅は広くなります。

1 棒グラフの要素を選択して、

2 ［書式］タブをクリックし、

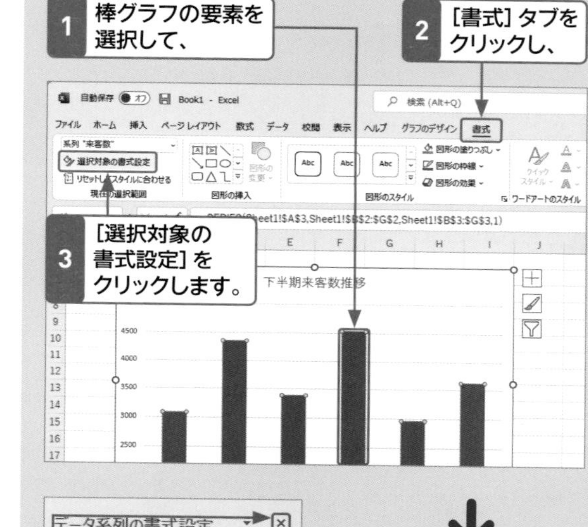

3 ［選択対象の書式設定］をクリックします。

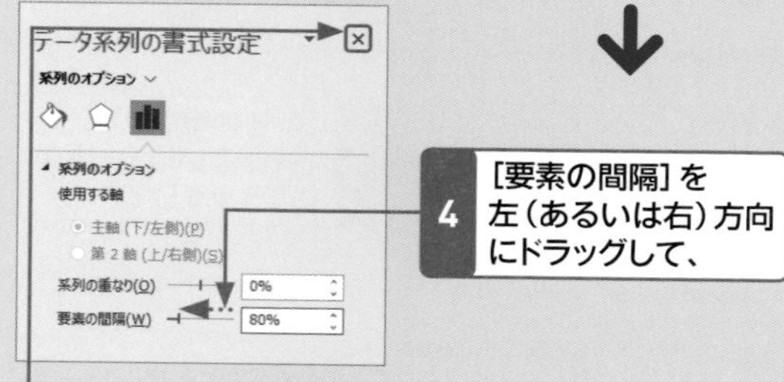

4 ［要素の間隔］を左（あるいは右）方向にドラッグして、

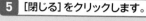

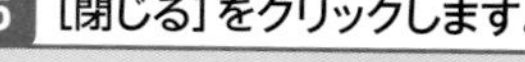

5 ［閉じる］をクリックします。

6 棒の幅が変更されます。

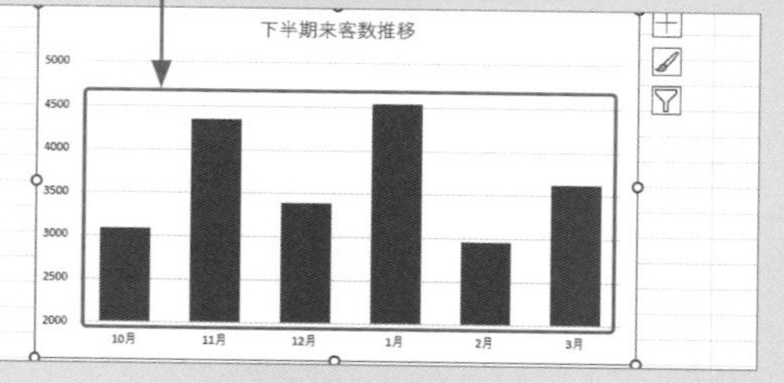

重要度 ★★★ グラフの書式

Q 484 棒グラフの棒の間隔を変更したい！

A ［データ系列の書式設定］作業ウィンドウで変更します。

棒グラフの棒の間隔を変更するには、［データ系列の書式設定］作業ウィンドウを表示して、［系列のオプション］の［系列の重なり］で調整します。

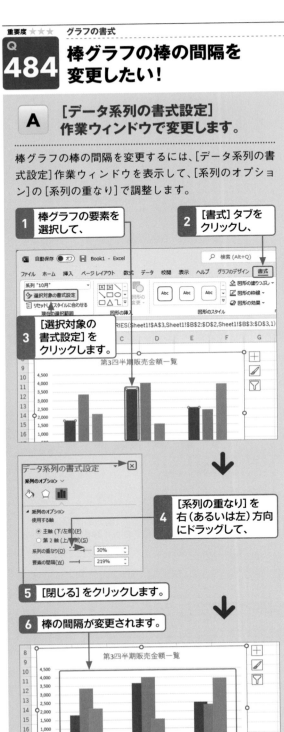

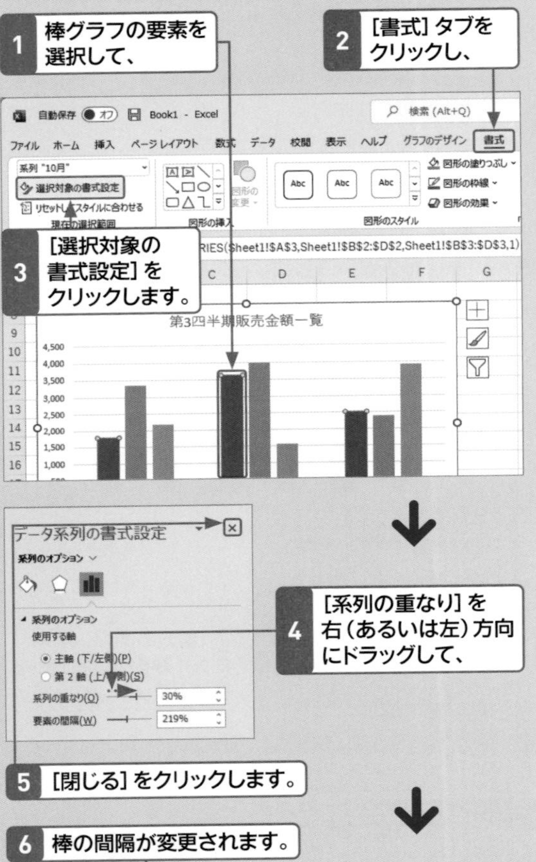

重要度 ★★★ グラフの書式

Q 485 棒グラフの並び順を変えたい！

A ［データソースの選択］ダイアログボックスで並べ替えます。

もとデータの表の並び順を変更せずに、棒グラフの並び順を変更するには、［データソースの選択］ダイアログボックスを表示して、［凡例項目（系列）］で設定します。

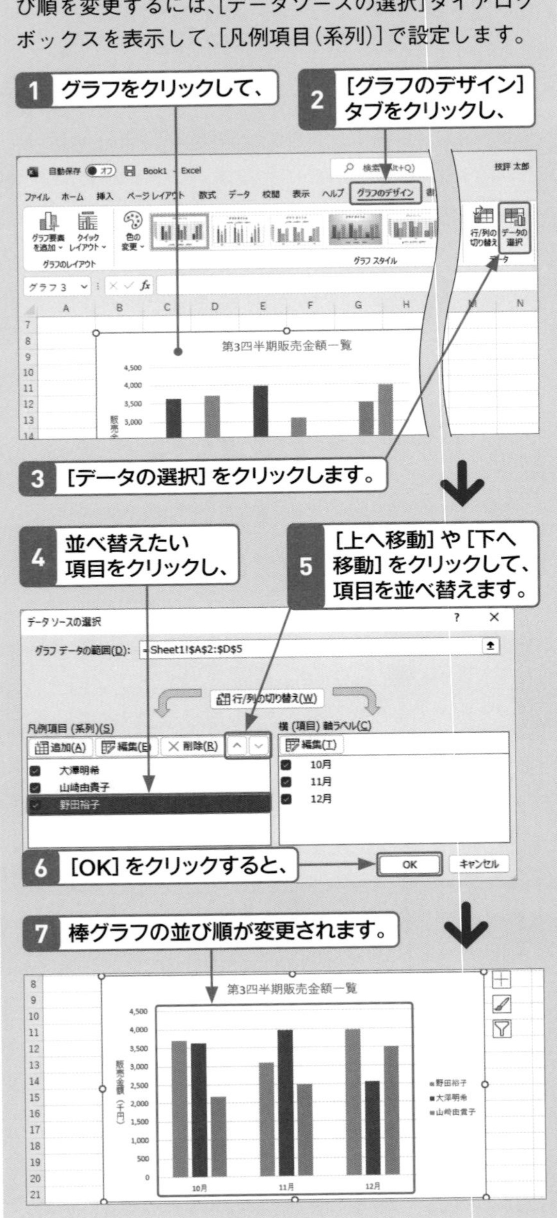

1 グラフをクリックして、
2 ［グラフのデザイン］タブをクリックし、
3 ［データの選択］をクリックします。
4 並べ替えたい項目をクリックし、
5 ［上へ移動］や［下へ移動］をクリックして、項目を並べ替えます。
6 ［OK］をクリックすると、
7 棒グラフの並び順が変更されます。
データ ソースの選択
凡例項目 (系列)(S)
大澤明希
山崎由貴子
野田裕子
横 (項目) 軸ラベル(C)
10月
11月
12月
第3四半期販売金額一覧

重要度★★★ グラフの書式

Q 486

棒グラフの色を変更したい！

A1 ［色の変更］の一覧から変更します。

棒グラフの色を変更するには、［グラフのデザイン］タブの［色の変更］で設定します。カラフルやモノクロの一覧からグラフの色味をまとめて変更することができます。

1 グラフをクリックして、

2 ［グラフのデザイン］タブをクリックし、

3 ［色の変更］をクリックします。

4 変更したい色のパターンをクリックすると、

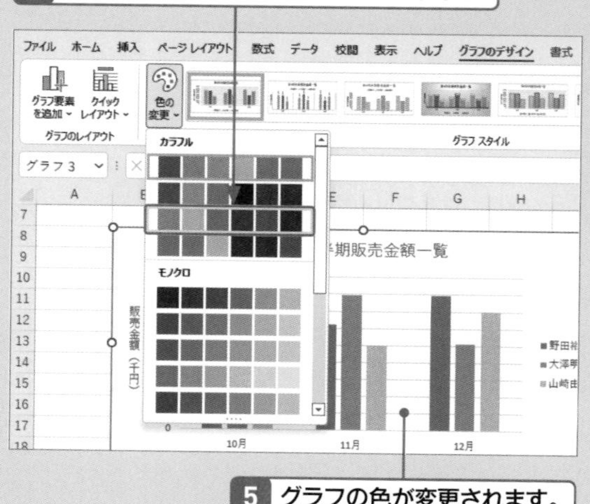

5 グラフの色が変更されます。

A2 ［書式］タブの［図形の塗りつぶし］で変更します。

グラフ要素の色や線のスタイルを個別に変更するには、変更したいデータ系列やデータ要素をクリックして、［書式］タブの［図形の塗りつぶし］や［図形の枠線］をクリックし、目的の色を選択します。

データ系列の色を変更する

1 変更したいデータ系列をクリックして、

2 ［書式］タブをクリックします。

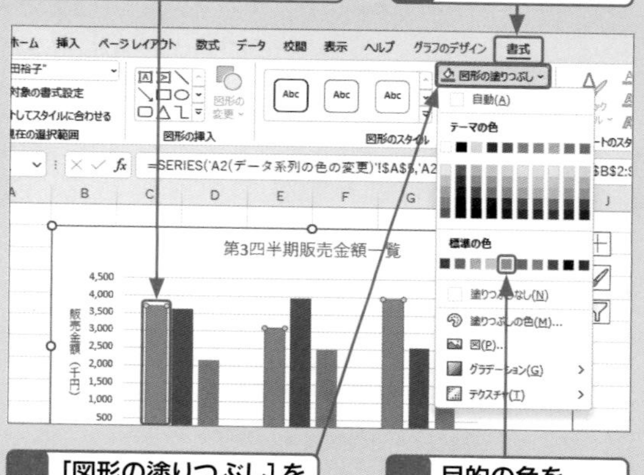

3 ［図形の塗りつぶし］をクリックして、

4 目的の色をクリックすると、

5 選択した系列の色が変わります。

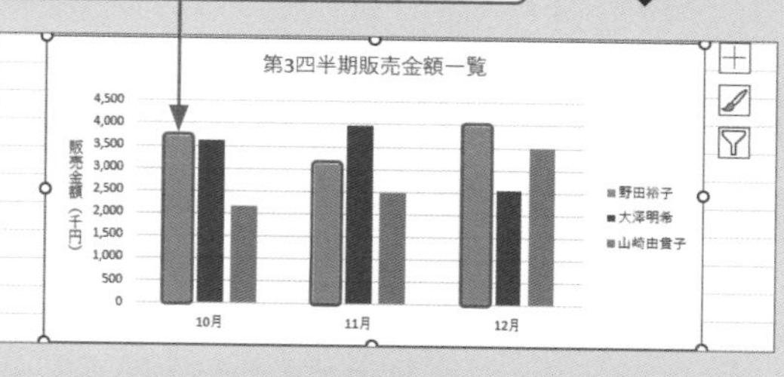

データ要素の色を変更する

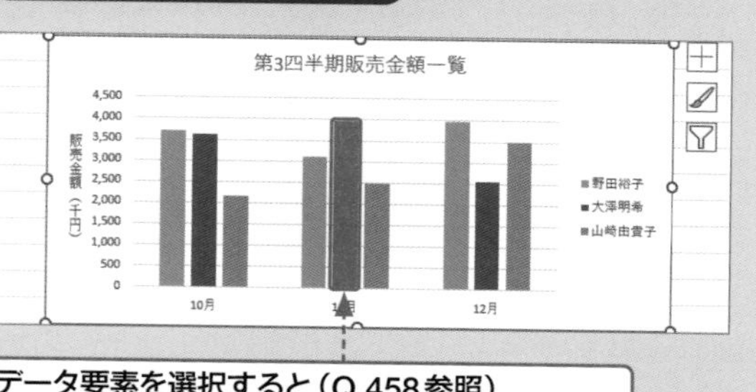

データ要素を選択すると（Q 458参照）、選択した要素の色だけを変えることができます。

重要度★★★　グラフの書式

Q 487 横棒グラフで縦(項目)軸の順序を逆にするには？

横棒グラフを作成すると、縦(項目)軸のデータはもとデータの並び順と上下逆で表示されます。もとデータのとおりに項目を並べたい場合は、[軸の書式設定]作業ウィンドウの[軸のオプション]で軸を反転します。

A [軸の書式設定]作業ウィンドウで軸を反転します。

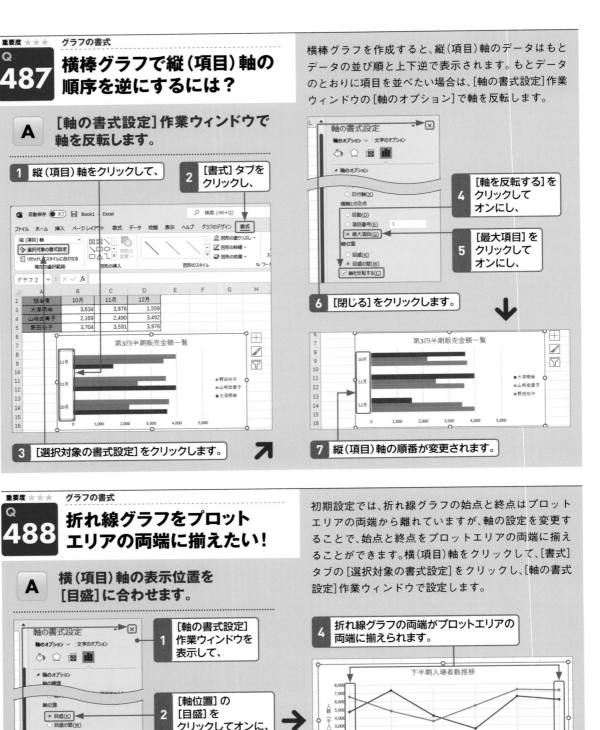

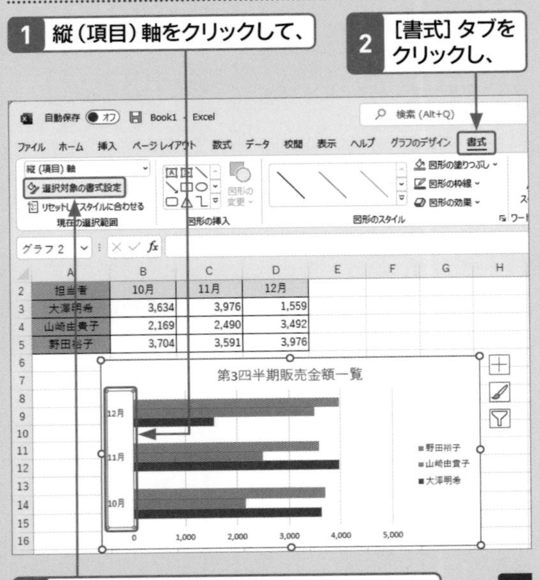

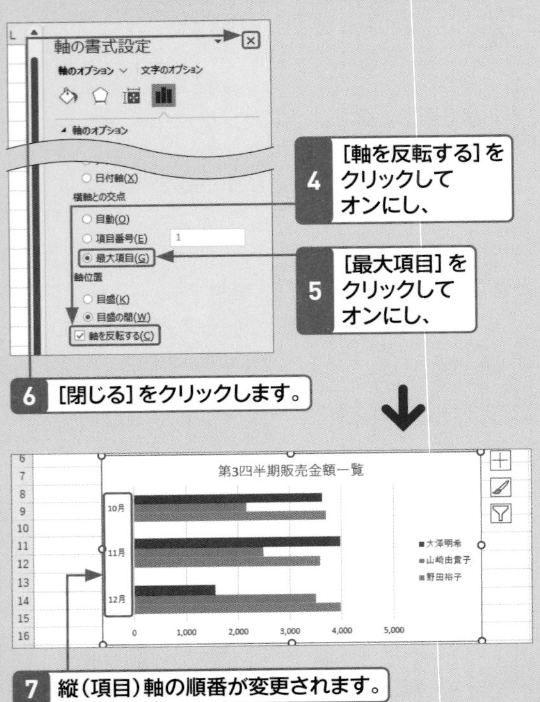

重要度★★★　グラフの書式

Q 488 折れ線グラフをプロットエリアの両端に揃えたい！

初期設定では、折れ線グラフの始点と終点はプロットエリアの両端から離れていますが、軸の設定を変更することで、始点と終点をプロットエリアの両端に揃えることができます。横(項目)軸をクリックして、[書式]タブの[選択対象の書式設定]をクリックし、[軸の書式設定]作業ウィンドウで設定します。

A 横(項目)軸の表示位置を[目盛]に合わせます。

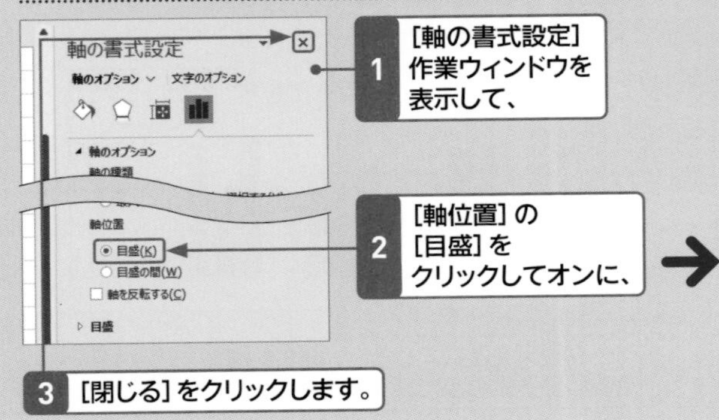

軸の書式設定
1 [軸の書式設定]作業ウィンドウを表示して、
2 [軸位置]の[目盛]をクリックしてオンに、
3 [閉じる]をクリックします。

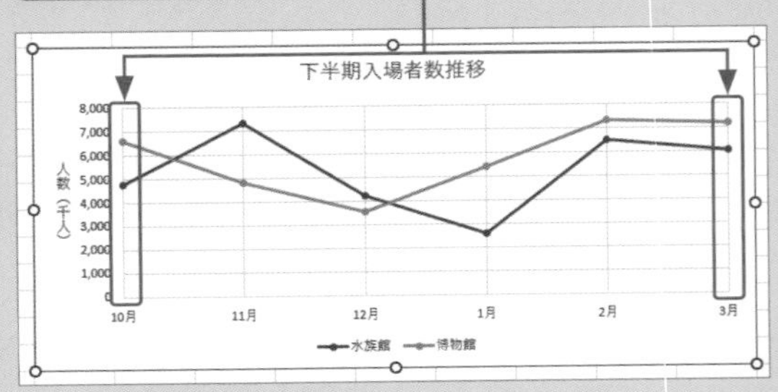

重要度 ★★★ グラフの書式

Q 489 折れ線グラフのマーカーと項目名を結ぶ線を表示したい！

A [グラフのデザイン] タブの [グラフ要素を追加] から設定します。

折れ線グラフのデータマーカーと横(項目)軸を結ぶ線(降下線)を表示するには、[グラフのデザイン] タブの [グラフ要素を追加] から設定します。表示される一覧で [なし] をクリックすると、降下線を非表示にできます。

1 [グラフのデザイン] タブの [グラフ要素を追加] をクリックします。

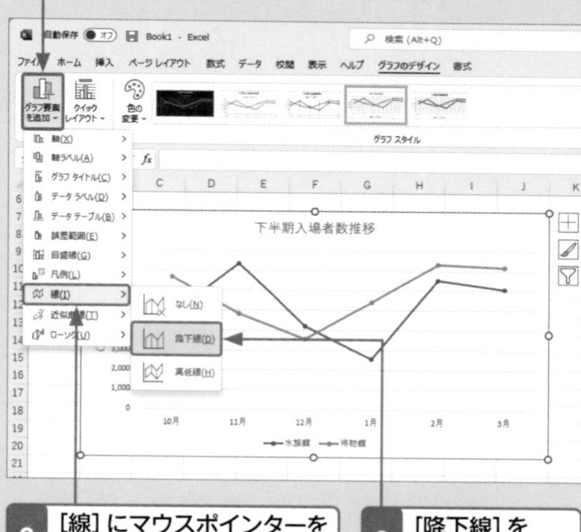

2 [線] にマウスポインターを合わせて、

3 [降下線] をクリックすると、

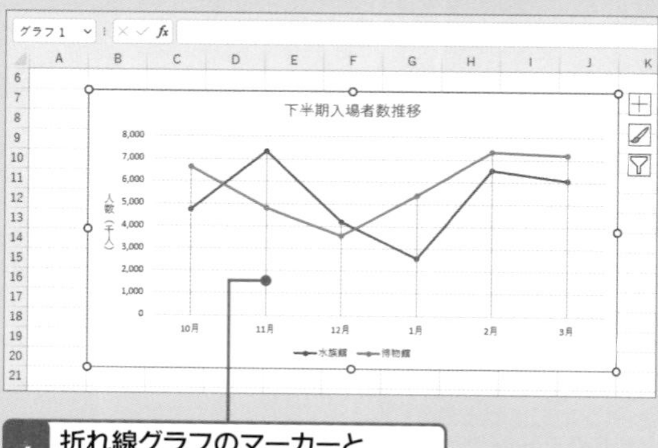

4 折れ線グラフのマーカーと項目名を結ぶ線が表示されます。

重要度 ★★★ グラフの書式

Q 490 100%積み上げグラフに区分線を表示したい！

A [グラフのデザイン] タブの [グラフ要素を追加] から設定します。

「100%積み上げ横棒グラフ」や「100%積み上げ縦棒グラフ」などの場合、区分線を表示すると、データの比較がしやすくなります。区分線を表示するには、[グラフのデザイン] タブの [グラフ要素を追加] から設定します。表示される一覧で [なし] をクリックすると、区分線を非表示にできます。

1 [グラフのデザイン] タブの [グラフ要素を追加] をクリックします。

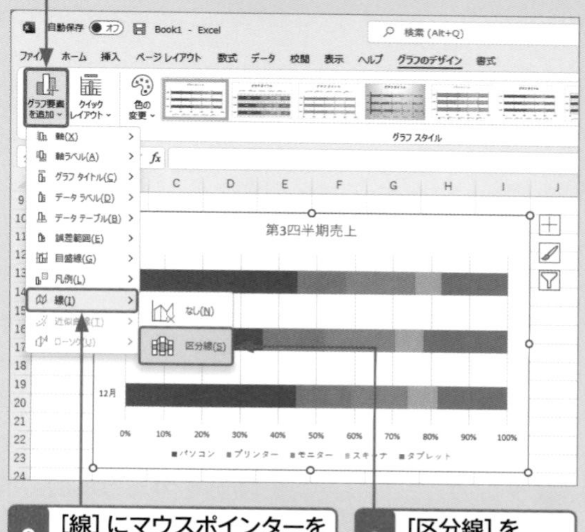

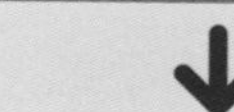

2 [線] にマウスポインターを合わせて、

3 [区分線] をクリックすると、

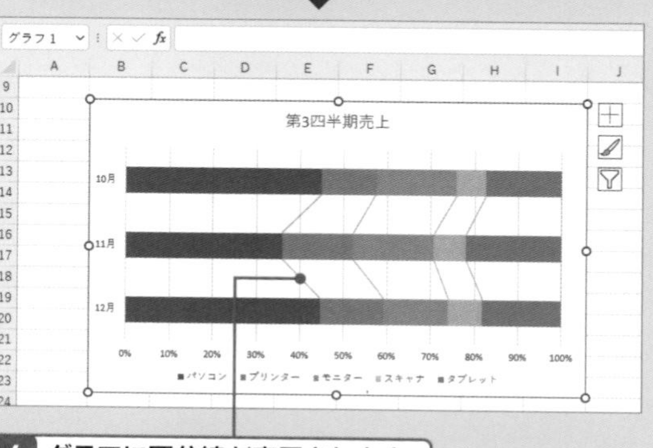

4 グラフに区分線が表示されます。

重要度 ★★★ グラフの書式

Q 491 グラフ内にもとデータの数値を表示したい！

A ［グラフ要素を追加］からデータラベルを表示します。

「データラベル」は、データ系列にもとデータの値や系列名などを表示するラベルのことをいいます。グラフにデータラベルを表示すると、グラフから正確なデータを読み取ることができるようになります。

1 ［グラフのデザイン］タブの［グラフ要素を追加］をクリックします。

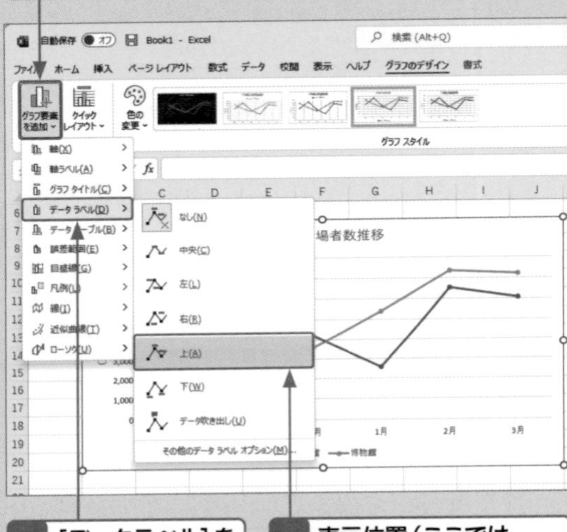

2 ［データラベル］をクリックして、

3 表示位置（ここでは［上］）をクリックすると、

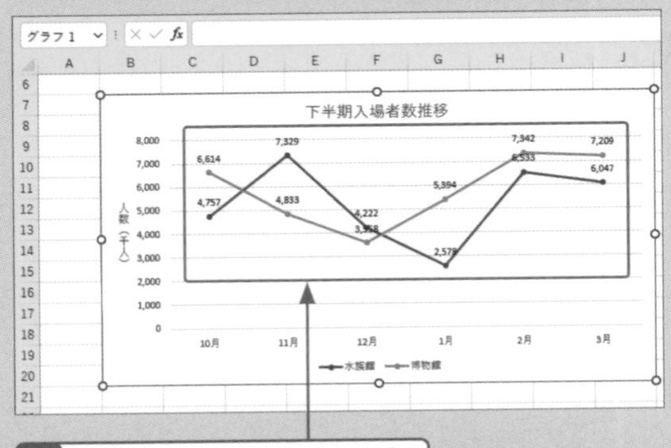

4 データラベルが表示されます。

重要度 ★★★ グラフの書式

Q 492 特定のデータ系列にだけ数値を表示したい！

A 表示したいデータ系列だけを選択してデータラベルを表示します。

特定のデータ系列やデータマーカーにだけもとデータの数値を表示したい場合は、表示したいデータ系列またはデータマーカーだけを選択して、［データラベル］を表示します。

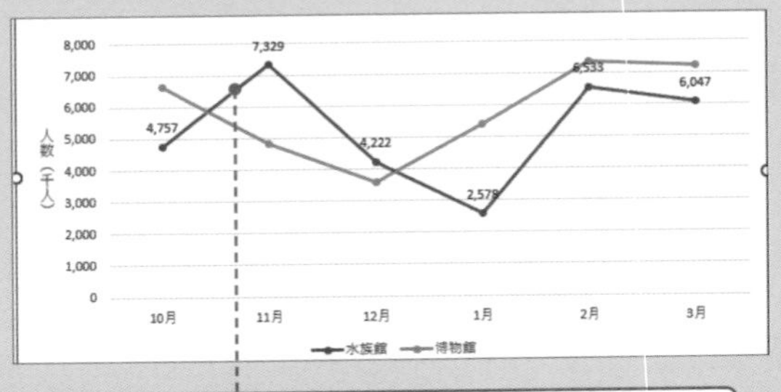

特定のデータ系列またはデータマーカーを選択して、データラベルを表示します。

重要度 ★★★ グラフの書式

Q 493 データラベルを移動したい！

A データラベルをドラッグします。

すべてのラベルの位置を移動したい場合はすべてのラベルを、特定のラベルだけを移動したい場合は移動したいラベルだけを選択し、任意の位置にドラッグします。ここでは、特定のラベルだけを移動してみます。

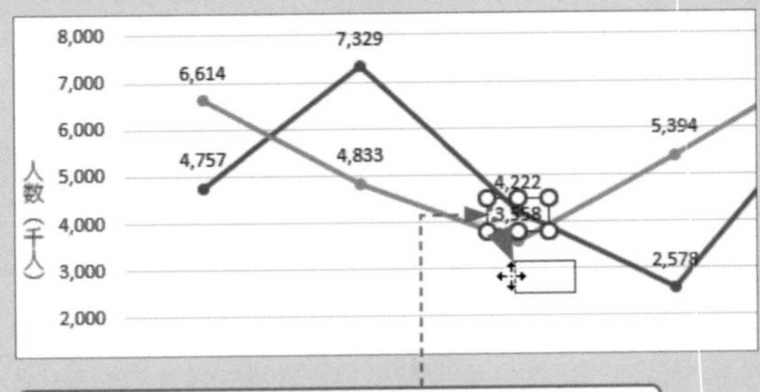

特定のデータラベルを選択して、任意の位置にドラッグすると、データラベルが移動できます。

重要度★★★ グラフの書式

Q 494 データラベルの表示位置を変更したい!

A [グラフのデザイン]タブの[データラベル]で設定します。

すべてのグラフ要素のデータラベルの位置を変更する場合はグラフエリアを、指定した系列や特定の要素だけの位置を変更したい場合は目的の要素を選択します。続いて、[グラフのデザイン]タブの[グラフ要素の追加]から[データラベル]をクリックして位置を指定します。

参照▶Q 491

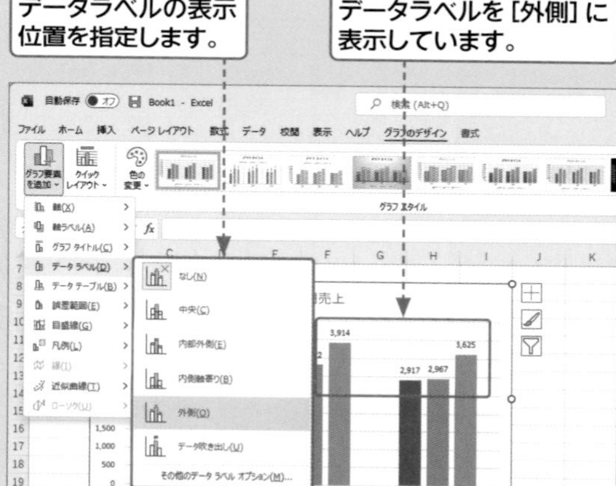

● 中央に表示

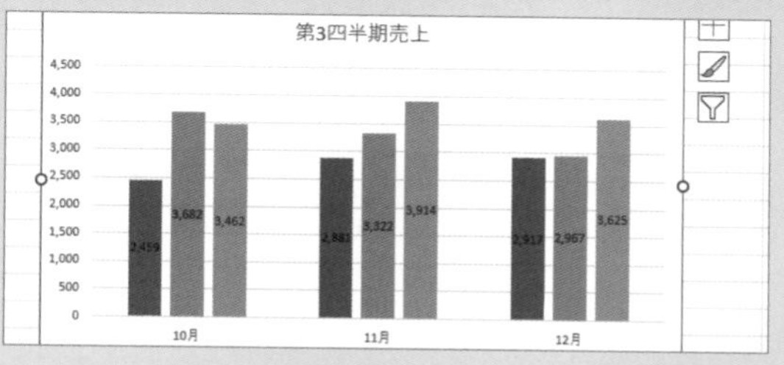

● 内部外側に表示

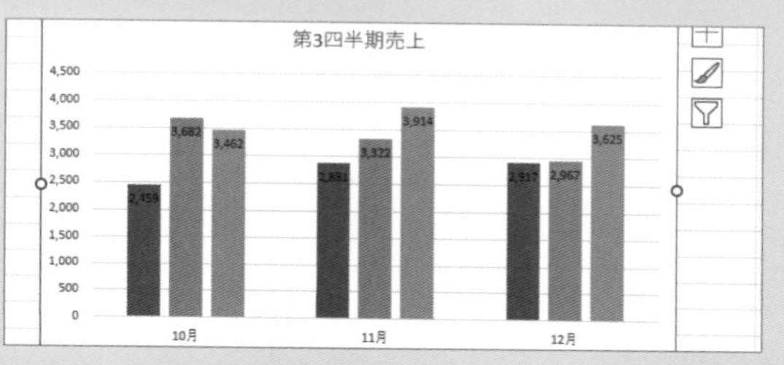

● 内側軸寄りに表示

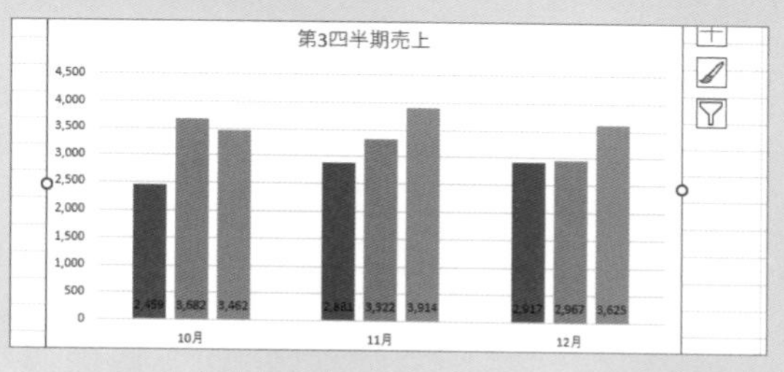

重要度★★★ グラフの書式

Q 495 データラベルに表示する内容を変更したい!

A [データラベルの書式設定]作業ウィンドウで設定します。

データラベルに表示される内容は、[データラベルの書式設定]作業ウィンドウで設定できます。データラベルを右クリックして、[データラベルの書式設定]をクリックすると、[データラベルの書式設定]作業ウィンドウが表示されます。

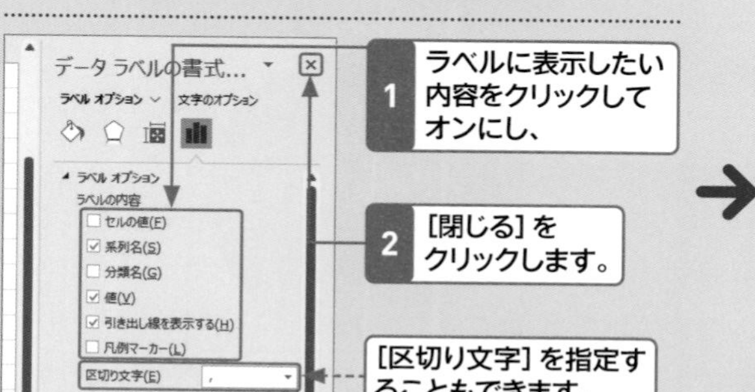

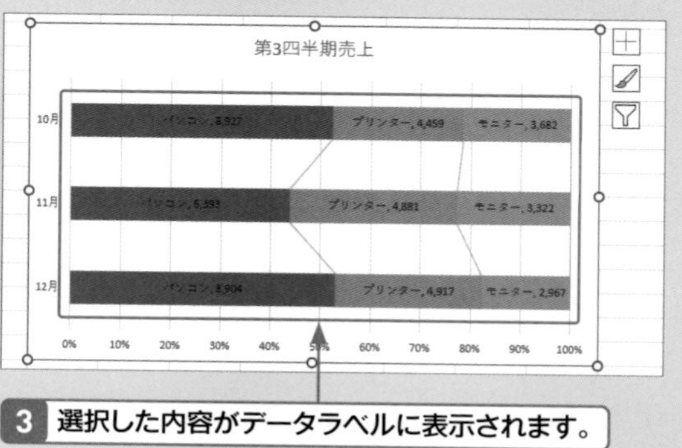

重要度 ★★★　グラフの書式

Q 496 グラフ内にもとデータの表を表示したい！

A データテーブルを表示します。

グラフの下には、データテーブルという形でもとデータの表を表示できます。グラフと同時に正確な数値も示したい場合に利用するとよいでしょう。データテーブルを表示するには、[グラフのデザイン]タブの[グラフ要素を追加]から設定します。

1 グラフをクリックして、[グラフのデザイン]タブをクリックします。

2 [グラフ要素を追加]をクリックして、

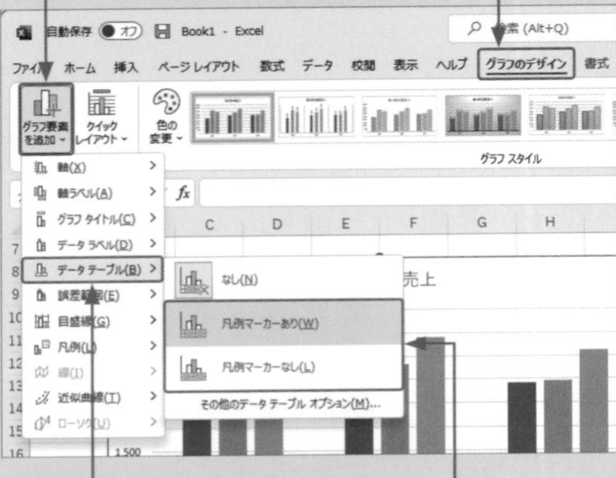

3 [データテーブル]にマウスポインターを合わせ、

4 [凡例マーカーなし]（あるいは[凡例マーカーあり]）をクリックすると、

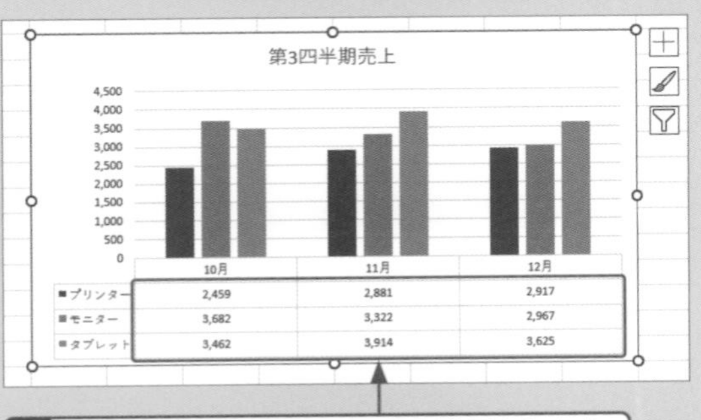

5 グラフの下にもとデータの表が表示されます。

重要度 ★★★　グラフの書式

Q 497 円グラフに項目名とパーセンテージを表示したい！

A [データラベルの書式設定]作業ウィンドウで設定します。

円グラフに項目名とパーセンテージを表示するには、グラフをクリックして、[グラフのデザイン]タブの[グラフ要素を追加]をクリックし、[データラベル]から[その他のデータラベルオプション]をクリックすると表示される[データラベルの書式設定]作業ウィンドウで設定します。

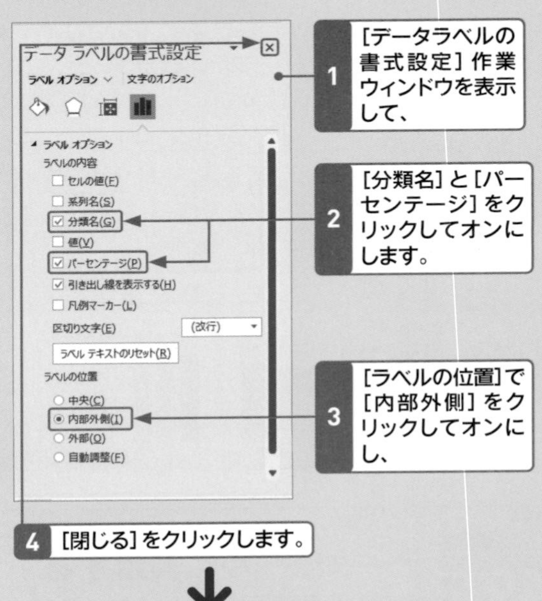

1 [データラベルの書式設定]作業ウィンドウを表示して、

2 [分類名]と[パーセンテージ]をクリックしてオンにします。

3 [ラベルの位置]で[内部外側]をクリックしてオンにし、

4 [閉じる]をクリックします。

5 円グラフに項目名とパーセンテージが表示されます。

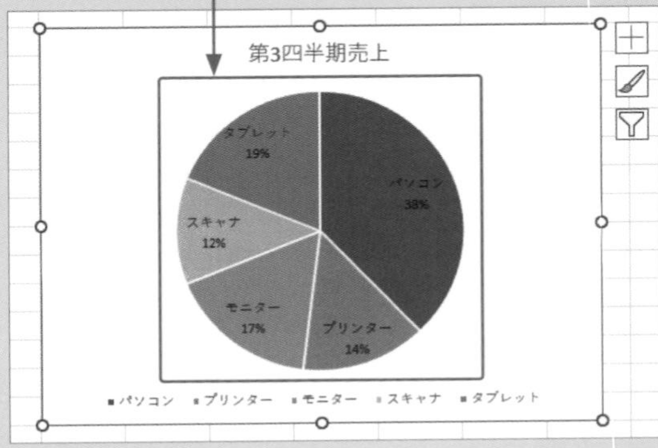

重要度 ★★★ グラフの書式

Q 498 グラフをテンプレートとして登録したい！

A 登録したいグラフをテンプレートとして保存します。

作成したグラフはテンプレートとして登録できます。グラフを登録しておくと、同じスタイルのグラフを作成する場合、書式を一から設定する手間が省けます。テンプレートの登録と、登録したテンプレートを使用するには、下の手順で操作します。

● グラフをテンプレートとして登録する

1 登録するグラフを右クリックして、

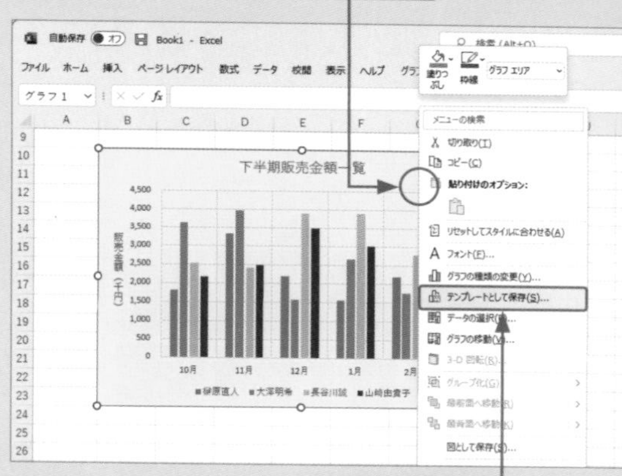

2 [テンプレートとして保存] をクリックします。

3 テンプレート名を入力して、

保存先が自動的に選択されます。

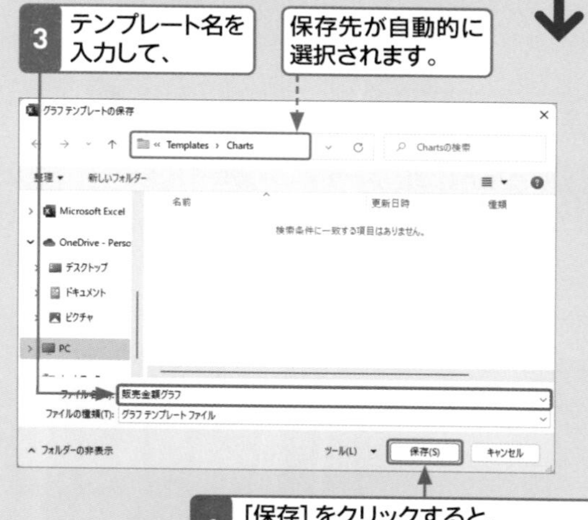

4 [保存] をクリックすると、テンプレートとして登録されます。

● 登録したテンプレートを使用する

1 グラフのもとになるセル範囲を選択して、

2 [挿入] タブをクリックし、

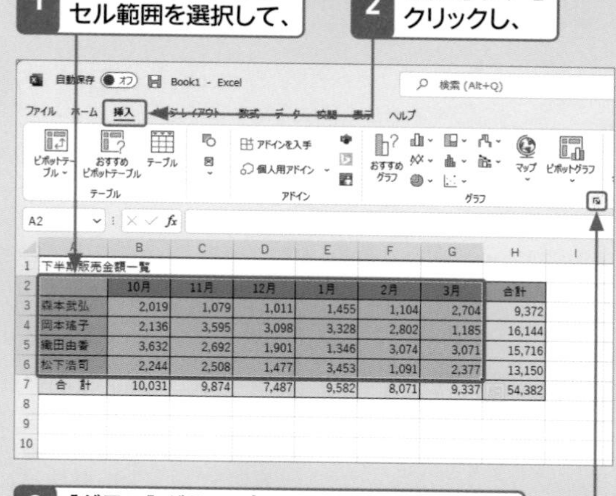

3 [グラフ] グループのここをクリックします。

4 [すべてのグラフ] をクリックして、

5 [テンプレート] をクリックし、

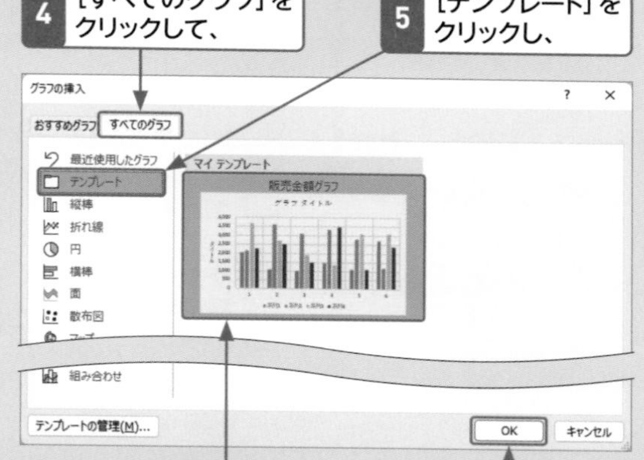

6 使用するテンプレートをクリックします。

7 [OK] をクリックすると、

8 テンプレートのスタイルに合わせたグラフが作成できます。

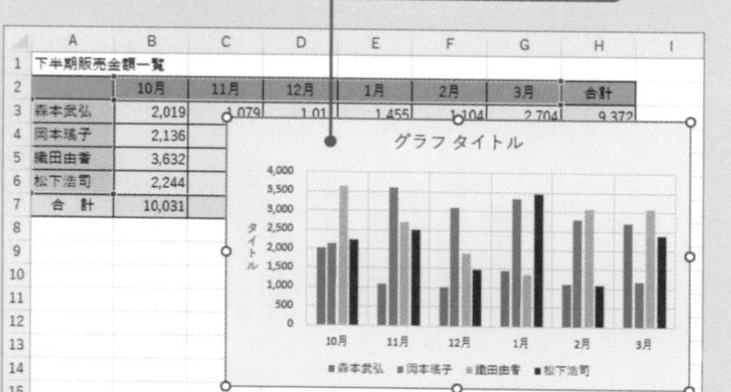

Q 499 グラフの背景にグラデーションや模様を表示したい！

A [グラフエリアの書式設定]作業ウィンドウで設定します。

グラフの背景に色を付けたり、グラデーションやテクスチャ（模様）を設定することができます。グラフエリアをクリックして、[書式]タブの[選択対象の書式設定]をクリックし、[グラフエリアの書式設定]作業ウィンドウの[塗りつぶし]で設定します。

● グラデーションを設定する

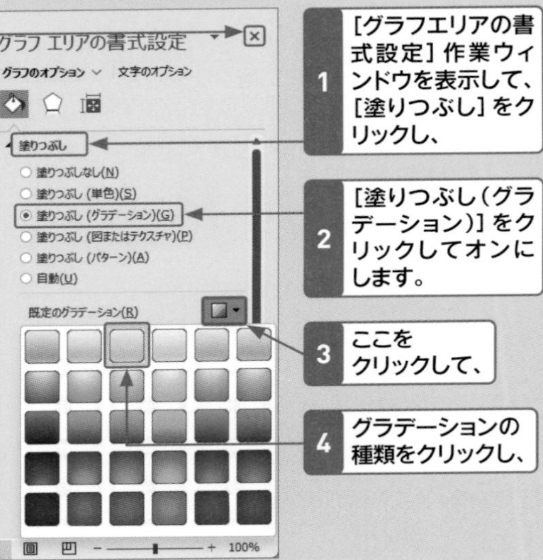

1 [グラフエリアの書式設定]作業ウィンドウを表示して、[塗りつぶし]をクリックし、

2 [塗りつぶし（グラデーション）]をクリックしてオンにします。

3 ここをクリックして、

4 グラデーションの種類をクリックし、

5 [閉じる]をクリックします。

6 グラフの背景にグラデーションが設定されます。

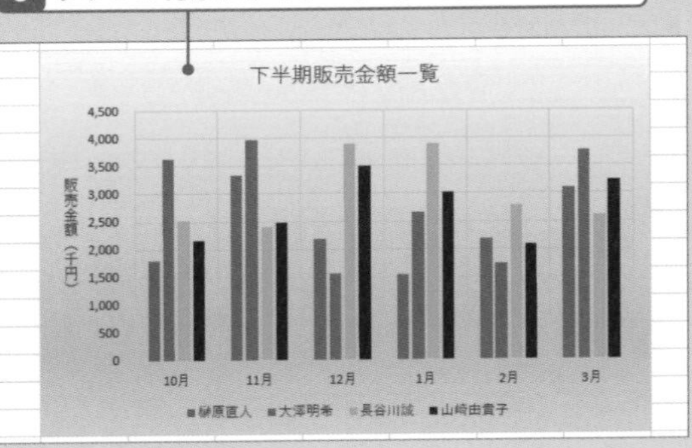

● テクスチャを設定する

1 [グラフエリアの書式設定]作業ウィンドウを表示して、[塗りつぶし]をクリックし、

2 [塗りつぶし（図またはテクスチャ）]をクリックしてオンにします。

3 [テクスチャ]をクリックして、

4 テクスチャの種類をクリックし、

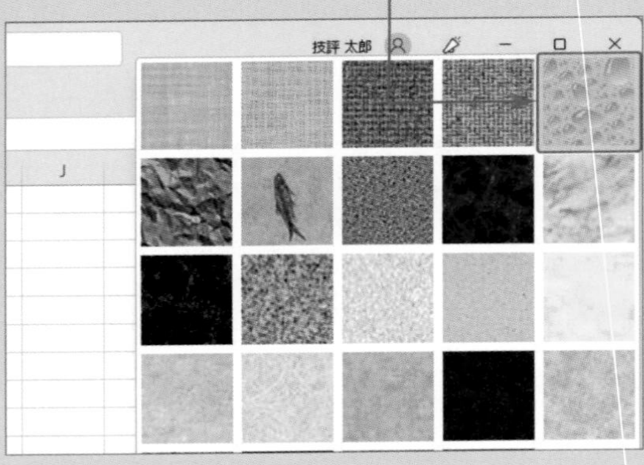

5 [閉じる]をクリックします。

6 グラフの背景にテクスチャが設定されます。

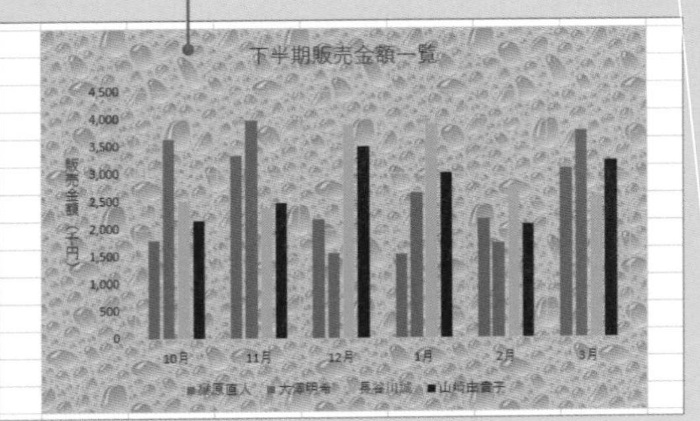

重要度 ★★★　高度なグラフの作成

Q 500 円グラフをデータ要素ごとに切り離したい！

A データ要素を選択してドラッグします。

円グラフで特定のデータ要素を目立たせたいときは、切り離して表示すると効果的です。切り離すデータ要素をクリックし、再度クリックすると、その要素だけが選択できます。その状態でドラッグすると、切り離すことができます。

1 切り離したいデータ要素をクリックします。

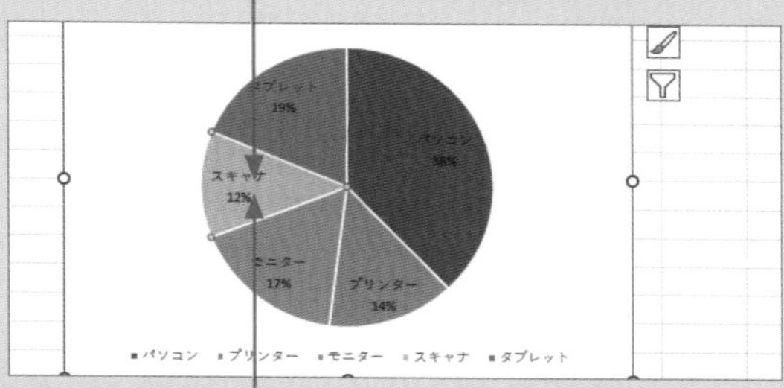

2 再度クリックすると、そのデータ要素だけが選択されます。

3 切り離すデータ要素をドラッグすると、

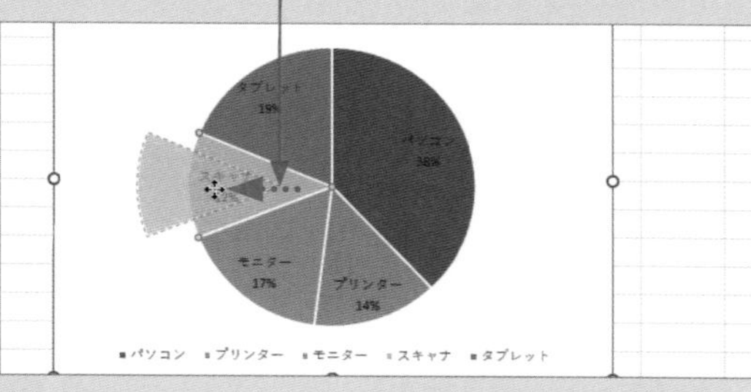

4 データ要素を切り離すことができます。

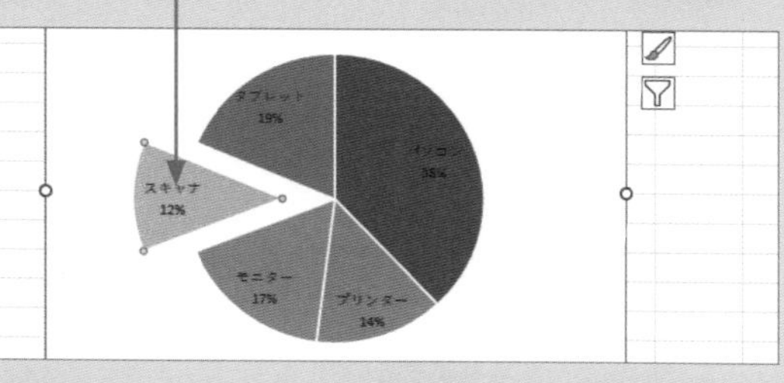

5 同様にほかのデータ要素も切り離すことができます。

重要度 ★★★　高度なグラフの作成

Q 501 絵グラフを作成したい！

A [データ系列の書式設定]作業ウィンドウで図を選択します。

グラフのデータ系列にはイラストや図形を表示することもできます。データ系列をクリックして、[書式]タブの[選択対象の書式設定]をクリックし、[データ系列の書式設定]作業ウィンドウで設定します。グラフに使用する画像は、あらかじめ用意しておきます。画像が用意できない場合は、オンラインからダウンロードすることもできます。

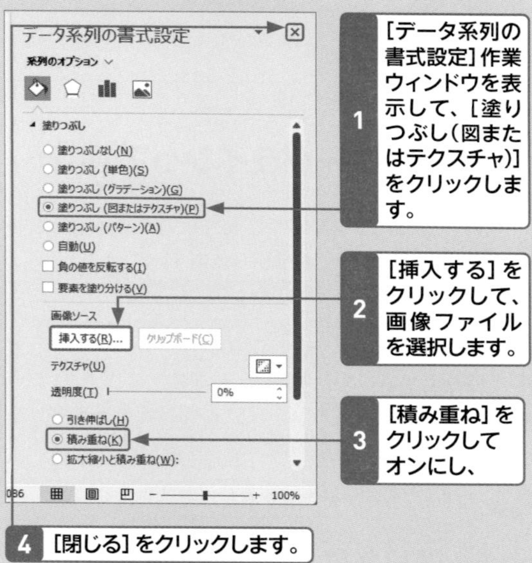

1 [データ系列の書式設定]作業ウィンドウを表示して、[塗りつぶし(図またはテクスチャ)]をクリックします。

2 [挿入する]をクリックして、画像ファイルを選択します。

3 [積み重ね]をクリックしてオンにし、

4 [閉じる]をクリックします。

5 データ系列にイラストが積み重ねられて表示されます。

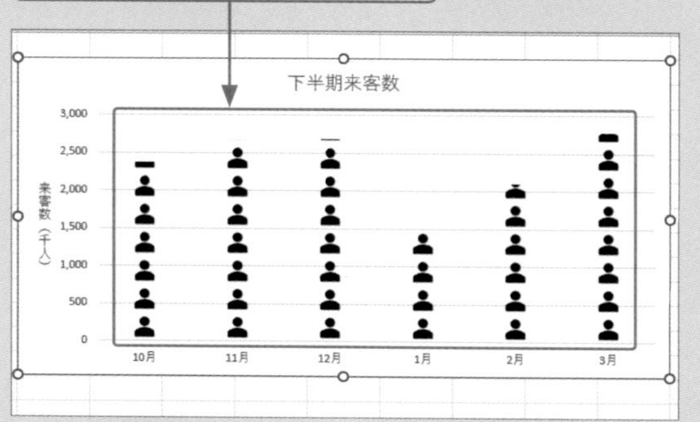

重要度 ★★★　高度なグラフの作成

Q 502 「Y=X²」のグラフを作成したい！

A 表をもとに点と線でつないだ散布図を作成します。

Y=X^2のグラフを作成するには、まずグラフ化したい範囲のY=X^2の表を作成します。この表をもとデータとしてグラフを作成しますが、2軸ともに数値軸にする必要があるため、折れ線グラフではなく、直線とマーカーを組み合わせた散布図を作成します。

グラフにしたいセル範囲を選択して、[挿入] タブの [散布図] をクリックし、[散布図（直線とマーカー）] をクリックします。

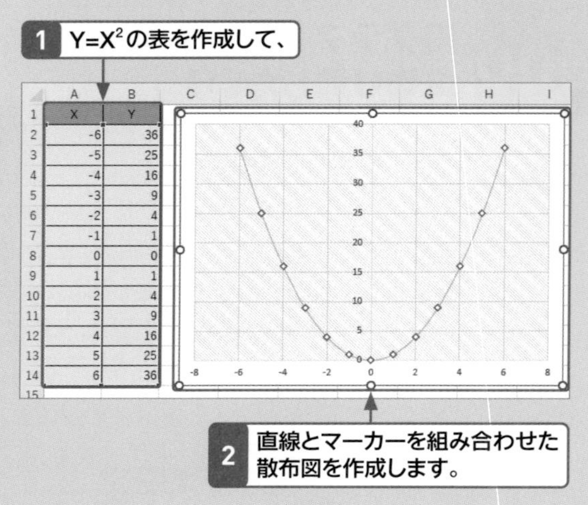
1 Y=X²の表を作成して、
2 直線とマーカーを組み合わせた散布図を作成します。

X	Y
-6	36
-5	25
-4	16
-3	9
-2	4
-1	1
0	0
1	1
2	4
3	9
4	16
5	25
6	36

重要度 ★★★　高度なグラフの作成

Q 503 スパークラインって何？

A セルの中に埋め込まれる小さなグラフのことです。

「スパークライン」は、セルの中に小さなグラフを作成する機能です。スパークラインを作成することで、データの傾向を表の項目ごとに視覚的に表現できます。「折れ線」「縦棒」「勝敗」の3種類のグラフが作成できます。

1 スパークラインを作成するセル範囲を選択して、

2 [挿入] タブをクリックし、

3 目的のスパークライン（ここでは [折れ線]）をクリックします。

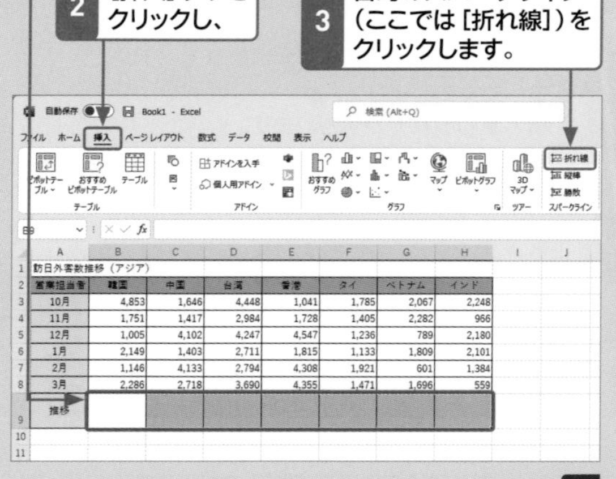

訪日外客数推移（アジア）

営業担当者	韓国	中国	台湾	香港	タイ	ベトナム	インド
10月	4,853	1,646	4,448	1,041	1,785	2,067	2,248
11月	1,751	1,417	2,984	1,728	1,405	2,282	966
12月	1,005	4,102	4,247	4,547	1,236	789	2,180
1月	2,149	1,403	2,711	1,815	1,133	1,809	2,101
2月	1,146	4,133	2,794	4,308	1,921	601	1,384
3月	2,286	2,718	3,690	4,355	1,471	1,696	559
推移							

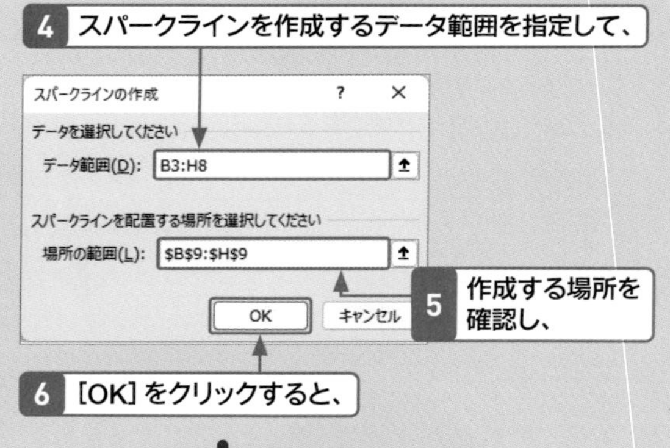
4 スパークラインを作成するデータ範囲を指定して、
スパークラインの作成
データを選択してください
データ範囲(D): B3:H8
スパークラインを配置する場所を選択してください
場所の範囲(L): $B$9:$H$9
OK
キャンセル
5 作成する場所を確認し、
6 [OK] をクリックすると、

7 スパークラインが作成されます。

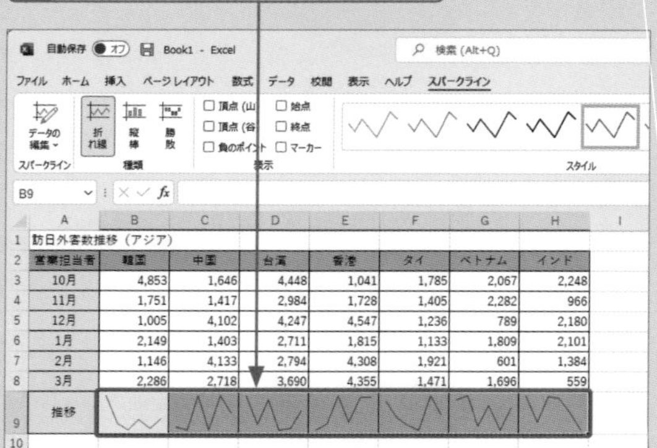

訪日外客数推移（アジア）

営業担当者	韓国	中国	台湾	香港	タイ	ベトナム	インド
10月	4,853	1,646	4,448	1,041	1,785	2,067	2,248
11月	1,751	1,417	2,984	1,728	1,405	2,282	966
12月	1,005	4,102	4,247	4,547	1,236	789	2,180
1月	2,149	1,403	2,711	1,815	1,133	1,809	2,101
2月	1,146	4,133	2,794	4,308	1,921	601	1,384
3月	2,286	2,718	3,690	4,355	1,471	1,696	559
推移							

[スパークライン] タブを利用すると、スパークラインの表示やスタイルなどを変更できます。

Q 504 スパークラインの縦軸の範囲を揃えたい！

A スパークラインの軸の設定で縦軸の最小値と最大値を同じにします。

スパークラインを作成すると、数値の最大値と最小値がセルの高さに合わせて自動設定されたグラフが作成されます。データの推移を確認するには向いていますが、グラフどうしで数値の大きさを見比べることはできません。この場合は、スパークラインの縦軸の範囲を揃えることで、比較できるようになります。

1 スパークラインが表示されているいずれかのセルをクリックして選択します。

訪日外客数推移（アジア）							
営業担当者	韓国	中国	台湾	香港	タイ	ベトナム	インド
10月	4,853	1,646	4,448	1,041	1,785	2,067	2,248
11月	1,751	1,417	2,984	1,728	1,405	2,282	966
12月	1,005	4,102	4,247	4,547	1,236	789	2,180
1月	2,149	1,403	2,711	1,815	1,133	1,809	2,101
2月	1,146	4,133	2,794	4,308	1,921	601	1,384
3月	2,286	2,718	3,690	4,355	1,471	1,696	559
推移							

2 ［スパークライン］タブをクリックして、

3 ［軸］をクリックし、

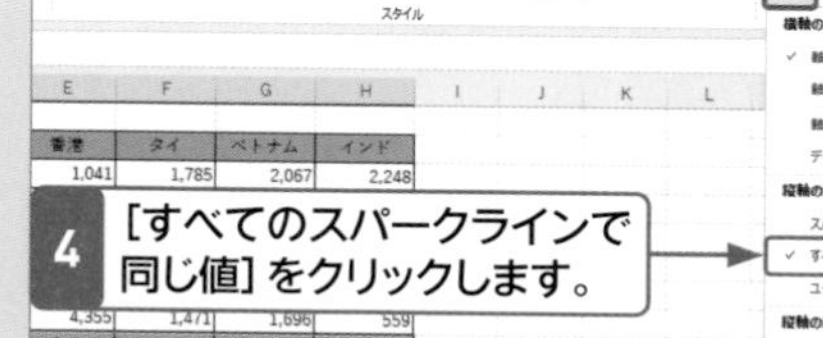

4 ［すべてのスパークラインで同じ値］をクリックします。

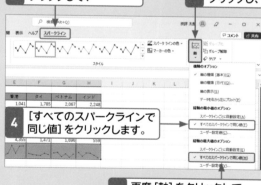

5 再度［軸］をクリックして、［すべてのスパークラインで同じ値］をクリックすると、

6 スパークラインの縦軸の範囲が揃います。

訪日外客数推移（アジア）							
営業担当者	韓国	中国	台湾	香港	タイ	ベトナム	インド
10月	4,853	1,646	4,448	1,041	1,785	2,067	2,248
11月	1,751	1,417	2,984	1,728	1,405	2,282	966
12月	1,005	4,102	4,247	4,547	1,236	789	2,180
1月	2,149	1,403	2,711	1,815	1,133	1,809	2,101
2月	1,146	4,133	2,794	4,308	1,921	601	1,384
3月	2,286	2,718	3,690	4,355	1,471	1,696	559
推移							

Q 505 グラフ上に図形を作成したい！

A グラフを選択した状態で図形を作成します。

グラフに図形やテキストを追加したい場合は、グラフを選択した状態でテキストボックスを作成して文字列を入力したり、図形を追加したりします。
グラフに追加した図形はグラフの一部として扱われるため、グラフの外側には移動できません。また、グラフのサイズを変更すると図形のサイズも変更されます。

1 ［挿入］タブの［図］から［図形］をクリックして、図形（ここでは［吹き出し:四角形］）をクリックします。

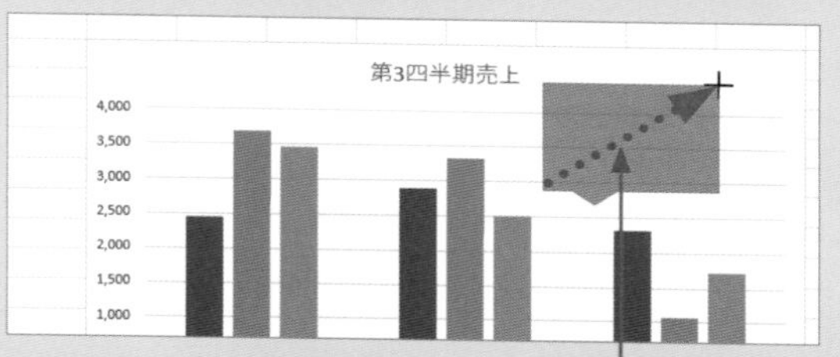

2 ドラッグして図形を作成し、

3 図形が選択された状態で文字を入力します。

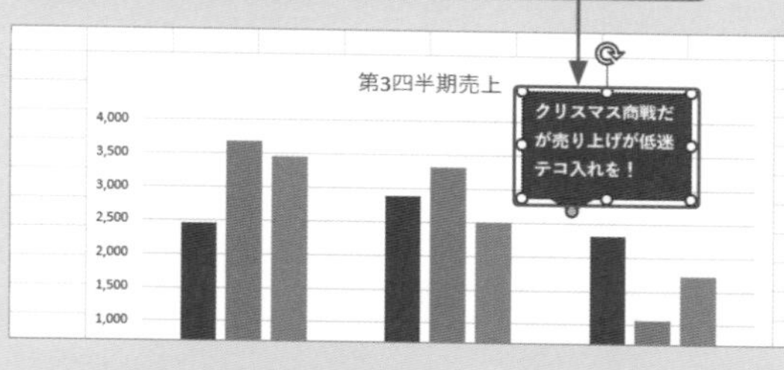

図形の周囲のハンドルをドラッグすると、サイズや形状を変更できます。

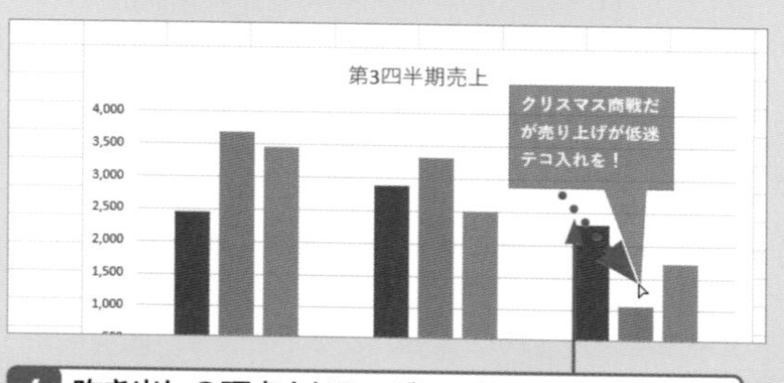

4 吹き出しの頂点をドラッグして位置を調整します。

重要度★★★ 高度なグラフの作成

Q 506 最近追加されたグラフには何があるの？

A Excel 2016以降では、7種類のグラフが追加されています。

Excel 2016では、ツリーマップ、サンバースト、ヒストグラム、箱ひげ図、ウォーターフォールの5種類のグラフが、Excel 2019ではじょうごグラフとマップグラフが追加されました。ヒストグラムを選択すると、パレート図を作成することもできます。ここでは、それぞれのグラフの例とその用途を紹介します。

●ツリーマップ

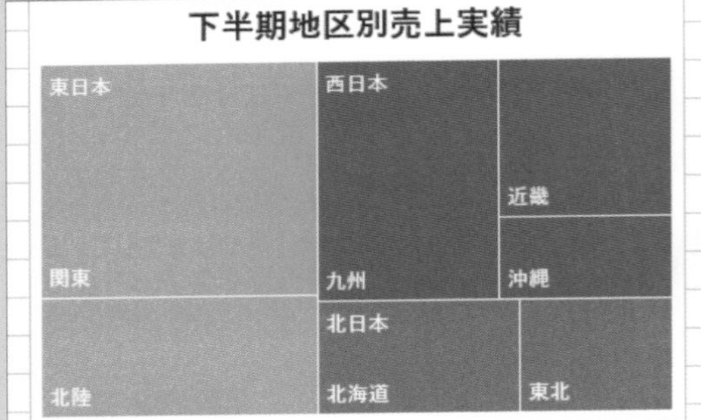

ツリーマップは、データの階層とその階層内のデータを面積の比率で表したものです。全体の中から特定のデータがどのくらいのウエイトにあるのかを見るときに用いられます。全体を大きな矩形で表し、1段目の階層は色分けした矩形の面積で、階層内のデータは比率に応じた小さな矩形で表されます。

●サンバースト

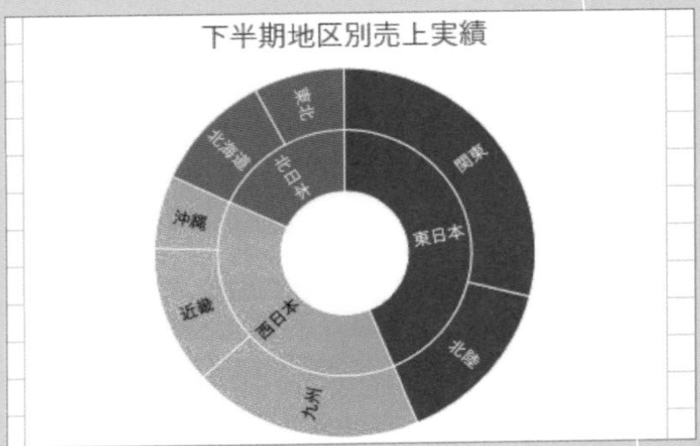

サンバーストは、データの階層とその階層内のデータの比率を表したドーナツグラフの一種です。もっとも内側の円が最上位の階層に、外側が下位階層のデータになります。複数の階層があるデータの比率を視覚的に表現でき、円全体を100％としたときに特定のデータが何％になるのかを見ることができます。

●ヒストグラム

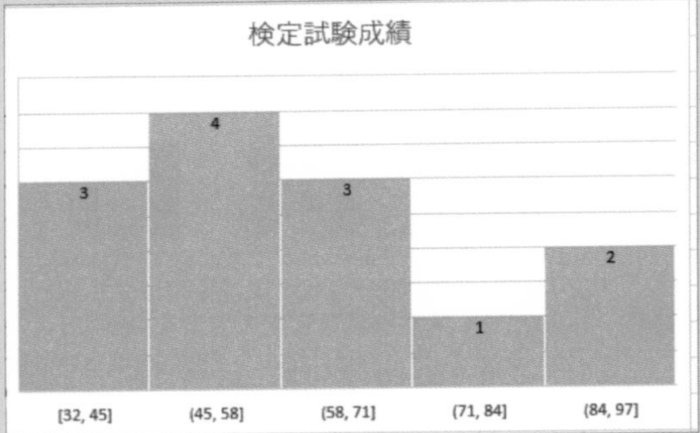

ヒストグラムは、データの頻度を縦棒グラフで表示したもので、データがどのような分布をしているかを表す場合に使用します。多くのデータがあるとき、一定の範囲にあるデータ数をグラフ化することで、出現頻度を視覚的に見ることができます。「度数分布図」と呼ばれることもあります。

●箱ひげ図

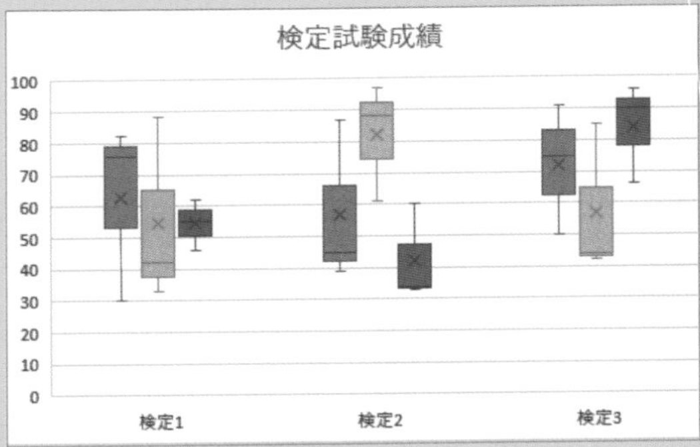

箱ひげ図は、統計分析で一般的に用いられているもので、四分位（データを昇順に並べて4等分したもの）を用いてデータのばらつきを表します。四角形で表現されている部分を「箱」、その上下に表示されている線を「ひげ」といい、ひげの上端がデータの最大値、下端が最小値を表します。

●パレート図

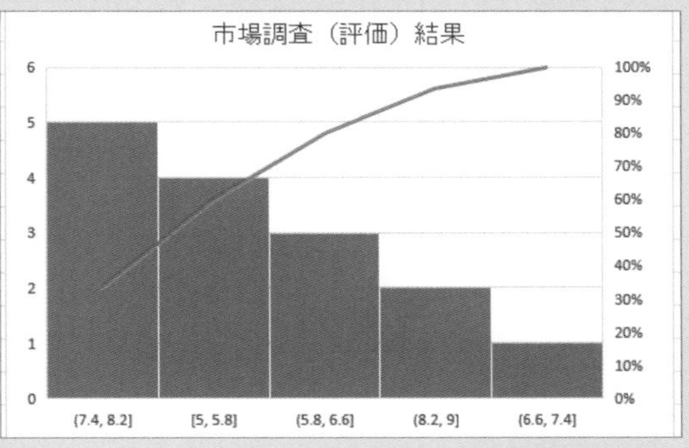

パレート図は、データを項目順に分類して降順に並べた縦棒グラフと、その累積構成比を表す折れ線グラフを組み合わせた複合グラフです。全体の中で大きな影響を占めるものが何であるかを明確にし、重点的に取り組むべき問題を特定する場合などに用いられます。

●ウォーターフォール

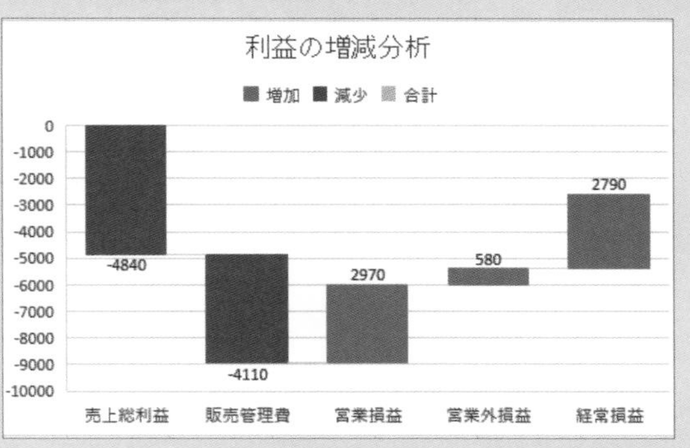

ウォーターフォールには、値が加算または減算されたときの合計が表示されます。データの大きさやその変化を分解して、視覚的に表現したいときに用いられます。初期値（このグラフの例では売上総利益）が、一連の正と負の値によって影響を受ける原因を見る場合などに役立ちます。

●じょうごグラフ

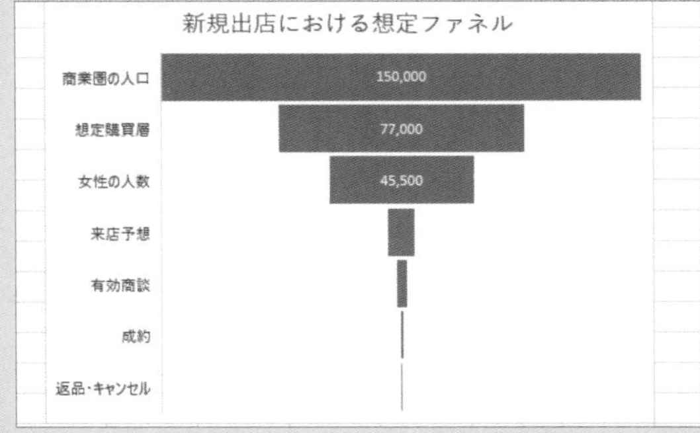

じょうごグラフは、段階ごとの相対的な数値の変化を表す場合に利用します。たとえば、新規出店する際、出店地の商業圏人口から実際に購買に結びつく人数を想定する場合などに用いられます。

●マップグラフ

マップグラフは、各国の人口やGDPなどのデータを地図上に表示させることができます。国や地域、都道府県、市区町村、郵便番号など、データに地理的な領域がある場合に使用します。

重要度 ★★★ 高度なグラフの作成

Q 507 2種類のグラフが混在したグラフを作りたい！

A [グラフの挿入]ダイアログボックスの[組み合わせ]から作成します。

異なる種類のグラフを1つに組み合わせたグラフを「複合グラフ」と呼びます。[グラフの挿入]ダイアログボックスの[組み合わせ]から、組み合わせる種類のグラフや軸などを選択するだけでかんたんに複合グラフを作成できます。ここでは、販売数を縦棒グラフ、平均気温を折れ線グラフで表した複合グラフを作成します。

1 グラフにするセル範囲を選択します。

2 [挿入]タブをクリックして、

3 [複合グラフの挿入]をクリックし、

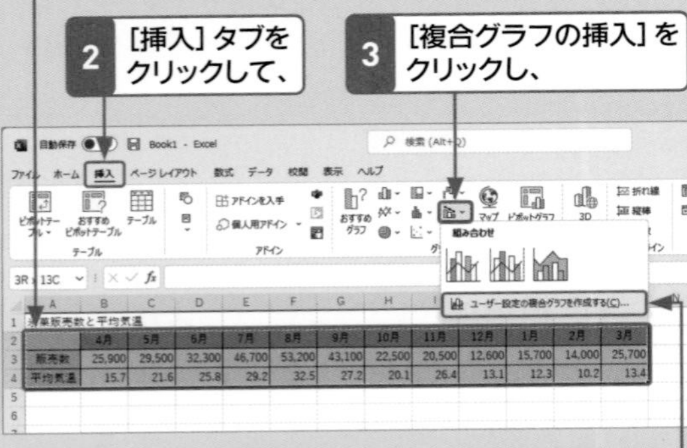

4 [ユーザー設定の複合グラフを作成する]をクリックします。

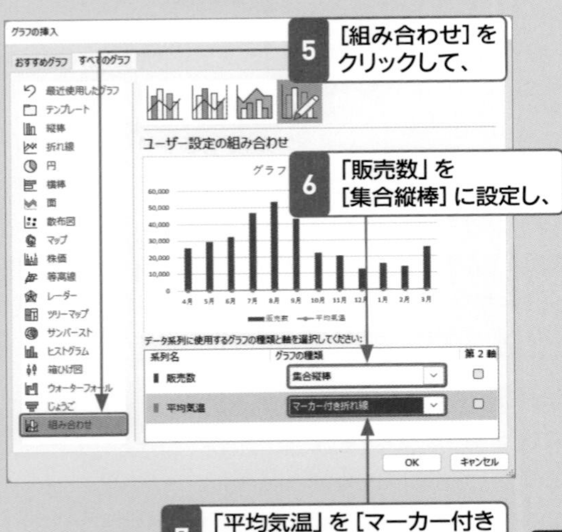

5 [組み合わせ]をクリックして、

6 「販売数」を[集合縦棒]に設定し、

7 「平均気温」を[マーカー付き折れ線]に設定します。

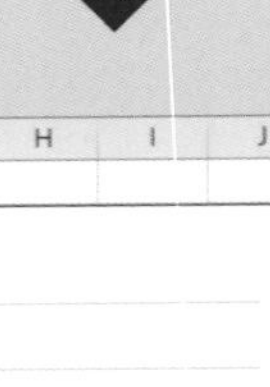

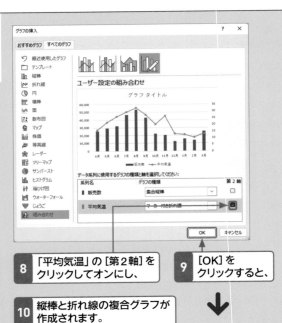

8 「平均気温」の[第2軸]をクリックしてオンにし、

9 [OK]をクリックすると、

10 縦棒と折れ線の複合グラフが作成されます。

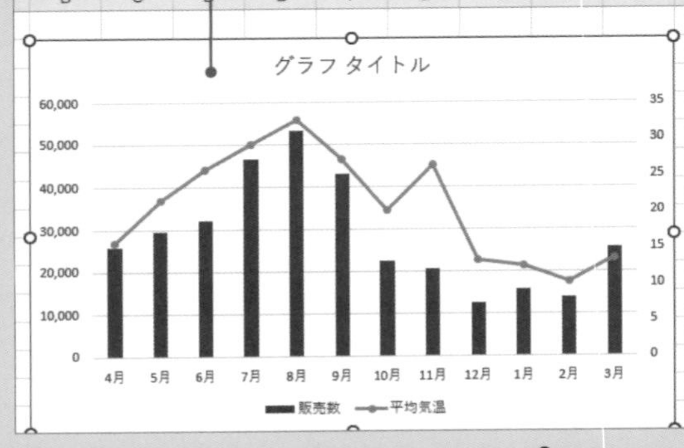

11 軸ラベルを追加して、

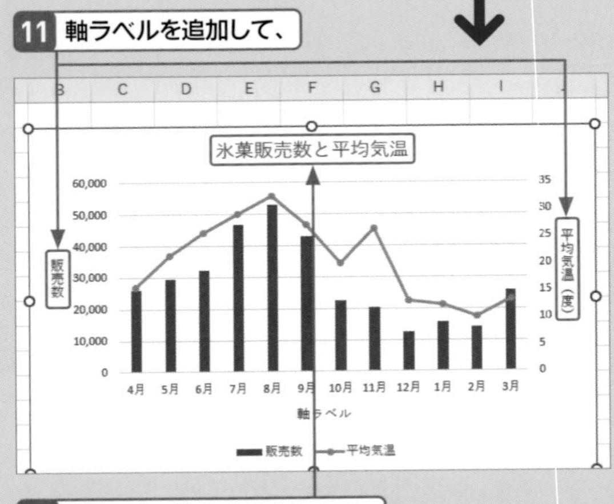

12 グラフタイトルを入力します。

第8章

データベースの「こんなときどうする?」

重要度 ★★★ データの並べ替え

Q 508 Excelをデータベースソフトとして使いたい!

Excelで並べ替えや抽出、集計などのデータベース機能を利用するには、表を「リスト形式」で作成する必要があります。リスト形式の表とは、列ごとに同じ種類のデータが入力されていて、先頭行に列の見出しとなる列見出し（列ラベル）が入力されている一覧表のことです。それぞれの列を「フィールド」、1件分（1行分）のデータを「レコード」と呼びます。

A 表をリスト形式で作成します。

● リスト形式の表

	A	B	C	D	E	F	G	H
3	名前	所属部署	入社日	雇用形態	郵便番号	都道府県	市区町村	電話番号
4	石田　理恵	営業部	2022/4/4	社員	156-0045	東京都	世田谷区桜上水x-x-x	03-3329-0000
5	竹内　息吹	商品部	2022/4/4	社員	274-0825	千葉県	船橋市中野木本町x-x	047-474-0000
6	川本　愛	企画部	2022/4/4	パート	259-1217	神奈川県	平塚市長持xx	046-335-0000
7	大場　由記斗	営業部	2022/9/5	社員	180-0000	東京都	武蔵野市吉祥寺西町x	03-5215-0000
8	花井　賢二	企画部	2022/9/12	契約社員	157-0072	東京都	世田谷区祖師谷x-x	03-7890-0000
9	神木　実子	営業部	2021/9/6	社員	101-0051	東京都	千代田区神田神保町x	03-3518-0000
10	来原　聖人	商品部	2021/4/5	社員	252-0318	神奈川県	相模原市鶴間x-x	042-123-0000
11	宝田　卓也	企画部	2021/4/5	社員	160-0008	東京都	新宿区三栄町x-x	03-5362-0000
12	長汐　冬実	商品部	2021/4/5	パート	104-0032	東京都	中央区八丁堀x-x	03-3552-0000
13	宇多田　星斗	商品部	2021/4/2	社員	134-0088	東京都	江戸川区西葛西xx-x	03-5275-0000
14	堀田　真琴	企画部	2020/6/1	社員	224-0025	神奈川県	横浜市都筑xx	045-678-0000
15	清水　光一	営業部	2020/4/2	パート	145-8502	東京都	品川区西五反田x-x	03-3779-0000
16								
17	名前	所属部署	入社日	雇用形態	郵便番号	都道府県	市区町村	電話番号
18	宮下　穂希	企画部	2019/4/2	社員	166-0013	東京都	杉並区堀の内x-x	03-5678-0000
19	近松　新一	人事部	2018/5/10	パート	162-0811	東京都	新宿区水道町x-x-x	03-4567-0000
20	松木　結愛	営業部	2018/4/5	社員	274-0825	千葉県	船橋市中野木本町x-x	047-474-0000
21	菊池　亜湖	営業部	2018/4/2	社員	247-0072	神奈川県	鎌倉市岡本xx	03-1234-0000

重要度 ★★★ データの並べ替え

Q 509 データを昇順や降順で並べ替えたい!

データを並べ替えるには、並べ替えの基準とするフィールドのセルをクリックして、[データ] タブの [昇順] あるいは [降順] をクリックします。昇順では0～9、A～Z、日本語の順で、降順はその逆の順で並べ替えられます。日本語は漢字、ひらがな、カタカナの順に並べ替えられます。アルファベットの大文字と小文字は区別されません。

A [データ] タブの [昇順] あるいは [降順] を利用します。

1 基準となるフィールドのセルをクリックして（ここでは「名前」）、

2 [データ] タブをクリックし、

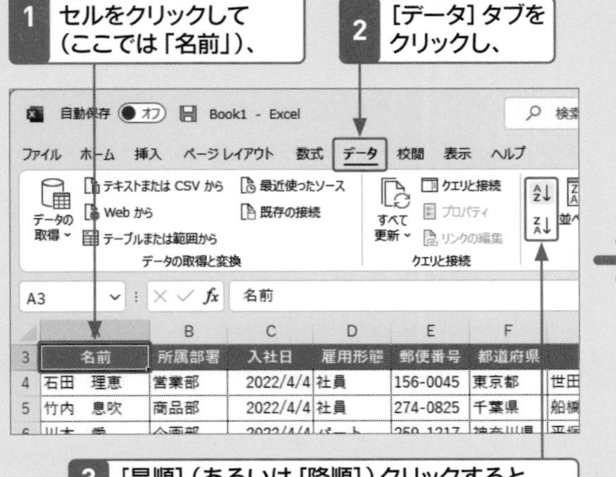

3 [昇順]（あるいは [降順]）クリックすると、

4 選択したセルを含むフィールドを基準にして、表全体が昇順（あるいは降順）に並べ替えられます。

A3 名前

	A	B	C	D	E	F	G
3	名前	所属部署	入社日	雇用形態	郵便番号	都道府県	市区町村
4	石田　理恵	営業部	2022/4/4	社員	156-0045	東京都	世田谷区桜上水
5	宇多田　星斗	商品部	2021/4/2	社員	134-0088	東京都	江戸川区西葛西
6	大場　由記斗	営業部	2022/9/5	社員	180-0000	東京都	武蔵野市吉祥寺
7	神木　実子	営業部	2021/9/6	社員	101-0051	東京都	千代田区神田神
8	川本　愛	企画部	2022/4/4	パート	259-1217	神奈川県	平塚市長持xx
9	来原　聖人	商品部	2021/4/5	社員	252-0318	神奈川県	相模原市鶴間x-
10	清水　光一	営業部	2020/4/2	パート	145-8502	東京都	品川区西五反田
11	宝田　卓也	企画部	2021/4/5	社員	160-0008	東京都	新宿区三栄町x-
12	竹内　息吹	商品部	2022/4/4	社員	274-0825	千葉県	船橋市中野木本
13	長汐　冬実	商品部	2021/4/5	パート	104-0032	東京都	中央区八丁堀x-
14	花井　賢二	企画部	2022/9/12	契約社員	157-0072	東京都	世田谷区祖師谷
15	堀田　真琴	企画部	2020/6/1	社員	224-0025	神奈川県	横浜市都筑xx
16							
17	名前	所属部署	入社日	雇用形態	郵便番号	都道府県	市区町村
18	宮下　穂希	企画部	2019/4/2	社員	166-0013	東京都	杉並区堀の内x-

重要度 ★★★　データの並べ替え

複数条件でデータを並べ替えたい！

A 並べ替えのレベルを追加して指定します。

複数の条件でデータを並べ替えるには、[データ]タブの[並べ替え]をクリックすると表示される[並べ替え]ダイアログボックスで、[レベルの追加]をクリックし、並べ替えの条件を設定する行を追加します。最大で64の条件を設定できます。

複数条件で並べる場合は、優先順位の高い列から並べ替えの設定をするとよいでしょう。

1 [データ]タブをクリックして、

2 [並べ替え]をクリックします。

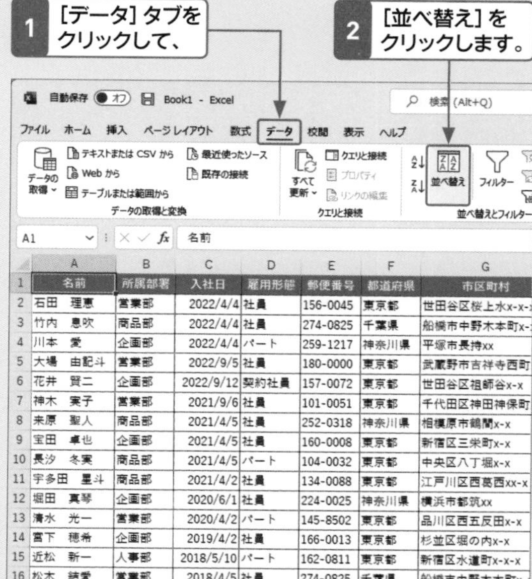

	A	B	C	D	E	F	G
1	名前	所属部署	入社日	雇用形態	郵便番号	都道府県	市区町村
2	石田　理恵	営業部	2022/4/4	社員	156-0045	東京都	世田谷区桜上水x-x-
3	竹内　恵吹	商品部	2022/4/4	社員	274-0825	千葉県	船橋市中野木本町x-
4	川本　愛	企画部	2022/4/4	パート	259-1217	神奈川県	平塚市長持xx
5	大場　由紀斗	営業部	2022/9/5	社員	180-0000	東京都	武蔵野市吉祥寺西町
6	花井　賢二	企画部	2022/9/12	契約社員	157-0072	東京都	世田谷区祖師谷x-x
7	神木　実子	営業部	2021/9/6	社員	101-0051	東京都	千代田区神田神保町
8	来原　聖人	商品部	2021/4/5	社員	252-0318	神奈川県	相模原市鶴間x-x
9	宝田　卓也	企画部	2021/4/5	社員	160-0008	東京都	新宿区三栄町x-x
10	長汐　冬実	商品部	2021/4/5	パート	104-0032	東京都	中央区八丁堀x-x
11	宇多田　星斗	商品部	2021/4/2	社員	134-0088	東京都	江戸川区西葛西xx-x
12	堀田　真琴	企画部	2020/6/1	社員	224-0025	神奈川県	横浜市都筑xx
13	清水　光一	営業部	2020/4/2	パート	145-8502	東京都	品川区西五反田x-x
14	宮下　穂希	企画部	2019/4/2	社員	166-0013	東京都	杉並区堀の内x-x
15	近松　新一	人事部	2018/5/10	パート	162-0811	東京都	新宿区水道町x-x-x
16	松木　結愛	営業部	2018/4/5	社員	274-0825	千葉県	船橋市中野木本町x-

3 ここをクリックして、

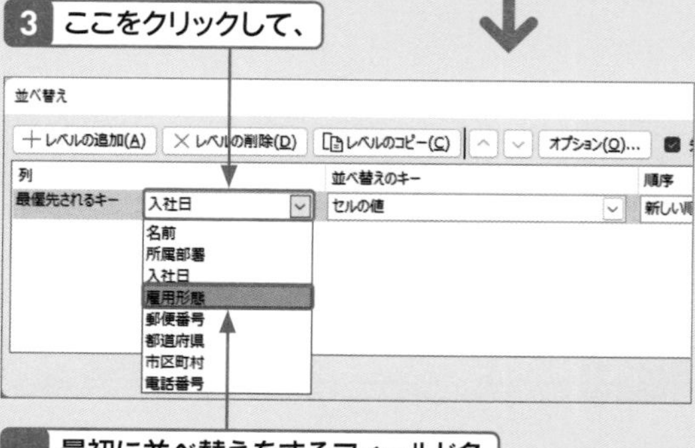

4 最初に並べ替えをするフィールド名（ここでは「雇用形態」）を指定し、

5 並べ替えのキーと順序を指定します。

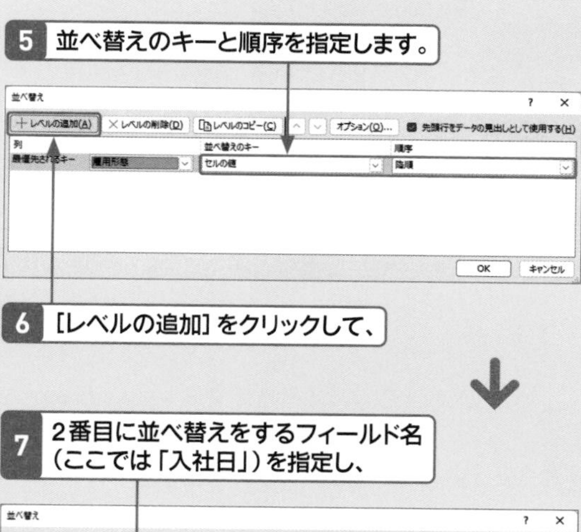

6 [レベルの追加]をクリックして、

7 2番目に並べ替えをするフィールド名（ここでは「入社日」）を指定し、

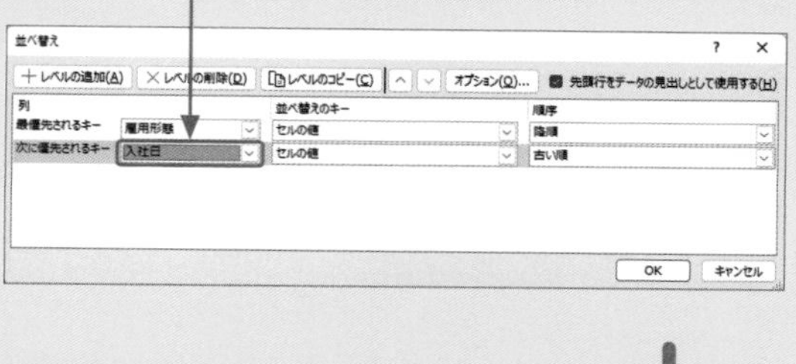

8 並べ替えのキーと順序を指定します。

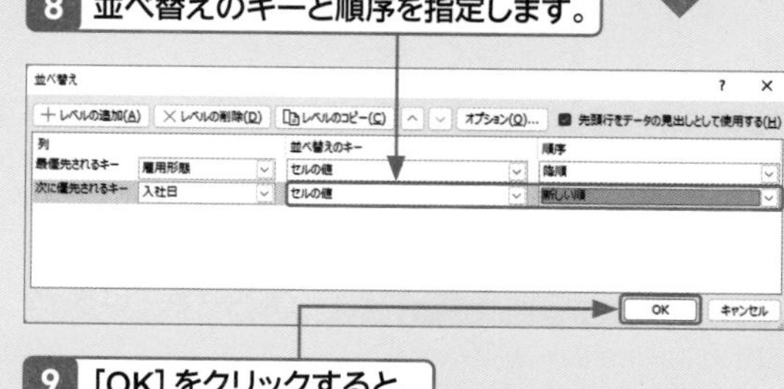

9 [OK]をクリックすると、

10 指定した2つのフィールドを基準に並べ替えられます（ここでは「雇用形態」と「入社日」）。

	A	B	C	D	E	F	G
1	名前	所属部署	入社日	雇用形態	郵便番号	都道府県	市区町村
2	花井　賢二	企画部	2022/9/12	契約社員	157-0072	東京都	世田谷区祖師谷x-x
3	大磯　亮太	営業部	2014/4/2	契約社員	135-0053	東京都	江東区辰巳x-x-x
4	荒木　阿弓	営業部	2009/4/2	契約社員	157-0072	東京都	世田谷区祖師谷x-x
5	大場　由紀斗	営業部	2022/9/5	社員	180-0000	東京都	武蔵野市吉祥寺西町
6	石田　理恵	営業部	2022/4/4	社員	156-0045	東京都	世田谷区桜上水x-x-
7	竹内　恵吹	商品部	2022/4/4	社員	274-0825	千葉県	船橋市中野木本町x-
8	神木　実子	営業部	2021/9/6	社員	101-0051	東京都	千代田区神田神保町
9	来原　聖人	商品部	2021/4/5	社員	252-0318	神奈川県	相模原市鶴間x-x
10	宝田　卓也	企画部	2021/4/5	社員	160-0008	東京都	新宿区三栄町x-x
11	宇多田　星斗	商品部	2021/4/2	社員	134-0088	東京都	江戸川区西葛西xx-x
12	堀田　真琴	企画部	2020/6/1	社員	224-0025	神奈川県	横浜市都筑xx
13	宮下　穂希	企画部	2019/4/2	社員	166-0013	東京都	杉並区堀の内x-x
14	松木　結愛	営業部	2018/4/5	社員	274-0825	千葉県	船橋市中野木本町x-
15	菊池　亜湖	営業部	2018/4/2	社員	247-0072	神奈川県	鎌倉市岡本xx
16	神田　明人	営業部	2017/9/9	社員	352-0032	埼玉県	新座市新堀xx

重要度 ★★★ データの並べ替え

Q 511 「すべての結合セルを同じサイズにする必要がある」と表示された！

A 結合を解除するか、同じ数の結合セルで表を構成します。

「この操作を行うには、すべての結合セルを同じサイズにする必要があります。」というメッセージは、リスト形式の表の一部のセルが結合されているときに表示されます。並べ替えを実行するためには、結合を解除する必要があります。なお、下図のように、すべてのフィールドが横2セルなど、同じ数の結合セルで構成されているときは、並べ替えを行うことができます。

● 並べ替えができない表

営業担当別売上一覧			
担当者	10月	11月	12月
後藤智之	3,983,000	4,249,000	3,605,000
佐々木緑	2,062,000	3,864,000	3,244,000
望月田穂	3,716,000	3,542,000	

表の一部の列だけが結合されている。

● 並べ替えができる表

営業担当別売上一覧			
担当者	10月	11月	12月
後藤智之	3,983,000	4,249,000	3,605,000
佐々木緑	2,062,000	3,864,000	3,244,000
望月田穂	3,716,000	3,542,000	

表のすべての列が結合されている。

重要度 ★★★ データの並べ替え

Q 512 表の一部しか並べ替えができない！

A 空白行または空白列がないか確認し、あれば削除しましょう。

並べ替えを実行した際、表の一部しか並べ替えられない場合は、表の途中に空白の列か行が挿入されている可能性があります。空白の列や行が挿入されていると、その前後の表は別の表として認識されるため、アクティブセル（選択中のセル）があるほうのデータしか並べ替えられません。すべてのデータを並べ替えの対象とするには、空白の列または行を削除して、再度並べ替えを実行しましょう。

重要度 ★★★ データの並べ替え

Q 513 数値が正しい順番で並べ替えられない！

A セルの表示形式を「標準」または「数値」に変更します。

数値が入力されているセルの表示形式が「文字列」になっていて、全角文字で入力されていると、「500」と「1000」では先頭の数字が大きい「500」のほうが後になります。正しい順番で並べ替えるには、セルの表示形式を「標準」または「数値」に変更します。

重要度 ★★★ データの並べ替え

Q 514 氏名が五十音順に並べ替えられない！

A 間違った読み情報が登録されている可能性があります。

Excelでは、データの入力時に自動的に記録される読み情報に従って漢字が並べ替えられます。正しい読み順にならない場合は、異なった読みで入力したか、ほかのソフトで入力したデータをコピーするなどして、読み情報がない可能性があります。

読み情報が間違っていたり、読み情報がない部分を探して漢字を入力し直すか、ふりがなを修正すると、正しい順で並べ替えられるようになります。読み情報を確認するには、PHONETIC関数を利用して、セルから読み情報を取り出します。 参照▶Q 265, Q 430

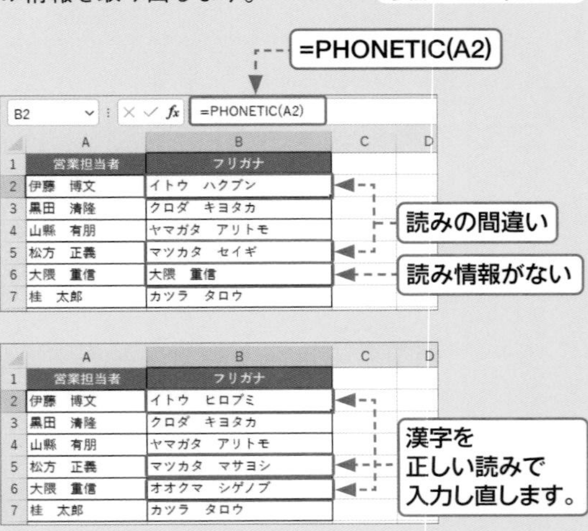

=PHONETIC(A2)
B2
=PHONETIC(A2)
営業担当者
フリガナ
伊藤　博文　イトウ　ハクブン
黒田　清隆　クロダ　キヨタカ
山縣　有朋　ヤマガタ　アリトモ
松方　正義　マツカタ　セイギ
大隈　重信　大隈　重信
桂　太郎　カツラ　タロウ
読みの間違い
読み情報がない
営業担当者
フリガナ
伊藤　博文　イトウ　ヒロブミ
黒田　清隆　クロダ　キヨタカ
山縣　有朋　ヤマガタ　アリトモ
松方　正義　マツカタ　マサヨシ
大隈　重信　オオクマ　シゲノブ
桂　太郎　カツラ　タロウ
漢字を
正しい読みで
入力し直します。

重要度 ★★★　データの並べ替え

Q 515 読み情報は正しいのに並べ替えができない！

A ［並べ替えオプション］ダイアログボックスの設定を変更します。

読み情報は間違っていないのに正しい読み順で並べ替えられない場合は、［並べ替えオプション］ダイアログボックスの設定が間違っている可能性があります。［データ］タブの［並べ替え］をクリックして、［並べ替え］ダイアログボックスを表示し、［オプション］をクリックして、［並べ替えオプション］ダイアログボックスで［ふりがなを使う］をオンにします。

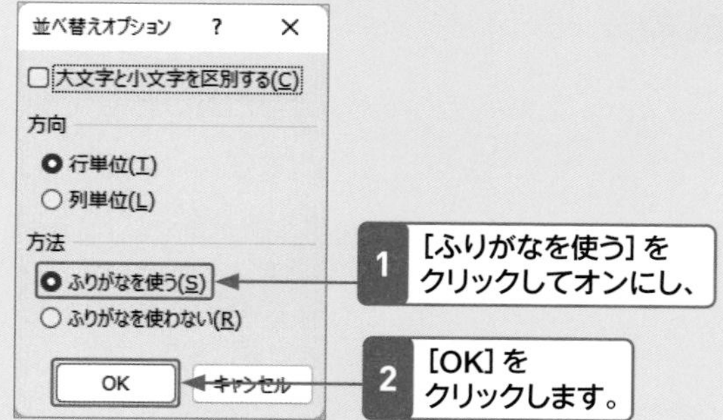

重要度 ★★★　データの並べ替え

Q 516 複数のセルを1つとみなして並べ替えたい！

A セルのデータを「&」で結合して、ほかのセルに表示します。

複数のセルに入力されている英数字のデータを1つのデータとみなして並べ替えるには、複数のセルのデータを「&」で結合して、別のセルに表示する必要があります。

たとえば、列「A」と列「B」のデータを1つとみなして並べ替えたい場合は、ほかのセルに「=A2&B2」と入力して列全体にコピーし、このフィールドをキーにして並べ替えを実行します。

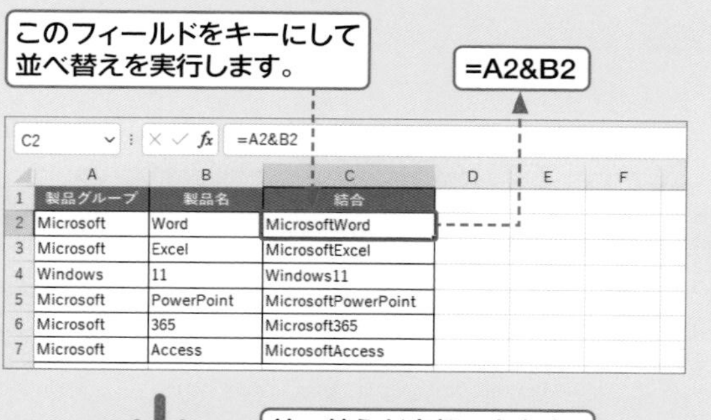

	A	B	C
1	製品グループ	製品名	結合
2	Microsoft	Word	MicrosoftWord
3	Microsoft	Excel	MicrosoftExcel
4	Windows	11	Windows11
5	Microsoft	PowerPoint	MicrosoftPowerPoint
6	Microsoft	365	Microsoft365
7	Microsoft	Access	MicrosoftAccess

並べ替えが実行できます。

	A	B	C
1	製品グループ	製品名	結合
2	Microsoft	365	Microsoft365
3	Microsoft	Access	MicrosoftAccess
4	Microsoft	Excel	MicrosoftExcel
5	Microsoft	PowerPoint	MicrosoftPowerPoint
6	Microsoft	Word	MicrosoftWord
7	Windows	11	Windows11

重要度 ★★★　データの並べ替え

Q 517 並べ替える前の順序に戻したい！

あらかじめ表に連番を入力しておきましょう。

並べ替えをした直後では、［元に戻す］をクリックすると戻すことができます。いつでも並べ替えを行う前の状態に戻せるようにしたい場合は、あらかじめ連番を入力した列を作成しておきます。連番を入力した列を基準に「昇順」で並べ替えることで、もとの順序に戻すことができます。連番の列を普段使用しない場合は、列を非表示にしておくことができます。 参照 ▶ Q 178

	A	B	C	D	E	F	G	H
1	No.	名前	所属部署	入社日	雇用形態	郵便番号	都道府県	市区町村
2	1	石田　理恵	営業部	2022/4/4	社員	156-0045	東京都	世田谷区桜上水x-x-x
3	2	竹内　息吹	商品部	2022/4/4	社員	274-0825	千葉県	船橋市中野木本町x-x
4	3	川本　愛	企画部	2022/4/4	パート	259-1217	神奈川県	平塚市長持xx
5	4	大場　由記斗	営業部	2022/9/5	社員	180-0000	東京都	武蔵野市吉祥寺西町x
6	5	花井　賢二	企画部	2022/9/12	契約社員	157-0072	東京都	世田谷区祖師谷x-x
7	6	神木　実子	営業部	2021/9/6	社員	101-0051	東京都	千代田区神田神保町x
8	7	来原　聖人	商品部	2021/4/5	社員	252-0318	神奈川県	相模原市鶴間x-x
9	8	宝田　卓也	企画部	2021/4/5	社員	16		
10	9	長汐　冬実	商品部	2021/4/5	パート	10		
11	10	宇多田　星斗	商品部	2021/4/2	社員	13		
12	11	堀田　真琴	企画部	2020/6/1	社員	22		
13	12	清水　光一	営業部	2020/4/2	パート	14		
14	13	宮下　穂希	企画部	2019/4/2	社員	166-0013	東京都	杉並区堀の内x-x
15	14	近松　新一	人事部	2018/5/10	パート	162-0811	東京都	新宿区水道町x-x-x
16	15	松木　結愛	営業部	2018/4/5	社員	274-0825	千葉県	船橋市中野木本町x-x
17	16	菊池　亜湖	営業部	2018/4/2	社員	247-0072	神奈川県	鎌倉市岡本xx
18	17	神田　明人	営業部	2017/9/9	社員	352-0032	埼玉県	新座市新堀xx
19	18	笹本　綾子	商品部	2015/4/2	パート	274-0825	千葉県	船橋市前原西x-x
20	19	夏木　貴志	商品部	2015/4/2	社員	156-0045	東京都	世田谷区桜上水x-x-x

連番を入力した列をあらかじめ作成しておきます。

重要度 ★★★ データの並べ替え

Q 518 見出しの行がない表を並べ替えたい！

A [先頭行をデータの見出しとして使用する]をオフにします。

見出しの行（列見出し）がない表を並べ替えると、先頭行だけが無視されて並べ替えの対象にならないことがあります。先頭行も含めて並べ替えるには、[データ]タブの[並べ替え]をクリックして、[並べ替え]ダイアログボックスを表示し、[先頭行をデータの見出しとして使用する]をオフにして、並べ替えを実行します。

1 [先頭行をデータの見出しとして使用する]をクリックしてオフにすると、

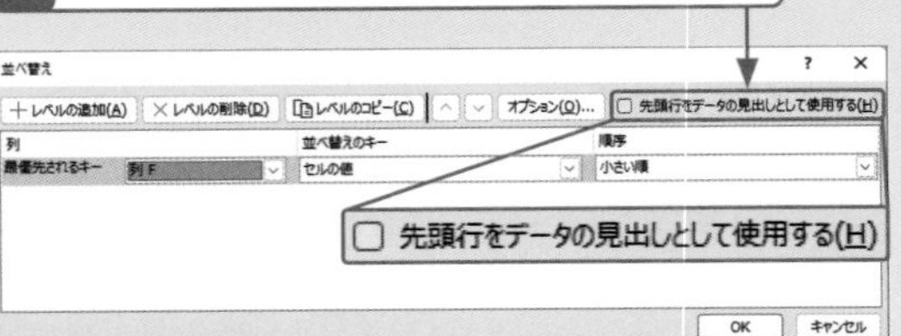

2 先頭行も並べ替えの対象になります。

	A	B	C	D	E	F
1	12月	159,400	371,500	134,800	78,500	744,200
2	3月	444,300	173,000	161,000	178,700	957,000
3	1月	375,300	203,700	151,900	230,800	961,700
4	2月	488,600	85,600	169,400	366,900	1,110,500
5	11月	443,300	76,000	458,200	311,100	1,288,600
6	10月	293,300	415,600	407,800	319,600	1,436,300
7						

重要度 ★★★ データの並べ替え

Q 519 見出しの行まで並べ替えられてしまった！

A [先頭行をデータの見出しとして使用する]をオンにします。

見出しの行（列見出し）がデータと一緒に並べ替えられてしまう場合は、[並べ替え]ダイアログボックスの[先頭行をデータの見出しとして使用する]がオフになっていることが考えられます。クリックしてオンに切り替えます。

	A	B	C	D	E	F	G
1	12月	159,400	371,500	134,800	78,500	744,200	
2	3月	444,300	173,000	161,000	178,700	957,000	
3	1月	375,300	203,700	151,900	230,800	961,700	
4	2月	488,600	85,600	169,400	366,900	1,110,500	
5	11月	443,300	76,000	458,200	311,100	1,288,600	
6	10月	293,300	415,600	407,800	319,600	1,436,300	
7	月	パソコン	プリンター	スキャナ	外付けHDD	合計	

	A	B	C	D	E	F	G
1	月	パソコン	プリンター	スキャナ	外付けHDD	合計	
2	12月	159,400	371,500	134,800	78,500	744,200	
3	3月	444,300	173,000	161,000	178,700	957,000	
4	1月	375,300	203,700	151,900	230,800	961,700	
5	2月	488,600	85,600	169,400	366,900	1,110,500	
6	11月	443,300	76,000	458,200	311,100	1,288,600	
7	10月	293,300	415,600	407,800	319,600	1,436,300	

重要度 ★★★ データの並べ替え

Q 520 横方向にデータを並べ替えたい！

A [並べ替えオプション]ダイアログボックスで設定します。

横方向にデータを並べ替えるには、[データ]タブの[並べ替え]をクリックして、[並べ替え]ダイアログボックスを表示します。続いて、[オプション]をクリックして、[並べ替えオプション]ダイアログボックスで[列単位]をオンにします。

こうして並べ替えを行うと、1列が1レコードとみなされ、データを列単位で並べ替えることができます。

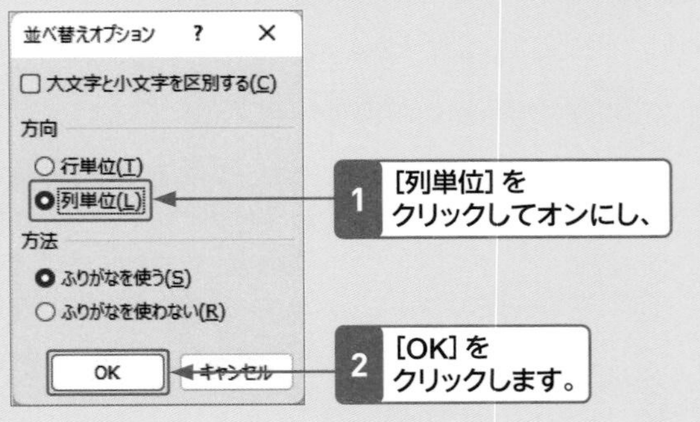

重要度 ★★★　データの並べ替え

Q 521 オリジナルの順序で並べ替えたい！

A [ユーザー設定リスト]に並び順を登録しておきます。

文字列を読み以外の順序で並べ替えるには、あらかじめ並び順を登録しておく必要があります。
[並べ替え]ダイアログボックスの[順序]で[ユーザー設定リスト]を選択して、[ユーザー設定リスト]ダイアログボックスを表示し、並び順を登録します。

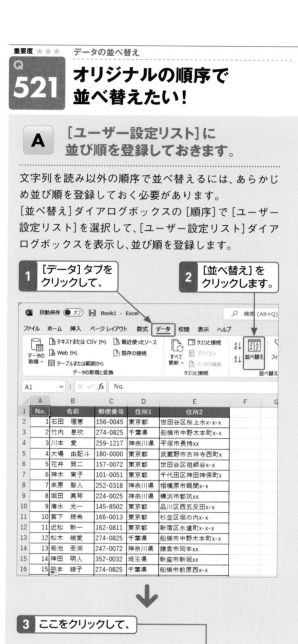

1 [データ]タブをクリックして、

2 [並べ替え]をクリックします。

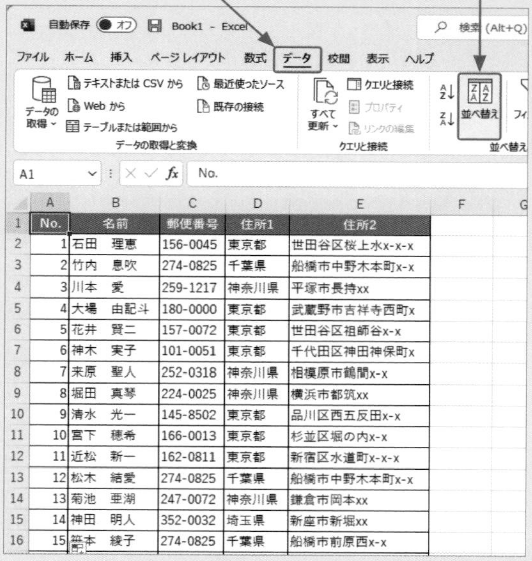

3 ここをクリックして、

4 [ユーザー設定リスト]をクリックし、

5 並べ替えを行いたい順番に改行しながらデータを入力して、

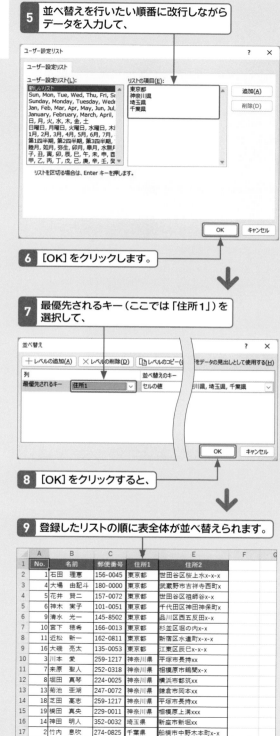

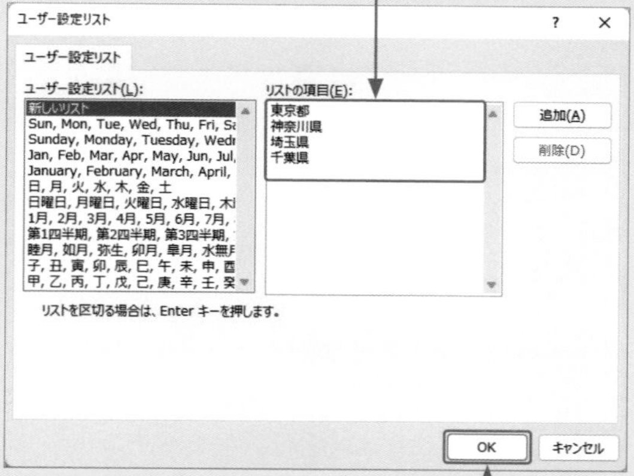

6 [OK]をクリックします。

7 最優先されるキー（ここでは「住所1」）を選択して、

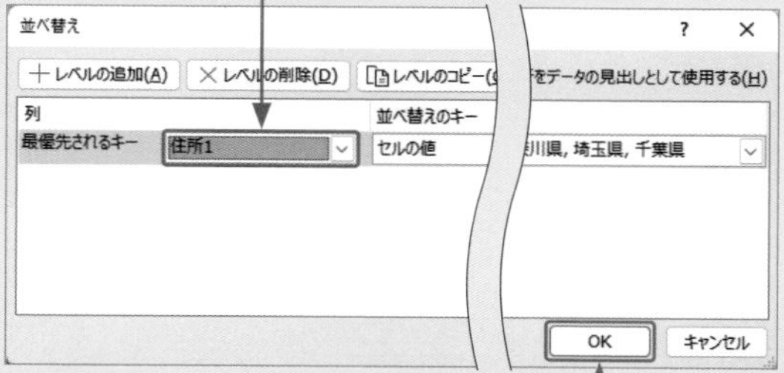

8 [OK]をクリックすると、

9 登録したリストの順に表全体が並べ替えられます。

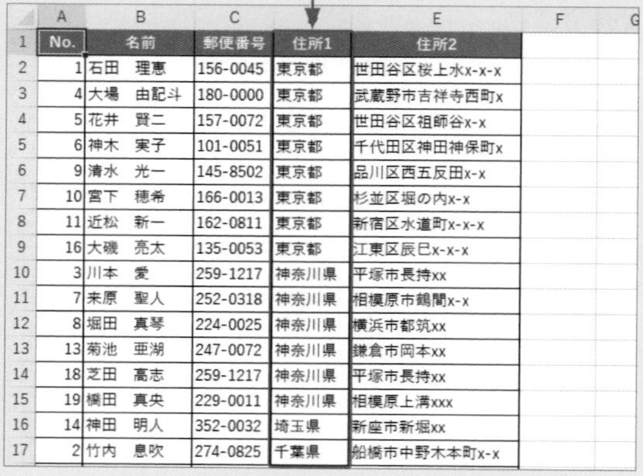

重要度 ★★★　データの並べ替え

Q 522 表の一部だけを並べ替えたい！

A 目的の範囲を選択して並べ替えを行います。

表の一部だけを並べ替えるには、並べ替えを行いたい範囲を選択した状態で、並べ替えを実行します。

1 並べ替えたいセル範囲を選択して、

2 [データ] タブをクリックし、

3 [並べ替え] をクリックします。

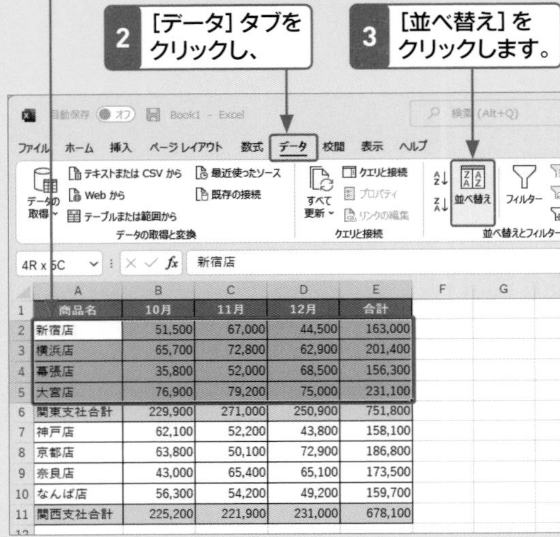

4 並べ替える条件を指定して、

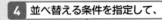

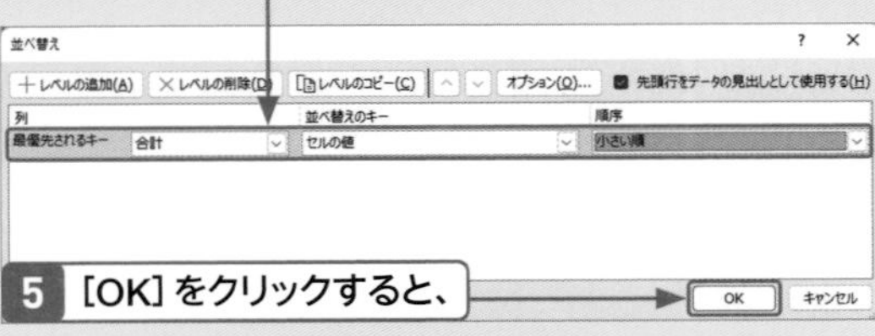

5 [OK] をクリックすると、

6 選択した範囲だけが並べ替えられます。

	A	B	C	D	E
1	商品名	10月	11月	12月	合計
2	幕張店	35,800	52,000	68,500	156,300
3	新宿店	51,500	67,000	44,500	163,000
4	横浜店	65,700	72,800	62,900	201,400
5	大宮店	76,900	79,200	75,000	231,100
6	関東支社合計	229,900	271,000	250,900	751,800
7	神戸店	62,100	52,200	43,800	158,100
8	京都店	63,800	50,100	72,900	186,800
9	奈良店	43,000	65,400	65,100	173,500
10	なんば店	56,300	54,200	49,200	159,700
11	関西支社合計	225,200	221,900	231,000	678,100

重要度 ★★★　オートフィルター

Q 523 特定の条件を満たすデータだけを表示したい！

A オートフィルターを利用します。

リスト形式の表から特定の条件を満たすデータだけを取り出したい場合は、「オートフィルター」を利用します。表内のいずれかのセルをクリックして、[データ] タブの [フィルター] をクリックすると、オートフィルターが利用できるようになります。

1 リスト形式の表内のセルをクリックして、

2 [データ] タブをクリックし、

3 [フィルター] をクリックすると、

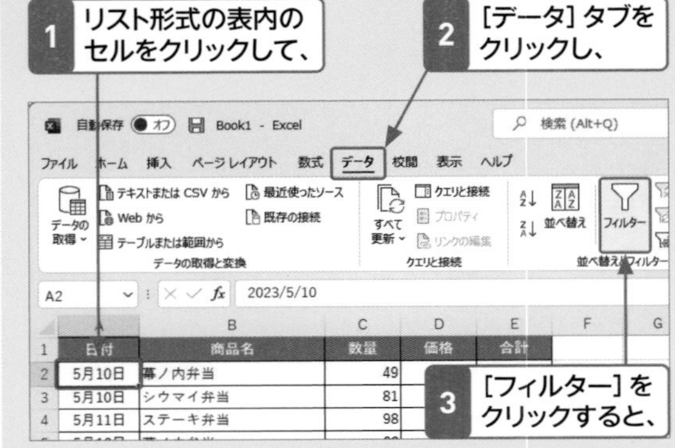

4 オートフィルターが設定されます。

5 「商品名」のここをクリックして、

6 目的のデータだけをオンにし（ここでは「シウマイ弁当」）、

7 [OK] をクリックすると、

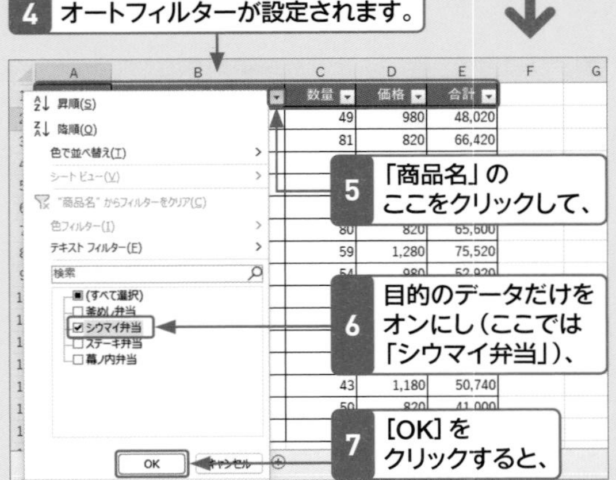

8 指定したデータを含むレコード（行）だけが表示されます。

	A	B	C	D	E
1	日付	商品名	数量	価格	合計
3	5月10日	シウマイ弁当	81	820	66,420
7	5月12日	シウマイ弁当	80	820	65,600
11	5月15日	シウマイ弁当	53	820	43,460
15	5月18日	シウマイ弁当	50	820	41,000
17					
18					

重要度 ★★★ オートフィルター

Q 524 オートフィルターって何？

A 指定した条件を満たすレコードを抽出して表示する機能です。

「オートフィルター」とは、任意のフィールドに含まれるデータのうち、指定した条件に合ったものだけを表示する機能のことです。日付、テキスト、数値など、さまざまなフィルターを利用することができます。複数の条件を指定してデータを抽出することもできます。

重要度 ★★★ オートフィルター

Q 525 抽出したデータを降順や昇順で並べ替えたい！

A オートフィルターの［昇順］を利用します。

データの抽出だけでなく、並べ替えもオートフィルターで行うことができます。並べ替えを行うには、目的のフィールドの▼をクリックし、一覧から［昇順］（あるいは［降順］）をクリックします。一覧に表示される項目は、並べ替えを行うデータの種類によって変わります。

1 「合計」のここをクリックして、

	A	B	C	D	E
1	日付	商品名	数量	価格	合計
3	5月10日	シウマイ弁当			
7	5月12日	シウマイ弁当			
11	5月15日	シウマイ弁当			
15	5月18日	シウマイ弁当			

昇順(S)
降順(O)
色で並べ替え(T)
シート ビュー(V)
"合計" からフィルターをクリア(C)
色フィルター(I)

2 ［昇順］をクリックすると、

3 抽出したデータが合計の昇順で並べ替えられます。

	A	B	C	D	E
1	日付	商品名	数量	価格	合計
3	5月18日	シウマイ弁当	50	820	41,000
7	5月15日	シウマイ弁当	53	820	43,460
11	5月12日	シウマイ弁当	80	820	65,600
15	5月10日	シウマイ弁当	81	820	66,420
17					

重要度 ★★★ オートフィルター

Q 526 上位や下位「○位」までのデータを表示したい！

A ［数値フィルター］から［トップテン］を選択します。

フィールドに入力されているデータをもとに、上位または下位、平均より上、平均より下などのデータを抽出して表示するには、［数値フィルター］を利用します。ここでは、合計が上位5位までのデータを表示します。

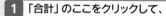

2 ［数値フィルター］にマウスポインターを合わせ、

3 ［トップテン］をクリックします。

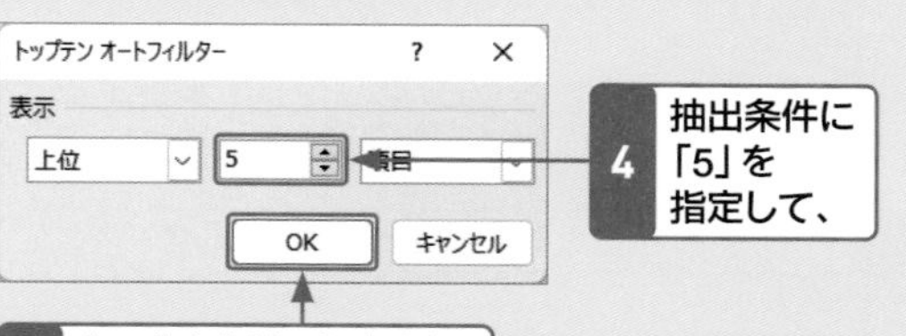

5 ［OK］をクリックすると、

6 合計が上位5位までのデータが表示されます。

	A	B	C	D	E
1	日付	商品名	数量	価格	合計
3	5月10日	シウマイ弁当	81	820	66,420
4	5月11日	ステーキ弁当	98	1,280	125,440
8	5月13日	ステーキ弁当	59	1,280	75,520
10	5月14日	ステーキ弁当	95	1,280	121,600
13	5月16日	ステーキ弁当	98	1,280	125,440
17					

重要度 ★★★ オートフィルター

Q 527 オートフィルターが正しく設定できない！

A 空白行または空白列がないか確認し、あれば削除します。

リスト形式の表の中で、オートフィルターが設定されているフィールドと設定されていないフィールドが混在している場合は、どこかで表が分割されていることが考えられます。表の中に空白の行や列がないかを確認し、不要なものは削除します。

オートフィルターが設定されていません。

	A	B	C	D	E	F
1	日付	商品名		数量	価格	合計
2	5月10日	幕ノ内弁当		49	980	48,020
3	5月10日	シウマイ弁当		81	820	66,420
4	5月11日	ステーキ弁当		98	1,280	125,440
5	5月12日	幕ノ内弁当		62	980	60,760
6	5月12日	釜めし弁当		24	1,180	28,320
7	5月12日	シウマイ弁当		80	820	65,600

この空白列を削除します。

重要度 ★★★ オートフィルター

Q 528 条件を満たすデータだけをコピーしたい！

A オートフィルターでデータを抽出している状態でコピー、貼り付けします。

オートフィルターで指定した条件を満たすデータだけを表示し、その状態でコピー、貼り付けを実行すると、表示中のデータだけがコピーされます。

1 データが抽出された状態で表をコピーして、

	A	B	C	D	E
1	日付	商品名	数量	価格	合計
3	5月10日	シウマイ弁当	81	820	66,420
4	5月11日	ステーキ弁当	98	1,280	125,440
8	5月13日	ステーキ弁当	59	1,280	75,520
10	5月14日	ステーキ弁当	95	1,280	121,600
13	5月16日	ステーキ弁当	98	1,280	125,440

2 目的の位置に貼り付けます。

	A	B	C	D	E
1	日付	商品名	数量	価格	合計
2	5月10日	シウマイ弁当	81	820	66,420
3	5月11日	ステーキ弁当	98	1,280	125,440
4	5月13日	ステーキ弁当	59	1,280	75,520
5	5月14日	ステーキ弁当	95	1,280	121,600
6	5月16日	ステーキ弁当	98	1,280	125,440

重要度 ★★★ オートフィルター

Q 529 指定の値以上のデータを取り出したい！

A ［数値フィルター］から条件を指定します。

○○以上や以下、未満などの条件でデータを抽出したい場合は、オートフィルターの［数値フィルター］から条件を指定します。「○○以上」という場合は、［指定の値以上］を選択します。

1 「合計」のここをクリックして、

2 ［数値フィルター］にマウスポインターを合わせ、

3 ［指定の値以上］をクリックします。

4 抽出条件を指定して（ここでは「100000」）、

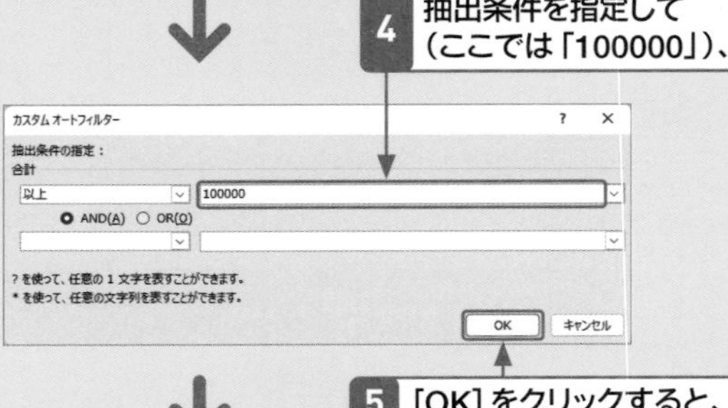

5 ［OK］をクリックすると、

6 該当するデータが表示されます。

	A	B	C	D	E
1	日付	商品名	数量	価格	合計
4	5月11日	ステーキ弁当	98	1,280	125,440
10	5月14日	ステーキ弁当	95	1,280	121,600
13	5月16日	ステーキ弁当	98	1,280	125,440

重要度★★★ オートフィルター

Q530 「8/1日以上」の条件でデータが取り出せない！

A 年数も含めて指定します。

Excelでは、年数を省略して「8/1」などと入力すると、「今年の8/1」とみなされます。そのため、データの「8/1」が「2022/8/1（前年の8/1）」だった場合、そのデータは抽出されません。データを正しく取り出すには、[カスタムオートフィルター]ダイアログボックスで日付を指定する際、「2022/8/1」のように年数まで指定する必要があります。

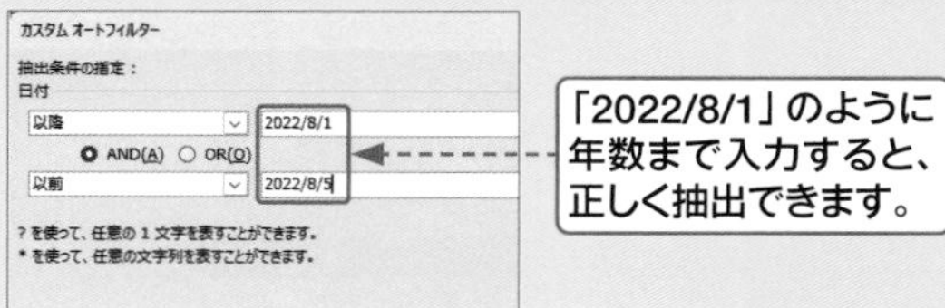

重要度★★★ オートフィルター

Q531 抽出を解除したい！

A フィルターをクリアします。

オートフィルターでデータを抽出すると、フィルターボタンの表示が に変わります。このボタンをクリックして、フィルターを解除します。また、[データ]タブの[フィルター]をクリックすると、抽出と同時にフィルターも解除できます。

1 抽出したフィールドのここをクリックして、

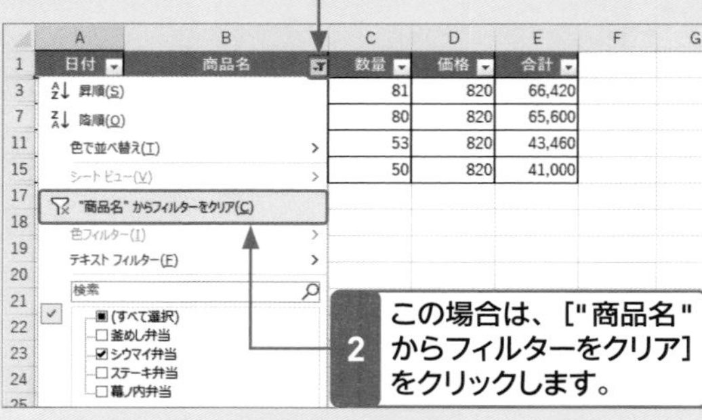

重要度★★★ オートフィルター

Q532 見出し行にオートフィルターが設定できない！

A 見出し行を含めずに表の範囲を選択している可能性があります。

表にオートフィルターを作成する際に、見出し行を含めずに表の範囲を選択したり、見出し行以外の行を選択した状態で作成すると、表の見出し行にオートフィルターが設定できません。
この場合は、[データ]タブの[フィルター]をクリックしてオートフィルターの設定を解除し、設定し直します。

見出し行を含めないで表を選択した場合や、

	A	B	C	D	E	F
1	日付	商品名	数量	価格	合計	
2	5月10日	幕ノ内弁当	49	980	48,020	
3	5月10日	シウマイ弁当	81	820	66,420	
4	5月11日	ステーキ弁当	98	1,280	125,440	
5	5月12日	幕ノ内弁当	62	980	60,760	
6	5月12日	釜めし弁当	24	1,180	28,320	
7	5月12日	シウマイ弁当	80	820	65,600	
8	5月13日	ステーキ弁当	59	1,280	75,520	
9	5月13日	幕ノ内弁当	54	980	52,920	
10	5月14日	ステーキ弁当	95	1,280	121,600	
11	5月15日	シウマイ弁当	53	820	43,460	

行見出し以外の行が選択された状態でオートフィルターを作成すると、

	A	B	C	D	E	F
1	日付	商品名	数量	価格	合計	
2	5月10日	幕ノ内弁当	49	980	48,020	
3	5月10日	シウマイ弁当	81	820	66,420	
4	5月11日	ステーキ弁当	98	1,280	125,440	
5	5月12日	幕ノ内弁当	62	980	60,760	
6	5月12日	釜めし弁当	24	1,180	28,320	
7	5月12日	シウマイ弁当	80	820	65,600	
8	5月13日	ステーキ弁当	59	1,280	75,520	
9	5月13日	幕ノ内弁当	54	980	52,920	
10	5月14日	ステーキ弁当	95	1,280	121,600	
11	5月15日	シウマイ弁当	53	820	43,460	

見出し行にオートフィルターが設定されません。

	A	B	C	D	E	F
1	日付	商品名	数量	価格	合計	
2	5月10日	幕ノ内弁当		9	48,0	
3	5月10日	シウマイ弁当	81	820	66,420	
4	5月11日	ステーキ弁当	98	1,280	125,440	
5	5月12日	幕ノ内弁当	62	980	60,760	
6	5月12日	釜めし弁当	24	1,180	28,320	
7	5月12日	シウマイ弁当	80	820	65,600	
8	5月13日	ステーキ弁当	59	1,280	75,520	
9	5月13日	幕ノ内弁当	54	980	52,920	
10	5月14日	ステーキ弁当	95	1,280	121,600	
11	5月15日	シウマイ弁当	53	820	43,460	

重要度★★★　オートフィルター

Q 533 もっと複雑な条件でデータを抽出するには？

A 抽出条件を入力した表を抽出対象の表とは別に作成します。

より複雑な条件でデータを抽出したい場合は、抽出条件を指定するための表を別途作成します。その際、先頭行にはリスト形式の表と同じ列見出しを入力し、その下に抽出条件を入力します。

抽出条件を2行にわけて入力すると、「1行目の条件または2行目の条件」を満たすデータが抽出されます。

1 先頭行に列見出し、その下に抽出条件を入力した別の表を作成します。

2 [データ] タブをクリックして、

3 [詳細設定] をクリックします。

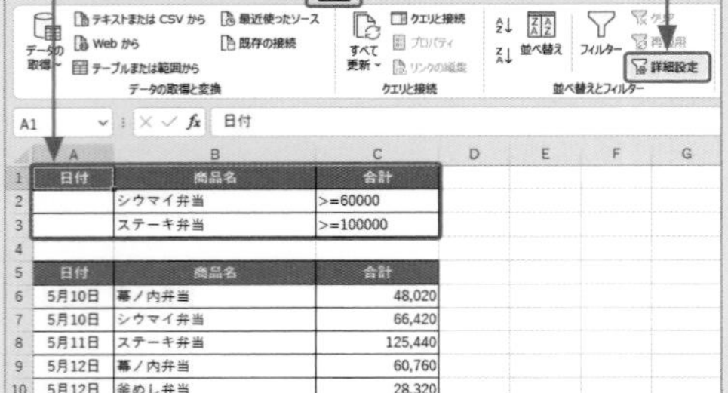

	A	B	C
1	日付	商品名	合計
2		シウマイ弁当	>=60000
3		ステーキ弁当	>=100000
4			
5	日付	商品名	合計
6	5月10日	幕ノ内弁当	48,020
7	5月10日	シウマイ弁当	66,420
8	5月11日	ステーキ弁当	125,440
9	5月12日	幕ノ内弁当	60,760
10	5月12日	釜めし弁当	28,320

4 [選択範囲内] をクリックしてオンにし、

5 抽出対象表のセル範囲を指定します。

フィルター オプションの設定　?　×

抽出先

◉ 選択範囲内(F)

○ 指定した範囲(O)

リスト範囲(L): 売上表!$A$5:$C$2(

検索条件範囲(C): 売上表!$A$1:$C$3

抽出範囲(T):

☐ 重複するレコードは無視する(R)

OK　キャンセル

6 抽出条件を入力した表のセル範囲を指定して、

7 [OK] をクリックすると、

	A	B	C	D	E
1	日付	商品名	合計		
2		シウマイ弁当	>=60000		
3		ステーキ弁当	>=100000		
4					
5	日付	商品名	合計		
7	5月10日	シウマイ弁当	66,420		
8	5月11日	ステーキ弁当	125,440		
11	5月12日	シウマイ弁当	65,600		
14	5月14日	ステーキ弁当	121,600		
17	5月16日	ステーキ弁当	125,440		
21					

8 条件を満たすデータだけが表示されます。

重要度★★★　オートフィルター

Q 534 オートフィルターで空白だけを表示したい！

A 抽出条件の表で条件のセルに「=」のみを入力します。

オートフィルターでデータが入力されていないセルだけを表示するには、抽出条件を指定する表で、条件を設定するセルに「=」のみを入力してデータを抽出します。逆にデータが入力されているセルだけを表示したい場合は、「<>」を入力します。

参照▶Q 533

1 条件を指定するセルに「=」のみを入力して抽出すると、

	A	B	C	D	E
1	日付	商品名	合計		
2			=		
3					
4	日付	商品名	合計		
5	5月10日	幕ノ内弁当	48,020		
6	5月10日	シウマイ弁当	66,420		
7	5月11日	ステーキ弁当	125,440		
8	5月12日	幕ノ内弁当	60,760		

2 空白セルを含むデータだけが表示されます。

	A	B	C	D	E
1	日付	商品名	合計		
2			=		
3					
4	日付	商品名	合計		
12	5月13日	幕ノ内弁当			
16	5月16日	ステーキ弁当			
17	5月17日	釜めし弁当			
20					

重要度 ★★★ オートフィルター

Q 535 オートフィルターを複数の表で設定したい！

通常は、オートフィルターを同じワークシート上にある複数の表で同時に利用することはできませんが、テーブルを作成すると、複数の表でオートフィルターを同時に利用できます。

参照▶Q 540

A テーブルを作成して オートフィルタを設定します。

1 オートフィルターでデータを取り出している場合でも、

2 ほかのテーブルでオートフィルターを利用できます。

重要度 ★★★ データの重複

Q 536 データを重複なく取り出したい！

A ［フィルターオプションの設定］ダイアログボックスを利用します。

フィールドに入力されているデータを重複しないように取り出すには、以下の手順で［フィルターオプションの設定］ダイアログボックスを表示し、［重複するレコードは無視する］をオンにして抽出を実行します。

1 ［データ］タブをクリックして、

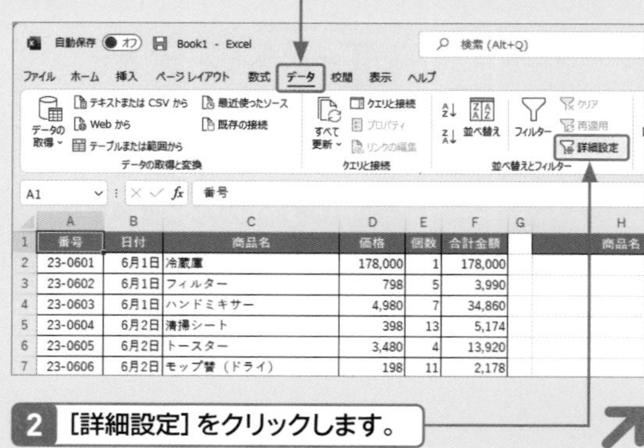

2 ［詳細設定］をクリックします。

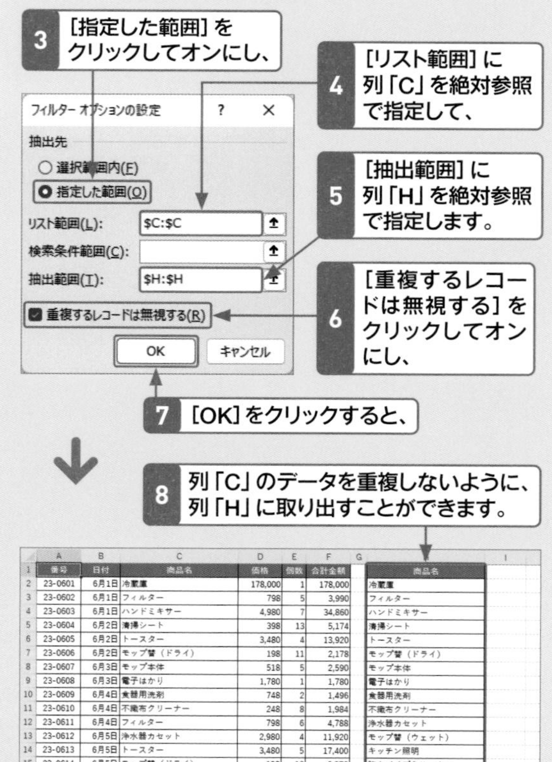

重要度★★★ データの重複

Q 537 重複するデータをチェックしたい！

A 条件付き書式の［重複する値］を利用します。

条件付き書式を利用すると、重複データをチェックすることができます。［セルの強調表示ルール］から［重複する値］をクリックして設定します。

1 重複データをチェックするセル範囲を選択します。

2 ［ホーム］タブの［条件付き書式］をクリックして、

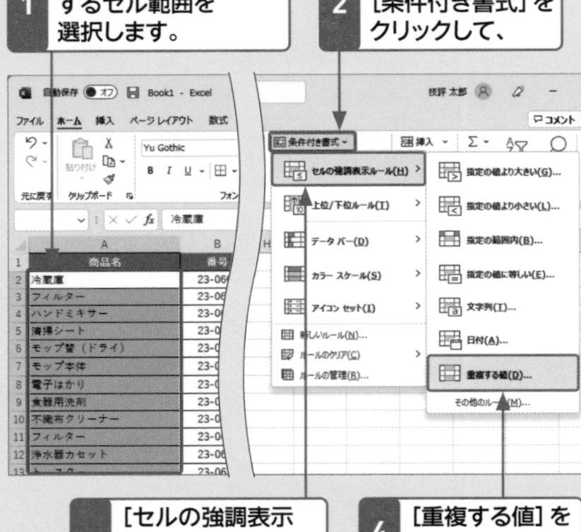

3 ［セルの強調表示ルール］にマウスポインター合わせ、

4 ［重複する値］をクリックします。

5 ［重複］を選択して、

6 設定する書式を指定し、

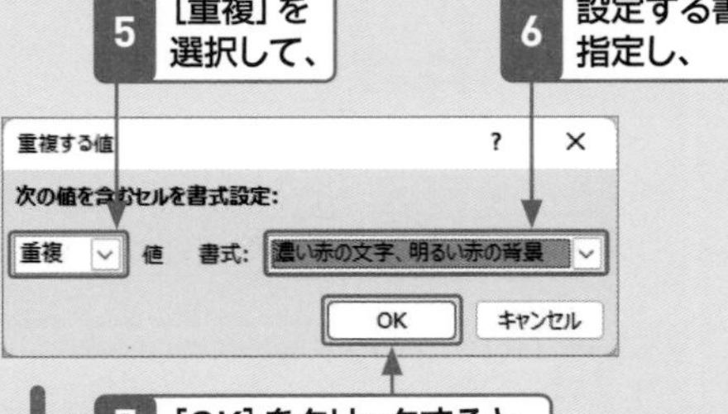

7 ［OK］をクリックすると、

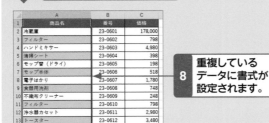

	A	B	C
1	商品名	番号	価格
2	冷蔵庫	23-0601	178,000
3	フィルター	23-0602	798
4	ハンドミキサー	23-0603	4,980
5	清掃シート	23-0604	398
6	モップ替（ドライ）	23-0605	198
7	モップ本体	23-0606	518
8	電子はかり	23-0607	1,780
9	食器用洗剤	23-0608	748
10	不織布クリーナー	23-0609	248
11	フィルター	23-0610	798
12	浄水器カセット	23-0611	2,980
13	トースター	23-0612	3,480

8 重複しているデータに書式が設定されます。

重要度★★★ データの重複

Q 538 重複行を削除したい！

A ［データ］タブの［重複の削除］を利用します。

重複行を削除するには、［データ］タブの［重複の削除］を利用します。この方法で重複行を削除する場合、どのデータが重複しているかは明示されません。完全に同じデータだけが削除されるように、［重複の削除］ダイアログボックスでオンにする項目に注意しましょう。

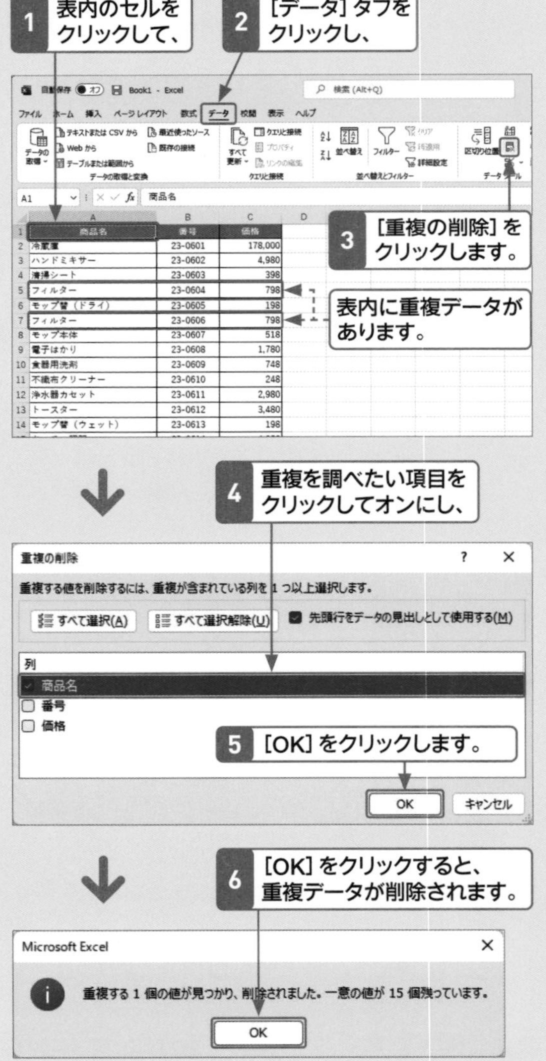

重要度★★★ テーブル

Q 539 テーブルって何？

A データを効率的に管理するための機能です。

「テーブル」は、表をより効率的に管理するための機能です。表をテーブルに変換すると、データの追加や集計、抽出などがすばやく行えます。また、書式が設定済みのテーブルスタイルを利用すると、見栄えのする表をかんたんに作成することができます。

テーブルを作成すると、オートフィルターを利用するためのボタンが表示され、表にスタイルが設定されます。

	A	B	C	D	E	F
1	日付	商品名	数量	価格	合計	
2	5月10日	幕ノ内弁当	49	980	48,020	
3	5月10日	シウマイ弁当	81	820	66,420	
4	5月11日	ステーキ弁当	98	1,280	125,440	
5	5月12日	幕ノ内弁当	62	980	60,760	
6	5月12日	釜めし弁当	24	1,180	28,320	
7	5月12日	シウマイ弁当	80	820	65,600	
8	5月13日	ステーキ弁当	59	1,280	75,520	
9	5月13日	幕ノ内弁当	54	980	52,920	
10	5月14日	ステーキ弁当	95	1,280	121,600	
11	5月15日	シウマイ弁当	53	820	43,460	
12	5月15日	幕ノ内弁当	25	980	24,500	
13	5月16日	ステーキ弁当	98	1,280	125,440	
14	5月17日	釜めし弁当	43	1,180	50,740	
15	5月18日	シウマイ弁当	50	820	41,000	

重要度★★★ テーブル

Q 540 テーブルを作成したい！

A [挿入]タブの[テーブル]を使用します。

リスト形式の表からテーブルを作成するには、表内のセルをクリックして、[挿入]タブの[テーブル]から設定します。また、[ホーム]タブの[テーブルとして書式設定]から作成することもできます。

参照▶Q 290

1 表内のいずれかのセルをクリックして、

2 [挿入]タブをクリックし、

3 [テーブル]をクリックします。

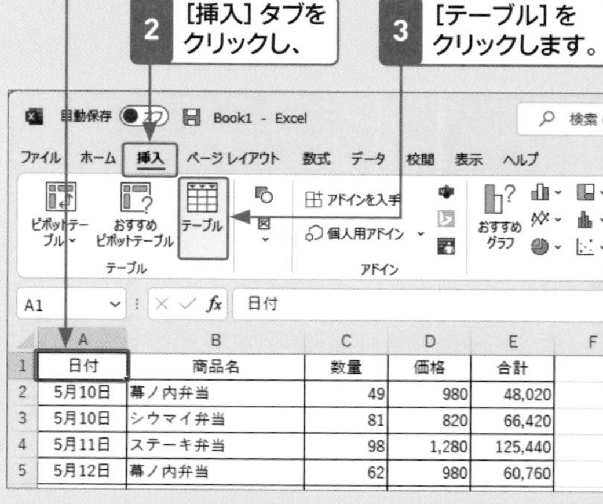

	A	B	C	D	E	F
1	日付	商品名	数量	価格	合計	
2	5月10日	幕ノ内弁当	49	980	48,020	
3	5月10日	シウマイ弁当	81	820	66,420	
4	5月11日	ステーキ弁当	98	1,280	125,440	
5	5月12日	幕ノ内弁当	62	980	60,760	

4 テーブルに変換するデータ範囲を確認して、

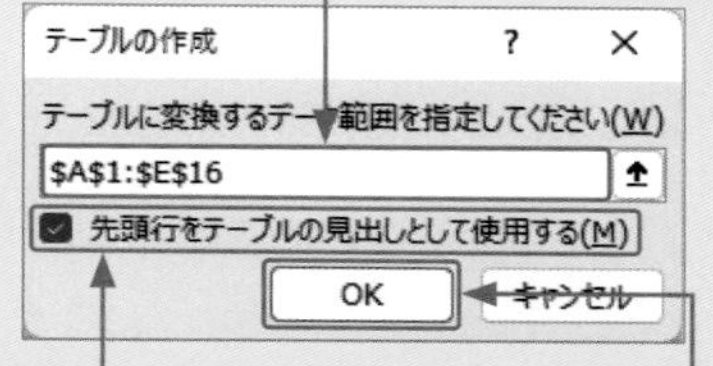

5 [先頭行をテーブルの見出しとして使用する]をクリックしてオンにし、

6 [OK]をクリックすると、

7 テーブルが作成されます。

	A	B	C	D	E	F
1	日付	商品名	数量	価格	合計	
2	5月10日	幕ノ内弁当	49	980	48,020	
3	5月10日	シウマイ弁当	81	820	66,420	
4	5月11日	ステーキ弁当	98	1,280	125,440	
5	5月12日	幕ノ内弁当	62	980	60,760	
6	5月12日	釜めし弁当	24	1,180	28,320	
7	5月12日	シウマイ弁当	80	820	65,600	
8	5月13日	ステーキ弁当	59	1,280	75,520	
9	5月13日	幕ノ内弁当	54	980	52,920	
10	5月14日	ステーキ弁当	95	1,280	121,600	
11	5月15日	シウマイ弁当	53	820	43,460	
12	5月15日	幕ノ内弁当	25	980	24,500	
13	5月16日	ステーキ弁当	98	1,280	125,440	
14	5月17日	釜めし弁当	43	1,180	50,740	

データ部分に2色の背景色が付き、列見出しにフィルターボタンが表示されます。

重要度★★★ テーブル

Q 541 テーブルに新しいデータを追加したい！

A1 テーブルの最終行の真下にデータを入力します。

作成したテーブルの下に新しいデータを追加するには、テーブルの最終行の真下の行に新しいデータを入力します。

1 テーブルの最終行の真下のセルにデータを入力し、Tab を押して確定すると、

15	5月18日	シウマイ弁当	50	820	41,000
16	5月18日	幕ノ内弁当	55	980	53,900
17	2023/5/19				
18					

2 テーブルの最終行に、自動的に新しい行が追加されます。

15	5月18日	シウマイ弁当	50	820	41,000
16	5月18日	幕ノ内弁当	55	980	53,900
17	5月19日				0
18					

A2 テーブルの途中にデータを追加します。

テーブルの途中に新しいデータを追加する場合は、追加したい行を選択して、[ホーム]タブの[挿入]をクリックします。

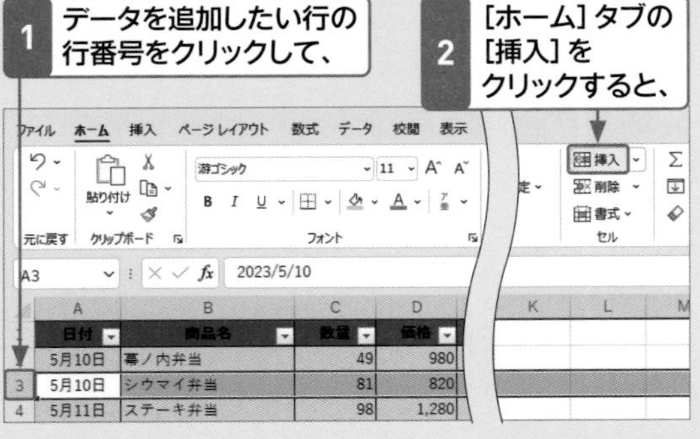

1 データを追加したい行の行番号をクリックして、
2 [ホーム]タブの[挿入]をクリックすると、

3 テーブルに行が挿入されます。

	A	B	C	D	E
1	日付	商品名	数量	価格	合計
2	5月10日	幕ノ内弁当	49	980	48,020
3					0
4	5月10日	シウマイ弁当	81	820	66,420

重要度★★★ テーブル

Q 542 テーブルに集計行を表示したい！

A [テーブルデザイン]タブの[集計行]をオンにします。

テーブルに集計行を表示するには、[テーブルデザイン]タブの[集計行]をクリックします。表示された集計行のセルをクリックすると ▼ ボタンが表示され、クリックすると一覧から集計方法を選択できます。

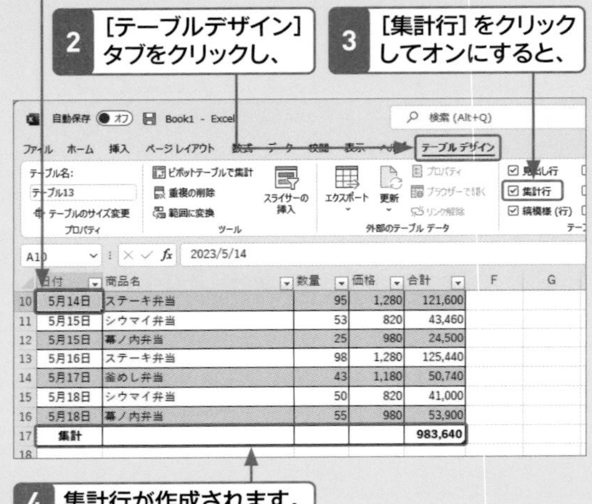

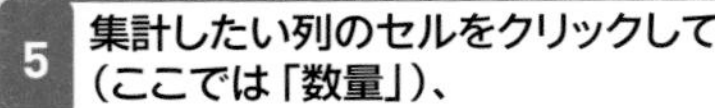

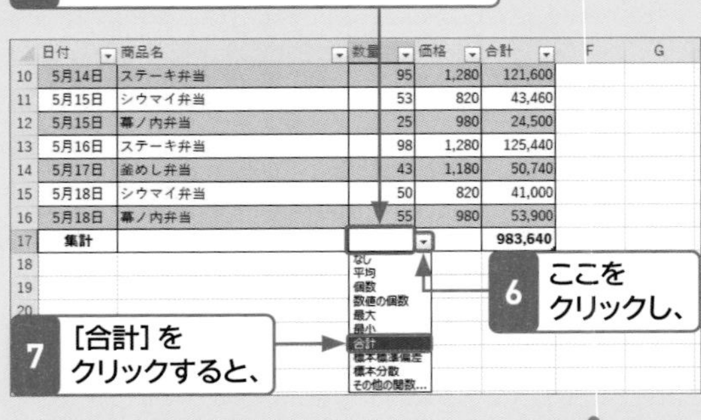

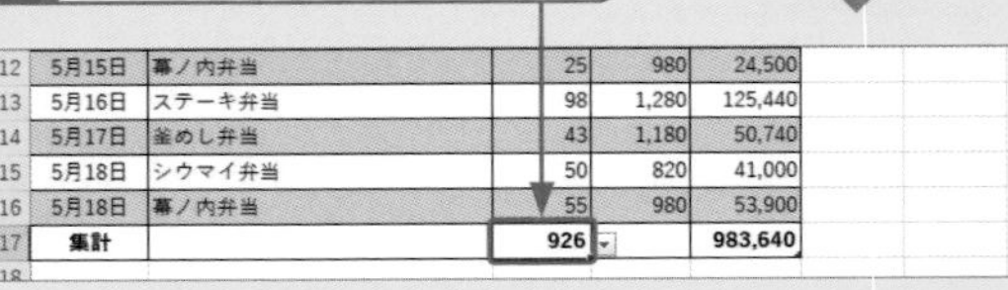

重要度 ★★★ テーブル

Q 543 テーブルにスタイルを設定したい！

A ［テーブルデザイン］タブの［テーブルスタイル］で設定します。

表をテーブルに変換すると、［テーブルデザイン］タブが表示されます。［テーブルデザイン］タブの［テーブルスタイル］には、色や罫線などの書式があらかじめ設定されたスタイルがたくさん用意されており、かんたんに設定できます。
また、テーブルスタイルの一覧の最下行にある［クリア］をクリックすると、テーブルスタイルが解除されます。

1 テーブル内のセルをクリックして、

2 ［テーブルデザイン］タブをクリックし、

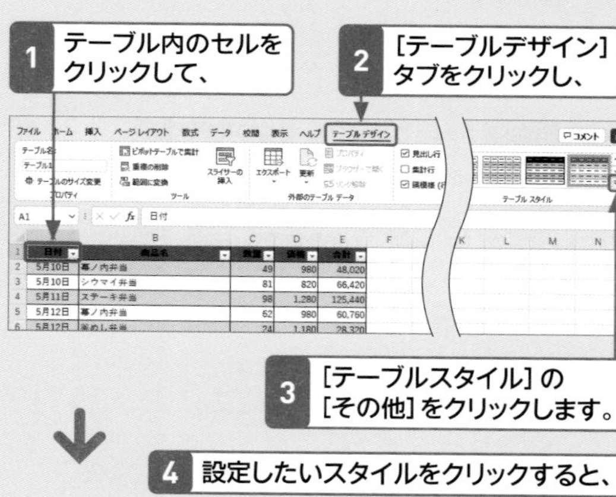

3 ［テーブルスタイル］の［その他］をクリックします。

4 設定したいスタイルをクリックすると、

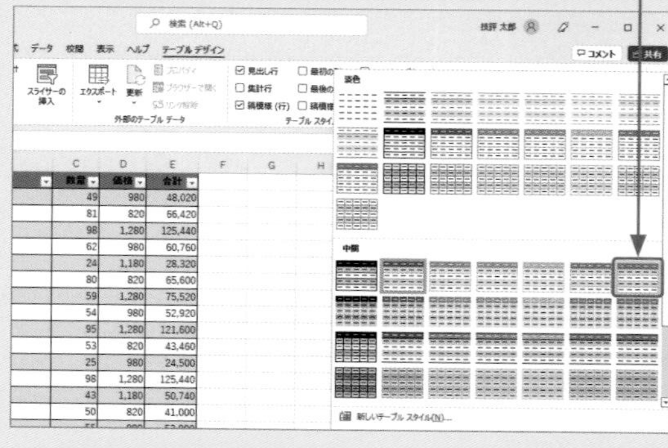

5 選択したスタイルがテーブルに適用されます。

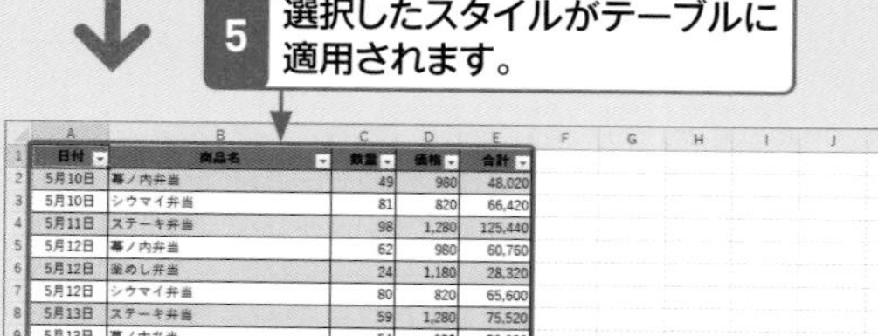

重要度 ★★★ テーブル

Q 544 テーブルのデータをかんたんに絞り込みたい！

A スライサーを挿入してデータを絞り込みます。

テーブルにスライサーを挿入すると、項目をクリックするだけで、データをかんたんに絞り込むことができます。

1 テーブル内のセルをクリックして、

2 ［テーブルデザイン］タブをクリックし、

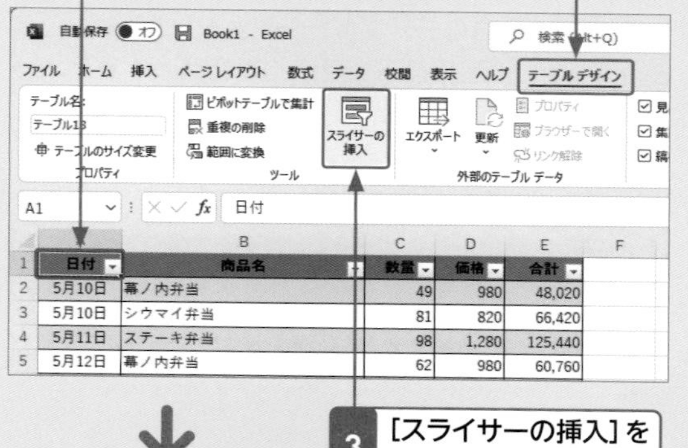

3 ［スライサーの挿入］をクリックします。

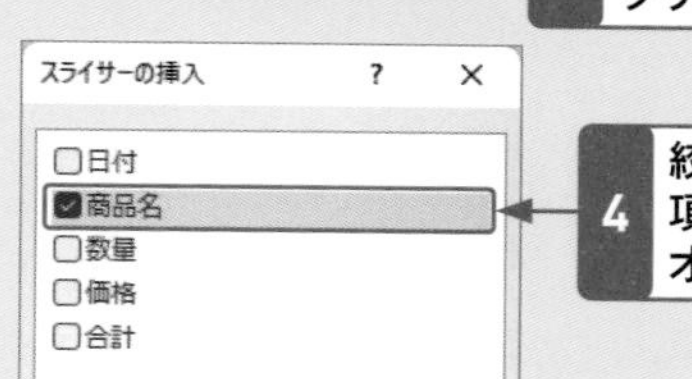

4 絞り込みに利用する項目をクリックしてオンにし、

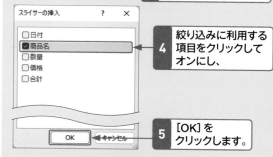

5 ［OK］をクリックします。

6 絞り込みたい項目をクリックすると、

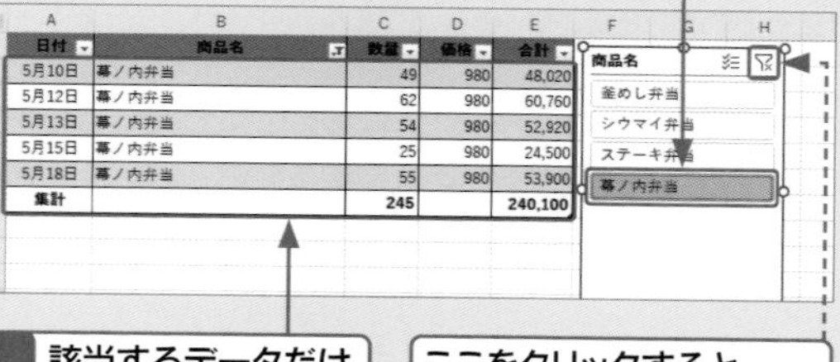

7 該当するデータだけが表示されます。

ここをクリックすると、絞り込みが解除されます。

Q 545 テーブルのデータを使った数式の見かたを教えて！

A テーブル名と列見出しを組み合わせた構造化参照を使います。

テーブルでは、データを参照する際に行番号や列番号ではなく、テーブル名と列見出し（列指定子）を組み合わせた構造化参照を利用することができます。構造化参照を使用すると、テーブルにデータを追加または削除した場合でも、参照範囲が自動的に調整されるので、数式を修正する必要はありません。

なお、テーブル名はテーブルを作成すると自動的に付けられますが、構造化参照を用いる場合はわかりやすいテーブル名に変更するとよいでしょう。

構造化参照を利用する

テーブル名を変更し、条件に一致するセルの値の合計を求めます。

1 テーブル内のセルをクリックして、[テーブルデザイン]タブをクリックし、

2 [テーブル名]に新しいテーブル名（ここでは「売上表」）を入力して、Enter を押します。

3 数式を入力するセルをクリックして、

4 [数式]タブをクリックし、

5 [数学／三角]をクリックして、

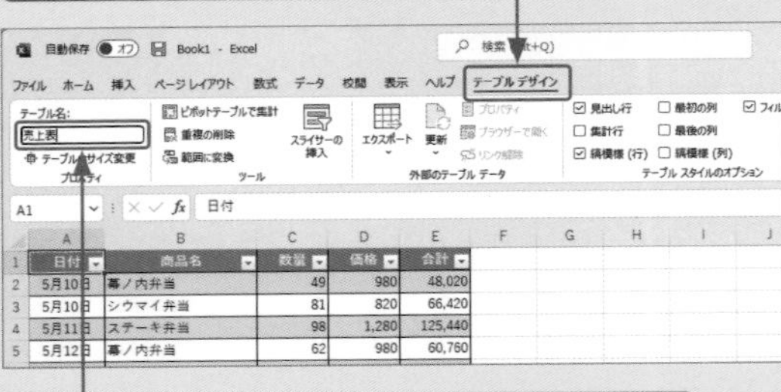

6 [SUMIF]をクリックします。

7 [範囲]に商品名が入力されているセル範囲（ここでは[B2:B16]）を指定して、

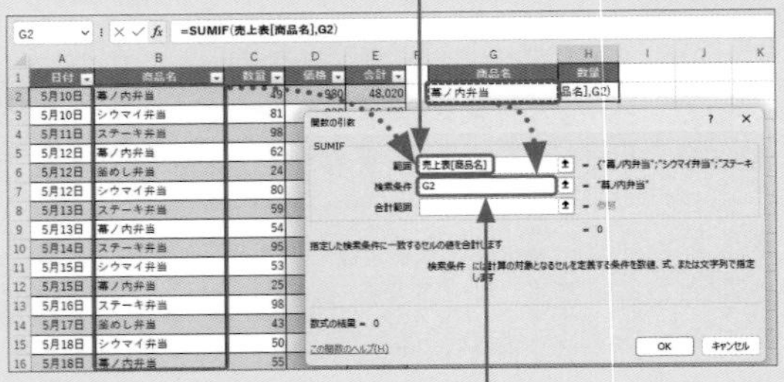

8 [検索条件]に条件を入力したセル（ここでは[G2]）を指定します。

9 [合計範囲]に計算の対象となるセル範囲（ここでは[C2:C16]）を指定して、

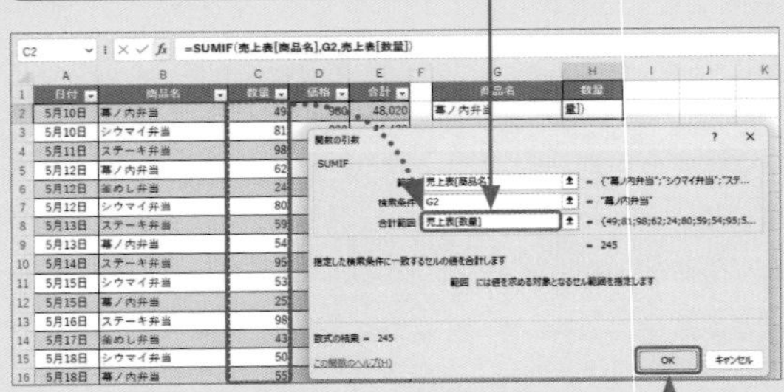

10 [OK]をクリックします。

11 条件に一致するセルの値の合計が求められます。

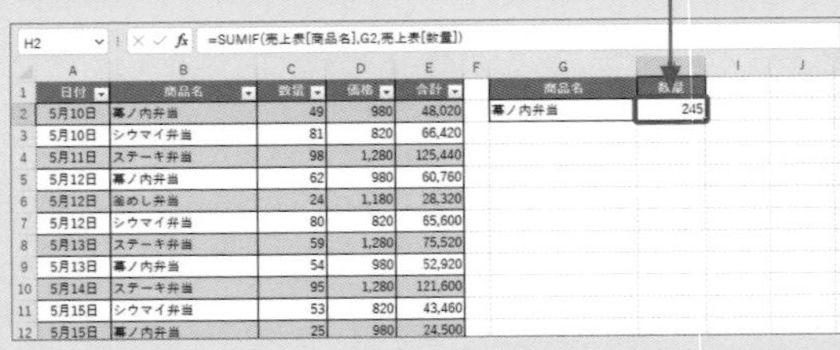

構造化参照を利用した数式の見かた

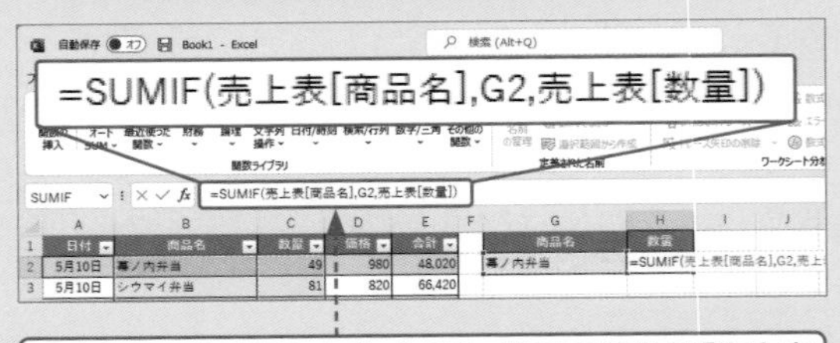

構造化参照を利用した数式では、範囲の指定が「売上表[商品名]」や「売上表[数量]」のように、テーブル名と「[ ]」で囲んだ列見出し（列指定子）が使用されます。

重要度 ★★★ テーブル

Q 546 テーブルでも通常のセル参照で数式を組み立てたい！

A 数式をセル内に直接入力します。

テーブル内のセルを数式などで参照する場合、セルをクリックしたりドラッグしたりすると、構造化参照の形式で数式が入力されます。テーブルのデータを参照した数式を通常のセル参照で指定したい場合は、セル範囲を直接入力します。

テーブルのデータを参照して、条件に一致するセルの値の合計を求めます。

1 数式を入力するセルをクリックして、「=SUMIF(B2:B16,G2,C2:C16)」と入力し、

2  Enter を押すと、

3 条件に一致するセルの値の合計が求められます。

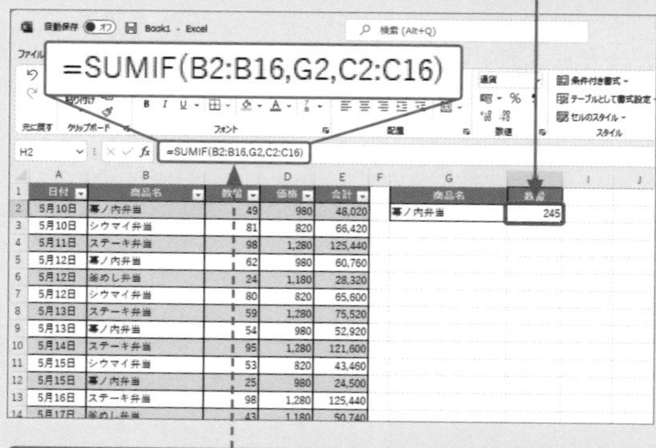

通常のセル参照を使用した数式が入力されます。

重要度 ★★★ テーブル

Q 547 テーブルにフィールドを追加したい！

A [ホーム]タブの[挿入]を利用します。

テーブル内にフィールド(列)を追加するには、フィールドを追加する列の右側の列番号をクリックして、[ホーム]タブの[挿入]をクリックします。

1 列番号をクリックして、

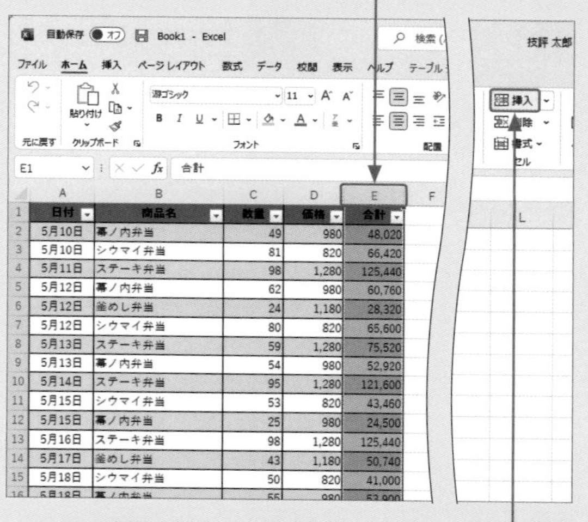

2 [ホーム]タブの[挿入]をクリックすると、

3 フィールド(列)が挿入されます。

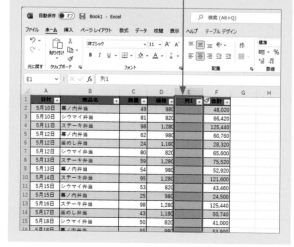

重要度★★★　テーブル

Q 548 テーブルを通常の表に戻したい！

A [テーブルデザイン]タブの[範囲に変換]を利用します。

テーブルを通常のリスト形式の表に戻すには、テーブル内のいずれかのセルをクリックした状態で、[テーブルデザイン]タブの[範囲に変換]をクリックします。ただし、セルの背景色は保持されます。

1 テーブル内のセルをクリックして、

2 [テーブルデザイン]タブをクリックします。

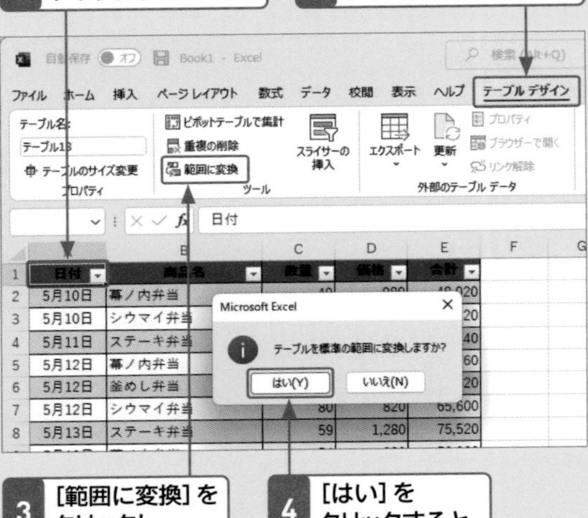

3 [範囲に変換]をクリックし、

4 [はい]をクリックすると、

5 テーブルが通常の表に戻ります。

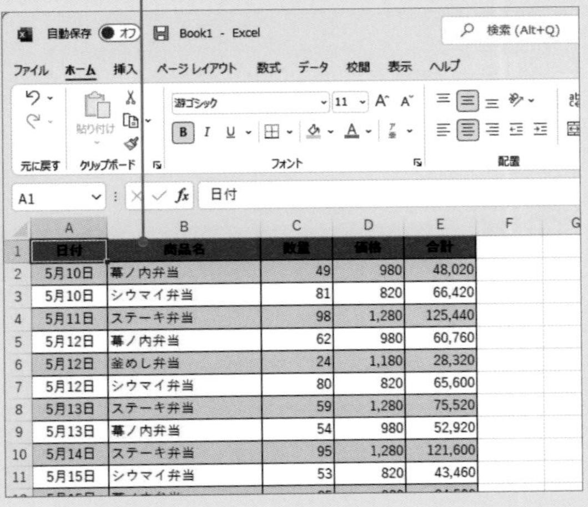

重要度★★★　ピボットテーブル

Q 549 ピボットテーブルって何？

A 特定のフィールドを取り出して表を集計する機能のことです。

「ピボットテーブル」とは、リスト形式の表から特定のフィールド（項目）を取り出して、さまざまな種類の表を作成する機能のことです。ピボットテーブルを利用すると、表の構成を入れ替えたり、集計項目を絞り込むなどして、さまざまな視点からデータを分析できます。

1 リスト形式の表を利用すると、

	A	B	C	D	E	F
1	日付	担当者	商品名	販売価格	販売数	売上金額
2	8月1日	中川 直美	旅行セット	2,948	21	61,908
3	8月1日	湯川 守人	拡大ミラー	3,575	10	35,750
4	8月1日	山崎 裕子	アロマセット	2,178	25	54,450
5	8月1日	坂本 彩子	旅行セット	2,948	26	76,648
6	8月1日	中川 直美	バスローブ	3,575	29	103,675
7	8月1日	野田 亜紀	入浴剤セット	3,608	10	36,080
8	8月2日	中川 直美	拡大ミラー	3,575	23	82,225
9	8月2日	野田 亜紀	アロマセット	2,178	11	23,958
10	8月2日	山崎 裕子	バスローブ	3,575	16	57,200
11	8月2日	野田 亜紀	珪藻土バスマット	6,336	14	88,704
12	8月2日	湯川 守人	入浴剤セット	3,608	11	39,688
13	8月2日	坂本 彩子	バスローブ	3,575	12	42,900
14	8月2日	中川 直美	入浴剤セット	10,978	21	230,538
15	8月3日	湯川 守人	旅行セット	2,948	19	56,012
16	8月3日	中川 直美	拡大ミラー	3,575	10	35,750
17	8月3日	野田 亜紀	衣料用コンテナ	10,978	17	186,626
18	8月3日	山崎 裕子	入浴剤セット	3,608	11	39,688
19	8月3日	湯川 守人	珪藻土バスマット	6,336	27	171,072
20	8月4日	湯川 守人	入浴剤セット	3,608	28	101,024

2 さまざまな種類の表を作成して、違った視点からデータを分析することができます。

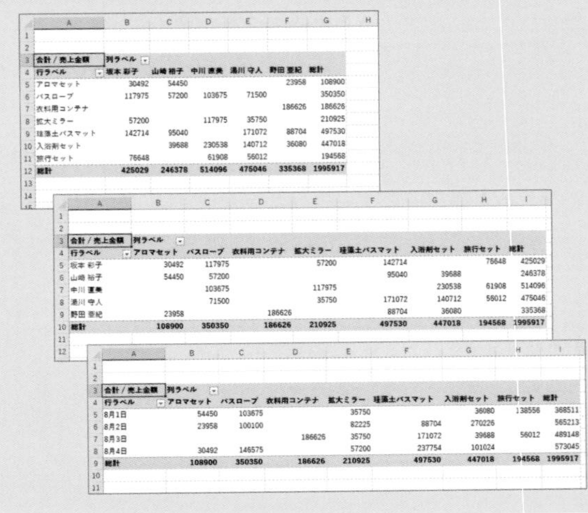

Q 550 ピボットテーブルを作成したい！

ピボットテーブルを作成するには、はじめに、フィールドが何も設定されていない空のピボットテーブルを作成します。続いて、[ピボットテーブルのフィールドリスト]から必要なフィールドを追加していきます。
なお、作成時に自動的に付けられる「行ラベル」や「列ラベル」の文字は任意に変更することができます。

A [挿入]タブの[ピボットテーブル]を利用します。

1 リスト形式の表内のセルをクリックして、

2 [挿入]タブをクリックし、

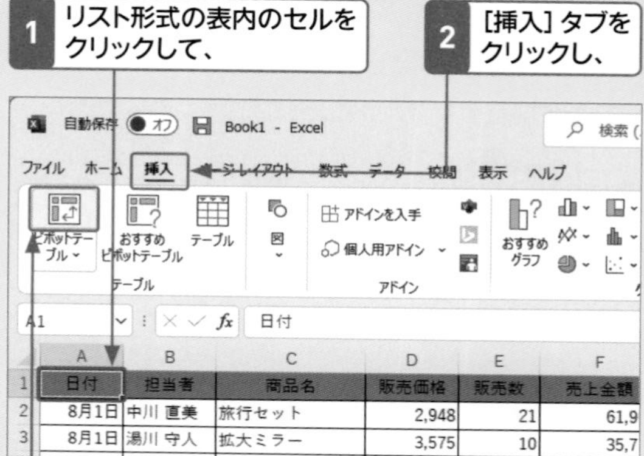

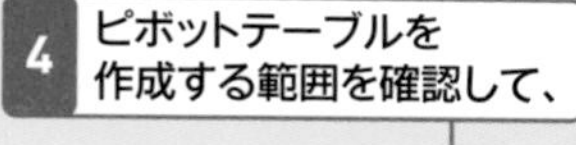

3 [ピボットテーブル]をクリックします。

4 ピボットテーブルを作成する範囲を確認して、

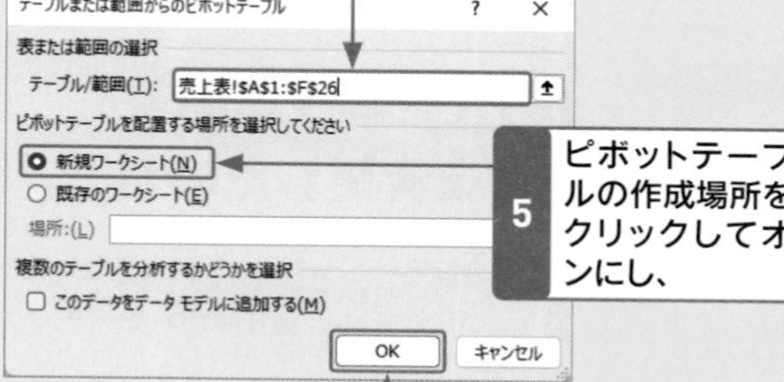

5 ピボットテーブルの作成場所をクリックしてオンにし、

6 [OK]をクリックすると、

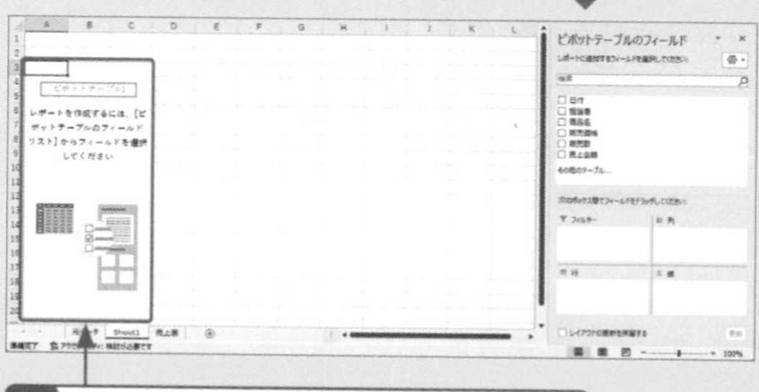

7 フィールドが何も設定されていない空のピボットテーブルが作成されます。

8 [ピボットテーブルのフィールドリスト]で「担当者」をクリックしてオンにすると、

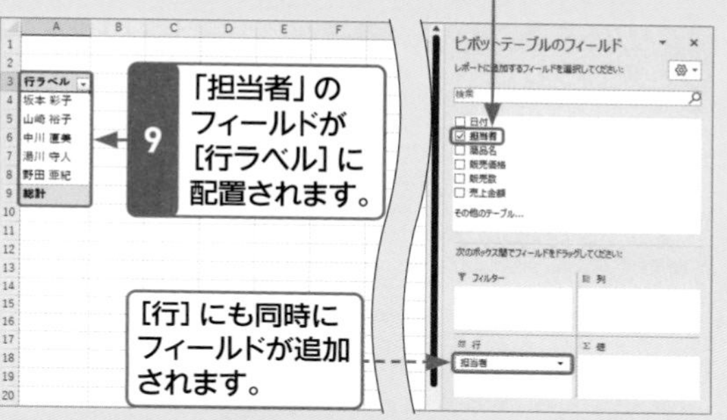

9 「担当者」のフィールドが[行ラベル]に配置されます。

[行]にも同時にフィールドが追加されます。

10 「商品名」と「売上金額」をクリックしてオンにします。

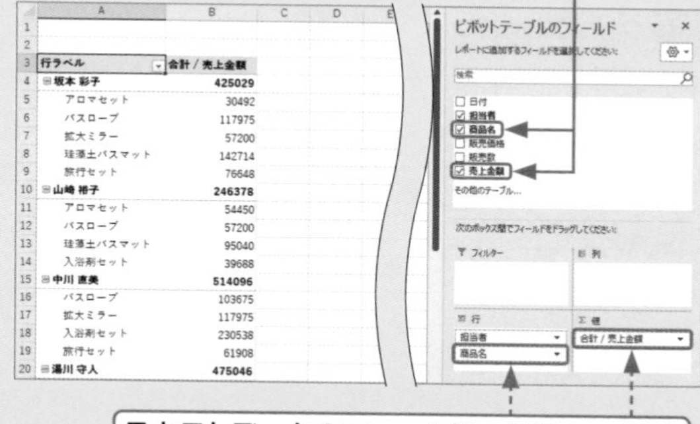

テキストデータのフィールドは[行]に、数値データのフィールドは[値]に追加されます。

11 「担当者」をドラッグして[列]に移動すると、

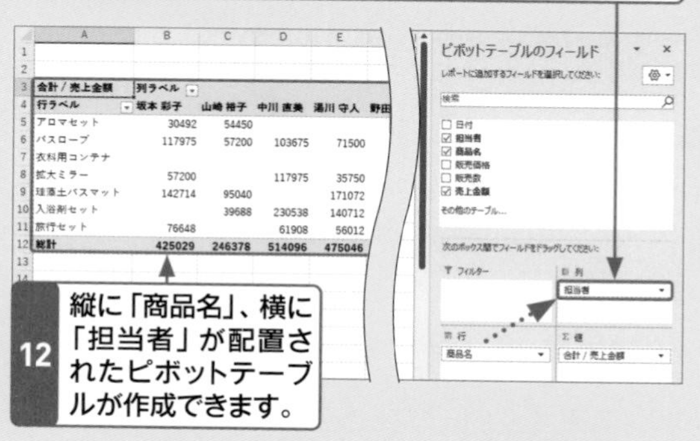

12 縦に「商品名」、横に「担当者」が配置されたピボットテーブルが作成できます。

重要度★★★ ピボットテーブル

Q 551 ピボットテーブルをかんたんに作成するには？

A ［挿入］タブの［おすすめピボットテーブル］を利用します。

［挿入］タブの［おすすめピボットテーブル］から目的のピボットテーブルを作成することができます。

1 リスト形式の表内のセルをクリックして、

2 ［挿入］タブをクリックし、

3 ［おすすめピボットテーブル］をクリックします。

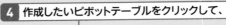

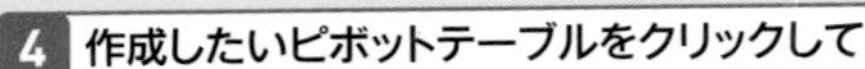

4 作成したいピボットテーブルをクリックして、

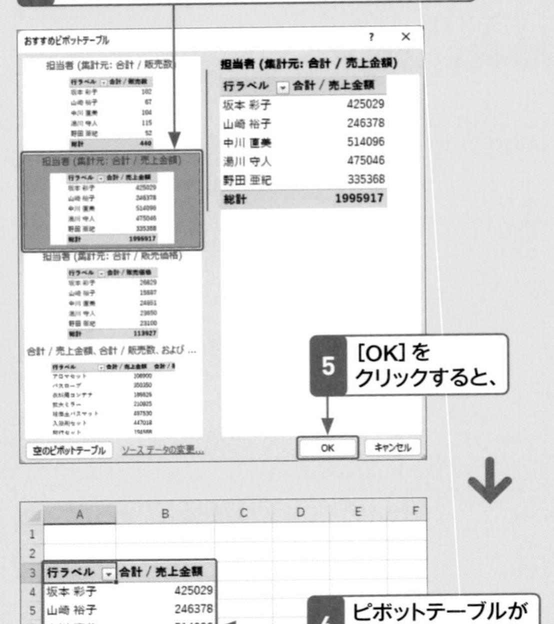

5 ［OK］をクリックすると、
OK
キャンセル

行ラベル	合計 / 売上金額
坂本 彩子	425029
山崎 裕子	246378
中川 直美	514096
湯川 守人	475046
野田 亜紀	335368
総計	1995917

6 ピボットテーブルが作成できます。

重要度★★★ ピボットテーブル

Q 552 フィールドリストが表示されない！

A ［ピボットテーブル分析］タブの［フィールドリスト］をクリックします。

ピボットテーブルをクリックして、［ピボットテーブル分析］タブの［表示］（画面サイズが大きい場合は不要）から［フィールドリスト］をクリックすると、フィールドリストが表示されます。

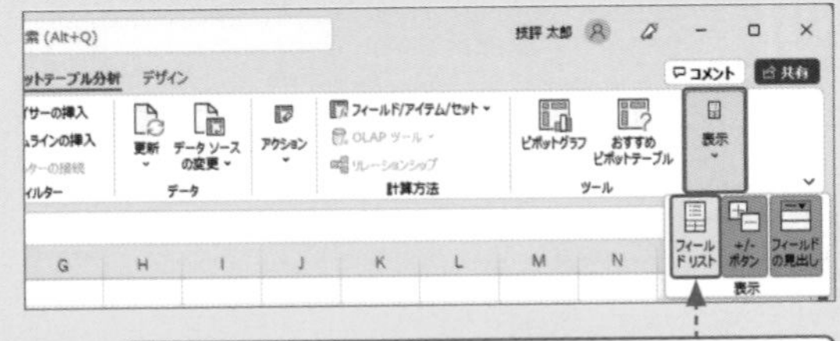

［表示］から［フィールドリスト］をクリックすると、表示と非表示が切り替わります。

重要度★★★ ピボットテーブル

Q 553 ピボットテーブルのデータを変更したい！

A もとの表のデータを変更して、［更新］をクリックします。

ピボットテーブルでは直接データを変更できません。データを変更するには、もとになったデータベース形式の表のデータを変更し、［ピボットテーブル分析］タブの［更新］をクリックします。

もとになったデータベース形式の表を変更したあと、［更新］をクリックします。

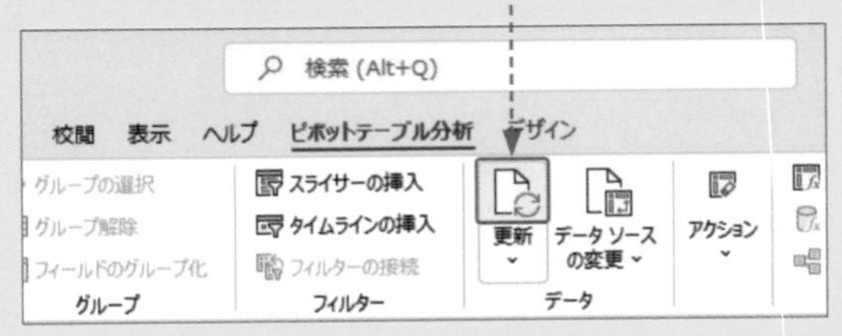

重要度 ★★★　ピボットテーブル

Q 554 ピボットテーブルの行と列を入れ替えたい！

A ［ピボットテーブルのフィールドリスト］のボックス間で移動します。

ピボットテーブルの行と列を入れ替えるなど、配置を変更する場合は、［ピボットテーブルのフィールドリスト］のボックス間で移動するフィールドをドラッグします。また、フィールドを削除する場合は、フィールドをフィールドリストの外へドラッグします。

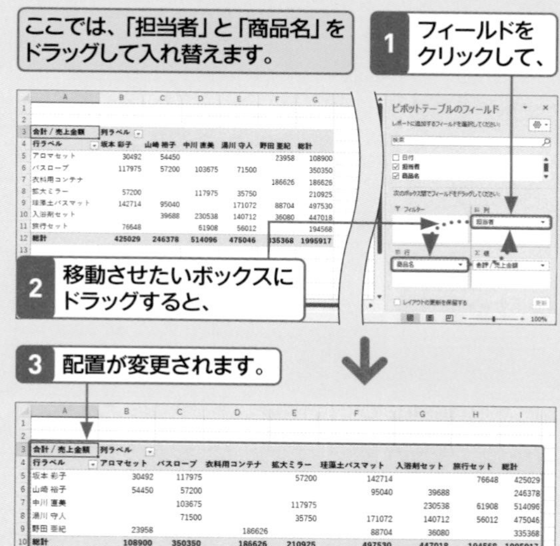

重要度 ★★★　ピボットテーブル

Q 555 同じフィールドが複数表示された！

A 全角と半角の違いなどに注意して、もとデータを修正します。

文字の全角と半角が混在していたり、日付が間違っていたりすると、別のデータと認識されるため、同じフィールドが複数表示される場合があります。
グループ化してまとめることもできますが、置換機能などを利用してデータを修正したほうが安全です。もとのデータを修正して、ピボットテーブルを更新しましょう。

重要度 ★★★　ピボットテーブル

Q 556 タイムラインって何？

A 日付フィールドのデータをすばやく絞り込むことができる機能です。

「タイムライン」とは、年や四半期、月、日ごとのデータをすばやく絞り込むことのできる機能です。タイムラインを利用するには、日付として書式設定されているフィールドが必要です。

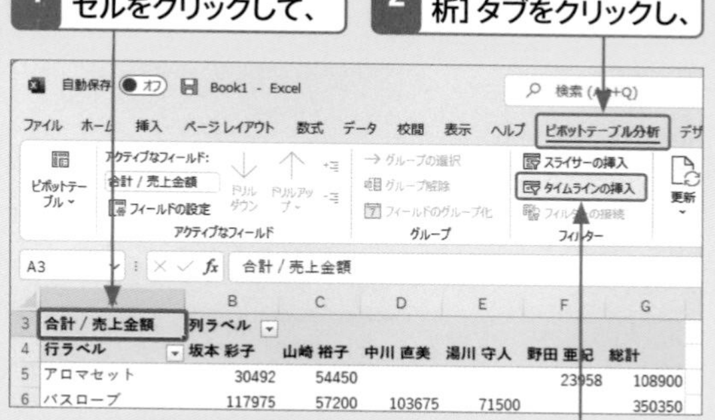

3 ［タイムラインの挿入］をクリックします。

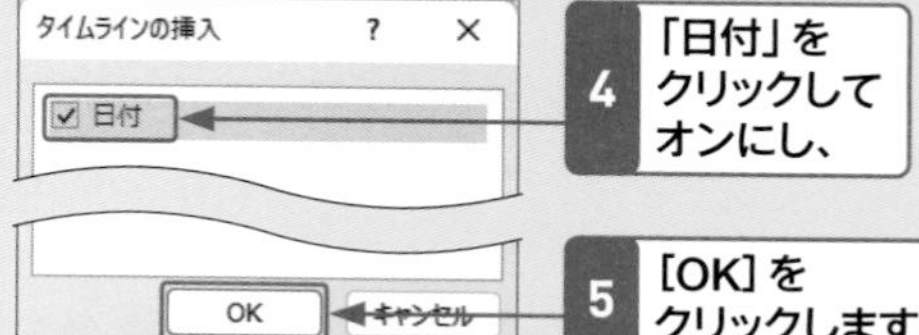

6 タイムラインで絞り込みたい期間をクリック（あるいは）ドラッグすると、

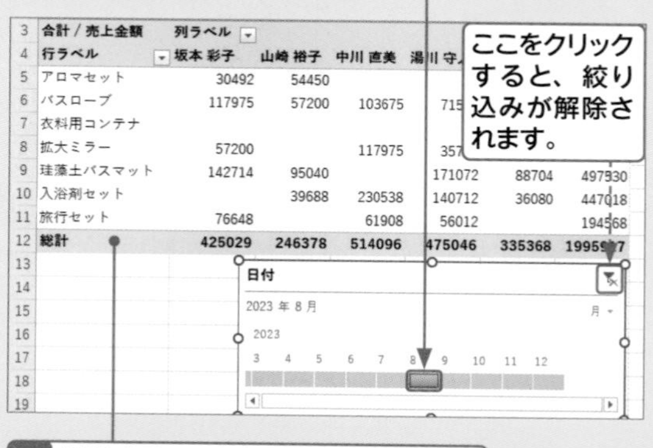

ここをクリックすると、絞り込みが解除されます。

7 該当するデータだけが表示されます。

重要度 ★★★ ピボットテーブル

Q 557 特定のフィールドのデータだけを表示したい！

A フィルターボタンをクリックして設定します。

ピボットテーブルのフィールドの中から特定のフィールドのデータだけを表示するには、目的のフィールドの▼をクリックして一覧を表示し、表示したい項目だけをオンにします。ここでは、「商品名」を絞り込んでみます。

1 ここをクリックして、

	A	B	C	D	E	F	G
2							
3	合計 / 売上金額	列ラベル					
4	行ラベル	坂本 彩子	山崎 裕子	中川 直美	湯川 守人	野田 亜紀	総計
5	アロマセット	30492	54450			23958	108900
6	バスローブ	117975	57200	103675	71500		350350
7	衣料用コンテナ					186626	186626
8	拡大ミラー	57200		117975	35750		210925
9	珪藻土バスマット	142714	95040		171072	88704	497530
10	入浴剤セット		39688	230538	140712	36080	447018
11	旅行セット	76648		61908	56012		194568
12	総計	425029	246378	514096	475046	335368	1995917
13							

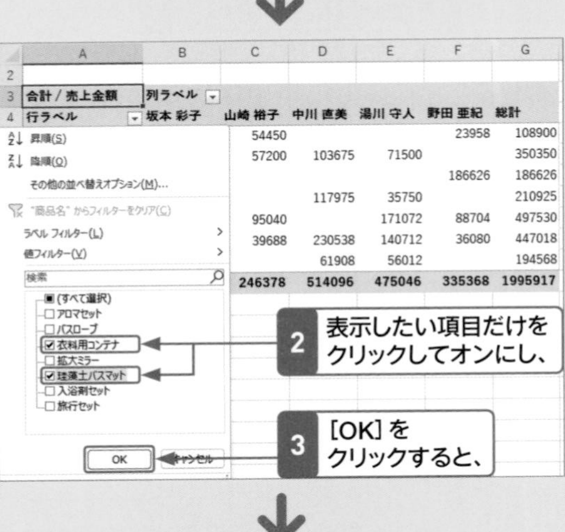
2 表示したい項目だけをクリックしてオンにし、
3 [OK] をクリックすると、

4 選択した商品名のデータだけが表示されます。

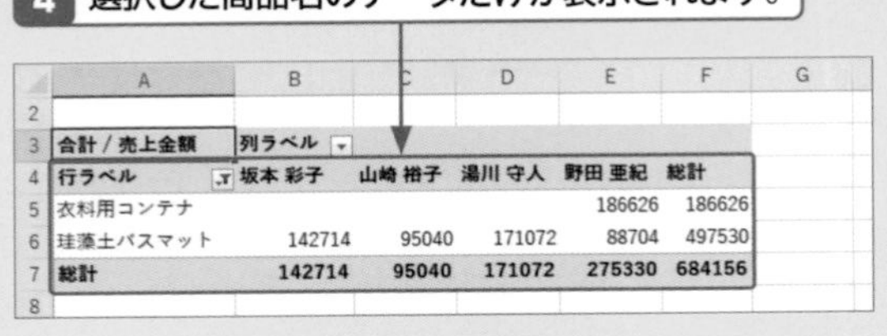

	A	B	C	D	E	F	G
2							
3	合計 / 売上金額	列ラベル					
4	行ラベル	坂本 彩子	山崎 裕子	湯川 守人	野田 亜紀	総計	
5	衣料用コンテナ				186626	186626	
6	珪藻土バスマット	142714	95040	171072	88704	497530	
7	総計	142714	95040	171072	275330	684156	
8							

重要度 ★★★ ピボットテーブル

Q 558 スライサーって何？

A データの絞り込みをかんたんに行える機能です。

「スライサー」とは、集計項目を絞り込める機能です。絞り込みに利用する項目を選択してスライサーを挿入すると、クリックするだけでかんたんに該当する項目だけを絞り込むことができます。

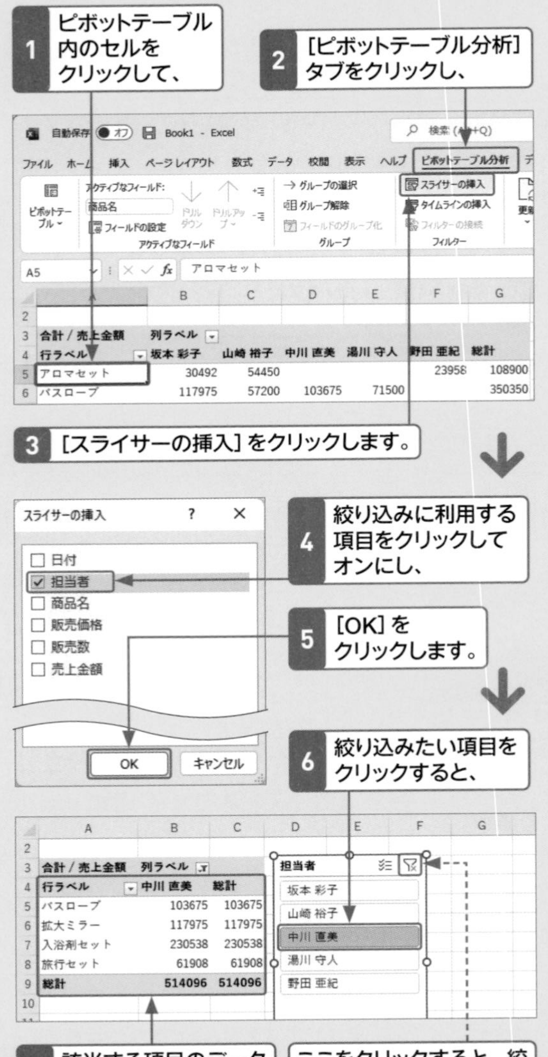
1 ピボットテーブル内のセルをクリックして、
2 [ピボットテーブル分析] タブをクリックし、
3 [スライサーの挿入] をクリックします。
4 絞り込みに利用する項目をクリックしてオンにし、
5 [OK] をクリックします。
6 絞り込みたい項目をクリックすると、
7 該当する項目のデータだけが表示されます。
ここをクリックすると、絞り込みが解除されます。

重要度 ★★★　ピボットテーブル

項目ごとにピボットテーブルを作成したい！

A　レポートフィルターフィールドを利用して作成します。

担当者別や商品名別といったフィールド（項目）ごとにピボットテーブルを作成するには、まず、[フィルター]ボックスにアイテムを表示します。続いて、[レポートフィルターページの表示]ダイアログボックスを利用して、1つのピボットテーブルをフィールドごとの表に展開します。ここでは、「担当者」ごとにピボットテーブルを作成します。

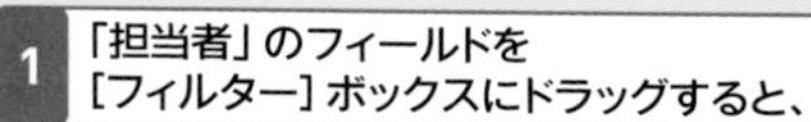

1 「担当者」のフィールドを
[フィルター] ボックスにドラッグすると、

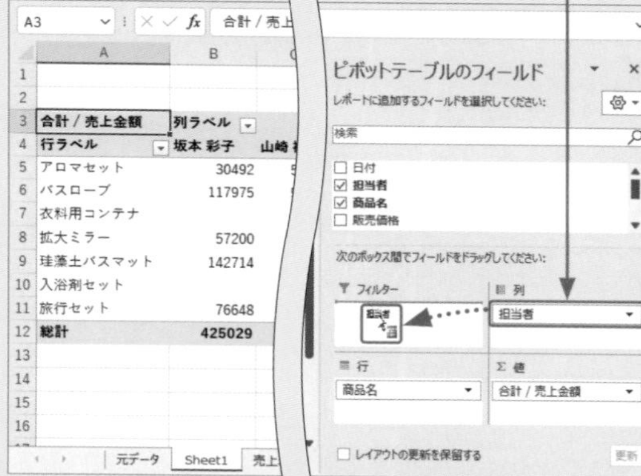

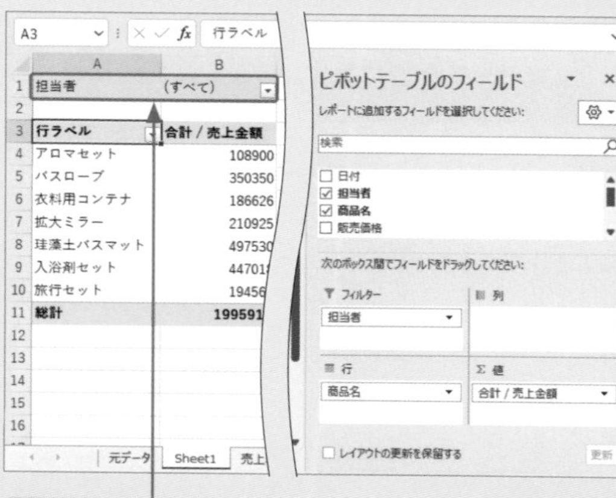

2 「担当者」フィールドが
フィルターフィールドとして配置されます。

3 [ピボットテーブル分析] タブをクリックして、

4 [ピボットテーブル] をクリックし、

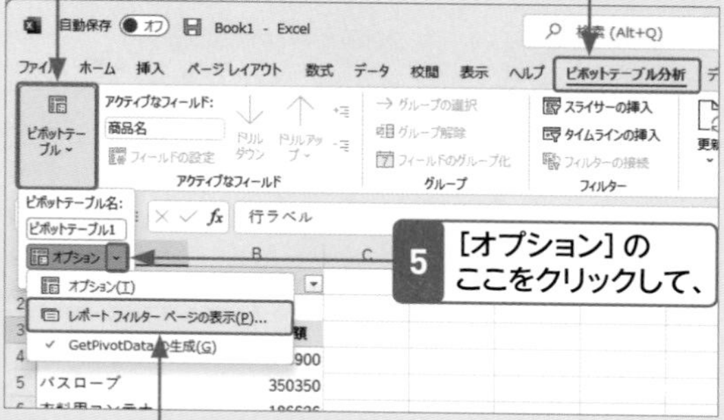

5 [オプション] の
ここをクリックして、

6 [レポートフィルターページの表示] を
クリックします。

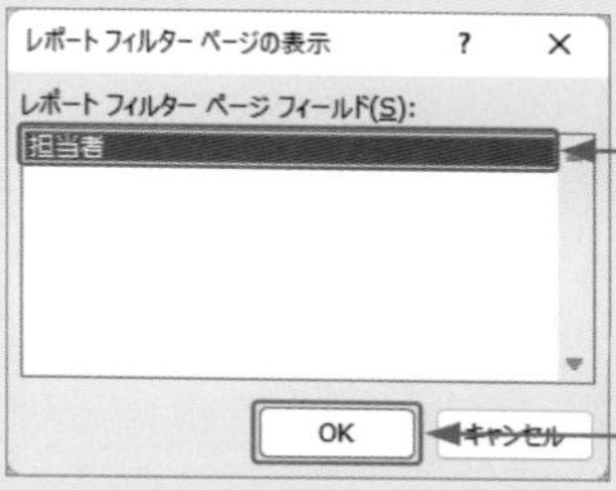

7 「担当者」を
クリックして、

8 [OK] を
クリックすると、

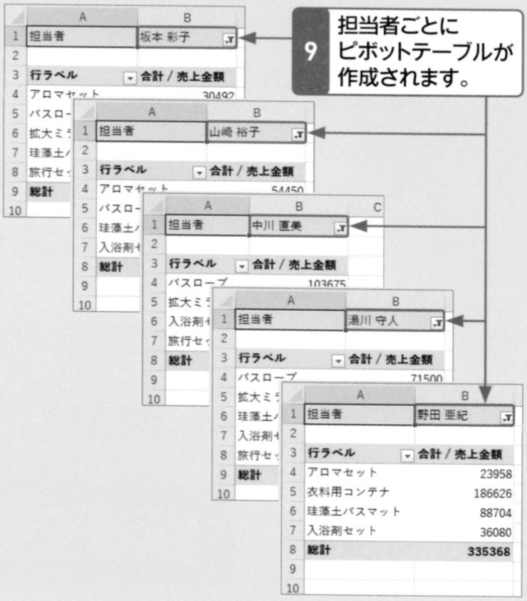

9 担当者ごとに
ピボットテーブルが
作成されます。

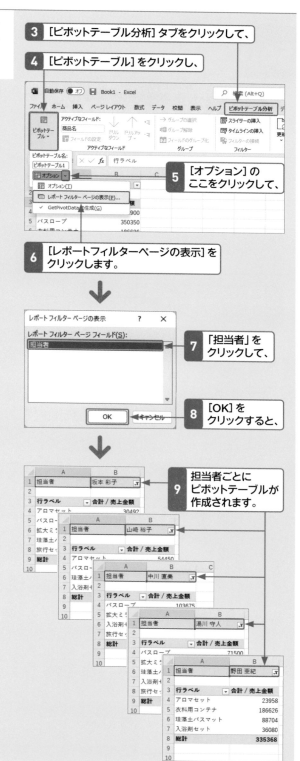

重要度 ★★★ ピボットテーブル

Q 560 ピボットテーブルをもとデータごとコピーしたい！

A コピーしたあとで、参照するセル範囲を指定し直します。

ピボットテーブルは、もとの表といっしょにほかのブックにコピーできますが、ピボットテーブルはコピー後も前のブックのデータを参照しています。コピーした表のデータを参照させるようにするには、[ピボットテーブルの移動]ダイアログボックスで、参照するセル範囲を指定し直す必要があります。

ピボットテーブルともとの表を新規ブックにコピーしています。

1 ピボットテーブル内のセルをクリックして、

2 [ピボットテーブル分析]タブをクリックし、

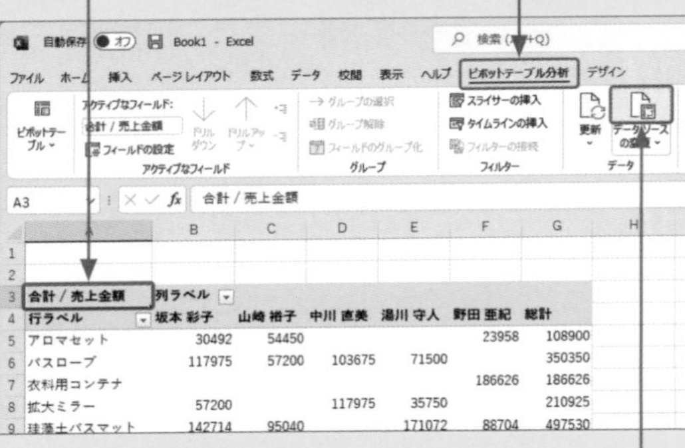

3 [データソースの変更]をクリックします。

4 コピーしたブックに切り替えて、

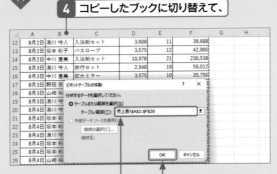

ピボットテーブルの移動
分析するデータを選択してください。
テーブルまたは範囲を選択(S)
テーブル/範囲(T): 売上表!$A$1:$F$26
外部データソースを使用(U)
接続の選択(C)...
接続名:
OK キャンセル

5 [テーブル／範囲]に新しい参照範囲を指定し、

6 [OK]をクリックします。

重要度 ★★★ ピボットテーブル

Q 561 集計された項目の内訳が見たい！

A 集計結果が入力されているセルをダブルクリックします。

ピボットテーブルの集計結果が入力されているセルをダブルクリックすると、その内訳を一覧表示したワークシートが新しいシート名で自動的に挿入されます。このワークシートは完全に独立しているので、編集したり削除したりしても、もとのピボットテーブルには影響ありません。

1 この集計結果をダブルクリックすると、

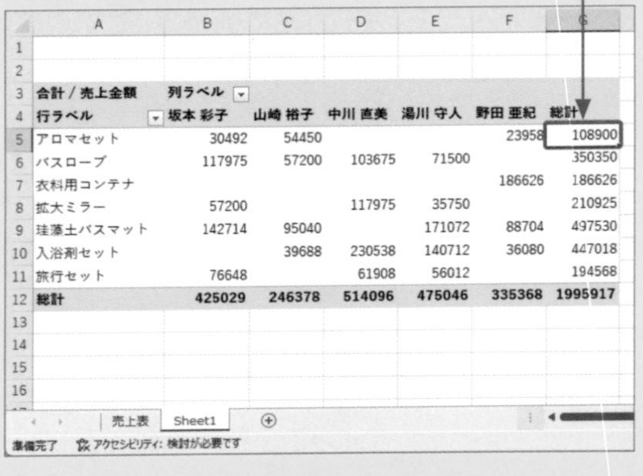

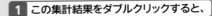

2 ダブルクリックしたセルのデータの詳細が表示されます。

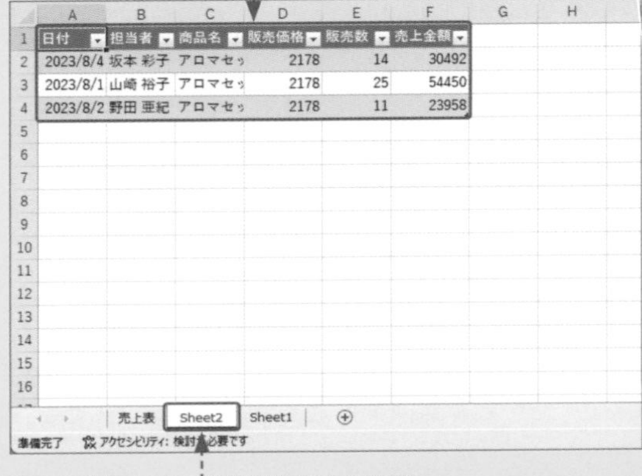

新規にシートが追加されています。

重要度 ★★★　ピボットテーブル

Q 562 日付のフィールドを月ごとにまとめたい！

A1 日付のフィールドを［行］か［列］に配置します。

数か月分の日付が入力されているフィールドをグループ化する場合、日付が入力されているフィールドを［行］ボックスか［列］ボックスに配置すると、自動的に月ごとにグループ化されます。月以外の単位でグループ化する場合は、右の方法で設定します。

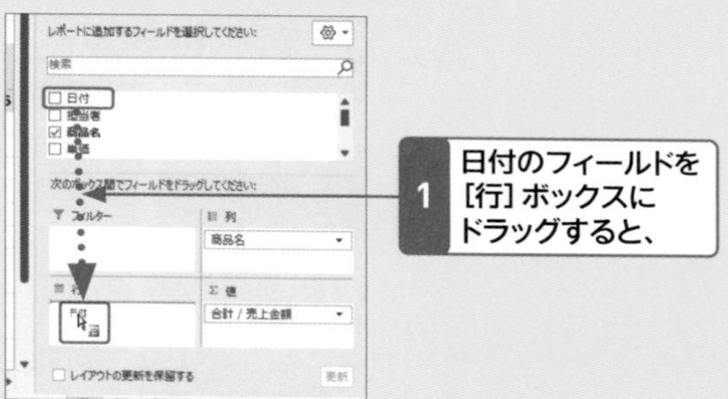

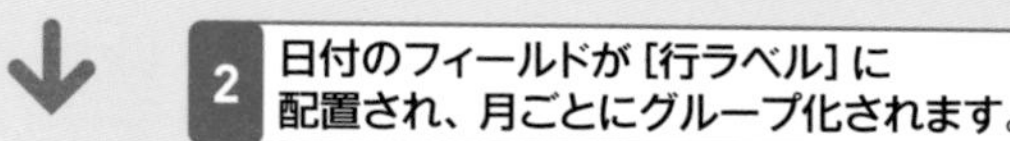

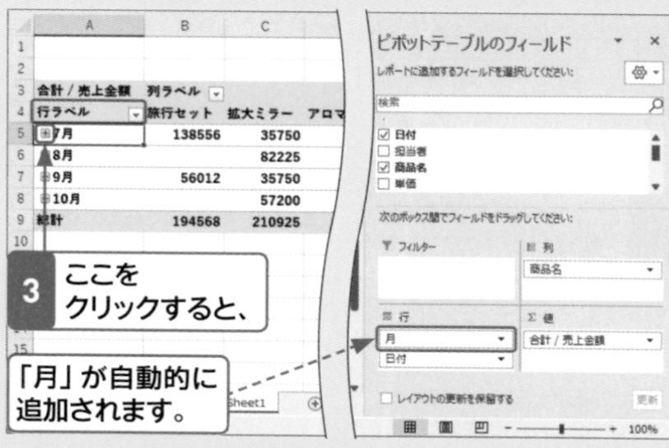

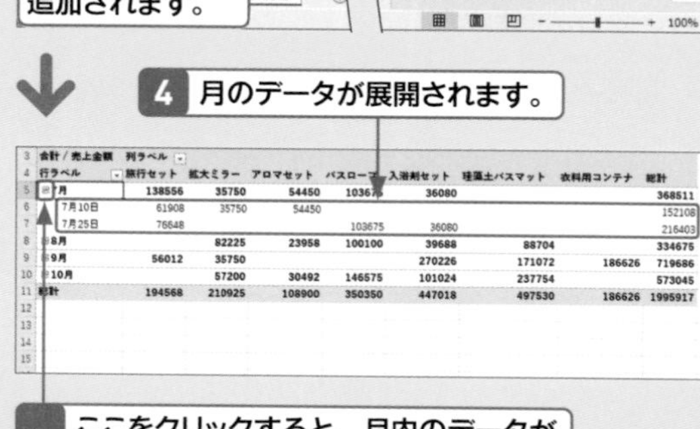

A2 日付のフィールドをグループ化します。

［ピボットテーブル分析］タブの［フィールドのグループ化］を利用してグループ化することもできます。この方法を使用すると、月以外の単位でグループ化することもできます。

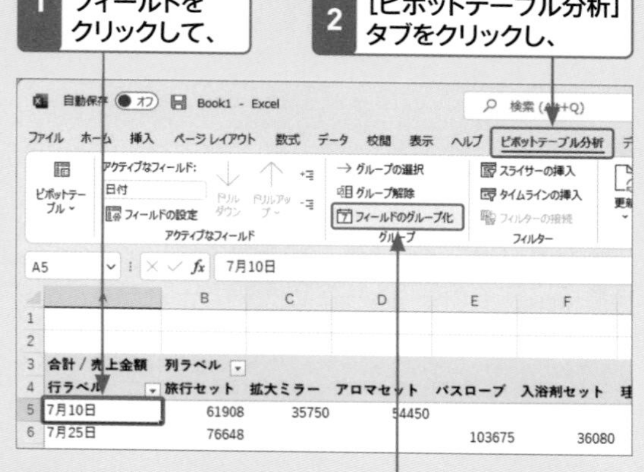

1 グループ化するフィールドをクリックして、
2 ［ピボットテーブル分析］タブをクリックし、
3 ［フィールドのグループ化］をクリックします。

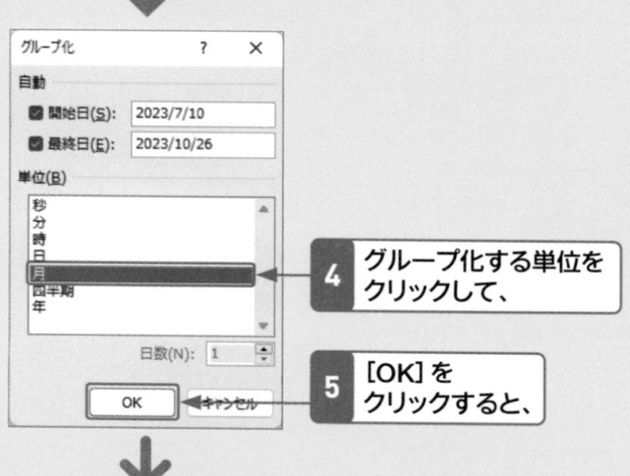

6 月ごとにグループ化されます。

	A	B	C	D	E	F
3	合計 / 売上金額	列ラベル				
4	行ラベル	旅行セット	拡大ミラー	アロマセット	バスローブ	入浴剤セット
5	7月	138556	35750	54450	103675	36080
6	8月		82225	23958	100100	39688
7	9月	56012	35750			270226
8	10月		57200	30492	146575	101024
9	総計	194568	210925	108900	350350	447018

重要度 ★★★　ピボットテーブル

Q 563 ピボットテーブルのデザインを変更したい！

A [ピボットテーブルスタイル]を利用します。

ピボットテーブルには、色や罫線などの書式があらかじめ設定されたピボットテーブルスタイルがたくさん用意されています。スタイルを設定するには、[デザイン]タブの[ピボットテーブルスタイル]から選択します。また、ピボットテーブルスタイルの一覧の最下行にある[クリア]をクリックすると、スタイルが解除されます。

1 ピボットテーブル内のセルをクリックして、

2 [デザイン] タブをクリックし、

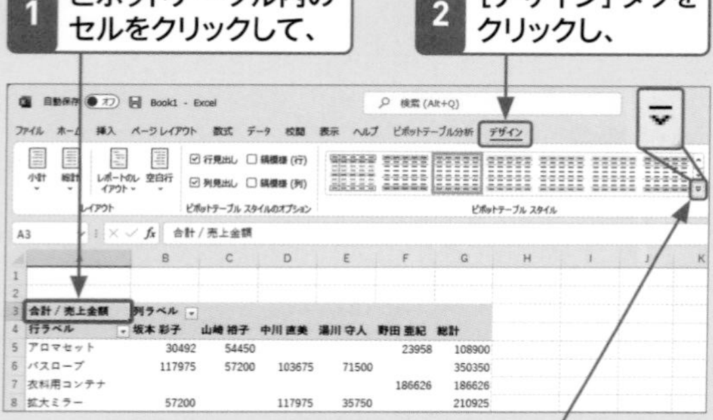

3 [その他] をクリックします。

4 設定したいスタイルをクリックすると、

5 ピボットテーブルにスタイルが適用されます。

合計 / 売上金額	列ラベル					
行ラベル	坂本 彩子	山崎 裕子	中川 直美	湯川 守人	野田 亜紀	総計
アロマセット	30492	54450			23958	108900
バスローブ	117975	57200	103675	71500		350350
衣料用コンテナ					186626	186626
拡大ミラー	57200		117975	35750		210925
珪藻土バスマット	142714	95040		171072	88704	497530
入浴剤セット		39688	230538	140712	36080	447018
旅行セット	76648		61908	56012		194568
総計	**425029**	**246378**	**514096**	**475046**	**335368**	**1995917**

重要度 ★★★　ピボットテーブル

Q 564 ピボットテーブルを通常の表に変換したい！

A ピボットテーブルをコピーして、値だけを貼り付けます。

ピボットテーブルを通常の表に変換するには、コピーと貼り付けを利用します。はじめに、ピボットテーブル全体を選択して[ホーム]タブの[コピー]をクリックします。続いて、コピー先のセルをクリックして[貼り付け]の下の部分をクリックし、[値]をクリックします。セルの幅やスタイルなどはコピーされませんので、必要に応じて設定します。

1 ピボットテーブルをコピーして、[貼り付け] のここをクリックし、

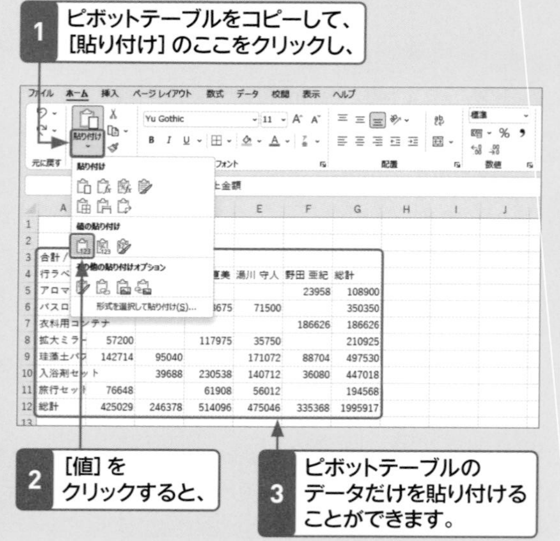

2 [値] をクリックすると、

3 ピボットテーブルのデータだけを貼り付けることができます。

重要度 ★★★　ピボットテーブル

Q 565 ピボットグラフを作成したい！

A [ピボットテーブル分析]タブの[ピボットグラフ]を利用します。

ピボットテーブルから作成するグラフを「ピボットグラフ」といいます。ピボットテーブルに表示したフィールドやアイテムを変更すると、その変更がすぐにピボットグラフにも反映されます。

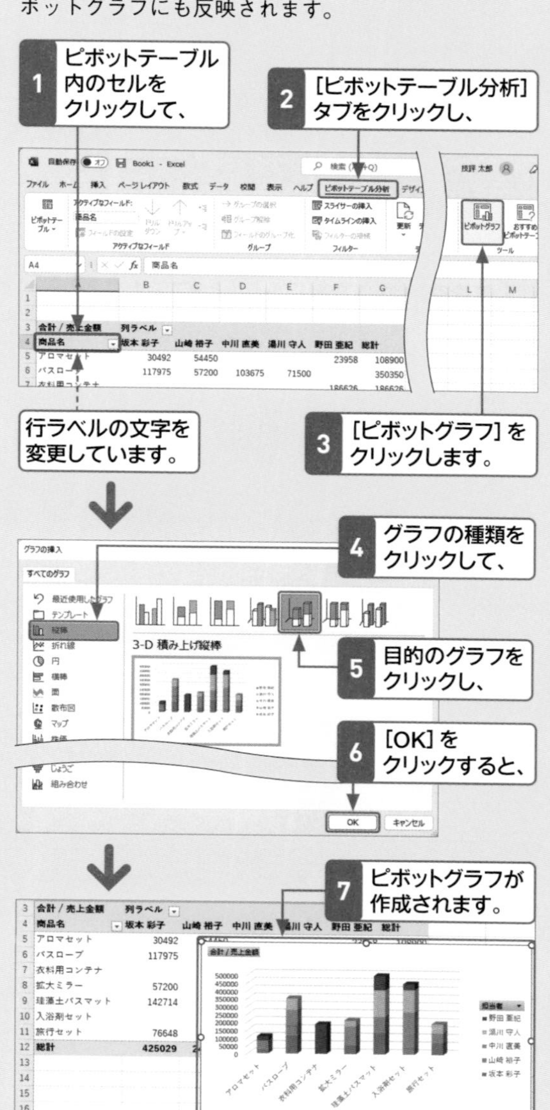

重要度 ★★★　ピボットテーブル

Q 566 ピボットグラフでデータを絞り込みたい！

A フィールドボタンを利用します。

ピボットテーブルの結果をグラフにすると、凡例や軸、値にフィールドボタンが自動的に追加されます。これらのボタンを利用して、表示するデータを絞り込むことができます。ここでは、「担当者」で絞り込んでみます。

1 フィールドボタン（ここでは「担当者」）をクリックして、

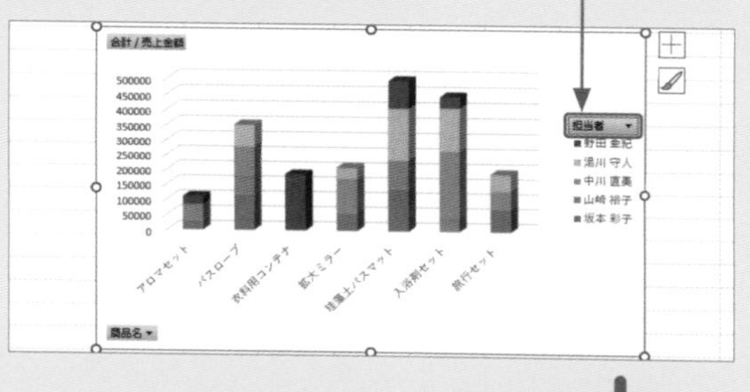

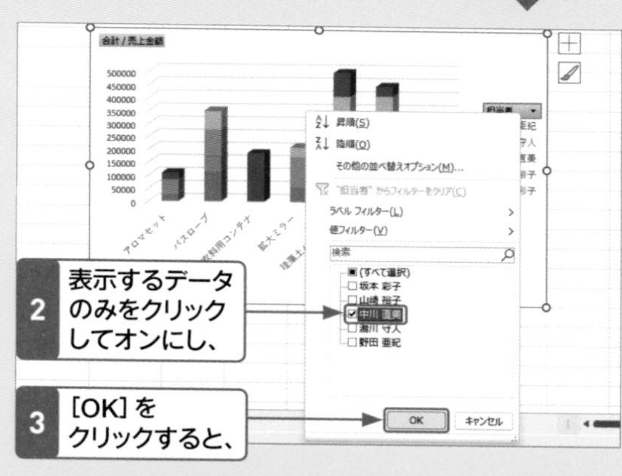

2 表示するデータのみをクリックしてオンにし、
3 [OK]をクリックすると、

4 データが絞り込まれます。

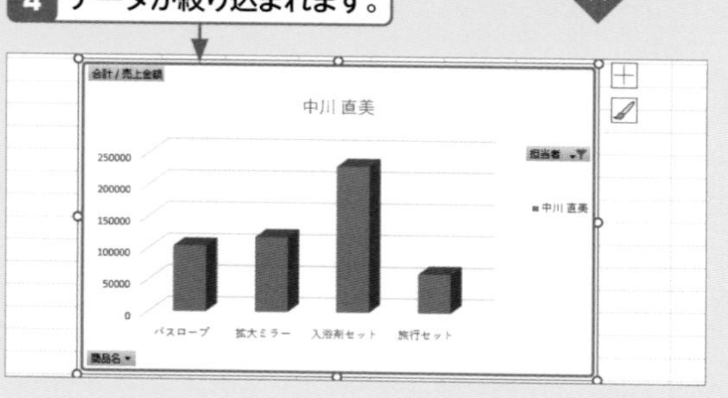

重要度★★★　データの分析

Q 567 データをもとに今後の動向を予測したい！

A [データ]タブの［予測シート］から予測ワークシートを作成します。

Excelでは、時系列のデータをもとに、将来の予測をかんたんに求めることができます。下の例のように、売上データを選択して、[データ]タブの［予測シート］をクリックすると、予測値を計算したテーブルと、予測グラフが新しいワークシートに作成されます。なお、日付や時刻などのデータは、一定の間隔で入力されている必要があります。
予測シートを利用すると、将来の売上高や商品在庫の必要量、消費動向などをかんたんに予測できます。

1 時系列データを入力したセル範囲を選択して、

	A	B	C	D	E	F
1	売上高	(千円)				
2	日付	売上高				
3	8月1日	12,641				
4	8月2日	12,620				
5	8月3日	12,303				
6	8月4日	12,861				
7	8月5日	12,132				
8	8月6日	12,698				
9	8月7日	13,275				
10	8月8日	12,237				
11	8月9日	12,118				
12	8月10日	12,663				
13						

2 [データ]タブをクリックし、

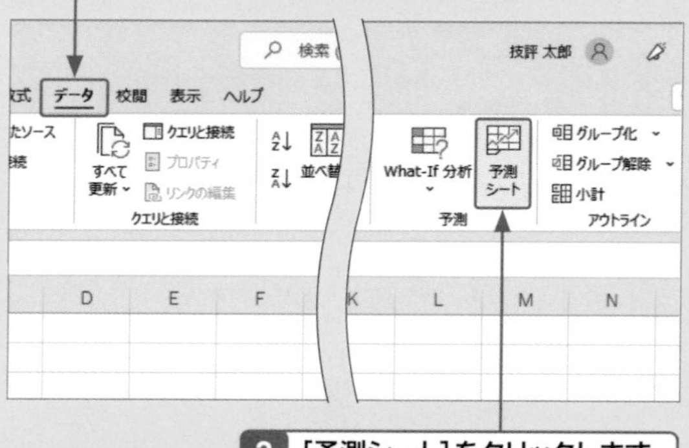

3 ［予測シート］をクリックします。

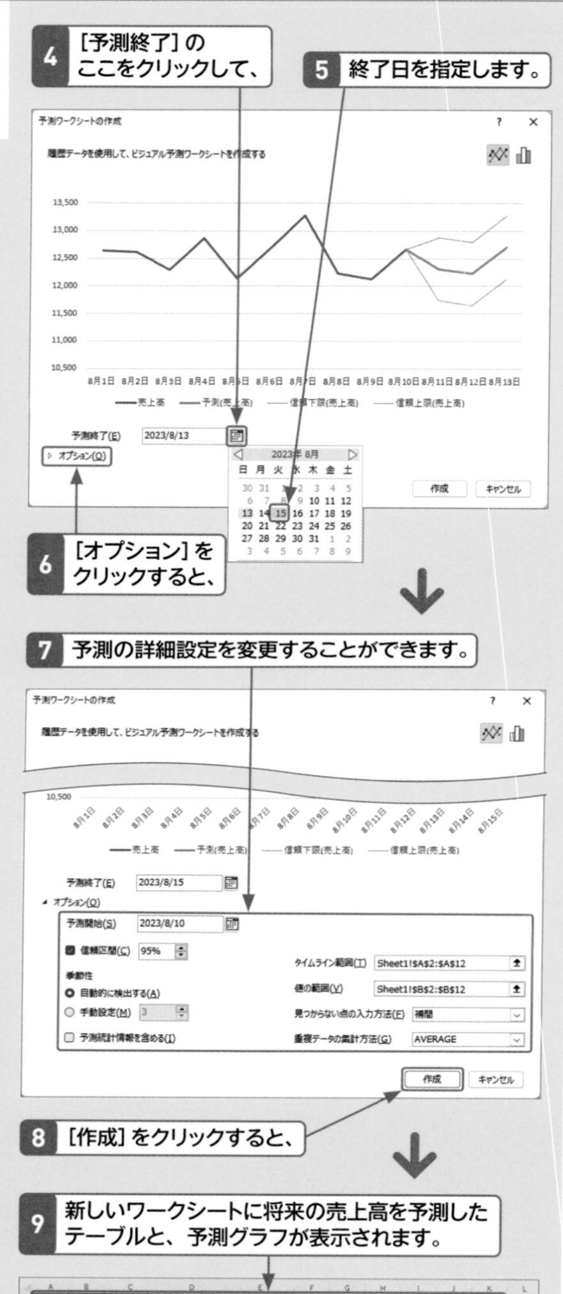

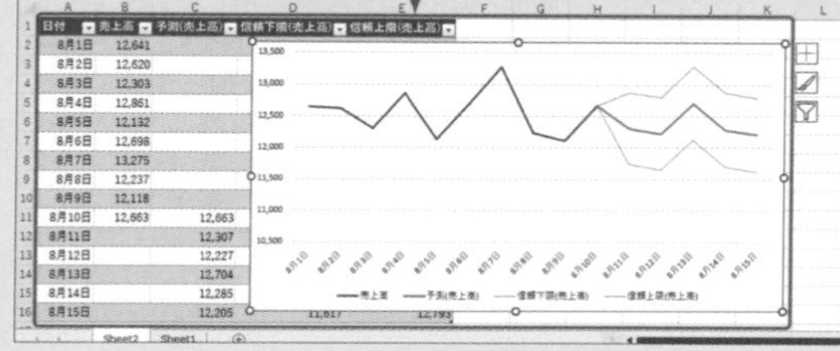

重要度★★★ データの分析

Q 568 予測シートのグラフを棒グラフにしたい！

A [予測ワークシートの作成]ダイアログボックスで作成します。

予測ワークシートを作成すると、既定では折れ線グラフで予測グラフが作成されます。棒グラフで作成したい場合は、[データ]タブの[予測シート]をクリックすると表示される[予測ワークシートの作成]ダイアログボックスで[縦棒グラフの作成]をクリックします。

1 [データ]タブの[予測シート]をクリックして、[予測ワークシートの作成]ダイアログボックスを表示します。

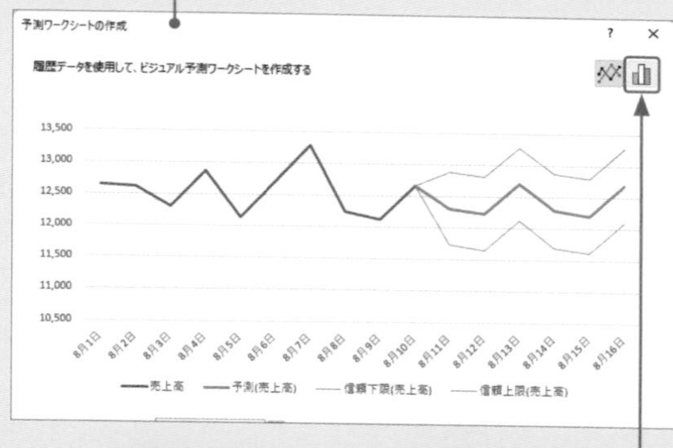

2 [縦棒グラフの作成]をクリックすると、

3 グラフが縦棒グラフに変更されるので、

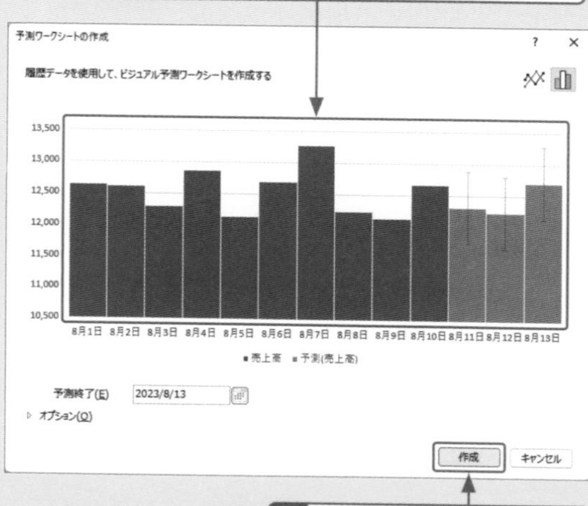

4 [作成]をクリックします。

重要度★★★ データの分析

Q 569 予測の上限と下限を非表示にしたい！

A [予測ワークシートの作成]ダイアログボックスのオプションで設定します。

[予測ワークシートの作成]ダイアログボックスで[オプション]をクリックすると、予測の詳細設定を変更することができます。予測の上限と下限を非表示にしたい場合は、[信頼区間]をクリックしてオフにします。

1 [データ]タブの[予測シート]をクリックして、[予測ワークシートの作成]ダイアログボックスを表示します。

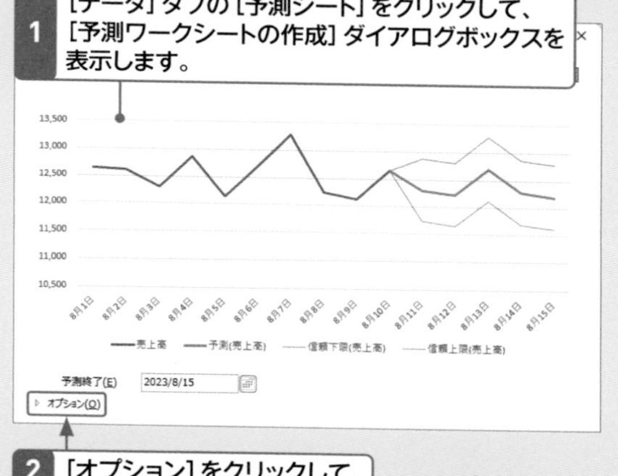

2 [オプション]をクリックして、

3 [信頼区間]をクリックしてオフにすると、

4 予測の上限と下限が非表示になります。

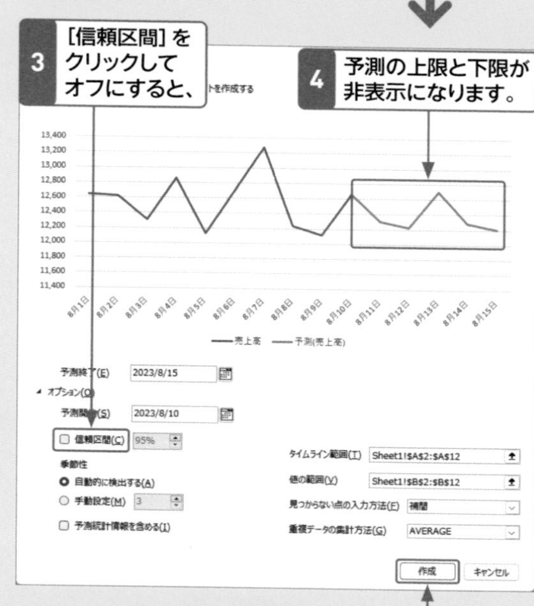

5 [作成]をクリックします。

重要度★★★　自動集計

Q 570 データをグループ化して自動集計したい！

A [データ]タブの[小計]を利用します。

データをグループ化して集計するには、Excelに用意されている自動集計機能を利用します。あらかじめ集計するフィールドを基準に表を並べ替えておき、[データ]タブの[小計]を利用すると、リスト形式の表に集計や総計の行を自動挿入して、データを集計することができます。また、自動的にアウトラインが作成されます。「アウトライン」とは、データを集計した行や列と、もとになったデータをグループ化したものです。アウトラインが作成されると、行番号や列番号の外側に「アウトライン記号」が表示されます。

ここでは、担当者ごとに「数量」と「金額」を集計します。

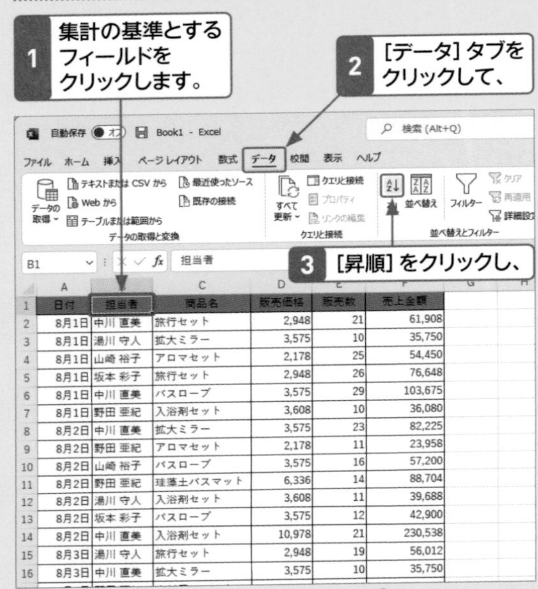

4 集計の基準とするフィールドをもとに表全体を並べ替えます。

5 [データ]タブをクリックして、

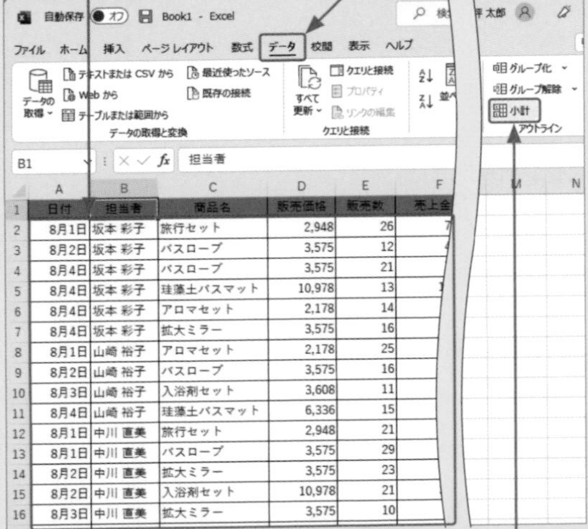

6 [小計]をクリックし、

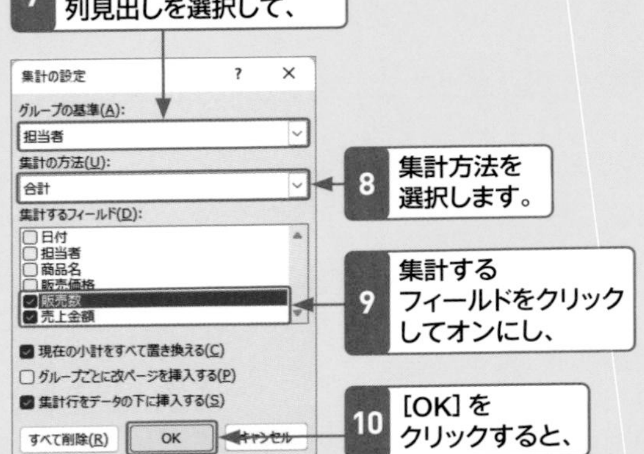

11 集計や総計行が自動的に追加され、合計が計算されます。

	A	B	C	D	E	F
1	日付	担当者	商品名	販売価格	販売数	売上金額
2	8月1日	坂本 彩子	旅行セット	2,948	26	76,648
3	8月2日	坂本 彩子	バスローブ	3,575	12	42,900
4	8月4日	坂本 彩子	バスローブ	3,575	21	75,075
5	8月4日	坂本 彩子	珪藻土バスマット	10,978	13	142,714
6	8月4日	坂本 彩子	アロマセット	2,178	14	30,492
7	8月4日	坂本 彩子	拡大ミラー	3,575	16	57,200
8		坂本 彩子 集計			102	425,029
9	8月1日	山崎 裕子	アロマセット	2,178	25	54,450
10	8月2日	山崎 裕子	バスローブ	3,575	16	57,200
11	8月3日	山崎 裕子	入浴剤セット	3,608	11	39,688
12	8月4日	山崎 裕子	珪藻土バスマット	6,336	15	95,040
13		山崎 裕子 集計			67	246,378
14	8月1日	中川 直美	旅行セット	2,948	21	61,908
15	8月1日	中川 直美	バスローブ	3,575	29	103,675
16	8月2日	中川 直美	拡大ミラー	3,575	23	82,225
17	8月2日	中川 直美	入浴剤セット	10,978	21	230,538
18	8月3日	中川 直美	拡大ミラー	3,575	10	35,750
19		中川 直美 集計			104	514,096
20	8月1日	湯川 守人	拡大ミラー	3,575	10	35,750
21	8月2日	湯川 守人	入浴剤セット	3,608	11	39,688
22	8月3日	湯川 守人	旅行セット	2,948	19	56,012
23	8月3日	湯川 守人	珪藻土バスマット	6,336	27	171,072
24	8月4日	湯川 守人	入浴剤セット	3,608	28	101,024
25	8月4日	湯川 守人	バスローブ	3,575	20	71,500
26		湯川 守人 集計			115	475,046
27	8月1日	野田 亜紀	入浴剤セット	3,608	10	36,080
28	8月2日	野田 亜紀	アロマセット	2,178	11	23,958
29	8月2日	野田 亜紀	珪藻土バスマット	6,336	14	88,704
30	8月3日	野田 亜紀	衣料用コンテナ	10,978	17	186,626
31		野田 亜紀 集計			52	335,368
32		総計			440	1,995,917

アウトラインが自動的に作成されます。

重要度★★★　自動集計

Q 571 自動集計の集計結果だけ表示したい！

A アウトライン記号をクリックして、詳細データを非表示にします。

小計や総計を自動集計すると、ワークシートの左側に「アウトライン記号」が表示されます。アウトライン記号を利用すると、詳細データを隠して集計行や総計行だけにするなどの表示／非表示をかんたんに切り替えることができます。

1 ここをクリックすると、

	A	B	C	D	E	F
1	日付	担当者	商品名	販売価格	販売数	売上金額
2	8月1日	坂本 彩子	旅行セット	2,948	26	76,648
3	8月2日	坂本 彩子	バスローブ	3,575	12	42,900
4	8月4日	坂本 彩子	バスローブ	3,575	21	75,075
5	8月4日	坂本 彩子	珪藻土バスマット	10,978	13	142,714
6	8月4日	坂本 彩子	アロマセット	2,178	14	30,492
7	8月4日	坂本 彩子	拡大ミラー	3,575	16	57,200
8		坂本 彩子 集計			102	425,029
9	8月1日	山崎 裕子	アロマセット	2,178	25	54,450
10	8月2日	山崎 裕子	バスローブ	3,575	16	57,200
11	8月3日	山崎 裕子	入浴剤セット	3,608	11	39,688
12	8月4日	山崎 裕子	珪藻土バスマット	6,336	15	95,040
13		山崎 裕子 集計			67	246,378
14	8月1日	中川 直美	旅行セット	2,948	21	61,908

2 集計行だけが表示されます。

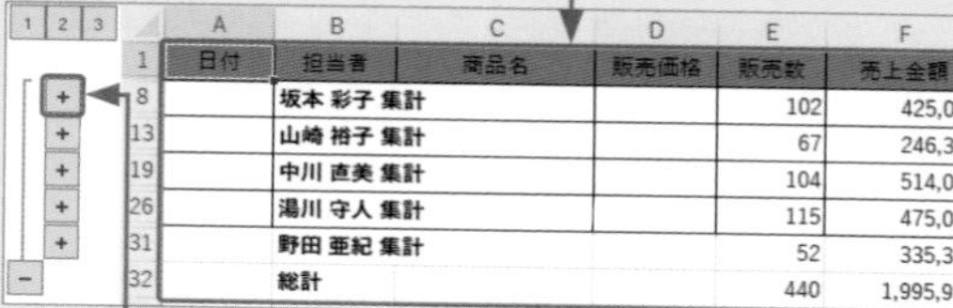

	A	B	C	D	E	F
1	日付	担当者	商品名	販売価格	販売数	売上金額
8		坂本 彩子 集計			102	425,029
13		山崎 裕子 集計			67	246,378
19		中川 直美 集計			104	514,096
26		湯川 守人 集計			115	475,046
31		野田 亜紀 集計			52	335,368
32		総計			440	1,995,917

3 ここをクリックすると、

4 クリックしたグループの詳細データが表示されます。

	A	B	C	D	E	F
1	日付	担当者	商品名	販売価格	販売数	売上金額
2	8月1日	坂本 彩子	旅行セット	2,948	26	76,648
3	8月2日	坂本 彩子	バスローブ	3,575	12	42,900
4	8月4日	坂本 彩子	バスローブ	3,575	21	75,075
5	8月4日	坂本 彩子	珪藻土バスマット	10,978	13	142,714
6	8月4日	坂本 彩子	アロマセット	2,178	14	30,492
7	8月4日	坂本 彩子	拡大ミラー	3,575	16	57,200
8		坂本 彩子 集計			102	425,029
13		山崎 裕子 集計			67	246,378
19		中川 直美 集計			104	514,096
26		湯川 守人 集計			115	475,046

5 ここをクリックすると、すべてのデータが表示されます。

重要度★★★　自動集計

Q 572 アウトライン記号を削除したい！

A アウトラインをクリアします。

アウトライン記号を削除するには、[データ] タブの [グループの解除] から [アウトラインのクリア] をクリックします。

1 [グループの解除] のここをクリックして、

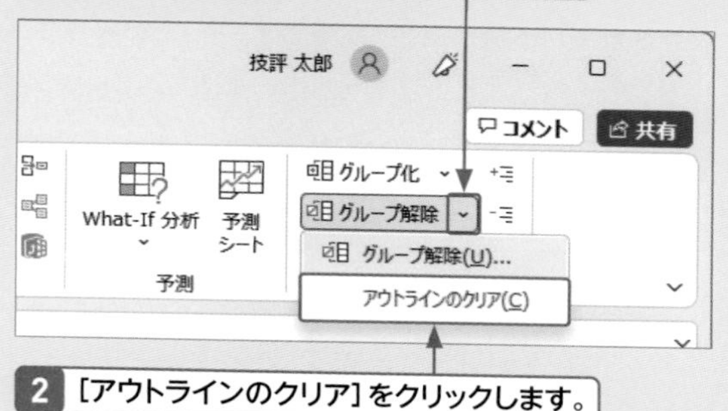

2 [アウトラインのクリア] をクリックします。

重要度★★★　自動集計

Q 573 自動集計を解除したい！

A [集計の設定] ダイアログボックスを利用します。

自動集計によって挿入された集計行や総計行を解除するには、[データ] タブの [小計] をクリックして、[集計の設定] ダイアログボックスを表示し、[すべて削除] をクリックします。

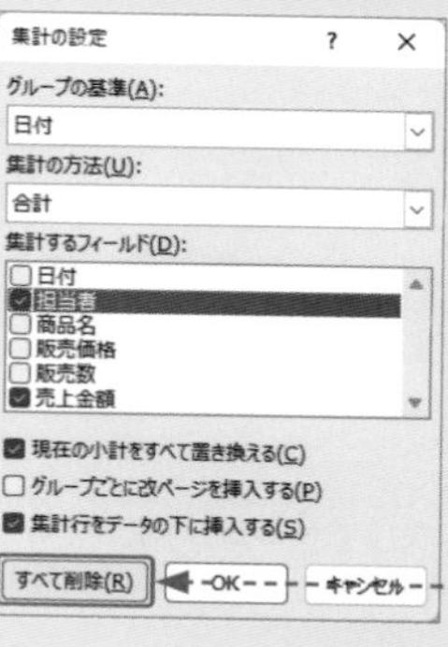

[すべて削除] をクリックすると、集計がクリアできます。

重要度★★★ 自動集計

Q 574 折りたたんだ集計結果だけをコピーしたい！

A [可視セル] だけをコピーします。

アウトライン機能を利用すると、詳細データを非表示にして集計行だけを表示することができます。この集計行だけをコピーして別の場所に貼り付けたい場合、通常にコピー、貼り付けを実行すると、折りたたまれたデータもいっしょにコピーされてしまいます。
表示されている集計結果だけをコピーしたい場合は、下の手順で可視セルだけをコピーします。

参照▶Q 570

1 アウトライン機能を利用して詳細データを非表示にし、集計行だけを表示します。

2 コピーする範囲を選択して、

3 [ホーム] タブの [検索と選択] をクリックし、

4 [条件を選択してジャンプ] をクリックします。

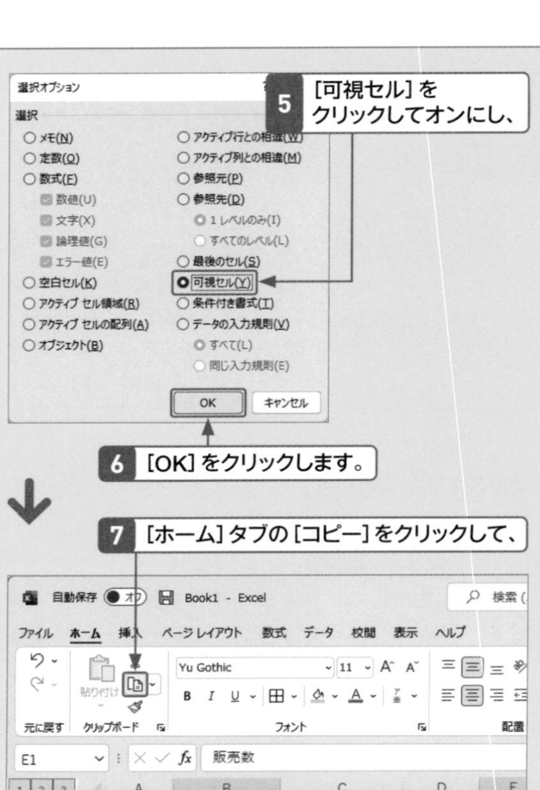

5 [可視セル] をクリックしてオンにし、

6 [OK] をクリックします。

7 [ホーム] タブの [コピー] をクリックして、

8 貼り付けるワークシートを表示し、

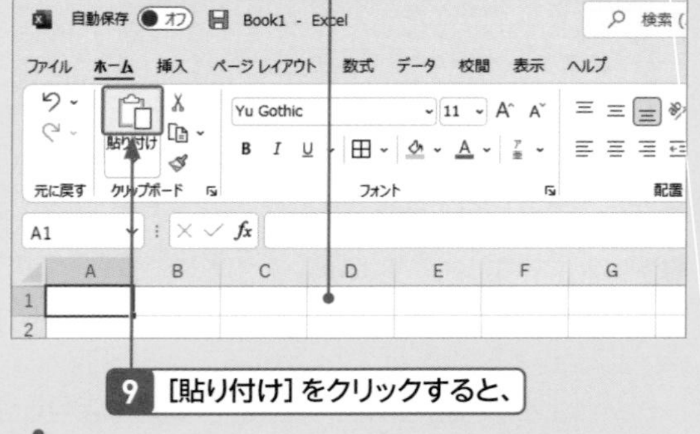

9 [貼り付け] をクリックすると、

10 表示されている集計結果だけがコピーされます。

担当者	c	売上金額
坂本 彩子 集計	102	425,029
山崎 裕子 集計	67	246,378
中川 直美 集計	104	514,096
湯川 守人 集計	115	475,046
野田 亜紀 集計	52	335,368
総計	440	1,995,917

重要度★★★ Power Query

Q 575 Power Queryって何？

A Excelに各種のデータを取り込むための機能です。

「Power Query」(パワークエリ)は、Excelのファイル、テキスト／CSV／PDFなどのデータファイル、外部のデータベース、Webサイト上にあるデータなどからデータを取り込むための機能です。取り込んだデータを変換、加工し、Excelシートにテーブル形式で出力します。

Excelのテーブルやセル範囲
テキスト／CSV／PDF形式のデータ
外部データベース
Web上のデータ　など

Power Queryで加工

テーブルの作成

重要度★★★ Power Query

Q 576 Power Queryで何ができるの？

A データとの連携や変換、加工などを自動化できます。

Power Queryでは、さまざまなデータを取り込んで、データの変換、加工、追加、削除などを設定し、その結果をExcelのテーブルとして読み込むことができます。読み込まれたデータは、もとデータとリンクが設定されており、もとデータが変更された場合、更新することで変更を反映させることができます。

❶各種データを取り込む

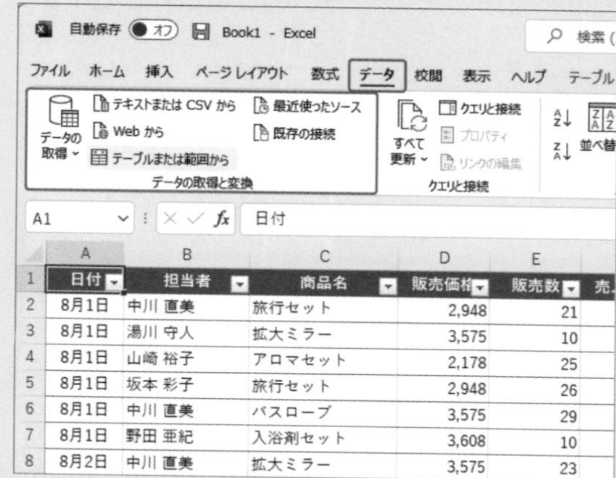

[データ] タブの [データの取得と変換] グループから各種のデータを取り込みます。

❷Power Queryエディターで加工する

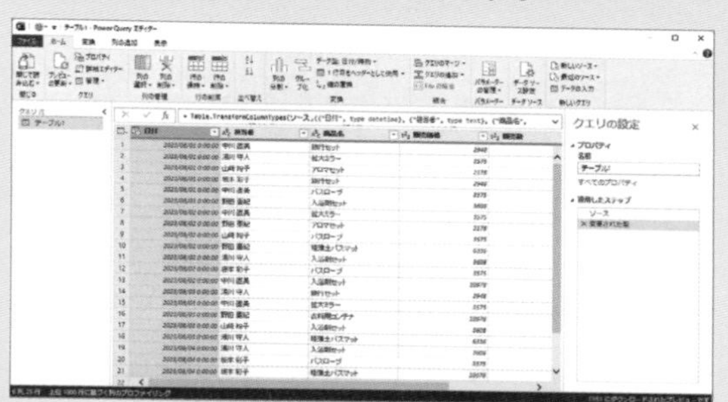

Power Queryエディターでデータの変換、加工、追加、削除などを設定します。

❸Excelにテーブルとして読み込む

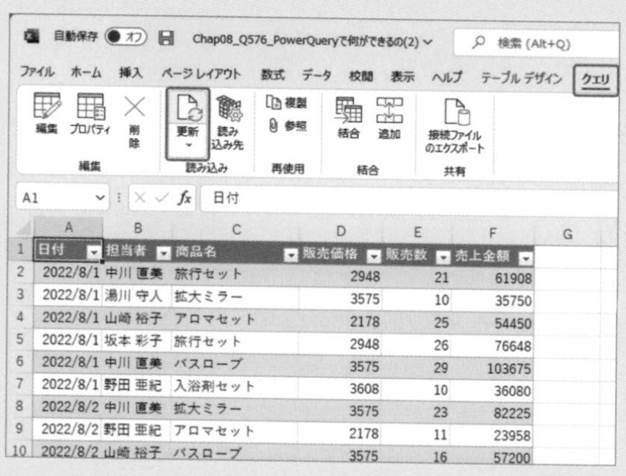

加工したデータをExcelにテーブル形式で読み込みます。もとデータが変更された場合でも、[クエリ] タブの [更新] で反映できます。

重要度 ★★★　Power Query

Q 577 Power Queryで複数のExcelファイルからデータを取り込みたい!

A [データ]タブの[データの取得]から取り込みます。

複数のExcelファイルからデータを取り込むには、下の手順で操作します。取り込むデータのシート名や表の見出しは、すべて揃える必要がありますが、データ数(行数)は揃える必要はありません。なお、結合して読み込んだデータの先頭行には、取り込んだExcelファイルのファイル名が表示されますが、必要がない場合は列を削除しても構いません。

1 [データ]タブをクリックして、

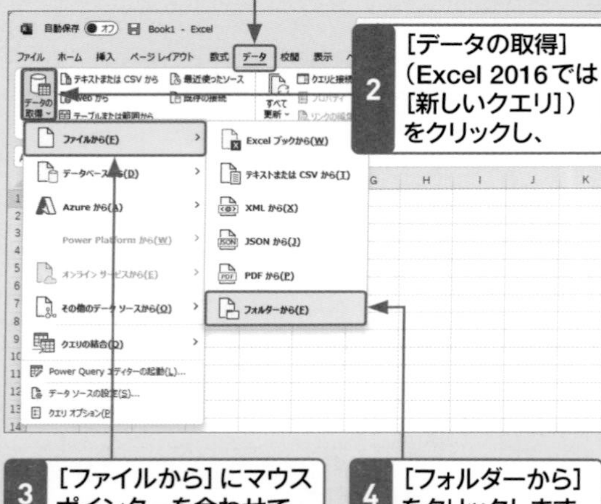

2 [データの取得](Excel 2016では[新しいクエリ])をクリックし、

3 [ファイルから]にマウスポインターを合わせて、

4 [フォルダーから]をクリックします。

5 保存先のフォルダーを指定して、

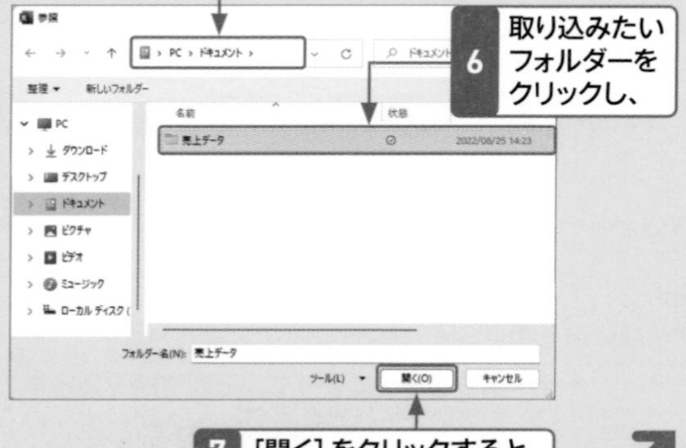

6 取り込みたいフォルダーをクリックし、

7 [開く]をクリックすると、

8 フォルダー内にあるデータが表示されます。

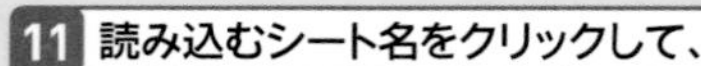

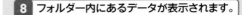

9 [結合]をクリックして、

10 [結合および読み込み]をクリックします。

11 読み込むシート名をクリックして、

12 [OK]をクリックすると、

13 複数のExcelファイルのデータが1つのテーブルとして読み込まれます。

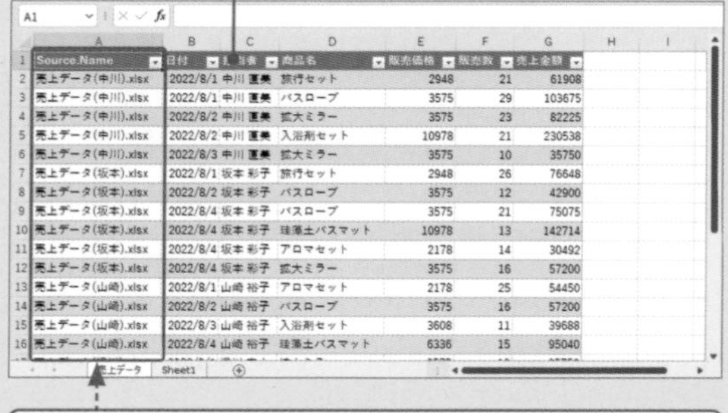

先頭列に取り込んだExcelファイルのファイル名が表示されます。

重要度 ★★★ Power Query

Q 578

Power Queryでテキストデータを取り込みたい!

A [データ]タブの[テキストまたはCSVから]取り込みます。

テキストファイルやCSVファイルを取り込むには、[データ]タブの[テキストまたはCSVから]をクリックし、下の手順で操作します。なお、手順6で[読み込み]をクリックすると、Power Queryエディターが表示されずに、選択したデータがそのままExcelにテーブルとして読み込まれます。

1 [データ]タブをクリックして、

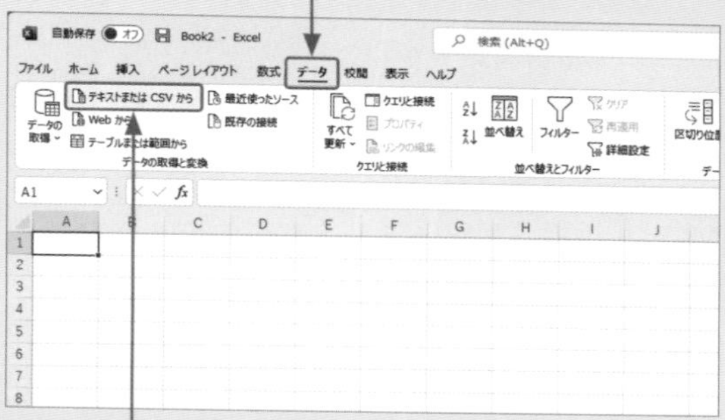

2 [テキストまたはCSVから]をクリックします。

Excel 2016の場合は、[データ]タブの[外部データの取り込み]から[テキストファイル]をクリックします。

3 保存先のフォルダーを指定して、

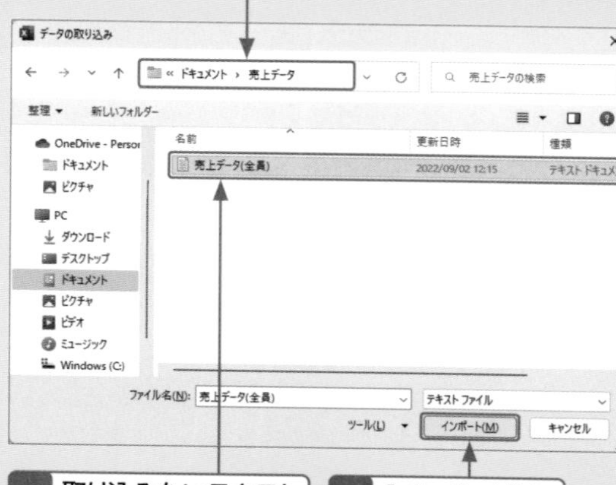

4 取り込みたいテキストファイルをクリックし、

5 [インポート]をクリックします。

6 表示されたデータを確認して、[データの変換]をクリックすると、

7 Power Queryエディターが表示され、取り込んだテキストデータが表示されます。

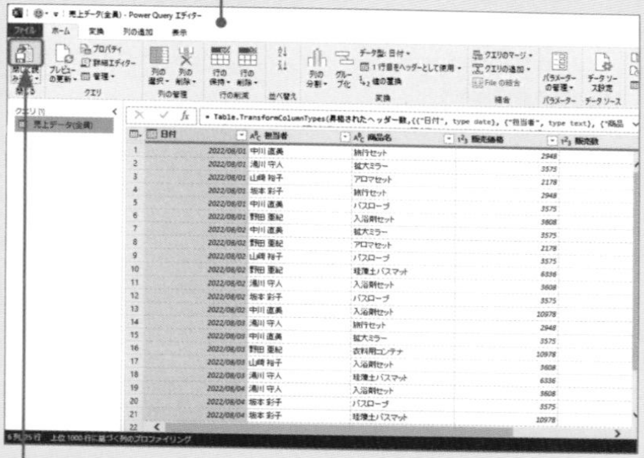

8 [ホーム]タブの[閉じて読み込む]をクリックすると、

9 テキストファイルがExcelのテーブルとして読み込まれます。

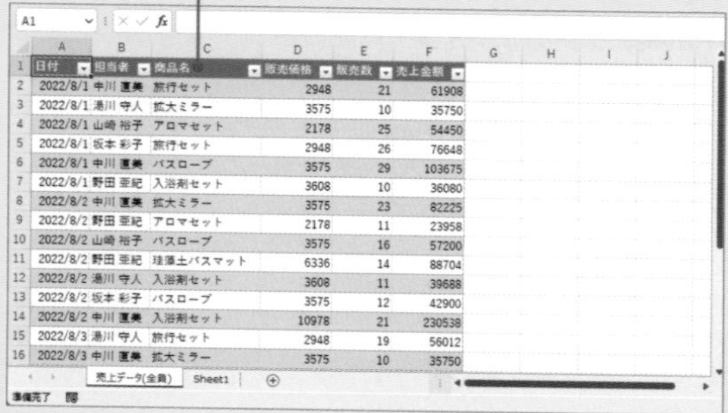

重要度 ★★★ Power Query

Q 579 Power Queryエディターの使い方を知りたい!

A 下図で各部の名称と機能を確認しましょう。

Power Query エディターは、さまざまデータを取り込んで変換、加工するための機能です。不要な行や列を削除したり、並べ替えたり、データ型を変更したりなどの加工を行い、その結果をExcelのテーブルとして読み込みます。ここでは、Power Queryエディターの画面各部の名称と機能を確認しておきましょう。

タブ
初期状態では、5個のタブが用意されています。クリックしてタブを切り替えます。

リボン
Power Queryでできる各機能が搭載されています。取り込んだデータの加工や変換などを行います。

数式バー
Power Queryエディターで行った操作が数式として記録され表示されます。

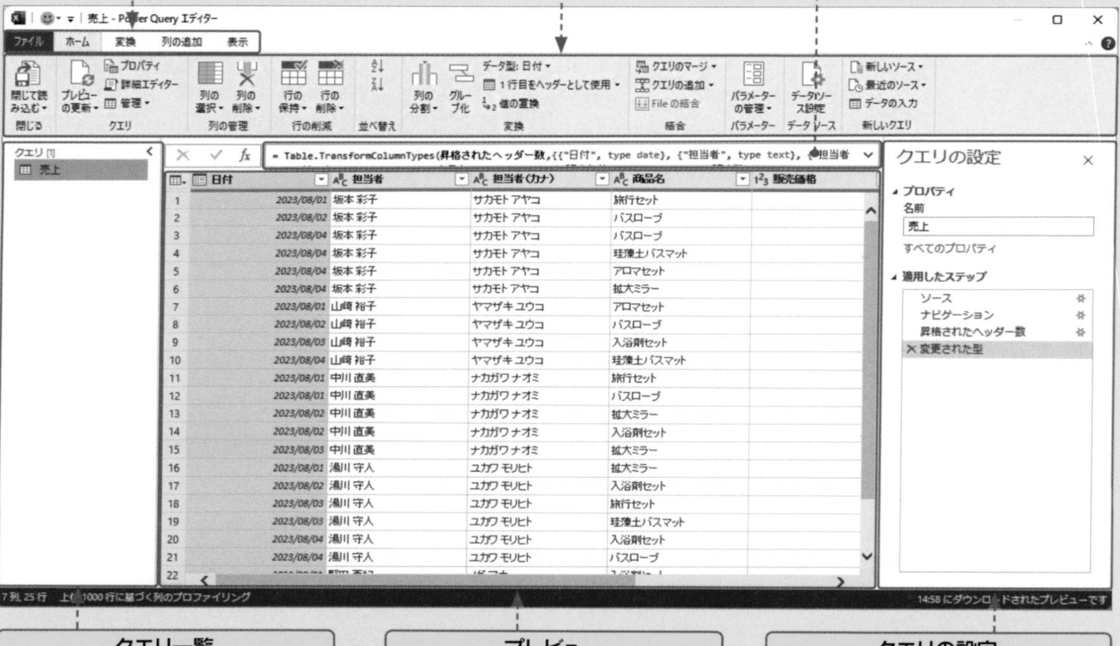

クエリ一覧
Power Queryエディターに記録されているクエリ(記録された操作内容)が一覧表示されます。

プレビュー
クエリの実行結果が表示されます。行や列の削除や挿入、並べ替えなどができます。

クエリの設定
クエリの名前と適用したステップの一覧が表示されます。ステップの削除やステップ名の変更ができます。

重要度 ★★★ Power Query

Q 580 Power Queryでデータを整形したい!

A 各タブのコマンドや列見出しのアイコンを使用して整形します。

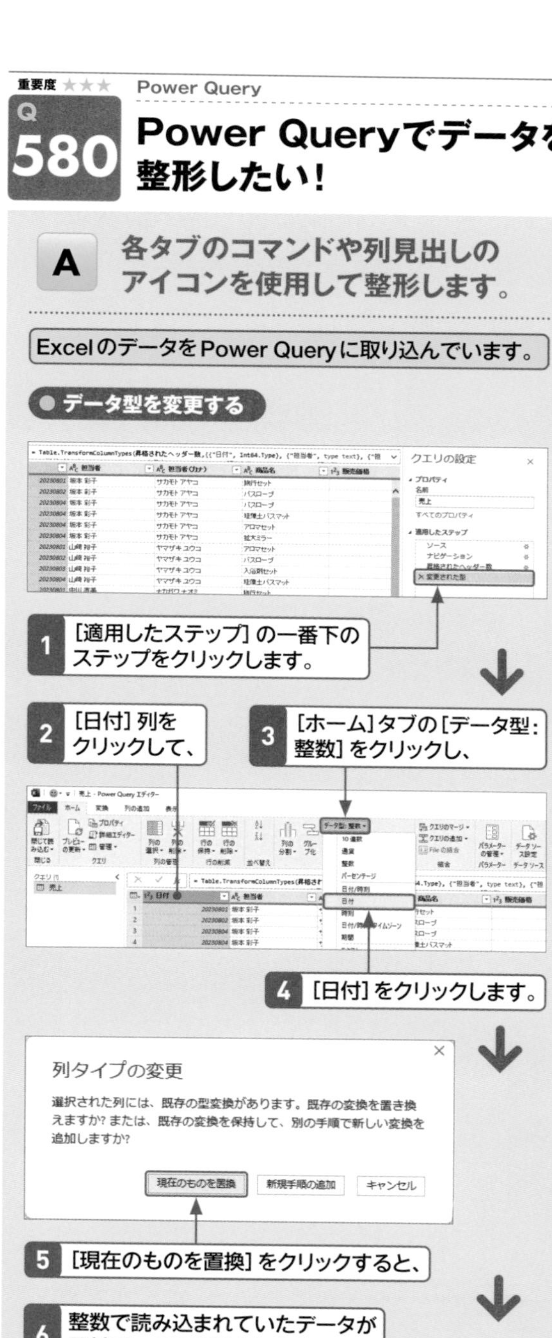

Excelのデータを Power Query に取り込んでいます。
データ型を変更する
1 [適用したステップ] の一番下のステップをクリックします。
2 [日付] 列をクリックして、
3 [ホーム]タブの[データ型:整数] をクリックし、
4 [日付] をクリックします。
列タイプの変更
選択された列には、既存の型変換があります。既存の変換を置き換えますか? または、既存の変換を保持して、別の手順で新しい変換を追加しますか?
現在のものを置換
新規手順の追加
キャンセル
5 [現在のものを置換] をクリックすると、
6 整数で読み込まれていたデータが日付データに変更されます。

Power Queryに取り込んだデータは、変換や加工したり、追加や削除したりと、さまざまな処理を行うことができます。ここでは、Power Queryに取り込んだ際に整数データとして読み込まれたデータを日付データに変更しましょう。また、フィルターボタンを利用して、日付を昇順に並べ替えます。なお、Power Queryで操作をするときは、[適用したステップ]欄の一番下のステップを選択した状態で行うようにしましょう。

● データを並べ替える

1 列見出しのここをクリックして、

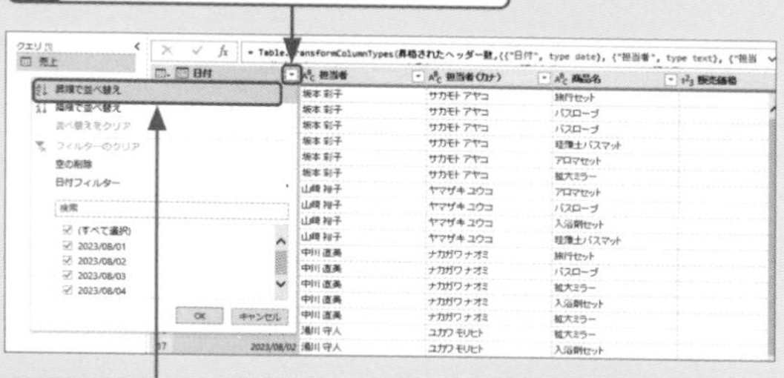

2 [昇順で並べ替え] をクリックすると、

3 選択した列を基準にデータが昇順で並べ替えられます。

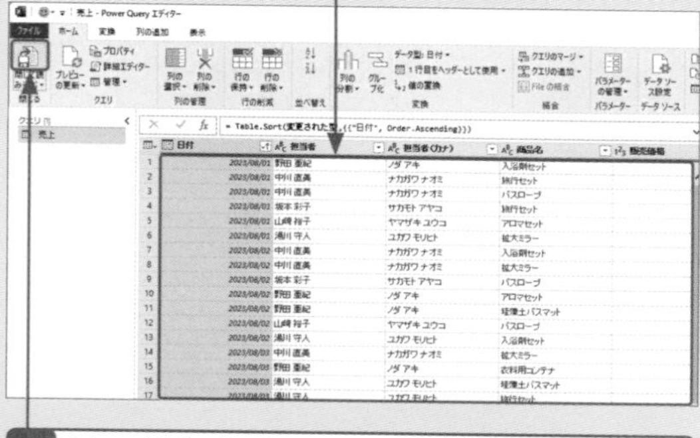

5 整形されたデータがExcelにテーブルとして読み込まれます。

	A	B	C	D	E	F	G
1	日付	担当者	担当者（カナ）	商品名	販売価格	販売数	売上金額
2	2023/8/1	山崎 裕子	ヤマザキ ユウコ	アロマセット	2178	25	54450
3	2023/8/1	湯川 守人	ユカワ モリヒト	拡大ミラー	3575	10	35750
4	2023/8/1	中川 直美	ナカガワ ナオミ	旅行セット	2948	21	61908
5	2023/8/1	中川 直美	ナカガワ ナオミ	バスローブ	3575	29	103675
6	2023/8/1	野田 亜紀	ノダ アキ	入浴剤セット	3608	10	36080
7	2023/8/1	坂本 彩子	サカモト アヤコ	旅行セット	2948	26	76648
8	2023/8/2	野田 亜紀	ノダ アキ	珪藻土バスマット	6336	14	88704
9	2023/8/2	湯川 守人	ユカワ モリヒト	入浴剤セット	3608	11	39688
10	2023/8/2	中川 直美	ナカガワ ナオミ	拡大ミラー	3575	23	82225
11	2023/8/2	野田 亜紀	ノダ アキ	アロマセット	2178	11	23958
12	2023/8/2	中川 直美	ナカガワ ナオミ	入浴剤セット	10978	21	230538
13	2023/8/2	山崎 裕子	ヤマザキ ユウコ	バスローブ	3575	16	57200
14	2023/8/2	坂本 彩子	サカモト アヤコ	バスローブ	3575	12	42900
15	2023/8/3	野田 亜紀	ノダ アキ	衣料用コンテナ	10978	17	186626
16	2023/8/3	湯川 守人	ユカワ モリヒト	珪藻土バスマット	6336	27	171072

重要度 ★★★　Power Query

Q 581 Power Queryで2つのデータを結合したい！

A ［クエリのマージ］機能を利用して結合します。

Excelのデータやテーブルに共通項目（共通する列のデータ）がある場合、共通の項目を関連付けることにより、2つのデータを1つのテーブルとして結合させることができます。結合するデータは手順の中で選択することができるので、不要なデータを除くこともできます。

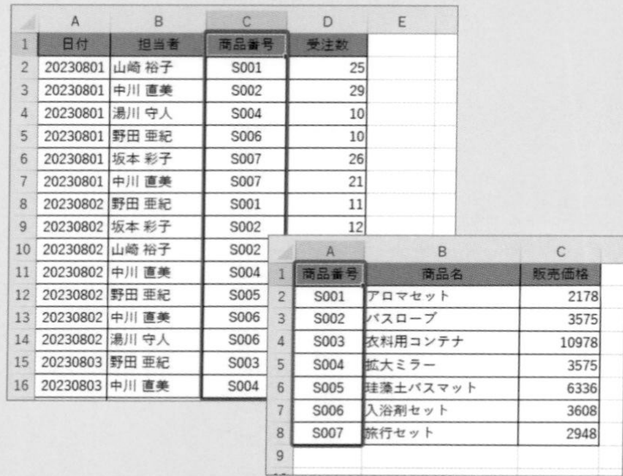

	A	B	C	D
1	日付	担当者	商品番号	受注数
2	20230801	山崎 裕子	S001	25
3	20230801	中川 直美	S002	29
4	20230801	湯川 守人	S004	10
5	20230801	野田 亜紀	S006	10
6	20230801	坂本 彩子	S007	26
7	20230801	中川 直美	S007	21
8	20230802	野田 亜紀	S001	11
9	20230802	坂本 彩子	S002	12
10	20230802	山崎 裕子	S002	
11	20230802	中川 直美	S004	
12	20230802	野田 亜紀	S005	
13	20230802	中川 直美	S006	
14	20230802	湯川 守人	S006	
15	20230803	野田 亜紀	S003	
16	20230803	中川 直美	S004	

	A	B	C
1	商品番号	商品名	販売価格
2	S001	アロマセット	2178
3	S002	バスローブ	3575
4	S003	衣料用コンテナ	10978
5	S004	拡大ミラー	3575
6	S005	珪藻土バスマット	6336
7	S006	入浴剤セット	3608
8	S007	旅行セット	2948

「商品番号」という共通項目のあるデータを結合します。

1 ［データ］タブをクリックして、

2 ［データの取得］（Excel 2016では［新しいクエリ］）をクリックし、

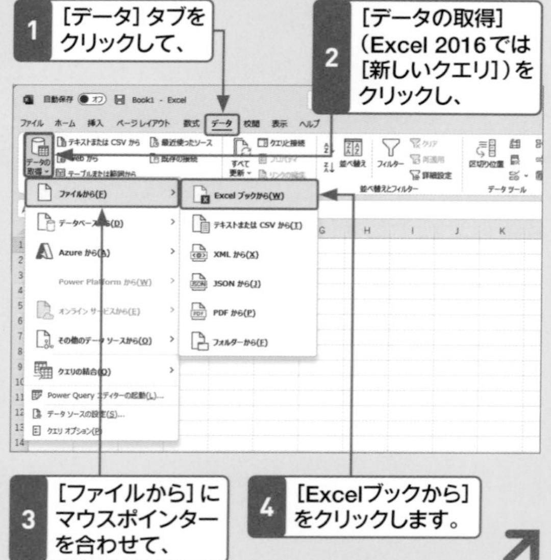

3 ［ファイルから］にマウスポインターを合わせて、

4 ［Excelブックから］をクリックします。

5 保存先のフォルダーを指定して、

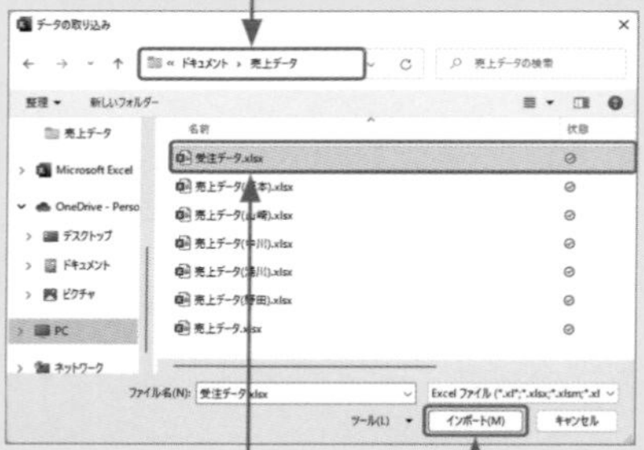

6 Excelファイルをクリックし、

7 ［インポート］をクリックします。

8 ［複数のアイテムの選択］をクリックしてオンにします。

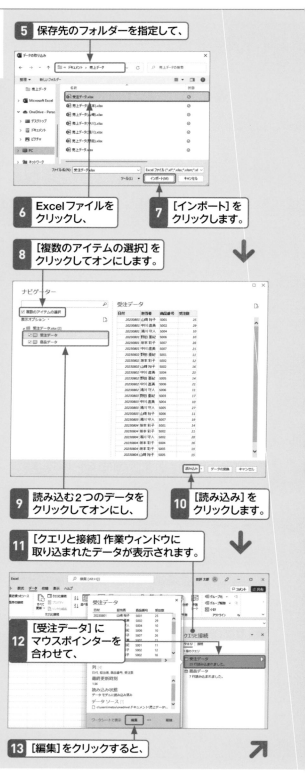

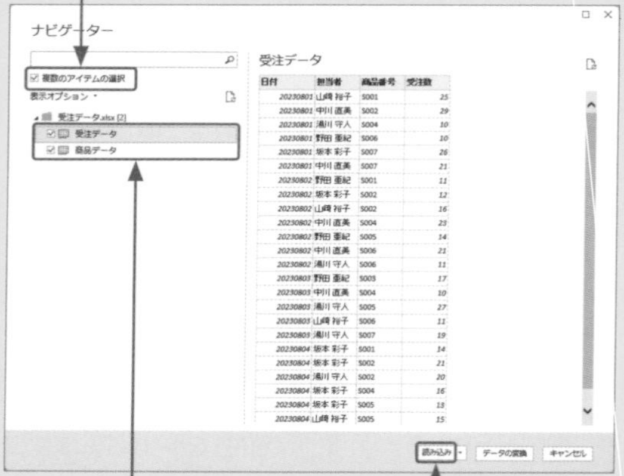

9 読み込む2つのデータをクリックしてオンにし、

10 ［読み込み］をクリックします。

11 ［クエリと接続］作業ウィンドウに取り込まれたデータが表示されます。

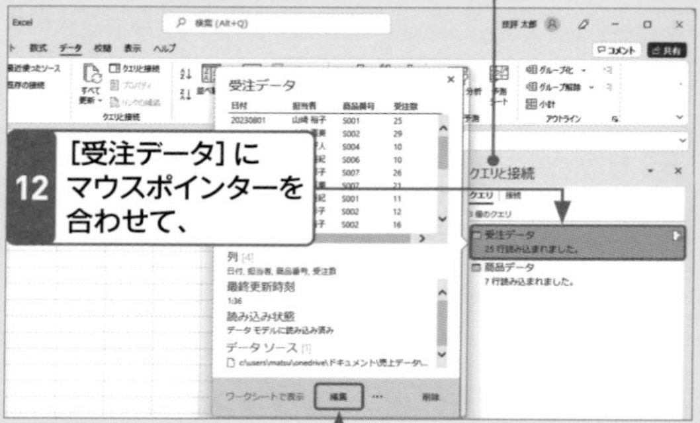

12 ［受注データ］にマウスポインターを合わせて、

13 ［編集］をクリックすると、

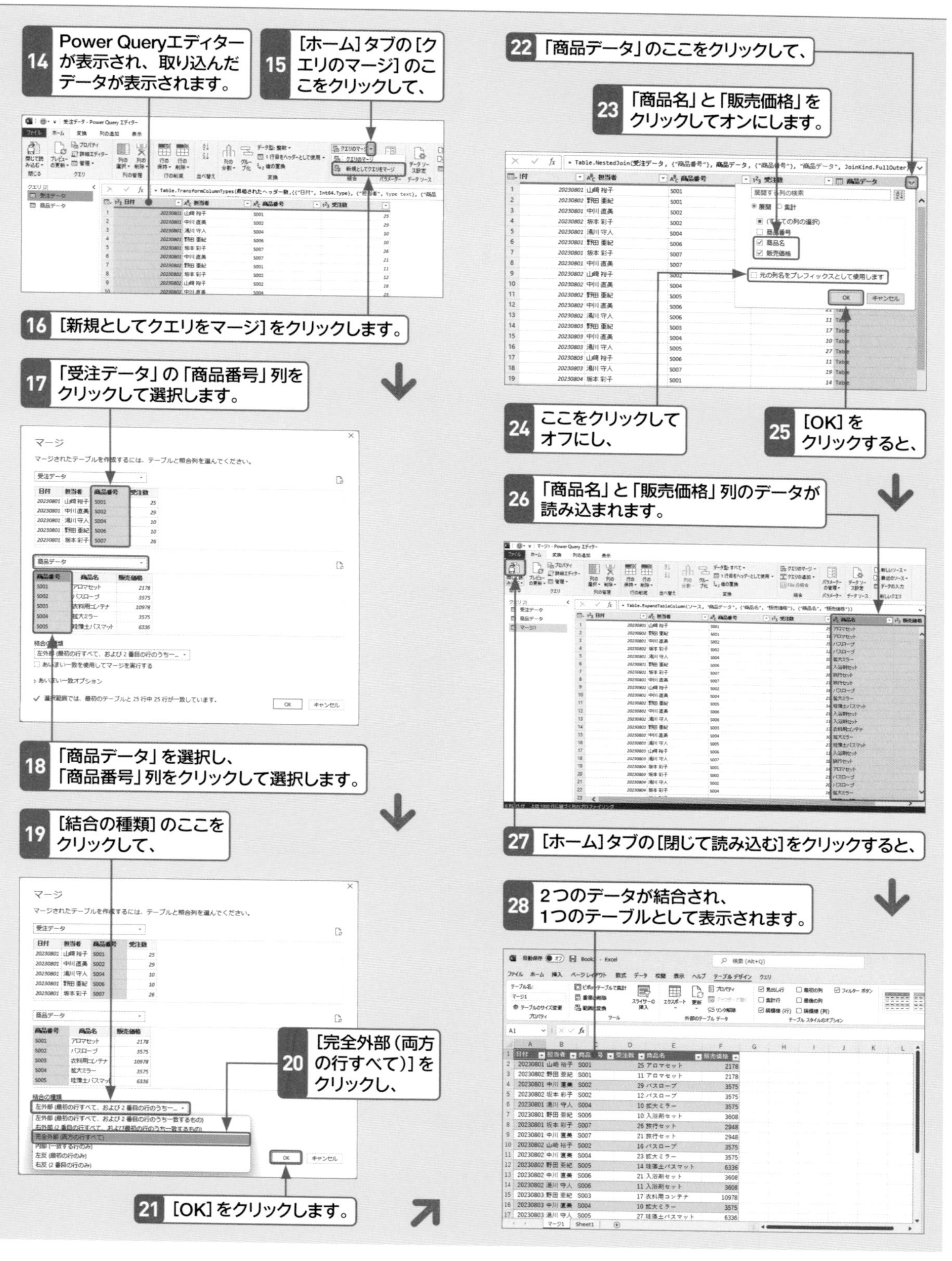
14 Power Queryエディターが表示され、取り込んだデータが表示されます。
15 [ホーム]タブの[クエリのマージ]のここをクリックして、
16 [新規としてクエリをマージ]をクリックします。
17 「受注データ」の「商品番号」列をクリックして選択します。
18 「商品データ」を選択し、「商品番号」列をクリックして選択します。
19 [結合の種類]のここをクリックして、
20 [完全外部(両方の行すべて)]をクリックし、
21 [OK]をクリックします。
22 「商品データ」のここをクリックして、
23 「商品名」と「販売価格」をクリックしてオンにします。
24 ここをクリックしてオフにし、
25 [OK]をクリックすると、
26 「商品名」と「販売価格」列のデータが読み込まれます。
27 [ホーム]タブの[閉じて読み込む]をクリックすると、
28 2つのデータが結合され、1つのテーブルとして表示されます。

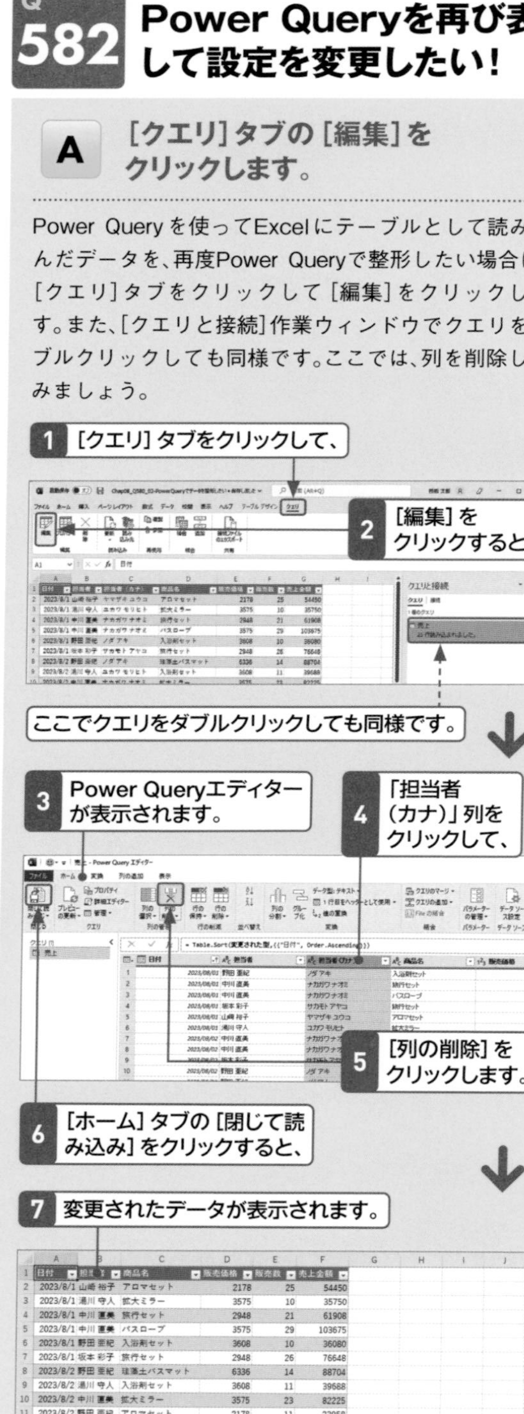

重要度 ★★★ Power Query

Q 582 Power Queryを再び表示して設定を変更したい！

A [クエリ]タブの[編集]をクリックします。

Power Query を使ってExcelにテーブルとして読み込んだデータを、再度Power Queryで整形したい場合は、[クエリ]タブをクリックして[編集]をクリックします。また、[クエリと接続]作業ウィンドウでクエリをダブルクリックしても同様です。ここでは、列を削除してみましょう。

重要度 ★★★ Power Query

Q 583 Power Queryで列を分割したい！

A [ホーム]タブの[列の分割]で分割方法を指定します。

Power Queryで列を分割するには、[ホーム]タブの[列の分割]から分割方法を指定します。データにスペースやコンマなどがある場合は、その区切り記号を利用できます。文字数や分割位置を指定したり、数字とそれ以外を分割したりすることもできます。

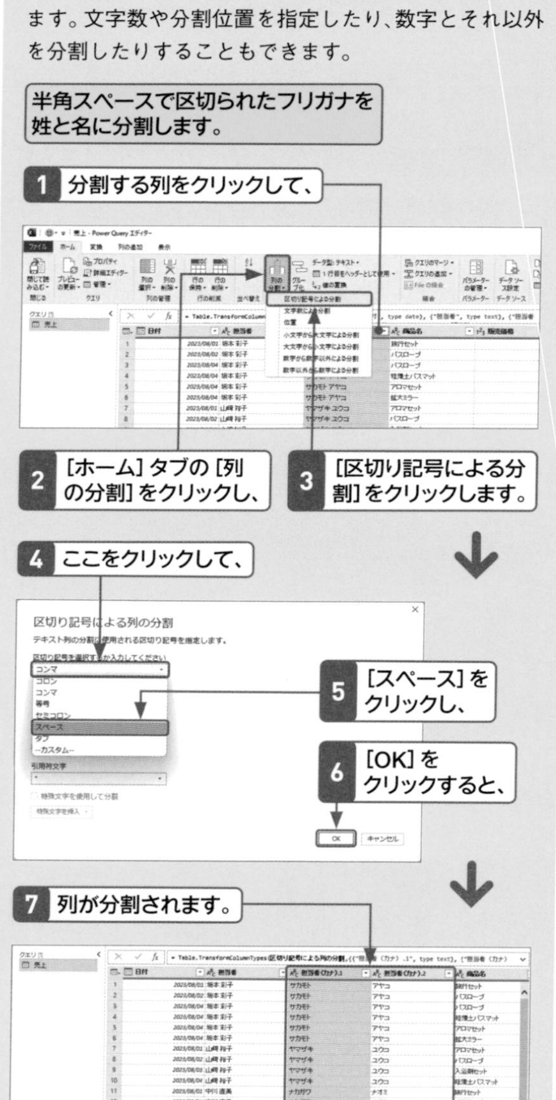

半角スペースで区切られたフリガナを姓と名に分割します。
1 分割する列をクリックして、
2 [ホーム] タブの [列の分割] をクリックし、
3 [区切り記号による分割] をクリックします。
4 ここをクリックして、
区切り記号による列の分割
5 [スペース] をクリックし、
6 [OK] をクリックすると、
7 列が分割されます。

重要度 ★★★ Power Query

Q 584 Power Queryで横型の表を縦型にしたい！

A [変換]タブの[列のピボット解除]をクリックします。

Power Queryに取り込んだ表のデータが横方向に蓄積されていく表を、データが縦方向に蓄積されていく表に変換したい場合は、[変換]タブをクリックして、[列のピボット解除]をクリックします。

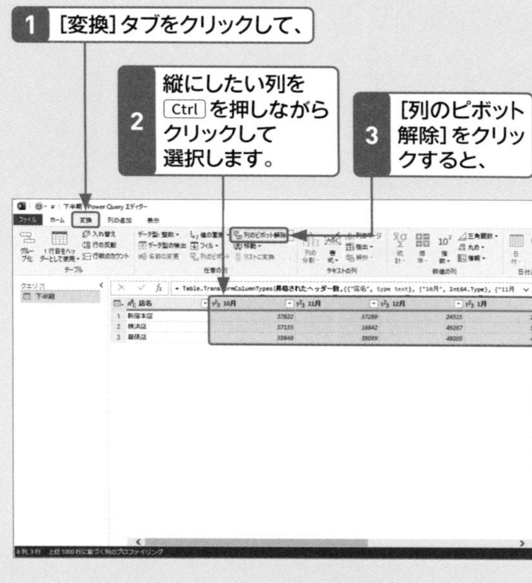

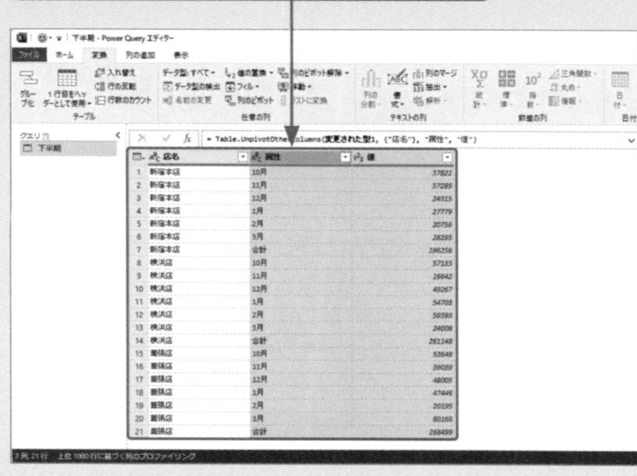

4 横型の表が縦型の表に変換されます。

重要度 ★★★ Power Query

Q 585 Power Queryでセル結合の空白を修正したい！

A [変換]タブの[フィル]で空白を埋める方向を指定します。

結合したセルや空白セルがあるExcelファイルをPower Queryに取り込むと、空白のセルが「null（空白の意）」と表示されます。nullと表示されているセルにデータを表示するには、[変換]タブの[フィル]をクリックして空白を埋める方向を指定します。

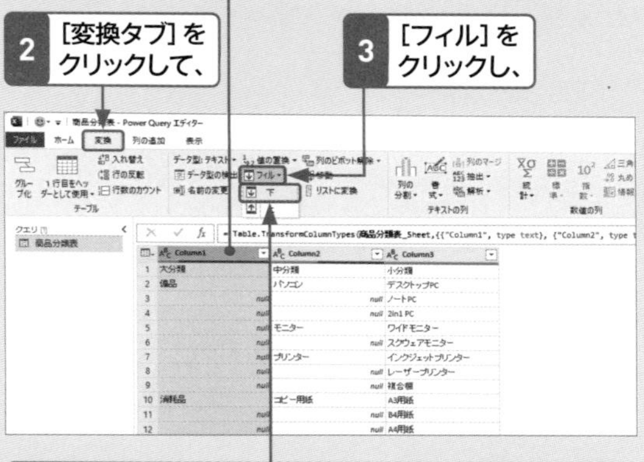

4 空白を埋める方向（ここでは[下]）をクリックすると、

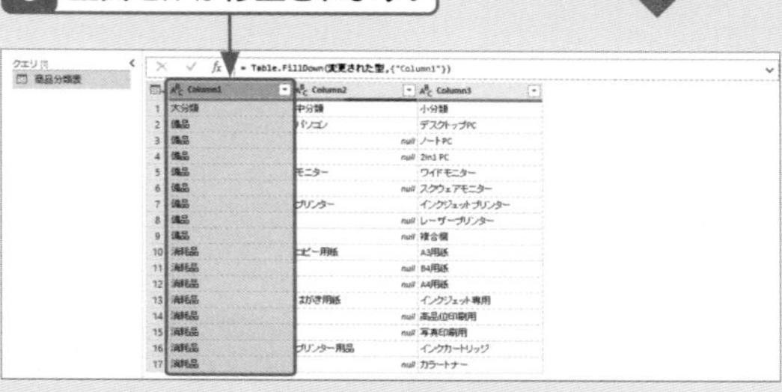

5 空白セルが修正されます。

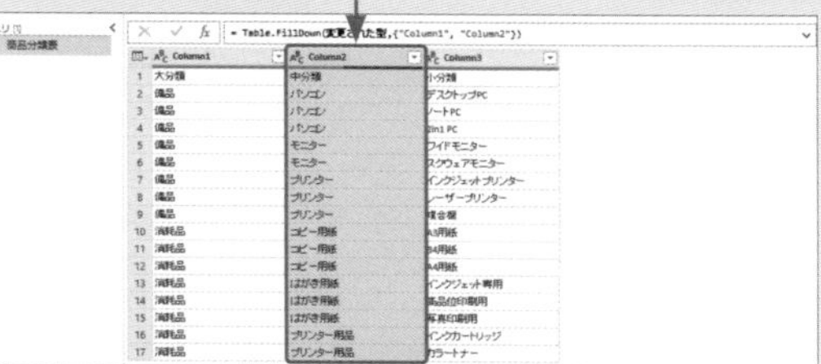

6 ほかの列も同様に修正します。

重要度 ★★★ Power Query

Q 586 Power Queryで行った操作をやり直したい！

A ［適用したステップ］で取り消したい操作を削除します。

Power Queryで行った操作を取り消したい場合は、［クエリの設定］作業ウィンドウの［適用したステップ］の一覧から取り消したい操作をクリックし、ステップ名の頭にある  をクリックします。ただし、一覧の途中にあるステップを取り消すとエラーになることがあるので注意が必要です。

ここでは、Q 584で縦型にした表を横型に戻します。

1 取り消したいステップをクリックして、

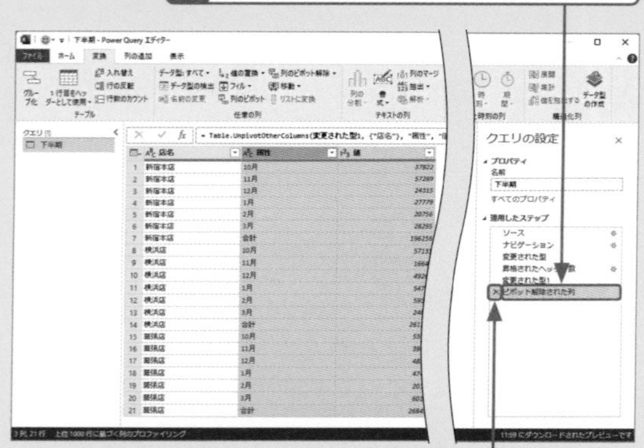

2 ここをクリックすると、

3 行った操作が取り消されます。

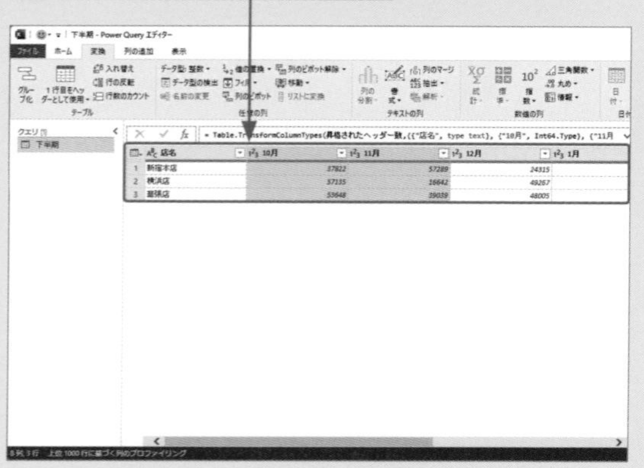

重要度 ★★★ Power Query

Q 587 Power Queryでグループごとに集計したい！

A ［変換］タブの［グループ化］で条件を指定します。

日付や担当者、商品名などをグループにまとめ、グループごとに集計を行うには、［変換］タブの［グループ化］をクリックして、［グループ化］ダイアログボックスを表示し、グループ化する条件を指定します。

1 グループ化する列（ここでは「日付」）をクリックして、

2 ［変換］タブをクリックし、

3 ［グループ化］をクリックします。

4 ［新しい列名］に集計結果の列の見出し名を入力して、

5 ［操作］を「合計」に設定します。

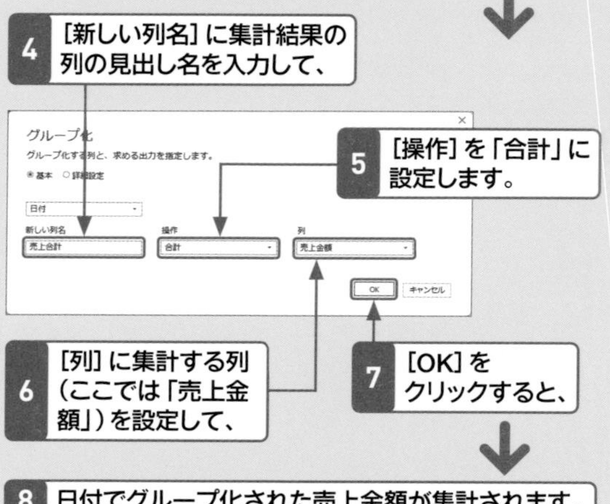

6 ［列］に集計する列（ここでは「売上金額」）を設定して、

7 ［OK］をクリックすると、

8 日付でグループ化された売上金額が集計されます。

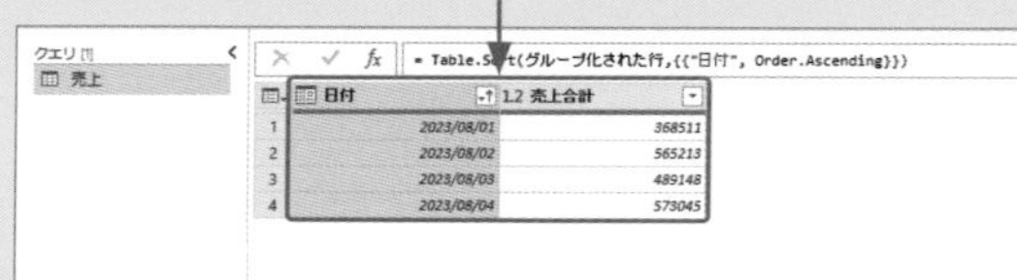

第9章

印刷の「こんなときどうする?」

重要度★★★ ページの印刷

Q 588 印刷イメージを確認したい！

A ［ファイル］タブをクリックして、［印刷］をクリックします。

実際に印刷する前に印刷結果のイメージを確認しておくと、意図したとおりの印刷ができます。印刷プレビューは、［印刷］画面で確認できます。

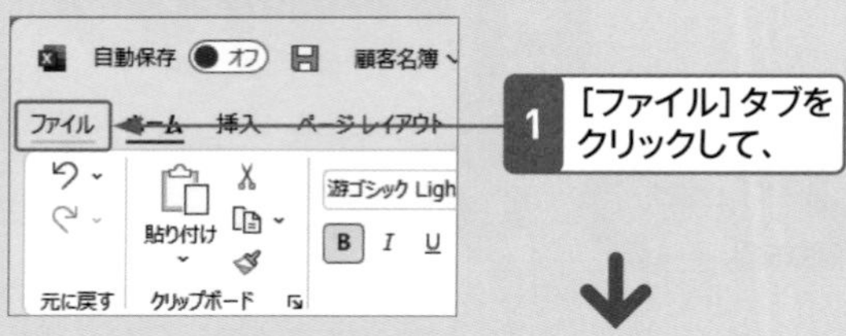
1 ［ファイル］タブをクリックして、

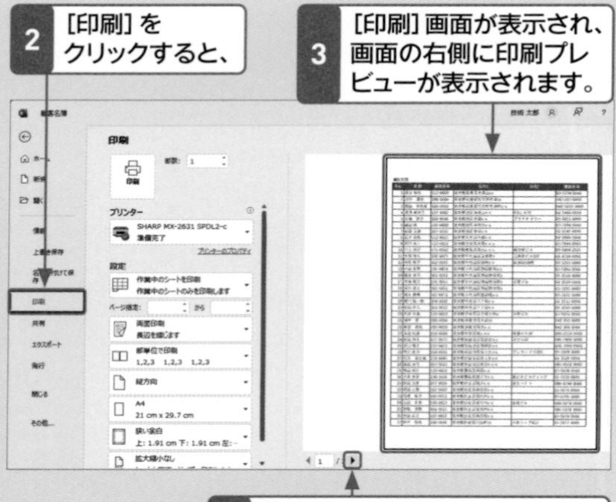
2 ［印刷］をクリックすると、
3 ［印刷］画面が表示され、画面の右側に印刷プレビューが表示されます。
4 ［次のページ］をクリックすると、

5 次のページが表示されます。

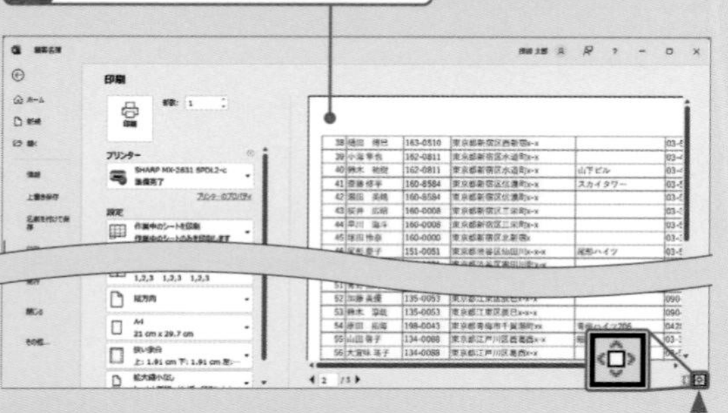
6 ［ページに合わせる］をクリックすると、拡大して見ることができます。

重要度★★★ ページの印刷

Q 589 用紙の中央に表を印刷したい！

A ［ページ設定］ダイアログボックスの［余白］で設定します。

用紙の中央に表を印刷するには、下の手順で［ページ設定］ダイアログボックスを表示して、［余白］で設定します。［ページ設定］ダイアログボックスは、［印刷］画面の最下段にある［ページ設定］をクリックしても表示されます。

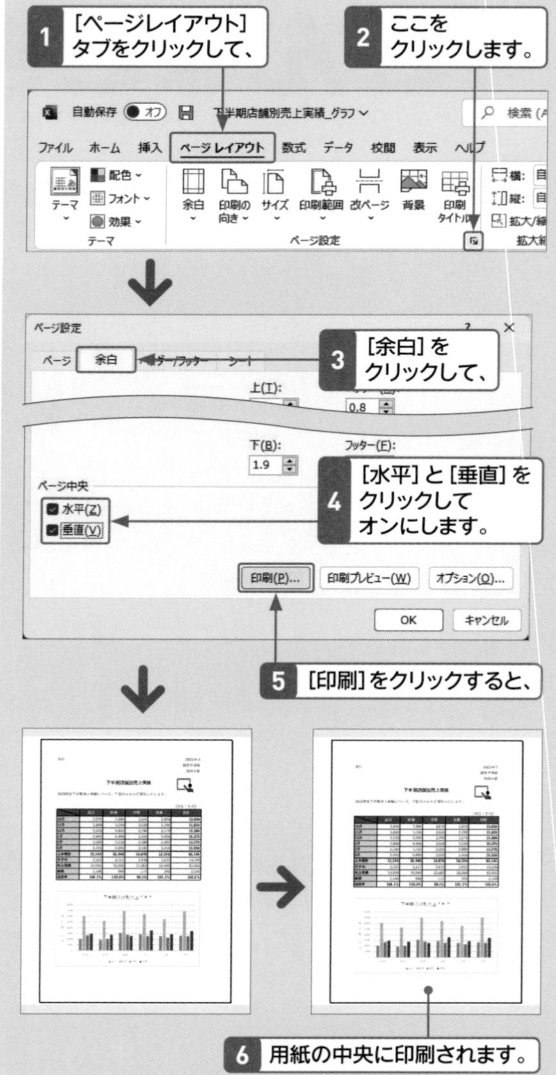
1 ［ページレイアウト］タブをクリックして、
2 ここをクリックします。
3 ［余白］をクリックして、
4 ［水平］と［垂直］をクリックしてオンにします。
5 ［印刷］をクリックすると、
6 用紙の中央に印刷されます。

重要度 ★★★ ページの印刷

Q 590 指定した範囲だけを印刷したい！

A1 印刷範囲を設定しておきます。

特定のセル範囲だけをいつも印刷する場合は、印刷するセル範囲を「印刷範囲」として設定しておきます。ワークシート内に複数の印刷範囲を設定した場合は、それぞれが異なる用紙に印刷されます。

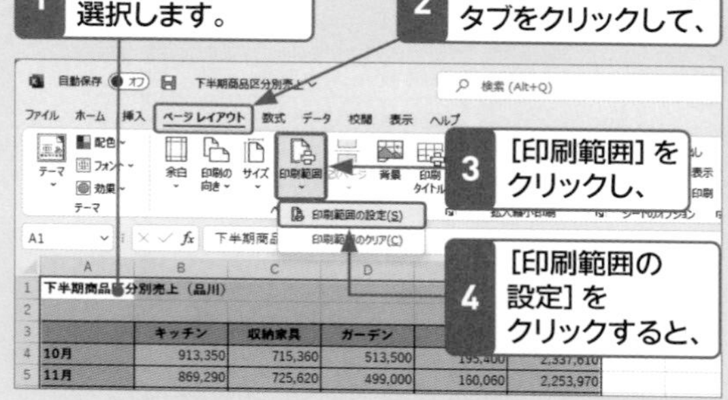

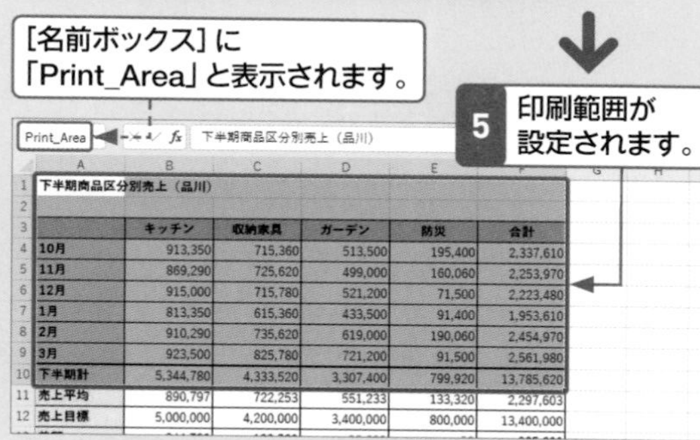

A2 選択したセル範囲だけを印刷します。

特定のセルを一度だけ印刷する場合は、印刷するセル範囲を選択して［ファイル］タブから［印刷］をクリックし、下の手順で選択した部分を印刷します。

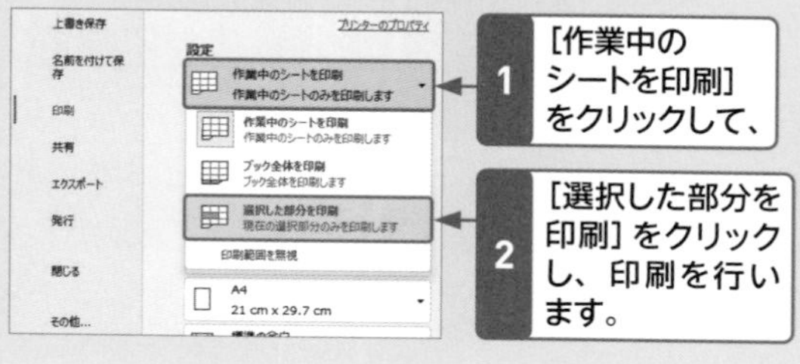

重要度 ★★★ ページの印刷

Q 591 印刷範囲を変更したい！

A 再度、印刷範囲を設定します。

印刷範囲を変更するには、目的のセル範囲を選択し直し、再度［ページレイアウト］タブの［印刷範囲］をクリックして、［印刷範囲の設定］をクリックします。

重要度 ★★★ ページの印刷

Q 592 指定した印刷範囲を解除したい！

A 印刷範囲をクリアします。

印刷範囲を解除するには、印刷範囲が設定されているワークシートを表示して、印刷範囲をクリアします。あらかじめセル範囲を指定する必要はありません。

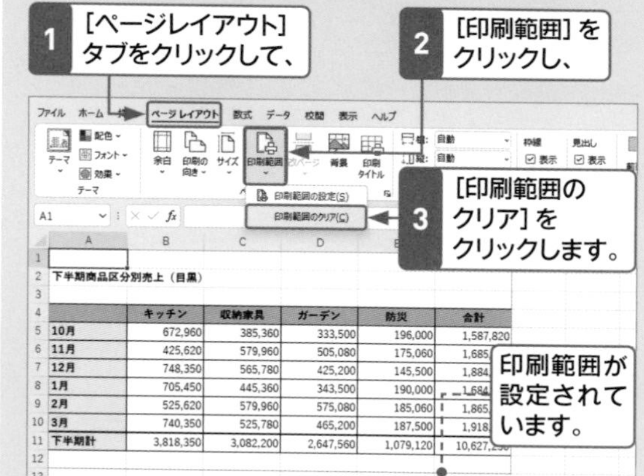

1 [ページレイアウト]タブをクリックして、
2 [印刷範囲]をクリックし、
3 [印刷範囲のクリア]をクリックします。
印刷範囲が設定されています。
下半期商品区分別売上（目黒）

重要度★★★ ページの印刷

Q 593 白紙のページが印刷されてしまう！

A 白紙のページにスペースが入力されている可能性があります。

白紙のページが印刷される場合、何も入力されていないと思っても、ワークシートのどこかのセルにスペースが入力されていたり、文字がはみ出ていたりする可能性があります。このような場合は、印刷したいページに印刷範囲を設定して、印刷するとよいでしょう。

参照▶Q 590

重要度★★★ ページの印刷

Q 594 特定の列や行、セルを印刷しないようにしたい！

A 印刷しない列や行、セルを非表示にします。

特定の列や行を印刷しないようにするには、対象の列や行を非表示にして印刷を行います。
特定のセルを印刷したくない場合は、印刷したくないセル内の文字色を白に変更してから印刷します。また、セルに背景色を設定している場合は、文字を同じ色に変更してから印刷します。印刷が終了したら、設定をもとに戻します。

参照▶Q 178

非表示にした行や列は印刷されません。

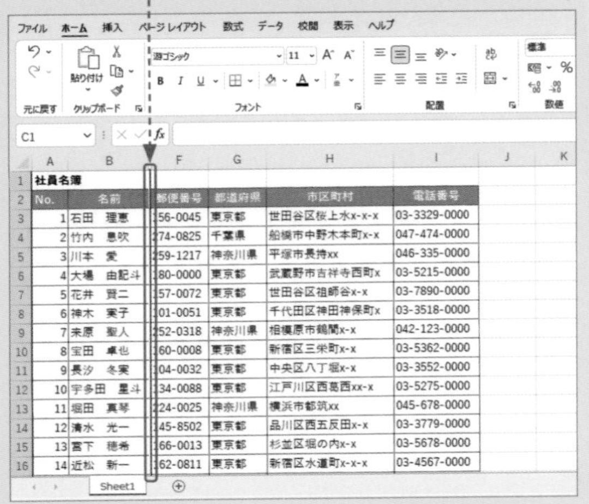

	A	B	F	G	H	I
1	社員名簿					
2	No.	名前	郵便番号	都道府県	市区町村	電話番号
3	1	石田　理恵	56-0045	東京都	世田谷区桜上水x-x-x	03-3329-0000
4	2	竹内　息吹	74-0825	千葉県	船橋市中野木本町x-x	047-474-0000
5	3	川本　愛	59-1217	神奈川県	平塚市長持xx	046-335-0000
6	4	大場　由記斗	80-0000	東京都	武蔵野市吉祥寺西町x	03-5215-0000
7	5	花井　賢二	57-0072	東京都	世田谷区祖師谷x-x	03-7890-0000
8	6	神木　実子	01-0051	東京都	千代田区神田神保町x	03-3518-0000
9	7	来原　聖人	52-0318	神奈川県	相模原市鶴間x-x	042-123-0000
10	8	宝田　卓也	60-0008	東京都	新宿区三栄町x-x	03-5362-0000
11	9	長汐　冬実	04-0032	東京都	中央区八丁堀x-x	03-3552-0000
12	10	宇多田　星斗	34-0088	東京都	江戸川区西葛西xx-x	03-5275-0000
13	11	堀田　真琴	24-0025	神奈川県	横浜市都筑xx	045-678-0000
14	12	清水　光一	45-8502	東京都	品川区西五反田x-x	03-3779-0000
15	13	宮下　穂希	66-0013	東京都	杉並区堀の内x-x	03-5678-0000
16	14	近松　新一	62-0811	東京都	新宿区水道町x-x-x	03-4567-0000

重要度★★★ ページの印刷

Q 595 大きい表を1ページに収めて印刷したい！

A1 ［ファイル］タブの［印刷］から設定します。

1ページに収まらない大きな表を1ページに印刷するには、［ファイル］タブをクリックして、［印刷］をクリックし、下の手順で設定します。列や行だけがはみ出している場合は、［すべての列を1ページに印刷］または［すべての行を1ページに印刷］を選択しても1ページに収めることができます。

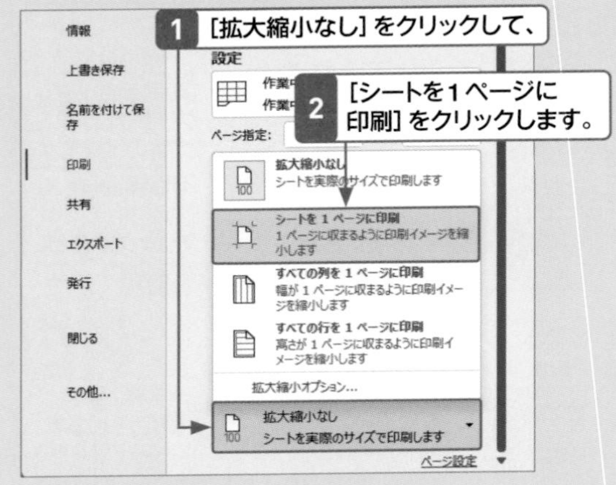

A2 ［ページ設定］ダイアログボックスの［ページ］で設定します。

［ページ設定］ダイアログボックスの［ページ］を表示し、下の手順で操作します。

参照▶Q 589

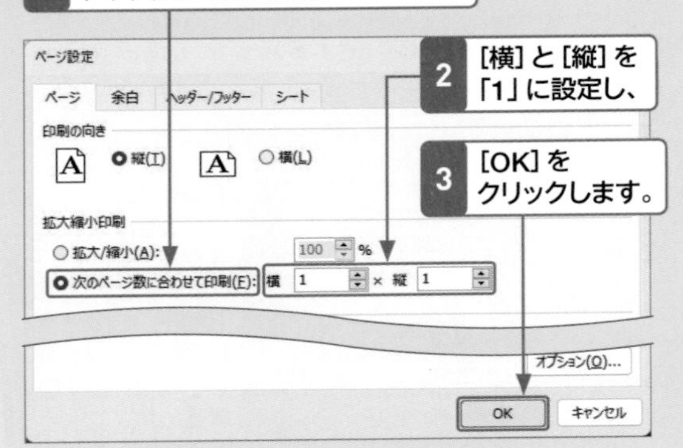

1 Excelの基本
2 入力
3 編集
4 書式
5 計算
6 関数
7 グラフ
8 データベース
9 印刷
10 ファイル
11 図形
12 連携・共同編集

Q 596 小さい表を拡大して印刷したい！

A1 [ページレイアウト]タブで拡大率を指定します。

1ページ分の大きさに満たない小さな表を拡大して印刷するには、[ページレイアウト]タブの[拡大／縮小]に拡大率を指定して印刷します。

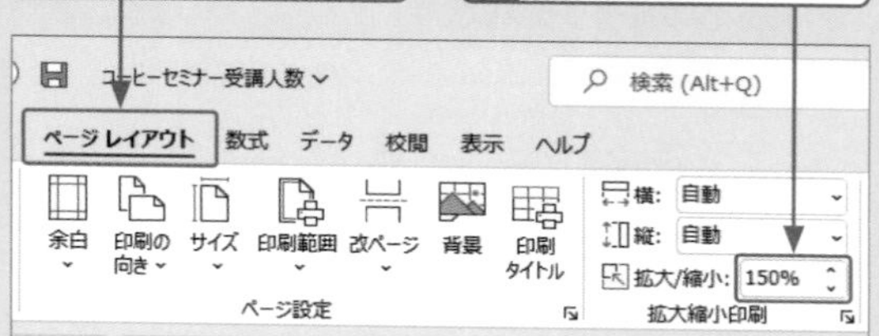

A2 [ページ設定]ダイアログボックスで拡大率を指定します。

[ページ設定]ダイアログボックスの[ページ]を表示して、[拡大／縮小]で拡大率を指定して印刷します。

参照 ▶ Q 589

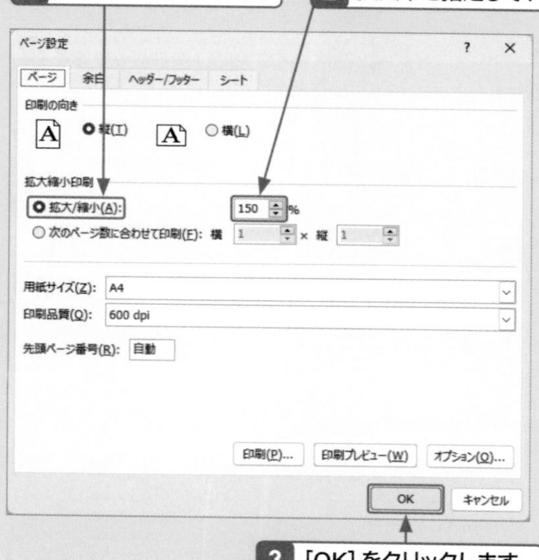

Q 597 余白を減らして印刷したい！

A1 [ページレイアウト]タブの[余白]で設定します。

余白を狭くするには、[ページレイアウト]タブの[余白]をクリックして、表示される一覧から[狭い]をクリックします。

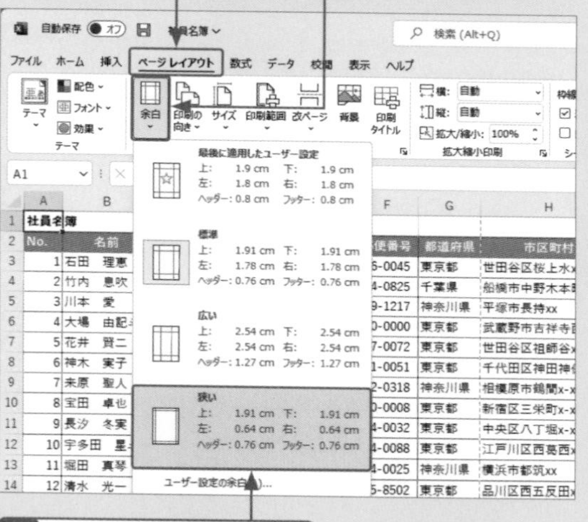

A2 [ページ設定]ダイアログボックスの[余白]で設定します。

[ページ設定]ダイアログボックスの[余白]を表示して、[上][下][左][右]の数値を小さくします。

参照 ▶ Q 589

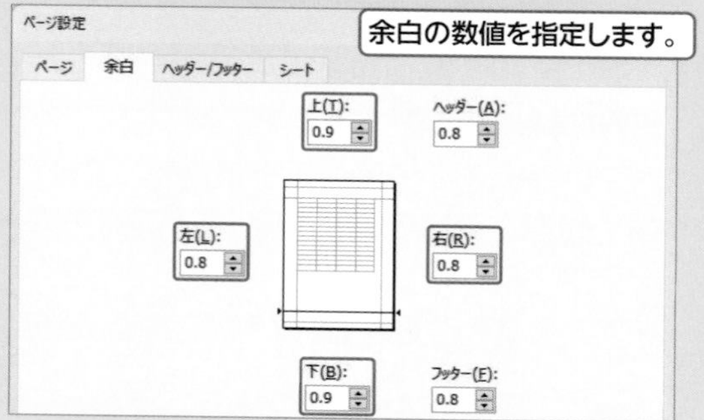

重要度 ★★★　大きな表の印刷

Q 598 改ページ位置を変更したい！

A 改ページプレビューを表示して、改ページ位置を変更します。

1ページに収まらない大きな表を印刷した場合、初期設定では、収まり切らなくなった位置で自動的に改ページされます。改ページ位置を変更するには、改ページプレビューを利用します。
なお、画面の表示が小さくて破線が見づらい場合は、表示倍率を変更します。

参照▶Q 214

標準ビューに戻すときは、[標準] をクリックします。

1 [表示] タブをクリックして、

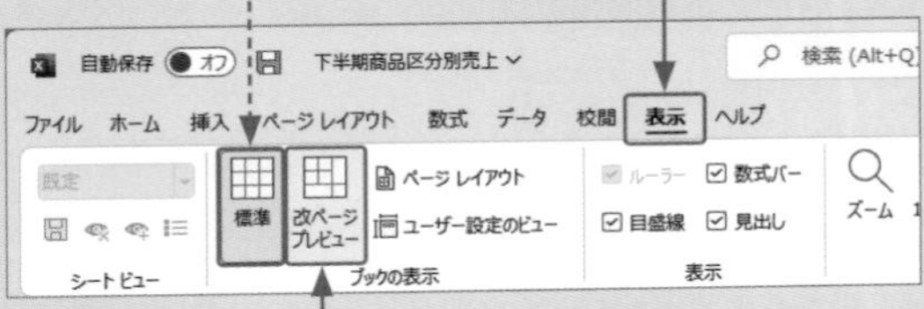

2 [改ページプレビュー] をクリックします。

3 改ページ位置を示す破線にマウスポインターを合わせて、

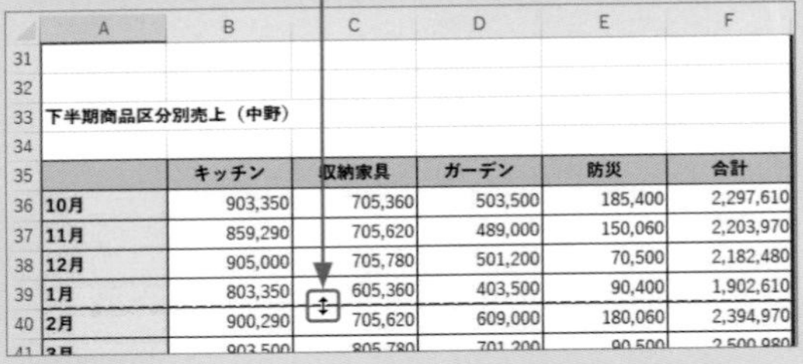

	A	B	C	D	E	F
31						
32						
33	下半期商品区分別売上（中野）					
34						
35		キッチン	収納家具	ガーデン	防災	合計
36	10月	903,350	705,360	503,500	185,400	2,297,610
37	11月	859,290	705,620	489,000	150,060	2,203,970
38	12月	905,000	705,780	501,200	70,500	2,182,480
39	1月	803,350	605,360	403,500	90,400	1,902,610
40	2月	900,290	705,620	609,000	180,060	2,394,970
41	3月	903,500	805,780	701,200	90,500	2,500,980

4 ドラッグすると、改ページ位置が変更できます。

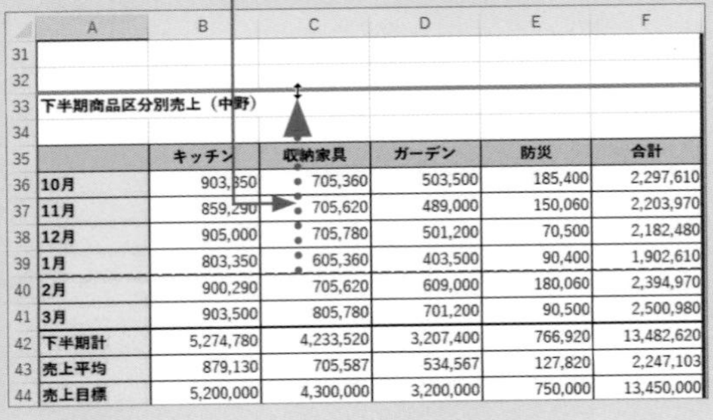

	A	B	C	D	E	F
31						
32						
33	下半期商品区分別売上（中野）					
34						
35		キッチン	収納家具	ガーデン	防災	合計
36	10月	903,350	705,360	503,500	185,400	2,297,610
37	11月	859,290	705,620	489,000	150,060	2,203,970
38	12月	905,000	705,780	501,200	70,500	2,182,480
39	1月	803,350	605,360	403,500	90,400	1,902,610
40	2月	900,290	705,620	609,000	180,060	2,394,970
41	3月	903,500	805,780	701,200	90,500	2,500,980
42	下半期計	5,274,780	4,233,520	3,207,400	766,920	13,482,620
43	売上平均	879,130	705,587	534,567	127,820	2,247,103
44	売上目標	5,200,000	4,300,000	3,200,000	750,000	13,450,000

重要度 ★★★　大きな表の印刷

Q 599 指定した位置で改ページして印刷したい！

A [ページレイアウト] タブで改ページを挿入します。

任意の位置で改ページしたい場合は、改ページしたい位置の直下の行を選択して改ページを挿入します。

1 改ページしたい位置の直下の行番号をクリックして、

2 [ページレイアウト] タブをクリックします。

3 [改ページ] をクリックして、

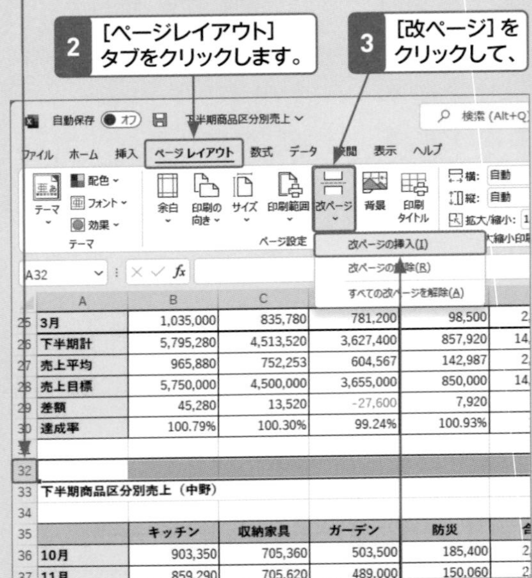

	A	B	C	D	E
25	3月	1,035,000	835,780	781,200	98,500
26	下半期計	5,795,280	4,513,520	3,627,400	857,920
27	売上平均	965,880	752,253	604,567	142,987
28	売上目標	5,750,000	4,500,000	3,655,000	850,000
29	差額	45,280	13,520	-27,600	7,920
30	達成率	100.79%	100.30%	99.24%	100.93%
31					
32					
33	下半期商品区分別売上（中野）				
34					
35		キッチン	収納家具	ガーデン	防災
36	10月	903,350	705,360	503,500	185,400
37	11月	859,290	705,620	489,000	150,060

4 [改ページの挿入] をクリックすると、

5 改ページ位置が設定されます。

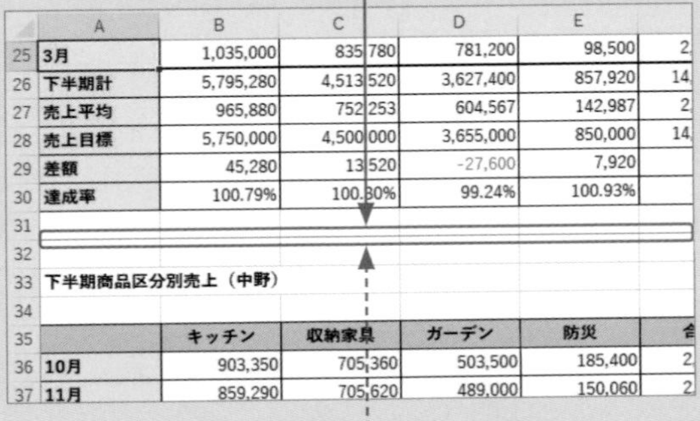

	A	B	C	D	E
25	3月	1,035,000	835,780	781,200	98,500
26	下半期計	5,795,280	4,513,520	3,627,400	857,920
27	売上平均	965,880	752,253	604,567	142,987
28	売上目標	5,750,000	4,500,000	3,655,000	850,000
29	差額	45,280	13,520	-27,600	7,920
30	達成率	100.79%	100.30%	99.24%	100.93%
31					
32					
33	下半期商品区分別売上（中野）				
34					
35		キッチン	収納家具	ガーデン	防災
36	10月	903,350	705,360	503,500	185,400
37	11月	859,290	705,620	489,000	150,060

改ページ位置にはグレーの線が表示されます。

重要度★★★ 大きな表の印刷

Q 600 改ページ位置を解除したい！

A [改ページ] から改ページを解除します。

設定した改ページ位置を解除するには、改ページが設定されている線の直下のセルや行を選択して、下の手順で解除します。なお、位置を指定せずに [すべての改ページを解除] をクリックすると、設定しているすべての改ページが解除されます。

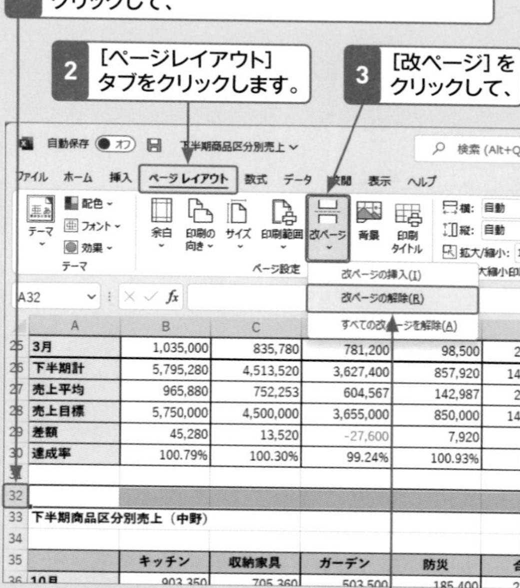
1 改ページが設定されている線の直下の行番号をクリックして、
2 [ページレイアウト] タブをクリックします。
3 [改ページ] をクリックして、
改ページの挿入(I)
改ページの解除(R)
すべての改ページを解除(A)
4 [改ページの解除] をクリックすると、

5 改ページが解除されます。

重要度★★★ 大きな表の印刷

Q 601 印刷されないページがある！

A 印刷範囲が正しく設定されていない可能性があります。

印刷されないページがある場合は、設定した印刷範囲の外にデータを追加した可能性があります。この場合は、新しく追加したデータも印刷範囲として設定し直します。

参照▶Q 590

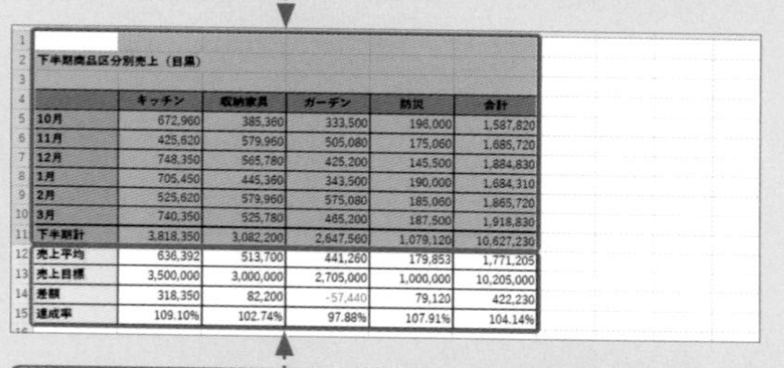
印刷範囲が設定されています。
印刷範囲外に追加したデータは、印刷されません。

重要度★★★ 大きな表の印刷

Q 602 ページを指定して印刷したい！

A [印刷] 画面で印刷したいページを指定します。

目的のページだけを印刷するには、[ファイル] タブから [印刷] をクリックして [印刷] 画面を表示し、[ページ指定] に開始ページと終了ページを入力して印刷を行います。

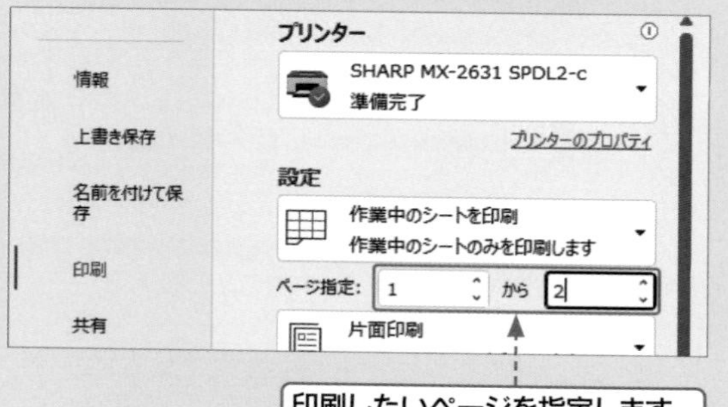
プリンター
SHARP MX-2631 SPDL2-c
準備完了
プリンターのプロパティ
設定
作業中のシートを印刷
作業中のシートのみを印刷します
ページ指定: 1 から 2
片面印刷
情報
上書き保存
名前を付けて保存
印刷
共有
印刷したいページを指定します。

重要度★★★　大きな表の印刷

Q 603 すべてのページに見出し行を印刷したい！

A 印刷したい見出し行をタイトル行に設定します。

複数のページにまたがる表を印刷するとき、2ページ目以降にも表見出しや見出し行を表示すると、わかりやすくなります。すべてのページに表見出しや見出し行を付けて印刷するには、[ページレイアウト]タブの[印刷タイトル]をクリックして、[ページ設定]ダイアログボックスで設定します。

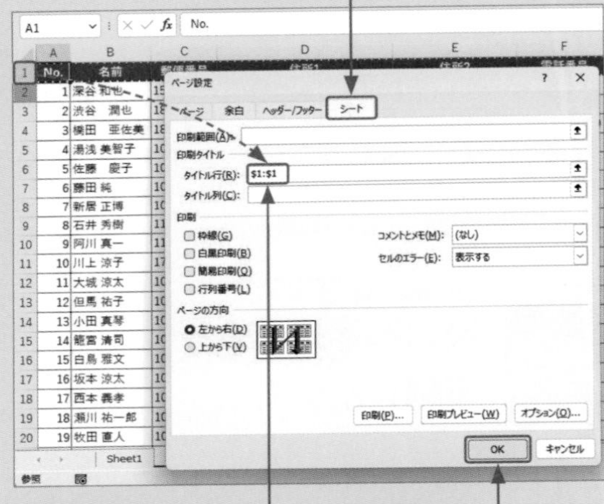

1 [ページ設定] ダイアログボックスの[シート] をクリックします。
ページ設定
シート
印刷範囲(A):
印刷タイトル
タイトル行(R): $1:$1
タイトル列(C):
OK
キャンセル

2 [タイトル行] に印刷したい見出し行を指定して、
3 [OK] をクリックすると、

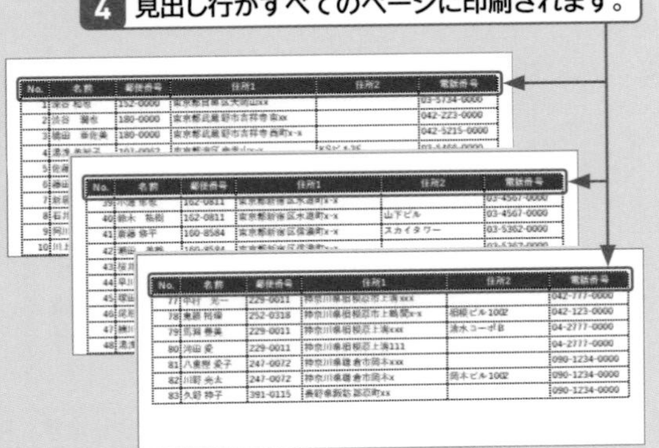

4 見出し行がすべてのページに印刷されます。

重要度★★★　大きな表の印刷

Q 604 はみ出した列や行をページ内に収めて印刷したい！

A [印刷] 画面の[拡大縮小なし] から設定します。

印刷したときに行や列が少しだけページからはみ出してしまう場合は、列や行をページに収まるように縮小します。[ファイル]タブをクリックして[印刷]をクリックし、[印刷]画面で設定します。

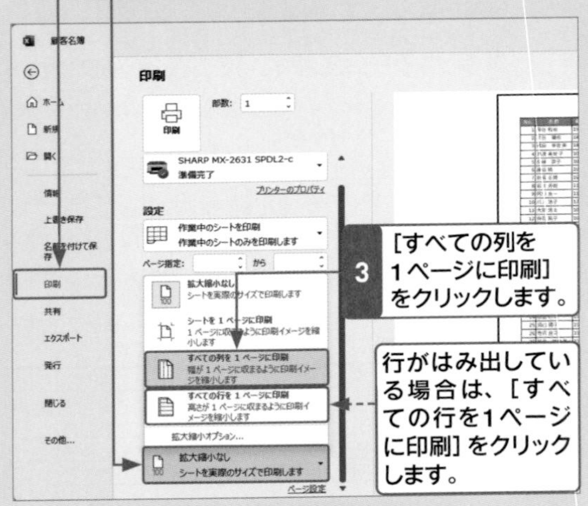

1 [印刷] 画面を表示して、
2 [拡大縮小なし] をクリックし、
印刷
すべての列を 1 ページに印刷
すべての行を 1 ページに印刷
拡大縮小なし
3 [すべての列を1ページに印刷] をクリックします。
行がはみ出している場合は、[すべての行を1ページに印刷] をクリックします。

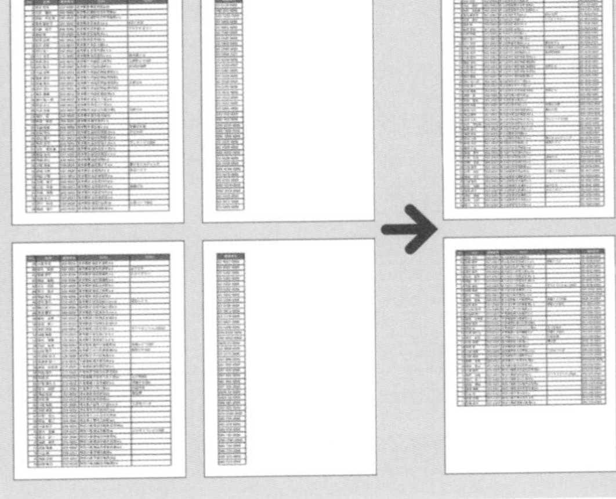

4 印刷を行うと、はみ出した列がページ内に収まります。

重要度★★★ ヘッダー／フッター

Q 605 すべてのページに表のタイトルを印刷したい！

A ヘッダーやフッターに表のタイトルを入力します。

すべてのページに表のタイトルを印刷するには、ヘッダーやフッターを利用します。シートの上部余白に印刷される情報を「ヘッダー」、下部余白に印刷される情報を「フッター」といいます。
下の手順でページレイアウトビューを表示し、タイトルを印刷するエリアをクリックして、タイトルを入力します。フッターやヘッダーのエリアは、左側、中央部、右側の3つのブロックに分かれています。

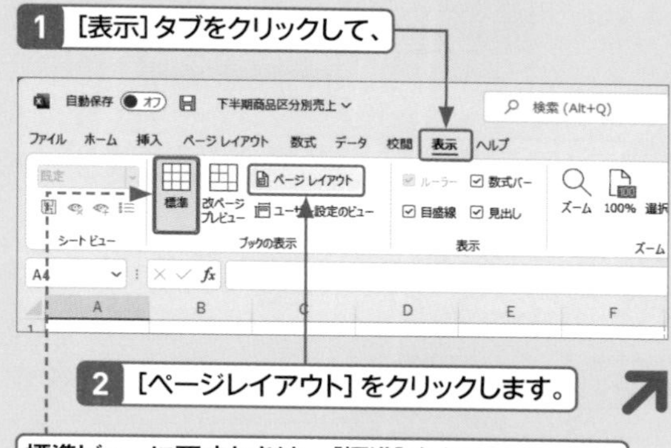

1 [表示]タブをクリックして、
2 [ページレイアウト]をクリックします。
標準ビューに戻すときは、[標準]をクリックします。

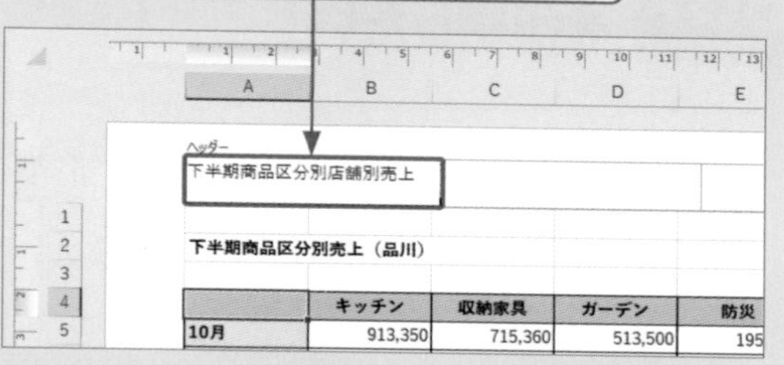

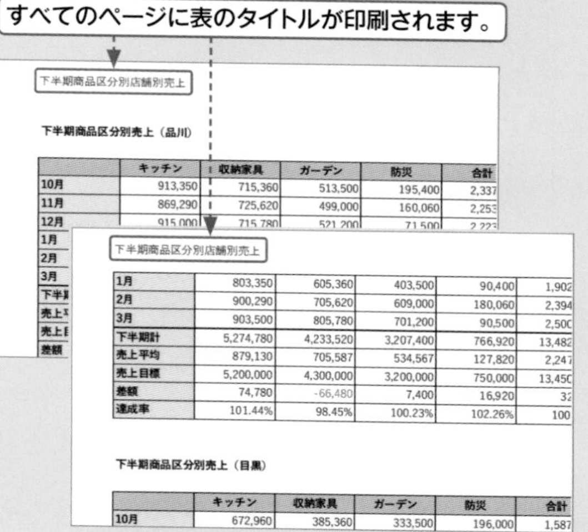

重要度★★★ ヘッダー／フッター

Q 606 ファイル名やワークシート名を印刷したい！

A ヘッダーやフッターにファイル名やワークシート名を設定します。

ファイル名やワークシート名を印刷するには、ヘッダーやフッターを利用します。ページレイアウトビューの［ヘッダーとフッター］タブにあるコマンドを利用すると、ファイル名やワークシート名だけでなく、現在の日付や時刻、画像などを挿入したり、任意の文字や数値を直接入力したりすることもできます。

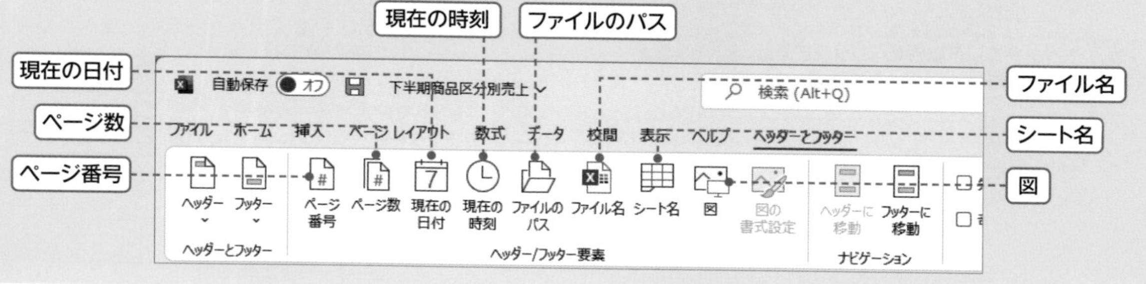

重要度 ★★★ ヘッダー／フッター

Q 607 「ページ番号／総ページ数」を印刷したい！

A [ページ番号]と[ページ数]を利用します。

ページ番号を「1／3」のように印刷するには、[表示]タブの[ページレイアウト]をクリックして、ページレイアウトビューを表示し、下の手順で操作します。

1 配置したいエリアをクリックして（ここでは、画面下部中央）、

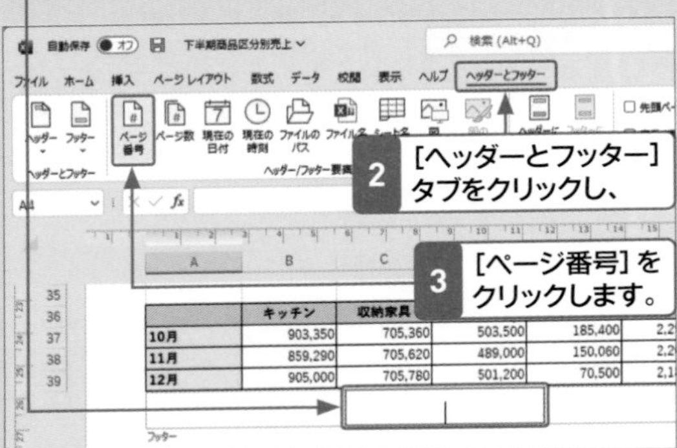

2 [ヘッダーとフッター]タブをクリックし、
3 [ページ番号]をクリックします。

4 表示された「&[ページ番号]」の後ろに「/」と入力して、

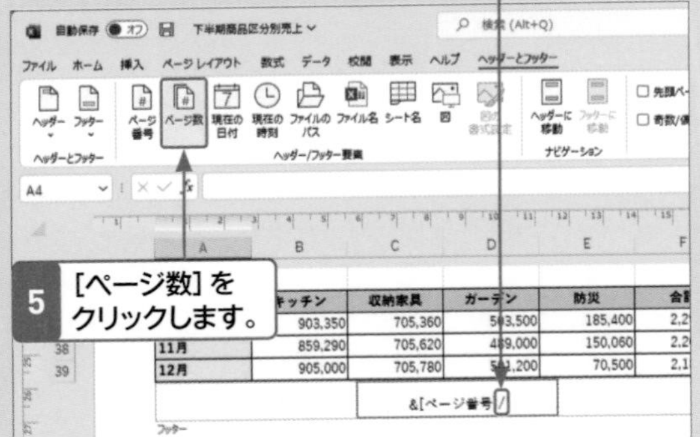

5 [ページ数]をクリックします。

6 ヘッダーエリア以外をクリックすると、「ページ番号／総ページ数」のフッターが表示されます。

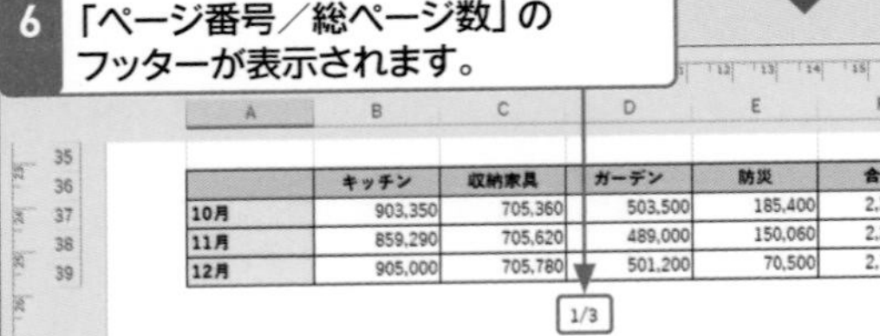

1/3

重要度 ★★★ ヘッダー／フッター

Q 608 ページ番号のフォントを指定したい！

A1 [ホーム]タブの[フォント]グループで指定します。

ヘッダーやフッターに入力した要素は、セル内の文字と同様、フォントやフォントサイズ、文字色などを設定できます。[ホーム]タブの[フォント]グループで設定します。

1 ページレイアウトビューを表示して、

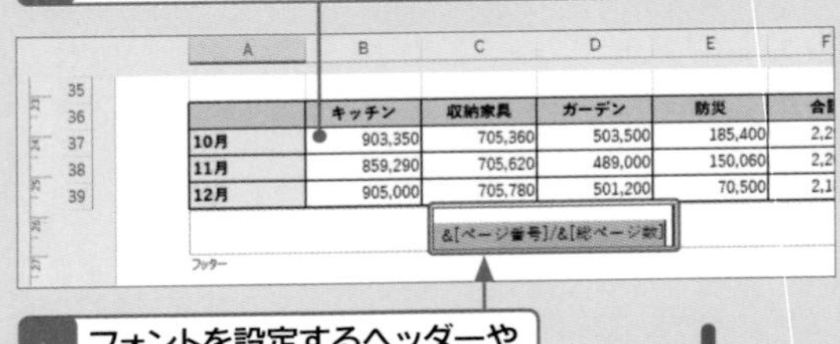

&[ページ番号]/&[総ページ数]

2 フォントを設定するヘッダーやフッターをクリックします。

3 [ホーム]タブをクリックして、

4 [フォント]のここをクリックし、

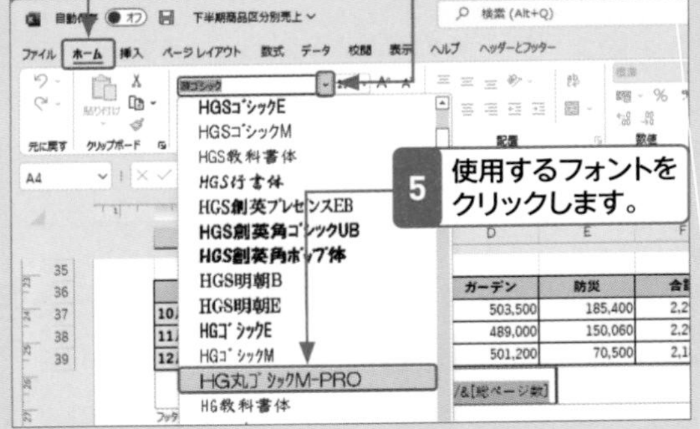

5 使用するフォントをクリックします。
HG丸ゴシックM-PRO

A2 ミニツールバーを利用します。

文字列をドラッグして選択すると表示されるミニツールバーで設定します。

1 フォントを設定するヘッダーやフッターをドラッグし、

2 ミニツールバーで設定します。

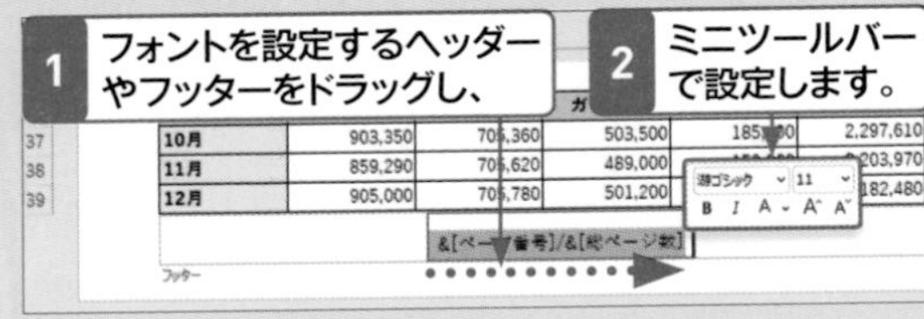

&[ページ番号]/&[総ページ数]

重要度 ★★★ ヘッダー／フッター

Q 609 ヘッダーに画像を挿入したい！

A [ヘッダーとフッター]タブの[図]を利用します。

ヘッダーに画像を挿入するには、ページレイアウトビューを表示して、画像を挿入するエリアをクリックします。続いて、[ヘッダーとフッター]タブの[ヘッダー／フッター要素]グループの[図]をクリックして、下の手順で挿入します。 参照▶Q 605, Q 606

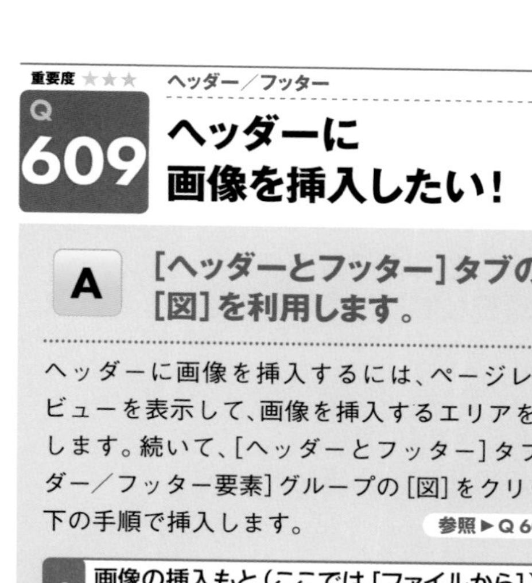

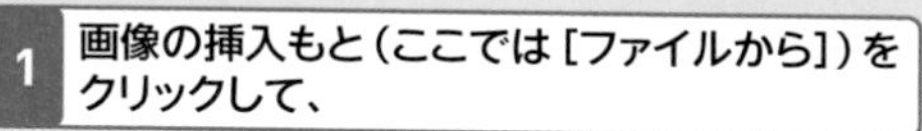

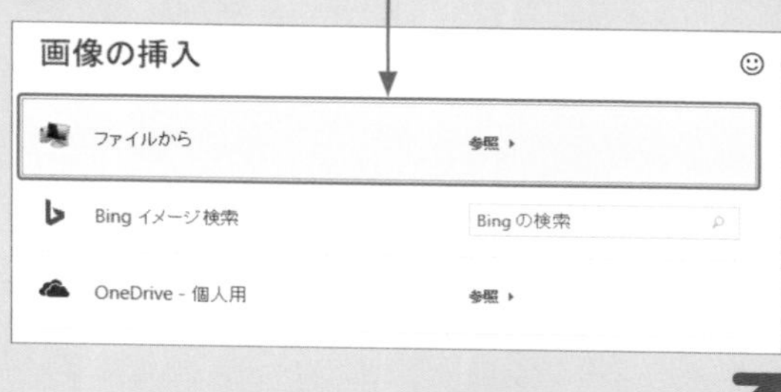

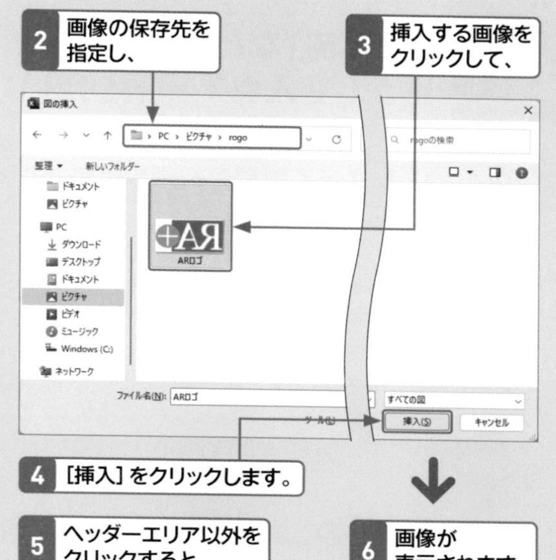

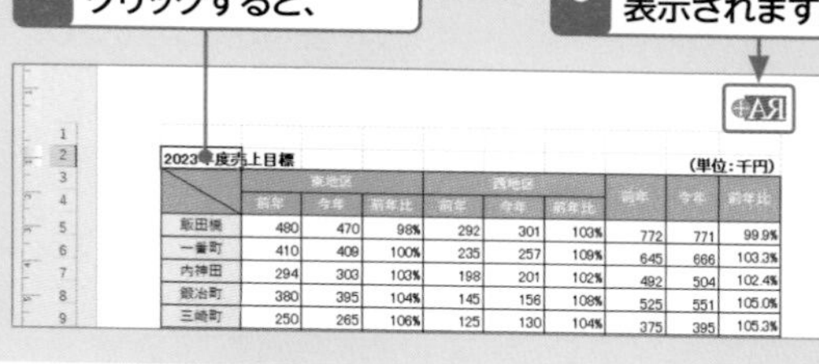

重要度 ★★★ ヘッダー／フッター

Q 610 ヘッダーに挿入した画像のサイズを変えたい！

A [ヘッダーとフッター]タブの[図の書式設定]を利用します。

ヘッダーに挿入した画像のサイズを変更するには、[表示]タブの[ページレイアウト]をクリックして、ページレイアウトビューを表示し、挿入した画像をクリックして、下の手順で設定します。

1 ヘッダーに挿入された「&[図]」をクリックします。

2 [ヘッダーとフッター]タブをクリックして、

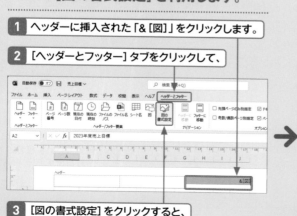

3 [図の書式設定]をクリックすると、

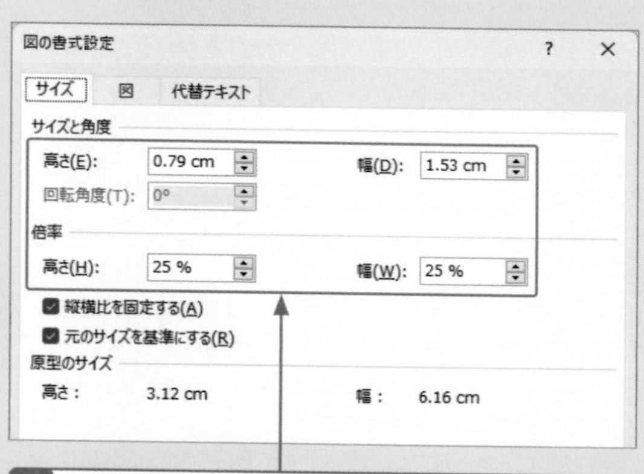

4 画像のサイズを「cm」や「%」で設定できます。

重要度 ★★★ ヘッダー／フッター

Q 611 「社外秘」などの透かしを入れて印刷したい！

A プリンターの機能を利用します。

使用しているプリンターによっては、文書の背景に文字を薄く印刷する機能が用意されています。この機能を利用すると、社外秘、回覧、コピー厳禁などの文字を印刷することができます。なお、設定方法はプリンターによって異なります。解説書などで確認しましょう。プリンターにこの機能がない場合は、ペイント3Dなどの画像編集ソフトで作成した画像を挿入して印刷できます。

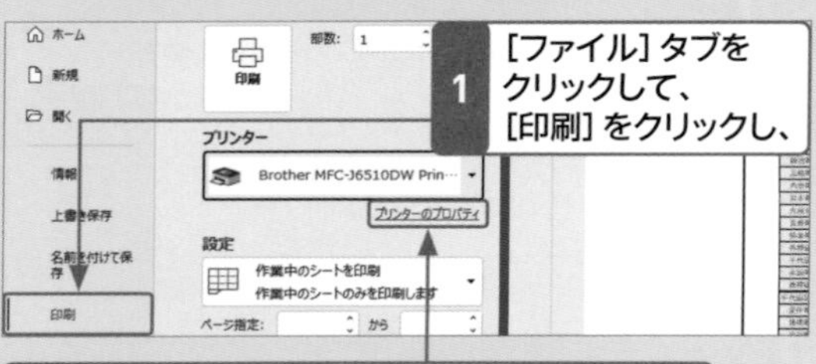

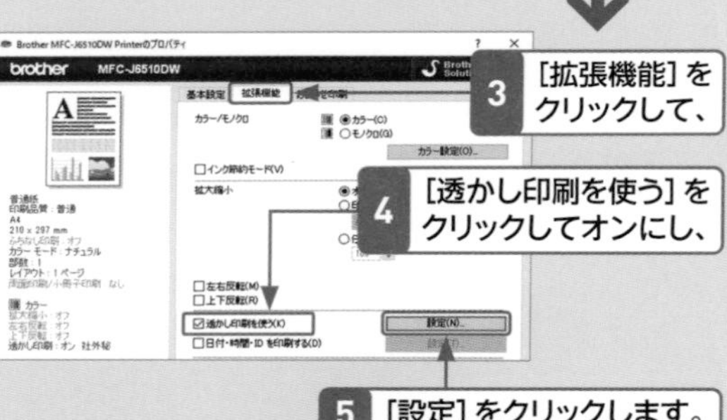

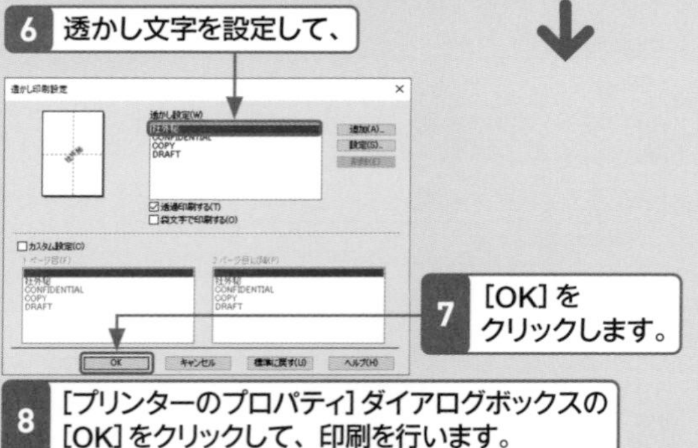

6 透かし文字を設定して、
7 [OK] をクリックします。

8 [プリンターのプロパティ] ダイアログボックスの[OK] をクリックして、印刷を行います。

重要度 ★★★ ヘッダー／フッター

Q 612 ワークシートの背景に画像を印刷したい！

A ヘッダーに画像を挿入し、改行して位置を移動します。

ワークシートの背景に画像を印刷するには、ヘッダーに画像を挿入し、挿入した画像に改行を入力して位置を移動します。下の例では文字を挿入していますが、写真なども同様の手順で挿入することができます。

参照▶Q 609

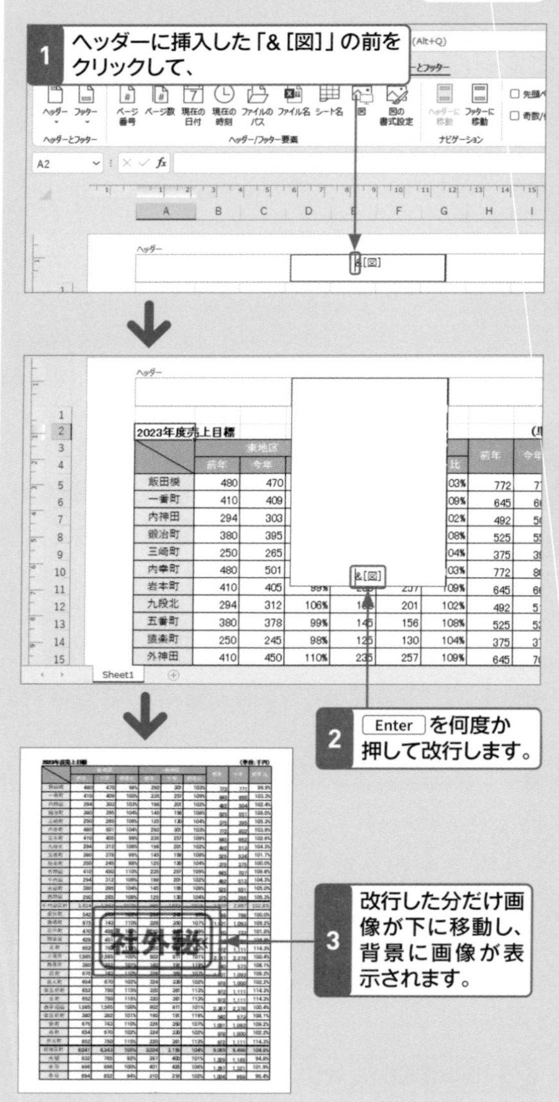

1 ヘッダーに挿入した「&[図]」の前をクリックして、
2 Enter を何度か押して改行します。
3 改行した分だけ画像が下に移動し、背景に画像が表示されます。

重要度 ★★★　ヘッダー／フッター

Q 613 先頭のページ番号を「1」以外にしたい！

A ［ページ設定］ダイアログボックスでページ番号を指定します。

ページ番号を印刷するように設定している場合、通常は「1」からページ番号が振られます。先頭のページ番号を「1」以外にするには、［ページ設定］ダイアログボックスの［ページ］を表示して、番号を指定します。

参照▶Q 589, Q 606

フッターにページ番号を挿入しておきます。

1 ［ページ設定］ダイアログボックスの［ページ］を表示します。

ページ設定
ページ　余白　ヘッダー/フッター　シート
印刷の向き
縦(T)　横(L)
拡大縮小印刷
拡大/縮小(A): 100 %
次のページ数に合わせて印刷(F): 横 1 × 縦 1
用紙サイズ(Z): A4
印刷品質(Q):
先頭ページ番号(R): 2
オプション(O)...
OK　キャンセル

2 先頭のページ番号を「2」と入力して、

3 ［OK］をクリックすると、

4 先頭のページ番号が変更されます。

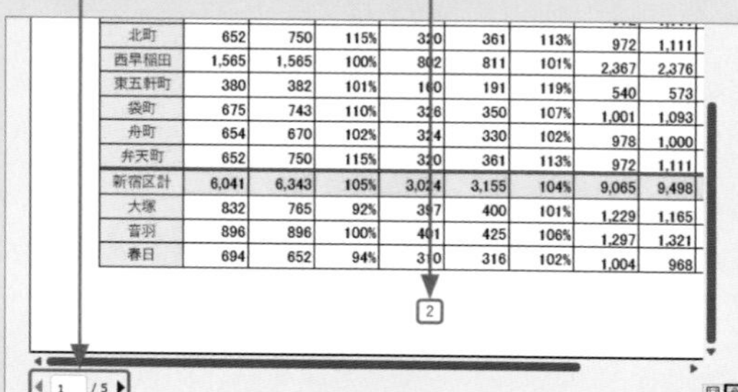

北町	652	750	115%	320	361	113%	972	1,111
西早稲田	1,565	1,565	100%	802	811	101%	2,367	2,376
東五軒町	380	382	101%	160	191	119%	540	573
袋町	675	743	110%	326	350	107%	1,001	1,093
舟町	654	670	102%	324	330	102%	978	1,000
弁天町	652	750	115%	320	361	113%	972	1,111
新宿区計	6,041	6,343	105%	3,024	3,155	104%	9,065	9,498
大塚	832	765	92%	397	400	101%	1,229	1,165
音羽	896	896	100%	401	425	106%	1,297	1,321
春日	694	652	94%	310	316	102%	1,004	968

重要度 ★★★　印刷の応用

Q 614 印刷範囲や改ページ位置を見ながら作業したい！

A1 改ページプレビューを利用します。

［表示］タブの［改ページプレビュー］をクリックして改ページプレビューを表示すると、現在の印刷範囲や改ページ位置を確認しながらデータの入力などが行えるほか、改ページ位置を変更することもできます。

改ページ位置を示す破線が表示されます。

印刷されない範囲はグレーで表示されます。

A2 ページレイアウトビューを利用します。

［表示］タブの［ページレイアウト］をクリックしてページレイアウトビューを表示すると、列の幅や高さを個別に変更したり、表の横幅や高さ、拡大／縮小率を変更したりすることができます。

列の幅や行の高さを調整できます。

表の横幅や高さ、拡大／縮小率を変更できます。

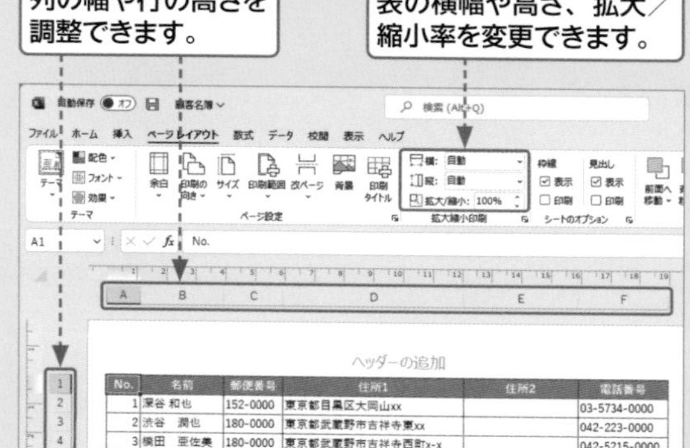

重要度 ★★★ 印刷の応用

Q 615 印刷範囲や改ページ位置の破線などが表示されない！

A 改ページプレビューや印刷プレビューに切り替えます。

新しいブックやワークシートを作成した直後は、標準ビューに印刷範囲や改ページ位置を示す破線や直線が表示されません。この場合は、いったん改ページプレビューや印刷プレビューに切り替えてから、再び標準ビューにすると表示されます。
この操作を行っても表示されない場合は、[ファイル] タブをクリックして [その他] から [オプション] をクリックし、以下の手順で表示させます。

1 [詳細設定] をクリックして、

2 [改ページを表示する] をクリックしてオンにし、

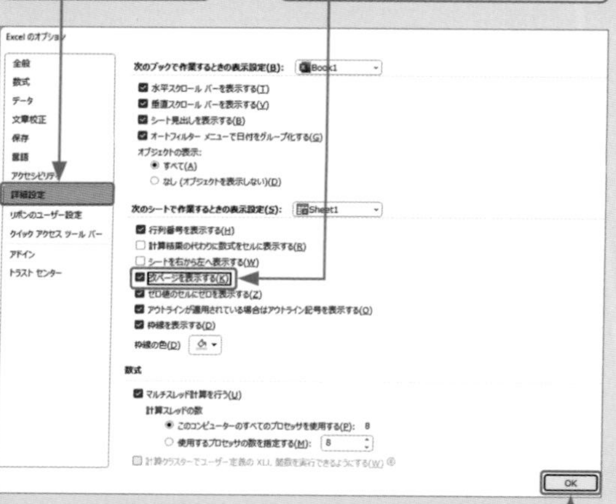

3 [OK] をクリックします。

	A	B	C	D	E	F
33						
34	下半期商品区分別売上（中野）					
35						
36		キッチン	収納家具	ガーデン	防災	合計
37	10月	903,350	705,360	503,500	185,400	2,297,610
38	11月	859,290	705,620	489,000	150,060	2,203,970
39	12月	905,000	705,780	501,200	70,500	2,182,480
40	1月	803,350	605,360	403,500	90,400	1,902,610
41	2月	900,290	705,620	609,000	180,060	2,394,970
42	3月	903,500	805,780	701,200	90,500	2,500,980
43	下半期計	5,274,780	4,233,520	3,207,400	766,920	13,482,620
44	売上平均	879,130	705,587	534,567	127,820	2,247,103
45	売上目標	5,200,000	4,300,000	3,200,000	750,000	13,450,000

4 印刷範囲を示す破線や線が表示されます。

	A	B	C	D	E	F
33						
34	下半期商品区分別売上（中野）					
35						
36		キッチン	収納家具	ガーデン	防災	合計
37	10月	903,350	705,360	503,500	185,400	2,297,610
38	11月	859,290	705,620	489,000	150,060	2,203,970
39	12月	[illegible]	[illegible]	[illegible]	[illegible]	[illegible]
40	1月	[illegible]	[illegible]	[illegible]	[illegible]	[illegible]
41	2月	900,290	705,620	609,000	180,060	2,394,970
42	3月	903,500	805,780	701,200	90,500	2,500,980
43	下半期計	5,274,780	4,233,520	3,207,400	766,920	13,482,620
44	売上平均	879,130	705,587	534,567	127,820	2,247,103
45	売上目標	5,200,000	4,300,000	3,200,000	750,000	13,450,000

重要度 ★★★ 印刷の応用

Q 616 白黒プリンターできれいに印刷したい！

A [ページ設定] ダイアログボックスで [白黒印刷] を設定します。

背景色や文字色を設定した表を白黒プリンターで印刷すると、色を設定した部分が網点になり、文字が読みにくくなります。この場合は、[ページ設定] ダイアログボックスの [シート] を表示して、[白黒印刷] をオンにすると、白黒印刷に適したデザインに変更され、白黒プリンターでも見やすい表が印刷できます。

参照▶Q 589

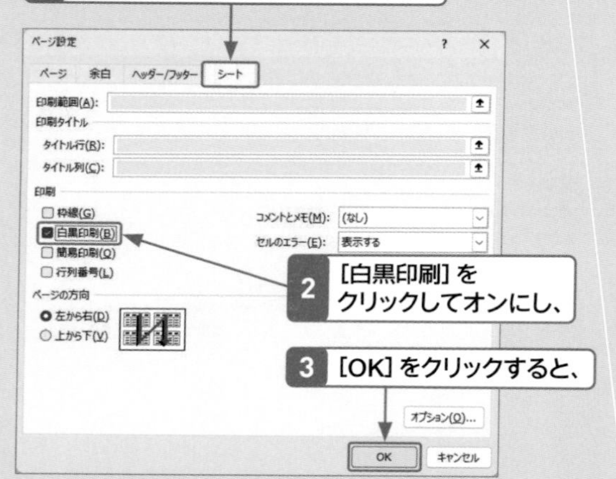

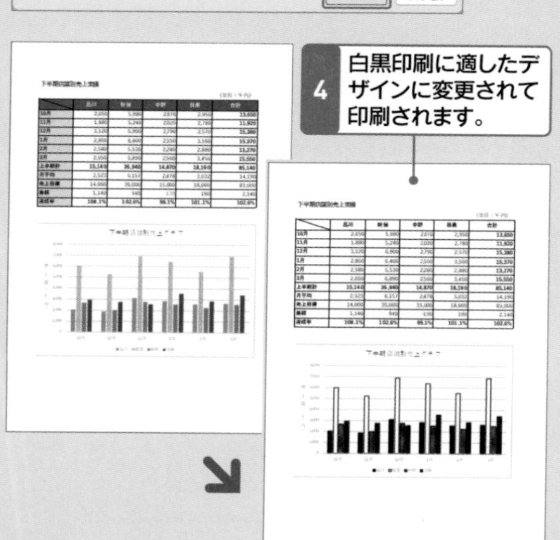

重要度 ★★★　印刷の応用

Q 617 行番号や列番号も印刷したい！

A ［ページレイアウト］タブの［見出し］で設定します。

ワークシートに行番号や列番号も付けて印刷するには、［ページレイアウト］タブの［見出し］の［印刷］をオンにして、印刷を行います。

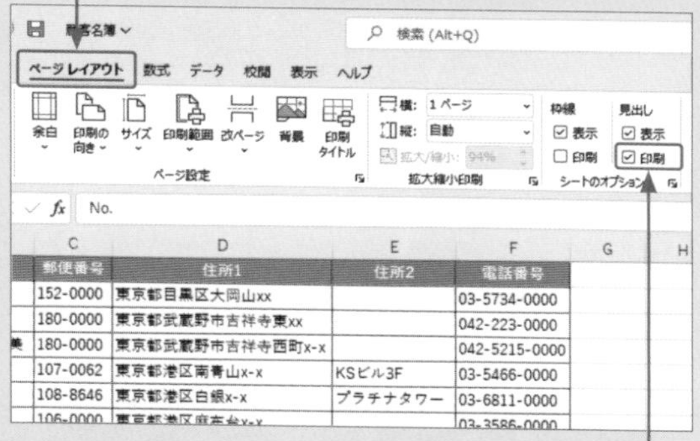

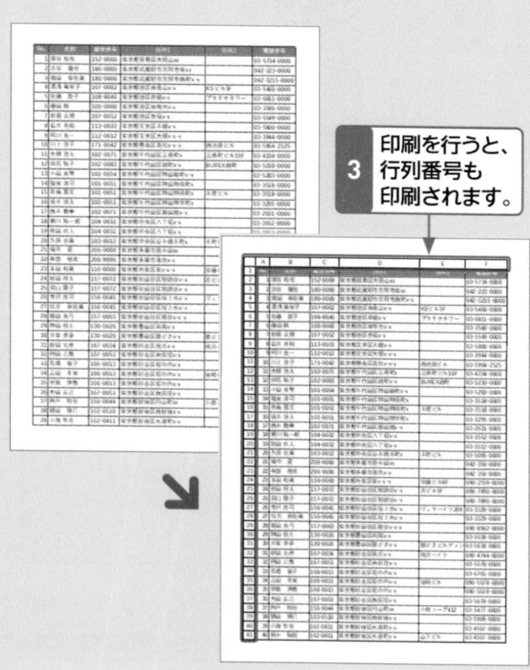

重要度 ★★★　印刷の応用

Q 618 URLに表示される下線を印刷したくない！

A ［セルのスタイル］から下線を印刷しないように設定します。

セルにメールアドレスやホームページのURLを入力すると、入力オートフォーマット機能により自動的にハイパーリンクが設定され、文字が青色で下線が付いて表示されます。ハイパーリンクの下線を印刷したくない場合は、下の手順で下線を［なし］に設定します。

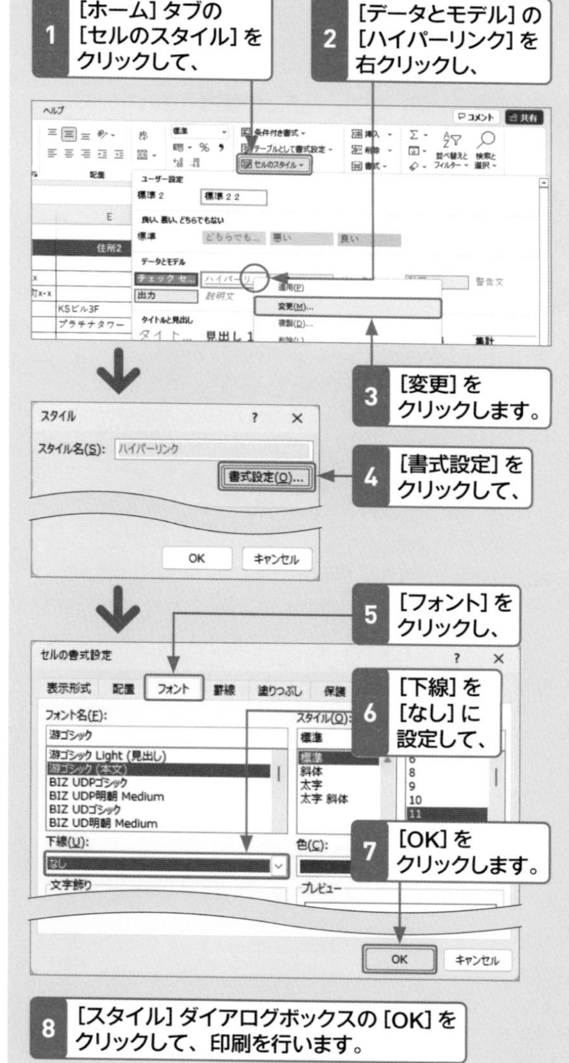

1 ［ホーム］タブの［セルのスタイル］をクリックして、
2 ［データとモデル］の［ハイパーリンク］を右クリックし、
3 ［変更］をクリックします。
4 ［書式設定］をクリックして、
5 ［フォント］をクリックし、
6 ［下線］を［なし］に設定して、
7 ［OK］をクリックします。

8 ［スタイル］ダイアログボックスの［OK］をクリックして、印刷を行います。

重要度 ★★★　印刷の応用

Q 619 印刷すると数値の部分が「###…」などになる！

A フォントを変更したり、セルの幅を変更したりしましょう。

セルの幅が、数値が表示されるぎりぎりの幅に設定されていると、画面上では正しく表示されていても、「###…」などと印刷される場合があります。このような場合は、フォントの種類やサイズを変更したり、セルの幅を広げたりして印刷を行います。また、印刷の前には必ず印刷結果のイメージを確認しましょう。

● Excelのワークシート

	A	B	C	D	E	F	G
1	四半期支店別商品売上						
2		1月	2月	3月	合計		
3	新宿	2,232,610	2,774,470	2,881,680	7,888,760		
4	品川	2,044,610	2,541,470	2,673,180	7,259,260		
5	目黒	1,781,310	1,885,800	2,060,030	5,727,140		
6	中野	1,992,610	2,480,470	2,602,180	7,075,260		
7	合計	8,051,140	9,682,210	10,217,070	27,950,420		
8							

画面上では表示されていても、

● 印刷結果

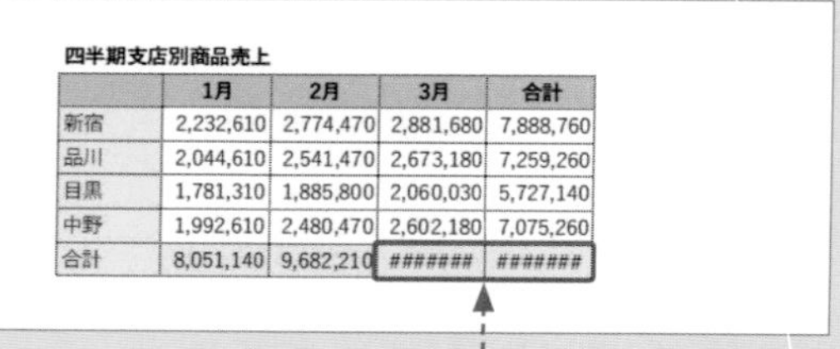

四半期支店別商品売上

	1月	2月	3月	合計
新宿	2,232,610	2,774,470	2,881,680	7,888,760
品川	2,044,610	2,541,470	2,673,180	7,259,260
目黒	1,781,310	1,885,800	2,060,030	5,727,140
中野	1,992,610	2,480,470	2,602,180	7,075,260
合計	8,051,140	9,682,210	#######	#######

「###…」などと印刷される場合があります。

重要度 ★★★　印刷の応用

Q 620 印刷時だけ枠線を付けて印刷したい！

A [ページレイアウト]タブの[枠線]で設定します。

ワークシート上で罫線を設定していなくても、[ページレイアウト]タブの[枠線]の[印刷]をオンにして印刷すると、印刷時に枠線を印刷できます。

この場合、表の左側や上側に空列や空行があると、その部分のセルにも枠が付いて印刷されてしまいます。これを避けたい場合は、印刷したい部分だけを印刷範囲として設定しておくとよいでしょう。 参照▶Q 590

1 [ページレイアウト]タブをクリックして、

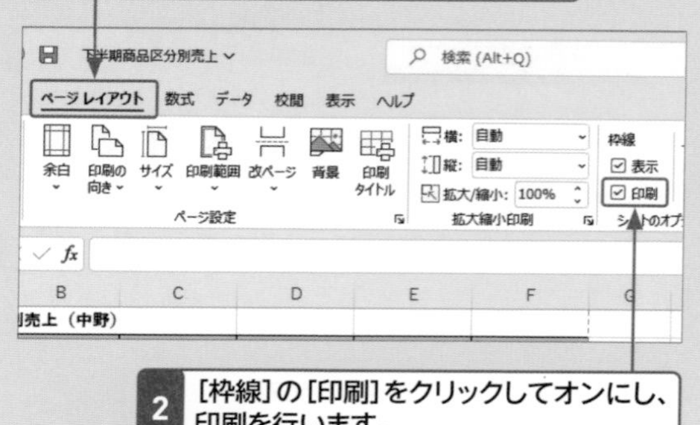

2 [枠線]の[印刷]をクリックしてオンにし、印刷を行います。

● 印刷範囲が設定されていない場合

下半期商品区分別売上（中野）

	キッチン	収納家具	ガーデン	防災	合計
10月	903,350	705,360	503,500	185,400	2,297,610
11月	859,290	705,620	489,000	150,060	2,203,970
12月	905,000	705,780	501,200	70,500	2,182,480
1月	803,350	605,360	403,500	90,400	1,902,610
2月	900,290	705,620	609,000	180,060	2,394,970
3月	903,500	805,780	701,200	90,500	2,500,980
下半期計	5,274,780	4,233,520	3,207,400	766,920	13,482,620
売上平均	879,130	705,587	534,567	127,820	2,247,103
売上目標	5,200,000	4,300,000	3,200,000	750,000	13,450,000
差額	74,780	-66,480	7,400	16,920	32,620
達成率	101.44%	98.45%	100.23%	102.26%	100.24%

空列や空行の部分も含めて、枠線付きで印刷されます。

● 印刷範囲が設定されている場合

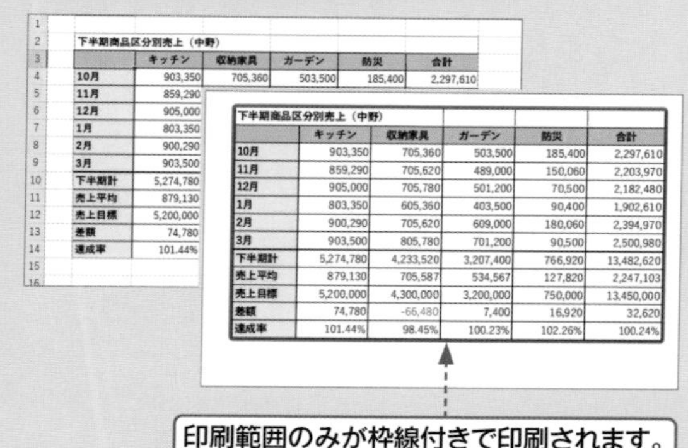

下半期商品区分別売上（中野）

	キッチン	収納家具	ガーデン	防災	合計
10月	903,350	705,360	503,500	185,400	2,297,610
11月	859,290	705,620	489,000	150,060	2,203,970
12月	905,000	705,780	501,200	70,500	2,182,480
1月	803,350	605,360	403,500	90,400	1,902,610
2月	900,290	705,620	609,000	180,060	2,394,970
3月	903,500	805,780	701,200	90,500	2,500,980
下半期計	5,274,780	4,233,520	3,207,400	766,920	13,482,620
売上平均	879,130	705,587	534,567	127,820	2,247,103
売上目標	5,200,000	4,300,000	3,200,000	750,000	13,450,000
差額	74,780	-66,480	7,400	16,920	32,620
達成率	101.44%	98.45%	100.23%	102.26%	100.24%

印刷範囲のみが枠線付きで印刷されます。

重要度 ★★★ 印刷の応用

Q 621 複数のワークシートをまとめて印刷したい!

A 印刷したいワークシートをグループ化します。

複数のワークシートをまとめて印刷するには、印刷したいワークシートのシート見出しを、Ctrl を押しながらクリックして選択し（グループ化し）、印刷を行います。

1 印刷したいワークシートの見出しを Ctrl を押しながらクリックして選択します。

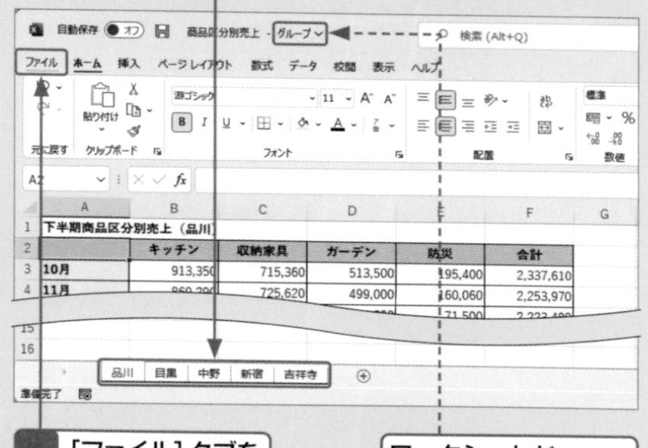

2 [ファイル] タブをクリックして、

ワークシートがグループ化されます。

3 [印刷] をクリックし、

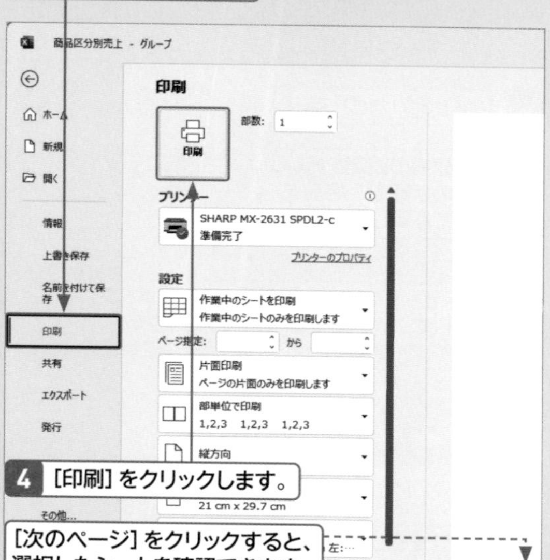

4 [印刷] をクリックします。

[次のページ] をクリックすると、選択したシートを確認できます。

重要度 ★★★ 印刷の応用

Q 622 印刷プレビューにグラフしか表示されない!

A グラフを選択した状態で表示している可能性があります。

印刷プレビューにグラフしか表示されない場合は、グラフを選択した状態で、印刷プレビューを表示している可能性があります。編集画面に戻り、ワークシートをクリックしてから、再び印刷プレビューを表示します。

グラフを選択した状態で印刷プレビューを表示すると、グラフだけが表示されます。

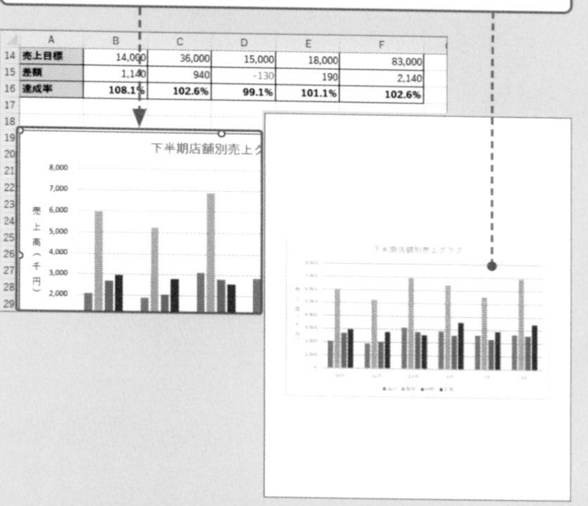

ワークシートの任意のセルをクリックして印刷プレビューを表示すると、ワークシート全体が表示されます。

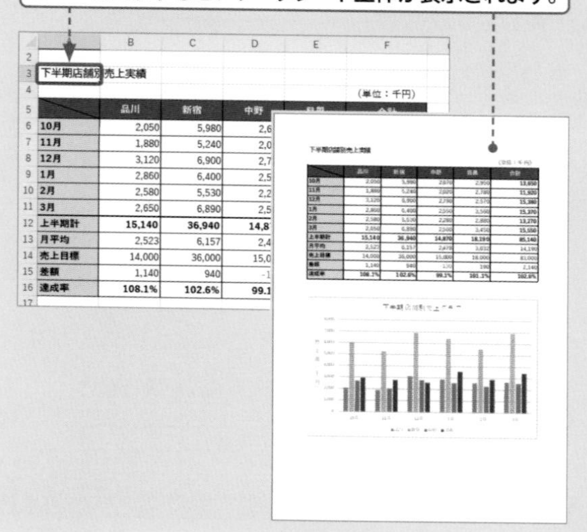

重要度 ★★★　印刷の応用

Q 623 セルのエラー値を印刷したくない!

A [ページ設定] ダイアログボックスで印刷しないように設定します。

セルに表示されたエラー値は、通常では印刷されてしまいます。エラー値を印刷したくない場合は、[ページ設定] ダイアログボックスの [シート] を表示して、セルのエラーを印刷しないように設定します。

参照 ▶ Q 589

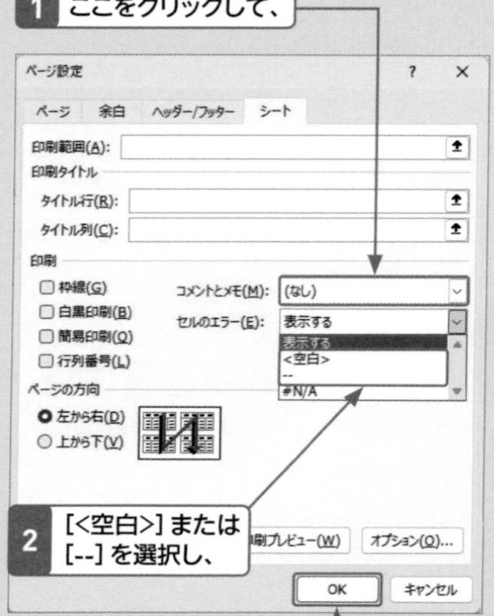

● [<空白>] を選択した場合

売上明細

商品番号	商品名	価格	数量	売上金額
T0011	ティーポット	2,585	12	31,020
T0013	ストレーナー	715	保留	
T0016	電気ケトル	8,338	24	200,112
T0019	ティーマグ	1,243	24	29,832

● [--] を選択した場合

売上明細

商品番号	商品名	価格	数量	売上金額
T0011	ティーポット	2,585	12	31,020
T0013	ストレーナー	715	保留	--
T0016	電気ケトル	8,338	24	200,112
T0019	ティーマグ	1,243	24	29,832

重要度 ★★★　印刷の応用

Q 624 1つのワークシートに複数の印刷設定を保存したい!

A [ユーザー設定のビュー] ダイアログボックスを利用します。

1つのシートに複数の印刷設定を保存するには、[表示] タブの [ユーザー設定のビュー] をクリックして、[ユーザー設定のビュー] ダイアログボックスを表示し、下の手順で設定します。

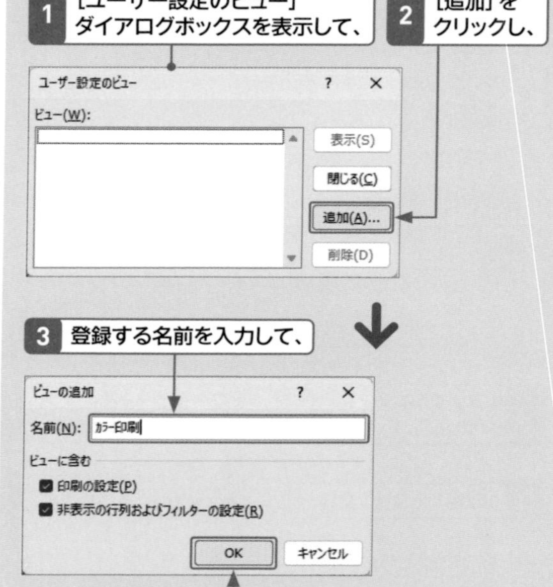

5 別の印刷の設定を行い、同様の手順で、名前を付けて登録します。

6 [ユーザー設定のビュー] ダイアログボックスを表示して、利用したい設定をクリックし、

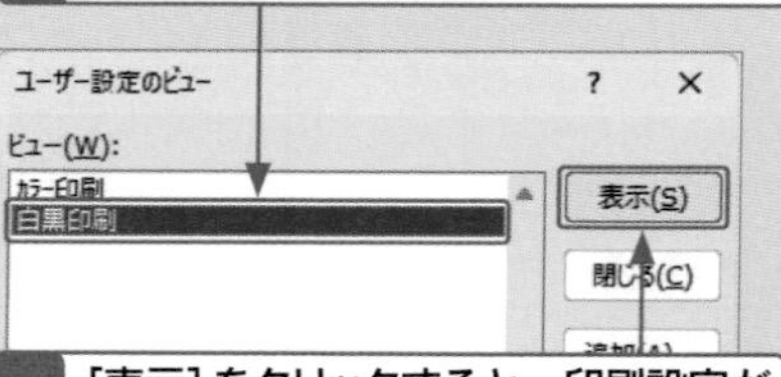

7 [表示] をクリックすると、印刷設定が切り替わります。

重要度 ★★★　印刷の応用

Q 625 行や列見出しの印刷設定ができない！

A [印刷] 画面からは設定できません。

[印刷] 画面の [ページ設定] をクリックすると表示される [ページ設定] ダイアログボックスの [シート] からは、印刷範囲や印刷タイトルを設定できません。これらの設定を行うには、[ページレイアウト] タブの [ページ設定] グループの ⧉ をクリックして、[ページ設定] ダイアログボックスを表示します。

1 [印刷] 画面で [ページ設定] をクリックすると、

2 これらの設定を行うことはできません。

重要度 ★★★　印刷の応用

Q 626 ブック全体を印刷したい！

A [印刷] 画面の [ブック全体を印刷] を利用します。

ブックにあるすべてのワークシートを印刷するには、[印刷] 画面を表示して、[作業中のシートを印刷] をクリックし、[ブック全体を印刷] をクリックして印刷します。また、ワークシートをグループ化してから印刷しても、ブック全体を印刷できます。

参照 ▶ Q 621

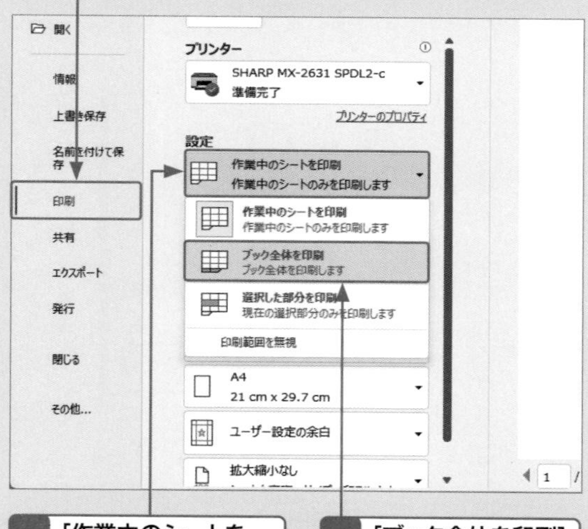

重要度 ★★★　印刷の応用

Q 627 印刷の設定を保存したい！

A 印刷の設定を行ったブックをテンプレートとして保存します。

よく使う印刷の設定を保存しておくには、印刷の設定を行ったブックをテンプレートとして保存します。以降は作成したテンプレートを利用してブックを作成すると、印刷の設定を利用できます。

参照 ▶ Q 673

Q 628 1部ずつ仕分けして印刷したい！

A ［印刷］画面の［部単位で印刷］を利用します。

複数の部数を印刷する場合、「部単位で印刷」すると、1部ずつページ順で印刷されるので、印刷後に仕分けする手間が省けます。

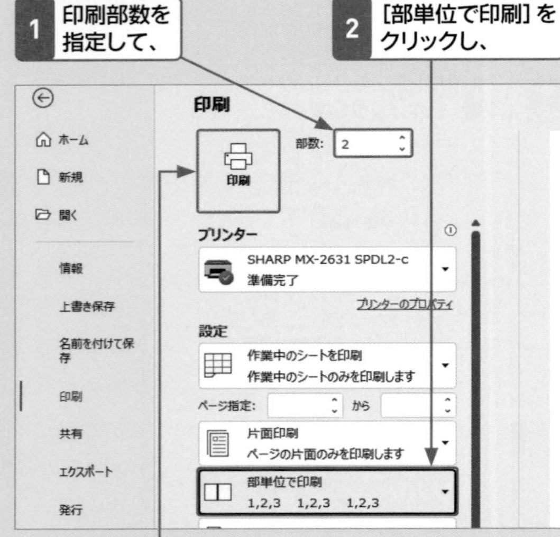

3 ［印刷］をクリックすると、

4 1部ずつ仕分けして印刷されます。

下半期商品区分別売上（品川）

下半期商品区分別売上（目黒）

下半期商品区分別売上（中野）

	キッチン	収納家具	ガーデン	防災	合計
10月	903,350	705,360	503,500	185,400	2,297,610
11月	859,290	705,620	489,000	150,060	2,203,970
12月	905,000	705,780	501,200	70,500	2,182,480
1月	803,350	605,360	403,500	90,400	1,902,610
2月	900,290	705,620	609,000	180,060	2,394,970
3月	903,500	805,780	701,200	90,500	2,500,980
下半期計	5,274,780	4,233,520	3,207,400	766,920	13,482,620
売上平均	879,130	705,587	534,567	127,820	2,247,103

下半期商品区分別売上（品川）

下半期商品区分別売上（目黒）

下半期商品区分別売上（中野）

	キッチン	収納家具	ガーデン	防災	合計
10月	903,350	705,360	503,500	185,400	2,297,610
11月	859,290	705,620	489,000	150,060	2,203,970
12月	905,000	705,780	501,200	70,500	2,182,480
1月	803,350	605,360	403,500	90,400	1,902,610
2月	900,290	705,620	609,000	180,060	2,394,970
3月	903,500	805,780	701,200	90,500	2,500,980
下半期計	5,274,780	4,233,520	3,207,400	766,920	13,482,620
売上平均	879,130	705,587	534,567	127,820	2,247,103

Q 629 用紙の両面に印刷したい！

A プリンターが両面印刷に対応していれば印刷できます。

使用しているプリンターが両面印刷に対応している場合は、［印刷］画面で［両面印刷］を選択すると、両面印刷ができます。なお、プリンターによっては、あらかじめ［プリンターのプロパティ］ダイアログボックスで両面印刷の設定をしておく必要があります。

1 ［ファイル］タブから［印刷］をクリックして、［プリンターのプロパティ］をクリックします。

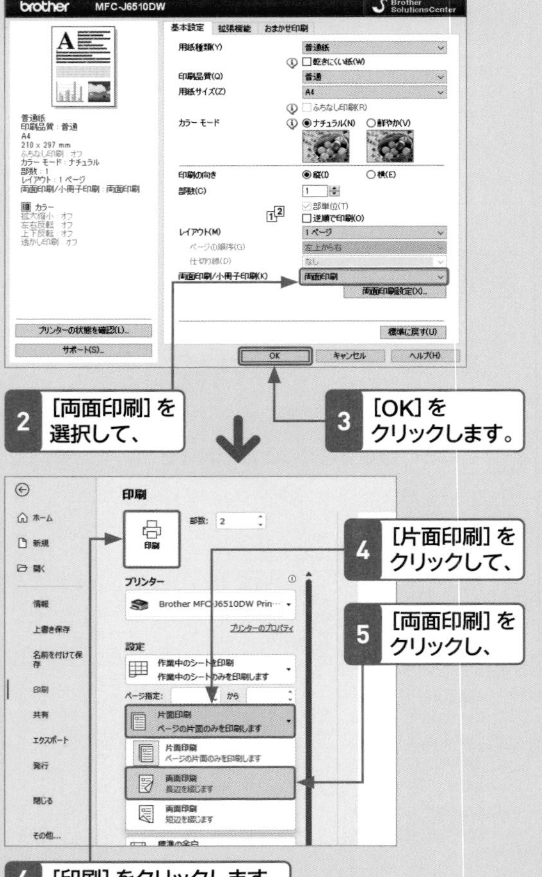

第10章

ファイルの「こんなときどうする?」

重要度 ★★★ ファイルを開く

Q 630 保存されているブックを開きたい！

A [ファイルを開く] ダイアログボックスでブックを指定します。

パソコンに保存したブックを開くには、[ファイル] タブをクリックして、[開く] をクリックし、[参照] をクリックします。[ファイルを開く] ダイアログボックスが表示されるので、ブックを保存した場所を指定して、開きたいブックをクリックし、[開く] をクリックします。

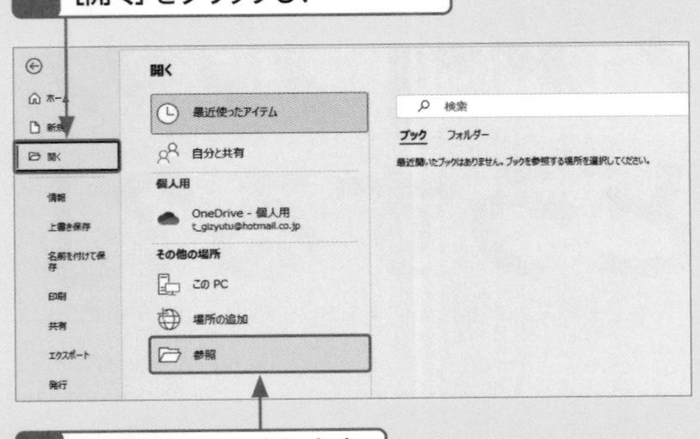

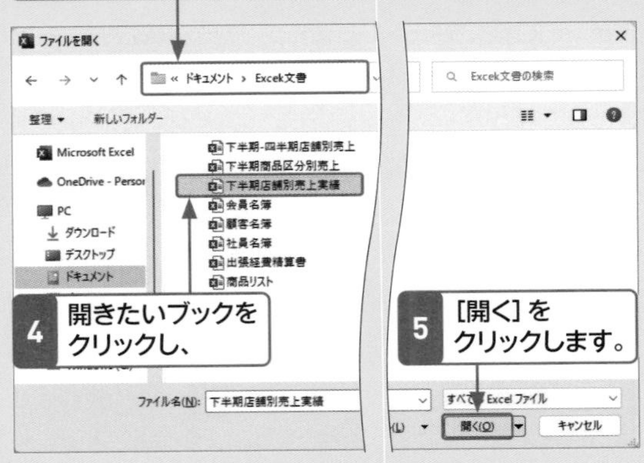

重要度 ★★★ ファイルを開く

Q 631 OneDriveに保存したブックを開きたい！

A [ファイル] タブの [開く] から OneDriveを開きます。

OneDrive は、マイクロソフトが無償で提供しているオンラインストレージサービス（データの保管場所）です。Office にMicrosoft アカウントでサインインしていると、OneDrive を通常のフォルダーと同様に利用することができます。

参照 ▶ Q 666, Q 727

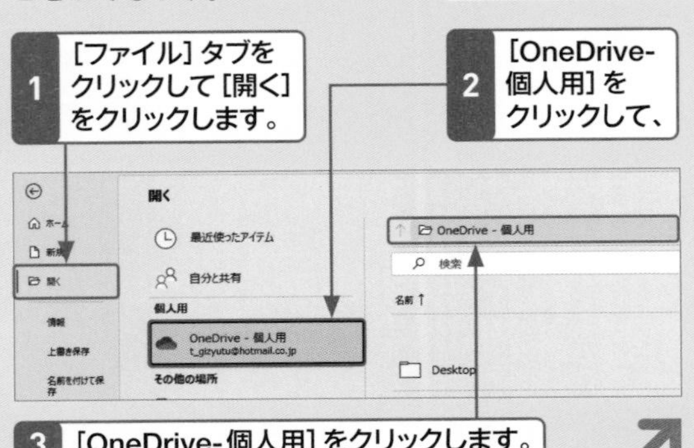

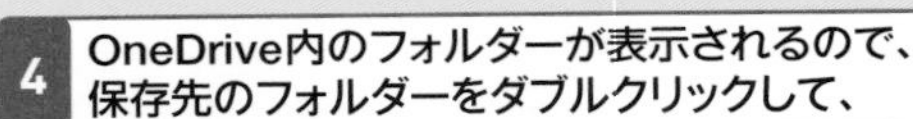

4 OneDrive内のフォルダーが表示されるので、保存先のフォルダーをダブルクリックして、

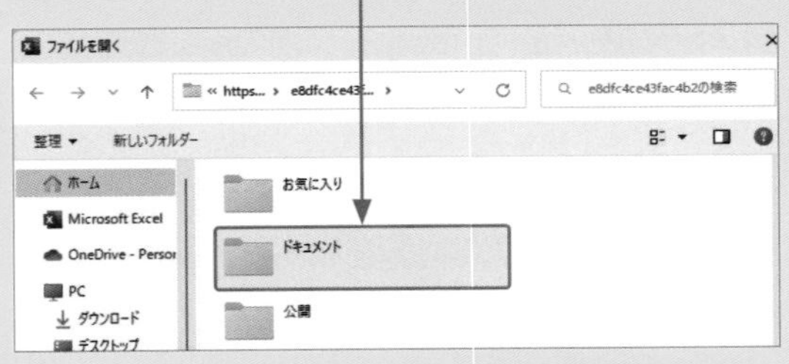

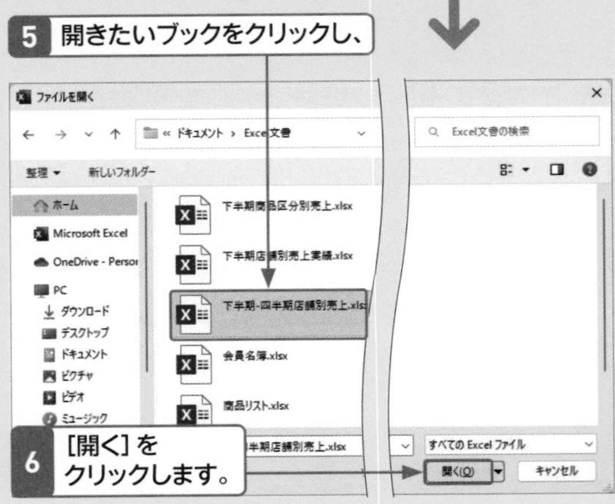

重要度 ★★★　ファイルを開く

Q 632 ファイルを開こうとしたらパスワードを要求された！

A 開くためのパスワードを入力します。

ファイルを開こうとしたとき、パスワードの入力を促すメッセージが表示される場合があります。これは、ファイルの作成者がパスワードを設定しているためです。ファイルを開くには、ファイルの作成者にパスワードを問い合わせます。
パスワードには、ファイルを開くためのパスワードと、上書き保存を許可するためのパスワードの2つがあります。上書き保存のパスワードが設定されたファイルは、パスワードを知らなくても、読み取り専用として開くことができます。

参照▶Q 658

● ファイルを開くためのパスワード

パスワード　?　×
'顧客名簿.xlsx' は保護されています。
パスワード(P): ******
OK　キャンセル

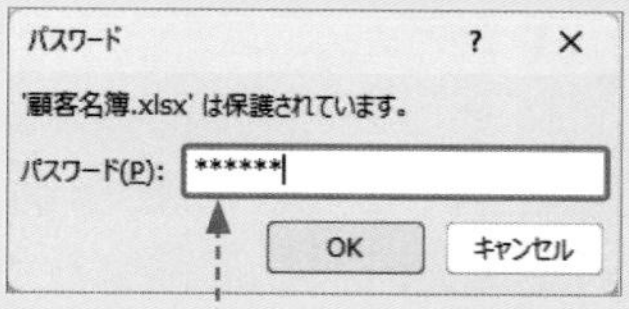

ファイルを開くには、ここにパスードを入力します。

● ファイルを上書き保存するためのパスワード

1 ［読み取り専用］をクリックすると、

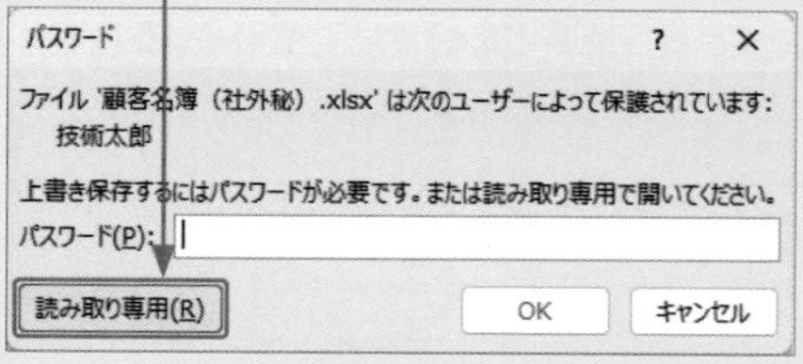

パスワード　?　×
ファイル '顧客名簿（社外秘）.xlsx' は次のユーザーによって保護されています:
技術太郎
上書き保存するにはパスワードが必要です。または読み取り専用で開いてください。
パスワード(P):
読み取り専用(R)　OK　キャンセル

2 読み取り専用としてファイルが開かれます。

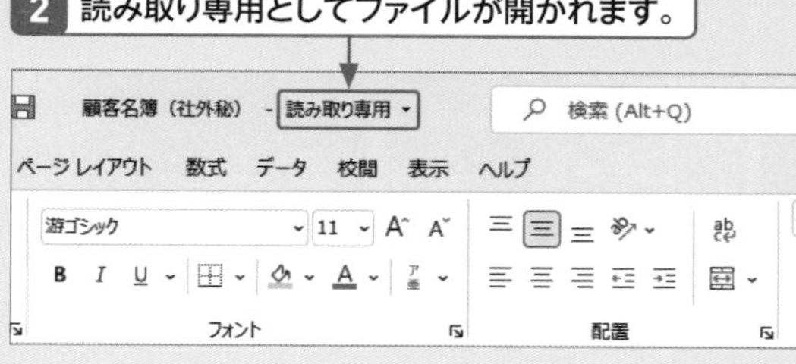

重要度 ★★★　ファイルを開く

Q 633 パスワードを入力したら間違えていると表示された！

A 大文字と小文字の違いなどパスワードの入力ミスが原因です。

パスワードは大文字と小文字が区別されるので、大文字と小文字の違いに注意して、再度パスワードを入力します。また、ひらがな入力モードにしている場合、そのままでは入力できません。半角英数字入力モードに変更してからパスワードを入力します。
それでもパスワードが間違っていると表示される場合は、ファイルの作成者に再度確認しましょう。

正しいパスワードを入力しないと、警告のメッセージが表示されます。

重要度 ★★★　ファイルを開く

Q 634 起動時に指定したファイルを開きたい！

A ［Excelのオプション］ダイアログボックスで指定します。

Excelの起動時に指定したファイルを開きたい場合は、［ファイル］タブの［その他］から［オプション］をクリックし、［Excelのオプション］ダイアログボックスを表示します。［詳細設定］をクリックして、［起動時にすべてのファイルを開くフォルダー］に、ブックを保存したフォルダーを指定します。

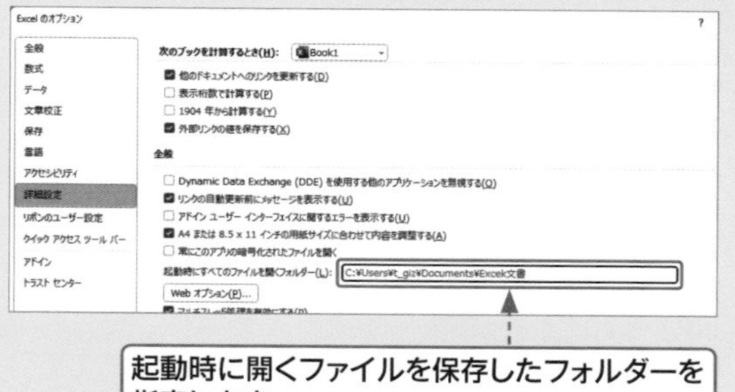

起動時に開くファイルを保存したフォルダーを指定します。

重要度 ★★★ ファイルを開く

Q 635 ファイルを保存した日時を確認したい！

A ファイルの表示方法を[詳細]にします。

複数の場所に保存してしまった同一のファイルなど、どれが最新のファイルかわからなくなった場合は、ファイルの更新日時を確認するとよいでしょう。エクスプローラーを表示して、ファイルの保存先を指定し、[表示]をクリックして、[詳細]をクリックすると、ファイルの更新日時が表示されます。この方法は、[ファイルを開く]ダイアログボックスでも同様です。

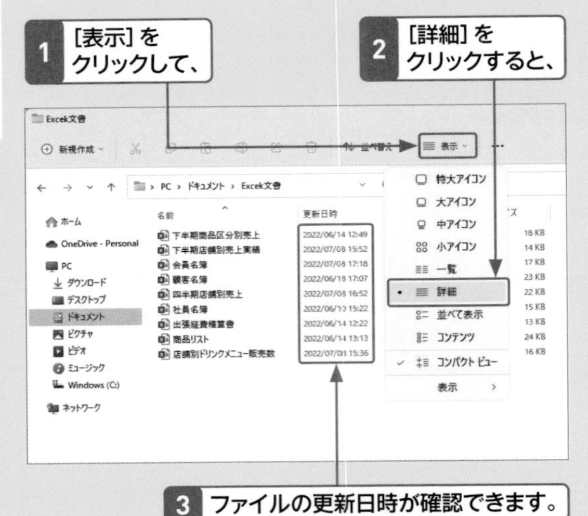
1 [表示]をクリックして、
2 [詳細]をクリックすると、
3 ファイルの更新日時が確認できます。

重要度 ★★★ ファイルを開く

Q 636 最近使用したブックをかんたんに開きたい！

A [最近使ったアイテム]から開きます。

最近使用したブックは、[ファイル]タブから[開く]をクリックし、[最近使ったアイテム]から開くことができます。一覧にはブックが開いた順番に表示されており、古い順から削除されますが、固定しておくこともできます。 参照▶Q 638

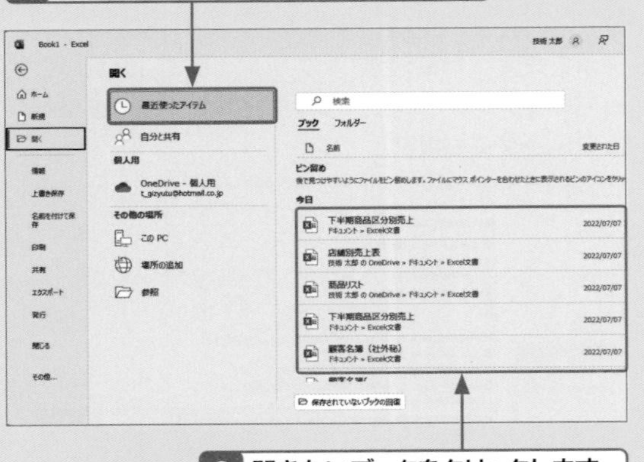
1 [最近使ったアイテム]をクリックして、
2 開きたいブックをクリックします。

重要度 ★★★ ファイルを開く

Q 637 もとのブックをコピーして開きたい！

A [ファイルを開く]ダイアログボックスの[コピーとして開く]を利用します。

パソコンに保存してあるブックをコピーして開きたい場合は、[ファイルを開く]ダイアログボックスでファイルの保存先とブックを指定し、[コピーとして開く]をクリックします。コピーとして開いたブックはファイル名の前に「コピー」と表示されます。 参照▶Q 630

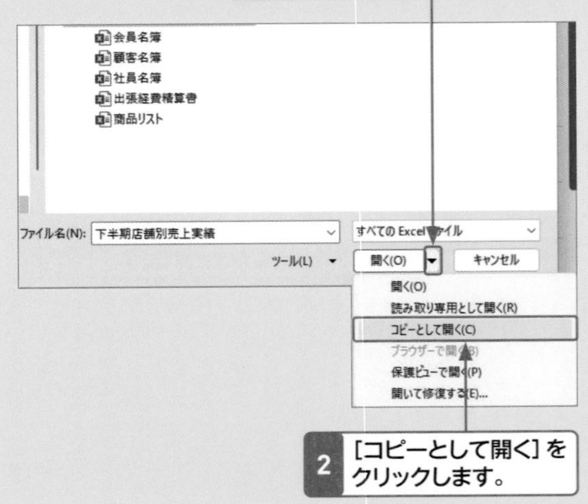
1 [開く]のここをクリックして、
会員名簿
顧客名簿
社員名簿
出張経費精算書
商品リスト
ファイル名(N): 下半期店舗別売上実績
開く(O)
キャンセル
開く(O)
読み取り専用として開く(R)
コピーとして開く(C)
保護ビューで開く(P)
2 [コピーとして開く]をクリックします。

重要度 ★★★ ファイルを開く

Q 638 最近使用したブックを一覧に固定したい！

A ［最近使ったアイテム］のファイル名横のピンマークを利用します。

Excelでブックを開くと、開いた順番に［最近使ったアイテム］にブック名が表示されます。再度同じブックを開く場合は、その一覧からすばやく開くことができますが、ほかのブックを開くと古いファイルから順に一覧から削除されてしまいます。ブックを［最近使ったアイテム］の一覧から削除されないようにするには、ブックをピン留め（固定）しておきます。

1 一覧から削除したくないブック名のここをクリックすると、

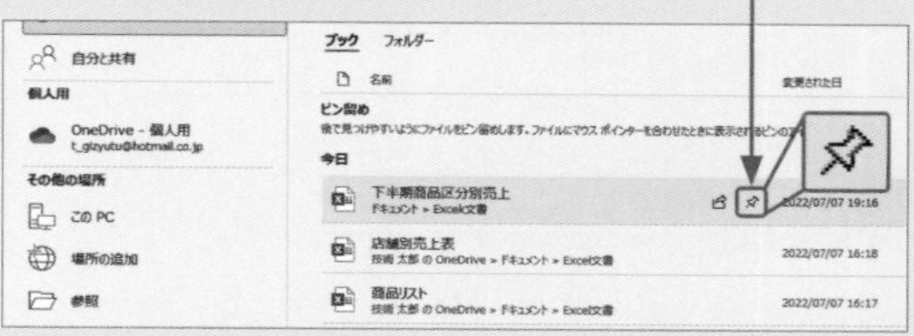

2 ブックが固定され、常に一覧に表示させておくことができます。

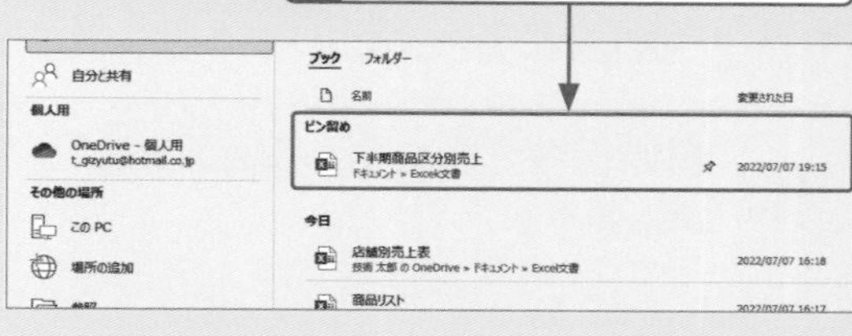

重要度 ★★★ ファイルを開く

Q 639 最近使用したブックをクリックしても開かない！

A 削除または移動されたか、ファイル名が変わっています。

ブックを閉じたあとで、ファイル名を変更したり、ファイルを移動したりすると、［最近使ったアイテム］の一覧から開くことはできません。ファイルを削除していなければ、［ファイルを開く］ダイアログボックスから開くことができます。 参照▶Q 630

重要度 ★★★ ファイルを開く

Q 640 壊れたファイルを開くには？

A ファイルを開くときに修復できます。

［ファイルを開く］ダイアログボックスの［開いて修復する］を利用すると、可能な限りファイルを修復したり、修復不可能な場合はデータ（数式と値）だけを取り出したりすることができます。 参照▶Q 630

1 ファイルをクリックして、

2 ［開く］のここをクリックし、

3 ［開いて修復する］をクリックします。

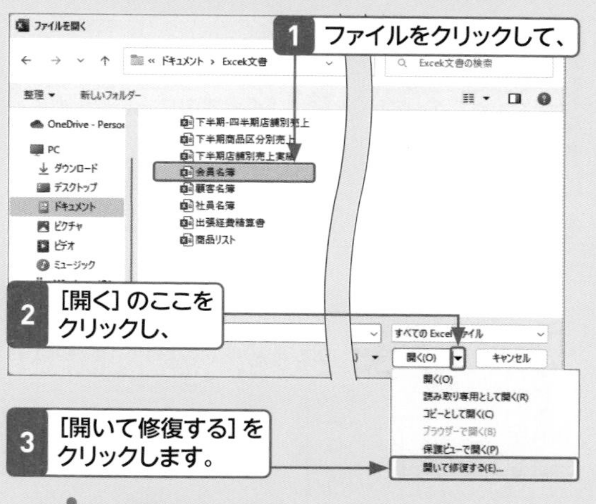

4 ［修復］をクリックすると、

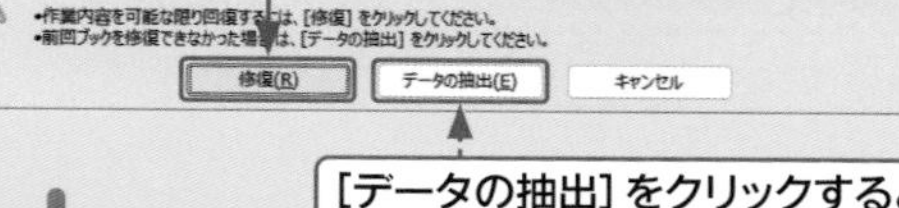

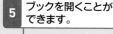

［データの抽出］をクリックすると、データが抽出できます。

5 ブックを開くことができます。

「修復済み」と表示されます。

6 確認して［閉じる］をクリックします。

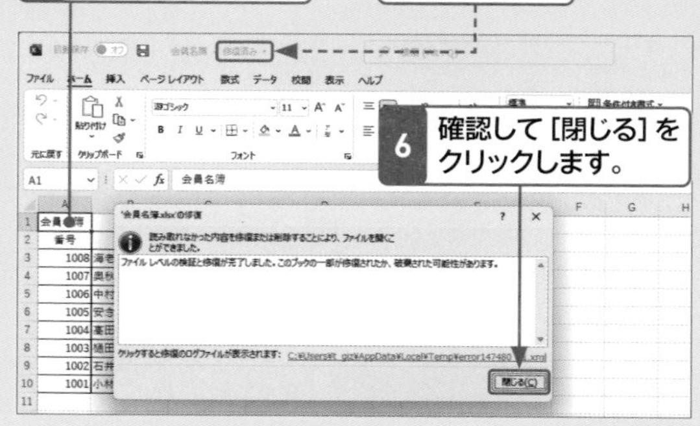

重要度 ★★★　ファイルを開く

Q 641 Excelブック以外のファイルを開きたい！

A ファイルを開くときにファイル形式を選択します。

テキストファイルやXMLファイルなど、Excelブック以外のファイルを開くには、[ファイルを開く]ダイアログボックスを表示して、下の手順で目的のファイルを開きます。テキストファイルを開いた場合は、[テキストファイルウィザード]が表示されます。

参照 ▶ Q 136, Q 630

1 ファイルの保存先を指定して、

2 [すべてのExcelファイル]をクリックし、

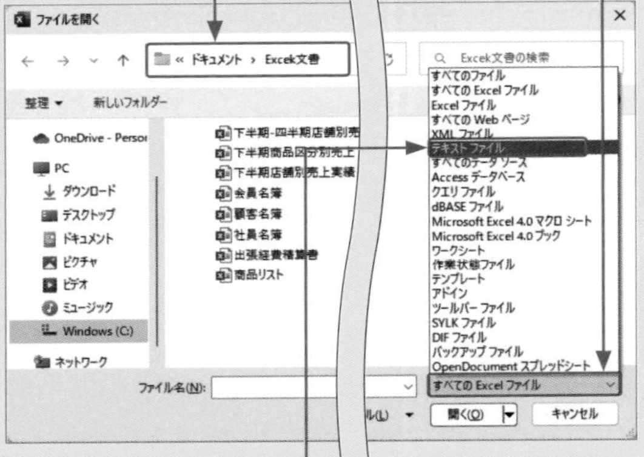

3 開きたいファイルの形式をクリックします。

4 目的のファイルをクリックして、

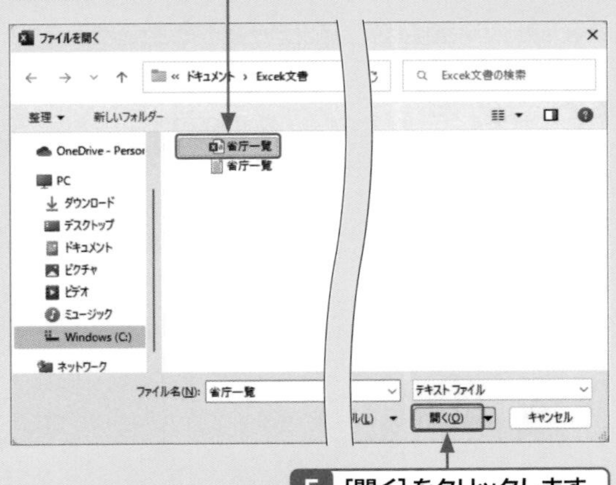

5 [開く]をクリックします。

重要度 ★★★　ファイルを開く

Q 642 ブックがどこに保存されているかわからない！

A エクスプローラー画面の検索ボックスを利用します。

ブックの保存場所を忘れてしまった場合は、エクスプローラー画面を表示して、検索したい場所を指定します。検索ボックスにファイル名、あるいはファイル名の一部を入力して Enter 押すと、入力したキーワードに該当するブックが検索されます。

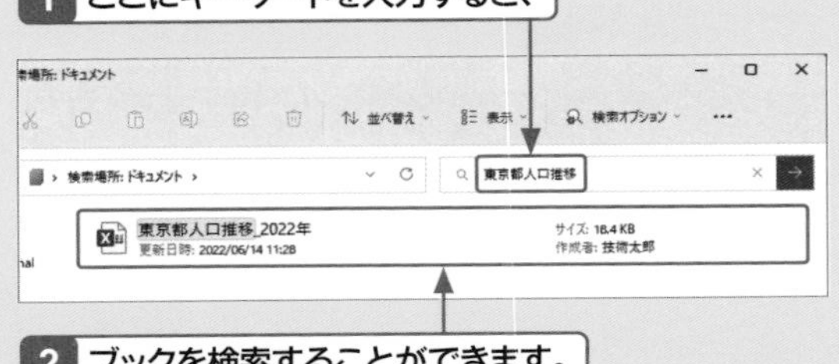

重要度 ★★★　ファイルを開く

Q 643 ブックを前回保存時の状態に戻したい！

A 自動保存されたバージョンから戻します。

Excelには、ブックを自動保存する機能が標準で用意されており、初期設定では10分ごとに保存されます。作業中のブックを前回保存時の状態に戻したい場合は、[ファイル]タブをクリックして、[情報]画面を表示し、[ブックの管理]欄に表示されている一覧から戻したいバージョンをクリックし、[復元]をクリックします。なお、自動保存の間隔は変更することができます。

参照 ▶ Q 653

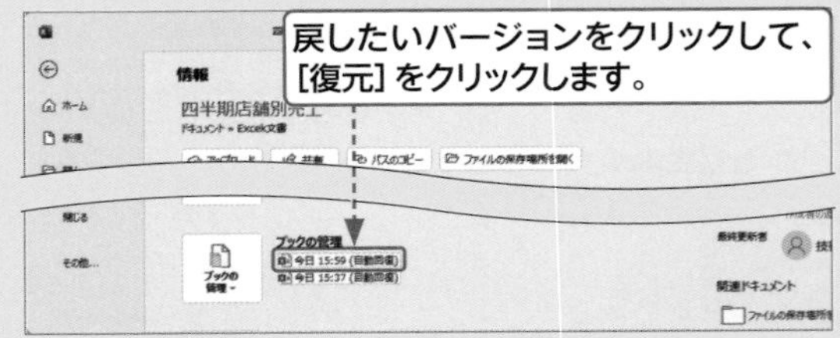

重要度 ★★★ ファイルを開く

Q 644 Excelの調子が悪いときはどうする？

A Officeの修復を行います。

Officeの安定度は高く、滅多なことでは不安定になることはありませんが、ほかのアプリケーションソフトとの競合やユーザーが行った操作が原因で、何らかのトラブルに見舞われることはありえます。このような場合は、Officeの修復を行いましょう。

1 [スタート]をクリックして、

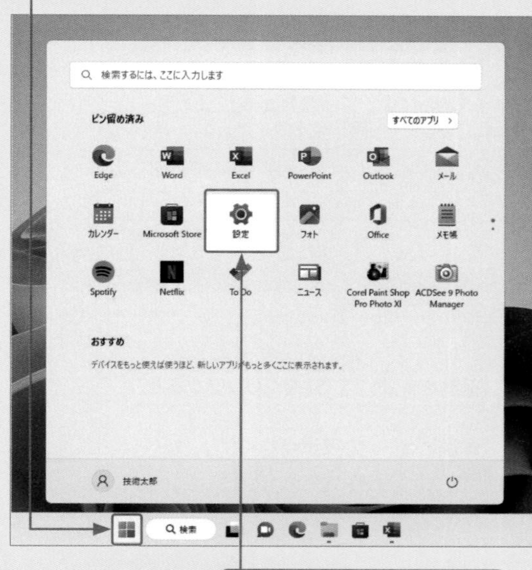

2 [設定]をクリックします。

3 [アプリ]をクリックして、

4 [インストールされているアプリ]をクリックし、

5 インストールされているOfficeのここをクリックして、

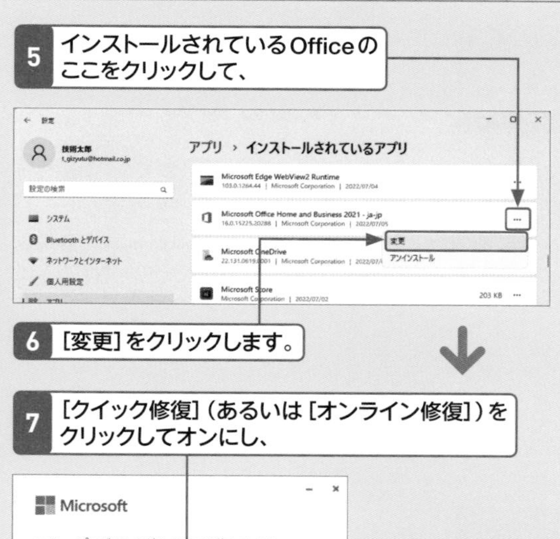

6 [変更]をクリックします。

7 [クイック修復]（あるいは[オンライン修復]）をクリックしてオンにし、

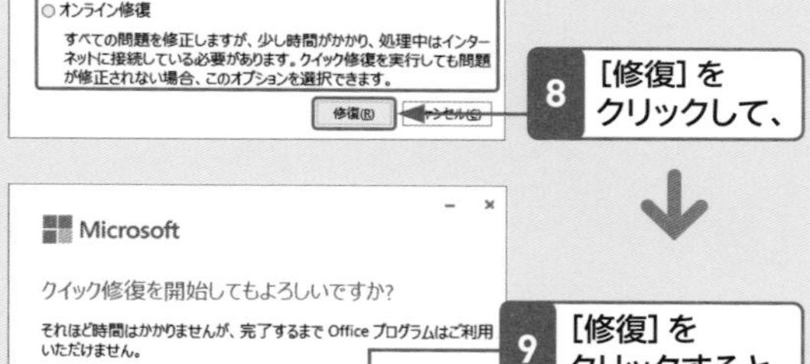

8 [修復]をクリックして、

9 [修復]をクリックすると、

10 Officeの修復が実行されます。

● Windows 10の場合

1 [スタート]→[Windowsシステムツール]→[コントロールパネル]と順にクリックします。

2 [プログラムのアンインストール]をクリックし、手順5以降を参考にOfficeを修復します。

重要度 ★★★　ファイルを開く

Q 645 旧バージョンで作成したブックは開けるの？

A 問題なく開くことができます。

旧バージョンのExcelで作成したファイルも、ファイルのアイコンをダブルクリックしたり、[ファイルを開く]ダイアログボックスで指定したりして開くことができます。開いたブックを新しいバージョン形式に変換することもできます。

参照▶Q 648

重要度 ★★★　ファイルを開く

Q 646 「互換モード」って何？

A 旧バージョンのファイルの互換性をチェックするモードです。

Excel 2016以降でExcel 97-2003形式のファイルを開くと、タイトルバーに「互換モード」と表示されます。これは、そのExcelファイルが、旧バージョンのExcelで開いた際に機能が大きく損なわれたり、再現性が低下したりする原因となるような、互換性の問題がないかどうかを確認するためのものです。
開いたファイルを旧バージョンのExcelで編集する必要がある場合は、互換モードのままで編集するとよいでしょう。

タイトルバーに表示されたファイル名の後ろに、「互換モード」と表示されます。

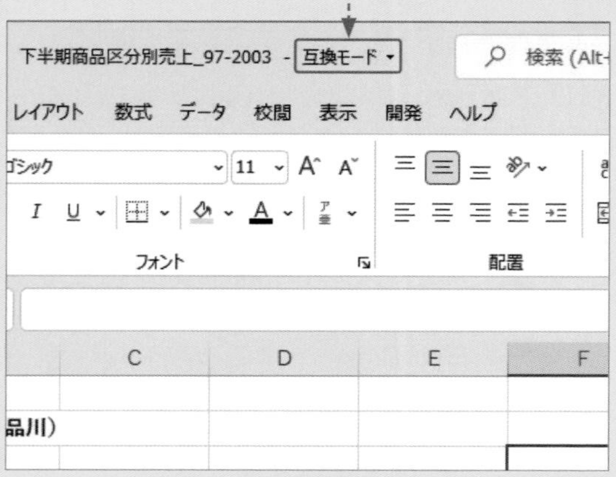

重要度 ★★★　ファイルを開く

Q 647 ファイルを開いたら「保護ビュー」と表示された！

A 問題のないファイルとわかっている場合は編集を有効にします。

電子メールで送られてきたExcelファイルを開いたときなど、画面の上部に「保護ビュー」と表示されたメッセージバーが表示される場合があります。これは、パソコンをウイルスなどの不正なプログラムから守るための機能です。
ファイルを見るだけの場合は保護ビューのままでも構いませんが、ファイルに問題がないとわかっている場合で、編集や印刷が必要な場合は、[編集を有効にする]をクリックします。

ファイルを開くと、「保護ビュー」というメッセージバーが表示されました。

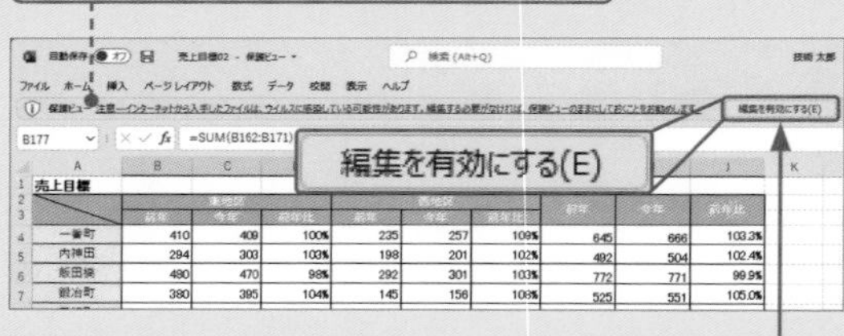

1 [編集を有効にする] をクリックすると、

2 「保護ビュー」の表示がなくなり、編集ができるようになります。

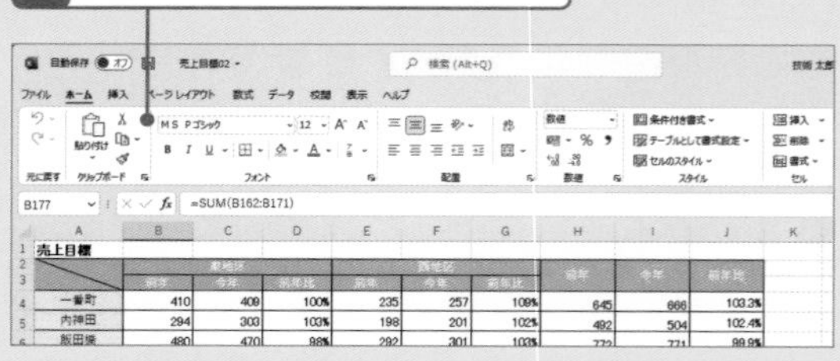

手順1で「保護ビュー」の右横のメッセージをクリックすると、保護ビューに関する詳細を確認することができます。

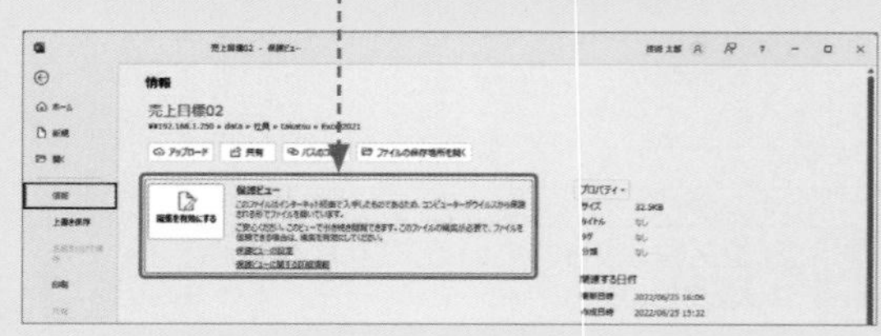

重要度 ★★★　ブックの保存

Q 648 旧バージョンのブックを新しいバージョンで保存し直したい！

A [ファイル]タブの[情報]からファイルを変換します。

Excel 97-2003形式のブックを開くと「互換モード」になりますが、Excel 2010以降の新機能を使用して編集した場合、互換モードでは正しく保存されません。この場合は、旧バージョンのブックを現在のファイル形式に変換します。

タイトルバーに「互換モード」と表示されています。

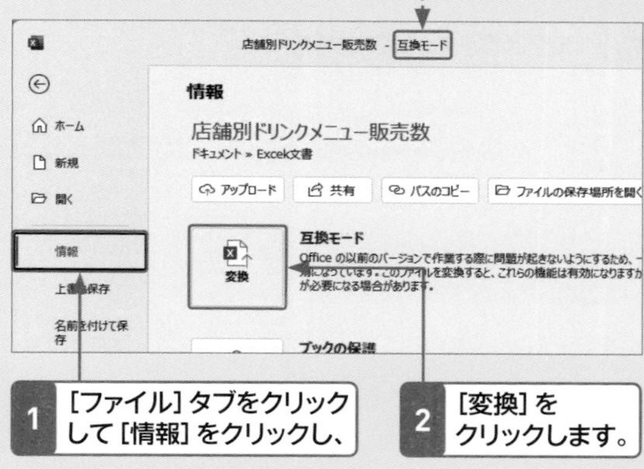

1 [ファイル]タブをクリックして[情報]をクリックし、

2 [変換]をクリックします。

3 [OK]→[はい]の順にクリックすると、変換された形式でブックが開きます。

重要度 ★★★　ブックの保存

Q 649 古いバージョンでも開けるように保存したい！

A 保存形式を[Excel 97-2003ブック]にします。

Excel 2010以降で作成したブックを旧バージョンのExcelで開けるようにするには、[名前を付けて保存]ダイアログボックスで[ファイルの種類]を[Excel 97-2003ブック]にして保存します。

1 [名前を付けて保存]ダイアログボックスを表示して、

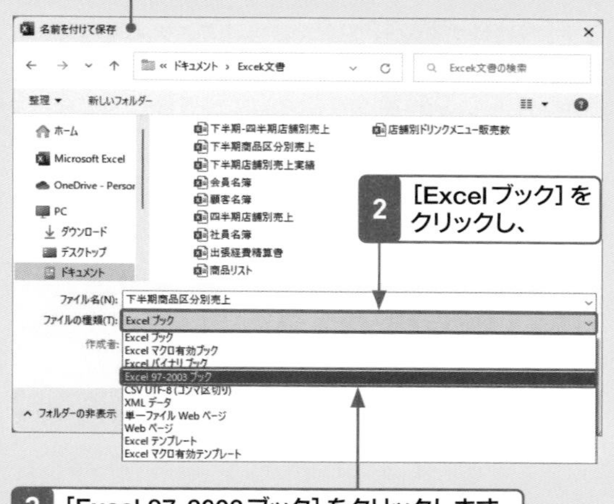

2 [Excelブック]をクリックし、

3 [Excel 97-2003ブック]をクリックします。

重要度 ★★★　ブックの保存　2019 2016

Q 650 自動保存って何？

A 作業中にファイルが自動的に保存される機能です。

Excel 2021の画面の左上に表示されている[自動保存]は、作業中にファイルが数秒ごとに自動的に保存される機能です。自動保存は、ファイルがOneDriveに保存されているときに、有効になります。

参照 ▶ Q 666

[自動保存]は、ファイルがOneDriveに保存されているときに有効になります。

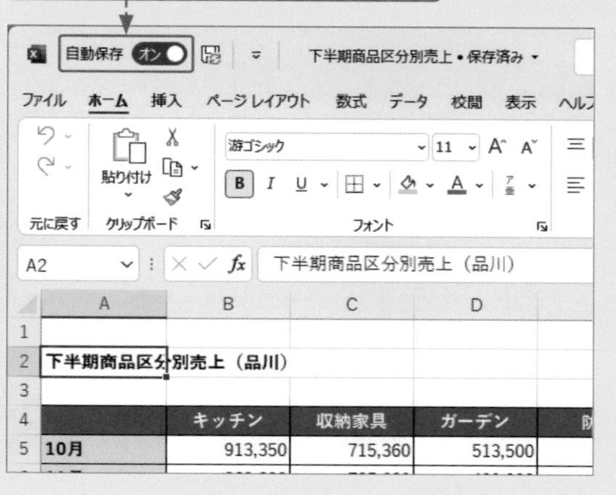

重要度 ★★★ ブックの保存

Q 651 [互換性チェック]って何？

A 以前のバージョンでサポートされていない機能があるかをチェックします。

Excel 2010以降で追加された機能を使用したブックを旧バージョンの形式で保存しようとすると、[互換性チェック]ダイアログボックスが表示され、問題のある箇所が指摘されます。[続行]をクリックすると保存できますが、サポートされていない機能は反映されず、使用した情報は削除されるか、旧バージョンのExcelの最も近い書式に変換されます。

また、互換性のチェックを手動で行うこともできます。[ファイル]タブをクリックして[情報]画面を表示し、[問題のチェック]をクリックして、[互換性チェック]をクリックします。

1 [互換性チェック]ダイアログボックスが表示された場合は、

2 内容を確認して[続行]をクリックするか、[キャンセル]をクリックして互換性の問題に対処します。

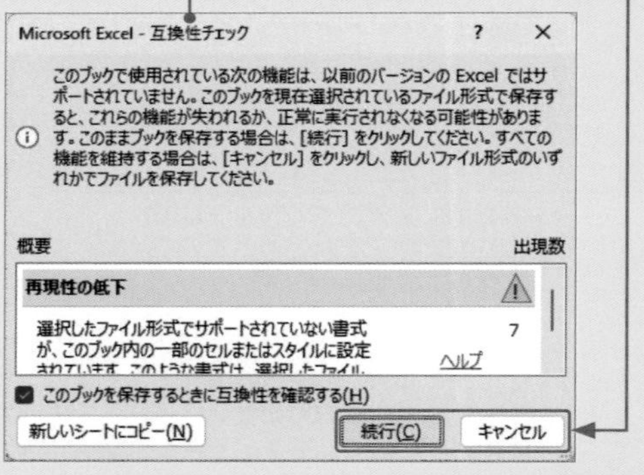

Microsoft Excel - 互換性チェック
このブックで使用されている次の機能は、以前のバージョンの Excel ではサポートされていません。このブックを現在選択されているファイル形式で保存すると、これらの機能が失われるか、正常に実行されなくなる可能性があります。このままブックを保存する場合は、[続行] をクリックしてください。すべての機能を維持する場合は、[キャンセル] をクリックし、新しいファイル形式のいずれかでファイルを保存してください。
概要
出現数
再現性の低下
選択したファイル形式でサポートされていない書式が、このブック内の一部のセルまたはスタイルに設定
7
ヘルプ
このブックを保存するときに互換性を確認する(H)
新しいシートにコピー(N)
続行(C)
キャンセル

● [情報]画面から互換性をチェックする

1 [問題のチェック]をクリックして、

2 [互換性チェック]をクリックします。

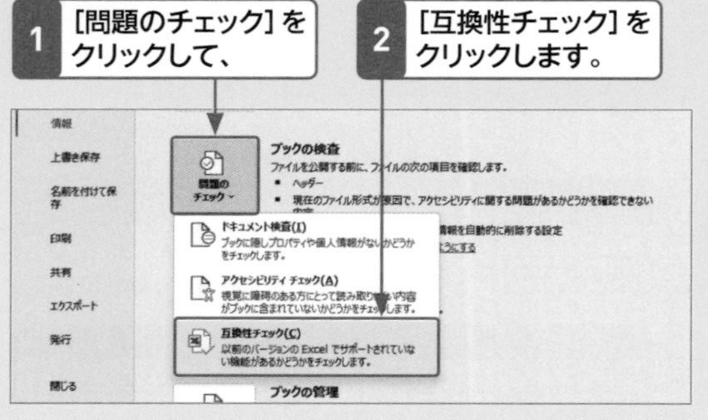

重要度 ★★★ ブックの保存

Q 652 ブックをPDFファイルとして保存したい！

A [ファイル]タブの[エクスポート]から保存します。

Excel文書をPDF形式で保存すると、Excelを持っていない人ともExcel文書を共有することができます。

PDFファイルは、アドビ社によって開発された電子文書の規格の1つで、レイアウトや書式、画像などがそのまま保持されるので、OSの種類に依存せずに、同じ見た目で文書を表示できます。

1 [ファイル]タブをクリックして、[エクスポート]をクリックし、

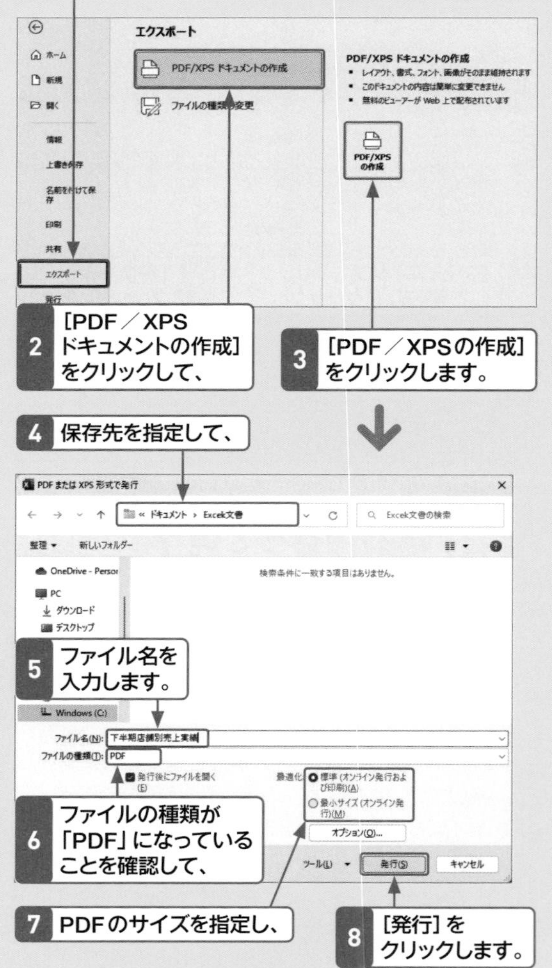

重要度 ★★★ ブックの保存

Q 653 作業中のブックを自動保存したい！

A 標準で自動保存の機能が用意されています。

Excelには、ブックを自動保存する機能が標準で用意されています。ユーザーが特に操作しなくても、開いているファイルが10分ごとに自動保存され、不正終了した場合は、次の起動時に［ドキュメントの回復］作業ウィンドウから復旧できます。また、4日以内であれば、保存し忘れたブックを回復することもできます。自動保存する間隔は、［Excelのオプション］ダイアログボックスの［保存］で変更することもできます。

参照 ▶ Q 663

自動保存の間隔は変更できます。

Excel のオプション

全般 / 数式 / データ / 文章校正 / 保存 / 言語 / アクセシビリティ / 詳細設定 / リボンのユーザー設定 / クイック アクセス ツール バー / アドイン / トラスト センター

ブックの保存について指定します。

ブックの保存

☑ Excelの既定でクラウドに保存されている自動保存ファイル
ファイルの保存形式(F): Excel ブック
☑ 次の間隔で自動回復用データを保存する(A): 5 分ごと(M)
☑ 保存しないで終了する場合、最後に自動回復されたバージョンを残す(U)
自動回復用ファイルの場所(R): C:¥Users¥t_giz¥AppData¥Roaming¥
☐ キーボード ショートカットを使ってファイルを開いたり保存したりするときに Backstage を
☑ サインインが必要な場合でも、その他の保存場所を表示する(S)
☑ 既定でコンピューターに保存する(C)
既定のローカル ファイルの保存場所(I): C:¥Users¥t_giz¥Documents
個人用テンプレートの既定の場所(T): C:¥Users¥t_giz¥Documents¥Office

重要度 ★★★ ブックの保存

Q 654 変更していないのに「変更内容を保存しますか？」と聞かれる！

A 自動再計算の関数が使われています。

ファイルを開いて閉じただけなのに、「変更内容を保存しますか ？」というメッセージが表示される場合は、TODAY関数やNOW関数といった、ファイルを開いた時点で再計算される関数が使われていると考えられます。［保存しない］をクリックしても問題ありません。

参照 ▶ Q 353

この文書の場合はTODAY関数を使用しているため、ファイルを開いただけで再計算されます。

=TODAY()

	A	B	C	D
1	出張経費精算書			
3		請求日	2023/6/9	
4		請求者名	技術太郎	
6	日付	内訳	金額	
7	6/4-6/5	出張手当	5,000	
8		宿泊費	12,800	
9		交通費	47,800	
10		会議費	5,000	丹青社社長と会食
11		雑費	1,200	

Microsoft Excel
'出張経費精算書.xlsx' の変更内容を保存しますか?
保存(S)　保存しない(N)　キャンセル

重要度 ★★★ ブックの保存

Q 655 既定で保存されるフォルダーの場所を変えたい！

A ［Excelのオプション］ダイアログボックスで保存先を指定します。

初期設定では、ユーザーフォルダー内のドキュメントフォルダーが保存先に指定されています。

既定で保存されるフォルダーの場所を変更するには、［Excelのオプション］ダイアログボックスの［保存］を表示し、［既定でコンピューターに保存する］をオンにして、［既定のローカルファイルの保存場所］に保存先のフォルダーのパス（フォルダーの場所を表す文字列）を入力します。

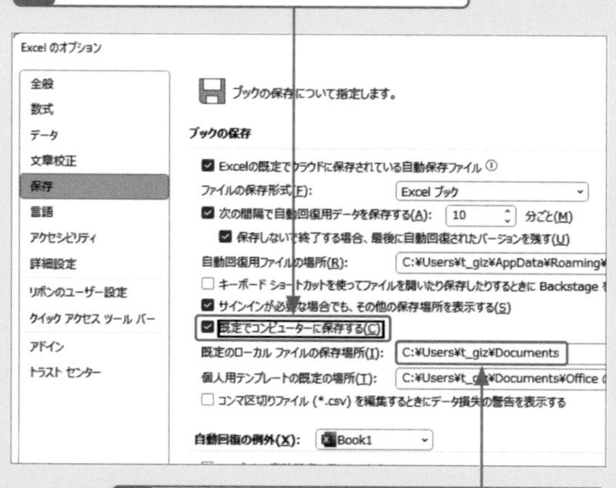

重要度★★★ ブックの保存

Q 656 バックアップファイルを作りたい！

A [名前を付けて保存]ダイアログボックスから設定します。

バックアップファイルを作成する設定にすると、ファイルを上書き保存した際に古いファイルがバックアップファイルとして保存されます。何らかの理由でファイルが壊れた場合に、バックアップファイルを開いて1つ前の状態に復帰できます。

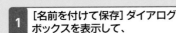

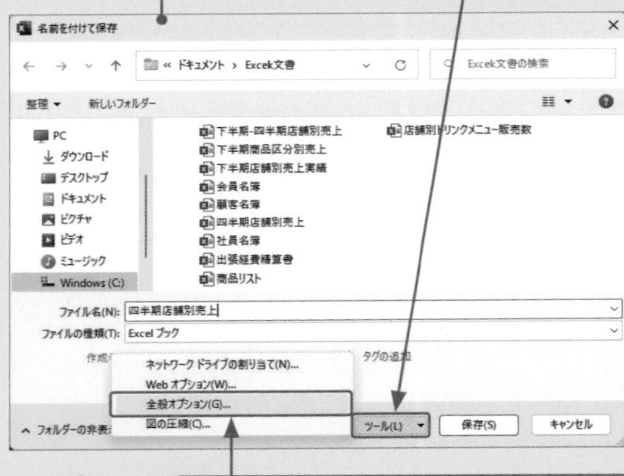

3 [全般オプション]をクリックします。

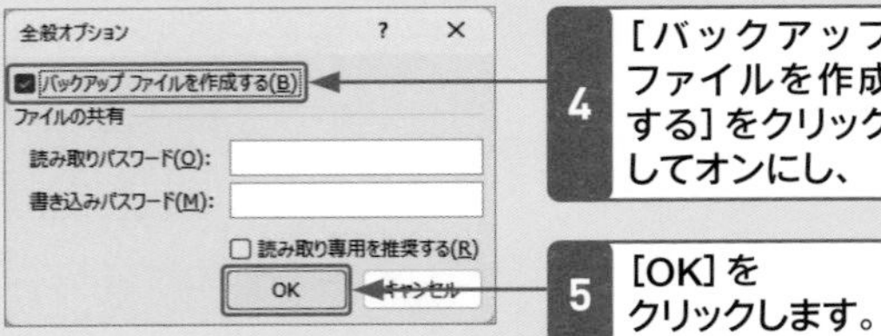

ファイルを上書き保存すると、バックアップファイルが作成されます。

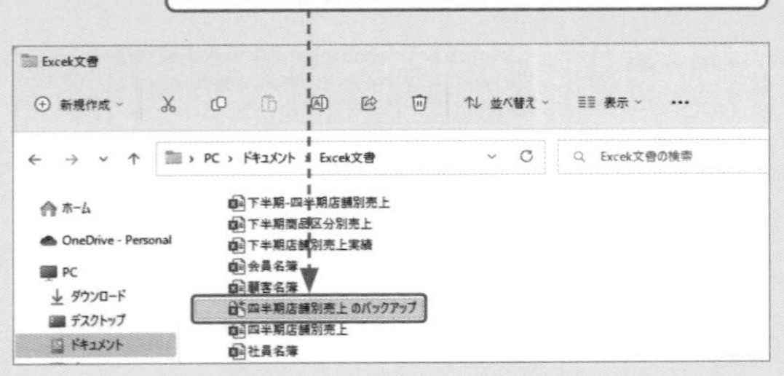

重要度★★★ ブックの保存

Q 657 ファイル名に使えない文字は？

A 「/」「?」など9種類の記号が使用できません。

Windowsでは、ファイル名に以下の半角記号は使用できません。ただし、全角記号であれば使用できます。

¥（円記号）	"（ダブルクォーテーション）
?（疑問符）	<（不等号）
:（コロン）	>（不等号）
¦（縦棒）	*（アスタリスク）
/（スラッシュ）	

重要度★★★ ブックの保存

Q 658 ファイルにパスワードを設定したい！

A [全般オプション]ダイアログボックスを利用します。

パスワードを設定するには、[名前を付けて保存]ダイアログボックスから[全般オプション]ダイアログボックスを表示して、パスワードを入力します。パスワードには、ブックを開くために必要な「読み取りパスワード」と、ブックを上書き保存するために必要な「書き込みパスワード」があります。

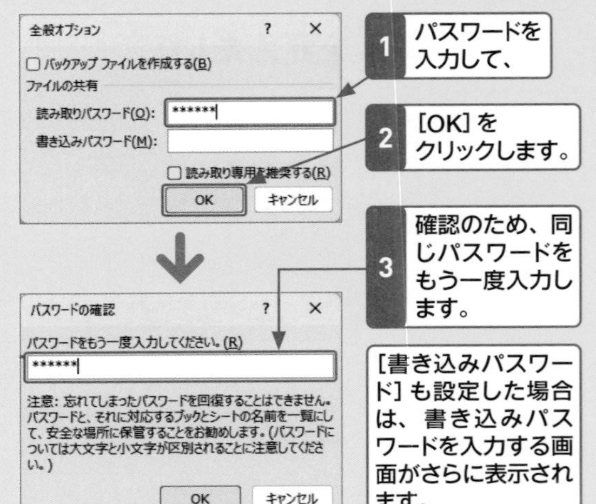

重要度 ★★★　ブックの保存

Q 659 ブックを開かずに内容を確認したい！

A1 ブックの保存時に縮小版をいっしょに保存しておきます。

ブックを保存するときに縮小版をいっしょに保存しておくと、[ファイルを開く] ダイアログボックスやエクスプローラー画面でファイルのプレビューを表示できます。この場合、ファイルの表示方法を [大アイコン] や [特大アイコン] にすると、見やすくなります。

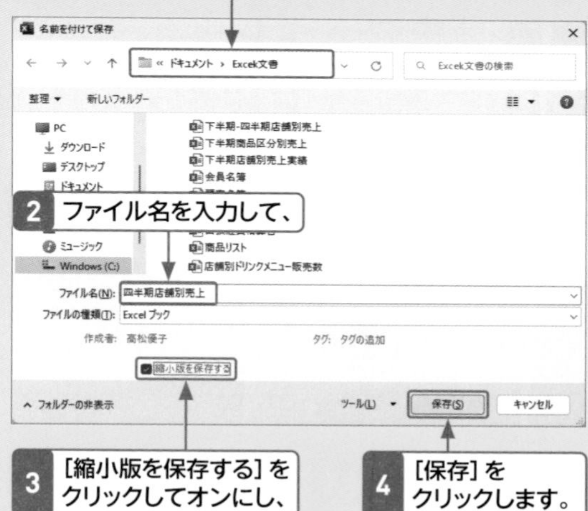

1 [名前を付けて保存] ダイアログボックスを表示して、ファイルの保存先を指定します。
2 ファイル名を入力して、
3 [縮小版を保存する] をクリックしてオンにし、
4 [保存] をクリックします。

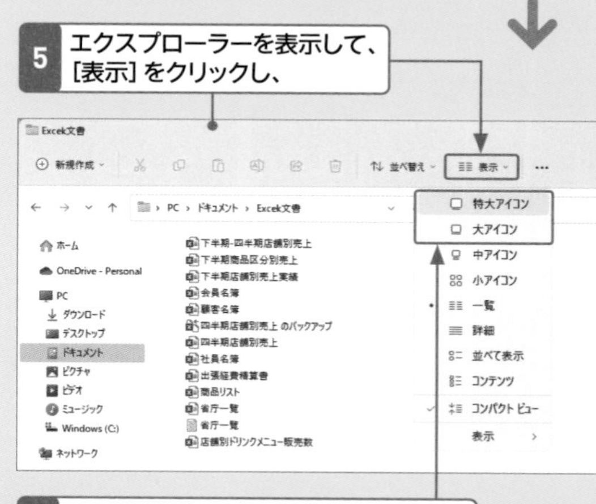

5 エクスプローラーを表示して、[表示] をクリックし、
6 [特大アイコン] または [大アイコン] をクリックすると、

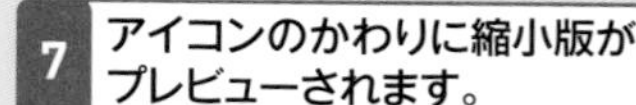
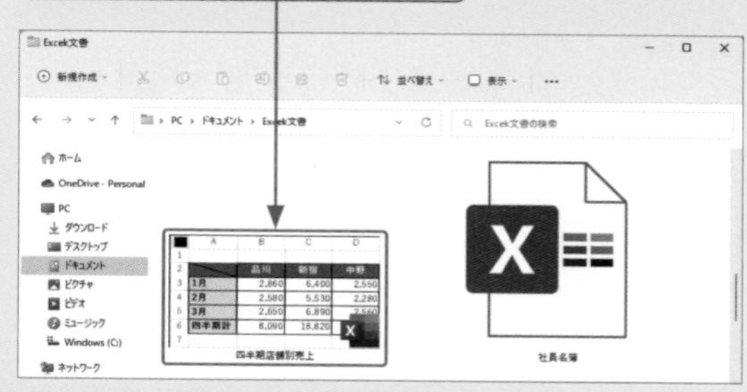

7 アイコンのかわりに縮小版がプレビューされます。

A2 プレビューウィンドウを表示します。

エクスプローラーでプレビューウィンドウを表示する設定にすると、ファイルの中身を確認できます。
エクスプローラーを表示して、[プレビューウィンドウ] を表示します。

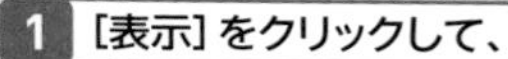
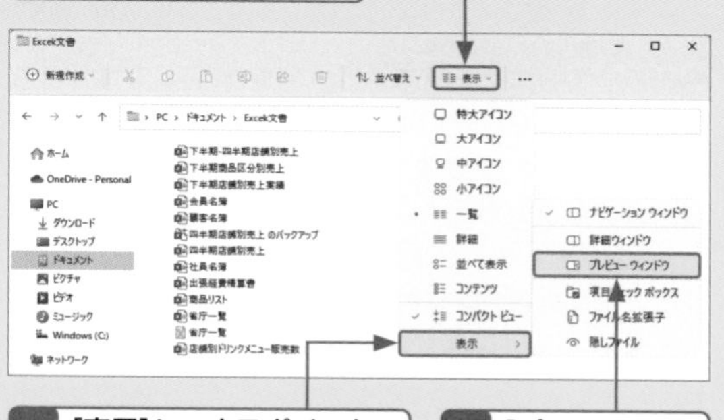

1 [表示] をクリックして、
2 [表示] にマウスポインターを合わせ（Excel 2019/2016では不要）、
3 [プレビューウィンドウ] をクリックします。

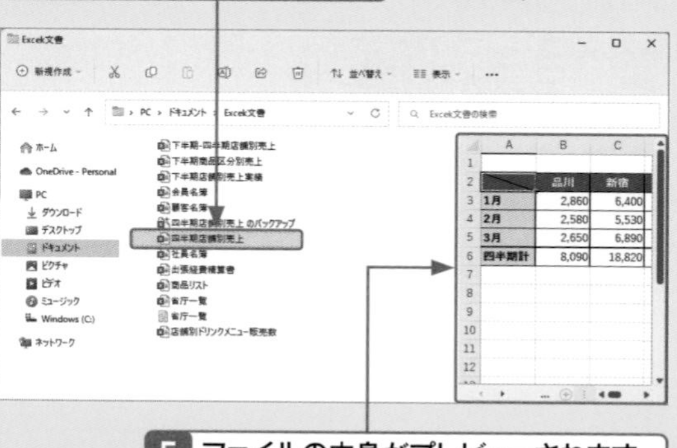

4 ファイルをクリックすると、
5 ファイルの中身がプレビューされます。

重要度★★★ ブックの保存

Q 660 上書き保存ができない!

A ブックが読み取り専用として開かれています。

ブックを読み取り専用で開いている場合、タイトルバーに「読み取り専用」と表示され、上書き保存ができません。読み取り専用で開いているブックを保存するには、[名前を付けて保存]ダイアログボックスを表示して、新しい名前を付けて保存します。

重要度★★★ ブックの保存

Q 661 ブックをテキストファイルとして保存したい!

A 保存する際にテキスト形式を選択します。

Excelのブックをテキスト形式で保存するには、[名前を付けて保存]ダイアログボックスを表示して、[ファイルの種類]で、タブやカンマ、スペース区切りなどの目的のテキスト形式を選択して保存します。

なお、保存するテキスト形式の種類やExcelのバージョンによっては、手順3のあとに確認のメッセージが表示される場合があります。その場合は、[はい]や[OK]をクリックします。

重要度★★★ ブックの保存

Q 662 ファイルから個人情報を削除したい!

A [ドキュメントの検査]ダイアログボックスを利用します。

ファイルのプロパティには、ファイルの作成者や作成日時、更新日時などの情報が記録されています。これらの情報を見られたくない場合は、下の手順で[ドキュメントの検査]ダイアログボックスを表示して、[検査]をクリックし、削除したい項目欄の[すべて削除]をクリックします。

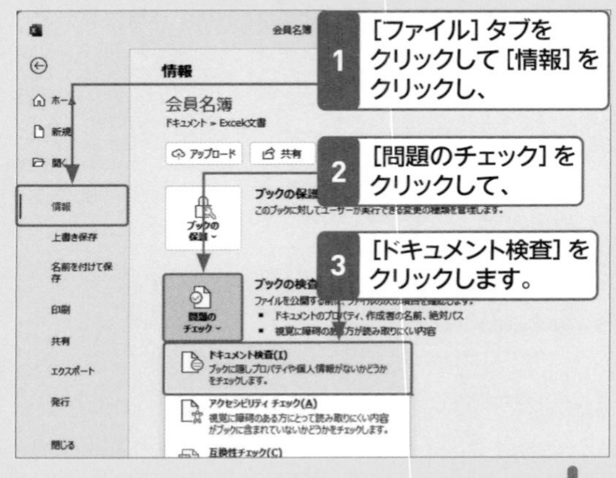

1 [ファイル]タブをクリックして[情報]をクリックし、
2 [問題のチェック]をクリックして、
3 [ドキュメント検査]をクリックします。

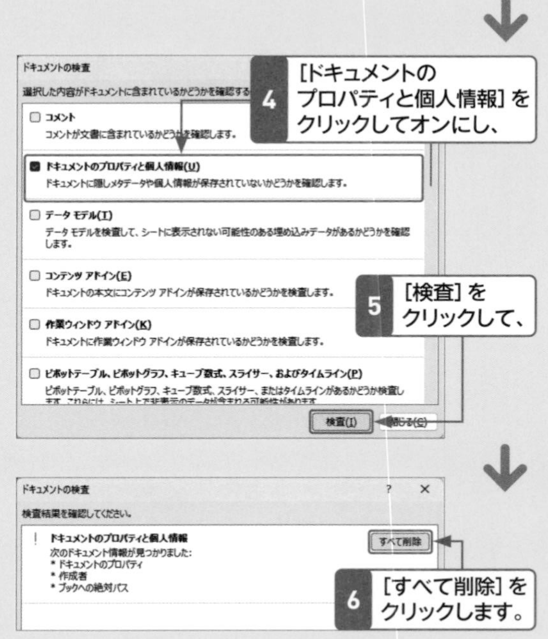

4 [ドキュメントのプロパティと個人情報]をクリックしてオンにし、
5 [検査]をクリックして、
6 [すべて削除]をクリックします。

重要度★★★ ブックの保存

Q 663 前回保存し忘れたブックを開きたい!

A 4日以内であればブックを回復できます。

Excelの初期設定では、ブックが10分ごとに自動保存されています。また、保存しないで終了した場合、最後に自動保存されたバージョンを残すように設定されています。これらの機能により、作成したブックを保存せずに閉じた場合や、編集内容を上書き保存せずに閉じた場合、4日以内であれば復元ができます。

参照▶Q 653

保存を忘れたブックを回復する

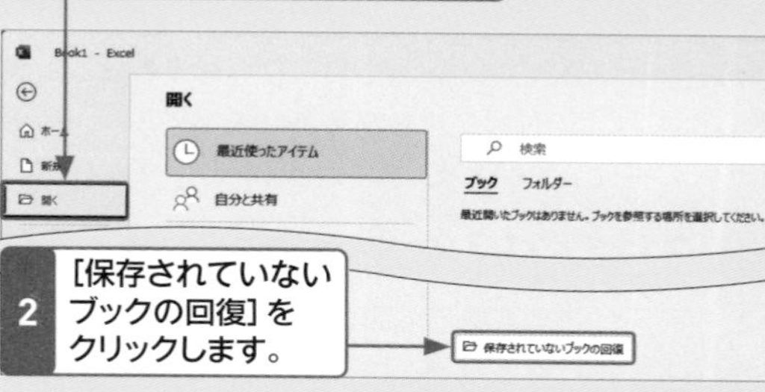

1 [ファイル] タブをクリックして、[開く] をクリックし、
2 [保存されていないブックの回復] をクリックします。

3 [ファイルを開く] ダイアログボックスが表示されるので、開きたいブックをクリックして、[開く] をクリックします。

編集内容の上書き保存を忘れたファイルを開く

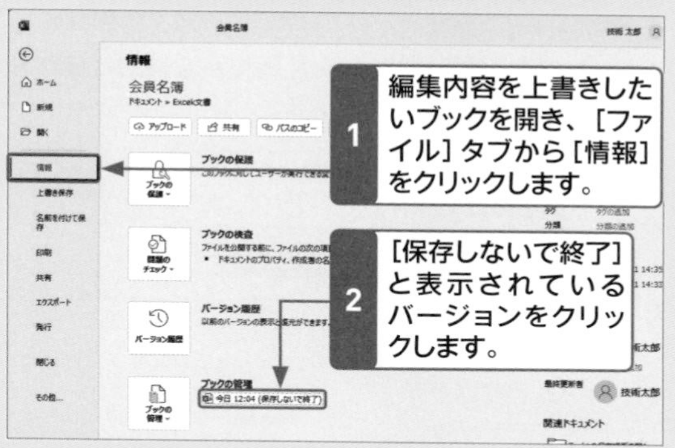

1 編集内容を上書きしたいブックを開き、[ファイル] タブから [情報] をクリックします。
2 [保存しないで終了] と表示されているバージョンをクリックします。

3 表示された画面の [復元] をクリックすると、自動保存されたバージョンで上書きされます。

重要度★★★ ブックの保存

Q 664 使用したブックの履歴を他人に見せたくない!

A [Excelのオプション]ダイアログボックスの[詳細設定]で設定します。

最近使用したブックの履歴を他人に見られたくない場合は、[Excelのオプション] ダイアログボックスの [詳細設定] を表示して、[最近使ったブックの一覧に表示するブックの数] を「0」に設定します。

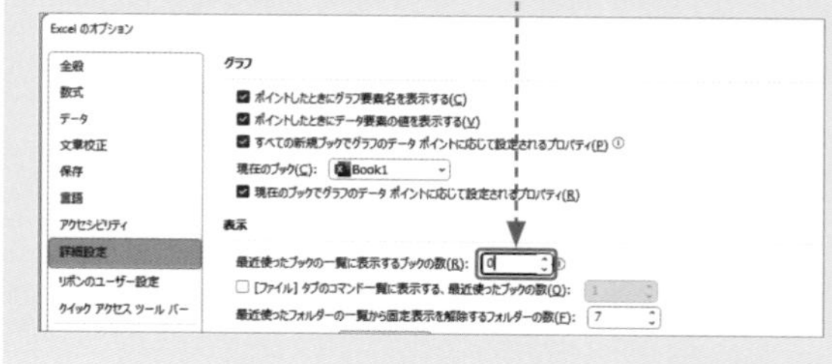

重要度★★★ ブックの保存

Q 665 「作成者」や「最終更新者」の名前を変更したい!

A [Excelのオプション]ダイアログボックスの[全般]で変更します。

ファイルのプロパティに表示される「作成者」や「最終更新者」の名前は、Officeに設定されているユーザー名です。ユーザー名を変更するには、[Excelのオプション] ダイアログボックスの [全般] を表示して、[ユーザー名] で設定します。

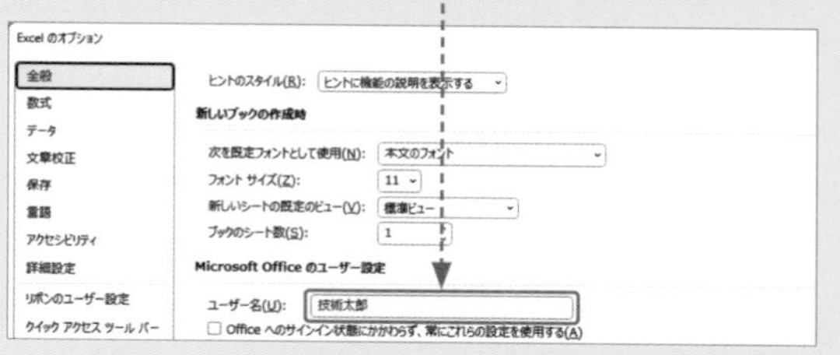

重要度★★★ ブックの保存

Q 666 Excelのブックをインターネット上に保存したい！

A OneDriveを利用します。

OfficeにMicrosoftアカウントでサインインしていると、OneDriveを通常のフォルダーと同様に利用することができます。なお、ファイルをOneDriveに保存すると［自動保存］が［オン］になり、編集が自動的に保存されるようになします。 参照▶Q 650

1 ［ファイル］タブをクリックして、［名前を付けて保存］をクリックします。

2 ［OneDrive-個人用］をクリックして、

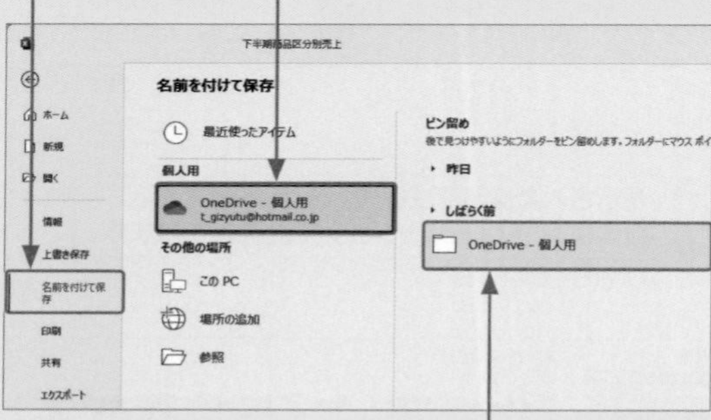

3 ［OneDrive-個人用］をクリックします。

4 OneDrive内のフォルダーが表示されるので、保存先を指定します。

5 ファイル名を入力して、

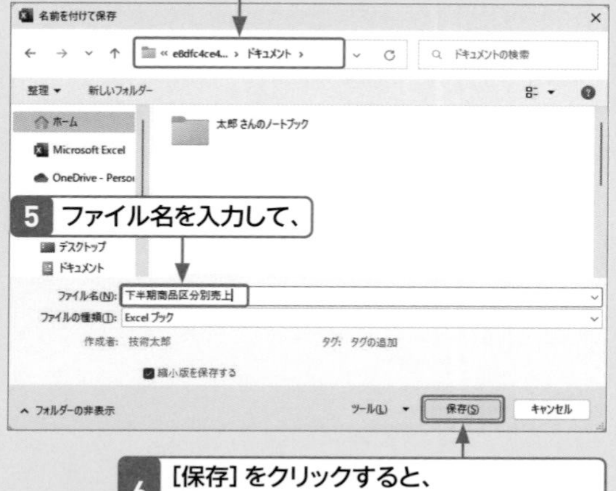

6 ［保存］をクリックすると、ファイルがOneDrive上に保存されます。

重要度★★★ ファイルの作成

Q 667 新しいブックをかんたんに作りたい！

A クイックアクセスツールバーに［新規作成］コマンドを追加します。

新しいブックを作成する場合、通常は、［ファイル］タブをクリックして［新規］をクリックし、［空白のブック］をクリックします。もっとかんたんに作成したい場合は、クイックアクセスツールバーに［新規作成］コマンドを追加するとよいでしょう。なお、クイックアクセスツールバーが表示されていない場合は、Q 030を参照して表示します。ここでは、クイックアクセスツールバーを画面の上に移動しています。 参照▶Q 030, Q 044

1 ［クイックアクセスツールバーのユーザー設定］をクリックして、

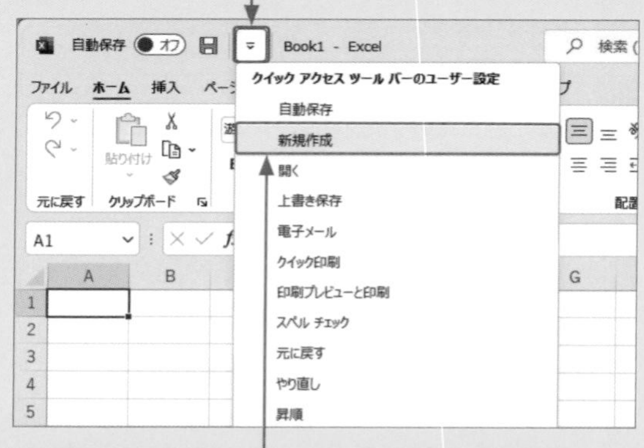

2 ［新規作成］をクリックすると、

3 クイックアクセスツールバーに［新規作成］が表示されます。このコマンドをクリックすると、

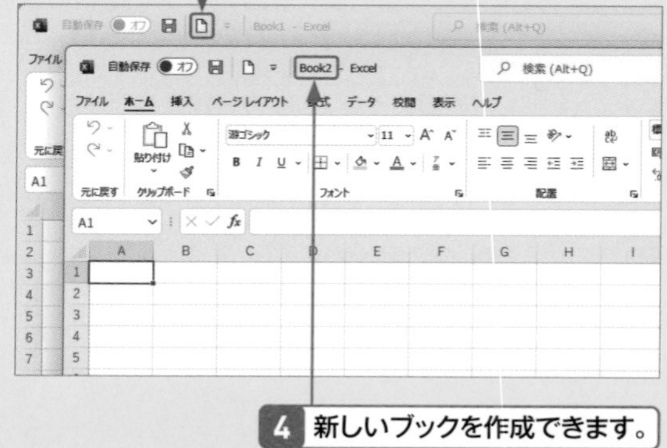

4 新しいブックを作成できます。

重要度 ★★★ ファイルの作成

Q 668

年賀状ソフトで作成した住所録を読み込みたい！

A

年賀状作成ソフトで住所録をCSV形式で保存します。

年賀状作成ソフトで作成した住所録をExcelで読み込むには、CSV形式やテキスト形式などのファイル形式で住所録を保存します。Excelでは、[ファイルを開く]ダイアログボックスからCSV形式のファイルをそのまま読み込むことができます。年賀状作成ソフトでの保存方法については、ソフトに付属の解説書などを参照してください。

参照▶Q 136

重要度 ★★★ ファイルの作成

Q 669

ブックを新規作成したときのワークシート数を変えたい！

A

[Excelのオプション]ダイアログボックスで枚数を指定します。

Excelの初期設定では、ブックを新規作成したときに表示されるシートの枚数は1枚です。

表示されるシートの枚数を変更するには、[ファイル]タブの[その他]から[オプション]をクリックし、[Excelのオプション]ダイアログボックスの[全般]で、[ブックのシート数]に枚数を指定し、[OK]をクリックします。

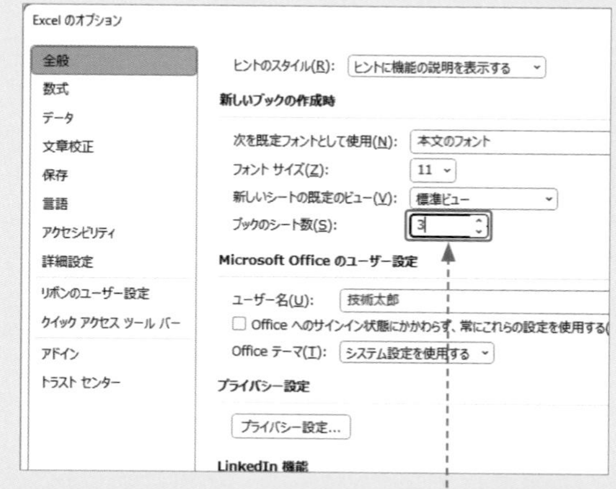

重要度 ★★★ ファイルの作成

Q 670

Excelを起動せずに新しいブックを作りたい！

A

フォルダー内で右クリックして[新規作成]から作成します。

Excelを起動していない状態で新しいブックを作成するには、ブックを作成する場所をエクスプローラーなどで開いて、下の手順で作成します。

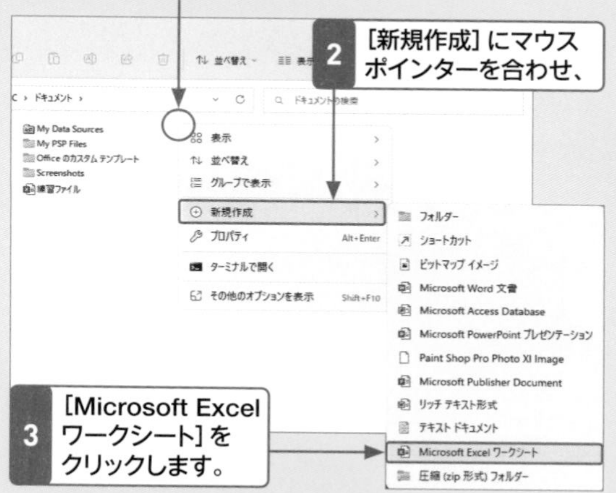

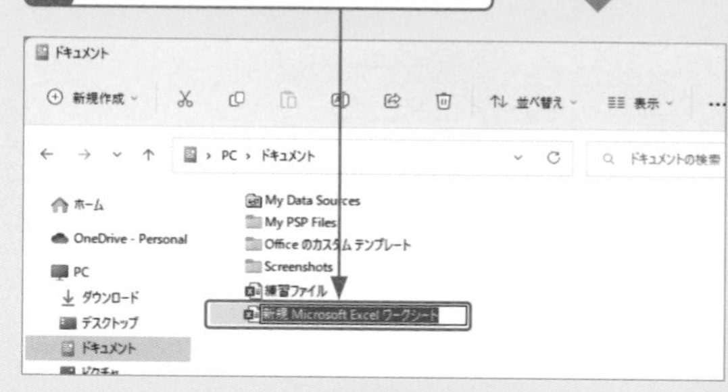

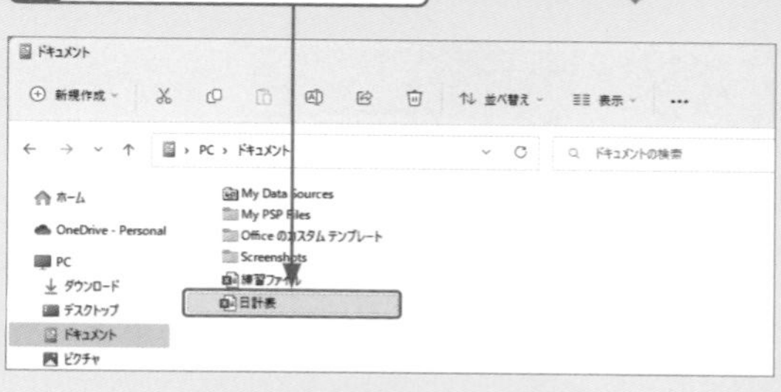

重要度 ★★★　ファイルの作成

Q 671 テンプレートって何？

A ひな形として使えるファイルのことです。

テンプレートとは、新しいブックを作成する際のひな形となるファイルのことです。テンプレートを利用すると、書式や数式などがあらかじめ設定された状態の文書を簡単に作成することができます。Excelでは、たくさんのテンプレートが利用できます。

テンプレートを利用すると、
白紙の状態から文書を作成するより効率的です。

重要度 ★★★　ファイルの作成

Q 672 テンプレートを使いたい！

A ［新規］画面で目的のテンプレートを選択します。

テンプレートを利用するには、［ファイル］タブから［新規］をクリックします。［新規］画面が表示されるので、［オンラインテンプレートの検索］ボックスに利用したいテンプレートをキーワードで入力して検索します。また、［検索の候補］で目的の項目をクリックすると表示される一覧から選択することもできます。

1 キーワード（ここでは「報告書」）を入力して、

2 ［検索の開始］をクリックします。

3 テンプレートが検索されるので、使用したいテンプレートをクリックして、

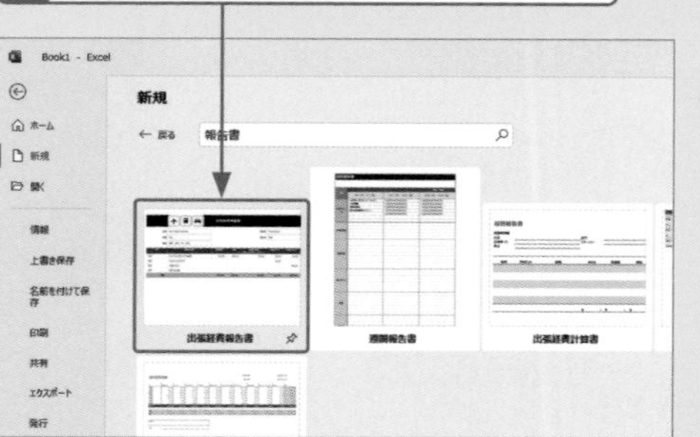

4 ［作成］をクリックすると、

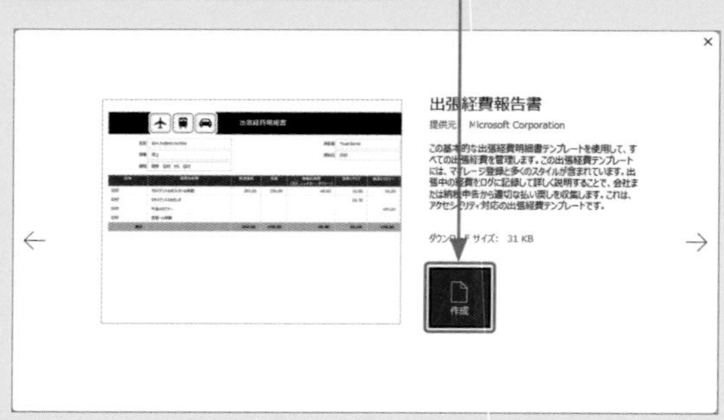

5 テンプレートがダウンロードされます。

重要度 ★★★　ファイルの作成

Q 673 オリジナルのテンプレートを登録したい！

A ファイル形式を［Excel テンプレート］にして保存します。

オリジナルのテンプレートを登録するには、ブックを保存する際に、［名前を付けて保存］ダイアログボックスで、［ファイルの種類］を［Excelテンプレート］にして保存します。［Officeのカスタムテンプレート］フォルダーに保存されます。

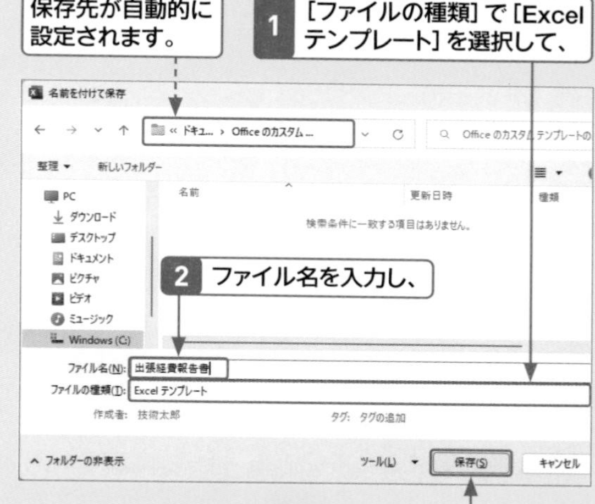

3 ［保存］をクリックします。

保存したテンプレートは［新規］画面の［個人用］から選択できます。

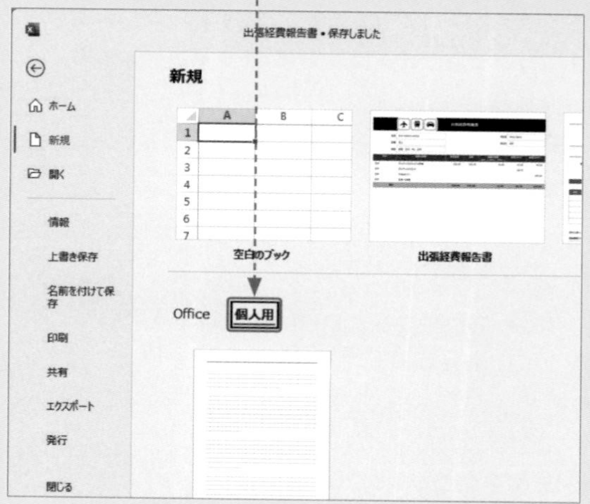

重要度 ★★★　ファイルの作成

Q 674 登録したテンプレートを削除したい！

A ［Officeのカスタムテンプレート］から削除します。

登録したテンプレートを削除するには、エクスプローラーなどで［ドキュメント］フォルダーを表示して、［Officeのカスタムテンプレート］フォルダーから削除します。

1 ［ドキュメント］をクリックして、

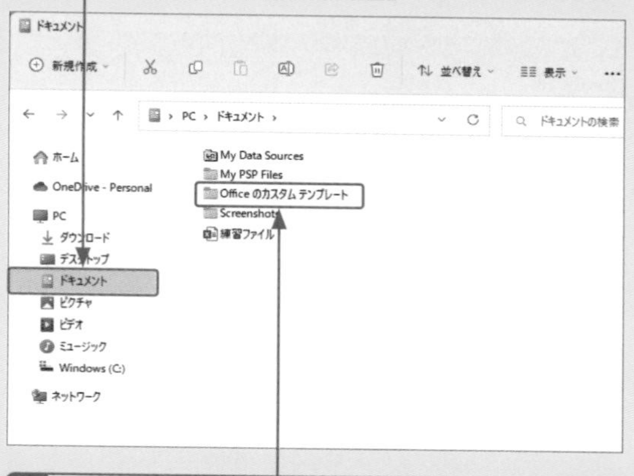

2 ［Officeのカスタムテンプレート］をダブルクリックします。

3 削除したいテンプレートをクリックして、

4 ［削除］をクリックします。

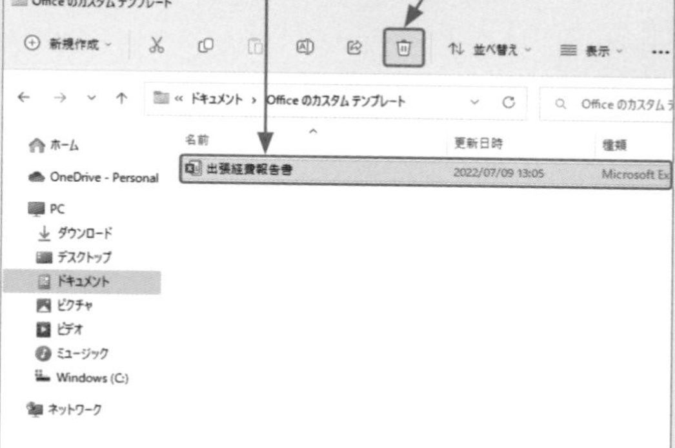

Excel 2019/2016の場合は、削除したいテンプレートを右クリックして、［削除］をクリックします。

重要度 ★★★ ファイルの作成

Q 675 ファイルの名前を変更したい！

A ファイルを右クルックして、[名前の変更]をクリックします。

ファイルの名前を変更するには、ファイルの保存先フォルダーを開いて、ファイル名をクリックし、[名前の変更]をクリックします。ファイル名が変更できるようになるので、変更したい名前を入力します。ただし、ファイルを開いている状態では変更できません。

1 ファイルの保存先フォルダーを開きます。

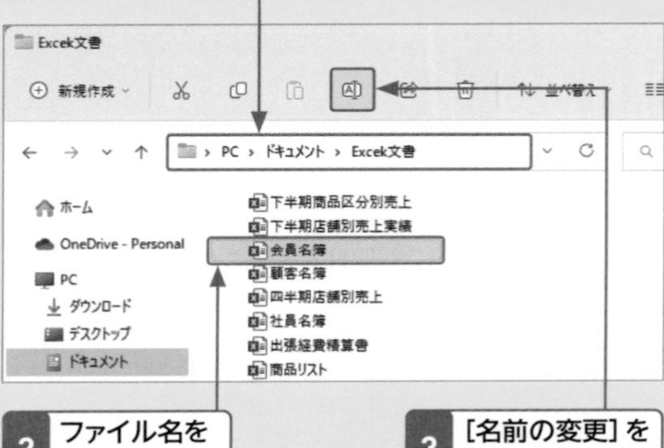

2 ファイル名をクリックして、

3 [名前の変更]をクリックすると、

Excel 2019/2016の場合は、ファイル名を右クリックして、[名前の変更]をクリックします。

4 ファイル名が変更できるようになります。

重要度 ★★★ マクロ

Q 676 マクロって何？

A Excelで行う操作を自動化するものです。

「マクロ」とは、Excelで行う一連の操作を記録して、自動的に実行できるようにする機能のことです。頻繁に行う作業をマクロとして登録しておくことで作業が効率化され、操作ミスも防げます。

Excelでは、[表示]タブの[マクロ]を利用するか、[開発]タブを利用して、マクロを作成します。

重要度 ★★★ マクロ

Q 677 マクロを含むファイルが開けない！

A1 [コンテンツの有効化]をクリックします。

マクロを使うことで作業を効率化できますが、反面、その機能を悪用してファイルの削除やデータの改ざんなどが行われることがあります。このため、マクロを含むファイルを開いた場合は画面上部に黄色の警告バーが表示されます。安全性が確認されているファイルの場合は、[コンテンツの有効化]をクリックすると、マクロを使用できるようになります。

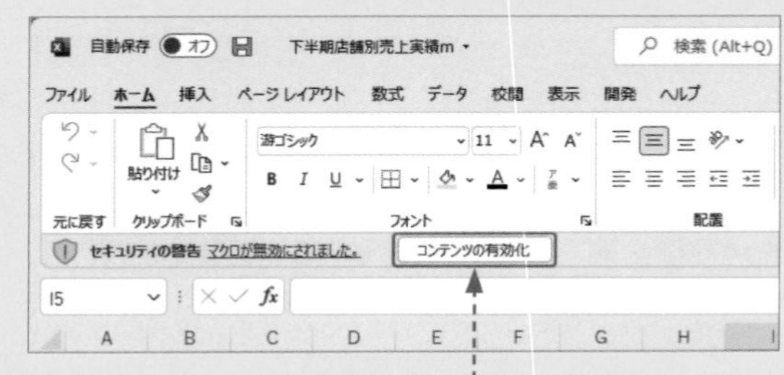

[コンテンツの有効化]をクリックします。

A2 ファイルのプロパティでセキュリティを許可します。

マイクロソフトのセキュリティ強化により、画面上部に「セキュリティリスク」と表示された赤色の警告バーが表示され、マクロがブロックされる場合があります。この場合は、保存したファイルのアイコンを右クリックして[プロパティ]をクリックし、[全般]タブの[許可する]をクリックしてオンにし、[OK]をクリックします。

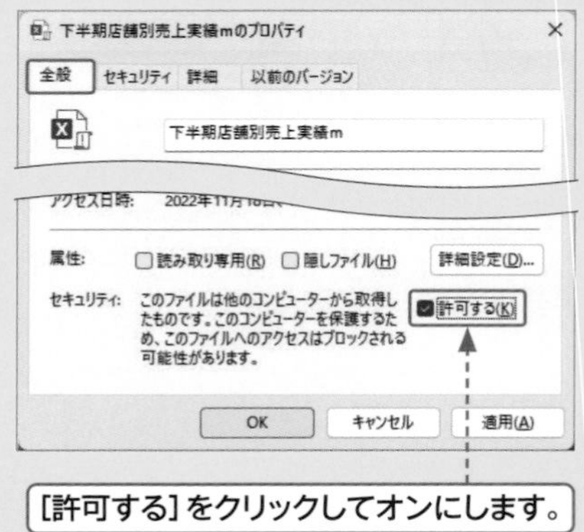

[許可する]をクリックしてオンにします。

重要度 ★★★　マクロ

Q 678 マクロを記録したい！

A Excelでの操作をマクロとして記録します。

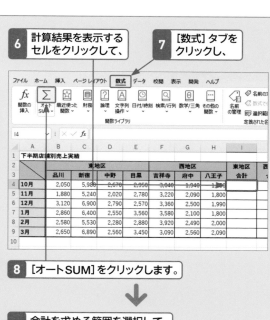

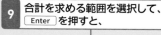

マクロを利用するには、Excelで行う一連の操作をマクロとして記録します。マクロの記録は、[表示] タブの [マクロ] を利用しても行えますが、[開発] タブを表示するほうが効率的です。

[開発] タブを表示するには、[Excelのオプション] ダイアログボックスの [リボンのユーザー設定] で [開発] をオンにして、[OK] をクリックします。

ここでは、合計を計算するマクロを作成します。なお、下の手順4ではマクロの保存先を [作業中のブック] にしていますが、[個人用マクロブック] を選択すると、Excelを使用する際に常にそのマクロを実行することができるようになります。

1 [開発] タブをクリックして、

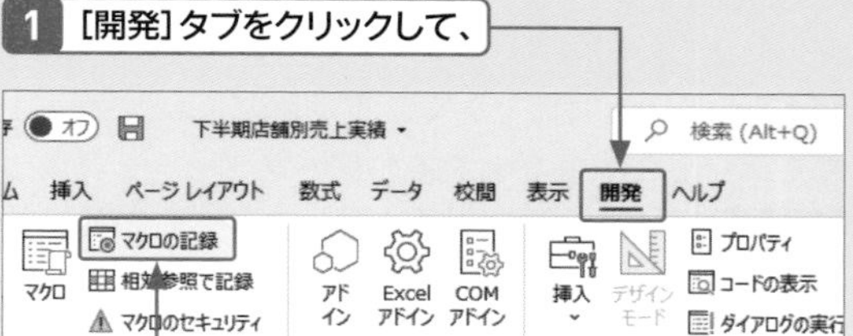

2 [マクロの記録] をクリックします。

3 [マクロ名] を入力して、

4 マクロの保存先を選択し、

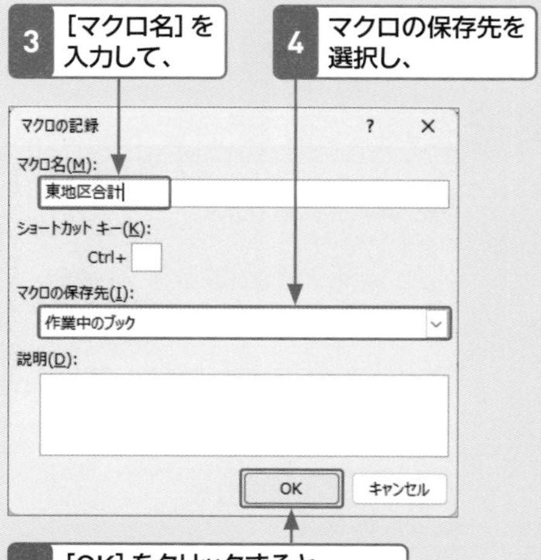

5 [OK] をクリックすると、マクロの記録が開始されます。

6 計算結果を表示するセルをクリックして、

7 [数式] タブをクリックし、

8 [オートSUM] をクリックします。

9 合計を求める範囲を選択して、Enter を押すと、

下半期店舗別売上実績

	東地区				西地区			東地区
	品川	新宿	中野	目黒	吉祥寺	府中	八王子	合計
10月	2,050	5,980	2,670	2,950	3,040	1,940	1,750	=SUM(B4:E4)
11月	1,880	5,240	2,020	2,780	3,220	2,090	1,800	
12月	3,120	6,900	2,790	2,570	3,360	2,500	1,990	
1月	2,860	6,400	2,550	3,560	3,580	2,100	1,800	
2月	2,580	5,530	2,280	2,880	3,920	2,490	2,000	
3月	2,650	6,890	2,560	3,450	3,090	2,560	2,090	

10 計算結果が表示されます。

11 [開発] タブをクリックして、

12 [記録終了] をクリックし、マクロの記録を終了します。

重要度 ★★★ マクロ

Q 679 マクロを記録したブックを保存したい！

A ファイルの種類を［Excelマクロ有効ブック］にして保存します。

マクロを記録したブックを保存する際は、ファイルの種類を通常の［Excelブック］ではなく、［Excelマクロ有効ブック］にして保存します。

1 ［ファイル］タブをクリックして、［名前を付けて保存］をクリックし、

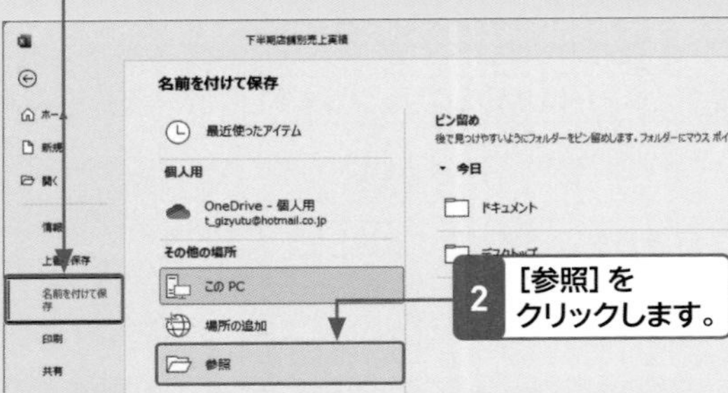

3 保存先を指定して、

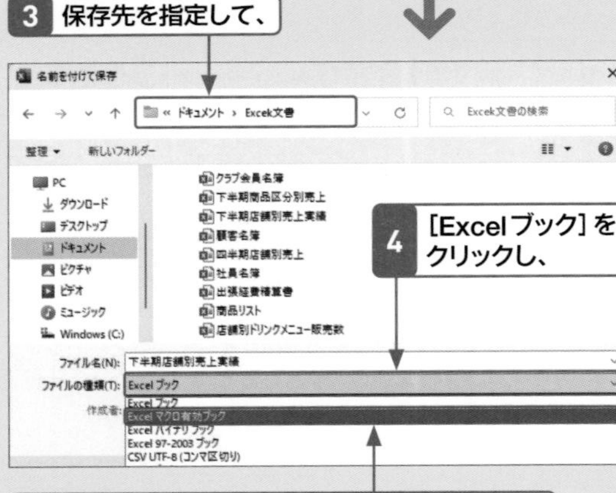

5 ［Excelマクロ有効ブック］をクリックします。

6 ファイル名を入力して、

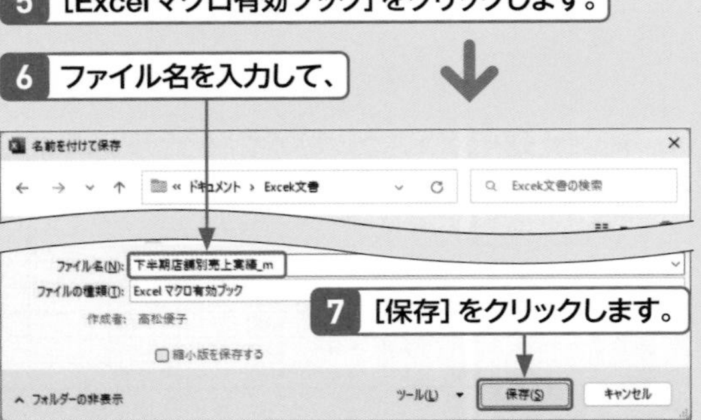

重要度 ★★★ マクロ

Q 680 マクロに操作を記録できない！

A 一部の機能やExcel以外の操作は記録できません。

いくつかの機能はマクロに記録されません。たとえば、ダイアログボックスの表示や非表示、タブの最小化や移動、文字の変換操作は記録されません。また、Windowsの操作や、Excel以外のアプリケーションで行った操作も記録されません。

重要度 ★★★ マクロ

Q 681 記録したマクロを実行したい！

A ［マクロ］ダイアログボックスから実行したいマクロを選択します。

特定のブックに保存したマクロを実行するには、マクロを保存したブックと対象のワークシートを表示して、［開発］タブの［マクロ］をクリックし、［マクロ］ダイアログボックスで実行したいマクロを指定します。［開発］タブを表示していない場合は、［表示］タブの［マクロ］をクリックします。

不要になったマクロを削除する場合も、このダイアログボックスから実行できます。

1 ［マクロ］ダイアログボックスを表示して、

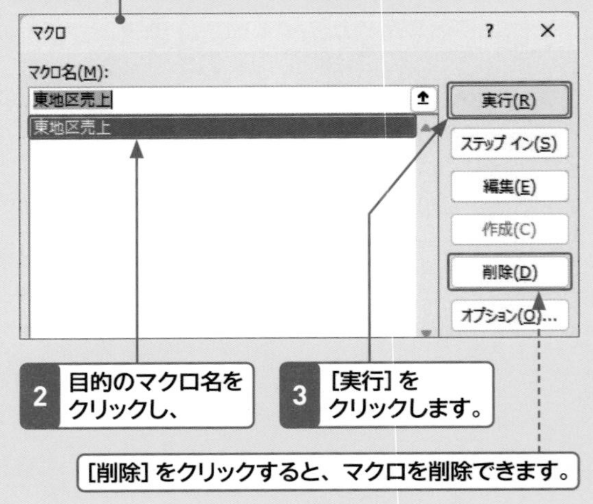

第11章

図形の「こんなときどうする?」

重要度 ★★★ 図形描画

Q 682 図形を描きたい！

A ［図形］の一覧から描きたい図形を選択してドラッグします。

図形を描くには、［挿入］タブの［図］から［図形］をクリックします。図形の一覧が表示されるので、目的の図形をクリックしてワークシート上をドラッグすると、ドラッグした大きさの図形を描くことができます。

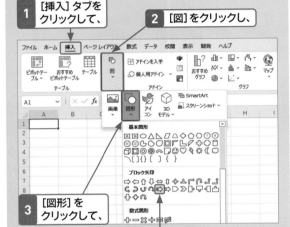

1 ［挿入］タブをクリックして、

2 ［図］をクリックし、

3 ［図形］をクリックして、

4 描きたい図形（ここでは［矢印：ストライプ］）をクリックします。

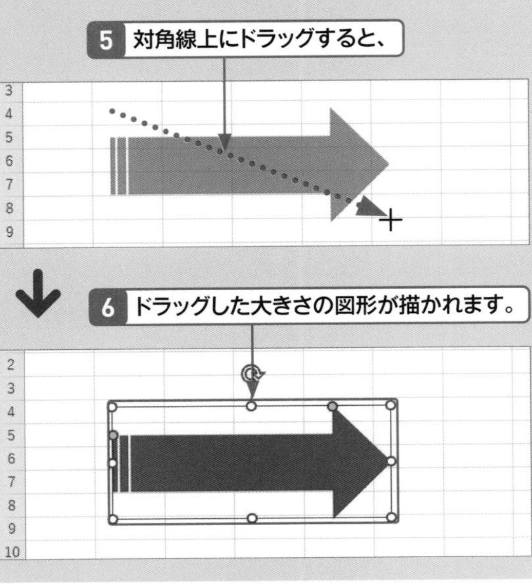

重要度 ★★★ 図形描画

Q 683 正円や正方形を描きたい！

A Shift を押しながらドラッグします。

正円を描くには、［挿入］タブの［図］から［図形］をクリックして、［基本図形］の［楕円］をクリックし、Shift を押しながらドラッグします。正方形を描くには、［四角形］の［正方形／長方形］をクリックして Shift を押しながらドラッグします。
また、Ctrl を押しながらドラッグすると、ドラッグの始点を中心とした図形を描くことができます。

重要度 ★★★ 図形描画

Q 684 図形の大きさや形を変えたい！

A 図形をクリックすると表示されるハンドルを利用します。

図形の大きさ変えるには、図形をクリックし、周囲に表示されたハンドルのいずれかをドラッグします。Shift を押しながら四隅のハンドルをドラッグすると、もとの縦横比を保持したままサイズを変更できます。
また、調整ハンドルが表示された場合は、調整ハンドルをドラッグすることで図形の形状を変えることができます。

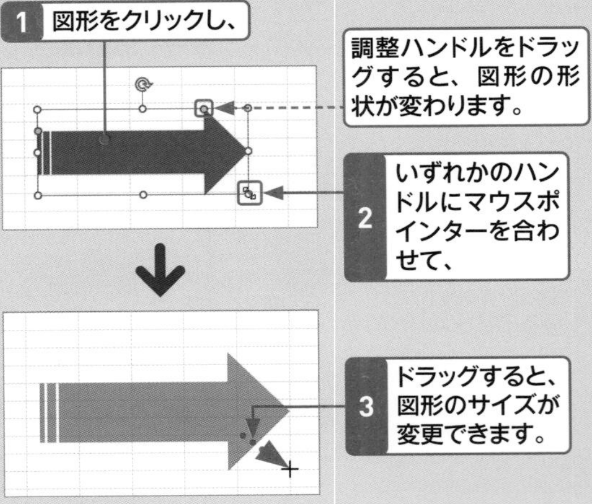

1 図形をクリックし、
調整ハンドルをドラッグすると、図形の形状が変わります。
2 いずれかのハンドルにマウスポインターを合わせて、
3 ドラッグすると、図形のサイズが変更できます。

重要度 ★★★ 図形描画

Q 685 図形を水平・垂直に移動／コピーしたい！

A Shift や Ctrl を利用します。

図形を垂直または水平に移動するには、移動したい図形をクリックし、Shift を押しながらドラッグします。図形を垂直や水平にコピーするには、Shift と Ctrl を押しながらドラッグします。

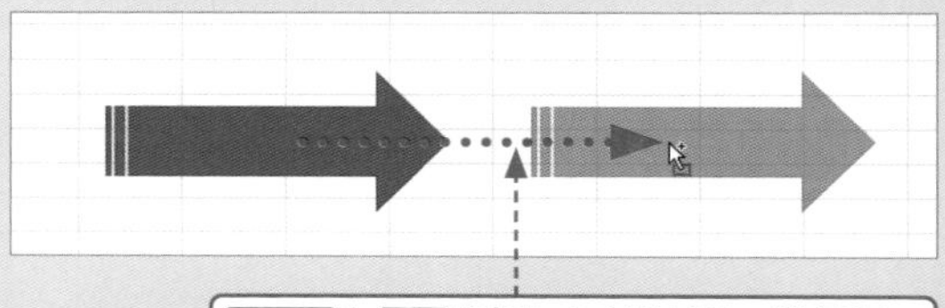
Shift と Ctrl を押しながらドラッグすると、水平・垂直にコピーできます。

重要度 ★★★ 図形描画

Q 686 図形を回転させたい！

A 回転ハンドルをドラッグします。

図形を回転させるには、図形をクリックし、表示された回転ハンドルをドラッグします。ただし、回転できない図形の場合は、回転ハンドルは表示されません。

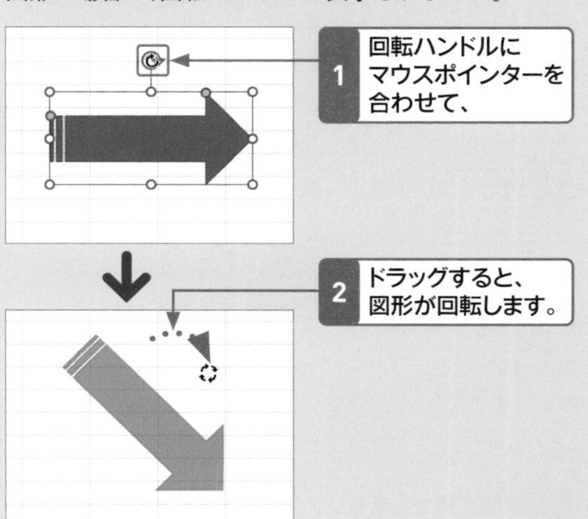
1 回転ハンドルにマウスポインターを合わせて、
2 ドラッグすると、図形が回転します。

重要度 ★★★ 図形描画

Q 687 セルに合わせて図形を配置したい！

A Alt を押しながらドラッグします。

セルの枠線にぴったり沿うように図形を配置するには、Alt を押しながら図形をドラッグします。

重要度 ★★★ 図形描画

Q 688 図形の色を変えたい！

A [図形の塗りつぶし] や [図形の枠線] を利用します。

図形の色や枠線を変更するには、[図形の書式] タブの [図形の塗りつぶし] や [図形の枠線] を利用します。それぞれのコマンドをクリックし、表示される一覧の色にマウスポインターを合わせると、その色でプレビューが表示されます。クリックすると、その色が適用されます。

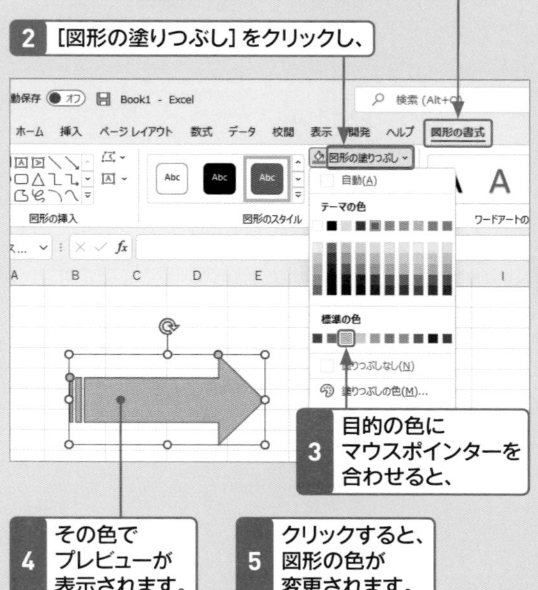
1 図形をクリックして [図形の書式] タブをクリックします。
2 [図形の塗りつぶし] をクリックし、
Book1 - Excel
ホーム 挿入 ページレイアウト 数式 データ 校閲 表示 開発 ヘルプ 図形の書式
図形の塗りつぶし
自動(A)
テーマの色
標準の色
塗りつぶしなし(N)
塗りつぶしの色(M)...
図形の挿入
図形のスタイル
ワードアートの
3 目的の色にマウスポインターを合わせると、
4 その色でプレビューが表示されます。
5 クリックすると、図形の色が変更されます。

重要度 ★★★ 図形描画

Q 689 複数の図形をまとめて扱いたい！

A まとめて扱いたい図形をグループ化します。

複数の図形を下の手順でグループ化することで1つの図として扱えるようになり、コピーや移動、サイズ変更などをまとめて行うことができます。
グループ化を解除するには、[図形の書式] タブの [グループ化] をクリックし、[グループ解除] をクリックします。

1 Ctrl あるいは Shift を押しながらクリックして、まとめて扱いたい図形を選択します。

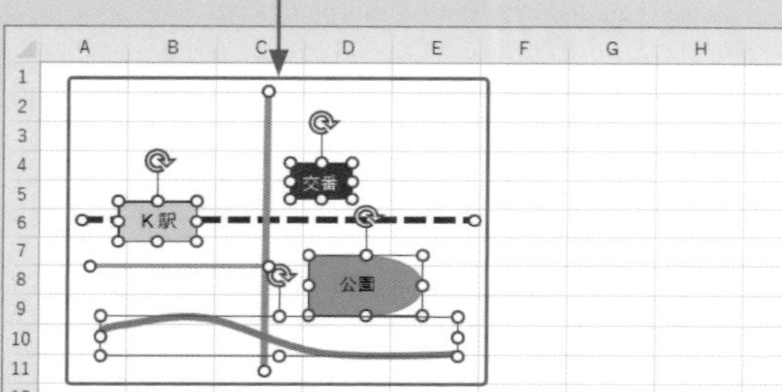

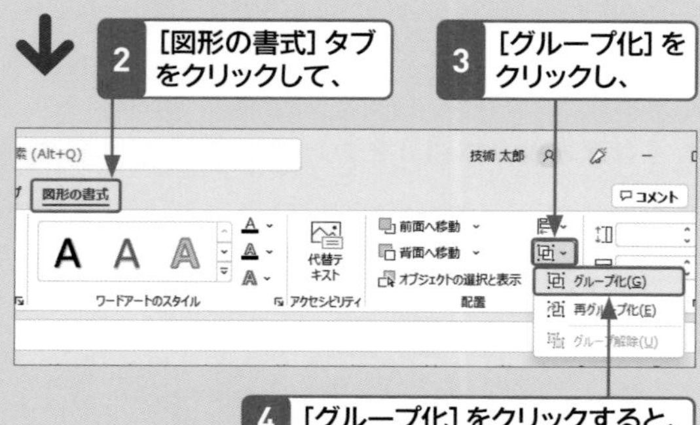

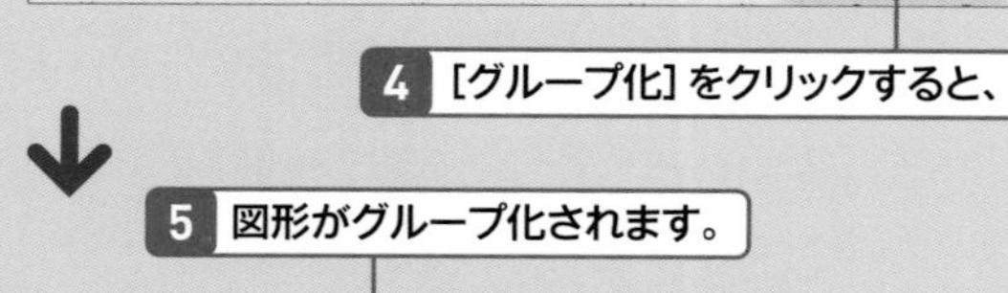

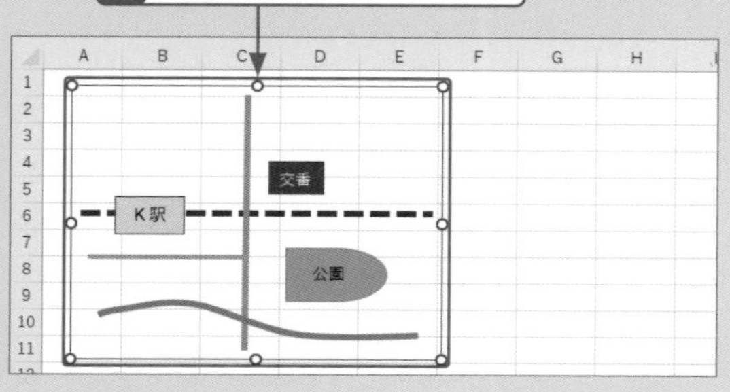

重要度 ★★★ 図形描画

Q 690 図形の中に文字を入力したい！

A 図形をクリックして、そのまま文字を入力します。

図形の中に文字を入力するには、図形をクリックして、そのまま文字を入力します。入力した文字はセル内の文字と同様に、[ホーム] タブの [フォント] グループや [配置] グループで書式を設定することができます。

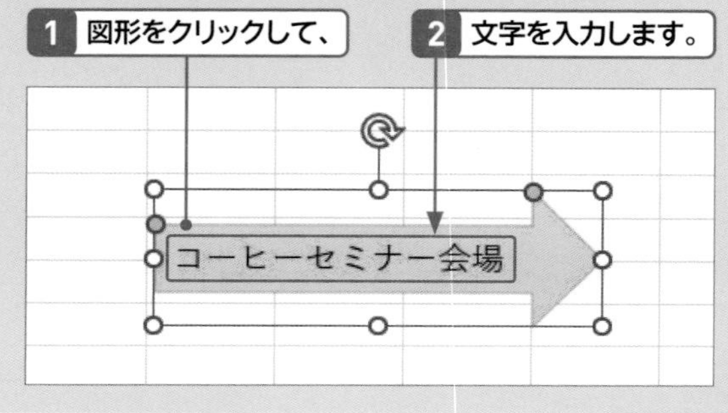

重要度 ★★★ 図形描画

Q 691 図形の中にセルの内容を表示したい！

A 数式バーに「=」を入力して、参照するセルをクリックします。

セル内の文字列や数値と、図形内の文字列や数値をリンクさせるには、下の手順で設定します。この場合、参照元のセルの内容を変更すると、図形内の文字も変更されます。ただし、フォントや書式の変更は、図形内の文字には反映されないため、必要に応じて設定します。

1 図形をクリックして、数式バーに「=」と入力し、

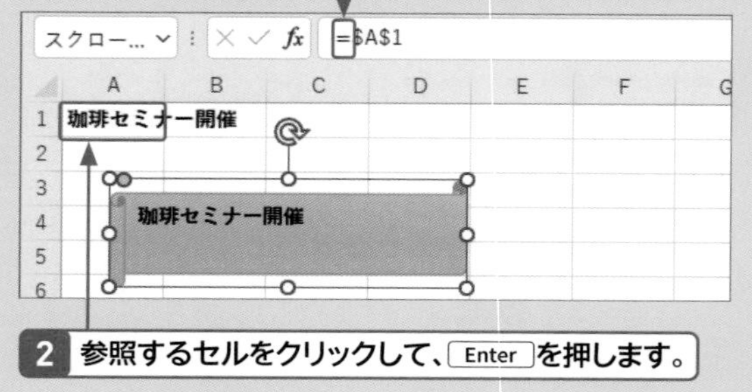

重要度 ★★★　図形描画

Q 692 複数の図形をきれいに揃えて配置したい！

A ［配置］から図形の配置方法を指定します。

複数の図形の位置を揃えるには、揃えたい図形をすべて選択して、［図形の書式］タブの［配置］をクリックし、図形の配置方法を指定します。

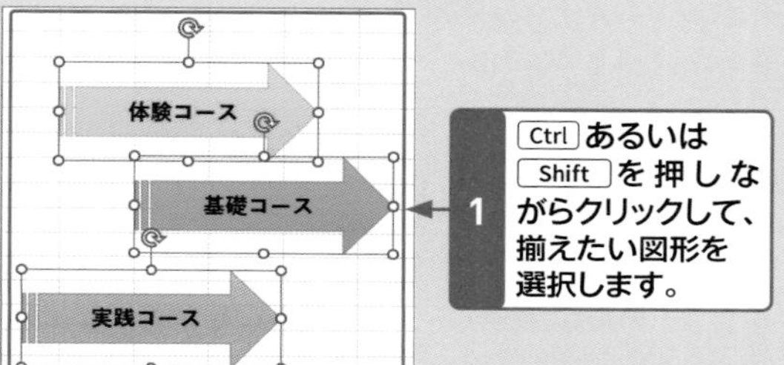

体験コース
基礎コース
実践コース
1 Ctrl あるいは Shift を押しながらクリックして、揃えたい図形を選択します。

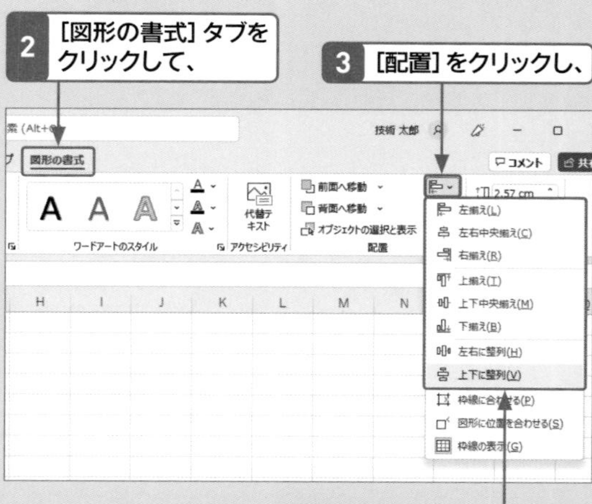

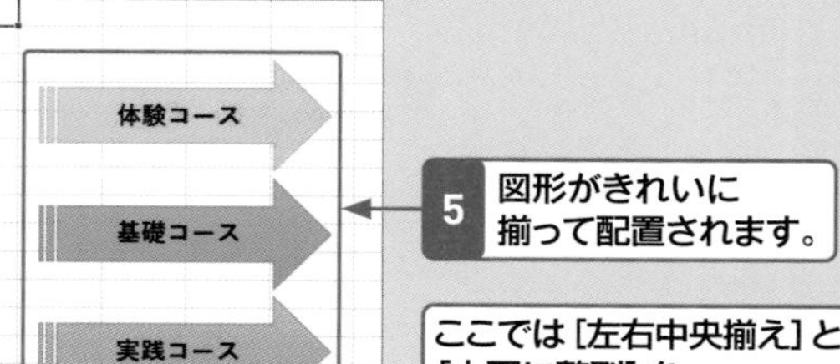

ここでは［左右中央揃え］と［上下に整列］を選択しました。

重要度 ★★★　図形描画

Q 693 大きさや書式を変えずに図形の形だけを変えたい！

A ［図形の編集］から［図形の変更］を利用します。

図形のサイズや書式などを設定したあとで、ほかの図形に変更したいとき、一から作成し直すのは面倒です。［図形の編集］を利用すると、図形のサイズや書式などを変えずに、形だけを変えることができます。

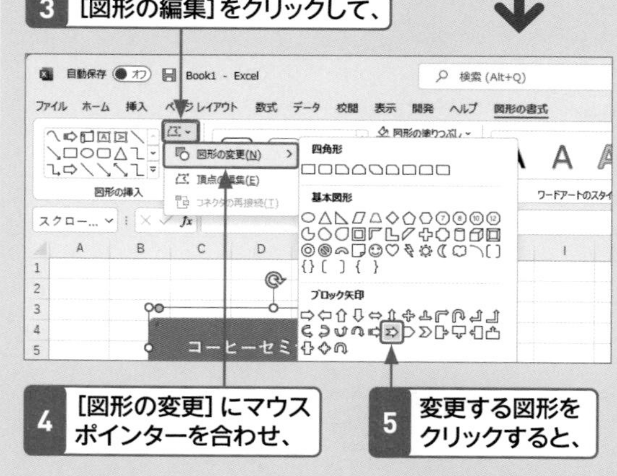

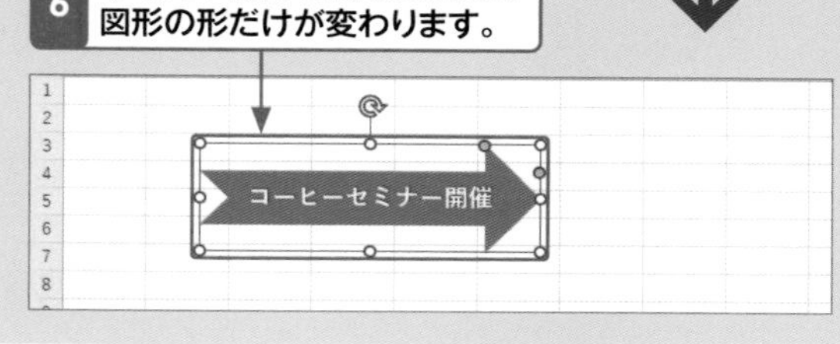

重要度 ★★★ 図形描画

Q 694 Delete を押しても図形が削除されない！

A 図形内の文字列にカーソルが表示されていると削除できません。

図形内にカーソルが表示されていると思われます。文字を入力した図形内や、テキストボックス内にカーソルが表示されている状態で Delete を押すと、図形内の文字が削除されますが、図形は削除されません。
図形自体を削除するには、図形をクリックして選択状態にしてから、Delete を押します。

参照▶Q 690, Q 700

重要度 ★★★ 図形描画

Q 695 行や列を削除したのに図形が削除されない！

A 先に図形を削除しましょう。

Excelの初期設定では、図形はセルに合わせて移動したり、サイズ変更されたりするので、図形を含む行や列を削除した場合は、図形も削除されます。ただし、図形を含むセルがすべて選択されていない状態で行や列を削除した場合は、図形が残ってしまいます。
セルに合わせて図形も削除したい場合は、図形を先に削除してから行や列を削除するとよいでしょう。

重要度 ★★★ SmartArt

Q 696 見栄えのする図表をかんたんに作りたい！

A SmartArtグラフィックを利用しましょう。

Excelには、リストや循環図、階層構造、マトリックスといった図表が「SmartArtグラフィック」として用意されています。SmartArtグラフィックを利用すると、見栄えのする図表がかんたんに作成できます。

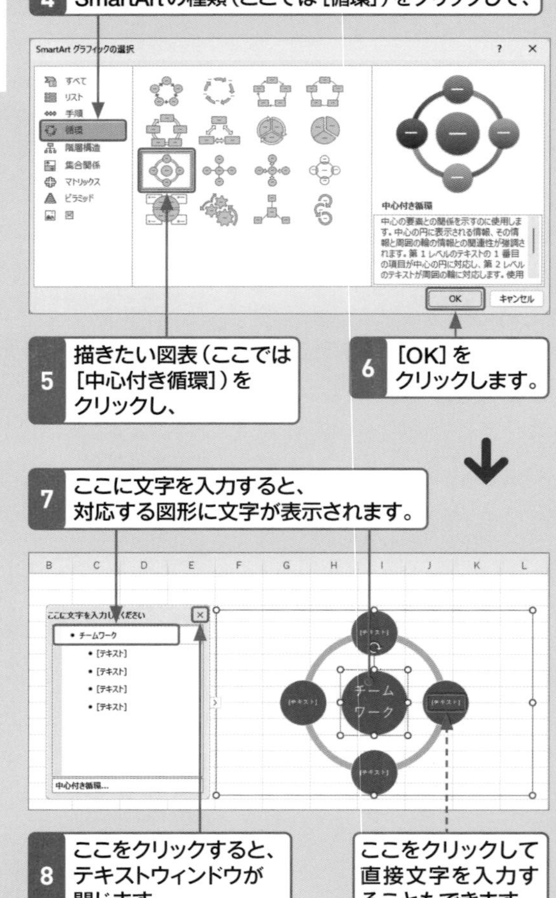

4 SmartArtの種類（ここでは [循環]）をクリックして、
5 描きたい図表（ここでは [中心付き循環]）をクリックし、
6 [OK] をクリックします。
7 ここに文字を入力すると、対応する図形に文字が表示されます。
8 ここをクリックすると、テキストウィンドウが閉じます。
ここをクリックして直接文字を入力することもできます。

重要度 ★★★ SmartArt

Q 697 図表に図形を追加したい！

A [SmartArtのデザイン]タブの[図形の追加]から追加します。

作成したSmartArtグラフィックに図形を追加するには、基準となる図形を選択して、[SmartArtのデザイン]タブの[図形の追加]から追加する場所を選択します。

1 基準となる図形をクリックして、

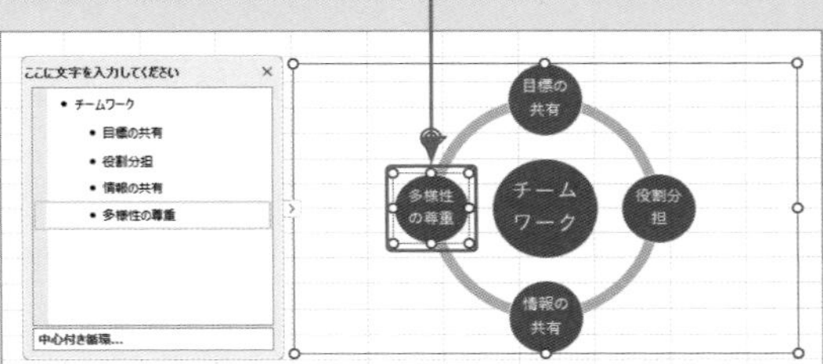

2 [SmartArtのデザイン]タブをクリックし、

3 [図形の追加]のここをクリックします。

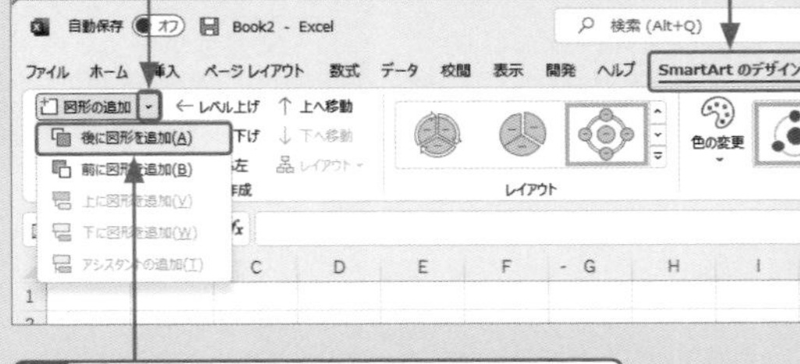

4 追加する場所（ここでは[後に図形を追加]）をクリックすると、

5 図形が追加されるので、

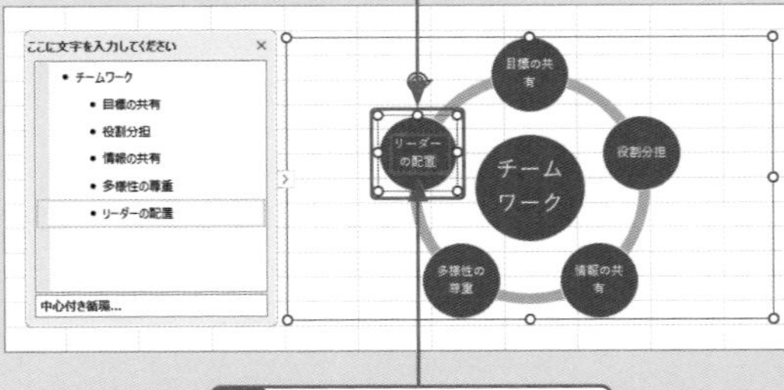

6 テキストを入力します。

重要度 ★★★ SmartArt

Q 698 図表の色を変えたい！

A [SmartArtのデザイン]タブの[色の変更]から変更します。

作成したSmartArtグラフィックの色を変えるには、[SmartArtのデザイン]タブの[色の変更]を利用します。[色の変更]には、いろいろな色のバリエーションが用意されているので、一覧から選択するだけでかんたんに色を変更することができます。

もとの色に戻したいときは、[デザイン]タブの[グラフィックのリセット]をクリックします。

1 SmartArtグラフィックをクリックして、

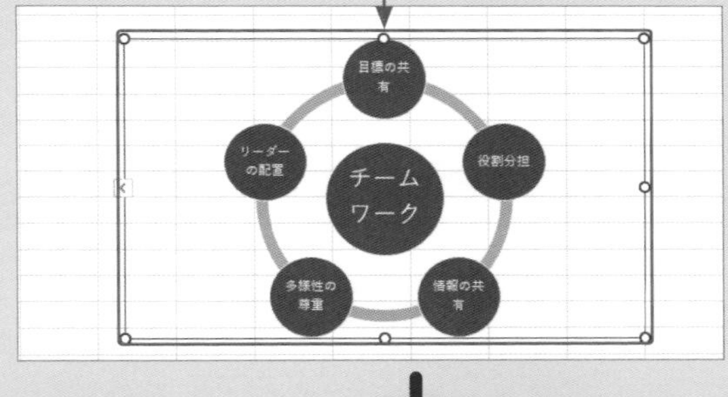

2 [SmartArtのデザイン]タブをクリックし、

3 [色の変更]をクリックします。

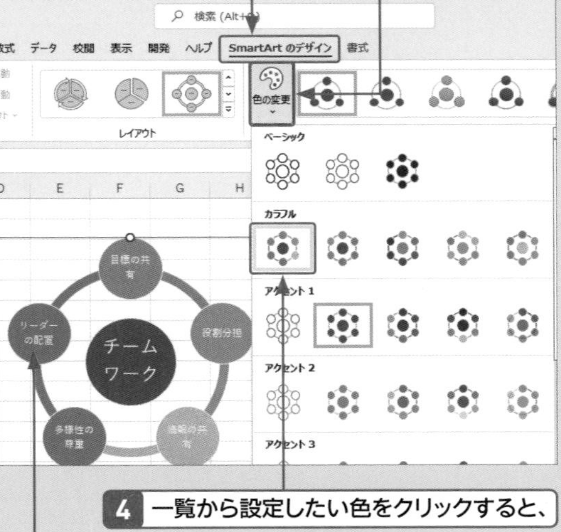

4 一覧から設定したい色をクリックすると、

5 SmartArtグラフィックの色が変更されます。

重要度★★★ SmartArt

Q 699 図表のデザインを変えたい！

A [SmartArtのデザイン]タブの[SmartArtのスタイル]を利用します。

[SmartArtのデザイン]タブの[SmartArtのスタイル]には、さまざまなスタイルが用意されており、一覧から設定したいスタイルを選択するだけでデザインを変更することができます。もとのスタイルに戻したいときは、[シンプル]をクリックします。

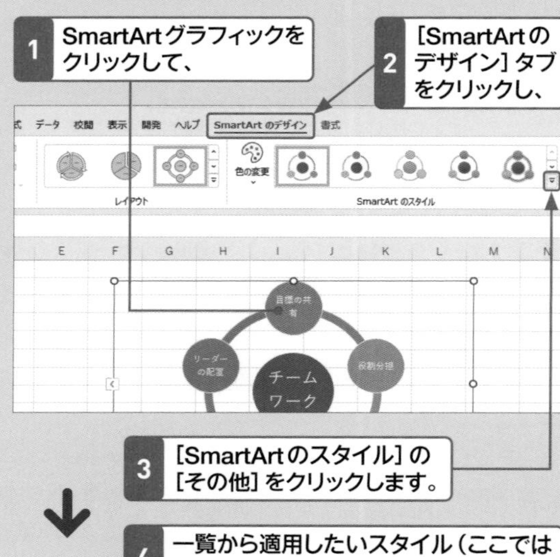
1 SmartArtグラフィックをクリックして、
2 [SmartArtのデザイン]タブをクリックし、
3 [SmartArtのスタイル]の[その他]をクリックします。

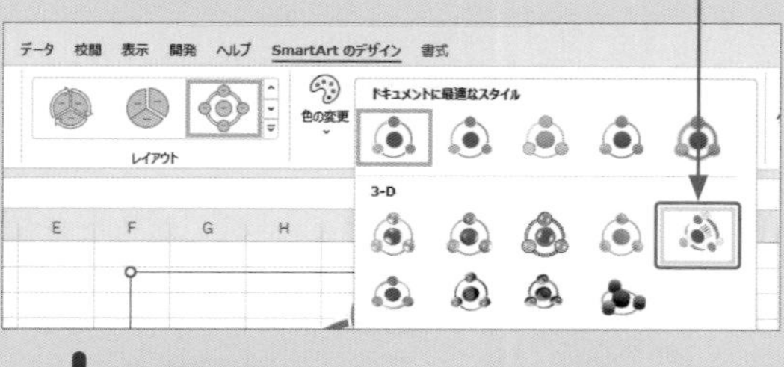
4 一覧から適用したいスタイル（ここでは[ブロック]）をクリックすると、

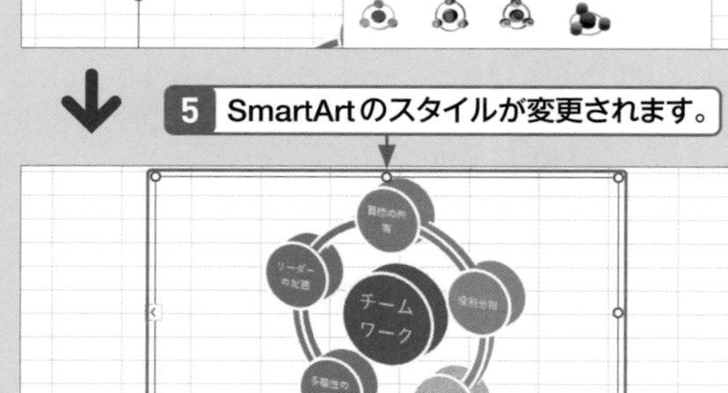
5 SmartArtのスタイルが変更されます。

重要度★★★ テキストボックス

Q 700 ワークシートの自由な位置に文字を配置したい！

A テキストボックスを利用します。

テキストボックスを利用すると、セルの位置や行や列のサイズに影響されることなく、自由に文字を配置することができます。テキストボックス内の文字書式は、セル内の文字と同様に設定できます。

なお、手順5でドラッグではなくクリックすると、枠線と塗りつぶしのないテキストボックスを作成できます。目的に応じて使い分けるとよいでしょう。

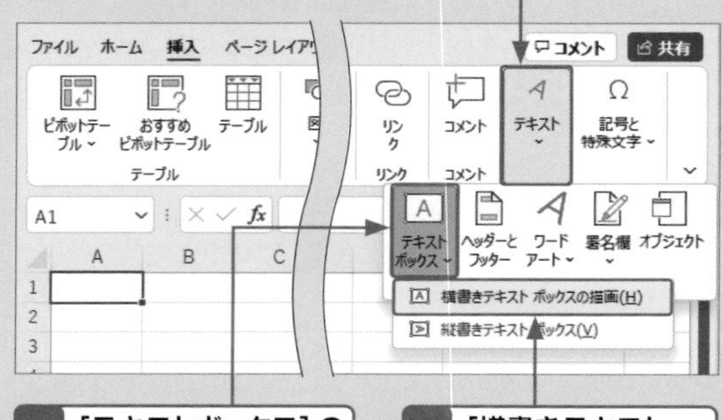
1 [挿入]タブの[テキスト]をクリックし、
2 [テキストボックス]のここをクリックして、
3 [横書きテキストボックスの描画]（あるいは[縦書きテキストボックス]）をクリックします。

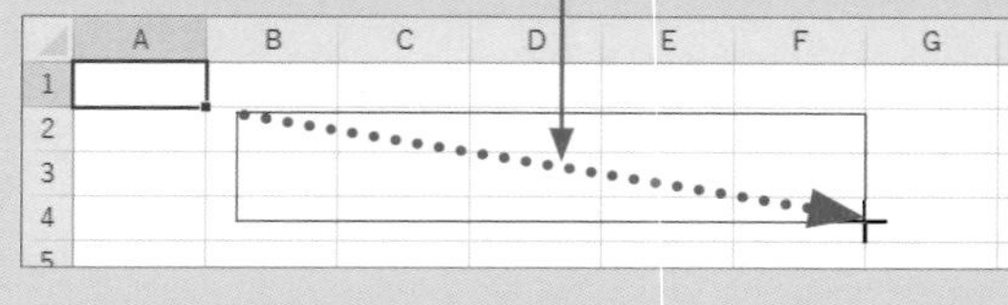
4 ワークシート上をドラッグすると、

5 テキストボックスが作成されます。

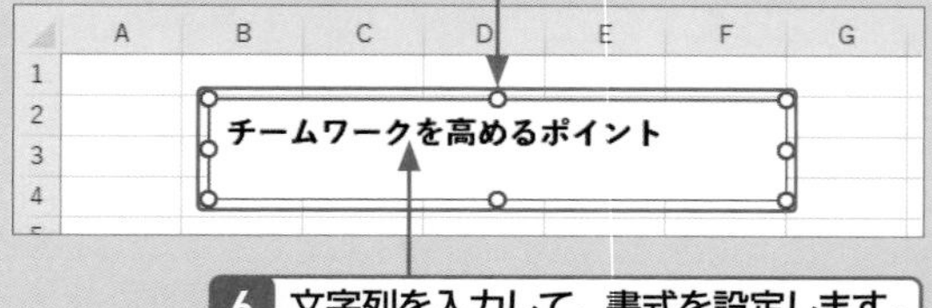
チームワークを高めるポイント
6 文字列を入力して、書式を設定します。

重要度★★★ テキストボックス

Q 701 テキストボックス内の文字位置を調整したい!

A [ホーム]タブの[配置]グループのコマンドを利用します。

テキストボックス内の文字の配置を変更する場合は、はじめにテキストボックスの枠をクリックしてテキストボックス自体を選択します。続いて、[ホーム]タブの[配置]グループにあるコマンドを利用して、文字位置を調整します。[方向]で文字の方向を変えたり、[フォント]や[フォントサイズ]でフォントの種類やサイズなどを変更することができます。

1 テキストボックスの枠をクリックして選択します。

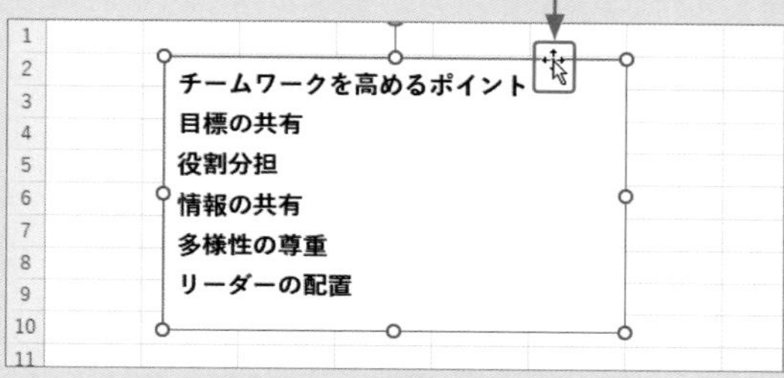

2 [ホーム]タブの[中央揃え]をクリックして、

3 [上下中央揃え]をクリックすると、

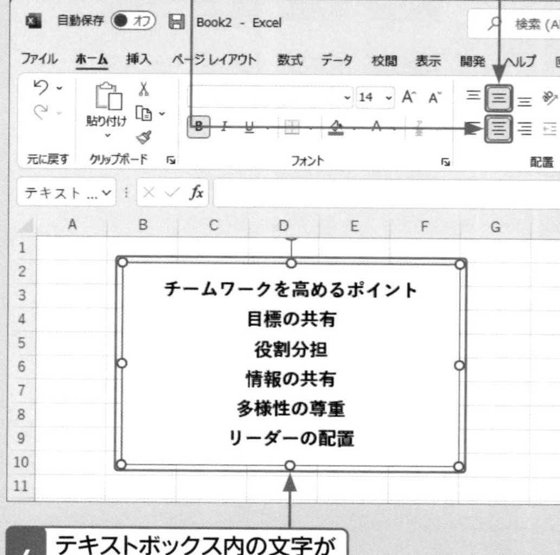

4 テキストボックス内の文字が上下左右中央に揃います。

重要度★★★ テキストボックス

Q 702 テキストボックスの枠と文字列との間隔を変えたい!

A [図形の書式設定]作業ウィンドウで余白を指定します。

テキストボックスの枠と文字列との間隔(空き)を調整するには、[図形の書式設定]作業ウィンドウを表示して、[テキストボックス]で設定します。[図形の書式設定]作業ウィンドウは、テキストボックスを右クリックして、[図形の書式設定]をクリックしても表示できます。

1 テキストボックスの枠をクリックして選択し、

2 [図形の書式]タブをクリックして、

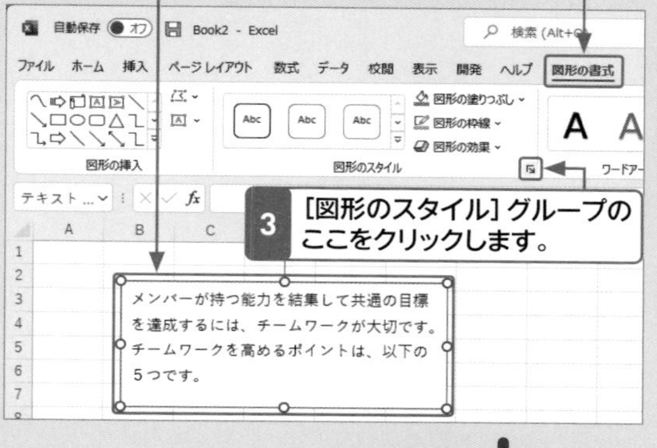

3 [図形のスタイル]グループのここをクリックします。

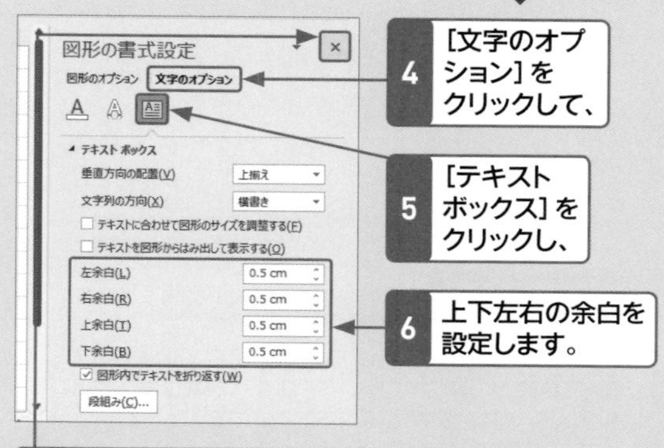

4 [文字のオプション]をクリックして、

5 [テキストボックス]をクリックし、

6 上下左右の余白を設定します。

7 [閉じる]をクリックします。

メンバーが持つ能力を結集して共通の目標を達成するには、チームワークが大切です。チームワークを高めるポイントは、

8 テキストボックスの枠と文字列との間隔が変更されます。

重要度 ★★★　テキストボックス

Q 703 印刷されないメモ書きを入れておきたい！

A1 テキストボックスを配置して印刷されないように設定にします。

画面では表示されていても、印刷はしたくないという場合は、テキストボックスを作成して、印刷されないように設定します。テキストボックスを選択して、[図形の書式設定]作業ウィンドウの[サイズとプロパティ]の[プロパティ]を表示し、[オブジェクトを印刷する]をオフにします。

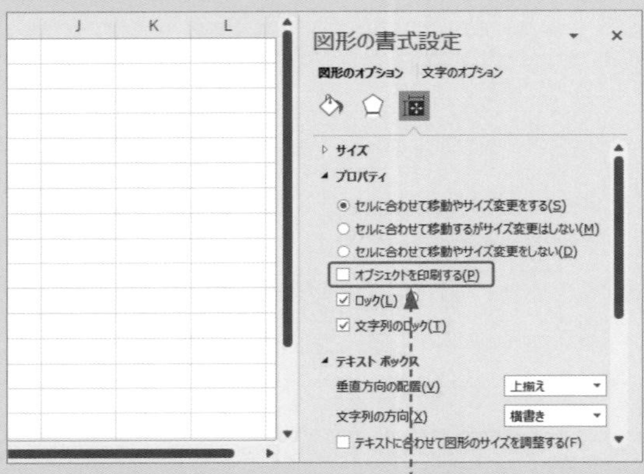

クリックしてオフにすると、テキストボックスが印刷されなくなります。

A2 セルにメモを追加します。

セルにメモを追加すると、印刷されないメモ書きとして利用できます。 参照▶Q 715

	A	B	C	D	E
1	四半期西地区店舗別売上				
2		吉祥寺	府中	八王子	合計
3	1月	3,580	2,100	1,800	7,480
4	2月	3,920	2,490	2,000	8,410
5	3月	3,090	2,560	2,090	
6	四半期計	10,590	7,150	5,890	

技術太郎:
売上が最低ランクのため、傾向と対策を講じる必要あり

セルに追加したメモは、初期設定では印刷されません。

重要度 ★★★　イラスト／画像

Q 704 ワークシートに画像を挿入したい！

A ［挿入］タブの［画像］を利用します。

ワークシートにデジタルカメラで撮った写真や画像編集ソフトで作成した画像などを挿入するには、[挿入]タブの[画像]を利用します。
なお、[オンライン画像]を利用すると、オンラインで検索した画像を挿入することもできます。この場合は、ライセンスや利用条件の確認が必要ですので、注意しましょう。

重要度 ★★★　イラスト／画像

Q 705 画像の不要な部分を取り除きたい！

A トリミングして不要な部分を隠します。

画像の不要な部分を取り除くには、[図の形式] タブの[トリミング] を利用します。なお、トリミングは不要な部分を一時的に非表示にする機能なので、再度トリミングし直したり、取り消したりすることができます。

1 画像をクリックして、[図の形式] タブをクリックし、

2 [トリミング] をクリックすると、

3 周囲にトリミングハンドルが表示されます。

4 ハンドルをドラッグして、不要な部分をトリミングします。

5 画像の外をクリックすると、画像がトリミングされます。

重要度 ★★★　イラスト／画像

Q 706 画像にさまざまな効果を設定したい！

A [図の形式] タブの [図のスタイル] を利用します。

[図の形式] タブの [図のスタイル] を利用すると、画像に枠を付けたり、周囲をぼかしたり、影を付けたりといった効果をかんたんに設定できます。

1 画像をクリックして、

2 [図の形式] タブをクリックし、

3 [図のスタイル] の [その他] をクリックします。

4 設定したいスタイル（ここでは [回転、白]）をクリックすると、

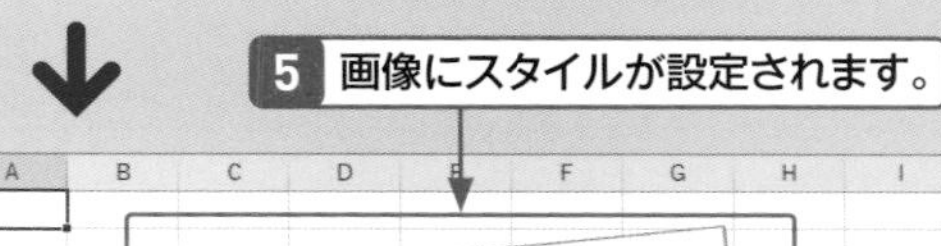

5 画像にスタイルが設定されます。

Q 707 イラストを挿入したい！

A [挿入]タブの[オンライン画像]を利用します。

[オンライン画像]を利用すると、Web上のさまざまな場所からイラストを検索し、ワークシートに挿入することができます。なお、オンライン上の画像を利用する場合は、ライセンスや利用条件の確認が必要です。

1 [挿入]タブの[図]をクリックして、

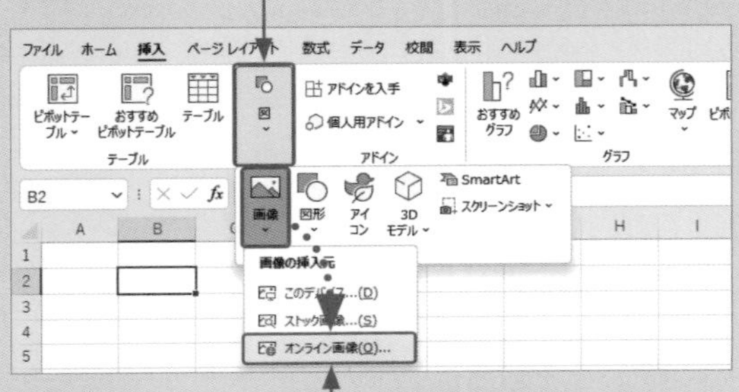

2 [画像]から[オンライン画像]をクリックします。

3 「イラスト」と入力し、検索したいイラストのキーワード（ここでは「運動会」）を入力して、

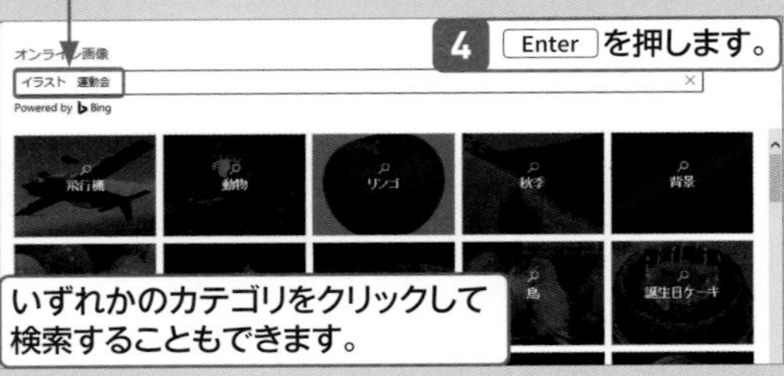

5 検索結果が表示されるので、挿入したいイラストをクリックして、

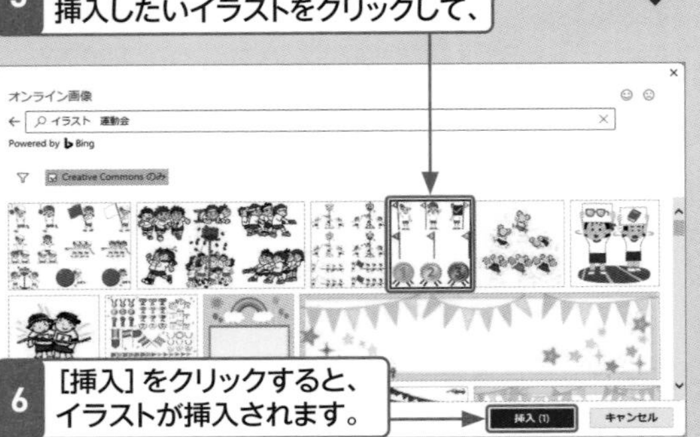

Q 708 アイコンを挿入したい！

A [挿入]タブの[アイコン]を利用します。

Excelでは、ベクターデータで作られたSVG形式のアイコンを挿入して、表やグラフなどに視覚的な効果を追加することができます。アイコンは図形などと同様に、サイズや色を変更したり、スタイルを設定したりすることができます。

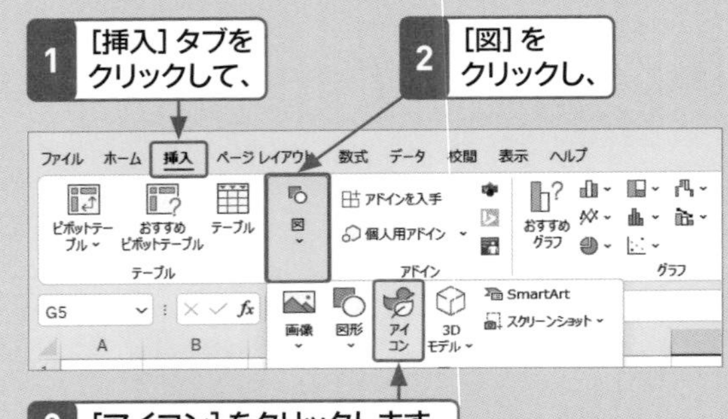

3 [アイコン]をクリックします。

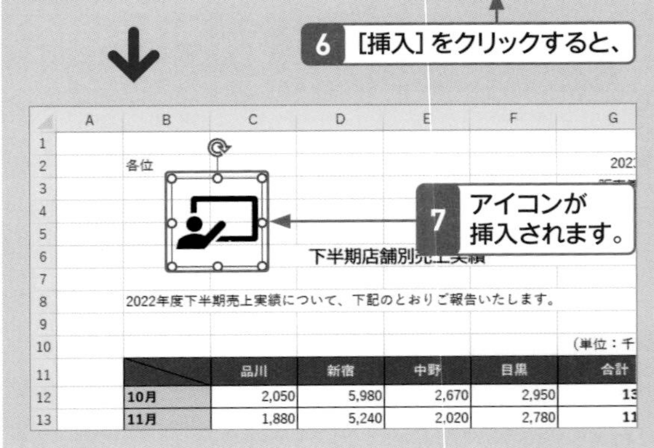

第12章

アプリの連携・共同編集の「こんなときどうする?」

重要度 ★★★ ワークシートの保護

Q 709 ワークシート全体を変更されないようにしたい！

A 「シートの保護」を設定します。

特定のワークシートのデータが変更されたり、削除されたりしないようにするには、「シートの保護」を設定します。[校閲] タブの [シートの保護] をクリックすると表示される [シートの保護] ダイアログボックスで設定します。初期設定では、セル範囲の選択だけが許可されていますが、必要に応じて許可する操作を設定できます。パスワードは省略可能です。

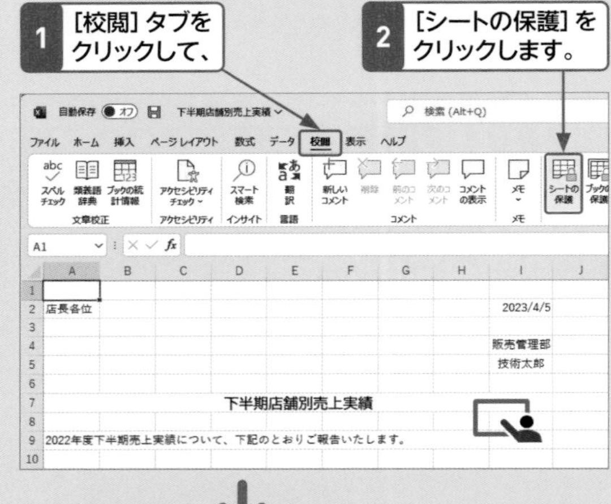
1 [校閲] タブをクリックして、
2 [シートの保護] をクリックします。

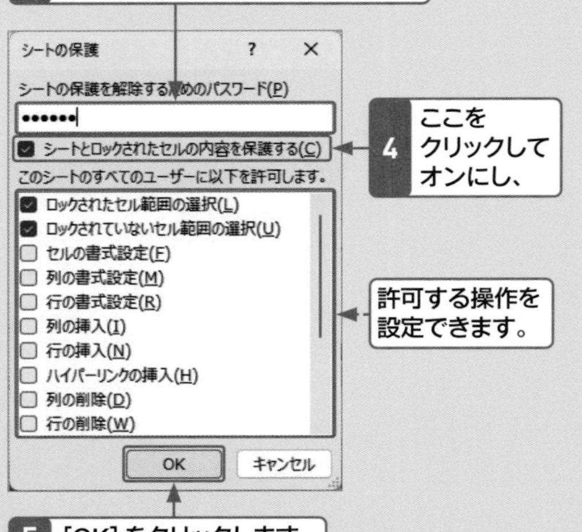
3 必要に応じてパスワードを入力し、
4 ここをクリックしてオンにし、
許可する操作を設定できます。
5 [OK] をクリックします。

重要度 ★★★ ワークシートの保護

Q 710 ワークシートの保護を解除したい！

A [校閲] タブの [シート保護の解除] をクリックします。

ワークシートの保護を必要としなくなった場合など、シートの保護を解除するには、[校閲] タブの [シート保護の解除] をクリックします。シートの保護を設定する際にパスワードを入力した場合は、パスワードの入力が要求されるので、パスワードを入力します。

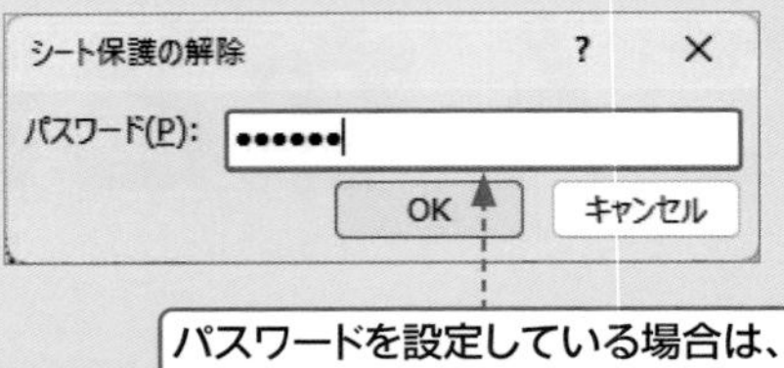
パスワードを設定している場合は、パスワードの入力が必要です。

重要度 ★★★ ワークシートの保護

Q 711 ワークシートの保護を解除するパスワードを忘れた！

A セルの内容をコピーして別のワークシートに貼り付けます。

ワークシートの保護を解除するパスワードを忘れてしまうと、そのワークシートの保護を解除できませんが、セル範囲の選択が許可されていれば、データのコピーは可能です。ほかのブックにセル範囲をコピーして、データを利用できるようにします。

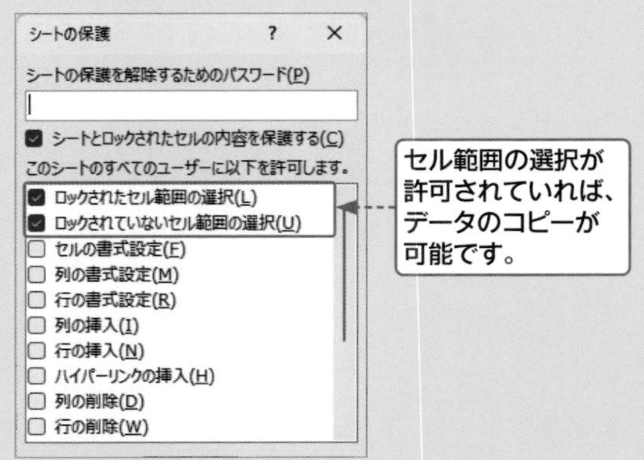
セル範囲の選択が許可されていれば、データのコピーが可能です。

重要度 ★★★　ワークシートの保護

Q 712 特定の人だけセル範囲を編集できるようにしたい！

A 編集を許可するパスワードを設定してからワークシートを保護します。

ワークシートを保護すると、すべてのセルの編集ができなくなりますが、特定のセル範囲だけ編集を許可することもできます。特定のセル範囲の編集を許可するパスワードを設定してからワークシートを保護すると、パスワードを知っている人だけが編集可能になります。

1 編集を可能にするセル範囲を選択します。

2 [校閲] タブをクリックして、

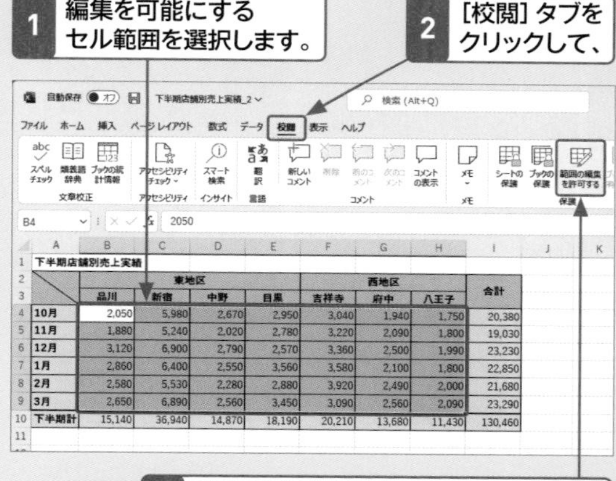

	東地区				西地区			
	品川	新宿	中野	目黒	吉祥寺	府中	八王子	合計
10月	2,050	5,980	2,670	2,950	3,040	1,940	1,750	20,380
11月	1,880	5,240	2,020	2,780	3,220	2,090	1,800	19,030
12月	3,120	6,900	2,790	2,570	3,360	2,500	1,990	23,230
1月	2,860	6,400	2,550	3,560	3,580	2,100	1,800	22,850
2月	2,580	5,530	2,280	2,880	3,920	2,490	2,000	21,680
3月	2,650	6,890	2,560	3,450	3,090	2,560	2,090	23,290
下半期計	15,140	36,940	14,870	18,190	20,210	13,680	11,430	130,460

3 [範囲の編集を許可する] をクリックし、

4 [新規] をクリックします。

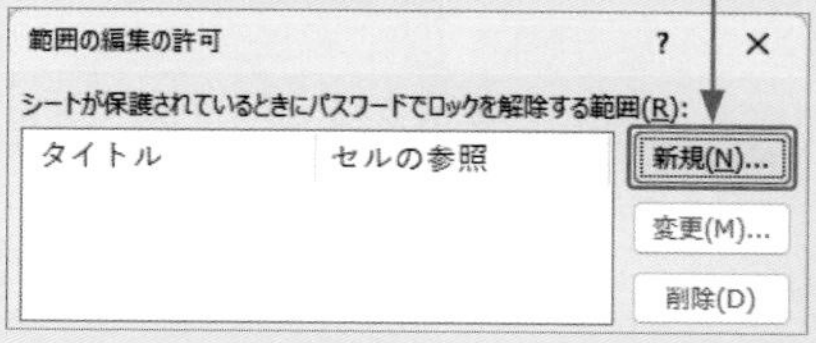

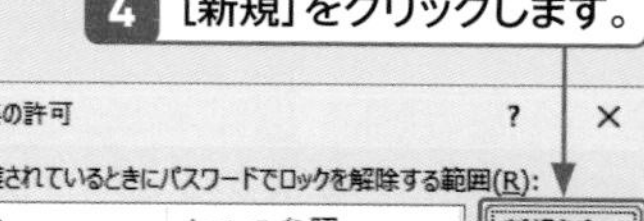

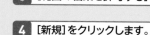

5 タイトルを入力して、

6 編集を許可するセル範囲を確認し、

7 パスワードを入力して、

8 [OK] をクリックします。

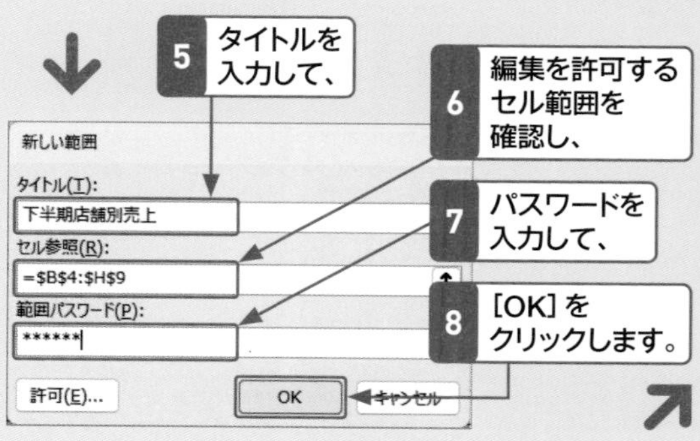

9 確認のために同じパスワードを入力して、

パスワードの確認
パスワードをもう一度入力してください。(R)
注意: 忘れてしまったパスワードを回復することはできません。パスワードと、それに対応するブックとシートの名前を一覧にして、安全な場所に保管することをお勧めします。(パスワードについては大文字と小文字が区別されることに注意してください。)

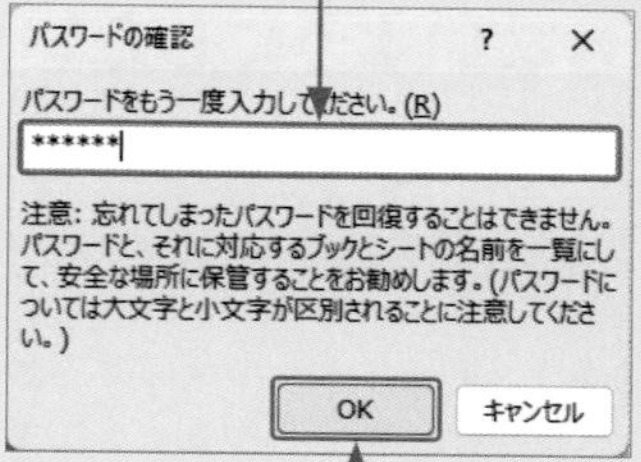

10 [OK] をクリックします。

範囲の編集の許可
シートが保護されているときにパスワードでロックを解除する範囲(R):
タイトル　セルの参照
下半期店舗別売上　$B$4:$H$9
パスワードなしで範囲内のセルを編集できるユーザーの指定：
□ 新しいブックに許可情報を貼り付ける(S)

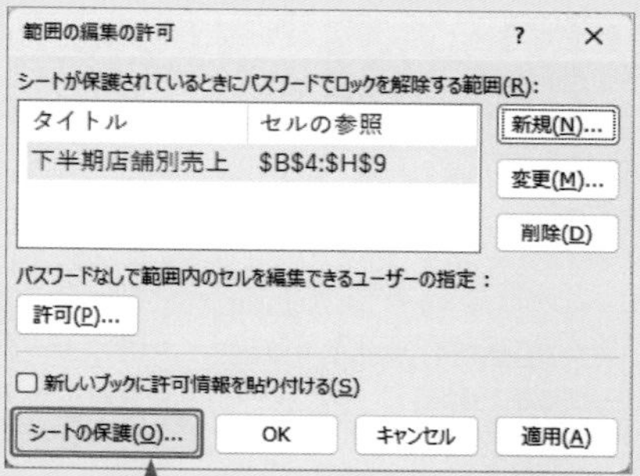

11 [シートの保護] をクリックして、

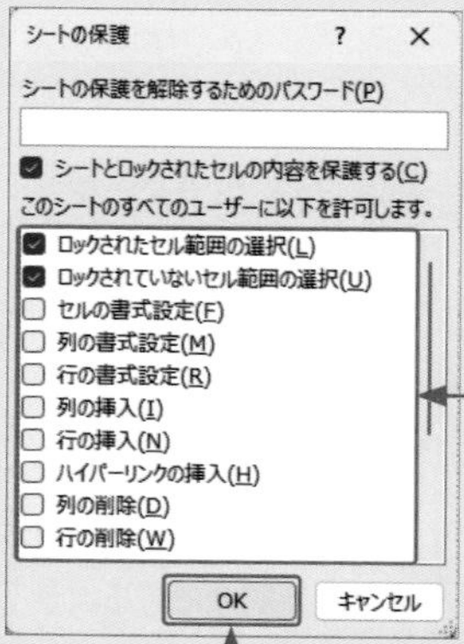

シートの保護
シートの保護を解除するためのパスワード(P)
☑ シートとロックされたセルの内容を保護する(C)
このシートのすべてのユーザーに以下を許可します。
☑ ロックされたセル範囲の選択(L)
☑ ロックされていないセル範囲の選択(U)
□ セルの書式設定(F)
□ 列の書式設定(M)
□ 行の書式設定(R)
□ 列の挿入(I)
□ 行の挿入(N)
□ ハイパーリンクの挿入(H)
□ 列の削除(D)
□ 行の削除(W)

12 許可する操作を必要に応じて設定し、

13 [OK] をクリックします。

編集が許可されたセルのデータを編集しようとすると、パスワードが要求されます。

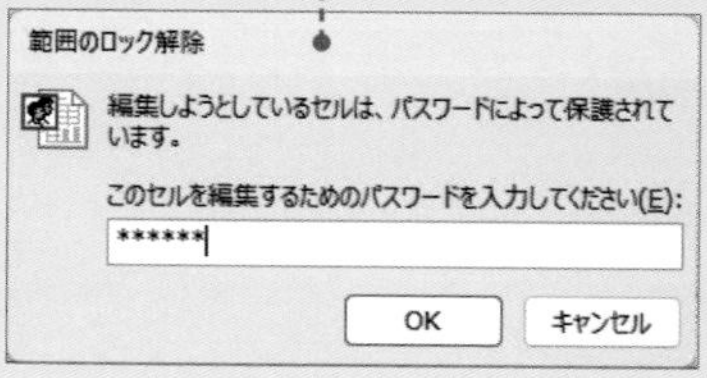

範囲のロック解除
編集しようとしているセルは、パスワードによって保護されています。
このセルを編集するためのパスワードを入力してください(E):

重要度 ★★★ ワークシートの保護

Q 713 特定のセル以外編集できないようにしたい！

A 特定のセルだけロックを解除して、ワークシートを保護します。

ワークシートを保護すると、すべてのセルが編集できなくなります。特定のセルだけを編集できるようにするには、あらかじめそのセルのロックを解除してから、シートの保護を設定します。 参照▶Q 709

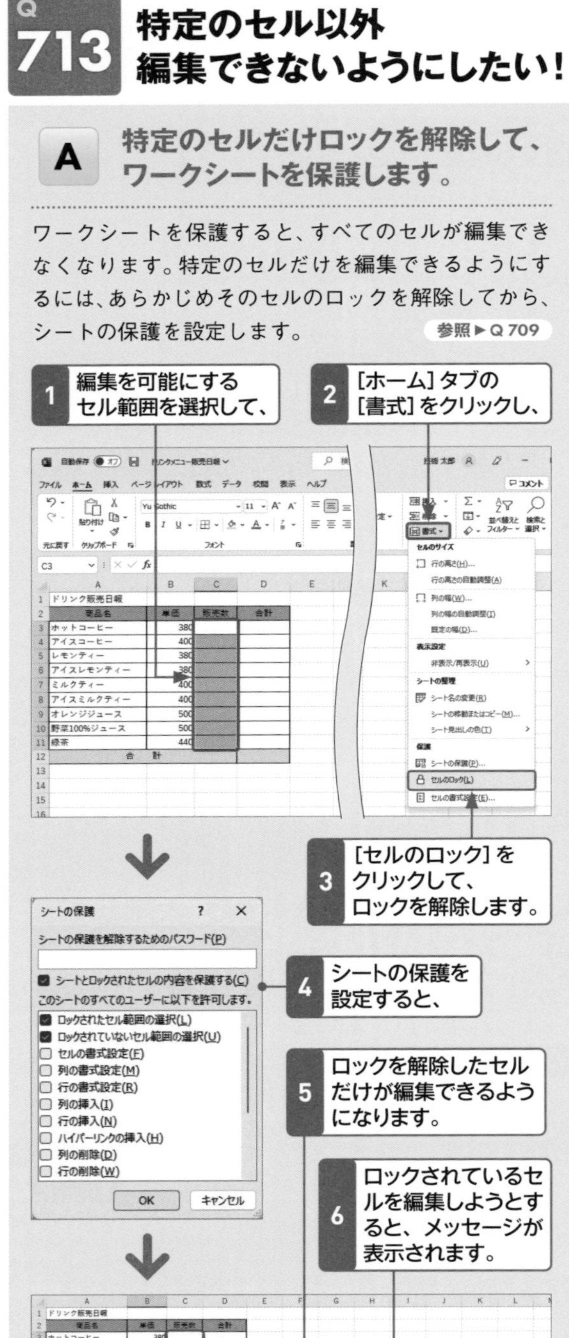

重要度 ★★★ ワークシートの保護

Q 714 ワークシートの構成を変更できないようにしたい！

A 「ブックの保護」を設定します。

ワークシートの移動や削除、追加など、ワークシートの構成を変更できないようにするには、ブックを保護します。[校閲]タブの[ブックの保護]をクリックして、[シート構成とウィンドウの保護]ダイアログボックスで設定します。

ブックの保護を解除するには、再度[ブックの保護]をクリックし、必要に応じてパスワードを入力します。

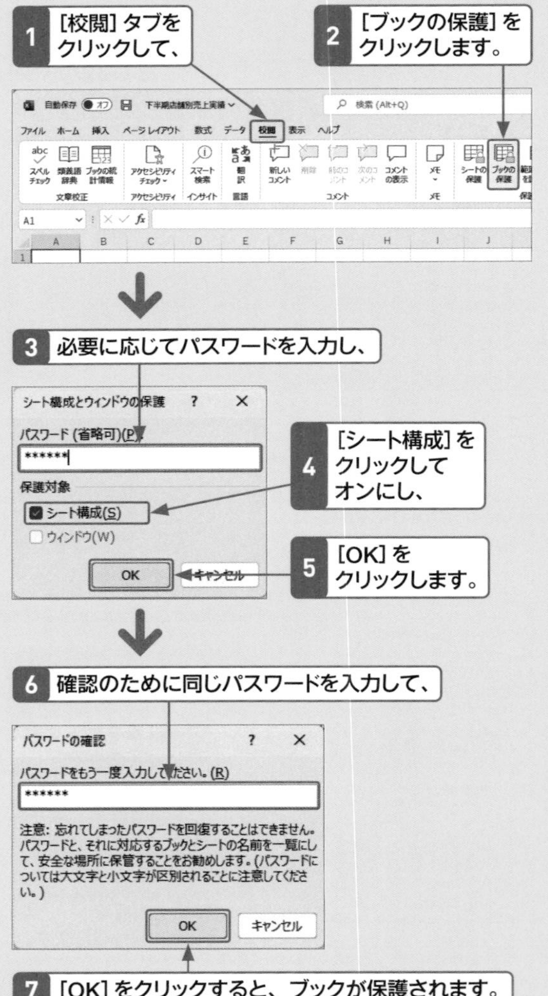

重要度 ★★★　メモ

Q 715 セルに影響されないメモを付けたい！

A セルにメモを追加します。

セルに影響されないメモを付けたいときは、「メモ」を利用します。セルにメモを追加すると、Excel 2021/2019では常に表示された状態になります。Excel 2016では、通常は画面上に表示されず、セルにマウスポインターを合わせたときにメモが表示されます。

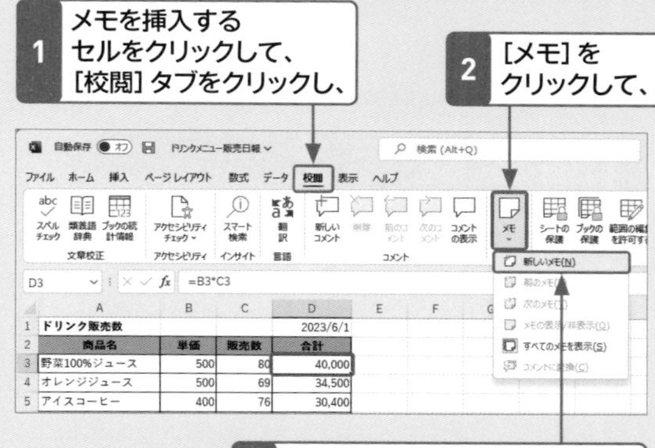

1 メモを挿入するセルをクリックして、[校閲] タブをクリックし、
2 [メモ] をクリックして、
3 [新しいメモ] をクリックします。

Excel 2019/2016の場合は、[校閲] タブの [新しいコメント] をクリックします。

4 吹き出し状の枠が表示されるので、メモの内容を入力して、

	A	B	C	D	E	F	G
1	ドリンク販売数			2023/6/1			
2	商品名	単価	販売数	合計			
3	野菜100%ジュース	500	80	40,000			
4	オレンジジュース	500	69	34,500			
5	アイスコーヒー	400	76	30,400			
6	ミルクティー	400	71	28,400			

健康ブームもあり、野菜100%ジュースの売れ行きがアップしている。今後の展開に期待できる

5 枠の外をクリックします。

6 メモの付けたセルには赤い三角マークが表示されます。

	A	B	C	D	E	F	G
1	ドリンク販売数			2023/6/1			
2	商品名	単価	販売数	合計			
3	野菜100%ジュース	500	80	40,000			
4	オレンジジュース	500	69				
5	アイスコーヒー	400	76				
6	ミルクティー	400	71				

技術太郎:
健康ブームもあり、野菜100%ジュースの売れ行きがアップしている。今後の展開に期待

重要度 ★★★　メモ

Q 716 メモの表示／非表示を切り替えたい！

A1 [メモの表示／非表示] や [すべてのメモを表示] で切り替えます。

Excel 2021でメモの表示／非表示を切り替えるには、[校閲] タブの [メモ] をクリックして、[メモの表示／非表示] あるいは [すべてのメモを表示] をクリックします。前者は、メモの表示／非表示を個別に切り替えます。後者は、シート内のすべてのメモの表示／非表示を切り替えます。

[メモの表示／非表示] や [すべてのメモを表示] で切り替えます。

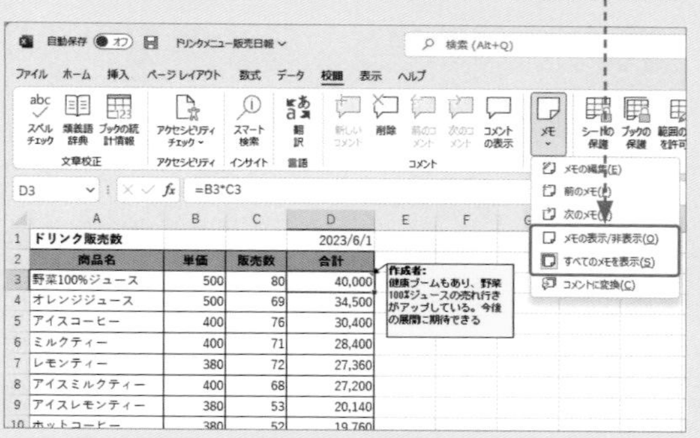

A2 [コメントの表示／非表示] や [すべてのコメントの表示] で切り替えます。

Excel 2019/2016でメモの表示／非表示を切り替えるには、[校閲] タブの [コメントの表示／非表示] あるいは [すべてのコメントの表示] で切り替えます。

[コメントの表示／非表示] や [すべてのコメントの表示] で切り替えます。

	A	B	C	D	E	F	G	H	I
1	ドリンク販売数			2023/6/1					
2	商品名	単価	販売数	合計					
3	野菜100%ジュース	500	80	40,000					
4	オレンジジュース	500	69	34,500					
5	アイスコーヒー	400	76	30,400					
6	ミルクティー	400	71	28,400					
7	レモンティー	380	72	27,360					
8	アイスミルクティー	400	68	27,200					
9	アイスレモンティー	380	53	20,140					
10	ホットコーヒー	380	52	19,760					

重要度★★★ メモ

Q 717 メモを編集したい！

A [校閲]タブの[メモ]から[メモの編集]を利用します。

メモを付けたセルをクリックして、[校閲]タブの[メモ]から[メモの編集]をクリックすると、メモ内にカーソルが表示され、内容が編集できるようになります。また、メモを削除するには、メモを表示して、[削除]をクリックします。

参照▶Q 716

1 修正したいメモを付けたセルをクリックして、[校閲]タブをクリックし、

2 [メモ]をクリックして、

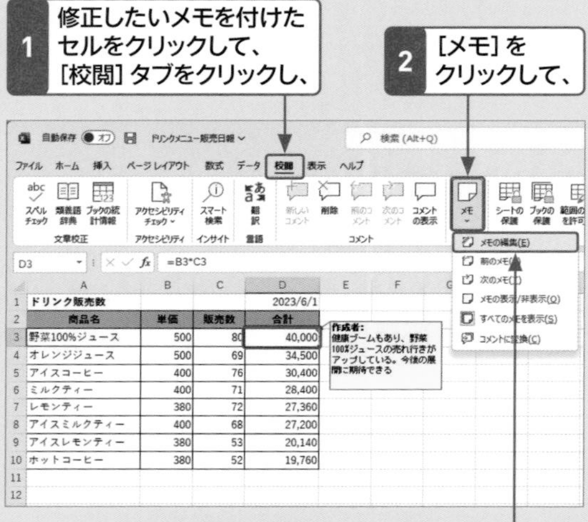

3 [メモの編集]をクリックします。

Excel 2019/2016の場合は、[校閲]タブの[コメントの編集]をクリックします。

4 メモ内にカーソルが表示され、メモが編集できるようになります。

	A	B	C	D
1	ドリンク販売数			2023/6/1
2	商品名	単価	販売数	合計
3	野菜100%ジュース	500	80	40,000
4	オレンジジュース	500	69	34,500
5	アイスコーヒー	400	76	30,400
6	ミルクティー	400	71	28,400
7	レモンティー	380	72	27,360
8	アイスミルクティー	400	68	27,200
9	アイスレモンティー	380	53	20,140
10	ホットコーヒー	380	52	19,760

作成者:
健康ブームもあり、野菜100%ジュースの売れ行きがアップしている。今後の展開に期待できる。

メモ内を直接クリックして、編集状態にすることもできます。

重要度★★★ メモ

Q 718 メモのサイズや位置を変えたい！

A ハンドルをドラッグしたり、枠をドラッグしたりします。

メモを付けたセルをクリックして、[校閲]タブの[メモの編集]をクリックすると、メモの周囲に枠とハンドルが表示されます。サイズを変更するにはいずれかのハンドルをドラッグします。メモを移動するには枠をドラッグします。

ハンドルをドラッグすると、サイズを変更できます。

1	ドリンク販売数			2023/6/1
2	商品名	単価	販売数	合計
3	野菜100%ジュース	500	80	40,000
4	オレンジジュース	500	69	34,500
5	アイスコーヒー	400	76	30,400
6	ミルクティー	400	71	28,400
7	レモンティー	380	72	27,360
8	アイスミルクティー	400	68	27,200
9	アイスレモンティー	380	53	20,140
10	ホットコーヒー	380	52	19,760

作成者:
健康ブームもあり、野菜100%ジュースの売れ行きがアップしている。今後の展開に期待

枠をドラッグすると、位置が移動できます。

重要度★★★ メモ

Q 719 メモ付きでワークシートを印刷したい！

A [ページ設定]ダイアログボックスで設定します。

ワークシートをメモ付きで印刷するには、メモを表示して、[ページ設定]ダイアログボックスの[シート]で印刷されるように設定します。

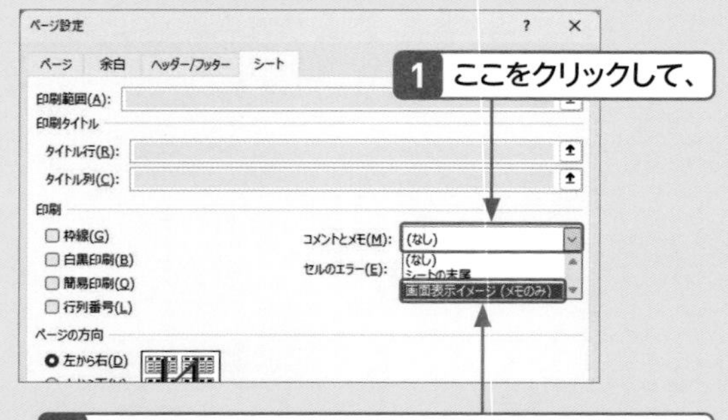

1 ここをクリックして、

2 [画面表示イメージ(メモのみ)]をクリックします。

重要度★★★　アプリの連携

Q 720 Excelの表やグラフをWordに貼り付けたい！

A [ホーム]タブの[コピー]と[貼り付け]を利用します。

ExcelとWordでは、それぞれで[ホーム]タブの[コピー]、[ホーム]タブの[貼り付け]を利用すると、クリップボードを経由してデータをやりとりできます。
Wordに貼り付けたExcelの表やグラフには、書式やスタイルをWordで自由に設定することができます。ただし、この方法でWordに貼り付けた表は、Excelのワークシートとしては編集できません。

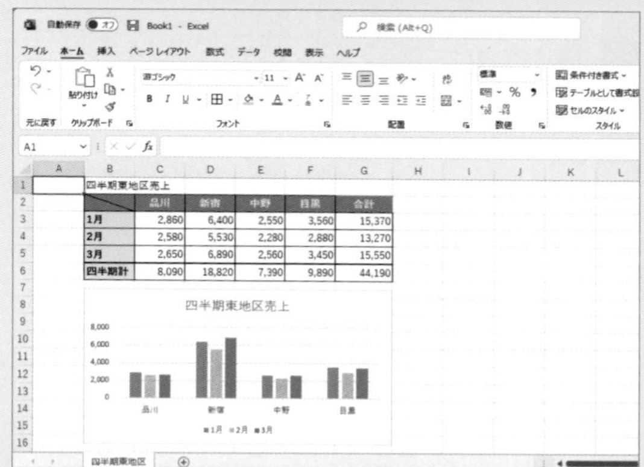

ExcelとWordの間では、コピーと貼り付けを利用してデータをやりとりできます。

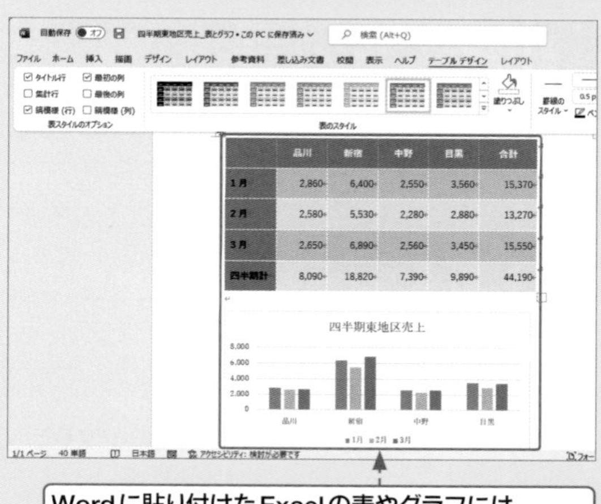

Wordに貼り付けたExcelの表やグラフには、書式やスタイルをWordで設定することができます。

重要度★★★　アプリの連携

Q 721 Wordに貼り付けた表やグラフを編集したい！

A Microsoft Excelワークシートオブジェクトとして貼り付けます。

Wordに貼り付けたExcelの表やグラフをExcelのワークシートとして編集するには、Wordに貼り付ける際に、[ホーム]タブの[貼り付け]の下の部分をクリックして、[形式を選択して貼り付け]をクリックし、貼り付ける形式を[Microsoft Excelワークシートオブジェクト]にして貼り付けます。グラフの場合は、[Microsoft Excelグラフオブジェクト]として貼り付けます。

1 [形式を選択して貼り付け]ダイアログボックスを表示して、

2 [Microsoft Excelワークシートオブジェクト]をクリックし、

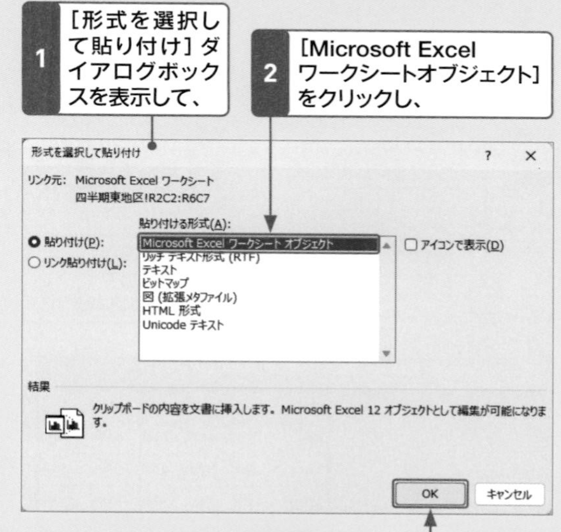

3 [OK]をクリックします。

リボンもExcelのものに変わります。

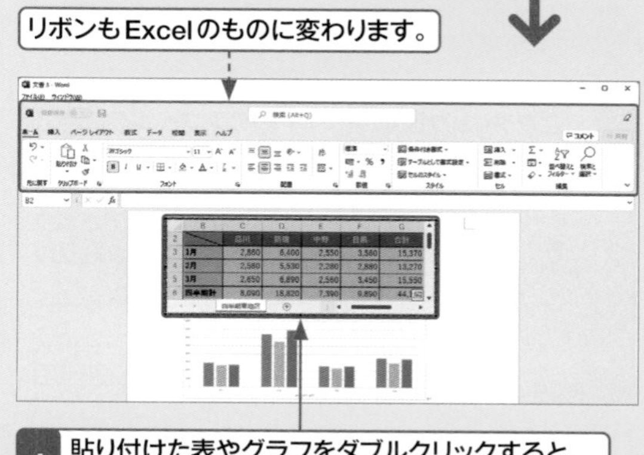

4 貼り付けた表やグラフをダブルクリックすると、Exceのワークシートと同じように編集できます。

重要度 ★★★　アプリの連携

Q 722 Wordに貼り付けた表やグラフをExcelとリンクさせたい！

A リンクを設定して貼り付けます。

リンク貼り付けを行うと、Excelで行った表やグラフの編集がWordに貼り付けた表やグラフにも反映されます。リンク貼り付けを行うには、貼り付ける際に[貼り付け]の下の部分をクリックして、[貼り付けのオプション]から[リンク（元の書式を保持）]あるいは[リンク（貼り付け先のスタイルを使用）]を選択します。グラフの場合は、[元の書式を保持しデータをリンク]あるいは[貼り付け先テーマを使用しデータをリンク]を選択します。

● [リンク（元の書式を保持）]で貼り付ける

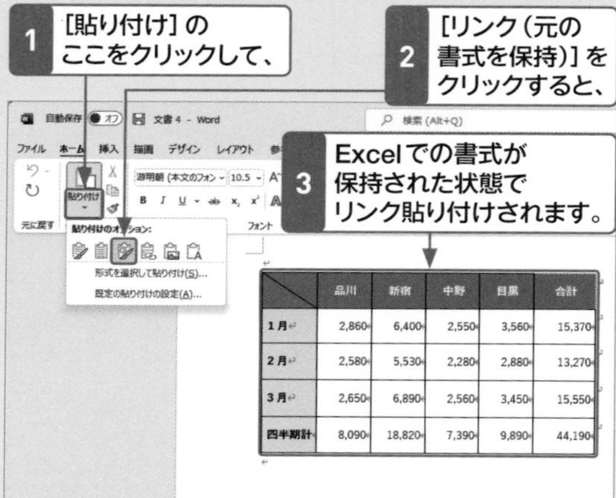

1 [貼り付け]のここをクリックして、
2 [リンク（元の書式を保持）]をクリックすると、
3 Excelでの書式が保持された状態でリンク貼り付けされます。

● [リンク（貼り付け先のスタイルを使用）]で貼り付ける

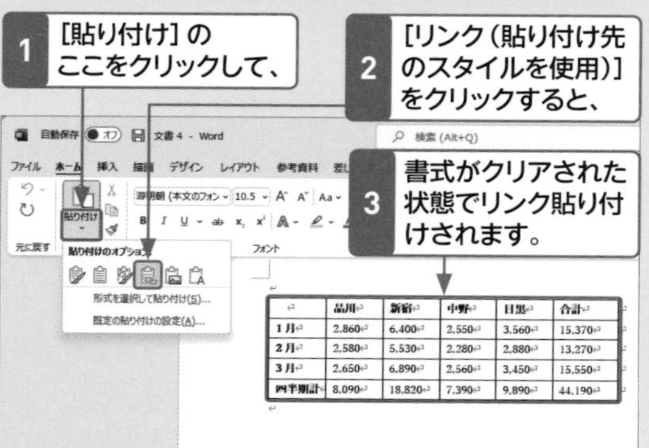

重要度 ★★★　アプリの連携

Q 723 Wordのファイルを読み込みたい！

A Wordでファイルの種類を[Webページ]として保存し、Excelで開きます。

Wordで作成した文書をExcelで読み込むには、Wordでファイルの種類を「Webページ」にして保存し、そのファイルをExcelで開きます。なお、Excelで開いたファイルを上書き保存するとWebページとして保存されます。Excelファイルとして保存する場合は、ファイルの種類を「Excelブック」にして保存します。

● Wordでファイルを保存する

1 [名前を付けて保存]ダイアログボックスを表示して、ファイル名を入力します。

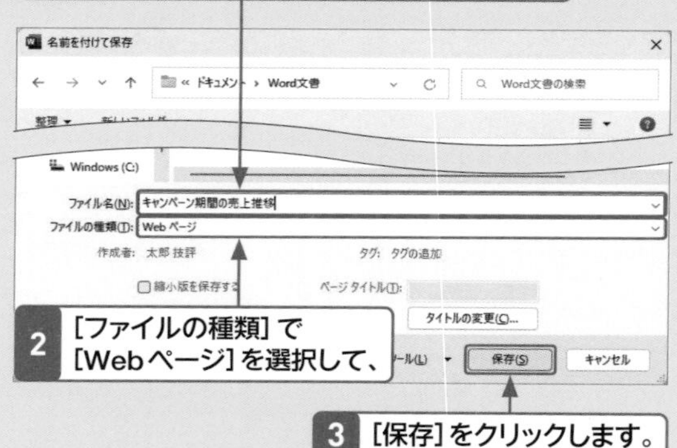

● ExcelでWord文書を開く

1 [ファイルを開く]ダイアログボックスを表示して、ファイルの保存先を指定します。

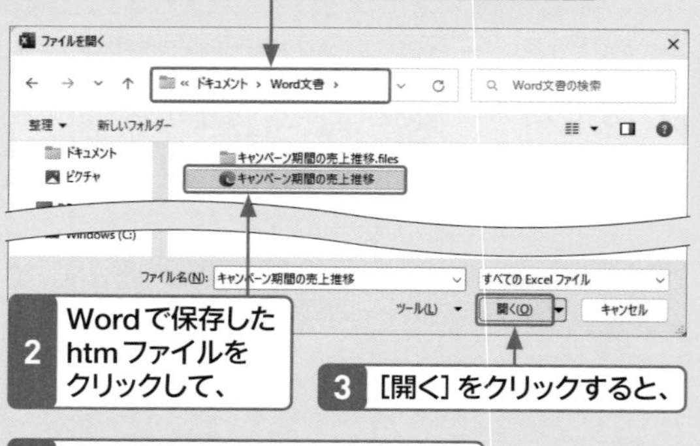

4 Wordで作成した文書をExcelに読み込むことができます。

重要度 ★★★ アプリの連携

Accessのデータを取り込みたい！

A1 ［データ］タブの［データの取得］から取り込みます。

Excel 2021/2019でAccessのデータを取り込むには、［データ］タブ→［データの取得］→［データベースから］→［Microsoft Access データベースから］の順にクリックし、下の手順で取り込みます。

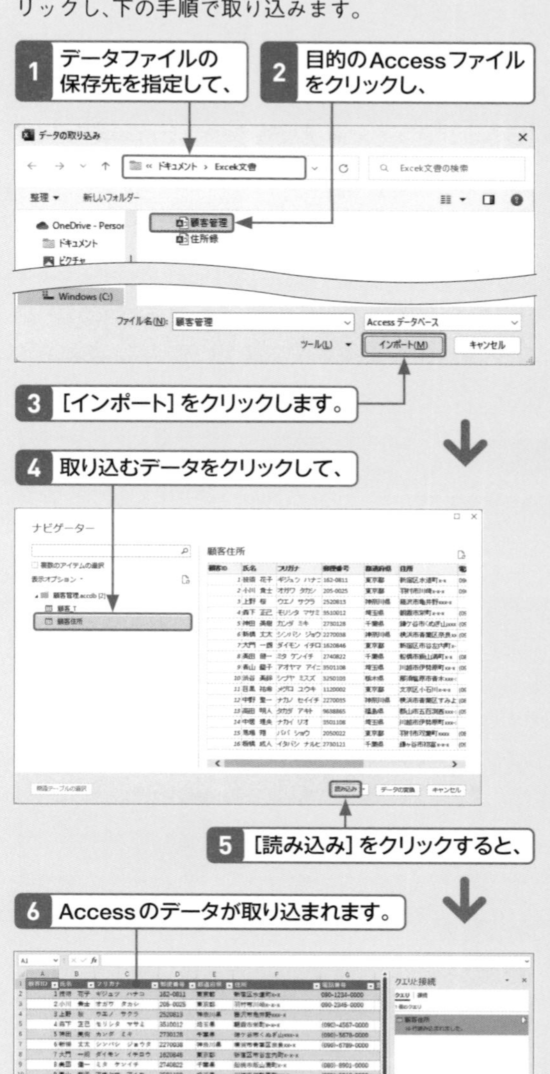

1 データファイルの保存先を指定して、
2 目的のAccessファイルをクリックし、
データの取り込み
ドキュメント > Excel文書
顧客管理
住所録
ファイル名(N): 顧客管理
Access データベース
インポート(M)
キャンセル
3 ［インポート］をクリックします。
4 取り込むデータをクリックして、
ナビゲーター
顧客住所
5 ［読み込み］をクリックすると、
6 Accessのデータが取り込まれます。

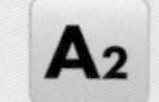

A2 ［データ］タブの［Accessデータベース］から取り込みます。

Excel 2016の場合は、［データ］タブの［外部データの取り込み］から［Accessデータベース］をクリックし、下の手順で取り込みます。

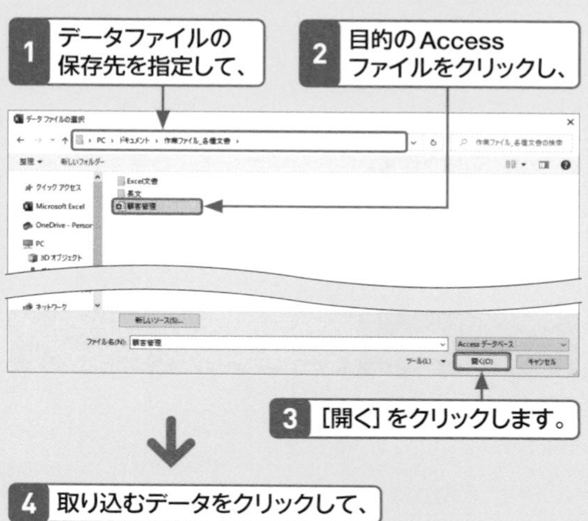

4 取り込むデータをクリックして、

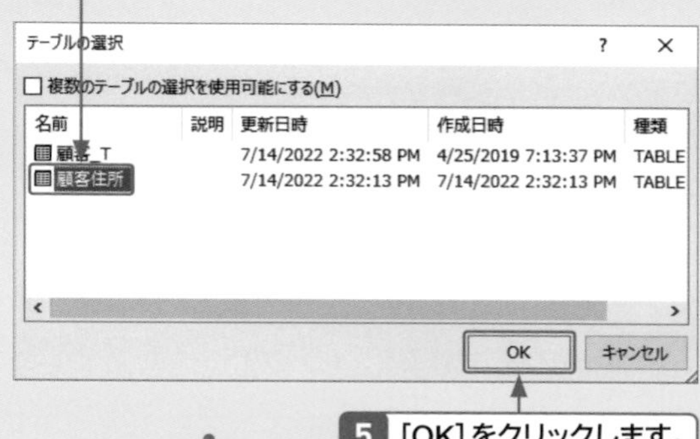

5 ［OK］をクリックします。

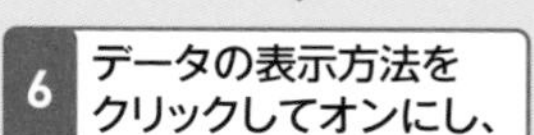

6 データの表示方法をクリックしてオンにし、

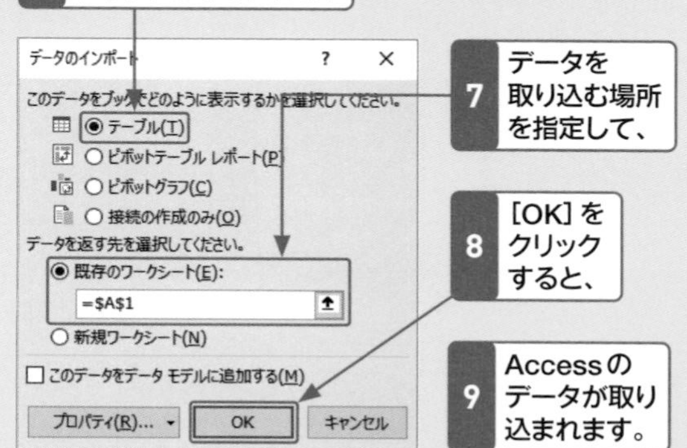

重要度★★★ アプリの連携

Q 725 Excelの住所録をはがきの宛名印刷に使いたい！

A Wordの「はがき宛名面印刷ウィザード」を利用します。

Excelでは、はがきの宛名印刷を行うことができません。Excelで作成した住所録をはがきの宛名印刷に使う場合は、Wordの［差し込み文書］タブの［はがき印刷］から［宛名面の作成］をクリックして、「はがき宛名面印刷ウィザード」を起動し、差し込み印刷を行います。詳しくは、Wordの解説書を参照してください。

重要度★★★ アプリの連携

Q 726 テキストファイルのデータをワークシートにコピーしたい！

A ［貼り付けのオプション］を利用します。

カンマ（,）区切りのテキストファイルのデータをコピーして、Excelに貼り付けると、1行分のデータが1つのセルにコピーされてしまいます。これを各セルに分けて表示するには、貼り付けたあとに表示される［貼り付けのオプション］を利用します。

1 カンマ（,）区切りのテキストデータをExcelに貼り付けると、1行分のデータが1つのセルにコピーされます。

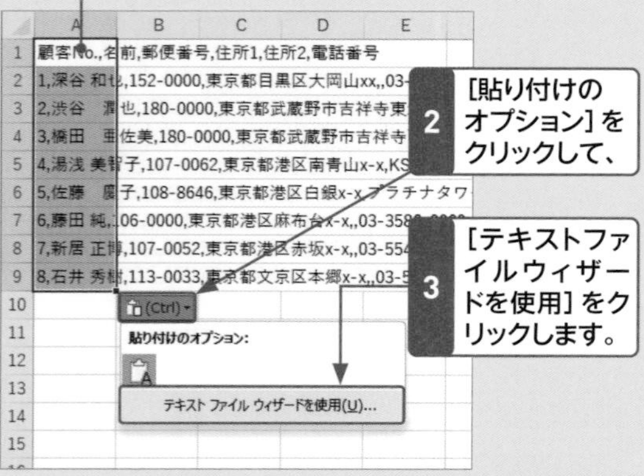

4 ［テキストファイルウィザード］ダイアログボックスが表示されるので、画面の指示に従って操作します。

重要度★★★ OneDrive

Q 727 OfficeにサインインしてOneDriveを使いたい！

A 画面右上の［サインイン］をクリックします。

Microsoftアカウントを取得してOfficeにサインインすると、ExcelからOneDriveに直接ブックを保存することができます。Officeにサインインするには、画面右上に表示されている［サインイン］をクリックして、Microsoftアカウントとパスワードを入力します。

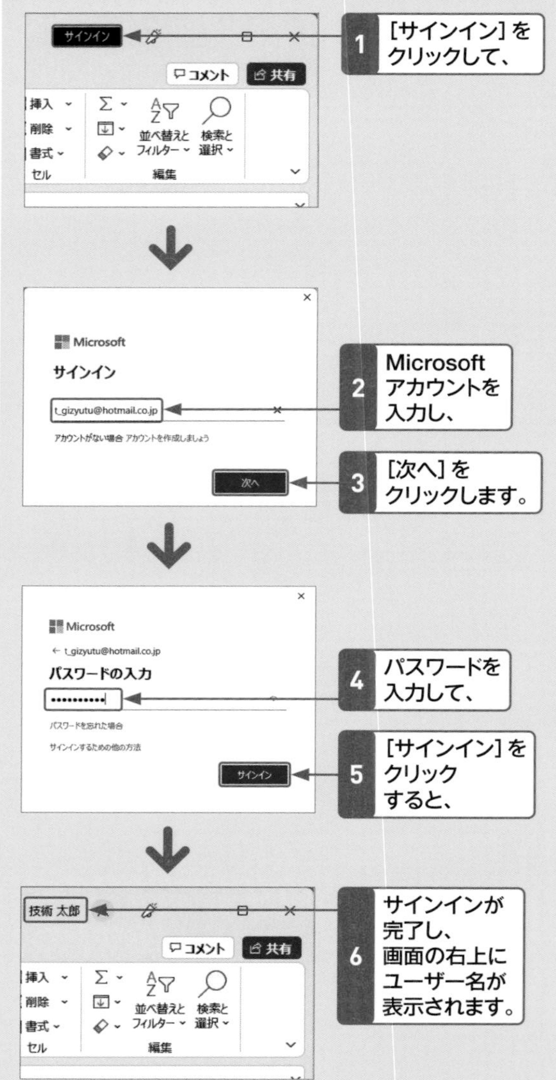

1 ［サインイン］をクリックして、
サインイン
コメント
共有
2 Microsoftアカウントを入力し、
Microsoft
サインイン
t_gizyutu@hotmail.co.jp
3 ［次へ］をクリックします。
次へ
4 パスワードを入力して、
パスワードの入力
5 ［サインイン］をクリックすると、
6 サインインが完了し、画面の右上にユーザー名が表示されます。
技術 太郎

重要度 ★★★ OneDrive

Webブラウザーを利用してOneDriveにブックを保存したい!

A WebブラウザーでOneDriveのページを開いて、アップロードします。

Webブラウザーを利用してOneDriveにブックを保存するには、Webブラウザーを起動して、「https://onedrive.live.com」にアクセスします。サインインの画面が表示された場合は、[サインイン]をクリックして、Microsoftアカウントでサインインすると、OneDriveが表示されます。

1 Webブラウザーを起動して、「https://onedrive.live.com」にアクセスします。

2 OneDriveのWebページが開くので、

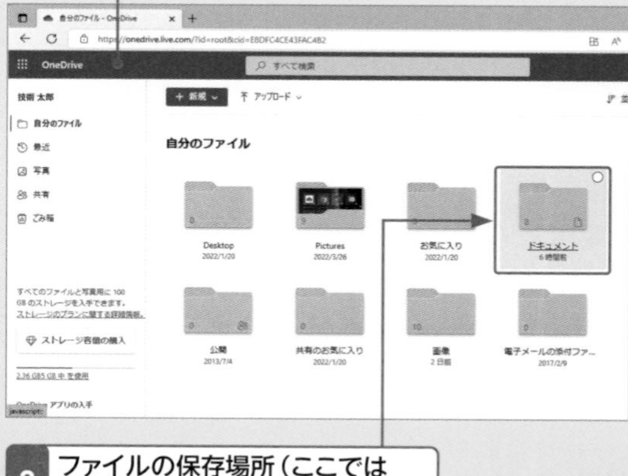

3 ファイルの保存場所(ここでは[ドキュメント])をクリックします。

4 [アップロード]をクリックして、

5 [ファイル]をクリックします。

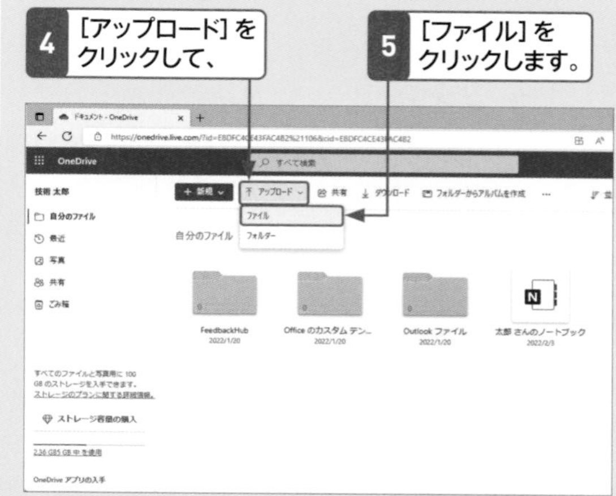

6 ファイルの保存先を指定して、

7 保存するファイルをクリックし、

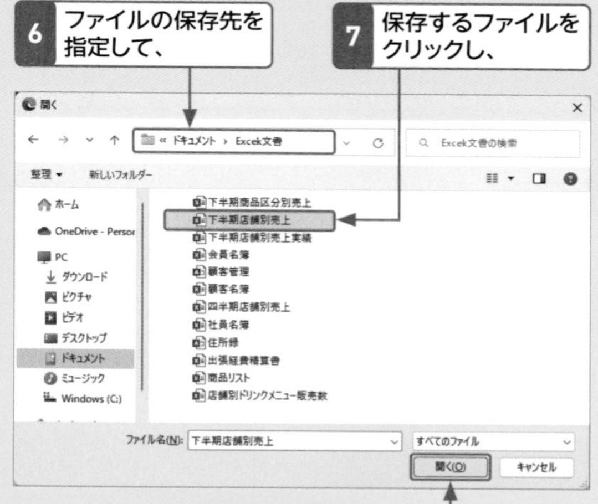

8 [開く]をクリックすると、

9 ブックがOneDriveに保存されます。

重要度★★★ OneDrive

Q 729 OneDriveにフォルダーを作成したい!

A OneDriveのページを表示して、[新規]から作成します。

OneDriveには、「ドキュメント」(あるいは「Documents」)や「画像」(あるいは「Pictures」)などのフォルダーが用意されていますが、フォルダーは必要に応じて作成できます。OneDriveの直下に作成したり、「ドキュメント」や「画像」の中に作成することができます。ここでは、OneDriveの直下にフォルダーを作成します。

参照▶Q 728

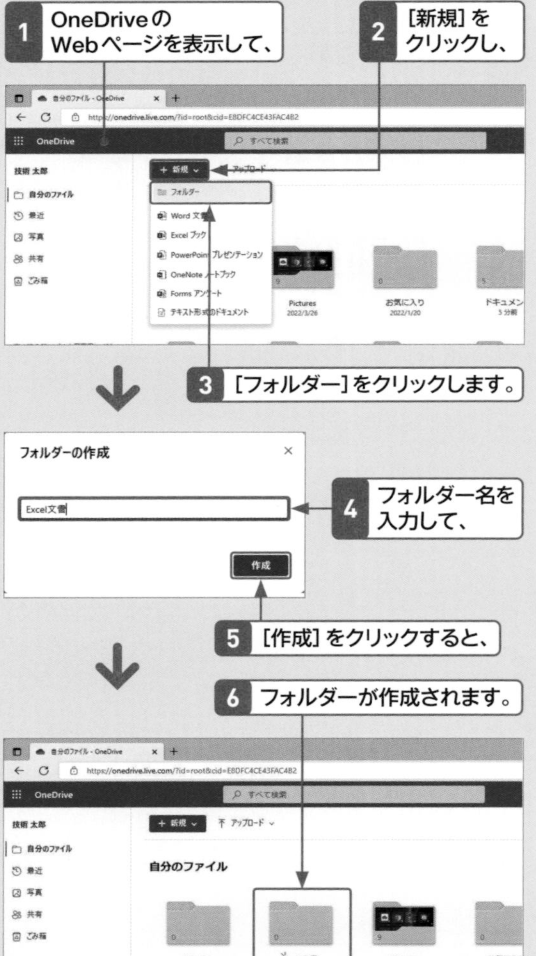

1 OneDriveのWebページを表示して、
2 [新規]をクリックし、
3 [フォルダー]をクリックします。
フォルダーの作成
Excel文書
作成
4 フォルダー名を入力して、
5 [作成]をクリックすると、
6 フォルダーが作成されます。
自分のファイル

重要度★★★ OneDrive

Q 730 エクスプローラーからOneDriveを利用したい!

A MicrosoftアカウントでWindowsにサインインします。

MicrosoftアカウントでWindows 11/10にサインインしている場合は、エクスプローラーに[OneDrive]フォルダーが表示され、通常のパソコン内のフォルダーと同様にOneDriveを利用できます。

1 エクスプローラーを表示して、

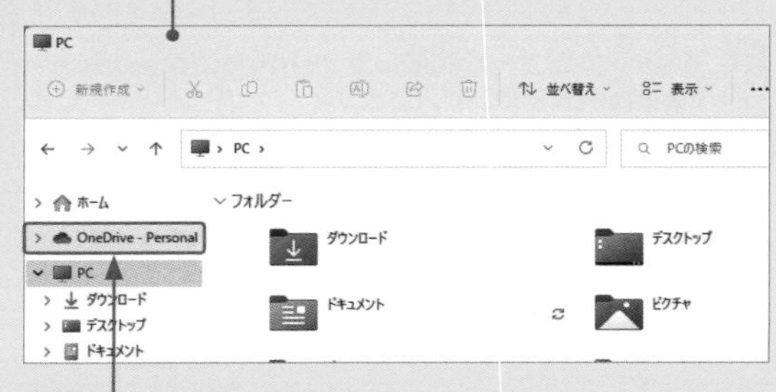

2 [OneDrive Personal]をクリックすると、

3 OneDrive内のフォルダーが表示されます。

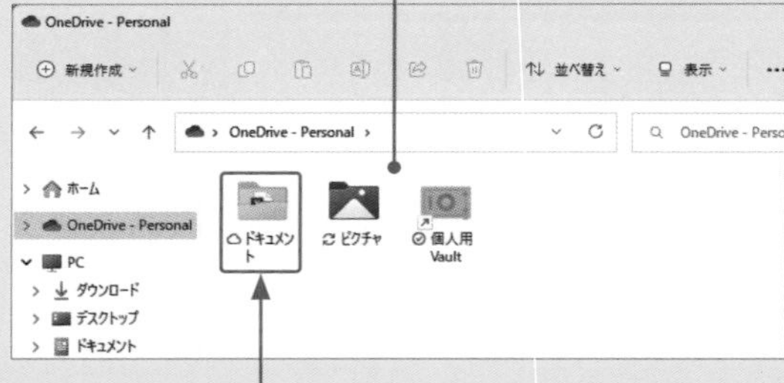

4 [ドキュメント]をダブルクリックすると、

5 [ドキュメント]フォルダーに保存されているファイルが表示されます。

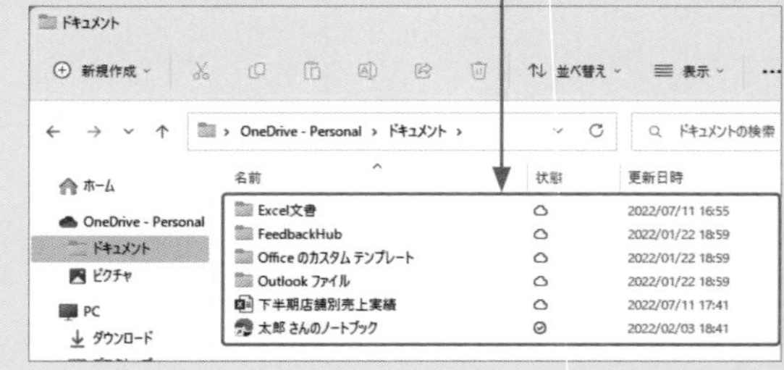

重要度★★★ OneDrive

Q 731 OneDriveとPCで同期するフォルダーを指定したい！

A フォルダーごとに同期するかしないかを設定します。

Windows 11/10の初期設定では、パソコン内の［OneDrive］フォルダーと、Webページ上のOneDriveはすべて同期しています。すべてのフォルダーを同期したくない場合は、フォルダーごとに同期するかしないかを設定します。

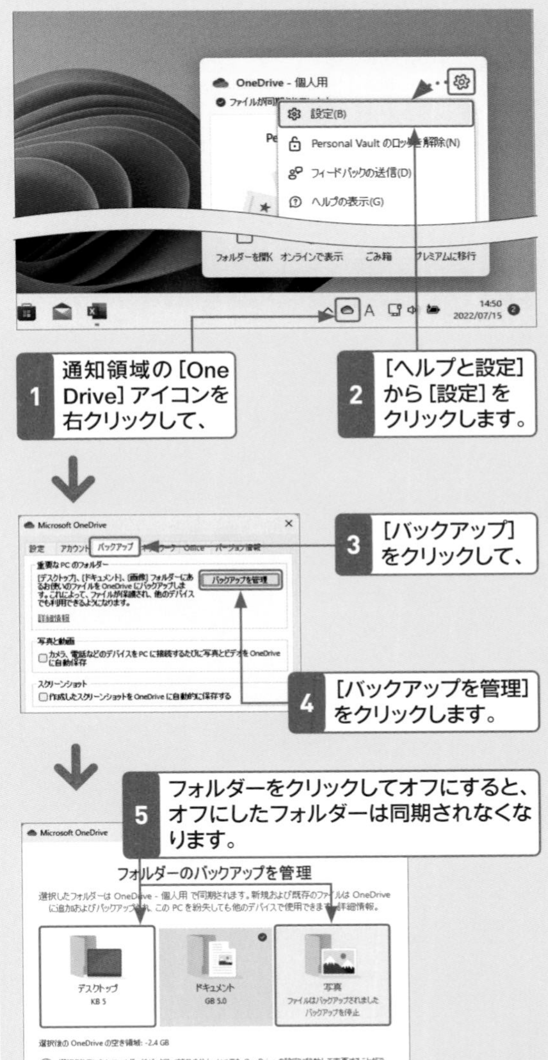

1 通知領域の［OneDrive］アイコンを右クリックして、
2 ［ヘルプと設定］から［設定］をクリックします。
3 ［バックアップ］をクリックして、
4 ［バックアップを管理］をクリックします。
5 フォルダーをクリックしてオフにすると、オフにしたフォルダーは同期されなくなります。
フォルダーのバックアップを管理
デスクトップ
ドキュメント
写真

重要度★★★ ブックの共有

Q 732 OneDriveでExcelのブックを共有したい！

A ブックを指定して［共有］をクリックします。

OneDriveでExcelのブックを共有するには、共有したいブックを選択して、［共有］をクリックします。［リンクの送信］画面が表示されるので、共有相手のメールアドレスを入力し、相手にブックへのリンクが付いたメールを送信します。 参照▶Q 728

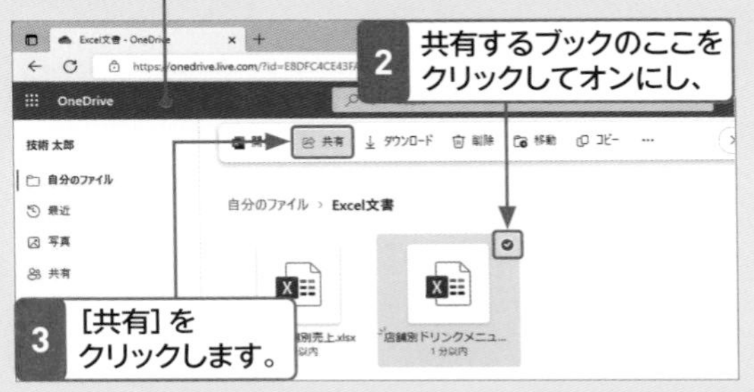

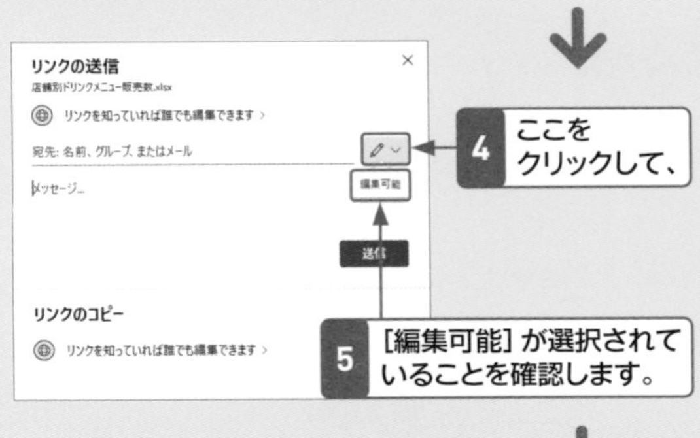

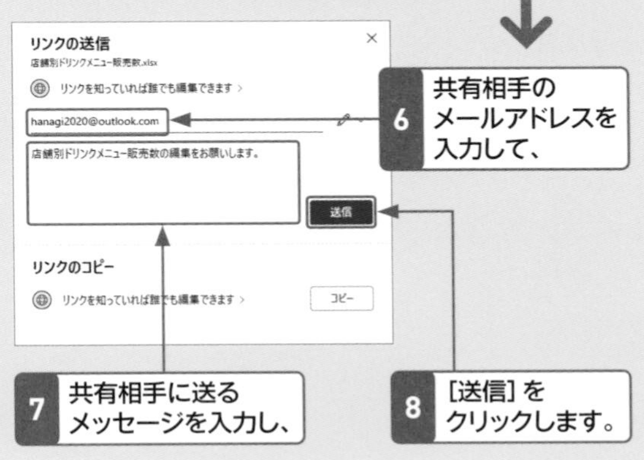

リンクの送信
hanagi2020@outlook.com
6 共有相手のメールアドレスを入力して、
7 共有相手に送るメッセージを入力し、
8 ［送信］をクリックします。
リンクのコピー

重要度 ★★★ ブックの共有

Q 733 ブックを共有する人の権限を指定したい！

A ［リンクの送信］画面で権限を指定します。

OneDriveでExcelのブックを共有する場合、初期状態では、共有者に編集を許可する設定が選択されています。共有者に表示だけを許可したい場合は、［リンクの送信］画面で、［表示可能］を選択します。 参照▶Q 732

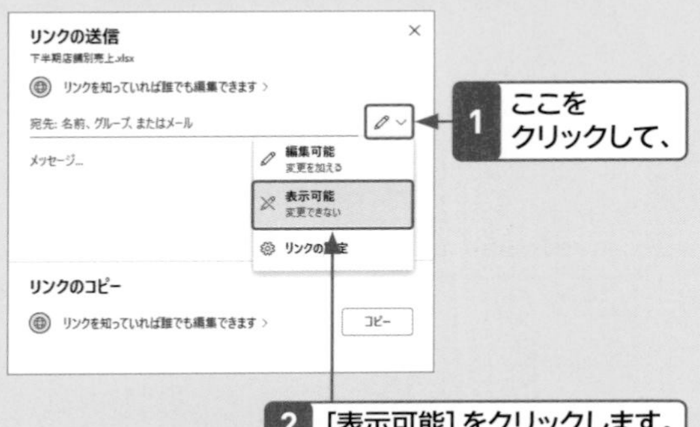

重要度 ★★★ ブックの共有

Q 734 共有されているブックを確認したい！

A ［共有］フォルダーを表示して確認します。

共有しているファイルやフォルダーを確認するには、OneDriveのWebページの左側にある［共有］をクリックします。
なお、画面のサイズが小さい場合は、☰ をクリックしてメニューを表示し、［共有］をクリックします。

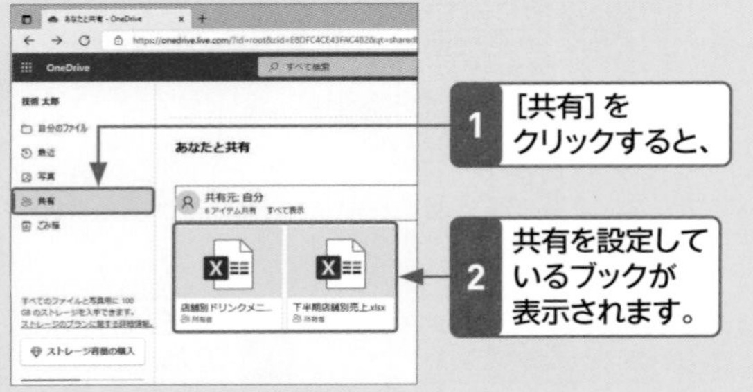

重要度 ★★★ ブックの共有

Q 735 ブックを複数の人と共有したい！

A ［リンクのコピー］をクリックしてURLをコピーします。

複数の相手とブックを共有したい場合は、［リンクの送信］画面で［リンクのコピー］をクリックしてリンクを作成し、そのリンクをコピーしてメールで送信します。

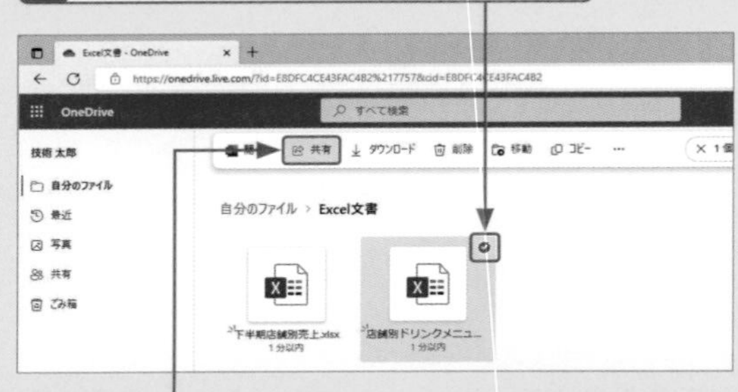

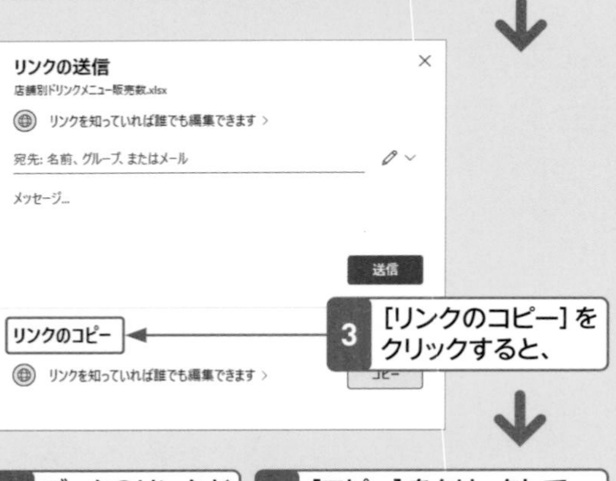

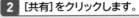

4 ブックのリンクが表示されるので、
5 ［コピー］をクリックして、クリップボードにコピーし、

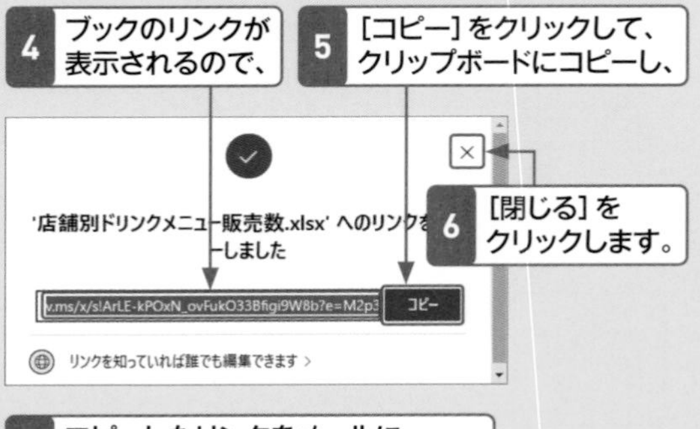

7 コピーしたリンクをメールに貼り付けて共有相手に送信します。

重要度 ★★★　ブックの共有

Q 736 ブックの共有設定を解除したい！

A ［詳細］ウィンドウを表示して、共有を停止します。

OneDriveで共有したブックの共有設定を解除するには、共有されているブックを選択して［情報］をクリックし、［詳細］ウィンドウを表示して、下の手順で共有を停止します。

参照▶Q 732

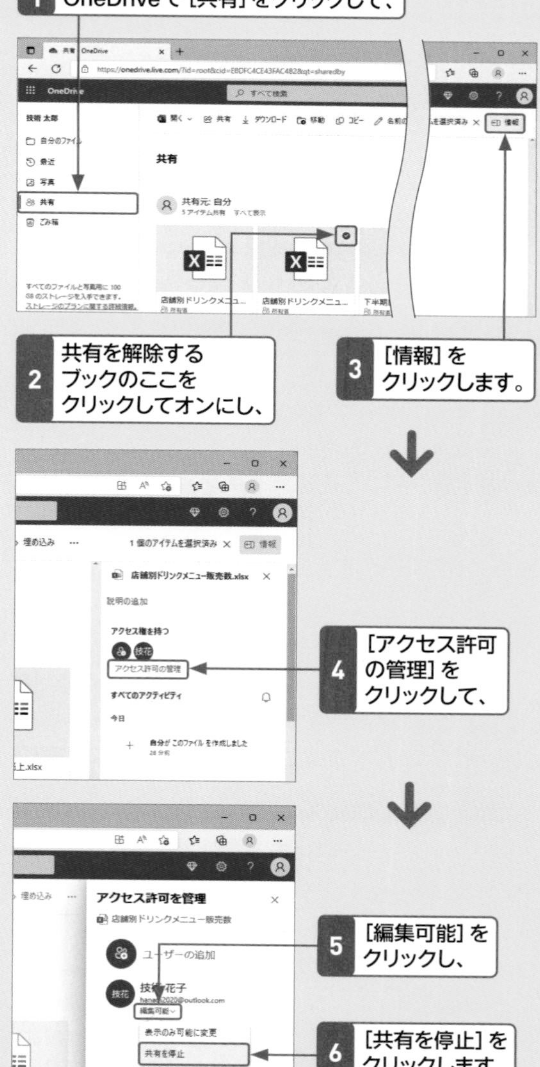

重要度 ★★★　ブックの共有

Q 737 Excelからブックを共有したい！

A OneDriveにブックを保存して共有します。

Excelでは、MicrosoftアカウントでExcelにサインインすると、Excelからブックを共有することができます。はじめに、OneDriveにブックを保存する必要があります。

1 共有するブックを表示して、［共有］をクリックし、

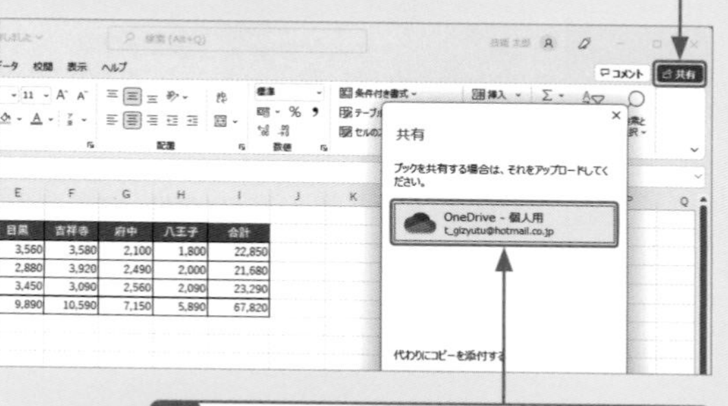

2 ［OneDrive-個人用］をクリックすると、

3 ブックがOneDriveに保存されます。

4 共有相手のメールアドレスを入力して、

リンクの送信
四半期店舗別売上.xlsx
リンクを知っていれば誰でも編集できます
hanagi2020@outlook.com
四半期店舗別売上の集計です。ご確認ください。
送信

5 必要に応じてメッセージを入力して、

6 ［送信］をクリックすると、

7 リンクが送信されます。

'四半期店舗別売上.xlsx' へのリンクを送信しました

重要度★★★ ブックの共有

Q 738 ブックを共同で編集したい！

A 共有ブックのリンクを開いて編集します。

ブックの所有者からメールなどで通知された共有ブックを開くと、ブックを共同で編集することができます。ブックの共同編集はExcel Onlineで行うことができます。Excel Onlineで編集した内容は、OneDriveに自動的に保存されます。

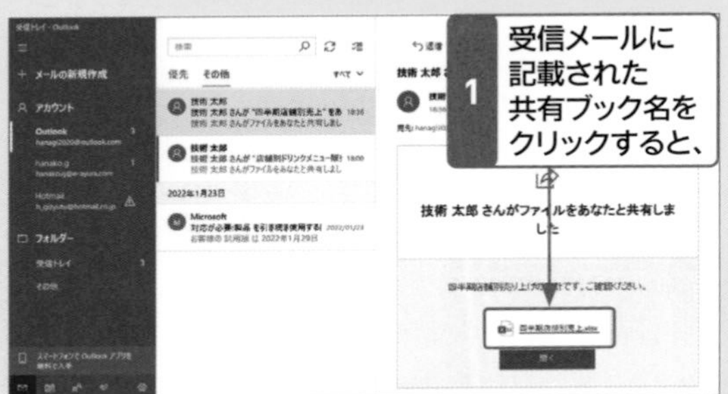

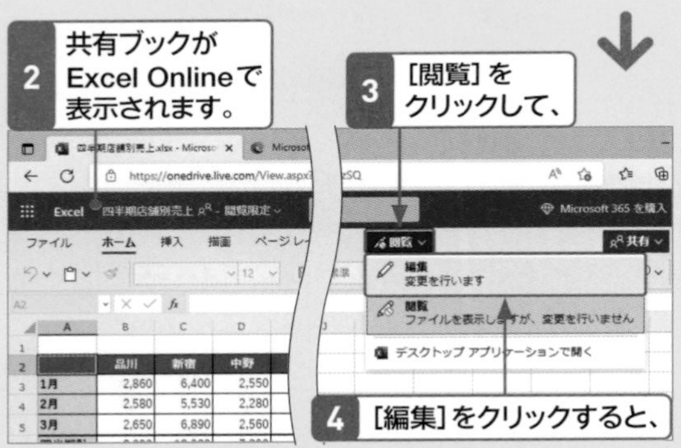

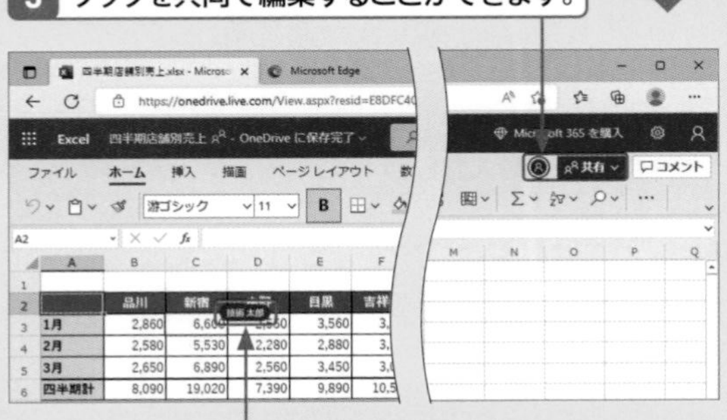

6 共同編集者が行った編集箇所にはアイコンが表示され、クリックすると編集者名が表示されます。

重要度★★★ Excel Online

Q 739 Excel Onlineって何？

A インターネット上で使える無料のオンラインアプリケーションです。

Excel Online（Office Online）は、インターネット上で利用できる無料のオンラインアプリケーションです。インターネットに接続できる環境であればどこからでもアクセスでき、Excel文書を作成、編集、保存することができます。「https://office.com」にアクセスしてMicrosoftアカウントでサインインすると、Excel Onlineが利用できます。

重要度★★★ Excel Online

Q 740 Excel Onlineの機能を知りたい！

A リボンを利用してコマンドを操作できますが機能は制限されます。

Excel Onlineは、パソコンにインストールされているExcel同様、リボンを利用してコマンドを操作できます。機能は一部制限されますが、複数人による共同編集や共有が可能で、編集内容はリアルタイムに反映されます。Excel Onlineで作成、編集したブックは、OneDriveに自動的に保存されます。

また、Excel Onlineでは、「シートビュー」機能が利用できます。シートビューとは、フィルターや並べ替えを行った状態を保存しておき、必要に応じて切り替えて利用できる機能です。

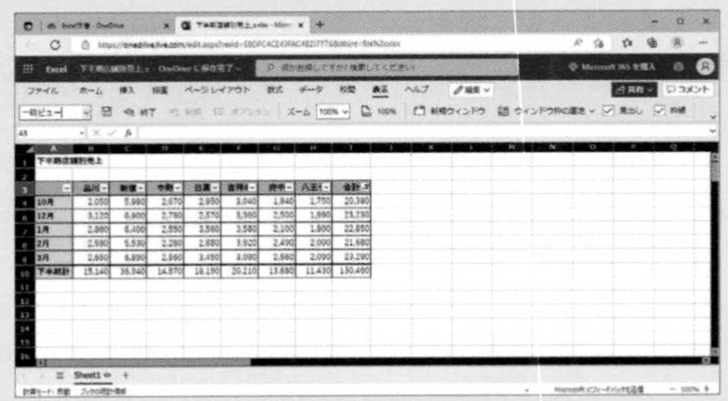

表の作成、書式の設定、関数の入力、グラフの作成など、基本的な作業が行えます。

重要度 ★★★　スマートフォンやタブレット

Q 741 スマートフォンやタブレットでExcelを使いたい！

A スマートフォン用Excelをダウンロードしてインストールします。

スマートフォンやタブレットでExcelを使用するには、それぞれのデバイス向けのExcelをダウンロードしてインストールする必要があります。iPad、iPhone（iOS）向けのExcelはApp Storeから、Android用のExcelはPlayストアから、Windows用のExcelはMicrosoft Storeからそれぞれ無料でダウンロードできます。

パソコン版のExcelと比較すると機能に制限はありますが、文書の閲覧や編集、作成など、Excelの基本機能は搭載されています。ただし、画面サイズが10.1インチ以上のデバイスやExcelの高度な機能を利用する場合は、有料のOffice 365のサブスクリプション契約が必要です。

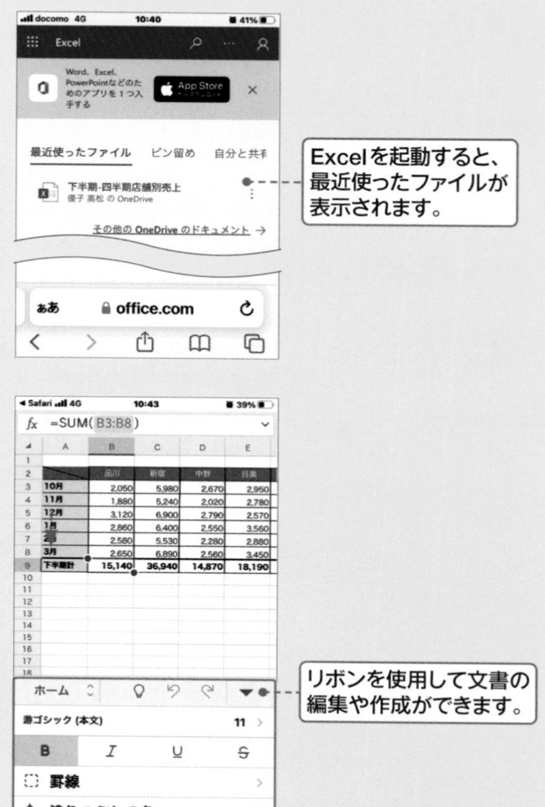

重要度 ★★★　スマートフォンやタブレット

Q 742 スマートフォンやタブレットでOneDriveのブックを開きたい！

A OneDriveに保存しておくと、どのデバイスからも利用できます。

ブックをOneDriveに保存しておくと、スマートフォンやタブレットなど、どのデバイスからでも利用できます。OneDriveから開いて編集したブックは、自動的に上書き保存されるので、手作業で保存する必要はありません。ブックを開く手順は、それぞれのデバイスによって多少異なります。ここでは、iPhoneでOneDriveを使用します。

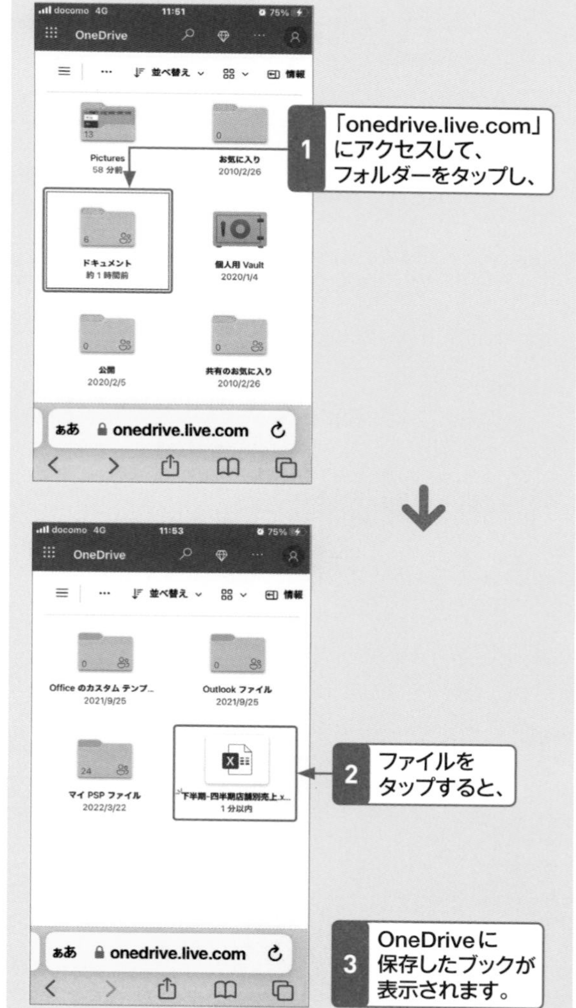

ショートカットキー一覧

Excelを活用するうえで覚えておくと便利なのがショートカットキーです。ショートカットキーとは、キーボードの特定のキーを押すことで、操作を実行する機能です。ショートカットキーを利用すれば、すばやく操作を実行できます。ここでは、ExcelやWindowsで利用できる主なショートカットキーを紹介します。

■ Excelで利用できる主なショートカットキー

基本操作	
Alt + F4	Excelを終了する。
Ctrl + N	新しいブックを作成する。
Ctrl + F12	[ファイルを開く] ダイアログボックスを表示する。
Ctrl + P	[ファイル] タブの [印刷] 画面を表示する。
Ctrl + S	上書き保存する。
Ctrl + W / Ctrl + F4	ファイルを閉じる。
Ctrl + Y	取り消した操作をやり直す。または直前の操作を繰り返す。
Ctrl + Z	直前の操作を取り消す。
Ctrl + F1	リボンを表示/非表示する。
F1	[ヘルプ]作業ウィンドウを表示する。
F7	[スペルチェック] ダイアログボックスを表示する。
F12	[名前を付けて保存] ダイアログボックスを表示する。
データの入力・編集	
F2	セルを編集可能にする。
Alt + Shift + =	SUM関数を入力する。
Ctrl + ;	今日の日付を入力する。
Ctrl + :	現在の時刻を入力する。
Ctrl + C	セルをコピーする。
Ctrl + X	セルを切り取る。
Ctrl + V	コピーまたは切り取ったセルを貼り付ける。
Ctrl + + (テンキー)	セルを挿入する。
Ctrl + − (テンキー)	セルを削除する。
Ctrl + D	選択範囲内で下方向にセルをコピーする。
Ctrl + R	選択範囲内で右方向にセルをコピーする。
Ctrl + F	[検索と置換] ダイアログボックスの [検索] を表示する。
Ctrl + H	[検索と置換] ダイアログボックスの [置換] を表示する。
Shift + F3	[関数の挿入] ダイアログボックスを表示する。

セルの書式設定	
Ctrl + 1	[セルの書式設定] ダイアログボックスを表示する。
Ctrl + B	太字を設定/解除する。
Ctrl + I	斜体を設定/解除する。
Ctrl + U	下線を設定/解除する。
Ctrl + Shift + ^	[標準] スタイルを設定する。
Ctrl + Shift + 1	[桁区切りスタイル] を設定する。
Ctrl + Shift + 3	[日付] スタイルを設定する。
Ctrl + Shift + 4	[通貨] スタイルを設定する。
Ctrl + Shift + 5	[パーセンテージ] スタイルを設定する。
Ctrl + Shift + 6	選択したセルに外枠罫線を引く。
セル・行・列の選択	
Ctrl + A	ワークシート全体を選択する。
Ctrl + Shift + :	アクティブセルを含み、空白の行と列で囲まれるデータ範囲を選択する。
Ctrl + Shift + End	選択範囲をデータ範囲の右下隅のセルまで拡張する。
Ctrl + Shift + Home	選択範囲をワークシートの先頭のセルまで拡張する。
Ctrl + Shift + ↑ (↓←→)	選択範囲をデータ範囲の上(下、左、右)に拡張する。
Shift + ↑ (↓←→)	選択範囲を上(下、左、右)に拡張する。
Shift + Home	選択範囲を行の先頭まで拡張する。
Shift + Back space	選択を解除する。
ワークシートの挿入・移動・スクロール	
Shift + F11	新しいワークシートを挿入する。
Ctrl + End	データ範囲の右下隅のセルに移動する。
Ctrl + Home	ワークシートの先頭に移動する。
Ctrl + Page Down	後(右)のワークシートに移動する。
Ctrl + Page Up	前(左)のワークシートに移動する。
Alt + Page Up (Page Down)	1画面左(右)にスクロールする。
Page Up (Page Down)	1画面上(下)にスクロールする。

■ Windows 11で利用できる主なショートカットキー

キー	機能
■（Windows）	スタートメニューを表示／非表示する。
■ + A	クイック設定を表示する。
■ + B	通知領域に格納されているアプリを順に切り替える。
■ + D	デスクトップを表示／非表示する。
■ + E	エクスプローラーを起動する。
■ + I	［設定］アプリを起動する。
■ + L	画面をロックする。
■ + M	すべてのウィンドウを最小化する。
■ + R	［ファイル名を指定して実行］ダイアログボックス表示する。
■ + S	検索画面を表示する。
■ + T	タスクバー上のアプリを順に切り替える。
■ + U	［設定］アプリの［アクセシビリティ］を表示する。
■ + W	ウィジェットを表示する。
■ + X	クイックリンクメニューを表示する。
■ + Z	スナップのメニューを表示する。
■ + Print Screen	画面を撮影して［ピクチャ］フォルダーの［スクリーンショット］に保存する。
■ + Tab	タスクビューを表示する。
■ + Ctrl + D	新しい仮想デスクトップを作成する。
■ + Ctrl + F4	仮想デスクトップを閉じる。
■ + Ctrl + →/←	仮想デスクトップを切り替える。
■ + +	拡大鏡を表示して画面全体を拡大する。
■ + −	拡大鏡で拡大された表示を縮小する。
■ + Esc	拡大鏡を終了する。
■ + Home	アクティブウィンドウ以外をすべて最小化する。
■ + ↓	アクティブウィンドウを最小化する。
■ + ↑	アクティブウィンドウを最大化する。
■ + →	画面の右側にウィンドウを固定する。
■ + ←	画面の左側にウィンドウを固定する。
■ + Shift + ↑	アクティブウィンドウを上下に拡大する。
■ + 1/2/3	タスクバーに登録されたアプリを起動する。
■ + ./:	絵文字画面を開く。
■ + ,	デスクトップを一時的にプレビューする。
■ + Shift + 1/2/3	タスクバーに登録されたアプリを新しく起動する。
Alt + D	Web ブラウザーでアドレスバーを選択する。
Alt + Enter	選択した項目の［プロパティ］ダイアログボックスを表示する。
Alt + F4	アクティブなアプリを終了する。
Alt + P	エクスプローラーにプレビューウィンドウを表示する。
Alt + Space	作業中の画面のショートカットメニューを表示する。
Alt + Tab	起動中のアプリを切り替える。
Ctrl + A	ドキュメント内またはウィンドウ内のすべての項目を選択する。
Ctrl + N	新しいウィンドウを開く。
Ctrl + W	作業中のウィンドウを閉じる。
Ctrl + P	Web ページなどの印刷を行う画面を表示する。
Ctrl + 数字キー	Web ブラウザーで n 番目のタブに移動する。
Ctrl + Alt + Delete	ロックやタスクマネージャーの起動が行える画面を表示する。
Ctrl + D	選択したファイルやフォルダーを削除する。
Ctrl + E/F	エクスプローラーで検索ボックスを選択する。
Ctrl + R/F5	Web ブラウザーなどで表示を更新する。
Ctrl + Shift + N	エクスプローラーでフォルダーを作成する。
Ctrl + Shift + Esc	［タスクマネージャー］を表示する。
Ctrl + Tab	Web ブラウザーで前方のタブへ移動する。
Ctrl + Shift + Tab	Web ブラウザーで後方のタブへ移動する。
Ctrl + Shift + N	新しい InPrivate ウィンドウ（シークレットモード）を開く。
Ctrl + +	画面表示を拡大する。
Ctrl + −	画面表示を縮小する。
Esc	現在の操作を取り消す。
F2	選択した項目の名前を変更する。
F11	アクティブウィンドウを全画面表示に切り替える。
Print Screen	画面を撮影してクリップボードにコピーする。
Shift + Delete	選択した項目をゴミ箱に移動せずに削除する。
Shift + F10	選択した項目のショートカットメニューを表示する。
Shift + ↑↓←→	ウィンドウ内やデスクトップ上の複数の項目を選択する。

3-D(スリーディー)参照

連続しているワークシートの同じセル位置を参照する参照方式のことをいいます。3D参照を使用して複数のワークシートを集計することもできます。この場合、複数のワークシートの同じ位置のセルを串刺ししているように見えることから「串刺し計算」とも呼ばれます。

参考▶Q 320

3D(スリーディー)モデル

3D(3次元)で作成された立体の画像データのことです。Excel 2019以降では、3D画像をパソコン内のファイルやオンラインソースからダウンロードして挿入することができます。挿入した3D画像は、任意の方向に回転させたり、上下に傾けて表示させたりできます。[挿入]タブの[図]から[3Dモデル]をクリックして、挿入します。

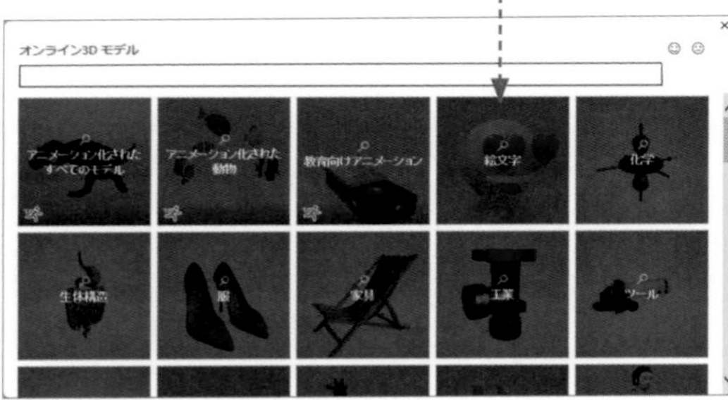

Backstage(バックステージ)ビュー

[ファイル]タブをクリックしたときに表示される画面のことをいいます。Backstageには、新規、開く、保存、印刷などといったファイルに関する機能や、Excelの操作に関するさまざまなオプションが設定できる機能が搭載されています。

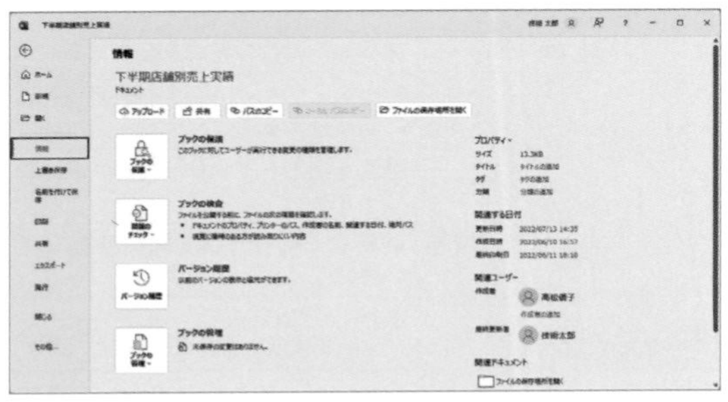

Excel 97-2003ブック

Excel 97/2000/2002/2003に対応したファイル形式(拡張子「.xls」)のことです。Excel 2007からは新しいファイル形式(拡張子「.xlsx」)が採用されたため、Excel 2003以前のバージョンでブックを利用する場合は、[Excel 97-2003ブック]形式で保存する必要があります。

参考▶Q 649

Excel Online(エクセルオンライン)

インターネット上で利用できる無料のオンラインアプリです。インターネットに接続する環境があれば、どこからでもアクセスでき、Excel文書を作成、編集、保存することができます。

参考▶Q 739, Q 740

IME(アイエムイー)パッド

手書きで文字を描いて検索したり、文字一覧や総画数、部首などから文字を検索したりするためのツールです。タスクバーの入力モードを右クリックして[IMEパッド]をクリックすると、表示されます。IMEはInput Method Editorの略で、パソコン上で日本語などを入力するためのアプリです。

IMEパッドの文字一覧

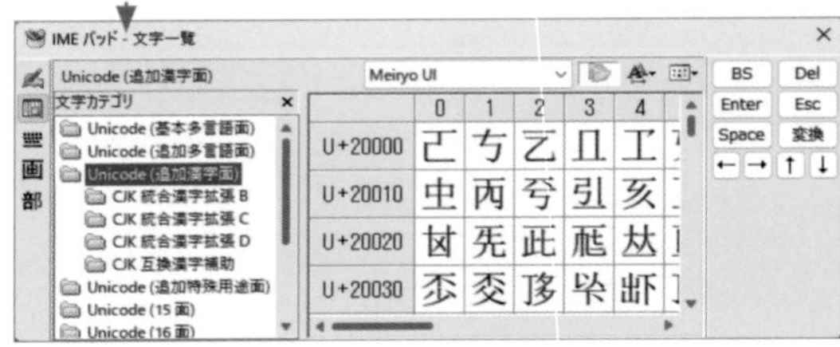

Microsoft 365(マイクロソフトサンロクゴ)

月額や年額の金額を支払って使用するサブスクリプション版のOfficeのことです。ビジネス用と個人用があり、個人用はMicrosoft 365 Personalという名称で販売されています。Windowsパソコン、Mac、タブレット、スマートフォンなど、複数のデバイスに台数無制限にインストールできます。

参考▶Q 010

Microsoft(マイクロソフト)アカウント

マイクロソフトがインターネット上で提供するOne DriveやExcel OnlineなどのWebサービスや各種アプリを利用するために必要な権利のことをいいます。マイクロソフトのWebサイトから無料で取得できます。

参考▶Q 009

Office（オフィス）

マイクロソフトが開発・販売しているビジネス用のアプリをまとめたパッケージの総称です。表計算ソフトのExcel、ワープロソフトのWord、プレゼンテーションソフトのPowerPoint、電子メールソフトのOutlook、データベースソフトのAccessなどが含まれます。

OneDrive（ワンドライブ）

マイクロソフトが無料で提供しているオンラインストレージサービス（データの保管場所）です。標準で5GBの容量を利用できます。 参考▶Q 728

PDF（ピーディーエフ）ファイル

アドビ社によって開発された電子文書の規格の1つです。レイアウトや書式、画像などがそのまま維持されるので、パソコン環境に依存せずに、同じ見た目で文書を表示できます。 参考▶Q 652

POSA（ポサ）カード

支払いが確定した時点で商品を有効化するシステムのことです。Office 2021/2019/2016やMicrosoft 365 PersonalはPOSAカードとダウンロード版の2種類の形態で販売されています。POSAカードで購入した場合は、レジを通すことでプロダクトキーが有効になります。インストールする際に、マイクロソフトのWebサイトでプロダクトキーを入力してダウンロードし、インストールします。

Power Query（パワークエリ）

Excelのテーブルやセル範囲、テキスト／CSV／PDF形式のデータファイル、外部のデータベース、Webサイト上にあるデータなどからデータを取り込むための機能です。取り込んだデータを変換したり、加工したりして、Excelにテーブル形式で読み込みます。 参考▶Q 575, Q 576

SmartArt（スマートアート）グラフィック

アイディアや情報を視覚的な図として表現したものです。さまざまな図表の枠組みが用意されており、必要な文字を入力するだけで、グラフィカルな図表をかんたんに作成できます。 参考▶Q 696

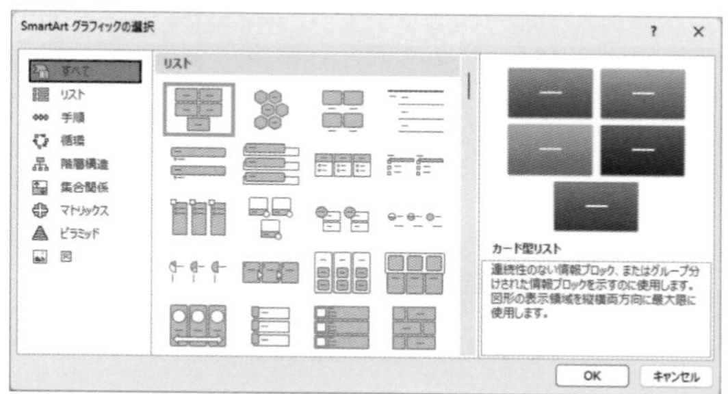

SVG（エスブイジー）ファイル

SVG(Scalable Vector Graphics)ファイルは、ベクターデータと呼ばれる点の座標とそれを結ぶ線で再現される画像です。ファイルサイズが小さく、拡大／縮小しても画質が劣化しないという特徴があります。Excel 2021/2019ではSVG形式のアイコンが多数用意されており、ワークシートにかんたんに挿入することができます。 参考▶Q 708

SVG形式のアイコン

アイコンセット

ユーザーが値を指定しなくても、選択したセル範囲の値を自動計算し、データを相対評価してくれる条件付き書式機能の1つです。値の大小に応じて、セルに3〜5種類のアイコンを表示します。 参考▶Q 294

	A	B	C	D	E	F	G
1	下半期商品区分別売上						
2		品川	新宿	中野	目黒		
3	キッチン	5,340	5,800	5,270	3,820		
4	収納家具	4,330	4,510	4,230	3,080		
5	ガーデン	3,310	3,630	3,200	2,650		
6	防災	800	860	770	1,080		
7	合計	13,780	14,800	13,470	10,630		
8							

アウトライン

データをグループ化する機能のことです。アウトラインを作成すると、アウトライン記号を利用して、各グループを折りたたんで集計行だけを表示したり、展開して詳細データを表示したりできます。

参考▶Q 570, Q 571

A1 | 日付

	A	B	C	D	E	F	G
1	日付	担当者	商品名	販売価格	販売数	売上金額	
2	8月1日	坂本 彩子	旅行セット	2,948	26	76,648	
3	8月2日	坂本 彩子	バスローブ	3,575	12	42,900	
4	8月4日	坂本 彩子	バスローブ	3,575	21	75,075	
5	8月4日	坂本 彩子	珪藻土バスマット	10,978	13	142,714	
6	8月4日	坂本 彩子	アロマセット	2,178	14	30,492	
7	8月4日	坂本 彩子	拡大ミラー	3,575	16	57,200	
8		坂本 彩子 集計			102	425,029	
13		山崎 裕子 集計			67	246,378	
19		中川 直美 集計			104	514,096	
26		湯川 守人 集計			115	475,046	
31		野田 亜紀 集計			52	335,368	
32		総計			440	1,995,917	
33							

アウトライン記号

アクティブセル

現在操作の対象となっているセルをいいます。複数のセルを選択した場合は、その中で白く表示されているのがアクティブセルです。

参考▶Q 025

アクティブセル

	A	B	C	D	E	F	G	H
1	アルバイトシフト表							
2	日	曜日	斉藤	高木	野田	秋葉	柿田	
3	6月5日	月	○	×	○	×	○	
4	6月6日	火	○	×	○	×	○	
5	6月7日	水	○	×	○	×	○	
6	6月8日	木	○	○	×	○	×	
7	6月9日	金	×	○	×	○	×	
8	6月10日	土	×	○	×	○	×	
9								

アクティブセル領域

アクティブセルを含む空白行と空白列で囲まれた矩形のセル範囲をいいます。表のすぐ上に表見出しがある場合は、その見出しも含めた範囲がアクティブセル領域です。

参考▶Q 145

アドイン

Excelにコマンドや機能を追加するツールのことです。Excelに組み込まれているものや、マイクロソフトのWebサイトからダウンロードしてインストールするものがあります。あらかじめ組み込まれているアドインは、[Excelのオプション]ダイアログボックスの[アドイン]から有効にできます。

インク数式

デジタルペンやポインティングデバイス、マウス、指を使って手書きで入力した数式を自動認識し、数式に変換する機能です。インク数式で入力した数式は画像データとして扱われます。

参考▶Q 074

印刷プレビュー

印刷結果のイメージを画面で確認する機能です。実際に印刷する前に印刷プレビューで確認することで、印刷の無駄を省くことができます。

参考▶Q 588

インデント

セル内のデータとセル枠線との間隔を広くする機能のことです。インデントを利用すると、セルに入力した文字列の左に1文字分ずつ空白を入れることができます。

参考▶Q 249

インデント

	A	B	C	D	E
2	地区	目標	実績	達成率	
3	東地区	83,000	85,140	103%	
4	品川	14,000	15,140	108%	
5	新宿	36,000	36,940	103%	
6	西地区	34,000	34,890	103%	
7	吉祥寺	20,000	21,210	106%	
8	府中	14,000	13,680	98%	

エラーインジケーター

入力した数式が正しくない場合や、計算結果が正しく求められない場合などにセルの左上に表示される記号です。数式のエラーがある場合は、エラーの内容に応じたエラー値が表示されます。

参考▶Q 337

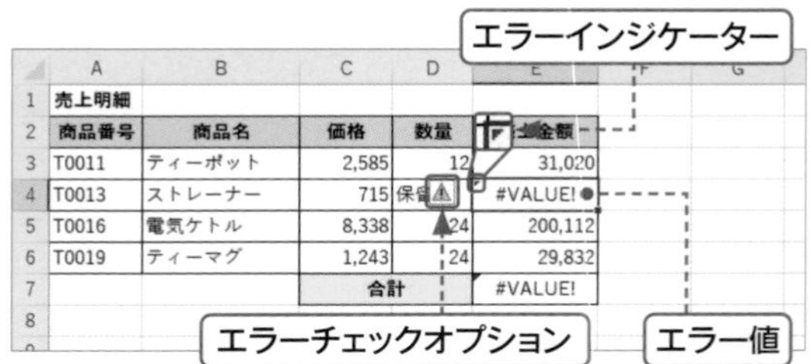

エラー値

セルに入力した数式や関数に誤りがあったり、計算結果が正しく求められなかったりした場合に表示される「#」で始まる記号のことです。#VALUE!、#NAME?、#DIV/0!、#N/A、#NULL!、#NUM!、#REF! など、原因に応じて表示される記号が異なります。 参考▶Q 336

エラーチェックオプション

エラーインジケーターが表示されたセルをクリックすると表示されます。このコマンドを利用すると、エラーの内容に応じた修正などを行うことができます。

参考▶Q 337

演算子

数式で使う計算の種類を表す記号のことです。Excel で使う演算子には、四則演算などを行うための算術演算子、2つの値を比較するための比較演算子、文字列を連結するための文字列連結演算子、セルの参照を示すための参照演算子の4種類があります。

オートSUM(サム)

クリックするだけで計算対象のセル範囲を自動的に認識し、合計が求められるしくみのことです。計算結果が表示されたセルにはSUM関数が入力されます。

参考▶Q 361

SUM関数

ASC | =SUM(B3:B5)

	A	B	C	D	E	F
1	店舗別売上一覧				(千円)	
2	店　名	1月	2月	3月	四半期合計	
3	新宿本店	302,892	356,647	408,072		
4	みなとみらい店	524,935	384,380	393,182		
5	名古屋駅前店	249,433	223,142	411,738		
6	売上合計額	=SUM(B3:B5)				
7		SUM(数値1, [数値2], ...)				

オートコレクト

英単語の2文字目を小文字にしたり、先頭の文字を大文字にしたりするなど、特定の単語や入力ミスと思われる文字列を自動的に修正する機能です。

参考▶Q 086, Q 096

オートコンプリート

文字の入力中、同じ読みから始まるデータが自動的に入力候補として表示されるしくみのことです。Enter を押すと、表示されたデータが入力されます。オートコンプリートをオフにすることもできます。

参考▶Q 075, Q 076

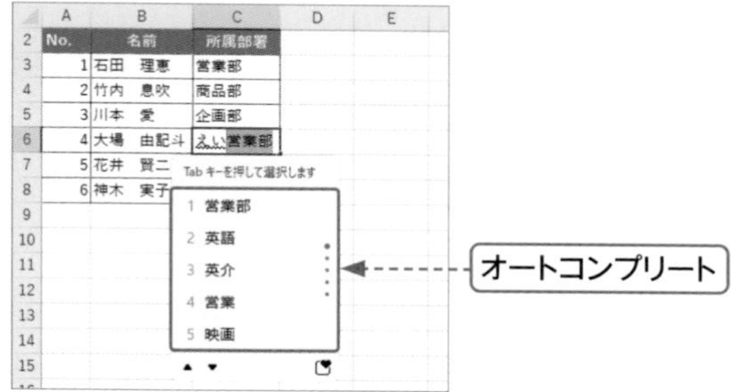

オートフィル

セルに入力したデータをもとにして、ドラッグ操作で連続するデータや同じデータを入力したり、数式をコピーしたりする機能です。オートフィルを行ったあとに表示される[オートフィルオプション]を利用して、オートフィルの動作を変更することもできます。

参考▶Q 117, Q 121

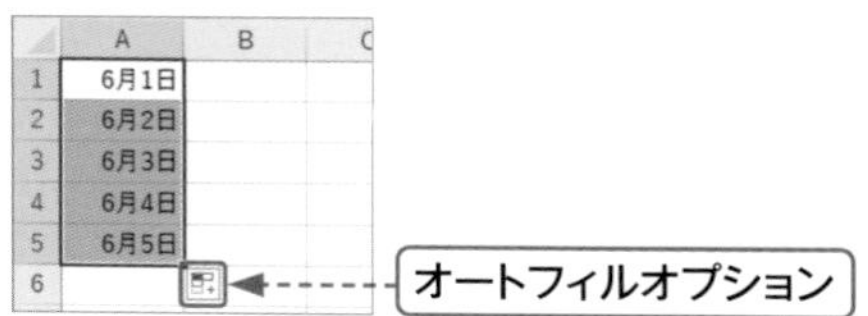

オートフィルター

指定した条件に合ったものを絞り込むための機能です。データベース形式の表にフィルターを設定すると、列見出しにフィルターボタンが表示され、オートフィルターが利用できるようになります。 参考▶Q 523

フィルターボタン

	A	B	C	D	E
1	日付	商品名	数量	価格	合計
3	5月10日	シウマイ弁当	81	820	66,420
4	5月11日	ステーキ弁当	98	1,280	125,440
8	5月13日	ステーキ弁当	59	1,280	75,520
10	5月14日	ステーキ弁当	95	1,280	121,600
13	5月16日	ステーキ弁当	98	1,280	125,440

オブジェクト

セルに入力されているデータ以外の図形やグラフ、画像、テキストボックスなどをいいます。

カーソル

セルに文字を入力したり、セルをダブルクリックしたりすると、縦棒が表示されます。この縦棒をカーソルといい、文字の入力や編集するときの目安となります。マウスポインターのことをカーソルと呼ぶ場合もあります。 参考▶Q 051

改ページ

印刷時にページを改めて、続きを次のページから印刷することをいいます。Excelでは、1ページに収まらないデータを印刷すると自動的に改ページされますが、目的の位置で改ページされるように手動で設定することもできます。

参考▶Q 598

改ページプレビュー

文書を印刷したときに、どの位置で改ページされるかが表示される画面です。改ページ位置は破線で表示されます。破線をドラッグすることで、改ページ位置を変更することもできます。

参考▶Q 598, Q 614

下半期商品区分別売上（中野）

	キッチン	収納家具	ガーデン	防災	合計
10月	903,350	705,360	503,500	185,400	2,297,610
11月	859,290	705,620	489,000	150,060	2,203,970
12月	905,000	705,780	501,200	70,500	2,182,480
1月	803,350	605,360	403,500	90,400	1,902,610
2月	900,290	705,620	609,000	180,060	2,394,970
3月	903,500	805,780	701,200	90,500	2,500,980
下半期計	5,274,780	4,233,520	3,207,400	766,920	13,482,620
売上平均	879,130	705,587	534,567	127,820	2,247,103
売上目標	5,200,000	4,300,000	3,200,000	750,000	13,450,000
差額	74,780	-66,480	7,400	16,920	32,620
達成率	101.44%	98.45%	100.23%	102.26%	100.24%

改ページ位置

拡張子

ファイルの後半部分に「.」（ピリオド）に続けて付加される「.txt」や「.xlsx」「.docx」などの文字列のことです。Windowsで扱うファイルを識別できます。Windowsの初期設定では、拡張子は表示されないようになっています。

可視セル

非表示にした列や行に含まれるセルに対して、ワークシート上に見えているセルだけをいいます。

参考▶Q 574

カラースケール

ユーザーが値を指定しなくても、選択したセル範囲の値を自動計算し、データを相対評価してくれる条件付き書式機能の1つです。値の大小に応じて、セルを色分けします。

参考▶Q 294

下半期商品区分別売上

	品川	新宿	中野	目黒
キッチン	5,340	5,800	5,270	3,820
収納家具	4,330	4,510	4,230	3,080
ガーデン	3,310	3,630	3,200	2,650
防災	800	860	770	1,080
合計	13,780	14,800	13,470	10,630

カラーリファレンス

数式内のセル参照とそれに対応するセル範囲に色を付けて、対応関係を示す機能です。数式の中で複数のセルを参照している場合は、それぞれが異なる色で表示されます。グラフの場合も、グラフをクリックすると、データ範囲を示すカラーリファレンスが表示されます。

参考▶Q 314, Q 467

地区別売上実績

	東地区	西地区	合計
1月	15,370	7,480	22,850
2月	13,270	8,410	21,680
3月	15,550	7,740	23,290
四半期計	=B3+B4+B5	23,630	67,820

関数

特定の計算を行うためにExcelにあらかじめ用意されている機能のことです。関数を利用すると、複雑で面倒な計算や各種作業をかんたんに処理できます。文字列操作、日付／時刻、検索／行列、数学／三角など、たくさんの種類の関数が用意されています。

参考▶Q 349, Q 350, Q 355

行

ワークシートの横方向のセルの並びをいいます。行の位置は数字（行番号）で表示されます。1枚のワークシートには、最大1,048,576行あります。

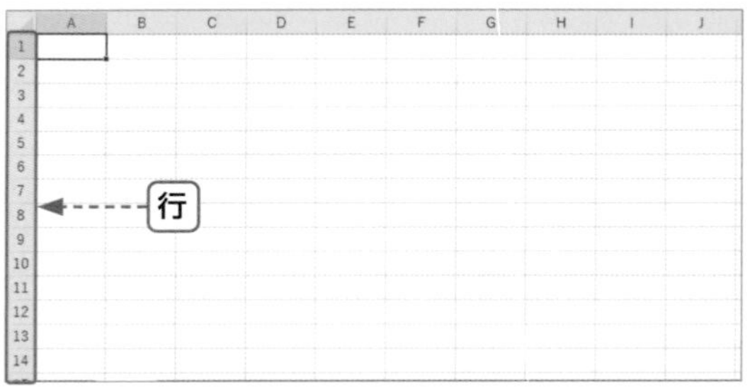

共有

同じブックを複数のユーザーで同時に編集する機能のことをいいます。ExcelではブックをOneDriveに保存すると、インターネット経由で同時に編集することができます。OneDriveから共有したり、Excelから共有したりできます。

参考▶Q 732, Q 737

均等割り付け

セル内の文字をセル幅に合わせて均等に配置する機能のことです。表の行見出しなどに利用すると、見栄えのよい表が作成できます。

参考▶Q 254

均等割り付け

	A	B	C	D	E
1	紅茶人気プレゼント				
2	商品番号	商品名	単価	消費税	表示価格
3	TG101	Teaトライアルセット	3,250	325	3,575
4	TG102	フレーバーティー	3,250	325	3,575
5	TG103	フルーツシリーズ	1,290	129	1,419
6	TG104	Teaセットギフトボックス	6,450	645	7,095
7	TG105	生紅茶6種セット	3,250	325	3,575

クイックアクセスツールバー

よく使う機能をコマンドとして登録しておくことができる領域です。クリックするだけで必要な機能を実行できるので、タブを切り替えて機能を実行するよりすばやく操作できます。Excel 2021では、クイックアクセスツールバーの表示／非表示を切り替えることができます。

参考 ▶ Q 030, Q 044

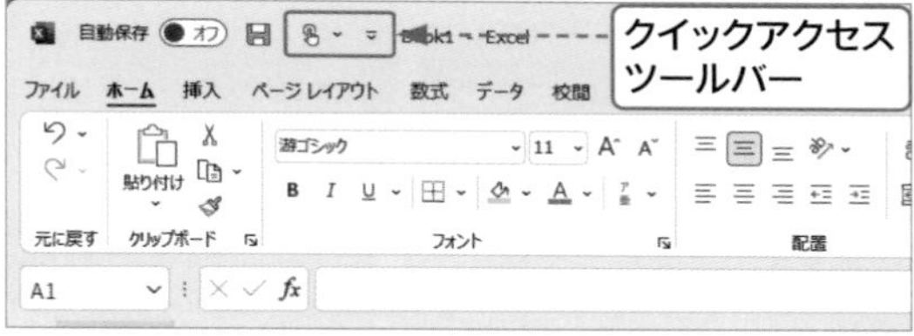

クイック分析

データをすばやく分析できる機能をいいます。セル範囲を選択すると、右下に［クイック分析］コマンドが表示されます。このコマンドをクリックして表示されるメニューから合計を計算したり、条件付き書式、グラフ、テーブルなどをすばやく作成したりすることができます。

参考 ▶ Q 152

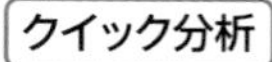

	吉祥寺	府中	八王子	立川	合計
1月	3,580	2,100	1,800	3,200	10,680
2月	3,920	2,490	2,000	2,990	11,400
3月	3,090	2,560	2,090	3,880	11,620
四半期計	10,590	7,150	5,890	10,070	33,700

書式設定(F) グラフ(C) 合計(O) テーブル(T) スパークライン(S)
データ バー カラー アイコン 指定の値 上位 クリア...
条件付き書式では、目的のデータを強調表示するルールが使用されます。

グラフエリア

グラフ全体の領域をいいます。グラフを選択するときは、グラフエリアをクリックします。

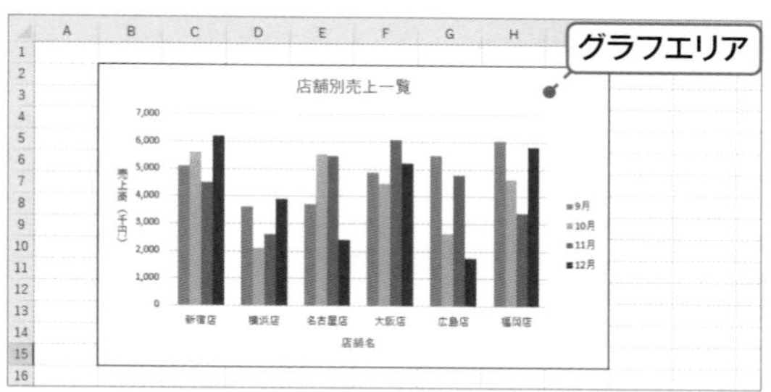

グラフシート

グラフのみが表示されるワークシートのことです。グラフだけを印刷したり、もとのデータとは別にグラフだけを表示したりするときに利用します。

クリップボード

コピーや切り取ったデータを一時的に保管しておく場所のことです。Officeクリップボードには、Officeの各アプリケーションのデータを24個まで保管できます。

参考 ▶ Q 155

グループ化

複数の図形を1つの図形として扱えるようにまとめることをいいます。また、複数のワークシートに同じ表を作成したり、表に同じ書式を設定したりできるようにまとめることもグループ化といいます。

互換性関数

Excel 2007以前のバージョンとの互換性を保つために、古い名前の関数が引き続き使用できるように用意されている関数のことです。［数式］タブの［その他の関数］から利用できます。

参考 ▶ Q 352

互換性チェック

以前のバージョンのExcelでサポートされていない機能が使用されているかどうかをチェックする機能です。互換性に関する項目がある場合は、［互換性チェック］ダイアログボックスが表示されます。

参考 ▶ Q 651

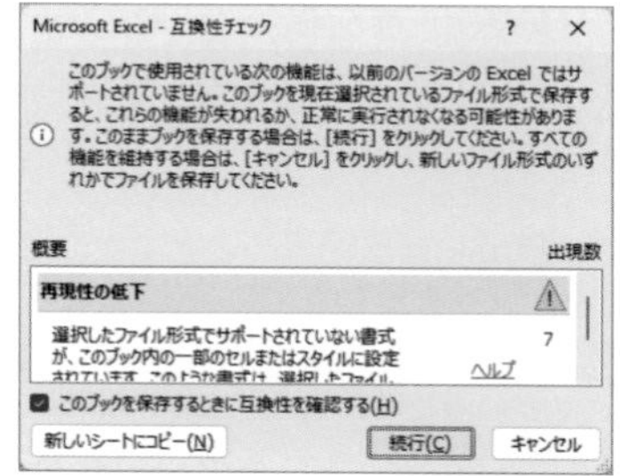

個人用マクロブック

Excelの起動時に非表示の状態で自動的に開かれるマクロ保存専用のブックです。通常、作成したマクロは、「作業中のブック」に保存されます。この場合にマクロを実行するには、マクロを保存したブックを開いておく必要がありますが、「個人用マクロブック」に保存しておけば、そのマクロをいつでも実行することができます。 参考▶Q 678

再計算

セルのデータや数式を変更すると、計算結果が自動的に更新される機能のことです。Excelの初期状態では、再計算が自動で行われるように設定されています。

参考▶Q 328

サインイン

ユーザー名とパスワードで本人の確認を行い、各種サービスや機能を利用できるようにすることです。「ログイン」「ログオン」などとも呼ばれます。Microsoftアカウントでサインインすると、OneDriveやExcel Onlineを利用することができます。 参考▶Q 727

作業ウィンドウ

関連する設定機能をまとめたウィンドウのことです。[クリップボード]作業ウィンドウや、グラフの編集を行う際に表示される[軸の書式設定]作業ウィンドウなどがあります。 参考▶Q 155, Q 475

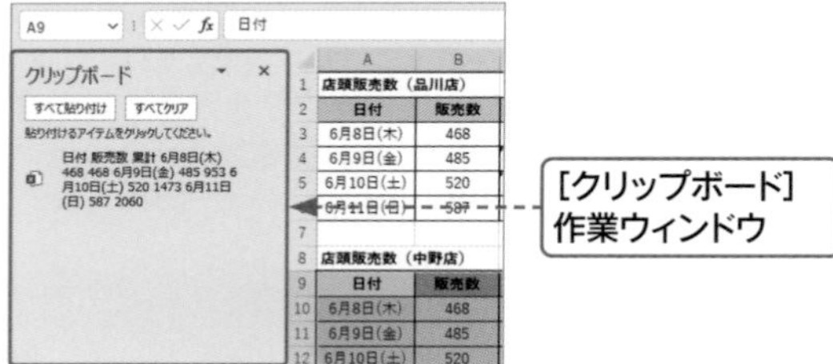

サブスクリプション

アプリなどの利用期間に応じて月額や年額の料金を支払うしくみのことをいいます。毎月あるいは毎年料金を支払えば、ずっと使い続けることができます。

算術演算子

数式の中で算術演算に用いられる記号のことです。単に「演算子」ともいいます。「+」(足し算)、「−」(引き算)、「*」(かけ算)、「/」(割り算)などがあります。

参考▶Q 304

参照演算子

数式の中でセルの参照を示すために用いられる記号のことです。「:」(コロン)、「,」(カンマ)などがあります。

参考▶Q 350

シートの保護

データが変更されたり削除されたりしないように、保護する機能のことです。ワークシート全体を変更できないようにしたり、特定のセル以外を編集できないようにしたりと、目的に応じて設定できます。

参考▶Q 709, Q 712

シート見出し

ワークシートの名前が表示される部分です。ワークシートを切り替える際に利用します。名前を変更したり、色を付けたりすることもできます。

参考▶Q 185, Q 188

自動集計

データをグループ化して、その小計や総計を自動的に集計する機能のことです。あらかじめ集計するフィールドを基準に表を並べ替えておき、[データ]タブの[小計]をクリックすると、表に小計行や総計行が自動的に挿入され、データが集計されます。

参考▶Q 570

循環参照

セルに入力した数式がそのセルを直接または間接的に参照している状態のことをいいます。循環参照していると、正しい計算ができません。 参考▶Q 340

条件付き書式

指定した条件に基づいてセルを強調表示したり、データを相対的に評価してカラーバーやアイコンを表示して視覚化したりする機能のことです。 参考▶Q 292

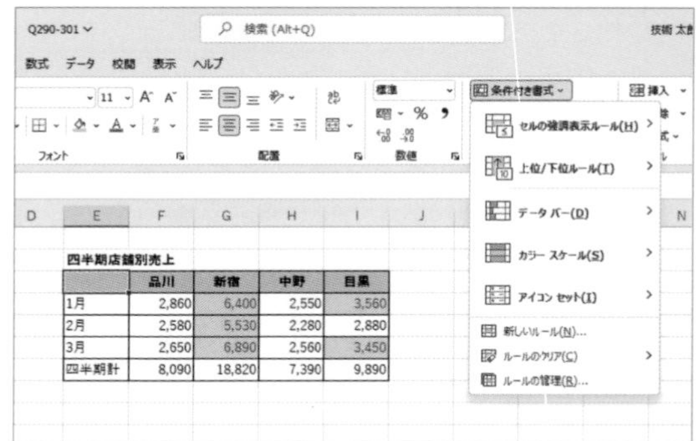

ショートカット

Windowsで別のドライブやフォルダーにあるファイルを呼び出すために機能するアイコンのことです。ショートカットの左下には矢印が付きます。「ショートカットアイコン」とも呼ばれます。

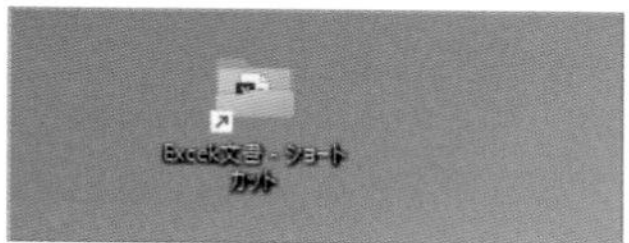

ショートカットキー

アプリの機能を画面上のコマンドから操作するかわりに、キーボードに割り当てられた特定のキーを押して操作することです。入力時など、マウスやタッチで操作するよりも、短時間で実行できます。 参考▶Q 035

書式

Excelで作成した文書や表の見せ方を設定するものです。文字サイズやフォント、文字色、セルの背景色、表示形式、文字配置など、さまざまな書式が設定できます。

書式の設定例

	A	B	C	D	E	F	G
1	下半期売上実績						
2							
3		2022年度		2023年度			
4		前年度	今年度	前年度	今年度		
5	吉祥寺	18,750	20,210	20,210			
6	府中	13,240	13,680	13,680			
7	八王子	10,950	11,430	11,430			
8	立川	10,020	10,550	10,550			

書式記号

セルの表示形式で利用される書式を表す記号のことをいいます。たとえば、「8月8日」と表示されているセルに「mm/dd」という表示形式を設定すると、「08/08」という表示に変わります。この場合の「mm」や「dd」が書式記号です。 参考▶Q 236

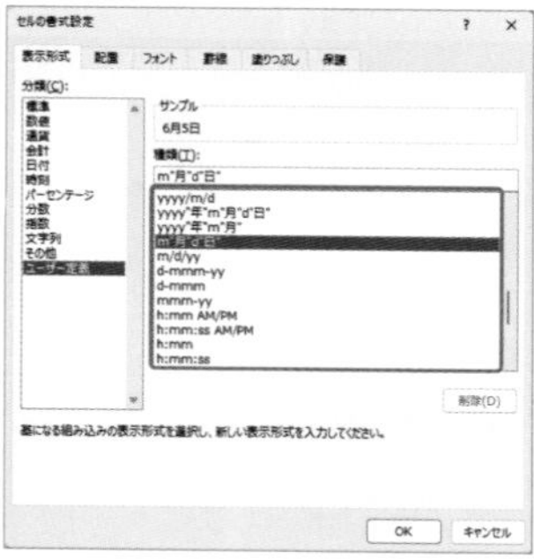

シリアル値

Excelで日付と時刻を管理するための数値のことです。日付のシリアル値は、「1900年1月1日」から「9999年12月31日」までの日付に1～2958465までの値が割り当てられます。時刻の場合は、「0時0分0秒」から「翌日の0時0分0秒」までの24時間に0から1までの値が割り当てられます。 参考▶Q 396

数式

数値やセル参照、演算子などを組み合わせて記述する計算式のことです。はじめに「=」(等号)を入力することで、そのあとに入力する数値や算術演算子が数式として認識されます。 参考▶Q 302

数式オートコンプリート

関数を直接入力する際に、関数を1文字以上入力すると表示される入力候補のことをいいます。

参考▶Q 354

	A	B	C
1	関東地区ブロック別販売数		
2	ブロック名	什器備品セット1	什器備品セット2
3	北関東	68	71
4	東　京	93	89
5	南関東	85	83
6	平均販売数	=AV	

AVEDEV
AVERAGE
AVERAGEA
AVERAGEIF
AVERAGEIFS

数式オートコンプリート

数式バー

現在選択されているセルのデータや数式を表示したり、編集したりする場所です。セルの表示形式を変更した場合でも、数式バーにはもとの値が表示されます。

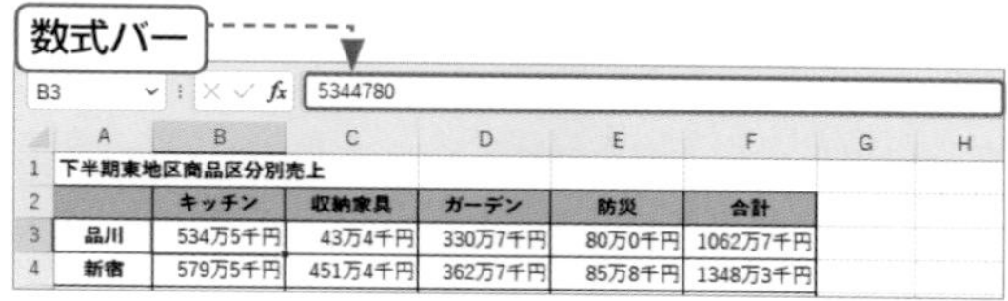

	A	B	C	D	E	F
1	下半期東地区商品区分別売上					
2		キッチン	収納家具	ガーデン	防災	合計
3	品川	534万5千円	43万4千円	330万7千円	80万0千円	1062万7千円
4	新宿	579万5千円	451万4千円	362万7千円	85万8千円	1348万3千円

ズームスライダー

画面の表示倍率を拡大、縮小する機能です。ズームスライダーのつまみを左右にドラッグするか、スライダーの左右にある［拡大］、［縮小］をクリックすると、10%～400%の間で表示倍率を変更できます。

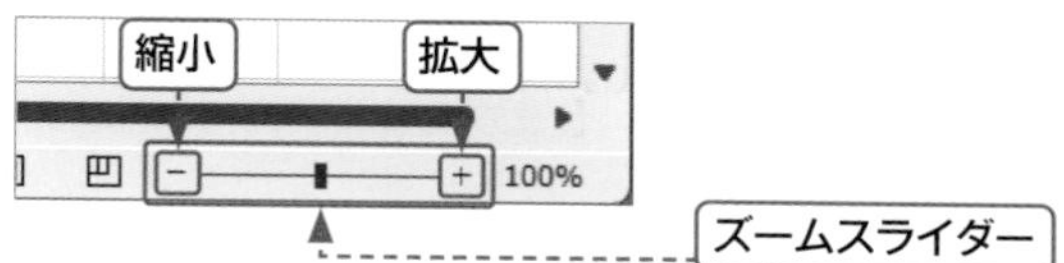

✎ スクリーンショット

デスクトップ上に表示しているウィンドウを画像として保存（スナップショット）して、ワークシートに貼り付ける機能です。［挿入］タブの［図］から［スクリーンショット］をクリックして、貼り付ける画像を指定します。

✎ スクロールバー

ワークシートを上下や左右にスクロールする（動かす）際に使用するバーのことです。上下にスクロールするバーを「垂直スクロールバー」、左右にスクロールするバーを「水平スクロールバー」といいます。

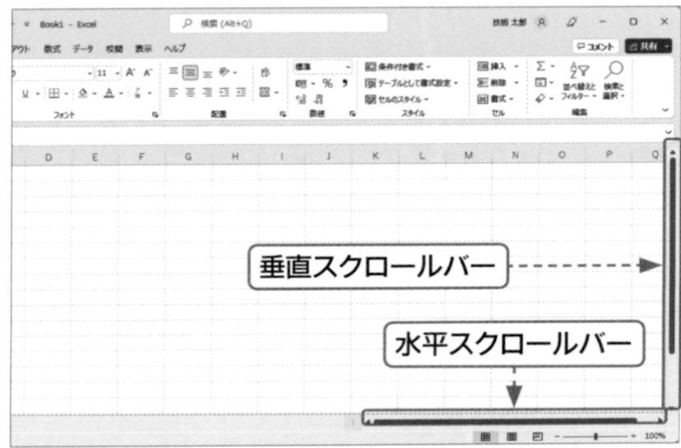

✎ スクロールロック

アクティブセルを移動せずに、キーボード操作で画面をスクロールさせる機能のことをいいます。キーボードの Scroll Lock でオン／オフを切り替えることができます。

参考▶Q 064

✎ スタイル

フォントやフォントサイズ、罫線、色などの書式があらかじめ設定されている機能のことです。セルのスタイルのほか、グラフ、ピボットテーブル、図形、画像などにもスタイルが用意されています。

参考▶Q 283, Q 456, Q 563, Q 706

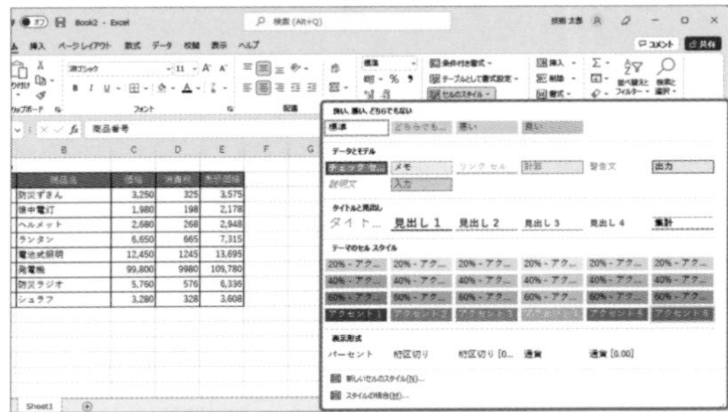

✎ ステータスバー

画面下の帯状の部分をいいます。現在の入力モードや操作の説明などが表示されます。セル範囲をドラッグすると、平均やデータの個数、合計などが表示されます。

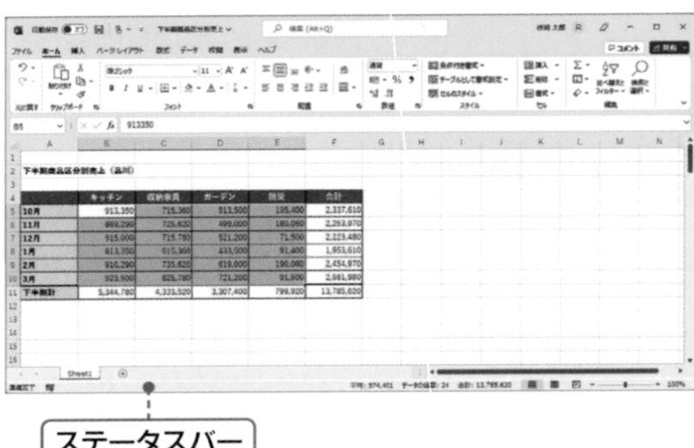

✎ スパークライン

セル内に表示できる小さなグラフのことをいいます。「折れ線」「縦棒」「勝敗」の3種類のグラフが作成できます。

参考▶Q 503

	A	B	C	D	E	F	G	H
1	訪日外客数推移（アジア）							
2	営業担当者	韓国	中国	台湾	香港	タイ	ベトナム	インド
3	10月	4,853	1,646	4,448	1,041	1,785	2,067	2,248
4	11月	1,751	1,417	2,984	1,728	1,405	2,282	966
5	12月	1,005	4,102	4,247	4,547	1,236	789	2,180
6	1月	2,149	1,403	2,711	1,815	1,133	1,809	2,101
7	2月	1,146	4,133	2,794	4,308	1,921	601	1,384
8	3月	2,286	2,718	3,690	4,355	1,471	1,696	559
9	推移							

スパークライン

✎ スマート検索

調べたい用語などをExcelの画面で検索できる機能です。用語などを検索すると、Bingイメージ検索やウィキペディア、Web検索などのオンラインソースから情報が検索され、画面右側のウィンドウに表示されます。

参考▶Q 032

✎ スライサー

集計対象のデータを絞り込むための機能です。テーブルやピボットテーブルで利用できます。 参考▶Q 558

絶対参照

参照するセルの位置を固定する参照方式のことです。数式をコピーしても、参照するセルの位置は変更されません。「$A$1」のように行番号と列番号の前に「$」を付けて入力します。

参考▶Q 306, Q 311

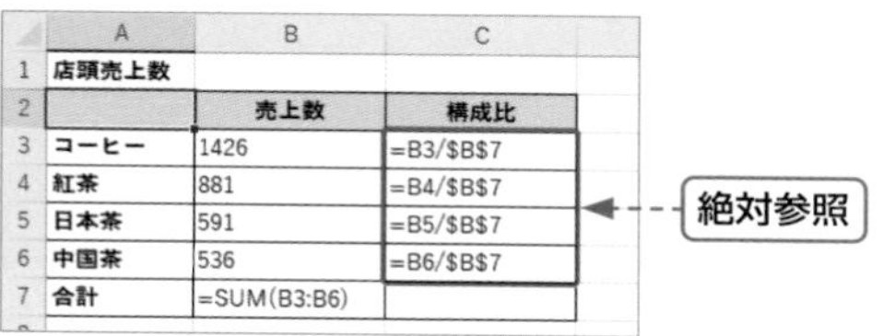

	A	B	C
1	店頭売上数		
2		売上数	構成比
3	コーヒー	1426	=B3/$B$7
4	紅茶	881	=B4/$B$7
5	日本茶	591	=B5/$B$7
6	中国茶	536	=B6/$B$7
7	合計	=SUM(B3:B6)	

セル

ワークシートを構成する1つ1つのマス目のことをいいます。セルには数値や文字、日付データ、数式などを入力できます。

参考▶Q 022

セル参照

数式内で数値のかわりに、セルの位置を指定することをいいます。セル参照を使うと、そのセルに入力されている値を使って計算が行われます。参照先のセルの数値が変わった場合、計算結果が自動的に更新されます。

参考▶Q306

セル番号

行番号と列番号を組み合わせて表すセルの位置のことをいいます。たとえば「C3」は、列番号「C」と行番号「3」との交差するセルの位置のことです。セル番地ということもあります。

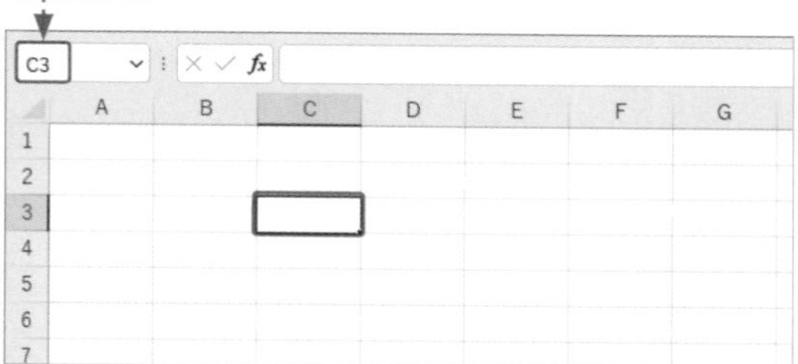

選択範囲の拡張モード

クリックするだけでセル範囲が選択されるモードのことです。このモードになったときはステータスバーに[選択範囲の拡張]と表示されます。大きい表を選択するときは便利ですが、意図せずに切り替わった場合は、再度 F8 を押すか Esc を押すと解除されます。

参考▶Q 063

操作アシスト

使用したい機能などを検索する機能です。Excel 2021では画面の上部に表示されている[検索]ボックス、Excel 2019/2016ではタブの右側に「何をしますか」と表示されているボックスにキーワードを入力すると、関連する項目が表示され、使用したい機能をすぐに見つけて操作できます。ヘルプを表示することもできます。

参考▶Q 046

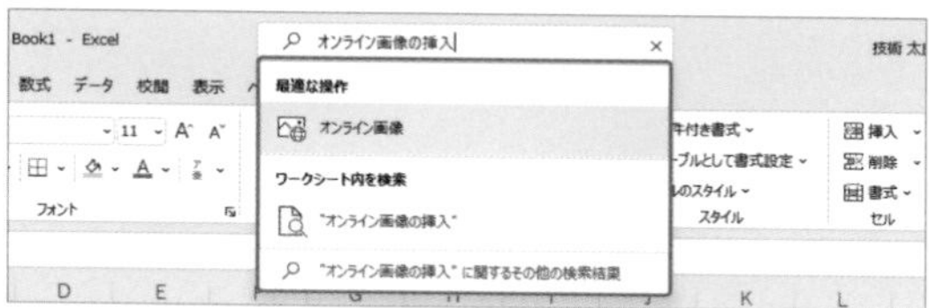

相対参照

数式が入力されているセルを基点として、ほかのセルの位置を相対的な位置関係で指定する参照方式のことです。数式が入力されたセルをコピーすると、参照するセルの位置が自動的に変更されます。通常はこの参照方式が使われます。

参考▶Q 306, Q 310

	A	B	C	D
1	店頭売上数			
2		目標数	売上数	達成率
3	コーヒー	1500	1426	=C3/B3
4	紅茶	800	881	=C4/B4
5	日本茶	600	591	=C5/B5
6	中国茶	500	536	=C6/B6

相対参照

ダイアログボックス

Excelの詳細設定を行ったり、システム側からの確認のメッセージなどが通知されたりする際に表示されるウィンドウです。詳細設定を行うためのダイアログボックスは、各タブのグループの右下にあるダイアログボックス起動ツールをクリックしたり、メニューの末尾にある項目をクリックしたりすると表示されます。

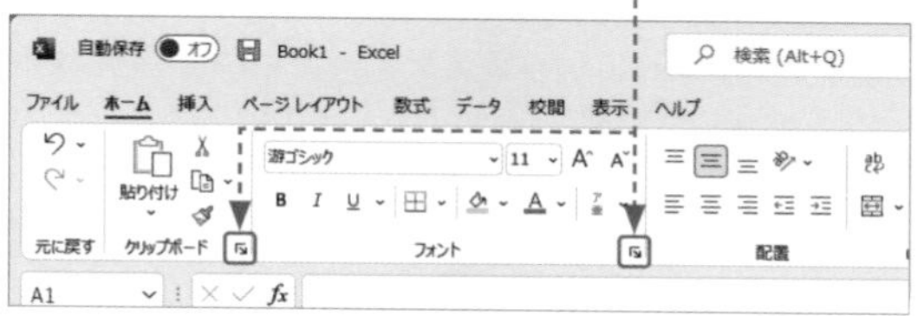

タイトルバー

ウィンドウの最上部に表示されるバーのことをいいます。作業中のファイル名やアプリの名前などが表示されます。

タイムライン

ピボットテーブルで、日付データの絞り込みに使用する機能です。タイムラインを利用するには、日付フィールドが必要です。

参考▶Q 556

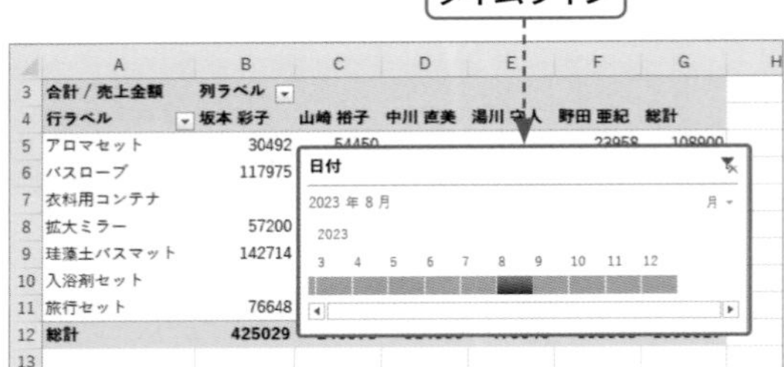

タスクバー

Windowsの画面の下に表示されている横長のバーのことです。起動中のアプリのアイコンや現在の時刻、日付などが表示されます。頻繁に使うアプリのアイコンを登録しておくことができます。

タッチキーボード

タッチ操作対応のパソコンで、画面上に表示されるキーボードのことをいいます。通常は入力欄をタップすると表示されますが、表示されない場合は、タスクバーにある[タッチキーボード] をタップします。

参考▶Q 087

タッチモード

タッチ操作対応のパソコンで、操作がしやすいようにコマンドの間隔を広げる表示モードです。クイックアクセスツールバーの[タッチ／マウスモードの切り替え]をクリックして切り替えます。このコマンドが表示されていない場合は、[クイックアクセスツールバーのユーザー設定]から表示します。

参考▶Q 048

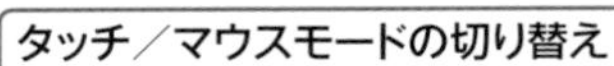

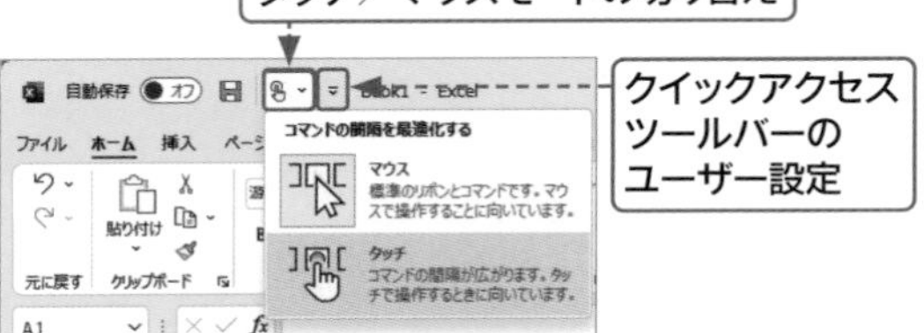

タブ

Excelの機能を実行するためのものです。タブの数は、Excelのバージョンによって異なりますが、Excel 2021では9個（あるいは10個）のタブが表示されています。それぞれのタブにはコマンドが用途別のグループに分かれて配置されています。そのほかのタブは作業に応じて新しいタブとして表示されるようになっています。

参考▶Q 033

データ系列

データをグラフ化するときの、もとデータの同じ行または同じ列にあるデータの集まりのことです。折れ線グラフの場合は同じ色の1本の線がデータ系列です。棒グラフの場合は同じ色の棒になるデータが系列です。

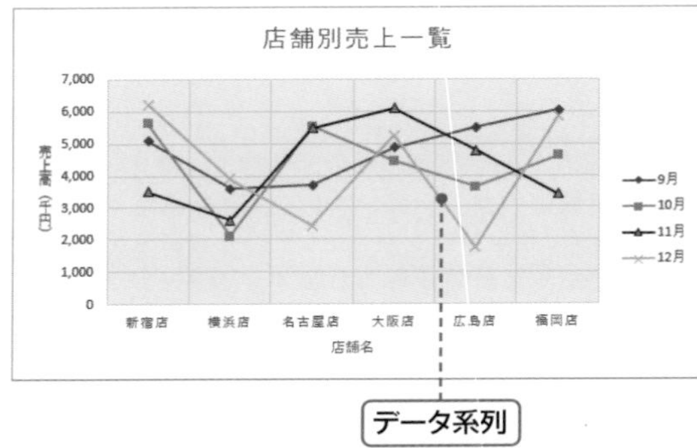

データの入力規則

セルに入力する数値の範囲を制限したり、データが重複して入力されるのを防いだり、入力モードを自動的に切り替えたりする機能です。セルにドロップダウンリストを設定して、入力するデータをリストから選択させることもできます。

参考▶Q 094, Q 127, Q 130

データバー

ユーザーが値を指定しなくても、選択したセル範囲の値を自動計算し、データを相対評価してくれる条件付き書式機能の1つです。値の大小に応じて、セルにグラデーションや単色でカラーバーを表示します。

参考▶Q 294

	A	B	C	D	E	F	G
1	下半期商品区分別売上						
2		品川	新宿	中野	目黒		
3	キッチン	5,340	5,800	5,270	3,820		
4	収納家具	4,330	4,510	4,230	3,080		
5	ガーデン	3,310	3,630	3,200	2,650		
6	防災	800	860	770	1,080		
7	合計	13,780	14,800	13,470	10,630		
8							

データベース

住所録や売上台帳、蔵書管理など、さまざまな情報を一定のルールで蓄積したデータの集まりのことをいいます。また、データを管理するしくみ全体をデータベースと呼ぶこともあります。

Excelはデータベース専用のソフトではありませんが、表をリスト形式で作成することで、データベース機能を利用することができます。リスト形式の表とは、列ごとに同じ種類のデータが入力されていて、先頭行に列の見出しとなる列見出し（列ラベル）が入力されている一覧表のことです。

参考▶Q 508

データマーカー

個々の数値を表すためのグラフ要素をいいます。特に折れ線グラフの場合にデータポイントに●や■などの図形を表示できるようになっています、この図形をデータマーカーと呼びます。データマーカーの種類やサイズは変更することができます。

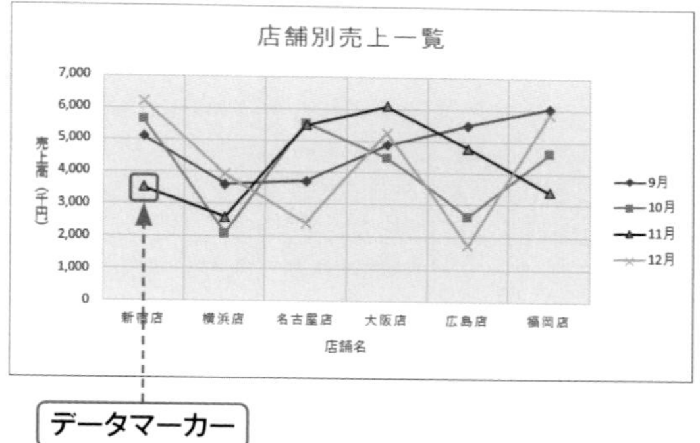

テーブル

表をデータベースとして効率的に管理するための機能です。表をテーブルに変換すると、データの集計や抽出がかんたんにできるようになります。また、テーブルスタイルを利用して、見栄えのする表を作成することもできます。

参考▶Q 539

	A	B	C	D	E
1	日付	商品名	数量	価格	合計
2	5月10日	幕ノ内弁当	49	980	48,020
3	5月10日	シウマイ弁当	81	820	66,420
4	5月11日	ステーキ弁当	98	1,280	125,440
5	5月12日	幕ノ内弁当	62	980	60,760
6	5月12日	釜めし弁当	24	1,180	28,320
7	5月12日	シウマイ弁当	80	820	65,600
8	5月13日	ステーキ弁当	59	1,280	75,520
9	5月13日	幕ノ内弁当	54	980	52,920
10	5月14日	ステーキ弁当	95	1,280	121,600
11					
12					

テーマ

配色とフォント、効果を組み合わせた書式のことです。テーマを変えると、ブック全体のデザインがまとめて変更されます。配色やフォントなどを個別に変更することもできます。テーマの色やフォントは、Excelのバージョンによって多少異なります。

参考▶Q 286, Q 287

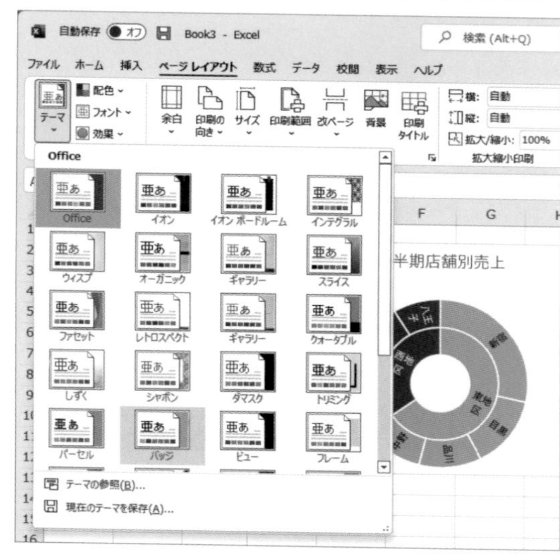

テキストボックス

文字を入力するための図形で、セルの位置や行／列のサイズなどに影響されずに自由に文字を配置することができます。テキストボックス内に入力した文字は、セル内の文字と同様に書式を設定することができます。また、図形と同様に移動や拡大／縮小したり、スタイルを設定したりすることができます。

参考▶Q 700

テンプレート

ブックを作成する際にひな型となるファイルのことです。テンプレートを利用すると、書式や計算式などがすべて設定されているので、白紙の状態から文書を作成するより効率的です。自分で作成した文書をテンプレートとして保存しておくほか、マイクロソフトのWebサイトからダウンロードして利用することもできます。

参考▶Q 671, Q 672

トリミング

画像などの不要な部分を一時的に非表示にする機能のことをいいます。一時的に非表示にするだけなので、トリミングし直したり、取り消したりすることもできます。

参考▶Q 705

名前

セルやセル範囲に付ける名前のことです。セル範囲に名前を付けておくと、「=AVERAGE(売上高)」のように数式でセル参照のかわりに利用できます。範囲名で指定した部分は絶対参照とみなされるので、数式を簡略化できます。

参考▶Q 329, Q 331

名前ボックス

現在選択されているセルの位置やセル範囲の名前を表示します。セル範囲に名前を付けるときにも利用されます。

参考▶Q 061

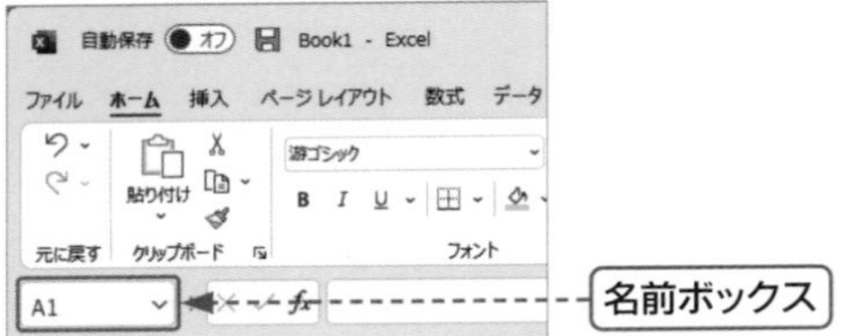

入力オートフォーマット

入力中や作業中に自動で行う処理のことをいいます。メールアドレスやURLを入力すると、自動的にハイパーリンクが設定されるのはこの機能によるものです。

参考▶Q 089

[入力] モード

新規にデータを入力するときのモードです。入力モードのときに文字を修正しようとして矢印キーを押すと、隣のセルにカーソルが移動します。

入力モード

日本語入力や英数字入力を切り替えるためのIME(Input Method Editor)の機能です。タスクバーにある入力モードアイコンをクリックして切り替えます。

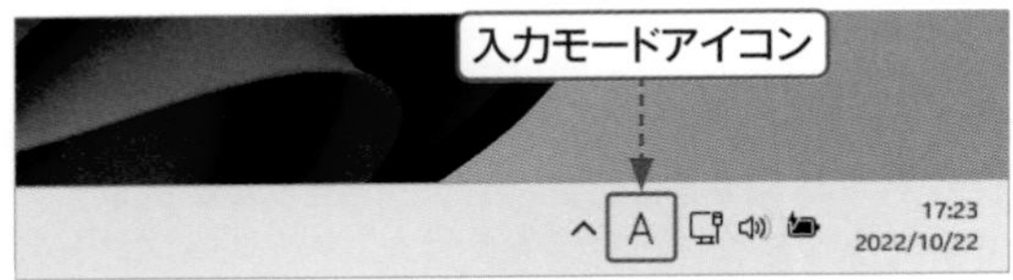

バージョン

アプリケーションの仕様が変わった際に、それを示す数字のことです。通常は数字が大きいほど新しいものであることを示します。新しいバージョンに交代することを「バージョンアップ」や「アップグレード」といいます。Excelの場合は、「2016→2019→2021」のようにバージョンアップされています。

参考▶Q 002

ハイパーリンク

文字列や画像に、ほかの文書やホームページのURLなどの情報を関連付けて、クリックするだけで特定のファイルを開いたり、ホームページを開いたりする機能です。単に「リンク」ともいいます。

参考▶Q 205

配列数式

複数のセルを対象に1つの数式を作成する機能です。複数のデータからの計算結果を一度に複数のセルに出力したり、まとめて1つのセルに出力したりできます。

参考▶Q 346

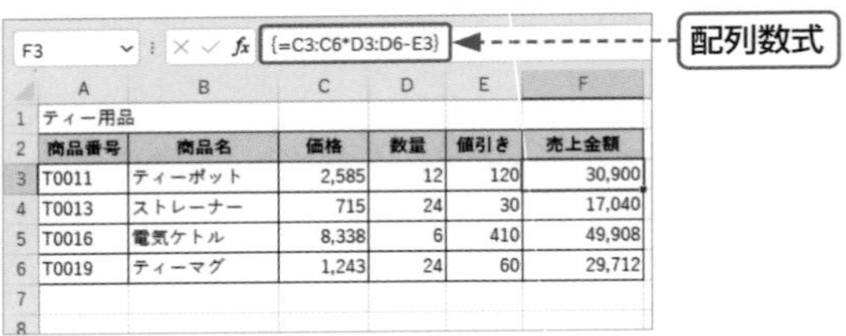

	A	B	C	D	E	F
1	ティー用品					
2	商品番号	商品名	価格	数量	値引き	売上金額
3	T0011	ティーポット	2,585	12	120	30,900
4	T0013	ストレーナー	715	24	30	17,040
5	T0016	電気ケトル	8,338	6	410	49,908
6	T0019	ティーマグ	1,243	24	60	29,712
7						
8						

パスワード

オンラインサービスやメールなどを利用する際に、正規の利用者であることを証明するために入力する文字列のことです。パスワードを使用してワークシートやブックを保護することもできます。

参考▶Q 709, Q 712, Q 714, Q 727

バックアップファイル

ファイルを誤って削除してしまったり、何らかの原因でファイルが壊れたりした場合に備えて保存しておくファイルのコピーのことをいいます。

参考▶Q 656

ハンドル

図形や画像、グラフ、テキストボックスなどをクリックしたときに周囲に表示されるマークです。調整ハンドルや回転ハンドルが表示されることもあります。サイズを変えたり、回転したりするときに利用します。

参考▶Q 684, Q 686

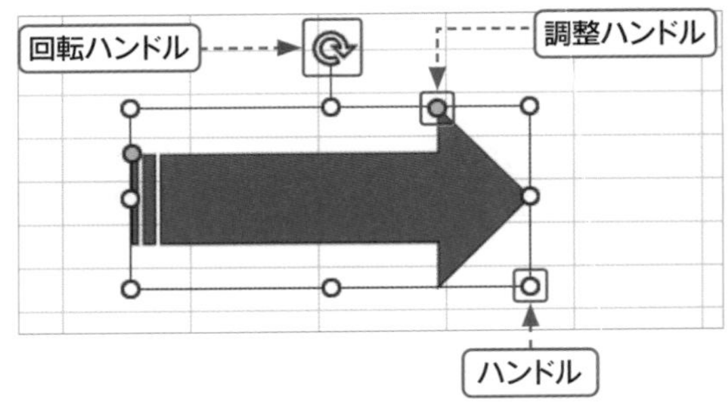

比較演算子

数式の中で2つの値を比較するときに用いられる記号のことです。「=」「<」「>」「<=」「>=」「<>」などがあります。

参考▶Q 373

引数

関数を使って計算結果を求めるために必要な数値やデータのことです。引数に連続する範囲を指定する場合は、「=SUM(D3:D5)」のように開始セルと終了セルを「:」(コロン)で区切ります。引数が複数ある場合は、「=SUM(D3:D5,D7)」のように引数と引数の間を「,」(カンマ)で区切ります。

参考▶Q 350

ピボットテーブル

データベース形式の表から特定のデータを取り出して集計した表のことです。データをさまざまな角度から集計して分析できます。

参考▶Q 549, Q 550

合計 / 売上金額	列ラベル					
行ラベル	坂本 彩子	山崎 裕子	中川 直美	湯川 守人	野田 亜紀	総計
アロマセット	30492	54450			23958	108900
バスローブ	117975	57200	103675	71500		350350
衣料用コンテナ					186626	186626
拡大ミラー	57200		117975	35750		210925
珪藻土バスマット	142714	95040		171072	88704	497530
入浴剤セット		39688	230538	140712	36080	447018
旅行セット	76648		61908	56012		194568
総計	**425029**	**246378**	**514096**	**475046**	**335368**	**1995917**

表示形式

セルに入力したデータの見せ方のことです。表示形式を設定することで、「123.45」を「¥123」「123.45%」などと、さまざまな見た目で表示させることができます。表示形式を変えても、セルに入力されているデータそのものは変わりません。

参考▶Q 099

標準フォント

Excelで使用される基準のフォントのことです。Excel 2021/2019/2016の標準フォントは「游ゴシック」、サイズは11ポイントです。

参考▶Q 252

フィルハンドル

セルやセル範囲を選択したときに右下に表示される小さな四角形のことをいいます。フィルハンドルをドラッグすることで、連続データを入力したり、数式をコピーしたりできます。

参考▶Q 117

地区別売上実績			
	東地区	西地区	合計
1月	15,370	7,480	22,850
2月	13,270	8,410	
3月	15,550	7,740	

フォント

文字のデザインのことです。書体ともいいます。日本語書体には明朝体、ゴシック体、ポップ体、楷書体、行書体など、さまざまな種類があります。

複合参照

列または行を固定して参照する方式をいいます。「$A1」「A$1」のようにセル参照の列または行のどちらか一方に「$」を付けて表現します。

参考▶Q 306, Q 312

ブック

1つあるいは複数のワークシートから構成されたExcelの文書(ドキュメント)のことです。ブックは1つのファイルになります。

参考▶Q 024

ブックの保護

誤ってワークシートが削除されてしまったり、ブックの構造が変更されてしまったりしないように、ワークシートの構成の変更を禁止する機能です。

参考▶Q 714

フッター

ワークシートの下部余白に印刷される情報、あるいはそのスペースのことをいいます。ページ番号やページ数などを挿入できます。

参考▶Q 606

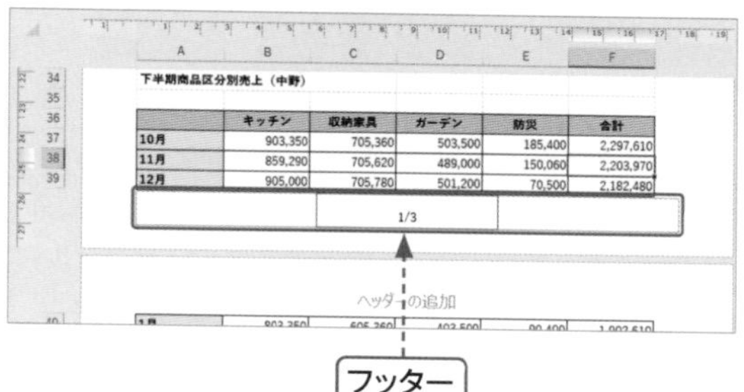

	キッチン	収納家具	ガーデン	防災	合計
10月	903,350	705,360	503,500	185,400	2,297,610
11月	859,290	705,620	489,000	150,060	2,203,970
12月	905,000	705,780	501,200	70,500	2,182,480

フラッシュフィル

データをいくつか入力すると、入力したデータのパターンに従って残りのデータが自動的に入力される機能です。

参考▶Q 079, Q 244

プリインストール

Office製品などのアプリが、あらかじめパソコンにインストールされている状態のことをいいます。

プロットエリア

グラフ系列や目盛線など、グラフそのものが表示される領域のことをいいます。

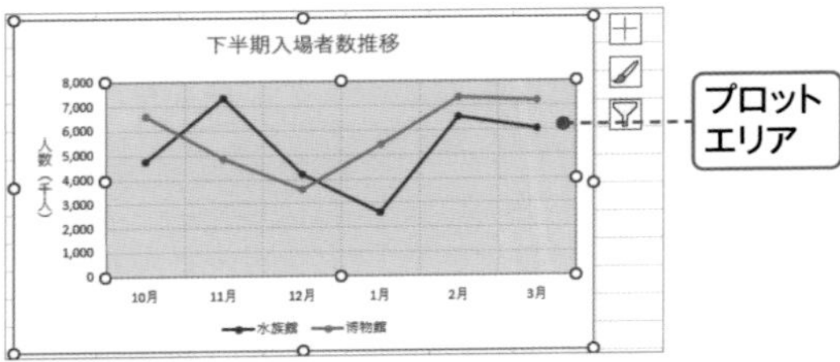

プロパティ

特性や属性などの情報をまとめたものです。ブックのプロパティには、ファイル名や作成日時、更新日時、保存場所、サイズ、作成者などの情報が記録されています。

ヘッダー

ワークシートの上部余白に印刷される情報、あるいはそのスペースのことをいいます。ファイル名や作成日時、画像などを挿入できます。

参考▶Q 605, Q 609

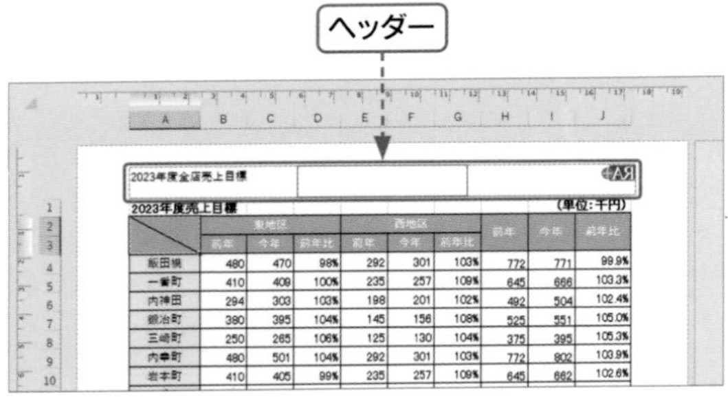

[編集]モード

セル内のデータを修正するときのモードです。セル内の文字を修正するときは、セルをダブルクリックしたり F2 を押したりして、[入力]モードから[編集]モードに切り替えます。

ポイント

フォント（文字）の大きさを表す単位です。1ポイントは1/72インチで約0.35mmです。

保護ビュー

メールで送信されてきたファイルや、インターネット経由でやりとりされたファイルをコンピューターウイルスなどの不正なプログラムから守るための機能です。保護ビューのままでもファイルを閲覧することはできますが、編集や印刷が必要な場合は、編集を有効にすることもできます。

参考▶Q 647

マクロ

一連の操作を自動的に実行できるようにする機能のことをいいます。頻繁に行う作業をマクロとして登録しておくことで作業が効率化できます。

参考▶Q 676

ミニツールバー

セルを右クリックしたり、文字をドラッグしたりした際に表示される小さなツールバーのことで、書式を設定するためのコマンドが表示されます。操作する対象によって表示されるコマンドは変わります。

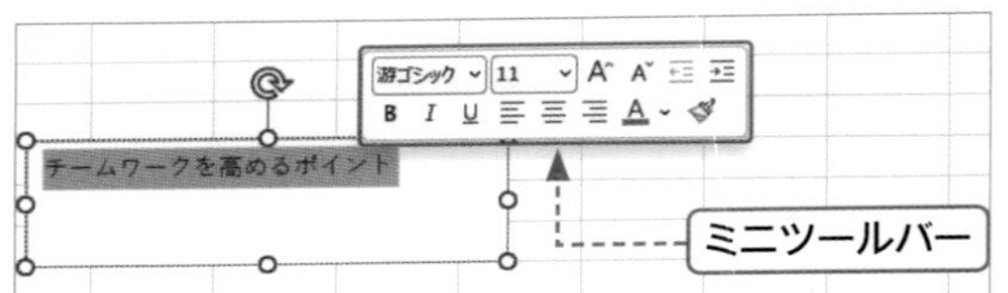

メモ（コメント）

セルにメモを追加する機能です。メモ（コメント）を挿入したセルには右上に赤い三角マークが表示されます。メモは表示／非表示を切り替えることができます。

参考▶Q 715

	A	B	C	D	E	F
1	ドリンク販売数			2023/6/1		
2	商品名	単価	販売数	合計		
3	野菜100%ジュース	500	80	40,000		
4	オレンジジュース	500	69	34,500		
5	アイスコーヒー	400	76	30,400		
6	ミルクティー	400	71	28,400		
7	レモンティー	380	72	27,360		
8	アイスミルクティー	400	68	27,200		
9	アイスレモンティー	380	53	20,140		
10	ホットコーヒー	380	52	19,760		

健康ブームもあり、野菜100%ジュースの売れ行きがアップしている。今後の展開に期待できる

メモ

文字列連結演算子

数式中で複数の文字列を連結するときに用いられる記号のことです。Excelでは「&」（アンパサンド）を使います。

参考▶Q 438, Q 516

戻り値

数式や関数を実行した結果、返ってくる値（＝計算結果）をいいます。たとえば、「=2*3*4」の戻り値は「24」です。

参考▶Q 350

ユーザー定義

ユーザーが独自に定義する機能のことをいいます。主に表示形式で利用されますが、テーマなどでも利用されます。

参考▶Q 289

予測シート

過去のデータをもとに、将来のデータを予測する機能です。Excel 2016で搭載されました。時系列のデータを選択して［データ］タブの［予測シート］をクリックすると、予測値を計算したテーブルと予測グラフが作成されます。

参考▶Q 567

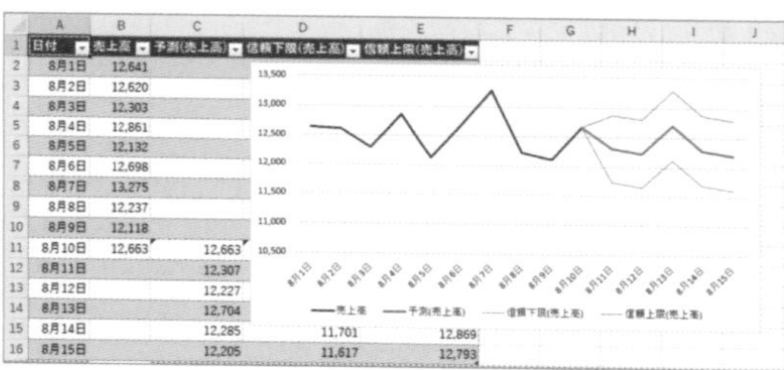

読み取り専用

編集した内容を上書き保存できない状態でブックを表示することをいいます。ブックの内容は確認できます。

参考▶Q 632

ライセンス認証

ソフトウェアの不正コピーや不正使用を防止するための機能です。ライセンス認証の方法は、Officeのバージョンや製品の種類、インターネットに接続しているかどうかなどによって異なります。

参考▶Q 012

リアルタイムプレビュー

フォントやフォントサイズ、フォントの色、塗りつぶしの色などを設定する際、いずれかの項目にマウスポインターを合わせるだけで、結果が一時的に適用されて表示される機能のことです。

参考▶Q 247, Q 248, Q 688

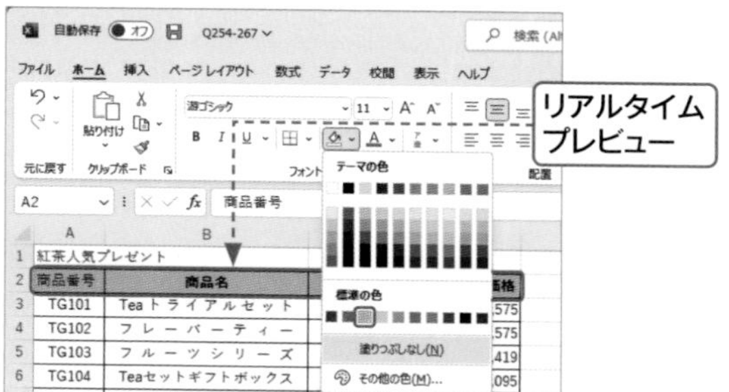

リボン

Excelの操作に必要なコマンドが表示されるスペースです。コマンドは用途別のタブに分類されています。

参考▶Q 033

両端揃え

セル内の行の端がセルの端に揃うように、文字間隔を調整する機能です。

参考▶Q 250

Windows 版の Excel には「2021」「2019」「2016」などのバージョンがあります。

リンク貼り付け

データの貼り付け方法の1つで、コピーもとのデータが変更されると、貼り付け先のデータも自動的に変更されるように貼り付ける方法です。

参考▶Q 162

列

ワークシートの縦方向のセルの並びをいいます。列の位置はアルファベット（列番号）で表示されます。1枚のワークシートには、最大16,384列あります。

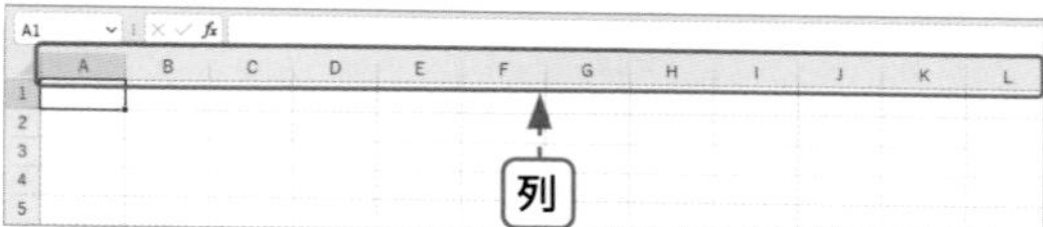

ロック

セル内のデータが勝手に変更されたり、削除されたりしないようにする機能のことをいいます。ワークシートに保護を設定すると、ロック機能が有効になります。

参考▶Q 713

ワークシート

Excelの作業領域のことで、単に「シート」とも呼ばれます。ワークシートは、格子状に分割されたセルによって構成されています。1枚のワークシートは最大104万8,576行×1万6,384列のセルから構成されています。

参考▶Q 023

ワイルドカード

あいまいな文字を検索する際に利用する特殊文字のことをいいます。0文字以上の任意の文字列を表す「＊」（アスタリスク）と、任意の1文字を表す「？」（クエスチョン）があります。

参考▶Q 199

目的別索引

記号・数字

A ～ Z

あ行

Index

た行

な行

は行

ま行

や行

ら行

わ行

用語索引

記号・数字

A～Z

あ行

か行

さ行

た行

な行

は行

ま行

や行

ら行

わ行

お問い合わせについて

本書に関するご質問については、本書に記載されている内容に関するもののみとさせていただきます。本書の内容と関係のないご質問につきましては、一切お答えできませんので、あらかじめご了承ください。また、電話でのご質問は受け付けておりませんので、必ずFAXか書面にて下記までお送りください。
なお、ご質問の際には、必ず以下の項目を明記していただきますよう、お願いいたします。

1 お名前
2 返信先の住所またはFAX番号
3 書名（今すぐ使えるかんたん Excel 完全ガイドブック 困った解決＆便利技［Office 2021/2019/2016 /Microsoft 365 対応版］）
4 本書の該当ページ
5 ご使用のOSとソフトウェアのバージョン
6 ご質問内容

なお、お送りいただいたご質問には、できる限り迅速にお答えできるよう努力いたしておりますが、場合によってはお答えするまでに時間がかかることがあります。また、回答の期日をご指定なさっても、ご希望にお応えできるとは限りません。あらかじめご了承くださいますよう、お願いいたします。

■お問い合わせの例

FAX

1 お名前
技術　太郎

2 返信先の住所またはFAX番号
03-XXXX-XXXX

3 書名
今すぐ使えるかんたん
Excel 完全ガイドブック 困った解決
＆便利技［Office 2021/2019
/2016/Microsoft 365 対応版］

4 本書の該当ページ
183ページ　Q 320

5 ご使用のOSとソフトウェアのバージョン
Windows 11 Pro
Excel 2021

6 ご質問内容
3-D参照で計算できない

※ご質問の際に記載いただきました個人情報は、回答後速やかに破棄させていただきます。

今すぐ使えるかんたん Excel 完全ガイドブック 困った解決&便利技［Office 2021/2019/2016 /Microsoft 365 対応版］

2023年　3月　1日　初版　第1刷発行
2024年　6月16日　初版　第4刷発行

著　者●AYURA
発行者●片岡 巌
発行所●株式会社 技術評論社
東京都新宿区市谷左内町 21-13
電話　03-3513-6150　販売促進部
03-3513-6160　書籍編集部
カバーデザイン●田邊 恵里香
本文デザイン●リンクアップ
編集／DTP● AYURA
担当●宮崎 主哉
製本／印刷●大日本印刷株式会社

定価はカバーに表示してあります。

ISBN978-4-297-13304-7 C3055
Printed in Japan

問い合わせ先

〒162-0846
東京都新宿区市谷左内町 21-13
株式会社技術評論社　書籍編集部
「今すぐ使えるかんたん Excel 完全ガイドブック 困った解決＆便利技［Office 2021/2019/2016 /Microsoft 365 対応版］」質問係
FAX番号　03-3513-6167

URL：https://book.gihyo.jp/116